TURING 图灵数学经典 · 09

概率论（卷 2）及其应用

第 2 版

[美] 威廉 · 费勒 ——著

郑元禄 ——译

人民邮电出版社

北京

图书在版编目（CIP）数据

概率论及其应用：第2版.卷2 / (美) 威廉·费勒著；郑元禄译. —北京：人民邮电出版社，2021.4
（图灵数学经典）
ISBN 978-7-115-55963-0

Ⅰ.①概… Ⅱ.①威… ②郑… Ⅲ.①概率论 Ⅳ.①O211

中国版本图书馆CIP数据核字（2021）第021739号

内容提要

本书是威廉·费勒的著作《概率论及其应用》第1卷的续篇，曾经影响了包括中国在内的世界各国几代概率论及其相关领域的学生和研究者. 即使用今天的标准来衡量，本书仍是一本经典佳作. 本书包括各种重要的分布和随机过程、大数定律、中心极限定理、无穷可分分布、半群方法与无穷可分分布和马尔可夫过程的关系、更新理论、随机游动及傅里叶方法的应用、拉普拉斯变换及其应用、特征函数以及调和分析等19章内容.

本书既可作为概率论及相关学科的教学参考书，亦可作为相关科学研究的引导书.

◆ 著 [美] 威廉·费勒
译 郑元禄
责任编辑 傅志红
责任印制 周昇亮
◆ 人民邮电出版社出版发行 北京市丰台区成寿寺路11号
邮编 100164 电子邮件 315@ptpress.com.cn
网址：https://www.ptpress.com.cn
北京七彩京通数码快印有限公司印刷
◆ 开本：700×1000 1/16
印张：37.75 2021年4月第1版
字数：744千字 2024年11月北京第7次印刷
著作权合同登记号 图字：01-2020-5354号

定价：169.80元

读者服务热线：(010) 84084456-6009 印装质量热线：(010) 81055316

反盗版热线：(010)81055315

广告经营许可证：京东市监广登字20170147号

版 权 声 明

译者序

威廉·费勒（William Feller）著的《概率论及其应用》第 2 卷第 1 版出版于 1966 年，第 2 版出版于 1971 年. 此译本是根据原著第 2 卷第 2 版翻译的.

该书论述了连续空间上的概率论及其应用. 理论内容包括：测度论基础、概率分布、基本极限定理、特征函数、大数定律、中心极限定理、无穷可分分布、随机过程、更新理论、半群方法、傅里叶方法、拉普拉斯变换和调和分析等. 应用内容包括：概率论在物理学、化学、生物学、医学、遗传学、天文学、对策论、排队论、数理统计、交通运输、电信工程、经济学、人口学和统计学等领域中的应用.

该书的内容十分丰富，论述极其精辟，行文优美生动. 原著（共 2 卷）已经问世 50 多年，风行全世界，培养和教育了许多国家不计其数的概率论和有关领域的专家学者，对概率论的教学、科研、普及和应用做出了卓越的贡献.

该书多年前曾在科学出版社出版，王梓坤院士在百忙之中审校了此书，并评价："这本书是世界一流水平的概率论经典巨著，作者不愧是世界概率论大师." 原译稿曾经李志阐教授审校，并提出了许多宝贵意见. 我再次把该书译成中文出版，希望能为我国高等学校和科研机构的教师、大学生、研究生和研究人员提供一部优秀的概率论教学参考书. 限于译者水平，译本难免有缺点和错误，敬请读者批评指正.

郑元禄

2007 年 6 月

郑元禄　福建省泉州五中高级教师，视力残疾人. 因家庭问题未能进入高等学府深造，自学成才. 1986 年获福建省自学成才奖，1991 年获全国自学成才荣誉证，1993 年获中国科学院科学出版基金. 多年来在泉州各高校和中学授课之余，坚持翻译不辍，从事英、俄文翻译 63 年，发表数理译著 1050 万字，其中包括《高等数学例题与习题集（四）常微分方程》《断裂力学》和《新汉英数学词汇》等，并在《应用数学与计算数学》《数学通报》和《数理天地》等多家杂志上发表译文 220 篇左右. 1963~1983 年担任中国科学技术情报研究所《数学文摘》（"概率论与数理统计" 部分）和《力学译丛》等杂志的翻译工作. 生平事迹被收入《中国科技翻译家辞典》《中国教育专家名典》等.

第 1 版前言

在本书第 1 卷写作期间（1941~1948 年），概率尚未得到人们的普遍关注. 概率的教学工作还只在非常有限的规模上开展，如马尔可夫链这样的专题，现在已经广泛应用于一些学科中，而那时却是纯粹数学中很专的篇章. 因此，第 1 卷可以比作一本去一个陌生国家旅行的通用指南. 为了说清概率的本质，它着重于理论的数学内容以及各种各样潜在的应用. 曾经有人预言，本书难度上的起伏会限制它的使用. 实际上，它甚至在今天还被广泛使用，虽然它的新颖已经渐渐消逝，其形式和内容也为更多新书所借鉴. 本书似乎还收获了一些新读者. 学数学的学生感到困难的一些章节，却难不住外行人，这个事实表明，难度不能客观地予以判断，它依赖于我们要找的资料类型和我们准备忽略的细节. 为了到达山顶，旅行者可以选择自己攀登，也可以选择乘坐缆车.

鉴于第 1 卷的成功，第 2 卷也以同样的风格撰写. 它包括了较难的数学内容，但是多数读者可以看懂其中大部分内容. 测度论的处理可以说明这一点. 第 4 章包括了对测度论基本概念的简略介绍和概率概念的基础. 这一章列举了以后各章所用的少量测度论事实，以便用最简单的形式表达分析定理，并避免对正则条件进行没有价值的讨论. 测度论在这方面的主要作用是说明形式运算和到极限的过渡，而非数学专业的读者们从未就这些内容提出过问题. 因此，主要对实际结果感兴趣的读者对测度论没有任何需求.

为了更好地理解各个专题，我们尽可能使各章内容是独立的，一些特殊情形往往在一般理论前分别论述. 各种专题（例如稳定分布和更新理论）从不同角度在几个地方讨论. 为了避免重复，定义和说明性例子都集中在第 6 章，这一章可以被称为后续各章的导言. 本书的关键是第 5 章、8 章和 15 章. 读者可自行决定阅读哪些准备性章节，并确定采用哪一条阅读路径.

专家们将发现新的结果和证明，但更重要的是努力把一般方法论巩固并统一起来. 实际上，概率的某些作用受损于缺乏条理性，因为问题的一般分类和论述基本上是依赖于历史发展的偶然性. 在由此引起的混乱中，密切相关的问题未被我们看出，简单的东西被复杂的方法弄得难以理解. 最佳技巧的系统应用和改进可带来大量的简化. 这对于众所周知的凌乱的极限定理（第 16 章和第 17 章）特别如此. 此外，简化可由顺应自然的前后关系去处理问题而实现. 例如，对特殊随机游动的初等研究就导致了渐近估计的推广，而渐近估计在风险理论中原来是用困难又麻烦的方法推导出来的（在排队论中，则在更严格的条件下独立地推导出来）.

我力求不拘泥于文字而达到数学的严密性. 例如，在我看来，说“$1/(1+\xi^2)$ 是 $\frac{1}{2}\mathrm{e}^{-|x|}$ 的特征函数”似乎是以下语句合乎要求并合乎逻辑的缩写：“在点 ξ 上取值 $1/(1+\xi^2)$ 的函数是在点 x 上取值 $\frac{1}{2}\mathrm{e}^{-|x|}$ 的函数的特征函数.”

我担心简单的历史评论和引述不能给许多对概率论做出贡献的作者以公正的评价，而我只要有可能就尽力给予赞扬. 最初著作的很多内容已经为更新的研究成果所取代，作为一项规则，参考文献通常只给出读者为了查阅补充资料可能需要的论文. 例如，参考文献没有列出我自己关于极限定理的著作，而是引用了叙述某实例的观察结果及其理论的一篇论文，即使它不包含数学.[①] 在这些情况下，作者索引并不表示他们在概率论中的地位. 另一个困难是公正评价先驱者的工作，我们要把新的研究方向、新的途径和新的方法归功于这些先驱者的工作. 一些曾经被认为是独创的、深奥的定理，现在以简单的证明在更精确的结果中出现. 我们今天很难在历史的背景下认识这些定理，它们曾是举足轻重的起步.

感谢美国陆军研究室支持我们在普林斯顿大学进行的概率论研究. 我得到了戈德曼（J. Goldman）、皮特（L. Pitt）、西尔维斯坦（M. Silverstein），特别是拉奥（M.M. Rao）的帮助. 他们删去许多不精确的内容和含糊之处. 所有各章都反复重写过几次，各章的初稿曾经在朋友们中间流传. 这样，我从埃里奥特（J. Elliott）、平克哈姆（R.S. Pinkham）和沙韦奇（L.J. Savage）所提出的意见中得到教益. 我特别感谢杜布（J.L. Doob）和沃尔福威兹（J. Wolfowitz）的建议和批评. 柯西随机游动图是特罗特尔（H. Trotter）供给的. 印制是由麦科杜加尔（H. McDougal）夫人负责监督的，本书的出版在很大程度上应归功于她.

威廉 · 费勒

1965 年 10 月

作者辞世时手稿已经完成，但未收到校样. 感谢出版社指定专人负责校对工作，并编制了索引. 戈德曼、格伦堡、麦基恩、皮特和皮腾革分工合作，检验书中数学内容. 每个数学工作者都明白，这项任务工作量有多大. 我深深地感激他们，谢谢他们满怀爱心的劳动.

克拉拉 · 费勒

1970 年 5 月

① 这种方式也曾经应用于第 1 卷中，但是被后来的一些作者所误会；他们现在把该书中所用的方法归功于他们并不认识的早期科学家们.

引 言

本书的特点和编排方式仍然保持不变，但是整本书经过了彻底的修订. 完全改写了许多章（特别是第 17 章），并增加了部分章节. 在许多地方，叙述被简化为更高效的论证（有时是新的论证）. 一些新的材料被编入正文.

在写第 1 版时，我因为担心书的篇幅太长而顾虑重重. 很遗憾，这使我为缩短原文和节省版面而白白花费了好几个月的时间. 这个损失现在已经弥补. 为使阅读更加容易，我尽了很大的努力. 偶尔的重复还使得直接阅读一些特殊章节变得容易，并且能在本书中阅读到某些与第 1 卷有关联的章节.

关于材料的编排方式，请见第 1 版前言的第 2 段（这里再次重提一下）.

我感谢许多读者指出了错误和遗漏之处. 特别感谢芝加哥的海哈尔（D.A. Hejhal)，他提出了详尽无遗的勘误表和涉及全书的修改建议.

威廉 • 费勒

1970 年 1 月

于新泽西州普林斯顿

符号与约定

时　刻　这一术语用来表示时间轴上的点，而时间则用来表示间隔和持续时间.（在随机过程中，“时间”一词负担太重. 系统地使用 Riordan 首创的“epoch”可避免反复交替使用“moment”“instant”“point”.）

区　间　以横线表示：$\overline{a,b}$ 是开区间，$\overline{\lceil a,b\rceil}$ 是闭区间，半开区间以 $\overline{a,b\rceil}$ 和 $\overline{\lceil a,b}$ 表示. 这种记号也用于高维空间中. 关于向量记号和次序关系的约定放在 5.1 节（亦见 4.2 节）中. 符号 (a,b) 用来表示对偶和点.

$\mathbb{R}^1,\mathbb{R}^2,\mathbb{R}^r$　表示直线、平面和 r 维笛卡儿空间.

■　表示证明完毕或一组例子的结束.

$\mathfrak{n}$ 和 $\mathfrak{N}$　分别表示期望为 0、方差为 1 的正态密度和正态分布函数.

$O, o, \sim$　令 u 和 v 依赖于参数 x，x 趋于 a. 假定 v 是正的，我们记

$$\left.\begin{array}{l} u=O(v) \\ u=o(v) \\ u\sim v \end{array}\right\} \text{如果 } \frac{u}{v} \left\{\begin{array}{l} \text{保持有界,} \\ \longrightarrow 0, \\ \longrightarrow 1. \end{array}\right.$$

$f(x)U\{\mathrm{d}x\}$　对于这一符号参看 5.3 节.

关于博雷尔集与贝尔函数，参看第 5 章的有关内容.

目录

第 1 章　指数密度与均匀密度

1.1　引　言

在本书第 1 卷中，我们反复讨论了由很多小项之和所定义的概率，并且利用下列形式的逼近：

$$P\{a < X < b\} \approx \int_a^b f(x)\mathrm{d}x. \tag{1.1.1}$$

最初的例子是二项分布的正态逼近.[①] 这类逼近通常以极限定理的形式来表述，该定理包含一系列越来越精细的离散概率模型. 在许多情形下，通过这种极限在概念上引入一个新的样本空间，而后者在直观上可以比原来的离散模型更简单.

例　(a) **指数型等待时间.** 为了用离散模型来表述等待时间，我们把时间离散化，并假定变化仅发生在时刻[②] $\delta, 2\delta, \cdots$. 最简单的等待时间 T，是在具有成功概率 p_δ 的伯努利（Bernoulli）试验序列中第一次成功的等待时间. 于是 $P\{T > n\delta\} = (1-p_\delta)^n$，等待时间的期望是 $E(T) = \delta/p_\delta$. 这个模型的精确化，是在保持期望值 $\delta/p_\delta = \alpha$ 不变的条件下让 δ 减小而得到的. 在长度为 t 的时间内，相应地有 $n \approx t/\delta$ 次试验，取对数后可以看出，当 δ 很小时近似地有

$$P\{T > t\} \approx (1-\delta/\alpha)^{t/\delta} \approx \mathrm{e}^{-t/\alpha}. \tag{1.1.2}$$

该模型把等待时间作为几何分布的离散随机变量来研究，而 (1.1.2) 说明我们“依极限”得出一个指数分布. 直观上看，似乎从以实数为元素的样本空间出发直接引入指数分布比较自然.

(b) **随机选择.** 在区间[③] $\overline{0,1}$ 中“随机地选择一点”是一个有明显直观意义的理想实验. 它可用离散逼近来表述，但比较容易的是用整个区间作为样本空间，并指定每个子区间的长度为其概率. 进行两次独立的随机选择 $\overline{0,1}$ 中点的理想实验，得到一对实数. 因此，自然的样本空间是一个单位正方形. 在这种样本空间中，自然把“概率”和“面积”同等看待. 这样做对于某些基本目的是十分令人满意的，但是往后进一步就会产生“‘面积’究竟意味着什么”这种疑问.

---

① 更多的例子取自：第 1 卷 3.4 节中的反正弦分布；3.7 节中的返回原点次数和初过时间的分布；第 14 章中的随机游动的极限定理；11.7 节习题 20 中的均匀分布.

② 关于术语“时刻”的使用，参看本书的“符号与约定”表.

③ 区间是带有横线的，保留符号 (a, b) 表示平面上点的坐标. 参考本书的“符号与约定”表.

这些例子表明，连续样本空间在概念上可以比离散模型简单，但是其上概率的定义却依赖于积分和测度论这类工具. 在可数样本空间中，可以对一切可想象的事件赋以概率，但在一般空间中，这一直觉的方式会导致逻辑上的矛盾，而我们的直观必须适应形式逻辑的要求. 我们将很快看到，直觉的方法即使在相当简单的问题中也可能产生困难. 恰当地说，许多有概率意义的问题不需要明确的概率定义. 有时它们是具有分析特征的问题，而概率背景主要是作为对我们的直观的一种支撑. 更为中肯的是，某些具有复杂样本空间的复杂随机过程可导致很有意思而且容易理解的问题. 这些问题不依赖于在整个过程的分析中所用的巧妙工具. 典型的论述如下：如果过程可以被完全地描述出来，则随机变量 Z 应当具有如此这般的性质，因此其分布应当满足如此这般的积分方程. 虽然概率的论证能极大影响所述问题中方程的分析处理，但是在原则上后者与概率公理无关. 各领域的专家们常常熟悉这类问题，对此他们不用测度论，因为他们不了解其他类型的问题和不严格论证所带来错误结果的情况.①

这种情况在本章（全书的非正式引论）中变得更明显了. 它叙述了本书通篇将用到的两种重要分布的某些分析性质. 本章也包括一些特殊论题，部分是由于它们的重要应用，部分是为了说明我们将要遇到的新问题和对适当工具的需求. 但不必要系统地或按其出现顺序去研究它们.

在本章中，概率由初等积分定义，同时承认这个定义的局限性. 概率论术语（如随机变量或期望）的使用，在两种意义下可认为是正当的：其一，与第 1 卷同等情况相似，它们可以解释成为直观的技术助手；其二，本章中的内容可以用逻辑上无缺陷的方式由 1.2 节例 (a) 所述的离散模型通过取极限来说明. 虽然原则上既不必要又不值得追求，但后一方式为初学者提供了一个很好的练习机会.

1.2　密度和卷积

直线（也就是 $\mathbb{R}^1$）**上的概率密度**是满足下列条件的函数 f：

$$f(x) \geqslant 0, \quad \int_{-\infty}^{+\infty} f(x)\mathrm{d}x = 1. \tag{1.2.1}$$

目前我们只考虑逐段连续密度（一般情况可见 5.3 节）. 对于每一密度 f，它所对

① 严格和直观两者的作用容易被误解. 如第 1 卷指出，朴素的直观和朴素的思维是无力的，但是它们随着数学理论的发展而增加了力量. 今天的直观和应用依赖于昨天的最难于理解的理论. 而严格的理论提升了思维的效率. 的确，经验表明，在应用中大多数人依靠冗长的计算而不是简单的论证，因为这些论证看来是危险的.（最恰当的说明在 1.5 节例 (a) 中.）

应的**分布函数**①F 为

$$F(x)=\int_{-\infty}^{x} f(y)\mathrm{d}y. \tag{1.2.2}$$

它是从 0 增加到 1 的单调连续函数. 我们说 f 和 F 集中于区间 $a \leqslant x \leqslant b$ 上，如果 f 在这区间外为 0. 密度 f 是作为直线上区间的概率的赋值而被研究的. 区间 $\overline{a,b}=\{a<x<b\}$ 有概率

$$F(b)-F(a)=\int_{a}^{b} f(x)\mathrm{d}x. \tag{1.2.3}$$

这个概率有时用 $P\{\overline{a,b}\}$ 来表示. 在这种赋值下，单点的概率是 0，闭区间 $a \leqslant x \leqslant b$ 和 $\overline{a,b}$ 有相同的概率.

在最简单的情形中，以实直线作为“样本空间”，也就是说，以数来表示理想实验的结果.（和第 1 卷一样，在表示实验序列的样本空间的建立中，这只是第一步.）**随机变量**是定义在样本空间上的函数. 为了简单起见，目前我们仅把这样的函数 U 作为随机变量：对于每一个 t，它使事件 $\{U \leqslant t\}$ 由有限多个区间组成. 于是

$$G(t)=P\{U \leqslant t\} \tag{1.2.4}$$

可以定义为 f 在这些区间上的积分. (1.2.4) 定义的函数 G 称为 U 的**分布函数**. 如果 G 是函数 g 的积分，则 g 称为分布 G 的密度或变量 U 的密度.

显然，基本随机变量是坐标变量②X，而所有其他随机变量都是 X 的函数. X 的分布函数重合于定义概率的分布 F. 不用说，任一随机变量 $Y=g(X)$ 可作为一新直线上的坐标变量.

上述这些术语，可用与第 1 卷情形的简单类比来说明其正确，但是下例表明，我们的模型可通过离散模型取极限而得到.

例 (a) **数据分组.** 令 F 为一给定的分布函数. 选一固定的 $\delta>0$，并考虑离散随机变量 X_δ；对于 $(n-1)\delta<x \leqslant n\delta$，$X_\delta$ 取常数值 $n\delta$. 其中 $n=0,\pm1,\pm2,\cdots$. 在第 1 卷中，我们用 δ 的倍数作为样本空间，并以下式来描述 X_δ 的概率分布：

$$P\{X_\delta=n\delta\}=F(n\delta)-F((n-1)\delta). \tag{1.2.5}$$

现在 X_δ 变成扩大的样本空间中的随机变量，它的分布函数当 $n\delta \leqslant x<(n+1)\delta$ 时等于 $F(n\delta)$. 在连续模型中，X_δ 作为 X 的近似，X 是把区间与其右端点等同

① 所谓“分布函数”是指在 $-\infty$ 和 $+\infty$ 处分别具有极限 0 和 1 的右连续非减函数. 第 1 卷主要讨论了其增长是纯跳跃式的分布. 现在我们把注意力集中在分布函数上，它由积分来定义. 一般的分布函数将在第 5 章研究.

② 我们尽可能用大写字母来表示随机变量（即样本空间上的函数），用小写字母表示数或位置参数. 特别地，这对于坐标变量 X, 即函数 $X(x)=x$ 也是合适的.

起来而得到的（统计学家知道，该方法是用作数据分组的）. 根据第 1 卷的精神，我们把 X_δ 作为基本随机变量，把 δ 作为自由参数来处理. 令 $\delta \to 0$，由极限定理得知，F 是 X_δ 的极限分布.

(b) 对于 $x > 0$，事件 $\{X^2 \leqslant x\}$ 和事件

$$\{-\sqrt{x} \leqslant X \leqslant \sqrt{x}\}$$

相同；随机变量 X^2 有一个集中在 $\overline{0, \infty}$ 上的分布，它由

$$F(\sqrt{x}) - F(-\sqrt{x})$$

给出. 微分后可见，X^2 的密度 g 为

$$g(x) = \begin{cases} \dfrac{1}{2}\left[f(\sqrt{x}) + f(-\sqrt{x})\right]/\sqrt{x}, & \text{当 } x > 0 \text{ 时}, \\ 0, & \text{当 } x < 0 \text{ 时}. \end{cases}$$

X^3 的分布函数对所有 x 由 $F(\sqrt[3]{x})$ 给出，它的密度为

$$\frac{1}{3} f(\sqrt[3]{x}) / \sqrt[3]{x^2}.$$

X 的**期望**（expection）定义为

$$E(X) = \int_{-\infty}^{+\infty} x f(x) \mathrm{d}x, \tag{1.2.6}$$

但是要求积分绝对收敛. 例 (a) 的近似离散变量 X_δ 的期望与它的积分的黎曼（Riemann）和相同，因此 $E(X_\delta) \to E(X)$. 如果 u 是一有界连续函数，则同样的论证适用于随机变量 $u(X)$，关系式 $E(u(X_\delta)) \to E(u(X))$ 蕴涵

$$E(u(X)) = \int_{-\infty}^{+\infty} u(x) f(x) \mathrm{d}x; \tag{1.2.7}$$

微妙之处在于这个公式不明显地利用了 $u(X)$ 的分布. 于是，只要知道了随机变量 X 的分布，就完全可以算出它的函数的期望.

X 的**二阶矩**（second moment）定义为

$$E(X^2) = \int_{-\infty}^{+\infty} x^2 f(x) \mathrm{d}x, \tag{1.2.8}$$

只要积分收敛. 令 $\mu = E(X)$，X 的**方差**定义为

$$\mathrm{Var}(X) = E((X-\mu)^2) = E(X^2) - \mu^2. \tag{1.2.9}$$

注 如果变量 X 是**正的**（即密度 f 集中在 $\overline{0,\infty}$），且 (1.2.6) 中的积分发散，则为了方便，我们说 X 有**无穷期望**，记作 $\mathrm{E}(X)=\infty$. 同样，当 (1.2.8) 中的积分发散时，我们说 X 有无穷方差. 对于能取正值和负值的变量，在积分 (1.2.6) 发散时，期望没有定义. 一个典型的例子由密度 $\pi^{-1}(1+x^2)^{-1}$ 给出.

密度的概念可以转用于高维空间中，一般的讨论放在第 3 章. 在那之前，我们仅考虑第 1 卷 5.4 节所引入的乘积概率的类似概念，以便描述独立实验的组合. 换句话说，在本章中我们仅讨论形如 $f(x)g(y), f(x)g(y)h(z)$ 等的乘积密度，此处 $f,g,\cdots$ 是直线上的密度. 给定 $\mathbb{R}^2$ 平面上形如 $f(x)g(y)$ 的密度，就意味着"概率"与下列积分等同：

$$P\{A\}=\iint_A f(x)g(y)\mathrm{d}x\mathrm{d}y. \tag{1.2.10}$$

"*两个具有密度 f 和 g 的独立随机变量 X 和 Y*"的说法，意味着在 (X,Y) 平面上由 (1.2.10) 给出概率. 它蕴涵区间的乘法法则，例如 $P\{X>a,Y>b\}=P\{X>a\}P\{Y>b\}$. 它与离散的情形是如此相似，以致无须进一步说明.

许多新的随机变量可定义为 X 和 Y 的函数，其中最重要的是和 $S=X+Y$. 事件 $A=\{S\leqslant s\}$ 可由使 $x+y\leqslant s$ 成立的点 (x,y) 组成的半平面来表示. 以 G 表示 Y 的分布函数，因此有 $g(y)=G'(y)$. 为了得出 $X+Y$ 的**分布函数**，在 (1.2.10) 中于 $y\leqslant s-x$ 上积分得到

$$P\{X+Y\leqslant s\}=\int_{-\infty}^{+\infty}G(s-x)f(x)\mathrm{d}x. \tag{1.2.11}$$

由于对称性，F 与 G 所处地位可以交换，而不影响其结果. 微分可见，$X+Y$ 的**密度**由下列两积分中任一个给出：

$$\int_{-\infty}^{+\infty}f(s-y)g(y)\mathrm{d}y=\int_{-\infty}^{+\infty}f(y)g(s-y)\mathrm{d}y. \tag{1.2.12}$$

上式定义的运算是 5.4 节所导出的卷积的特殊情形. 目前我们仅对密度利用卷积这一术语：*两个密度 f 和 g 的卷积是一个由 (1.2.12) 所定义的函数，以 $f*g$ 表示.*

整个第 1 卷处理的是离散分布的卷积，且法则是相同的. 依 (1.2.12) 有 $f*g=g*f$. 给定第 3 个密度 h，我们可作出 $(f*g)*h$，这是 3 个分别具有密度 f,g,h 的独立变量之和 $X+Y+Z$ 的密度. 随机变量求和的可交换性与可结合性，蕴涵卷积的同样性质，因此 $f*g*h$ 与运算顺序无关.

正值随机变量起着重要作用，因此指出下面一点是有益的，即*如果 f 和 g 集中在 $\overline{0,\infty}$ 上，则 (1.2.12) 的卷积 $f*g$ 就化为*

$$f*g(s)=\int_0^s f(s-y)g(y)\mathrm{d}y=\int_0^s f(x)g(s-x)\mathrm{d}x. \tag{1.2.13}$$

(c) 令 f 和 g 集中在 $\overline{0,\infty}$ 上，定义 $f(x)=\alpha\mathrm{e}^{-\alpha x}$ 和 $g(x)=\beta\mathrm{e}^{-\beta x}$，则

$$f*g(x)=\alpha\beta\frac{\mathrm{e}^{-\alpha x}-\mathrm{e}^{-\beta x}}{\beta-\alpha},\quad x>0. \tag{1.2.14}$$

当 $\alpha=\beta$ 时，规定 $f*g(x)=\alpha^2x\mathrm{e}^{-\alpha x}$.（在习题 12 中继续讨论.） ■

关于随机变量概念的注 用直线或笛卡儿空间 $\mathbb{R}^n$ 作为样本空间，经常会使随机变量与一元或多元“普通”函数间的区别模糊起来. 在第 1 卷中，随机变量 X 仅取可数多个值，于是，不论是讲定义在直线上的函数（如二次函数或指数函数），还是讲定义在样本空间中的随机变量 X^2 或 e^X，其含义都是明显的. 甚至这些函数的表现特征也是完全不同的，因为“普通”指数函数的值域是正实数集，而 e^X 的值域只有可数个数. 为了看清其中的变化，现在来考虑“两个具有共同密度 f 的独立随机变量 X 和 Y”. 换句话说，平面 $\mathbb{R}^2$ 作为样本空间，概率定义为 $f(x)f(y)$ 的积分. 现在每一个二元函数均可在样本空间中定义，因此它是一随机变量，但需记住，二元函数也可以与我们的样本空间无关地定义. 例如，某些统计学问题迫使人们引入随机变量 $f(X)f(Y)$ [见 6.12 节例 (d)]. 另外，在引入样本空间 $\mathbb{R}^2$ 时，我们显然已注意到与样本空间无关的“普通”函数，由该“普通”函数可得到许多随机变量，即 $f(X),f(Y),f(X\pm Y)$ 等. 因此，同一个 f 既可作为随机变量，又可作为普通函数.

通常（和在每一特殊情形中），我们是否涉及随机变量是容易看出的. 但是，在一般理论中，会出现这样的情况，其中一些函数（如条件概率和条件期望）既能看作普通函数，又能看作随机变量，而且，如果对选择的自由没有正确的理解，就会引起混乱.

关于术语和记号的注释 为了不使语句过长，习惯上也可以称 $E(X)$ 为变量 X、密度 f 或分布 F 的期望. 其他术语的称呼也可类似对待. 例如，卷积实际上表示一种运算，但是该术语也可用于运算的结果，称函数 $f*g$ 为“卷积”.

在早期的文献中，分布和频率函数等术语适用于我们称为密度之处；我们的分布函数被描述为“累积”分布函数，而且简写符号 c.d.f. 仍然沿用.

1.3 指数密度

对任意固定的 $\alpha>0$，令

$$f(x)=\alpha\mathrm{e}^{-\alpha x},\quad F(x)=1-\mathrm{e}^{-\alpha x},\quad 当\ x\geqslant 0\ 时; \tag{1.3.1}$$

且当 $x<0$ 时 $F(x)=f(x)=0$. 于是 f 为一个指数密度，F 是其分布函数. 简单的计算表明，**期望**等于 α^{-1}，**方差**等于 α^{-2}.

在 1.1 节例 (a) 中，求出指数分布作为几何分布的极限，1.2 节例 (a) 的方法导致相同的结果. 回忆在随机过程中，几何分布经常支配着等待时间或寿命，而且这是由于在第 1 卷 13.9 节所说的它“无记忆性”的缘故：不管现在的年龄是多少，剩余的寿命与过去无关，且其分布和整个寿命的分布相同. 现在来证明，该性质仅可搬到指数极限分布而不能搬到其他分布上去.

令 T 表示寿命或等待时间的任一正变量. 用**尾部**

$$U(t) = P\{T > t\} \tag{1.3.2}$$

来代替 T 的分布函数是方便的. 直观上，$U(t)$ 是“寿命超过 t 的概率”. 已知年龄为 s，剩余寿命超过 t 的事件和事件 $\{T > s+t\}$ 相同，该事件（在已知年龄为 s）的条件概率等于比值 $U(s+t)/U(s)$. 这是剩余寿命的分布，为使它与整个寿命的分布相同，当且仅当

$$U(s+t) = U(s)U(t), \quad s, t > 0. \tag{1.3.3}$$

在第 1 卷 17.6 节中已经证明，该方程的正值解必定具有形式 $U(t) = \mathrm{e}^{-\alpha t}$. 因此，*如果寿命的分布是指数分布，则上面所述的无记忆性仍然成立.*

我们将把这种无记忆性称为指数分布的**马尔可夫（Markov）性**. 用分析的说法是，只有指数分布 F 的尾部 $U = 1 - F$ 才满足 (1.3.3)，它说明指数分布在马尔可夫过程中经常出现的原因.（马尔可夫性的更强形式将在 1.6 节叙述.）我们的描述涉及时间，但论证是一般的，当时间换为其他参数时，马尔可夫性仍然是有意义的.

例 (a) **抗张强度.** 为了得出著名的有限链条的连续模拟, 链的强度是指它最薄弱环节的强度，用 $U(t)$ 表示（由某种材料制成的）长度为 t 的线段可以承受某一固定负荷这一事件的概率. 为使长为 $s+t$ 的线不突然折断，当且仅当线的两段分别都能承受给定的负荷. 假定没有相互作用，这两个事件应当看作独立的，因而 $U(t)$ 必须满足 (1.3.3). 其中线长充当了时间参数的角色，线折断时的长度是一个有指数分布的随机变量.

(b) **空间中的随机点群**在许多方面起作用，因此，对这个概念给以适当定义是重要的. 直观上讲，完全随机性这个首要的性质就是在不同区域中没有相互作用：区域 A_1 内观察到的情况，不能给出与其不相交区域 A_2 内点群的结论. 特别地，A_1 和 A_2 皆空的概率 p 等于 A_1 为空的概率 p_1 与 A_2 为空的概率 p_2 之积. 这个乘法法则对于所有区域的划分不可能成立，除非概率 p 仅依赖于区域 A 的体积而不依赖于它的形状. 如果情况确实如此，则用 $U(t)$ 表示体积为 t 的区域不含点的概率，它满足 (1.3.3)，因此 $U(t) = \mathrm{e}^{-\alpha t}$；常数 α 依赖于点群的密度，或等价地依赖于长度的单位. 下一节将指出 $U(t)$ 的这一知识能使我们算出体积为 t 的区域

恰好包含点群的 n 个点的概率；它由泊松（Poisson）分布 $p_n(t) = \mathrm{e}^{-\alpha t}(\alpha t)^n/n!$ 给出. 因此，我们称为**泊松点群**，这一术语比有其他内容的随机点群的术语更确切一些.

(c) **圆和球的群体.** 质点的随机群体提出一个更复杂的问题. 为了简单起见，假定质点是圆形或球形的，半径 ρ 固定. 于是它的组成完全由圆（球）心所决定，且假定这些圆心形成泊松点群. 虽然这在严格意义上是不可能的，因为圆心的相互距离必须大于 2ρ. 但是我们仍然认为，对于小的半径 ρ，有限尺寸的影响在实际中可以忽略，因此圆心的泊松点群模型作为近似是可行的.

作为数学模型，我们假定圆心形成泊松点群，并默认圆或球相交的可能性. 如果半径 ρ 是小的，则这一理想化将无实际影响，因为此时相交的理论频率可以忽略. 因此，天文学家把星球系统当作泊松点群来处理，这个近似在实际中看来是极好的，下述两例表明在实际中如何利用此模型.

(d) **最近的邻域.** 我们研究具有密度 α 的（星）球的泊松点群. 体积为 t 的区域内不含球心的概率等于 $\mathrm{e}^{-\alpha t}$. "原点到其最近邻域的距离大于 r" 等价于 "半径为 r 的球的内部不含星球中心". 这样的球的体积等于 $\frac{4}{3}\pi r^3$，因此在星球的泊松点群中，最近邻域的距离大于 r 的概率为 $\mathrm{e}^{-\frac{4}{3}\pi\alpha r^3}$. 这一表达式与星球半径 ρ 无关的事实，表明模型的近似特征和它的局限性.

在平面上，球换为圆，最近邻域的距离的分布函数为 $1-\mathrm{e}^{-\alpha\pi r^2}$.

(e) **继续讨论：自由路程.** 为了叙述方便，我们从二维模型开始. 圆盘的随机点群可以解释为稀疏森林的横截面. 我站在原点（它不包含在任何圆盘中），看着 x 轴正方向. 与任一圆盘不相交的最长区间 $\overline{0,t}$ 表示 **视野**（visibility）或 x 方向上的自由路程. 它是一个随机变量，我们以 L 表示.

用 A 表示由这样一些点组成的区域，它与 x 轴上区间 $\overline{0,t}$ 的某点的距离小于或等于 ρ. A 的边界由直线 $y=\pm\rho$ 上的两条线段 $0\leqslant x\leqslant t$ 和两个分别以原点和点 $(t,0)$ 为圆心 ρ 为半径的半圆组成. 因此 A 的面积等于 $2\rho t+\pi\rho^2$. 为使事件 $\{L>t\}$ 发生，当且仅当没有一个圆盘的中心包含在 A 的内部，但是事先已经知道，不存在以原点为中心 ρ 为半径的圆. 其余的区域的面积是 $2\rho t$，因此我们断定，视野 L 的分布是指数分布；

$$P\{L>t\} = \mathrm{e}^{-2\alpha\rho t}.$$

在空间中，可用同样的论证，并且有关的区域可由 A 绕 x 轴旋转而成. 矩形 $0<x<t$, $|y|<\rho$ 换成体积为 $\pi\rho^2 t$ 的圆柱体. 我们断言，在星球的泊松点群中，任何方向的自由路程 L 有指数分布：$P\{L>t\} = \mathrm{e}^{-\pi\alpha\rho^2 t}$. 平均自由路程为 $E(L) = 1/(\pi\alpha\rho^2)$. ■

下面这个定理将被反复应用.

定理 如果 $X_1, \cdots, X_n$ 是具有指数分布 (1.3.1) 的相互独立随机变量，则和 $X_1 + \cdots + X_n$ 的密度 g_n 与分布函数 G_n 分别为

$$g_n(x) = \alpha \frac{(\alpha x)^{n-1}}{(n-1)!} \mathrm{e}^{-\alpha x}, \quad x > 0, \tag{1.3.4}$$

$$G_n(x) = 1 - \mathrm{e}^{-\alpha x} \left(1 + \frac{\alpha x}{1!} + \cdots + \frac{(\alpha x)^{n-1}}{(n-1)!}\right), \quad x > 0. \tag{1.3.5}$$

证 对于 $n = 1$，结论化为定义 (1.3.1). 密度 g_{n+1} 由下面的卷积定义：

$$g_{n+1}(t) = \int_0^t g_n(t-x) g_1(x) \mathrm{d}x. \tag{1.3.6}$$

假定 (1.3.4) 成立，于是得到

$$g_{n+1}(t) = \frac{\alpha^{n+1}}{(n-1)!} \mathrm{e}^{-\alpha t} \int_0^t x^{n-1} \mathrm{d}x = \alpha \frac{(\alpha t)^n}{n!} \mathrm{e}^{-\alpha t}. \tag{1.3.7}$$

因此，由归纳法可知，(1.3.4) 对所有的 n 成立. 由微分可得 (1.3.5). ■

密度 g_n 是 2.2 节所引入的 Γ 密度. 它们表示负二项分布的类似连续分布，负二项分布在第 1 卷 6.8 节中是由具有相同几何分布的 n 个变量之和求出的.（见习题 6.）

1.4 等待时间的悖论、泊松过程

以 $X_1, X_2, \cdots$ 表示具有共同指数分布 (1.3.1) 的相互独立随机变量，令 $S_0 = 0$,

$$S_n = X_1 + \cdots + X_n, \quad n = 1, 2, \cdots. \tag{1.4.1}$$

我们引入一个新的随机变量族 $N(t)$：$N(t)$ 是使 $S_k \leqslant t$ 的指标 $k \geqslant 1$ 的个数. 事件 $\{N(t) = n\}$ 发生，当且仅当 $S_n \leqslant t$ 且 $S_{n+1} > t$. 当 S_n 有分布 G_n 时，该事件的概率等于 $G_n(t) - G_{n+1}(t)$，也就是

$$P\{N(t) = n\} = \mathrm{e}^{-\alpha t} \frac{(\alpha t)^n}{n!}. \tag{1.4.2}$$

用语言表示，*随机变量 $N(t)$ 有期望为 αt 的泊松分布*.

这一论证看来好像是泊松分布的新推导，但是实际上只是用随机变量的术语来重新叙述第 1 卷 6.6 节的原来推导. 为了直观起见，考虑偶然发生的事件（如宇宙线大量出现或电话铃响），我们把它称为“到达”. 假定它是无后效的，即过去的历史无助于断定将来. 如我们已经看到的那样，这个条件要求第一次到达的

等待时间 X_1 是指数分布. 但是在每一次到达后的过程又按全过程的概率规律重新开始：两次到达间的等待时间 X_k 必须独立且有相同分布. 和 S_n 表示第 n 次到达的时刻，$N(t)$ 是在区间 $\overline{0,t}$ 中到达的次数. 在这一论证中，与泊松分布的原有推导不同之处，仅在于利用了较好的专门术语.

（在随机过程的术语中，序列 $\{S_n\}$ 构成了一个具有指数间隔时间 X_k 的**更新过程**，其一般概念见 6.6 节.）

甚至这种简单情形也会出现明显的矛盾，它说明需要一种完善的方法，下面我们用一种自然的方式来叙述.

例　等待时间的悖论. 公共汽车依泊松过程到达，依次相继而来的汽车间隔的期望时间是 α^{-1}. 我在时刻 t 到达. 问我等待下一辆汽车的时间 W_t 的期望 $E(W_t)$ 是多少？（当然，我到达的时刻 t 与汽车无关，例如正午.）以下两个不同的解答都是有道理的.

(a) 泊松过程的无记忆性，蕴涵着我的等待时间分布不依赖于我的到达时刻. 在这种情形下，$E(W_t) = E(W_0) = \alpha^{-1}$.

(b) 我的到达时刻是"随机出现"在区间内的. 在两辆接连而来的汽车中间，由于对称性，我的期望等待时间是两辆接连而来的汽车间隔期望时间的一半，即 $E(W_t) = \dfrac{1}{2}\alpha^{-1}$.

两个论证看来都是合理的，并且都被用于实际中. 然而该矛盾将如何解释呢？最容易的是形式主义者的办法，他们拒绝去看清一个不是以完美的方式来陈述的问题. 但是问题并不能因忽视而被解决.

现在我们指出这两个论证在本质上（若非形式上）是正确的. 矛盾在于意料不到的地方，下面来说明这一点. ①

我们讨论间隔时间 $X_1 = S_1, X_2 = S_2 - S_1, \cdots$. 根据假定，$X_k$ 有相同的指数分布，其期望为 α^{-1}. 选取"任一"特殊的 X_k 就得到一个随机变量，我们从直观上会认为它的期望为 α^{-1}，只要这种选择不需要用到样本序列 $X_1, X_2, \cdots$ 的知识. 但这是不正确的. 在本例中，我们选择一个元素 X_k 使得

$$S_{k-1} < t \leqslant S_k,$$

其中 t 是固定的. 这个是不考虑实际过程而做出的选择，但是这样选出的 X_k 有**二倍**的期望 $2\alpha^{-1}$. 考虑这一事实，本例的论证 (b) 假设有期望等待时间 α^{-1}，于是矛盾消失.

这个悖论的解决引起了有经验的工作者们的震动，但是，我们的思考方式一经适当调整，它在直观上就变得明显了. 粗略地说，长区间比短区间有较多的覆

① 关于各种悖论参看 6.7 节例 (a). 悖论也产生于一般更新理论中，在它们被完全理解之前，曾引起严重的困难和矛盾. 有关的基本理论见 11.4 节.

盖 t 点的机会. 这一含糊的直觉被下列命题所证明.

命题 令 $X_1, X_2, \cdots$ 相互独立, 有相同的期望为 α^{-1} 的指数分布. 令 $t>0$ 是任意固定的, 则满足条件 $S_{k-1}<t\leqslant S_k$ 的变量 X_k 有密度

$$v_t(x)=\begin{cases}\alpha^2 x\mathrm{e}^{-\alpha x}, & \text{当 } 0<x\leqslant t \text{ 时},\\ \alpha(1+\alpha t)\mathrm{e}^{-\alpha x}, & \text{当 } x>t \text{ 时}.\end{cases} \tag{1.4.3}$$

关键在于密度 (1.4.3) 不是 X_k 的共同密度. 它的明显形式是不重要的.（任意等待时间分布的类似情况包含在 (11.4.16) 中.）

证 令 k 是使 $S_{k-1}<t\leqslant S_k$（依赖于随机性）的下标, 令 L_t 等于 S_k-S_{k-1}. 我们证明 L_t 有密度 (1.4.3). 首先设 $x<t$. 为使事件 $\{L_t\leqslant x\}$ 发生, 当且仅当对于某一组数 n, y 同时有 $S_n=y$ 和 $t-y<X_{n+1}\leqslant x$. 这需要

$$t-x\leqslant y\leqslant t.$$

对所有可能的 n 和 y 求和, 得到

$$P\{L_t\leqslant x\}=\sum_{n=1}^{\infty}\int_{t-x}^{t}g_n(y)\cdot[\mathrm{e}^{-\alpha(t-y)}-\mathrm{e}^{-\alpha x}]\mathrm{d}y. \tag{1.4.4}$$

但是, $g_1(y)+g_2(y)+\cdots=\alpha$ 是恒等式, 因此

$$P\{L_t\leqslant x\}=1-\mathrm{e}^{-\alpha x}-\alpha x\mathrm{e}^{-\alpha x}. \tag{1.4.5}$$

经微分, 对于 $x<t$ 我们得到 (1.4.3). 对于 $x>t$, 除了 y 的值域是 0 到 t 这一点之外, 其余可用类似的论证, 同时我们应当把事件 $0<t<S_1<x$ 的概率 $\mathrm{e}^{-\alpha t}-\mathrm{e}^{-\alpha x}$ 加到 (1.4.4) 的右端. 证毕. ■

(1.4.3) 在 $x=t$ 处的间断是由于作为过程开始时刻的原点的特殊作用. 显然,

$$\lim_{t\to\infty}v_t(x)=\alpha^2 x\mathrm{e}^{-\alpha x}, \tag{1.4.6}$$

它表明原点的作用消失了, 因而对于“老”的过程, L_t 的分布几乎与 t 无关. 我们把这一事实用 L_t 的**“稳定状态”密度**表示, 它由 (1.4.6) 右端给出.

用证明中的符号, 本例中所考虑的等待时间 W_t 是随机变量 $W_t=S_k-t$. 上述证明过程的论证还证明了

$$\begin{aligned}P\{W_t\leqslant x\}&=\mathrm{e}^{-\alpha t}-\mathrm{e}^{-\alpha(x+t)}+\sum_{n=1}^{\infty}\int_0^t g_n(y)[\mathrm{e}^{-\alpha(t-y)}-\mathrm{e}^{-\alpha(x+t-y)}]\mathrm{d}y\\&=1-\mathrm{e}^{-\alpha x}.\end{aligned} \tag{1.4.7}$$

因此, 按照论证 (a), W_t 和 X_k 有相同的指数分布（见习题 7）.

最后介绍**泊松过程**. 泊松变量 $N(t)$ 作为随机变量无穷序列 $X_1, X_2, \cdots$ 的样本空间上的函数而引入. 这一方式能满意地适合于很多用途，但是，一个不同的样本空间更为自然. “观察直至时刻 t 来到的呼叫次数”的理想实验，对于每一正数 t 得到一个整数，因而结果是一个跃度为 1 的阶梯函数. 相应的样本空间是以这些阶梯函数作为样本点的空间；它是一个函数空间——所有可能“轨道”组成的空间. 在这个空间中，$N(t)$ 定义为时刻 t 处的纵坐标，S_n 定义为第 n 次跳跃的横坐标，等等. 现在可以考虑不易用原先的变量 X_n 表达的事件. 一个有实际意义的典型例子（见 6.5 节中的破产问题）是对于某一 t，$N(t) > a + bt$ 的事件. 一条轨道（正如二项试验中 ± 1 的一个无穷序列一样）代表自然的但不可避免的概率研究对象. 一旦习惯了这个新术语，轨道空间就变得极为直观了.

遗憾的是，在样本轨道空间中概率的引入远不是简单的事情. 比较起来，一步步地从离散样本空间到直线、平面等，甚至到随机变量的无穷序列，在概念上和技术上都不困难. 新的问题是和函数空间有关而产生的，在此我们告诉读者，在本书中不讨论这类问题. 我们将满足于序列样本空间（可数多个坐标变量）的简单论述. 一般地提到随机过程或特殊地提到泊松过程都是很随意的，它仅仅提供直观背景或增加我们问题的趣味性.

泊松点群

如第 1 卷 6.6 节所指出，泊松分布律不但支配了“在时间轴上随机分布的点”，而且还支配着在平面上或空间中随机分布的点群（如材料中的裂纹或蛋糕中的葡萄干），只要把 t 解释为面积或体积. 一个基本假设是，在指定的区域中有 k 个点的概率只依赖于区域的面积或体积，而不依赖于它的形状，并且在不相交的区域中的出现是独立的. 在 1.3 节例 (b) 中，我们利用同一假设证明了体积为 t 的区域中不含点的概率是 $\mathrm{e}^{-\alpha t}$. 这相当于第一个事件发生的等待时间的指数分布. 现在看到，对于事件个数来说，泊松分布是它的直接推论. 同一论证适用于空间中的随机点群，于是我们有如下事实的一个新证明：包含在给定区域中的点群的点数是一个泊松变量. 形式上的简单计算可得到随机点群的有趣结果，但是关于泊松过程的论述同样适用于泊松点群；完整的概率描述是复杂的，而且超出本书的范围.

1.5 倒霉事的持续时间

众所周知，排队肯定要等上一段时间，而类似这样的倒霉事是我们经常会碰到的. 概率论能为解释这类问题做出多大的贡献呢？为了得到部分答案，对各种情况，考虑三个典型的例子. 它们说明了随机起伏的不可预料的一般特点.

例 (a) **记录值.** 以 X_0 表示我在某一随机事件上的等待时间（或金钱损失）.

设我的朋友们也在经历同类的事情，其结果用 $X_1, X_2, \cdots$ 来表示. 为了消除偏倚，假定 $X_0, X_1, \cdots$ 是相互独立且具有共同分布的随机变量. 这种分布的性质实际上无关紧要，但是，因为指数分布可作为随机性模型，依 (1.3.1) 我们假定 X_j 是具有指数分布的. 为了叙述简单，我们把序列 $\{X_j\}$ 当作无穷序列来处理.

为了度量我的倒霉事，我问，在某一个朋友碰到倒霉事之前，我的倒霉事要持续多久（忽略了使 $X_k = X_0$ 的零概率事件）. 此外，在形式上，引入等待时间 N 作为使 $X_n > X_0$ 的第一个下标 n 的值. 事件 $\{N > n-1\}$ 发生，当且仅当 n 元组 $X_0, X_1, \cdots, X_{n-1}$ 的最大项出现在最初的位置上. 由于对称性，这事件的概率是 n^{-1}. 事件 $\{N = n\}$ 和事件 $\{N > n-1\} - \{N > n\}$ 是相同的，因此，对于 $n = 1, 2, \cdots$,

$$P\{N = n\} = \frac{1}{n} - \frac{1}{n+1} = \frac{1}{n(n+1)}. \tag{1.5.1}$$

这个结果完全证实了我确实很倒霉：*随机变量 N 有无穷期望！* 如果平均要做1000 次试验才打破我的霉运，这已经足够倒霉了，更何况实际等待时间有无穷期望.

注意，论证不依赖于 X_k 是指数分布这一条件. 由此推出，只要 X_k 独立且有共同的连续分布函数 F，则第一个记录值有分布 (1.5.1). 这分布不依赖于 F 的事实，被统计学家用来检验独立性（见习题 8~习题 11）.

结果 (1.5.1) 的严格而又一般的性质同证明的简便联系在一起，容易引起人们的怀疑. 实际上论证是无缺点的（除了叙述的简便外）. 但是，那些宁愿信赖烦琐计算的人，由上述概率直接定义，求 $\alpha^{n+1}\mathrm{e}^{-\alpha(x_0+\cdots+x_n)}$ 在不等式 $0 < x_0 < x_n$ 和 $0 < x_j < x_0$（$j = 1, \cdots, n-1$）所确定的区域上的 $(n+1)$ 重积分，能够容易验证 (1.5.1) 的正确性.

(1.5.1) 的另一推导是对条件概率的有益练习；它虽然难一些，但是可得出另外的结果（习题 8）. 给定 $X_0 = x$，以后各次试验中取较大值的概率是 $p = \mathrm{e}^{-\alpha x}$，我们讨论的是具有概率 p 的伯努利试验中第一次成功的等待时间. 因此，在 $X_0 = x$ 条件下 $N = n$ 的条件概率是 $p(1-p)^{n-1}$. 为了得到 $P\{N = n\}$，我们乘以事先的假设 $X_0 = x$ 的密度 $\alpha\mathrm{e}^{-\alpha x}$，并对 x 积分. 代换 $1 - \mathrm{e}^{-\alpha x} = t$，被积函数变为 $t^{n-1}(1-t)$，它的积分等于 $n^{-1} - (n+1)^{-1}$，这与 (1.5.1) 一致.

(b) **比.** 如果 X 和 Y 是两个具有相同指数分布的独立变量，则比 Y/X 是一个新的随机变量. 它的分布函数由 $\alpha^2\mathrm{e}^{-\alpha(x+y)}$ 在 $0 < y < tx, 0 < x < \infty$ 上积分得出. 对 y 积分得到

$$P\{Y/X \leqslant t\} = \int_0^\infty \alpha\mathrm{e}^{-\alpha x}(1 - \mathrm{e}^{-\alpha t x})\mathrm{d}x = \frac{t}{1+t}. \tag{1.5.2}$$

相应的密度为 $(1+t)^{-2}$. 值得注意的是，变量 Y/X 有无穷期望.

这里我们找到了倒霉事的持续性的一个新证明. 实际上，如果彼得的等待时间比保罗长 3 倍，彼得有理由感到委屈，但是分布 (1.5.2) 赋予这事件的概率是 1/4. 由此推出，平均地说，保罗或彼得二者之一都有理由感到委屈. 由于很短的等待时间容易被忽略. 所以在实际上要增加观察次数.

(c) **并行的等待线.** 我开着车到达汽车检查站（或进入隧道的入口、汽车的轮渡口，等等）. 有两条等待线可供选择，但是我一旦选择一条，就不能再换. 跟在我后面的史密斯出现在我也许该选择的地方，我一直注意他是在我前面还是后面. 队伍大部分时间停着，偶尔某条等待线向前移动一个车身. 为了使纯随机性的影响最大，假定两等待线随机独立；此外，两个接连的移动之间的时间间隔是具有相同指数分布的独立变量. 在这些情况下，接连移动构成一个贝努利试验，其中“成功”表示我在前，“失败”表示史密斯在前. 成功概率是 1/2，这在本质上说明我们所讨论的是对称随机游动，它的奇妙的起伏性质获得清楚的解释（为了叙述简单，不考虑仅有有限辆汽车这一现实情况）. 我能否跑到史密斯的前面呢？用随机游动的说法，问题就是：第一次通过 +1 能否发生. 如我们所知，这事件的概率是 1，但其期望等待时间是无穷. 这种等待给了我对倒霉事感到惋惜的充足理由，并且由于史密斯用同法讨论而更加令人不愉快.

1.6　等待时间与顺序统计量

有序的 n 元实数 $(x_1,\cdots,x_n)$ 可以按照数值增加的顺序重新排列，得到一个新的 n 元组

$$(x_{(1)},x_{(2)},\cdots,x_{(n)}),\ 其中\ x_{(1)}\leqslant x_{(2)}\leqslant\cdots\leqslant x_{(n)}.$$

适用于空间 $\mathbb{R}^n$ 中一切点的这一运算，导出了 n 个完全确定的函数，以 $X_{(1)},\cdots,X_{(n)}$ 表示. 如果概率定义在 $\mathbb{R}^n$ 中,则这些函数就成为随机变量. 我们说 $(X_{(1)},\cdots,X_{(n)})$ 是由 $(X_1,\cdots,X_n)$ 按数值的增加重新排列而得到. 变量 $X_{(k)}$ 称为给定样本 $X_1,\cdots,X_n$ 的**第 k 个顺序统计量**[①]. 特别地，$X_{(1)}$ 和 $X_{(n)}$ 是**样本极值**；当 $n=2\nu+1$ 为奇数时，$X_{(\nu+1)}$ 是**样本中位数**.

我们把这个概念应用于具有相同指数密度 $\alpha\mathrm{e}^{-\alpha x}$ 的独立随机变量 $X_1,\cdots,X_n$ 的特殊情形.

---

① 严格地说,术语“样本统计量”是“样本变量的函数”的同义语,即是随机变量. 从语言上讲,它的使用是为了强调原来变量(样本)和某些导出变量在给定范围内所起的不同作用. 例如“样本平均”$(X_1+\cdots+X_n)/n$ 可称为统计量. 顺序统计量经常出现在统计学文献中. 我们沿用标准术语，除了极端值通常称为极“值”这一例外.

例 (a) **并行的等待线**. 把 $X_1, \cdots, X_n$ 解释为有 n 个柜台的邮局从时刻 0 开始的 n 次服务时间的长度. 顺序统计量表示服务结束所接连发生的时刻，或者说，**接连解除服务的时刻**（“输出过程”）. 特别地，$X_{(1)}$ 是首次解除服务的等待时间. 现在如果假定无后效是有意义的，则等待时间 $X_{(1)}$ 应具有马尔可夫性，即 $X_{(1)}$ 必须是指数分布的. 事实上，事件 $\{X_{(1)} > t\}$ 发生等于 n 个事件 $\{X_k > t\}$ 同时发生，其中每个事件有概率 $\mathrm{e}^{-\alpha t}$；由于假定了独立性，概率相乘，可得

$$P\{X_{(1)} > t\} = \mathrm{e}^{-n\alpha t}. \tag{1.6.1}$$

现在我们可以再深入一步，研究在时刻 $X_{(1)}$ 的情况. 缺乏记忆性的假定看来可导出初始情况的再现，除了现在只有 $n-1$ 个柜台在工作；过程的后延是与 $X_{(1)}$ **独立的**，并且是全过程的复制品（再现）. 特别地，下一次解除服务的等待时间, 即 $X_{(2)} - X_{(1)}$，将有分布

$$P\{X_{(2)} - X_{(1)} > t\} = \mathrm{e}^{-(n-1)\alpha t}, \tag{1.6.2}$$

它与 (1.6.1) 类似. 这一论证导致下面关于有相同指数分布的独立变量的顺序统计量的一般命题.

命题[①] *n 个变量 $X_{(1)}, X_{(2)} - X_{(1)}, \cdots, X_{(n)} - X_{(n-1)}$ 是独立的，而且 $X_{(k+1)} - X_{(k)}$ 的密度为 $(n-k)\alpha\mathrm{e}^{-(n-k)\alpha t}$.*

在验证这个命题之前，我们先从形式上考虑它的含义. 当 $n = 2$ 时，差 $X_{(2)} - X_{(1)}$ 是在两个等待时间中较短者结束后的**剩余等待时间**. 命题断言，这个剩余等待时间和原来的等待时间有相同的指数分布，并且与 $X_{(1)}$ 独立. 这是由依赖于**固定时刻** t 所表现的马尔可夫性，到依赖于随机的停止时间 $X_{(1)}$ 的马尔可夫性的推广. 称它为**强马尔可夫性**.（若讨论的仅是有穷多个变量，则能由弱马尔可夫性导出强马尔可夫性，但是在较复杂的随机过程中，差别是本质性的.）

命题的证明可作为积分练习的例子. 为了术语简单，我们令 $n = 3$. 和许多情形类似，利用对称性论证. 在变量 X_j 中没有任何两个变量相等的概率为 1. 因此，忽略概率为零的事件，依照数值大小而有 X_1, X_2, X_3 的 6 种可能排列，它表示 6 个等概率的互斥事件. 因此，为了计算顺序统计量的分布，只要考虑一个随机事件 $X_1 < X_2 < X_3$ 即可. 于是

$$\begin{aligned} &P\{X_{(1)} > t_1, X_{(2)} - X_{(1)} > t_2, X_{(3)} - X_{(2)} > t_3\} \\ &= 6P\{X_1 > t_1, X_2 - X_1 > t_2, X_3 - X_2 > t_3\}. \end{aligned} \tag{1.6.3}$$

（在纯分析上，空间 $\mathbb{R}^3$ 被划分为由 $x_1 < x_2 < x_3$ 所确定的区域的 6 个部分，每一部分上的积分值相同. 两个或更多个坐标相等的那种边界事件有零概率，因而

① 这一命题多次为统计估计的目的而被发现，但通常的证明是用计算方法而不是用马尔可夫性. 参看习题 13.

忽略不计.）为了估计 (1.6.3) 的右端，我们在以不等式

$$x_1 > t_1, \quad x_2 - x_1 > t_2, \quad x_3 - x_2 > t_3$$

确定的区域上积分 $\alpha^3 \mathrm{e}^{-\alpha(x_1+x_2+x_3)}$. 通过对 x_3 的简单积分得到

$$6\mathrm{e}^{-\alpha t_3} \int_{t_1}^{\infty} \alpha \mathrm{e}^{-\alpha x_1} \mathrm{d}x_1 \int_{x_1+t_2}^{\infty} \alpha \mathrm{e}^{-2\alpha x_2} \mathrm{d}x_2$$

$$= 3\mathrm{e}^{-\alpha t_3 - 2\alpha t_2} \int_{t_1}^{\infty} \alpha \mathrm{e}^{-3\alpha x_1} \mathrm{d}x_1 = \mathrm{e}^{-\alpha t_3 - 2\alpha t_2 - 3\alpha t_1}. \tag{1.6.4}$$

于是 3 个变量 $X_{(1)}, X_{(2)} - X_{(1)}, X_{(3)} - X_{(2)}$ 的联合分布是 3 个指数分布的乘积，命题得证. ■

特别地，由此推出，$E(X_{(k+1)} - X_{(k)}) = 1/(n-k)\alpha$. 对 $k = 0, 1, \cdots, \nu - 1$ 求和，得到

$$E(X_{(\nu)}) = \frac{1}{\alpha}\left(\frac{1}{n} + \frac{1}{n-1} + \cdots + \frac{1}{n-\nu+1}\right). \tag{1.6.5}$$

注意，该期望的计算并没有用到 $X_{(\nu)}$ 的分布的知识，这里我们另有一个好的例子，它通过表示一个随机变量为其他变量之和而导出命题（见第 1 卷 9.3 节）.

(b) **强马尔可夫性的应用**. 设 3 个人 A、B 和 C 在时刻 0 到达邮局，发现两个柜台空闲着. 3 个服务时间是具有相同指数分布的独立随机变量 X, Y, Z. A 和 B 的服务是立即开始的，但是 C 的服务是在 A 或 B 离去后在时刻 $X_{(1)}$ 开始. 我们指出，马尔可夫性将得出各种问题的简单答案.

(i) C 不是最后一个离开邮局的概率是多少？答案是 1/2，因为第一个离开时刻 $X_{(1)}$ 在 C 和被服务的另一人之间建立了对称性.

(ii) C 在邮局所用时间 T 的分布是什么？显然，$T = X_{(1)} + Z$ 是二独立变量之和，这二变量的分布是具有参数 2α 和 α 的指数分布. 二指数分布的卷积由 (1.2.14) 给出，可见 T 有密度 $u(t) = 2\alpha(\mathrm{e}^{-\alpha t} - \mathrm{e}^{-2\alpha t})$，并且 $E(T) = 3/(2\alpha)$.

(iii) 最后一个离开时刻的分布是什么？以 $X_{(1)}, X_{(2)}, X_{(3)}$ 表示依次离开的时刻. 差 $X_{(3)} - X_{(1)}$ 是变量 $X_{(3)} - X_{(2)}$ 与 $X_{(2)} - X_{(1)}$ 之和. 在上例中已看到，这些变量是独立的，有参数为 2α 和 α 的指数分布. 因此，$X_{(3)} - X_{(1)}$ 与变量 T 有相同的密度 u. 现在 $X_{(1)}$ 与 $X_{(3)} - X_{(1)}$ 独立，有密度 $2\alpha\mathrm{e}^{-2\alpha t}$. 故由 (ii) 中所用的卷积公式得 $X_{(3)}$ 有密度

$$4\alpha[\mathrm{e}^{-\alpha t} - \mathrm{e}^{-2\alpha t} - \alpha t \mathrm{e}^{-2\alpha t}],$$

而且 $E(X_{(3)}) = 2/\alpha$.

与直接计算一比较，这一方法的优越性就很明显了，但是直接计算适用于任意的服务时间分布（习题 19）.

(c) **顺序统计量的分布.** 作为最后一个练习，我们导出 $X_{(k)}$ 的分布. 事件 $\{X_{(k)} \leqslant t\}$ 表示，在 n 个变量 $X_{(j)}$ 中至少有 k 个 $\leqslant t$. 这表示在 n 次独立试验中至少有 k 次“成功”，因此

$$P\{X_{(k)} \leqslant t\} = \sum_{j=k}^{n} \binom{n}{j} (1-\mathrm{e}^{-\alpha t})^j \mathrm{e}^{-(n-j)\alpha t}. \tag{1.6.6}$$

微分后可见，$X_{(k)}$ 的密度为

$$n\binom{n-1}{k-1}(1-\mathrm{e}^{-\alpha t})^{k-1}\mathrm{e}^{-(n-k)\alpha t}\alpha\mathrm{e}^{-\alpha t}. \tag{1.6.7}$$

这个结果可由下面不严格的论证直接得到. 我们要求（直至当 $h \to 0$ 时依极限可忽略的诸项）如下联合事件的概率：变量 X_j 中的一个位于 t 与 $t+h$ 之间，其余 $n-1$ 个变量中的 $k-1$ 个 $\leqslant t$，剩下的 $n-k$ 个变量 $> t+h$. 将选择次数与相应概率相乘便得到 (1.6.7). 建议初学者将这种论证写成明确的形式，并从离散的模型导出 (1.6.7).（在习题 13 和习题 17 中继续讨论.） ■

1.7 均 匀 分 布

随机变量 X 在区间 $\overline{a,b}$ 内是**均匀分布的**，如果对于 $a<x<b$，其密度是常数 $=(b-a)^{-1}$，而在此区间外是 0. 此时变量 $(X-a)(b-a)^{-1}$ 在 $\overline{0,1}$ 内是均匀分布的，通常我们利用 $\overline{0,1}$ 作为标准区间. 由于它的图像外形，所以也称均匀分布函数的密度为“矩形”密度.

对于均匀分布，区间 $\overline{0,1}$ 变成一个样本空间，在其中，区间的概率和它的长度相等. 对应于在 $\overline{0,1}$ 内均匀分布的 2 个独立变量 X 和 Y 的样本空间，是 $\mathbb{R}^2$ 中的单位正方形，其概率定义为面积. 同样的办法适用于 3 元和 n 元的情形.

均匀分布的随机变量常称为“随机选取的点 X”. “对 $\overline{0,1}$ 中的点作 n 次独立随机选取”这一理想实验结果，要求用 n 维超正方体来作它的概率描述，而这样的实验在同一区间中得到 n 个点 $X_1,\cdots,X_n$. 其中没有任何两点相等的概率为 1，因此它们把 $\overline{0,1}$ 划分成 $n+1$ 个子区间. 把这 n 个点按其从左到右的自然顺序重新排列，得到 n 个新的随机变量，表示为 $X_{(1)},\cdots,X_{(n)}$. 这就是上节所定义的**顺序统计量**. 现在划分的子区间是 $\overline{0,X_{(1)}}$，其次是 $\overline{X_{(1)},X_{(2)}}$，等等.

在圆周上随机地选取点的概念是不需解释的. 为了把圆周上 n 次独立选取的结果具体化，我们设想圆周是按逆时针定向的，因此区间有左端点和右端点，且可表示为 $\overline{a,b}$ 的形式. 两点 X_1 和 X_2 独立地选取，它将圆周随机地分成两区间 $\overline{X_1,X_2}$ 和 $\overline{X_2,X_1}$（我们不再考虑零概率事件 $X_1=X_2$）.

(a) **经验解释.** 轮盘赌的轮盘可作为在圆周上实现“随机选取”的一般可以想到的工具. 在 6 位小数的数值计算中，舍入误差通常作为在长度为 10^{-6} 的区间上的均匀分布随机变量来处理（对于因舍弃最后两位小数而产生的误差，具有 100 个可能值的离散模型是较合适的，虽然在实际中不大方便）. 盲目到达公共汽车站的旅客的等待时间，可看作在接连离开（汽车）之间的均匀分布. 1.8 节所讨论的随机分裂的应用具有较广泛的理论趣味. 在许多数理统计学问题（如非参数检验）中均匀分布以间接方式被应用：给定任一具有连续分布 F 的随机变量 X，随机变量 $F(X)$ 在 $\overline{0,1}$ 中是均匀分布的（见 1.12 节）.

(b) **随机划分.** 我们证明以下命题：n 个独立且随机选取的点 $X_1,\cdots,X_n$ 把 $\overline{0,1}$ 划分成 $n+1$ 个区间，它们的长度有一个共同的分布：

$$P\{L>t\}=(1-t)^n,\quad 0<t<1. \tag{1.7.1}$$

这一结果是惊人的，因为直观上，我们预料至少两个含端点的区间具有不同的分布. 但是，研究长度为 1 的（定向）圆周的等价情形[①]，所有 $n+1$ 个区间都有同一分布就变成显然的了. 这里 $n+1$ 个点 $X_1,\cdots,X_{n+1}$ 是独立地选取的，并且随机地把圆周划分成 $n+1$ 个区间；由于对称性，这些区间应当有相同的分布，现在设想在点 X_{n+1} 处把圆切开，则得到一个区间，其中 $X_1,\cdots,X_n$ 是独立且随机地选取的. $n+1$ 个随机划分的区间的长度有共同的分布. 这一分布由 (1.7.1) 给出，只要研究最左端区间 $\overline{0,X_{(1)}}$ 就可看出这一点. 它的长度超过 t，当且仅当 n 个点 $X_1,\cdots,X_n$ 在 $\overline{t,1}$ 中，而这一事件的概率是 $(1-t)^n$.

在用单位正方形表示的样本空间上考查 3 个事件，来验证在特殊情形 $n=2$ 时的这一命题，是一个很好的练习（在习题 22 ~ 习题 26 中继续讨论）.

(c) **悖论**（与 1.4 节的等待时间悖论有关）. 在长度为 1 的圆周上独立且随机地选取两点 X_1 和 X_2，则二区间 $\overline{X_1,X_2}$ 和 $\overline{X_2,X_1}$ 的长度是均匀分布的，但是包含一个任意点 P 的区间长度 λ 有不同的分布（具有密度 $2x$）.

特别地，二区间中的每一个有期望长度 1/2，但是含 P 点的区间有期望长度 2/3. P 点是任意固定的. 我们认为，含 P 的区间的选取并“不增加关于其性质的知识”（借用概率论的哲学家的语言）. 虽然，朴素的直观不是为解释覆盖或不覆盖一个任意点之间的显著差别而准备的，但是经适当的考虑之后，这差别变为“直观上显然”了. 然而在实际上，有些有经验的作者仍然在此被迷惑.

为了证明，设想在 P 点把圆切开，且让我们在 $\overline{0,1}$ 上独立且随机地选取两点. 用和前面相同的记号，事件 $\{\lambda<t\}$ 发生，当且仅当 $X_{(2)}-X_{(1)}>1-t$，由

① 为了用计算方法论证，注意事件 $\{X_{(k+1)}-X_{(k)}>t\}$ 的概率等于常值函数 1 在 $n!$ 个相应区域之并集上的积分，该区域或由一串不等式 $x_1<\cdots<x_k<x_k+t<x_{k+1}<\cdots<x_n$ 确定，或由交换下标而得的一串类似不等式确定. 更精细的计算导出更强的结果，包含在 3.3 节例 (c) 中.

(1.7.1) 知这一事件的概率等于 t^2. 因此，如所断言那样，变量 λ 有密度 $2t$. （建议初学者用直接计算来证明.）

(d) **顺序统计量的分布.** 如果 $X_1,\cdots,X_n$ 是独立的且在 $\overline{0,1}$ 中均匀分布，则满足不等式 $0<X_j\leqslant t<1$ 的变量个数，具有“成功”的概率为 t 的二项分布. 为使事件 $\{X_{(k)}\leqslant t\}$ 发生，当且仅当诸变量中至少有 k 个 $\leqslant t$，因此

$$P\{X_{(k)}\leqslant t\}=\sum_{j=k}^{n}\binom{n}{j}t^j(1-t)^{n-j}. \tag{1.7.2}$$

这给出了第 k 个顺序统计量的分布函数. 由微分可求出 $X_{(k)}$ 的密度

$$n\binom{n-1}{k-1}t^{k-1}(1-t)^{n-k}. \tag{1.7.3}$$

由此可见，诸 X_j 中，有一个在 t 和 $t+h$ 之间，余下的有 $k-1$ 个小于 t 而 $n-k$ 个大于 $t+h$，这一事件的概率等于

$$n\binom{n-1}{k-1}t^{k-1}(1-t-h)^{n-k}h.$$

除以 h，并令 $h\to 0$，便得 (1.7.3).

(e) **极限定理.** 为了看出 n 很大时 $X_{(1)}$ 的分布性态，最好把 $E(X_{(1)})=(n+1)^{-1}$ 作为新度量单位. 对于分布函数的尾部，当 $n\to\infty$ 时，得到

$$P\{nX_{(1)}>t\}=\left(1-\frac{t}{n}\right)^n\to \mathrm{e}^{-t}. \tag{1.7.4}$$

通常此式可表述为：$X_{(1)}$ *依极限是期望为 n^{-1} 的指数分布的变量*. 类似地有

$$P\{nX_{(2)}>t\}=\left(1-\frac{t}{n}\right)^n+\binom{n}{1}\frac{t}{n}\left(1-\frac{t}{n}\right)^{n-1}\to \mathrm{e}^{-t}+t\mathrm{e}^{-t}, \tag{1.7.5}$$

在上式右端看到 (1.3.5) 的 Γ 分布 G_2 的尾部. 同样易证，对于每一固定的 k，当 $n\to\infty$ 时，*$nX_{(k)}$ 的分布趋于 Γ 分布 G_k*（见习题 33）.

原来，G_k 是 k 个独立指数分布的变量之和的分布，而 $X_{(k)}$ 则是例 (b) 所考虑的前 k 个区间之和. 因此，从极限意义上来说，我们划分的连续区间长度的性态，似乎与相互独立指数分布的变量一样.

[由二项分布 (1.7.2) 的明显关系式看到，当 n 和 k 两者都大时，中心极限定理可用来得到 $X_{(k)}$ 的分布的逼近. 参看习题 34.]

(f) **比.** 令 X 是在 $\overline{0,1}$ 中随机选出的，以 U 表示两区间 $\overline{0,X}$ 和 $\overline{X,1}$ 中较短者的长度，以 $V=1-U$ 表示较长者的长度. 随机变量 U 在 0 和 $\frac{1}{2}$ 之间是均匀分

布的，因为事件 $\left\{U<t<\frac{1}{2}\right\}$ 当且仅当 $X<t$ 或 $1-X<t$ 时才发生，所以有概率 $2t$. 由对称性，V 在 $\frac{1}{2}$ 和 1 之间也是均匀分布的，而且 $E(U)=\frac{1}{4}, E(V)=\frac{3}{4}$. 关于比 V/U 我们可说些什么呢？为使 V/U 超过 1 且在 1 和 $t>1$ 之间，当且仅当

$$\frac{1}{1+t} \leqslant X \leqslant \frac{1}{2} \quad \text{或} \quad \frac{1}{2} \leqslant X \leqslant \frac{t}{1+t}.$$

对于 $t>1$，由此立即得出

$$P\{V/U \leqslant t\}=\frac{t-1}{t+1}, \tag{1.7.6}$$

它的密度是 $2(t+1)^{-2}$. 可见，V/U 有**无穷期望**. 此例说明，在对 $E(V)/E(U)=3$ 的观测中，只能得到很少的信息. ■

1.8 随机分裂

本节的问题是总结上述例子的讨论，之所以把它从上节中分出来，部分原因是它在物理学中的重要性，部分原因是它可作为一般马尔可夫链的原型.

在形式上，所讨论的是形如 $Z_n=X_1X_2\cdots X_n$ 这样的乘积，其中 $X_1,\cdots,X_n$ 是 $\overline{0,1}$ 中均匀分布的相互独立随机变量.

有关应用的例子　在某些碰撞过程中，一个质点被分裂成两部分，它的质量 m 也一分为二. 各种不同的分裂规律适合不同的过程，但经常假定，每一个后代质点所得到的那一部分母体质点的质量在 $\overline{0,1}$ 中是均匀分布的. 如果二质点之一被随机地选出并受到新的碰撞，则（假定没有交互作用，从而碰撞是独立的）两个第 2 代质点的质量为乘积 mX_1X_2，等等（见习题 21）. 作简单的字句改变，该模型也可用于矿物颗粒或小石子等的分裂上. 代替质量，我们也可以考虑碰撞时的能量损失；如果讨论的是同一质点在连续碰撞中的能量变化，那么叙述可以稍微简单些. 最后一个例子，考虑通过物质时光的强度变化. 1.10 节例 (a) 表明，当光线以“随机方向”通过半径为 R 的球时，光在球中传播的距离在 0 到 $2R$ 中是均匀分布的. 在均匀吸收的情况下，这种通过导致入射光的强度按某一因子衰减，这一因子在区间 $\overline{0,a}$ 中均匀分布（其中 $a<1$ 依赖于吸收强度），尺度因子的单位并不会严重影响我们的模型，因此光的 n 次独立通过将导致光的强度具有 Z_n 形式的因子. ■

为了求出 Z_n 的分布，可采用两种方法.

(i) **简化为指数分布**. 因为和的运算一般优于积的运算，我们取对数，令 $Y_k=$

$-\ln X_k$. 这些 Y_k 是相互独立的，对于 $t > 0$，

$$P\{Y_k \geqslant t\} = P\{X_k \leqslant \mathrm{e}^{-t}\} = \mathrm{e}^{-t}. \tag{1.8.1}$$

早在 (1.3.5) 中已经算出 n 个独立指数分布的变量之和

$$S_n = Y_1 + \cdots + Y_n$$

的分布函数 G_n，而且 $Z_n = \mathrm{e}^{-S_n}$ 的分布函数为 $1 - G_n(\ln t^{-1})$，其中 $0 < t < 1$. 这个分布函数的密度是 $t^{-1}g_n(\ln t^{-1})$，也就是

$$f_n(t) = \frac{1}{n-1}\left(\ln\frac{1}{t}\right)^{n-1}, \quad 0 < t < 1. \tag{1.8.2}$$

我们的问题显然已经解决. 这个方法显示出用适当变换进行推导的优越性，但是，成功取决于我们的问题与一个以前解决了的问题的偶然等价性.

(ii) **递推方式**对有关问题及其普遍化具有优越性. 令 $F_n(t) = P\{Z_n \leqslant t\}$，且 $0 < t < 1$. 由定义，$F_1(t) = t$. 设 F_{n-1} 为已知，并注意 $Z_n = Z_{n-1}X_n$ 是两个独立变量的乘积. 给定 $X_n = x$，事件 $\{Z_n \leqslant t\}$ 当且仅当 $Z_{n-1} \leqslant t/x$ 时才发生，且有概率 $F_{n-1}(t/x)$. 对所有可能的 x 求和，则当 $0 \leqslant t \leqslant 1$ 时有

$$F_n(t) = \int_0^1 F_{n-1}(t/x)\mathrm{d}x = \int_t^1 F_{n-1}(t/x)\mathrm{d}x + t. \tag{1.8.3}$$

这个公式在原则上能使我们依次算出 $F_2, F_3, \cdots$. 但实际上，最好用相应的密度 f_n 来进行计算. 由假定，f_1 是存在的. 依归纳法，假设 f_{n-1} 存在，并注意当 $s > 1$ 时，$f_{n-1}(s) = 0$，对 (1.8.3) 求微分可得

$$f_n(t) = \int_t^1 f_{n-1}\left(\frac{t}{x}\right)\frac{\mathrm{d}x}{x}, \quad 0 < t < 1. \tag{1.8.4}$$

简单的计算表明，f_n 确实由 (1.8.2) 给出.

1.9 卷积与覆盖定理

本节的结果在其本身和某些明显的应用上都有相当的价值. 而且它们会与某些表面上看来无联系的问题有意料之外的联系，如调和分析中的显著性检验 [3.3 节例 (f)]、泊松过程 [14.2 节例 (a)] 和随机飞行 [1.10 节例 (e)]. 因此，所有的公式及其变形都反复地被各种不同方法所导出就不奇怪了. 下面所用的方法由于简单和适用于有关问题，因而是著名的.

令 $a>0$ 是固定的，以 $X_1, X_2, \cdots$ 表示在 $\overline{0,a}$ 中均匀分布的相互独立随机变量. 令 $S_n = X_1 + \cdots + X_n$. 我们的第一个问题是求 S_n 的分布 U_n 及其密度 $u_n = U_n'$.

由定义，对于 $0<x<a$，$u_1(x)=a^{-1}$，对于其他的 x，$u_1(x)=0$（矩形密度）. 随后的 u_n 可由卷积公式 (1.2.13) 定义，这里 (1.2.13) 记作

$$u_{n+1}(x) = \frac{1}{a}\int_0^a u_n(x-y)\mathrm{d}y = \frac{1}{a}[U_n(x) - U_n(x-a)]. \tag{1.9.1}$$

易见

$$u_2(x) = \begin{cases} xa^{-2}, & 0 \leqslant x \leqslant a, \\ (2a-x)a^{-2}, & a \leqslant x \leqslant 2a. \end{cases} \tag{1.9.2}$$

当然，对于其他的 x，$u_2(x)=0$. u_2 的图像是带有底边 $\overline{0,2a}$ 的等腰三角形，因此称 u_2 为**三角形密度**. 同样，u_3 集中在 $\overline{0,3a}$ 上，它由 3 个不同的二次多项式来确定，这些多项式分别定义在区间的 3 个 1/3 全长的子区间上. 为了得到一般的公式，我们引入下面的记号.

记号　实数 x 的正部，记为

$$x_+ = \frac{x+|x|}{2}. \tag{1.9.3}$$

以下，记号 x_+^n 表示 $(x_+)^n$，即当 $x \leqslant 0$ 时等于 0，而当 $x \geqslant 0$ 时等于 x^n 的函数. 注意，当 $x<a$ 时，$(x-a)_+$ 为 0；当 $x>a$ 时，$(x-a)_+$ 是线性函数. 利用这一记号，均匀分布可以写成下式：

$$U_1(x) = (x_+ - (x-a)_+)a^{-1}. \tag{1.9.4}$$

定理 1　*令 S_n 是 n 个在 $\overline{0,a}$ 中均匀分布的独立变量之和. 令 $U_n(x) = P\{S_n \leqslant x\}$，以 $u_n = U_n'$ 表其密度，则对于 $n=1,2,\cdots$ 和 $x \geqslant 0$，*

$$U_n(x) = \frac{1}{a^n n!}\sum_{\nu=0}^{n}(-1)^\nu \binom{n}{\nu}(x-\nu a)_+^n, \tag{1.9.5}$$

$$u_{n+1}(x) = \frac{1}{a^{n+1} n!}\sum_{\nu=0}^{n+1}(-1)^\nu \binom{n+1}{\nu}(x-\nu a)_+^n. \tag{1.9.6}$$

（对于 $x<0$ 和 $n=0$，这些公式亦成立，只要定义 x_+^0 在负半轴上等于 0，在正半轴上等于 1.）

注意，对于在 $(k-1)a$ 和 ka 之间的点 x，和式中仅有 k 项不为 0. 在实际计算中，为了方便，不管和式的上下限如何而直接令 ν 从 $-\infty$ 变到 $+\infty$. 这是可

能的，因为根据规定，(1.9.5) 中的二项式系数在 $\nu<0$ 和 $\nu>n$ 时等于 0（见第 1 卷 2.8 节）.

证 当 $n=1$ 时，断言 (1.9.5) 化为 (1.9.4)，这显然成立. 现在我们用归纳法同时证明两个断言. 设 (1.9.5) 对某个 $n\geqslant 1$ 成立. 代入 (1.9.1) 得出，u_{n+1} 是两个和式的差. 把第二个和式中的求和指标 ν 换为 $\nu-1$，得到

$$u_{n+1}(x)=\frac{1}{a^{n+1}n}\sum(-1)^{\nu}\left[\binom{n}{\nu}+\binom{n}{\nu-1}\right](x-\nu a)_{+}^{n},$$

它与 (1.9.6) 相同. 把 n 换为 $n+1$，并积分这关系式就得到 (1.9.5). ■

（另一种证明包含在第 1 卷 11.7 节的习题 20 中，是利用离散模型取极限.）

令 $a=2b$，则变量 X_k-b 在对称区间 $\overline{-b,b}$ 中是均匀分布的，因此 n 个这样的变量之和与 S_n-nb 有相同的分布. 它由 $U_n(x+nb)$ 给出. 因此，我们的定理可以改写成如下等价的形式.

定理 1a *n 个在 $\overline{-b,b}$ 中均匀分布的独立变量之和的密度是*

$$u_n(x+nb)=\frac{1}{(2b)^n(n-1)!}\sum_{\nu=0}^{n}(-1)^{\nu}\binom{n}{\nu}(x+(n-2\nu)b)_{+}^{n-1}. \tag{1.9.7}$$

我们转向一个有两种等价表述的定理，它在许多由应用所产生的特殊问题中是有用的. 由于意外的幸运，所求的概率可以简单地用密度 u_n 来表示. 我们用一种有广泛应用的方法给出分析的证明. 对于以几何论证为根据的证明，见习题 23.

定理 2 *在长度为 t 的圆周上，有 $n\geqslant 2$ 条长为 a 的弧，它们的中点是独立随机选取的. 这 n 条弧覆盖整个圆周的概率 $\varphi_n(t)$ 是*

$$\varphi_n(t)=a^n(n-1)!u_n(t)\frac{1}{t^{n-1}}, \tag{1.9.8}$$

它与下式相同：

$$\varphi_n(t)=\sum_{\nu=0}^{n}(-1)^{\nu}\binom{n}{\nu}\left(1-\nu\frac{a}{t}\right)_{+}^{n-1}. \tag{1.9.9}$$

在证明之前，为了以后的应用，我们先在形式上把定理改写一下. 在 n 个中点中选一个作为原点，并将圆周切开平放在长度为 t 的区间 $\overline{0,t}$ 中. 其余 $n-1$ 个中点在 $\overline{0,t}$ 中随机地分布，显然定理 2 可等价地表成以下定理.

定理 3 *令区间 $\overline{0,t}$ 被独立随机选取的 $n-1$ 个分点 $X_1,X_2,\cdots,X_{n-1}$ 划分成 n 个子区间. 这些子区间的长度没有一个超过 a 的概率 $\varphi_n(t)$ 等于 (1.9.9).*

注意，对固定的 t，$\varphi_n(t)$ 是 a 的函数，它表示从划分 $\overline{0,t}$ 所得的 n 个区间中最大长度的分布函数. 有关问题可参看习题 22～ 习题 27.

证 只要证明定理 3 即可. 我们来证明递推公式

$$\varphi_n(t) = (n-1)\int_0^a \varphi_{n-1}(t-x)\left(\frac{t-x}{t}\right)^{n-2}\frac{\mathrm{d}x}{t}. \tag{1.9.10}$$

它的正确性可直接由 φ_n 作为 $(n-1)$ 重积分的定义而推出，但是最好把 (1.9.10) 作如下概率的叙述. 在 $X_1, \cdots, X_{n-1}$ 中最小者应当小于 a，它有 $n-1$ 种选择. 给定 $X_j = x$，则 X_j 在最左端的概率等于 $[(t-x)/t]^{n-2}$. 其余变量在 $\overline{x,t}$ 中是均匀分布的，它们满足定理条件的条件概率是 $\varphi_{n-1}(t-x)$. 对所有的可能值求和，即得 (1.9.10).[①]

现在以 (1.9.8) 定义 u_n，则 (1.9.10) 化为

$$u_n(t) = a^{-1}\int_0^a u_{n-1}(t-x)\mathrm{d}x, \tag{1.9.11}$$

这正是用来定义 u_n 的递推公式 (1.9.1). 因此，只要对 $n=2$ 证明定理即可. 但是很明显，当 $0<t<a$ 时，$\varphi_2(t)=1$；当 $a<t<2a$ 时，$\varphi_2(t)=(2a-t)/t$，与 (1.9.8) 一致. ■

1.10 随机方向

在平面 $\mathbb{R}^2$ 中选一随机方向，和在圆周上随机选一点相同. 如果我们想以它与 x 轴正半轴所夹的角来规定方向，则在圆周上可表示为它的弧长 θ，$0 \leqslant \theta < 2\pi$. 对于空间 $\mathbb{R}^3$ 中的随机方向，以单位球面作为样本空间，其上每一区域的概率等于它的面积除以 4π. 在 $\mathbb{R}^3$ 中选一随机方向等价于在该单位球面上随机选取一点. 因为它包括一对随机变量（经度和纬度），所以照理应将它放到第 3 章去讨论，但是它出现在这里似乎更为自然.

命题 (i) *以 L 表示 $\mathbb{R}^3$ 中有随机方向的单位向量在固定直线（例如 x 轴）上投影的长度，则 L 在 $\overline{0,1}$ 中是均匀分布的，且 $E(L)=\dfrac{1}{2}$.*

命题 (ii) *令 U 是同一向量在一固定平面（例如 xy 平面）上投影的长度，则对于 $0<t<1$，U 有密度 $t/\sqrt{1-t^2}$，且*

$$E(U) = \frac{1}{4}\pi.$$

重要的一点是两投影有不同的分布. 第一个投影是均匀分布的，它不是由于随机性引起的，但是依赖于维数. 在 $\mathbb{R}^2$ 中，(i) 的对应命题包含在以下命题中.

命题 (iii) *令 L 是 $\mathbb{R}^2$ 中单位随机向量在 x 轴上投影的长度，则 L 有密度 $2/(\pi\sqrt{1-x^2})$，并且 $E(L)=2/\pi$.*

---

① 对于密度的条件概率感到困难的读者，可把假设 $X_j = x$ 换为假设 $x-h<X_j<x$，后者有正概率，在 $h\to 0$ 时取极限即可.

证 (iii) 如果 θ 是随机方向与 y 轴的夹角,则 $L = |\sin\theta|$. 因此,对 $0 < x < 1$,由对称性得到

$$P\{L \leqslant x\} = \mathrm{P}\{0 < \theta < \arcsin x\} = \frac{2}{\pi}\arcsin x. \tag{1.10.1}$$

于是断言由微分而得出.

命题 (i) 和命题 (ii) 的证明. 回忆关于两平行平面（这两平面到球心的距离要相等）之间的球带面积与球带高度成比例的基本定理. 对于 $0 < t < 1$，事件 $\{L \leqslant t\}$ 以高为 $2t$ 的球带 $|x_1| \leqslant t$ 来表示，而 $\{U \leqslant t\}$ 相应于高度为 $2-2\sqrt{1-t^2}$ 的球带 $|x_3| \geqslant \sqrt{1-t^2}$. 除常数因子外，它决定了两个分布函数，这两个常数可由两个分布函数在 $t = 1$ 处等于 1 的条件来确定. ■

例 (a) **通过球体.** 令 Σ 是半径为 r 的球面，N 是球面上一点. 过 N 以随机方向作一直线交 Σ 于点 P，则线段 NP 的长度是一个在 0 和 $2r$ 之间均匀分布的随机变量.

为看出这一点，考虑球轴 NS 和三角形 NPS，该三角形在 P 处有直角，而且在 N 处有角 Θ. 因此，NP 的长度是 $2r\cos\Theta$. 但 $\cos\Theta$ 也是 NP 上的单位向量在直径 NS 上投影的长度，因此 $\cos\Theta$ 在 $\overline{0,1}$ 中是均匀分布的.

在物理学中，这个模型被用来描述光线射过“随机分布的球体”. 把光线的吸收当作上节中随机分裂过程的一个例子（参看习题 28）.

(b) **显微镜下的圆形物体.** 我们通过显微镜观察到的是细胞在 x_1x_2 平面上的投影，而不是它们的实际形状. 在某些生物学实验中，细胞是透镜状的，可把它作为圆盘处理，只有圆盘的水平直径依它的本身长度来投影，而且整个圆盘投影为一个椭圆，椭圆的短轴是最陡的半径的投影. 一般地，假定圆盘方位是随机的，这表示它的法线方向是随机选取的. 这时，单位法线在 x_3 轴上的投影在 $\overline{0,1}$ 中是均匀分布的. 但是，这法线与 x_3 轴的夹角等于最陡的半径与 x_1x_2 平面之间的角，因而短轴与长轴之比在 $\overline{0,1}$ 中是均匀分布的. 有时，对实验的估计会以下面的错误意见为依据，即最陡的半径与 x_1x_2 平面之间的角是均匀分布的.

(c) **为什么两把小提琴的声响两倍于一把小提琴的声响?**（这个问题是重要的，因为响度与振动振幅的平方成比例.）到来的波可用随机单位向量来表示，两个小提琴的叠加效应相当于两个独立随机向量相加. 由余弦定理，和向量长度的平方是 $2 + 2\cos\Theta$. 这里 Θ 是两个随机向量之间的夹角，因此 $\cos\Theta$ 在 $\overline{-1,1}$ 上是均匀分布的，且期望为 0. 因此，总长度的平方的期望确实是 2.

在平面上，$\cos\Theta$ 不是均匀分布的，但由于对称性，它的期望还是 0. 因此，这个结果对任何维数都成立. 亦可见 5.4 节例 (e). ■

$\mathbb{R}^3$ 中的**随机向量**是指一个具有随机方向的向量，其长为 L，L 是与其方向独立的随机变量. 随机向量的概率性质完全由它在 x 轴上的投影所决定，利用后者

常可避免在三维空间中进行分析. 为此，重要的是知道长度 L 的分布函数 V 与向量在 x 轴上的投影长度 L_x 的分布 F 之间的关系. 现在 $L_x = XL$，其中 X 是单位向量在给定方向上的投影长度. 因此，X 在 $\overline{0,1}$ 上是均匀分布的，且与 L 独立. 给定 $X = x$，事件 $\{L_x \leqslant t\}$ 发生，当且仅当 $L \leqslant t/x$，从而[①]

$$F(t) = \int_0^1 V(t/x)\mathrm{d}x, \quad t > 0. \tag{1.10.2}$$

相应的密度可通过微分得到

$$f(t) = \int_0^1 v\left(\frac{t}{x}\right)\frac{\mathrm{d}x}{x} = \int_t^\infty v(y)\frac{\mathrm{d}y}{y}, \tag{1.10.3}$$

微分得出

$$v(t) = -tf'(t), \quad t > 0. \tag{1.10.4}$$

于是，我们求出了 $\mathbb{R}^3$ 中随机向量长度的密度 v 与其在固定方向上的投影长度的密度 f 之间的分析关系. 关系式 (1.10.3) 被用在 v 已知时求 f，(1.10.4) 被用在 f 已知时求 v.（这两个公式之间的不对称性，是由于方向与投影长度不独立这一事实引起的.）

(d) **速度的麦克斯韦分布.** 考虑空间中的一随机向量，该向量在 x 轴上的投影有期望为 0 方差为 1 的正态密度. 因为长度取正值，所以我们有

$$f(t) = 2\mathfrak{n}(t) = \sqrt{2/\pi}\,\mathrm{e}^{-\frac{1}{2}t^2}, \quad t > 0. \tag{1.10.5}$$

于是由 (1.10.4)，有

$$v(t) = \sqrt{2/\pi}\,t^2\mathrm{e}^{-\frac{1}{2}t^2}, \quad t > 0. \tag{1.10.6}$$

这就是统计力学中速度的麦克斯韦密度. 通常的推导是把上述的论证和对 f 具有形式 (1.10.5) 的证明结合起来.（另一推导见 3.4 节.）

(e) **在 $\mathbb{R}^3$ 中瑞利的随机飞行.** 研究 n 个单位向量，其方向是独立且随机选取的. 我们求其总向量（或向量和）的长度 L_n 的分布. 不直接研究该总向量，而考虑它在 x 轴上的投影. 该投影显然是 n 个在 $\overline{-1,1}$ 中均匀分布的独立随机变量之和. 和的密度由 (1.9.7) 当 $b = 1$ 时给出. 代入 (1.10.4), 立即看出 L_n 的密度为 [②]

$$v_n(x) = \frac{-x}{2^{n-1}(n-2)!}\sum_{\nu=0}^{n}(-1)^\nu\binom{n}{\nu}(x+n-2\nu)_+^{n-2}, \quad x > 0. \tag{1.10.7}$$

---

① 这一论证重复了 (1.8.3) 的证明.

② 标准参考文献是钱德拉泽克哈尔（S. Chandrasekhar）的论文 [在 Wax (1954) 重印]，他计算了 v_3, v_4, v_6 以及 v_n 的傅里叶变换. 因为他用极坐标，所以 $W_n(x)$ 应当乘以 $4\pi x^2$，才得出我们的 v_n.

这个问题产生于物理学和化学中（例如，向量表示平面波或分子链）. 简化为一维则此著名问题变为平凡的了.

同一方法适用于具有任意长度的随机向量，于是 (1.10.4) 能使我们把 $\mathbb{R}^3$ 中的随机游动问题化为 $\mathbb{R}^1$ 中较简单的问题. 当明显的解答难以得到时，中心极限定理提供了有价值的信息 [见 8.4 节例 (b)]. ■

$\mathbb{R}^3$ 中的随机向量以类似的方式来定义. 向量长度的分布 V 与投影长度的分布 F 显然由类似于 (1.10.2) 的公式联系起来，即

$$F(x) = \frac{2}{\pi}\int_0^{\pi/2} V\left(\frac{x}{\sin\theta}\right)\mathrm{d}\theta. \tag{1.10.8}$$

但是，反演公式 (1.10.4) 没有简单的类似公式，为了用 F 表示 V，需要依赖于相当高深的阿贝尔（Abel）积分方程理论.① 我们不加证明地指出，如果 F 有连续密度，则

$$1 - V(x) = x\int_0^{\pi/2} f\left(\frac{x}{\sin\theta}\right)\frac{\mathrm{d}\theta}{\sin^2\theta}. \tag{1.10.9}$$

（参看习题 29 和习题 30.）

(f) **二元轨道.** 在观察分光镜的二元轨道时，天文学家只能测出向量在与视线垂直的平面上的投影. 空间椭圆被投影为这个平面上的椭圆. 原椭圆的长轴位于由视线及其投影所决定的平面上，因此可以合理地假定，长轴与其投影之间的夹角有均匀分布.（在原则上）由测量可确定投影的分布. 于是长轴的分布由阿贝尔积分方程的解 (1.10.9) 给出. ■

1.11 勒贝格测度的应用

如果在 $\overline{0,1}$ 中的集 A 是有限个长度为 $\lambda_1, \lambda_2, \cdots$ 的不重叠区间 $I_1, I_2, \cdots$ 的并集，则均匀分布给出它的概率

$$P\{A\} = \lambda_1 + \lambda_2 + \cdots. \tag{1.11.1}$$

以下例子表明，某些简单而重要的问题将导致无穷多个不相交区间的并集. 定义 (1.11.1) 仍是可用的，并把 $P\{A\}$ 和 A 的勒贝格测度等同起来. 它和把概率与密度 $f(x) = 1$ 的积分等同起来的程序相一致，除了我们用勒贝格积分，而不用黎曼积分（该积分不一定存在）. 在勒贝格理论中只要求下列事实：如果 A 是可能相交

① 阿贝尔积分方程的变换利用了变量替换

$$F_1(x) = F\left(\frac{1}{\sqrt{x}}\right), \quad V_1(x) = V\left(\frac{1}{\sqrt{x}}\right) \quad 和 \quad x\sin^2\theta = y.$$

于是 (1.10.8) 取形式

$$F_1(t) = \int_0^t \frac{V_1(y)}{\sqrt{y(t-y)}}\mathrm{d}y.$$

的区间 $I_1, I_2, \cdots$ 的并集，则测度 $P\{A\}$ 存在，而且不超过长度之和 $\lambda_1+\lambda_2+\cdots$. 对于不相交区间，等式 (1.11.1) 成立. 勒贝格测度的利用符合能想像得到的直观并且简化了问题，因此许多形式上取极限是正当的. 集 N 称为**零集**，如果它包含在有任意小的测度的集合中，即对于每一 ε，存在一集 $A \supset N$，使 $P\{A\}<\varepsilon$. 在这种情形下，$P\{N\}=0$.

以下 X 表示在 $\overline{0,1}$ 中均匀分布的随机变量.

例　(a) **X 为有理数的概率是多少?** 序列 $\frac{1}{2}, \frac{1}{3}, \frac{2}{3}, \frac{1}{4}, \frac{3}{4}, \frac{1}{5}, \cdots$ 包含 $\overline{0,1}$ 中所有有理数（按分母的增大排列次序）. 选 $\varepsilon<\frac{1}{2}$，以 J_k 表示中心在序列的第 k 个点上且有长度 ε^{k+1} 的区间. 所有 J_k 的长度之和是 $\varepsilon^2+\varepsilon^3+\cdots<\varepsilon$，它们的并集覆盖了有理数. 因此，由定义可知有理数集的概率为 0，而 X 以概率 1 为无理数.

试问，为什么在概率论中研究这种集？一个回答是：排除了它们就什么东西也不能得到，而且勒贝格理论的应用实际上不要求新的技术就把问题简化了. 第二个回答对初学者和非数学家来说更是令人信服的. 下述各种问题将具有确实的概率本质.

(b) **数字 7 以多大概率出现在 X 的十进制小数展开式中?** 在 0.7 和 0.8 之间的每个 x 的十进制小数展开式中，数字 7 出现在第一位. 对每一个 n，有 9^{n-1} 个长度为 10^{-n} 的区间，其中在每个数的展开式中，7 出现在第 n 位而不在前面出现.（对于 $n=2$，它的两端点是 0.07 和 0.08，其次是 0.17 和 0.18，等等.）这些区间不相交，其总长度是 $\frac{1}{10}\left(1+\frac{9}{10}+\left(\frac{9}{10}\right)^2+\cdots\right)=1$. 因此，我们的事件的概率是 1.

注意，某些数有两种展开式. 例如，$0.7=0.6999\ldots$. 因此，为使我们的问题明确起见，我们要明确规定，不管数字 7 在展开式中是否必须或是否可能出现，我们的讨论都与此无关. 理由是只有有理数才有两种展开式，而有理数集有零概率.

(c) **掷硬币与随机选取.** 我们现在来看一看如何用离散随机变量来表述“在 0 和 1 之间随机选取一点 X”. 以 $X_k(x)$ 表示 x 的第 k 位小数（为了明确起见，有两种展开式时我们采用有穷展开式）. 随机变量 X_k 取值 $0,1,\cdots,9$，每个值有概率 $\frac{1}{10}$，而且 X_k 是相互独立的. 由小数展开式的定义，我们有恒等式

$$X=\sum_{k=1}^{\infty} 10^{-k} X_k. \tag{1.11.2}$$

这个公式把点 X 的随机选取化为对它的小数的每一位依次选取.

为了进一步的讨论，我们把十进制小数变换为**二进制**小数，即把基数 10 换为基数 2. 代替 (1.11.2)，我们有

$$X = \sum_{k=1}^{\infty} 2^{-k} X_k, \tag{1.11.3}$$

其中 X_k 是相互独立的随机变量，它们都以概率 $\frac{1}{2}$ 取值 0 或 1. 这些变量都是定义在区间 $\overline{0,1}$ 中，在区间上概率与勒贝格测度（长度）相等. 这一表述使我们想起第 1 卷的掷硬币游戏，那里样本空间是由正面和反面即 0 和 1 的无穷序列组成. 在此样本空间中，(1.11.3) 可作新的解释. 在其中，X_k 是坐标变量，而 X 是由它们确定的随机变量；它的分布函数当然是均匀的. 注意，第 2 种表述包含两个不同的样本点 0111111... 和 1000000...，而相应的二进制展开式表示同一点 $\frac{1}{2}$. 但是，*零概率的概念使我们能把两个样本空间等同起来*. 用更直观的术语来说，忽略了零概率事件，*在 0 和 1 之间随机选取一点 X 可以由掷硬币序列来实现*；反之，无穷多次掷硬币游戏的结果可用 $\overline{0,1}$ 中的点 x 来表示. 掷硬币游戏的每一随机变量可用 $\overline{0,1}$ 中的一个函数来表示，等等. 这个方便和直观的方法在概率的理论开始起就被应用，但是它依赖于忽略零概率事件.

(d) **康托尔 (Cantor) 型分布.** 一种具有意想不到性质的分布，在下面的研究中被发现：在 (1.11.3) 中考虑偶数项的值或等价地考虑随机变量

$$Y = 3\sum_{\nu=1}^{\infty} 4^{-\nu} X_\nu \tag{1.11.4}$$

（乘以因子 3 是为简化讨论，奇数项的值与 $\frac{2}{3}Y$ 有相同的分布）. 分布函数 $F(x) = P\{Y \leqslant x\}$ 将作为一个所谓奇异分布的例子.

在计算中，我们把 Y 作为赌徒的得利，如果第 k 次掷均匀硬币出现反面规定赌徒得利 3×4^{-k}. Y 位于 0 和 $3(4^{-1} + 4^{-2} + \cdots) = 1$ 之间. 如果第一次试验结果是反面，则得利 $\geqslant \frac{3}{4}$；在相反情形，$Y \leqslant 3(4^{-2} + 4^{-3} + \cdots) = \frac{1}{4}$. 于是不等式 $\frac{1}{4} < Y < \frac{3}{4}$ 在任何情况下都不能成立，从而在这个长度为 $\frac{1}{2}$ 的区间内，$F(x) = \frac{1}{2}$. 由此推出 F 不能有大于 $\frac{1}{2}$ 的跳跃.

其次，由添上因子 $\frac{1}{4}$ 可看出，第 2，3，$\cdots$ 次试验又构成了整个序列的复制品. 因此，F 在区间 $\overline{0,\frac{1}{4}}$ 内的图形与在整个区间内的图形的差别仅在于一个相似变换

$$F(x) = \frac{1}{2}F(4x), \qquad 0 < x < \frac{1}{4}. \tag{1.11.5}$$

由此推出，在以 $x=\frac{1}{8}$ 为中心的长度为 $\frac{1}{8}$ 的整个区间上，

$$F(x)=\frac{1}{4}.$$

由对称性，在以 $\frac{7}{8}$ 为中心的长度为 $\frac{1}{8}$ 的整个区间上，

$$F(x)=\frac{3}{4}.$$

现在我们看到 3 个总长度为 $\frac{1}{2}+\frac{2}{8}=\frac{3}{4}$ 的区间，在每一个区间上 F 取常数值，即 $\frac{1}{4},\frac{1}{2}$ 或 $\frac{3}{4}$. 因此，F 不能有大于 $\frac{1}{4}$ 的跳跃. 还剩下 4 个长度均为 $\frac{1}{16}$ 的区间，在其中的每个区间内，F 的图形与整个图形的差别仅是一个相似变换. 因此，这四个区间的每一个都包含一个有自己一半长度的子区间，F 在子区间上取常数值（即分别为 $\frac{1}{8},\frac{3}{8},\frac{5}{8},\frac{7}{8}$）. 用类似的方式继续下去，在第 n 步，我们将得到总长度为 $2^{-1}+2^{-2}+2^{-3}+\cdots+2^{-n}=1-2^{-n}$ 的 $1+2+2^2+\cdots+2^{n-1}$ 个区间，在其中的每个区间上 F 取常数值.

于是 F 是从 $F(0)=0$ 按如下方法增加到 $F(1)=1$ 的连续函数，这方法要求取常数值的区间的长度相加直到等于 1. 粗略地说，F 的增加点全发生在测度为 0 的集上. 这里，我们得到连续分布函数 F，而没有密度 f.[①] ■

1.12 经验分布

n 个点 $a_1,a_2,\cdots,a_n$ 在直线上的**经验分布函数** F_n 是一个在 $a_1,\cdots,a_n$ 上具有跳跃 $\frac{1}{n}$ 的阶梯函数. 换句话说，$nF_n(x)$ 等于 $\overline{-\infty,x}$ 上的点 a_k 的个数，F_n 是一个分布函数. 给定 n 个随机变量 $X_1,\cdots,X_n$，它们在样本空间特殊点上的值构成一个 n 元数组，其经验分布函数称为经验样本分布. 对于每一个 x，经验样本分布的值 $F_n(x)$ 确定一个新的随机变量，而且 $(X_1,\cdots,X_n)$ 的**经验分布**表示依赖于参数 x 的一族随机变量.（用专门术语来说，所讨论的是一个以 x 为时间参数的随机过程.）这里不展开讨论经验分布的理论，但其概念可以用来说明，在简单应用中可以出现复杂的随机变量，而且均匀分布将以新的形式出现.

令 $X_1,\cdots,X_n$ 表示具有相同连续分布 F 的相互独立的随机变量. 假设任意两变量取同一值的概率为 0，因此我们可以把注意力限于由 n 个不同值组成的样本. 对固定的 x，满足 $X_k\leqslant x$ 的变量 X_k 的个数是具有“成功”概率为 $p=F(x)$

① 由此需特别注意，这里所说的连续分布函数与有密度的连续分布有本质区别，为此，后者有时称为连续型分布. ——译者注

的二项分布，从而随机变量 $F_n(x)$ 有二项分布，其可能的取值为 $0, 1/n, \cdots, 1$. 因此，对于大的 n 和固定的 x，$F_n(x)$ 可能近似于 $F(x)$，而中心极限定理告诉我们更多关于可能偏差的情况. 更有趣的是，作为整体看 F_n（随机变化）的图形以及它逼近 F 的程度. 这一逼近程度的度量是**极大偏差**，即

$$D_n = \sup_{-\infty<x<\infty} |F_n(x) - F(x)|. \tag{1.12.1}$$

这是一个统计学家们很感兴趣的新的随机变量，因为它有下列性质：随机变量 D_n 的概率分布与 F 无关（当然，假设 F 是连续的）.

为了证明这一点，只需验证当 F 换为均匀分布时 D_n 的分布保持不变. 我们从证明变量 $Y_k = F(X_k)$ 在 $\overline{0,1}$ 中是均匀分布的入手. 为此目的，我们将 t 限于区间 $\overline{0,1}$ 内，在其中定义 v 为 F 的反函数. 于是事件 $\{F(X_k) \leqslant t\}$ 与事件 $\{X_k \leqslant v(t)\}$ 相同，它有概率 $F(v(t)) = t$. 由此断言，$\mathrm{P}\{Y_k \leqslant t\} = t$.

变量 $Y_1, \cdots, Y_n$ 是相互独立的，我们以 G_n 表示其经验分布. 利用刚才的结果亦可证，对固定的 t，随机变量 $G_n(t)$ 与 $F_n(v(t))$ 等同. 因为 $t = F(v(t))$ 蕴涵在样本空间 $\mathbb{R}^n$ 中的每一点上有

$$\sup |G_n(t) - t| = \sup |F_n(v(t)) - F(v(t))| = D_n.$$

命题得证.

D_n 的分布与原先的分布 F 无关的事实，使统计学家能给出适用于原先分布未知时的试验设计和估计的方法. 此时，与 D_n 有关的一些其他变量有较大的实际应用.

令 $X_1, \cdots, X_n, X_1^{\#}, \cdots, X_n^{\#}$ 是 $2n$ 个有相同连续分布 F 的相互独立随机变量，分别以 F_n 与 $F_n^{\#}$ 表示 $(X_1, \cdots, X_n)$ 和 $(X_1^{\#}, \cdots, X_n^{\#})$ 的经验分布. 设

$$D_{n,n} = \sup_x |F_n(x) - F_n^{\#}(x)|. \tag{1.12.2}$$

这是**两个经验分布之间的极大偏差**. 与 D_n 有关的特性不依赖于分布 F. 因此，它适用于“假设 $(X_1, \cdots, X_n)$ 和 $(X_1^{\#}, \cdots, X_n^{\#})$ 是来自同一母体的随机样本”的统计检验中.

计算和研究 $D_{n,n}$ 的分布是一个麻烦的问题，但是格涅坚科（B.V. Gnedenko）和科罗留克（V.S. Koroljuk）在 1951 年已经证明，整个问题可以化为具有已知解的随机游动问题. 他们的论证因为优美而很令人喜欢，我们用它来说明简单组合方法的威力.

定理 $P\{D_{n,n} < r/n\}$ 等于对称随机游动中下列事件的概率：它从原点出发并在原点结束，轨道长度为 $2n$ 且在结束前不到达点 $\pm r$.

证 只要考虑整数 r 即可. 按照递增的顺序排列 $2n$ 个变量 $X_1, \cdots, X_n^{\#}$，并依照第 k 个位置出现 X_j 或 $X_j^{\#}$ 而定 $\varepsilon_k = 1$ 或 $\varepsilon_k = -1$. 整个排列包含 n 个 1 与 n 个 -1，并且所有 $\binom{2n}{n}$ 个顺序是等可能的. 因此，所有 $2n$ 元组 $(\varepsilon_1, \cdots, \varepsilon_{2n})$ 与从原点开始又在原点结束的长为 $2n$ 的所有轨道成一一对应. 现在如果 $\varepsilon_1 + \cdots + \varepsilon_j = k$，那么前 j 个位置包含有 $(j+k)/2$ 个无 # 号变量和 $(j-k)/2$ 个有 # 号变量，因此存在一点 x，使得 $F_n(x) = (j+k)/2n$ 和 $F_n^{\#}(x) = (j-k)/2n$. 但是，此时 $|F_n(x) - F_n^{\#}(x)| = |k|/n$，因此 $D_{n,n} \geqslant |k|/n$. 反向的同一论证即可完成证明. ■

上述概率的显式表达式包含在第 1 卷 (14.9.1) 中，事实上，

$$P\{D_{n,n} < r/n\} = w_{r,n}$$

是质点从原点出发在时刻 $2n$ 返回原点而从不到达 $\pm r$ 的概率. 后一条件可由在 $\pm r$ 处设一吸收壁而实现，从而 $w_{r,n}$ 是 $\pm r$ 为吸收壁时在时刻 $2n$ 返回原点的概率. [在第 1 卷 (14.9.1) 中，区间是 $\overline{0,a}$，而不是 $\overline{-r,r}$. 我们的 $w_{r,n}$ 与 $u_{r,2n}(r)$ 相同.]

在第 1 卷第 14 章中已经证明，极限手续可由随机游动导致扩散过程，依此方法不难看出 $\sqrt{n}D_{n,n}$ 的分布趋于一个极限. 实际上，这一极限早在 1939 年就被斯米尔诺夫（N.V. Smirnov）发现，而 $\sqrt{n}D_n$ 的类似极限在 1933 年为柯尔莫哥洛夫（A. Kolmogorov）发现. 他们的计算很复杂，而且不能说明与扩散过程的联系，这在格涅坚科–科罗留克方法中是特有的. 另外，他们在随机过程收敛性上给出了有成效的工作 [如比林斯利（P. Billingsley）、唐斯克（M.F. Donsker）、普罗霍洛夫（Yu.V. Prohorov）、斯科罗霍德（A.V. Skorohod），等等].

可以指出，斯米尔诺夫定理同样适用于有不同样本大小 m 和 n 的经验分布的误差 $D_{m,n}$. 随机游动的方法可以用上去，但不够优美和简明 [格涅坚科（B.V. Gnedenko）、勒瓦切瓦（E.L. Rvateva）]. 许多不同形式的 $D_{m,n}$ 已被统计学家们研究（见习题 36）.

1.13 习 题

在所有的习题中，假定给定的变量都是相互独立的.

1. 令 X 和 Y 集中在 $\overline{0,\infty}$ 上的密度为 $\alpha e^{-\alpha x}$. 求下列各变量的密度：

(i) X^3，　(ii) $3+2X$，

(iii) $X-Y$，　(iv) $|X-Y|$，

(v) X 和 Y^3 中较小者，　(vi) X 和 Y^3 中较大者.

2. 求解如上问题，但设 X 和 Y 的密度在 $\overline{-1,1}$ 上等于 $\frac{1}{2}$，在 $\overline{-1,1}$ 外等于 0.

3. 如果 X 的密度为 $\alpha e^{-\alpha x} (x > 0$ 且 $\alpha > 0)$，Y 的密度当 $0 < x < h$ 时等于 h^{-1}，求 $X+Y$ 与 $X-Y$ 的密度.

4. 求 $\lambda^2 - 2a\lambda + b$ 有复数根的概率，如果系数 a 和 b 是随机变量，其共同密度为：

(i) 均匀的，即当 $0 < x < h$ 时为 h^{-1}；

(ii) 指数的，即当 $x > 0$ 且 $\alpha > 0$ 时为 $\alpha e^{-\alpha x}$.

5. 如果变量 X,Y 和 Z 有相同的指数分布，求 $X+Y/X$ 和 $X+Y/Z$ 的分布函数.

6. 通过对第 1 卷 (6.8.1) “负二项分布” 卷积公式直接取极限来推导指数分布的卷积公式 (1.3.6).

7. 在 1.4 节的泊松过程中，以 Z 表示时刻 t 与 t 前最后一次 “到达” 时刻或时刻 0 之间的时间（即 t 前最后一个间隔时间）. 求 Z 的分布，并证明当 $t\to\infty$ 时其趋于指数分布.

8. 在 1.5 节例 (a) 中证明了，出现在第 n 个位置上的第一次记录值 $\leqslant x$ 的概率等于

$$\frac{1}{n(n+1)}(1-\mathrm{e}^{-\alpha x})^{n+1}.$$

试证明第一次记录值的概率分布是 $1-(1+\alpha x)\mathrm{e}^{-\alpha x}$.

[更一般地，如果 X_j 是正的，服从任一连续分布 F，则上面所求的概率等于 $[n(n+1)]^{-1}F^{n+1}(x)$，第一次记录值的分布是 $F-(1-F)\ln(1-F)^{-1}$.]

9. 下降路程. 定义随机变量 N 为使不等式 $X_1\geqslant X_2\geqslant\cdots\geqslant X_{N-1}<X_N$ 成立的唯一下标. 如果 X_j 有相同连续分布 F，试证 $P\{N=n\}=(n-1)/n!$，并且 $E(N)=\mathrm{e}$.

提示：利用关于记录值的 1.5 节例 (a) 的方法.

10. 运输中车队的形成.① 汽车接连地从原点出发，各以不同但恒定的速度沿着无限长的公路行驶，在这公路上不能超车. 当一辆汽车赶上另一辆较慢汽车时，就被迫以较慢的速度跟随前进. 因此，便形成一个汽车队，车队最后的车数依赖于车速而不依赖于相继出发的时间.

把汽车速度看作具有相同连续分布的独立随机变量. 随机地选出一辆汽车，并且设下一辆汽车正要出发. 用 1.5 节例 (a) 的组合方法证明：

(a) 给定的一辆汽车不跟随任何一辆汽车的概率趋于 $\frac{1}{2}$.

(b) 由这辆汽车领队的车队的车数为 n（恰有 $n-1$ 辆汽车跟随在它后面）的概率趋于 $1/(n+1)(n+2)$.

(c) 给定的这辆汽车是车数为 n 的车队中最后一辆的概率趋于同一极限.

11. 1.5 节例 (a) 记录值的推广②. 代替对单个数值 X_0 的预先观察，我们从具有顺序统计量 $(X_{(1)},\cdots,X_{(m)})$ 的样本 $(X_1,\cdots,X_m)$ 开始.（共同分布 F 不起作用，只要它是连续的即可.）

(a) 如果 N 是使 $X_{m+n}\geqslant X_{(m)}$ 的第一个下标 n，证明 $P\{N>n\}=m/(m+n)$. [在 1.5 节例 (a) 中，$m=1$.]

(b) 如果 N 是使 $X_{m+n}\geqslant X_{(m-r+1)}$ 的第一个下标 n，证明

$$P\{N>n\}=\binom{m}{r}\Big/\binom{m+n}{r}.$$

对于 $r\geqslant 2$ 我们有 $E(N)<\infty$ 且

$$P\{N\leqslant mx\}\to 1-\frac{1}{(1+x)^r},\ m\to\infty.$$

---

① G.F. Newell, *Operations Research*, Vol. 7(1959), pp. 589-598.

② S.S. Wilks, J. Australian Math. Soc., Vol. 1(1959), pp. 106-112.

(c) 如果 N 是使 X_{m+n} 落在区间 $\overline{X_{(1)}X_{(m)}}$ 外部的第一个下标 n，则

$$P\{N>n\}=\frac{m(m-1)}{(m+n)(m+n-1)},\quad 且\quad E(N)<\infty.$$

12. 指数分布的卷积. 对于 $j=0,\cdots,n$，令 X_j 的密度为 $\lambda_j\mathrm{e}^{-\lambda_j x}$ $(x>0)$，其中 $\lambda_j\neq\lambda_k$（除 $j=k$ 外）. 令

$$\psi_{k,n}=[(\lambda_0-\lambda_k)\cdots(\lambda_{k-1}-\lambda_k)(\lambda_{k+1}-\lambda_k)\cdots(\lambda_n-\lambda_k)]^{-1},$$

证明 $X_0+\cdots+X_n$ 的密度由下式给出：

$$P_n(t)=\lambda_0\cdots\lambda_{n-1}[\psi_{0,n}\mathrm{e}^{-\lambda_0 t}+\cdots+\psi_{n,n}\mathrm{e}^{-\lambda_n t}]. \qquad (*)$$

提示：利用归纳法、对称论证和 (1.2.14). 不需要计算.

13. 续. 如果 Y_j 具有密度 $j\mathrm{e}^{-jx}$，则和式 $Y_1+\cdots+Y_n$ 的密度为

$$f_n(x)=n\sum_{k=1}^{n}(-1)^{k-1}\binom{n-1}{k-1}\mathrm{e}^{-kx},\quad x>0.$$

如果 X_j 有相同密度 e^{-x}，试利用 1.6 节例 (b) 的命题，断定 f_{n-1} 是样本 $X_1,\cdots,X_n$ 的极差 $X_{(n)}-X_{(1)}$ 的密度.

14. 纯生过程. 在第 1 卷 17.3 节的纯生过程中，系统通过一列状态 $E_0\to E_1\to\cdots$，在 E_k 上的逗留时间为 X_k，它具有密度 $\lambda_k\mathrm{e}^{-\lambda_k x}$. 于是 $S_n=X_0+\cdots+X_n$ 是 $E_n\to E_{n+1}$ 的转移时刻. 以 $P_n(t)$ 表示在时刻 t 系统处于状态 E_n 的概率. 证明

$$P_n(t)=P\{S_n>t\}-P\{S_{n-1}>t\},$$

因而 P_n 由习题 12 的公式 $(*)$ 给出.

(a) 由 (1) 导出此过程的微分方程

$$P_0'(t)=-\lambda_0P_0(t),\qquad P_n'(t)=-\lambda_nP_n(t)+\lambda_{n-1}P_{n-1}(t),\quad n\geqslant 1.$$

(b) 由和式 S_n 的性质导出上述微分方程.

提示：归纳地利用对称论证，只要考虑 $\mathrm{e}^{-\lambda_0 t}$ 的因子就行了.

15. 在关于并行等待线的 1.6 节例 (a) 中，如果有 k 个柜台空闲着我们就说系统处于状态 k. 证明上例的纯生过程模型对于 $\lambda_k=(n-k)\alpha$ 也适用. 求证

$$P_k(t)=\binom{n}{k}(1-\mathrm{e}^{-\alpha t})^k\mathrm{e}^{-(n-k)\alpha t}.$$

由此导出 $X_{(k)}$ 的分布.

16. 分别考虑由 m 和 $n>m$ 人排成的两个队伍，假定服务时间有相同的指数分布. 证明：较长的队伍首先服务完毕的概率，等于扔均匀硬币游戏中在出现 m 次反面以前出现 n 次正面的概率. 考虑两个变量（它们分别有由 (1.3.5) 给出的 Γ 分布 G_m 和 G_n）之比 X/Y，并求出相同的概率.

17. 统计估计的例子. 假定电灯泡的寿命为指数分布，但是期望 α^{-1} 未知. 为估计 α，取有 n 个电灯泡组成的一个样本，并观察前 r 个电灯泡的使用寿命

$$X_{(1)} < X_{(2)} < \cdots < X_{(r)}.$$

α^{-1} 的"最佳无偏估计量"是这样一个线性组合 $U = \lambda_1 X_{(1)} + \cdots + \lambda_r X_{(r)}$，使得 $E(U) = \alpha^{-1}$，且 $\mathrm{Var}(U)$ 尽可能为最小. 试证明

$$U = (X_{(1)} + \cdots + X_{(r)})\frac{1}{r} + X_{(r)}(n-r)\frac{1}{r},$$

$$\mathrm{Var}(U) = \frac{1}{r}\alpha^{-2}.$$

提示：借助于独立变量 $X_{(k)} - X_{(k-1)}$ 进行计算 (参见 1.6 节例 (b)).

18. 如果变量 $X_1, \cdots, X_n$ 在 $\overline{0,1}$ 中是均匀分布的，证明：极差 $X_{(n)} - X_{(1)}$ 具有密度 $n(n-1)x^{n-2}(1-x)$，且期望为 $(n-1)/(n+1)$. 所有 n 个点在长度为 t 的区间内的概率等于多少？

19. 当 3 个服务时间在 $\overline{0,1}$ 中均匀分布时，回答 1.6 节例 (b) 的问题.（注：解答包括冗长的计算，但是这可提供运算技巧方面的有用练习.）

20. 在圆上独立且随机地选取 4 个点. 求弦 X_1X_2 和弦 X_3X_4 相交的概率：(a) 不用计算而用对称论证；(b) 由积分定义.

21. 在 1.8 节随机分裂过程中，以 $X_{11}, X_{12}, X_{21}, X_{22}$ 表示第二代 4 块碎片的质量，下标 1 指较小的碎片，下标 2 指较大的碎片. 求这些变量的密度和期望.

注：第 22~26 题包含一些关于**区间的随机划分**的新定理 [参见 1.7 节例 (b)]. 设变量 $X_1, \cdots, X_n$ 是独立的且在 $\overline{0,t}$ 中是均匀分布的. 它们把这区间划分成 $n+1$ 个子区间，子区间的长度按照原有顺序以 $L_1, \cdots, L_{n+1}$ 来表示 [用顺序统计量的记号，我们有

$$L_1 = X_{(1)}, \quad L_2 = X_{(2)} - X_{(1)}, \cdots, \quad L_{n+1} = t - X_{(n)}.]$$

22. 以 $p_n(t)$ 表示所有 $n+1$ 个区间长度都大于 h 的概率. [换句话说，$p_n(t) = P\{\min L_k > h\}$，它是诸区间中最短者的分布函数的尾部.] 证明递推关系式

$$p_n(t) = \frac{n}{t^n}\int_0^{t-h} x^{n-1} p_{n-1}(x)\mathrm{d}x, \tag{$**$}$$

并求出 $p_n(t) = t^{-n}(t-(n+1)h)_+^n$.

23. 类似于 $(**)$，不用计算，证明：对于任意 $x_1 \geqslant 0, \cdots, x_{n+1} \geqslant 0$，

$$P\{L_1 > x_1, \cdots, L_{n+1} > x_{n+1}\} = t^{-n}(t - x_1 - \cdots - x_{n+1})_+^n. \tag{$***$}$$

[这一优美的结果是德 · 菲内蒂（B. de Finetti①）由几何学的研究而推出的. 它包含许多有趣的特殊情形. 当对一切 j 有 $x_j = h$ 时，我们得到上题结论 1.7 节例 (b) 相当于 x_j 中确实有一个不为 0 的特殊情形. 对于 $n+1$ 个事件中至少有一事件出现的情形，1.9 节的覆盖定理 3 可由 $(***)$ 和第 1 卷 (4.1.5) 推出.]

① Giornale Istituto Italiano degli Attuari, vol. 27 (1964), pp. 151-173，意大利文.

24. 以 $q_n(t)$ 表示所有 X_k 的相互距离都大于 h 的概率.（它与习题 22 的不同之处在于，对两个端区间 L_1 和 L_{n+1} 不加限制.）求类似于 $(**)$ 的关系式，从而推导 $q_n(t)$.

25. 续. 不用上题的结论，证明 $p_n(t) = (t-2h)^n t^{-n} q_n(t-2h)$.

26. 对圆来叙述类似于习题 24 的问题，并证明，习题 23 提供了它的解答.

27. 一等腰三角形，由 x 方向上的单位向量和任意方向上的一个向量组成.
(i) 在 $\mathbb{R}^2$ 中，(ii) 在 $\mathbb{R}^3$ 中求第三边长度的分布.

28. 以 0 为中心的单位圆（球）在正 x 轴上有北极. 一射线通过北极，且它与 x 轴的夹角在 $\overline{-\frac{1}{2}\pi, \frac{1}{2}\pi}$ 上是均匀分布的. 求其在圆（球）内部弦长的分布.

注： 在 $\mathbb{R}^2$ 中，射线有任意的方向，所讨论的习题与 1.10 节例 (a) 类似. 在 $\mathbb{R}^3$ 中习题是新的.

29. 一随机向量与它在 x 轴上投影的期望长度之比，在 $\mathbb{R}^3$ 中等于 2，在 $\mathbb{R}^2$ 中等于 $\pi/2$.
提示：利用 (1.10.2) 和 (1.10.8).

30. 一随机向量的长度在 $\overline{0,1}$ 上是均匀分布的. 在 (i) $\mathbb{R}^3$ 中和 (ii) $\mathbb{R}^2$ 中，求向量在 x 轴上投影长度的密度. 提示：利用 (1.10.4) 和 (1.10.9).

31. 求 $\mathbb{R}^4$ 中一随机选取的方向在 x 轴上投影的分布函数.

32. 在 $\mathbb{R}^4$ 中，求一随机向量长度分布与它在 x 轴上投影长度分布之间的关系. 它类似于 (1.10.2). 特别用单位向量验证习题 31.

33. 顺序统计量的极限定理. (a) 令 $X_1, \cdots, X_n$ 是在 $\overline{0,1}$ 中均匀分布的. 证明：对于固定的 k 当 $n \to \infty$ 时

$$P\left\{X_{(k)} \leqslant \frac{x}{n}\right\} \to G_{k-1}(x),\ x > 0,$$

其中 G_k 是 Γ 分布 (1.3.5) [参见 1.7 节例 (e)].

(b) 如果 X_k 有任一连续分布函数 F，则对于 $P\left\{X_{(k)} \leqslant \Phi\left(\frac{x}{n}\right)\right\}$，同一极限存在，其中 Φ 是 F 的反函数.（斯米尔诺夫.）

34. 样本中位数的极限定理. $(X_1, \cdots, X_{2n-1})$ 的第 n 个顺序统计量 $X_{(n)}$ 称为样本中位数. 如果 X_j 独立且在 $\overline{0,1}$ 中均匀分布，证明

$$P\left\{X_{(n)} - \frac{1}{2} < t/\sqrt{8n}\right\} \to \mathfrak{N}(t),$$

其中 $\mathfrak{N}$ 表示标准正态分布.

35. 续. 令 X_j 有连续密度为 f 的共同分布 F. 令 m 是理论中位数，即 $F(m) = \frac{1}{2}$. 证明

$$P\left\{X_{(n)} < x\right\} = (2n-1)\binom{2n-2}{n-1}\int_{-\infty}^{x} F^{n-1}(y)[1-F(y)]^{n-1} f(y)\mathrm{d}y.$$

利用上题，由此得

$$P\left\{X_{(n)} - m < \frac{t}{f(m)\sqrt{8n}}\right\} \to \mathfrak{N}(t).$$

36. 证明 1.12 节格涅坚科–科罗留克定理的下列变形：

$$P\left\{\sup_x[F_n(x)-F_n^{\#}(x)]\geqslant\frac{r}{n}\right\}=\binom{2n}{n-r}\Big/\binom{2n}{n},$$

其中 $r=1,2,\cdots,n$.（与原来的表述相对照，左边绝对值被省略了，从而在有关的随机游动中，只有 r 处为一吸收壁.）

37. **由均匀分布变量到指数分布变量的生成.**① 令 $X_1,X_2,\cdots$ 独立且在 $\overline{0,1}$ 中是均匀分布的. 随机变量 N 定义为使 $X_1\geqslant X_2\geqslant\cdots\geqslant X_{N-1}<X_N$ 的下标（见习题 9）. 证明

$$P\{X_1\leqslant x,N=n\}=\frac{x^{n-1}}{(n-1)!}-\frac{x^n}{n!},$$

由此得出 $P\{X_1\leqslant x,N\text{ 是偶数}\}=1-\mathrm{e}^{-x}$.

定义 Y 如下：一个“试验”是满足以上条件的一列变量 $X_1,\cdots,X_N$；如果 N 是奇数，则试验“失败”. 我们反复独立地做试验直到取得“成功”. 令 Y 等于失败次数加上成功试验中的第一个变量. 证明：$P\{Y<x\}=1-\mathrm{e}^{-x}$.

① J. von Neumann, *National Bureau of Standards*, Appl. Math. Series, No. 12 (1951), pp. 36-38.

第 2 章　特殊密度和随机化

本章的主要目的是叙述后面各章中经常出现的密度，以供参考引用. 后半部分叙述的随机化方法有着广泛的应用. 其范围可用推导某些与贝塞尔（Bessel）函数有关的分布来说明，这些贝塞尔函数出现在各种应用中. 它表明这个简单的概率方法可代替复杂的计算和困难的分析.

2.1　符号与约定

如果对于 $I = \overline{a, b}$ 外的一切 x 密度函数 $f(x) = 0$，我们就说，密度 f 及其分布 F **集中**[①]**在区间** I 上. 于是，当 $x < a$ 时，$F(x) = 0$；当 $x > b$ 时，$F(x) = 1$. 如果两个分布 F 和 G 或其密度 f 和 g 满足关系式

$$G(x) = F(ax + b), \quad g(x) = af(ax + b), \tag{2.1.1}$$

其中 $a > 0$，那么称它们是**同类型的**. 我们常把 b 称为**中心**（centering）参数，a 称为**尺度**（scale）参数. 这些术语通过如下事实是容易理解的：当 F 作为随机变量 X 的分布函数时，则 G 是

$$Y = \frac{X - b}{a} \tag{2.1.2}$$

的分布函数. 在许多场合，只有分布的类型才真正显得重要.

f（或 F）的**期望** m 与 **方差** σ^2 定义为

$$m = \int_{-\infty}^{+\infty} xf(x)\mathrm{d}x, \quad \sigma^2 = \int_{-\infty}^{+\infty} (x-m)^2 f(x)\mathrm{d}x = \int_{-\infty}^{+\infty} x^2 f(x)\mathrm{d}x - m^2, \tag{2.1.3}$$

如果这些积分绝对收敛的话. 此时由 (2.1.2) 显然可见，g 有期望 $(m-b)/a$ 与方差 σ^2/a^2. 由此推知，对于每一类型的分布，至多存在一个期望为 0 且方差为 1 的密度.

回想 (1.2.12)，两个密度 f_1 和 f_2 的**卷积** $f = f_1 * f_2$ 是一概率密度，定义为

$$f(x) = \int_{-\infty}^{+\infty} f_1(x-y)f_2(y)\mathrm{d}y. \tag{2.1.4}$$

---

① 按照通常的用法，区间 I 的闭包称为 f 的支集（support）. 引入新术语是为了在更一般的意义上利用它；例如，分布可以集中在整数集或有理数集上.

当 f_1 和 f_2 集中在 $\overline{0,\infty}$ 上时，这个公式化为

$$f(x)=\int_0^x f_1(x-y)f_2(y)\mathrm{d}y,\quad x>0. \tag{2.1.5}$$

上式表示两个具有密度 f_1 和 f_2 的独立随机变量之和的分布密度. 注意，对于 $g_i(x)=f_i(x+b_i)$，卷积 $g=g_1*g_2$ 由 $g(x)=f(x+b_1+b_2)$ 给出，这由 (2.1.2) 显然得知.

最后，我们想起标准**正态分布**函数及其密度，它们由下式定义：

$$\mathfrak{N}(x)=\frac{1}{\sqrt{2\pi}}\int_{-\infty}^x \mathrm{e}^{-\frac{1}{2}y^2}\mathrm{d}y,\quad \mathfrak{n}(x)=\frac{1}{\sqrt{2\pi}}\mathrm{e}^{-\frac{1}{2}x^2}. \tag{2.1.6}$$

我们早就知道，具有期望 m 与方差 σ^2 的**正态密度**由下式给出：

$$\frac{1}{\sigma}\mathfrak{n}\Big(\frac{x-m}{\sigma}\Big),\quad \sigma>0.$$

在中心极限定理中隐含着一个基本事实：*正态密度族关于卷积是封闭的*；换句话说，两个具有期望 m_1,m_2 与方差 σ_1^2,σ_2^2 的正态密度的卷积是一个具有期望 m_1+m_2 与方差 $\sigma^2=\sigma_1^2+\sigma_2^2$ 的正态密度. 鉴于上述事实，只需对于 $m_1=m_2=0$ 来证明它即可. 它断言

$$\frac{1}{\sqrt{2\pi}\sigma}\exp\Big[-\frac{x^2}{2\sigma^2}\Big]=\frac{1}{2\pi\sigma_1\sigma_2}\int_{-\infty}^{\infty}\exp\Big[-\frac{(x-y)^2}{2\sigma_1^2}-\frac{y^2}{2\sigma_2^2}\Big]\mathrm{d}y. \tag{2.1.7}$$

利用变量替换 $z=y(\sigma/\sigma_1\sigma_2)-x(\sigma_2/\sigma\sigma_1)$，这个断言的正确性就显然了，其中 x 是固定的（见习题 1）.

2.2 Γ 分 布

伽马函数 Γ 定义为

$$\Gamma(t)=\int_0^{\infty}x^{t-1}\mathrm{e}^{-x}\mathrm{d}x,\quad t>0. \tag{2.2.1}$$

[见第 1 卷 (2.12.22).] 它依下式引入阶乘：

$$\Gamma(n+1)=n!,\quad n=0,1,\cdots.$$

由分部积分可证 $\Gamma(t)=(t-1)\Gamma(t-1)$ 对一切 $t>0$ 成立（习题 2）.

集中在 $\overline{0,\infty}$ 上的 **Γ 密度**定义为

$$f_{\alpha,\nu}(x) = \frac{1}{\Gamma(\nu)}\alpha^{\nu}x^{\nu-1}\mathrm{e}^{-\alpha x}, \quad \nu > 0, \quad x > 0. \tag{2.2.2}$$

这里 $\alpha > 0$ 是平常的尺度参数，而 $\nu > 0$ 是本质的参数. 特别 $f_{\alpha,1}$ 表示**指数**密度，(1.3.4) 中密度 g_n 与 $f_{\alpha,n}$（$n = 1, 2, \cdots$）重合. 简单的计算表明，$f_{\alpha,\nu}$ 的期望等于 ν/α，方差等于ν/α^2.

Γ 密度族关于卷积是封闭的：

$$f_{\alpha,\mu} * f_{\alpha,\nu} = f_{\alpha,\mu+\nu}, \quad \mu > 0, \quad \nu > 0. \tag{2.2.3}$$

这个重要性质推广了 1.3 节的定理并经常被应用;其证明很简单. 由 (2.1.5),(2.2.3) 的左端等于

$$\frac{\alpha^{\mu+\nu}}{\Gamma(\mu)\Gamma(\nu)}\mathrm{e}^{-\alpha x}\int_0^x (x-y)^{\mu-1}y^{\nu-1}\mathrm{d}y. \tag{2.2.4}$$

经代换 $y = xt$ 之后，此表达式和 $f_{\alpha,\mu+\nu}(x)$ 不同之处仅在于一个数值系数；因为 $f_{\alpha,\mu+\nu}$ 和 (2.2.4) 两者都是概率密度，所以这个系数等于 1.

在 $x = 1$ 时，可以通过 (2.2.4) 得到所谓的 $\boldsymbol{\beta}$ **积分**$B(\mu, \nu)$. 作为这个证明的副产品，我们有

$$B(\mu, \nu) = \int_0^1 (1-y)^{\mu-1}y^{\nu-1}\mathrm{d}y = \frac{\Gamma(\mu)\Gamma(\nu)}{\Gamma(\mu+\nu)}, \quad \mu > 0, \quad \nu > 0. \tag{2.2.5}$$

[当 μ 和 ν 为整数时，此公式已在第 1 卷 (6.10.8) 和 (6.10.9) 中应用过. 也可见本章习题 3.]

关于 $f_{1,\nu}$ 的图像，当 $\nu \leqslant 1$ 时显然是单调的，且当 $\nu < 1$ 时在原点近旁是无界的. 对于 $\nu > 1$，$f_{1,\nu}$ 的图像是钟形的，在 $x = \nu - 1$ 处达到它的最大值 $(\nu-1)^{\nu-1}\mathrm{e}^{-(\nu-1)}/\Gamma(\nu)$，此值接近于 $[2\pi(\nu-1)]^{-\frac{1}{2}}$[斯特林（Stirling）公式，第 1 卷 2.12 节的习题 12]，由中心极限定理得出

$$\frac{\sqrt{\nu}}{\alpha}f_{\alpha,\nu}\Big(\frac{\nu+\sqrt{\nu}x}{\alpha}\Big) \to \mathfrak{n}(x), \ \nu \to \infty. \tag{2.2.6}$$

*2.3 与统计学有关的分布

Γ 密度在数理统计学中起着决定性的作用，虽然有时不甚明显. 首先，在皮尔逊（K. Pearson, 1894）引进的（现在有点过时的）古典密度系列中，Γ 密度作为 III 型出现. 它的经常出现是由于，对于具有正态密度 $\mathfrak{n}$ 的随机变量 X，变量 X^2 的密度是 $x^{-\frac{1}{2}}\mathfrak{n}(x^{\frac{1}{2}}) = f_{\frac{1}{2},\frac{1}{2}}(x)$. 由卷积的性质 (2.2.3) 得出：

* 本节讨论的特别问题，以后并没有用到.

如果 $X_1, \cdots, X_n$ 是相互独立的正态随机变量，其期望为 0，方差为 σ^2，则 $X_1^2+\cdots+X_n^2$ 具有密度 $f_{\frac{1}{2\sigma^2},\frac{1}{2}n}$.

对统计学家来说，$\chi^2 = X_1^2+\cdots+X_n^2$ 是“正态总体的样本方差”，它的分布常被应用. 由于传统的理由（从皮尔逊开始），$f_{\frac{1}{2},\frac{1}{2}n}$ 称为具有自由度 n 的 χ^2 密度.

在统计力学中，$X_1^2+X_2^2+X_3^2$ 表示质点速度的平方. 因此，$v(x) = 2xf_{\frac{1}{2},\frac{3}{2}}(x^2)$ 表示速度本身的密度. 这就是麦克斯韦密度，它在 (1.10.6) 中用其他方法求出（见 3.4 节中的例）.

在排队论中，Γ 分布常称为埃尔朗（Erlang）分布.

对统计学家有重要意义的一些随机变量（即“统计量”）具有形式 $T = X/Y$，其中 X 和 Y 是独立随机变量，$Y>0$. 用 F 和 G 分别表示它们的分布，f 和 g 表示它们的密度. 当假定 Y 取正值时，g 集中在 $\overline{0,\infty}$ 上，因此，

$$P\{T \leqslant t\} = P\{X \leqslant tY\} = \int_0^{\infty} F(ty)g(y)\mathrm{d}y. \tag{2.3.1}$$

由微分可得出 $T = X/Y$ 的密度

$$w(t) = \int_0^{\infty} f(ty)yg(y)\mathrm{d}y. \tag{2.3.2}$$

例 (a) 如果 X 和 Y 具有密度 $f_{\frac{1}{2},\frac{1}{2}m}$ 和 $f_{\frac{1}{2},\frac{1}{2}n}$，则 X/Y 具有密度

$$w(t) = \frac{\Gamma\left(\frac{1}{2}(m+n)\right)}{\Gamma\left(\frac{1}{2}m\right)\Gamma\left(\frac{1}{2}n\right)} \frac{t^{\frac{1}{2}m-1}}{(1+t)^{\frac{1}{2}(m+n)}}, \quad t>0. \tag{2.3.3}$$

事实上，(2.3.2) 的积分值等于

$$\frac{t^{\frac{1}{2}m-1}}{2^{\frac{1}{2}(m+n)}\Gamma\left(\frac{1}{2}m\right)\Gamma\left(\frac{1}{2}n\right)} \int_0^{\infty} y^{\frac{1}{2}(m+n)-1}\mathrm{e}^{-\frac{1}{2}(1+t)y}\mathrm{d}y, \tag{2.3.4}$$

作代换 $\frac{1}{2}(1+t)y = s$，可得 (2.3.3).

在方差分析中，我们研究一种特殊情形：

$$X = X_1^2+\cdots+X_m^2 \text{ 和 } Y = Y_1^2+\cdots+Y_n^2,$$

其中 $X_1,\cdots,X_m,Y_1,\cdots,Y_n$ 是具有相同的正态密度 $\mathfrak{n}$ 的相互独立随机变量. 随机变量 $F=(nX/mY)$ 称为斯内德克（Snedecor）统计量，它的密度 $(m/n)w(m/n)x$

称为斯内德克密度或 F 密度. 变量 $Z=\ln\frac{1}{2}F$ 是费希尔（Fisher）的 Z 统计量，它的密度称为费希尔的 Z 密度. 当然，这两种统计量只是在记号上有些变化而已.

(b) **学生氏 T 密度.** 令 $X, Y_1, \cdots, Y_n$ 独立且具有相同正态密度 $\mathfrak{n}$，变量

$$T=\frac{X\sqrt{n}}{\sqrt{Y_1^2+\cdots+Y_n^2}} \tag{2.3.5}$$

是统计学家通常所说的学生氏 T 统计量. 我们知道它的密度为

$$w(t)=\frac{C_n}{(1+t^2/n)^{\frac{1}{2}(n+1)}}, \text{其中 } C_n=\frac{1}{\sqrt{\pi n}}\frac{\Gamma\left(\frac{1}{2}(n+1)\right)}{\Gamma\left(\frac{1}{2}n\right)}. \tag{2.3.6}$$

事实上，(2.3.5) 中的分子有期望为 0 方差为 n 的正态密度，而分母的密度为 $2xf_{\frac{1}{2},\frac{1}{2}n}(x^2)$. 于是 (2.3.2) 化为形式

$$\frac{1}{\sqrt{\pi n}2^{(n-1)/2}\Gamma(n/2)}\int_0^{\infty}\mathrm{e}^{-\frac{1}{2}(1+t^2/n)y^2}y^n\mathrm{d}y. \tag{2.3.7}$$

作变换 $s=\frac{1}{2}(1+t^2/n)y^2$，上述积分化为 Γ 积分，即得到 (2.3.6). ■

2.4 一些常用的密度

下面我们不再说明，所有的密度在所述的区间外恒等于 0.

(a) **双侧指数密度**定义为 $\frac{1}{2}\alpha\mathrm{e}^{-\alpha|x|}$，其中 α 是尺度参数. 它具有期望 0 与方差 $2\alpha^{-2}$. 它是指数密度 $\alpha\mathrm{e}^{-\alpha x}$（$x>0$）与其镜象密度 $\alpha\mathrm{e}^{\alpha x}$（$x<0$）的卷积. 换句话说，双侧指数密度是 X_1-X_2 的密度，这里 X_1 与 X_2 独立且有相同的指数密度 $\alpha\mathrm{e}^{-\alpha x}$（$x>0$）. 在法国文献中，它通常称为“拉普拉斯（Laplace）第二律”，第一律是正态分布.

(b) 集中在 $\overline{-a,a}$ 中的均匀（或矩形）密度 ρ_a 和三角形密度 τ_a 分别定义为

$$\rho_a(x)=\frac{1}{2a},\quad \tau_a(x)=\frac{1}{a}\left(1-\frac{|x|}{a}\right),\quad |x|<a. \tag{2.4.1}$$

容易看出，$\rho_a*\rho_a=\tau_{2a}$. 用文字表示：两个在 $\overline{-a,a}$ 中均匀分布的变量之和在 $\overline{-2a,2a}$ 中有三角形分布. [多重卷积 $\rho_a*\cdots*\rho_a$ 已在 (1.9.7) 中叙述.]

(c) 在 $\overline{0,1}$ 中的 **β 密度**定义为

$$\beta_{\mu,\nu}(x)=\frac{\Gamma(\mu+\nu)}{\Gamma(\mu)\Gamma(\nu)}(1-x)^{\mu-1}x^{\nu-1},\quad 0<x<1, \tag{2.4.2}$$

其中 $\mu>0$ 和 $\nu>0$ 是自由参数. 由 (2.2.5) 可知，(2.4.2) 确实定义了一个概率密度. 由 (2.2.5) 可见，$\beta_{\mu,\nu}$ 有期望 $\nu/(\mu+\nu)$ 与方差 $\mu\nu/[(\mu+\nu)^2(\mu+\nu+1)]$. 如果 $\mu<1,\nu<1$，则 $\beta_{\mu,\nu}$ 的图是 U 形的，其极限趋于 ∞. 对于 $\mu>1,\nu>1$，图是钟形的. 对于 $\mu=v=1$ 的特殊情形，则得到均匀密度.

β 密度的一个简单变形定义为

$$\frac{1}{(1+t)^2}\beta_{\mu,\nu}\left(\frac{1}{1+t}\right)=\frac{\Gamma(\mu+\nu)}{\Gamma(\mu)\Gamma(\nu)}\cdot\frac{t^{\mu-1}}{(1+t)^{\mu+\nu}},\quad 0<t<\infty. \tag{2.4.3}$$

如果变量 X 的密度为 (2.4.2)，则 $Y=X^{-1}-1$ 的密度为 (2.4.3).

在皮尔逊系列中，密度 (2.4.2) 和 (2.4.3) 作为 **I** 型和 **VI** 型出现. 斯内德克（Snedecor）密度 (2.3.3) 是 (2.4.3) 的特殊情形. 密度 (2.4.3) 常以经济学家帕雷托（Pareto）来命名. 可以认为（从现代统计学观点来看是比较自然的），收入分布的尾部当 $x\to\infty$ 时其密度近似于 $Ax^{-\alpha}$，(2.4.3) 满足这一要求.

(d) **著名的反正弦密度**

$$\frac{1}{\pi\sqrt{x(1-x)}},\quad 0<x<1. \tag{2.4.4}$$

实际上和 β 密度 $\beta_{\frac{1}{2},\frac{1}{2}}$ 相同，但是因为它在起伏理论中经常出现，所以应该特别陈述（它在第 1 卷 3.4 节中引入，因为它与逗留时间的意外性质有关）. 遗憾的是，被人误解的名称在广泛流传，实际上分布函数为 $2\pi^{-1}\arcsin\sqrt{x}$.（具有 $\mu+\nu=1$ 的 β 密度经常是指"广义反正弦密度".）

(e) 以原点为中心的**柯西（Cauchy）密度**定义为

$$\gamma_t(x)=\frac{1}{\pi}\cdot\frac{t}{t^2+x^2},\quad -\infty<x<\infty, \tag{2.4.5}$$

其中 $t>0$ 是尺度参数. 相应的分布函数是

$$\frac{1}{2}+\pi^{-1}\arctan(x/t).$$

γ_t 的图形与正态密度的图形相似，但是它接近坐标轴很缓慢，以致于期望不存在.

柯西密度的重要性是由于卷积公式

$$\gamma_s*\gamma_t=\gamma_{s+t}. \tag{2.4.6}$$

它说明柯西密度族 (2.4.5) 对卷积运算封闭. (2.4.6) 可以用初等（但是乏味）的方法把被积函数分解为部分分式来证明. 比较简单的证明可用傅里叶分析.

卷积公式 (2.4.6) 有一个惊人的结论：对于具有相同密度 (2.4.5) 的独立变量 $X_1,\cdots,X_n$，它们的平均 $(X_1+\cdots+X_n)/n$ 与 X_j 有相同的密度.

例　考虑一个实验室的试验，用铅直反射镜把水平光线投射到墙壁上. 此镜围绕经过 A 的铅直轴自由旋转. 假定反射光线的方向是"随机地"选取，即它与墙壁的垂线 AO 的夹角 φ，在 $-\dfrac{1}{2}\pi$ 和 $\dfrac{1}{2}\pi$ 之间是均匀分布的. 光线与墙壁相交于一点，它到原点 O 的距离为

$$X = t \cdot \tan\varphi$$

（其中 t 是墙壁到中心 A 的距离 AO）. 显然，随机变量 X 具有密度 (2.4.5).① 如果试验重复了 n 次，则平均值 $(X_1 + \cdots + X_n)/n$ 有相同的密度，像大数定律那样，我们可以推知，平均值不集中在 0 的周围. ■

柯西密度有一个奇妙的性质：如果 X 的密度为 γ_t，则 $2X$ 的密度为 $\gamma_{2t} = \gamma_t * \gamma_t$. 因此，$2X = X + X$ 是两个相关变量之和，但是它的密度由卷积公式给出. 更一般地，如果 U 和 V 是两个具有共同密度 γ_t 的独立变量，且 $X = aU + bV, Y = cU + dV$，则 $X + Y$ 的密度为 $\gamma_{(a+b+c+d)t}$，它是 X 的密度 $\gamma_{(a+b)t}$ 与 Y 的密度 $\gamma_{(c+d)t}$ 的卷积；然而，X 和 Y 并不独立.（有关的例子可见 3.9 节中的习题 1.）

[柯西密度相当于学生氏 T 密度族 (2.3.5) 当 $n = 1$ 时的特殊情形. 换句话说，如果 X 和 Y 是具有正态密度 $\mathfrak{n}$ 的独立随机变量，则 $X/|Y|$ 有柯西密度 (2.4.5)，其中 $t = 1$. 一些有关的密度见习题 5 和习题 6.]

Γ 密度的卷积性质 (2.2.3) 看来好像 (2.4.6)，但是有一个重大差别，即 Γ 密度的 ν 是本质参数，而 (2.4.6) 只含一个尺度参数. 关于柯西密度的类型是稳定的. 这种在卷积运算下的稳定性，为正态密度和柯西密度所共有；差别在于尺度参数分别具有法则 $\sigma^2 = \sigma_1^2 + \sigma_2^2$ 和 $t = t_1 + t_2$. 除此之外，还存在着有类似性质的其他**稳定密度**，用专业术语来说，我们把正态密度和柯西密度分别称为"指标为 2 和 1 的对称稳定密度"（见 6.1 节）.

(f) **指标为 $\dfrac{1}{2}$ 的单侧稳定分布.** 如果 $\mathfrak{N}$ 是形如 (2.1.6) 的正态分布，则

$$F_\alpha(x) = 2[1 - \mathfrak{N}(\alpha/\sqrt{x})], \quad x > 0 \tag{2.4.7}$$

确定了一个分布函数，它的密度是

$$f_\alpha(x) = \frac{\alpha}{\sqrt{2\pi}} \cdot \frac{1}{\sqrt{x^3}} \mathrm{e}^{-\frac{1}{2}\alpha^2/x}, \quad x > 0. \tag{2.4.8}$$

显然它的期望不存在. 这个分布已在第 1 卷 (3.6.8) 中出现，又在第 1 卷 10.1 节

① 简单地改述这个试验就得到卷积公式 (2.4.6) 的物理解释. 我们的论证指出，如果把一个单位的光源放在原点，那么 γ_t 就表示光的强度沿着 xy 平面上直线 $y = t$ 的分布. 于是 (2.4.6) 表示惠更斯（Huygens）原理，据此原理，光的强度沿着 $y = s + t$ 的分布情形，似乎和光源在直线 $y = t$ 上按密度 γ_t 分布时的情形相同. [感谢沃尔什（J.W. Walsh）的这个解释.]

中作为常返时间分布的极限而求出，并且这个推导隐含着**合成法则**

$$f_\alpha * f_\beta = f_\gamma, \quad 其中 \quad \gamma = \alpha + \beta. \tag{2.4.9}$$

（用初等但较麻烦的积分运算来验证也是可行的. 用傅里叶分析来证明则比较简单.）如果 $X_1, \cdots, X_n$ 是具有分布 (2.4.7) 的独立随机变量，则 (2.4.9) 隐含着 $(X_1 + \cdots + X_n)n^{-2}$ 与其有相同的分布，因此平均值 $(X_1 + \cdots + X_n)n^{-1}$ 似乎与 n 有相同的数量级；在不收敛时，它们的增加将是无界的（见习题 7 和习题 8）.

(g) 形如 $\mathrm{e}^{-x^{-\alpha}}(x > 0, \alpha > 0)$ 的分布的出现与顺序统计量有关（见习题 8）. 它们和其变形 $1 - \mathrm{e}^{-x^\alpha}$ 一起以韦布尔（Weibull）分布的名称（有点难以理解）出现在统计可靠性理论中.

(h) **逻辑斯蒂分布**函数

$$F(t) = \frac{1}{1 + \mathrm{e}^{-\alpha t - \beta}}, \quad \alpha > 0 \tag{2.4.10}$$

可用于预报. 大量文献都试图建立一个直观的"逻辑斯蒂增长律"；只要单位选得适当，实际上所有的增长过程都可用形如 (2.4.10) 的函数表示，其中 t 表示时间. 通过 χ^2 对冗长的数表的检验支持了有关人口、细菌群体、铁路发展等问题符合此律. 已经发现动植物的高度和重量都遵循逻辑斯蒂增长律，虽然从理论上讲，很明显，这两个变量不能有同样的分布. 实验室里关于细菌的试验表明，即使没有系统的影响也能出现其他的结果. 总体理论依赖于逻辑斯蒂外推法（即使它表明是不可靠的）. 在理论上仅有的矛盾是，不但逻辑斯蒂分布，而且正态分布、柯西分布，还有其他分布，都可以适用于同一资料[①]，这一资料具有一致的或较好的拟合优度. 在这个竞赛中，与其他分布比较，逻辑斯蒂分布并不起显著作用；而大多数非逻辑斯蒂分布的理论模型却为同一观测资料所支持.

这种仅从拟合程度出发用某种模型来描述总体的理论是短命的，因为它没有提供新的方法，并且对同一旧事物所得到的各种新证实立即产生矛盾. 但是，这种自然的推理并未被常识所代替，因此它有助于清楚地说明单纯拟合优度是怎样使人发生误解的.

2.5 随机化与混合

令 F 是依赖于参数 θ 的分布函数，u 是某个概率密度，则

$$W(x) = \int_{-\infty}^{+\infty} F(x, \theta) u(\theta) \mathrm{d}\theta \tag{2.5.1}$$

是从 0 增加到 1 的 x 的单调函数，因而是一个分布函数. 如果 F 的连续密度为 f，则 W 的密度为 w：

$$w(x) = \int_{-\infty}^{+\infty} f(x, \theta) u(\theta) \mathrm{d}\theta. \tag{2.5.2}$$

① W. Feller, *On the logistic law of growth and its empirical verifications in biology*, Acta Biotheoretica, vol. 5 (1940), pp. 51-66.

替代关于密度 u 的积分，我们可以对离散概率分布求和：如果 $\theta_1, \theta_2, \cdots$ 是任意选取的，且 $p_k \geqslant 0, \sum p_k = 1$，则

$$w(x) = \sum_k f(x, \theta_k) p_k \tag{2.5.3}$$

定义了一个新的概率密度. 在概率上可以把这个步骤称为**随机化**；参数 θ 作为随机变量，而新的概率分布被定义在 $x\theta$ 平面上，此平面就作为样本空间. 形如 (2.5.3) 的密度称为**混合密度**. 这个术语现在一般用在形如 (2.5.1) 的分布和 (2.5.2) 的密度上.

在此我们不打算导出一般的理论，而是试图用几个例子来说明这个方法的应用范围及其概率内容. 这些例子还可以作为条件概率概念的准备. 2.6 节专门讨论由连续参数的随机化而得到的离散分布的例子. 最后，2.7 节说明出自随机游动的连续过程的构造；作为副产品，我们将得到一些分布，它们在许多应用中和需要严格的计算中经常出现.

例　(a) **比**. 如果 X 是具有密度 f 的随机变量，则对于固定的 $y > 0$，变量 X/y 的密度为 $f(xy)y$. 将参数 y 视为密度为 g 的随机变量，我们得到一个新的密度

$$w(x) = \int_{-\infty}^{+\infty} f(xy) y g(y) \mathrm{d}y. \tag{2.5.4}$$

此式和 (2.3.2) 相同，2.3 节的讨论就是以此为基础的.

用概率的语言说，把 X/y 中的分母 y 随机化指的就是考虑随机变量 X/Y，我们仅仅再讲一下 X/Y 的密度 (2.3.2) 的推导. 在这种特殊情形，术语是一个有趣的问题.

(b) **随机和**. 令 $X_1, X_2, \cdots$ 是具有相同密度 f 的独立随机变量. 和 $S_n = X_1 + \cdots + X_n$ 的密度为 f^{n*}，即 f 本身的 n 重卷积（见 1.2 节）. 项数 n 是一个参数. 现在我们用概率分布 $\mathrm{P}\{N = n\} = p_n$ 把它随机化. 具有随机项数 N 的总和 S_N 的密度是

$$w = \sum_1^\infty p_n f^{n*}. \tag{2.5.5}$$

作为一例，取 $\{p_n\}$ 为几何分布 $p_n = qp^{n-1}$，f 取指数密度. 于是 $f^{n*} = g_n$ 由 (2.2.2) 给出，且

$$w(x) = q\alpha \mathrm{e}^{-\alpha x} \sum_{n=1}^\infty p^{n-1} \frac{(\alpha x)^{n-1}}{(n-1)!} = q\alpha \mathrm{e}^{-\alpha q x}. \tag{2.5.6}$$

(c) **对排队的应用**. 考虑一个服务时间按指数分布（密度 $f(t) = \mu \mathrm{e}^{-\mu t}$）的服务员，假定来到的服务具有泊松型，即依次到达之间的时间是独立的且具有密度

$\lambda e^{-\lambda t}, \lambda < \mu$. 这模型已在第 1 卷 17.7 节 (b) 中叙述. 到达的顾客排成一条（可能是空的）"等待线"，按照到达的次序不间断地得到服务.

考虑某个顾客，他到达时已有 $n \geqslant 0$ 个顾客在等待. 他在服务员那里所花的总时间，是这 n 个顾客所花的时间加上他自己被服务的时间的总和. 这是一个具有密度 $f^{(n+1)*}$ 的随机变量. 我们在第 1 卷 (17.7.10) 已经看到，在正常状态时，恰有 n 个顾客等待的概率等于 qp^n，其中 $p = \lambda/\mu$. 假定处在正常状态，我们看出，**顾客在服务员那里花的总时间 T 是一个有下列密度的随机变量：**

$$\sum_{n=0}^{\infty} qp^n f^{(n+1)*}(t) = q\mu e^{-\mu t} \sum_{n=0}^{\infty} (p\mu t)^n/n! = (\mu - \lambda)e^{-(\mu-\lambda)t}.$$

因此 $E(T) = 1/(\mu - \lambda)$.（见习题 10.）

(d) **公交车的等待线.** 假定公交车计划在每个整点开出一辆，但可能被耽误. 我们把接连的耽误时间记为 X_k，它作为具有共同的分布 F 和密度 f 的独立随机变量. 为简单起见，假定 $0 \leqslant X_k \leqslant 1$. 以 T_x 表示在下午某时刻 $x < 1$ 到达的人等待的时间. 列入下午行车计划中的公交车已经开出的概率为 $F(x)$，容易看出[1]

$$P\{T_x \leqslant t\} = \begin{cases} F(t+x) - F(x), & \text{当 } 0 < t < 1-x \text{ 时}, \\ 1 - F(x) + F(x)F(t+x-1), & \text{当 } 1-x < t < 2-x \text{ 时}, \end{cases} \tag{2.5.7}$$

显然，当 $t > 2 - x$ 时，$P\{T_x \leqslant t\} = 1$. 相应的密度为

$$\begin{cases} f(t+x), & 0 < t < 1-x, \\ F(x)f(t+x-1), & 1-x < t < 2-x. \end{cases} \tag{2.5.8}$$

这里到达时刻 x 是一个自由参数，把它随机化是很自然的. 例如，对于随机到达的乘客，他的到达时刻是一个在 $\overline{0,1}$ 中均匀分布的随机变量. 此时期望等待时间为 $\dfrac{1}{2} + \sigma^2$，其中 σ^2 是耽误的方差. 换句话说，**如果公交车是准时开出的，那么期望等待时间最小，**并且它随着耽误方差的增加而增加（见习题 11 和习题 12）. ■

2.6 离散分布

本节致力于迅速地看一看二项分布和泊松分布随机化的一些结果. 在贝努利试验中成功次数 S_n 的分布依赖于成功概率 p. 将 p 当作密度为 u 的随机变量，得到一个新的分布

---

[1] (2.5.7) 的后一等式不易看出，可用如下方式证：$\{T_x \leqslant t\} = \{X_1 > x\} \cup \{X_1 \leqslant x\} \cap \{X_2 \leqslant t+x-1\}$. ——译者注

$$P\{S_n = k\} = \binom{n}{k} \int_0^1 p^k (1-p)^{n-k} u(p) \mathrm{d}p, \quad k = 0, \cdots, n. \tag{2.6.1}$$

例　(a) 当 $u(p) = 1$ 时，由分部积分表明，(2.6.1) 与 k 无关，且 (2.6.1) 化为**离散均匀分布** $\mathrm{P}\{S_n = k\} = (n+1)^{-1}$. 更好的说明是贝叶斯（Bayes）的论证. 考虑 $n+1$ 个在 $\overline{0,1}$ 中均匀分布的独立变量 $X_0, \cdots, X_n$. (2.6.1)（式中 $u = 1$）的积分等于在变量 $X_1, \cdots, X_n$ 中恰有 k 个小于 X_0 的概率，或者说，等于在诸点 $X_0, \cdots, X_n$ 按数值大小的排列中，X_0 排在第 $(k+1)$ 位置上的概率. 但是由于对称性，每个位置都是等可能的，因此积分等于 $(n+1)^{-1}$. ■

用博弈的语言来说，(2.6.1) 对应于这种情况：随机地选取一个不均匀硬币，并用这种结构未知的硬币进行试验. 在下注者看来，试验不能认为是独立的. 事实上，如果观察到很长的正面序列，那么下面的认识就变得自然了：对此硬币，p 接近于 1，因而不妨下注更多次出现正面. 这样两个范例可以说明这种类型的估计与预测问题.

(b) 给定 n 次试验有 k 次成功（这是假设 H），问事件 $p < \alpha$ 的概率是多少？根据条件概率的定义，

$$P\{A|H\} = \frac{P\{AH\}}{P\{H\}} = \frac{\displaystyle\int_0^\alpha p^k (1-p)^{n-k} u(p) \mathrm{d}p}{\displaystyle\int_0^1 p^k (1-p)^{n-k} u(p) \mathrm{d}p}. \tag{2.6.2}$$

贝叶斯用到了具有 $u(p) = 1$ 的这类估计. 我们的模型的结构（即在实际上，如果我们讨论的是具有已知密度 u 的各种硬币总体）就适合这个程序. 困难在于：当看到不是随机化的时候，它仍不分青红皂白地被用来判断“原因的概率”；这一点已在关于所谓“明天出太阳的概率”的问题（第 1 卷 5.2 节例 (e)）中充分讨论过.

(c) 上面的一个变形可叙述如下. 给定 n 次试验有 k 次成功，问以后的 m 次试验中有 j 次成功的概率是多少？由前面的论证可得到下列答案：

$$\frac{\displaystyle\binom{m}{j} \int_0^1 p^{j+k} (1-p)^{m+n-j-k} u(p) \mathrm{d}p}{\displaystyle\int_0^1 p^k (1-p)^{n-k} u(p) \mathrm{d}p}. \tag{2.6.3}$$

（见习题 13.） ■

转到泊松分布，我们把它解释为在长度为 t 的时间内，准点“到达”次数. 期望到达次数是 αt. 我们从概念上来说明两个不同的随机化方式.

(d) **随机化的时间.** 如果时间间隔的长度是一个具有密度 u 的随机变量，则恰有 k 次到达的概率 p_k 是

$$p_k = \int_0^\infty \mathrm{e}^{-\alpha t}\frac{(\alpha t)^k}{k!}u(t)\mathrm{d}t. \tag{2.6.4}$$

例如，如果时间间隔的长度是指数分布的，则 $k=0,1,\cdots$ 次新到达的概率等于

$$p_k = \int_0^\infty \mathrm{e}^{-(\alpha+\beta)t}\frac{(\alpha t)^k}{k!}\beta\mathrm{d}t = \frac{\beta}{\alpha+\beta}\left(\frac{\alpha}{\alpha+\beta}\right)^k, \tag{2.6.5}$$

这是一个几何分布.

(e) **分层.** 假设有一些随机到达的能源，每个能源有泊松输出，但是参数不同. 例如，植物在固定的曝光时间 t 内发生的**偶然**事件可以假定为泊松变量，但是参数将随各种植物而异. 类似地，发生于个别单位的**电话呼叫**可以是泊松变量，各个单位有不同的期望呼叫次数. 在这过程中，参数 α 作为具有密度 u 的随机变量，在时间 t 内恰好 n 次到达的概率为

$$P_n(t) = \int_0^\infty \mathrm{e}^{-\alpha t}\frac{(\alpha t)^n}{n!}u(\alpha)\mathrm{d}\alpha. \tag{2.6.6}$$

对于 Γ 密度 $u = f_{\beta,\nu+1}$ 这种特殊情形，我们有

$$P_n(t) = \binom{n+\nu}{n}\left(\frac{\beta}{\beta+t}\right)^{\nu+1}\left(\frac{t}{\beta+t}\right)^n. \tag{2.6.7}$$

这是**波利亚（Polya）分布**的极限形式，此分布在第 1 卷 5.8 节习题 24 和第 1 卷 (17.10.2)（令 $\beta=a^{-1},\nu=a^{-1}-1$）中给出. ■

关于假传染病的注 一个奇特而有益的历史联系到了分布 (2.6.7) 及其两重性.

导致 (2.6.7) 的波利亚罐子模型和波利亚过程是真传染病模型，其中每一个意外事故的发生，确实增加了将来意外事故的概率. 这个模型很享盛名，且 (2.6.7) 在实际上适合于各种现象，用它来描述**真传染病的特征**是很适合的.

同一分布 (2.6.7) 早在 1920 年由格林伍德（M. Greenwood）和尤尔（G.U. Yule）同时推导出，他们的意见是，良好的拟合会*驳斥了传染病的模型*. 其推导大体上等价于我们的分层模型，这模型从强调泊松过程即假定没有后效开始. 于是有一个惊人的事实：同一分布的良好拟合可以用本质及实际含义都完全相反的方式来解释. 这一点可以作为对那些将统计资料给予过分轻率解释的忠告.

关于假传染病的现象的解释已经在第 1 卷 5.2 节例 (d) 中叙述了，并和上面 (2.6.1) 有关. 这样，在长度为 s 的时间内观察到 m 个意外事故，使我们可以用类似于 (2.6.3) 去估计在将来长度为 t 的时间内发生 n 个意外事故的概率. 其结果将依赖于 m，但是这种依赖性是由于抽样方法而不是它的本质；关于过去的信息能使我们更好地预测样本的将来性质，而不会与整个总体的未来混同起来.

2.7 贝塞尔函数与随机游动

在扩散理论、排队论和其他应用中相当多的显式解包含有贝塞尔函数. 通常很少能明显地用解来表示概率分布，分析理论要求得出它们的拉普拉斯变换，而用其他关系则比较复杂. 幸好，所讨论的（和更多的）分布可以用简单的随机化方法来获得. 用这种方法可使关系式去掉偶然性，从而避免许多困难的分析.

阶为 $\rho>-1$ 的贝塞尔函数理解为对全体实数 x 定义的函数 I_ρ ①：

$$I_\rho(x)=\sum_{k=0}^{\infty}\frac{1}{k!\Gamma(k+\rho+1)}\left(\frac{x}{2}\right)^{2k+\rho}. \tag{2.7.1}$$

我们用三个方式来得出包含贝赛尔函数的三种不同类型分布.

(a) 随机化的 Γ 密度

固定 $\rho>-1$，考虑 (2.2.2) 的 Γ 密度 $f_{1,\rho+k+1}$. 令参数 k 为服从泊松分布的整值随机变量. 按照 (2.5.3)，我们得到一个新密度

$$w_\rho(x)=\mathrm{e}^{-t}\sum_{k=0}^{\infty}\frac{t^k}{k!}f_{1,\rho+k+1}(x)=\mathrm{e}^{-t-x}\sum_{k=0}^{\infty}\frac{t^k x^{\rho+k}}{k!\Gamma(\rho+k+1)}. \tag{2.7.2}$$

比较 (2.7.1) 与 (2.7.2) 中各项，可以看出

$$w_\rho(x)=\mathrm{e}^{-t-x}\sqrt{(x/t)^\rho}\,I_\rho(2\sqrt{tx}),\ x>0. \tag{2.7.3}$$

如果 $\rho>-1$，则 w_ρ 是集中在 $\overline{0,\infty}$ 上的概率密度.（对于 $\rho=-1$，右边关于 x 是不可积的.）注意，t 不是尺度参数，因此这些密度是属于不同类型的.

顺便提一句，由这个构造和 Γ 密度的卷积公式 (2.2.3)，显然有

$$w_\rho * f_{1,\nu}=w_{\rho+\nu}. \tag{2.7.4}$$

(b) 随机化的随机游动

在讨论随机游动中，通常我们假设接连的跳跃发生在时刻 $1,2,\cdots$. 然而很清楚，这个约定仅使描述生动而已，模型与时间完全无关. 一个真正的时间连续随机过程是由普通的随机游动依下面规定而得出的：*接连两次跳跃的间隔时间是具有相同密度 e^{-t} 的独立随机变量*. 换句话说，跳跃时刻被一个泊松过程所支配，而跳跃高度是分别以概率 p 和 q 取值 $+1$ 和 -1 的随机变量，这些变量彼此独立并构成泊松过程.

① 按照标准的用法，I_ρ 是“修正的”贝塞尔函数或“具有虚自变量”的贝塞尔函数. “通常的”贝塞尔函数常表示为 J_ρ，它是在 (2.7.1) 右边插入 $(-1)^k$ 来定义的. 我们用术语贝塞尔函数是一个通用的称呼，而不含有新内容.

对于与随机游动有关的每个分布，都对应于一个时间连续过程的分布，此过程在形式上是由跳跃次数的随机化而获得的. 为此，我们详细地研究在给定时刻 t 上的位置. 在基本的随机游动中，为使第 n 步到达位置 $r \geqslant 0$，当且仅当在前 n 次跳 跃中，$\frac{1}{2}(n+r)$ 是正的，$\frac{1}{2}(n-r)$ 是负的. 这只有当 $n-r=2\nu$ 是偶数时才行. 此时，在第 n 次跳跃后恰好处在位置 r 的概率是

$$\binom{n}{\frac{1}{2}(n+r)} p^{\frac{1}{2}(n+r)} q^{\frac{1}{2}(n-r)} = \binom{r+2\nu}{r+\nu} p^{r+\nu} q^{\nu}. \tag{2.7.5}$$

在我们的泊松过程中，直到时刻 t 恰好发生 $n=2\nu+\gamma$ 次跳跃的概率是 $\mathrm{e}^{-t}t^n/n!$，因此在我们的时间相关过程中，在时刻 t 处于位置 $r \geqslant 0$ 的概率等于

$$\mathrm{e}^{-t} \sum_{\nu=0}^{\infty} \frac{t^{r+2\nu}}{(r+2\nu)!} \binom{r+2\nu}{r+\nu} p^{r+\nu} q^{\nu} = \sqrt{(p/q)^r}\,\mathrm{e}^{-t} I_r(2\sqrt{pq}t). \tag{2.7.6}$$

我们得到两个结论:

(i) 对于 $r=1,2,3,\cdots$，如果定义 $I_{-r}=I_r$，则对于固定的 $t>0,p,q$,

$$a_r(t) = \sqrt{(p/q)^r}\,\mathrm{e}^{-t} I_r(2\sqrt{pq}t), \quad r=0,\pm1,\pm2,\cdots \tag{2.7.7}$$

表示某个概率分布（即 $a_r \geqslant 0, \Sigma a_r = 1$）.

(ii) 在时间相关随机游动中，$a_r(t)$ 等于在时刻 t 处于位置 r 的概率.

两个贝塞尔函数的著名公式是这个结果的直接推论. 首先，由变量替换 $2\sqrt{pq}t = x$ 和 $p/q=u^2$，恒等式 $\Sigma a_r(t)=1$ 变为

$$\mathrm{e}^{\frac{1}{2}x(u+u^{-1})} = \sum_{-\infty}^{\infty} u^r I_r(x). \tag{2.7.8}$$

这就是所谓的贝塞尔函数的母函数或**施勒米希（Schlömilch）公式**（此公式有时作为 I_r 的定义）.

其次，由过程的本质显然可见，概率 $a_r(t)$ 必须满足查普曼–柯尔莫哥洛夫（Chapman-Kolmogorov）方程

$$a_r(t+\tau) = \sum_{k=-\infty}^{\infty} a_k(t) a_{r-k}(\tau). \tag{2.7.9}$$

此式表示，在时刻 t 质点应当位于某一位置 k 并从 k 转移到 r，等价于从 0 转移到 $r-k$. 在 17.3 节中我们将再来讨论这个关系式. [此式直接由表达式 (2.7.6) 和随机游动中类似的概率公式，容易得到验证.] 查普曼–柯尔莫哥洛夫方程 (2.7.9) 等价于

$$I_r(t+\tau) = \sum_{k=-\infty}^{\infty} I_k(t) I_{r-k}(\tau). \tag{2.7.10}$$

这就是著名的诺伊曼（K. Neumann）恒等式.

(c) 首次通过

为了简单起见，我们把注意力放在对称的随机游动上，即 $p = q = \frac{1}{2}$. 按照第 1 卷 (3.7.5)，首次通过点 $r > 0$ 发生在第 $2n - r$ 次跳跃上的概率是

$$\frac{r}{2n-r}\binom{2n-r}{n}2^{-2n+r}, \quad n \geqslant r. \tag{2.7.11}$$

如果随机游动是常返的，则这样的首次通过以概率 1 发生，即对于固定的 r，数量 (2.7.11) 相加得 1. 在我们的时间相关过程中，第 k 次跳跃的时刻有 Γ 密度 (2.2.2). 由此得到，首次通过 $r > 0$ 的时刻具有密度

$$\begin{aligned}&\sum_n \frac{r}{2n-r}\binom{2n-r}{n}2^{-2n+r} f_{1,2n-r}(t) \\ =&\mathrm{e}^{-t}\sum \frac{t^{2n-r-1}}{(2n-r-1)!}\left(\frac{r}{2n-r}\right)\cdot\frac{(2n-r)!}{n!(n-r)!}2^{-2n+r} \\ =&\mathrm{e}^{-t}\frac{r}{t}I_r(t).\end{aligned} \tag{2.7.12}$$

因此，(i) 对于固定的 $r = 1, 2, \cdots$,

$$v_r(t) = \mathrm{e}^{-t}\frac{r}{t}I_t(t) \tag{2.7.13}$$

定义了某个集中在 $\overline{0,\infty}$ 上的概率密度；

(ii) 首次通过 $r > 0$ 的时刻具有密度 v_r（见习题 15）.

这个推导还有另一个有趣的结论. 在时刻 t 首次通过 $r + \rho$，蕴涵着在某时刻 $s < t$ 先首次通过 r. 由于在时间间隔 $\overline{0,s}$ 和 $\overline{s,t}$ 中跳跃的独立性以及指数等待时间的缺乏记忆性，我们应有

$$v_r * v_\rho = v_{r+\rho}. \tag{2.7.14}$$

[如果利用相应的卷积性质于概率 (2.7.11)，则由 (2.7.12) 通过计算验证 (2.7.14) 是容易的.]

实际上，命题 (i) 和关系式 (2.7.14) 对于所有取正值的参数 r 与 ρ 都是正确的.①

① W. Feller, *Infinitely divisible distributions and Bessel functions associated with random walks*, J. Soc. Indust. Appl. Math., vol.14 (1966), pp. 864-875.

2.8 圆周上的分布

半开区间 $\overline{0,1}$ 可用来表示单位长的圆周上的点，这比用整条线绕在圆周上更好. 于是圆周有了一个方向，弧长的值从 $-\infty$ 至 ∞，但 $x, x\pm 1, x\pm 2, \cdots$ 应理解为同一点. 加法运算的模是 1，如同角的加法运算的模是 2π 一样. *在圆周上的概率密度是一个周期函数 $\varphi \geqslant 0$，使得*

$$\int_0^1 \varphi(x)\mathrm{d}x = 1. \tag{2.8.1}$$

例 (a) **蒲丰（Buffon）投针问题（1777 年）**. 传统的叙述如下. 将平面分成为平行于 y 轴的宽度为 1 的若干带形. 随机地投掷一根长度为 1 的针. 问它穿过带形边界的概率是多少？为了说明问题，首先在形式上考虑针的中心. 它的位置由两个坐标决定，但是 y 不必考虑，并且把 x 按模 1 来缩减（即取 x 的小数部分）. 这样，“针的中心”变成为圆周上的具有均匀分布的随机变量 X. 针的方向可以用针与 y 轴的夹角（依顺时针方向测量）来确定. 针旋转了一个 π 角，又恢复到原来的位置，因此夹角仅可被确定直到 π 的整数倍. 我们用 $Z\pi$ 来表示. 在蒲丰投针问题中，可以推知 X 和 Z 是在长度为 1 的圆周上均匀分布的独立变量[①].

如果我们选用 0 与 1 之间的值表示 X，$-\frac{1}{2}$ 与 $\frac{1}{2}$ 之间的值表示 Z，那么为使针穿过边界，当且仅当

$$\frac{1}{2}\cos Z\pi > X \text{ 或 } \frac{1}{2}\cos Z\pi > 1 - X.$$

对于给定在 $-\frac{1}{2}$ 与 $\frac{1}{2}$ 之间的 z 值，$X < \frac{1}{2}\cos z\pi$ 的概率和 $1 - X < \frac{1}{2}\cos z\pi$ 的概率相同，即等于 $\frac{1}{2}\cos z\pi$. 因此，所要求的概率是

$$\int_{-\frac{1}{2}}^{\frac{1}{2}} \cos z\pi \mathrm{d}z = \frac{2}{\pi}. \tag{2.8.2}$$

■

直线上的随机变量 X 可按模 1 缩减以得到圆周上的随机变量 X. 数值计算中的**舍入误差**就是这种类型的随机变量. 如果 X 有密度 f，则 ^0X 的密度为[②]

$$\varphi(x) = \sum_{-\infty}^{+\infty} f(x+n). \tag{2.8.3}$$

---

① 对偶 (X, Z) 的样本空间是一个圆环面.

② 对收敛性感到困难的读者只需研究集中在有限区间上的密度 f. 如果 f 对于充分大的 x 与 $-x$ 是单调的，则一致收敛是显然的. 没有对 f 加任何条件时，则级数在某些点上可能发散，但 φ 恒表示密度，因为 (2.8.3) 中的部分和表示一个函数的单调序列，其积分趋于 1. ——译者注

从而直线上的每一个密度导出圆周上的一个密度. [由 19.5 节看出，利用傅里叶（Fourier）级数，同一 φ 允许有完全不同的表示式. 对于正态密度的特殊情形，见 19.5 节例 (e).]

(b) **庞加莱（Poincaré）轮盘赌问题.** 研究轮盘的转动次数，把它看作集中在正半轴上具有密度 f 的随机变量 X. 观察最后的结果，即轮盘停下来的点 ${}^0X$，它是变量 X 按模 1 被缩减而得的变量. 它的密度为 (2.8.3).

我们自然会认为，"在通常的情况下"，${}^0X$ 的密度近乎是均匀的. 在 1912 年，庞加莱在牢固的极限定理的基础上论证了这一含糊的认识. 我们不重复这一分析，因为类似的结果容易从 (2.8.3) 推出. 当然，不言而喻，给定的密度 f 实际上是伸展到一个长的区间，因此它的极大值 m 是小的.[①]为了简单起见，假定在 a 点上 f 取到极大值 $m = f(a)$，在 a 之前 f 增加，当 $x > a$ 时 f 减少. 对于缩减变量 ${}^0X$ 的密度 φ，则有

$$\varphi(x) - 1 = \sum_n f(x+n) - \int_{-\infty}^{+\infty} f(s)\mathrm{d}s. \tag{2.8.4}$$

对固定的 x，以 x_k 表示形如 $x+n$ 使得 $a+k \leqslant x_k < a+k+1$ 这样唯一的点. 于是 (2.8.4) 可改写为

$$\varphi(x) - 1 = \sum_{k=-\infty}^{+\infty} \int_{a+k}^{a+k+1} [f(x_k) - f(s)]\mathrm{d}s. \tag{2.8.5}$$

对于 $k < 0$，被积函数 $\leqslant 0$，因此

$$\varphi(x) - 1 \leqslant \sum_{k=0}^{\infty} [f(a+k) - f(a+k+1)] = f(a) = m.$$

类似的论证表明 $\varphi(x) - 1 \geqslant -m$. 于是 $|\varphi(x) - 1| < m$，因此 φ 确实接近常数.

单调性条件只是为了说明问题而加的，它可以用许多方法减弱. [简洁的充分条件可用 19.5 节泊松求和公式得出.]

(c) **第 1 位有效数字的分布.** 一位著名的应用数学家极其成功的工作，是在农历书、人口调查报告或类似的摘要数表中随机地选取一个数，打赌第一位有效数字小于 5. 我们自然想到，所有 9 个数字是等可能的，因此，数字不大于 4 的概率是 $\frac{4}{9}$. 在实际上[②]它接近于 0.7.

考虑一个赋于数字 k 以概率 $p_k = \lg(k+1) - \lg k$ 的离散概率分布（式中 lg 表示以 10 为底的对数，$k = 1, \cdots, 9$）. 这些概率的近似值是

---

① 注意因 f 受 $\int_{-\infty}^{+\infty} f(s)\mathrm{d}s = 1$ 的限制. ——译者注

② 对于经验资料，见 F. Benford, *The law of anomalous numbers*, Proc. Amer. Philos. Soc., vol.78(1938), pp. 551-572.

$p_1 = 0.3010,\quad p_2 = 0.1761,\quad p_3 = 0.1249,\quad p_4 = 0.0969,\quad p_5 = 0.0792,$
$p_6 = 0.0669,\quad p_7 = 0.0580,\quad p_8 = 0.0512,\quad p_9 = 0.0458,$

可见分布 $\{p_k\}$ 与含权 $\frac{1}{9} = 0.111\cdots$ 的均匀分布有显著的差别.

我们现在指出（依照 R.S. Pinkham），$\{p_k\}$ 是由观测大量数据中随机选出的数的第一个有效数字的经验分布，这似乎是对的. 实际上，可以把它看作具有某个未知分布的随机变量 $Y > 0$. 为使 Y 的第一个有效数字等于 k，当且仅当对于某个 n，$10^n k \leqslant Y < 10^n(k+1)$. 对于变量 $X = \lg Y$，这意味着

$$n + \lg k \leqslant X < n + \lg(k+1). \tag{2.8.6}$$

如果 Y 的取值范围很大，则缩减变量 ${}^0X$ 将是近似于均匀分布的，于是 (2.8.6) 的概率接近于 $\lg(k+1) - \lg k = p_k$.

当加法以 1 为模时，卷积公式 (2.1.5) 和导出这公式的论证都保持正确. 相应地，长度为 1 的圆周上两个密度的卷积确定下列密度：

$$w(x) = \int_0^1 f_1(x-y) f_2(y)\mathrm{d}y. \tag{2.8.7}$$

如果 X_1 和 X_2 是具有密度 f_1 和 f_2 的独立变量，则 $X_1 + X_2$ 的密度为 w. 因为这些密度是周期的，所以均匀密度和任一其他密度的卷积是均匀的（见习题 16）.

2.9 习　题

1. 证明：在第 1 卷第 7 章中所建立的二项分布的正态逼近蕴涵正态密度的卷积公式 (2.1.7).

2. 利用变换 $x = \frac{1}{2}y^2$，求证 $\Gamma\left(\frac{1}{2}\right) = \sqrt{\pi}$.

3. 勒让德（Legendre）的倍量公式. 对于 $\mu = \nu$，由 (2.2.5) 导出

$$\Gamma(2\nu) = \frac{1}{\sqrt{\pi}} 2^{2\nu-1}\Gamma(\nu)\Gamma\left(\nu + \frac{1}{2}\right).$$

提示：在 $0 < y < \frac{1}{2}$ 上利用变换 $4(y - y^2) = s$.

4. 如果 $g(x) = \frac{1}{2}\mathrm{e}^{-|x|}$，试求卷积 $g * g$ 和 $g * g * g$ 以及 g^{4*}.

5. 令 X 和 Y 独立且具有相同的柯西密度 $\gamma_1(x)$（见 (2.4.5)）. 试证：乘积 XY 的密度为 $2\pi^{-2}(x-1)^{-1}g^{|x|}$.

提示：不要求直接计算，只需注意

$$\frac{a-1}{(1+s)(a+s)} = \frac{1}{1+s} - \frac{1}{a+s}.$$

6. 试证：如果

$$f(x)=\frac{2}{\pi}\frac{1}{\mathrm{e}^{x}+\mathrm{e}^{-x}}, \text{则 } f*f(x)=\frac{4}{\pi^2}\frac{x}{\mathrm{e}^{x}-\mathrm{e}^{-x}}.$$

(a) 考虑上题的变量 $\ln|X|$ 和 $\ln|Y|$；

(b) 直接利用代换 $\mathrm{e}^{2y}=t$ 和分解部分分式（见 15.9 节的习题 8）.

7. 如果 X 有正态密度 $\mathfrak{n}$，则显然 X^{-2} 有稳定密度 (2.4.8). 由此证明：如果 X 和 Y 是独立正态变量，有期望 0，方差 σ_1^2 及 σ_2^2，则 $Z=XY/\sqrt{X^2+Y^2}$ *是正态的，其方差为* σ_3^2，满足 $\frac{1}{\sigma_3}=\frac{1}{\sigma_1}+\frac{1}{\sigma_2}$（L. Shepp）.

8. 令 $X_1,\cdots,X_n$ 是独立的，$X_{(n)}$ 是其中最大者. 证明：如果 X_j 有

(a) 柯西密度 (2.4.5)，则

$$P\{n^{-1}X_{(n)}\leqslant x\}\to \mathrm{e}^{-t/(\pi x)},\quad x>0$$

(b) 稳定密度 (2.4.8)，则

$$P\{n^{-2}X_{(n)}\leqslant x\}\to \mathrm{e}^{-\alpha\sqrt{2/(\pi x)}},\quad x>0.$$

9. 令 X 和 Y 独立，具有集中在 $\overline{0,\infty}$ 上的密度 f 和 g. 如果 $E(X)<\infty$，则为使比 X/Y 有有限期望，当且仅当

$$\int_0^1 y^{-1}g(y)\mathrm{d}y<\infty.$$

10. 在 2.5 节例 (c) 中，(a) 如果在时刻 0 服务员空闲着，(b) 在稳定状况下，求出直到下次服务完成应等待的时间.

11. 在 2.5 节例 (d) 中，证明

$$E(T_x)=F(x)(\mu+1-x)+\int_0^{1-x} tf(t+x)\mathrm{d}t,$$

其中 μ 是 F 的期望. 由此验证当 x 是均匀分布时关于 $E(T)$ 的断言.

12. 在 2.5 节例 (d) 中，当 $0<t<1$ 时，$f(t)=1$，试求等待时间分布.

13. 在 2.6 节例 (c) 中，假设 u 是由 (2.4.2) 给出的 β 密度. 试用二项系数求条件概率 (2.6.3) 的值.

14. 令 X 和 Y 独立，相同的泊松分布为 $\mathrm{P}\{X=n\}=\mathrm{e}^{-t}t^n/n!$，证明

$$P\{X-Y=r\}=\mathrm{e}^{-2t}I_{|r|}(2t),\quad r=0,\pm1,\pm2,\cdots.$$

（见 5.1 节习题 9.）

15. 2.7 节 (c) 的诸结果对于非对称随机游动仍然正确，只要首次通过 $r>0$ 的概率等于 1，即只要 $p\geqslant q$. 证明：在 (2.7.11) 中的唯一变化是把 2^{-2n+r} 换为 p^nq^{n-r}，并且对于 $p\geqslant q, r=1,2,\cdots$，

$$\sqrt{(p/q)^r}\mathrm{e}^{-t}\frac{r}{t}I_r(2\sqrt{pq}t)$$

确定了集中在 $t>0$ 上的概率密度.

16. 令 X 和 Y 独立，${}^0X$ 和 ${}^0Y$ 是以 1 为模缩减的变量. 证明：${}^0X+{}^0Y$ 是把 $X+Y$ 按模为 1 缩减而得到的. 用直接计算来验证相应的卷积公式.

第 3 章　高维密度、正态密度与正态过程

由于明显的原因，多元分布比一元分布更不经常出现，而且本章的素材在后面各章中很少用到. 然而，多元分布却包含了许多重要的素材，例如正态分布的重要特性和在随机过程理论中所用到的一些工具. 当把它们同与其有关的复杂问题区分时，我们就能更好地理解它们的本质.

3.1　密　　度

为了印刷上的简便，我们在笛卡儿平面 $\mathbb{R}^2$ 上讨论，但显然维数不是本质的. 我们把平面看作具有坐标变量 X_1, X_2 的确定坐标系（更为方便的单个字母的记法将在 3.5 节中引入）.

定义在 $\mathbb{R}^2$ 上且积分等于 1 的非负可积函数 f 称为**概率密度**，或者简称为密度（本章出现的所有密度都是分段连续的，因此积分的概念不要求说明）. 密度 f 赋予区域 Ω 以概率

$$P\{\Omega\} = \iint\limits_{\Omega} f(x_1, x_2)\mathrm{d}x_1\mathrm{d}x_2. \tag{3.1.1}$$

当然，为使积分存在，假定 Ω 是充分规则的. 所有这样的概率都由平行于坐标轴的矩形的概率（即下式）唯一确定：

$$P\{a_1 < X_1 \leqslant b_1, a_2 < X_2 \leqslant b_2\} = \int_{a_1}^{b_1}\int_{a_2}^{b_2} f(x_1, x_2)\mathrm{d}x_1\mathrm{d}x_2, \tag{3.1.2}$$

其中 $a_i < b_i$ 是任意实数. 令 $a_1 = a_2 = -\infty$，我们得到 f 的**分布函数** F，即

$$F(x_1, x_2) = P\{X_1 \leqslant x_1,\ X_2 \leqslant x_2\}. \tag{3.1.3}$$

显然，$F(b_1, x_2) - F(a_1, x_2)$ 是宽度为 $b_1 - a_1$ 的半有限带形的概率，并且在 (3.1.2) 中出现的矩形是两个这样的带形之差，概率 (3.1.2) 等于所谓的混合差

$$F(b_1, b_2) - F(a_1, b_2) - F(b_1, a_2) + F(a_1, a_2).$$

由此可知，分布函数 F 唯一地确定了所有的概率 (3.1.1). 不管与直线的情形形式上如何类似，分布函数 F 的概念在平面上比较少用，而且最好都用密度本身确定概率 (3.1.1). 这种确定概率的方式在两方面与两个离散随机变量的联合概率分布

（第 1 卷 9.1 节）不同. 首先，积分代替了求和；其次，在这里概率只赋予“充分规则的区域”，然而在离散样本空间中，所有的集合都有概率. 因为本章仅讨论差别不甚明显的简单例子，所以离散理论的概念和术语能以不言自明的方式照搬过来. 因此，和上一章一样，我们使用概率论语言，而不对一般理论作任何讨论（一般理论将在第 5 章中给出）.

由 (3.1.3) 显而易见，①

$$P\{X_1 \leqslant x_1\} = F(x_1, \infty). \tag{3.1.4}$$

因此，$F_1(x) = F(x, \infty)$ 确定了 X_1 的分布函数，它的密度 f_1 为

$$f_1(x) = \int_{-\infty}^{+\infty} f(x, y)\mathrm{d}y. \tag{3.1.5}$$

当需要强调 X_1 与对偶 (X_1, X_2) 之间的联系时，我们又把 F_1 说成是**边缘分布**②，f_1 说成是边缘密度.

X_1 的**期望** μ_1 与**方差** σ_1^2（如果它们存在）是

$$\mu_1 = E(X_1) = \int_{-\infty}^{+\infty}\int_{-\infty}^{+\infty} x_1 f(x_1, x_2)\mathrm{d}x_1\mathrm{d}x_2 \tag{3.1.6}$$

与

$$\sigma_1^2 = \mathrm{Var}(X_1) = \int_{-\infty}^{+\infty}\int_{-\infty}^{+\infty} (x_1 - \mu_1)^2 f(x_1, x_2)\mathrm{d}x_1\mathrm{d}x_2. \tag{3.1.7}$$

由对称性，这些定义也适用于 X_2. 最后，X_1 和 X_2 的**协方差**是

$$\mathrm{Cov}(X_1, X_2) = \int_{-\infty}^{+\infty}\int_{-\infty}^{+\infty} (x_1 - \mu_1)(x_2 - \mu_2) f(x_1, x_2)\mathrm{d}x_1\mathrm{d}x_2. \tag{3.1.8}$$

正规化变量 $X_i\sigma_i^{-1}$ 是无单位量，它们的协方差即 $\rho = \mathrm{Cov}(X_1, X_2)\sigma_1^{-1}\sigma_2^{-1}$ 是 X_1 和 X_2 的**相关系数**（见第 1 卷 9.8 节）.

随机变量 U 是坐标变量 X_1 和 X_2 的函数，而且我们暂时只考虑概率 $P\{U \leqslant t\}$ 可以用形如 (3.1.1) 的积分来计算的那些函数. 因此，每一个随机变量将有唯一的分布函数，而且每一对随机变量有一个联合分布，等等.

在许多情况下，变换坐标变量是方便的，即令两个变量 Y_1, Y_2 起着原先 X_1, X_2 所起的作用. 在最简单的情况下，Y_j 定义为线性变换：

$$X_1 = a_{11}Y_1 + a_{12}Y_2, \quad X_2 = a_{21}Y_1 + a_{22}Y_2, \tag{3.1.9}$$

① 这里和以后当 $x \to \infty$ 时，$U(\infty) = \lim U(x)$，符号 $U(\infty)$ 的使用蕴涵着极限的存在.

② 在坐标轴上的投影是另一种可接受的术语.

它的行列式 $\varDelta = a_{11}a_{22} - a_{12}a_{21} > 0$. 一般说来，形如 (3.1.9) 的变换，或者可以描述为从一个平面到另一个平面的映射，或者描述为在同一平面上的坐标变换. 把变换 (3.1.9) 代入积分 (3.1.1)，我们得到

$$P\{\varOmega\} = \iint_{\varOmega_*} f(a_{11}y_1 + a_{12}y_2, a_{21}y_1 + a_{22}y_2) \cdot \varDelta \mathrm{d}y_1\mathrm{d}y_2, \tag{3.1.10}$$

区域 $\varOmega_*$ 由所有这样的点 (y_1, y_2) 组成，它的像 (x_1, x_2) 在 $\varOmega$ 中. 因为事件 $(X_1, X_2) \in \varOmega$ 和 $(Y_1, Y_2) \in \varOmega_*$ 是相等的，可见 (Y_1, Y_2) 的**联合密度**由下式给出：

$$g(y_1, y_2) = f(a_{11}y_1 + a_{12}y_2, a_{21}y_1 + a_{22}y_2) \cdot \varDelta. \tag{3.1.11}$$

所有这些都同样适用于高维情形.

将行列式 $\varDelta$ 换成雅可比（Jacobi）行列式，类似的论证适用于更一般的变换. 我们将只明显地利用**极坐标变换**

$$X_1 = R\cos\varTheta, \quad X_2 = R\sin\varTheta, \tag{3.1.12}$$

其中 $(R, \varTheta)$ 局限于 $R \geqslant 0, -\pi < \varTheta \leqslant \pi$. 这里 $(R, \varTheta)$ 的密度由下式给出：

$$g(r, \theta) = f(r\cos\theta, r\sin\theta)r. \tag{3.1.13}$$

在三维的情形中，我们利用地理经度 φ 和纬度 θ（其中 $-\pi < \varphi \leqslant \pi$ 和 $-\frac{1}{2}\pi \leqslant \theta \leqslant \frac{1}{2}\pi$）. 于是在极坐标中，坐标变量定义为

$$X_1 = R\cos\varPhi\cos\varTheta, \quad X_2 = R\sin\varPhi\cos\varTheta, \quad X_3 = R\sin\varTheta. \tag{3.1.14}$$

对于它们的联合密度，我们有

$$g(r, \varphi, \theta) = f(r\cos\varphi\cos\theta, r\sin\varphi\cos\theta, r\sin\theta)r^2\cos\theta. \tag{3.1.15}$$

在变换 (3.1.14) 中，“平面” $\varTheta = -\frac{1}{2}\pi$ 和 $\varTheta = \frac{1}{2}\pi$ 相应于 x_3 方向上的半轴，但是这个特点不起作用，因为这些半轴有零概率. 类似的陈述适用于平面极坐标系的原点.

例　(a) **独立的变量.** 在上一章中，我们考虑了具有密度 f_1 和 f_2 的独立变量 X_1 和 X_2. 这相当于以 $f(x_1, x_2) = f_1(x_1)f_2(x_2)$ 来定义二元密度，f_i 表示边缘密度.

(b) **“随机选点”.** 令 $\varGamma$ 是一个有界区域；为了简单起见，我们假设 $\varGamma$ 是凸的. 以 γ 表示 $\varGamma$ 的面积，设 f 在 $\varGamma$ 内等于 γ^{-1}，在 $\varGamma$ 外等于 0. 于是 f 是一个

密度，任一区域 $\Omega \subset \Gamma$ 的概率等于 Ω 与 Γ 的面积之比. 显然，类似于一维的情形，我们说对偶 (X_1, X_2) 在 Γ 上是均匀分布的. 用直观的语言来说，X_1 在横坐标 x_1 上的边缘密度等于 Γ 在 x_1 上的宽度（见习题 1）.

(c) **球面上的均匀分布**. 在三维空间中，单位球面 Σ 可用地理经度 φ 和纬度 θ 由下列方程表示：

$$x_1 = \cos\varphi\cos\theta, \quad x_2 = \sin\varphi\cos\theta, \quad x_3 = \sin\theta. \tag{3.1.16}$$

满足 $-\pi < \varphi \leqslant \pi, -\frac{1}{2}\pi < \theta < \frac{1}{2}\pi$ 的每一对偶 (φ, θ)，恰对应于球面上一点，并且除了两个极点外，Σ 上的每个点都可以这样得到. 两极点的特殊作用不需要我们关心，因为它们的概率为 0. 球面上的区域 Ω 由它在 φ, θ 平面上的像确定，Ω 的面积等于 $\cos\theta \mathrm{d}\varphi \mathrm{d}\theta$ 在这个像上的积分 [见（3.1.15）]. 对于“在 Σ 上的点随机选取”这一理想试验，我们将令 $4\pi P\{\Omega\} = \Omega$ 的面积. 这等价于在 φ, θ 平面上定义密度

$$g(\varphi, \theta) = \begin{cases} (4\pi)^{-1}\cos\theta, & -\pi < \varphi \leqslant \pi, \quad |\theta| < \dfrac{1}{2}\pi, \\ 0, & \text{其他}. \end{cases} \tag{3.1.17}$$

按照这样的定义，坐标变量是独立的，经度在 $\overline{-\pi, \pi}$ 上是均匀分布的.

把球面看作 φ-θ 平面的方法，在地图上常用，而且对概率论是有用的. 但是要注意，坐标变量是很任意的，它们的期望与方差对于原先的理想实验毫无意义.

(d) **二维正态密度**. 高维正态密度将在 3.6 节系统地引入. 先考虑二维情形，因为它提供了容易得出这个分布的方法. 与 (2.1.6) 的正态密度 $\mathfrak{n}$ 相类似的是形如 $c \cdot \mathrm{e}^{-q(x_1, x_2)}$ 的密度，其中 $q(x_1, x_2) = a_1 x_1^2 + 2b x_1 x_2 + a_2 x_2^2$. 容易看出，为使 e^{-q} 是可积的，当且仅当 a_j 是正的，并且 $a_1 a_2 - b^2 > 0$. 从概率论的意义来看，用它的方差来表示系数 a_i 和 b，并且定义以原点为中心的以下二维正态密度会更好一些：

$$\varphi(x_1, x_2) = \frac{1}{2\pi\sigma_1\sigma_2\sqrt{1-\rho^2}} \exp\left[-\frac{1}{2(1-\rho^2)}\left(\frac{x_1^2}{\sigma_1^2} - 2\rho\frac{x_1 x_2}{\sigma_1\sigma_2} + \frac{x_2^2}{\sigma_2^2}\right)\right], \tag{3.1.18}$$

其中 $\sigma_1 > 0, \sigma_2 > 0, -1 < \rho < 1$. 关于 x_2 的积分容易通过代换 $t = x_2/\sigma_2 - \rho x_1/\sigma_1$ 来进行（配方），由此可见 φ 确实表示 $\mathbb{R}^2$ 上的密度. 此外，很明显，X_1 和 X_2 的边缘分布也是正态的①，且 $E(X_i) = 0, \mathrm{Var}(X_i) = \sigma_i^2, \mathrm{Cov}(X_1, X_2) = \rho\sigma_1\sigma_2$. 换句

① 与通常的看法相反，存在非正态二维密度，它具有正态边缘密度（在习题 2 和习题 3 中叙述两种类型；在 5.12 节的习题 5 和习题 7 中再叙述两种类型）. 在希望处理正态密度时，统计学家们有时引入一对新的正态分布的坐标变量 $Y_1 = g_1(X_1), Y_2 = g_2(X_2)$. 但是这也不能使 (Y_1, Y_2) 的联合分布是正态的.

话说，ρ 是 X_1 和 X_2 的**相关系数**. 在 (3.1.18) 中把 x_i 换为 $x_i - c_i$，就得到以点 (c_1, c_2) 为中心的正态密度.

重要的是，线性变换 (3.1.9) 把一个正态分布变成另一正态分布. 这从定义和 (3.1.11) 来看是显然的 [在 3.2 节例 (a) 中继续讨论].

(e) $\mathbb{R}^2$ **中的对称柯西分布.** 令

$$u(x_1, x_2) = \frac{1}{2\pi} \cdot \frac{1}{\sqrt{(1 + x_1^2 + x_2^2)^3}}. \tag{3.1.19}$$

为了看出这是一个密度，注意①

$$\begin{aligned}\int_{-\infty}^{+\infty} u(x_1, y)\mathrm{d}y &= \frac{1}{2\pi} \cdot \frac{1}{1 + x_1^2} \cdot \frac{y}{\sqrt{1 + x_1^2 + y^2}}\Bigg|_{-\infty}^{\infty} \\ &= \frac{1}{\pi} \cdot \frac{1}{1 + x_1^2}.\end{aligned} \tag{3.1.20}$$

由此推出，u 是密度且 X_1 的边缘密度是 (2.4.5) 的**柯西密度** γ_1. 显然 X_1 没有期望.

化为极坐标后 [如 (3.1.12)]，R 具有与 Θ 无关的密度，因此变量 R 和 Θ 是随机独立的. 因此利用 1.10 节中的术语，我们可以说，对于对称柯西分布的变量，(X_1, X_2) 表示一个随机选择方向的向量，向量的长为 R, R 的密度为 $r\sqrt{(1 + r^2)^{-3}}$，由此

$$P\{R \leqslant r\} = 1 - \sqrt{(1 + r^2)^{-1}}.$$

[在 3.2 节例 (c) 中继续讨论.]

(f) $\mathbb{R}^3$ **中的对称柯西分布.** 令

$$v(x_1, x_2, x_3) = \frac{1}{\pi^2} \cdot \frac{1}{(1 + x_1^2 + x_2^2 + x_3^2)^2}. \tag{3.1.21}$$

容易看出②，(X_1, X_2) 的边缘密度是 (3.1.19) 的对称柯西密度 u. 因此，X_1 的边缘密度是柯西密度 γ_1（在习题 5 中继续讨论）. ■

应该说，我们可以像一维情形那样定义**卷积**，虽然以后它不起显著的作用. 考虑两个分别具有联合密度 f 和 g 的对偶 (X_1, X_2) 和 (Y_1, Y_2). **两个对偶是独立的**，是指我们取含有坐标变量 X_1, X_2, Y_1, Y_2 的四维空间作为样本空间，并在其中定义一个由乘积 $f(x_1, x_2)g(y_1, y_2)$ 给出的密度. 如同 $\mathbb{R}^1$ 中一样，容易看出，和 $(X_1 + Y_1, X_2 + Y_2)$ 的联合密度 v 由下列卷积公式给出：

$$v(z_1, z_2) = \int_{-\infty}^{+\infty} \int_{-\infty}^{+\infty} f(z_1 - x_1, z_2 - x_2)g(x_1, x_2)\mathrm{d}x_1\mathrm{d}x_2, \tag{3.1.22}$$

---

① 为便于计算，作变换 $y = \sqrt{1 + x_1^2}\tan t$.

② 利用代换 $z = \sqrt{1 + x_1^2 + x_2^2}\tan t$.

它显然类似于 (1.2.12)（见习题 15 ～习题 17）.

3.2 条件分布

假定对偶 (X_1, X_2) 有连续密度 f，X_1 的边缘密度 f_1 是严格正的. 研究在给定 $\xi < X_1 \leqslant \xi + h$ 下事件 $X_2 \leqslant \eta$ 的条件概率，即

$$P\{X_2 \leqslant \eta | \xi < X_1 \leqslant \xi + h\} = \frac{\int_{\xi}^{\xi+h} \mathrm{d}x \int_{-\infty}^{\eta} f(x, y)\mathrm{d}y}{\int_{\xi}^{\xi+h} f_1(x)\mathrm{d}x}. \tag{3.2.1}$$

把分子和分母同除以 h，我们看出，当 $h \to 0$ 时，右边趋于

$$U_\xi(\eta) = \frac{1}{f_1(\xi)} \int_{-\infty}^{\eta} f(\xi, y)\mathrm{d}y. \tag{3.2.2}$$

对于固定的 ξ，这是 η 的一个分布函数，它的密度为

$$u_\xi(\eta) = \frac{1}{f_1(\xi)} f(\xi, \eta). \tag{3.2.3}$$

我们称 u_ξ 为在给定 $X_1 = \xi$ 下 X_2 的**条件密度**. 在给定 $X_1 = \xi$ 下 X_2 的**条件期望**定义为

$$E(X_2 | X_1 = \xi) = \frac{1}{f_1(\xi)} \int_{-\infty}^{+\infty} y f(\xi, y)\mathrm{d}y, \tag{3.2.4}$$

只要积分绝对收敛. 如果把 ξ 看作变量，那么右边变成它的函数. 特别，我们可以把 ξ 和坐标变量 X_1 等同起来，就得到一个随机变量，称为 **X_2 在 X_1 上的回归**，用 $\mathrm{E}(X_2|X_1)$ 表示. X_2 的出现并不掩盖下列事实：这个随机变量是单个变量 X_1 的函数 [它的值由 (3.2.4) 给出].

迄今为止我们假设，对于所有的 ξ，$f_1(\xi) > 0$. (3.2.4) 对于使 $f_1(\xi) = 0$ 的任何点都是无意义的，但是这样的点的集合的概率为 0，我们约定在使 f_1 为 0 的所有点上 (3.2.4) 为 0. 因此，当密度连续时，$E(X_2|X_1)$ 是确定的（在 5.9～5.11 节中将对任意的分布引进条件概率）.

无疑，X_1 在 X_2 上的回归 $E(X_1|X_2)$ 可同样定义. 此外，**条件方差** $\mathrm{Var}(X_2|X_1)$ 用与 (3.2.4) 完全类似的公式定义.

这些定义可以扩展到高维中去，除了 $\mathbb{R}^3$ 中的密度产生 3 个二元与 3 个一元条件概率（见习题 6）.

例 (a) **正态密度**. 对于密度 (3.1.18)，显然有

$$u_\xi(y) = \frac{1}{\sqrt{2\pi(1-\rho^2)\sigma_2^2}} \exp\left[-\frac{(y - \rho(\sigma_2/\sigma_1)\xi)^2}{2(1-\rho^2)\sigma_2^2}\right]. \tag{3.2.5}$$

这是一个具有期望 $\rho(\sigma_2/\sigma_1)\xi$ 与方差 $(1-\rho^2)\sigma_2^2$ 的正态密度. 于是

$$E(X_2|X_1) = \rho(\sigma_2/\sigma_1)X_1, \quad \mathrm{Var}(X_2|X_1) = (1-\rho^2)\sigma_2^2. \tag{3.2.6}$$

正态分布的令人满意的性质之一就是回归为线性函数.

这些关系式的最早应用也许应归于高尔顿（Galton），其给出的一个例子可以说明它们的经验意义. 设想 X_1 和 X_2 表示人类总体中父亲和儿子的高度（以英寸[①]为单位，在测量中减去各自的期望）. 于是，随机选出的一个儿子的高度是期望为 0 方差为 σ_2^2 的正态变量. 但是，在父亲有固定高度 ξ 的儿子的子总体中，儿子们的高度是期望为 $\rho(\sigma_2/\sigma_1)\xi$ 方差为 $\sigma_2^2(1-\rho^2) < \sigma_2^2$ 的正态变量. 因此，X_2 在 X_1 上的回归表明，在 X_1 的观察值中包含着多少关于 X_2 的统计信息.

(b) 令 X_1 和 X_2 是独立的，且在 $\overline{0,1}$ 内均匀分布，以 $X_{(1)}$ 表示它们之中最小者，$X_{(2)}$ 表示其中最大者. 对偶 $(X_{(1)}, X_{(2)})$ 的密度在三角形 $0 \leqslant x_1 \leqslant x_2 \leqslant 1$ 内等于常数 2，在其他地方为 0. 对 x_2 的积分表明 $X_{(1)}$ 的边缘密度为 $2(1-x_1)$. 因此，在给定 $X_{(1)} = x_1$ 下，$X_{(2)}$ 的条件密度在区间 $\overline{x_1, 1}$ 内等于常数 $1/(1-x_1)$，在其他地方等于 0. 换句话说，给定了 X_1 的一个值 x_1，变量 $X_{(2)}$ 在 $\overline{x_1, 1}$ 上是均匀分布的.

(c) **$\mathbb{R}^2$ 中的柯西分布.** 对于二维密度 (3.1.19)，X_1 的边缘密度在 (3.1.20) 中给出. 因此，在给定 X_1 下 X_2 的条件密度是

$$u_\xi(y) = \frac{1}{2} \cdot \frac{1+\xi^2}{\sqrt{(1+\xi^2+y^2)^3}}. \tag{3.2.7}$$

注意，u_ξ 与密度 $u_0(y)$ 仅差一个尺度因子 $\sqrt{1+\xi^2}$. 因此，所有的密度 u_ξ 属同一类型. 在这个例子中，条件期望不存在（见习题 6）. ■

按照条件密度 (3.2.3)，X_2 的分布函数取下列形式：

$$P\{X_2 < y\} = \int_{-\infty}^{y} \int_{-\infty}^{+\infty} u_\xi(\eta) \cdot f_1(\xi) \mathrm{d}\xi \mathrm{d}\eta. \tag{3.2.8}$$

换句话说，X_2 的分布是由在条件密度 u_ξ 中对参数 ξ 的随机化而得到的. 因此，每一分布[②] 都可以表示为混合分布. 尽管在理论上这是很有普遍性的，但是强调各有不同. 在某些情形 [如例 (a)]，我们由 (X_1, X_2) 的二元分布开始，导出条件分布，然而在实际的随机化中，条件概率 u_x 是最初的概念，而密度 $f(x,y)$ 实际上被定义为 $u_x(y)f_1(x)$（这种用条件概率来定义概率的方式已在第 1 卷 5.2 节中用初等方法说明过）.

---

① 1 英寸等于 2.54 厘米. ——编者注

② 迄今为止，我们只考虑了连续密度，而一般情形将包含在 5.9 节中. 随机化概念曾在 2.5 节中讨论过.

3.3 再论指数分布和均匀分布

本节的目的是为上节提供说明性的例子，同时补充第 1 章的理论.

例 (a) **指数分布的一个特性.** 令 X_1 和 X_2 是两个具有密度 f_1 和 f_2 的独立随机变量，以 g 表示它们的和 $S = X_1 + X_2$ 的密度. 对偶 (X_1, S) 和 (X_1, X_2) 以行列式为 1 的线性变换 $X_1 = X_1, X_2 = S - X_1$ 相互联系，由 (3.1.11)，对偶 (X_1, S) 的联合密度由 $f_1(x)f_2(s-x)$ 给出. 对所有 x 积分，我们得到 S 的边缘密度 g. 在给定 $S = s$ 下，X_1 的条件密度u_s 满足

$$u_s(x) = \frac{f_1(x)f_2(s-x)}{g(s)}. \tag{3.3.1}$$

在指数密度的特殊情形 $f_1(x) = f_2(x) = \alpha e^{-\alpha x}$ 下（其中 $x > 0$），我们得到：对于 $0 < x < s$，$u_s(x) = s^{-1}$. 换句话说，给定 $X_1 + X_2 = s$，变量 X_1 在区间 $\overline{0,s}$ 内是**均匀分布的**. 直观而言，$S = s$ 的知识并没有给我们提示随机点 X_1 在区间 $\overline{0,s}$ 内的可能位置. 这个结果与指数分布中固有的完全随机性的概念是一致的（一种更强的形式包含在例 (d) 中. 参见习题 12）.

(b) **区间的随机划分.** 令 $X_1, \cdots, X_n$ 是在（一维）区间 $\overline{0,1}$ 内独立且随机地选取的 n 个点. 如前所述，我们以 $X_{(1)}, X_{(2)}, \cdots, X_{(n)}$ 表示按递增的顺序重新排列的随机点 $X_1, \cdots, X_n$. 这些点把区间 $\overline{0,1}$ 分成 $n+1$ 个子空间，将它们从左向右编号表示为 $I_1, I_2, \cdots, I_{n+1}$，因此 $X_{(j)}$ 是 I_j 的右端点. 我们的第一目的是计算 $(X_{(1)}, \cdots, X_{(n)})$ 的联合密度.

相应于 $(X_1, \cdots, X_n)$ 的样本空间是以 $0 < x_k < 1$ 定义的 n 维超正方体 $\mathit{\Gamma}$，概率等于 n 维体积. 以 $X_{(k)}$ 为坐标变量的自然样本空间是 $\mathit{\Gamma}$ 的子集 $\mathit{\Omega}$，它包含所有这样的点：

$$0 < x_1 \leqslant \cdots \leqslant x_n < 1,$$

$\mathit{\Omega}$ 的体积是 $1/n!$. 显然，超正方体 $\mathit{\Gamma}$ 包含 $n!$ 个集合 $\mathit{\Omega}$ 的全等仿样. 在每个仿样中，有序的 n 元组 $(X_{(1)}, \cdots, X_{(n)})$ 与 $X_1, \cdots, X_n$ 的一个固定排列一致（特别地，在 Γ 内部，$X_{(k)} = X_k$）. 对于某一对偶 $j \neq k$，$X_j = X_k$ 的概率等于 0，并且只有这个事件在不同的仿样之间引起相交. 由此推出，对于任一子集合 $A \subset \mathit{\Omega}$，$(X_{(1)}, \cdots, X_{(n)})$ 位于 A 中的概率等于 $(X_1, \cdots, X_n)$ 位于 $n!$ 个 A 的仿样之一中的概率，它也等于 A 的体积的 $n!$ 倍. 因此，$P\{(X_{(1)}, \cdots, X_{(n)}) \in A\}$ 等于 A 的体积与 $\mathit{\Omega}$ 的体积比，它表示 n 元组 $(X_{(1)}, \cdots, X_{(n)})$ 在集合 $\mathit{\Omega}$ 上是均匀分布的. 我们的 n 元数组的联合密度在 $\mathit{\Omega}$ 内等于 $n!$，而在其他地方等于 0.

考虑 $(X_{(11)}, \cdots, X_{(n)})$ 的联合密度，保持 X_k 固定而对其余的变量进行积分，

可以计算 $X_{(k)}$ 的密度. 容易看出，此结果与在 (1.7.2) 中用其他方法计算得出的密度一致.

这个例子作为讨论和计算多元密度的练习，已被详细论述过.

(c) **长度的分布.** 在上例的随机划分中，以 U_k 表示第 k 个区间 I_k 的长度，则

$$U_1 = X_{(1)}, \quad U_k = X_{(k)} - X_{(k-1)}, \quad k = 2, 3, \cdots, n. \tag{3.3.2}$$

这是一个行列式为 1 的形如 (3.1.9) 的线性变换. 点 $0 < x_1 \leqslant \cdots \leqslant x_n < 1$ 的集合 Ω 被映入点 $u_j \geqslant 0, u_1 + \cdots + u_n < 1$ 的集合 Ω^*，因此 $(U_1, \cdots, U_n)$ 在这个区域内是均匀分布的. 这个结果比以前建立的 U_k 有相同的分布函数要强.（1.7 节例 (b) 和 1.13 节中的习题.）

(d) **指数分布随机性的进一步讨论.** 令 $X_1, \cdots, X_{n+1}$ 是具有相同密度 $\alpha\mathrm{e}^{-\alpha x}$（$x > 0$）的独立变量. 令 $S_j = X_1 + \cdots + X_j$，则利用形如 (3.1.9) 的行列式为 1 的线性变换，由 $(X_1, \cdots, X_{n+1})$ 可得 $(S_1, S_2, \cdots, S_{n+1})$ 以 Ω 表示点 $x_j > 0$ 的“卦限”$(X_1, \cdots, X_{n+1})$ 的密度集中在 Ω 上，并由下式给出：

$$\alpha^{n+1}\mathrm{e}^{-\alpha(x_1 + \cdots + x_{n+1})}, \quad x_j > 0.$$

变量 $S_1, \cdots, S_{n+1}$ 把 Ω 映到由 $0 < s_1 \leqslant s_2 \leqslant \cdots \leqslant s_{n+1} < \infty$ 确定的区域 Ω^* 内，并且（见 (3.1.11)）在 Ω^* 内 $(S_1, \cdots, S_{n+1})$ 的密度为 $\alpha^{n+1}\mathrm{e}^{-\alpha s_{n+1}}$. 已知 S_{n+1} 的边缘密度是 Γ 密度 $\alpha^{n+1}S^n\mathrm{e}^{-\alpha s}/n!$，因此，在给定 $S_{n+1} = s$ 下 n 元组 $(S_1, \cdots, S_n)$ 的条件密度，当 $0 < s_1 < \cdots < s_n < s$ 时等于$n!s^{-n}$（其他地方等于 0）. 换句话说，给定 $S_{n+1} = s$，变量 $(S_1, \cdots, S_n)$ 在它们的可能区域上是均匀分布的. 把这与例 (b) 比较，我们可以说，给定 $S_{n+1} = s$，变量 $(S_1, \cdots, S_n)$ 表示在区间 $\overline{0, s}$ 内随机独立地选出并按其自然顺序从左到右编号的 n 个点.

(e) **与指数分布有关的另一分布.** 为了特殊的应用，我们给出变换的进一步的例子. 令 $X_1, \cdots, X_n$ 是具有相同指数分布的独立变量，且 $S_n = X_1 + \cdots + X_n$. 考虑由下式定义的变量 $U_1, \cdots, U_n$：

$$\text{当 } k = 1, \cdots, n-1 \text{ 时}, \ U_k = X_k/S_n, \ U_n = S_n, \tag{3.3.3}$$

或者等价地考虑

$$\text{当 } k < n \text{ 时}, \ X_k = U_k U_n, \ X_n = U_n(1 - U_1 - \cdots - U_{n-1}). \tag{3.3.4}$$

(3.3.4) 的雅可比行列式等于 U_n^{n-1}. $(X_1, \cdots, X_n)$ 的联合密度集中在 $x_k > 0$ 确定的区域 Ω 上，并且在此区域上，密度为 $\alpha^n\mathrm{e}^{-\alpha(x_1 + \cdots + x_n)}$. 由此推出，在由

$$u_1 + \cdots + u_{n-1} < 1, \quad u_k > 0, \quad k = 1, \cdots, n$$

确定的区域 Ω^* 上，$(U_1, \cdots, U_n)$ 的联合密度为 $\alpha^n u_n^{n-1} \mathrm{e}^{-\alpha u_n}$，而在 Ω^* 外为 0. 关于 u_n 进行积分表明，$(U_1, \cdots, U_{n-1})$ 的联合密度在 Ω^* 上等于 $(n-1)!$，在其他地方等于 0. 与例 (c) 比较，我们看出，$(U_1, \cdots, U_{n-1})$ 的联合分布与用 $n-1$ 个点随机划分 $\overline{0,1}$ 得出的第 k 个区间的长度的分布一样.

(f) **周期分析中的显著性检验与覆盖定理.** 在实践中，时间 t 的任一连续函数都可以用三角多项式逼近. 如果此函数是随机过程的样本函数，那么系数变成随机变量，逼近的多项式可以写成形式

$$\sum_{\nu=1}^{n}(X_\nu \cos\omega_\nu t + Y_\nu \sin\omega_\nu t) = \sum_{\nu=1}^{n} R_\nu \cos(\omega_\nu t - \varPhi_\nu), \tag{3.3.5}$$

其中 $R_\nu^2 = X_\nu^2 + Y_\nu^2, \tan\varPhi_\nu = Y_\nu / X_\nu$. 反之，对于随机变量 X_ν, Y_ν 的合理假设将导致一个具有样本函数 (3.3.5) 的随机过程. 一个时期流行的是，引入这种形式的模型，并检验太阳黑子、小麦价格、诗歌创作等的“隐蔽周期性”. 这种隐蔽周期性早在中世纪时期就已发现，但是甚至坚强的信念也需要用统计检验去加以巩固. 此方法大体上可叙述如下：具有适当选择的频率 $\omega_1, \cdots, \omega_n$ 的形如 (3.3.5) 的三角多项式适合于某些观测数据，且最大的振幅 R_ν 也被观测到. 我们想要证明，这不能归因于偶然事件，因此 ω_ν 是一个真实周期. 为了检验这一猜想，我们问，无论哪一个 R_ν 的大的观测值是否都不与“所有 n 个分量起相同作用”的假设发生矛盾. 为了检验，我们相应地假设，系数 $X_1, \cdots, Y_n$ 是具有期望 0 与方差 σ^2 的相同正态分布的相互独立变量. 在这种情形（见 2.3 节），R_ν^2 是相互独立的，具有期望 $2\sigma^2$ 的相同指数分布. 如果观测值 R_ν^2“显著地”偏离这个预测的期望值，通常会匆匆作出结论：相等权重的假设是站不住脚的，R_ν 表示了“隐蔽周期性”.

这一推理的错误是 R.A. 费希尔（Fisher, 1929）发现的. 他指出：n 个独立观测值的最大值，并不服从每个变量分别取出时的同一概率分布. 处理统计学上最坏情况所得的误差（如果它是随机地选取的）在医学统计中仍是很通常的，但是在这里讨论这个问题的理由却是出人意外的，并且它有趣地联系着费希尔的显著性检验与覆盖定理.

正如仅考虑各个分量比是有意义的一样，为使系数正规化，我们令

$$V_j = \frac{R_j^2}{R_1^2 + \cdots + R_n^2}, \quad j = 1, \cdots, n. \tag{3.3.6}$$

因为 R_j^2 具有相同的指数分布，所以我们可以利用上例（令 $X_j = R_j^2$）. 于是 $V_1 = U_1, \cdots, V_{n-1} = U_{n-1}$，但是 $V_n = 1 - U_1 - \cdots - U_{n-1}$. 因此，$n$ 元组 $(V_1, \cdots, V_n)$ 的分布，可作为 $n-1$ 个随机分布的点划分区间 $\overline{0,1}$ 得到的 n 个区

间长度的分布. 因此, 所有的 V_j 小于 a 的概率, 由 1.9 节覆盖定理的公式 (1.9.9) 给出. 这个结果说明了表面上没有联系的问题之间会出现意外的关系.[①] ■

*3.4 正态分布的特征

考虑坐标变量的非退化线性变换

$$Y_1 = a_{11}X_1 + a_{12}X_2, \quad Y_2 = a_{21}X_1 + a_{22}X_2, \tag{3.4.1}$$

并假定（不失一般性）行列式 $\Delta = 1$. 如果 X_1 和 X_2 是具有方差 σ_1^2 与 σ_2^2 的独立正态变量，那么对偶 (Y_1, Y_2) 的分布是正态的，且具有协方差

$$a_{11}a_{21}\sigma_1^2 + a_{12}a_{22}\sigma_2^2$$

（见 3.1 节例 (d)）. 在这种情形下，存在着系数 a_{j_k} 的非平凡选择，使得 Y_1 和 Y_2 是独立的. 下列定理表明，任何其他的分布都不具有一维正态分布的这个性质. 这里我们只对具有连续密度的分布来证明，在这种情形下，它化为一个关于函数方程 (3.4.3) 的引理. 通过利用特征函数，最一般的情形可化为同一方程. 因此，我们的证明实际上在最大的一般性上得到了这个定理（见 15.8 节）. 密度的初等论述较好地显示出定理的根据.

仅当没有一个系数 a_{j_k} 为 0 时，变换 (3.4.1) 才有意义. 实际上，例如假定 $a_{11} = 0$. 不失一般性，我们可以这样选取尺度参数，使得 $a_{12} = 1$. 那么，$Y_1 = X_2$. 只要看一看 (3.4.4)，就知道在这种情形下，Y_2 和 X_1 应当有相同的密度. 换句话说，这种变换只不过相当于给变量重新命名，因而无须再考虑.

定理 假定 X_1 和 X_2 相互独立，并且 Y_1, Y_2 也是独立的. 如果没有一个系数 a_{j_k} 为 0，则所有这 4 个变量都是正态的.

(3.4.1) 最有趣的特殊情形是由**旋转**引起的，即由如下的变换引起的：

$$Y_1 = X_1 \cos\omega + X_2 \sin\omega, \quad Y_2 = -X_1 \sin\omega + X_2 \cos\omega, \tag{3.4.2}$$

其中 ω 不是 $\frac{1}{2}\pi$ 的倍数. 应用此定理于这种情形，我们得到以下推论.

推论 如果 X_1 和 X_2 是独立的，并且存在一个旋转 (3.4.2) 使得 Y_1 和 Y_2 也是独立的，则 X_1 和 X_2 具有正态分布，且具有相同的方差. 在这种情形下，Y_1 和 Y_2 对每个 ω 都是独立的.

---

① 费希尔在 1929 年不用覆盖定理的知识，导出了 V_j 中最大项的分布，而在 W.L. 斯蒂文证明了覆盖定理以后，费希尔又在 1940 年说明了与覆盖定理的等价性（见 Fisher's *Contributions to Mathematical Statistics*, John Wiley, New York (1950) 中第 16 篇与第 37 篇论文）. 对于用傅里叶分析的另一推导，见格雷南德与罗森布拉特（U. Grenander and M. Rosenblatt, 1957）.

* 有星号的诸节对理解下文是不需要的，初读时可略去.

例 麦克斯韦的速度分布. 在研究分子在 $\mathbb{R}^3$ 中的速度分布时，麦克斯韦假设，在每个笛卡儿坐标系中，速度的 3 个分量是期望为 0 的相互独立随机变量. 应用旋转（留一个轴固定），我们的系立即表明，3 个分量是正态分布的，且具有相同的方差. 正如我们在 2.3 节中所看到的，这暗示了麦克斯韦的速度分布.

这个定理有一段漫长的历史，可追溯到麦克斯韦的研究. 纯粹的概率研究由卡茨（M. Kac, 1940）和 S. 伯恩斯坦（Bernstein, 1941）开始，他们假定有限方差而证明了我们的系. 许多作者常常用比较高深的方法致力于定理的改进和变形，在 V.P. 斯基托维奇（Skitovič）证明的结果中达到了顶点.①

现在，在连续密度的情形下进行证明. 我们分别以 u_j 和 f_j 来表示 X_j 和 Y_j 的密度. 为简略起见，我们令

$$y_1 = a_{11}x_1 + a_{12}x_2, \quad y_2 = a_{21}x_1 + a_{22}x_2. \tag{3.4.3}$$

在定理的条件下必须有

$$f_1(y_1)f_2(y_2) = u_1(x_1)u_2(x_2). \tag{3.4.4}$$

我们将证明，这个关系式蕴涵

$$f_j(y) = \pm e^{\varphi_j(y)}, \quad u_j(x) = \pm e^{\omega_j(x)}, \tag{3.4.5}$$

其中指数是不超过二次的多项式. 这种形式的概率密度只能是正态密度. 因此，对于具有连续密度的分布，这个定理包含在下列引理中.

引理 *假定 4 个连续函数 f_j 和 u_j 以函数方程 (3.4.4) 联系着，并且系数 a_{jk} 都不为 0，则这些函数具有形式 (3.4.5)，其中指数是次数 $\leqslant 2$ 的多项式.*

（当然，假设没有一个函数恒等于 0.）

证 首先注意我们的函数没有一个为 0. 实际上，如果不是这样，那么在 x_1x_2 平面内存在一个区域 Ω，使得在这区域内 (3.4.4) 的两项不为 0，而在它的边界上，这两项为 0. 但是 (3.4.4) 两边，一方面要求边界由平行于坐标轴的线段组成，另一方面要求边界由平行于直线“$y_j =$ 常数”的线段组成. 这个矛盾就说明了没有这样的边界存在.

因此，可以假定我们的函数是严格正的. 取对数，可把 (3.4.4) 改写成

$$\varphi_1(y_1) + \varphi_2(y_2) = \omega_1(x_1) + \omega_2(x_2). \tag{3.4.6}$$

对于固定的 h_1 和 h_2，定义混合差算子 Δ 为

① Izvestia Acad. Nauk SSSR, Vol.18 (1954), pp. 185-200. 定理：令 $X_1, \cdots, X_n$ 是相互独立的，$Y_1 = \Sigma a_i X_i$ 和 $Y_2 = \Sigma b_i X_i$，其中没有一个系数为 0. 如果 Y_1 和 Y_2 是独立的，那么 X_i 是正态分布的.

$$\Delta v(x_1,x_2)=v(x_1+h_1,x_2+h_2)-v(x_1+h_1,x_2-h_2)$$
$$-v(x_1-h_1,x_2+h_2)+v(x_1-h_1,x_2-h_2). \tag{3.4.7}$$

因为每一个 ω_j 依赖于单个变量 x_j，由此推出 $\Delta\omega_j=0$. 同样

$$\Delta\varphi_1(y_1)=\varphi_1(y_1+t_1)-\varphi_1(y_1+t_2)-\varphi_1(y_1-t_2)+\varphi_1(y_1-t_1), \tag{3.4.8}$$

其中为了简略，我们令

$$t_1=a_{11}h_1+a_{12}h_2,\ t_2=a_{11}h_1-a_{12}h_2. \tag{3.4.9}$$

于是我们有 $\Delta\varphi_1+\Delta\varphi_2=0$，其中 φ_j 依赖于单个变量 y_j. 保持 y_2 固定，我们看出，$\Delta\varphi(y_1)$ 是只依赖于 h_1 和 h_2 的常数. 现在我们选择 h_1 和 h_2，使 $t_1=t$ 和 $t_2=0$，其中 t 是任意的且固定的，于是关系式"$\Delta\varphi_1=$ 常数"取形式

$$\varphi_1(y_1+t)+\varphi_1(y_1-t)-2\varphi_1(y_1)=\lambda(t). \tag{3.4.10}$$

在 φ_1 取最小值的点 y_1 的邻域，左边 $\geqslant 0$，因此仅当在原点的某个领域内的所有 t 都有 $\lambda(t)\geqslant 0$ 时，才能存在这样的点. 但是，在这种情形下，φ_1 不能有最大值. 现在，在 3 个点上为 0 的连续函数取最大值或最小值，我们断定：如果 (3.4.10) 的连续解在 3 个不同点上等于 0，则它恒等于 0.

每个二次多项式 $q(y_1)=\alpha y_1^2+\beta y_1+\gamma$ 都满足形如 (3.4.10) 的方程（右边不同），从而这对差 $\varphi_1(y_1)-q(y_1)$ 也是正确的. 但是，可以选取 q 使得这个差在 3 个指定点上等于 0，于是 $\varphi_1(y_1)$ 恒等于 q. 同一论证适用于 φ_2. 这就证明了关于 f_1 和 f_2 的断言. 因为变量 X_j 和 Y_j 起相同的作用，所以同一论证适用于密度 u_j. ■

3.5 矩阵记号、协方差矩阵

3.1 节所用的记号是烦琐的，并且在更高维中将变得更烦琐. 利用矩阵记号可以达到思维的优美和节约.

为参考方便起见，我们概述后面将用到的矩阵理论的一些事实和记号. 基本规则是：首先是行，其次是列. 因此，$\alpha\times\beta$ 矩阵 $\boldsymbol{A}$ 含有 α 行和 β 列，它的元素记为 a_{j_k}，第 1 个下标表示行，第 2 个下标表示列. 如果 $\boldsymbol{B}$ 是含有元素 b_{j_k} 的 $\beta\times\gamma$ 矩阵，则乘积 $\boldsymbol{AB}$ 是含有元素 $a_{j_1}b_{1k}+a_{j_2}b_{2k}+\cdots+a_{j_\beta}b_{\beta k}$ 的 $\alpha\times\gamma$ 矩阵. 如果 $\boldsymbol{A}$ 的列数与 $\boldsymbol{B}$ 的行数不相等，就不能定义乘积. 结合律 $(\boldsymbol{AB})\boldsymbol{C}=\boldsymbol{A}(\boldsymbol{BC})$ 成立，而一般地 $\boldsymbol{AB}\neq\boldsymbol{BA}$. **转置矩阵** $\boldsymbol{A}^{\mathrm{T}}$ 是含有元素 $a_{j_k}^{\mathrm{T}}=a_{kj}$ 的 $\beta\times\alpha$ 矩阵. 显然，$(\boldsymbol{AB})^{\mathrm{T}}=\boldsymbol{B}^{\mathrm{T}}\boldsymbol{A}^{\mathrm{T}}$.

只含有一行的 $1\times\alpha$ 矩阵称为**行向量**，只含有一列的矩阵称为**列向量**.[①] 行向量 $\boldsymbol{r}=(r_1,\cdots,r_\alpha)$ 容易印刷，列向量用它的转置 $\boldsymbol{c}^{\mathrm{T}}=(c_1,\cdots,c_\alpha)$ 表示较好. 注意，$\boldsymbol{cr}$ 是 $\alpha\times\alpha$

① 这实际上是语言的滥用. 在具体情形下，x_1 可以表示磅，x_2 可以表示奶牛，于是 (x_1,x_2) 在严格的意义上不是一个向量.

(“乘法表”型) 矩阵, 而 $\boldsymbol{rc}$ 是 1×1 矩阵, 即标量. 在 $\alpha=2$ 的情形,

$$\boldsymbol{cr}=\begin{pmatrix} c_1r_1 & c_1r_2 \\ c_2r_1 & c_2r_2 \end{pmatrix},\quad \boldsymbol{rc}=(r_1c_1+r_2c_2).$$

零向量的所有分量都等于 0.

行数和列数相同的矩阵称为**方阵**. 对于方阵 $\boldsymbol{A}$, 有一个与它有关的**行列式**, 行列式的值用 $|\boldsymbol{A}|$ 表示. 为此目的, 只要知道行列式是可乘的就行了; 如果 $\boldsymbol{A}$ 和 $\boldsymbol{B}$ 都是方阵, 并且 $\boldsymbol{C}=\boldsymbol{AB}$, 则 $|\boldsymbol{C}|=|\boldsymbol{A}||\boldsymbol{B}|$. 转置矩阵 $\boldsymbol{A}^{\mathrm{T}}$ 和 $\boldsymbol{A}$ 有相同的行列式.

所谓**单位矩阵**是指在主对角线上各元素均为 1, 而在其他位置上各元素均为 0 的方阵. 如果 $\boldsymbol{I}$ 是含有 r 行和 r 列的方阵, $\boldsymbol{A}$ 是 $r\times r$ 矩阵, 显然, $\boldsymbol{IA}=\boldsymbol{AI}=\boldsymbol{A}$. 所谓 $\boldsymbol{A}$ 的**逆矩阵**是指使 $\boldsymbol{AA}^{-1}=\boldsymbol{A}^{-1}\boldsymbol{A}=\boldsymbol{I}$ 的矩阵 $\boldsymbol{A}^{-1}$[只有方阵才有逆矩阵. 逆矩阵是唯一的, 因为如果 $\boldsymbol{B}$ 是 $\boldsymbol{A}$ 的任一逆矩阵, 则我们有 $\boldsymbol{AB}=\boldsymbol{I}$. 由结合律, $\boldsymbol{A}^{-1}=(\boldsymbol{A}^{-1}\boldsymbol{A})\boldsymbol{B}=\boldsymbol{B}$]. 没有逆矩阵的方阵称为**奇异矩阵**. 行列式的可乘性蕴涵行列式为 0 的矩阵是奇异的. 反之亦然, 如果 $|\boldsymbol{A}|\neq 0$, 则 $\boldsymbol{A}$ 是非奇异的. 换句话说, 为使矩阵 $\boldsymbol{A}$ 是奇异的, 当且仅当存在一个非零的行向量 $\boldsymbol{x}$, 使得 $\boldsymbol{xA}=\boldsymbol{0}$.

如果 $a_{jk}=a_{kj}$, 即 $\boldsymbol{A}^{\mathrm{T}}=\boldsymbol{A}$, 则方阵 $\boldsymbol{A}$ 是**对称的**, 与对称的 $r\times r$ 矩阵 $\boldsymbol{A}$ 有关的**二次型**定义为

$$\boldsymbol{xAx}^{\mathrm{T}}=\sum_{j,k=1}^{r}a_{jk}x_jx_k,$$

其中 $x_1,\cdots,x_r$ 是未定的. 如果对于所有的非零行向量 $\boldsymbol{x}$ 有 $\boldsymbol{xAx}^{\mathrm{T}}>0$, 则称矩阵 $\boldsymbol{A}$ 是**正定的**. 由上述准则推出, 正定矩阵是非奇异的.

在 $\mathbb{R}^{\alpha}$ 中的旋转 为完备起见, 我们简要地提及矩阵计算的一个几何上的应用, 虽然以后没有用到.

两个行向量 $\boldsymbol{x}=(x_1,\cdots,x_\alpha)$ 和 $\boldsymbol{y}=(y_1,\cdots,y_\alpha)$ 的**内积**定义为

$$\boldsymbol{xy}^{\mathrm{T}}=\boldsymbol{yx}^{\mathrm{T}}=\sum_{j=1}^{\alpha}x_jy_j.$$

$\boldsymbol{x}$ 的**长度** L 由 $L^2=\boldsymbol{xx}^{\mathrm{T}}$ 给出. 如果 $\boldsymbol{x}$ 和 $\boldsymbol{y}$ 是具有单位长度的向量, 那么它们之间的夹角 δ 由 $\cos\delta=\boldsymbol{xy}^{\mathrm{T}}$ 给出.

$\alpha\times\alpha$ 矩阵 $\boldsymbol{A}$ 导出一个把 $\boldsymbol{x}$ 映为 $\boldsymbol{\xi}=\boldsymbol{xA}$ 的变换; 对于转置矩阵, 我们有 $\boldsymbol{\xi}^{\mathrm{T}}=\boldsymbol{A}^{\mathrm{T}}\boldsymbol{x}^{\mathrm{T}}$. 矩阵 $\boldsymbol{A}$ 是**正交**的, 如果导出变换保持长度和夹角不变, 也就是说, 如果任意两个行向量和它们的像有相同的内积. 因此, 为使 $\boldsymbol{A}$ 是正交的, 当且仅当对于任意一对行向量 $\boldsymbol{x},\boldsymbol{y}$,

$$\boldsymbol{xAA}^{\mathrm{T}}\boldsymbol{y}^{\mathrm{T}}=\boldsymbol{xy}^{\mathrm{T}}.$$

这蕴涵 $\boldsymbol{AA}^{\mathrm{T}}$ 是一个单位矩阵 $\boldsymbol{I}$, 这是可以看出的, 只要对向量 $\boldsymbol{x}$ 和 $\boldsymbol{y}$ 选取 $\alpha-1$ 个为零的分量即可. 于是我们得到, *为使 $\boldsymbol{A}$ 是正交的, 当且仅当 $\boldsymbol{AA}^{\mathrm{T}}=\boldsymbol{I}$*. 由于 $\boldsymbol{A}$ 和 $\boldsymbol{A}^{\mathrm{T}}$ 有相同的行列式, 因而它等于 $+1$ 和 -1. 行列式为 1 的正交矩阵称为**旋转矩阵**, 且导出变换是一个旋转变换.

今后我们用理解为行向量的单个字母来表示 r 维空间 $\mathbb{R}^r$ 中的点，如 $\boldsymbol{x}=(x_1,\cdots,x_r), f(\boldsymbol{x})=f(x_1,\cdots,x_r)$ 等. 不等式理解为各个坐标分量不等式：为使 $\boldsymbol{x}<\boldsymbol{y}$，当且仅当对于 $k=1,\cdots,r$ 有 $x_k<y_k$. 对于其他不等式也类似. 在平面 $\mathbb{R}^2$ 上，关系式 $\boldsymbol{x}<\boldsymbol{y}$ 可以读作"$\boldsymbol{x}$ 位于 $\boldsymbol{y}$ 的西南". 这个记号的新特点是，对于两个点未必有两个关系式 $\boldsymbol{x}\leqslant\boldsymbol{y}$ 或 $\boldsymbol{y}<\boldsymbol{x}$ 中的一个成立，也就是说，在高维中不等号只引入偏序.

我们记 $\boldsymbol{X}=(X_1,\cdots,X_r)$ 为坐标变量的行向量，并且一般地对随机变量（主要是对正态分布变量）利用这个记号.

如果变量 $X_1,\cdots,X_r$ 有期望 $E(X_j)$, 我们就记 $E(\boldsymbol{X})$ 为具有分量 $E(X_j)$ 的行向量. 向量 $\boldsymbol{X}-E(\boldsymbol{X})$ 的期望为 0. 更一般地，如果 $\boldsymbol{M}$ 是一个矩阵，其元素 M_{j_k} 是一随机变量，我们就以 $E(\boldsymbol{M})$ 表示元素为 $E(M_{j_k})$（假定它存在）的矩阵.

定义 *如果 $E(\boldsymbol{X})=0$, 则 $\boldsymbol{X}$ 的协方差矩阵 $\mathrm{Var}(\boldsymbol{X})$ 是一个元素为 $E(X_jX_k)$（假定它们都存在）的 $r\times r$ 对称矩阵. 即,*

$$\mathrm{Var}(\boldsymbol{X})=E(\boldsymbol{X}^{\mathrm{T}}\boldsymbol{X}). \tag{3.5.1}$$

对于任意 $\boldsymbol{X}$, 我们定义 $\mathrm{Var}(\boldsymbol{X})$ 和 $\mathrm{Var}(\boldsymbol{X}-E(\boldsymbol{X}))$ 一样.

行向量的利用需要把由 $\mathbb{R}^r$ 到 $\mathbb{R}^m$ 的**线性变换**写成形式

$$\boldsymbol{Y}=\boldsymbol{X}\boldsymbol{A}, \tag{3.5.2}$$

即

$$y_k=\sum_{j=1}^{r}a_{j_k}x_j,\quad k=1,\cdots,m, \tag{3.5.3}$$

其中 $\boldsymbol{A}$ 是 $r\times m$ 矩阵. 显然，当 $E(\boldsymbol{X})$ 存在时，$E(\boldsymbol{Y})=E(\boldsymbol{X})\boldsymbol{A}$. 为求出方差，不失一般性，我们假设 $E(\boldsymbol{X})=0$，于是 $E(\boldsymbol{Y})=0$，并且

$$E(\boldsymbol{Y}^{\mathrm{T}}\boldsymbol{Y})=E(\boldsymbol{A}^{\mathrm{T}}\boldsymbol{X}^{\mathrm{T}}\boldsymbol{X}\boldsymbol{A})=\boldsymbol{A}^{\mathrm{T}}E(\boldsymbol{X}^{\mathrm{T}}\boldsymbol{X})\boldsymbol{A}. \tag{3.5.4}$$

因此，我们有一个重要结果：

$$\mathrm{Var}(\boldsymbol{Y})=\boldsymbol{A}^{\mathrm{T}}\mathrm{Var}(\boldsymbol{X})\boldsymbol{A}. \tag{3.5.5}$$

特别有趣的是，当 $m=1$ 时，

$$\boldsymbol{Y}=a_1X_1+\cdots+a_rX_r \tag{3.5.6}$$

是普通的随机变量. 这里 $\mathrm{Var}(\boldsymbol{Y})$ 是一个（标量）二次型

$$\mathrm{Var}(\boldsymbol{Y})=\sum_{j,k=1}^{r}E(X_jX_k)a_ja_k. \tag{3.5.7}$$

如果 $\mathrm{Var}(\boldsymbol{Y})=0$，则线性型 (3.5.6) 以概率 1 等于 0，在这种情形中，超平面 $\sum a_k x_k=0$ 以外的每个区域的概率是 0. 概率分布于是集中在 $(r-1)$ 维流形上，它在 r 维中考虑时是**退化的**. 现在我们业已证明：任一非退化概率分布的协方差矩阵是正定的. 反之，每个这样的矩阵可以作为正态密度的协方差矩阵（见 3.6 节定理 4）.

3.6　正态密度与正态分布

在本节中，$\boldsymbol{Q}$ 表示对称的 $r\times r$ 矩阵，$q(\boldsymbol{x})$ 表示有关的二次型

$$q(\boldsymbol{x})=\sum_{j,k=1}^{r} q_{jk}x_j x_k=\boldsymbol{x}\boldsymbol{Q}\boldsymbol{x}^{\mathrm{T}}, \tag{3.6.1}$$

其中 $\boldsymbol{x}=(x_1,\cdots,x_r)$ 是行向量. 在 $\mathbb{R}^r$ 中用指数上含有二次型的幂定义的密度是直线上正态密度的自然对应物，因此我们从下列定义开始.

定义　r 维密度 φ 称为正态[①]的，并且中心在原点，如果它有形式

$$\varphi(\boldsymbol{x})=\gamma^{-1}\mathrm{e}^{-\frac{1}{2}q(\boldsymbol{x})}, \tag{3.6.2}$$

其中 γ 是常数. 中心在 $\boldsymbol{a}=(a_1,a_2,\cdots,a_r)$ 的正态密度由 $\varphi(\boldsymbol{x}-\boldsymbol{a})$ 给出.

二维的特殊情形已在 3.1 节例 (d) 和 3.2 节例 (a) 中予以讨论.

我们取以 (3.6.2) 为概率密度的 $\mathbb{R}^r$ 作为样本空间，并以 $\boldsymbol{X}=(X_1,\cdots,X_r)$ 表示由坐标变量构成的行向量. 它的协方差矩阵以 $\boldsymbol{M}$ 来表示：

$$\boldsymbol{M}=\mathrm{Var}(\boldsymbol{X})=E(\boldsymbol{X}^{\mathrm{T}}\boldsymbol{X}). \tag{3.6.3}$$

我们的问题是研究矩阵 $\boldsymbol{Q}$ 和 $\boldsymbol{M}$ 的本质和它们之间的联系.

首先，我们看到 $\boldsymbol{Q}$ 的对角线元素都不能等于 0. 实际上，如果我们有 $q_{rr}=0$，那么对于 $x_1,\cdots,x_{r-1}$ 的固定值，密度 (3.6.2) 取 $r^{-1}\mathrm{e}^{-ax_r+b}$ 的形式，它关于 x_r 的积分发散. 现在我们引入由下式定义的变换 $\boldsymbol{y}=\boldsymbol{x}\boldsymbol{A}$：

$$\begin{aligned} &y_1=x_1,\cdots,y_{r-1}=x_{r-1},\\ &y_r=q_{1r}x_1+\cdots+q_{rr}x_r. \end{aligned} \tag{3.6.4}$$

由观察可以看出，$q(\boldsymbol{x})-y_r^2/q_{rr}$ 是 $x_1,\cdots,x_{r-1}$（不含 x_r）的二次型. 因此

$$q(\boldsymbol{x})=\frac{1}{q_{rr}}y_r^2+\bar{q}(\boldsymbol{y}), \tag{3.6.5}$$

① “退化的”正态分布将在本节末引入.

其中 $\bar{q}(\boldsymbol{y})$ 是 $y_1,\cdots,y_{r-1}$ 的二次型. 这表明向量 $\boldsymbol{Y}=\boldsymbol{XA}$ 有正态密度，此密度被分解为 Y_r 和 $(Y_1,\cdots,Y_{r-1})$ 的两个正态密度. 所做出的第 1 个结论是简单而重要的：

定理 1 正态密度的所有边缘密度还是正态的.

难以料到的是：

定理 2 存在行列式为正的矩阵 $\boldsymbol{C}$，使得 $\boldsymbol{Z}=\boldsymbol{XC}$ 是行向量，其分量 Z_j 是相互独立的正态变量.

矩阵 $\boldsymbol{C}$ 不是唯一的. 事实上，这个定理可以强化为，$\boldsymbol{C}$ 可以选为**旋转矩阵**（见习题 19）.

证 我们用归纳法证明. 当 $r=2$ 时，断言已包含在分解式 (3.6.5) 中. 如果定理在 $r-1$ 维时是正确的，那么变量 $Y_1,\cdots,Y_{r-1}$ 是独立正态变量 $Z_1,\cdots,Z_{r-1}$ 的线性组合，而 Y_r 本身是正态的且与其余变量独立. 因为 $\boldsymbol{X}=\boldsymbol{YA}^{-1}$，所以还推出，$X_j$ 是 $Z_1,\cdots,Z_{r-1}$ 和 Y_r 的线性组合. $\boldsymbol{A}$ 的行列式等于 q_{rr}，且 (3.6.5) 蕴涵它是正的. 变换 $\boldsymbol{X}\to\boldsymbol{Z}$ 的行列式是 $\boldsymbol{A}$ 的行列式与变换 $\boldsymbol{Y}\to\boldsymbol{Z}$ 的行列式的乘积，因而它是正的. ■

定理 3 矩阵 $\boldsymbol{Q}$ 和 $\boldsymbol{M}$ 互为逆矩阵，且

$$\gamma^2=(2\pi)^r|\boldsymbol{M}|, \tag{3.6.6}$$

其中 $|\boldsymbol{M}|=|\boldsymbol{Q}|^{-1}$ 是 $\boldsymbol{M}$ 的行列式.

证 利用上一定理的记号，令

$$\boldsymbol{D}=E(\boldsymbol{Z}^{\mathrm{T}}\boldsymbol{Z})=\boldsymbol{C}^{\mathrm{T}}\boldsymbol{MC}. \tag{3.6.7}$$

这是一个对角线上各元素为 $\mathrm{E}(Z_j^2)=\sigma_j^2$，而对角线外各元素为 0 的矩阵. $\boldsymbol{Z}$ 的密度是这些正态密度 $\mathfrak{n}(x\sigma_j^{-1})\sigma_j^{-1}$ 的乘积，从而它由对角线元素为 σ_j^{-2} 的矩阵 $\boldsymbol{D}^{-1}$ 导出. 于是 $\boldsymbol{Z}$ 的密度可由 $\boldsymbol{X}$ 的密度 (3.6.2) 通过代换 $\boldsymbol{x}=\boldsymbol{zC}^{-1}$ 并乘以行列式 $|\boldsymbol{C}^{-1}|$ 得出. 因此，

$$\boldsymbol{zD}^{-1}\boldsymbol{z}^{\mathrm{T}}=\boldsymbol{xQx}^{\mathrm{T}} \tag{3.6.8}$$

和

$$(2\pi)^r|\boldsymbol{D}|=\gamma^2|\boldsymbol{C}|^2. \tag{3.6.9}$$

由 (3.6.8) 可以看出，

$$\boldsymbol{Q}=\boldsymbol{CD}^{-1}\boldsymbol{C}^{\mathrm{T}}. \tag{3.6.10}$$

由 (3.6.7) 看来，这蕴涵 $\boldsymbol{Q}=\boldsymbol{M}^{-1}$. 由 (3.6.7) 还推出 $|\boldsymbol{D}|=|\boldsymbol{M}|\cdot|\boldsymbol{C}|^2$, 因此 (3.6.9) 等价于 (3.6.6).

特别地，此定理蕴涵 $\boldsymbol{M}$ 的分解对应于 $\boldsymbol{Q}$ 的类似分解，因此我们有

推论 如果 (X_1, X_2) 是正态分布的，则 X_1 和 X_2 是独立的，当且仅当 $\mathrm{Cov}(X_1, X_2) = 0$，即当且仅当 X_1 和 X_2 是不相关的.

更一般地，如果 $(X_1, \cdots, X_r)$ 有正态密度，则 $(X_1, \cdots, X_n)$ 和 $(X_{n+1}, \cdots, X_r)$ 是独立的，当且仅当对于 $j \leqslant n, k > n, \mathrm{Cov}(X_j, X_k) = 0$.

注意 这个系依赖于 (X_1, X_2) 的联合密度是正态的；如果只知道 X_1 和 X_2 的边缘密度是正态的，则这个系就不能应用. 在后一情形下，(X_1, X_2) 的密度不一定是正态的，事实上并不一定存在. 这一事实常被误解（见习题 2 和习题 3）.

定理 4 矩阵 $\boldsymbol{M}$ 是正态密度的协方差矩阵，当且仅当它是正定的.

因为密度由矩阵 $\boldsymbol{Q} = \boldsymbol{M}^{-1}$ 导出，所以定理的一个等价叙述是：矩阵 $\boldsymbol{Q}$ 导出正态密度 (3.6.2)，当且仅当它是正定的.

证 我们已在 3.5 节末看到，每个密度的协方差矩阵是正定的. 当 $r = 1$ 时逆命题是成立的. 我们用归纳法予以证明. 假设 $\boldsymbol{Q}$ 是正定的，对于 $x_1 = \cdots = x_{r-1} = 0$，我们得到 $q(x) = q_{rr}x_r^2$，从而 $q_{rr} > 0$. 在此假设下，我们看出 q 可以化为 (3.6.5) 的形. 选出使 $y_r = 0$ 的 x_r，我们看出 $\boldsymbol{Q}$ 的正定性蕴涵着对于 $x_1, \cdots, x_{r-1}$ 的一切选择，都有 $\bar{q}(x) > 0$. 因此，根据归纳法假设，$\bar{q}$ 对应于 $r-1$ 维正态密度. 显然由 (3.6.5)，q 对应于 r 维正态密度，这就完成了证明. ■

根据 (3.6.5) 的解释，我们用条件密度推出这个一般理论，此条件密度导致在 3.2 节例 (a) 中对于二维情形已阐述过的回归理论的一般描述.

为简略计，令 $a_k = -q_{kr}/q_{rr}$，因此

$$y_r = q_{rr}(x_r - a_1x_1 - \cdots - a_{r-1}x_{r-1}). \tag{3.6.11}$$

为了给出系数 a_k 的一种概率解释，我们记得，Y_r 是与 $X_1, \cdots, X_{r-1}$ 独立的. 换句话说，a_k 是使

$$T = X_r - a_1X_1 - \cdots - a_{r-1}X_{r-1} \tag{3.6.12}$$

与 $(X_1, \cdots, X_{r-1})$ 独立的数. 这一性质唯一地表示了系数 a_k 的特性.

为了得到在给定 $X_1 = x_1, \cdots, X_{r-1} = x_{r-1}$ 下 X_r 的条件密度，我们应当将 $(X_1, \cdots, X_r)$ 的密度除以 $(X_1, \cdots, X_{r-1})$ 的边缘密度. 由 (3.6.5)，我们得到含有指数 $-\dfrac{1}{2}y_r^2/q_{rr}$ 的指数密度. 由此推出，在给定 $X_1 = x_1, \cdots, X_{r-1} = x_{r-1}$ 下 X_r 的条件密度，是一个具有期望 $a_1x_1 + \cdots + a_{r-1}x_{r-1}$ 与方差 $1/q_{rr}$ 的正态密度. 因此，

$$E(X_r|X_1, \cdots, X_{r-1}) = a_1X_1 + \cdots + a_{r-1}X_{r-1}. \tag{3.6.13}$$

于是我们证明了已在 (3.2.6) 中体现了的二维回归理论的下列推广.

定理 5 如果 $(X_1,\cdots,X_r)$ 有正态密度，那么在给定 $X_1,\cdots,X_{r-1}$ 下 X_r 的条件密度也是正态的. 而且，如果 T 与 $(X_1,\cdots,X_{r-1})$ 独立，则条件期望 (3.6.13) 是 $X_1,\cdots,X_{r-1}$ 唯一的线性函数. 条件方差等于 $\mathrm{Var}(T)=q_{rr}^{-1}$.

例 样本均值与样本方差. 在统计学中，随机变量

$$\hat{x}=\frac{1}{r}(X_1+\cdots+X_r),\quad \hat{\sigma}^2=\frac{1}{r}\sum_{k=1}^{r}(X_k-\hat{x})^2 \tag{3.6.14}$$

分别称为 $\boldsymbol{X}=(X_1,\cdots,X_r)$ 的样本均值与样本方差. 一个奇妙的事实是，如果 $X_1,\cdots,X_r$ 是满足 $E(X_k)=0$, $E(X_k^2)=\sigma^2$ 的独立正态变量，则随机变量 $\hat{X}$ 和 $\hat{\sigma}^2$ 是独立的. ①

此证明说明上述结果的适用性. 我们令 $Y_k=X_k-\hat{X}(k\leqslant r-1)$，$Y_r=\hat{X}$. 从 $\boldsymbol{X}$ 到 $\boldsymbol{Y}=(Y_1,\cdots,Y_r)$ 的变换是线性的和非奇异的，$\boldsymbol{Y}$ 有正态密度. 因为对于 $k\leqslant r-1$ 有 $E(Y_kY_r)=0$，所以 Y_r 与 $(Y_1,\cdots,Y_{r-1})$ 独立. 但是,

$$r\hat{\sigma}^2=Y_1^2+\cdots+Y_{r-1}^2+(Y_1+\cdots+Y_{r-1})^2 \tag{3.6.15}$$

只依赖于 $Y_1,\cdots,Y_{r-1}$，因此 $\hat{\sigma}^2$ 确实与 $Y_r=\hat{X}$ 独立. ■

一般的正态分布

由引理推出，如果 $\boldsymbol{X}=(X_1,\cdots,X_r)$ 有正态密度，那么每个非零线性组合 $Y_1=a_1X_1+\cdots+a_rX_r$ 也有正态密度，这对于每个对偶 (Y_1,Y_2) 同样是正确的，只要没有线性关系式 $c_1Y_1+c_2Y_2=0$ 成立. 在这种特殊情形下，(Y_1,Y_2) 的概率分布集中在方程 $c_1y_1+c_2y_2=0$ 确定的直线上. 因此，如果把它看作二维分布，那么它是奇异的. 在很多场合，对于集中在低维流形（例如个别的轴）上的退化分布，仍然保持正态分布这个术语是合乎需要的. 最简单的一般定义如下：$\boldsymbol{Y}=(Y_1,\cdots,Y_\rho)$ 的分布是正态的，如果存在这样一个具有正态 r 维密度的向量 $\boldsymbol{X}=(X_1,\cdots,X_r)$，使得 $\boldsymbol{Y}=\boldsymbol{a}+\boldsymbol{X}\boldsymbol{A}$，其中 $\boldsymbol{A}$ 是 $r\times\rho$（常数）矩阵，$\boldsymbol{a}=(a_1,\cdots,a_\rho)$. 如果 $\rho>r$，那么在 ρ 维中，$\boldsymbol{Y}$ 的分布是**退化的**；对于 $\rho\leqslant r$，为使它是非退化的，当且仅当 ρ 使所定义的 $\boldsymbol{Y}_k$ 是线性独立的.

*3.7 平稳正态过程

本节的目的，部分地是提供正态分布的例子，部分地是导出在离散随机过程和时间序列理论中有重要应用的一些关系式. 它们具有分析的特性，并且容易从较高深的随机分析中分出. 事实上，我们将只讨论有限维正态密度，或者等价地

① 吉里（R.C. Geary）和卢卡克斯（E. Lukacs）各自指出，这个事实刻画了 $\mathbb{R}^1$ 中正态分布的特性.

* 后面没有用到. 特别地，3.8 节可以独立地阅读（参见 19.8 节）.

只讨论它们的协方差矩阵. 引用随机变量对概率直观是很重要的，并可作为应用的准备，但是在目前我们只讨论它们的联合分布；随机变量本身仅作为由指出相应的集 $(X_{\alpha_1}\ \cdots, X_{\alpha_k})$ 来描述所有的边缘密度的方便方法. 同样，提到无穷序列 $\{X_k\}$ 只是蕴涵，$(X_1, \cdots, X_n)$ 中的项数可以取任意大.

事实上，我们将考虑双边无穷序列 $\{\cdots, X_{-2}, X_{-1}, \cdots\}$. 这种序列表明，对应于每个有穷集 $(X_{n_1}, \cdots, X_{n_r})$，我们给出一个具有显然的相容性法则的**正态密度**. 序列是**平稳**的，如果这些分布关于时间推移是不变的，即如果对于固定的 $n_1, \cdots, n_r$，形如 $(X_{n_1+\nu}, \cdots, X_{n_r+\nu})$ 的所有 r 元组，具有与 ν 独立的相同分布. 对于 $r=1$，这蕴涵期望与方差是常数，因此不失一般性可设 $\mathrm{E}(X_n)=0$. 联合分布完全由协方差 $\rho_{j_k}=E(X_jX_k)$ 确定，平稳性要求 ρ_{j_k} 只依赖于差 $|k-j|$，从而我们令 $\rho_{j,j+n}=r_n$，因此

$$r_n = E(X_kX_{k+n}) = E(X_{k-n}X_k), \tag{3.7.1}$$

于是 $r_n = r_{-n}$. 实际上，我们只讨论可作为平稳过程的协方差的数列 r_n.

在本节中，$\{Z_n\}$ 表示由下式正规化的**相互独立正态变量**的双边无穷序列：

$$E(Z_n)=0, \quad E(Z_n^2)=1. \tag{3.7.2}$$

我们将介绍通过给定的序列 $\{Z_n\}$ 来构造平稳序列的 3 种方法. 它们在时间序列分析中被普遍使用，并可作为平常运算的练习.

例　(a) **广义移动平均过程**. 对于任意常数 $b_0, b_1, \cdots, b_N$，令

$$X_n = b_0Z_n + b_1Z_{n-1} + \cdots + b_NZ_{n-N}. \tag{3.7.3}$$

在相等系数 $b_k = 1/(N+1)$ 的特殊情形，变量 X_n 是时间序列分析中用来“磨光”数据的那种类型的算术平均值（即消除局部不规则性）. 在一般情形下，(3.7.3) 表示把平稳序列 $\{Z_n\}$ 变为一个新平稳序列 $\{X_n\}$ 的线性算子. 这种算子的流行术语是“滤波器”. 序列 $\{X_n\}$ 的协方差为

$$r_k = r_{-k} = E(X_nX_{n+k}) = \sum_\nu b_\nu b_{\nu+k}, \quad k \geqslant 0, \tag{3.7.4}$$

这级数只含有穷多项.

因为 $2|b_\nu b_{\nu+k}| \leqslant b_\nu^2 + b_{\nu+k}^2$，所以表达式 (3.7.4) 对于使 $\sum b_\nu^2 < \infty$ 的无穷序列也是有意义的. 容易看出，协方差矩阵序列的极限仍然是协方差矩阵. 令 $N \to \infty$，我们断言，对于 $\sum b_n^2 < \infty$ 的任一序列 $b_0, b_1, \cdots$，(3.7.4) 中的数 r_k 可以作为平稳过程 $\{X_n\}$ 的协方差. 在形式上，对于新过程我们得到

$$X_n = \sum_{k=0}^{\infty} b_kZ_{n-k}. \tag{3.7.5}$$

不难证明，每个具有协方差 (3.7.4) 的平稳过程都有这种形式，但是关系式 (3.7.5) 包含无穷多个坐标，我们现在还不能予以证明（见 19.8 节）.

(b) **自回归过程.** 自从时间序列分析开始以来，已经提出了各种理论模型来解释诸如经济的时间序列、太阳黑子和被观测（或设想）的周期性这样一类经验现象. 最普通的模型假设，过程的变量 X_n 和我们的 (3.7.2) 的独立正态变量序列 Z_n，通过下列形式的**自回归方程**相联系.

$$a_0X_n + a_1X_{n-1} + \cdots + a_NX_{n-N} = Z_n. \tag{3.7.6}$$

这个模型根据的是如下的经验假设：变量 X_n 在时刻 n 的值（价格、供应物或强度）依赖于它过去的发展情况并加上一个“随机扰动” Z_n，这扰动与过去无关. 通常就是这样，线性相关性的假设用来简化理论分析（或者使其成为可能）. 更一般的模型可由令 $N \to \infty$ 或者令 Z_n 是另一平稳过程的变量而得出.

如果 $a_0 \neq 0$，则我们可以任意的方式来选取 $(X_0, \cdots, X_{N-1})$，然后递推地计算 $X_N, X_{N+1}, \cdots$ 和 $X_{-1}, X_{-2}, \cdots$. 在这种意义上，(3.7.6) 决定了一个过程，但我们问，是否存在一个**平稳解**呢?

为了回答这个问题，我们把 (3.7.6) 改写成不包含最接近于 X_n 的前面那些项的形式. 考虑 (3.7.6) 并把 n 依次换为 $n-1, n-2, \cdots, n-\nu$. 将这些方程分别乘以 $b_1, b_2, \cdots, b_\nu$，加到 (3.7.6) 上. 为使变量 $X_{n-1}, \cdots, X_{n-\nu}$ 不出现在新方程中，当且仅当 b_j 满足

$$a_0b_1 + a_1b_0 = 0, \cdots,\ a_0b_\nu + a_1b_{\nu-1} + \cdots + a_\nu b_0 = 0, \tag{3.7.7}$$

并且 $b_0 = 1$. 于是最后的恒等式具有形式

$$a_0X_n = b_0Z_n + b_1Z_{n-1} + \cdots + b_\nu Z_{n-\nu} + Y_{n,\nu}, \tag{3.7.8}$$

其中 $Y_{n,\nu}$ 是 $X_{n-\nu-1}, \cdots, X_{n-N-\nu}$ 的线性组合（系数无关紧要）. 在 (3.7.8) 中，我们已经将变量 X_n 表示为时刻 $n, n-1, \cdots, n-\nu$ 上的偶然作用与变量 $Y_{n,\nu}$ 叠加的结果，变量 $Y_{n,\nu}$ 表示在时刻 $n-\nu$ 前时间的影响. 当 $v \to \infty$ 时，这个时间变成为“无穷远的过去”，并在大多数情况下它的影响消失了. 我们将（至少是暂时）假设情况就是这样取极限，也就是说，我们在寻找满足下列极限关系式的过程:

$$a_0X_n = \sum_{k=0}^{\infty} b_kZ_{n-k}. \tag{3.7.9}$$

（粗略地说，我们假设剩余的变量 $Y_{n,\nu}$ 趋于 0，其他可能的极限将在例 (d) 中指出.）

形如 (3.7.9) 的过程是例 (a) 的研究对象. 我们看到，当 $\sum b_k^2 < \infty$ 时，平稳解存在（如果级数发散，那么连协方差表达式也无意义）. 为了对 b_k 解方程 (3.7.7)，我们利用形式上的母函数

$$A(s) = \sum a_k s^k, \quad B(s) = \sum b_k s^k. \tag{3.7.10}$$

为使方程 (3.7.7) 成立，当且仅当 $A(s)B(s) = a_0 b_0$，并且 A 是一个多项式，B 是一个有理多项式. 因此，我们可以利用在第 1 卷 11.4 节中研究过的部分分式理论. 如果多项式 $A(s)$ 有不同的根 $s_1, \cdots, s_N$，那么我们得到

$$B(s) = \frac{A_1}{s_1 - s} + \cdots + \frac{A_N}{s_N - s}, \tag{3.7.11}$$

因而

$$b_n = A_1 s_1^{-n-1} + \cdots + A_N s_N^{-n-1}. \tag{3.7.12}$$

显然，$\sum b_n^2 < \infty$ 当且仅当所有的根满足 $|s_j| > 1$，容易验证这在有重根时也是正确的，因此，我们证明了，当多项式 $A(s)$ 的所有根位于单位圆外面时，自回归模型 (3.7.6) 的平稳解存在，我们这个过程的协方差由 (3.7.4) 给出，并且在这个过程中，"无穷远的过去" 不起作用.

自回归方程 (3.7.6) 的解 $\{X_n\}$ 是唯一的. 实际上，两个解的差将满足齐次方程 (3.7.13). 我们现在将指出，条件 $|s_j| > 1$ 排除了这方程有概率论意义的解的存在性.

(c) **退化过程.** 我们转向满足下列**随机差分方程**的平稳序列 $\{Y_n\}$：

$$a_0 Y_n + a_1 Y_{n-1} + \cdots + a_N Y_{n-N} = 0. \tag{3.7.13}$$

它们表示一个取决于 (3.7.6) 的自回归过程的有趣的过程. 典型的例子是

$$Y_n = \lambda(Z_1 \cos n\omega + Z_{-1} \sin n\omega) \tag{3.7.14}$$

和

$$Y_n = \alpha_1 Z_1 + (-1)^n \alpha_2 Z_{-1} \tag{3.7.15}$$

其中诸系数和 ω 都是常数，Z_1 和 Z_{-1} 是由 (3.7.2) 规则化了的独立正态变量. 这些过程满足 (3.7.13)，第一式有 $a_0 = a_2 = 1$ 和 $a_1 = -2\cos\omega$，第二式有 $a_0 = -a_2 = 1$ 和 $a_1 = 0$. 从整个过程完全由两个观测值（例如 Y_{k-1} 和 Y_k）所决定的意义上看，它们是退化的. 这两个观测值在我们所能想象的遥远的过去就被取定. 在这个意义上，过程完全由它的 "无穷远的过去" 所决定. 同样的说明适用于满足形如 (3.7.13) 的差分方程的任一过程，因此这些过程形成例 (b) 的对应过程，其中无穷远的过去完全不起作用. ■

这些例子表明，把重点放在随机差分方程 (3.7.13) 上的普遍重要性. 在讨论它的理论之前，我们注意，任一满足 (3.7.13) 的过程 $\{Y_n\}$ 也满足各种高阶的差分方程，例如

$$a_0 Y_n + (a_1 - a_0)Y_{n-1} + \cdots + (a_N - a_{N-1})Y_{n-N} - a_N Y_{n-N-1}.$$

为了使问题有意义，我们应当假定 (3.7.13) 表示 $\{Y_n\}$ 所满足的最低阶差分方程. 这等于说 N 元组 $(Y_1, \cdots, Y_N)$ 为非退化的，具有 N 维正态密度. 它蕴涵 $a_0 \neq 0$ 和 $a_N \neq 0$.

现在来说明差分方程 (3.7.13) 的平稳解理论与下列"特征方程"有密切的联系：

$$a_0\xi^N + a_1\xi^{N-1} + \cdots + a_N = 0. \tag{3.7.16}$$

对于左边多项式的每个二次因子，有一个相应的二阶随机差分方程，它们都是具有形式 (3.7.14) 或 (3.7.15) 的过程. 因此，相应于特征多项式的因子分解，我们将把 (3.7.13) 的一般解表示为形如 (3.7.14) 和 (3.7.15) 的分量之和.

如前所述，我们假设中心为 $E(Y_n) = 0$. 整个理论依赖于下面的：

引理 1 为使具有 $E(Y_nY_{n+k}) = r_k$ 的平稳序列满足随机差分方程 (3.7.13)，当且仅当

$$a_0r_n + a_1r_{n-1} + \cdots + a_Nr_{n-N} = 0. \tag{3.7.17}$$

证 将 (3.7.13) 乘以 Y_0 并取期望得到 (3.7.17)，将 (3.7.13) 的左边平方并取期望得到 $\sum a_j\left(\sum a_kr_{k-j}\right)$ 因此 (3.7.17) 蕴涵着 (3.7.13) 的左边方差为 0. 这就证明了引理. ■

我们着手推导 r_n 的典型形式. 当然，它是实的，但是它包含特征方程 (3.7.16) 的根，因此我们必须暂时利用复数.

引理 2 如果 $\{Y_n\}$ 满足 (3.7.13)，但不满足低阶差分方程，那么特征方程 (3.7.16) 具有 N 个单位模的不同根 $\xi_1, \cdots, \xi_N$. 在这种情形下，

$$r_n = c_1\xi_1^n + \cdots + c_N\xi_N^n, \tag{3.7.18}$$

其中 $c_j > 0, j = 1, \cdots, N$.

证 首先假设特征方程 (3.7.16) 有 N 个不同的根 $\xi_1, \cdots, \xi_N$. 我们借助于在第 1 卷中为了类似的目的已用过的特解方法来解 (3.7.17). 观察表明，(3.7.18) 表示一个依赖于 N 个自由参数 $c_1, \cdots, c_N$ 的形式解. 因为 r_n 由 N 个值 $r_1, \cdots, r_N$ 完全决定，所以为了证明 (3.7.17) 的每个解都具有 (3.7.18) 的形式，只要证明 c_j 可以这样选择，即使得关系式 (3.7.18) 可得出 $r_1, \cdots, r_N$ 的指定值就行了. 这意味着

c_j 应当满足 N 个线性方程，方程的矩阵 $\boldsymbol{A}$ 具有元素 $a_{j_k}=\xi_k^j$ $(j,k=1,\cdots,N)$，$\boldsymbol{A}$ 的行列式不等于 0,① 因此所要求的解存在.

于是我们证实了（在不同根的情形）r_n 确实具有 (3.7.18) 的形式. 其次我们将说明具有单位模的根确实可以在其中出现. 我们知道 $a_N\neq 0$，因此 0 不是特征方程的根. 我们注意到，协方差 r_n 是以 Y_n 的共同的方差 r_0 为界. 但是，如果 ξ_j 不具有单位模，那么或者当 $n\to\infty$ 时，或者当 $n\to-\infty$ 时，$|\xi_j|^n\to\infty$. 由此推出，对于每个 j，或者 $|\xi_j|=1$，或者 $c_j=0$.

现在假设 ξ_1 和 ξ_2 是一对共轭根，$c_1\neq 0$，则 ξ_1 具有单位模，从而 $\xi_2=\xi_1^{-1}$. 因此，对称关系式 $r_n=r_{-n}$ 要求 $c_2=c_1$，而且 $\xi_1^n+\xi_2^n$ 是实的，因此 c_1 应当是实的. 于是复根以一对有实系数的共轭根形式在 (3.7.18) 中出现，并且如果某些系数 c_j 等于 0，那么 r_n 将满足阶数小于 N 的差分方程. 因此，所有的根具有单位模，所有的 c_j 是实的，并且 $c_j\neq 0$.

为了说明 c_j 实际上是正的，我们引入 $(Y_1,\cdots,Y_N)$ 的协方差矩阵 $\boldsymbol{R}$. 它的元素由 $r_{j_{-k}}$ 给出，由 (3.7.18) 容易验证

$$\boldsymbol{R}=\boldsymbol{A}\boldsymbol{C}\bar{\boldsymbol{A}}^{\mathrm{T}},\tag{3.7.19}$$

其中 $\boldsymbol{C}$ 是含有元素 c_j 的对角阵，$\boldsymbol{A}$ 是上面引入的矩阵，$\bar{\boldsymbol{A}}$ 是它的共轭矩阵（即它是由 $\boldsymbol{A}$ 把 ξ_j 换为 ξ_j^{-1} 而得到的）. 因为 $\boldsymbol{R}$ 是实正定的，所以对于任意的复 N 维非零行向量 $\boldsymbol{x}=\boldsymbol{u}+\mathrm{i}\boldsymbol{v}$,

$$\boldsymbol{x}\boldsymbol{R}\bar{\boldsymbol{x}}^{\mathrm{T}}=\boldsymbol{v}\boldsymbol{R}\boldsymbol{u}^{\mathrm{T}}+\boldsymbol{v}\boldsymbol{R}\boldsymbol{v}^{\mathrm{T}}>0.\tag{3.7.20}$$

令 $\boldsymbol{y}=\boldsymbol{x}\boldsymbol{A}$，它就化为

$$\boldsymbol{y}\boldsymbol{C}\bar{\boldsymbol{y}}^{\mathrm{T}}=\sum_{j=1}^{N}c_j|y_j|^2>0.\tag{3.7.21}$$

因为 $\boldsymbol{A}$ 的行列式不等于 0，所以这个不等式对任意的 $\boldsymbol{y}$ 都成立，于是如所断言的那样，$c_j>0$.

为了完成证明，我们将证明特征方程不能有多重根. 假设 $\xi_1=\xi_2$，但是其他的根是不同的. 我们又得到形如 (3.7.18) 的表达式（除了 $c_1\xi_1^n$ 项换为 $c_1n\xi_1^n$ 项以外）. r_n 的有界性又要求 $c_1=0$. 在一个二重根的情形，我们由此得出含少于 N 个非零项的形如 (3.7.8) 的表达式. 我们看出，这是不可能的. 同样的论证更一般地说明了不可能有多重根. ■

① 这个行列式通常称为范德蒙德（Vandermonde）行列式. 为了证明它不等于 0，要把 ξ 换为自由变量 x. 观察表明，行列式具有 $xP(x)$ 的形式，这里 P 是 $N-1$ 次多项式. 当 $x=\xi_2,\cdots,\xi_n$ 时，$P(x)=0$，因为对于 x 的这些值，行列式的两列变成相同的. 因此，对于 x 的任一其他值，特别是对于 $x=\xi_1$，行列式不等于 0.

我们现在来叙述 N 为奇数情形的最后结果. 对偶数 N 所需要的修改是明显的.

定理 假设平稳序列 $\{Y_n\}$ 满足 $N=2\nu+1$ 的差分方程 (3.7.13), 但不满足较低阶的差分方程. 特征方程 (3.7.16) 有 ν 对复根 $\xi_j=\cos\omega_j\pm\mathrm{i}\sin\omega_j$ (ω_j 是实数) 和一个实根 $\omega_0=\pm1$. 序列 $\{Y_n\}$ 具有形式

$$Y_n=\lambda_0Z_0\omega_0^n+\sum_{j=1}^{\nu}\lambda_j[Z_j\cos n\omega_j+Z_{-j}\sin n\omega_j],\tag{3.7.22}$$

其中 Z_j 是期望为 0 且方差为 1 的相互独立的正态变量, 而 λ_j 是常数. 对于这个序列,

$$r_n=\lambda_0^2\omega_0^2+\sum_{j=1}^{v}\lambda_j^2\cos n\omega_j.\tag{3.7.23}$$

反之, 选取任意的实数 $\lambda_v\neq0,\omega_0=\pm1$, 令 $\omega_1,\cdots,\omega_j$ 是使 $0<\omega_j<\pi$ 的不同实数, 则 (3.7.22) 确定了一个具有协方差 (3.7.23) 的平稳过程, 它满足一个 $2v+1$ 阶差分方程, 而不满足较低阶差分方程.

证 令 λ_j 和 ω_j 是数, Z_j 是满足定理条件的正态变量. 以 (3.7.22) 定义变量 Y_n. 平凡的计算表明, $\{Y_n\}$ 的协方差 r_n 由 (3.7.23) 给出. 存在一个具有定理中所说的根 ξ_j 的形如 (3.7.16) 的实代数方程, 于是 r_j 满足差分方程 (3.7.17). 根据引理 1, 这蕴涵 Y_n 满足随机差分方程 (3.7.13). 根据构造, 这是一个 Y_n 所满足的最低阶方程.

反之, 令 $\{Y_n\}$ 表示给出的差分方程 (3.7.13) 的解. $\{Y_n\}$ 的协方差 r_n 决定了出现在 (3.7.22) 中的数 λ_j 和 ω_j. 对于 $n=0,1,\cdots,2\nu$, 把这些方程看作一个从任意的正态变量的 N 元组 $(Z_{-\nu},\cdots,Z_\nu)$ 到 $(Y_0,\cdots,Y_N)$ 的线性变换. 这个变换是非奇异的, 因此两个 N 元组的协方差矩阵相互唯一确定. 我们业已证明, 如果 Z_j 的协方差矩阵化为单位阵, 则 Y_k 将有指定的协方差 r_n. 因此, 反之亦然, 存在正态变量 Z_j 满足定理的条件, 并使 (3.7.22) 对 $n=0,\cdots,N$ 成立. 但是, 这些方程的两边表示随机差分方程 (3.7.13) 的解, 并且因为它们对于 $0\leqslant n\leqslant N$ 是一致的, 所以它们必须是相等的. ■

3.8 马尔可夫正态密度

我们再来讨论产生于马尔可夫过程中的一类特殊正态密度. 不失一般性, 我们只考虑中心在原点的密度, 则 $E(X_k)=0$. 我们利用通常的缩写记号

$$E(X_k^2)=\sigma_k^2,\qquad E(X_jX_k)=\sigma_j\sigma_k\rho_{jk}.\tag{3.8.1}$$

ρ_{j_k} 是相关系数, 且 $\rho_{kk}=1$.

定义 $(X_1,\cdots,X_r)$ 的 r 维正态密度是马尔可夫密度，如果对于 $k\leqslant r$，在给定 $X_1,\cdots,X_{k-1}$ 下 X_k 的条件密度，与在给定 X_{k-1} 下 X_k 的条件密度相等.

粗略地讲，如果我们知道 X_{k-1}（“现在”），那么“过去” $X_1,\cdots,X_{k-2}$ 的附加知识并不提供有关“将来”的任何信息，即不提供有关 X_j 的任何信息，这里 $j\geqslant k$.

通常在类似的情形下，我们把马尔可夫这一术语可交换地应用于$(X_1,\cdots,X_r)$及其密度.

定理 1 为使 $(X_1,\cdots,X_r)$ 是马尔可夫序列，下列两个条件中的每一个都是充分必要条件：

(i) 对于 $k\leqslant r$，

$$\mathrm{E}(X_k|X_1,\cdots,X_{k-1})=\mathrm{E}(X_k|X_{k-1});\tag{3.8.2}$$

(ii) 对于 $j\leqslant v\leqslant k\leqslant r$，

$$\rho_{j_k}=\rho_{j_v}\rho_{v_k},\tag{3.8.3}$$

为使 (3.8.3) 成立，只要

$$\rho_{j_k}=\rho_{j,k-1}\rho_{k-1,k}, j\leqslant k.\tag{3.8.4}$$

证 密度的恒等蕴涵期望的相等，所以 (3.8.2) 显然是必要的. 另外，如果 (3.8.2) 成立，那么 3.6 节定理 5 说明，在给定 $X_1,\cdots,X_{k-1}$ 下 X_k 的条件密度只依赖于 X_{k-1}，而不依赖于前面的变量. 因为在给定 X_{k-1} 下 X_k 的条件密度由对变量 $X_1,\cdots,X_{k-2}$ 进行积分得出的，所以两个条件密度是恒等的. 于是 (3.8.2) 是充分必要条件.

再借助于 3.6 节定理 5，显然变量

$$T=X_k-E(X_k|X_{k-1})\tag{3.8.5}$$

和变量

$$T=X_k-\frac{\sigma_k}{\sigma_{k-1}}\rho_{k-1,k}X_{k-1}\tag{3.8.6}$$

是恒等的，因为这只是一个与 X_{k-1} 不相关的形如 X_k-cX_{k-1} 的变量. 因而根据同一定理，为使 (3.8.2) 成立，当且仅当 T 也与 $X_1,\cdots,X_{k-2}$ 不相关，即当且仅当 (3.8.4) 成立. 因此 (3.8.4) 是充分必要条件. 其实 (3.8.4) 是 (3.8.3) 的特殊情形，因此 (3.8.3) 的条件是充分的. 它也是必要的，因为 (3.8.4) 的重复应用表明，对于 $j<\nu<k\leqslant r$，

$$\frac{\rho_{j_k}}{\rho_{\nu_k}}=\frac{\rho_{j,k-1}}{\rho_{\nu,k-1}}=\frac{\rho_{j,k-2}}{\rho_{\nu,k-2}}=\frac{\rho_{j\nu}}{\rho_{\nu\nu}}=\rho_{j\nu},\tag{3.8.7}$$

因而 (3.8.4) 蕴涵 (3.8.3). ■

推论 如果 $(X_1,\cdots,X_r)$ 是马尔可夫序列，那么满足 $\alpha_1<\alpha_2<\cdots<\alpha_\nu\leqslant r$ 的每个子集 $(X_{\alpha_1},\cdots,X_{\alpha_\nu})$ 也是马尔可夫序列.

这是显然的. 因为 (3.8.3) 可自动地推广到一切子集. ■

例 (a) **独立增量.** 满足 $E(X_k)=0$ 的正态随机变量的（有穷或无穷）序列 $\{X_k\}$ 称为具有独立增量的过程，如果对于 $j<k$，增量 X_k-X_j 是与 $(X_1,\cdots,X_j)$ 独立的. 特别地，这蕴涵

$$E(X_j(X_k-X_j))=0$$

或

$$\rho_{j_k}=\frac{\sigma_j}{\sigma_k},\quad j<k. \tag{3.8.8}$$

把它与 (3.8.3) 比较，我们看出，具有独立增量的正态过程自动地是马尔可夫过程. 它的构造比较简单：X_k 是下列 k 个相互独立的正态变量的和：

$$X_1,X_2-X_1,\cdots,X_k-X_{k-1}.$$

(b) **自回归模型.** 考虑具有 $E(X_k)=0$ 的正态马尔可夫序列 $X_1,X_2,\cdots$. 存在唯一的一个常数 a_k，使得 $X_k-a_kX_{k-1}$ 与 X_{k-1} 独立，从而与 $X_1,\cdots,X_{k-1}$ 独立. 令

$$\lambda_k^2=\mathrm{Var}(X_k-a_kX_{k-1}),$$

递推地有

$$\begin{aligned}X_1&=\lambda_1Z_1,\\X_k&=a_kX_{k-1}+\lambda_kZ_k,\quad k=2,3,\cdots.\end{aligned} \tag{3.8.9}$$

容易看出，这样定义的变量 Z_k 是独立的，并且

$$E(Z_k)=0,\quad E(Z_k^2)=1. \tag{3.8.10}$$

反之亦然，如果 Z_k 是正态的且满足 (3.8.10)，则 (3.8.9) 确定了序列 $\{X_n\}$，(3.8.9) 的实际构造表明 $\{X_n\}$ 是马尔可夫序列. 作为练习，我们用计算来验证它. 将 (3.8.9) 乘以 X_j 并取期望. 当 Z_k 与 $X_1,\cdots,X_{k-1}$ 独立时，对于 $j<k$ 我们得到

$$a_k=\frac{\sigma_k}{\sigma_{k-1}}\frac{\rho_{jk}}{\rho_{j,k-1}}. \tag{3.8.11}$$

于是 (3.8.4) 是此式的简单推论. 我们知道，它蕴涵 X_k 的马尔可夫特性. 因此，$(X_1,\cdots,X_r)$ 是**马尔可夫序列**，当且仅当形如 (3.8.9) 的关系式对于满足 (3.8.10) 的正态变量 Z_j 成立 [这是 3.7 节例 (b) 的特殊情形]. ■

至此我们只考虑了有穷序列 $(X_1, \cdots, X_r)$，但是数 r 不起作用，我们同样可以谈到无穷序列 $\{X_n\}$. 这并不包含无穷序列空间或任何新的理论，而只是指出 $(X_1, \cdots, X_r)$ 的分布对一切 r 都是确定的. 类似地，当任一有穷序列 $X_1 = X(t_1), \cdots, X_r = X(t_r)$ 是马尔可夫序列时我们谈到**马尔可夫族** $\{X(t)\}$. 这种描述依赖于函数

$$E(X^2(t)) = \sigma^2(t), \quad E(X(s)X(t)) = \sigma(s)\sigma(t)\rho(s,t). \tag{3.8.12}$$

由 (3.8.3)，显然，*一个族是马尔可夫族，当且仅当对于* $s < t < \tau$，

$$\rho(s,t)\rho(t,\tau) = \rho(s,\tau). \tag{3.8.13}$$

不管怎么说，我们实际上只讨论具有满足 (3.8.13) 的协方差的有穷维正态分布族.

和 3.7 节开始比较详细阐明的一样，序列 $\{X_n\}$ 是**平稳的**，如果对于每个固定的 n 元组 $(\alpha_1, \cdots, \alpha_n), (X_{\alpha_1+\nu}, \cdots, X_{\alpha_n+\nu})$ 的分布与 ν 无关. 这样的序列的有穷截口可以扩展到两边，从而自然的仅考虑双边无穷序列 $\{\cdots, X_{-2}, X_{-1}, X_0, X_1, \cdots\}$. 这些记号很明显地可搬用到族 $\{X(t)\}$ 上.

对于平稳序列$\{X_n\}$，方差 σ_n^2 与 n 无关. 在马尔可夫的情形，(3.8.3) 蕴涵 $\rho_{j_k} = \rho_{12}^{|k-j|}$. 因此，*对于平稳马尔可夫序列*，

$$E(X_j X_k) = \sigma^2 \rho^{|k-j|} \tag{3.8.14}$$

其中 σ^2 与 ρ 都是常量，$|\rho| \leqslant 1$. 反之，具有满足 (3.8.14) 的正态分布的序列是马尔可夫平稳序列.

在平稳族 $\{X(t)\}$ 的情形，相关系数 $\rho(s,t)$ 只依赖于差 $|t-s|$, 且 (3.8.13) 取下面的形式：

$$\rho(t)\rho(\tau) = \rho(t+\tau), \quad t, \tau > 0.$$

显然，$\rho(\tau) = 0$ 蕴涵对于所有的 $t > \tau$ 有 $\rho(t) = 0$，又有

$$\rho\left(\frac{1}{2}, \tau\right) = 0.$$

从而 ρ 可以不为 0，除非对于所有的 $t > 0$ 有 $\rho(t) = 0$. 因此，根据第 1 卷 17.6 节中反复利用的结果，$\rho(t) = \mathrm{e}^{-\lambda t}$. *因而对于平稳马尔可夫族*，

$$E(X(s)X(s+t)) = \sigma^2 \mathrm{e}^{-\lambda t}, \quad t > 0. \tag{3.8.15}$$

除非对所有的 $s \neq t$，$X(s)$ 与 $X(t)$ 是不相关的.

(c) **平稳序列**可以按照上例的方式来构造. 由 (3.8.11), 我们应当有

$$X_k = \rho X_{k-1} + \sigma\sqrt{1-\rho^2}Z_k. \tag{3.8.16}$$

对于每一个 k, 可以把 X_k 表示为 $Z_k, Z_{k-1}, \cdots, Z_{k-v}$ 和 X_{k-v} 的线性组合. 形式上的取极限可以得到用独立正态变量 Z_j 的双边无穷序列表示 $\{X_k\}$ 的表达式

$$X_k = \sigma\sqrt{1-\rho^2}\sum_{j=0}^{\infty}\rho^j \boldsymbol{Z}_{k-j}, \tag{3.8.17}$$

其中 Z_j 由 (3.8.10) 所正规化. 由于 $|\rho|<1$, 所以级数的收敛性似乎可能的, 但是像这样的公式包含无穷序列空间 (见关于 (3.7.5) 的说明, (3.8.17) 是它的特殊情形).

讨论定理 1 的关系式对于用密度作马尔可夫序列的直接描述可能是有益的. 以 g_i 表示 X_i 的密度, $g_{ik}(x,y)$ 表示在给定 $X_i = x$ 下 X_k 的条件密度在 y 处的值 (在随机过程中, g_{ik} 称为由 X_i 到 X_k 的转移密度). 对于正态马尔可夫序列, g_i 是期望为 0 方差为 σ_i^2 的正态密度. 至于转移概率, 在 3.2 节例 (a) 中已经指出

$$g_{ik}(x,y) = \frac{1}{\sigma_k\sqrt{1-\rho_{ik}^2}}\,\mathfrak{n}\left(\frac{y-\sigma_i^{-1}\rho_{ik}\sigma_k x}{\sigma_k\sqrt{1-\rho_{ik}^2}}\right), \tag{3.8.18}$$

其中 $\mathfrak{n}$ 表示标准正态密度. 但是, 我们将不利用这个结果, 而利用独立的方法来分析 g_{ik} 的性质. 我们照例把下标解释为时间参数.

(X_i, X_j) 的联合密度由 $g_i(x)g_{ij}(x,y)$ 给出. (X_i, X_j, X_k) 的联合密度, 是 $g_i(x)g_{ij}(x,y)$ 和在给定 X_j 与 X_i 下 X_k 的条件密度的乘积. 但是由于马尔可夫特性, 如果 $i<j<k$, 那么指标 i 可以去掉, 并且 (X_i, X_j, X_k) 的密度由下式给出:

$$g_i(x)g_{ij}(x,y)g_{jk}(y,z). \tag{3.8.19}$$

在马尔可夫的情形, 每个 n 元组 $(X_{\alpha_1}, \cdots, X_{\alpha_n})$ 的密度由形如 (3.8.19) 的乘积给出, 但是密度 g_{jk} 不能任意选择. 实际上, (3.8.19) 关于 y 的积分得到 (X_i, X_k) 的边缘密度, 因此我们有相容性条件: 对于所有的 $i<j<k$,

$$g_{ik}(x,z) = \int_{-\infty}^{+\infty} g_{ij}(x,y)g_{jk}(y,z)\mathrm{d}y. \tag{3.8.20}$$

这是马尔可夫过程的查普曼–柯尔莫哥洛夫恒等式的特殊情形.[①]

---

① 另一特殊情形已在第 1 卷 3.(15.13.3) 和 (17.9.1) 中遇到. 注意, 除了求和代替了积分并且只考虑平稳转移概率以外, (3.8.19) 是第 1 卷 (15.1.1) 马尔可夫链的概率定义的类似定义.

粗略地说，它表示由时刻 i 上的 x 到时刻 k 上的 z 的转移是通过任意的中间位置 y 而发生的，由 y 到 z 的转移与过去无关. 显然，对于任一满足查普曼–柯尔莫哥洛夫恒等式的转移概率系统 g_{ik}，乘法格式 (3.8.19) 得出 $(X_1, X_2, \cdots, X_r)$ 的相容密度系统，并且序列是马尔可夫序列，因而我们具有定理 1 的下列分析对应定理.

定理 2 *$\{g_{ik}\}$ 可以作为正态马尔可夫过程的转移密度，当且仅当它满足查普曼–柯尔莫哥洛夫恒等式，并且对于每个固定的 x 来说，$g_{ik}(x, y)$ 表示在 y 处的正态密度.*

两个定理都包含必要和充分的条件，因而它们在某种意义上是等价的. 但是，它们具有不同的本质. 其次，在实际上并不局限于正态过程；应用于族 $\{X(t)\}$，它可以得到转移概率的微分和积分方程. 因此，用这种方法可以引入一类新的马尔可夫过程. 另外，由定理 2 我们不能断定 g_{ik} 是 (3.8.18) 的必要条件，结果蕴涵在更特殊的定理 1 中.

为了参考和以后的比较，我们在这里列举两个最重要的马尔可夫族 $\{X(t)\}$.

(d) **布朗（Brown）运动或维纳–巴舍利耶过程.** 它由下列条件定义：$X(0) = 0$，对于 $t > s$，变量 $X(t) - X(s)$ 与 $X(s)$ 独立，$X(s)$ 具有仅依赖于 $t - s$ 的方差. 换句话说，这个过程有独立增量（例 (a)）和平稳转移概率（但它不是平稳过程，因为 $X(0) = 0$）. 显然，$E(X^2(t)) = \sigma^2 t$，并且对于 $s < t$ 有 $E(X(s)X(t)) = \sigma^2 s$；对于 $\tau > t$，由 (t, x) 到 (τ, y) 的转移密度是正态的，具有期望 x 与方差 $\sigma^2(\tau - t)$. 它们只依赖于 $(y - x)/(\tau - t)$ 并且查普曼–柯尔莫哥洛夫恒等式化为卷积.

(e) **Urnstein-Uhlenbeck 过程.** 这个过程指的是具有期望 0 的最一般的正态平稳马尔可夫过程. 它的协方差由 (3.8.15) 给出. 换句话说，对于 $\tau > t$，由 (t, x) 到 (τ, y) 的转移密度是正态的，具有期望 $\mathrm{e}^{-\lambda(\tau-t)}x$ 与方差 $\sigma^2(1 - \mathrm{e}^{-2\lambda(\tau-t)})$. 当 $\tau \to \infty$ 时，期望趋于 0，方差趋于 σ^2. 乌任斯坦（Urnstein）和乌伦贝克（Uhlenbeck）从完全不同的观点考虑这个过程. 它与扩散的联系将在 10.4 节中讨论. ■

3.9 习 题

1. 令 Ω 是以顶点为 (0, 0), (1, 1), (0, 1/2), (1/2, 1) 的四边形和顶点为 (1/2, 0), (1, 0), (1, 1/2) 的三角形为界限的（面积为 1/2 的）平面区域（单位正方形是 Ω 与关于对角线对称于 Ω 的区域的并集）. 令 (X, Y) 在 Ω 中是均匀分布的. 试证边缘分布是均匀的，并且 $X + Y$ 有相同的分布，就好像 X 和 Y 是独立的.[①]

提示：图形表明计算是不必要的.

① 换句话说，即使变量是相关的，和的分布也可以由卷积给出. 这个直观的例子由罗宾斯（H.E. Robbins）提出的，对于同一类型的另一不同一般的例子可见 2.4 节例 (c).

2. 具有正态边缘密度的密度. 令 u 是直线上的连续奇函数，在 $\overline{-1,1}$ 外等于 0. 如果 $|u| < (2\pi e)^{-\frac{1}{2}}$ 则

$$\mathfrak{n}(x)\mathfrak{n}(y) + u(x)u(y)$$

表示一个二元密度，它不是正态的，但它的边缘密度都是正态的.（E. Nelson.）

3. 第 2 个例子. 令 φ_1 和 φ_2 是两个具有单位方差，但不同相关系数的二元正态密度. 混合密度 $\frac{1}{2}(\varphi_1 + \varphi_2)$ 不是正态的，但是它的两个边缘密度与 $\mathfrak{n}$ 一致.

注　在下列各题中，所有的随机变量都在 $\mathbb{R}^1$ 中. 随机向量用对偶 (X_1, X_2) 表示，等等.

4. 令 $X_1, \cdots, X_n$ 是具有相同密度 f 和分布函数 F 的独立随机变量. 如果 X 是其中最小者，Y 是其中最大者，则对偶 (X, Y) 的联合密度由下式给出：

$$n(n-1)f(x)f(y)[F(y) - F(x)]^{n-2}, \qquad y > x.$$

5. 证明：（在 (3.1.21) 中定义的）$\mathbb{R}^3$ 中的对称 Cauchy 分布相应于一个随机向量，它的长度具有密度 $v(r) = 4\pi^{-1}r^2(1 + r^2)^{-2}$，式中 $r > 0$.（提示：利用极坐标，并且利用 (3.1.15) 或 (1.10.4) 关于射影的一般关系式.）

6. 对于柯西分布 (3.1.21)，在给定 X_1, X_2 下 X_3 的条件密度是

$$v_{\xi_1,\xi_2}(z) = \frac{2}{\pi} \cdot \frac{\sqrt{(1 + \xi_1^2 + \xi_2^2)^3}}{(1 + \xi_1^2 + \xi_2^2 + z^2)^2},$$

而在给定 $X_1 = \xi$ 下 X_2, X_3 的二元条件密度是

$$v_\xi(y, z) = \frac{1}{\pi} \cdot \frac{1 + \xi^2}{(1 + \xi^2 + y^2 + z^2)^2}.$$

7. 令 $0 < a < 1$，并且对于 $x > 0, y > 0$ 有 $f(x, y) = [(1 + ax)(1 + ay) - a]e^{-x-y-axy}$；在其他地方，$f(x, y) = 0$.

(a) 试证 f 是对偶 (X, Y) 的密度，求边缘密度和分布函数.

(b) 求条件密度 $u_x(y)$ 和 $E(Y|X), \mathrm{Var}(Y|X)$.

8. 令 f 是集中在 $\overline{0,\infty}$ 上的密度，设对于 $x > 0, y > 0$ 有 $u(x, y) = f(x + y)/(x + y)$；在其他地方，$u(x, y) = 0$. 试证 u 是 $\mathbb{R}^2$ 中的密度，并求它的协方差矩阵.

9. 令 X_1, X_2, X_3 相互独立且在 $\overline{0,1}$ 上均匀分布，令 $X_{(1)}, X_{(2)}, X_{(3)}$ 是相应的顺序统计量，试求对偶

$$\left(\frac{X_{(1)}}{X_{(2)}}, \frac{X_{(2)}}{X_{(3)}}\right)$$

的密度，并证明这两个比是独立的. 试推广到 n 维中去.

10. 令 X_1, X_2, X_3 是具有相同指数分布的独立变量. 试求 $(X_2 - X_1, X_3 - X_1)$ 的密度.

11. 具有单位质量的质点分裂成 2 个具有质量 X 和 $1 - X$ 的碎片. X 的密度 f 集中在 $\overline{0,1}$ 上，由对称性，$f(x) = f(1 - x)$. 用 X_1 表示较小的碎片，X_2 表示较大的碎片. 这两个碎片以同样的方式独立地分裂，得到 4 个具有质量 $X_{11}, X_{12}, X_{21}, X_{22}$ 的碎片. 试求：(a) X_{11} 的密度；(b) X_{11} 和 X_{12} 的联合密度. 利用 (b) 来验证 (a) 中的结果.

12. 令 $X_1, X_2, \cdots$ 是独立的且有相同的正态密度 $\mathfrak{n}$, $S_k = X_1 + \cdots + X_k$. 如果 $m < n$，试求 (S_m, S_n) 的联合密度及在给定 $S_n = t$ 下 S_m 的条件密度.

13. 在上题中，试求在给定 $X_1^2 + \cdots + X_n^2$ 下 $X_1^2 + \cdots + X_m^2$ 的条件密度.

14. 令 (X, Y) 具有中心在原点的二元正态密度，并且 $E(X^2) = E(Y^2) = 1, E(XY) = \rho$. 在极坐标中，$(X, Y)$ 变成 (R, Φ)，其中 $R^2 = X^2 + Y^2$. 试证 Φ 密度为

$$\frac{\sqrt{1-\rho^2}}{2\pi(1-2\rho\sin\varphi\cos\varphi)}, \quad 0 < \varphi < 2\pi,$$

并且为使它是均匀分布，当且仅当 $\rho = 0$. 推出

$$P\{XY > 0\} = \frac{1}{2} + \pi^{-1}\arcsin\rho \quad 和 \quad P\{XY < 0\} = \pi^{-1}\arccos\rho.$$

15. 令 f 对于顶点为 (0, 0), (0, 1), (1, 0) 的三角形是一个均匀密度，g 对于第 3 象限内的对称三角形是一个均匀密度. 试求 $f * f$ 和 $f * g$.

注意：应对各个区间作令人乏味的分别考虑.

16. 令 f 是单位圆盘上的均匀密度. 试在极坐标中求 $f * f$.

17. 令 u 和 v 是在 $\mathbb{R}^2$ 中具有下列形式的密度：

$$u(x, y) = f(\sqrt{x^2+y^2}), \quad v(x, y) = g(\sqrt{x^2+y^2}).$$

试在极坐标中求 $u * v$.

18. 令 $\boldsymbol{X} = \{X_1, \cdots, X_r\}$ 有 r 维正态密度. 存在一个单位向量 $\boldsymbol{a} = (a_1, \cdots, a_r)$，使得对于所有的单位向量 $\boldsymbol{c} = (c_1, \cdots, c_r)$，

$$\mathrm{Var}(a_1X_1 + \cdots + a_rX_r) \geqslant \mathrm{Var}(c_1X_1 + \cdots + c_rX_r).$$

如果 $\boldsymbol{a} = (1, 0, \cdots, 0)$ 是这样的一个向量，那么 X_1 与其余的 X_j 独立.

19. 试证以下定理.

定理 *给定一个 $\mathbb{R}^r$ 中的正态密度，那么坐标轴可以用这样一种方法来旋转，使得新坐标变量是相互独立的正态变量.*

换句话说，在 3.6 节定理 2 中，矩阵 $\boldsymbol{C}$ 可以取为旋转矩阵.

提示：令 $\boldsymbol{Y} = \boldsymbol{XC}$，选择这样的旋转矩阵 $\boldsymbol{C}$，使得

$$Y_r = a_1X_1 + \cdots + a_rX_r,$$

其中 $\boldsymbol{a} = (a_1, \cdots, a_r)$ 是上例中的最大向量. 其余部分是容易的.

20. 试求满足下式的一般正态平稳过程：

(a) $X_{n+2} + X_n = 0$,

(b) $X_{n+2} - X_n = 0$,

(c) $X_{n+3} - X_{n+2} + X_{n+1} - X_n = 0$.

21. **伺服随机过程**（H.D. Mills）. 伺服机构受到随机冲击，但是可在任何时间引入校正值. 因此，在时间 n 的误差 Y_n（在适当的单位下）具有形式 $Y_{n+1} = Y_n - C_n + X_{n+1}$ 其中 C_n 是校正值，X_n 是独立正态变量，$E(X_n) = 0, E(X_n^2) = 1$. C_n 在原则上是过去观测值的任意函数，即 Y_k 和 X_k（对于 $k \leqslant n$）的任意函数. 我们希望这样选出它们，使

$\text{Var}(Y_n)$（这是机构如何顺利工作的量度）和 $\text{Var}(C_n)$（这是机构如何不顺利工作的量度）极小.

(a) 讨论 $\{Y_n\}$ 的协方差函数，证明 $\text{Var}(Y_n) \geqslant 1$.

(b) 假设 $\text{Var}(C_n) \to \alpha^2$, $\text{Var}(Y_n) \to \sigma^2$ （趋向平稳），试证

$$\sigma \geqslant \frac{1}{2}(\alpha + \alpha^{-1}).$$

(c) 特别地，考虑线性配置 $C_n = a + p(Y_n - b), 0 < p \leqslant 1$，求协方差函数及 Y_n 的形如 (3.7.8) 的表示式.

22. **续.** 如果在信息中或在调节中有时滞，则除了 C_n 换为 C_{n+N} 以外，模型在本质上是相同的. 讨论这种情况.

第 4 章 概率测度与概率空间

正如引言所述，本卷很少用到测度论这一专门的工具，不读本章也能阅读本书的大部分内容.① 但我还是简单叙述一下构成本书理论基础的基本概念，并且为便于参考引用，列出主要的定理. 基本的思想和事实并不难理解，但测度论的证明依赖于复杂的技术细节. 对于初学者和没有专门知识的人来说，测度论的许多方面和应用也可能引起困难；极好的入门书是有的，但它们必然要详细论述广泛的和对本书来说是不重要的内容，下面只介绍本书所需要的内容，省略了许多证明和技术细节②. [公正地说，这种理论的简单性是表面的，因为连续时间参数随机过程中会出现相当困难的测度论问题，条件期望推迟到 5.10 节和 5.11 节中讨论，拉东–尼科迪姆（Radon-Nikodym）定理推迟到 5.3 节中讨论.]

规定 $\boldsymbol{x}$ 是 $(x_1,\cdots,x_r)$ 的简写，笛卡儿（或欧几里得）空间 $\mathbb{R}^r$ 有关的公式与维数无关.

4.1 贝尔函数

我们必须选定一类可以定义概率的集合和一类可以作为随机变量的函数. 这两个问题不仅有联系，而且它们的讨论可以用一个近代的概念统一起来. 我们从引入此概率和回忆用单调极限表述的收敛的定义开始.

集合 $\boldsymbol{A}$ 的指示函数③是一个在 A 的所有点上取值为 1，而在 A 的余集 A' 的所有点上取值为 0 的函数. 我们将用 $\mathbf{1}_A$ 表示它，于是当 $x\in A$ 时 $\mathbf{1}_A(x)=1$, 而在其他地方 $\mathbf{1}_A(x)=0$. 每个集合都有一个指示函数，而且每个只取 1 和 0 为值的函数必是某个集合的指示函数. 如果 f 是任意一个函数，那么乘积 $\mathbf{1}_Af$ 是一个在 A 上等于 f 而在其他地方等于 0 的函数.

---

① 这对熟悉测度论的读者及只对结果和事实感兴趣的读者都合适. 为了后者的方便，我们将在 5.1 节中重述积分的定义. 除此之外，他们可以依靠自己的直观想象，因为测度论实际上证明了简单的形式运算是正确的.

② 有关贝尔（Baire）函数和勒贝格–斯蒂尔切斯（Lebesgue-Stieltjes）积分的极好参考书是 E.J. McShane and T.A. Botts, *Real analysis*, D. Van Nostrand, Princeton, 1959. 广泛使用的一般测度论的书是 P.R. Halmos, *Measure theory*, D. Van Nostrand, Princeton, 1950 和 N. Bourbaki, *Eléments de mathématiques* [livre VI, chapters 3-5] Hermann, Paris, 1952 和 1956. 关于概率论特殊用途的文献可参见杜布（Doob）、克里克别格（Krickeberg）、洛埃韦（Loève）、涅威（Neveu）以及亨涅奎因–托尔特拉特（Hennequin-Tortrat）等人的书.

③ 这个术语是洛埃韦（Loève）引入的. 过去的术语“特征函数”在概率论中容易引起混乱.

现在我们来考虑两个集合的交集 $C = A\bigcap B$. 它的指示函数在 $\mathbf{1}_A$ 或 $\mathbf{1}_B$ 为 0 时等于 0，即 $\mathbf{1}_C = \inf(\mathbf{1}_A, \mathbf{1}_B)$ 等于这两个函数中的较小者. 为了利用这一平行关系，我们把在每一点 x 上等于 $f(x)$ 和 $g(x)$ 的值中的较小者的函数记为 $f\bigcap g$，而不记为 $\inf(f,g)$. 类似地，$f\bigcup g = \sup(f,g)$ 表示二者中较大者[①]. 算子 $\bigcap$ 和 $\bigcup$ 分别称为**求交运算**和**求并运算**，它们适用于任意多个函数，我们记

$$f_1\bigcap\cdots\bigcap f_n = \bigcap_{k=1}^{n} f_k, \quad f_1\bigcup\cdots\bigcup f_n = \bigcup_{k=1}^{n} f_k. \tag{4.1.1}$$

在每一点 x，这些函数分别等于 n 个值 $f_1(x), \cdots, f_n(x)$ 中的最小值和最大值. 如果 f_k 是集合 A_k 的指示函数, 那么 (4.1.1) 表示交 $A_1\bigcap\cdots\bigcap A_n$ 和并 $A_1\bigcup\cdots\bigcup A_n$ 的指示函数.

现在来考虑无穷序列 $\{f_n\}$. (4.1.1) 中定义的函数单调地依赖于 n，因而极限 $\bigcup\limits_{k=1}^{\infty} f_k$ 和 $\bigcap\limits_{k=1}^{\infty} f_k$ 是完全确定的，但可能是无穷. 对于固定的 j，

$$w_j = \bigcap_{k=j}^{\infty} f_k \tag{4.1.2}$$

是单调函数列 $f_j\bigcap\cdots\bigcap f_{j+n}$ 的极限，序列 $\{w_j\}$ 本身也是单调的，即 $w_n = w_1\bigcup\cdots\bigcup w_n$. 利用我们的记号，$w_n \to \bigcup\limits_{k=1}^{\infty} w_k$. 根据定义，$w_n$ 是数列 $f_n(x)$, $f_{n+1}(x), \cdots$ 的最大下界（下确界）. 因而 w_n 的极限和 $\liminf f_n$ 相同，于是

$$\liminf f_n = \bigcup_{j=1}^{\infty}\bigcap_{k=j}^{\infty} f_k. \tag{4.1.3}$$

这样，$\liminf$ 是通过两次取单调序列的极限得到的. 对于 $\limsup f_n$，我们只需把 (4.1.3) 中的 $\bigcap$ 与 $\bigcup$ 交换一下.

所有这些考虑都可照搬到集合上去. 特别地，当且仅当 $\mathbf{1}_A = \lim \mathbf{1}_{A_n}$ 时，我们记 $A = \lim A_n$. 换句话说，当且仅当 A 的每一点除有限个集合外属于所有的 A_n，余集 A' 的每一点最多属于有限个 A_n 时，集列 $\{A_n\}$ 收敛到 A.

例 (a) **集合 $\{A_n$ i.o.$\}$**[②]**.** 作为概率论中集合之间极限运算的重要例子，我们考虑一个事件 A，它定义为“在给定的事件序列 $A_1, A_2, \cdots$ 中有无穷多个事件发生”[特殊情形已在第 1 卷 8.3 节（博雷尔–坎泰利（Borel-Cantelli）引理）和第 1 卷第 13 章（循环事件）中考虑过]. 更正式地说，给定一个集合序列 $\{A_n\}$，当且仅当 x 属于无穷多个 A_k 时 x 属于 A. 因为 0 和 1 是指示函数仅有的可能值，所以这个定义的等价说法为 $\mathbf{1}_A = \limsup \mathbf{1}_{A_n}$. 因而用标准的记号应有 $A = \limsup A_n$，但记号 $\{A_n$ i.o.$\}$ 更具有启发性. 这个记号应归功于钟开莱.

① 许多作者建议对函数用符号 $\vee$ 和 $\wedge$，对集合用符号 $\bigcup$ 和 $\bigcap$. 在本书中，用两种记号没有好处.

② “A_n i. o.”是“A_n infinitely often”的缩写，读作“A_n 无穷多次发生”. ——译者注

我们的下一个问题是要确定 $\mathbb{R}^r$ 中的一类函数[①]，以后我们将讨论这类函数. 任意函数的概念对于我们的目的来说太广泛，因而不能应用. 欧拉（Euler）的函数概念的现代说法是比较合适的. 设连续函数为给定的，构造新函数的唯一有效方法是通过取极限. 实际上，只要我们知道怎样处理连续函数序列 $\{f_n\}$ 的极限函数，或每个 f_n 都是这样一个极限的函数序列 $\{f_n\}$ 的极限函数，等等，我们所有需要就都能满足. 换句话说，我们对具有下列性质的函数类 $\mathfrak{B}$ 感兴趣：(1) 每个连续函数属于 $\mathfrak{B}$；(2) 如果 $f_1, f_2, \cdots$ 属于 $\mathfrak{B}$，且极限 $f(x) = \lim f_n(x)$ 对一切 x 都存在, 则 f 属于 $\mathfrak{B}$. 称这类函数在点态极限下封闭. 毫无疑问，这样的函数类是存在的，所有的函数所构成的类就是这样一个函数类. 所有这样的类的交本身是一个封闭族，它显然是这样的类中的最小者. 我们只考虑这个最小类.

包含一切连续函数的最小封闭函数类称为贝尔类，并用 $\mathfrak{B}$ 表示它. $\mathfrak{B}$ 中的函数称为贝尔函数.[②]

我们不仅对定义在整个空间上的函数，而且对只定义于一子集上的函数（例如 $\mathbb{R}^1$ 上的 $\sqrt{x}$ 或 $\ln x$）利用这个概念.

由定义易知，两个贝尔函数的和与积还是贝尔函数，这对多个函数也是正确的. 如果 w 是一个 r 元连续函数，$f_1, \cdots, f_r$ 是贝尔函数，那么 $w(f_1, \cdots, f_r)$ 还是贝尔函数. 把 w 换为 w_n，并取极限，可以证明，更一般地有，*贝尔函数的复合函数还是贝尔函数*. 固定一个或几个变量的值后得到的函数仍是贝尔函数，等等. 简单地说，在贝尔函数类中经初等运算得到的函数仍属于 $\mathfrak{B}$，因而是我们分析的一个自然对象. 事实上，通过考虑更小的类，不可能起到简化的作用.

4.2 区间函数与在 $\mathbb{R}^r$ 上的积分

我们将利用区间一词，并对满足下列 4 种双向不等式之一的点集，使用下列所表明的记号：

$$\overline{a,b} : a < x < b, \quad \overline{a,b|} : a < x \leqslant b,$$
$$\overline{|a,b|} : a \leqslant x \leqslant b, \quad \overline{|a,b} : a \leqslant x < b.$$

在一维中，这包括了所有可能的区间（包括长度为 0 的退化区间在内）. 在二维中，把不等式理解为各个坐标分量的不等式，诸区间是平行于坐标轴的（可能是退化的）矩形. 其他的部分闭包类型是可能的，但这里不考虑它们. 把 a 或 b 的一个或几个坐标换为 $\pm\infty$ 的极限情形是允许的；特别地，整个空间是区间 $\overline{-\infty, \infty}$.

① 原则上，我们只对有限值函数感兴趣，但为方便有时也允许取 $\pm\infty$ 为值. 例如，每个单调序列都有极限这个简单定理，对有限值函数是成立的，而且若没有它许多系统的叙述将变成笨拙的. 因此，我们约定，所有的函数的值域可扩展到整个直线上，即它们可取 $\pm\infty$ 为值. 实际上，值 $\pm\infty$ 不起作用. 为了使两个函数的和与积仍为函数，对它们的值，我们约定 $\infty + \infty = \infty, \infty - \infty = 0, \infty \cdot \infty = \infty, 0 \cdot \infty = 0$，等等.

② 这个定义依赖于连续性的概念，而不依赖于笛卡儿空间的其他性质. 因此，它适用于任意的拓扑空间.

点函数 f 对单个点赋予值 $f(x)$. **集函数** F 对集合或空间的区域赋予值. $\mathbb{R}^3$ 中的体积、$\mathbb{R}^2$ 中的面积或 $\mathbb{R}^1$ 中的长度都是典型的例子. 还有很多的例子，概率是我们最关心的一种特殊情形. 我们只对具有下列性质的集函数感兴趣：如果集合 A 被分成两个集合 A_1 和 A_2, 那么 $F\{A\} = F\{A_1\} + F\{A_2\}$. 这样的函数称为可加集函数.[①]

正如我们所看到的那样，常常会发生这样的情况：对 r 维空间 $\mathbb{R}^r$ 中的一切区间都定义了概率 $F\{I\}$, 我们希望把它扩张到更一般的集合上去. 在初等微积分中也有同样的问题，在那里面积（容度）本来只是对矩形定义的，我们希望定义更一般的区域 A 的面积. 最简单的办法是先定义二元函数的积分，然后把指示函数 $\mathbf{1}_A$（即在 A 上等于 1 而在 A 之外等于 0 的函数）的积分看成“A 的面积”. 同样, 我们将定义点函数 u 关于区间函数 F 的积分

$$E(u) = \int_{\mathbb{R}^r} u(x)F\{\mathrm{d}x\}. \tag{4.2.1}$$

然后把 A 的概率定义为 $E(\mathbf{1}_A)$. 在积分 (4.2.1) 的定义中，F 的意义不起作用，实际上我们将叙述勒贝格–斯蒂尔切斯（Lebesgue-Stieltjes）积分的一般概念. 现在我们从头开始研究.

设 F 是一个对每个区间 I 赋予有限值 $F\{I\}$ 的函数. 如果对于把区间 I 分成有限多个不相交的区间 $I_1, \cdots, I_n$ 的任一划分，

$$F\{I\} = F\{I_1\} + \cdots + F\{I_n\}, \tag{4.2.2}$$

则 F 称为（有限）**可加的**.

例 (a) $\mathbb{R}^1$ **中的分布.** 在第 1 卷中，我们考虑了对于点 $a_1, a_2, \cdots$ 赋予概率 $p_1, p_2, \cdots$ 的离散概率分布. 这里 $F\{I\}$ 是 I 中的所有点 a_n 的概率 p_n 之和，并且 $E(u) = \sum u(a_n)p_n$.

(b) 如果 G 是任意一个从 $-\infty$ 为 0 增加到 ∞ 为 1 的单调增连续函数，则可以定义 $F\{\overline{a,b}\} = G(b) - G(a)$.

(c) $\mathbb{R}^2$ **中的随机向量.** 具有单位长度的向量从原点以随机的方向出发. 它的端点位于一个二维区间 I 中的概率与 I 和单位圆的公共部分成正比. 这样就定义了一个没有密度的连续概率分布. 在整个概率被圆周所占有这个意义上, 这个分布是**奇异的**. 人们可能认为，这样的分布是不自然的，应该把圆周而不是平面作为样本空间. 反对意见是站不脚的，因为两个独立的随机向量之和的长度可取 0 和 2 之间的一切值，并且在半径为 2 的圆内有一个正密度（见 5.4 节例 (e)）. 因此，对

① 可加集函数的实际例子是质量、区域中的热量、土地价格、小麦亩数、一个地区的居民人数、煤的年产量、一个时期中乘客飞行里数或消耗的千瓦小时数、电话呼叫次数等.

一些涉及随机向量的问题，自然的样本空间是平面. 总之，我们的目的是用简单的例子来说明在较复杂的情形可能发生什么情况.

(d) 我们以一个说明以后要排除的可能性的例子来作为结尾. 在 $\mathbb{R}^1$ 中，对于任一区间 $I=\overline{a,b}$（其中 $b<\infty$），令 $F\{I\}=0$; 当 $I=\overline{a,\infty}$ 时，令 $F\{I\}=1$. 这个区间函数是可加的，但却是奇特的，因为它违反了自然的连续性要求: 当 $b\to\infty$ 时，$F\{\overline{a,b}\}$ 趋于 $F\{\overline{a,\infty}\}$. ■

最后一例表明了加强有限可加性条件 (4.2.2) 的重要性. 我们将称一个区间函数 F **是可数可加的或 σ 可加的**，如果对于把一个区间 I 分成可数多个区间 $I_1,I_2,\cdots$ 的分划，都有

$$F\{I\}=\sum F\{I_k\}. \tag{4.2.3}$$

[“可数多个”表示有限多个或可列多个. 术语完全可加与可数可加是同义的. 在最后一个例子中，条件 (4.2.3) 显然不成立.]

我们将把注意力完全局限于可数可加集函数. 从理论上已证明这种做法是正确的，但也可从启发性的角度或实际的角度为这种做法辩护. 事实上，如果 $A_n=I_1\bigcup\cdots\bigcup I_n$ 是前 n 个区间的并集，那么 $A_n\to I$. 人们可以论证: “对于充分大的 n，A_n 与 I 实际上是无法区别的.” 如果 $F\{I\}$ 可用试验求出，那么，$F\{A_n\}$ 与 $F\{I\}$ “实际上是无法区别的”，即 $F\{A_n\}$ 应当趋于 $F\{I\}$. 可数可加性 (4.2.3) 准确地表达了这个要求.

由于我们只对概率感兴趣，我们将只考虑由条件 $F\{\overline{-\infty,\infty}\}=1$ 所正规化的非负区间函数 F. 当 $F\{\overline{-\infty,\infty}\}<\infty$ 时，这种正规化并没有加上什么严格的限制，但这种正规化排除了像 $\mathbb{R}^1$ 中的长度和 $\mathbb{R}^2$ 中的面积这样的区间函数. 为了在这种情形下利用以下的理论，只需把直线或平面划分为单位区间并分别讨论它们就行了. 这种过程是显然的且为大家所熟知，因此不需要进一步说明了.

$\mathbb{R}^r$ 中的函数称为**阶梯函数**，如果可以把 $\mathbb{R}^r$ 分成有限多个区间，使得在每个区间上此函数取常值. 对于在区间 $I_1,\cdots,I_n$ 上分别取值 $a_1,\cdots,a_n$（即具有概率 $F\{I_1\},\cdots,F\{I_n\}$）的阶梯函数 u，类似于离散随机变量的期望的定义，我们令

$$E(u)=a_1F\{I_1\}+\cdots+a_nF\{I_n\}. \tag{4.2.4}$$

[把空间分成区间使得在每个区间上 u 取常值的划分方法是不唯一的，但和离散情形一样，容易看出定义 (4.2.4) 与分法无关.] 这个期望 $E(u)$ 满足下列条件:

(a) 线性组合的**可加性**:

$$E(\alpha_1u_1+\alpha_2u_2)=\alpha_1E(u_1)+\alpha_2E(u_2); \tag{4.2.5}$$

(b) **正性**:

$$u\geqslant 0 \quad 蕴涵 \quad \mathrm{E}(u)\geqslant 0; \tag{4.2.6}$$

(c) **正规性**：对常数函数

$$E(1)=1. \tag{4.2.7}$$

最后两个条件等价于**中值定理**：$\alpha\leqslant u\leqslant\beta$ 蕴涵 $\alpha\leqslant E(u)\leqslant\beta$，因此函数 $E(u)$ 表示一种**平均值**.[1]

问题是要把 $E(u)$ 的定义扩张到更大的函数类上去，且保持性质 (a)~(c). 经典的黎曼积分利用了下列事实：对于 $\overline{0,1}$ 上的每个连续函数 u，存在一个阶梯函数列 u_n, 使得在 $\overline{0,1}$ 上一致地有 $u_n\to u$. 于是由定义，$E(u)=\lim E(u_n)$. 事实上，收敛的一致性是不必要的；当 u_n 处处收敛到 u 时，还可利用 $E(u)$ 的同一定义. 因此，可以把 $E(u)$ 扩张到所有有界贝尔函数上去，并且这种扩张是唯一的. 当函数无界时，积分的发散是不可避免的，但至少对于正的贝尔函数，可把 $E(u)$ 定义为数或符号 ∞（表示发散）. 在这一方面不会产生麻烦，因为勒贝格积分理论只考虑绝对可积性. 粗略地说，从简单函数的期望的定义出发，可以通过明显的逼近和极限手续来对一般的贝尔函数定义 $E(u)$. 这样定义的数 $E(u)$ 是 u 关于 F 的勒贝格–斯蒂尔切斯（Lebesgue-Stieltjes）积分.（当基本函数 F 保持固定从而不会发生混淆时，期望这一术语是更可取的.）这里我们不加证明地叙述[2]勒贝格理论的基本事实，它的性质和范围将在下面的几节中加以分析. [$E(u)$ 的构造性定义将在 4.4 节中给出.]

主要定理 设 F 是 $\mathbb{R}^r$ 上的可数可加区间函数，并且 $F\{\overline{-\infty,\infty}\}=1$. 对任一贝尔函数类存在唯一的一个勒贝格–斯蒂尔切斯积分 $E(u)$，使得：如果 $u\geqslant 0$，则 $E(u)$ 是一个非负数或 ∞. 另外，为使 $E(u)$ 存在，当且仅当 $E(u^+)$ 或 $E(u^-)$ 有限. 在这种情形下，$E(u)=E(u^+)-E(u^-)$. 如果 $E(u)$ 是有限的，函数 u 称为是可积的，于是

(i) 如果 u 是一个阶梯函数，则 $E(u)$ 由 (4.2.4) 给出；

(ii) 条件 (4.2.5)~(4.2.7) 对所有的可积函数都成立；

(iii)（单调收敛原理）设 $u_1\leqslant u_2\leqslant\cdots\to u$，其中 u_n 是可积的，那么 $\mathrm{E}(u_n)\to\mathrm{E}(u)$.

变量替换 $v_n=u_{n+1}-u_n$ 可以导致最后一个原理的级数描述：

---

① 当 F 表示概率时，$E(u)$ 可以解释为一个可能赢得数量为 $a_1,a_2,\cdots$ 的赢金的赌徒的期望赢金额. 为理解其他情形下的直观意义，考虑 3 个例子，其中 $u(x)$ 分别表示在时刻 x 的温度，在时刻 x 的电话通话次数，质点到原点的距离，而 F 分别表示时间区间的长度，一个时间区间内的电话费，力学中的质量. 在每种情况下，积分只在一个有限区间上进行，$E(u)$ 将表示累积"温度小时"，累积电话费，和一个静力矩. 这 3 个例子表明关于任意集函数的积分比黎曼积分更简单、更直观. 在黎曼积分中，独立变量起着不止一种作用，"曲线下的面积"对初学者也无帮助. 应该注意，期望的概念只在概率论中出现.

② 证明方法将在 4.5 节中给出. 照例，u^+ 和 u^- 表示 u 的正部和负部，即 $u^+=u\bigcup 0, -u^-=u\bigcap 0$. 因此，$u=u^+-u^-$.

如果 v_n 可积，且 $v_n \geqslant 0$ 则

$$\sum E(v_n) = E\left(\sum v_n\right) \tag{4.2.8}$$

[在两边都有意义（有限）或都不存在的意义上] 成立. 特别地，由此推出，如果 $v \geqslant u \geqslant 0$，且 $E(u) = \infty$，则也有 $E(v) = \infty$.

如果在 (iii) 中把单调性条件去掉，那么将会发生什么情况？答案依赖于一个有广泛应用的重要引理.

法图（Fatou）引理 如果 $u_n \geqslant 0$ 且 u_n 可积，则

$$E(\liminf u_n) \leqslant \liminf E(u_n). \tag{4.2.9}$$

特别地，如果 $u_n \to u$，则 $\liminf E(u_n) \geqslant E(u)$.

证 令 $v_n = u_n \bigcap u_{n+1} \bigcap \cdots$，于是 $v_n \leqslant u_n$，从而

$$E(v_n) \leqslant E(u_n).$$

但是（正如在 4.1 节所看到的那样），v_n 单调地趋于 $\liminf u_n$，因此 $E(v_n)$ 趋于 (4.2.9) 的左边，引理得证. [注意，(4.2.9) 的每一边都可以是 ∞.]

正如将在例 (e) 中说明的那样，正性这一条件不能去掉，但可以换为一个形式上较弱的条件：存在一个可积函数 U，使得 $u_n \geqslant U$.（只要把 u_n 换为 $u_n - U$ 即可.）把 u_n 换为 $-u_n$，我们可以看出，如果 $u_n < U$ 且 $E(u) < \infty$，则

$$\limsup E(u_n) \leqslant E(\limsup u_n). \tag{4.2.10}$$

对于收敛序列，$E(\liminf u_n) = E(\limsup u_n)$，把 (4.2.9) 和 (4.2.10) 结合起来就得到以下重要定理.

控制收敛定理 设 u_n 可积且 u_n 处处收敛于 u. 如果存在一个可积的 U 使得对所有的 n 有 $|u_n| \leqslant U$，则 u 是可积的，且 $E(u_n) \to E(u)$.

在勒贝格理论中只有一个这样的地方，在那里自然的形式运算可能导致错误的结果，上面的定理就与这个地方有关. 条件 $|u_n| \leqslant U$ 的必要性将由下例说明.

(e) 我们取 $\overline{0,1}$ 为基本区间，并用通常的积分（关于长度的积分）来定义期望. 令

$$u_n(x) = (n+1)(n+2)x^n(1-x).$$

这些函数处处趋于 0, 但是却有 $1 = E(u_n) \to 1$. 把 u_n 换为 $-u_n$，可以看出, 法图不等式 (4.2.9) 对非正函数不一定成立.

我们不加证明地给出一个可适用于更一般情形的普通微积分定理.

关于累次积分的富比尼（Fubini）定理 如果 $u \geqslant 0$ 是一个贝尔函数，F 和 G 是概率分布，则

$$\int_{-\infty}^{+\infty} F\{\mathrm{d}x\} \int_{-\infty}^{+\infty} u(x,y) G\{\mathrm{d}y\} = \int_{-\infty}^{+\infty} G\{\mathrm{d}y\} \int_{-\infty}^{+\infty} u(x,y) F\{\mathrm{d}x\}. \tag{4.2.11}$$

在发散的情形按通常的办法解释. 这里 x 和 y 可以解释为 $\mathbb{R}^m$ 和 $\mathbb{R}^n$ 中的点，此定理蕴涵了如下的断言：两个内层积分都是贝尔函数.（此定理适用于任意的乘积空间，在 4.6 节将给出此定理的一种更好的形式.）

平均逼近定理 *对每个可积的 u 和 $\varepsilon > 0$，可以找到一个阶梯函数 v，使得* $\mathrm{E}(|u - v|) < \varepsilon$.

除了阶梯函数，我们还可以用连续函数，或有任意多阶导数且在某一有限区间外为零的函数来逼近. [试与 8.3 节中的逼近定理相比较.]

关于记号的注 记号 $E(u)$ 强调对 u 的依赖性，在区间函数 F 是固定的情况下，这种记号是实用的. 当 F 可变化或要强调对 F 的依赖性时，积分记号 (4.2.1) 更可取. 它也适用于在子集 A 上的积分，因为根据定义，u 在 A 上的积分等于乘积 $\mathbf{1}_A u$ 在整个空间上的积分. 我们记

$$\int_A u(x) F\{\mathrm{d}x\} = E(\mathbf{1}_A u)$$

（当然要假设指示函数 $\mathbf{1}_A$ 是一个贝尔函数）. 两边表示完全相同的内容，左边强调对 F 的依赖性. 当 $A = \overline{a, b}$ 是一个区间时，通常采用记号 $\int_a^b$，但要想表达得更清楚，还需说明端点是不是在此区间内. 这可以用 $a+$ 或 $a-$ 来表示. ■

按照本节一开始所述的程序，我们现在把集合 A 的概率定义为 $E(\mathbf{1}_A)$，其中 $\mathbf{1}_A$ 是一个贝尔函数；对其他集合不定义概率. 我们将在更一般的样本空间中讨论此定义的推论.

4.3 σ 代数和可测性

在离散的样本空间中，可以给样本空间的所有子集赋概，但在一般情形这既不可能又不必要. 在前几章中，我们考虑了欧几里得（Euclid）空间 $\mathbb{R}^r$ 这一特殊情形，而且我们是从对所有的区间赋概开始的. 在上一节中业已指出，可以以自然的方式把这种赋概扩张到一个更大的集类 $\mathfrak{U}$ 上. 这集类的主要性质是：

(i) 若 A 属于 $\mathfrak{U}$，则它的余集 $A' = \mathfrak{S} - A$ 也属于 $\mathfrak{U}$;

(ii) 若 $\{A_n\}$ 是 $\mathfrak{U}$ 的一个可数子集，则 $\bigcup A_n$ 和 $\bigcap A_n$ 也属于 $\mathfrak{U}$.

简单地说，$\mathfrak{U}$ 是这样一个系统，它在余运算、可数并运算、可数交运算下封闭. 正如在 4.1 节中所述的那样，这还蕴涵：$\mathfrak{U}$ 中的任一集列 $\{A_n\}$ 的上、下限仍属于 $\mathfrak{U}$. 换句话说，对 $\mathfrak{U}$ 中的集合施行任一种熟知的运算，所得到的集合都不会跑出 $\mathfrak{U}$ 的范围，因此我们没有必要考虑其他的集合. 这种情况是典型的，因为一般说来，我们只对具有性质 (i) 和 (ii) 的集类赋概. 因此，我们引入下面的适用于任意空间的定义.

定义 1 σ 代数[①]是一给定集合 $\mathfrak{S}$ 的满足性质 (i) 和 (ii) 的子集族.

对 $\mathfrak{S}$ 的任一给定的子集族 $\mathfrak{F}$，包含 $\mathfrak{F}$ 中所有集合的最小 σ 代数称为由 $\mathfrak{F}$ 产生的 σ 代数.

特别地，由 $\mathbb{R}^r$ 中的区间产生的集合称为 $\mathbb{R}^r$ 中的博雷尔（Borel）集.

由 4.1 节贝尔函数的定义中所用的论证可知，包含 $\mathfrak{F}$ 的最小 σ 代数是存在的. 注意，$\mathfrak{S}$ 是任一集 A 和它的余集的并，每个 σ 代数包含空间 $\mathfrak{S}$.

例 最大的 σ 代数是 $\mathfrak{S}$ 的所有子集构成的集族. 在离散空间中，这个代数是可用的，但是对一般的应用却太大. 另一个极端情形是只包含整个空间和空集的平凡代数. 要找一个非平凡的例子，我们考虑直线 $\mathbb{R}^1$ 上具有下列性质的集合：如果 $x \in A$，则所有点 $x \pm 1, x \pm 2, \cdots$ 都属于 A（周期集）. 显然，所有这样的集族构成一个 σ 代数.

迄今为止的经验表明，概率论的主要研究对象是随机变量，即样本空间中的某些函数. 我们希望把随机变量 X 与分布函数联系起来，因此必须使事件 $\{X \leqslant t\}$ 具有概率. 这就导出以下定义.

定义 2 设 $\mathfrak{U}$ 是由 $\mathfrak{S}$ 的集合组成的任一 σ 代数. 称 $\mathfrak{S}$ 上的函数 u 为 $\mathfrak{U}$ 可测的[②]，如果对每个 t，所有使 $u(x) \leqslant t$ 的点 x 所组成的集合都属于 $\mathfrak{U}$.

因为 $\{x, u(x) < t\} = \bigcup\limits_{n=1}^{\infty}\{x : u(x) \leqslant t - n^{-1}\}$，所以 $\{x : u(x) < t\}$ 也属于 $\mathfrak{U}$. 因为 $\mathfrak{U}$ 在余运算下是封闭的，所以在上面的定义中，可以将符号 $\leqslant$ 换 $<$、$>$ 或 $\geqslant$.

由定义可知，在 4.1 节所述的意义上，$\mathfrak{U}$ 可测函数构成一个封闭系.

下列简单引理是常用的.

引理 1 函数 u 是 $\mathfrak{U}$ 可测的充要条件为，它是一列简单函数的一致极限. 所谓函数 v 是简单函数，是指可把 $\mathfrak{S}$ 分成可数多个集合，每个集合都属于 $\mathfrak{U}$，且 v 在每个这样的集上都取常值.

证 由定义，每个简单函数都是 $\mathfrak{U}$ 可测的；由于所有的 $\mathfrak{U}$ 可测函数构成一封闭系，所以简单函数列的极限也是 $\mathfrak{U}$ 可测的.

反之，设 u 是 $\mathfrak{U}$ 可测的. 对于固定的 $\varepsilon > 0$，定义 $A_n = \{x : (n-1)\varepsilon < u(x) \leqslant n\varepsilon\}$，这里 $-\infty < n < +\infty$. 集合 A_n 是互不相交的，而且它们的并是整个空间 $\mathfrak{S}$. 在集 A_n 上，我们定义 $\underline{\sigma}_\varepsilon(x) = (n-1)\varepsilon, \bar{\sigma}_\varepsilon(x) = n\varepsilon$. 这样我们就得到两个定义在 $\mathfrak{S}$ 上的函数 $\underline{\sigma}_\varepsilon$ 和 $\bar{\sigma}_\varepsilon$，并且在所有的点上，

$$\underline{\sigma}_\varepsilon \leqslant u \leqslant \bar{\sigma}_\varepsilon, \quad \bar{\sigma}_\varepsilon - \underline{\sigma}_\varepsilon = \varepsilon. \tag{4.3.1}$$

---

① 把 (ii) 中的“可数”一词换为“有限”，可类似地定义集代数. σ 代数常称为博雷尔代数，但这容易和定义的最后一部分相混淆. 在定义的最后一部分中，可以把区间换为开集，从而此定义适用于一般的拓扑空间.

② 这个术语是不恰当的，因为还没有定义测度.

显然，当 $\varepsilon \to 0$ 时，$\underline{\sigma}_\varepsilon$ 和 $\overline{\sigma}_\varepsilon$ 都一致地趋于 u. ■

引理 2 *在 $\mathbb{R}^r$ 中，贝尔函数类和关于所有博雷尔集合构成的 σ 代数 $\mathfrak{U}$ 可测的函数类相等.*

证 (a) 显然，每个连续函数都是博雷尔可测的. 由于博雷尔可测函数构成一个封闭类，而贝尔函数类是包含所有连续函数的最小封闭类，所以每一个贝尔函数都是博雷尔可测的.

(b) 上一引理表明，要证逆命题，只需证明每个简单的博雷尔可测函数都是贝尔函数就行了. 这等价于如下的断言：每个博雷尔集 A 的指示函数 $\mathbf{1}_A$ 都是贝尔函数. 现在可以这样定义博雷尔集：当且仅当 A 的指示函数 $\mathbf{1}_A$ 属于包含所有区间的指示函数的最小封闭类时，称 A 是博雷尔集. 因为贝尔函数类是一个包含所有区间的指示函数的封闭类[①]，所以每个博雷尔集 A 的指示函数 $\mathbf{1}_A$ 都是贝尔函数. ■

我们把这个结果应用于欧几里得空间 $\mathbb{R}^r$. 在 4.2 节中，我们从一个完全可加的集函数出发，对于其指示函数 $\mathbf{1}_A$ 是贝尔函数的集合 A，定义了 $P\{A\} = E(\mathbf{1}_A)$. 由上面的结果可知，*在这一程序下，当且仅当 A 是博雷尔集时，概率 $P\{A\}$ 有定义.*

用区间来逼近博雷尔集. 由上面最后一个断言可知，$\mathbb{R}^r$ 中的概率通常是定义在由所有博雷尔集构成的 σ 代数上的，因此下面的结果是有意义的：*任一博雷尔集 A 都可用由有限个区间组成的集 B 来逼近*，即对每个 $\varepsilon > 0$，存在一个集合 C，使得 $P\{C\} < \varepsilon$，且在 C 外集合 A 和集合 B 相等（即余集 C' 的点或者同时属于 A 和 B，或者既不属于 A 也不属于 B. 我们可以把 C 取为 $A - AB$ 和 $B - AB$ 的并）.

证 由 4.2 节的平均逼近定理，存在一个阶梯函数 $v > 0$，使得 $E(|\mathbf{1}_A - v|) < \frac{1}{2}\varepsilon$. 设 B 是所有使 $v(x) > \frac{1}{2}$ 的点 x 构成的集合. 因为 v 是阶梯函数，所以 B 由有限多个区间组成. 容易验证，对于所有的 x 有

$$E|\mathbf{1}_A(x) - \mathbf{1}_B(x)| \leqslant 2E|\mathbf{1}_A(x) - v(x)| < \varepsilon.$$

设 C 是所有属于 A 或 B 但不同时属于 A 和 B 的点组成的集合，则它的指示函数是 $|\mathbf{1}_A - \mathbf{1}_B|$. 上面的不等式说明 $P\{C\} < \varepsilon$，结论证毕. ■

4.4 概率空间和随机变量

我们现在可以叙述概率中所用的一般体系了. 不管样本空间 $\mathfrak{S}$ 如何，我们只对适当的 σ 代数 $\mathfrak{U}$ 中的集合赋概. 因此，先给出下面的定义.

---

① 为证这一点，对开区间 I，令 v 是一个在区间 I 外为零的连续函数，且使得对 $x \in I$ 有 $0 < v(x) \leqslant 1$. 那么 $\sqrt[n]{v} \to \mathbf{1}_I$.

定义 1　$\mathfrak{S}$ 的某些子集构成的 σ 代数 $\mathfrak{U}$ 上的概率测度 P 是这样一个函数，它赋予 $\mathfrak{U}$ 中的每个集 A 一数值 $P\{A\} \geqslant 0$，使得 $P\{\mathfrak{S}\}=1$，并对 $\mathfrak{A}$ 中任意可数个互不相交的集合 A_n，

$$P\{\bigcup A_n\} = \sum P\{A_n\}. \tag{4.4.1}$$

这个性质称为**完全可加性**，概率测度可以描述为 $\mathfrak{U}$ 上的一个满足正规化条件[①] $P\{\mathfrak{S}\}=1$ 的完全可加非负集函数.

在具体的情况下，必须选择适当的 σ 代数，然后在它上面构造概率测度. 构造的方法随情况而变化，不可能找到一个一般的方法. 通常可以类似于 4.2 节中在 $\mathbb{R}^r$ 中的博雷尔集上构造概率测度的方法进行构造. 典型的例子是由独立随机变量序列提供的（4.6 节）. 任何一个概率问题的起点都是这样一个样本空间，在其中已经选出了一个带有适当的概率测度的 σ 代数. 这就导出以下定义.

定义 2　概率空间是由样本空间 $\mathfrak{S}$, $\mathfrak{S}$ 中的某些集组成的一个 σ 代数 $\mathfrak{U}$, 和 $\mathfrak{U}$ 上的一个概率测度 P 构成的三元组 $(\mathfrak{S}, \mathfrak{U}, \mathrm{P})$.

诚然，不是每一个可以想象得到的概率空间都是有价值的研究对象，但是定义包含了为仿照第 1 卷的样子建立理论所需要的一切东西，而且事先讨论可能在实际中出现的概率空间的类型是没有什么用处的.

随机变量是样本空间中的函数，但为了概率论的目的，我们只能使用能够定义分布函数的函数. 4.3 节的定义 2 就是为了处理这种情况而引入的，它导出以下定义.

定义 3　随机变量 X 是关于基本 σ 代数 $\mathfrak{U}$ 可测的实函数. 由 $F(\tau) = P\{X \leqslant \tau\}$ 定义的函数 F 称为 X 的分布函数.

排除不是随机变量的函数是可以做得到的，因为我们马上就会看到，所有通常的运算，如求和、取极限等，都可在随机变量类中进行. 在详细叙述这个问题之前，我们先说明，随机变量 X 以这样的方式把样本空间 $\mathfrak{S}$ 映射到实直线 $\mathbb{R}^1$ 上，使得 $\mathfrak{S}$ 中的集合 $\{x : a < X(x) \leqslant b\}$ 被映成区间 $\overline{a, b}$，并令 $\overline{a, b}$ 的概率为 $F(b)-F(a)$. 这样，$\mathbb{R}^1$ 中的每个区间 I 都有一个概率 $F\{I\}$. 代替区间 I，我们可以取 $\mathbb{R}^1$ 中的任一博雷尔集 Γ，并考虑 $\mathfrak{S}$ 中的这样的点 x 组成的集 A，使得 $X(x)$ 属于 Γ. 用符号表示就是：$A=\{X \in \Gamma\}$. 显然，所有这样的集合构成的集族是一个 σ 代数 $\mathfrak{U}_1$，$\mathfrak{U}_1$ 可能和 $\mathfrak{U}$ 相等，但是 $\mathfrak{U}_1$ 通常比 $\mathfrak{U}$ 小. 我们称 $\mathfrak{U}_1$ 是由随机变量 X 产生的 σ 代数. 可以把它称为 $\mathfrak{S}$ 中的使 X 关于其为可测的最小 σ

---

① 条件 $P\{\mathfrak{S}\}=1$ 只起正规化的作用，如果把它换为 $P\{\mathfrak{S}\}<\infty$，不会发生什么本质的变化. 在这种情况下，我们称之为有限测度. 在概率论中，$P\{\mathfrak{S}\}<1$ 的情况常常发生，在这种情况下，我们称之为**亏损概率测度**. 甚至条件 $P\{\mathfrak{S}\}<\infty$ 也可以减弱为：$\mathfrak{S}$ 可以分成可数多个互不相交的部分 $\mathfrak{S}_n$，使得 $P\{\mathfrak{S}_n\}<\infty$.（长度和面积是典型的例子.）这时，我们称之为 **σ 有限测度**.

代数. 随机变量 X 把 $\mathfrak{A}_1$ 中的每个集合 A 映射为 $\mathbb{R}^1$ 中的博雷尔集合Γ，因此关系式 $F\{\Gamma\}=P\{A\}$ 在 $\mathbb{R}^1$ 中的所有博雷尔集合构成的 σ 代数上唯一地定义了一个概率测度. 对于区间 $I=\overline{a,b}$，我们有 $F\{I\}=F(b)-F(a)$，因此 F 与按 4.2 节中所述的方法由分布函数 F 在 $\mathbb{R}^1$ 中定义的唯一的概率测度相等.

这个讨论表明，只要我们只关心一个特殊的随机变量 X，我们就可以不考虑原来的样本空间，而考虑概率空间 $(\mathbb{R}^1,\mathfrak{B},P)$，其中 $\mathfrak{B}$ 是 $\mathbb{R}^1$ 中的所有博雷尔集构成的 σ 代数，P 是由分布函数 F 导出的测度. 我们已经知道，在 $\mathbb{R}^1$ 中贝尔函数类与博雷尔可测函数类相等. 取 $\mathbb{R}^1$ 为样本空间，这就意味着随机变量类与博雷尔函数类相等. 在原来的样本空间中解释，这就意味着随机变量 X 的所有贝尔函数所成的类，与所有关于由 X 产生的 σ 代数 $\mathfrak{A}_1$ 可测的函数所成的类相等. 因为 $\mathfrak{A}_1\subset\mathfrak{A}$，所以这蕴涵 X 的任一贝尔函数还是随机变量.

这个论证可以照搬到有限个随机变量所成的集合上. 于是 r 元组 $(X_1,\cdots,X_r)$ 把 $\mathfrak{S}$ 映到 $\mathbb{R}^r$ 中，使得对于 $\mathbb{R}^r$ 中的每个开区间，在 $\mathfrak{S}$ 中有一个形如 $\{a_k<X_k<b_k,k=1,\cdots,r\}$ 的集合与之对应. 这个集合是 $\mathfrak{A}$ 可测的，因为它是 r 个 $\mathfrak{A}$ 可测集的交集. 与一个变量的情形一样，我们可以把由 $X_1,\cdots,X_r$ 产生的 σ 代数 $\mathfrak{A}_1$ 定义为 $\mathfrak{S}$ 中的使得上述 r 个变量关于其为可测的最小 σ 代数. 于是我们有基本的定理.

定理 任何有限个随机变量的贝尔函数还是随机变量.

如果随机变量 U 关于由 $X_1,\cdots,X_r$ 产生的 σ 代数是可测的，则它是 $X_1,\cdots,X_r$ 的贝尔函数.

例 (a) 在以 X 作为坐标变量的直线 $\mathbb{R}^1$ 上，函数 X^2 产生一个由关于原点对称的博雷尔集合组成的 σ 代数（所谓 A 关于原点对称，是指：如果 $x\in A$，则也有 $-x\in A$）.

(b) 考虑以 X_1,X_2,X_3 为坐标变量的 $\mathbb{R}^3$ 和所有博雷尔集合构成的 σ 代数. 对偶 (X_1,X_2) 产生一个由所有这样的柱集所成的族，它们的母线平行于第 3 个轴，底是 (X_1,X_2) 平面上的博雷尔集. ■

期望

在 4.2 节中我们从 $\mathbb{R}^r$ 中的一个区间函数出发，并利用它构造了一个概率空间. 在那里我们看到，先定义函数的期望（积分），然后定义博雷尔集 A 的概率等于其指示函数的期望 $E(\mathbf{1}_A)$ 是比较方便的. 如果我们从一个概率空间出发，那么程序就得倒转过来：概率是给定的，必须通过给定的概率来定义随机变量的期望. 幸好这个程序是非常简单的.

同 4.3 节中一样，我们称随机变量 U 是简单的，如果可以把样本空间分成可数多个不相交的部分 $A_1,A_2,\cdots$，使得每一个 A_j 都属于基本 σ 代数 $\mathfrak{A}$，且 U 在

A_j 上取常值 a_j. 对这样的随机变量，可以应用第 1 卷的离散理论，只要下列级数绝对收敛，我们就把 U 的期望定义为

$$E(U)=\sum a_k P\{A_k\}; \tag{4.4.2}$$

当上述级数不绝对收敛时，我们说 U 的期望不存在.

对于任一随机变量和任一 $\varepsilon>0$，我们在 (4.3.1) 中定义了两个简单随机变量 $\underline{\sigma}_\varepsilon$ 和 $\bar{\sigma}_\varepsilon$，使得 $\bar{\sigma}_\varepsilon=\underline{\sigma}_\varepsilon+\varepsilon$ 且 $\underline{\sigma}_\varepsilon\leqslant U\leqslant\bar{\sigma}_\varepsilon$. 对于 $\mathrm{E}(U)$ 的任一合理的定义，当变量 $\underline{\sigma}_\varepsilon$ 和 $\bar{\sigma}_\varepsilon$ 有期望时，我们应当有

$$E(\underline{\sigma}_\varepsilon)\leqslant E(U)\leqslant E(\bar{\sigma}_\varepsilon). \tag{4.4.3}$$

因为 $\underline{\sigma}_\varepsilon$ 和 $\bar{\sigma}_\varepsilon$ 只相差 ε，所以或者它们的期望也相差 ε，或者它们的期望都不存在. 在后一种情况下，我们说 U 的期望不存在，而在前一种情况下，在 (4.4.3) 中令 $\varepsilon\to 0$，就可唯一地确定 $E(U)$. 简单地说，因为每一个随机变量 U 都是一列简单随机变量 σ_n 的一致极限，所以 U 的期望可以定义为 $E(\sigma_n)$ 的极限. 例如，利用 $\bar{\sigma}_\varepsilon$，只要（对某一个 $\varepsilon>0$，从而对所有的 $\varepsilon>0$）下列级数收敛，则我们有

$$E(U)=\lim_{\varepsilon\to 0}\sum_{-\infty}^{\infty} n\in P\{(n-1)\varepsilon<U\leqslant n\varepsilon\}. \tag{4.4.4}$$

(4.4.4) 中出现的概率和 U 的分布函数 F 赋予区间 $\overline{(n-1)\varepsilon, n\varepsilon}$ 的概率相等. 因此，借助于这种记号的变化，$E(U)$ 的定义化为 4.2 节中的定义

$$E(U)=\int_{-\infty}^{+\infty} tF\{\mathrm{d}t\}. \tag{4.4.5}$$

因此，在原来的概率空间中定义的 $E(U)$ 和通过分布函数定义的 $E(U)$ 是一致的.（在第 1 卷第 9 章中对离散变量作了同样的说明.）所以，没有必要强调任意概率空间中的期望具有 4.2 节所讨论的 $\mathbb{R}^r$ 中的期望的基本性质.

4.5　扩 张 定 理

构造概率空间的通常起点是先在较小的集类上定义了概率，需要把定义域适当地扩大. 例如，在第 1 卷中讨论无穷试验序列和循环事件时，我们只知道所有的依赖于有限多次试验的事件的概率，但必须把这个定义域扩大，使之包括像输光、循环和最终灭亡那样的事件. 再如，在 4.2 节中构造 $\mathbb{R}^r$ 中的测度时，我们是从定义在所有区间上的概率 $F\{I\}$ 出发的，这个定义被扩张成了所有博雷尔集所成的类. 这种扩张的可能性应归功于一个有广泛适用性的定理，许多概率空间的构造都依赖于它. 程序如下.

F 的可加性允许我们对每一个可以写成有限多个互不相交的区间 I_k 的并的集 A 明确地定义

$$F\{A\} = \sum F\{I_k\}. \tag{4.5.1}$$

所有形如上面的 A 的集合构成一个代数 $\mathfrak{U}_0$（即 $\mathfrak{U}_0$ 中有限多个集合的并、交、余集仍然属于 $\mathfrak{U}_0$）此后，基本空间 $\mathbb{R}^r$ 的性质就不起作用了，我们可以考虑任意一个空间 $\mathfrak{S}$ 中的任意一个集代数 $\mathfrak{U}_0$. 总存在一个包含 $\mathfrak{U}_0$ 且在可数并和可数交运算下封闭的最小代数 $\mathfrak{U}$. 换句话说，总存在一个包含 $\mathfrak{U}_0$ 的最小 σ 代数 $\mathfrak{U}$（见 4.3 节的定义 1）. 在 $\mathbb{R}^r$ 中构造测度时，σ 代数 $\mathfrak{U}$ 和所有博雷尔集所构成的 σ 代数相等. 把概率的定义域从 $\mathfrak{U}_0$ 扩张为 $\mathfrak{U}$ 是根据一般的扩张定理.

扩张定理 设 $\mathfrak{U}_0$ 是某一空间 $\mathfrak{S}$ 中的集代数. 设 F 是定义在 $\mathfrak{U}_0$ 上的一个集函数，使得对每个集合 $A \in \mathfrak{U}_0$ 都有 $F\{A\} \geqslant 0, F\{\mathfrak{S}\} = 1$，而且当把 A 任意地分成可数多个互不相交的集 $I_k \in \mathfrak{U}_0$ 时 (4.5.1) 都成立，则 F 可以唯一地扩张成为包含 $\mathfrak{U}_0$ 的最小 σ 代数 $\mathfrak{A}$ 上的一个可数可加集函数（即一个概率测度）.

我们将在下节中给出此定理的一种典型的应用. 这里我们给出扩张定理的一个更一般更灵活的形式，这种形式与 4.2 节和 4.3 节中的讨论比较一致. 我们是从阶梯函数的期望 (4.2.4) 出发的. 然后把这个期望的定义域从有限的阶梯函数类扩张成较大的有界贝尔函数类. 这种扩张直接导致了勒贝格–斯蒂尔切斯积分，集合 A 的测度作为它的指示函数 $\mathbf{1}_A$ 的期望而得到. 相应的抽象构造如下.

代替集代数 $\mathfrak{U}_0$，我们考虑在线性组合、运算 $\bigcap$ 和 $\bigcup$ 下封闭的函数类 $\mathfrak{B}_0$. 换句话说，我们假设，如果 u_1 和 u_2 属于 $\mathfrak{B}_0$，那么函数①

$$\alpha_1 u_1 + \alpha_2 u_2, \quad u_1 \bigcap u_2, \quad u_1 \bigcup u_2 \tag{4.5.2}$$

也属于 $\mathfrak{B}_0$. 特别地，这蕴涵 $\mathfrak{B}_0$ 中每个函数 u 都可以写成 $u = u^+ - u^-$ 的形式，其中 $u^+ = u \bigcup 0$ 和 $-u^- = u \bigcap 0$. 所谓 $\mathfrak{B}_0$ 上的**线性泛函**，是指一个从 $\mathfrak{B}_0$ 到 $\mathbb{R}^1$ 中的映射 $E(u)$，它满足下列加法法则：

$$E(\alpha_1 u_1 + \alpha_2 u_2) = \alpha_1 E(u_1) + \alpha_2 E(u_2). \tag{4.5.3}$$

如果 $u \geqslant 0$ 蕴涵 $E(u) \geqslant 0$，则称此泛函是正的. E 的**范数**是对于所有使 $|u| \leqslant 1$ 的函数 $u \in \mathfrak{B}_0$ 的 $E(|u|)$ 的最小上界. 如果常值函数 1 属于 $\mathfrak{B}_0$，那么 E 的范数等于 $E(1)$. 最后，我们称 E 在 $\mathfrak{B}_0$ 中是**可数可加的**，如果当 $\sum u_k$ 属于 $\mathfrak{B}_0$ 时

$$E\left(\sum_1^\infty u_k\right) = \sum_1^\infty E(u_k). \tag{4.5.4}$$

---

① 我们的假设相当于要求 $\mathfrak{B}_0$ 是一个线性格.

一个等价的条件是：如果 $\{v_n\}$ 是 $\mathfrak{B}_0$ 中一个单调收敛于零的函数列，那么[①]

$$E(v_n) \to 0. \tag{4.5.5}$$

给定一个函数类 $\mathfrak{B}_0$，那么存在一个包含 $\mathfrak{B}_0$ 且在点态极限运算下是封闭的最小类 $\mathfrak{B}$. [它在运算 (4.5.2) 下自然是封闭的.] 扩张定理的另一种形式如下：[②] *$\mathfrak{B}_0$ 中每一个范数为 1 的可数可加的正线性泛函可以唯一地扩张为 $\mathfrak{B}$ 中的所有有界（和许多无界）函数上的一个范数为 1 的可数可加正线性泛函.*

作为此定理的适用性的一个例子，我们来证明下列重要结果.

里斯（F. Riesz）表示定理[③] *设 E 是 $\mathbb{R}^r$ 中所有在无穷远处为零[④]的连续函数所成的类上的一个范数为 1 的正线性泛函，则在博雷尔集构成的 σ 函数上存在一个测度 P，使得 $P\{\mathbb{R}^r\}=1$，且使得 $E(u)$ 和 u 关于 P 的积分相等.*

换句话说，我们的积分代表了最一般的正线性泛函.

证 决定性的一点是：如果在无穷远处为零的连续函数序列 $\{v_n\}$ 单调地趋于 0，则收敛是**一致的**. 设 $v_n \geqslant 0$，并令 $\|v_n\| = \max v_n(x)$，则 $E(v_n) \leqslant \|v_n\|$，从而可数可加性条件 (4.5.5) 成立. 由扩张定理，E 可以扩张到所有有界贝尔函数上，令 $P\{A\} = E(\mathbf{1}_A)$，我们就得到一个定义在所有博雷尔集构成的 σ 代数上的一个测度. 对测度 P，我们知道勒贝格–斯蒂尔切斯积分由双向不等式 (4.4.3) 唯一确定. 这表明，对于在无穷远处为零的连续函数 u, 这个积分与给定的泛函 $E(u)$ 相等.

4.6 乘积空间和独立变量序列

组合乘积空间（第 1 卷 5.5 节）是概率论的一个基本概念，每逢谈及重复试验时就要用到它. 用两个坐标表示平面 $\mathbb{R}^2$ 上的点，就意味着把 $\mathbb{R}^2$ 看成它的两个轴的组合乘积. 用 X 和 Y 表示这两个坐标变量. 把它们看成平面上的函数时，它

---

① 欲证 (4.5.4) 与 (4.5.5) 的等价性，只需考虑 $u_k \geqslant 0, v_k \geqslant 0$ 的情形就行了. 于是 (4.5.4) 可通过在 (4.5.5) 中令 $v_n = u_{n+1} + u_{n+2} + \cdots$ 而得到，(4.5.5) 可通过在 (4.5.4) 中令 $u_k = v_k - v_{k+1}$（即 $\Sigma u_k = v_1$）而得到.

② 证明的基本思想（可追溯到勒贝格）是简单且巧妙的. 不难看出，如果 $\mathfrak{B}_0$ 中的两个函数序列 $\{u_n\}$ 和 $\{u'_n\}$ 都单调地收敛于同一极限，则 $E(u_n)$ 和 $E(u'_n)$ 趋于同一极限. 因此，对这样的单调极限 u，我们可以定义 $E(u) = \lim E(u_n)$. 现在考虑这样的函数 u 所成的类 $\mathfrak{B}_1$，使得对每一 $\varepsilon > 0$，存在两个函数 $\underline{u}$ 和 $\bar{u}$，它们或者在 $\mathfrak{B}_0$ 中或者是 $\mathfrak{B}_0$ 中的单调序列的极限，满足 $\underline{u} < u < \bar{u}$ 和 $E(\bar{u}) - E(\underline{u}) < \varepsilon$. 类 $\mathfrak{B}_1$ 在极限运算下是封闭的，对于 $\mathfrak{B}_1$ 中的函数，$E(u)$ 的定义是显然的，因为我们应当有 $E(\underline{u}) \leqslant E(u) \leqslant E(\bar{u})$.

这个论证的绝妙之处在于，类 $\mathfrak{B}_1$ 通常比 $\mathfrak{B}$ 大，我们通过证明能把泛函扩张到 $\mathfrak{B}_1$ 上而完成这个简单的证明.（关于 $\mathfrak{B}$ 和 $\mathfrak{B}_1$ 的比较，见 4.7 节.）

③ 对任意的局部紧空间成立. 另一证明见 5.1 节.

④ 如果对给定的 $\varepsilon > 0$，存在一个球（紧集），在它之外 $|u(x)| < \varepsilon$，则称 u 在无穷远处为零.

们是贝尔函数，并且如果一个概率测度 P 定义在由 $\mathbb{R}^2$ 中所有博雷尔集构成的 σ 代数上，则分布函数 $P\{X \leqslant x\}$ 和 $P\{Y \leqslant y\}$ 存在. 它们在两个轴上诱导出两个测度，我们称之为边缘分布（或投影）. 在这种描述中，平面作为基本的概念出现，但相反的程序往往是更自然. 例如，当我们谈及两个具有给定的分布的独立随机变量时，两个边缘分布是基本概念，而平面上的概率是按照“乘积法则”由它们导出的. 这个程序在一般情况下并不比在平面的情况下更复杂.

于是我们考虑任意两个概率空间，即已给定两个样本空间 $\mathfrak{S}^{(1)}$ 和 $\mathfrak{S}^{(2)}$，由 $\mathfrak{S}^{(1)}$ 的某些集合构成的 σ 代数 $\mathfrak{U}^{(1)}$ 和由 $\mathfrak{S}^{(2)}$ 的某些集合构成的 σ 代数 $\mathfrak{U}^{(2)}$，以及分别定义在 $\mathfrak{U}^{(1)}$ 和 $\mathfrak{U}^{(2)}$ 上的概率测度 $P^{(1)}$ 和 $P^{(2)}$. 组合乘积 $(\mathfrak{S}^{(1)}, \mathfrak{S}^{(2)})$ 是所有序对 $(x^{(1)}, x^{(2)})$ 构成的集，其中 $x^{(i)}$ 是 $\mathfrak{S}^{(i)}$ 中的点. 在这个乘积空间的集合中，我们考虑“矩形”，即集 $A^{(i)} \in \mathfrak{U}^{(i)}$ 的组合乘积 $(A^{(1)}, A^{(2)})$. 对这种形式的集，我们希望用乘积法则

$$P\{(A^{(1)}, A^{(2)})\} = P^{(1)}\{A^{(1)}\}P^{(2)}\{A^{(2)}\} \tag{4.6.1}$$

来定义其概率. 所有可以写成有限个不相交的矩形的并集的集合构成一个代数 $\mathfrak{U}_0$，(4.6.1) 在 $\mathfrak{U}_0$ 上唯一地确定一个可数可加集函数. 因此，由扩张定理，在包含所有矩形的最小 σ 代数上存在唯一的一个概率测度 P，使得矩形的概率由 (4.6.1) 给出. 我们将用 $\mathfrak{U}^{(1)} \times \mathfrak{U}^{(2)}$ 表示这个包含所有矩形的最小 σ 代数，并称测度 P 为乘积测度.

当然，可以在乘积空间上定义其他的概率，例如通过条件概率来定义概率. 在任何情况下，基本的 σ 代数 $\mathfrak{U}$ 至少应和 $\mathfrak{U}^{(1)} \times \mathfrak{U}^{(2)}$ 一样大，很少需要讨论比 $\mathfrak{U}^{(1)} \times \mathfrak{U}^{(2)}$ 更大的 σ 代数. 当基本代数 $\mathfrak{U}$ 由 $\mathfrak{U} = \mathfrak{U}^{(1)} \times \mathfrak{U}^{(2)}$ 给出时，下面的关于随机变量的讨论是正确的.

随机变量（可测函数）的概念是相对于基本代数而言的. 在乘积空间的构造中，我们必须区别乘积空间中的随机变量与 $\mathfrak{S}^{(1)}$ 和 $\mathfrak{S}^{(2)}$ 中的随机变量. 幸好这 3 类随机变量之间的关系是非常简单的. 如果 u 和 v 分别是 $\mathfrak{S}^{(1)}$ 和 $\mathfrak{S}^{(2)}$ 中的随机变量，那么我们在乘积空间中考虑这样一个函数 w，它在点 $(x^{(1)}, x^{(2)})$ 上取值

$$w(x^{(1)}, x^{(2)}) = u(x^{(1)}) \cdot v(x^{(2)}). \tag{4.6.2}$$

我们来证明，乘积空间 $(\mathfrak{S}^{(1)}, \mathfrak{S}^{(2)})$ 中的随机变量类是这样的取有限值的函数类，使得这函数类包含形如 (4.6.2) 的函数的所有线性组合且在点态极限下是封闭的.

首先，很显然，即使把 (4.6.2) 右边的每个因子看成乘积空间中的函数时，它们也是随机变量. 由此推出 w 是随机变量，因此 $(\mathfrak{S}^{(1)}, \mathfrak{S}^{(2)})$ 中的随机变量类至少应像上面所断言的那样广泛. 另外，随机变量形成这样的最小函数类，使得这函数类包含矩形的示性函数的所有线性组合且在点态极限下是封闭的. 这种指示函数可以写成 (4.6.2) 的形式，因而随机变量类不可能比上面所断言的类大.

两个带有概率测度 F 和 G 的空间 $\mathbb{R}^m$ 和 $\mathbb{R}^n$ 的乘积这一特殊情形，曾间接地出现在关于累次积分的富比尼定理 (4.2.11) 中. 我们现在可以给出一个不局限于 $\mathbb{R}^r$ 中的更一般的定理.

关于乘积测度的富比尼定理　对于任意的贝尔函数 u，u 关于乘积测度的积分等于 (4.2.11) 中的累次积分.

（当然积分可以是发散的. 对于简单函数，定理是显然的，一般的情形可利用我们以前多次使用过的逼近方法推出.）向具有 3 个或更多因子的乘积空间的推广是显然的，我们就不再叙述了.

我们现在讨论**无穷随机变量序列**. 我们在第 1 卷中讨论无穷贝努利试验序列、随机游动、循环事件时曾遇到过这样的序列，在第 3 章中讨论正态随机过程时也遇到过这样的序列. 当无限多个变量都定义在同一概率空间上时，没有多少东西值得讨论. 例如，具有正态分布的实直线是一个概率空间，$\{\sin nx\}$ 就是其上的一个无穷随机变量序列. 我们这里关心的是需要通过随机变量来定义概率的情形. 更确切地说，我们的问题如下.

令 $\mathbb{R}^\infty$ 是这样一个空间，其中的点是无穷实数序列 $(x_1, x_2, \cdots)$（即 $\mathbb{R}^\infty$ 是实直线的可数组合乘积）. 我们用 X_n 表示第 n 个坐标变量（即 X_n 是 $\mathbb{R}^\infty$ 中一个这样的函数，它在点 $x = (x_1, x_2, \cdots)$ 上取值 x_n）. 假设我们已知 $X_1 (X_1, X_2), (X_1, X_2, X_3), \cdots$ 的概率分布，希望在 $\mathbb{R}^\infty$ 中定义一个适当的概率测度. 不用说，给定的分布在下列意义上必须是相容的：$(X_1, \cdots, X_n)$ 的分布是 $(X_1, \cdots, X_{n+1})$ 的边缘分布，等等.

现在我们正式定义“由有限多次试验的结果决定的事件”这一直观概念. 设 A 是 $\mathbb{R}^\infty$ 中的一个集，我们约定，当且仅当存在 $\mathbb{R}^r$ 中的一个集 A_r，使得 $x = (x_1, x_2, \cdots)$ 属于 A 的充要条件是 $(x_1, \cdots, x_r)$ 属于 A_r 时，称 A 只依赖于前 r 个坐标. 概率中的标准情况是：已知这样的集的概率，我们面临的问题是把定义域扩大. 我们不加证明地给出柯尔莫哥洛夫在他的概率论经典公理基础（1933）中（在稍广泛的情况下）推导出的基本定理. 这一定理促进了现代测度论的发展.

定理 1　$X_1, (X_1, X_2), (X_1, X_2, X_3), \cdots$ 的一个相容概率分布族，可以唯一地扩张为 $\mathbb{R}^\infty$ 中这样的最小 σ 代数 $\mathfrak{U}$ 上的一个概率测度，使得这个代数包含所有仅依赖于有限多个坐标的集合.[①]

重要的是，所有的概率都是从有限维集合出发通过逐次取极限而定义的. $\mathfrak{U}$ 中的每个集合 A 可以在下列意义上用有限维集合来逼近. 给定一个 $\varepsilon > 0$，存在一个 n 和一个只依赖于前 n 个坐标的集合 A_n，使得

$$P\{A - A\bigcap A_n\} < \varepsilon, \quad P\{A_n - A\bigcap A_n\} < \varepsilon. \tag{4.6.3}$$

① 这个定理也适用于局部紧空间的乘积；例如，变量 X_n 可以解释为随机向量（$\mathbb{R}^r$ 中的点）.

换句话说，属于 A 或 A_n 但不同时属于它们二者的点所成的集合的概率小于 2ε. 因此，可以选择 A_n，使得

$$P\{A_n\} \to P\{A\}. \tag{4.6.4}$$

有了定理 1，我们就可以谈及具有任意给定分布的相互独立的无穷随机变量序列了. 事实上，在第 1 卷中已出现过这样的序列，但那时我们必须小心地用特殊的取极限方法来定义概率，而定理 1 为我们提供了合乎需要的行动自由. 这点可以用下列两个分别属于柯尔莫哥洛夫（1933）以及休伊特（E. Hewitt）和萨维奇（L.J. Savage, 1955）的重要定理加以充分说明. 它们对于概率论证是典型的，而且在许多情况下起着中心的作用.

定理 2 （**尾事件的 0-1 律**）设变量 X_k 是相互独立的，且对每个 n，事件 A 与 $X_1, \cdots, X_n$ 独立，① 则或者 $P\{A\} = 0$ 或者 $P\{A\} = 1$.

证 从原则上讲，诸变量 X_k 可以定义在一个任意的概率空间中，但它们把这个空间映射到以它们为坐标变量的乘积空间 $\mathbb{R}^\infty$ 中. 利用 (4.6.3) 中所用的记号，集合 A 与 A_n 是独立的，于是第一个不等式蕴涵 $P\{A\} - P\{A\}P\{A_n\} < \varepsilon$. 因此，$P\{A\} = P^2\{A\}$. ■

例 (a) 级数 $\sum X_n$ 以概率 0 或 1 收敛. 由所有使 $\limsup X_n = \infty$ 的点所成的集合的概率或者是 0，或者是 1. ■

定理 3 （**对称事件的 0-1 律**）假设诸变量 X_k 是相互独立的，并且具有相同的分布，如果集合 A 在坐标的有限置换下是不变的，②那么或者 $P\{A\} = 0$ 或者 $\mathrm{P}\{A\} = 1$.

证 与在上一定理的证明中一样，我们把 X_k 作为坐标变量，并利用 (4.6.3) 中所出现的集合 A_n. 颠倒前 $2n$ 个坐标变量的次序，并保持其他的变量不变，我们就可从 A_n 得到一个集合，记为 B_n. 根据假设，在 (4.6.3) 中把 A_n 换为 B_n 时不等式仍成立. 由此推出，所有属于 A 或 $A_n \bigcap B_n$ 但不同时属于它们二者的点构成的集合的概率 $< 4\varepsilon$，因此

$$P\{A_n \bigcap B_n\} \to P\{A\}. \tag{4.6.5}$$

因为 A_n 只依赖于前 n 个坐标，所以 B_n 只依赖于编号为 $n+1, \cdots, 2n$ 的坐标. 因此，A_n 和 B_n 是独立的，由 (4.6.5) 我们又得到了结论 $P\{A\} = P^2\{A\}$. ■

(b) 设 $S_n = X_1 + \cdots + X_n$，并令 A 是事件 $\{S_n \in I \text{ i.o.}\}$，其中 I 是直线上一个任意区间，那么 A 在有限置换下是不变的. [关于记号的意义见 4.1 节例 (a).]■

---

① 更确切地说，A 与用 $X_1, \cdots, X_n$ 定义的每个事件是独立的. 换句话说，A 的指示函数是一个与 $X_1, \cdots, X_n$ 独立的随机变量.

② 更确切地说，如果 $(a_1, a_2, \cdots)$ 是 A 中的点，n_1 和 n_2 是任意两个整数，那么假设 A 也包含通过把 a_{n_1} 和 a_{n_2} 对换并让其他坐标保持不变而得到的点. 这个条件可自动地扩张到涉及 k 个坐标的置换上去.

4.7 零集和完备化

概率为 0 的集合通常是可以忽略的，两个只在这样一个零集上不相等的随机变量“在实际上是相同的”. 较正式地，我们称它们是**等价的**. 这就是说，如果在一个零集上改变一随机变量的定义，则所有的概率关系保持不变，因此我们允许一个随机变量在一零集上无定义. 一个典型的例子是循环事件第一次出现的时刻：它以概率 1 为一个数，但以概率 0 保持不确定（或称为 ∞）. 因此，我们经常讨论的是等价随机变量类，而不是单个的变量，但通常最简单的办法是选择一个合适的代表而不讨论等价类.

零集导致了我们的概率结构中唯一的与直观不相符的地方. 在所有的概率空间中，情况是相同的，但只描述直线上的情形就行了. 按照我们的概率结构，概率只对博雷尔集才有定义，一般地一个博雷尔集包含许多不是博雷尔集的子集合. 因而，零集可能包含没有定义概率的集合，这与零集的每个子集还是零集这个自然的期望不符. 这种不一致不会导致严重后果，而且很容易把这种不一致消除掉. 事实上，假设我们引入一个**公设**：*如果* $A \subset B$ *且* $P\{B\}=0$，*则* $P\{A\}=0$. 因此，我们应把所有博雷尔集构成的 σ 代数 $\mathfrak{U}$（至少）扩大为包含 $\mathfrak{U}$ 的所有集合和所有零集的子集合的最小 σ 代数 $\mathfrak{U}_1$. 直接的描述如下：一集合 A 属于 $\mathfrak{U}_1$ 的充要条件，是它与某个博雷尔集A^0 只相差一个零集①. 只要令 $P\{A\}=P\{A^0\}$，就可以把定义域从 $\mathfrak{U}$ 扩大到 $\mathfrak{U}_1$. 显然，这种定义是唯一的且导出了 $\mathfrak{U}_1$ 的一个完全可加测度. 按照这种方法，我们得到了一个满足我们的公设的概率空间，且在此空间中博雷尔集的概率保持不变.

我们称这样描述的构造为（一个给定概率空间的）**勒贝格完备化**. 在只与一个基本的概率分布有关的问题中，这种完备化是很自然的. 因此，$\mathbb{R}^1$ 中区间的长度通常被完备化一个不仅仅局限于博雷尔集之上的勒贝格测度. 但是当我们讨论分布族时（例如讨论带有不确定的概率 p 的无限伯努利试验序列时），完备化是困难的. 事实上，$\mathfrak{U}_1$ 依赖于基本分布，因此当概率改变时，关于 $\mathfrak{U}_1$ 的随机变量可能就不再是随机变量了.

例 设 $a_1, a_2, \cdots$ 是 $\mathbb{R}^1$ 中的一列点，分别具有概率 $p_1, p_2, \cdots$，其中 $\sum p_k = 1$. $\{a_j\}$ 的余集的概率为 0，因而 $\mathfrak{U}_1$ 包含 $\mathbb{R}^1$ 中的所有集合. 于是每个有界函数 u 是期望为 $\sum p_k u(a_k)$ 的随机变量，但当基本分布不是离散分布时，讨论“任意函数”将是危险的. ■

① 更确切地说，要求 $A - A\bigcap A^0$ 与 $A^0 - A\bigcap A^0$ 包含在一个零集中.

第 5 章 $\mathbb{R}^r$ 中的概率分布

本章讨论 r 维空间 $\mathbb{R}^r$ 中的概率分布. 从概念上讲，这个概念是以上一章简单讨论过的积分理论为基础的，但是事实上，为了理解本章的内容，并不需要什么高深的知识，因为这里的概念和公式在直观上都很接近于我们在第 1 卷和本卷前 3 章中所遇到的概念和公式.

（与离散样本空间相比较）本章的新颖之处是，并不是每个集合都有概率，并不是每个函数都可作为随机变量. 幸好这种理论上的复杂化在实际中是不太显著的，因为我们可以分别从区间和连续函数出发，把注意力限制到可以由它们经过初等运算和（可能无穷多次）取极限得到的集合和函数上面. 这就确定了博雷尔集类和贝尔函数类. 对事实而不对逻辑关系感兴趣的读者不必为精确的定义（已在第 4 章给出）烦恼. 他们应依靠他们的直观并假设所有的集合和函数都是“合适”的. 定理非常简单[①]，要理解它们只要有初等微积分的知识就够了. *在把集合和函数二词作为博雷尔集和贝尔函数的缩写的约定下*，推导是严格的.

初次阅读应限于 5.1 ~ 5.4 节和 5.9 节. 5.5 ~ 5.8 节包含必要时可参考的工具和不等式. 最后几节充分地讨论了条件分布和条件期望的理论，这些结果仅在 6.11 节和 7.9 节中讨论鞅时偶然用到.

5.1 分布与期望

术语随机变量的即使最简单的使用，也可能要间接引用到一个复杂的概率空间或一个复杂的试验. 例如，一个理论模型也许包含 10^{28} 个质点的位置和速度，但我们把注意力集中于温度和能量上. 这两个随机变量把原来的样本空间映射到平面 $\mathbb{R}^2$ 内，而且它们带有原来的概率分布. 实际上，我们讨论的是一个二维问题，原先的样本空间在背景上模糊地呈现出来. 因此，有限维欧几里得空间 $\mathbb{R}^r$ 是最重要的样本空间，我们转向对适当的概率分布作系统的研究.

我们从直线 $\mathbb{R}^1$ 开始. 用 $\overline{a,b}$ 和 $\overline{|a,b|}$ 表示由 $a<x<b$ 和 $a\leqslant x\leqslant b$ 定义的区间. （不排除闭区间缩小为一点的极限情形.）我们将把半开区间表示为 $\overline{a,b|}$ 和

① 应该知道，这种简化不能通过任何限制于使用连续函数或任一其他种类的“合适”函数的理论达到. 例如，在 (2.8.3) 中我们用一个无穷级数来定义一个密度 φ. 建立 φ 为合适的条件是一件乏味且无意义的事，但在简单的情形下公式是显然的. 贝尔函数的利用相当于含糊的“一般地成立”的代用词. 顺便提一句，必须限制于贝尔函数的少数几个场合将另外指出. 5.8 节 (b) 中的凸函数理论就是一个例子.

$\overline{a,b}$. 在一维中，所有的随机变量都是坐标变量 X（即在点 x 的值为 x 的函数）的函数. 因此，所有的概率可用下列分布函数表示：

$$F(x) = P\{X \leqslant x\}, \quad -\infty < x < \infty. \tag{5.1.1}$$

特别地，$I = \overline{a,b}$ 的概率为 $P\{I\} = F(b) - F(a)$. 当我们讨论变化着的分布时，灵活的标准记号 $P\{\ \}$ 是不适用的. 再引入一个新字母是不经济的，表示对 F 的依赖性的记号 $P_F\{\ \}$ 又太笨拙. 最简单的是对点函数 (5.1.1) 和相应的区间函数利用同一个字母 F，我们用 $F\{I\}$ 来代替 $P\{I\}$. 换句话说，我们用大括号表示 $F\{A\}$ 中的自变量是一个区间或集合，F 作为一个区间函数（或测度）出现. 当用小括号时，$F(a)$ 中的自变量是一个点. 点函数 $F(\ )$ 与区间函数 $F\{\ \}$ 之间的关系可用下式表示：

$$F(x) = F\{\overline{-\infty, x}\},\ F\{\overline{a,b}\} = F(b) - F(a). \tag{5.1.2}$$

实际上，点函数 $F(x)$ 的概念是多余的，只是有利于解析表示和图像表示. 原始的概念是对区间赋概. 我们称点函数 $F(\ )$ 为区间函数 $F\{\ \}$ 的**分布函数**. 记号 $F(\ )$ 和 $F\{\ \}$ 指的是同一个内容，当提及"概率分布 F"时不会产生混淆. 我们应习惯于借助于区间函数或测度进行思考，而仅在作图像描述时才利用分布函数.①

定义 *称直线上的一个点函数 F 为一个分布函数，如果*

(i) *F 是不减的，即 $a < b$ 蕴涵 $F(a) \leqslant F(b)$；*

(ii) *F 是右连续的，即 $F(a) = F(a+)$；②*

(iii) $F(-\infty) = 0$，$F(\infty) < \infty$.

F 是一个概率分布函数，如果它是一个分布函数且 $F(\infty) = 1$. 此外，如果 $F(\infty) < 1$，则称 F 是亏损的.

我们着手来证明，每个分布函数都导致一种对直线上所有集合的赋概. 第一步是对区间赋概. 因为 F 是单调的，所以对每一点 a 都存在一个左极限 $F(a-)$. 我们用下列式子定义一个区间函数 $F\{I\}$：

$$\begin{aligned} &F\{\overline{a,b}\} = F(b) - F(a-),\ F\{\overline{a,b}\} = F(b-) - F(a), \\ &F\{\overline{a,b}\} = F(b) - F(a),\ F\{\overline{a,b}\} = F(b-) - F(a-). \end{aligned} \tag{5.1.3}$$

① 使用记号时要特别小心对于入门书似乎是可取的，但是我们希望读者不要沉迷于这种前后的一致性，应敢于不加区别地写出 $F(I)$ 和 $F(x)$，结果不会引起混淆，幸好在最好的数学书中同一页上的同一记号（特别是 1 和 =）表示不同的意义是很常见的.

② 跟通常一样，我们用 $f(a+)$ 表示当 x 从 a 的右边趋于 a 时 $f(x)$ 的极限（如果它存在的话）. 用 $f(\infty)$ 表示当 $x \to \infty$ 时 $f(x)$ 的极限. 对于 $f(a-)$ 和 $f(-\infty)$ 可作类似的解释. 这个记号可以搬到高维空间中.

对于缩小成一点的区间 $\overline{a,a}$，$F\{\overline{a,a}\}=F(a)-F(a-)$，它是 F 在 a 点的跳跃.（不久将看出，F 是“几乎处处”连续的.）

为了证明对区间的赋值 (5.1.3) 满足概率论的要求，我们来证明一个简单的引理（读者可以把它作为一个直观上很明显的结论而承认它）.

引理 1 （**可数可加性**）如果一个区间 I 是可数多个不相交区间 $I_1,I_2,\cdots$ 的并集，那么

$$F\{I\}=\sum F\{I_k\}. \tag{5.1.4}$$

证 在 $I=\overline{a,b}$，$I_1=\overline{a,a_1}$，$I_2=\overline{a_1,a_2}$，$\cdots$，$I_n=\overline{a_{n-1},b}$ 的特殊情形下，结论是显然的. $I=\overline{a,b}$ 的最一般的有限分划可以通过把端点 a_k 从一个子区间重新分配给另一个子区间而得到，从而可加性法则 (5.1.4) 对于有限分划是成立的.

在考虑无限多个区间 I_k 的情形时，只要假设 I 是闭区间就行了. 由给定的分布函数 F 的右连续性可知，对于预先给定的 $\varepsilon>0$，可以找到一个包含 I_k 的开区间 $I_k^{\#}$，使得 $0\leqslant F\{I_k^{\#}\}-F\{I_k\}\leqslant\varepsilon\cdot 2^{-k}$. 因为 I 存在一个有限覆盖 $I_{k_1}^{\#},\cdots,I_{k_n}^{\#}$，所以

$$\begin{aligned}F\{I\}&\leqslant F\{I_{k_1}^{\#}\}+\cdots+F\{I_{k_n}^{\#}\}\\&\leqslant F\{I_1\}+\cdots+F\{I_n\}+\varepsilon,\end{aligned} \tag{5.1.5}$$

于是

$$F\{I\}\leqslant\sum F\{I_k\}. \tag{5.1.6}$$

但是相反的不等式也成立，因为对于每个 n，都存在一个包含 $I_1,\cdots,I_n$ 的 I 的有限分划. 这就完成了证明. ■

如同在 4.2 节中所说明的那样，现在可以对每个由有限多个或可数多个不相交区间 A_k 组成的集合 A，定义

$$F\{A\}=\sum F\{A_k\}. \tag{5.1.7}$$

直观导致我们希望每个集合都可用这样的区间的并集来逼近，测度论证实了这个看法是正确的.[①] 利用自然的逼近和取极限的办法，可以把 F 的定义扩展到所有的集合上，并保持可数可加性 (5.1.7). 这种扩展是唯一的，所得到的赋值称为一个概率分布或概率测度.

关于术语的注 在文献中，分布一词以各种意义被自由地应用. 因此，这里应规定一下我们将坚持使用的用法.

---

① 应记住如下的约定：集合和函数二词是博雷尔集和贝尔函数的缩写.

一个**概率分布**或**概率测度**，是一个对服从可数可加性条件 (5.1.7) 和正规化条件 $F\{\overline{-\infty,\infty}\}=1$ 的集合赋值 $F\{A\}\geqslant 0$. 更一般的测度（或质量分布）可以通过去掉正规化条件来定义；勒贝格测度（或普通的长度）是最著名的例子.

与第 1 卷的循环事件理论一样，我们有时必须讨论对全直线赋予总质量 $p=F\{\overline{-\infty,\infty}\}<1$ 的测度. 这种测度称为具有**亏值** $1-p$ 的**亏损概率测度**. 为了使文体清晰，也是为了强调，我们有时谈及正常概率分布，但此处形容词"正常"两字是多余的.

测度 $m\{A\}$ 的自变量是一个集合，用大括号表示. 对于每个有界测度 m，有一个**分布函数**，即用 $m(x)=m\{\overline{-\infty,x}\}$ 定义的点函数与之对应. 我们用同一字母表示它，把自变量写在小括号内. 同一字母的这两种用法不会引起混淆，同样，术语分布既可看成概率分布的缩写，也可以看成它的分布函数的缩写.

在第 1 卷第 9 章中，我们把**随机变量**定义为样本空间中的实函数，我们将沿用这个用法. 当把直线作为样本空间时，每个实函数都是一个随机变量. 坐标变量 X 是基本变量，所有其他的随机变量都可表示为它的函数. 随机变量 u 的分布函数定义为 $P\{u(X)\leqslant x\}$，可以用坐标变量 X 的分布 F 来表示. 例如，X^3 的分布函数为 $F(\sqrt[3]{x})$.

我们称函数 u 为一个**简单函数**，如果它只取可数多个值 $a_1,a_2,\cdots$. 如果 A_n 表示使 u 等于 a_n 的点的集合，那么只要下列级数绝对收敛，我们就把**期望** $E(u)$ 定义为

$$E(u)=\sum a_kF\{A_k\}. \tag{5.1.8}$$

在相反的情形下，我们称 u 关于 F 是不可积的. 于是，为使 u 有期望，当且仅当 $E(|u|)$ 存在. 从定义 (5.1.8) 出发，我们对任意有界函数 u 定义期望如下. 选取 $\varepsilon>0$，用 A_n 表示使得 $(n-1)\varepsilon<u(x)\leqslant n\varepsilon$ 的点 x 的集合. 对于 $E(u)$ 的任一合理的定义，我们应有

$$\sum(n-1)\varepsilon\cdot F\{A_n\}\leqslant E(u)\leqslant\sum n\varepsilon\cdot F\{A_n\}. \tag{5.1.9}$$

（两端的项表示两个满足 $\underline{\sigma}\leqslant u\leqslant\overline{\sigma}$ 和 $\overline{\sigma}-\underline{\sigma}=\varepsilon$ 的近似简单函数 σ 和 $\underline{\sigma}$ 的期望.）由于假设 u 是有界的，所以 (5.1.9) 中的两个级数只包含有限多个非零项，它们的差等于 $\varepsilon\sum F\{A_n\}=\varepsilon$. 把 ε 换为 $\dfrac{1}{2}\varepsilon$，把 (5.1.9) 中的第一项增大，最后一项减小. 因此不难看出，当 $\varepsilon\to 0$ 时，(5.1.9) 中两端的两个项趋于同一个极限，我们把这个极限定义为 $E(u)$. 对于无界的 u，只要 (5.1.9) 中的两个级数绝对收敛，则可用同样的手续定义 $E(u)$，否则 $E(u)$ 仍无定义.

我们称用这种简单方法定义的期望为 u 关于 F 的勒贝格–斯蒂尔切斯积分.

当需要强调期望对 F 的依赖性时，积分记号更可取，我们把它写成另一种形式

$$E(u) = \int_{-\infty}^{+\infty} u(x) F\{\mathrm{d}x\}, \tag{5.1.10}$$

其中 x 作为哑变量出现. 除了少数几个场合外，我们将只讨论逐段连续的或单调的被积函数，这样 A_n 就成了有限多个区间的并集. 于是，(5.1.9) 中的两个和式是在普通积分的初等定义中所用的大和与小和的重排. 一般的勒贝格–斯蒂尔切斯积分具有积分的基本性质，还有一个附加的优点，即更容易进行形式上的运算和取极限. 我们把期望的应用局限于如此简单的情形，以致为了理解每个单个的步骤不需要知道一般的理论. 对理论背景和基本事实感兴趣的读者可以参阅第 4 章.

例 (a) 设 F 是对点 $a_1, a_2, \cdots$ 赋予质量 $p_1, p_2, \cdots$ 的离散分布. 于是当级数收敛时，显然有 $E(u) = \sum u(a_k) p_k$. 这与第 1 卷第 9 章中的定义一致.

(b) 对于由一个连续密度定义的分布，只要下列积分绝对收敛，就有

$$E(u) = \int_{-\infty}^{+\infty} u(x) f(x) \mathrm{d}x. \tag{5.1.11}$$

关于密度的一般概念见 5.3 节. ■

向高维空间的推广可用几句话来描述. 在 $\mathbb{R}^2$ 中，点 x 是一对实数，$x = (x_1, x_2)$. 我们将把不等式按各个坐标进行解释，[1] 于是 $a < b$ 表示 $a_1 < b_1$ 和 $a_2 < b_2$（或者“a 位于 b 的西南”）. 这只导出偏序，即点 a 和 b 不是非得在两个关系式 $a < b$ 或 $a \geqslant b$ 中必选一个. 我们对于由那 4 种可能类型的双不等式 $a < x < b$ 等定义的集合，仍用“区间”一词. 它们是平行于坐标轴的矩形，可以退化为线段或点.

唯一的新特征是：满足 $a < b < c$ 的二维区间 $\overline{a,c}$，不是 $\overline{a,b}$ 和 $\overline{b,c}$ 的并集. 对应于一个对区间 I 赋予值 $F\{I\}$ 的区间函数，我们可以引入它的分布函数，与前面一样，把它定义为 $F(x) = F\{\overline{-\infty,x}\}$. 但是，一个用这个分布函数表示 $F\{\overline{a,b}\}$ 的公式要涉及区间的所有 4 个顶点. 事实上，考虑那两个平行于 x_2 轴并以矩形 $\overline{a,b}$ 的边为底的无穷带形，立即可以看出，$F\{\overline{a,b}\}$ 由下列所谓的**混合差**给出，

$$F\{\overline{a,b}\} = F(b_1, b_2) - F(a_1, b_2) - F(b_1, a_2) + F(a_1, a_2). \tag{5.1.12}$$

对于分布函数来说，右边是非负的. 这蕴涵 $F(x_1, x_2)$ 单调地依赖于 x_1 和 x_2，但是这样的单调性不能保证 (5.1.12) 的正性（见习题 4）.

---

① 这个概念是在 3.5 节中引进的.

显然，高维空间中分布函数的使用价值是很有限的. 要不是为了与 $\mathbb{R}^1$ 中类似，我们可以把所有的讨论限制到区间函数上. 在形式上，只要把单调性条件 (i) 换为以下条件，即对于 $a \leqslant b$，(5.1.12) 中的混合差是非负的，那么 $\mathbb{R}^1$ 中分布函数的定义就可搬到 $\mathbb{R}^2$ 上. 与在 (5.1.3) 中一样，这样的分布函数也可以导出一个区间函数，所不同的是在这里混合差起着 $\mathbb{R}^1$ 中的简单差的作用. 引理 1 和它的证明仍然成立.①

有时把期望的一个简单的，但在概念上很重要的性质认为是不证自明的. 两个坐标变量的任一函数 $u(X) = u(X_1, X_2)$ 都是一个随机变量，因此它有一个分布函数 G. 现在可以用两种方法定义期望 $E(u(X))$，既可定义为 $u(x_1, x_2)$ 关于平面上给定概率的积分，也可以用 u 的分布函数 G 定义为

$$E(u) = \int_{-\infty}^{+\infty} yG\{\mathrm{d}y\}. \tag{5.1.13}$$

根据用 (4.4.3)②近似和表达的上述积分的定义，这两个定义是等价的. 需要注意的是，虽然随机变量 Z 既可以看作原先的概率空间 $\mathfrak{S}$ 中的函数，也可以看作一个通过 $\mathfrak{S}$ 的适当映射所得到的空间中的函数，但是它的期望（如果它存在的话）却有一个固有的含义。特别地，Z 本身把 $\mathfrak{S}$ 映到直线上. 在直线上，它变为坐标变量.

从现在起，$\mathbb{R}^1$ 中的体系和 $\mathbb{R}^2$ 中的体系就没有什么区别了. 特别地，期望的定义与维数无关.

把前面的结果总结一下就有：*任一分布函数都在 $\mathbb{R}^r$ 中的博雷尔集组成的 σ 代数上导出一个概率测度，从而定义了一个概率空间.* 这可以非正式地重新叙述如下：我们证明了，与在密度的情形一样，离散样本空间的概率体系不用作任何形式上的改变就可搬过来，从而说明前 3 章所用的概率术语是有道理的. 当我们谈到 r 个随机变量 $X_1, \cdots, X_r$ 时，我们认为它们是定义在同一概率空间上的，从而 $(X_1, \cdots, X_r)$ 的联合分布存在. 于是，我们可以自由地把 X_k 解释为样本空间 $\mathbb{R}^r$ 中的坐标变量.

几乎可以不加说明而继续使用像**边缘分布**（见 3.1 节和第 1 卷 9.1 节）或**独立变量**等术语. 关于这些变量的基本事实和在离散情形中一样.

(i) X 和 Y 是具有（一维）分布 F 和 G 的独立随机变量，是指 (X, Y) 的联合分布函数由乘积 $F(x_1)G(x_2)$ 给出. 这个陈述可以适用于一给定概率空间中的两个变量，也可以作为下列陈述的缩写：我们引进一个以 X 和 Y 为坐标变量的

---

① 证明利用了下面的事实：在一维区间的有限划分中，子区间按从左到右的自然顺序出现. 一个同样整齐的排列刻划了二维区间 $\overline{a, b}$ 的棋盘式划分的特征，即划分成 mn 个子区间，这些子区间是通过单独细分 $\overline{a, b}$ 的两边并过所有分点作坐标轴的平行线而得到的. 对于这样的棋盘式划分，有限可加性的证明不需要改变. 对于任一划分，都有一个相应的棋盘式的加细. 从有限划分到可数划分的过渡与维数无关.

② 一个特殊情形包含在第 1 卷 9.2 节的定理 1 中.

平面，并用乘积法则来定义概率. 这个说明也同样适用于随机变量对或随机变量的三元组，等等.

(ii) 如果 m 元组 $(X_1, \cdots, X_m)$ 与 n 元组 $(Y_1, \cdots, Y_n)$ 独立，那么（对于任意一对函数 u 和 v）$u(X_1, \cdots, X_m)$ 与 $v(Y_1, \cdots, Y_n)$ 也是独立的.

(iii) 如果 X 和 Y 独立，那么当 X 和 Y 的期望存在时（即当积分绝对收敛时），$E(XY) = E(X)E(Y)$.

下列简单结果是非常有用的.

引理 2 一个概率分布可由所有在某有限区间外等于零的连续函数 u 的期望 $E(u)$ 唯一确定.

证 设 I 是一个有限开区间，v 是一个在 I 中为正而在 I 外等于零的连续函数，那么在每个点 $x \in I$ 上，$\sqrt[n]{v(x)} \to 1$，因而 $E(\sqrt[n]{v}) \to F\{I\}$. 于是，对于所有的开区间，给定的那一类连续函数的期望唯一地确定了值 $F\{I\}$，这些值唯一地确定了 F. ■

注 I[①] **里斯表示定理** 在上一引理中，期望是用一个给定的概率分布定义的. 我们通常（例如在 7.3 节的矩问题中）从一个给定的泛函，即从一个对某些函数的赋值 $E(u)$ 出发. 我们问：是否存在一个概率分布 F，使得

$$E(u) = \int_{-\infty}^{+\infty} u(x)F\{\mathrm{d}x\}. \tag{5.1.14}$$

可以证明，3 个明显的必要条件也是充分的.

定理 假设对于每一个在某有限区间外等于零的连续函数 u，都有一个具有下列性质的数 $E(u)$ 与之对应：(i) 此泛函是线性的，即对于所有的线性组合，

$$E(c_1u_1 + c_2u_2) = c_1E(u_1) + c_2E(u_2);$$

(ii) 它是正的，即 $u \geqslant 0$ 蕴涵 $E(u) \geqslant 0$；(iii) 它的范数等于 1，即 $0 \leqslant u \leqslant 1$ 蕴涵 $E(n) \leqslant 1$，但对每个 $\varepsilon > 0$，存在一个 u，使得 $0 \leqslant u \leqslant 1$ 且

$$E(u) \geqslant 1 - \varepsilon.$$

那么存在唯一的一个概率分布 F 使 (5.1.14) 成立.

证 对任意的 t 和 $h > 0$，用 $z_{t,h}$ 表示 x 的满足下列条件的连续函数：当 $x \leqslant t$ 时等于 1，当 $x \geqslant t + h$ 时等于零，在中间的区间 $t \leqslant x \leqslant t + h$ 上是线性的. 这个函数在无穷远点不等于零，但是我们可以利用简单的逼近来定义 $E(z_{t,h})$. 选取函数 $|u_n| \leqslant 1$，使 $E(u_n)$ 有定义且对于 $|x| \leqslant n$，$u_n(x) = z_{t,h}(x)$. 如果 $m > n$，那么差 $u_m - u_n$ 在区间 $\overline{-n, n}$ 内恒等于零，由 E 的范数等于 1 这个事实可知，$E(u_n - u_m) \to 0$. 由此推出，$E(u_n)$ 收敛于一个有限极限，这个极限显然与 u_n 的逼近方式的选择无关. 因此，定义 $E(z_{t,h}) = \lim E(u_n)$ 是合理的. 容易看出，即使在这个扩大了的定义域中，泛函 E 也具有定理中所要求的 3 个性质.

① 这个注讨论一个从概念上讲很有意思的课题，但是我们在下文中用不着它. 关于另外一种方法见 4.5 节.

现在令 $F_h(t)=E(z_{t,h})$. 对于固定的 h，这是一个单调函数，它从 0 变到 1. 它是连续的，因为当 $0<\delta<h$ 时，差 $z_{t+\delta,h}-z_{t,h}$ 的图形是一个高为 δ/h 的三角形，因此 F_h 的差商以 $1/h$ 为界. 当 $h\to 0$ 时，函数 F_h 单调减少趋于一个极限，我们把这个极限记为 F. 我们来证明，F 是一个**概率分布**. 显然，F 是单调的，并且 $F(-\infty)=0$. 此外，$F(t)\geqslant F_h(t-h)$，这蕴涵 $F(\infty)=1$. 还需要证明 F 是右连续的. 对于给定的 t 和 $\varepsilon>0$，选取这样小的 h，使得 $F(t)>F_h(t)-\varepsilon$. 由 F_h 的连续性知道，对于充分小的 δ，有

$$F(t)>F_h(t)-\varepsilon>F_h(t+\delta)-2\varepsilon\geqslant F(t+\delta)-2\varepsilon,$$

这就证明了右连续性.

设 u 是一个在有限区间 $\overline{a,b}$ 外等于零的连续函数. 取 $a=a_0<a_1<\cdots<a_n=b$，使得在每个子区间 $\overline{a_{k-1},a_k}$ 内，u 的振幅小于 ε. 如果 h 比这些区间的长度中的最小者还小，那么

$$u_h=\sum_{k=1}^{n}u(a_k)[z_{a_k,h}-z_{a_{k-1},h}] \tag{5.1.15}$$

是一个逐段线性函数，其顶点在 a_k 和 a_k+h 上. 因为 $u(a_k)=u_h(a_k)$，所以 $|u-u_h|\leqslant 2\varepsilon$. 因此 $|\mathrm{E}(u)-\mathrm{E}(u_h)|\leqslant 2\varepsilon$. 但是当 $h\to 0$ 时，

$$E(u_h)\to\sum_{k=1}^{n}u(a_k)F\left\{\overline{a_{k-1},a_k}\right\}, \tag{5.1.16}$$

这个和式与 (5.1.14) 中的积分之差小于 ε. 于是 (5.1.14) 的两边之差小于 3ε，因此 (5.1.14) 成立. ■

注 II 关于独立性和相关性 统计相关理论可以追溯到理论尚无法定形、随机独立性概念不可避免地要带有神秘色彩的时候. 那时人们知道，两个期望为零的有界随机变量的独立性蕴涵 $E(XY)=0$，但是在一开始，人们认为这个条件也是 X 和 Y 独立的充分条件. 后来人们发现，事实并非如此，这个发现导致人们去寻求使不相关蕴涵随机独立性的条件. 正如经常发生的那样，这个问题的历史和部分结果的光辉很容易掩盖下面的事实，即用现代方法解决这个问题是非常简单的. 下列定理包括了文献中用种种困难的方法证明过的各种结果.

定理 *为使随机变量 X 和 Y 独立，当且仅当对于所有在某有限区间外等于零的连续函数 u 和 v，都有*

$$E(u(X)\cdot v(Y))=E(u(X))\cdot E(v(Y)). \tag{5.1.17}$$

证 条件的必要性是显然的. 为了证明充分性，只需证明：对于每一个有界连续函数 w，$E(w)$ 与 w 关于一对与 X 和 Y 有相同分布的独立变量的期望相同. (5.1.17) 表明，当 w 具有 $w(X,Y)=u(X)v(Y)$ 的形式时，上述结论成立. 每个有界连续函数 w 都可用形如 $\sum c_k u_k(X)v_k(Y)$ 的线性组合来一致逼近[①]. 取极限就可看出，这个结论对于任意的有界连续函数 w 成立. ■

5.2 预备知识

本节主要对与 $\mathbb{R}^1$ 中的概率分布有关的熟知的明显的东西引进术语.

① 见 8.10 节中的习题 10.

与在离散变量的情形一样，只要 $E(X^k)$ 存在，我们就把它定义为随机变量 X 的 k 阶**矩**. 所谓 $E(X^k)$ 存在，是指积分

$$E(X^k) = \int_{-\infty}^{\infty} x^k F\{\mathrm{d}x\} \tag{5.2.1}$$

绝对收敛. 因此，为使 $E(X^k)$ 存在，当且仅当 $E(|X|^k) < \infty$. 我们称最后这个量为 X 的 k 阶**绝对矩**（对非整数 $k > 0$ 也有定义）. 因为当 $0 < a < b$ 时，$|x|^a \leqslant |x|^b + 1$，所以 b 阶绝对矩的存在性蕴涵所有阶为 $a < b$ 的绝对矩的存在性.

如果 X 的期望为 m，那么我们称 $X - m$ 的二阶矩为 X 的**方差**：

$$\mathrm{Var}(X) = E((X-m)^2) = E(X^2) - m^2. \tag{5.2.2}$$

它的性质和在离散情形的性质一样. 特别地，如果 X 和 Y 独立，那么当 X 和 Y 的方差存在时，

$$\mathrm{Var}(X+Y) = \mathrm{Var}(X) + \mathrm{Var}(Y). \tag{5.2.3}$$

[我们称两个满足 (5.2.3) 的变量是不相关的. 在第 1 卷第 9 章中曾经证明过，两个相依变量可以是不相关的.]

我们以前常常把随机变量 X 换为“缩减变量”

$$X^* = \frac{X-m}{\sigma}$$

其中 $m = \mathrm{E}(X)$，$\sigma^2 = \mathrm{Var}(X)$. 物理学家称 X^* 是“用无量纲单位表示的”. 更一般地说，从 X 变到 $\dfrac{X-\beta}{\alpha}$（其中 $\alpha > 0$）相当于原点和度量单位的变化. 这个新变量的分布函数为 $F(\alpha x + \beta)$. 在许多情况下，我们实际上讨论的是这种形式的分布的全体，而不是单个的代表. 因此，为了方便起见，我们引入以下定义.

定义 1 我们称 $\mathbb{R}^1$ 中的两个分布 F_1 和 F_2 是同一类型的①，如果 $F_2(x) = F_1(\alpha x + \beta)$，其中 $\alpha > 0$. 我们把 α 称为尺度因子，把 β 称为中心（或位置）常数.

有了这个定义，我们就可以使用像“这样规定 F 的中心，使它的期望为 0”或“中心常数不影响方差”这样的语句.

我们定义分布 F 的**中位数**为满足 $F(\xi) \geqslant \dfrac{1}{2}$ 和 $F(\xi-) \leqslant \dfrac{1}{2}$ 的数 ξ. 它未必是唯一确定的；如果对于区间 $\overline{a,b}$ 中的所有 x 有 $F(x) = \dfrac{1}{2}$，那么每个这样的 x 都是中位数. 可以这样规定一个分布的中心，使得 0 是它的一个中位数.

① 这个概念是辛钦（Khintchine）引入的，他使用的是德文术语 Klasse，但在英文中“a class of functions”（函数类）已有确定的意义.

除中位数外，这些概念都可以搬到高维中或形如 $\boldsymbol{X}=(X_1,\cdots,X_n)$ 的随机向量上；合适的向量记号已在 3.5 节中引入，不需要改变. 现在，$\boldsymbol{X}$ 的期望是一个向量，方差是一个矩阵.

考察分布函数的图像时首先注意到的是它的不连续点和常值区间. 我们经常需要说一点不在一常值区间中. 我们引入下面的可适用于各维空间的方便术语.

定义 2 我们称点 x 是一个原子，如果它带有正质量. 我们称它是 F 的增点，当且仅当对于包含 x 的每个开区间 I 都有 $F\{I\}>0$.

我们称分布 F 集中在集合 A 上，如果余集 A' 的概率 $F\{A'\}=0$.

我们称分布 F 是原子型的，如果它集中在它的原子组成的集合上.

例 把 $\overline{0,1}$ 中的有理数按分母增加的次序排成一个数列 $r_1,r_2,\cdots$. 设 F 对 r_k 赋予概率 2^{-k}，那么 F 是纯原子型的. 但是应注意，闭区间 $\overline{\underline{0,1}}$ 中的每一点都是 F 的增点. ■

由可数可加性 (5.1.7) 知，诸原子的质量之和不能超过 1，从而至多只有一个原子的质量大于 $\dfrac{1}{2}$，至多只有两个原子的质量大于 $\dfrac{1}{3}$，等等. 因此可以把原子排成一个简单序列 $a_1,a_2,\cdots$，使相应的质量减少：$p_1\geqslant p_2\geqslant\cdots$. 换句话说，至多存在可数多个原子.

我们称没有原子的分布为**连续分布**. 如果有原子，则用 $p_1,p_2,\cdots$ 表示它们的质量，并设 $p=\sum p_k$ 是它们的和. 令

$$F_a(x)=p^{-1}\sum_{ak\leqslant x}p_k, \tag{5.2.4}$$

其中求和是对 $\overline{-\infty,x}$ 中的所有原子进行的. 显然，F_a 也是一个分布函数，我们称它为 F 的**原子型分量**. 如果 $p=1$，那么分布 F 是原子型的. 否则就令 $q=1-p$. 容易看出，$[F-pF_a]/q=F_c$ 是一个连续分布，因此

$$F=pF_a+qF_c \tag{5.2.5}$$

是两个分布函数的线性组合，其中 F_a 是原子型分布，F_c 是连续分布. 如果 F 是原子型的，那么 (5.2.5) 对 $p=1$ 和任意的 F_c 成立；在没有原子的情形下，(5.2.5) 对 $p=0$ 成立. 因此我们有：

若尔当（Jordan）分解定理 每个概率分布都是由一个原子型分布和一个连续分布组成的形如 (5.2.5) 的混合；这里 $p\geqslant 0,q\geqslant 0,p+q=1$.

在原子型分布中，有一类分布由于明显的例外而有时要妨碍简单的公式表述. 它的成员与整值随机变量只相差一个尺度因子，但是它们是如此经常地出现，以致为了便于引用，需要给它们起个名称.

定义 3 我们称 $\mathbb{R}^1$ 中的分布 F 是一个算术分布，[1] 如果它集中在形如 $0, \pm\lambda, \pm 2\lambda, \cdots$ 的点集上. 我们称具有这个性质的最大的 λ 为 F 的步长.

5.3 密 度

头两章讨论了 $\mathbb{R}^1$ 中的这样的概率分布，使得对于所有的区间（因而对于所有的集合），

$$F\{A\} = \int_A \varphi(x)\mathrm{d}x \tag{5.3.1}$$

第 3 章的分布具有同样的形式，积分是关于 $\mathbb{R}^r$ 中的勒贝格测度（面积或体积）进行的. 如果 (5.3.1) 中的密度 φ 集中在区间 $\overline{0,1}$ 上，则 (5.3.1) 取形式

$$F\{A\} = \int_A \varphi(x)U\{\mathrm{d}x\}, \tag{5.3.2}$$

其中 U 表示在 $\overline{0,1}$ 上的均匀分布. 上一公式对任意的概率分布 U 都有意义，当 $F\{\overline{-\infty,\infty}\} = 1$ 时，它定义一个新的概率分布 F. 在这种情形下，我们称 φ 是 F 关于 U 的密度.

在 (5.3.1) 中，测度 U 是无穷的，而在 (5.3.2) 中 $U\{\overline{-\infty,\infty}\} = 1$. 这种差别不是本质的，因为可以把 (5.3.1) 中的积分写成一系列的形如 (5.3.2) 的在有限区间上的积分的和. 仅当 U 是一个概率分布或勒贝格测度（如在 (5.3.1) 中）时，我们才利用 (5.3.2)，但下列定义是一般的.

定义 我们称分布 F 关于测度 U 是绝对连续的，如果它具有 (5.3.2) 的形式. 在这种情形下，称 φ 为 F 关于 U 的密度[2].

特殊情形 (5.3.1)（其中 U 是勒贝格测度）当然是最重要的，在这种情形下，我们称 φ 是一个“普通”密度.

我们现在引入**缩写式**

$$F\{\mathrm{d}x\} = \varphi(x)U\{\mathrm{d}x\}. \tag{5.3.3}$$

这只是一个表示 (5.3.2) 对所有集合成立的缩写记号，其中 $\mathrm{d}x$ 没有什么意义. 利用这个记号，可把 (5.3.1) 缩写为 $F\{\mathrm{d}x\} = \varphi(x)\mathrm{d}x$. 如果 U 有一个普通的密度 u，那么 (5.3.2) 与 $F\{\mathrm{d}x\} = \varphi(x)u(x)\mathrm{d}x$ 具有相同的意义.

---

① 术语**格点分布**也许更为常用，但是它的用法不一样：按照一些作者的意见，格点分布可以集中在点集 $a, a\pm\lambda, a\pm 2\lambda, \cdots$ 上，其中 a 是任意的.（按照我们的术语，在 ± 1 上具有原子的二项分布是一个步长为 1 的算术分布，但是据另外一种定义，它是一个步长为 1 的格点分布.）

② 在测度论中，称 φ 为 F 关于 U 的拉东–尼科迪姆（Radon-Nikodym）导数.

例　(a) 设 U 是 $\mathbb{R}^1$ 中的一个概率分布，它的二阶矩为 m_2. 那么

$$F\{\mathrm{d}x\}=\frac{1}{m_2}x^2U\{\mathrm{d}x\}$$

是一个新的概率分布. 特别地，如果 U 是 $\overline{0,1}$ 中的均匀分布，那么对于 $0<x<1$，$F(x)=x^3$；如果 U 有密度 e^{-x} $(x>0)$，那么 F 是具有普通密度 $\frac{1}{2}x^2\mathrm{e}^{-x}$ 的 Γ 分布.

(b) 设 U 是一个原子型分布，它对 $a_1,a_2,\cdots$ 赋予质量 $p_1,p_2,\cdots$（其中 $\sum p_k=1$）. 分布 F 关于 U 有密度 φ，当且仅当它是纯原子型分布，且它的原子在 $a_1,a_2,\cdots$ 中. 如果 F 对 a_j 赋予质量 q_j，那么密度 φ 为 $\varphi(a_k)=\dfrac{q_k}{p_k}$. φ 在其他点上的值不起作用，除了在原子上以外，最好不定义 φ 的值. ■

从理论上讲，(5.3.2) 中的被积函数 φ 不是唯一确定的；因为如果 N 是一个使得 $U\{N\}=0$ 的集合，那么可以以任意方式在 N 上重新定义 φ 而不影响 (5.3.2). 但这是唯一的一种不确定性，*除了在一个零测集上的值外，密度是唯一确定的*.[①]在实际中，唯一的选择通常是由连续性条件支配的，因此，我们通常讲“这个”密度，虽然讲“一个”密度更精确.

对于任一有界函数 v，关系式 (5.3.3) 显然蕴涵[②]

$$v(x)F\{\mathrm{d}x\}=v(x)\varphi(x)I\{\mathrm{d}x\}. \tag{5.3.4}$$

特别地，如果 φ 取 θ 以外的有界值，那么我们可以选取 $v=\varphi^{-1}$，从而得到 (5.3.2) 的**反演公式**

$$U\{\mathrm{d}x\}=\frac{1}{\varphi(x)}F\{\mathrm{d}x\}. \tag{5.3.5}$$

一个常用的绝对连续准则包含在测度论的一个基本定理中，我们不加证明地承认这个定理.

---

① 事实上，如果 φ 和 φ_1 都是 F 关于 U 的密度，那么考察所有使得 $\varphi(x)>\varphi_1(x)+\varepsilon$ 的点 x 所成的集合 A. 由

$$F\{A\}=\int_A\varphi(x)U\{\mathrm{d}x\}=\int_A\varphi_1(x)U\{\mathrm{d}x\}$$

推出 $U\{A\}=0$，因为这对于每个 $\varepsilon>0$ 都成立，所以我们看出，除了一个使 $U\{N\}=0$ 的集合 N 外，$\varphi(x)=\varphi_1(x)$.

② 对新积分感到难以理解的读者应当注意，在连续密度的情形下，(5.3.4) 化为熟知的积分代换法则. 下面的在一般情形下的证明，利用了一个可适用更一般情形的标准论证. 当 v 是简单函数时，即它仅取有限多个值时，公式 (5.3.4) 显然成立. 对每一个有界函数 v，存在两个简单函数 $\underline{v}$ 和 $\overline{v}$，使得 $\underline{v}\leqslant v\leqslant\overline{v}$，$\overline{v}-\underline{v}<\varepsilon$，因此，(5.3.4) 对所有简单函数成立就蕴涵着它在一般情形下的正确性.

拉东–尼科迪姆（Randon-Nikodym）定理[①] F 关于 U 是绝对连续的，当且仅当

$$\text{只要 } U\{\mathrm{A}\}=0 \text{ 就有 } F\{A\}=0. \tag{5.3.6}$$

这个表达式可用下列陈述来表达：U 零集也是 F 零集. 我们给出一个重要的推论，虽然在本书中没有明显地用到它.

准则 F 关于 U 是绝对连续的，当且仅当对于每个 $\varepsilon>0$，有一个 $\delta>0$，使得对任意一组不相交区间 $I_1,\cdots,I_n$，

$$\sum_1^n U\{I_k\}<\delta \quad \text{蕴涵} \quad \sum_1^n F\{I_k\}<\varepsilon. \tag{5.3.7}$$

一个重要的特殊情形是对于所有区间有

$$F\{I\}\leqslant a\cdot U\{I\}. \tag{5.3.8}$$

于是 (5.3.4) 对 $\delta=\dfrac{\varepsilon}{a}$ 成立. 容易看出，在这种情形下，F 有一个关于 U 的密度 φ，使得 $\varphi\leqslant a$.

*奇异分布

拉东–尼科迪姆定理的条件 (5.3.6) 导出我们研究绝对连续分布的极端相似物.

定义 称概率分布 F 关于 U 是奇异的，如果它集中在一个使 $U\{N\}=0$ 的集合 N 上.

勒贝格测度 $U\{\mathrm{d}x\}=\mathrm{d}x$ 起着一个特殊的作用，在没有进一步的限制下，"奇异"一词就是指关于它是奇异的. 每个原子型分布关于 $\mathrm{d}x$ 都是奇异的，但是 1.11 节例 (d) 的**康托尔型分布**表明，在 $\mathbb{R}^1$ 中存在这样的连续分布，它们关于 $\mathrm{d}x$ 是奇异的. 这样的分布不易用微积分的方法进行处理，实际上它没有显式表达式. 因此，为了分析的目的，我们不得不选取一个可导出连续分布或原子型分布的框架. 但是从概念上讲，奇异分布起着重要的作用，许多统计检验依赖于它的存在性. 这种情况被奇异分布"实际上"不发生这一陈词滥调所掩盖.

(c) **伯努利试验**. 在 1.11 节例 (c) 中曾经指出，可以通过把 S 和 F 分别换为 1 和 0 这一简单方法，把由序列 $SS\cdots F\cdots$ 组成的样本空间映到单位区间上. 于是单位区间成了样本空间，无穷试验序列的结果可用随机变量 $Y=\sum 2^{-k}X_k$

① 通常称为勒贝格–尼科迪姆（Lebesgue-Nikodym）定理. 关系式 (5.3.6) 可以作为绝对连续性的定义. 在这种情形下，定理断言了密度的存在性.

* 虽然从概念上讲奇异分布很重要，但在本书中只是附带地提一下.

表示，其中 X_k 是以概率 p 和 q 取值 1 和 0 的独立变量. 用 F_p 表示 Y 的分布. 对于对称的试验，$F_{\frac{1}{2}}$ 是一个均匀分布，这个模型由于其简单性而引人注目. 事实上，从概率论创始以来，人们就一直利用着对称伯努利试验与"在 $\overline{0,1}$ 中随机地选取一点"的等价性. 现在根据大数定律，分布 F_p 集中在由这样的点组成的集合 N_p 上，使得在它们的二进制展开式中数字 1 的频率趋于 p. 当 $p \neq \alpha$ 时，集合 N_α 的概率为 0，因为分布 F_p *是相互奇异的*；对于 $p \neq \dfrac{1}{2}$，分布 F_p 关于均匀分布 $\mathrm{d}x$ 是奇异的. F_p 的显式表达式是不适用的. 因此，当 $p \neq \dfrac{1}{2}$ 时，此模型不被普遍使用. 有两点值得注意.

第一，考虑一下，如果特殊值 $p = \dfrac{1}{3}$ 有特殊的意义或在应用中经常出现，那么将发生什么情况. 我们把数的二进制表达式换成三进制展开式，并引入一个新尺度，使 $F_{\frac{1}{3}}$ 和均匀分布重合. "实际上"我们仍然只讨论绝对连续分布，但其理由在于所用的工具的选择，而不在于事物的本质.

第二，硬币是否均匀可用统计学的方法进行检验. 实际的必然性可以通过有限次试验得到. 这是可能的，因为在假设 $p = \dfrac{1}{2}$ 可能发生的现象，在假设 $p = \dfrac{1}{3}$ 是极不可能发生的. 沿着这条线路稍做思考就可发现，之所以能够在有限次试验后作出决定是由于下列事实：F_p 关于 $F_{\frac{1}{2}}$ 是奇异的（只要 $p \neq \dfrac{1}{2}$）. 因此，奇异分布的存在性对于统计学的实践是非常重要的.

(d) **随机方向.** $\mathbb{R}^2$ 中具有随机方向的单位向量的概念是在 1.10 节中引进的. 这种向量的分布集中在单位圆周上，因而它关于平面上的勒贝格测度 (面积) 是奇异的. 有人可能说，在这种情况下，应把圆周作为样本空间，但是实际的问题有时使这种选择是不可能的.（见 5.4 节例 (e).）　■

勒贝格分解定理　*每一个概率分布都是下列形式的混合：*

$$F = p \cdot F_s + q \cdot F_{ac}, \tag{5.3.9}$$

其中 $p \geqslant 0, q \geqslant 0, p + q = 1$. F_s *是关于给定的测度* U *奇异的概率分布*，F_{ac} *是关于* U *绝对连续的概率分布.*

把若尔当分解式 (5.2.5) 应用于 F_s 可知，F 可以写成 3 个概率分布的混合，其中第 1 个是原子型分布，第 2 个是关于 $U\{\mathrm{d}x\}$ 绝对连续的分布，第 3 个是一个连续但奇异的分布.

证　为了使叙述简单，我们把使得 $U\{N\} = 0$ 的集合 N 称为零集. 设 p 是 $F\{N\}$ 对于所有零集 N 的上确界. 对于每个 n，存在一个零集 N_n，使得 $F\{N_n\} > p - \dfrac{1}{n}$. 于是对余集 N_n' 中的任一零集 A 有 $F\{A\} \leqslant \dfrac{1}{n}$. 对于并集

$N = \bigcup N_n$，这蕴涵 $U\{N\} = 0$, $F\{N\} = p$，因而余集 N' 中的任一零集的概率为 0.

如果 $p = 1$，则 F 是奇异的，而 $p = 0$ 表示 F 是绝对连续的. 当 $0 < p < 1$ 时，结论对于由下式定义的两个概率分布是正确的：

$$p \cdot F_s\{A\} = F\{AN\}, \quad q \cdot F_{ac}\{A\} = F\{AN'\}. \tag{5.3.10}$$ ■

5.4 卷 积

在许多数学分支中，卷积是非常有用的. 我们必须用两种方式讨论卷积：一个是作为分布之间的运算，另一个是作为一个分布与一个连续函数之间的运算.

为了确定起见，我们只对 $\mathbb{R}^1$ 中的分布进行讨论，但是利用 5.1 的向量记号，诸公式与维数无关. **圆周上的卷积**的定义可仿照 2.8 节中所述的方式给出，不需要说明.（更一般的卷积可以定义在任意的群上.）

设 F 是一个概率分布，φ 是一个有界点函数.（在我们的应用中，φ 或者是一个连续函数，或者是一个分布函数.）那么用

$$u(x) = \int_{-\infty}^{+\infty} \varphi(x-y) F\{\mathrm{d}y\} \tag{5.4.1}$$

定义一个新函数 u. 如果 F 有一个（关于 $\mathrm{d}x$ 的）密度 f，那么上式化为

$$u(x) = \int_{-\infty}^{+\infty} \varphi(x-y) f(y) \mathrm{d}y. \tag{5.4.2}$$

定义 1 一个函数 φ 与一个概率分布 F 的卷积是由 (5.4.1) 定义的函数. 我们把它表示为 $u = F \bigstar \varphi$. 当 F 有一个密度 f 时，我们还可写成 $u = f * \varphi$.

注意，项的次序是很重要的：符号 $\varphi \bigstar F$ 一般说来是无意义的. 另外，(5.4.2) 对于任意可积的 f 和 φ（即使 f 不是非负的）都有意义，我们在这种一般化了的意义上使用符号 $*$. 不用说，φ 的有界性只是为了简单起见而假设的，并不是必需的.

例 (a) 当 F 是 $\overline{0,a}$ 中的均匀分布时，

$$u(x) = a^{-1} \int_{x-a}^{x} \varphi(s) \mathrm{d}s. \tag{5.4.3}$$

由此推出 u 是连续的；如果 φ 是连续的，那么 u 有一个连续导数，等等. 一般说来，u 的性质比 φ 的性质好，因而卷积起一个**光滑算子**的作用.

(b) 关于指数分布以及均匀分布的卷积公式 [(1.3.6) 和 (1.9.1)] 是一些特殊情形. 关于 $\mathbb{R}^2$ 中的例子见 (3.1.22) 和第 3 章的习题 15～ 习题 17. ■

定理 1 如果 φ 是一个有界连续函数，那么 $u = F\bigstar\varphi$ 也是一个有界连续函数；如果 φ 是一个概率分布函数，那么 u 也是一个概率分布函数.

证 如果 φ 是一个有界连续函数，那么根据控制收敛定理，$u(x+h) \to u(x)$. 同理，φ 的右连续性蕴涵 u 的右连续性. 最后，如果 φ 从 0 单调增加到 1，那么 u 也显然如此. ■

当 φ 是一个分布函数时，下列定理给出了 $F\bigstar\varphi$ 的一种解释.

定理 2 设 X 和 Y 是具有分布 F 和 G 的独立随机变量，则

$$P\{X+Y \leqslant t\} = \int_{-\infty}^{+\infty} G(t-x)F\{\mathrm{d}x\}. \tag{5.4.4}$$

证[①] 取 $\varepsilon > 0$，用 I_n 表示区间 $n\varepsilon < x \leqslant (n+1)\varepsilon$，这里 $n = 0, \pm 1, \cdots$，如果对于某个 n 有 $X \in I_{n-1}, Y \leqslant t - n\varepsilon$，那么事件 $\{X+Y \leqslant t\}$ 发生. 前两个事件是互斥的，因为 X 和 Y 独立，所以我们有

$$P\{X+Y \leqslant t\} \leqslant \sum G(t-n\varepsilon) \cdot F\{I_n\}. \tag{5.4.5}$$

右端是在 I_n 中取值 $G(t-n\varepsilon)$ 的阶梯函数 G_ε 的积分. 因为 $G_\varepsilon(y) \leqslant G(t+\varepsilon-y)$，所以

$$P\{X+Y \leqslant t\} \leqslant \int_{-\infty}^{+\infty} G(t+\varepsilon-x)F\{\mathrm{d}x\}. \tag{5.4.6}$$

把 ε 换成 $-\varepsilon$，利用同样的论证可得到相反的不等式. 令 $\varepsilon \to 0$ 就得到 (5.4.4). ■

(c) 设 F 和 G 集中在整数 $0, 1, 2, \cdots$ 上，用 p_k 和 q_k 表示 k 的质量. 那么 (5.4.4) 中的积分化为和 $\sum G(t-k)p_k$. 这是一个当 $t < 0$ 时等于 0 而在每个区间 $n-1 < t < n$ 中都为常数的函数. 它在 $t = n$ 上的跳跃等于

$$\sum_{k=0}^{n} q_{n-k}p_k = q_np_0 + q_{n-1}p_1 + \cdots + q_0p_n, \tag{5.4.7}$$

这与第 1 卷整值随机变量的卷积公式 (11.2.1) 一致. ■

上述每个定理表明，对于两个分布函数，卷积运算产生一个新的分布函数 U. 加法 $X+Y$ 的交换律蕴涵 $F\bigstar G = G\bigstar F$. 一个完备的系统也许要对这种分布函

---

① (5.4.4) 是富比尼定理 (4.2.11) 的特殊情形，定理 2 的逆不真：我们在 2.4 节 (e) 和 3.9 节的习题 1 中看到，在个别的情形下，公式 (5.4.4) 对一对相依变量 X, Y 也可能成立.

数之间的卷积引入一个新的符号，但这几乎没有什么用处.[①] 当然，我们应把 U 看作区间函数或测度：对于每个区间 $I=\overline{a,b}$，显然有

$$U\{I\}=\int_{-\infty}^{+\infty}G\{I-y\}F\{\mathrm{d}y\}, \tag{5.4.8}$$

其中，与通常一样，$I-y$ 表示区间 $\overline{a-y,b-y}$.（这个公式可以搬到任意集合上.）由交换律得知，(5.4.8) 中 F 和 G 的位置是可交换的.

现在考虑 3 个分布 F_1,F_2,F_3. 随机变量的加法的结合律蕴涵 $(F_1\bigstar F_2)\bigstar F_3=F_1\bigstar(F_2\bigstar F_3)$，因而可以去掉小括号，写成 $F_1\bigstar F_2\bigstar F_3$. 我们把以上结论总结在定理 3 和定理 4 中.

定理 3 在分布中，卷积运算 $\bigstar$ 满足交换律和结合律.

定理 4 如果 G 是连续的（= 无原子的），那么 $U=F\bigstar G$ 也是连续的. 如果 G 有一个普通密度 φ，那么 U 有一个普通密度 u，它由 (5.4.1) 给出.

证 第一个断言包含在定理 1 中. 如果 φ 是 G 的密度，那么在区间 I 上积分 (5.4.1) 就可得到 (5.4.8)，因而 u 确实是 (5.4.8) 所定义的分布 U 的密度. ■

特别地，由此推出，如果 F 和 G 有密度 f 和 g，那么卷积 $F\bigstar G$ 有一个如下的密度 $h=f*g$：

$$h(x)=\int_{-\infty}^{+\infty}f(x-y)g(y)\mathrm{d}y. \tag{5.4.9}$$

一般说来，h 的光滑性比 f 和 g 的都好.（见习题 14.）

n 个具有共同分布 F 的相互独立的随机变量之和 $S_n=X_1+\cdots+X_n$ 如此经常地出现，以致于需要引入一个特殊的记号. S_n 的分布是 F 与它本身的 n 重卷积. 我们把它表示为 $F^{n\bigstar}$. 因此

$$F^{1\bigstar}=F,\qquad F^{(n+1)\bigstar}=F^{n\bigstar}\bigstar F. \tag{5.4.10}$$

我们习惯上把不包含项的和式解释为 0. 为了一致起见，我们把 $F^{0\bigstar}$ 定义为集中在原点上的原子型分布. 于是 (5.4.10) 对 $n=0$ 也成立.

如果 F 有一个密度 f，那么 $F^{n\bigstar}$ 有密度 $f*f*\cdots*f$（n 次）. 我们用 f^{n*} 来表示它. 这些记号与 1.2 节中引入的记号一致.

---

① 换句话说，当积分是关于测度 A 进行时，我们使用符号 $A\bigstar B$. 根据 B 是点函数 [如在 (5.4.1) 中] 或测度 [如在 (5.4.6) 中]，这个卷积也是点函数或测度. 我们用星号 $*$ 表示两个函数之间的运算，积分是关于勒贝格测度进行的. 在本书中，这类卷积几乎仅限于概率密度.

两个函数之间的卷积的更一般的定义可以定义为

$$f*g(x)=\int_{-\infty}^{+\infty}f(x-y)g(y)m\{\mathrm{d}y\},$$

其中 m 表示一个任意的测度. (5.4.7) 中的和表示这样一个特殊情形：m 集中在正整数上，对每个正整数赋予单位质量. 在这个意义上，在第 1 卷 11.2 节中对序列之间的卷积应用星号与我们现在的用法是一致的.

注 下列例子表明，两个奇异分布的卷积可能有一个连续密度. 它们还表明，卷积的实际计算不一定以定义公式为基础.

(d) $\overline{0,1}$ 中的均匀分布是两个康托尔型奇异分布的卷积. 事实上，设 $X_1, X_2, \cdots$ 是一列独立同分布的随机变量，X_k（$k=1,2,\cdots$）取值为 0 和 1 的概率都是 $\frac{1}{2}$. 我们在 1.11 节例 (c) 中曾看到，变量 $X=\sum 2^{-k}X_k$ 的分布是均匀的. 我们分别用 U 和 V 表示偶数项和奇数项的贡献. 显然，U 与 V 独立，$X=U+V$. 因此，均匀分布是 U 和 V 的分布的卷积. 但是，U 和 $2V$ 显然有相同的分布，变量 V 与 1.11 节例 (d) 中的变量 $\frac{1}{3}Y$ 只是记号不同. 换句话说，U 和 V 的分布与该例中的康托尔分布的不同之处仅在尺度因子上.

(e) **$\mathbb{R}^2$ 中的随机向量**. 具有随机方向的单位向量的分布集中在单位圆周上. 因而关于平面上的勒贝格测度是奇异的. 然而，两上独立向量的合向量的长度为 L，L 是一个集中在 $\overline{0,2}$ 上的具有密度 $\frac{2}{\pi}\frac{1}{\sqrt{4-r^2}}$ 的随机变量、事实上，根据余弦定理 $L=\sqrt{2-2\cos\,\omega}=\left|2\,\sin\frac{1}{2}\omega\right|$，其中 ω 是两个向量间的夹角. 由于 $\frac{1}{2}\omega$ 服从 $\overline{0,\pi}$ 中的均匀分布，所以我们有

$$P\{L\leqslant r\}=P\left\{\left|2\,\sin\frac{1}{2}\omega\right|\leqslant r\right\}=\frac{2}{\pi}\text{arc}\,\sin\frac{1}{2}r,\quad 0<r<2,\tag{5.4.11}$$

这就证明了断言.（见习题 12.）

关于增点

这里必须打断正在进行的讨论，以便记录下关于 $F\bigstar G$ 的增点的一些基本事实. 第 1 个引理在直观上是明显的，而第 2 个引理是技巧性的. 我们只在更新理论中应用它，从而在随机游动理论中间接地利用它.

引理 1 *如果 a 和 b 是分布 F 和 G 的增点，那么 $a+b$ 是 $F\bigstar G$ 的增点. 如果 a 和 b 是原子，那么 $a+b$ 也是原子. 此外，$F\bigstar G$ 的所有原子都是这种形式的.*

证 如果 X 与 Y 独立，那么

$$P\left\{|X+Y-a-b|<\varepsilon\right\}\geqslant P\left\{|X-a|<\frac{1}{2}\varepsilon\right\}\cdot P\left\{|Y-b|<\frac{1}{2}\varepsilon\right\}.$$

如果 a 和 b 是增点，则对每个 $\varepsilon>0$，右边都是正的，因此 $a+b$ 也是增点.

用 F_a 和 G_a 表示在若尔当分解式 (5.2.5) 中 F 和 G 的原子型分量. $F\bigstar G$ 的原子型分量显然与卷积 $F_a\bigstar G_a$ 相同，因此 $F\bigstar G$ 的所有原子都具有形式 $a+b$，其中 a 和 b 分别是 F 和 G 的原子. ■

算术分布所起的特殊作用和正变量所起的特殊作用，都使下列引理的固有的简单性受到影响.

引理 2 *设 F 是 $\mathbb{R}^1$ 中的一个分布，Σ 是 $F, F^{2\bigstar}, F^{3\bigstar}, \cdots$ 的增点所成的集合.*

(a) 如果 F 不集中在一个半轴上，那么当 F 不是算术分布时，Σ 在 $\overline{-\infty,\infty}$ 中是稠密的；当 F 是步长为 λ 的算术分布时，$\Sigma=\{0,\pm\lambda,\pm2\lambda,\cdots\}$.

(b) 设 F 集中在 $\overline{0,\infty}$ 上，但不集中在原点上. 如果 F 不是算术分布，那么 Σ 在下述意义上是“在无穷远处渐近稠密的”：对于给定的 $\varepsilon>0$ 和充分大的 x，区间 $\overline{x,x+\varepsilon}$ 包含 Σ 的点. 如果 F 是步长为 λ 的算术分布，那么对于充分大的 n，Σ 包含所有的点 $n\lambda$.

证 设 $0<a<b$ 是集合 Σ 中的两个点，令 $h=b-a$. 我们分两种情形讨论：

(i) 对于每个 $\varepsilon > 0$，可以选取这样的 a, b，使 $h < \varepsilon$；

(ii) 存在 $\delta > 0$，使得对于所有可能的选择都有 $h \geqslant \delta$.

设 I_n 表示区间 $na < x \leqslant nb$. 如果 $n(b-a) > a$，那么这个区间包含 $\overline{na, (n+1)a}$ 作为其真子区间，因此每个点 $x > x_0 = \dfrac{a^2}{b-a}$ 至少属于区间 $I_1, I_2, \cdots$ 之一. 根据引理 1，$n+1$ 个点 $na + kh$（$k = 0, 1, \cdots, n$）属于 Σ，这些点把 I_n 分成 n 个长度为 h 的子区间. 因此，每个点 $x > x_0$ 都位于距 Σ 的一个点的距离 $\leqslant \dfrac{h}{2}$ 的地方.

在 (i) 的情形下，这蕴涵 Σ 在无穷远处是渐近稠密的. 如果这时 F 集中在 $\overline{0, \infty}$ 上，则结论证毕. 否则令 $-c < 0$ 是 F 的一个增点. 对任意的 y 和充分大的 n，区间

$$nc + y < x < nc + y + \varepsilon$$

包含 Σ 的一点 s. 因为 $s - nc$ 仍属于 Σ，所以每个长度为 ε 的区间都包含 Σ 的一些点，因而 Σ 是处处稠密的.

在 (ii) 的情形下，我们可以选择 a 和 b 使得 $h < 2\delta$. 于是由此推出，形如 $na + kh$ 的点包括了 Σ 在 I_n 中的所有的点. 因为 $(n+1)a$ 是这些点中的一个，所以 Σ 在 I_n 中的所有点都是 h 的倍数. 现在设 c 是 F 的任一（正的或负的）增点. 对于充分大的 n，区间 I_n 包含一个形如 $kh + c$ 的点；由于这个点属于 Σ，所以 c 是 h 的倍数. 因此，在 (ii) 的情形下，F 是算术分布. ■

这个定理的一个特殊情形是很有意思的. 每个数 $x > 0$ 可以唯一地表示为一个整数 m 与一个数 $0 \leqslant \xi < 1$ 的和的形式 $x = m + \xi$. 我们称这个 ξ 为 x 的小数部分. 现在考虑一个集中在两点 -1 和 $\alpha > 0$ 上的分布 F. 集合 Σ 包含形如 $n\alpha - m$ 的所有的点，从而包含 $\alpha, 2\alpha, \cdots$ 的小数部分. 如果 $\alpha = \dfrac{p}{q}$，其中 p 和 q 是两个互素的正整数，那么这个 F 是算术分布. 在这种情况下，F 的步长等于 $\dfrac{1}{q}$. 因此，我们有下列的推论（在 8.7 节的等分布定理中将被加强）.

推论 如果 $\alpha > 0$ 是无理数，那么由 $\alpha, 2\alpha, 3\alpha, \cdots$ 的小数部分组成的集合在 $\overline{0, 1}$ 中稠密.

5.5 对 称 化

如果随机变理 X 的分布为 F，那么我们用 ${}^-F$ 表示 $-X$ 的分布. 在连续点上我们有

$$^-F(x) = 1 - F(-x), \tag{5.5.1}$$

这个关系式唯一地确定了 ${}^-F$. 如果 ${}^-F = F$，我们称分布 F 是**对称**的. [当密度 f 存在时，这表示 $f(-x) = f(x)$.]

设 X_1 和 X_2 是具有共同分布 F 的独立变量，那么 $X_1 - X_2$ 的分布是下列对称分布 ${}^0F$：

$$^0F = F \bigstar {}^-F. \tag{5.5.2}$$

利用对称性 ${}^0F(x) = 1 -{}^0 F(-x)$，容易看出

$$^0F(x) = \int_{-\infty}^{+\infty} F(x+y)F\{\mathrm{d}y\}. \tag{5.5.3}$$

我们称 ^0F 是通过把 F **对称化**得到的.

例　(a) 指数分布的对称化导出双侧指数分布 [2.4 节 (a)]; $\overline{0,1}$ 上的均匀分布的对称化导出 (2.4.1) 的三角形分布 τ_2.

(b) 在 ± 1 上具有质量为 $\frac{1}{2}$ 的原子型分布是对称的, 但不是经过对称化得到的.

(c) 设 F 是一个原子型分布, 对 $0, 1, \cdots$ 赋予质量 $p_0, p_1, \cdots$. 对称化了的分布 ^0F 是一个原子型分布, 点 $\pm n$ 具有质量

$$q_n = \sum_{k=0}^{\infty} p_k p_{k+n}, \quad q_{-n} = q_n. \tag{5.5.4}$$

当 F 是泊松分布时, 对 $n \geqslant 0$, 我们有

$$q_n = \mathrm{e}^{-2\alpha} \sum_{k=0}^{\infty} \frac{\alpha^{n+2k}}{k!(n+k)!} = \mathrm{e}^{-2\alpha} I_n(2\alpha), \tag{5.5.5}$$

其中 I_n 是在 (2.7.1) 中定义的**贝塞尔函数**（见习题 9）. ■

利用对称化可以避免许多凌乱的论证. 在这方面, 重要的是 F 的尾部和 ^0F 的尾部可比较大小, 用下列不等式可使这个陈述更为精确. 当用随机变量而不用分布本身来表示这些不等式时, 它们的意义就更清楚.

引理 1　对称化不等式　如果 X_1 和 X_2 是独立同分布的, 那么对于 $t > 0$,

$$P\{|X_1 - X_2| > t\} \leqslant 2P\left\{|X_1| > \frac{1}{2}t\right\}. \tag{5.5.6}$$

如果选择 $a \geqslant 0$ 使得 $P\{X_i \leqslant a\} \geqslant p$ 且 $P\{X_i \geqslant -a\} \geqslant p$, 那么

$$P\{|X_1 - X_2| > t\} \geqslant pP\{|X_1| > t + a\}. \tag{5.5.7}$$

特别地, 如果 0 是 X_j 的一个中位数, 那么

$$P\{|X_1 - X_2| > t\} \geqslant \frac{1}{2}P\{|X_1| > t\}. \tag{5.5.8}$$

证　除非 $|X_1| > \frac{1}{2}t$ 或 $|X_2| > \frac{1}{2}t$, 否则 (5.5.6) 左边的事件不可能发生, 因此 (5.5.6) 是正确的. 如果 $X_1 > t + a$ 且 $X_2 \leqslant a$, 那么 (5.5.7) 左边的事件发生; 如果 $X_1 < -t - a$ 且 $X_2 \geqslant -a$, 那么 (5.5.7) 左边的事件也发生. 这蕴涵 (5.5.7). ■

我们常用对称化来估计独立随机变量的和. 在这方面，下列不等式非常有用.

引理 2 如果 $X_2, \cdots, X_n$ 是独立的且都有对称的分布，那么 $S_n = X_1 + \cdots + X_n$ 也有对称的分布，且

$$P\{|X_1 + \cdots + X_n| > t\} \geqslant \frac{1}{2} P\{\max|X_j| > t\}. \tag{5.5.9}$$

如果 X_j 有共同分布 F，那么

$$P\{|X_1 + \cdots + X_n| \geqslant t\} \geqslant \frac{1}{2}(1 - \mathrm{e}^{-n[1-F(t)+F(-t)]}). \tag{5.5.10}$$

证 设随机变量 M 等于 $X_1, \cdots, X_n$ 中使绝对值达到最大的第一项，并令 $T = S_n - M$. 在 4 个组合 $(\pm M, \pm T)$ 有相同分布的意义下，对偶 (M, T) 的分布是对称的. 显然

$$P\{M > t\} \leqslant P\{M > t, T \geqslant 0\} + P\{M > t, T \leqslant 0\} \tag{5.5.11}$$

右边的两项有相等的概率，因此

$$P\{S > t\} = P\{M + T > t\} \geqslant P\{M > t,\ T \geqslant 0\} \geqslant \frac{1}{2} P\{M > t\}, \tag{5.5.12}$$

此式和 (5.5.9) 相同.

为了证明 (5.5.10)，注意到在连续点上

$$P\{\max|X_j| \leqslant t\} = (F(t) - F(-t))^n \leqslant \mathrm{e}^{-n[1-F(t)+F(-t)]}. \tag{5.5.13}$$

这蕴涵 (5.5.10)，因为当 $0 < x < 1$ 时 $1 - x < \mathrm{e}^{-x}$. ■

5.6 分部积分、矩的存在性

对于 $\mathbb{R}^1$ 中的任意期望，也可以利用熟知的分部积分公式. 如果 u 是有界函数，且有连续导数 u'，那么

$$\int_a^{b+} u(x) F\{\mathrm{d}x\} = u(b)F(b) - u(a)F(a) - \int_a^b u'(x)F(x)\mathrm{d}x. \tag{5.6.1}$$

证 经过简单的重排后，(5.6.1) 可化为

$$\int_a^{b+} [u(b) - u(x)] F\{\mathrm{d}x\} - \int_a^b u'(x)[F'(x) - F(a)]\mathrm{d}x = 0. \tag{5.6.2}$$

假设 $|u'| < M$，并把 $\overline{a,b}$ 分成 n 个长度为 h 的全等区间 I_k. 容易看出，I_k 对 (5.6.2) 左边的贡献的绝对值小于 $2MhF\{I_k\}$. 对 k 求和我们可以得到，左边的绝对值 $< 2Mh$，这个值可以任意小. 因此 (5.6.2) 的左边确实等于零. ■

作为一个应用，我们推导一个常用的公式（它推广了第 1 卷 (11.1.8)）.

引理 1 对任一 $\alpha > 0$，在如果下式一边收敛那么另一边也收敛的意义上，我们有

$$\int_0^\infty x^\alpha F\{\mathrm{d}x\} = \alpha \int_0^\infty x^{\alpha-1}[1 - F(x)]\mathrm{d}x. \tag{5.6.3}$$

证 因为积分区域是一个无穷区间，所以不能直接应用 (5.6.1)，但对每个 $b < \infty$，经过简单重排后有

$$\int_0^{b+} x^\alpha F\{\mathrm{d}x\} = -b^\alpha[1 - F(b)] + \alpha \int_0^b x^{\alpha-1}[1 - F(x)]\mathrm{d}x. \tag{5.6.4}$$

首先假设当 $b \to \infty$ 时左边的积分收敛. $\overline{b,\infty}$ 对此无穷积分的贡献 $\geqslant b^\alpha[1 - F(b)]$，因而 $b^\alpha[1 - F(b)]$ 趋于零. 在这种情形下，在 (5.6.4) 中取极限 $b \to \infty$ 可得 (5.6.3). 另外，左边的积分小于右边的积分，因此后者的收敛性保证了前者的收敛性，从而 (5.6.3) 成立. ■

对于左尾部也有一个类似于 (5.6.3) 的公式成立. 把这两个公式结合起来，我们得到以下引理.

引理 2 分布 F 有 $\alpha > 0$ 阶绝对矩，当且仅当 $|x|^{\alpha-1}[1 - F(x) + F(-x)]$ 在 $\overline{0,\infty}$ 上是可积的.

作为一个应用，我们来证明以下引理.

引理 3 设 X 和 Y 是独立随机变量，$S = X + Y$，那么，$E(|S|^\alpha)$ 存在当且仅当 $E(|X|^\alpha)$ 和 $E(|Y|^\alpha)$ 都存在.

证 因为变量 X 和 $X - c$ 具有相同的矩，不失一般性，可设 0 是 X 和 Y 的中位数. 但是这时有 $P\{|S| > t\} \geqslant \frac{1}{2}P\{|X| > t\}$，根据上一引理，$E(|S|^\alpha) < \infty$ 蕴涵 $E(|X|^\alpha) < \infty$. 这就证明了断言的“仅当”部分. 因为 $|S|$ 总小于或等于 $2|X|$ 和 $2|Y|$ 中的较大者，“当”部分可由不等式 $|S|^\alpha \leqslant 2^\alpha(|X|^\alpha + |Y|^\alpha)$ 推出. ■

5.7 切比雪夫不等式

切比雪夫（Chebyshev）不等式是概率论中最常用的工具之一. 不等式及其证明都与离散情形（第 1 卷 9.6 节）的一样，我们之所以重新叙述它，主要是为了便于参考. 我们将在 7.1 节中给出有趣的应用.

切比雪夫不等式 如果 $E(x^2)$ 存在，那么

$$P\{|X| \geqslant t\} \leqslant t^{-2}E(X^2), \quad t > 0. \tag{5.7.1}$$

特别地，如果 $E(X) = m$ 且 $\mathrm{Var}(X) = \sigma^2$，那么

$$P\{|X - m| \geqslant t\} \leqslant \sigma^2/t^2. \tag{5.7.2}$$

证 如果 F 表示 X 的分布，那么

$$E(X^2) \geqslant \int_{|x|\geqslant t} x^2 F\{\mathrm{d}x\} \geqslant t^2 \int_{|x|\geqslant t} F\{\mathrm{d}x\},$$

此式与 (5.7.1) 相同. ■

切比雪夫不等式之所以有用，并不是因为它的数值估计精确，而是由于它的简洁性以及它特别适用于随机变量之和这个事实. 对它可以作许多推广，但这些推广不具有上面所述的性质.（大多数推广非常简单，最好在需要时再推导它们. 例如，我们将在 7.7 节中叙述切比雪夫不等式与截尾手续的一种有用的结合.）

我们可以把推导非平凡不等式的一个相当一般方法叙述如下. 如果处处有 $u \geqslant 0$，并且对于区间 I 中的所有的 x 有 $u(x) > a > 0$，那么

$$F\{I\} \leqslant a^{-1}E(u(X)). \tag{5.7.3}$$

另外，如果在 I 的外面 $u \leqslant 0$，在 I 内 $u \leqslant 1$，那么可得到相反的不等式 $F\{I\} \geqslant E(u(X))$. 选择 u 为多项式，我们就可得到只依赖于 F 的矩的不等式.

例 (a) 设 $u(x) = (x+c)^2$，其中 $c > 0$. 那么对于所有的 x 有 $u(x) \geqslant 0$；对于 $x \geqslant t > 0$ 有 $u(x) \geqslant (t+c)^2$. 因此

$$P\{X > t\} \leqslant \frac{1}{(t+c)^2}E((X+c)^2). \tag{5.7.4}$$

如果 $E(X) = 0$ 且 $E(X^2) = \sigma^2$，那么右边在 $c = \dfrac{\sigma^2}{t}$ 时取最小值，因此

$$P\{X > t\} \leqslant \frac{\sigma^2}{\sigma^2 + t^2}, \quad t > 0. \tag{5.7.5}$$

这个有趣的不等式曾被许多作者独立地发现.

(b) 设 X 是正的（即 $F(0) = 0$），$E(X) = 1$, $E(X^2) = b$. 多项式 $u(x) = h^{-2}(x-a)(a+2h-x)$ 仅对 $a < x < a+2h$ 是正的，而且处处有 $u(x) \leqslant 1$. 当 $0 < a < 1$ 时，容易看出 $E(u(X)) \geqslant [2h(1-a) - b]h^{-2}$. 取 $h = b(1-a)^{-1}$，由这些例子前面的说明，我们得到

$$P\{X > a\} \geqslant (1-a)^2 b^{-1}. \tag{5.7.6}$$

(c) 如果 $E(X^2) = 1$ 且 $E(X^4) = M$，那么对 X^2 应用上一不等式我们得到

$$P\{|X| > t\} \geqslant (1-t^2)^2 M^{-1}, \quad 0 < t < 1. \tag{5.7.7}$$ ■

关于切比雪夫不等式的柯尔莫哥洛夫推广见 5.8 节例 (e).

5.8　进一步的不等式、凸函数

本节收集的不等式具有广泛的用途，这些不等式绝不是概率论所特有的. 最常用的是施瓦茨（Schwarz）不等式. 之所以给出其他不等式，主要是因为在随机过程和统计学中要用得它们.（本节是供参考用的，而不是供阅读用的.）

(a) 施瓦茨不等式

这个不等式的概率形式是说，对于定义在同一空间中的任意两个随机变量 φ 和 ψ，只要下列期望存在，就有

$$(E(\varphi\psi))^2 \leqslant E(\varphi^2)E(\psi^2). \tag{5.8.1}$$

此外，只有当某一线性组合 $a\varphi + b\psi$ 以概率 1 等于零时等号才成立. 更一般地说，如果 F 是集合 A 上的任一测度，那么对于任意两个使下式右边积分存在的函数 φ 和 ψ 都有

$$\left(\int_A \varphi(x)\psi(x)F\{\mathrm{d}x\}\right)^2 \leqslant \int_A \varphi^2(x)F\{\mathrm{d}x\}\cdot\int_A \psi^2(x)F\{\mathrm{d}x\}. \tag{5.8.2}$$

取 F 为一个纯原子型测度，它对每个整数赋予单位质量，我们就得到下列形式的关于和的施瓦茨不等式：

$$\left(\sum \varphi_i\psi_i\right)^2 \leqslant \sum \varphi_i^2 \sum \psi_i^2. \tag{5.8.3}$$

鉴于 (5.8.1) 的重要性，我们给出两个证明，这两个证明可导出不同的推广. 同样的证明也适用于 (5.8.2) 和 (5.8.3).

第一个证明　我们可以假设 $E(\psi^2) > 0$. 于是

$$E(\varphi + t\psi)^2 = E(\varphi^2) + 2tE(\varphi\psi) + t^2E(\psi^2) \tag{5.8.4}$$

是 t 的二次多项式. 由于它是非负的，所以它有两个复根或一个二重根 λ. 二次方程的标准解表明，在第一种情形下，(5.8.1) 以严格不等式成立；在第 2 种情形下，$E(\varphi + t\psi)^2 = 0$，从而除一个概率为零的集外都有 $\varphi + t\psi = 0$.

第二个证明　由于 φ 和 ψ 可以由它们的常数倍 $a\varphi$ 和 $b\psi$ 来代替，所以只要考虑 $E(\varphi^2) = E(\psi^2) = 1$ 的情形就行了. 于是在不等式 $2|\varphi\psi| \leqslant \varphi^2 + \psi^2$ 中取期望就可容易地推出 (5.8.1). ■

(b) 凸函数、詹生（Jensen）不等式

设 u 是定义在开区间 I 上的一个函数，$P = (\xi, u(\xi))$ 是它的图像上的一点. 称经过 P 的一条直线 L 是 u 在 ξ 点的**支撑线**，如果 u 的图像完全位于 L 上或

L 的上方.（这就排除了铅直线.）用分析的术语来说，就是要求，对于 I 中的一切 x，

$$u(x) \geqslant u(\xi) + \lambda \cdot (x - \xi), \tag{5.8.5}$$

其中 λ 是 L 的斜率. *称函数 u 在 I 中是凸的，如果在 I 中的每一点 x 上都存在一条支撑线.*（如果 $-u$ 是凸的，称 u 是凹的.）

我们着手证明：这个定义蕴涵在直观上与凸性有关的各种性质，这种性质可用凸折线来说明.

设 F 是任意一个集中于 I 上的概率分布，又设期望 $E(X)$ 存在. 取 $\xi = E(X)$，并在 (5.8.5) 中取期望，我们得到

$$E(u) \geqslant u(E(X)), \tag{5.8.6}$$

只要左边的期望存在. 这个结论就是**詹生不等式**.

最重要的情形是 F 集中于两点 x_1 和 x_2 上，并对这两点赋重量 $1-t$ 和 t. 这时 (5.8.6) 呈如下形式：

$$(1-t)u(x_1) + tu(x_2) \geqslant u((1-t)x_1 + tx_2). \tag{5.8.7}$$

这个不等式有下列简单的几何解释.

定理 1 *为使一个函数是凸的，当且仅当它的所有的弦都位于图像上或上方.*

证 (i) **必要性.** 设 u 是凸的，考虑任一区间 $\overline{x_1, x_2}$ 上的弦. 当 t 从 0 变到 1 时，$(1-t)x_1 + tx_2$ 跑遍区间 $\overline{x_1, x_2}$，(5.8.7) 的左边是弦上对应点的纵坐标. 于是 (5.8.7) 说明，弦上的点位于图像上或上方.

(ii) **充分性.** 设 u 有所述的性质，考虑 u 的图像上的 3 个横坐标为 $x_1 < x_2 < x_3$ 的点 P_1, P_2, P_3 构成的三角形. 于是 P_2 位于弦 P_1P_3 的下方，在三角形 3 个边中，P_1, P_2 的斜率最小，P_2P_3 的斜率最大. 因此，在区间 $\overline{x_2, x_3}$ 外，u 的图像位于直线 P_2P_3 的上方. 现在把 x_3 看作一个变量，令 $x_3 \to x_2+$. P_2P_3 的斜率单调地减少，但以 P_1P_2 的斜率为下界. 因此，直线 P_2P_3 趋于一条经过 P_2 的直线 L. 在 $\overline{x_2, x_3}$ 外，u 的图像位于直线 P_2P_3 的上方，因此整个图像位于 L 上或上方. 于是 L 是 u 在 x_2 点的支撑线. 由于 x_2 是任意的，所以 u 的凸性得证. ■

作为弦的极限，直线 L 是一条右切线. 在取极限的过程中，P_3 的横坐标 x_3 趋于 x_2，P_3 趋于 L 上的一点. 因此，$P_3 \to P_2$. 同样的论证对于从左边逼近也成立. 我们断言，u 的图像是连续的，在每个点上都有左、右切线. 此外，这些切线是支撑线，它们的斜率是单调变化的. 因为单调函数至多有可数多个不连续点，所以我们证明了以下定理.

定理 2 凸函数在所有的点上都有左、右导数，而且左、右导数都是不减函数. 它们仅可能在可数多个点上不相同.

显然，这个定理又给出了凸性的充要条件. 特别地，如果存在二阶导数，那么，u 是凸的当且仅当 $u'' \geqslant 0$.

我们通常把 (5.8.7) 当作凸性的定义. 对于 $t = \frac{1}{2}$，我们得到不等式

$$u\left(\frac{x_1 + x_2}{2}\right) \leqslant \frac{u(x_1) + u(x_2)}{2}, \tag{5.8.8}$$

此式说明弦的中点位于 u 的图像上或上方. 如果 u 是连续的，那么这个性质保证图像恒不与弦相交，因此 u 是凸的. 更一般地可以证明，满足 (5.8.8) 的任一贝尔函数[①]是凸的.

(c) 矩不等式

我们来证明，对于任一随机变量 X，

$$u(t) = \ln E(|X|^t), \quad t \geqslant 0 \tag{5.8.9}$$

在使上述积分存在的每个区间中是 t 的凸函数. 事实上，根据施瓦茨不等式 (5.8.1)，只要下列积分存在，就有

$$E^2(|X|^t) \leqslant E(|X|^{t+h})E(|X|^{t-h}), \quad 0 \leqslant h \leqslant t. \tag{5.8.10}$$

令 $x_1 = t - h, x_2 = t + h$，我们看出，(5.8.8) 成立. 因此，正如所断言的那样，u 是凸的.

因为 $u(0) \leqslant 0$，所以连接原点和点 $(t, u(t))$ 的直线的斜率 $t^{-1}u(t)$ 单调地变化，因此 $E(|X|^t)^{1/t}$ 是 $t > 0$ 的不减函数.

(d) 赫尔德（Hölder）不等式

设 $p > 1, q > 1, p^{-1} + q^{-1} = 1$. 那么对 $\varphi \geqslant 0, \psi \geqslant 0$，当下列积分存在时有

$$E(\varphi\psi) \leqslant (E(\varphi^p))^{1/p}(E(\psi^q))^{1/q}. \tag{5.8.11}$$

（施瓦茨不等式 (5.8.1) 是 $p = q = 2$ 的特殊情形，可以类似地推广 (5.8.2) 和 (5.8.3).）

证 对 $x > 0$，函数 $u = \ln x$ 是凹的，即它满足带有相反不等号的 (5.8.7). 取对数，对于 $x_1, x_2 > 0$，我们得

$$x_1^{1-t}x_2^t \leqslant (1-t)x_1 + tx_2. \tag{5.8.12}$$

① 满足 (5.8.8) 的每个 u，或者是凸的，或者在每个区间中它都在 $-\infty$ 和 ∞ 之间振动. 见 G.H. Hardy, J.E. Littlewood and G. Plóya, *Inequalities*, Cambridge, England, 1934，特别见第 91 页.（第 2 版有中译本，人民邮电出版社 2020 年 7 月出版.——编者注）

与在施瓦茨不等式的第二个证明中一样，只要考虑由 $E(\varphi^p) = E(\psi^q) = 1$ 正规化了的被积函数就行了. 设 $t = q^{-1}$ 且 $1 - t = p^{-1}$. 那么在 (5.8.12) 中，令 $x_1 = \varphi^p, x_2 = \psi^q$ 并取期望就可推出断言 $E(\varphi\psi) \leqslant 1$. ■

(e) 柯尔莫哥洛夫不等式

设 $X_1, \cdots, X_n$ 是具有有限方差的独立随机变量，且 $E(X_k) = 0$，则对任一 $x > 0$，

$$P\{\max[|S_1|, \cdots, |S_n|] > x\} \leqslant x^{-2} E(S_n^2) \tag{5.8.13}$$

这是切比雪夫不等式的一个重要加强，在第 1 卷 9.7 节中我们已对离散变量推导过它. 那里的证明可以毫不改变地照搬过来，但是我们将用这样一种形式来重新叙述它，使得我们可以明显看出柯尔莫哥洛夫不等式可更一般地适用于下鞅. 我们将在 7.9 节中再回来讨论这个问题.

证 令 $x^2 = t$. 对于固定的 t 和 $j = 1, 2, \cdots, n$，用 A_j 表示 "$S_j^2 > t$，但对一切下标 $v < j, S_v^2 \leqslant t$" 这个事件. 用文字叙述就是，A_j 是使得 j 为满足 $S_k^2 > t$ 的下标 k 中的最小者的事件. 当然，这样的下标 j 未必存在，诸事件 A_j 之并恰好就是出现在柯尔莫哥洛夫不等式的左边的事件. 因为诸事件 A_j 是互斥的，所以这个不等式可以改写成形式

$$\sum_{j=1}^{n} P\{A_j\} \leqslant t^{-1} E(S_n^2). \tag{5.8.14}$$

用 $\mathbf{1}_{A_j}$ 表示事件 A_j 的指示函数，即 $\mathbf{1}_{A_j}$ 是这样一个随机变量，它在 A_j 上等于 1，在 A_j 的余集上等于 0. 于是 $\sum \mathbf{1}_{A_j} \leqslant 1$，因此

$$E(S_n^2 \mathbf{1}) \geqslant \sum_{j=1}^{n} E(S_n^2 \mathbf{1}_{A_j}). \tag{5.8.15}$$

我们将证明

$$E(S_n^2 \mathbf{1}_{A_j}) \geqslant E(S_j^2 \mathbf{1}_{A_j}). \tag{5.8.16}$$

因为当 A_j 发生时，$S_j^2 > t$，所以右边 $\geqslant tP\{A_j\}$，从而 (5.8.15) 化为断言 (5.8.14).

为证 (5.8.16)，注意到 $S_n = S_j + (S_n - S_j)$，因此

$$E(S_n^2 \mathbf{1}_{A_j}) \geqslant E(S_j^2 \mathbf{1}_{A_j}) + 2E((S_n - S_j) S_j \mathbf{1}_{A_j}). \tag{5.8.17}$$

因为变量 $S_n - S_j = X_{j+1} + \cdots + X_n$ 和 $S_j \mathbf{1}_{A_j}$ 独立，所以它们的期望满足乘法法则，从而右边第 2 项等于零. 因此 (5.8.17) 化为断言 (5.8.16). ■

5.9 简单的条件分布、混合

在 3.2 节中，我们在随机变量 X 和 Y 的联合分布有一个连续密度的情形下，引进了“在 X 的一给定值下 Y 的条件密度”的概念. 由于我们不打算作一般的研究，所以我们着手对较广泛的一类分布定义类似的概念.（系统的理论将在 5.10 节和 5.11 节中给出.）

对于直线上任意一对区间 A 和 B，令

$$Q(A,B)=P\{X\in A,Y\in B\}. \tag{5.9.1}$$

利用这个记号，X 的**边缘分布**为

$$\mu\{A\}=Q(A,\mathbb{R}^1). \tag{5.9.2}$$

如果 $\mu(A)>0$，那么事件 $\{Y\in B\}$ 在给定 $\{X\in A\}$ 下的条件概率为

$$P\{Y\in B|X\in A\}=\frac{Q(A,B)}{\mu\{A\}}. \tag{5.9.3}$$

（如果 $\mu\{A\}=0$，那么这个条件概率没有定义.）当 A 是区间 $A_h=\overline{x,x+h}$ 时，我们利用上述公式，并令 $h\to 0+$. 在适当的正则性条件下，极限

$$q(x,B)=\lim_{h\to 0}\frac{Q(A_h,B)}{\mu\{A_h\}} \tag{5.9.4}$$

对于 x 和 B 的各种选择都存在. 按照 3.2 节中所用的手续和推理，在这种情形下，我们可以记

$$q(x,B)=P\{Y\in B|X=x\}, \tag{5.9.5}$$

并称 q 为“*事件 $\{Y\in B\}$ 在给定 $X=x$ 下的条件概率*”. 这就把条件概率的概念推广到了“假设”具有零概率的情形. 当 q 不充分正则时不会发生困难，但我们不分析适当的正则性条件，因为在下节中将给出一个一般的手续. 在特殊情况下这种朴素的处理方法就足够了，我们经常可以利用直观推导出条件分布的形式.

例 (a) 设一对变量 X,Y 有联合分布 $f(x,y)$. 为了简单起见，我们设 f 是一个严格正的连续函数，则

$$q(x,B)=\frac{1}{f_1(x)}\int_B f(x,y)\mathrm{d}y,$$

其中 $f_1(x)=q(x,\overline{-\infty,\infty})$ 是 X 的边缘密度. 换句话说，对于固定的 x，集函数 q 有密度 $f(x,y)/f_1(x)$.

(b) 设 X 和 Y 是分别具有分布 F 和 G 的独立随机变量. 为了简单起见，设 $X>0$（即 $F(0)=0$）. 考虑乘积 $Z=XY$. 那么

$$P\{Z\leqslant t|X=x\}=G(t/x), \tag{5.9.6}$$

Z 的分布函数 U 可通过关于 F 积分 (5.9.6) 得到. [见 (2.3.1). 此断言是下面 (5.9.8) 的一个特殊情形.] 特别地，当 X 服从 $\overline{0,1}$ 中的均匀分布时，

$$U(t)=\int_0^1 G(t/x)\mathrm{d}x. \tag{5.9.7}$$

这个公式可以作为单峰分布理论的一个很方便的起点.[1]

关于进一步的例子见习题 18 和习题 19. ■

下面的定理 [应归功于谢帕（L. Shepp）] 是辛钦发现的一个准则的概率形式.

定理 *U 是单峰的，当且仅当它具有形式 (5.9.7)，即当且仅当它是这样两个独立变量的乘积 $Z=XY$ 的分布，使得 X 服从 $\overline{0,1}$ 中的均匀分布.*

证 取 $h>0$，用 U_h 表示这样一个分布函数，它的图像是在点 $0,\pm h,\cdots$ 上与 U 重合的折线. [换句话说，$U_h(nh)=U(nh)$，U_h 在区间 $\overline{nh,(n+1)h}$ 上是线性的.] 由定义显然可见，U 是单峰分布，当且仅当所有的 U_h 是单峰的. U_h 有一个密度 u_h，u_h 是一个阶梯函数，每一个在形如 nh 的点不连续的阶梯函数可以写成如下形式

$$\sum p_n\frac{1}{|n|h}f\left(\frac{x}{nh}\right), \tag{*}$$

其中，当 $0<x<1$ 时，$f(x)=1$. 对于 x 的其他值，$f(x)=0$. 函数 (*) 在 $\overline{0,\infty}$ 和 $\overline{-\infty,0}$ 上是单调的，当且仅当对于所有的 n，$p_n\geqslant 0$；如果 $\sum p_n=1$，那么 (*) 是一个密度. 但是，在这种情况下，(*) 是这样两个随机变量的乘积 $Z_h=XY_h$ 的密度，使得 X 服从 $\overline{0,1}$ 上的均匀分布，且 $P\{Y_h=nh\}=p_n$. 于是我们证明了，U_h 是单峰的，当且仅当它具有形式 (5.9.7)（把 G 换为集中于点 $0,\pm h,\cdots$ 的算术分布 G_h）. 令 $h\to 0$，由单调收敛性，我们得到了本定理.

（见习题 25、习题 26 和 15.9 节中的习题 10.） ■

在适当的正则性条件下，对于固定的 x，$q(x,B)$ 表示 B 中的一个概率分布；对于固定的 B，$q(x,B)$ 表示 x 的一个连续函数. 于是

$$Q(A,B)=\int_A q(x,B)\mu\{\mathrm{d}x\}. \tag{5.9.8}$$

事实上，右边显然表示平面上的一个概率分布，利用 (5.9.4) 中的微分可得 $q(x,B)$. 公式 (5.9.8) 说明怎样用一个条件分布和一个边缘分布来表示 $\mathbb{R}^2$ 中的一个给定

---

① 当且仅当 U 的图像在 $\overline{-\infty,0}$ 中是凸的，在 $\overline{0,\infty}$ 中是凹的时候，我们称分布函数 U 是一个众数在原点的单峰分布函数 [见 5.8 节例 (b)]. 原点可以是不连续点. 但除此之外，单峰性还要求存在一个密度 u，它在 $\overline{-\infty,0}$ 和 $\overline{0,\infty}$ 中均为单调的.（不排除常值区间.）

分布. 用 2.5 节中的术语，它把给定的分布表示为一个依赖于参数 x 的分布族 $q(x,B)$ 的混合，其中 μ 是随机参数 x 的分布.

实际上，我们常常把上述手续倒过来. 从一个**随机核** q 开始，这里 q 是点 x 和集合 B 的函数 $q(x,B)$，使得对于固定的 x，它是一个概率分布；对于固定的 B，它是一个贝尔函数. 给定任一概率分布 μ，(5.9.8) 中的积分就定义了形如 (A,B) 的平面集合的概率，从而定义了平面上的一个概率分布. 通常用点函数表示 (5.9.8). 考虑一个依赖于参数 θ 的分布函数族 $G(\theta,y)$ 和一个概率分布 μ，那么可定义一个新的分布函数

$$U(y)=\int_{-\infty}^{+\infty}G(x,y)\mu\{\mathrm{d}x\}. \tag{5.9.9}$$

[这个公式表示 (5.9.8) 在 $A=\overline{-\infty,\infty}, q(x,\overline{-\infty,y})=G(x,y)$ 的特殊情形.] 这种混合曾出现在第 1 卷第 5 章中，我们在 2.5 节中讨论过它们. 在下一节中将说明，q 恒可解释为一个条件概率分布.

(c) 如果 F_1 和 F_2 是分布，那么 $pF_1+(1-p)F_2$ 是一个混合分布（$0<p<1$），它表示 (5.9.9) 在 μ 集中于两个原子上时的特殊情形.

(d) **随机和.** 设 $X_1,X_2,\cdots$ 是具有共同分布 F 的独立随机变量. 设 N 是与 X_j 独立的随机变量，它以正概率 $p_0,p_1,\cdots$ 取值 $0,1,\cdots$. 我们感兴趣的是随机变量 $S_N=X_1+\cdots+X_N$. S_N 在给定 $N=n$ 下的条件分布是 $F^{n\star}$，因此 S_N 的分布为

$$U=\sum_{n=0}^{\infty}p_nF^{n\star}, \tag{5.9.10}$$

此式是 (5.9.9) 的特殊情形. 在这种情形下，每一个假设 $N=n$ 的概率 p_n 都是正的，因而我们得到的是严格意义下的条件概率分布. 其他的例子可在 $2.5\sim2.7$ 节找到.（见习题 21 和习题 24.）

*5.10　条件分布

研究使条件概率 q 可以由 (5.9.4) 中的微分过程来定义的精确条件是无意义的. 条件概率的主要性质包含在关系式 (5.9.8) 中，此式用条件概率表示集合的概率，利用 (5.9.8) 作为条件概率的**定义**是最简单的. 它不唯一地确定 q，因为如果对每个集合 B，除了一个 μ 零测度集外都有 $q(x,B)=\overline{q}(x,B)$，那么把 q 换成 $\overline{q}$ 后，(5.9.8) 仍然成立. 但是，这种不确定性是不可避免的. 例如，如果 μ 集中在

* 第一次阅读时可以略过本节.

区间 I 上，那么对于 I 外的 x，q 的自然的定义是不可能的. 实质上，我们讨论的是整个一类等价的条件概率，我们应说"一个"条件概率分布 q 而不应说"那个"条件概率分布 q. 在个别的情况下，通常存在一个由正则性条件支配的选择.

为了确定起见，我们只考虑由形如 $X \in A$ 和 $Y \in B$ 的条件确定的事件，其中 X 和 Y 是给定的随机变量，A 和 B 是直线上的波雷尔集. 我们首先看一看"事件 $\{Y \in B\}$ 在给定的 X 下的条件概率"的各种不同含义. X 的给定值可以是一个固定数，也可以是一个未定数. 对于第 2 种解释，我们得到 X 的一个函数，即一个随机变量. 我们将用 $P\{B|X\}$ 或 $q(X, B)$ 来表示它. 为了强调起见，我们把在固定点 x 上的值记为 $P\{Y \in B|X = x\}$ 或 $q(x, B)$.

定义 1 设集合 B 是固定的. $P\{Y \in B|X\}$（用文字来说就是"事件 $\{Y \in B\}$ 在给定的 X 下的条件概率"）是这样一个函数 $q(X, B)$，使得对于 $\mathbb{R}^1$ 中的每个集合 A,

$$P\{X \in A, Y \in B\} = \int_A q(x, B)\mu\{\mathrm{d}x\}, \tag{5.10.1}$$

其中 μ 是 X 的边缘分布.

当 x 是一个原子时，$X = x$ 这一假设具有正概率，$P\{Y \in B|X = x\}$ 已经由 (5.9.3) 定义了，其中 A 由一点 x 组成. 但是在这种情形下，(5.10.1) 化为 (5.9.3)，我们的定义和记号是一致的.

我们来证明，条件概率 $P\{Y \in B|X\}$ 恒存在. 事实上，很显然有

$$P\{X \in A,\ Y \in B\} \leqslant \mu(A). \tag{5.10.2}$$

对于固定的 B，右边作为 A 的函数，确定了一个有限测度. (5.10.2) 蕴涵这个测度是关于 μ 绝对连续的（见 5.3 节的拉东–尼科迪姆定理）. 这说明我们的测度由一个密度 q 所确定，因此 (5.10.1) 是正确的.

到现在为止，集合 B 一直是固定的，但是我们之所以选择记号 $q(x, B)$ 是为了改变 B. 换句话说，我们要把 q 看作两个变量（点 x 和直线上的集合 B）的函数. 我们要求，对于固定的 x，集函数 q 是一个概率测度，这要求 $q(x, \mathbb{R}^1) = 1$，并且对于任意一列并集为 B 的不相交集序列 $B_1, B_2, \cdots$,

$$q(x, B) = \sum q(x, B_k). \tag{5.10.3}$$

如果右边诸项表示 B_k 的条件概率，那么这个和就是 B 的一个条件概率，但是还有另外一个一致性要求，即 (5.10.3) 对于我们的 q 和 x 的一切选择都是正确的. [注意定义 1 不排除在个别点 x 上的不合理选择 $q(x, B) = 17$.] 不难看出，可以

选出满足这些条件的 $q(x, B)$.① 这表明在下列意义上，存在一个 Y 在给定的 X 下的条件概率分布.

定义 2 所谓 Y 在给定的 X 下的条件概率分布，指的是这样一个二元（点 x 和集合 B）函数 q，使得

(i) 对于一个固定的集合 B，

$$q(X, B) = P\{Y \in B|X\} \tag{5.10.4}$$

是事件 $\{Y \in B\}$ 在给定的 X 下的条件概率；

(ii) 对于每个 x，q 是一个概率分布.

事实上，一个条件概率分布是一族普通的概率分布，因而整个理论可以照搬过来. 因此，当 q 是给定的时候 ②，下面的定义引入了一个新的记号，而不是一个新概念.

定义 3 条件期望 $E(Y|X)$ 是 X 的一个函数，它在 x 上取值

$$E(Y|x) = \int_{-\infty}^{+\infty} yq(x, \mathrm{d}y), \tag{5.10.5}$$

只要积分收敛（可能除了在一个概率为零的 x 集合上以外）.

$E(Y|X)$ 是 X 的一个函数，即一个随机变量. 为了清楚起见，有时用 $E(Y|X = x)$ 表示它在点 x 上的值. 由定义得

$$E(Y) = \int_{-\infty}^{+\infty} E(Y|x)\mu\{\mathrm{d}x\} \quad 或 \quad E(Y) = E(E(Y|X)). \tag{5.10.6}$$

*5.11 条件期望

我们已用条件分布定义了条件期望 $E(Y|X)$，如果只讨论一对固定的变量 X 和 Y，这是十分令人满足的. 但是，当我们讨论一族随机变量时，各个条件概率的不唯一性将导致很大的困难. 幸好在实际中可以不用这个不适用的理论. 实际

---

① 最容易的是，只对这样的 B 直接选择 $q(x, B)$ 的值，其中 B 是 $\mathbb{R}^1$ 的二进制划分中的一个区间. 例如，设 $B_1 = \overline{0, \infty}, B_2 = \overline{-\infty, 0}$. 选 $q(x, B_1)$ 为 B_1 的任一满足 $0 \leqslant q(x, B_1) \leqslant 1$ 的条件概率. 那么 $q(x, B_2) = 1 - q(x, B_1)$ 自然是一种合理的选择. 把 B_1 分成 B_{11} 和 B_{12}，并选取 $q(x, B_{11})$ 使得 $0 \leqslant q(x, B_{11}) \leqslant q(x, B_1)$. 令 $q(x, B_{12}) = q(x, B_1) - q(x, B_{11})$，按照同样的方式无穷地细分下去. 那么利用可加性要求，(5.10.3) 就可对所有的开集 B，从而对所有的博雷尔集 B 定义 $q(x, B)$.

这个构造仅依赖于所谓的网格的存在性，这种网格把空间分成有限多个不相交集合，每个集合再以同样的方式进行划分，这个空间的每一点都是一个出现在逐次划分中的递缩集序列的唯一极限. 因此，此断言在 $\mathbb{R}^r$ 中和许多其他空间中也是正确的.

② 关于更灵活的一般定义，见 5.11 节.

* 本节的理论只在 6.12 节和 7.9 节中被应用于鞅上.

上，可以不用条件分布而给出一个极其简单灵活的条件期望理论. 为了理解这个理论，最好从仔细研究恒等式 (5.10.5) 开始.

设 A 是直线上的一个博雷尔集，用 $\mathbf{1}_A(X)$ 表示当 $X\in A$ 时等于 1 而当 $X\notin A$ 时等于 0 的随机变量. 我们在 (5.10.5) 的两边关于 X 的边缘分布 μ 进行积分，取集合 A 为积分区域. 结果可以写成形式

$$E(Y\mathbf{1}_A(X))=\int_A E(Y|x)\mu\{\mathrm{d}x\}=\int_{-\infty}^{+\infty}\mathbf{1}_A(x)E(Y|x)\mu\{\mathrm{d}x\}. \tag{5.11.1}$$

变量 X 把样本空间 $\mathfrak{S}$ 映到实直线上，上面的积分只与此直线上的函数和测度有关. 但是，随机变量 $Y\mathbf{1}_A(X)$ 是定义在原先的样本空间中的，因而需要一种更好的记号. 显然，$\mathbf{1}_A(X)$ 是 $\mathfrak{S}$ 中一个集合 B 的指示函数，即 B 是 $\mathfrak{S}$ 中所有这样的点所组成的集合，使得 X 在这些点上所取的值属于 A. 正如我们在 4.3 节中所看到的那样，所有按这种方式对应于直线上的任意博雷尔集 A 的集合 B，构成一个 $\mathfrak{S}$ 中的 σ 代数，我们称这个 σ 代数为 X **产生的代数**. 于是 (5.11.1) 表明 $U=E(Y|X)$ 是 X 的一个函数：对于 X 产生的 σ 代数中的每个集合 B，它满足

$$E(Y\mathbf{1}_B)=E(U\mathbf{1}_B). \tag{5.11.2}$$

我们将看到，这个关系式可以作为条件期望的一个**定义**，因此正确地理解它是非常重要的. 一个简单的例子将说明它的本质.

例 (a) 我们取坐标变量为 X 和 Y 的平面作为样本空间，为了简单起见，假设概率由一个严格正的连续密度 $f(x,y)$ 所确定. 随机变量 X 在平行于 y 轴的任一直线上取常数值. 如果 A 是 x 轴上的一个集合，那么相应的平面集合由所有通过 A 中一点的直线所组成. (5.11.2) 的左边是 $yf(x,y)$ 在这个集合上的普通积分，它可以写成累次积分的形式. 因此

$$E(Y\mathbf{1}_B)=\int_A \mathrm{d}x\int_{-\infty}^{+\infty} yf(x,y)\mathrm{d}y. \tag{5.11.3}$$

(5.11.2) 的右边是函数 $U(x)f_1(x)$ 的普通积分，其中 f_1 是 X 的边缘密度. 于是在这种情形下，(5.11.2) 说明

$$U(x)=\frac{1}{f_1(x)}\int_{-\infty}^{+\infty} yf(x,y)\mathrm{d}y. \tag{5.11.4}$$

这与条件期望的定义 (5.10.5) 及直观是一致的.

(b)（续）我们现在来证明，即使当密度不存在，平面上的概率分布是任意的时候，(5.11.2) 也定义一个条件期望. 给定 x 轴上的一个博雷尔集 A，(5.11.2) 的左边就确定一个数 $\mu_1\{A\}$. 显然，μ_1 是一个定义在 x 轴的所有博雷尔集合上的测

度. 另外一个这样的测度由 X 的边缘分布 μ 给出，它被定义为 $\mu\{A\} = \mathrm{E}(\mathbf{1}_A)$. 因此很明显，如果 $\mu\{A\} = 0$，那么有 $\mu_1\{A\} = 0$. 换句话说，μ_1 关于 μ 是绝对连续的，根据 5.3 节的拉东–尼科迪姆定理，存在一个函数 U，使得

$$\mu_1\{A\} = \int_A U(x)\mu\{\mathrm{d}x\}. \tag{5.11.5}$$

这与 (5.11.2) 只在记号上有所不同. 当然，如果在一测度为 0 的集合上改变 U 的值，那么 (5.11.5) 仍是正确的，但是这种不唯一性是条件期望的概念所固有的. ■

这个例子说明，对于任一概率空间中的任意一对随机变量 X, Y，(5.11.2) 可以用来定义条件期望 $U(X) = E(Y|X)$ [当然要假设 $E(Y)$ 存在]. 但是，这种处理方法可导出进一步的结论. 例如，为了定义一对随机变量 X_1, X_2 的条件期望 $E(Y|X_1, X_2)$，我们仍可利用 (5.11.2)，只是 B 现在是 X_1 和 X_2 产生的 σ 代数 $\mathfrak{B}$ 中的任意一个集合（见 4.3 节）. 当然，U 是 X_1, X_2 的一个函数，但是我们在 4.4 节中看到过，对偶 (X_1, X_2) 的贝尔函数类与所有的 $\mathfrak{B}$ 可测函数所成的类重合. 因此，我们可以用杜布（Doob）首先提出的下列定义来覆盖所有可能的情形.

定义 设 $(\mathfrak{S}, \mathfrak{U}, \mathrm{P})$ 是一个概率空间，$\mathfrak{B}$ 是 $\mathfrak{U}$ 中的一些集合组成的一个 σ 代数（即 $\mathfrak{B} \subset \mathfrak{U}$）. 设 Y 是一个具有期望的随机变量.

我们称随机变量 U 为 Y 关于 $\mathfrak{B}$ 的条件期望，如果它是 $\mathfrak{B}$ 可测的，并且 (5.11.2) 对 $\mathfrak{B}$ 中的所有集合 B 都成立. 在这种情形下，我们记 $U = E(Y|\mathfrak{B})$.

特别地，当 $\mathfrak{B}$ 是由随机变量 $X_1, \cdots, X_r$ 产生的 σ 代数时，变量 U 化为 $X_1, \cdots, X_r$ 的一个贝尔函数，我们用 $E(Y|X_1, \cdots, X_r)$ 来表示条件期望.

$E(Y|\mathfrak{B})$ 的存在性可通过例 (b) 中指出的方法使用抽象的拉东–尼科迪姆定理来证明.

为了看出条件期望 $U = E(Y|\mathfrak{B})$ 的主要性质，注意当把 $\mathbf{1}_B$ 换为 $\mathfrak{B}$ 中的集合 B_j 的指示函数的线性组合时，(5.11.2) 显然也成立. 但是，我们在 4.3 节中已看到，每个 $\mathfrak{B}$ 可测函数都可以用这样的线性组合一致地逼近. 取极限可以看出，(5.11.2) 蕴涵，对于任一 $\mathfrak{B}$ 可测函数 Z，更一般地有 $E(YZ) = E(UZ)$. 把 Z 换为 $Z\mathbf{1}_B$ 并与定义 (5.11.2) 比较，可以看出，对于任一 $\mathfrak{B}$ 可测函数 Z，

$$E(YZ|\mathfrak{B}) = ZE(Y|\mathfrak{B}). \tag{5.11.6}$$

这是一个很重要的关系式.

最后，考虑一个 σ 代数 $\mathfrak{B}_0 \subset \mathfrak{B}$，并设 $U_0 = E(Y|\mathfrak{B}_0)$. 对于 $\mathfrak{B}_0$ 中的一个集合 B，我们既可以关于 $\mathfrak{B}$ 也可以关于 $\mathfrak{B}_0$ 解释 (5.11.2)，于是我们得到，对于 $\mathfrak{B}_0$ 中的 B，

$$E(Y\mathbf{1}_B) = E(U\mathbf{1}_B) = E(U_0\mathbf{1}_B).$$

因此，根据定义有 $U_0 = E(U|\mathfrak{B}_0)$，从而如果 $\mathfrak{B}_0 \subset \mathfrak{B}$，那么

$$E(Y|\mathfrak{B}_0) = E(E(Y|\mathfrak{B})|\mathfrak{B}_0). \tag{5.11.7}$$

例如，$\mathfrak{B}$ 可以是两个变量 X_1, X_2 产生的 σ 代数，而 $\mathfrak{B}_0$ 表示只由 X_1 产生的 σ 代数. 于是 (5.11.7) 化成 $E(Y|X_1) = E(E(Y|X_1, X_2)|X_1)$.

最后我们注意到，(5.11.2) 蕴涵，对于常数 1，无论怎样选择 $\mathfrak{B}$，条件期望总等于 1. 因此，(5.11.6) 蕴涵，对于所有的 $\mathfrak{B}$ 可测变量 Z 有 $E(Z|\mathfrak{B}) = Z$.

几乎没有必要说明期望的基本性质可以搬到条件期望上.

5.12 习 题

1. 设 X 和 Y 是具有分布函数 F 和 G 的独立变量，求 (a) $X \bigcup Y$，(b) $X \bigcap Y$，(c) $2X \bigcup Y$，(d) $X^3 \bigcup Y$ 的分布函数①.

2. 混合. 设 X, Y, Z 是独立的；X 和 Y 有分布 F 和 G，而 $P\{Z=1\} = p, P\{Z=0\} = q$ $(p+q=1)$. 求 (a) $ZX + (1-Z)Y$，(b) $ZX + (1-Z)(X \bigcup Y)$，(c) $ZX + (1-Z)(X \bigcap Y)$ 的分布函数.

3. 如果 F 是一个连续分布函数，(a) 由第一个积分的定义 (把 $\overline{-\infty, \infty}$ 分成子区间)，(b) 通过把左边解释为 $E(F(X))$，其中 $F(X)$ 服从一个均匀分布，证明

$$\int_{-\infty}^{+\infty} F\{x\} F\{\mathrm{d}x\} = \int_0^1 y \mathrm{d}y = \frac{1}{2}.$$

更一般地，令 $G(x) = F^n(x)$，证明

$$\int_{-\infty}^{+\infty} F^k(x) G\{\mathrm{d}x\} = \frac{n}{n+k}.$$

4. 设 $F(x, y)$ 表示平面上的一个概率分布. 当 $x < 0$ 且 $y < 0$ 时，令 $U(x, y) = 0$. 在所有其他点处，令 $U(x, y) = F(x, y)$. 证明，U 对每个变量都是单调的，但不是一个概率分布. [提示：考虑混合差.]

5. **指定的边缘分布.**② 设 F 和 G 是 $\mathbb{R}^1$ 中的分布函数，

$$U(x, y) = F(x)G(y)[1 + \alpha(1 - F(x))(1 - G(y))],$$

其中 $|\alpha| \leqslant 1$. 证明，U 是 $\mathbb{R}^2$ 中的一个具有边缘分布 F, G 的分布函数，并且为使 U 有密度，当且仅当 F 和 G 有密度.

提示：如果 $w(x, y) = u(x)v(y)$，那么 (5.1.12) 中定义的 w 的混合差具有形式 $\Delta u \Delta v$，而且注意 $\Delta(F^2) \leqslant 2\Delta F$.

---

① 如果 a 和 b 是数，那么 $a \bigcup b = \max(a, b)$ 表示两数中的较大者，$a \bigcap b = \min(a, b)$ 表示两数中的较小者. 对于函数，$f \bigcup g$ 表示在点 x 取值 $f(x) \bigcup g(x)$ 的函数（见 4.1 节）. 于是 $X \bigcap Y$ 和 $X \bigcup Y$ 是随机变量.

② 本题包含一个具有正态边缘分布的非正态分布的新例子（见 3.9 节中的习题 2 和习题 3）. 这应归功于古莫别尔（Gumbel）.

6. 在单位正方形内部，如果 $x \leqslant y$，则令 $U(x,y)=x$；如果 $x \geqslant y$，则令 $U(x,y)=y$. 证明：U 是一个集中在对角线上的分布函数（因而是奇异的）.

7. 具有指定边缘分布的弗雷歇（Fréchet）最大分布. 设 F 和 G 是 $\mathbb{R}^1$ 中的分布函数，$U(x,y)=F(x)\bigcap G(y)$. 证明：(a) U 是一个具有边缘分布 F 和 G 的分布函数. (b) 如果 V 是具有这个性质的任一分布，那么 $V \leqslant U$. (c) U 集中在由 $F(x)=G(y)$ 确定的曲线上，因而是奇异的.（习题 5 包含一个特殊情形.）

8. 用 U 表示 $\overline{-h,0}$ 中的均匀分布，用 T 表示 $\overline{-h,h}$ 中的三角形分布 [见 2.4 节例 (b)]，那么 $F\bigstar U$ 和 $F\bigstar T$ 的密度为

$$h^{-1}[F(x+h)-F(x)] \qquad \text{和} \qquad h^{-2}\int_0^h [F(x+y)-F(x-y)]\mathrm{d}y.$$

9. 设独立变量 X 和 Y 服从期望为 pt 和 qt 的泊松分布. 如果 I_k 是 (2.7.1) 中定义的贝塞尔函数，证明

$$P\{X-Y=k\}=\mathrm{e}^{-t}\sqrt{(p/q)^k}I_{|k|}(2t\sqrt{pq}).$$

10. 对于一个使得

$$\varphi(\alpha)=\int_{-\infty}^{+\infty}\mathrm{e}^{\alpha x}F\{\mathrm{d}x\}$$

在 $-a<\alpha<a$ 中存在的分布函数 F，用 $\varphi(\alpha)F^{\#}\{\mathrm{d}x\}=\mathrm{e}^{\alpha x}F\{\mathrm{d}x\}$ 定义一个新分布 $F^{\#}$. 设 F_1 和 F_2 是两个具有这种性质的分布，$F=F_1\bigstar F_2$. 证明（用明显的记号），$\varphi(\alpha)=\varphi_1(\alpha)\varphi_2(\alpha), F^{\#}=F_1^{\#}\bigstar F_2^{\#}$.

11. 设 F 具有质量为 $p_1,p_2,\cdots$ 的原子 $a_1,a_2,\cdots$. 用 p 表示 $p_1,p_2,\cdots$ 的最大值. 利用第 126 页的引理 1 证明

(a) 除了 F 集中在有限多个有相等质量的原子上的情形外，$F\bigstar F$ 的原子的质量严格小于 p;

(b) 对于对称化了的分布 ${}^0F$，原点是一个质量为 $p'=\sum p_v^2$ 的原子，其他的原子的质量严格地小于 p'.

12. $\mathbb{R}^3$ 中的随机向量. 设 L 是两个具有随机方向的独立单位向量，即端点是在单位球面上均匀分布的合向量. 证明：对于 $0<t<2$，$P\{L\leqslant t\}=t^2/2$. [见 5.4 节例 (e).]

13. 设 X_k 是相互独立的变量，取值 0 和 1 的概率都等于 $\dfrac{1}{2}$. 5.4 节例 (d) 已证明了，$X=\sum 2^{-k}X_k$ 在 $\overline{0,1}$ 中是均匀分布的. 证明 $\sum 2^{-3k}X_{3k}$ 的分布是奇异的.

14. (a) 如果 F 有这样一个密度 f，使得 f^2 是可积的，那么 $F\bigstar F$ 的密度 f_2 是有界的. (b) 利用 4.2 节中的平均逼近定理证明：*如果 f 是有界的，那么 f_2 是连续的*.

[如果 f 在一个点的附近是无界的，那么可能出现这样的情况：对于每个 n，f^{n*} 都是无界的. 见 11.3 节例 (a).]

15. 利用施瓦茨不等式证明：如果 X 是一个正变量，那么对于所有的 $p>0$ 有 $E(X^{-p})\geqslant (E(X^p))^{-1}$.

16. 设 X 和 Y 有这样的密度 f 和 g，使得当 $x<a$ 时 $f(x)\geqslant g(x)$；当 $x>a$ 时 $f(x)\leqslant g(x)$. 证明：$E(X)\leqslant E(Y)$. 而且，如果对于 $x<0$ 有 $f(x)=g(x)=0$，那么对于所有的 k 有 $E(X)^k \leqslant E(Y^k)$.

17. 设 $X_1, X_2, \cdots$ 是相互独立的，且有共同分布 F. 设 N 是一个母函数为 $P(s)$ 的正整数值随机变量. 如果 N 与 X_j 独立，那么 $\max[X_1, \cdots, X_N]$ 的分布为 $P(F)$.

18. 设 $X_1, \cdots X_n$ 是相互独立的，且有共同的连续分布 F. 设 $X = \max[X_1, \cdots, X_n], Y = \min[X_1, \cdots, X_n]$. 那么

$$P\{X \leqslant x, Y > y\} = (F(x) - F(y))^n, \quad y < x,$$
$$P\{Y > y | X = x\} = [(F(x) - F(y))/F(x)]^{n-1}.$$

19. 利用同样的记号，对于每个固定的 $k \leqslant n$ 有

$$P\{X_k \leqslant x | X = t\} = \begin{cases} \dfrac{n-1}{n} \dfrac{F(x)}{F(t)}, & x < t, \\ 1, & x \geqslant t. \end{cases}$$

(a) 通过考察事件 $\{X_k = X\}$ 的直观含义，(b) 在形式上由 (5.9.4) 来推导上述等式.

20. **续.** 证明

$$E(X_k | X = t) = \frac{n-1}{n} \frac{1}{F(t)} \int_{-\infty}^{t} y F\{\mathrm{d}y\} + \frac{t}{n}.$$

21. **随机和.** 在 5.9 节例 (c) 中，设 X_k 等于 1 和 -1 的概率分别为 p 和 $q = 1 - p$. 如果 N 是一个期望为 t 的泊松变量，那么 S_N 的分布与习题 9 中出现的分布相等.

22. **混合.** 设 (5.9.9) 中的分布 G 的期望为 $m(x)$，方差为 $\sigma^2(x)$. 证明：混合分布 U 的期望与方差为

$$a = \int_{-\infty}^{+\infty} m(x) \mu\{\mathrm{d}x\}, \quad b = \int_{-\infty}^{+\infty} \sigma^2(x) \mu\{\mathrm{d}x\} + \int_{-\infty}^{+\infty} (m^2(x) - a^2) \mu\{\mathrm{d}x\}.$$

23. 利用明显的记号 $E(E(Y|X)) = E(Y)$，但是

$$\mathrm{Var}(Y) = E(\mathrm{Var}(Y|X)) + \mathrm{Var}(E(Y|X)).$$

习题 22 是一个特殊情形.

24. **随机和.** 在 5.9 节例 (c) 中，$E(S_N) = E(N)E(X)$，

$$\mathrm{Var}(S_N) = E(N)\mathrm{Var}(X) + (E(X))^2 \mathrm{Var}(N).$$

直接证明这两个等式，并证明它们包含在习题 22 和习题 23 中.

注 以下的习题涉及 5.9 节的脚注中定义的**单峰分布的卷积**. 有人猜想两个单峰分布的卷积还是单峰的. 钟开莱构造了一个反例. 习题 25 包含另外一个反例. 习题 26 证明了这个猜想对于**对称**[①]分布是正确的. 这个结果应归功于温特纳（Wintner）.

① 关于在非对称的情形产生的困难，见 I.A. Ibragimov, *Theory of Probability and Its Applications*, vol.1 (1956) pp. 225-260. [Translations.]

25. 对于 $0 < x < 1$，令 $u(x) = 1$；对于 x 的其他值令 $u(x) = 0$. 令

$$v(x) = \frac{\varepsilon}{a} u\left(\frac{x}{a}\right) + \frac{1-\varepsilon}{b} u\left(\frac{x}{b}\right),$$

其中 $0 < a < b$. 如果 ε 和 a 很小，b 很大，那么 $w = v * v$ 不是单峰的，虽然 v 是单峰的.

为避免计算的提示：两个均匀密度的卷积是三角形密度，从而 $w(a) > \varepsilon^2 a^{-1}, w(b) > \varepsilon^2 b^{-1}$，$w$ 的从 b 到 $2b$ 的积分 $> \dfrac{1}{2}(1-\varepsilon)^2$. 由此推出，$w$ 应在 a 和 b 的中间达到最小值.

26. 设 F 是一个均匀分布，G 是一个单峰分布. 如果 F 和 G 都是对称的，用简单的微分法证明：卷积 $F \bigstar G$ 是单峰的. 由此推出（不用进一步的计算）：当 F 是对称均匀分布的任一混合时，上一陈述仍然正确. 因此，*对称单峰分布的卷积是单峰的*.

第 6 章　一些重要的分布和过程

本章是为了在供独立阅读的各章之间避免重复和交叉参考而写的. 例如，我们将分别地用半群方法（第 9 章）、傅里叶分析（第 18 章）、（至少部分地用）拉普拉斯变换（第 13 章）来独立地讨论稳定分布理论. 在适当的地方给出定义和例子可以节省篇幅，并且可以不必考虑方法的纯正而仔细研究一些基本关系.

本章所包含的各个课题在逻辑上不一定有联系：排队过程和鞅论或稳定分布理论几乎没有什么关系. 本章不是为连续阅读而写的，应该等到以后用到哪一节时再回过来阅读它. 6.6 ~ 6.9 节之间相互有些联系，但与其他部分无关. 它们讨论了本书中别的地方不包含的一些内容.

6.1　$\mathbb{R}^1$ 中的稳定分布

稳定分布作为正态分布的一种自然的推广，起着越来越大的作用. 为了便于叙述稳定分布，我们引入缩写记号

$$U \stackrel{\mathrm{d}}{=} V \tag{6.1.1}$$

来表示随机变量 U 和 V 有相同的分布. 因此，$U \stackrel{\mathrm{d}}{=} aV+b$ 表示 U 和 V 的分布的差别仅在于位置参数和尺度参数不同（见 5.2 节的定义 1）. 在本节中，$X, X_1, X_2, \cdots$ 表示具有共同分布 R 的独立随机变量，$S_n = X_1 + \cdots + X_n$.

定义 1　我们称分布 R 为（广义）稳定的，如果对于每个 n，都存在常数 $c_n > 0, \gamma_n$，使得[①]

$$S_n \stackrel{\mathrm{d}}{=} c_n X + \gamma_n, \tag{6.1.2}$$

并且 R 不集中在一点上. 称 R 为严格稳定的，如果 (6.1.2) 对于 $\gamma_n = 0$ 成立.

例子可以在 6.2 节中找到. 稳定分布的某些基本性质的初等推导是如此具有启发性，以致于我们不惜重复来讨论它们. 第 9 章和第 17 章中发展起来的系统的理论不依赖于下列讨论.

定理 1　正规化常数具有 $c_n = n^{1/\alpha}$ 的形式，其中 $0 < \alpha \leqslant 2$. 我们称常数 α 为 R 的特征指数.

① 另外一种形式见习题 1.

证 利用对称化可以大大简化证明. 如果 R 是稳定的，那么 $X_1 - X_2$ 的分布 ${}^0R$ 也是稳定的，正规化常数 c_n 相同. 因此，只要关于对称稳定的 R 来证明这个断言就行了.

我们从一个简单的陈述开始，S_{m+n} 是独立变量 S_m 与 $S_{m+n} - S_m$ 的和，S_m 和 $S_{m+n} - S_m$ 的分布分别与 $c_m X$ 和 $c_n X$ 的分布相同. 因此，对于对称稳定分布，

$$c_{m+n}X \stackrel{\text{d}}{=} c_m X_1 + c_n X_2. \tag{6.1.3}$$

类似地，和 S_{rk} 可以分解成 r 个独立组，每组有 k 项，从而对于所有的 r 和 k，$c_{rk} = c_r c_k$. 对于形如 $n = r^v$ 的下标，我们用归纳法得到，

$$\text{如果 } n = r^v, \quad \text{那么} \quad c_n = c_r^v. \tag{6.1.4}$$

其次设 $v = m + n$，并注意到，由 (6.1.3) 中变量的对称性，对于 $t > 0$，我们有

$$P\{X > t\} \geqslant \frac{1}{2} P\{X_2 > tc_v/c_n\}. \tag{6.1.5}$$

由此推出，对于 $v > n$，比 c_n/c_v 是有界的.

对于任一整数 r，存在唯一的一个 α，使得 $c_r = r^{1/\alpha}$. 为了证明 $c_n = n^{1/\alpha}$，只需证明：如果 $c_\rho = \rho^{1/\beta}$，那么 $\beta = \alpha$. 由 (6.1.4) 知，

$$\text{如果 } n = r^j, \quad \text{那么} \quad c_n = n^{1/\alpha};$$

$$\text{如果 } v = \rho^k, \quad \text{那么} \quad c_v = v^{1/\beta}.$$

但是对于每个 $v = \rho^k$，存在一个 $n = r^j$，使得 $n < v \leqslant rn$. 于是

$$c_v = v^{1/\beta} \leqslant (rn)^{1/\beta} = r^{1/\beta} c_n^{\alpha/\beta}.$$

因为比 c_n/c_v 是有界的，所以 $\beta \leqslant \alpha$. 变换 r 和 ρ 的位置，可以类似地得到 $\beta \geqslant \alpha$. 因而 $\beta = \alpha$.

为了证明 $\alpha \leqslant 2$，我们说明，正态分布是特征指数为 $\alpha = 2$ 的稳定分布. 对于此分布，(6.1.3) 化为方差的加法法则，加法法则蕴涵，任一具有有限方差的稳定分布必然对应于 $\alpha = 2$. 因此，为了完成证明，只需证明，满足 $\alpha > 2$ 的任一稳定分布都有有限方差.

对于对称分布，当 $\gamma_n = 0$ 时 (6.1.2) 成立. 因此，可以选择这样的 t，使得对于所有的 n 有 $P\{|S_n| > tc_n\} < \dfrac{1}{4}$. 由对称性，这蕴涵 $n[1 - R(tc_n)]$ 是有界的 [见 (5.5.10)]. 由此推出，对于所有的 $x > t$ 和适当的常数 M 有 $x^\alpha[1 - R(x)] < M$. 因

此，区间 $2^{k-1} < x \leqslant 2^k$ 对 $\mathrm{E}(X^2)$ 的积分的贡献以 $M2^{(2-\alpha)k}$ 为界. 对于 $\alpha > 2$，这是一个收敛级数的通项. ■

稳定分布理论被这样一个令人满意的事实大大简化，即在实际中可以不考虑中心常数 γ_n. 这是因为我们能以任意的方式规定分布 R 的中心，即可以把 $R(x)$ 换为 $R(x+b)$. 下列定理表明，除 $\alpha = 1$ 外，我们可以利用这种自由性把 γ_n 从 (6.1.2) 中消去.

定理 2 *如果 R 是稳定的，且指数 $\alpha \neq 1$，那么可以选择这样一个中心常数 b，使得 $R(x+b)$ 是严格稳定的.*

证 S_{mn} 是 m 个独立变量之和，其中每个变量的分布与 $c_nX + \gamma_n$ 的分布相同. 因此

$$S_{mn} \stackrel{\mathrm{d}}{=} c_n S_m + m\gamma_n \stackrel{\mathrm{d}}{=} c_n c_m X + c_n \gamma_m + m\gamma_n. \tag{6.1.6}$$

因为 m 和 n 起的作用相同，所以这表示恒有

$$(c_n - n)\gamma_m = (c_m - m)\gamma_n. \tag{6.1.7}$$

当 $\alpha = 1$ 时，这个陈述是无意义的，[①] 但是当 $\alpha \neq 1$ 时，这蕴涵，对于所有的 n 有 $\gamma_n = b(c_n - n)$. 最后由 (6.1.2) 可知，n 个与 $X' - b$ 有相同分布的变量之和 S'_n 满足条件 $S'_n \stackrel{\mathrm{d}}{=} c_n X'$. ■

关系式 (6.1.3) 是由 (6.1.2) 在 $\gamma_n = 0$ 这个唯一的假设下推导出来的，从而它对于所有的严格稳定分布都成立. 这蕴涵，当比 s/t 是有理数时，

$$s^{1/\alpha} X_1 + t^{1/\alpha} X_2 \stackrel{\mathrm{d}}{=} (s+t)^{1/\alpha} X. \tag{6.1.8}$$

利用简单的连续性就可得到[②]以下定理.

定理 3 *如果 R 是严格稳定的，且指数为 α，那么 (6.1.8) 对所有的 $s > 0$ 和 $t > 0$ 都成立.*

对于正态分布，(6.1.8) 只是重新叙述了一下方差的加法法则. 一般来说，(6.1.8) 蕴涵，所有的线性组合 $a_1X_1 + a_2X_2$ 都属于同一类型.

正态分布 $\mathfrak{N}$ 之所以重要，主要是由于中心极限定理. 设 $X_1, \cdots, X_n$ 是具有共同分布 F 的相互独立变量，而且它们期望为 0，方差为 1. 令 $S_n = X_1 + \cdots + X_n$. 中心极限定理[③] 断言，$S_n n^{-\frac{1}{2}}$ 的分布趋于 $\mathfrak{N}$. 对于方差不存在的分布，也有类似的极限定理，但必须用同的方式选择正规化常数，有趣的是，稳定分布是作为这样的极限出现，而且只有稳定分布可以作为这样的极限. 下列术语将有益于讨论这个问题.

---

① 关于 $\alpha = 1$ 的情形，见习题 4.

② 关于稳定分布的连续性，见习题 2.

③ 中心极限定理证明了，正态分布是唯一的具有方差的稳定分布.

定义 2　称独立随机变量 X_k（$k=1,2,\cdots$）的分布 F 属于分布 R 的吸引域，如果存在这样的正规化常数 $a_n>0,b_n$，使得 $a_n^{-1}(S_n-b_n)$ 的分布趋于 R.

最后一个陈述可以改述为：当且仅当 R 是稳定的时候，R 有一个吸引域. 实际上，根据定义，每个稳定的 R 属于它自己的吸引域. 由定理 1 中所用的论证，似乎不可能有其他的分布能作为这种极限出现.

我们的结果有相当重要且出人意料的推论. 例如，考虑满足 (6.1.8)（其中 $\alpha<1$）的稳定分布. 平均值 $(X_1+\cdots+X_n)/n$ 和 $X_1n^{-1+1/\alpha}$ 有相同的分布，最后一个因子趋于 ∞. 粗略地说，n 个变量的平均值很可能远远大于任一给定的分量 X_k. 这只在**最大项** $M_n=\max[X_1,\cdots,X_n]$ 可能增加到非常大且受总和 S_n 的影响非常大时才可能发生. 更精确的分析证实了这个结论. 在正变量的情形下，比 S_n/M_n 的期望趋于 $(1-\alpha)^{-1}$，这对任一其分布属于我们的稳定分布的吸引域的序列也正确（见 13.11 节的习题 26）.

关于历史的注　稳定分布的一般理论是由莱维（P.Lévy，1924）开创的[①]，他求出了所有严格稳定分布的傅里叶变换.（最初称其他的分布为拟稳定的. 正如我们已经看到的那样，只有当 $\alpha=1$ 时它们才起作用. 莱维和辛钦两个人分析了这种情形.）由于发现了无穷可分分布，使一个处理整个理论的新的简单的方法成为可能的了. 这个新方法（仍以傅里叶分析为基础）同样应归功于莱维（1937）. 多勃林（Doblin）对吸引域所作的精辟的分析（1939）激发了人们对此理论的兴趣. 他的准则首次涉及了正则变化函数. 虽然许多作者作了改进工作并得到了新的结果，现代理论仍然带有这个开创性工作的痕迹. 第 18 章包含用古典傅里叶方法对此理论所作的一个简洁的处理方法，而第 9 章则用一种直接方法讨论了同一理论，这种方法与马尔可夫过程中的现代方法是一致的. 卡拉马塔（Karamata）的正则变化函数理论的系统利用，使许多准则的极大简化和统一成为可能. 在 8.8 节和 8.9 节中给出了这个理论的一个改进了的形式.

6.2　例

例　(a) 期望为 0 的**正态分布**是严格稳定的，且 $c_n=\sqrt{n}$.

(b) 具有任意位置参数的**柯西分布**有密度

$$\frac{1}{\pi}\frac{c}{c^2+(x-\gamma)^2}.$$

卷积性质 (2.4.6) 表明，它是稳定的，且 $\alpha=1$.

(c) **满足 $\alpha=\dfrac{1}{2}$ 的稳定分布**. 分布

$$F(x)=2[1-\mathfrak{N}(1/\sqrt{x})],\quad x>0 \tag{6.2.1}$$

---

① 柯西提到过对称稳定分布的傅里叶变换，但是它们确实对应于概率分布这个事实并不明显. 波利亚对 $\alpha<1$ 的情形解决了这个问题. 6.2 节例 (d) 的霍尔特斯马克（Holtsmark）分布是天文学家们所熟知的，但数学家们却不知道.

的密度为

$$f(x)=\frac{1}{\sqrt{2\pi x^3}}\mathrm{e}^{-1/2(x)},\quad x>0. \tag{6.2.2}$$

[对于 $x<0$, $f(x)=0$.] 这是一个严格稳定分布，其正规化常数为 $c_n=n^2$.

这可以利用初等积分法来证明，但是把这个断言作为 F 有吸引域这个事实的推论是更可取的. 实际上，在对称随机游动中，设 S_r 是随机游动第 r 次回到原点的时刻. 显然，S_r 是 r 个独立同分布随机变量（逐次返回之间的等待时间）之和. 我们在第 1 卷 (3.7.7) 的末尾证明了

$$P\{S_r\leqslant r^2t\}\to F(t),\quad r\to\infty. \tag{6.2.3}$$

因此 F 有一个吸引域，从而是稳定的 [在例 (e) 中继续讨论].

(d) **恒星的引力场（霍尔特斯马克分布）.** 用天文学的术语来说，问题是计算恒星系对一个随机选择的点 O 的引力的 x 分量. 基本思想是要把恒星系作为一个具有“随机变化的质量”的点组成的“随机集合体”. 利用泊松分布等术语可以把这些概念精确化，但是幸好我们所讨论的问题不需要什么精确概念.

我们约定把恒星系的密度作为一个自由参数来处理，并设 X_λ 表示密度为 λ 的恒星系的引力的 x 分量. 我们来求这种分布的可能类型. “随机恒星集合体”的直观概念要求，两个密度为 s 和 t 的独立集合体可以结合成一个密度为 $s+t$ 的集合体. 从概率上讲，这相当于假定，两个与 X_s 和 X_t 有相同分布的独立变量之和与 X_{s+t} 有相同的分布. 我们把这个假定用符号表示为

$$X_s+X_t\stackrel{\mathrm{d}}{=}X_{s+t}. \tag{6.2.4}$$

考虑到密度从 1 变为 λ 相当于长度单位从 1 变为 $1/\sqrt[3]{\lambda}$，以及引力与距离的平方成反比，我们可以看出 X_t 和 $t^{\frac{2}{3}}X_1$ 应当有相同的分布. 这意味着所有的 X_t 的分布的不同之处仅在尺度参数上，且 (6.2.4) 化为带有 $\alpha=\dfrac{3}{2}$ 的 (6.1.8). 换句话说，X_λ 的分布是对称稳定的，指数为 $\dfrac{3}{2}$. 可以证明，只存在一个这样的分布（如果两个分布仅仅是尺度参数不同，那么把它们看作一个分布）. 因此，我们没有利用高深的理论而解决了我们的问题. 天文学家霍尔特斯马克利用另外一种方法得到了一个等价的答案（见习题 7)，特别值得注意的是，这个结果是在莱维的工作之前得到的.

(e) **布朗运动的首次通过时间.** 我们从一维扩散过程的概念开始，即假设增量 $X(s+t)-X(s)$ 对于不相交的时间区间是独立的，而且它有方差为 t 的对称正态分布. 通常假设轨道是连续地依赖于时间的. 如果 $X(0)=0$，那么存在一个这样的时刻 T_a，使质点在这个时刻首次到达位置 $a>0$. 为了导出分布函数

$F_a(t)=P\{T_a\leqslant t\}$，我们注意到，可加过程具有完全无后效性（强马尔可夫性）. 这表示时刻 T_a 与时刻 T_a+t 之间的横坐标的增量 $X(t+T_a)-a$ 与在 T_a 之前的过程是独立的. 为到达位置 $a+b>a$，质点必须首先到达 a. 我们断言，在到达 $a+b$ 之前的剩余等待时间 $T_{a+b}-T_a$ 与 T_a 独立，并且与 T_b 有相同的分布. 换句话说，$F_a\bigstar F_b=F_{a+b}$. 但是，转移概率只依赖于比 x^2/t，因此 T_a 一定和 a^2T_1 有相同分布. 这说明诸分布 F_a 的不同之处仅在尺度参数上，因而它们是稳定的，指数为 $\alpha=\dfrac{1}{2}$.

这个以维数分析为基础的论证证明了首次通过分布的稳定性，但没有推导出明显的表达式. 为了证明 F 和例 (c) 中的分布重合，我们利用一个以对称性为基础的推理（所谓的反射原理）. 由于假设轨道是连续的，所以只有当在某个时刻 $T_a<t$ 轨道穿过水平线 a 时，事件 $\{X(t)>a\}$ 才可能发生. 若 $T_a=\tau<t$，则 $X(\tau)=a$. 由对称性，$X(t)-X(\tau)>0$ 的概率等于 $\dfrac{1}{2}$. 因此，

$$P\{T_a<t\}=2P\{X(t)>a\}=2[1-\mathfrak{N}(a/\sqrt{t})], \tag{6.2.5}$$

此式等价于 (6.2.1).

(f) **二维布朗运动的首中点.** 二维布朗运动是由一对独立的一维布朗运动 $(X(t),Y(t))$ 构成的. 我们感兴趣的是轨道首次到达直线 $x=a>0$ 的点 (a,Z_a). 和上例一样，我们注意到，轨道只有在通过直线 $x=a$ 之后才可能到达直线 $x=a+b>a$；取 (a,Z_a) 为新原点，我们断言，Z_{a+b} 和两个与 Z_a 和 Z_b 有相同分布的独立变量之和具有相同的分布. 类似地，可证 Z_a 和 aZ_1 有相同的分布，因此 Z_a 的分布是对称稳定的，指数为 $\alpha=1$. 只有柯西分布满足这些条件，因此首中点 Z_a 服从柯西分布.

这个有启发性的维数分析没有确定尺度参数. 为了把它明确地计算出来，注意 $Z_a=Y(T_a)$，其中 T_a 是首次到达直线 $x=a$ 的时刻. 它的分布已在 (6.2.5) 中给出，而 $Y(t)$ 有一个方差为 t 的正态密度. 由此推出，Z_a 的密度为①

$$\int_0^\infty \frac{\mathrm{e}^{-\frac{1}{2}x^2/t}}{t^{\frac{1}{2}}\sqrt{2\pi}}\cdot\frac{a\mathrm{e}^{-\frac{1}{2}a^2/t}}{t^{\frac{3}{2}}\sqrt{2\pi}}\mathrm{d}t=\frac{a}{\pi(a^2+x^2)}. \tag{6.2.6}$$

（这里得到了过程的从属关系的一个例子，我们将在 10.7 节中再回来讨论它.）

(g) **经济学中的稳定分布.** 芒德布罗（B. Mandelbrot）利用与上面两例中的维数分析有关的论证证明了，各种经济过程（特别是收益分布）服从稳定（或“莱维–帕雷托”）分布. 到现在为止，这个在经济学家中引起广泛注意的有趣的理论

① 利用代换 $y=\dfrac{1}{2}(x^2+a^2)/t$ 可把被积函数化为 e^{-y}.

的威力应归功于理论的论证而不是归功于观察. [关于这个分布的尾部与许多（从城市的大小到单词的频率）经验现象的明显拟合，见 2.4 节例 (h).]

(h) **乘积.** 在带有不同指数的稳定分布之间有许多奇特的关系. 最有趣的一个可用下面的命题形式给出. 设 X 和 Y 分别是具有特征指数 α 和 β 的严格稳定的独立变量. 设 Y 是一个正变量（从而 $\beta < 1$）. *乘积 $XY^{1/\alpha}$ 的分布是特征指数为 $\alpha\beta$ 的稳定分布*，特别地，正态变量与例 (c) 中的稳定变量的平方根的乘积是一个柯西变量.

这个断言可以作为关于从属过程的一个定理的简单推论[①][10.7 节例 (c)]. 而且，容易用傅里叶分析来验证它（17.12 节的习题 9），对于正变量，也可以用拉普拉斯变换来验证它 [13.7 节例 (e) 和 13.11 节的习题 10].

6.3 $\mathbb{R}^1$ 中的无穷可分分布

定义 1 *称 F 是无穷可分的，如果对于每个 n，都存在一个分布 F_n，使得 $F = F_n^{n\star}$.*

换句话说[②]，当且仅当对于每个 n，F 可以表示为 n 个具有共同分布 F_n 的独立随机变量之和 $S_n = X_{1,n} + \cdots + X_{n,n}$ 的分布时，F 是无穷可分的.

这个定义在任意维空间中都成立，但是目前我们只讨论一维分布. 应该指出，无穷可分性是一种类型的性质，即 F 以及与 F 仅差一个位置参数的分布都是无穷可分的. 稳定分布是无穷可分的，可以通过 F_n 与 F 只差一个位置参数这个事实来区分.

例 (a) 由卷积 (2.2.3) 的性质，所有的 Γ 分布（包括**指数分布**）都是无穷可分的. 在第 1 卷 12.2 节例 (e) 中已证明，这对于它们在离散情形的相应分布，**“负二项分布”**（包含**几何分布**）也是正确的.

(b) 泊松分布和复合泊松分布都是无穷可分的. 实际上，所有的无穷可分分布都是复合泊松分布的**极限**.

(c) 与贝塞尔函数有关的分布 (2.7.13) 是无穷可分的，但这不是明显的. 见 13.7 节例 (d).

(d) *集中在一个有穷区间上的分布 F 不是无穷可分的*，除非它集中在一点上. 实际上，如果以概率 1 有 $|S_n| < a$，那么 $|X_{k,n}| < an^{-1}$，从而 $\mathrm{Var}(X_{k,n}) < a^2n^{-2}$.

---

① 为了以最少的计算作直接验证，通过首先计算在给定 $Y_1 = y_1$ 和 $Y_2 = y_2$ 的条件下 $Z = X_1 \sqrt[\alpha]{Y_1} + X_2 \sqrt[\alpha]{Y_2}$ 的条件分布来求 Z 的分布. Z 的分布是 $y_1 + y_2$ 的函数，变量代换 $u = y_1 + y_2, v = y_1 - y_2$ 表明它与两个被加数的分布只差一个尺度因子. 对于 n 个类似项之和可作同样的计算.

② 不言而喻，随机变量 $X_{k,n}$ 只是为了使记号更简单更直观而引进的. 对于固定的 n，假设变量 $X_{1,n}, \cdots, X_{n,n}$ 是相互独立的，但变量 $X_{j,m}$ 和 $X_{k,n}$（其中 $m \neq n$）不一定定义在同一概率空间上.（换句话说，$X_{j,m}$ 和 $X_{k,n}$ 的联合分布不一定存在.）这个注一般也适用于三角形阵列.

因此，F 的方差 $< a^2n^{-1}$，所以它等于零. ■

回到定义 1，我们来考虑，如果去掉 $X_{k,n}$ 有相同的分布这个要求，而只要求对于每个 n，存在 n 个分布 $F_{1,n},\cdots,F_{n,n}$，使得

$$F = F_{1,n}\bigstar\cdots\bigstar F_{n,n}, \tag{6.3.1}$$

那么将会发生什么情况.

这种一般化导致一种新现象，我们最好用例子来说明.

(e) 如果 F 是无穷可分的，U 是任意的，那么 $G = U\bigstar F$ 可以写成 (6.3.1) 的形式，其中 $G_{1,n} = U$，并且所有其他的 $G_{k,n}$ 都等于 F_{n-1}. 这里第一个分量所起的作用与所有其他分量所起的作用完全不同.

(f) 考虑一个相互独立的随机变量的收敛级数 $X = \sum X_k$. X 的分布 F 是 $X_1, X_2, \cdots, X_{n-1}$ 的分布与剩余变量 $(X_n + X_{n+1} + \cdots)$ 的分布的卷积，因此 F 具有 (6.3.1) 的形式. 我们称这种分布为**无穷卷积**，以后要对它进行研究. 1.11 节例 (c) 表明，均匀分布也是这样的分布. ■

这些例子的显著特点是单个分量 $X_{1,n}$ 对 S_n 的贡献是非常重要的，而在分量有相同的分布的情形，每个分量的贡献趋于零. 我们希望把无穷可分分布与包含"许多小分量"的曲型极限定理联系起来. 为此，必须附加下列要求，即单个变量 $X_{k,n}$ 在下述的意义上是渐近可忽略的：对于每个 $\varepsilon > 0$，当 n 充分大时，

$$P\{|X_{k,n}| > \varepsilon\} < \varepsilon, \quad k = 1,\cdots,n. \tag{6.3.2}$$

利用 8.2 节的术语，这表示 $X_{k,n}$ 对 $k = 1,\cdots,n$ 依概率一致地趋于零. 这种类型的变量系经常出现，为了方便起见，我们给它们起一个名称.

定义 2 所谓一个三角形阵列指的是这样一个二重随机变量序列 $\{X_{k,n}\}$ $(k = 1,\cdots,n, n = 1,2,\cdots)$，使得第 n 行的变量 $X_{1,n},\cdots,X_{n,n}$ 是相互独立的.

如果 (6.3.2) 成立，则称此阵列为一个零阵列（或有渐近可忽略的分量）.

更一般地，可以考虑第 n 行含有 r_n 个变量的阵列，其中 $r_n \to \infty$. 这种一般化得不到多大收获.（见习题 10.）

(g) 设 $\{X_j\}$ 是一个独立同分布的随机变量序列，$S_n = X_1 + \cdots + X_n$. 正规化了的序列 $S_na_n^{-1}$ 表示一个三角形阵列的第 n 行之和，其中 $X_{k,n} = X_ka_n^{-1}$. 如果 $a_n \to \infty$，那么这个阵列是一个零阵列. 在第 1 卷 6.6 节中推导泊松分布时，考虑过一个不同类型的阵列. ■

在第 9 章和第 17 章中，我们将证明一个值得注意的事实，即一个零三角形阵列的行之和 S_n 的极限分布（如果它存在）是无穷可分的. 只要渐近可忽略条件 (6.3.2) 成立，那么不管分量 $X_{k,n}$ 是否具有相同的分布，上述断言都成立，并且在

(6.3.1) 中可以把等号换为极限符号：无穷可分分布类与零三角形阵列的行和的极限分布所成的类重合.

(h) **关于应用的例子真空管中的散粒效应.** 下列随机过程的变形和推广出现在物理学和通讯工程中.

我们打算分析由于到达阴极的电子的数目的随机起伏而引起的电流的起伏. 假设电子的到达构成一个泊松过程，一个到达的电子产生一个电流，其强度在 x 个单位时间以后为 $I(x)$. 于是在时刻 t 的电流强度在形式上是一个随机变量

$$X(t) = \sum_{k=1}^{\infty} I(t - T_k), \tag{6.3.3}$$

其中 T_k 表示在 t 之前到达的电子的到达时刻.（换句话说，变量 $t-T_1, T_2-T_1, T_3-T_2, \cdots$ 是相互独立的, 且有共同的指数分布.）

用随机过程的方法对和式 (6.3.3) 作直接分析是不难的，但是利用三角形阵列分析和式 (6.3.3) 这种较笨的方法有助于直观理解. 把区间 $\overline{-\infty, t}$ 分成端点为 $t_k = t - kh$（其中 $k = 0, 1, \cdots$）的小子区间. 由泊松过程的定义，区间 $\overline{t_k, t_{k-1}}$ 对和式 (6.3.3) 的贡献相当于一个以概率 $1 - \alpha h$ 取值 0，以概率 αh 取值 $I(t - t_k)$ 的二项随机变量. 这个变量的期望为 $\alpha h I(kh)$，方差为 $ah(1 - \alpha h)I^2(kh)$. 我们取 $h = 1/\sqrt{n}$，作一个三角形阵列，其中 $X_{k,n}$ 是区间 $\overline{t_k, t_{k-1}}$ 的贡献. 于是行和的期望为 $\alpha h \sum I(kh)$，方差为 $ah(1 - \alpha h) \sum I^2(kh)$. 如果级数 (6.3.3) 有意义，那么行和的分布应趋于 $X(t)$ 的分布，因此我们应当有

$$E(X(t)) = \alpha \int_0^\infty I(s)\mathrm{d}s, \quad \mathrm{Var}(X(t)) = \alpha \int_0^\infty I^2(s)\mathrm{d}s. \tag{6.3.4}$$

容易用三角形阵列理论来验证这些结论. 我们称关系式 (6.3.4) 为康贝尔（Campbell）定理. 现在看来它并不高深，但是它是在 1909 年得到证明的，这比系统的理论的出现要早几十年. 在系统的理论出现时，对它已经给出了许多出色的证明了.（见 8.10 节中的习题 22 和 17.12 节中的习题 5.）

(i) **占线问题**. 上例的变形可以说明它的可能的推广类型. 考虑一个有无穷多条中继线的电话局. 打往电话局的呼叫形成一个泊松过程，每接到一个呼叫就把它接到一个空闲的中继线上. 占用时间有共同的分布 F；照例假设它们与呼叫的到达过程独立，并且相互独立. 在时刻 t 占线的数目是一个随机变量 $X(t)$，其分布可以用三角形阵列的方法导出. 像在上例中那样，我们把 $\overline{0, t}$ 分成 n 个长度为 $h = t/n$ 的小区间，并用 $X_{k,n}$ 表示在 $n - kh$ 与 $n - (k - 1)h$ 之间开始并在时刻 t 继续进行着的会话的次数. 当 n 很大时，变量 $X_{k,n}$ 实际上只取值 0 和 1，取 1 的概率为 $\alpha h[1 - F(kh)]$. 于是 S_n 的期望是这些概率的和，取极限我们可以得到，

占线的数目的期望为

$$E(X(t)) = \alpha \int_0^\infty [1 - F(s)] \mathrm{d}s. \tag{6.3.5}$$

注意，这个积分等于占用时间的期望. ■

关于历史的注 无穷可分分布的概念可追溯到 B. 德菲内蒂（1929）. 柯尔莫哥洛夫（1932）求出了具有有限方差的无穷可分分布的傅里叶变换，莱维（1934）求出了一般的无穷可分分布的傅里叶变换，他还用随机过程的观点讨论了这个问题. 所有后来的研究都受到了他的开创性工作的强烈影响. 1937 年，费勒和辛钦独立地给出了一般公式的纯分析推导. 这两个作者还证明了，零阵列的极限分布是无穷可分的.

6.4 独立增量过程

无穷可分分布与独立增量过程有着密切的联系. 所谓**独立增量过程**，指的是存在依赖于连续时间参数 t 的随机变量族 $X(t)$，使得对于任一有限集合 $t_1 < t_2 < \cdots < t_n$，增量 $X(t_{k+1}) - X(t_k)$ 是相互独立的. 在这个时候，我们不需用到随机过程理论；我们只说明，如果某些现象可以用概率论方法描述，那么理论将导致无穷可分分布. 在这种意义上. 我们在第 1 卷 17.1 节和第 2 卷 3.8 节例 (a) 中考虑了特殊的独立增量过程. 我们只讨论数值变量 $X(t)$，虽然这个理论可以搬到随机向量上去.

如果 $X(s+t) - X(s)$ 的分布只依赖于区间的长度 t 而不依赖于 s，则称过程具有**平稳增量**.

我们用 $n+1$ 个等距离的点 $s = t_0 < t_1 < \cdots < t_n = s+t$ 来划分区间 $\overline{s, s+t}$，并设 $X_{k,n} = X(t_k) - X(t_{k-1})$. 具有平稳独立增量的过程的变量 $X(s+t) - X(s)$ 是 n 个独立同分布的变量 $X_{k,n}$ 之和，从而 $X(s+t) - X(s)$ 具有无穷可分分布. 我们将看到，其逆也是正确的. 事实上，定义在 $t > 0$ 上的单参数概率分布族 Q_t 可以作为一个具有平稳独立增量的过程中的 $X(s+t) - X(s)$ 的分布，当且仅当

$$Q_{s+t} = Q_s \bigstar Q_t, \quad s, t > 0. \tag{6.4.1}$$

一个满足 (6.4.1) 的分布族构成一个半群（见 9.2 节）. 每个无穷可分分布都可作为这种半群的元素 Q_t（其中 $t > 0$ 是任意的）.

在讨论非平稳的情形以前，我们来考虑一些典型例子.

例 (a) **复合泊松过程**. 对于任意的一个概率分布 F 和 $\alpha > 0$，

$$Q_t = \mathrm{e}^{-\alpha t} \sum_{k=0}^{\infty} \frac{(\alpha t)^k}{k!} F^{k\bigstar} \tag{6.4.2}$$

定义一个复合泊松分布. 容易验证，(6.4.1) 成立. 现在假设 Q_t 表示一个具有平稳独立增量的随机过程中的 $X(t)-X(0)$ 的分布. 当 F 集中在点 1 上时，这个过程化为通常的泊松过程，(6.4.2) 化为

$$P\{X(t)-X(0)=n\}=\mathrm{e}^{-\alpha t}\frac{(\alpha t)^n}{n!}. \tag{6.4.3}$$

一般的模型 (6.4.2) 可以用这个特殊的泊松过程解释如下. 设 $Y_1, Y_2, \cdots$ 是一列具有共同分布 F 的独立变量，又设 $N(t)$ 是一个满足 $P\{N(t)=n\}=\mathrm{e}^{-\alpha t}(\alpha t)^n/n!$ 的纯泊松过程的变量，而且与 Y_k 独立. 那么 (6.4.2) 表示随机和 $Y_1+\cdots+Y_{N(t)}$ 的分布. 换句话说，对于泊松过程的第 n 次跳跃，有一个作用 Y_n 与之对应，$X(t)-X(0)$ 表示发生在 $\overline{0,t}$ 中的作用之和. 在 2.7 节中研究过的**随机化了的随机游动**是一个复合泊松过程，其中 Y_k 只取值 ± 1. 经验上的应用将在本节的末尾举例说明.

(b) **布朗运动或维纳–巴舍利耶过程.** 这里 $X(0)=0$（过程从原点开始），增量 $X(t+s)-X(s)$ 服从期望为 0 方差为 t 的正态分布. 维纳和莱维证明了，这个过程的样本函数是以概率 1 *连续的*，在所有的无穷可分分布中只有正态分布具有这种特性.

(c) **稳定过程.** 对于严格稳定分布来说，关系式 (6.1.8) 只是重新叙述一下关系式 (6.4.1)（其中 $Q_t(x)=R(r^{-1/\alpha}x)$）. 因此，这个分布定义了一个具有平稳独立增量的过程的转移概率；对于 $\alpha=2$，此过程化为布朗运动. ■

这个理论的主要定理（见第 9 章和第 17 章）说明，(6.4.1) *的最一般的解（从而最一般的无穷可分分布）可以表示为某一列适当的复合泊松分布的极限*. 由于例 (a) 和例 (b) 在形式上差别很大. 所以这个结果是出人意料的.

即使在非平稳的独立增量过程中，$X(t+s)-X(t)$ 的分布也可作为三角形阵列 $\{X_{k,n}\}$ 的行和的分布出现，但是为保证 (6.3.2) 成立，必须附加一个较弱的连续性条件. 例 (e) 将说明这种必要性. 在一较弱的限制下，只有无穷可分分布可作为 $X(t+s)-X(t)$ 的分布出现.

(d) **操作时间.** 时间尺度的简单变化常常可以把一般的过程化为比较容易处理的平稳过程. 给定一个连续的增函数 φ，我们可以把变量 $X(t)$ 变换成 $Y(t)=X(\varphi(t))$. 显然仍具有独立增量性，并且适当选择 φ，可使新过程有平稳的增量. 在实际中，这种选择通常是由事物的本质所决定的. 例如，在电话局中，没有人会把夜间一小时与白天的忙碌的一小时相比较，而使用使得单位时间内的平均呼叫次数保持不变的可变时间单位来测量时间却是很自然的. 此外，在不断增加的保险业务中，赔偿要求加速地发生，但是这种不平稳性可以通过引入一个测量赔偿要求的频率的操作时间来消除掉.

(e) **经验上的应用.** 很多的实际问题可以化为复合泊松过程. 这里有几个典型的例子. (i) 由于汽车事故、火灾、雷电等引起的累积**损失**，关于对**集体风险**

理论的应用，见 6.5 节例 (a). (ii) 一条专捕某几种鱼的渔船的捕鱼量 [奈曼（J.、Neyman）]. (iii) 由降雨量和用户的需要量决定的水库的**蓄水量**. (iv) **河底的石头**是这样长时间地处于静止，以致它的逐次位移实际上是瞬时的. 在时间区间 $\overline{0,t}$ 内的总位移可以作为一个复合泊松过程来处理. [首先被爱因斯坦（Albert Einstein Jr.）和 G. 波利亚用不同的方法讨论过.] (v) **电话呼叫**，或到达某服务机构的顾客. 在适当的条件下，在时间区间 $\overline{0,t}$ 内到达的顾客所需要的总服务时间是一个复合泊松过程. 这个过程的显著特点是：$X(t)$ 的值在时刻 t *是不能由观察得到的*，因为它依赖于未来的服务时间. (vi) 关于因**碰撞**引起的物理质点的能量变化. 见 10.1 节例 (b). ■

*6.5 复合泊松过程中的破产问题

设 $X(t)$ 是一个复合泊松过程的变量，即在长度为 t 的时间区间上的增量 $X(t+s)-X(s)$ 服从 (6.4.2) 的概率分布 Q_t. 设 $c>0$ 和 $z>0$ 是固定的. 所谓**破产**指的是事件

$$\{X(t)>z+ct\}. \tag{6.5.1}$$

我们把 c 看作一个常数，把 $z>0$ 看作一个自由参数，用 $R(z)$ *表示"破产恒不产生"的概率*. 我们将从形式上证明，如果问题有意义，那么 $R(z)$ 应当是泛函方程 (6.5.2) 的非增解. 首先给出几个例子来说明可以应用我们的问题的种种实际情形.

例 (a) **集体风险理论.**[①] 这里 $X(t)$ 表示在时间区间 $\overline{0,t}$ 内保险公司收到的赔偿要求的总数. 假设赔偿要求的出现服从一个泊松过程，各个赔偿要求都服从分布 F. 从原则上讲，这些赔偿要求可以是正的或负的.（例如，死亡可以使保险公司免付债务，增加储金.）实际上，发展中的保险公司将以与总收入的保险费成比例的操作时间来测量时间（见 6.4 节例 (d)）. 于是可以假设，在不出现赔偿要求时，储金以固有的速度 c 增加. 如果 z 表示在时刻 0 的初始储金，那么公司在时刻 t 的总储金由随机变量 $z+ct-X(t)$ 表示，储金为负即破产.

(b) **大型设备**. 一个理想中的水库由河水和雨水以固定的速度 c 供水. 在随机的时间区间中，水库的放水量为 $X_1, X_2, \cdots$. 可以应用复合泊松模型，并且如果 z 表示在时刻 0 的初始蓄水量，那么只要不在时刻 t 以前毁坏，$z+ct-X(t)$ 就表示在时刻 t 时的蓄水量. 关于有关问题的大量文献，见本书末尾所列的专著.

---

* 本节讨论一个特殊的课题. 它有很大的实用价值，但在本书除了几个用新方法处理它的例子外，没有用到它.

① 有很多文献讨论过这个 [由卢布德格（F. Lundberg）开创的] 理论. 关于比较近代的研究，见 H. Cramér, *On some questions connected with mathematical risk*, Univ. Calif. Publications in Statistics, vol. 2, no. 5 (1954) pp. 99-125. 在 11.7 节例 (a) 和 12.5 节例 (d) 中用初等方法得到了克拉美渐近估计 [克拉美是用高深的维纳–霍普夫（Wiener-Hopf）方法得到的].

(c) **病人诊病的时刻表.**[①] 我们约定把医生给他的病人看病的时间看作服务期望为 α^{-1} 的指数分布的独立随机变量. 只要治疗不间断地继续下去，已被治疗的病人的离开服从**普通的泊松过程**. 设 $X(t)$ 表示在时间区间 $\overline{0,t}$ 内离开的人数. 设在时刻 0（开始办公时）有 z 个病人在等待，以后，新的病人在时刻 $c^{-1}, 2c^{-1}, 3c^{-1}, \cdots$ 到来. 只要 $X(t) \leqslant z + ct$，医生就不会空闲. ■

下面的形式论证导致一个确定输光概率 R 的方程. 假设样本函数的第一次跳跃发生在时刻 τ，并且跳跃度为 x. 因为破产恒不发生，所以一定有 $x \leqslant z + c\tau$，并且对于所有的 $t > \tau$，增量 $X(t) - x \leqslant z - x + ct$. 这个增量与过去独立，因此后一事件的概率为 $R(z - x + c\tau)$. 对所有可能的 τ 和 x 求和，得

$$R(z) = \int_0^{\infty} \alpha \mathrm{e}^{-\alpha\tau} \mathrm{d}\tau \int_{-\infty}^{z+c\tau} R(z + c\tau - x) F\{\mathrm{d}x\}. \tag{6.5.2}$$

这就是所求的方程，但可以把它化简. 利用变量代换 $s = z + c\tau$，可得

$$R(z) = \frac{\alpha}{c} \int_z^{\infty} \mathrm{e}^{-(\alpha/c)(s-z)} \mathrm{d}s \int_{-\infty}^{s} R(s - x) F\{\mathrm{d}x\}. \tag{6.5.3}$$

因此，R 是可微的，通过一个简单的微分可得最后的**积分–微分方程**

$$R'(z) = \frac{\alpha}{c} R(z) - \frac{\alpha}{c} \int_{-\infty}^{z} R(z - x) F\{\mathrm{d}x\}. \tag{6.5.4}$$

注意，由定义知，当 $s < 0$ 时，$R(s) = 0$，因此右边的积分是**卷积** $F \bigstar R$. 我们将在 6.9 节例 (d)、11.7 节例 (a) 和 12.5 节例 (d) 中再来讨论 (6.5.4).

6.6 更新过程

更新理论的基本概念已经在第 1 卷第 13 章中讨论循环事件时引入了. 我们将会看到，连续时间参数的引入依赖于记号的改变，而不是依赖于概念的改变. 循环事件的显著特点是，逐次等待时间 T_k 是具有共同分布 F 的独立随机变量；第 n 次出现的时刻由下列和式给出：

$$S_n = T_1 + \cdots + T_n. \tag{6.6.1}$$

根据约定，$S_0 = 0$，把 0 看作第 0 次出现.

即使在依赖于连续时间参数的随机过程中，也经常可以看到形如 (6.6.1) 的时刻的序列. 在这种情形下，可以用简单的方法得到非常深刻的结果. 从分析上讲，

① R. Pyke, *The supremum and infimum of the Poisson process*, Ann. Math. Statist., vol. 30 (1959) pp. 568-576. 毕克（Pyke）仅讨论了纯泊松过程，但得到了更精确的结果（用不同的方法）.

我们只涉及独立正变量的和，引入术语“更新过程”的唯一理由是在讨论其他过程时它经常出现以及下面的不言而喻的含义：我们用到了更新方程这个强有力的工具[1].

定义 1 称随机变量序列 $\{S_n\}$ 构成一个更新过程，如果它具有形式 (6.6.1)，其中 T_k 是独立同分布的随机变量，它们的共同分布 F 满足[2] $F(0)=0$.

由于变量是正的，所以即使积分发散也所以记 $\mu=E(T_k)$（在发散的情形下，$\mu=\infty$）. 我们称期望 μ 为**平均循环时间**，与在类似的情况下一样，是变量 T_k 出现在某个随机过程中，还是序列 $\{T_j\}$ 本身确定我们的概率空间，对目前的讨论没有影响.

在大多数（但不是所有的）应用中，可以把 T_j 解释为“等待时间”，那么就可称 S_n 为更新（或再生）时刻.

直观上似乎很明显，对于一个固定的有限区间 $I=\overline{a,b}$ 属于 I 的更新时刻 S_n 的个数是以概率 1 为有限的，从而是一个完全确定的随机变量 N. 如果称事件 $\{S_n\in I\}$ 为“成功”，那么 N 是在无穷多次试验中成功的总次数，它的期望等于

$$U\{I\}=\sum_{n=0}^{\infty}P\{S_n\in I\}=\sum_{n=0}^{\infty}F^{n\star}\{I\}. \tag{6.6.2}$$

为了研究这个测度，我们照例引入它的分布函数

$$U(x)=\sum_{n=0}^{\infty}F^{n\star}(x). \tag{6.6.3}$$

不用说，当 $x<0$ 时，$U(x)=0$，但是 U 在原点上有一个质量为 1 的原子.

在第 1 卷第 13 章中研究过的离散情形中，测度 U 集中在整数上：u_k 表示有一个 S_n 等于 k 的概率. 因为这个事件只能发生一次，所以也可以把 u_k 解释为使 $S_n=k$ 的 n 的平均个数. 在目前的情形下，应当把 $U\{I\}$ 解释为期望而不应当解释为概率，因为事件 $\{S_n\in I\}$ 可以对许多 n 发生.

必须证明 $U(x)<\infty$. 由集中在 $\overline{0,\infty}$ 上的分布的卷积的定义，显然有 $F^{n\star}(x)\leqslant F^n(x)$，因此在几何学上，(5.6.3) 中的级数至少在使 $F(x)<1$ 的每一点上收敛. 还有分布集中在一个有限区间上的情形，但是这时存在一个整数 r，使得 $F^{r\star}(x)<1$. 满足 $n=r,2r,3r,\cdots$ 的各项组成一个收敛子级数，这蕴涵 (5.6.3) 中的整个级数的收敛性，因为它的各项单调地依赖于 n.

与在离散情形一样，更新测度和下列**更新方程**有密切的联系：

---

[1] 关于循环事件的更复杂的一般化，见 J.F.C. Kingman, *The stochastic theory of regenerative events*, Zeitschrift Wahrscheinlich keitstheorie, vol.2 (1964) pp. 180-224.

[2] 在原点有一个质量为 $p<1$ 的原子不会有多大影响.

$$Z = z + F\bigstar Z. \tag{6.6.4}$$

具体写出来就是

$$Z(x) = z(x) + \int_0^x Z(x-y)F\{\mathrm{d}y\}, \quad x > 0, \tag{6.6.5}$$

其中积分区间是闭的. 实际上，可以把积分限换为 $-\infty$ 和 ∞，只要我们假设当 $x<0$ 时，$z(x) = Z(x) = 0$. 我们将遵循这个约定.

关于更新方程的一个基本事实包含在下列定理 1 中.

定理 1 如果 z 是有界的，且当 $x<0$ 时，$z=0$，那么由

$$Z(x) = \int_0^x z(x-y)U\{\mathrm{d}y\} \tag{6.6.6}$$

定义的卷积 $Z = U\bigstar z$ 是更新方程 (6.6.5) 的一个解. 不存在其他的在 $\overline{-\infty,0}$ 上等于零且在有限区间上有界的解.

证 我们已经知道，定义 U 的级数 (6.6.3) 对所有的 x 都收敛. 取它与 z 的卷积，可以看出，Z 在有限区间上有界且满足更新方程. 两个这样的解之差满足 $V = F\bigstar V$，从而对所有的 n 也满足 $V = F^{n\bigstar}\bigstar V$. 但是，对于所有的 x 有 $F^{n\bigstar}(x)\to 0$，而且如果 V 是有界的，那么对于所有的 x 有 $V(x)=0$. ■

我们将在 11.1 节中再回来讨论更新方程，那里我们将研究 U 和 Z 的渐近性质.（关于更新方程的一般形式，见 6.10 节.）

应当指出，U 本身满足

$$U(x) = 1 + \int_0^x U(x-y)F\{\mathrm{d}y\}, \quad x > 0, \tag{6.6.7}$$

此式是更新方程在 $z=1$ 时的特殊情形. 这可以通过一个通常称为 **"更新论证"** 的常用的概率论证直接看出. 因为我们把 0 当作一个更新时刻，所以闭区间 $\overline{0,x}$ 中的更新时刻的平均数目等于 1 加上半开区间 $\overline{0,x}$ 中的更新时刻的平均数目. 只有当 $T_1 \leqslant x$ 时，此区间才包含更新时刻；给定 $T_1 = y \leqslant x$，在 $\overline{0,x}$ 中的更新时刻的平均数目等于 $U(x-y)$. 对 y 求和就得到 (6.6.7).

更新过程的两个简单推广是有用的. 首先，与瞬时循环事件类似，我们可以容许有**亏损分布**. 那么，亏量 $q = 1 - F(\infty)$ 可以解释为**终止**概率. 抽象地说，我们用一个被称为"死亡"的点 Ω 来扩大实直线，T_k 或是正数，或是 Ω. 为了引用方便，我们引入以下非正式的定义.

定义 2[①] 除了 F 是亏损的以外，可终止的或瞬时的更新过程是普通的更新过程. 我们把亏量 $q = 1 - F(\infty)$ 解释为终止概率.

① 举例说明见 6.7 节例 (f)，关于推广见习题 4.

为了一致起见，我们把 0 当作第 0 次更新时刻. 过程在第 n 次更新时刻还没有终止的概率等于 $(1-q)^n$. 当 $n\to\infty$ 时，它趋于 0. 因此，可终止过程以概率 1 在有限时间内终止. $F^{n\star}$ 的总质量是 $(1-q)^n$，因而更新时刻的平均数目等于 $U(\infty)=q^{-1}<\infty$. 这可以说成是过程达到的代数的平均数目. “$S_n\leqslant x$ 且过程在这个第 n 个更新时刻终止”的概率是 $qF^{n\star}(x)$. 因此，我们有以下定理.

定理 2　在一个可终止更新过程中，qU 是过程的持续时间（终止时的寿命）的正常概率分布.

第 2 个推广相应于延迟了的循环事件，是在于允许**初始的**等待时间有一个不同的分布. 在这种情形下，我们从 $j=0$ 开始给 T_j 编号，因此现在有 $S_0=T_0\neq 0$.

定义 3　称序列 $S_0,S_1,\cdots$ 构成一个延迟了的更新过程，如果它具有形式 (6.6.1)，其中 T_k 是相互独立的严格正（正常或亏损）变量，$T_1,T_2,\cdots$（但不包括 T_0）是同分布的.

6.7　例与问题

像自更新机组、计数器及人口增长等例子，可以明显的方式从离散情形中搬过来. 然而，一个特殊的问题将导致一些我们将在以后讨论的有趣的问题.

例　(a) **检验的悖论**. 在自更新机组理论中，一部设备，例如一节电池，装置好以后一直工作，直到它坏掉为止. 损坏后，它立即被同样的电池代替，这个过程不间断地继续下去. 更新时刻构成一个更新过程，其中 T_k 是第 k 个电池的寿命.

现在假设通过检验来测定实际寿命：我们取一个在时刻 $t>0$ 工作着的电池样本并观察它们的寿命. 因为 F 是所有的电池的寿命的共同分布. 所以我们可以希望这也适用于被检验的样本. 但是事实并非如此. 事实上，对于指数分布 F，情况只在字句上与 1.4 节中的等待时间悖论有所不同. 在 1.4 节中，被检验的对象的寿命有一个完全不同的分布. 对象在时刻 t 被检验这个事实，改变了它的寿命的分布，并使其期望寿命加倍. 我们在 (11.4.6) 中将会看到，这种情况在所有的更新过程中具有典型性. 实际的含义是非常重要的. 我们看到，无偏见的检验计划可能得到错误的结论，因为我们实际观察的对象未必在总体中具有典型性. 曾经注意到的这种现象是容易理解的（见 1.4 节），但是它揭露了可能易犯的错误以及理论与实际之间的必然的相互作用. 附带说明，如果我们决定检验在时刻 t 后装置的第一个对象，那么就不会出现麻烦. ■

现在是引入更新理论中的 3 个有趣的随机变量的好时机. 在上例中，所有 3 个变量都涉及在时刻 t 工作着的电池，且可以用不言自明的术语来描述：剩余寿命，已度过的寿命和总寿命. 正式的定义如下.

对于给定的 $t>0$，有唯一的一个（随机的）的下标 N_t，使得 $S_{N_t}\leqslant t<S_{N_{t+1}}$.

那么

(1) **剩余的等待时间**是 $S_{N_{t+1}}-t$，即从 t 到下一次更新时刻的时间.

(2) **已度过的等待时间**是 $t-S_{N_t}$，即在最后一个更新时刻以后所经过的时间.

(3) 它们的和 $S_{N_{t+1}}-S_{N_t}=T_{N_{t+1}}$ 是包含时刻 t 的循环区间的长度.

这种术语不是唯一的，可以随上下文而改变. 例如，在随机游动中，可以称我们的剩余等待时间为区间 $\overline{t,\infty}$ 的**首入点或首中点**. 在上例中，我们用寿命一词表示等待时间. 我们将在 11.4 节和 14.3 节中研究这 3 个变量.

我们把**泊松过程**定义为一个循环时间 T_j 服从同一指数分布的更新过程. 在许多服务员和计数器问题中，自然要假设，要到来的业务形成一个泊松过程. 在某些其他过程中，到达时刻的间隔是一个常数. 为了把这两种情形结合起来，在排队论中通常引入具有任意的到达时刻间隔的一般更新过程.①

我们着手讨论与更新过程有关的相当一般的问题. 我们仍用 F 来表示过程的基本分布.

我们从所谓的“**大间隔的等待时间** W”开始. 这里，一个循环时间为 T_j 的更新过程，在第一次出现一个不包含更新时刻的长度为 ξ 的时间区间时停止，到此过程就终止了. 我们来对**等待时间 W 的分布 V** 推导一个更新方程. 由于 W 必然大于 ξ，所以当 $t<\xi$ 时，$V(t)=0$. 对于 $t\geqslant\xi$，考虑两种互斥的可能性：$T_1>\xi$ 或 $T_1=y\leqslant\xi$. 在第 1 种情形下，等待时间 W 等于 ξ. 在第 2 种情形下，过程重新开始，$\{W\leqslant t\}$ 在给定 $T_1=y$ 下的条件概率是 $V(t-y)$. 对所有可能性求和，得

$$V(t)=1-F(\xi)+\int_0^{\xi+}V(t-y)F\{\mathrm{d}y\},\quad t\geqslant\xi. \tag{6.7.1}$$

当然，当 $t<\xi$ 时，$V(t)=0$. 这个方程可化为标准更新方程

$$V=z+G\bigstar V, \tag{6.7.2}$$

其中亏损分布 G 由下式定义：

$$G(x)=\begin{cases}F(x), & x\leqslant\xi,\\ F(\xi), & x\geqslant\xi,\end{cases} \tag{6.7.3}$$

且

$$z(x)=\begin{cases}0, & x<\xi,\\ 1-F(\xi), & x\geqslant\xi.\end{cases} \tag{6.7.4}$$

---

① 这个一般性有点令人误解，因为除了不按时刻表沿环行公路行驶的汽车外，很难找到实际例子. 对这个一般性的误解是由事实非泊松输入通常也是非马尔可夫输入引起的.

最重要的特殊情形是满足 $F(t) = 1 - \mathrm{e}^{-ct}$ 的**泊松过程中的间隔**，其解 V 与 1.9 节的覆盖定理有关. [见习题 15 和 14.2 节例 (a)，关于一种不同的处理方法见习题 16.]

经验上的应用的例子

(b) **横穿一个交通流.**[①] 汽车在一条单向行车道上以固定的速度行驶，逐次的通过形成一个泊松过程（或其他更新过程）的一个样本. 走到路边的行人（或到达一个路口的汽车）一看到以后 ξ 秒钟（即穿过行车道所需要的时间）内没有汽车通过时，他就开始横穿行车道. 用 W 表示为实现一次穿过所需要的时间，即在路边的等待时间加上 ξ. W 的分布 V 满足 (6.7.1)，其中 $F(t) = 1 - \mathrm{e}^{-ct}$ [将在 11.7 节例 (b) 和 14.2 节例 (a) 中继续讨论].

(c) **II 型盖革（Geiger）计数器.** 到达的质点构成一个泊松过程，每个到达的质点（不管是否被记录）都要把计数器关闭一段固定的时间 ξ. 若一个质点被记录，则计数器将保持关闭的状态，直到出现一个不包含新的到达的长度为 ξ 的区间时为止. 我们的理论适用于**关闭期的长度**的分布 V（见第 1 卷 13.11 节习题 14）.

(d) **最大的观察循环时间.** 在一个基本的更新过程中，用 Z_t 表示时刻 t 以前[②]出现的 T_j 的最大值. 为使事件 $\{Z_t \leqslant \xi\}$ 发生，当且仅当直到时刻 t，不出现一个不包含更新时刻的长度为 ξ 的时间区间，因而用我们的记号有：$P\{Z_t > \xi\} = V(t)$. ■

出现在应用中的许多更新过程可以描述为**交替过程或二阶段过程**，我们可以根据上下文，称这两个阶段为主动的或被动的、空闲的或占用的、兴奋的或正常的. 主动周期和被动周期相互交替；它们的持续时间是独立的随机变量，主动周期的持续时间服从一个共同的分布，被动周期的持续时间也服从一个共同的分布.

(e) **由故障引起的推迟.** 最简单的例子是由一部每次故障都引起一次推迟的设备的实际更换给出的.（推迟可以解释为发现或修理的时间.）逐次的工作时间 $T_1, T_2, \cdots$ 与逐次的停工时间 $Y_1, Y_2, \cdots$ 相互交替，我们得到一个循环时间为 $T_j + Y_j$ 的正常更新过程. 这一个过程也可以看成在 T_1 上出现第一个更新时刻，循环时间为 $Y_j + T_{j+1}$ 的**延迟了的**更新过程.

(f) **失去的呼叫.** 考虑这样一条中继线，使打来的呼叫形成一个到达时刻间隔的分布为 $G(t) = 1 - \mathrm{e}^{-ct}$ 的泊松过程，而所有的会话持续时间是具有共同分布 F 的独立随机变量. 中继线或者是空闲的或者被占用，在占线期间到来的呼叫就失

---

① 关于过去的文献和它的（用不同方法讨论的）变形，见 J.C. Tanner, *The delay to pedestrians crossing a road*, Biometrika, vol. 38(1951) pp. 383-392.

② 更确切地说，如果 n 是使 $S_{n-1} \leqslant t < S_n$ 的（随机）指标，那么 $Z_t = \max[T_1, \cdots, T_{n-1}, \xi]$. 兰珀蒂（A. Lamperti）系统地研究了具有这种性质的变量.

去了，并且对此过程没有影响. 这样得到了一个二阶段过程，其循环时间的分布为 $F\bigstar G$（见习题 17 及 14.10 节中的习题 3 和习题 4）.

(g) **先为最后到者服务.** 有时交替等待时间的分布不是预先知道的，应当根据其他的数据计算. 作为一个例子，我们考虑一部数据处理机，其中新信息的到来形成一个泊松过程，因而闲期服从指数分布. 处理在任何时刻到来的新信息所需要的时间都服从一个概率分布 G.

忙期和闲期相互交替，但是忙期的长度依赖于对忙期中到来的信息的处理方式. 在某些情况下，只关心最后的信息，于是新到来的信息立即被处理，而所有以前的信息都被抛弃了. 忙期的长度的分布 V 应由更新方程来计算（见习题 18）.

(h) **盖革计数器.** 在 I 型计数器中，每次记录后有一个固定长度为 ξ 的关闭期，在关闭期内到来的质点没有作用. 这个过程与例 (e) 中所述的过程一样，T_j 服从指数分布，Y_j 等于 ξ. 在 Ⅱ 型计数器中，未被记录的质点的到达也使计数器关闭，除了 Y_j 的分布依赖于基本的过程且应当根据更新方程 (6.7.1) 来计算外 [例 (c)]，情况是一样的. ■

6.8 随机游动

设 $X_1, X_2, \cdots$ 是具有共同分布 F 的独立随机变量，并且照例令

$$S_0 = 0, \quad S_n = X_1 + \cdots + X_n. \tag{6.8.1}$$

我们称 S_n 是一个作一般随机游动的质点在时刻 n 的位置. 我们并没有引入新的理论性的概念，[①]只是为了得到过程 $\{S_n\}$ 的一个简单直观的描述，引入了一个术语. 例如，如果 I 是任一区间（或其他的集合），那么称事件 $\{S_n \in I\}$ 为在 I 中的一次逗留，通过对给定区间 I 中的逐次逗留的研究，可以揭露出 $S_1, S_2, \cdots$ 的起伏的重要特征. 我们将把指标 n 解释为时间参数，将谈及“时刻 n”. 在本节中，我们将用逐次的记录值来描述随机游动的一些惊人特征. 这些结果的用处将用 6.9 节中的应用来说明，另一种（独立的）处理方法将在 6.10 节中给出.

嵌入更新过程

称记录值发生在时刻 $n > 0$，如果

$$S_n > S_j, \quad j = 0, 1, \cdots, n-1. \tag{6.8.2}$$

对于一个给定的样本轨道，这样的指标也许不存在；如果它们确实存在，那么它们形成一个有限或无限有序序列. 因此，我们可以说 (6.8.2) 第 1 次发生，第 2

① 我们在第 1 卷中曾考虑过无穷随机游动的样本空间，但在那里我们必须通过明显的极限过程来说明像“输光概率”这样的概念的合理性. 现在由测度论知这些明显的取极限是合理的（见 4.6 节）.

次发生……它们的时刻仍是随机变量，但可能是亏损的. 有了这些准备工作以后，我们现在就可以引入一些重要的随机变量，许多有关随机游动的讨论将以这些变量为基础.

定义　第 k 个（上升）阶梯指标是 (6.8.2) 第 k 次发生的时刻. 第 k 个阶梯高度是 S_n 在第 k 个阶梯时刻的值.（两个随机变量都可能是亏损的.）

把 (6.8.2) 中的不等号改变方向，可用同样的方式来定义下降阶梯变量.[①]

术语上升是多余的，只是为了强调或清楚起见才使用的.

在样本轨道 $(S_0, S_1, \cdots)$ 的图像中，阶梯点作为图像达到空前的高度（记录值）的点出现. 图 6-1 表示一个趋向 $-\infty$ 的随机游动 $\{S_n\}$，它的最后一个正项是在 $n=31$ 处. 5 个上升阶梯点和 18 个下降阶梯点分别用 • 和 ∘ 表示. 关于一个带有柯西变量的随机游动见第 177 页图 6-2.

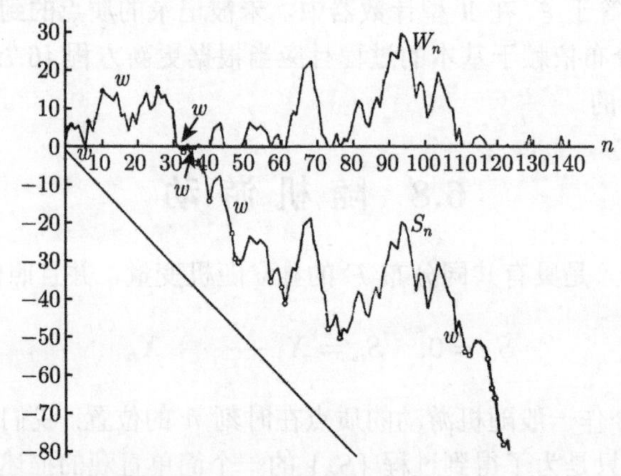

图 6-1　随机游动及与其相关的排队过程. 随机游动 $\{S_n\}$ 的变量 X_n 的期望为 -1，方差为 16. 上升阶梯点和下降阶梯点分别用 • 和 ∘ 表示. 第 7 个阶梯点是 (26,16)，它大概是整个随机游动的最大值.

[字母 w 表示随机游动在那里第 2 次或第 3 次取记录值；这些是通过把 (6.8.2) 中的严格不等号换为 $\geqslant$ 所定义的弱阶梯点.]

在整个图形中，S_n 大于它的期望 $-n$. 事实上，$n=135$ 是使 $S_n \leqslant -n$（即 $S_{135}=-137$）的第 1 个指标. 这与这种 n 的期望等于无穷大这个事实一致.

变量 X_n 具有形式 $X_n = \mathscr{B}_n - \mathscr{A}_n$，其中变量 $\mathscr{B}_n$ 和 $\mathscr{A}_n$ 是相互独立的，且分别是在 1，3，5，7，9 和 2，4，6，8，10 上均匀分布的. 在 6.9 节例 (a) 中，如果假设到达时刻间隔以相同的概率取值 2，4，6，8，10，而服务时间为 1，3，5，7，9 的概率都是 $\dfrac{1}{5}$，则变量 W_n 是第 n 个顾客的总等待时间. X_n 的分布对点 $\pm 2k-1$ 赋予概率 $(5-k)/25$，其中 $k=0$，1，2，3，4.

---

① 把严格不等号换为 $\geqslant$ 和 $\leqslant$，可得到弱阶梯指标. 当基本分布是连续的时候，这个令人讨厌的区别是不必要的. 在图 6-1 中，弱阶梯点用字母 w 表示.

例 (a) 在"普通的"的随机游动中，F 有质量为 p 和 q 的原子 1 和 -1, 如果 $q>p$, 则上升阶梯变量是亏损的，亏量是 p/q [见第 1 卷 (11.3.9)]. 第 k 个阶梯高度必然等于 k. 由于这个原因，第 1 卷只讨论阶梯时刻. 第 k 个阶梯指标是第一次在点 k 逗留的时刻. 它的分布已在第 1 卷 11.4 节例 (d) 中求出了；在 $p=\dfrac{1}{2}$ 的特殊情形的分布，已在第 1 卷 3.4 节的定理 2 中求出了.

第 1 个阶梯指标 $\mathscr{T}_1$ 是第一次进入 $\overline{0,\infty}$ 的时刻，第 1 个阶梯高度 $\mathscr{H}_1$ 等于 $S_{\mathscr{T}_1}$. 时刻 $\mathscr{T}_1$ 以后的随机游动是整个随机游动的概率仿样. 给定 $\mathscr{T}_1=n$，在时刻 $k>n$ 上出现的第 2 个阶梯指标 a 仅依赖于 $X_{n+1},\cdots,X_k$. 因此，第 1 个阶梯指标与第 2 个阶梯指标之间的试验次数是一个随机变量 $\mathscr{T}_2$，$\mathscr{T}_2$ 与 $\mathscr{T}_1$ 独立且与 $\mathscr{T}_1$ 同分布. 由此可见，更一般地，*第 k 个阶梯指标和第 k 个阶梯高度可以写成形式*

$$\mathscr{T}_1+\cdots+\mathscr{T}_k,\quad \mathscr{H}_1+\cdots+\mathscr{H}_k,$$

其中 $\mathscr{T}_j$ 和 $\mathscr{H}_j$ 是相互独立的随机变量，分别与 $\mathscr{T}_1$ 和 $\mathscr{H}_1$ 有相同的分布. 换句话说，阶梯指标和阶梯高度都构成（可能是可终止的）**更新过程**.

对于可终止过程，S_n 趋向 $-\infty$ 这件事在直观上是很明显的，S_n 以概率 1 达到一个有限的极大值. 下节将说明，阶梯变量为分析一类颇有实际价值的过程提供了强有力的工具.

(b) **显式表达式.** 设 F 有一个由下式定义的密度

$$f(x)=\begin{cases}\dfrac{ab\mathrm{e}^{ax}}{a+b}, & x<0,\\[2ex] \dfrac{ab\mathrm{e}^{-bx}}{a+b}, & x>0.\end{cases}\tag{6.8.3}$$

这个随机游动有一个少见的特点，即所有有关的分布都可以显式计算出来. 它在排队论中有很重要的意义，因为 f 是两个分别集中在 $\overline{0,\infty}$ 和 $\overline{-\infty,0}$ 上的指数密度的卷积. 这表示 X_j 可以写成两个服从指数分布的正随机变量之差 $X_j=\mathscr{B}_j-\mathscr{A}_j$. 不失一般性，我们假设 $a\leqslant b$.

上升阶梯高度 $\mathscr{H}_1$ 有密度 $a\mathrm{e}^{-bx}$；这个变量是亏损的，它的亏量等于 $(b-a)/b$. 上升阶梯时刻的母函数为 $b^{-1}p(s)$，其中

$$2p(s)=a+b-\sqrt{(a+b)^2-4abs}.\tag{6.8.4}$$

亏量也是 $(b-a)/b$.

下降阶梯高度 $\mathscr{H}_1^-$ 有密度 $a\mathrm{e}^{ax}$（$x<0$），下降阶梯时刻的母函数为 $a^{-1}p(s)$. 在 $a=b$ 的特殊情形，它化成 $1-\sqrt{1-s}$，这个母函数是在普通的随机游动（或

掷硬币）中所熟悉的. [关于证明和其他结果，见 12.4 节、12.5 节和 18.3 节. 又见 6.4 节例 (e).]

6.9 排队过程

研究各种与服务员、仓库设备、等待时间等有关的问题的文献[1]特别多. 统一化工作已取得了很大进展，但是许多小的变化遮盖了人们的视野，以致只见树木不见森林. 新的一般方法的力量仍被低估. 我们从以递推方式正式引入一个随机过程开始，这种方式乍看起来有点不自然. 例子将说明这种方式的广泛应用性；我们以后将会看到，可以用非常简单的方法得出深刻的结果（见 12.5 节）.

定义 1 设 $X_1, X_2, \cdots$ 是具有共同（正常）分布 F 的相互独立的随机变量. 导出的排队过程是用下列递推方式定义的随机变量序列 $W_0, W_1, \cdots : W_0 = 0$,

$$W_{n+1} = \begin{cases} W_n + X_{n+1}, & W_n + X_{n+1} \geqslant 0, \\ 0, & W_n + X_{n+1} \leqslant 0. \end{cases} \tag{6.9.1}$$

简单地说，$W_{n+1} = (W_n + X_{n+1}) \bigcup 0$.

举例说明见图 6-1.

例 (a) **一个服务员的排队.** 假设“顾客”到达一个“服务员”那里. 到达形成一个到达时刻间隔[2]为 $\mathscr{A}_1, \mathscr{A}_2, \cdots$ 的正常更新过程（到达的时刻是 $0, \mathscr{A}_1, \mathscr{A}_1 + \mathscr{A}_2, \cdots$，我们把顾客编号为 0，1，2，$\cdots$）. 对于第 n 个顾客，有一个相应的**服务时间** $\mathscr{B}_n$，我们假设 $\mathscr{B}_n$ 与到达时刻独立，并且是独立同分布的. 服务员或者“闲着”或者“忙着”，他在开始时刻 0 是闲着的. 以后遵守下列规则. 如果顾客在服务员闲着的时候到达，那么服务员立即为他服务. 否则，他就加入等待队列（排队），服务员按到达的次序[3]不间断地为顾客服务，一直到队列消失，服务员变成空闲时为止. 所谓**队列长度**指的是现有顾客（包括正被服务的顾客）的数目. 第 n

[1] 关于参考书，可参阅书末参考文献中所列的专著. 要简单地概述这个课题的发展，并给出适当的评价是非常困难的. 许多对新方法的发展有贡献的文章由于它们所导致的进展而变得过时了. [排队论中的林德莱（Lindley）积分方程（1952）就是一个例子.] 另一些文章则由于它们讨论（有时是很复杂的）特殊的问题而值得注意，但是在概述一般的理论时就没有它们的地位了. 总的说来，关于这几个课题的大量文献都强调了例子和各种变形，但没有注意到一般的方法. 由于重复很多，所以很难说哪个在前，哪个在后. [例如，在 Stockholm 的一篇论文中（1939）把某一积分方程的解归功于费勒的未发表的讲稿（1934）. 但这个解现在以好几个人的名字命名.] 关于历史可见肯达尔（Kendall）的两篇有独立意义的综述性论文：*Some problems in the theory of queues* 和 *Some problems in the theory of dams*, J. Roy. Statist. Soc. Series B, vol. 13 (1951) pp.151-185 以及 vol. 19 (1957) pp. 207-233.

[2] 通常，到达时刻间隔是一个常数或服从指数分布，但现在流行的是允许任意的更新过程；见第 165 页脚注①.

[3] 这个“排队的规律”完全与队列长度、忙期长度和类似的问题无关. 只有顾客本人能感觉到这些规律的作用，其中“先为第 1 个到达者服务”、“先为最后 1 个到达者服务”和“随机选择”是极端措施. 如果允许离开，那么整个情况就改变了.

个顾客的**等待时间** W_n 是从他到达时刻到他的服务**开始**的时刻所用的时间；顾客在服务员那里所用的总时间是 $W_n+\mathscr{B}_n$.（例如，如果最初几个服务时间是 4，4，1，3，$\cdots$，到达时刻的间隔为 2，3，2，3，$\cdots$，那么编号为 1，2，$\cdots$ 的顾客加入了长度分别为 1，1，2，1，$\cdots$ 的队列，且等待时间为 2，3，2，2，$\cdots$.）

为了避免像“一个顾客在另一个顾客离开的时刻到达”这样的意义不明确的话，我们将假设变量 $\mathscr{A}_n$ 和 $\mathscr{B}_n$ 的分布 A 和 B 都是连续的. 于是在任一时刻的队列长度都是完全确定的.

我们着手设计一个用递推方式计算等待时间 W_n 的方案. 根据定义，编号为 0 的顾客在时刻 0 到达闲着的服务员那里，因而等待时间是 $W_n=0$. 现在假设第 n 个顾客在时刻 t 到达，且知道他的等待时间 W_n. 他的服务时间从时刻 $t+W_n$ 开始，在时刻 $t+W_n+\mathscr{B}_n$ 终止. 下一个顾客的到达时刻是 $t+\mathscr{A}_{n+1}$. 如果 $W_n+\mathscr{B}_n<\mathscr{A}_{n+1}$，那么他看到服务员是闲着的，如果 $W_n+\mathscr{B}_n-\mathscr{A}_{n+1}\geqslant 0$，那么他的等待时间为 $W_{n+1}=W_n+\mathscr{B}_n-\mathscr{A}_{n+1}$. 换句话说，等待时间序列 $\{W_n\}$ 与下列独立随机变量

$$X_n=\mathscr{B}_{n-1}-\mathscr{A}_n,\quad n=1,2,\cdots,\tag{6.9.2}$$

导出的排队过程重合.

(b) **存储设备与存货**. 为了使描述直观起见，我们利用**水库**（和水坝），但是这个模型同样也适用于其他的存储设备或存货. 蓄水量取决于输入和输出. 输入是由河水和雨水供给的，输出由需要量所控制，但是只有当水库不空的时候才能满足这个要求.

现在考虑选定时刻 $0,\tau_1,\tau_2,\cdots$ 的蓄水量[1]$0,W_1,W_2,\cdots$. 用 X_n 表示 $\overline{\tau_{n-1},\tau_n}$ 中实际的供应量与理论（理想）的需要量之差，又设所有的变化都是瞬时的且集中在时刻 $\tau_1,\tau_2,\cdots$ 上. 我们从时刻 0 的 $W_0=0$ 开始. 一般说来，除非需要量超过蓄水量，否则 $W_{n+1}-W_n$ 应等于 X_{n+1}. 因此，W_n 应当满足 (6.9.1)，所以只要理论上的净变化量 X_k 是独立同分布的随机变量，则逐次的蓄水量服从由 $\{X_k\}$ 导出的排队过程.

对于数学家（若不是对于用户）来说，问题是要找出使 X_k 为独立同分布 F 的变量的条件，并求出 F 的可能形式. 通常，τ_k 是等距离的，或者是泊松过程的一个样本，但是目前只要假设 τ_k 形成一个到达时刻间隔为 $\mathscr{A}_1,\mathscr{A}_2,\cdots$ 的**更新过程**就够了. 最常用的模型可以分成下列两种类型.

(i) 输入是以固定的速度 c 进行的，需要量 $\mathscr{B}_n$ 是任意的. 那么 $X_n=c\mathscr{A}_n-\mathscr{B}_n$. 我们应假设这个 X_n 与“过去”$X_1,\cdots,X_{n-1}$ 独立.（$\mathscr{A}_n$ 和 $\mathscr{B}_n$ 独立这个通常的假设是不必要的：我们没有理由说需要量 $\mathscr{B}_n$ 和持续时间 $\mathscr{A}_n$ 无关.）

---

[1] 为简单起见，我们从空水库开始. 调整到任意的初始条件都不会产生困难 [见例 (c)].

(ii) 输出是以固定的速度进行的，输入是任意的. 把 $\mathscr{A}_n$ 和 $\mathscr{B}_n$ 的作用交换一下，叙述是相同的.

(c) **往返列车的排队.**① 每过 1 小时有一列有 r 个乘客座位的往返列车从车站开出. 要乘车的人在车站上排队等待. 每次出发时，队列中的前 r 个人上车，其余的留在等待队列中. 我们假设，在列车逐次开出之间到来的乘客数目是独立同分布的随机变量 $\mathscr{A}_1, \mathscr{A}_2, \cdots$. 设 W_n 是第 n 次开出后等待队列中的乘客数目，且为了简单起见，设 $W_0 = 0$，于是，如果 $W_n + \mathscr{A}_{n+1} - r$ 为正，则 $W_{n+1} = W_n + \mathscr{A}_{n+1} - r$；如果 $W_n + \mathscr{A}_{n+1} - r$ 不是正的，则 $W_{n+1} = 0$. 因此，W_n 是由变量为 $X_n = \mathscr{A}_n - r$ 的随机游动产生的排队过程 (6.9.1) 的变量. ■

我们现在用变量 X_k 产生的随机游动来描述排队过程 $\{W_n\}$. 与在 6.8 节中一样，令 $S_0 = 0, S_n = X_1 + \cdots + X_n$，并沿用关于阶梯变量的记号. 为了便于描述，我们利用适合于例 (a) 中的服务员的术语.

我们定义 ν 为这样的下标，使得 $S_1 \geqslant 0, S_2 \geqslant 0, \cdots, S_{\nu-1} \geqslant 0$，但 $S_\nu < 0$. 在这种情形下，编号为 $1, 2, \cdots, \nu - 1$ 的顾客的等待时间为 $W_1 = S_1, \cdots, W_{\nu-1} = S_{\nu-1}$，编号为 ν 的顾客第一个看到服务员是闲着的（第 1 位幸运顾客）. 从他到达的时刻开始，这个过程作为整个过程的复制，重新开始. ν 只不过是第 1 个负和数的指标，即 ν 是第 1 个下降阶梯指标，我们将始终如一地用 $\mathscr{T}_1^-$ 来表示它. 因此，我们得到第 1 个结论：*下降阶梯指标对应于看到空闲服务员的幸运顾客*. 换句话说，幸运顾客到来的时刻构成一个具有与 $\mathscr{T}_1$ 同分布的循环时间的更新过程.

在实际的情形中，变量 $\mathscr{T}_1^-$ 应不是亏损的，因为它的亏量等于顾客永远看不到空闲服务员的概率，并且以概率 1 有一个后面跟无穷队列的顾客. 事实上，当 $E(\mathscr{B}_k) < E(\mathscr{A}_k)$ 时，$\mathscr{T}_1^-$ 是正常的.

现在设编号为 $\nu - 1$ 的顾客在时刻 τ 到达. 他的等待时间是 $W_{\nu-1} = S_{\nu-1}$. 从而他离开的时刻是 $\tau + W_{\nu-1} + \mathscr{B}_{\nu-1}$. 当服务员空闲了

$$\mathscr{A}_\nu - W_{\nu-1} - \mathscr{B}_{\nu-1} = -S_{\nu-1} - X_\nu = -S_\nu$$

个单位时间后，第 1 位幸运顾客（编号为 ν）在时刻 $\tau + \mathscr{A}_\nu$ 到达. 但是根据定义，S_ν 是第 1 个下降阶梯高度 $\mathscr{H}_1^-$. 当过程重新开始时，我们得到第 2 个结论：*闲期的持续时间是与 $-\mathscr{H}_1^-$（下降阶梯高度的循环时）同分布的独立随机变量*. 换句话说，编号为 $\mathscr{T}_1^- + \cdots + \mathscr{T}_r^-$ 的顾客是第 r 个看到空闲服务员的顾客. 在他到达的时刻，服务员已空闲了 $-\mathscr{H}_r^-$ 个单位时间.

很清楚，在逐次的阶梯时刻之间，*排队过程 $\{W_n\}$ 的图形的各部分和随机游*

① P.E. Boudreau, J.S. Griffin Jr., and Mark Kac, *An elementary queuing problem*, Amer. Math. Monthly, vol. 69 (1962) pp. 713-724. 这篇文章是为不具有本学科知识的外行人写的. 虽然使用的叙述方式不同，但其计算已包含在 12.4 节例 (c) 中了.

动的图形的相应部分全等，但是排队过程是向上伸展的，因而从时间轴的点上开始（见图 6-1）. 为了用分析的方法描述这一点，我们用 $[n]$ 表示最后一个小于或等于 n 的下降阶梯指标；换句话说，$[n]$ 是这样一个（随机）指标，使得 $[n] \leqslant n$，且

$$S_{[n]} \leqslant S_j, \quad j = 0, 1, \cdots, n. \tag{6.9.3}$$

这就以概率 1 唯一地确定了 $[n]$（因为 X_i 的分布是连续的）. 显然，

$$W_n = S_n - S_{[n]}. \tag{6.9.4}$$

如果我们以相反的次序考察变量 $X_1, \cdots, X_n$，那么上述关系式将导致一个很重要的结论. 为了简略起见，令 $X_1' = X_n, \cdots, X_n' = X_1$. 这些变量的部分和是

$$S_k' = X_1' + \cdots + X_k' = S_n - S_{n-k},$$

(6.9.4) 说明序列 $0, S_1', \cdots, S_n'$ 的最大项的下标是 $n - [n]$，且最大项等于 W_n. 但是 $(X_1', \cdots, X_n')$ 的分布与 $(X_1, \cdots, X_n)$ 的分布相同. 因此，我们有下列基本定理.

定理[①] 排队变量 W_n 的分布和基本随机游动 $\{X_k\}$ 中的随机变量

$$M_n = \max[0, S_1, \cdots, S_n] \tag{6.9.5}$$

的分布相同.

我们将在第 12 章中讨论这个定理的推论. 这里我们来说明，利用它可以把某些破产问题化为排队过程，尽管它们的外表不同.

(d) **破产问题.** 在 6.5 节中，我们把破产定义为"有一个 t，使得 $X(t) > z + c\,t$"这一事件，其中 $X(t)$ 是一个分布为 (6.4.2) 的复合泊松过程的变量. 用 $\tau_1, \tau_2, \cdots$ 表示这个过程的逐次跳跃的时刻. 既然破产发生，那么它在某个时刻 τ_k 也发生，因此只要考虑"有一个 n，使得 $S_n = X(\tau_n) - c\tau_n > z$"的概率就行了. 但是根据复合泊松过程的定义，$X(\tau_n)$ 是 n 个具有共同分布 F 的独立随机变量 Y_k 之和，而 τ_n 是 n 个独立的服从指数分布的变量 $\mathscr{A}_k$ 之和. 因此，我们实际上讨论的是由变量 $X_k = Y_k - c\mathscr{A}_k$ 产生的随机游动，X_k 的概率密度由下列卷积给出：

$$\frac{\alpha}{c} \int_x^{\infty} \mathrm{e}^{\alpha(x-y)/c} F\{\mathrm{d}y\}. \tag{6.9.6}$$

破产发生，当且仅当在此随机游动中，事件 $\{S_n \geqslant z\}$ 对某个 n 发生. 因此求破产概率相当于在有关的排队过程中求变量 W_n 的分布.

---

① 此定理是波拉泽克（F. Pollaczek）在 1952 年首次明显提出的，斯皮策尔（F. Spitzer）在下列论文中用不同的方法讨论了它：*The Wiener-Hopf equation whose kernel is a probability density*, Duke Math. J., vol. 24(1957) pp. 327-344. 关于 Spitzer 的证明，见习题 21.

(e) **数值实例.** 当到达时刻间隔和服务时间分别服从期望为 $1/a$ 和 $1/b$（其中 $a<b$）的指数分布时，我们就得到了最重要的排队过程. 根据 6.8 节例 (b) 中描述的这种过程的特征，可以断言，第 n 个顾客的等待时间有一个极限分布 W，此分布在原点具有质量为 $1-a/b$ 的原子，并且对 $x>0$ 有密度 $\frac{b-a}{b}a\mathrm{e}^{-(b-a)x}$. 期望等于 $\frac{a}{b(b-a)}$. 柜台的闲期和第 1 个下降阶梯高度有相同的密度，即 $a\mathrm{e}^{-at}$. 在这种情形下，闲期和到达时刻间隔有相同的分布（但在其他的排队过程中，情况不是这样）.

第 1 个发现柜台是空闲的顾客的号码 N 的母函数为 $p(s)/a$，其中 p 由 (6.8.4) 所定义. 现在考虑从时刻 0 开始的忙期，即到服务员第一次变为空闲的时刻的时间间隔. 这个周期从号码为 0 的顾客开始，随机变量 N 又等于初始忙期中顾客的数目. 由简单的计算可知，它的期望等于 $b/(b-a)$，它的方差等于 $ab(a+b)/(b-a)^3$.

最后，令 T 是忙期的持续时间. 它的密度由 (14.6.16) 显式给出，其中 $cp=a, cq=b$. 这个涉及贝塞尔函数的公式不利于计算，但是可利用 14.4 节例 (a) 和 14.6 节例 (b) 中的用不同方法导出的它的拉普拉斯变换来计算 T 的矩. 结果是

$$E(T)=\frac{1}{(b-a)},\quad \mathrm{Var}(T)=(a+b)\frac{1}{(b-a)^3}.$$

在排队过程中，忙期和闲期相互交替，它们的期望分别是 $1/(b-a)$ 和 $1/a$. 因此，$(b-a)/a$ 是服务员的空闲时间的一种量度. 更确切地说，如果 $U(t)$ 是直到时刻 t 的空闲时间，那么 $t^{-1}E(U(t))\to(b-a)/a$.

下表中取平均服务时间为单位，因此 a 表示在一个服务时间内到达的顾客的期望数目. 这个表还说明忙期的方差很大. 因此，忙期的起伏很大是自然的. 我们看出，在实际应用中，通常的对期望的依赖是很危险的. 对于一个方差为 255 的忙期，期望为 5 这个事实没有什么实际意义.

		$b=1$					
		$a=0.5$	$a=0.6$	$a=0.7$	$a=0.8$	$a=0.9$	$a=0.95$
等待时间	期望	1	1.5	2.3	4	9	19
（稳定状态）	方差	3	5.3	10	24	99	399
忙期	期望	2	2.5	3.3	5	10	399
	方差	12	25	63	255	1900	16 000
每个忙期	期望	2	2.5	3.3	5	10	399
的顾客数目	方差	6	15	44	200	1700	15 200

上述排队过程的多维类似物更复杂. 基弗（J. Kiefer）和华尔夫维茨（J. Wolfowitz）奠定

了它的理论基础 [*On the theory of queues with many servers*, Trans. Amer. Math. Soc., vol. 78 (1955) pp. 1-18].

6.10 常返的和瞬时的随机游动

我们来对随机游动进行分类，这种分类与 6.8 节无关，而与 6.6 节的更新理论有密切的联系，给定直线上的一个分布函数 F，我们在形式上引入由下式定义的区间函数：

$$U\{I\} = \sum_{k=0}^{\infty} F^{k\star}\{I\}. \tag{6.10.1}$$

这个级数与 (6.6.2) 中的级数一样，但是当 F 不集中在半直线上时，即使 I 是有限区间，此级数也可能发散. 我们将证明，(6.10.1) 的收敛或发散具有深刻的意义. 基本的事实是简单的，但由于必须特殊对待算术分布①，所以用公式表达比较困难.

为了简略起见，令 I_h 表示区间 $-h \leqslant x \leqslant h$, I_h+t 表示区间 $t-h \leqslant x \leqslant t+h$.

定理 1 (i) 如果 F 是非算术的，那么或者对于每个有穷区间都有 $U\{I\} < \infty$，或者对于所有的区间都有 $U\{I\} = \infty$.

(ii) 如果 F 是步长为 λ 的算术分布，那么或者对于每个有穷区间都有 $U\{I\} < \infty$，或者对于包含形如 $n\lambda$ 的点的每个区间都有 $U\{I\} = \infty$.

(iii) 如果 $U\{I_n\} < \infty$，那么对于所有的 t 和 $h > 0$，

$$U\{I_h + t\} \leqslant U\{I_{2h}\}. \tag{6.10.2}$$

为了易于引用这两种情形，我们引入以下定义（在定义中，F 得到了一个应属于相应的随机游动的形容词）.

定义 如果对于所有的有穷区间有 $U\{I\} < \infty$，则称 F 是瞬时的，否则称 F 是常返的.

除了它的概率意义外，此定理还和下列积分方程有关：

$$Z = z + F\star Z, \tag{6.10.3}$$

此方程与更新方程 (6.6.4) 类似，我们以这个积分方程为起点，来证明定理 1 和以下定理.

---

① 如果 F 的增点都在形如 $0, \pm\lambda, \pm 2\lambda, \cdots$ 的点上，则称 F 是算术的. 具有这种性质的最大的 λ 称为 F 的步长（见 5.2 节）.

定理 2 设 z 是连续的，并且对于 $|x| < h$ 有 $0 \leqslant z(x) \leqslant \mu_0$，在 I_h 外 $z(x) = 0$. 如果 F 是瞬时的，那么

$$Z(x) = \int_{-\infty}^{+\infty} z(x-y)U\{\mathrm{d}y\} \tag{6.10.4}$$

是 (6.10.3) 的一个一致连续解，且

$$0 \leqslant Z(x) \leqslant \mu_0 \cdot U\{I_{2h}\}. \tag{6.10.5}$$

Z 在 I_h 中的一点上达到最大值.

这两个定理的证明 (i) 设对于某一 $\alpha > 0$ 有 $U\{I_\alpha\} < \infty$，选取 $h < \dfrac{1}{2}\alpha$，令 z 在 I_h 外等于零，但不恒等于零. 我们将用逐次逼近法来解 (6.10.3)，令 $Z_0 = z$，递推地令

$$Z_n(x) = z(x) + \int_{-\infty}^{+\infty} Z_{n-1}(x-y)F\{\mathrm{d}y\}. \tag{6.10.6}$$

对于由下式定义的 U_n，

$$U_n(I) = F^{0\star}\{I\} + \cdots + F^{n\star}\{I\}, \tag{6.10.7}$$

显然有

$$Z_n(x) = \int_{-\infty}^{+\infty} z(x-y)U_n\{\mathrm{d}y\}, \tag{6.10.8}$$

（积分区域实际上是一个长度 $\leqslant 2h$ 的区间）. 这样定义的函数 Z_n 是连续的，我们用归纳法来证明，它在满足 $z(\xi_n) > 0$ 的点 ξ_n 上达到最大值 μ_n. 对于 $Z_0 = z$，这显然是正确的. 如果它对 Z_{n-1} 是正确的，那么由 (6.10.6) 可见，$z(x) = 0$ 蕴涵 $Z_n(x) \leqslant \mu_{n-1}$，而 $\mu_n \geqslant Z_n(\xi_{n-1}) > Z_{n-1}(\xi_{n-1}) = \mu_{n-1}$.

由此推出，区间 $I_h + \xi_n$ 包含在 I_{2h} 中，从而由 (6.10.8) 有

$$\mu_n \leqslant \mu_0 \cdot U\{I_{2h}\}, \tag{6.10.9}$$

这就证明了函数 Z_n 是一致有界的. 因为 $Z_0 \leqslant Z_1 \leqslant \cdots$，所以 $Z_n \to Z$，其中 Z 满足 (6.10.5).

根据单调收敛性，由 (6.10.6) 和 (6.10.8) 推出，极限 Z 满足积分方程 (6.10.3)，且具有 (6.10.4) 的形式. 由 (6.10.9) 可知，不等式 (6.10.5) 成立. 上界仅依赖于 z 的最大值 μ_0，对 I_h 的一个真子区间 I_η 内的所有点 x，能够自由地令 $z(x) = \mu_0$. 在这种情形下，由 (6.10.8) 可得

$$Z_n(x) \geqslant \mu_0 U_n\{I_\eta + x\}. \tag{6.10.10}$$

这个不等式对所有的 $\eta < h$ 都成立，因而对于 $\eta = h$ 也成立（因为 I_h 是闭的）. 把上述最后两个不等式联合起来就证明了 (6.10.2) 的正确性. 这蕴涵，对于长度 $\leqslant h$ 的区间，$U\{I\} < \infty$. 但是每个有穷区间都可以分成有限多个长度 $< h$ 的区间，因此对于所有有穷的 I 有 $U\{I\} < \infty$. 最后由 (6.10.4) 求差数可知，

$$|Z(x+\delta) - Z(x)| \leqslant U\{I_{2h}\} \cdot \sup |z(x+\delta) - z(x)|.$$

因此，Z 是一致连续的，关于瞬时分布 F 的所有断言都得到了证明.

(ii) 还有一种情形：对于每个 $\alpha > 0$ 有 $U\{I_\alpha\} = \infty$. 那么 (6.10.10) 表明，对于一个包含原点的邻域内的所有的 x 有 $Z_n(x) \to \infty$. 如果 t 是 F 的增点，那么由 (6.10.6) 推出，对于一个包含 t 的邻域内的所有的 x 有 $Z_n(x) \to \infty$. 根据归纳法，这对于 $F^{2\star}, F^{3\star}, \cdots$ 的每个增点也同样是正确的. 假设 F 是一非算术分布. 如果 F 集中在一条射线上，那么我们有 $U\{I_\alpha\} < \infty$（6.6 节）. 因此，根据 5.4 节的引理 2, $F^{2\star}, F^{3\star}, \cdots$ 的增点在直线上是稠密的，从而处处有 $Z_n(x) \to \infty$. 这蕴涵对于所有的区间，$U_n\{I\} \to \infty$. 做明显的修改后，这个论证也适用于算术分布，因而定理得证. ■

在第 11 章中，我们将回过头来讨论更新方程 (6.10.3)，但现在我们来讨论定理 1 对随机游动的含义. 设 $X_1, X_2, \cdots$ 是具有共同分布 F 的独立随机变量，并令 $S_n = X_1 + \cdots + X_n$，所谓"随机游动在时刻 $n = 1, 2, \cdots$ 逗留在 I 上"，指的是 $S_n \in I$ 这一事件.

定理 3[①] 如果 F 是瞬时的，那么随机游动在区间 I 上的逗留的次数是以概率 1 为有限的，并且这种逗留的平均次数等于 $U\{I\}$.

如果 F 是常返的且是非算术的，那么随机游动在每个区间 I 上逗留的次数以概率 1 为无穷. 如果 F 是常返的且是算术的，且步长为 λ，那么随机游动在每个点 $n\lambda$ 上逗留的次数以概率 1 为 ∞.

证 假设 F 是瞬时的. 随机游动在时刻 n 后到达 I 的概率不大于 (6.10.1) 中的级数的第 n 个余部. 因此，对于充分大的 n，随机游动在 I 上的逗留次数大于 n 的概率 $< \varepsilon$. 这就证明了第 1 个断言.

现在假设 F 是常返的且是非算术的. 用 $\rho_h(t)$ 表示随机游动到达 $I_h + t$ 的概率. 只要对所有的 $h > 0$ 和所有的 t 证明 $\rho_h = 1$ 就够了，因为这显然蕴涵随机游动在每个区间上的逗留次数必然为任意数.

在着手证明之前，我们注意到，如果 $S_n = x$，我们可以把 x 取为新原点，从而知道随机游动在此以后在 I_h 上逗留的概率等于 $\rho_h(-x)$. 特别地，如果 x 是

① 本定理是 4.6 节中第 2 个 0-1 律的推论，如果 $\varphi(I+t)$ 是随机游动进入 $I+t$ 无穷多次的概率，那么对于一个固定的 I，函数 φ 只能取值 0 或 1. 另外，如果考虑随机游动的第 1 步，可以看出 $\varphi = F\star\varphi$，因此 $\varphi =$ 常数（见 11.9 节）.

I_h+t 中的一个点，那么随机游动在此以后在 I 上逗留的概率 $\leqslant \rho_{2h}(-t)$.

我们首先证明 $\rho_h(0)=1$. 对于任意固定的 $h>0$，用 p_r 表示随机游动在 I_h 上的逗留次数至少为 r 的概率. 那么 $p_1+p_2+\cdots$ 是随机游动在 I_h 上的逗留次数的期望，从而由常返性的定义知道它是无穷的. 另外，由本节开始的陈述显然有 $p_{r+1}\leqslant p_r\cdot\rho_{2h}(0)$. 因此，由 $\sum p_r$ 的发散性要求 $\rho_{2h}(0)=1$.

现在讨论一般的区间 I_h+t. 首先假设 F 是非算术的. 根据 5.4 节的引理 2，对于某一 k，每个区间包含 $F^{k\star}$ 的一个增点，因此对于所有的 $h>0$ 和所有的 t，随机游动进入 I_h+t 的概率 $\rho_h(t)$ 是正的. 但是我们已经看到，即使在进入 I_h+t 以后，随机游动还必然会回到 I_h，根据本节开始的陈述，这蕴涵 $\rho_{2h}(-t)=1$. 因为 h 和 t 是任意的，所以这就对非算术分布完成了证明. 但是同样的论证也适用于算术分布. ■

在检验 $U\{I\}$ 的级数 (6.10.1) 是否收敛时，我们通常依靠极限定理，这些定理仅对于大区间提供信息. 在这种情形下，可以依靠下列的准则.

准则 如果 F 是瞬时的，则当 $x\to\infty$ 时，$x^{-1}U\{I_x\}$ 是有界的.

由 (6.10.2)，这个断言是显然的，因为任何区间 I_{nh} 可分布 n 个形如 I_h+t 的区间. 作为方法的一种说明，我们来证明以下定理.

定理 4 一个分布的期望为 μ，如果 $\mu=0$，则此分布是常返的；如果 $\mu\neq 0$，则此分布是瞬时的.

证 设 $\mu=0$. 根据弱大数定律，存在一个整数 n_ε，使得对于所有的 $n>n_\varepsilon$ 有 $\mathrm{P}\{|S_n|<\varepsilon n\}>\dfrac{1}{2}$. 因此，对于满足 $n_\varepsilon<n<a/\varepsilon$ 的 n 有 $F^{n\star}\{I_a\}>\dfrac{1}{2}$. 如果 $a>2\varepsilon n_\varepsilon$，那么至少有 $a/(2\varepsilon)$ 个整数 n 满足这个条件，因此 $U\{I_a\}>a/(4\varepsilon)$. 因为 ε 是任意的，所以这蕴涵比 $a^{-1}U\{I_a\}$ 是无界的，因而 F 不可能是瞬时的.

如果 $\mu>0$，那么强大数定律保证，"对于所有充分大的 n，S_n 为正" 的概率任意地接近于 1. 因此，随机游动进入负半直线无穷多次的概率是零，于是 F 是瞬时的. ■

在常返过程中，序列 $\{S_n\}$ 必然无穷多次地改变符号，因此上升阶梯过程和下降阶梯过程是常返的. 令人惊奇的是，其逆不真. *即使在瞬时随机游动中，$\{S_n\}$ 也可以（以概率 1）无穷多次地改变符号.* 事实上，当 F 是对称分布时情况就是如此. 因为在有穷区间 $\overline{-a,a}$ 上逗留的次数是有限的，所以这蕴涵（很粗略地说）符号的改变是由于跳跃度极大的偶然的跳跃：$|S_n|$ 可能超过任何界限，但无论 a 多么大，奇异的不等式 $X_{n+1}<-S_n-a$ 将无穷多次地发生.

图 6-2 说明了大跳跃的发生，但它并没有完全表达了这种现象，因为为了得到有限的图形，所以必须对此分布进行截尾.

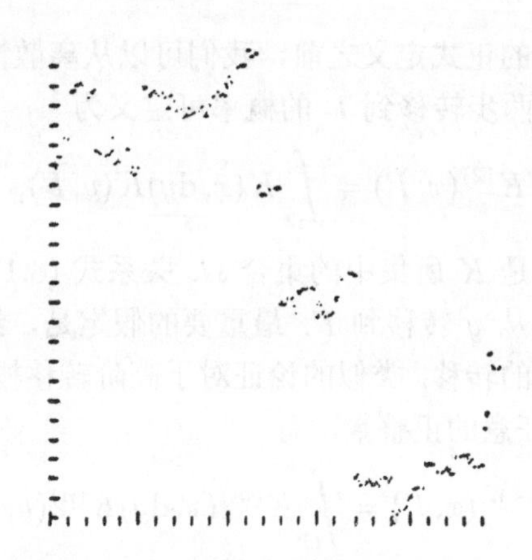

图 6-2 由柯西分布产生的随机游动（为了消除图形的过份大的跳跃，我们对这个分布进行了截尾）

6.11 一般的马尔可夫链

很容易把第 1 卷第 15 章中的离散马尔可夫链推广到欧几里得（以及更一般的）空间. 在离散情形中，转移概率由含有元素 p_{ij} 的随机矩阵给出，这矩阵的行是概率分布. 现在我们必须考虑从点 x 向 $\mathbb{R}^n$ 中的任意区间或集合 Γ 的转移；用 $K(x,\Gamma)$ 表示这个转移的概率. 新的特点是我们必须附加某些正则性条件，以保证必要的积分可以进行. 对大多数用途，连续性这个条件就足够了，但是限制于完全的一般性将得不到什么东西.

定义 1 随机核 K 是这样一个二元（即一个点与一个集合）函数，使得 (i) 对于固定的 x，$K(x,\Gamma)$ 是 Γ 中一个概率分布，并且 (ii) 对于任一区间 Γ，$K(x,\Gamma)$ 是 x 的贝尔函数.

没有要求 K 定义在整个空间上. 如果 x 和 Γ 限制于集合 Ω 上，那么我们称 K 集中在 Ω 上. 有时需要容许有**亏损**分布，这样我们就有**次随机核**. 通常，K 具有形式

$$K(x,\Gamma)=\int_\Gamma k(x,y)\mathrm{d}y, \tag{6.11.1}$$

在这种情形下，称 k 为一个**随机密度核**. 按照 (5.3.3) 的约定，我们用简单符号

$$K(x,\mathrm{d}y)=k(x,y)\mathrm{d}y$$

来表示 (6.11.1). [严格说来，k 表示关于勒贝格测度或长度的密度，关于任意测度 m 的密度表示为 $K(x,\mathrm{d}y)=k(x,y)m\{\mathrm{d}y\}$.]

在给出马尔可夫链的正式定义之前，我们可以从离散情形类推，以准备合适的分析工具. 从 x 经过两步转移到 Γ 的概率可定义为

$$K^{(2)}(x,\Gamma)=\int_\Omega K(x,\mathrm{d}y)K(y,\Gamma), \tag{6.11.2}$$

积分区域是整个空间或是 K 所集中的集合 Ω. 关系式 (6.11.2) 说明，第 1 步从 x 转移到某点 y，第 2 步从 y 转移到 Γ. 最重要的假定是，给定一个中间点 y，过去的历史从不影响将来的转移. 类似的论证对于高阶转移概率 $K^{(n)}$ 也成立. 如果令 $K^{(1)}=K$，那么对任意的正整数，有

$$K^{(m+n)}(x,\Gamma)=\int_\Omega K^{(m)}(x,\mathrm{d}y)K^{(n)}(y,\Gamma); \tag{6.11.3}$$

当 $m=n=1$ 时，它化为 (6.11.2). 保持 $m=1$，并令 $n=1,2,3,\cdots$，我们就得到 $K^{(n)}$ 的归纳定义. 为了一致起见，我们定义 $K^{(0)}$ 为集中在 x 上的概率分布 [所谓的克罗内克（Kronecker）δ 核]. 于是 (6.11.3) 对于 $m\geqslant 0, n\geqslant 0$ 都成立. 两个核之间的运算 (6.11.3) 在其他领域中也经常出现，通常称之为**核的合成**. 它在各个方面都类似于矩阵的乘法.

几乎不必强调核 $K^{(n)}$ 是随机的. 如果 K 有密度，那么 $K^{(n)}$ 也有密度，并且密度的**合成公式**是

$$k^{(m+n)}(x,z)=\int_\Omega k^{(m)}(x,y)k^{(n)}(y,z)\mathrm{d}y. \tag{6.11.4}$$

例 (a) **卷积.** 如果 $k(x,y)=f(y-x)$，其中 f 是一个概率密度，那么合成 (6.11.4) 化为普通的卷积. 如果 K 是齐次的，即

$$K(x,\Gamma)=K(x+s,\Gamma+s),$$

其中 $\Gamma+s$ 是把 Γ 平移 s 后所得到的集合，那么上述结论一般也是正确的，关于圆周上的卷积，见 8.7 节的定理 3.

(b) **碰撞时的能量损失.** 在物理学中，通常把质点的逐次碰撞作为随机过程来处理，使得如果在碰撞前的能量（质量）等于 $x>0$，那么碰撞后的能量（质量）是这样一个随机变量 Y，使得 $P\{Y\in\Gamma\}=K(x,\Gamma)$，其中 K 是一个随机核. 标准的假定是，只可能发生损失，比值 Y/x 的分布 G 与 x 无关，于是 $P\{Y\leqslant y\}=G(y/x)$，此式定义了一个随机核.

在一个有关的恒星辐射问题中 [10.2 节例 (b)] 阿姆巴朱米扬（Ambarzumian）对于 $0\leqslant y\leqslant 1$ 考虑了 $G(y)=y^\lambda$ 的特殊情形，其中 λ 是一个正常数. 这对应于集中在 $0<y<x$ 上的密度核 $\lambda y^{\lambda-1}x^{-\lambda}$，容易验证，高阶密度为

$$k^{(n)}(x,y)=\frac{\lambda^n}{(n-1)!}\frac{y^{\lambda-1}}{x^\lambda}\left(\ln\frac{x}{y}\right)^{n-1},\quad 0<y<x. \tag{6.11.5}$$

特殊值 $\lambda = 1$ 对应于均匀分布（损失部分是"随机分布"的），于是 (11.5) 化成 (1.8.2) [将在 10.1 节例 (a) 中继续讨论].

(c) **随机链.** 考虑 $\mathbb{R}^3$ 中的链（或折线），链节有单位长度，并且相邻链节之间的角依赖于一个机会作用. 它们的许多变形（常常是非常复杂的）出现在聚合物 化学中，但是我们只考虑邻角是独立随机变量的情形.

所谓端点为 A 和 B 的链的**长度** L，指的是 A 和 B 之间的距离. 把一个单位链节附加到一个长度为 x 的链上去，结果得到一个长度为 $\sqrt{x^2+1-2x\cos\theta}$ 的链，其中 θ 是新链带与 A, B 联线之间的角. 我们把 θ 作为随机变量来处理，特别考虑两个在化学中具有特殊价值的分布.

(i) 设 θ 等于 60° 和 120° 的概率均为 $\dfrac{1}{2}$. 于是 $\cos\theta = \pm\dfrac{1}{2}$，被加长的链的长度服从随机核 $K(x, \varGamma)$，此核赋予两点 $\sqrt{x^2 \pm x + 1}$ 的概率都是 $\dfrac{1}{2}$. 对于固定的 x，分布 $K^{(n)}$ 集中在 2^n 个点上.

(ii) 设新链节的方向是"随机"选择的，即假设 $\cos\theta$ 在 $\overline{-1,1}$ 中是均匀分布的（见 1.10 节）. 被加长的链的长度 L 在 $x+1$ 和 $|x-1|$ 之间. 在这个范围内，根据余弦定理有

$$P\{L < y\} = P\{2x\cos\theta > x^2+1+y^2\} = \frac{1}{2} - [x^2+1+y^2]/4x.$$

因此，长度由下面的随机密度核确定：

$$k(x,y) = y/2x, \quad |x-1| < y < x+1.$$

由 $(n+1)$ 个链节组成的链的长度 L_{n+1} 有一个密度 $k^{(n)}(1,y)$（见习题 23）.

(d) **离散的马尔可夫链.** 可以把随机矩阵 (p_{ij}) 看成一个定义在正整数集合 $\varOmega$ 上的关于一个测度 m 的随机密度 $k(i,j) = p_{ij}$，这个 m 对于每个整数赋予单位质量.

绝对概率与平稳概率

称序列 $X_0, X_1, \cdots$ 服从转移概率 $K^{(n)}$，指的是 $K^{(n)}(x, \varGamma)$ 是事件 $\{X_{m+n} \in \varGamma\}$ 在给定 $X_m = x$ 下的条件概率. 如果 X_0 的概率分布是 γ_0，那么 X_n 的概率分布为

$$\gamma_n(\varGamma) = \int_{\varOmega} \gamma_0\{\mathrm{d}x\} K^{(n)}(x, \varGamma). \tag{6.11.6}$$

定义 2 称分布 γ_0 是关于 K 的平稳分布，如果对于所有的 n 有 $\gamma_n = \gamma_0$，也就是

$$\gamma_0\{\varGamma\} = \int_{\varOmega} \gamma_0\{\mathrm{d}x\} K(x, \varGamma). \tag{6.11.7}$$

关于平稳分布的基本事实与在离散马尔可夫链的情形中一样. 对 K 附加较弱的正则性条件后，*存在唯一的一个平稳分布，它表示 X_n 在任一初始分布下的渐近分布*. 换句话说，初始状态的影响逐渐消失，系统趋于由平稳解支配的**稳定状态**. 这是遍历定理的一种形式.

(e) (6.9.1) 中定义的**排队过程** $\{W_n\}$ 是一个集中在闭区间 $\overline{0,\infty}$ 上的马尔可夫过程. 转移概率只对 $x, y \geqslant 0$ 才有定义，而且 $K(x, \overline{0,y}) = F(y-x)$. 我们将在 8.7 节中证明平稳测度的存在性.

(f) 设 $X_1, X_2, \cdots$ 是相互独立的正变量，它们的共同分布 F 集中在 $\overline{0,\infty}$ 上，F 有一个连续密度 f. 下面用递推方式定义一个随机变量序列 $\{Y_k\}$：

$$Y_1 = X_1, \quad Y_{n+1} = |Y_n - X_{n+1}|. \tag{6.11.8}$$

那么 $\{Y_k\}$ 是一个集中在 $\overline{0,\infty}$ 上的马尔可夫链，具有转移概率密度

$$k(x,y) = \begin{cases} f(x-y) + f(x+y), & 0 < y < x, \\ f(x+y), & y > x > 0. \end{cases} \tag{6.11.9}$$

平稳密度 g 的定义方程是

$$g(y) = \int_0^\infty g(x+y)f(x)\mathrm{d}x + \int_0^\infty g(x)f(x+y)\mathrm{d}x. \tag{6.11.10}$$

如果 F 有有限的期望 μ，那么

$$g(y) = \mu^{-1}[1 - F(y)] \tag{6.11.11}$$

是一个**平稳概率密度**. 事实上，利用简单的分部积分可以证明 g 满足[1](6.11.10). 我们由 (6.6.3) 知道，g 是一个概率密度（见习题 22）.

(g) **技术上的应用.**[2] 长途电话线是由一条条的电缆组成的，电缆的特征服从统计起伏. 我们把与理想值的偏差作为独立随机变量 $Y_1, Y_2, \cdots$ 来处理，并假设它们的作用是可加的. 倒转一条电缆，则改变由它引起的偏差值的符号. 假定偏差 Y_k 是对称的，令 $X_k = |Y_k|$. 长途电话线的有效建造可以按照下列归纳法则进行：把第 $(n+1)$ 条电缆联接在这样的位置上，使得由它引起的误差的符号与前 n 条电缆的累积误差的符号相反. 那么累积误差满足法则 (6.11.8)；平稳密度 (6.11.11) 实际上是一个极限分布：*由 n 条电缆组成的电话线的误差*（对于很大的

---

① 人们怎样发现了这一点？假设 g 和 f 有导数，我们可以对 (6.11.10) 进行形式微分. 利用分部积分可得关系式 $g'(y) = -g(0)f(y)$，此式说明 g 应当具有形式 (6.11.11). 然后不加可微性条件，直接验证 (6.11.11) 的正确性.

② 是根据 H. von Schelling, Elektrische Nachr.-Technik, vol. 20 (1943) pp. 251-259 中所用的离散模型改编的.

n）的近似密度为 (6.11.11). 另外，如果各条电缆是随机地联接在一起的，那么可以应用中心极限定理，误差的方差随 n（即电缆的长度）线性增加. 因此，利用检验误差符号的简单办法可以使它保持有界. ■

在上例中，马尔可夫序列 $X_0, X_1, \cdots$ 是用初始分布 γ_0 和转移概率 K 定义的. $(X_0, X_1, \cdots, X_n)$ 的联合分布具有形式

$$\gamma_0\{\mathrm{d}x_0\}K(x_0, \mathrm{d}x_1)\cdots K(x_{n-1}, \mathrm{d}x_n),$$

这已经在 3.8 节和第 1 卷 15.1 节中讨论过了. 这里我们得到了一个可以说明用条件概率定义绝对概率的优点的典型例子. 更系统的方法是以下列假设为定义开始的：

$$P\{X_{n+1} \in \Gamma | X_0 = x_0, \cdots, X_n = x_n\} = K(x_n, \Gamma). \tag{6.11.12}$$

这里，**马尔可夫性**由下列事实来表示：上式右边与 $x_0, x_1, \cdots, x_{n-1}$ 无关，因此“过去的历史”没有作用. 这个定义的缺点是我们必须解决条件概率的存在性、唯一性等问题.

（关于依赖于连续时间参数的马尔可夫过程，见第 10 章.）

*6.12 鞅

首先我们可以考虑这样的随机过程 $\{X_n\}$，使得 $(X_1, \cdots, X_n)$ 的联合分布有一个严格正的连续密度 p_n. 那么可用 3.2 节中的初等方法定义条件密度和期望. 假设变量 X_n 和 Y_n 的期望存在.

称序列 $\{X_n\}$ 是**绝对公平的**，如果对于 $n = 1, 2, \cdots$,

$$E(X_1) = 0, \quad E(X_{n+1} | X_1, \cdots, X_n) = 0. \tag{6.12.1}$$

称序列 $\{Y_n\}$ 是一个**鞅**，如果

$$E(Y_{n+1} | Y_1, \cdots, Y_n) = Y_n, \ n = 1, 2, \cdots. \tag{6.12.2}$$

（下面将给出一个更灵活的定义.）

两个类型之间的关系非常简单. 给定一个绝对公平的序列 $\{X_n\}$，令

$$Y_n = X_1 + \cdots + X_n + c, \tag{6.12.3}$$

其中 c 是一个常数，那么

$$E(Y_{n+1} | X_1, \cdots, X_n) = Y_n. \tag{6.12.4}$$

---

* 我们之所以讨论鞅，是由于它非常重要，但是在本书中我们没有把它作为一个工具使用.

诸条件变量 X_j 可以换为 Y_k，因而 (6.12.4) 等价于 (6.12.2). 另外，给定一个鞅 $\{Y_n\}$，令 $X_1 = Y_1 - \mathrm{E}(Y_1), X_{n+1} = Y_{n+1} - Y_n$，那么 $\{X_n\}$ 是一个绝对公平的序列，(6.12.3) 对于 $c = \mathrm{E}(Y_1)$ 成立. 因此，$\{Y_n\}$ 是一个鞅，当且仅当它具有形式 (6.12.3)，其中 $\{X_n\}$ 是绝对公平的.

鞅的概念应归功于莱维，但是，认识到它的出乎意外的潜力并发展了这个理论的却是杜布. 在 7.9 节中我们将证明，在较弱的有界性条件下，鞅变量 Y_k 收敛于一个极限，这个事实对于现代随机过程理论是很重要的.

例 (a) 古典的赌博与满足 $E(X_n) = 0$ 的独立变量 X_n 有关. 这样的赌博是绝对公平的[①]，部分和 $S_n = X_1 + \cdots + X_n$ 构成一个鞅. 现在考虑普通的掷硬币的赌博，其中赌徒按照某种依赖于以前的投掷结果的规则选定赌金. 逐次的赢金不再是独立的随机变量了，但赌博仍然是绝对公平的. 公平赌博的思想是，过去的知识不能使赌徒改善他的运气. 在直观上，这表示绝对公平的赌博在任一种赌博方式下，即在允许不参加个别投掷的规则下，仍然是绝对公平的. 我们将看到事实确是如此.

(b) [第 1 卷 5.2 节例 (c) 的] **波利亚罐子模型.** 一个罐子包含 b 个黑球和 r 个红球. 随机地取出一个球. 把它放回，并加入 c 个与取出的那个球有相同颜色的球. 令 $Y_0 = \dfrac{b}{b+r}$，Y_n 是第 n 次取球后得到的黑球的比率，那么 $\{Y_n\}$ 是一个鞅. 在这种情形下，收敛性定理保证了极限分布的存在 [见 7.4 节例 (a) 和 7.9 节例 (a)].

(c) **和谐函数**[②]. 设 $\{X_n\}$ 是一个马尔可夫链，其转移概率由随机核 K 给出. 关于 X_n 的期望我们什么也没有假设. 称函数 u 关于 K 是和谐的，如果

$$u(x) = \int K(x, \mathrm{d}y)u(y). \tag{6.12.5}$$

用 $Y_k = u(X_k)$ 定义随机变量 Y_k，假设所有的期望都存在（例如，u 是有界的）. 关系式 (6.12.5) 和 $E(Y_{k+1}|X_k = x) = u(x)$ 相同，因此 $E(Y_{k+1}|X_k) = Y_k$. 因为 $\{X_k\}$ 是马尔可夫链，所以这蕴涵 (6.12.4)；因为 Y_k 是 X_k 的函数，所以这又蕴涵 (6.12.2)（见 5.11 节例 (a)）. 因此，$\{Y_n\}$ 是一个鞅. 这个结果在马尔可夫链的边界理论中具有重大意义，因为 Y_n 的极限的存在性通常蕴涵给定序列 $\{X_n\}$ 的极限的存在性. [见例 (f) 和 7.9 节例 (c).]

(d) **似然比.** 假设已知在随机过程 $X_1, X_2, \cdots$ 中，$(X_1, \cdots, X_n)$ 的联合密度或是 p_n 或是 q_n，但我们不知道是哪一个. 为了做出判定，统计学家引入一个新

---

① 这个概念的实际局限性已在第 1 卷 10.3 节中讨论过了. 应当回忆一下，有这样一种“公平”的赌博，使第 n 次投掷后，赌徒的赢金以概率 $> 1 - \varepsilon$ 与 $n/\ln n$ 一样大.

② 这个术语是亨特（G. Hunt）引入的.

变量

$$Y_n = \frac{q_n(X_1, \cdots, X_n)}{p_n(X_1, \cdots, X_n)}. \tag{6.12.6}$$

在充分正则的条件下，似乎应该有：如果真实密度是 p_n，那么 $X_1, \cdots, X_n$ 的观察值一般说来应聚集在使 p_n 较大的点上. 如果事实确是如此，那么根据真实密度是 p_n 或 q_n，Y_n 可能很小或很大. 因此，$\{Y_n\}$ 的渐近性质在统计决策理论中是很有意义的.

为了简单起见，我们假设密度 p_n 是一个严格正的连续函数. 如果 p_n 是真实密度，那么 X_{n+1} 在给定 $X_1, \cdots, X_n$ 下的条件密度等于比 p_{n+1}/p_n，因此

$$\begin{aligned} &E(Y_{n+1}|X_1 = x_1, \cdots, X_n = x_n) \\ &\quad = \int_{-\infty}^{+\infty} \frac{q_{n+1}(x_1, \cdots, x_n, y)}{p_{n+1}(x_1, \cdots, x_n, y)} \cdot \frac{p_{n+1}(x_1, \cdots, x_n, y)}{p_n(x_1, \cdots, x_n)} \mathrm{d}y. \end{aligned} \tag{6.12.7}$$

因子 p_{n+1} 相互抵消. 第 2 个分母与 y 无关，q_{n+1} 的积分由边缘密度 q_{n+1} 给出. 因此，(6.12.7) 化成 q_n/p_n，从而 (6.12.4) 是正确的. 因此，在现在的条件下，似然比 Y_n 构成一个鞅. ■

在 (6.12.2) 中所用的条件并不太好，因为我们常常必须把条件变量 $Y_1, \cdots, Y_n$ 换成它们的某些函数. [在 (6.12.4) 中就是这样.] 例 (a) 揭示了较大的缺点. 基本过程（例如，掷硬币或轮盘赌博）是用一列随机变量 Z_n 表示的，赌徒在第 $(n+1)$ 次试验的赢金是 $Z_1, \cdots, Z_{n+1}$ 和其他变量的某一函数. 可观察的过去用 $(Z_1, \cdots, Z_n)$ 表示，$(Z_1, \cdots, Z_n)$ 提供的信息也许比过去的赢金提供的信息还要多. 例如，如果赌徒不参加号码为 1，3，5，$\cdots$ 的投掷，那么他直到时刻 $2n$ 的赢金所提供的信息充其量等于 $Z_2, Z_4, \cdots, Z_{2n}$ 所提供的信息. 这里 $Z_1, Z_3, \cdots$ 所提供的附加信息从原则上讲是一个优点，在这种情形下的绝对公平性建立在以 $Z_1, \cdots, Z_n$ 为条件的基础上. 因此，以几个（由随机变量组成的）集合为条件也许是必要的，为了顾及所有的情况，最好是利用任意的事件 σ 代数作为条件.

考虑任一个概率空间中的随机变量序列 $\{Y_n\}$，并用 $\mathfrak{U}_n$ 表示 $(Y_1, \cdots, Y_n)$ 产生的事件 σ 代数（见 5.10 节），那么定义关系式 (6.12.2) 和 $\mathrm{E}\{Y_{n+1}|\mathfrak{U}_n\} = Y_n$ 相同. 我们想把此式作为定义关系式，但把 σ 代数 $\mathfrak{U}_n$ 换为较大的 σ 代数 $\mathfrak{B}_n$. 在大多数情形下，$\mathfrak{B}_n$ 是由 $Y_1, \cdots, Y_n$ 和其他的依赖于过去的随机变量产生的. 想法是，任一依赖于过去的随机变量应当是关于 $\mathfrak{B}_n$ 可测的. 在这个意义下，$\mathfrak{B}_n$ 表示过程的过去历史中所包含的信息. 由于这信息随时间的变化变得越来越丰富，所以我们将假设 $\mathfrak{B}_n$ 是增加的，即

$$\mathfrak{B}_1 \subset \mathfrak{B}_2 \subset \cdots. \tag{6.12.8}$$

定义 1 设 $Y_1, Y_2, \cdots$ 是随机变量，它们的期望都存在. 设 $\mathfrak{B}_1, \mathfrak{B}_2, \cdots$ 是满足 (6.12.8) 的事件 σ 代数.

当且仅当

$$E(Y_{n+1}|\mathfrak{B}_n) = Y_n \tag{6.12.9}$$

时，序列 $\{Y_n\}$ 关于 $\{\mathfrak{B}_n\}$ 是一个鞅.

[由于条件期望的不唯一性，(6.12.9) 应读作“存在一个使 (6.12.9) 成立的条件期望的代表”. 这个说明在以后也适用.]

注意,(6.12.9) 蕴涵 Y_n 是 $\mathfrak{B}_n$ 可测的,这有两个重要的推论. 因为 $\mathfrak{B}_n \supset \mathfrak{B}_{n-1}$，所以 (5.11.7) 关于累次期望的基本恒等式说明

$$E(Y_{n+1}|\mathfrak{B}_{n-1}) = Y_{n-1}.$$

由归纳法可以看出，定义式 (6.12.9) 蕴涵更强的关系式

$$E(Y_{n+1}|\mathfrak{B}_k) = Y_k, \quad k = 1, 2, \cdots, n. \tag{6.12.10}$$

由此特别推出，鞅的每个子序列 $Y_{v_1}, Y_{v_2} \cdots$ 也是鞅.

其次，我们注意到，$\mathfrak{B}_n$ 包含由变量 $Y_1, \cdots, Y_n$ 产生的 σ 代数，同样的论证表明，$\{Y_n\}$ 关于 $\{\mathfrak{U}_n\}$ 也是鞅. 因此，(6.12.9) 蕴涵 (6.12.2).

(e) 设 σ 代数 $\mathfrak{B}_n$ 满足 (6.12.8)，并设 Y 是一个任意的随机变量，它的期望存在. 令 $Y_n = E(Y|\mathfrak{B}_n)$，那么 Y_n 是 $\mathfrak{B}_n$ 可测的，因此 (6.12.9) 成立. 所以 $\{Y_n\}$ 是一个鞅. ■

我们回过头来讨论例 (a)，现在容易证明一个相当一般的系统的不可能性. 设 $\{Y_n\}$ 关于 $\{\mathfrak{B}_n\}$ 构成一个鞅. 为了说明赌徒可以不参加第 n 次投掷，我们引入一个**决策函数** ε_n：这是一个只取 0 和 1 的 $\mathfrak{B}_{n-1}$ 可测的①随机变量. 结果当 $\varepsilon_n = 0$ 时，赌徒不参加第 n 次投掷；当 $\varepsilon_n = 1$ 时，他参加第 n 次投掷. 在这种情形下，他在第 n 次投掷的赢金是 $Y_n - Y_{n-1}$. 用 Z_n 表示他直到第 n 次（包括第 n 次）投掷的累积赢金，我们有

$$Z_n = Z_{n-1} + \varepsilon_n[Y_n - Y_{n-1}]. \tag{6.12.11}$$

由归纳法可见，Z_n 的期望存在. 此外，Z_{n-1}、ε_n 和 Y_{n-1} 是 $\mathfrak{B}_{n-1}$ 可测的，因此 [见 (5.11.6)]

$$E(Z_n|\mathfrak{B}_{n-1}) = Z_{n-1} + \varepsilon_n[E(Y_n|\mathfrak{B}_{n-1}) - Y_{n-1}]. \tag{6.12.12}$$

① 这个条件保证了决策是根据过去的观察历史做出的. 任何一种数学理论都不能反驳对未来的预见，我们应把它从我们的模型中排除出去.

因为 $\{Y_n\}$ 是一个鞅，所以括号内的式子等于零，从而 $\{Z_n\}$ 是一个鞅. 因此，我们证明了一个应归功于哈尔莫斯（P.R. Halmos）的定理，这个定理表明：

系统的不可能性 每个决策函数序列 $\varepsilon_1, \varepsilon_2, \cdots$ 把鞅 $\{Y_n\}$ 变成一个鞅 $\{Z_n\}$.

最重要的特殊情形是**可选停止**. 这指的是一个接受前 N 次试验而跳过以后的所有试验的系统；第 N 次试验是最后一次试验. 这里 N（**停止的时刻**）是这样一个随机变量，使得事件 $\{N>k\}$ 在 $\mathfrak{B}_k$ 中.（利用定理中的记号，当 $N>k-1$ 时，$\varepsilon_k=1$；当 $N\leqslant k-1$ 时，$\varepsilon_k=0$.）因此我们有以下的推论.

推论 可选停止不影响鞅性质.

(f) 直线上的简单随机游动从原点开始，质点以概率 p 向右移动一步，以概率 $q=1-p$ 向左移动一步. 如果 S_n 是质点在时刻 n 的位置，那么容易看到，$Y_n=(q|p)^{s_n}$ 构成一个鞅，其中 $E(Y_n)=1, E(Y_0)=1$. [这是例 (c) 的一个特殊情形.]

在破产问题中，随机游动在它首次到达两个位置 $-a$ 和 b 之一时停止，其中 a 和 b 都是正整数. 在这种修改了的过程中，$-a\leqslant S_n\leqslant b$，$S_n$ 以概率 1 最终停在 b 或 $-a$ 上. 用 x 和 $1-x$ 表示相应的概率. 因为 S_n 是有界的，所以

$$E(S_n)\to x\cdot\left(\frac{q}{p}\right)^{b}+(1-x)\left(\frac{q}{p}\right)^{-a}.$$

但是，因为鞅的期望是常数，所以 $E(S_n)=1$. 因此，右边等于 1，并且这个线性方程确定了 x. 于是我们求出了停在 b 上的概率，在第 1 卷 14.2 节中曾用不同方法导出过这个概率. 当 $p=q$ 时公式就不成立了，但在这种情形下，$\{S_n\}$ 是一个鞅，同样的论证可证明 $x=a/(a+b)$. 虽然这个结果是初等的且是众所周知的，但是这个论证说明了鞅论的可能的用途.

(g) **关于系统.** 考虑独立随机变量 X_n 的序列，其中 X_n 取值 $\pm 2^n$ 的概率均为 $\dfrac{1}{2}$. 赌徒通过掷一硬币来决定他是否参加第 n 次打赌. 他第一次参加打赌发生在时刻 n 的概率是 2^{-n}. 在这种情形下，他的赢金是 $\pm 2^n$. 因此，*赌徒在他的第一次打赌中的赢金是一个期望不存在的随机变量*. 因此，系统定理依赖于我们没有改变时间参数这个事实. ■

我们常常必须和绝对值及不等式打交道，因此为方便起见，我们给满足 (6.12.9)（把等式换为不等式）的过程起一个名字.

定义 2 按照定义 1 的记号，如果

$$E(Y_{n+1}|\mathfrak{B}_n)\geqslant Y_n,$$

则称序列 $\{Y_n\}$ 是一个下鞅①.

① 比较古老的术语“下半鞅”已经废弃不用了.

由此又立即推出，每个下鞅都满足更强的条件：

$$E(Y_{n+1}|\mathfrak{B}_k) \geqslant Y_k, \quad k=1,\cdots,n. \tag{6.12.13}$$

引理　如果 u 是一个凸函数，$\{Y_n\}$ 是一个鞅，且 $u(Y_n)$ 的期望存在，那么 $\{u(Y_n)\}$ 是一个下鞅. 特别地，$\{|Y_n|\}$ 是一个下鞅.

根据詹生不等式 [(5.8.6)]，引理的证明是显然的. 这个不等式既适用于普通的期望，也适用于条件期望. 它说明

$$E(u(Y_{n+1})|\mathfrak{B}_n) \geqslant u(E(Y_{n+1}|\mathfrak{B}_n)), \tag{6.12.14}$$

右边等于 $u(Y_n)$.

同样的论证表明，如果 $\{Y_n\}$ 是一个下鞅，u 是一个**非减的**凸函数，且 $u(Y_n)$ 的望期存在，那么 $\{u(Y_n)\}$ 也是一个下鞅.

6.13　习　题

1. 稳定分布的定义 (6.1.2) 等价于：R 是稳定的，当且仅当对于任意常数 c_1, c_2，存在常数 c 和 γ，使得

$$c_1X_1 + c_2X_2 \stackrel{\mathrm{d}}{=} cX + \gamma.$$

2. **每个稳定分布都是连续的.** 只要对于对称的 R 证明它就够了. 由 (6.1.3) 证明：如果 R 在点 $s>0$ 上有一个质量为 p 的原子，那么它在形如 $s(c_m+c_n)/c_{m+n}$ 的每个点上有质量 $\geqslant p^2$ 的原子（见 5.4 节）. 此外，如果 R 有唯一的一个原子，它位于原点且质量 <1，那么 $R\bigstar R$ 在原点有一个质量为 p^2 的原子，然而稳定性要求 $R\bigstar R$ 有质量为 p 的原子.

3. 为使 F 是稳定的，只需要 (6.1.2) 对 $n=2$ 和 $n=3$ 成立就够了（莱维）.

提示：形如 $c_1^jc_2^k$（其中 $j,k=0,\pm1,\pm2,\cdots$）的乘积或者在 $\overline{0,\infty}$ 中是稠密的，或者是一固定数 c 的幂. 应当证明，在目前的情况下，后者是不可能的.

注　奇怪的是，只要求 (6.1.2) 对 $n=2$ 成立是不够的. 见 17.3 节例 (f) 和 9.10 节的习题 10.

4. 对于指数为 $\alpha=1$ 的稳定分布，定义关系式 (6.1.2) 中的中心参数满足 $\gamma_{mn}=m\gamma_n+n\gamma_m$[见 (6.1.6)]. (6.1.8) 的类似公式是

$$s(X_1+\gamma\ \ln s)+t(X_2+\gamma\ \ln t) \stackrel{\mathrm{d}}{=} (s+t)(X+\gamma\ \ln(s+t)).$$

5. 如果 F 和 G 是稳定的，且具有相同的指数 α，那么 $F\bigstar G$ 也是稳定的，其指数也是 α. 试根据 F 和 G 的中心常数求 $F\bigstar G$ 的中心常数 γ_n.

6. 对于对称稳定分布 R，(5.5.11) 对称化不等式蕴涵 $n[1-R(c_nx)]$ 是有界的. 证明：R 有阶数小于 α 的绝对矩 [利用 (5.6.3)]. 根据对称化，最后这个陈述可搬到非对称的 R 上.

7. 霍尔特斯马克分布的另一种推导. 考虑一个中心在原点半径为 r 的球，把 n 个星（点）独立且随机地放到它里面. 设每个星有单位质量. 设 $X_1, X_2, \cdots, X_n$ 是各个星产生的引力的 x 分量，$S_n = X_1 + \cdots + X_n$. 令 $r \to \infty, n \to \infty$，使得 $\frac{4}{3}r^3\pi n^{-1} \to \lambda$. 证明：$S_n$ 的分布趋于特征指数为 $\frac{3}{2}$ 的对称稳定分布.

8. 如果星的质量是期望为 1 的随机变量，若假设星的质量是相互独立的，并且也和星的位置独立，那么上题在本质上没有改变.

9. 四维的霍尔特斯马克分布. 霍尔特斯马克分布的四维类似分布是一个特征指数为 $\frac{4}{3}$ 的对称稳定分布.（在四维中，引力和距离的立方成反比.）

10. 通过增加只取零值的哑变量并把某些行适当地重复几次，可以把在第 n 行上有 r_n 个分量的三角形阵列$\{X_{k,n}\}$ 变换成一个实质上与它等价的在第 n 行上有 n 个分量的三角形阵列.

11. 设 $\{X_{k,n}\}$ 是一个零三角形阵列，其中 $X_{1,n}, \cdots, X_{n,n}$ 有共同的分布 F_n. 问 $P\{\max(|X_{1,n}|, \cdots, |X_{n,n}|) > \varepsilon\}$ 趋于零吗?

12. 如果 F 有一个密度 (a) $f(x) = \mathrm{e}^{-x}$，(b) $f(x) = x\mathrm{e}^{-x}$，求 (6.6.3) 的更新函数 U 的密度.

13. 在一个可终止过程中，F 有一个密度 $pc\mathrm{e}^{-ct}$. 求寿命的分布和更新时刻的个数的分布.

14. 广义的可终止更新过程. 不假设过程以概率 q 立即终止. 而假设它以概率 q 持续一段具有正常分布 F_0 的随机时间，然后停止. 换句话说，更新时刻具有形式 $T_1 + \cdots + T_n + Y$，其中最后一个变量有不同的分布. 证明：过程的持续时间的分布 V 满足更新方程

$$V = qF_0 + F\bigstar V, \quad F(\infty) = 1 - q. \tag{$*$}$$

15. 证明：关于大间隔的等待时间问题可化成上题所述的过程的一个特殊情形. 把 (6.7.1) 写成 $(*)$ 的形式.

16. 泊松过程与覆盖定理. 我们由 3.3 节例 (d) 知道，如果在一个泊松过程中，有 n 个更新时刻出现在 $\overline{0,t}$ 中，那么它们的（条件）分布是均匀的. 因此，不出现长度为 ξ 的间隔的概率 $1 - V(t)$ 可由 1.9 节中的覆盖定理 3 推出：

$$1 - V(t) = \mathrm{e}^{-cx} \sum_{n=1}^{\infty} \frac{(ct)^{n-1}}{(n-1)!} \varphi_n(t). \tag{$*$}$$

(a) 验证：当 $F(x) = 1 - \mathrm{e}^{-cx}$ 时，上式确实是 (6.7.1) 的解.

(b) 假设 $(*)$ 是 (6.7.1) 的唯一解，由它推导覆盖定理.（这是一个利用随机化证明的实例. 见第 1 卷 12.6 节的习题 5.）

17. 在 6.7 节例 (f) 中等待第 1 个失去的呼叫所需要的等待时间应解释为一个可终止过程的总寿命，这个过程是通过当呼叫在忙期中第 1 次出现时停止原来的过程所得到的 ① 试证：此可终止过程的忙期的持续时间的分布 H 是 $H\{\mathrm{d}t\} = \mathrm{e}^{-\alpha t}F\{\mathrm{d}t\}$，而且循环时间的分布为 $G\bigstar H$（又见 14.10 节的习题 3 和习题 4）.

① 这个简单的方法代替了文献中提出的复杂的方法，并得到了更简单的明显结果. 关于解和估计，见 11.6 节.

18. 设 V 是 6.7 节例 (g)（先为后到者服务）中忙期的分布. 证明：V 满足更新方程 $V(t) = A(t) + B\bigstar V(t)$，其中 A 和 B 是由 $A\{dx\} = e^{-cx}G\{dx\}$ 和 $B\{dx\} = [1-G(x)]ce^{-cx}\{dx\}$ 确定的亏损分布.（证明我们讨论的是一个在习题 14 的意义下的广义可终止过程：紧接在由 B 产生的更新过程的后面有一个不受干扰的静止周期，这个静止周期的分布与 A 成正比.）

19. 泊松过程中的小间隔.① 称"重合"发生在时刻 S_n，如果更新时刻 S_{n-1} 和 S_n 的距离 $\leqslant \xi$. 求等待第 1 次重合的等待时间的分布的更新方程，并由这个更新方程推断这个分布是正常的.

20. 推广.② 在标准更新过程 $S_n = T_1 + \cdots + T_n$ 中，求事件 $\{T_n \leqslant Y_n\}$ 第 1 次发生所需要的等待时间的分布的更新方程，其中 Y_k 与过程独立，并且 Y_k 相互独立，且有共同的分布 G.

21. 设 $a_1, \cdots, a_n$ 是一有穷数列，其部分和为

$$s_k = a_1 + \cdots + a_k.$$

递推地定义

$$v_1 = a_1 \bigcup 0, \quad v_2 = (v_1 + a_{n-1}) \bigcup 0, \quad \cdots, \quad v_n = (v_{n-1} + a_1) \bigcup 0.$$

用归纳法证明：$v_n = \max[0, s_1, \cdots, s_n]$. 证明：这蕴涵 6.9 节的定理.

22. 在 6.11 节例 (f) 中假设对于 $0 < x < 1$，$f(x) = 1$. 证明：$g(y) = 2(1-y)$ 是一个平稳密度，并且对于 $n \geqslant 2$ 有 $k^{(n)}(x, y) = g(y)$. 如果 $f(x) = \alpha e^{-\alpha x}$，那么 $g(x) = f(x)$.

23. 用下式定义一个集中在 $\overline{0,1}$ 上的随机密度核：

$$k(x,y) = \begin{cases} \dfrac{1}{2}(1-x)^{-1}, & 0 < x < y < 1, \\ \dfrac{1}{2}x^{-1}, & 0 < y < x < 1, \end{cases}$$

求平稳密度.（它满足一个简单的微分方程.）给出其概率解释.

24. 一个在 $\overline{0,1}$ 上的马尔可夫链是这样的，使得如果 $X_n = x$，那么 X_{n+1} 在 $\overline{1-x,1}$ 上是均匀分布的. 证明：平稳密度是 $2x$.[鱼返正（T. Ugaheri）.]

25. 一个在 $\overline{0,\infty}$ 上的马尔可夫链的定义如下：如果 $X_n = x$，那么 X_{n+1} 在 $\overline{0,2x}$ 上是均匀分布的（这里 $n = 0, 1, \cdots$）. 试用归纳法证明，第 n 步转移有密度核

$$k^{(n)}(x,y) = \begin{cases} \dfrac{1}{2^n \times (n-1)!}\left(\ln \dfrac{2^n x}{y}\right)^{n-1}, & 0 < y < 2^n x, \\ 0, & \text{其他}. \end{cases}$$

---

① 关于用不同方法处理的变形，见 E.N. Gilbert and H.O. Pollak, *Goincidences in Poisson Patterns*, Bell System Technical J., vol. 36 (1957) pp. 1005-1033.

② "大间隔"问题有一个类似的推广，且这种推广有一个类似的答案.

第 7 章 大数定律、在分析中的应用

本章的第 1 部分说明，一些著名的深刻的分析定理可以非常容易地用概率论的方法推导出来. 7.7 节和 7.8 节讨论各种大数定律. 7.9 节包含鞅收敛定理的一种特殊形式，与其余部分无关.

7.1 主要引理与记号

作为准备，我们考虑一个期望为 θ 方差为 σ^2 的一维分布 G. 如果 $X_1, \cdots, X_n$ 是具有共同分布 G 的独立变量，那么它们的算术平均值 $M_n = (X_1 + \cdots + X_n)n^{-1}$ 的期望为 θ，方差为 $\sigma^2 n^{-1}$. 对于很大的 n，这个方差是很小的，M_n 可能很接近于 θ. 由此推出，对于每个连续函数 u，$u(M_n)$ 很接近于 $u(\theta)$. 这个陈述就是弱大数定律. 下列引理对它作了较小的推广，尽管此引理很简单，但却很有用.

对于 $n = 1, 2, \cdots$，考虑期望为 θ 方差为 $\sigma_n^2(\theta)$ 的分布族 $F_{n,\theta}$；这里 θ 是一个在有限或无限区间中变化的参数. 对于期望，我们利用记号

$$E_{n,\theta}(u) = \int_{-\infty}^{+\infty} u(x) F_{n,\theta}\{\mathrm{d}x\}. \tag{7.1.1}$$

引理 假设 u 是有界且连续的，并且对于每个 θ 有 $\sigma_n^2(\theta) \to 0$. 那么

$$E_{n,\theta}(u) \to u(\theta). \tag{7.1.2}$$

在使得 $\sigma_n^2(\theta)$ 一致地趋于 0 的每个闭区间中，上面的收敛是一致的.

证 显然

$$|E_{n,\theta}(u) - u(\theta)| \leqslant \int_{-\infty}^{+\infty} |u(x) - u(\theta)| F_{n,\theta}\{\mathrm{d}x\}. \tag{7.1.3}$$

存在一个依赖于 θ 和 ε 的 δ，使得当 $|x - \theta| < \delta$ 时，被积函数 $< \varepsilon$. 在这个邻域外，被积函数小于某个常数 M，根据切比雪夫不等式 (5.7.2)，区域 $|x - \theta| > \delta$ 所具有的概率小于 $\sigma_n^2(\theta)\delta^{-2}$. 于是，只要取 n 为这样大，使得 $\sigma_n^2(\theta) < \varepsilon\delta^2/M$，那么 (7.1.3) 的右边就小于 2ε. 如果一致地有 $\sigma_n^2(\theta) \to 0$，并且 u 是一致连续的，那么这个对 n 的约束与 θ 无关. ■

例 (a) 如果 $F_{n,\theta}$ 是一个集中在点 k/n（$k = 0, \cdots, n$）上的二项分布，那么 $\sigma_n^2(\theta) = \theta(1-\theta)n^{-1} \to 0$，从而在 $0 \leqslant \theta \leqslant 1$ 上一致地有

$$\sum_{k=0}^{n} u\left(\frac{k}{n}\right) \binom{n}{k} \theta^k (1-\theta)^{n-k} \to u(\theta). \tag{7.1.4}$$

我们将在 7.2 节中讨论它的含义.

(b) 如果 $F_{n,\theta}$ 是一个对点 k/n 赋予概率 $\mathrm{e}^{-n\theta}(n\theta)^k/k!$ 的泊松分布，那么我们有 $\sigma_n^2(\theta)=\theta/n$，从而在每个有限的 θ 区间中一致地有

$$\mathrm{e}^{-n\theta}\sum_{k=0}^{\infty}u\left(\frac{k}{n}\right)\frac{(n\theta)^k}{k!}\to u(\theta). \tag{7.1.5}$$

这个公式对非整数 n 也成立.（在 7.5 节和 7.6 节中继续讨论.）

(c) 把 $F_{n,\theta}$ 取作一个期望为 θ，方差为 θ^2/n 的 Γ 分布. 我们得到，在每个有限区间中一致地有

$$\frac{1}{(n-1)!}\int_0^{\infty}u(x)\cdot\left(\frac{nx}{\theta}\right)^{n-1}\mathrm{e}^{-nx/\theta}\frac{n\mathrm{d}x}{\theta}\to u(\theta). \tag{7.1.6}$$

只要把 $(n-1)!$ 换成 $\Gamma(n)$，这个公式对非整数 n 也成立. 在 7.6 节中将证明，(7.1.6) 是拉普拉斯变换的反演公式.

(d) 统计学家常常遇到本节开始时所述的情况，但他们把 θ 看作一个需要根据观察估计的未知参数. 那么，用统计学的语言来说，关系式 (7.1.2) 说明，$u(M_n)$ 是未知参数 $u(\theta)$ 的**渐近无偏估计量**. [如果 (7.1.2) 的两边相等，那么此估计量是无偏的.] ■

我们将会看到，上面的每一个例子都将导致具有不同意义的结果，但是为了进一步发展理论，必须先做一些准备工作.

差分记号

在以下几节中，我们将使用有限差分计算的方便的记号. 给定一个有穷或无穷数列 $a_0,a_1,\cdots$，我们把**差分算子** Δ 定义为 $\Delta a_i=a_{i+1}-a_i$. 它产生一个新数列 $\{\Delta a_i\}$，再一次应用算子 Δ，我们得到一个元素为

$$\Delta^2a_i=\Delta a_{i+1}-\Delta a_i=a_{i+2}-2a_{i+1}+a_i$$

的数列. 以同样的方式继续进行下去，我们可以归纳地用 $\Delta^r=\Delta\Delta^{r-1}$ 来定义 r 次幂 Δ^r. 容易验证

$$\Delta^ra_i=\sum_{j=0}^{r}\binom{r}{j}(-1)^{r-j}a_{i+j}. \tag{7.1.7}$$

为了一致起见，我们把 Δ^0 定义为恒等算子，即 $\Delta^0a_i=a_i$. 那么 (7.1.7) 对所有的 $r\geqslant 0$ 都成立. 当然，如果 $a_0,\cdots,a_n$ 是一个有穷数列，那么 r 的取值范围是有限的.

一旦注意到对任意一对数列 $\{a_i\}$ 和 $\{c_i\}$ 有一个奇特的互反性关系，就可以避免许多冗长的计算；利用这个关系，我们能用 Δ^rc_i 来表示差分 Δ^ra_i，反之亦

然. 为了推导这个关系，用 $\binom{v}{r}c_r$ 乘 (7.1.7)，并对 $r=0,\cdots,v$ 求和. 可以求出 a_{i+j} 的系数等于

$$\sum_{r=j}^{v}\binom{v}{r}\binom{r}{j}(-1)^{r-j}c_r=(-1)^{v-j}\binom{v}{j}\sum_{k=0}^{v-j}\binom{v-j}{k}(-1)^{v-j-k}c_{j+k}.$$

(这里引进了新的求和指标 $k=r-j$.) 最后的和等于 $\Delta^{v-j}c_j$，于是我们得到了以下公式.

一般的互反公式

$$\sum_{r=0}^{v}c_r\binom{v}{r}\Delta^r a_i=\sum_{j=0}^{v}a_{i+j}\binom{v}{j}(-1)^{v-j}\Delta^{v-j}c_j. \tag{7.1.8}$$

(e) **反演公式.** 考虑一个对所有的 i 都有 $a_i=1$ 的常数序列. 于是，$\Delta^0 a_i=1$，但所有其他的差分等于零，因而 (7.1.8) 化成

$$c_0=\sum_{j=0}^{v}\binom{v}{j}(-1)^{v-j}\Delta^{v-j}c_j. \tag{7.1.9}$$

如果把数列 $\{c_j\}$ 换成 $\{c_{k+j}\}$，我们看出，把 c_0 和 c_j 分别换为 c_k 和 c_{k+j} 后 (7.1.9) 仍然成立，从而 (7.1.9) 是以其差分表示给定数列的反演公式. 这里 v 可以任意选择.

(f) 设 $0<\theta<1$ 是固定的，并定义 $c_r=\theta^r$，那么

$$\Delta^k c_r=\theta^r(1-\theta)^k(-1)^k,$$

从而 (7.1.8) 化为

$$\sum_{r=0}^{v}\theta^r\binom{v}{r}\Delta^r a_i=\sum_{j=0}^{v}a_{i+j}\binom{v}{j}\theta^j(1-\theta)^{v-j}. \tag{7.1.10}$$ ■

我们常常研究项为 $a_k=u(x+kh)$ 的数列，这些项是通过固定一点 x 和一个步长 $h>0$ 而得到的. 于是，由于明显的理由把差分算子 Δ 换为**差商** $\underset{h}{\Delta}=h^{-1}\Delta$ 将是很方便的. 因此，

$$\underset{h}{\Delta}u(x)=[u(x+h)-u(x)]/h, \tag{7.1.11}$$

更一般地，

$$\underset{h}{\Delta}^r u(x)=h^{-r}\sum_{j=0}^{r}\binom{r}{j}(-1)^{r-j}u(x+jh). \tag{7.1.12}$$

特别地，$\underset{h}{\Delta}^0 u(x)=u(x)$.

7.2　伯恩斯坦多项式、绝对单调函数

我们回到关系式 (7.1.4)，它的左边是一个多项式，我们称之为相应于给定的函数 u 的 n **次伯恩斯坦多项式**. 为了强调这种依赖性，我们用 $B_{n,u}$ 来表示它. 于是

$$B_{n,u}(\theta)=\sum_{j=0}^{n}u(jh)\binom{n}{j}\theta^{j}(1-\theta)^{n-j}. \tag{7.2.1}$$

其中为方便起见，我们令 $n^{-1}=h$. 与 (7.1.10) 比较，我们看出，$B_{n,u}$ 可以写成另一种形式

$$B_{n,u}(\theta)=\sum_{r=0}^{n}\binom{n}{r}(h\theta)^{r}\underset{h}{\Delta}^{r}u(0),\quad h=\frac{1}{n}. \tag{7.2.2}$$

由伯恩斯坦多项式的表达式 (7.2.1) 和 (7.2.2) 是等价的这个事实，可以做出许多深刻的结论. 在作这方面的叙述之前，我们重新叙述一下 7.1 节例 (a) 中导出的结果.

定理 1　如果 u 在闭区间 $\overline{0,1}$ 中是连续的，那么伯恩斯坦多项式 $B_{n,u}$ 一致地趋于 $u(\theta)$.

换句话说，对于给定的 $\varepsilon>0$ 和所有充分大的 n，

$$|B_{n,u}(\theta)-u(\theta)|<\varepsilon,\quad 0\leqslant\theta\leqslant 1, \tag{7.2.3}$$

著名的**魏尔斯特拉斯（Weierstrass）逼近定理**保证了用某些多项式一致逼近的可能性. 本定理更深刻，因为它指出了逼近多项式. 上面的证明应归功于 S. 伯恩斯坦.

作为伯恩斯坦多项式的两种表达式的第一个应用，我们来推导下列可以用具有正系数的幂级数来表示的函数的一种特征：

$$u(x)=p_0+p_1x+p_2x^2+\cdots,\quad p_j\geqslant 0,\quad 0\leqslant x<1. \tag{7.2.4}$$

显然，这样的函数的各阶导数都存在，并且

$$u^{(n)}(x)\geqslant 0,\quad 0<x<1. \tag{7.2.5}$$

在分析中的许多场合，重要的是其逆也成立，即任一满足性质 (7.2.5) 的函数都有一个幂级数表达式 (7.2.4)，伯恩斯坦首先注意到了这个问题，但通常的证明既不简单又不直观. 我们将说明，伯恩斯坦多项式的表达式 (7.2.2) 可导出一个简单的证明和一个有用的结果，这个结果是，性质 (7.2.4) 和 (7.2.5) 等价另外一个性质，即

$$\underset{h}{\Delta}^{k}u_c(0)\geqslant 0,\quad k=0,\cdots,\ n-1,\ h=\frac{1}{n}. \tag{7.2.6}$$

这些结果对概率论很有意义，因为如果 $\{p_r\}$ 是正整数上的一个概率分布，那么 (7.2.4) 确定了它的母函数（见第 1 卷第 11 章），因而我们正在讨论的是刻画概率母函数的特征的问题. 在我们的函数中，可以用明显的正规化条件 $u(1)=1$ 来辨别它们. 但是，例子 $u(x)=(1-x)^{-1}$ 说明，具有级数表达式 (7.2.4) 的函数不一定是有界的.

定理 2 对于定义在 $0 \leqslant x < 1$ 上的连续函数 u，3 个性质 (7.2.4)、(7.2.5) 和 (7.2.6) 是完全等价的.

称具有这种性质的函数为 $\overline{0,1}$ 中的绝对单调函数.

证 我们分两步进行，首先只考虑概率母函数. 换句话说，我们现在假设 u 在闭区间 $\overline{0,1}$ 中是连续的，而且 $u(1)=1$.

显然，(7.2.4) 蕴涵 (7.2.5). 如果 (7.2.5) 成立，那么 u 以及它的各阶导数都是单调的. u 的单调性蕴涵 $\underset{h}{\Delta} u(x) \geqslant 0$，而 u' 的单调性蕴涵 $\underset{h}{\Delta} u(x)$ 单调地依赖于 x，因此 $\underset{h}{\Delta}^2 u(x) \geqslant 0$. 由归纳法知，(7.2.5) 蕴涵 (7.2.6)，而且蕴涵 $\underset{h}{\Delta}^n u(x) \geqslant 0$.

假设 (7.2.6) 对 $k=0,\cdots,n$ 成立. 由 (7.2.2)，多项式 $B_{n,u}$ 的系数是非负的，并且 (7.2.1) 说明 $B_{n,u}(1)=1$. 因此，$B_{n,u}$ 是一个概率母函数，第 1 卷第 11 章（或下面的 8.6 节）的连续性定理保证 $B_{n,u}$ 的极限 u 是一个概率母函数.（假设 $u(1)=1$ 保证系数相加等于 1.）这就完成了对有界函数的证明.

如果 u 在 1 附近是无界的，那么我们令

$$v(x)=u\left(\frac{m-1}{m}x\right)\Big/u\left(\frac{m-1}{m}\right), \quad 0 \leqslant x \leqslant 1, \tag{7.2.7}$$

其中 m 是任意整数. 上述的证明适用于 v，并且说明了性质 (7.2.5) 和 (7.2.6) 的每一个都蕴涵幂级数展开式 (7.2.4) 至少对 $0 < x \leqslant (m-1)/m$ 成立. 由于幂级数表达式的唯一性和 m 的任意性，这蕴涵 (7.2.4) 对 $0 \leqslant x < 1$ 成立. ■

7.3 矩问题

在上节最后一个定理中我们遇到了各阶的差分均为正的数列 $\{a_k\}$. 在本节中，我们将讨论一类有关的数列，它们的差分的符号是交替的，即使得

$$(-1)^r \Delta^r c_k \geqslant 0, \quad r=0,1,\cdots \tag{7.3.1}$$

的数列 $\{c_k\}$. 我们称这样的数列为**完全单调的数列**.

设 F 是 $\overline{0,1}$ 中的一个概率分布，并用 $E(u)$ 表示 u 关于 F 的积分. 我们把 F 的 k 阶矩定义为

$$c_k = E(X^k) = \int_0^1 x^k F\{\mathrm{d}x\}, \tag{7.3.2}$$

我们认为积分区间是闭的.

求逐次差分，我们得到

$$(-1)^r\Delta^r c_k = E(X^k(1-X)^r), \tag{7.3.3}$$

因此矩数列 $\{c_k\}$ 是完全单调的. 现在设 u 是 $\overline{0,1}$ 中的任一连续函数，并把伯恩斯坦多项式 $B_{n,u}$ 的表达式 (7.2.1) 关于 F 积分. 由 (7.3.3)，我们得到

$$E(B_{n,u}) = \sum_{j=0}^{n} u(jh)\binom{n}{j}(-1)^{n-j}\Delta^{n-j}c_j = \sum_{j=0}^{n} u(jh)p_j^{(n)}, (h=n^{-1}). \tag{7.3.4}$$

其中，为了简略起见，我们设

$$p_j^{(n)} = \binom{n}{j}(-1)^{n-j}\Delta^{n-j}c_j. \tag{7.3.5}$$

对于 $u(x)=1$ 这一特殊的选择，我们有 $B_{n,u}(x)=1$ 对所有的 x 成立，因而 $p_j^{(n)}$ 相加后等于 1. 这表示，对于每个 n，$p_j^{(n)}$ 定义了一个对点 $jh=j/n$ 赋予重量 $p_j^{(n)}$ 的概率分布（这里 $j=0,\cdots,n$）. 我们用 F_n 表示这个概率分布，用 E_n 表示关于它的期望. 于是 (7.3.4) 化成 $E_n(u)=E(B_{n,u})$. 由于 $B_{n,u}\to u$ 是一致的，所以

$$E_n(u) \to E(u). \tag{7.3.6}$$

到现在为止，$\{c_k\}$ 是相应于一个给定分布 F 的矩数列. 但是，我们可以从任一完全单调数列 $\{c_k\}$ 出发，再用 (7.3.5) 定义 $p_j^{(n)}$. 由定义，这些量是非负的，我们着手来证明它们的和等于 c_0. 实际上，根据基本的互反公式 (7.1.8)，

$$\sum_{j=0}^{n} u(jh)p_j^{(n)} = \sum_{r=0}^{n} c_r\binom{n}{r}h^r \underset{h}{\Delta^r} u(0). \tag{7.3.7}$$

对于常值函数 $u=1$，右边化为 c_0，这就证明了断言.

因此，我们看到，服从正规化条件 $c_0=1$ 的任一完全单调数列 $\{c_k\}$ 都定义一个概率分布 $\{p_j^{(n)}\}$，u 关于它的期望 $E_n(u)$ 由 (7.3.7) 给出. 看一看当 $n\to\infty$ 时发生什么情况是很有趣的. 为了简单起见，设 u 是一个 N 次多项式. 因为 $h=1/n$，所以不难看出 $\underset{h}{\Delta^r} u(0)\to u^{(r)}(0)$. 此外，$n(n-1)\cdots(n-r+1)h^r\to 1$. (7.3.7) 中右边的级数至多包含 $N+1$ 项，因此我们知道，对于每个 N 次多项式，当 $n\to\infty$ 时

$$E_n(u) \to \sum_{r=0}^{N}\frac{c_r}{r!}u^{(r)}(0). \tag{7.3.8}$$

特别地，当 $u(x)=x^r$ 时，我们得到

$$E_n(X^r) \to c_r. \tag{7.3.9}$$

换句话说，概率分布 F_n 的 r 阶矩趋于 c_r. 因此，似乎应该存在一个 r 阶矩和 c_r 重合的概率分布 F. 我们把这叙述为以下定理.

定理 1 一个概率分布的矩 c_r 构成一个满足 $c_0 = 1$ 的完全单调数列. 反之，服从正规化条件 $c_0 = 1$ 的任一完全单调数列 $\{c_k\}$ 与唯一的一个概率分布的矩数列重合.

这个结果应归功于豪斯多夫（Hausdorff），这是一个深刻而又强有力的结果. 泛函分析的系统应用逐渐导致了简单的证明，但是即使最好的纯分析证明也是相当复杂的. 这里的处理方法是新的，它说明概率论的方法可以简化复杂的分析论证，并使其变得更加直观. 我们不仅要证明这个定理，而且还要给出 F 的显式表达式.

我们由 (7.3.8) 知道，对于任意的多项式 u，期望 $E_n(u)$ 收敛于一个有穷的极限. 由一致逼近定理 (7.2.3) 可以推出，对任何在 $\overline{0,1}$ 中连续的函数 u 都有同样的结论成立. 我们用 $E(u)$ 表示 $E_n(u)$ 的极限. 那么关系式 (7.3.6) 在任何情况下都成立，但是如果从任一完全单调数列 $\{c_k\}$ 出发，我们必须证明，① 存在这样一个概率分布 F，使得极限 $E(u)$ 与 u 关于 F 的期望重合.

对于给定的 $0 \leqslant t \leqslant 1$ 和 $\varepsilon > 0$，用 $u_{t,\varepsilon}$ 表示定义在 $\overline{0,1}$ 上的下列连续函数：当 $x \geqslant t+\varepsilon$ 时它等于 0，当 $x \leqslant t$ 时它等于 1，而在 t 和 $t+\varepsilon$ 之间它是线性的. 设 $U_\varepsilon(t) = E(u_{t,\varepsilon})$. 如果 $t < \tau$，那么显然有 $u_{t,\varepsilon} \leqslant u_{\tau,\varepsilon}$，差 $u_{\tau,\varepsilon} - u_{t,\varepsilon}$ 的最大值 $\leqslant (\tau - t)/\varepsilon$. 由此推出，对固定的 $\varepsilon > 0$，$U_\varepsilon(t)$ 是 t 的连续不减函数. 此外，对于固定的 t，当 $\varepsilon \to 0$ 时，值 $U_\varepsilon(t)$ 只能减少，因此 $U_\varepsilon(t)$ 趋于一极限，我们用 $F(t)$ 表示此极限. 这是一个从 0 变到 1 的不减函数. 它显然是右连续的，② 但这是不重要的；因为在任何情况下，改变 F 在其跳跃点上的值，我们就能得到右连续性.

对于概率分布 (7.3.5) 的分布函数 F_n，由 $u_{t,\varepsilon}$ 的定义，我们有，如果 $\delta > \varepsilon$，那么

$$E_n(u_{t-\delta,\varepsilon}) \leqslant F_n(t) \leqslant E_n(u_{t,\varepsilon}). \tag{7.3.10}$$

当 $n \to \infty$ 时，两端的项分别趋于 $U_\varepsilon(t-\delta)$ 和 $U_\varepsilon(t)$. 如果 t 和 $t-\delta$ 都是 F 的连续点，那么令 $\varepsilon \to 0$ 我们可以得到，数列 $\{F_n(t)\}$ 的所有极限点都位于 $F(t-\delta)$ 和

① 我们可以在这里结束证明，因为这个断言包含在本书中别处证过的以下两个结果的任一个之中.

(a) 包含在 5.1 节的里斯表现定理中，因为 $E(u)$ 显然是一个范数为 1 的正线性泛函.

(b) 包含在 8.1 节的基本收敛定理中.

我们之所以给出这里的证明（部分地重复了 5.1 节中的证明），是为了使本章自给自足，也是为了推导一个反演公式.

② 关于验证，见 5.1 节中的里斯表现定理的证明.

$F(t)$ 之间. 最后，令 $\delta \to 0$，我们得到，对于 F 的每个连续点 t 有 $F_n(t) \to F(t)$. 这个关系式可明确地表示为

$$\sum_{j \leqslant nt} \binom{n}{j} (-1)^{n-j} \Delta^{n-j} c_j \to F(t). \tag{7.3.11}$$

对于 $r \geqslant 1$，通过分部积分我们可把 F_n 的 r 阶矩写成形式

$$E_n(X^r) = 1 - r \int_0^1 x^{r-1} F_n(x) \mathrm{d}x. \tag{7.3.12}$$

我们在 (7.3.9) 中已经证明了左边趋于 c_r，因为 $F_n \to F$，所以这就证明了 F 的 r 阶矩和 c_r 重合. 这就完成了定理 1 的证明. ■

注意，如果 F 是 $\overline{0,1}$ 中的任一概率分布函数，那么 (7.3.11) 是用 F 的矩来表示 F 的反演公式. 我们把这重新叙述于下列定理中.

定理 2 对于定理 1 的概率分布 F，极限公式 (7.3.11) 在每一个连续点上都成立.

为了避免误解，应当指出，对于不集中在某个有限区间上的分布，情况是完全不同的. 事实上，一般说来，*分布不是由它的矩唯一确定的*.

例 对数正态分布不由它的矩确定. 称正变量 X 服从对数正态分布，如果 $\ln X$ 服从正态分布. 对于标准正态分布，X 的密度为

$$f(x) = \frac{1}{\sqrt{2\pi}} x^{-1} \mathrm{e}^{-\frac{1}{2}(\ln x)^2}, \quad x > 0,$$

并且对于 $x \leqslant 0$ 有 $f(x) = 0$. 对于 $-1 \leqslant a \leqslant 1$，设

$$f_a(x) = f(x)[1 + a \sin(2\pi \ln x)]. \tag{7.3.13}$$

我们断言，f_a 是一个与 f 有完全相同的矩的概率密度. 因为 $f_a \geqslant 0$，所以只需证明

$$\int_0^\infty x^k f(x) \sin(2\pi \ln x) \mathrm{d}x = 0, \quad k = 0, 1, \cdots.$$

代换 $\ln x = t = y + k$ 把上面的积分化成

$$\frac{1}{\sqrt{2\pi}} \int_{-\infty}^{+\infty} \mathrm{e}^{-\frac{1}{2}t^2 + kt} \sin(2\pi t) \mathrm{d}t = \frac{1}{\sqrt{2\pi}} \mathrm{e}^{\frac{1}{2}k^2} \int_{-\infty}^{+\infty} \mathrm{e}^{-\frac{1}{2}y^2} \sin(2\pi y) \mathrm{d}y,$$

因为被积函数是一个奇函数，所以最后这个积分等于 0. [这个有趣的例子应归功于海得（Heyde）.] ■

不应当由于这个否定性结果而过度悲观，因为适当的正则性条件可以消除产生这种困难的根源. 最好的结果是卡莱曼（Carleman）定理. 这个定理说明，如果

$$\sum \mu_{2n}^{-1/(2n)} = \infty, \tag{7.3.14}$$

即如果左边的级数发散，那么定义在 $\overline{-\infty,\infty}$ 上的分布 F 由它的矩唯一确定. 在本书中，我们将只证明一个较弱的结果，即当幂级数 $\sum \mu_{2n}t^n/(2n)!$ 在某个区间中收敛时，F 由它的矩唯一确定（见 7.6 节和 15.4 节）. 两个准则都对 μ_n 的增加速度加了限制. 即使在最一般的情况下，我们也可以根据有限多个矩 $\mu_0,\mu_1,\cdots,\mu_n$ 的知识来推导一些关于 F 的有用的不等式，这些不等式与在 5.7 节中根据 μ_0,μ_1 导出的不等式类似. ①

*7.4 在可交换变量中的应用

我们着手推导一个（应归功于德菲内蒂）漂亮结果，它可以作为能很容易地从 7.3 节定理 1 推出的出人意料的结果的典型例子.

定义 如果 $n!$ 种置换 $(X_{k_1},\cdots,X_{k_n})$ 有相同的 n 维概率分布，则称随机变量 $X_1,\cdots,X_n$ 是可交换的②；如果对每个 n 来说 $X_1,X_2,\cdots,X_n$ 是可交换的，则称无穷序列 $\{X_n\}$ 的变量是可交换的.

下列例子说明，在有穷序列和无穷序列之间有本质的差别. 我们这里考虑只取值 0 和 1 的可交换变量无穷序列 $\{X_n\}$ 的特殊情形. 下一个定理断言. 这样一个过程 $\{X_n\}$ 的分布可以通过把二项分布随机化得到. 与通常一样，我们设 $S_n=X_1+\cdots+X_n$，把事件 $\{X_k=1\}$ 解释为成功.

定理 对于每一个由只取值 0 和 1 的可交换变量 x_n 组成的无穷序列，有一个相应的集中于 $\overline{0,1}$ 上的概率分布 F，使得

$$P\{X_1=1,\cdots,X_k=1,X_{k+1}=0,\cdots,X_n=0\}=\int_0^1\theta^k(1-\theta)^{n-k}F\{\mathrm{d}\theta\},\tag{7.4.1}$$

$$P\{S_n=k\}=\binom{n}{k}\int_0^1\theta^k(1-\theta)^{n-k}F\{\mathrm{d}\theta\}.\tag{7.4.2}$$

证 为了简洁起见，用 $p_{k,n}$ 表示 (7.4.1) 的左边（其中 $0\leqslant k\leqslant n$). 令 $c_0=1$，对于 $n=1,2,\cdots$，令

$$c_n=p_{n,n}=P\{X_1=1,\cdots,X_n=1\}.\tag{7.4.3}$$

于是由概率意义有

---

① 最初的比较深刻的结果是马尔可夫和斯蒂尔切斯大约在 1884 年得到的. 最近关于这个问题的文献非常多. 例如见 A. Wald, Trans. Amer. Math. Soc., vol. 46 (1939) pp.280-306; H.L. Royden, Ann. Math. Statist., vol. 24 (1953) pp.361-376 [给出了 $F(x)-F(-x)$ 的界]. 关于综述，见索哈特（J.A. Shohat）和塔马金（J.D. Tamarkin）的专著：*The problem of moments*, New York, 1943(*Math Surveys*, No.1). 又见 S. Karlin and W. Studden (1966).

* 后面用不到本节的内容.

② 有时也用“对称相关”这一术语.

$$p_{n-1,n} = p_{n-1,n-1} - p_{n,n} = -\Delta c_{n-1}, \tag{7.4.4}$$

因此

$$p_{n-2,n} = p_{n-2,n-1} - p_{n-1,n} = \Delta^2 c_{n-2}. \tag{7.4.5}$$

按这种方式继续下去，我们得到，对于 $k \leqslant n$，

$$p_{k,n} = p_{k,n-1} - p_{k+1,n} = (-1)^{n-k} \Delta^{n-k} c_k. \tag{7.4.6}$$

所有这些量都是非负的，因而序列 $\{c_n\}$ 是完全单调的. 由此推出，c_r 是一个概率分布 F 的 r 阶矩，因此 (7.4.1) 只不过是关系式 (7.4.6) 的另一种形式. 断言 (7.4.2) 已包含在它里面了，因为在 n 次试验中发生 k 次成功的方式有 $\binom{n}{k}$ 种.■

推广 不难把同样的论证应用到可取 3 个值的变量上，但是那样的话就有 2 个自由参数，代替 (7.4.2)，我们得到三项分布与一个二元分布 F 的混合. 更一般地，这个定理及其证明也适用于只取有限个值的随机变量. 这个事实自然会导致下列猜想：最一般的对称相关序列 $\{X_j\}$ 可以通过把某一独立变量序列的一个参数随机化得到. 个别情形是不难解决的，但是一般的问题却呈现出了其固有的困难，即“参数”不是完全确定的，可以以任意的方式选取. 尽管如此，还是有人在相当一般的情况下证明了这个定理的一种形式. ①

这个定理使把大数定律和中心极限定理应用于可交换变量这件事成为可能的了.（见 8.10 节中的习题 21.）

下一个例子说明，在个别情况下，这个定理可以导致出人意料的结果. 其他的例子说明这个定理不适用于有限序列.

例 (a) 在第 1 卷 5.2 节的**波利亚罐子模型**中，罐子最初装有 b 个黑球和 r 个红球. 每次取出一个球后，把取出的球放回，并把 c 个与取出的球颜色相同的球加入罐子中. 因此，在前 n 次取球时都取得黑球的概率等于

$$c_n = \frac{b(b+c)\cdots(b+(n-1)c)}{(b+r)\cdots(b+r+(n-1)c)} = \frac{\Gamma\left(\frac{b}{c}+n\right)+\Gamma\left(\frac{b+r}{c}\right)}{\Gamma\left(\frac{b+r}{c}+n\right)\Gamma\left(\frac{b}{c}\right)}. \tag{7.4.7}$$

根据第 n 次取球时取得的是黑球或红球，令 $X_n = 1$ 或 0. 第 1 卷 5.2 节中的简单计算表明，这些变量是可交换的，因此 c_n 表示一个分布 F 的 n 阶矩. (7.4.7) 的形式使我们想起了 β 积分 (2.2.5). 观察表明，F 是带有参数 $\mu = b/c$ 和

① E. Hewitt and L.J. Savage, *Symmetric measures on Cartesian products*, Trans. Amer. Math. Soc., vol. 80 (1956) pp.470-501. 在 Loève (1963) 中可以找到利用鞅对这个问题所做的讨论. 又见 H. Bühlmann, *Austauschbare Stochastiche Variabeln und ihre Grenzwertsätze*, Univ. of California Publications in Statistics, vol. 3, No. 1 (1960), pp.1-36.

$v = r/c$ 的 β 分布 (2.4.2). 再利用 β 积分，可以看出，(7.4.1) 与第 1 卷 (5.2.3) 一致，(7.4.2) 与第 1 卷 (5.2.4) 一致.

(b) 考虑 2 个球在 3 个盒子中的 6 种可辨别的分布，并对每种分布赋予概率 $\frac{1}{6}$. 根据第 i 个盒子中有球或无球，令 X_i 等于 1 或 0. 变量是可交换的，但定理不适用. 实际上，由 (7.4.3) 我们可得 $c_0 = 1, c_1 = \frac{1}{2}, c_2 = \frac{1}{6}, c_3 = 0$，序列到此停止. 如果它是一个完全单调序列 $\{c_n\}$ 的初始部分，那么我们应有 $c_4 = c_5 = \cdots = 0$. 但是，这样就有 $\Delta^4 c_1 = -\frac{1}{6} < 0$，这与 $\{c_n\}$ 是完全单调序列矛盾.

(c) 设 $X_1, \cdots, X_n$ 是独立同分布的，并令 $S_n = X_1 + \cdots + X_n$. 对于 $k = 1, 2, \cdots, n-1$，令 $Y_k = X_k - n^{-1}S_n$. 变量 $(Y_1, \cdots, Y_{n-1})$ 是可交换的，但它们的联合分布不具有德菲内蒂（de Finetti）定理指出的那种形式. ■

*7.5 广义泰勒公式与半群

前面 3 节讨论了涉及二项分布的 7.1 节例 (a) 中的极限关系式的推论. 现在我们来讨论涉及泊松分布的 7.1 节例 (b). 因为这个分布是二项分布的一个极限形式，所以我们可以希望，我们对伯恩斯坦多项式的简单处理方法可以推广到目前的情形. 这种处理方法的起点是恒等式 (7.1.10)，二项分布出现在此式的右边. 如果我们令 $\theta = x/v$，并让 $v \to \infty$，那么这个二项分布就趋于期望为 x 的泊松分布，(7.1.10) 变成①

$$\sum_{r=0}^{\infty} \frac{x^r}{r!} \Delta^r a_i = \mathrm{e}^{-x} \sum_{j=0}^{\infty} \frac{x^j}{j!} a_{i+j}. \tag{7.5.1}$$

对 $i = 0, a_j = u(jh)$，我们利用这个恒等式，其中 u 是 $\overline{0, \infty}$ 上的任一有界连续函数，h 是一个正的常数. 令 $x = h\theta$，关系式 (7.5.1) 变为

$$\sum_{r=0}^{\infty} \frac{\theta^r}{r!} \underset{h}{\Delta^r} u(0) = \mathrm{e}^{-\theta/h} \sum_{j=0}^{\infty} u(jh) \frac{(\theta/h)^j}{j!}. \tag{7.5.2}$$

右边是 u 关于泊松分布的期望，由例 1(b) 知道它趋于 $u(\theta)$. 为了以更自然的方式表示这个结果，我们把 $u(\theta)$ 换为 $u(\theta + t)$，其中 $t > 0$ 是任意的. 因此我们证明了以下定理.

定理 对于 $\overline{0, \infty}$ 上的任一有界连续函数 u，

---

* 初读时可以略去本节.

① 为了直接证明恒等式 (7.5.1)，只需用定义表达式 (7.1.7) 代替 $\Delta^r a_i$ 就行了. 这样左边变为一个二重和，右边可通过它的项的明显的重新排列得到.

$$\sum_{r=0}^{\infty}\frac{\theta^r}{r!}\underset{h}{\Delta}^r u(t)\to u(t+\theta). \tag{7.5.3}$$

这里[①] $\theta>0, h\to 0+$.

这是一个极其吸引人的定理，希尔（Hille）首先用较高深的方法给出了证明. 左边是 u 的泰勒展开式，只是这里把导数换成了差商. 对于解析函数，左边趋近于泰勒级数，但是此定理也适用于不可微函数. 在这种意义下，(7.5.3) 是泰勒展开式的推广，并揭示了它的本质的新的方面.

还可以用另外一种方法考察 (7.5.3)，这种方法将导致所谓的半群理论的指数公式（见 10.9 节的定理 2）. (7.5.3) 的左边包含一个形式上的指数级数，用它来定义一个算子 $\exp\theta\underset{h}{\Delta}$ 是很自然的. 这样关系式 (7.5.3) 可以简写为

$$\exp\,\theta\underset{h}{\Delta}u(t)\to u(t+\theta). \tag{7.5.4}$$

为了更一致地用算子来记上式，我们引进一个**平移算子**[②] $T(\theta)$，它把 u 变成由 $u_\theta(t)=u(t+\theta)$ 定义的函数 u_θ. 于是 $T(0)=1$ 是恒等算子，并且

$$\underset{h}{\Delta}=h^{-1}[T(h)-1]. \tag{7.5.5}$$

利用算子的语言，(7.5.3) 现在变为

$$\mathrm{e}^{\theta h^{-1}[T(h)-1]}\to T(\theta). \tag{7.5.6}$$

这个公式所包含的主要信息是，整个算子族 $T(\theta)$ 由 $T(h)$（关于很小的 h）的性质所确定.

回顾一下可以看出，我们对 (7.5.6) 的推导显然适用于更一般的算子族. (7.5.2) 的右边只是 u 的值的一个线性组合，可以看作 u 的插值公式. 类似的插值表达式对于定义在 $\theta>0$ 上的每个算子族 $\{T(\theta)\}$ 都有意义. 实际上，对于固定的 θ 和 $h>0$，算子

$$A_h(\theta)=\mathrm{e}^{-\theta h^{-1}}\sum_{k=0}^{\infty}\frac{1}{k!}\left(\frac{\theta}{k}\right)^k T(kh) \tag{7.5.7}$$

是算子 $T(kh)$ 的一个加权线性组合. 权由泊松分布给出，并且当 $h\to 0$ 时，θ 的一个邻域占优势，其余部分的权趋于 0. 因此，似乎应有下面的结论成立：利用收敛性

① 应当注意，如果 θ 和 h 是负的，u 是定义在全直线上的，那么这里的论证仍然成立.

② 这是 E. Hille and R.S. Phillips, *Functional analysis and semi-groups*, AMS Colloquium Publications, vol.31(1957) p.314 中（在稍微更一般的情形下）给出的证明，此证明应归功于里斯，不用说，作者们不认为把线性插值 (7.5.7) 当作半群参数的泊松随机化是有用的，也不认为把切比雪夫多项式看成当然成立会有什么用处. 肯达尔注意到了它的概率含义. 在 K.L. Chung, *On the exponential formulas of semi-group theory*, Math Scandinavica, vol.10(1962) pp.153-162 一文中充分地利用了它的概率含义.

和连续性的任意的合理概念，对于任一连续算子族 $T(\theta)$，我们应有 $A_h(\theta) \to T(\theta)$. 特别地，如果算子 $T(\theta)$ 构成一个半群，那么我们有 $T(kh) = (T(h))^k$，插值算子 $A_h(\theta)$ 与 (7.5.6) 左边出现的算子相同. 因此，“指数公式” (7.5.6) 一般说来对有界算子的连续半群成立这件事不是出人意料的. 我们将在 10.9 节中再来讨论这个证明.

7.6 拉普拉斯变换的反演公式

7.5 节和 7.1 节例 (b) 是以下面的大数定律的一个特殊情形为基础的：如果 X 是一个随机变量，且服从期望为 $\lambda\theta$ 的泊松分布，那么对于充分大的 λ，事件 $|X - \lambda\theta| > \lambda\varepsilon$ 的概率很小. 因此，对于 $\mathrm{P}\{X \leqslant \lambda x\}$，我们得到，当 $\lambda \to \infty$ 时，

$$\mathrm{e}^{-\lambda\theta} \sum_{k \leqslant \lambda x} \frac{(\lambda\theta)^k}{k!} \to \begin{cases} 0, & \text{如果 } \theta > x, \\ 1, & \text{如果 } \theta < x. \end{cases} \tag{7.6.1}$$

左边的表达式是 (7.5.2) 在 u 只取值 0 和 1 时的一个特殊情形，因而 (7.6.1) 包含在上节的定理中. 我们现在用对拉普拉斯变换的应用来说明这个公式在分析中的用途，拉普拉斯变换这个课题将在第 13 章中系统地讨论.

设 F 是一个集中在 $\overline{0, \infty}$ 上的概率分布. F 的拉普拉斯变换是一个定义在 $\lambda > 0$ 上的如下的函数 φ：

$$\varphi(\lambda) = \int_0^\infty \mathrm{e}^{-\lambda\theta} F\{\mathrm{d}\theta\}. \tag{7.6.2}$$

导数 $\varphi^{(k)}$ 存在，且可通过形式微分得到：

$$(-1)^k \varphi^{(k)}(\lambda) = \int_0^\infty \mathrm{e}^{-\lambda\theta} \theta^k F\{\mathrm{d}\theta\}. \tag{7.6.3}$$

由这个恒等式和 (7.6.1) 可以看出，在 F 的每个连续点上，

$$\sum_{k \leqslant \lambda x} \frac{(-1)^k}{k!} \lambda^k \varphi^{(k)}(\lambda) \to F(x). \tag{7.6.4}$$

这是一个非常有用的反演公式. 特别地，它说明分布 F 由它的拉普拉斯变换唯一确定.

同样的论证可导致很多与上述公式有关的反演公式，这些公式可应用于各种各样的情况. 事实上，(7.1.6) 是具有下列形式的拉普拉斯积分的一个反演公式：

$$w(\lambda) = \int_0^\infty \mathrm{e}^{-\lambda x} u(x) \mathrm{d}x. \tag{7.6.5}$$

与在 (7.6.3) 中一样，可以进行形式微分. (7.1.6) 说明，如果 u 是一有界连续函数，那么在每个有限区间中一致地有

$$\frac{(-1)^{n-1}}{(n-1)!}\left(\frac{n}{\theta}\right)^n w^{(n-1)}(n/\theta) \to u(\theta). \tag{7.6.6}$$

[这些反演公式在更广泛的条件下也成立，但是在这个时候让新的术语掩盖论证的简明性是不太好的. (7.6.6) 的一种抽象形式将出现在 13.9 节中.]

如果分布 F 具有矩 $\mu_1, \cdots, \mu_{2n}$，那么它的拉普拉斯变换满足不等式

$$\sum_{k=0}^{2n-1} \frac{(-1)^k \mu_k \lambda^k}{k!} \leqslant \varphi(\lambda) \leqslant \sum_{k=0}^{2n} \frac{(-1)^k \mu_k \lambda^k}{k!}. \tag{7.6.7}$$

这是一个常用的不等式. 为了验证上式，我们从下列著名的不等式①出发：

$$\sum_{k=0}^{2n-1} \frac{(-1)^k t^k}{k!} < \mathrm{e}^{-t} < \sum_{k=0}^{2n} \frac{(-1)^k t^k}{k!}, \quad t > 0. \tag{7.6.8}$$

把 t 换为 λt 并关于 F 积分，就可得到 (7.6.7). 特别由此推出，在使下式右边的级数收敛的任一区间 $0 \leqslant \lambda < \lambda_0$ 中，

$$\varphi(\lambda) = \sum_{k=0}^{\infty} \frac{(-1)^k \mu_k \lambda^k}{k!}. \tag{7.6.9}$$

由解析函数论知道，在这个情形下，对于所有的 $\lambda > 0$，(7.6.9) 中的级数唯一地确定了 $\varphi(\lambda)$. 因此，当 (7.6.9) 中的级数在某一区间 $|\lambda| < \lambda_0$ 中收敛的时候，矩 $\mu_1, \mu_2, \cdots$ 唯一地确定了分布 F. 这个有用的准则对于不集中在 $\overline{0,\infty}$ 上的分布也成立，但是证明要用到特征函数（见 15.4 节）.

*7.7　同分布变量的大数定律

在本节中，我们利用记号 $S_n = X_1 + \cdots + X_n$. 大数定律的最古老的形式是指，如果 X_k 独立，且具有期望为 μ 方差为有限的共同分布，那么②对于固定的 $\varepsilon > 0$，当 $n \to \infty$ 时，

$$P\{|n^{-1} S_n - \mu| > \varepsilon\} \to 0. \tag{7.7.1}$$

① 根据归纳法，由简单的微分可证明 (7.6.8) 中任意两项之差是 t 的单调函数.

* 本节的课题与最古老的概率论有关，但在本书的其余部分中没有什么特别的重要性. 之所以叙述它们，是由于它们的历史意义和方法论的意义，也是因为有许多论文专门讨论大数定律的部分逆.

② (7.7.1) 等价于 $n^{-1} S_n - \mu \xrightarrow{\mathrm{P}} 0$，其中 $\xrightarrow{\mathrm{P}}$ 表示“依概率趋于”（见 8.2 节）.

本章是从下列陈述开始的：(7.7.1) 包含在切比雪夫不等式中. 为了得到更深刻的结果，我们来推导一个即使在期望不存在时也可应用的切比雪夫不等式的变形. 根据 X_k 在任意固定的水平 $\pm s_n$ 上的截尾来定义新的随机变量 X'_k. 于是

$$X'_k = \begin{cases} X_k, & |X_k| \leqslant s_n, \\ 0, & |X_k| > s_n. \end{cases} \tag{7.7.2}$$

令

$$S'_n = X'_1 + \cdots + X'_n, \quad m'_n = E(S'_n) = nE(X'_1), \tag{7.7.3}$$

那么很明显，

$$P\{|S_n - m'_n| > t\} \leqslant P\{|S'_n - m'_n| > t\} + P\{S_n \neq S'_n\}. \tag{7.7.4}$$

因为只有当右边的事件之一发生时，左边的事件才可能发生.

这个不等式对于具有不同分布的相依变量也成立，但是我们这里只对同分布的独立变量感兴趣. 令 $t = nx$ 并对右边第一项应用切比雪夫不等式，由 (7.7.4) 我们可得到以下引理.

引理 设 X_k 是具有共同分布 F 的独立变量. 那么对 $x > 0$,

$$P\left\{\left|\frac{1}{n}S_n - E(X'_1)\right| > x\right\} \leqslant \frac{1}{n^2x^2}E(X'^2_1) + nP\{|X_1| > s_n\}. \tag{7.7.5}$$

作为一个应用，我们可以推导**辛钦大数定律**，辛钦大数定律是说，当 X_k 具有有限期望 μ 时，(7.7.1) 对所有的 $\varepsilon > 0$ 成立. 它的证明在本质上是第 1 卷 10.2 节中给出的离散情形的证明的重复. 因此，我们直接讨论一个包含充要条件的更强的形式. 为了用公式表述它，对 $t > 0$，我们令

$$\tau(t) = [1 - F(t) + F(-t)]t, \tag{7.7.6}$$

$$\sigma(t) = \frac{1}{t}\int_{-t}^{t} x^2 F\{\mathrm{d}x\} = -\tau(t) + \frac{2}{t}\int_0^t x\tau(x)\mathrm{d}x. \tag{7.7.7}$$

（这两个表达式相等可通过分部积分得到.）

定理 1 （广义弱大数定律）设 X_k 是具有共同分布 F 的独立变量. 为使存在这样的常数 μ_n，使得对每个 $\varepsilon > 0$ 有

$$P\{|n^{-1}S_n - \mu_n| > \varepsilon\} \to 0, \tag{7.7.8}$$

当且仅当① $t \to \infty$ 时 $\tau(t) \to 0$. 在这种情形下，(7.7.8) 对于

$$\mu_n = \int_{-n}^{n} xF\{\mathrm{d}x\} \tag{7.7.9}$$

① 由 (7.7.7) 推出，$\tau(t) \to 0$ 蕴涵 $\sigma(t) \to 0$. 其逆也是正确的；见习题 11. 关于定理 1 的另外一种证明，见 17.2 节.

成立.

证　(a) **充分性.** 用 (7.7.9) 定义 μ_n. 我们利用满足 $s=n$ 的截尾 (7.7.2). 于是 $\mu_n=E(X_1')$，由上一引理知 (7.7.8) 的左边 $<\varepsilon^{-2}\sigma(n)+\tau(n)$，当 $\tau(t)\to 0$ 时，此式趋于 0. 因此，这个条件是充分的.

(b) **必要性.** 假设 (7.7.8) 成立. 与在 5.5 节中一样，我们引入由 X_k 的对称化直接得到的变量 ${}^0X_k$. 它们的和 ${}^0S_n$ 可以通过 $S_n-n\mu$ 的对称化得到. 设 a 是变量 X_k 的一个中位数. 依次利用不等式 (5.5.6)、(5.5.10) 和 (5.5.7)，得

$$
\begin{aligned}
2P\{|S_n-n\mu|>n\varepsilon\} &\geqslant P\{|{}^0S_n|>2n\varepsilon\}\\
&\geqslant \frac{1}{2}[1-\exp(-nP\{|{}^0X_1|>2n\varepsilon\})]\\
&\geqslant \frac{1}{2}\left[1-\exp\left(-\frac{1}{2}nP\{|X_1|>2n\varepsilon+|a|\}\right)\right].
\end{aligned}
$$

由 (5.7.8)，上式左边趋于 0. 由此推出，右边的指数趋于 0，因此必有 $\tau(t)\to 0$.■

当 F 的期望为 μ 时，条件 $\tau(t)\to 0$ 是满足的. 于是截尾矩 μ_n 趋于 μ. 因此，在这种情形下，(7.7.8) 与古典大数定律 (7.7.1) 等价. 但是，*形如 (7.7.1) 的古典大数定律对某些期望不存在的变量也成立.* 例如，如果 F 是一个使得 $t[1-F(t)]\to 0$ 的对称分布，那么 $P\{|n^{-1}S_n|>\varepsilon\}\to 0$. 但是，只有当 $1-F(t)$ 在 $\overline{0,\infty}$ 上可积（这是一个较强的条件）时，期望才存在.

（有趣的是：强大数定律只对期望存在的变量成立. 见 7.8 节的定理 4.）

在第 1 卷第 10 章中讨论了大数定律的经验意义，在那里特别注意到了“公平赌博”的经典理论. 特别地，我们已看到，即使在期望存在时，“公平赌博”的一个参加者也可能强烈地处于输的一方. 另外，对彼得堡赌博的分析说明，古典理论也适用于一些期望为无限的赌博，除了“公平的入场费”将依赖于要参加的试验次数以外. 下述定理使这个叙述更加精确.

我们考虑具有共同分布 F 的独立正变量 X_k. [因此 $F(0)=0$.] X_k 可以看作可能的赢利，a_n 可以看作参加 n 次试验的总入场费. 我们令

$$\mu(s)=\int_0^s xF\{\mathrm{d}x\},\quad \frac{\mu(s)}{s[1-F(s)]}=\rho(s). \tag{7.7.10}$$

定理 2　*存在这样的常数 a_n，使得*

$$P\{|a_n^{-1}S_n-1|>\varepsilon\}\to 0 \tag{7.7.11}$$

的充要条件是[①]*，当 $s\to\infty$ 时，$\rho(s)\to\infty$. 在这种情形下，存在这样的数 s_n，使得*

$$n\mu(s_n)=s_n, \tag{7.7.12}$$

① 在 8.9 节（定理 2）中将会看到，$\rho(s)\to\infty$ 的充要条件是 $\mu(s)$ 在无穷远点缓慢变化. 关系式 (7.7.11) 等价于 $a_n^{-1}S_n\xrightarrow{\mathrm{p}}1$（见 8.2 节）.

并且 (7.7.11) 对 $a_n = n\mu(s_n)$ 成立.

证 (a) **充分性.** 设 $\rho(s) \to \infty$. 对于很大的 n，函数 $n\mu(s)/s$ 所取的值 > 1；但是当 $s \to \infty$ 时，它趋于 0. 函数是右连续的，并且左极限不可能大于右极限. 如果 s_n 是所有使得 $n\mu(s)s^{-1} \leqslant 1$ 的 s 的下界，那么 (7.7.12) 成立.

设 $\mu_n = \mu(s_n) = E(X_1')$. 我们利用引理中的不等式 (7.7.5) (其中 $x = \varepsilon\mu_n$) 可得

$$P\left\{\left|\frac{S_n}{n\mu_n} - 1\right| > \varepsilon\right\} \leqslant \frac{1}{\varepsilon^2 n\mu_n^2} E(X_1'^2) + n[1 - F(s_n)]. \tag{7.7.13}$$

通过分部积分可以把 $E(X_1'^2)$ 化成一个被积函数为 $x[1-F(x)]$ 的积分. 由假设函数 $x[1-F(x)]$ 是 $o(\mu(x))$. 因此，$E(X_1'^2) = o(s_n\mu_n)$，由 (7.7.12) 知道这表示 (7.7.13) 中右边第一项趋于零. 类似地，(7.7.12) 和 $\rho(s)$ 的定义 (7.7.10) 表明 $n[1 - F(s_n)] \to 0$. 这样 (7.7.13) 就化成了带有 $a_n = n\mu_n$ 的 (7.7.11).

(b) **必要性.** 我们现在假设 (7.7.11) 成立，并利用满足 $s_n = 2a_n$ 的截尾 (7.7.2). 因为 $E(X_1'^2) \leqslant s_n\mu_n$，我们由带有 $x = \varepsilon a_n/n$ 的基本不等式 (7.7.5) 得到

$$P\{S_n > n\mu_n + \varepsilon a_n\} \leqslant \frac{2}{\varepsilon^2} \cdot \frac{n\mu_n}{a_n} + n[1 - F(2a_n)]. \tag{7.7.14}$$

因为我们讨论的是正变量，所以

$$P\{S_n < 2a_n\} \leqslant P\{\max_{k\leqslant n} X_k \leqslant 2a_n\} = F^n(2a_n). \tag{7.7.15}$$

由假设，左边趋于 0，这蕴涵 $n[1 - F(2a_n)] \to 0$（因为对于 $x \leqslant 1$ 有 $x \leqslant \mathrm{e}^{-(1-x)}$）. 如果 nu_n/a_n 趋于 0，那么 (7.7.14) 的右边也趋于 0，这个不等式显然与假设 (7.7.11) 矛盾. 这个论证也适用于子序列，并且说明 $n\mu_n/a_n$ 都取 0 以外的有界值；这又蕴涵 $\rho(2a_n) \to \infty$.

为了证明当 x 以任何方式趋于 ∞ 时都有 $\rho(x) \to \infty$，我们选取这样的 a_n，使得 $2a_n < x \leqslant 2a_{n+1}$. 于是 $\rho(x) \geqslant (2a_n)a_n/a_{n+1}$. 显然，为使 (7.7.11) 成立，必须保证 a_{n+1}/a_n 是有界的. ■

*7.8 强大数定律

设 $X_1, X_2, \cdots$ 是具有共同分布 F 的相互独立的随机变量，且 $E(X_k) = 0$. 我们照例令 $S_n = X_1 + \cdots + X_n$. 弱大数定律说明，对于每个 $\varepsilon > 0$，

$$P\{n^{-1}|S_n| > \varepsilon\} \to 0. \tag{7.8.1}$$

这个事实并不排除 $n^{-1}S_n$ 对于无穷多个 n 变成任意大的可能性. 例如，在对称随机游动中，质点在第 n 步通过原点的概率趋于 0，而且确实要通过原点无穷多次. 在实际中，我们对当 n 为任一特别大的值时 (7.8.1) 的概率不怎么感兴趣. 更有趣的问题是，$n^{-1}|S_n|$ 是否最终变成并保持很小? 即是否对于所有的 $n \geqslant N$ 同时有 $n^{-1}|S_n| < \varepsilon$? 因此，我们想知道事件 $n^{-1}S_n \to 0$ 的概率①.

---

* 初读时可以略去本节.

① 由 4.6 节的 0-1 律推出，这个概率等于 0 或 1，但是我们将不利用这个事实.

如果这个事件的概率为 1，那么我们称 $\{X_k\}$ 服从强大数定律.

下一个定理将说明，当 $E(X_1)=0$ 时，情况是这样的. [这个陈述比弱大数定律强得多. 这可由下列事实推出：(7.8.1) 对一些期望不存在的序列 $\{X_k\}$ 也成立. 相反，期望的存在性是强大数定律的必要条件. 事实上，将在本节的末尾讨论的强大数定律之逆说明，在期望不存在的情况下，均值 $n^{-1}|S_n|$ 一定无穷多次地超过任一预先指定的边界值 a.]

定理 1 （强大数定律）设 $X_1, X_2, \cdots$ 是独立同分布变量，且 $E(X_1)=0$. 那么以概率 1 有 $n^{-1}S_n \to 0$.

证明依赖于截尾，实际上与具有不同分布的序列有关. 因此，为了避免重复，我们把证明推迟，而先建立另一个有广泛用途的定理来为此证明作准备.

定理 2 设 $X_1, X_2, \cdots$ 是具有任意分布的独立随机变量. 假设对于所有的 k 有 $E(X_k)=0$，并且

$$\sum_{k=1}^{\infty} E(S_k^2) < \infty, \tag{7.8.2}$$

那么序列 $\{S_n\}$ 以概率 1 收敛于一有穷极限 S.

证 我们利用由变量 X_k 定义的无穷维样本空间. 设 $A(\varepsilon)$ 表示"不等式 $|S_n - S_m| > \varepsilon$ 对于某些任意大的下标 n, m 成立"这个事件. $\{S_n\}$ 不收敛这个事件是事件 $A(\varepsilon)$ 在 $\varepsilon \to 0$ 时的单调极限，因而只要证明 $\mathrm{P}\{A(\varepsilon)\}=0$ 就行了. 设 $A_m(\varepsilon)$ 表示"对某个 $n>m, |S_n - S_m| > \varepsilon$"这个事件，那么 $A(\varepsilon)$ 是递减的事件序列 $\{A_m(\varepsilon)\}$ 在 $m \to \infty$ 时的极限，因此只要证明 $\mathrm{P}\{A_m(\varepsilon)\} \to 0$ 就够了. 最后，对 $n>m$，令 $A_{m,n}(\varepsilon)$ 是"对于某个 $m<k<n, |S_k - S_m| > \varepsilon$"这个事件. 根据柯尔莫哥洛夫不等式

$$P\{A_{m,n}(\varepsilon)\} \leqslant \varepsilon^{-2}\mathrm{Var}(S_n - S_m) = \varepsilon^{-2} \sum_{k=m+1}^{n} E(X_k^2). \tag{7.8.3}$$

令 $n \to \infty$，我们得到

$$P\{A_m(\varepsilon)\} \leqslant \varepsilon^{-2} \sum_{k=m+1}^{\infty} E(X_k^2). \tag{7.8.4}$$

当 $m \to \infty$ 时，右边趋于 0. ■

这个定理有许多应用，下列定理是这个定理的一个被用来证明强大数定律的变形.

定理 3 设 $X_1, X_2, \cdots$ 是具有任意分布的独立变量. 假设对于所有的 k 有 $E(X_k)=0$. 如果 $b_1 < b_2 < \cdots \to \infty$ 且

$$\sum b_k^{-2} E(X_k^2) < \infty, \tag{7.8.5}$$

那么级数 $\sum b_k^{-1}X_k$ 以概率 1 收敛，而且

$$b_n^{-1}S_n \to 0. \tag{7.8.6}$$

证 第一个断言可以通过把定理 2 应用于随机变量 $b_k^{-1}X_k$ 而立即得到. 下列常用的引理说明，关系式 (7.8.6) 在使级数收敛的每个点上都成立，这就完成了证明. ■

引理 1 （克罗内克引理）设 $\{x_k\}$ 是任一数列，且 $0 < b_1 < b_2 < \cdots \to \infty$. 如果级数 $\sum_1^\infty b_k x_k$ 收敛，那么

$$\frac{x_1 + \cdots + x_n}{b_n} \to 0. \tag{7.8.7}$$

证 用 ρ_n 表示我们这个收敛级数的余部. 那么对于 $n = 1, 2, \cdots$,

$$x_n = b_n(\rho_{n-1} - \rho_n),$$

因此

$$\frac{x_1 + \cdots + x_n}{b_n} = -\rho_n + \frac{1}{b_n}\sum_{k=1}^{n-1}\rho_k(b_{k+1} - b_k) + \frac{\rho_0}{b_n}. \tag{7.8.8}$$

设当 $k \geqslant r$ 时有 $|\rho_k| < \varepsilon$. 因为 $b_n \to \infty$，所以前 r 项对总和的贡献趋于 0，而其余各项的和至多等于 $\varepsilon(b_n - b_r)/b_n < \varepsilon$. 因此 (7.8.7) 成立. ■

在回到强大数定律之前，我们来证明另一个纯分析性质的引理.

引理 2 设诸变量 X_k 有共同的分布 F，则对任意 $a > 0$，当且仅当 $E(X_k)$ 存在时，

$$\sum P\{|X_k| > ak\} < \infty. \tag{7.8.9}$$

证 根据 5.6 节的引理 2，当且仅当

$$\int_0^\infty [1 - F(x) + F(-x)]\mathrm{d}x < \infty \tag{7.8.10}$$

时，期望 $E(X_1)$ 存在. 可把 (7.8.9) 中的级数看作积分的黎曼和，因为被积函数是单调的，所以关系式 (7.8.9) 和 (7.8.10) 是等价的. ■

我们现在能够来证明强大数定律.①

定理 1 的证明 我们利用截尾法，定义新变量如下：

$$\begin{aligned} X_k' &= X_k, \quad X_k'' = 0, \qquad \text{如果 } |X_k| \leqslant k; \\ X_k' &= 0, \qquad X_k'' = X_k, \quad \text{如果 } |X_k| > k. \end{aligned} \tag{7.8.11}$$

① 关于一个更直接的证明，见习题 12.

因为存在一个有限的期望，所以由上一引理（令 $a=1$）可得

$$\sum P\{X_k''\neq 0\}<\infty, \tag{7.8.12}$$

这蕴涵，以概率 1 只有有穷多个变量 X_k'' 不为 0. 因此，利用明显的记号，以概率 1 有 $\frac{1}{n}S_n''\to 0$.

其次，我们来证明

$$\sum k^{-2}E(X_k')<\infty. \tag{7.8.13}$$

根据定理 3，这蕴涵以概率 1 有

$$n^{-1}[S_n'-E(S_n')]\to 0. \tag{7.8.14}$$

但是 $E(X_k')\to 0$，因此显然有

$$n^{-1}E(S_n')=n^{-1}\sum_{k=1}^{n}E(X_k')\to 0. \tag{7.8.15}$$

为完成证明，只剩下验证断言 (7.8.13) 了. 由于

$$E(X_k'^2)=\sum_{j=1}^{k}\int_{j-1\leqslant|x|<j}x^2F\{\mathrm{d}x\}, \tag{7.8.16}$$

所以

$$\sum_{k=1}^{\infty}k^{-2}E(X_k'^2)=\sum_{j=1}^{\infty}\int_{j-1\leqslant|x|<j}x^2F\{\mathrm{d}x\}\sum_{k=j}^{\infty}k^{-2}. \tag{7.8.17}$$

内层的和小于 $2/j$，因此右边小于

$$\sum_{j=1}^{\infty}\int_{j-1\leqslant|x|<j}|x|F\{\mathrm{d}x\}=\int_{-\infty}^{+\infty}|x|F\{\mathrm{d}x\}. \tag{7.8.18}$$

这就完成了证明. ■

我们已看到，形如 (7.7.8) 的弱大数定律也适用于一些期望不存在的序列. 这与强大数定律形成明显对比，$E(X_1)$ 的存在性是强大数定律的必要条件. 事实上，下一个定理说明，在不存在有限期望的情况下，均值 S_n/n 的序列以概率 1 无界.

定理 4 （强大数定律之逆）设 $X_1,X_2,\cdots$ 是独立同分布的变量. 如果 $E(|X_1|)=\infty$，那么对于任一数列 $\{c_n\}$，以概率 1 有

$$\limsup|n^{-1}S_n-c_n|=\infty. \tag{7.8.19}$$

证 令 A_k 表示 $|X_k|>ak$ 这一事件. 这些事件是相互独立的. 由引理 2，期望不存在蕴涵 $\sum P\{A_n\}$ 发散. 根据博雷尔–坎泰利第 2 引理（见第 1 卷 8.3 节），这表示以概率 1 有无

穷多个事件 A_k 发生，因此序列 $|X_k|/k$ 以概率 1 无界. 但是，因为 $X_k = S_k - S_{k-1}$，所以若 $|S_n|/n$ 有界，则 $|X_k|/k$ 也有界. 从而我们断言，均值 S_n/n 的序列以概率 1 无界.

这就对 $c_k = 0$ 这一特殊情形证明了断言 (7.8.19)，一般情形可通过对称化化为特殊情形. 与在 5.5 节中一样，我们用 ${}^0X_k$ 表示对称化了的变量 X_k. 由 5.5 节对称化不等式可推出 $E(|{}^0X_k|) = \infty$，因此均值 ${}^0S_n/n$ 的序列以概率 1 无界. 但是 ${}^0S_n$ 可以通过把 $S_n - c_n$ 对称化得到，因此，$(S_n - c_n)/n$ 为有界的概率是 0. ∎

*7.9 向鞅的推广

5.8 节倒 (e) 中的柯尔莫哥洛夫不等式为 7.8 节的证明提供了主要的工具. 细读这些证明可以看出，所假设的变量的独立性只是被用来推导一些期望的不等式，因而主要的结果可以搬到鞅和下鞅上来. 这样的推广对许多应用是重要的，并且它们对我们的定理的本质作了新的说明.

由 6.12 节知，称随机变量 U_r 的有穷或无穷序列构成一个下鞅，如果对于所有的 r，

$$E(U_r|\mathfrak{B}_k) \geqslant U_k, \quad k = 1, 2, \cdots, r-1, \tag{7.9.1}$$

其中 $\mathfrak{B}_1 \subset \mathfrak{B}_2 \subset \cdots$ 是一列递增的事件 σ 代数. 当把所有的不等式换为等式时，称 $\{U_r\}$ 是一个鞅. [在每一种情况下，如果条件 (7.9.1) 对于特殊值 $k = r-1$ 成立，那么 (7.9.1) 中的 $r-1$ 个条件都被满足.] 我们还知道，如果 $\{X_k\}$ 是一列独立随机变量且 $E(X_k) = 0$，那么部分和 S_n 构成一个鞅；此外，如果方差存在，那么 $\{S_n^2\}$ 是一个下鞅.

定理 1 （**正下鞅的柯尔莫哥洛夫不等式**）设 $U_1, \cdots, U_n$ 是正变量. 假设对于 $r \leqslant n$，它们满足下鞅的条件 (7.9.1)，那么对于 $t > 0$，

$$P\{\max_{k\leqslant n} U_k > t\} \leqslant t^{-1}E(U_n). \tag{7.9.2}$$

如果 $\{U_k\}$ 是一个任意的鞅，那么诸变量 $|U_k|$ 构成一个下鞅. （见 6.12 节中的引理.）由此推出，定理 1 包含下列重要的推论.

推论 （**鞅的柯尔莫哥洛夫不等式**）如果 $U_1, \cdots, U_n$ 构成一个鞅，那么对于 $t > 0$，

$$P\{\max_{k\leqslant n} |U_k| > t\} \leqslant t^{-1}E(|U_n|). \tag{7.9.3}$$

定理 1 的证明 我们逐字逐句地重复 5.8 节例 (e) 中的柯尔莫哥洛夫不等式的证明，所不同的只是把那里的 S_k^2 换为 U_k. S_k 是独立随机变量之和这个假设

* 后面各章用不到本节的内容.

只被用来建立不等式 (5.8.16)，此不等式现在可写为

$$E(U_n\mathbf{1}_{Aj}) \geqslant E(U_j\mathbf{1}_{Aj}). \tag{7.9.4}$$

由于 $\mathbf{1}_{Aj}$ 是 $\mathfrak{B}_j$ 可测的，所以

$$E(U_n\mathbf{1}_{Aj}|\mathfrak{B}_j) = \mathbf{1}_{Aj}E(U_n|\mathfrak{B}_j) \geqslant U_j\mathbf{1}_{Aj} \tag{7.9.5}$$

[见 (5.10.9)]. 取期望，我们就得到 (7.9.4). ■

我们转向 7.8 节无穷卷积定理的推广，虽然它只导致一般的鞅收敛定理的一个特殊情形. 实际上，杜布曾证明，如果把条件 $E(S_n^2) < \infty$ 换为 $E(|S_n|)$ 有界这个较弱的要求，那么下述定理仍然成立. 但是，这个一般定理的证明是复杂的，我们之所以给出定理 2，是由于此定理的重要性和它的证明的简洁性.（关于一种推广，见习题 13.）

定理 2 （鞅收敛定理）设 $\{S_n\}$ 是一个无穷的鞅，并且对于所有的 n 有 $E(S_n^2) < c < \infty$. 存在一个随机变量 S，使得以概率 1 有 $S_n \to S$. 而且对于所有的 n 有 $E(S_n) = E(S)$.

证 我们重复 7.8 节中定理的证明. S_n 是独立变量之和这一假设在 (7.8.3) 只被用来证明

$$E((S_n - S_m)^2) \to 0, \quad n, m \to \infty. \tag{7.9.6}$$

我们由 6.12 节知道，$\{S_n\}$ 的鞅性质蕴涵，对于 $n > m$，

$$E(S_n|S_m) = S_m.$$

概据条件期望的基本性质 (5.10.9)，这蕴涵

$$E(S_nS_m|S_m) = S_m^2, \quad n > m. \tag{7.9.7}$$

取期望并利用关于双重期望的公式 (5.10.10)，我们得到

$$E(S_nS_m) = E(S_m^2)$$

因此

$$E(S_n^2 - S_m^2) = E(S_n^2) - E(S_m^2), \quad n > m.$$

但是由 6.12 节的引理，诸变量 S_n^2 构成一个下鞅，因此序列 $\{E(S_n^2)\}$ 是单调增加的. 由假设，它是有界的，从而它有有穷的极限. 这蕴涵 (7.9.6) 是正确的. 鞅性质蕴涵 $E(S_n)$ 是与 n 无关的，等式 $E(S) = E(S_n)$ 可由序列 $\{E(S_n^2)\}$ 的有界性推出 [8.1 节例 (e)]. ■

作为一个直接的推论，我们得到类似于 7.8 节定理 3 的以下定理.

定理 3 设 $\{X_n\}$ 是这样一列随机变量，使得对于所有的 n，

$$E(X_n|\mathfrak{B}_{n-1}) = 0. \tag{7.9.8}$$

如果 $b_1 < b_2 < \cdots \to \infty$，并且

$$\sum b_k^{-2} E(X_k^2) < \infty, \tag{7.9.9}$$

那么以概率 1 有

$$\frac{X_1 + \cdots + X_n}{b_n} \to 0. \tag{7.9.10}$$

证 容易看出，诸变量

$$U_n = \sum_{k=1}^{n} b_k^{-1} X_k \tag{7.9.11}$$

构成一个鞅，$E(U_n^2)$ 以 (7.9.9) 中的级数为界. 因此上一定理保证了 $\{U_n\}$ 的几乎必然收敛性. 由克罗内克引理，这蕴涵断言 (7.9.10). ■

例 (a) 在 6.11 节例 (b) 和 7.4 节例 (a) 中曾讨论过**波利亚罐子模型**. 如果 Y_n 是第 n 次试验后黑球的比例，那么已经证明了 $\{Y_n\}$ 是一个鞅，我们现在知道以概率 1 存在一个极限 $Y = \lim Y_n$. 另外，第 n 次试验时取得黑球的概率可以通过把二项分布随机化得到. 因此，如果 S_n 是前 n 次试验中取得的黑球的总数，那么 $n^{-1}S_n$ 的分布趋于 7.4 节例 (a) 中的 β 分布 F. 由此推出，极限变量 Y 服从 β 分布 F.

(b) **分支过程.** 在第 1 卷 12.5 节中讨论过的分支过程中，第 n 代的总体大小 X_n 的期望为 $E(X_n) = \mu^n$ [见第 1 卷 (12.4.9)]. 假定第 $(n-1)$ 代由 v 个个体组成，X_n 的 (条件) 期望是 μ^v，这与以前诸代的大小无关. 因此，如果令 $S_n = X_n/\mu^n$，那么序列 $\{S_n\}$ 构成一个鞅. 不难证明，如果 $E(X_1^2) < \infty$，那么 $E(S_n^2)$ 是有界的（见第 1 卷 12.6 节的习题 7）. 这样我们得到了一个惊人的结果：S_n 以概率 1 收敛于某一极限 S_∞. 特别地，这蕴涵，S_n 的分布趋于 S_∞ 的分布. 这些结果应归功于哈里斯（Harris）.

(c) **调和函数.** 为了清晰起见，我们讨论一个特殊的例子，虽然下面的论证也适用于更一般的马尔可夫链与和谐函数 [6.12 节例 (c)].

设 D 表示由满足 $x_1^2 + x_2^2 \leqslant 1$ 的点 $x = (x_1, x_2)$ 组成的圆盘. 对于任一点 $x \in D$，设 C_x 是圆心在 x 且包含在 D 中的最大的圆周. 我们考虑 D 中的一个马尔可夫过程 $\{Y_n\}$，其定义如下. 如果 $Y_n = x$，则变量 Y_{n+1} 在圆周 C_x 上是均匀分布的，假设初始位置 $Y_0 = y$ 是已知的. 转移概率由随机核 K 给出，对于固定的 x，K 集中在 C_x 上，并在其上均匀分布. 称 D 内的一个函数 u 是和谐的，

如果 $u(x)$ 等于 u 在 C_x 上的平均值. 现在考虑一个在闭圆盘 D 中连续的调和函数 u，那么 $\{u(Y_n)\}$ 是一个有界鞅，因为 $Z=\lim u(Y_n)$ 以概率 1 存在. 因为坐标变量 x_j 是调和函数，所以 Y_n 以概率 1 趋于一个极限 $Y\in D$. 容易看出，此过程不能收敛于 D 内的点，因此 Y_n 以概率 1 趋于 D 的边界上的一点 Y.

这类论证的扩张可以用来研究马尔可夫过程的渐近性质，也可以用来证明有关调和函数的一般定理，比如有关径向的边界值几乎处处存在的法图定理.[①] ■

7.10 习 题

1. 如果 u 在 $\overline{0,\infty}$ 中是有界且连续的，那么当 $n\to\infty$ 时，在每个有限区间中一致地有

$$\sum_{k=0}^{\infty}\binom{n+k}{k}\frac{t^k}{(1+t)^{n+k+1}}u\left(\frac{k}{n+1}\right)\to u(t).$$

提示：回忆第 1 卷 6.8 节的“负二项分布”，不必进行计算.

2. 如果 u 有连续导数 u'，那么 $B_{n,u}$ 的导数 $B'_{n,u}$ 一致地趋于 u'.

3. **$\mathbb{R}^2$ 中的伯恩斯坦多项式.** 如果 $u(x,y)$ 在三角形 $x\geqslant 0,\ y\geqslant 0,\ x+y\leqslant 1$ 中是连续的，那么一致地有

$$\sum u\left(\frac{j}{n},\frac{k}{n}\right)\frac{n!}{j!k!(n-j-k)!}x^jy^k(1-x-y)^{n-j-k}\to u(x,y).$$

4. 在 $\overline{0,1}$ 中连续的函数 u 可以用偶多项式来一致逼近. 如果 $u(0)=0$，那么也可以用奇多项式一致逼近.[②]

5. 如果 u 在区间 $\overline{0,\infty}$ 中连续，并且 $u(\infty)$ 存在，那么可以用 e^{-nx} 的线性组合一致地逼近 u.

6. 对于下面给出的 3 个矩序列，求 (7.3.5) 中的概率 $p_k^{(n)}$. 利用极限关系式 (7.3.11) 求相应的分布 F.

(a) $\mu_n=p^n(0<p<1)$， (b) $\mu_n=\dfrac{1}{n+1}$， (c) $\mu_n=\dfrac{2}{n+2}$.

7. 设 p 是一个 v 次多项式. 证明：当 $n>v$ 时，$\underset{h}{\Delta}^n p$ 恒等于 0. 因此，$B_{n,p}$ 是一个次数 $\leqslant v$ 的多项式（尽管它形式上是一个次数 $n>v$ 的多项式）.[③]

8. 当 F 有密度时，(7.6.4) 可以通过 (7.6.6) 的积分来推导.

9. **平稳序列的大数定律.** 设 $\{X_k\}$（$k=0,\pm1,\pm2,\cdots$）是一个平稳序列，与 (7.7.2) 中一样用截尾法来定义 X'_k. 如果 $E(X_k)=0$，且当 $n\to\infty$ 时有 $E(X'_0X'_n)=0$，那么

$$P\{n^{-1}|X_1+\cdots+X_n|>\varepsilon\}\to 0.$$

---

① M. Brelot and J.L. Doob, Ann. Inst. Fourier, vol. 13 (1963) pp. 395-415.

② 一个应归功于缪茨（H.Ch. Müntz）的著名定理断言，可以用 $1, x^{n_1}, x^{n_2},\cdots$ 的线性组合一致逼近的充要条件是 $\sum n_k^{-1}$ 发散.

③ 利用这个结果可大大简化矩问题的古典解（例如在索哈特和塔马金的书中）.

10. 设 X_k 是独立的，并如在 (7.7.2) 中那样用截尾法来定义 X'_k. 令 $a_n \to 0$，且假设

$$\sum_{k=1}^{n} P\{|X_k| > S_n\} \to 0, \quad a_n^{-2} \sum_{k=1}^{n} E(X_k'^2) \to 0.$$

证明

$$P\left\{\left|S_n - \sum_{k=1}^{n'} E(X'_k)\right| > \varepsilon a_n\right\} \to 0.$$

11.（与 7.7 节定理 1 有关）证明 $\sigma(t) \to 0$ 蕴涵 $\tau(t) \to 0$. 提示：对于充分大的 x 证明 $\tau(x) - \frac{1}{2}\tau(2x) < \varepsilon$. 逐次应用这个不等式于 $x = t, 2t, 4t, \cdots$，可得 $\tau(t) < 2\varepsilon$.

12. 强大数定律的直接证明. 利用 7.8 节定理 1 的证明中所用的记号，对于 $2^r < k \leqslant 2^{r+1}$，令 $Z_r = \max |S'_k|$. 利用柯尔莫哥洛夫不等式证明

$$\sum P(Z_r > \varepsilon 2^r) < \infty,$$

这蕴涵强大数定律.（这个证明不必用到 7.8 节的定理 2 和定理 3.）

13. 下鞅的收敛定理. 证明：只要对于所有的 k 有 $U_k > 0$，那么 7.8 节的定理 2 也适用于下鞅.

14. 把 5.7 节例 (a) 中的切比雪夫不等式的变形推广到鞅上.①

① A.W. Marshall, *A one-sided analog of Kolmogorov' s inequality*, Ann. Math. Statist., vol. 31(1960) pp. 483-487.

第 8 章　基本极限定理

本章的主要结果出现在 8.1 节、8.3 节和 8.6 节中. 8.4 节、8.5 节和 8.7 节可以看作有趣例子的源泉. 之所以选择这些例子，是由于它们在其他章节中具有重要性.

8.8~8.9 节是用来讨论在卡拉马塔意义下的正则变化函数的. 这一有趣的理论逐渐显示出其重要性，但是在教科书中是找不到的，而且也不适合于对分布函数的讨论. 利用 8.9 节的渐近关系式可以避免概率中大量无关的计算，它们所具有的技巧性与简单的 8.8 节形成对照.

8.1　测度的收敛性

以下的理论与维数无关. 为了表达的方便，文中只就一维分布讨论，但利用 3.5 节的约定，诸公式可以毫不改变地应用于高维中.

两个例子是我们要讨论的现象的典型例子.

例　(a) 考虑一个任意的概率分布 F，令

$$F_n(x) = F(x - n^{-1}).$$

在 F 的连续点 x 上，我们有 $F_n(x) \to F(x)$，但在不连续点上，$F_n(x) \to F(x^-)$. 但是，我们将仍然约定，序列 $\{F_n\}$ 收敛于 F.

(b) 这次我们设 $F_n(x) = F(x+n)$，其中 F 是连续分布函数. 于是对于所有的 x 有 $F_n(x) \to 1$：极限存在，但不是一个概率分布函数. 这里对于每个有界区间 I 有 $F_n(I) \to 0$，但当 I 为全直线时，$F_n(I) \nrightarrow 0$.

(c) 令 $F_n(x) = F(x + (-1)^n n)$，则 $F_{2n}(x) \to 1$，而 $F_{2n+1}(x) \to 0$. 因此，像这样的分布函数不收敛，然而对于每个有界区间却有 $F_n\{I\} \to 0$. ■

基本概念与记号

有必要区别 3 种连续函数类. 在一维中[①]，$C(-\infty, \infty)$ 是所有有界连续函数组成的类；$C[-\infty, \infty]$ 是具有有穷极限 $u(-\infty)$ 和 $u(+\infty)$ 的连续函数所成的子类；

---

① 对于高维中的类似概念，注意在一维中，$C[-\infty, \infty]$ 只不过是通过加 $\pm\infty$ 于 $\mathbb{R}^1$ 得到的紧直线上的连续函数类. 对 $\mathbb{R}^2$ 中的 $C[-\infty, \infty]$，两个轴都被这样地扩大，这要求极限 $u(x, \pm\infty)$ 和 $u(\pm\infty, x)$ 对每个数 x 都存在. 这函数类本身不是很有意思，但是分布函数属于它. 对于 $C_0(-\infty, \infty)$，要求 $u(x, \pm\infty) = u(\pm\infty, x) = 0$.

最后，$C_0(-\infty,\infty)$ 是"在无穷远处等于 0"，即 $u(\pm\infty)=0$ 的连续函数所成的子类.

如果 I 是开区间且其端点不是原子，那么我们说 I 是概率分布 F 的**连续区间**.[①] 把整条直线当作连续区间. 在本节中，我们利用简略记号

$$E_n(u)=\int_{-\infty}^{+\infty}u(x)F_n\{\mathrm{d}x\},\quad E(u)=\int_{-\infty}^{+\infty}u(x)F\{\mathrm{d}x\}. \tag{8.1.1}$$

本节中 F_n 表示正常的概率分布，但容许 F 是**亏损的**（即它的总质量可以 <1，见 5.1 节中的定义）. ■

定义[②] 序列 $\{F_n\}$ 收敛于（可能是亏损的）分布 F，如果对于 F 的每个有界的连续区间I，

$$F_n\{I\}\to F\{I\}. \tag{8.1.2}$$

在这种情形下，我们记 $F_n\to F$ 或 $F=\lim F_n$.

如果 F 不是亏损的，那么称收敛是正常的.

为了叙述清晰，我们有时谈及非正常收敛，以表示极限 F 是亏损的.

为了便于参考，我们给出 2 个正常收敛的简单准则.

准则 1 收敛 $F_n\to F$ 是正常的，当且仅当对于每个 $\varepsilon>0$，有相应的数 a 和 N，使得对于 $n>N$ 有 $F_n\{\overline{-a,a}\}>1-\varepsilon$.

证 不失一般性，我们可以假设 $\overline{-a,a}$ 是极限 F 的连续区间. 条件是充分的，因为它蕴涵 $F\{\overline{-a,a}\}>1-\varepsilon$，因而 F 不能是亏损的. 反之，如果 F 是概率分布，那么我们可以选择这样大的 a，使 $F\{\overline{-a,a}\}>1-\dfrac{1}{2}\varepsilon$. 从而对于充分大的 n，

$$F_n\{\overline{-a,a}\}>1-\varepsilon,$$

因而条件是必要的. ■

准则 2 为使概率分布序列 $\{F_n\}$ 收敛于正常概率分布 F，当且仅当对于 F 的每个连续区间（有界或无界）I，(8.1.2) 成立.

（这蕴涵，在正常收敛的情况下，$F_n(x)\to F(x)$ 在 F 的每个连续点上成立.）

证 我们可以假设 $F_n\to F$，其中 F 可能是亏损的. 显然，为使 F 是正常的，当且仅当 (8.1.2) 对于 $I=\overline{-\infty,\infty}$ 成立，因此准则的条件是充分的. 其次假设 F 是正常的概率分布. 对于 $x>-a$，区间 $\overline{-\infty,x}$ 是 $\overline{-\infty,a}$ 与 $\overline{a,x}$ 的并集. 因

① 在高维中要求 I 的边界有概率 0.

② 对于对一般测度论感兴趣的读者，我们陈述如下内容. 只要把"连续区间"换为"边界测度为零的开集"，本节的定义和定理对于任意局部紧空间中的有界测度也适用而无任何改变. 有界区间对应于紧集合的子集. 最后，C_0 是在无穷远处为零的连续函数类，即 $u\in C_0$，当且仅当 u 是连续的，且在某个紧集合外有 $|u|<\varepsilon$. 其他的函数类在本节中不起作用.

此，利用上一准则可以看出，对于充分大的 a 和 n，$F_n\{\overline{-\infty,x}\}$ 与 $F\{\overline{-\infty,x}\}$ 之差小于 3ε. 类似的论证适用于 $\overline{x,\infty}$，因此 (8.1.2) 对于所有的半无穷区间都成立. ■

我们用 (8.1.2) 定义了收敛性，但下一定理说明，我们也可利用 (8.1.3) 作为定义关系式.

定理 1 (i) $F_n \to F$，当且仅当①

$$\text{对于所有}\quad u \in C_0(-\infty,\infty)\quad \text{有}\quad E_n(u) \to E(u). \tag{8.1.3}$$

(ii) 如果收敛是正常的，那么对于所有的有界连续函数有

$$E_n(u) \to E(u).$$

证 (a) 从关于正常收敛性的断言开始是方便的. 假设 F 是概率分布，$F_n \to F$. 令 u 是一连续函数，使得对于所有的 x 有 $|u(x)| < M$. 令 A 是 F 如此之大的连续区间，使得 $F\{A\} > 1-\varepsilon$. 于是对于余集 A'，当所有的 n 充分大时，$F_n\{A'\} < 2\varepsilon$.

因为 u 在有限区间中是一致连续的，所以可以把 A 分成这样小的区间 $I_1,\cdots,I_n$，使得在每个区间内，u 的波动小于 ε. 这些区间 I_k 可以选为 F 的连续区间. 在 A 内，我们可以用阶梯函数 σ 来逼近 u，这个 σ 在每个 I_k 中取常数值，并且对于所有的 $x \in A$ 有 $|u(x)-\sigma(x)| < \varepsilon$. 在余集 A' 中，我们设 $\sigma(x)=0$. 于是对于 $x \in A'$ 有 $|u(x)-\sigma(x)| < M$，且

$$|E(u)-E(\sigma)| \leqslant \varepsilon F\{A\} + MF\{A'\} \leqslant \varepsilon + M\varepsilon. \tag{8.1.4}$$

类似地，对于充分大的 n，

$$\begin{aligned}|E_n(u)-E_n(\sigma)| &\leqslant \varepsilon F_n\{A\} + MF_n\{A'\}\\ &\leqslant \varepsilon + 2M\varepsilon.\end{aligned} \tag{8.1.5}$$

现在 $E_n(\sigma)$ 是趋于 $F\{I_k\}$ 的值 $F_n\{I_k\}$ 的有穷线性组合. 由此推出 $E_n(\sigma) \to E(\sigma)$，因此对于充分大的 n，

$$|E(\sigma)-E_n(\sigma)| < \varepsilon. \tag{8.1.6}$$

联合上面 3 个不等式，得

$$\begin{aligned}|E(u)-E_n(u)| \leqslant{}& |E(u)-E(\sigma)| + |E(\sigma)-E_n(\sigma)|\\ &+ |E_n(\sigma)-E_n(u)| < 3(M+1)\varepsilon.\end{aligned} \tag{8.1.7}$$

① 如果对于某个函数类，$E_n(u) \to E(u)$，那么我们说 F_n "关于这个函数类弱" 收敛于 F. 因此在定义 1 意义下的收敛等价于关于 $C_0(-\infty,\infty)$ 的弱收敛.

由 ε 之任意性，这蕴涵 $E_n(u) \to E(u)$.

这个论证对非正常收敛的情形就失效了，因为这时 $F_n\{A'\}$ 未必很小. 但是在这种情形下，我们仅考虑函数 $u \in C_0(-\infty, \infty)$，且区间 A 可以选得很大，使得对于 $x \in A'$ 有 $|u(x)| < \varepsilon$. 于是对**所有的** x 有 $|u(x) - \sigma(x)| < \varepsilon$，不等式 (8.1.4) 和 (8.1.5) 以右端换为 ε 的更强的形式成立. 因此，(8.1.2) 蕴涵 (8.1.3).

(b) 我们来证明[①] $E_n(u) \to E(u)$ 蕴涵 $F_n \to F$. 令 I 是长度为 L 的 F 之连续区间. 用 I_δ 表示具有长度 $L + \delta$ 的同心区间，其中 δ 选得足够小，使得 $F\{I_\delta\} < F\{I\} + \varepsilon$. 令 u 是一连续函数，它在 I 内取常数值 1，在 I_δ 外取 0，且处处有 $0 \leqslant u(x) \leqslant 1$. 于是

$$E_n(u) \geqslant F_n\{I\}, \quad E(u) \leqslant F\{I_\delta\} < F\{I\} + \varepsilon.$$

而对充分大的 n，我们有

$$E_n(u) < E(u) < E(u) + \varepsilon,$$

因此

$$F_n\{I\} \leqslant E_n(u) < E(u) + \varepsilon \leqslant F\{I_\delta\} + \varepsilon < F\{I\} + 2\varepsilon.$$

把 I_δ 换为长度为 $L - \delta$ 的区间，利用类似论证，我们得到反向不等式 $F_n\{I\} > F\{I\} - 2\varepsilon$，从而 $F_n \to F$，如所欲证. ■

我们希望有一个不必先知道其极限的性质的收敛准则. 这由下列定理给出.

定理 2 为使概率分布序列 $\{F_n\}$ 收敛于一个（可能是亏损的）极限分布，当且仅当对于每个 $u \in C_0(-\infty, \infty)$，期望值序列 $\{E_n(u)\}$ 收敛于有穷极限.

证[②] 必要性包含在定理 1 中. 为了证明充分性，我们提前使用 8.6 节的选择定理 1.（它是基本的，但是最好把它和有关的论题一起讨论.）

按照这个定理，总可以选择一个子列 $\{F_{n_r}\}$ 收敛于一个有可能是亏损的极限 Φ. 用 $E^*(u)$ 表示 u 关于 Φ 的期望. 令 $u \in C_0(-\infty, \infty)$. 于是根据定理 1，$E_{n_k}(u) \to E^*(u)$. 但也有 $E_{n_k}(u) \to \lim E_n(u)$. 从而 $E^*(u) = \lim E_n(u)$，u 在 $C_0(-\infty, \infty)$ 中是任意的. 再次应用定理 1 可得 $F_n \to \Phi$，此即所欲证. ■

(d) **矩的收敛性.** 如果分布 F_n 集中于 $\overline{0,1}$ 上，那么 u 在这个区间外的定义是不重要的. 在定理中，只需假设 u 在 $\overline{0,1}$ 上连续就够了. 每个这样的函数可以用多项式一致地逼近（见 7.2 节）. 因此，定理可以重新叙述如下. *集中在 $\overline{0,1}$ 上的分布 F_n 的序列收敛于极限 F，当且仅当对每个 k，矩 $E_n(X^k)$ 的序列收敛于*

---

① 应用定理 2 的证明是比较简单的，但是这里的证明更为直观.

② 如果利用里斯表示定理（5.1 节中的注 I），那么此定理是显然的. 实际上，$\lim E_n(u)$ 定义了一个线性泛函，按照里斯表示定理，极限是 u 关于某个 F 的期望.

一个数 u_k. 在这种情形下，$u_k = E(X^k)$ 是 F 的 k 阶矩，且因为 $\mu_0 = 1$，所以收敛是正常的（见 7.3 节）.

(e) **矩的收敛性**（续）. 一般说来，即使 F_n 正常收敛于 F，F_n 的期望也未必是收敛的. 例如，如果 F_n 对 n^2 赋以质量 n^{-1}，对原点赋以质量 $1-n^{-1}$，那么 $\{F_n\}$ 收敛于集中在原点上的分布，但是 $E_n(X) \to \infty$. 然而我们有下列有用的准则：如果 $F_n \to F$，且对于某个 $\rho > 0$，各个期望 $E_n(|X|^\rho)$ 有界，那么 F 是正常概率分布. 实际上 $\int_{|x|\geqslant a} |x|^\rho F_n\{\mathrm{d}x\} > a^\rho(1-F_n\{\overline{-a,a}\})$，只有当 $1-F\{\overline{-a,a}\} \leqslant a^{-\rho}M$ 时才有 $a^\rho(1-F_n\{\overline{-a,a}\}) < M$. 由于 a 可以选取任意大，所以 F 必是正常的. 稍微加强这个论证，就可证明阶数 $\alpha < \rho$ 的绝对矩 $E_n(|X|^\alpha)$ 收敛于 $E(|X|^\alpha)$.

(f) **密度的收敛性**. 如果概率分布 F_n 有密度 f_n，那么即使 $F_n \to F$ 且 F 有连续密度，f_n 也未必收敛. 作为例子，对于 $0 < x < 1$，令 $f_n(x) = 1 - \cos 2n\pi x$；对于 x 的其他值，令 $f_n(x) = 0$. 此处 F_n 收敛于均匀分布，具有分布密度 $f(x) = 1, 0 < x < 1$，但 f_n 不收敛于 f. 另外，如果 $f_n \to f$ 且 f 是概率密度，那么 $F_n \to F$，其中 F 是具有密度 f 的正常分布. 实际上，法图引理 (4.2.9) 蕴涵，对于每个连续区间 I，

$$\liminf F_n\{I\} \geqslant F\{I\}.$$

如果对于某个 I 不等号成立，那么它对每个较大的区间，特别是对 $\overline{-\infty,\infty}$ 也成立. 这是不可能的，因此 (8.1.2) 成立. ■

在讨论诸如 $\sin tx$ 或 $v(t+x)$ 这样的依赖于一个参数 t 的函数 u_t 时，知道对于充分大的 n，关系式 $|E_n(u_t) - E(u_t)| < \varepsilon$ 对所有的 t 同时成立，常常是有用的. 我们来证明，如果函数 u_t 构成的族是**等度连续的**，即如果对于每个 $\varepsilon > 0$，存在一个与 t 无关的 δ，使得当 $|x_2 - x_1| < \delta$ 时 $|u_t(x_2) - u_t(x_1)| < \varepsilon$，那么上述情况确实成立.

推论 假设 $F_n \to F$ (正常收敛). 令 $\{u_t\}$ 是依赖于参数 t 的等度连续函数族，且使得对于某个 M 和所有的 t 有 $|u_t| < M < \infty$. 于是关于 t 一致地有 $E_n(u_t) \to E(u_t)$.

证 定理 2 中 $E_n(u) \to E(u)$ 的证明依赖于把区间 A 划分成小区间，在每个小区间中 u 的变化小于 ε. 在现在的情况下，这种划分的选择与 t 无关，从而断言就是显然的了. ■

(g) 令 $u_t(x) = u(tx)$，其中 u 是满足 $|u'(x)| \leqslant 1$ 的可微函数. 根据中值定理，

$$|u_t(x_2) - u_t(x_1)| \leqslant |t| \cdot |x_2 - x_1|.$$

因此，只要把 t 局限在有限区间 $\overline{-a,a}$ 上，函数族就是等度连续的. 因此，在每个有限 t 区间上，一致地有 $E_n(u_t) \to E(u_t)$. ■

8.2 特殊性质

按照 5.2 节的定义 1，两个分布 U 和 V 是同类型的，如果它们只是位置参数和尺度参数有所不同，即如果

$$V(x)=U(Ax+B), \quad A>0. \tag{8.2.1}$$

我们现在来证明，在位置参数的改变不影响极限分布类型的意义上，收敛性是一种类型性质. 正是这个事实，使得不指定适当的参数而说“渐近正态序列”成为合理的. 更明确地，我们证明以下引理.

引理 1 令 U 和 V 是两个都不集中于一点上的概率分布. 如果对于概率分布序列 $\{F_n\}$，常数 $a_n>0$ 及 $\alpha_n>0$，在所有连续点上，

$$F_n(a_nx+b_n)\to U(x), \quad F_n(\alpha_nx+\beta_n)\to V(x), \tag{8.2.2}$$

那么

$$\frac{\alpha_n}{a_n}\to A>0, \quad \frac{\beta_n-b_n}{a_n}\to B, \tag{8.2.3}$$

并且 (8.2.1) 成立. 反之，如果 (8.2.3) 成立，那么 (8.2.2) 中的两个关系式是等价的，且都蕴涵 (8.2.1).

证 由于对称性，我们可以假设 (8.2.2) 中第一个关系式成立. 为了简化记号，我们令 $G_n(x)=F_n(a_nx+b_n), \rho_n=\alpha_n/a_n, \sigma_n=(\beta_n-b_n)/a_n$，其次设 $G_n\to U$. 如果

$$\rho_n\to A, \quad \sigma_n\to B, \tag{8.2.4}$$

那么显然

$$G_n(\rho_nx+\sigma_n)\to V(x), \tag{8.2.5}$$

其中 $V(x)=U(Ax+B)$. 我们来证明，只有当 (8.2.4) 成立时，(8.2.5) 才可能成立.

因为 V 不集中在一点上，所以至少存在两个值 x' 和 x''，使序列 $\{\rho_nx'+\sigma_n\}$ 和 $\{\rho_nx''+\sigma_n\}$ 保持有界. 这蕴涵序列 $\{\rho_n\}$ 和 $\{\sigma_n\}$ 的有界性，因此可以找到这样的整数 n_k 的序列，使 $\rho_{nk}\to A$ 及 $\sigma_{nk}\to B$. 但是，还有 $V(x)=U(Ax+B)$，因此 $A>0$，因为否则 V 就不是概率分布. 由此推出，极限 A 和 B 对所有的子序列是相同的，因此 (8.2.4) 是正确的. ■

例 如果 V 集中于一点上，那么引理就失效了. 因此，如果 $\rho_n\to\infty$ 且 $\sigma_n=(-1)^n$，那么条件 (8.2.4) 不满足，但 (8.2.5) 对于集中于原点上的 V 是成立的. ■

两种类型的概率分布序列 $\{F_n\}$ 是如此经常地出现，以致应当给它们各自起一个名称. 为记号明晰计，我们在形式上以随机变量 X_n 来陈述定义，但是概念实际上只涉及它们的分布 F_n. 因此，在不引用任何概率空间的情况下，定义是有意义的.

定义 1 如果对于任一 $\varepsilon>0$，

$$P\{|X_n|>\varepsilon\}\to 0, \tag{8.2.6}$$

那么称 X_n 依概率趋于 0，我们用 $X_n \xrightarrow{\mathrm{p}} 0$ 表示.

$X_n \xrightarrow{\mathrm{p}} X$ 与 $X_n - X \xrightarrow{\mathrm{p}} 0$ 有相同的意义.

注意，为使 (8.2.6) 成立，当且仅当分布 F_n 趋于集中在原点上的分布. 但是，一般说来，$F_n\to F$ 不蕴涵关于 $X_1, X_2, \cdots$ 的收敛性的任何结论. 例如，如果 X_j 是具有共同分布 F 的独立随机变量，那么 $F_n\to F$. 但是序列 $\{X_n\}$ 不依概率收敛. 下列简单引理经常用到，但不总是明显地指出来.（例如，在第 1 卷第 10 章中所用的截尾方法，实际上依赖于下列引理.）

引理 2 用 F_n 和 G_n 表示 X_n 和 Y_n 的分布. 假设

$$X_n - Y_n \xrightarrow{\mathrm{p}} 0, \quad G_n \to G.$$

那么也有 $F_n\to G$.

特别地，如果 $X_n \xrightarrow{\mathrm{p}} X_1$，则 $F_n\to F$，其中 F 是 X 的分布.

证 如果 $X_n\leqslant x$，那么 $Y_n\leqslant x+\varepsilon$，或者 $X_n-Y_n\leqslant -\varepsilon$. 后一事件的概率趋于 0，因此对于所有充分大的 n，$F_n(x)\leqslant G_n(x+\varepsilon)+\varepsilon$. 同样的论证导致相反方向的类似不等式. ■

定义 2 如果对于每个 $\varepsilon>0$，存在一个 a，使得对于所有充分大的 n 有

$$P\{|X_n|>a\}<\varepsilon, \tag{8.2.7}$$

那么称序列 $\{X_n\}$ 是随机有界的.

这个概念同样适用于高维空间中的分布和随机向量 X_n.

正常收敛序列显然是随机有界的，而非正常收敛排除了随机有界性. 因此，我们有一个平凡但有用的准则：如果分布 F_n 收敛，那么，极限 F 是正常分布，当且仅当 $\{F_n\}$ 是随机有界的.

如果 $\{X_n\}$ 和 $\{Y_n\}$ 是随机有界的，那么 $\{X_n+Y_n\}$ 也是随机有界的. 实际上，只有当 $|X_n|>a$ 与 $|Y_n|>a$ 二者中有一发生时，事件 $|X_n+Y_n|>2a$ 才有可能发生，因此

$$P\{|X_n+Y_n|>2a\}\leqslant P\{|X_n|>a\}+P\{|Y_n|>a\}. \tag{8.2.8}$$

8.3 作为算子的分布

点函数 u 和概率分布 F 的卷积 $U=F\bigstar u$ 在 5.4 节中已定义. 如果我们用 $u_t(x)=u(t-x)$ 定义一个函数族 $\{u_t\}$，那么可把值 $U(t)$ 表示为期望

$$U(t)=\int_{-\infty}^{+\infty}u(t-y)F\{\mathrm{d}y\}=E(u_t). \tag{8.3.1}$$

我们由它来推导一个正常收敛准则. 它是以具有极限 $u(\pm\infty)$ 的连续函数类 $C[-\infty,\infty]$ 为基础的，因为这样的函数是一致连续的.

定理 1 为使概率分布 F_n 的序列正常收敛于一概率分布 F，当且仅当对于每个 $u\in C[-\infty,\infty]$，卷积 $U_n=F_n\bigstar u$ 一致收敛于一极限 U. 在这种情况下，$U=F\bigstar u$.

证 条件是必要的，因为 u 的一致连续性蕴涵函数族 $\{u_t\}$ 等度连续性，因而根据上面的系，一致地有 $U_n\to F\bigstar u$. 反之，定理的条件保证了期望 $E_n(u)$ 的收敛. 我们在第 1 节中已看到，这蕴涵 $F_n\to F$，但还需证明 F 是正常的. 为此，我们利用第 1 节的准则 1.

如果 u 从 0 单调增加到 1，那么每个 U_n 也从 0 单调增加到 1. 由一致收敛性，存在这样的 N，使得对 $n>N$ 及所有的 x 有 $|U_n(x)-U_N(x)|<\varepsilon$. 选取 a 为这样大，使得 $U_N(-a)<\varepsilon$. U_N 由形如 (8.3.1) 的卷积所确定；把积分区间限制于 $-\infty<y\leqslant-2a$，我们看到，对于 $n>N$，

$$2\varepsilon>U_n(-a)\geqslant u(a)F_n(-2a).$$

因为 u 增加到 1，所以对于充分大的 n 和 a，$F_n(-a)$ 要多小有多小. 由于对称性，同样的论证适用于 $1-F(a)$，因此由准则 1 知 F 是正常的. ■

为了说明最后这个结果的威力，我们来推导一个重要的分析定理，它的证明在现在的概率背景下变得特别简单.（关于典型的应用，见习题 10.）

例 (a) **一般逼近定理.** 对于任一概率分布 G，我们有一分布族 $\{G_h\}$，其中 G_h 与 G 只是尺度参数有所不同：$G_h(x)=G(x/h)$. 当 $h\to0$ 时，分布 G_h 趋于集中在原点上的分布，因此根据上一定理，对于每个 $u\in C[-\infty,\infty]$ 有 $G_h\bigstar u\to u$，收敛是一致的[①].

---

① 为了直接验证，注意

$$G_n\bigstar u(t)-u(t)=\int_{-\infty}^{+\infty}[u(t-y)-u(t)]G\{\mathrm{d}y/h\}.$$

对于给定的 $\varepsilon>0$，存在这样的 δ，使得在每个长度为 2δ 的区间内，u 的波动小于 ε. 于是 $\int_{|y|\leqslant\delta}[u(t-y)-u(t)]G\{\mathrm{d}y/h\}<\varepsilon$，因为 G_h 赋予 $|y|\geqslant\delta$ 一个当 $h\to0$ 时趋于零的质量，所以

$$\int_{|y|\geqslant\delta}[u(t-y)-u(t)]G\{\mathrm{d}y/h\}\to0.$$

如果 G 有密度 g，那么 $G_h\bigstar u$ 的值为

$$G_h\bigstar u(t) = \int_{-\infty}^{+\infty} u(y)g\left(\frac{t-y}{h}\right)\frac{1}{h}\mathrm{d}y. \tag{8.3.2}$$

当 g 有有界导数时，这对 G_h 也是正确的，(8.3.2) 可在积分号下取微分. 取 g 为正态密度，我们得到以下定理. ■

逼近定理 *对于每个 $u\in C[-\infty,\infty]$，存在无穷可微的 $v\in C[-\infty,\infty]$，使得对于所有的 x 有 $|u(x)-v(x)|<\varepsilon$.* ■

在本节中，把笨拙的卷积符号 ★ 换成一个比较简单的记号是合乎需要的，这个记号强调在 (8.3.1) 中分布 F 是作为把 u 变成 U 的算子的. 这个算子以德文字母 $\mathfrak{F}$ 表示，我们约定，$U=\mathfrak{F}u$ 即表示 $U=F\bigstar u$. 只有当它与其他类型的算子同时出现时，才可以看出这种表面上的故作玄虚的真正优点. 于是很容易看清楚，分布是起着它原先的概率作用，还是只作为一个分析算子出现（即使这种细微的区分也可以在分布本身中间导致纷乱）. 由于这个解释，我们引入以下记号.

记号的约定 *对每一概率分布 F，我们把它与一个从 $C[-\infty,\infty]$ 到自身的算子 $\mathfrak{F}$ 对应起来，这个算子把函数 u 变成 $\mathfrak{F}u=F\bigstar u$. 分布及相应的算子尽可能用相应的拉丁字母和德文字母表示.*

照例，在算子记号中，$\mathfrak{F}\mathfrak{G}u$ 表示 $\mathfrak{F}$ 对 $\mathfrak{G}u$ 进行运算的结果，因此 $\mathfrak{F}\mathfrak{G}$ 表示与两个概率分布的卷积 $F\bigstar G$ 对应的算子. 特别地，$\mathfrak{F}^n$ 是与 $F^{n\bigstar}$（F 与本身的 n 重卷积）对应的算子.

(b) 如果 H_a 表示集中于 a 上的原子型分布，那么 $\mathfrak{H}_a$ 是平移算子 $\mathfrak{H}_a u(x)=u(a-x)$. 特别地，$\mathfrak{H}_0$ 是**恒等算子**：$\mathfrak{H}_0 u=u$.

我们现在把有界函数 u 的范数 $\|u\|$ 定义为

$$\|u\|=\sup|u(x)|. \tag{8.3.3}$$

利用这个记号，陈述“u_n 一致地收敛于 u”可简化为 $\|u_n-u\|\to 0$. 注意，范数满足容易证明的**三角形不等式** $\|u+v\|\leqslant\|u\|+\|v\|$.

一个算子 T 称为**有界的**，如果存在一个常数 a，使得 $\|Tu\|\leqslant a\cdot\|u\|$. 具有这个性质的最小的数称为 T 的**范数**，记为 $\|T\|$. 利用这些记号，与分布函数对应的线性算子的主要性质是：

它们是正的，即 $u\geqslant 0$ 蕴涵 $\mathfrak{F}u\geqslant 0$. 它们有范数 1，这蕴涵

$$\|\mathfrak{F}u\|\leqslant\|u\|. \tag{8.3.4}$$

最后，它们是可交换的，即 $\mathfrak{F}\mathfrak{G}=\mathfrak{G}\mathfrak{F}$.

定义[①] 如果 $\mathfrak{F}_n$ 和 $\mathfrak{F}$ 是分别与分布函数 F_n 和 F 对应的算子，那么当且仅当对于每个 $u \in C[-\infty, \infty]$ 有

$$\| \mathfrak{F}_n u - \mathfrak{F} u \| \to 0 \tag{8.3.5}$$

时，我们记 $\mathfrak{F}_n \to \mathfrak{F}$.

换句话说，如果一致地有 $F_n \bigstar u \to F \bigstar u$，那么 $\mathfrak{F}_n \to \mathfrak{F}$. 定理 1 现在可以重新叙述如下.

定理 1a F_n 正常收敛于 F，当且仅当 $\mathfrak{F}_n \to \mathfrak{F}$.

下列引理是基本的. 它具有代数不等式的形式，并说明了新记号的富有启发性的威力.

引理 1 对于与概率分布对应的算子，

$$\| \mathfrak{F}_1 \mathfrak{F}_2 u - \mathfrak{G}_1 \mathfrak{G}_2 u \| \leqslant \| \mathfrak{F}_1 u - \mathfrak{G}_1 u \| + \| \mathfrak{F}_2 u - \mathfrak{G}_2 u \| . \tag{8.3.6}$$

证 左端的算子等于 $(\mathfrak{F}_1 - \mathfrak{G}_1)\mathfrak{F}_2 + (\mathfrak{F}_2 - \mathfrak{G}_2)\mathfrak{G}_1$, (8.3.6) 可由三角形不等式与 $\mathfrak{F}_2$ 和 $\mathfrak{G}_1$ 的范数 $\leqslant 1$ 这个事实推出. 注意，这个证明也适用于亏损概率分布. ■

(8.3.6) 的直接推论是：

定理 2 设概率分布序列 $\{F_n\}$ 和 $\{G_n\}$ 分别正常收敛于 F 和 G，则

$$F_n \bigstar G_n \to F \bigstar G. \tag{8.3.7}$$

(根据 $F \bigstar G$ 的定义，收敛是正常的. 如果 F 或 G 是亏损的，那么定理不成立. 见习题 9.)

作为第 2 个应用，我们来证明，如果把函数 u 的类限制到具有各阶导数的较好的函数所成的类上，定理 1 仍然成立. 这样我们就得到更灵活的：

准则 1 设 F_n 是概率分布. 如果对于每个无穷可微的[②] $v \in C[-\infty, \infty]$，序列 $\{\mathfrak{F}_n v\}$ 一致收敛，那么存在一个这样的正常概率分布 F，使得 $F_n \to F$.

证 在例 (a) 中已证明，对给定的 $u \in C[-\infty, \infty]$ 和 $\varepsilon > 0$，存在一个无穷可微的 v 使得 $\| u - v \| < \varepsilon$，根据三角形不等式，

$$\| \mathfrak{F}_n u - \mathfrak{F}_m u \| \leqslant \| \mathfrak{F}_n u - \mathfrak{F}_n v \| + \| \mathfrak{F}_n v - \mathfrak{F}_m v \| + \| \mathfrak{F}_m v - \mathfrak{F}_m u \| . \tag{8.3.8}$$

右端第 1 项和最后一项都 $< \varepsilon$，根据假设，对充分大的 n, m，中间项 $< \varepsilon$. 于是 $\{\mathfrak{F}_n u\}$ 一致收敛，根据定理 1，$F_n \to F$. ■

利用在 (8.1.1) 中定义的 E_n 和 E，同样的论证可得出：

---

① 利用巴拿赫（Banach）空间的术语，(8.3.5) 称为强收敛性. 注意，它并不蕴涵 $\|\mathfrak{F}_n - \mathfrak{F}\| \to 0$. 例如，如果 F_n 集中于 $1/n$ 上，$\mathfrak{F}$ 是恒等算子，那么 $\mathfrak{F}_n u(x) - \mathfrak{F} u(x) = u(x - n^{-1}) - u(x)$, (8.3.5) 成立，但 $\|\mathfrak{F}_n - \mathfrak{F}\| = 2$，因为存在函数 $|v| \leqslant 1$ 使得 $v(0) = 1, v(-n^{-1}) = -1$.

② 这表示任意阶的导数存在且属于 $C[-\infty, \infty]$.

准则 2 设 F_n 和 F 是正常概率分布，如果对于每个在无穷远处等于 0 的无穷可微函数 v 有 $E_n(v) \to E(v)$，那么 $F_n \to F$.

根据归纳法，基本不等式 (8.3.6) 可推广到具有多于 2 项的卷积上去；为了引用容易，我们把明显的结果写成以下引理.

引理 2 设 $\mathfrak{U} = \mathfrak{F}_1 \cdots \mathfrak{F}_n$，$\mathfrak{V} = \mathfrak{G}_1 \cdots \mathfrak{G}_n$，其中 $\mathfrak{F}_j$ 和 $\mathfrak{G}_j$ 与概率分布对应，那么

$$\| \mathfrak{U}u - \mathfrak{V}u \| \leqslant \sum_{j=1}^{n} \| \mathfrak{F}_j u - \mathfrak{G}_j u \| . \tag{8.3.9}$$

特别地，

$$\| \mathfrak{F}^n u - \mathfrak{G}^n u \| \leqslant n \cdot \| \mathfrak{F}u - \mathfrak{G}u \| . \tag{8.3.10}$$

（关于应用，见习题 14 和习题 15.）

8.4 中心极限定理

中心极限定理建立了使独立随机变量之和是渐近正态分布的条件. 它的作用和意义已在第 1 卷 10.1 节中部分地得到说明，并且我们已在一些场合应用过它[最后是在 6.11 节例 (g) 中]. 它在概率论中占有很高的地位，这个地位是由于它的悠久历史，以及它在理论发展过程中起过的和在应用中还在起着的富有成果的作用而取得的. 因此，可以利用中心极限定理作为比较我们所采用的各种方法之范围的实例. 为此，我们将给出几种证明，更系统的讨论（包括充分必要条件）将在第 9、15 和 16 章中看到. 目前的讨论使我们离开了主题，它的目的是以一个惊人的和重要的例子来说明算子术语的优点. 此外，许多读者将希望对最简单的背景下的中心极限定理给出一个容易理解的证明. 不惜有一些重复，我们从一个特殊情形开始.

定理 1 （$\mathbb{R}^1$ 中的同分布情形）设 $X_1, X_2, \cdots$ 是具有共同分布 F 的独立随机变量. 假设

$$E(X_k) = 0, \quad \mathrm{Var}(X_k) = 1. \tag{8.4.1}$$

当 $n \to \infty$ 时，正规化和

$$S_n^* = (X_1 + \cdots + X_n)/\sqrt{n} \tag{8.4.2}$$

的分布趋于具有密度 $n(x) = \mathrm{e}^{-\frac{1}{2}x^2}/\sqrt{2\pi}$ 的正态分布 $\mathfrak{N}$.

用纯分析的术语来说，对于期望为 0 方差为 1 的分布 F，

$$F^{n\star}(x\sqrt{n}) \to \mathfrak{N}(x). \tag{8.4.3}$$

为了证明，我们需要如下的引理.

引理 如果 $\mathfrak{F}_n$ 是与 $F_n(x)=F(x\sqrt{n})$ 对应的算子，那么对于每个具有三阶有界导数的 $u\in C[-\infty,\infty]$，在直线上一致地有

$$n[\mathfrak{F}_n u-u]\to\frac{1}{2}u''. \tag{8.4.4}$$

证 因为 $\mathrm{E}(X_k^2)=1$，所以我们可以由下式定义一个正常概率分布 $F_n^{\#}$：

$$F_n^{\#}\{\mathrm{d}y\}=ny^2F_n\{\mathrm{d}y\}=ny^2F\{\sqrt{n}\mathrm{d}y\}. \tag{8.4.5}$$

变量代换 $\sqrt{n}y=s$ 表明 $F_n^{\#}$ 趋于集中在原点上的分布. 由 (8.4.1)，关于 (8.4.4) 中两边之差，我们有

$$\begin{aligned}&n[\mathfrak{F}_n u(x)-u(x)]-\frac{1}{2}u''(x)\\&\quad=\int_{-\infty}^{+\infty}\left[\frac{u(x-y)-u(x)+yu'(x)}{y^2}-\frac{1}{2}u''(x)\right]F_n^{\#}\{\mathrm{d}y\}.\end{aligned} \tag{8.4.6}$$

分子的泰勒展开式说明，对于 $|y|<\varepsilon$，被积函数由

$$\frac{1}{6}|y|\cdot\parallel u'''\parallel<\varepsilon\cdot\parallel u'''\parallel$$

所控制；对于所有的 y，被积函数由 $\parallel u''\parallel$ 所控制. 因为 $F_n^{\#}$ 趋于集中在原点旁的分布，所以对于充分大的 n，这个量的绝对值小于 $\varepsilon(\parallel u''\parallel+\parallel u'''\parallel)$，因此左端一致趋于 0. ■

定理 1 的证明 以 $\mathfrak{G}$ 和 $\mathfrak{G}_n$ 分别表示与正态分布 $\mathfrak{N}(x)$ 和 $\mathfrak{N}(x\sqrt{n})$ 对应的算子. 于是根据基本不等式 (8.3.10)，

$$\begin{aligned}&\parallel\mathfrak{F}_n^n u-\mathfrak{G}u\parallel=\parallel\mathfrak{F}_n^n u-\mathfrak{G}_n^n u\parallel\\&\qquad\leqslant n\parallel\mathfrak{F}_n u-\mathfrak{G}_n u\parallel\leqslant n\parallel\mathfrak{F}_n u-u\parallel+n\parallel\mathfrak{G}_n u-u\parallel.\end{aligned} \tag{8.4.7}$$

按照上一引理，右边趋于 0，从而根据 8.3 节的准则 1，$\mathfrak{F}_n^n\to\mathfrak{G}$. ■

例 (a) **具有无穷方差的中心极限定理.** 只要选择适当的正规化常数，定理 1 的证明也完全适用于某些不存在方差的分布，注意到这一事实具有方法论的意义. 例如，如果 X_k 具有这样的密度 f，当 $|x|\geqslant 1$ 时，$f(x)=2|x|^{-3}\ln|x|$；当 $|x|\leqslant 1$ 时，$f(x)=0$，那么 $(X_1+\cdots+X_n)/(\sqrt{2n}\ln n)$ 有正态极限分布.（证明只需作明显的改变.）关于正态极限的充要条件将在 9.7 节及 17.5 节中给出. ■

这种证明方法具有广泛的应用范围. 习题 16 可作为很好的练习. 此处我们利用这个方法在更一般的背景下证明中心极限定理. 下列定理在形式上是对二维空间叙述的，但在 $\mathbb{R}^r$ 中也成立.

定理 2 (多元的情形) 设 $\{X_n\}$ 表示具有共同分布 F 的相互独立二维随机变量序列. 设期望为 0，协方差矩阵为

$$\boldsymbol{C}=\begin{pmatrix}\sigma_1^2 & \rho\sigma_1\sigma_2\\ \rho\sigma_1\sigma_2 & \sigma_2^2\end{pmatrix}. \tag{8.4.8}$$

当 $n\to\infty$ 时，$(X_1+\cdots+X_n)/\sqrt{n}$ 的分布趋于具有期望为 0 协方差矩阵为 $\boldsymbol{C}$ 的二元正态分布.

证 如果使用 3.5 节中的矩阵记号，那么证明不需要本质上的改变. 因为下标已经太累赘了，所以我们以行向量 $x=(x^{(1)},x^{(2)})$ 表示平面上的点. 于是 $u(x)$ 表示二元函数，我们以下标表示它的偏导数. 因此，$u'=(u_1,u_2)$ 是一个行向量，$u''=(u_{jk})$ 是一个对称的 2×2 矩阵. 利用这个记号，泰勒展开式为

$$u(x-y)=u(x)-yu'(x)+\frac{1}{2}yu''(x)y^{\mathrm{T}}+\cdots, \tag{8.4.9}$$

其中 y^{T} 是 y 的转置，即含有分量 $y^{(1)},y^{(2)}$ 的列向量. 与 (8.4.5) 类似，我们由下式定义一个正常概率分布：

$$F_n^{\#}\{\mathrm{d}y\}=nq(y)F\{\sqrt{n}\mathrm{d}y\},\quad 其中\quad 2q\{y\}=\frac{y_1^2}{\sigma_1^2}+\frac{y_2^2}{\sigma_2^2}.$$

如同上面的证明那样，$F_n^{\#}$ 趋于集中在原点上的概率分布. (8.4.6) 对应于恒等式

$$\begin{aligned}&n[\mathfrak{F}_n u(x)-u(x)]-\frac{1}{2}m(x)\\ &=\int_{\mathbb{R}^2}\frac{u(x-y)-u(x)+yu'(x)-\frac{1}{2}yu''(x)y^{\mathrm{T}}}{q(y)}\cdot F_n^{\#}\{\mathrm{d}y\},\end{aligned} \tag{8.4.10}$$

其中[1]

$$m(x)=E(yu''(x)y^{\mathrm{T}})=u_{11}(x)\sigma_1^2+2u_{12}(x)\rho\sigma_1\rho_2+u_{22}(x)\sigma_2^2. \tag{8.4.11}$$

(此处 E 表示关于 F 的期望.) 由 (8.4.9)，被积函数趋于 0. 如同上一引理中那样，可以看出一致地有 $n[\mathfrak{F}_n u-u]\to m$，定理的证明不需要改变. ■

(b) ***d* 维中的随机游动.** 设 $X_1,X_2,\cdots$ 是具有如下所述共同分布的独立随机向量. X_k 具有在 1.10 节的意义下的随机方向，长度 L 是满足 $\mathrm{E}(L^2)=1$ 的随机变量. 由于对称性，协方差矩阵 $\boldsymbol{C}$ 是具有元素 $\sigma_j^2=1/d$ 的对角矩阵. 正规化和

---

[1] 显然，$m(x)$ 是乘积 Cu'' 的迹（对角线元素之和）. 这在任意维空间中都是正确的. [在一维中，$m(x)=\frac{1}{2}\sigma^2u''(x)$.]

$S_n/\sqrt{n}$ 的分布趋于协方差矩阵为 $\boldsymbol{C}$ 的正态分布. 因此，向量 $S_n/\sqrt{n}$ 的长度平方的分布趋于独立正态变量平方和的分布. 在 2.3 节中曾证明，这个极限有密度

$$w_d(r) = \frac{d^{\frac{1}{2}d}}{2^{\frac{1}{2}d-1}\Gamma\left(\dfrac{1}{2}d\right)} \mathrm{e}^{-\frac{1}{2}dr^2} r^{d-1}. \tag{8.4.12}$$

这个结果说明了维数的影响，特别可应用于随机飞行的 1.10 节例 (e).

(c) **总体的随机扩展.** 作为上例的经验应用，考虑橡树总体在史前时期的扩展. 如果新树仅是由于成熟的树落下的种子产生的，那么树苗应当位于成熟的树旁，第 n 代的树与其祖先的距离将是渐近正态分布的. 在这些条件下，一颗橡树的后裔所覆盖的面积大体上与树龄成正比. 观察表明，实际的发展是与这个假设不符合的. 生物学家们断言，实际的扩展受到把种子带到远处的鸟的强烈影响.[①] ■

我们着手把定理 1 推广到不同分布的情形. 条件给人们这样的印象，即它们是为了使同样的证明仍然有效这唯一目的而人为地引进的. 实际上，这些条件也是使具有 (8.4.17) 中所用的古典正规化的中心极限定理成立的必要条件（见 15.6 节）.

定理 3 （**林德伯格**）[②]设 $X_1, X_2, \cdots$ 是具有分布 $F_1, F_2, \cdots$ 的相互独立一维随机变量，且

$$E(X_k) = 0, \quad \mathrm{Var}(X_k) = \sigma_k^2. \tag{8.4.13}$$

并令

$$s_n^2 = \sigma_1^2 + \cdots + \sigma_n^2. \tag{8.4.14}$$

假设对于每个 $t > 0$，

$$s_n^{-2} \sum_{k=1}^{n} \int_{|y| \geqslant ts_n} y^2 F_k\{\mathrm{d}y\} \to 0, \tag{8.4.15}$$

或等价地

$$s_n^{-2} \sum_{k=1}^{n} \int_{|y| < ts_n} y^2 F_k\{\mathrm{d}y\} \to 1. \tag{8.4.16}$$

那么正规化和

---

① J.G. Skellam, *Biometrika*, vol. 38 (1951) pp. 196-218.

② J.W. Lindeberg, *Math.Zeit.*, vol.15 (1922) pp.211-235. 特殊情形及变形以前已知道了，但是 Lindeberg 给出了包含定理 1 的第一个一般形式. 费勒在同一期刊，vol. 40 (1953) 证明了具有古典正规化的林德伯格条件的必要性（见 15.6 节）.

林德伯格的方法很复杂，实际上可以用莱列维发展起来的特征函数方法来代替. 在 H.F. Trotter, *Archiv. der Mathematik*, vol. 9 (1955) pp. 226-234 中证明了，利用现代的方法，可以用简单直观的方式给出林德伯格方法. 本节的证明利用了特罗特（Trotter）的想法.

$$S_n^* = (X_1 + \cdots + X_n)/s_n \tag{8.4.17}$$

的分布趋于具有期望 0 方差 1 的正态分布 $\mathfrak{N}$.

林德伯格条件 (8.4.15) 保证各个方差 σ_k^2 在如下所述的意义上比它们的和 s_n^2 小：对于给定的 $\varepsilon > 0$ 和所有充分大的 n,

$$\sigma_k < \varepsilon s_n,\ k = 1, \cdots, n. \tag{8.4.18}$$

事实上，σ_k^2/s_k^2 显然小于 t^2 加上 (8.4.15) 的左边. 取 $t = \frac{1}{2}\varepsilon$，我们看出，(8.4.15) 蕴涵 (8.4.18).

定理 3 可以用定理 2 所指出的方法推广到高维中去. 见习题 17 ~ 习题 20.

证 对于每个分布 F_k，我们可以作一个期望为 0 且与 F_k 有相同方差 σ_k^2 的正态分布 G_k 与之对应，于是 X_k/s_n 的分布 $F_k(xs_n)$ 依赖于 k 和 n. 我们用 $\mathfrak{F}_{k,n}$ 表示其对应的算子. 类似地，$\mathfrak{G}_{k,n}$ 与正态分布 $G_k(xs_n)$ 对应. 根据 (8.3.9)，只需证明，对于每个具有 3 阶有界导数的 $u \in C[-\infty, \infty]$,

$$\sum_{k=1}^{n} \| \mathfrak{F}_{k,n}u - \mathfrak{G}_{k,n}u \| \to 0. \tag{8.4.19}$$

我们如同定理 1 那样进行，不过现在把 (8.4.6) 换成 n 个关系式

$$\begin{aligned}&\mathfrak{F}_{k,n}u(x) - u(x) - \frac{\sigma_k^2}{2s_n^2}u''(x)\\&= \int_{-\infty}^{+\infty} \left[\frac{u(x-y) - u(x) + yu'(x)}{y^2} - \frac{1}{2}u''(x)\right] \cdot y^2 F_k\{s_n \mathrm{d}y\}.\end{aligned} \tag{8.4.20}$$

把积分区间分为 $|y| \leqslant \varepsilon$ 和 $|y| > \varepsilon$，利用像在 (8.4.6) 那样的估计，我们得到

$$\left\|\mathfrak{F}_{k,n}u - u - \frac{\sigma_k^2}{2s_n^2}u''\right\| \leqslant \varepsilon\,||u'''||\,\frac{\sigma_k^2}{s_n^2} + ||u''|| \cdot \int_{|y|<\varepsilon} y^2 F_k\{s_n \mathrm{d}y\}. \tag{8.4.21}$$

林德伯格条件 (8.4.15)（令 $t = \varepsilon$）现在保证，对于充分大的 n,

$$\sum_{k=1}^{n} \left\|\mathfrak{F}_{k,n}u - u - \frac{\sigma_k^2}{2s_n^2}u''\right\| \leqslant \varepsilon(||u'''|| + ||u''||). \tag{8.4.22}$$

对于正态分布 G_k，林德伯格条件 (8.4.15) 作为 (8.4.18) 的简单推论是满足的，因此当把 $\mathfrak{F}_{k,n}$ 换成 $\mathfrak{G}_{k,n}$ 时，不等式 (8.4.22) 仍然成立. 把这两个不等式相加，我们得到 (8.4.19)，这就完成了证明. ■

(d) **均匀分布.** 令 X_k 在 $-a_k$ 与 a_k 之间是均匀分布的 [具有密度 $1/(2a_k)$]. 于是 $\sigma_k^2 = \frac{1}{3}a_k^2$. 容易看出，如果 a_k 有界且 $a_1^2 + \cdots + a_n^2 \to \infty$，那么定理的条件

是满足的. 实际上, 在这种情形下, 对于所有充分大的 n, 和式 (8.4.15) 恒等于 0. 另外, 如果 $\Sigma a_k^2 < \infty$, 那么 s_n 有界, (8.4.15) 不成立: 在这种情形下, 中心极限定理不适用. (然而, 我们得到将在 8.5 节中研究的无穷卷积的一个例子.)

中心极限定理不成立的一个不太明显的情形是 $\sigma_k^2 = 2^k$. 于是 $3s_n^2 = 2^{n+1} - 2 < 2a_n^2$, 显然如果 $t < \frac{1}{100}$, 那么 (8.4.15) 左端 $> \frac{1}{2}$. 这些例子说明, (8.4.15) 用来保证各个 X_k 是渐近可忽略的: 任一项 X_k 与 S_n 同阶的概率应当趋于 0.

(e) **有界变量**. 假设 X_k 是一致有界的, 即所有的分布 F_k 都集中在某一有限区间 $\overline{-a, a}$ 上. 于是, 当且仅当 $s_n \to \infty$ 时, 林德伯格条件 (8.4.15) 满足.

(f) 令 F 是期望为 0 方差为 1 的概率分布. 选择一个正数 σ_k 的序列, 并令 $F_n(x) = F(x/\sigma_n)$ (从而 F_k 有方差 σ_k^2). 林德伯格条件满足, 当且仅当 $s_n \to \infty$ 且 $\sigma_n/s_n \to 0$. 实际上, 我们知道, 这些条件是必要的. 另外, (8.4.15) 的左边化为

$$s_n^{-2} \sum_{k=1}^{n} \sigma_k^2 \int_{|x|<ts_n/\sigma_k} x^2 F\{\mathrm{d}x\}.$$

在所述条件下, s_n/σ_k 对 $k = 1, \cdots, n$ 一致地趋于 ∞, 因此对于充分大的 n, 和式中出现的所有积分将 $< \varepsilon$. 这表示和 $< \varepsilon s_n^2$, 因此 (8.4.15) 是正确的. ■

注意到以下内容是有方法论意义的: 同样的证明方法即使对某些期望不存在的随机变量序列也适用, 但是正规化因子当然是不同的. 我们将在 15.6 节中回到这个问题. 在那里, 我们将更进一步分析林德伯格条件的本质 (见习题 19 和习题 20).

我们用关于**随机和**的中心极限定理的一种形式来结束这个研究, 其想法如下. 如果在定理 1 中我们把固定的项数 n 换成期望为 n 的泊松变量 N, 那么 S_N 的分布似乎仍应趋于 $\mathfrak{N}$. 在物理学和统计学中, 当观察的次数不是事先固定的时候, 就会出现类似的情况.

我们只考虑形如 $S_N = X_1 + \cdots + X_N$ 的和, 其中 X_j 和 N 是相互独立的随机变量. 我们假设 X_j 有共同分布 F, 且期望为 0, 方差为 1. 利用 8.2 节的记号, 我们有以下定理.

定理 4[①] (随机和) 设 $N_1, N_2, \cdots$ 是正整数值随机变量, 使得

$$n^{-1}N_n \xrightarrow{\mathrm{p}} 1. \tag{8.4.23}$$

---

① 关于向相依 X_j 的推广, 见 P. Billingsley, *Limit theorems for randomly selected partial sums*, Ann. Math. Statist., vol. 33 (1963) pp. 85-92. 在去掉 (8.4.23) 的时候, 我们得到一个具有新形式的极限定理. 见 H.E. Robbins, *The asymptotic distribution of the sum of a random number of random variables*, Bull. Amer. Math. Soc., vol. 54 (1948) pp. 1151-1161.

对于中心极限定理向其他类型的相依变量的推广, 读者可参考洛埃韦 (Loève) 的书. (对于可交换变量, 见习题 21.)

于是 $S_{N_n}/\sqrt{n}$ 的分布趋于 $\mathfrak{N}$.

一个有趣的特点是 $S_{N_n}/\sqrt{n}$ 未被正规化为方差为 1 的随机变量. 事实上，这个定理适用于 $E(N_n)=\infty$ 的情形，甚至也适用于期望存在的情形，(8.4.23) 不蕴涵 $n^{-1}E(N_n)\to 1$. 正规化为方差为 1 的随机变量也许是不可能的，在这种正规化是可能的时候，它使证明变复杂了.

证 为了避免二重下标，我们记 $P\{N_n=k\}=a_k$，并理解为 a_k 依赖于 n. 与 S_{N_n} 对应的算子由形式上的幂级数 $\Sigma a_k\mathfrak{F}^k$ 给出. 如同定理 1 的证明中那样，令 $\mathfrak{F}_n$ 是与 $F(x\sqrt{n})$ 对应的算子. 因为 $F_n^{n\star}\to\mathfrak{N}$，所以只需对每个具有 3 阶有界导数的 $u\in C[-\infty,\infty]$，证明一致地有

$$\sum_{k=1}^{\infty}a_k\mathfrak{F}_n^k u-\mathfrak{F}_n^n u\to 0. \tag{8.4.24}$$

利用明显的因式分解和基本不等式 (8.3.9)，可以看出

$$\|\mathfrak{F}_n^k u-\mathfrak{F}_n^n u\|\leqslant\|\mathfrak{F}_n^{|k-n|}u-u\|\leqslant|k-n|\cdot\|\mathfrak{F}_n u-u\|. \tag{8.4.25}$$

由 (8.4.23)，只要 n 充分大，满足 $|k-n|>\varepsilon n$ 的系数 a_k 之和就小于 ε. 对于这样的 n，(8.4.24) 左边的范数

$$\leqslant\sum_{k=1}^{\infty}a_k\|\mathfrak{F}_n^k u-\mathfrak{F}_n^n u\|\leqslant 2\varepsilon\cdot\|u\|+2\varepsilon\cdot n\|\mathfrak{F}_n u-u\|. \tag{8.4.26}$$

在引理的证明中，我们已经看到，对于所有充分大的 n，右边 $\leqslant 2\varepsilon\|u\|+3\varepsilon\|u''\|$，因此 (8.4.24) 一致地成立. ■

*8.5 无穷卷积

下列定理是由于其固有的重要性而给出的，它是我们的准则起作用的好例子. 较强的形式可在 7.8 节、9.9 节及 17.10 节中找到.

我们用 $X_1,X_2,\cdots$ 表示具有分布 $F_1,F_2,\cdots$ 的相互独立变量. 假设 $E(X_j)=0$，$\sigma_k^2=E(X_k^2)$ 存在.

定理 *如果 $\sigma^2=\Sigma\sigma_k^2<\infty$，那么部分和 $X_1+\cdots+X_n$ 的分布[①] G_n 趋于期望为 0 方差为 σ^2 的概率分布 G.*

证 为证明正常极限 G 的存在性，只需（8.3 节定理 1）证明，对于无穷可微的 $u\in C[-\infty,\infty]$，当 $n\to\infty$ 时函数 $\mathfrak{F}_1\mathfrak{F}_2\cdots\mathfrak{F}_n u$ 的序列收敛就够了. 现在对于 $n>m$，根据明显的因式分解，

---

* 本节在后面用不到.

① 在 7.8 节中曾指出，随机变量 S_n 趋于一个极限.

$$\|\mathfrak{F}_1\cdots\mathfrak{F}_n u-\mathfrak{F}_1\cdots\mathfrak{F}_m u\|\leqslant\|\mathfrak{F}_{m+1}\cdots\mathfrak{F}_n u-u\|. \tag{8.5.1}$$

因为 $E(X_k)=0$，所以有恒等式

$$\mathfrak{F}_k u(x)-u(x)=\int_{-\infty}^{\infty}[u(x-y)-u(x)+yu'(x)]F_k\{\mathrm{d}y\}. \tag{8.5.2}$$

按照 2 阶泰勒展开式，被积函数的绝对值 $\leqslant\|u''\|\cdot y^2$，从而 $\|\mathfrak{F}_k u-u\|\leqslant\sigma_k^2\cdot\|u''\|$. 因此，根据基本不等式 (8.3.9)，量 (8.5.1) $\leqslant(\sigma_{m+1}^2+\cdots+\sigma_n^2)\cdot\|u''\|$，于是存在一个正常分布 G，使得 $G_n\to G$. 因为 G_n 有方差 $\sigma_1^2+\cdots+\sigma_n^2$，所以 G 的二阶矩存在且 $\leqslant\sigma^2$. 按照 8.1 节例 (e) 中的准则，这蕴涵 G 之期望为 0. 最后，G 是 G_n 和 $X_{n+1}+\cdots+X_{n+k}$ 的极限分布的卷积，因此 G 之方差不能小于 G_n 的方差. 这就完成了证明. ■

例 (a) 在 1.11 节例 (c) 中，在 0 与 1 之间的点的随机选择根据逐次投硬币的结果决定. 用现在的术语来说，这意味着把均匀分布表为无穷乘积. 1.11 节例 (d) 说明，相应的偶数项的无穷卷积是奇异分布（见 17.10 节）.

(b) 设 Y_k 是独立的，并且 $E(Y_k)=0$, $E(Y_k^2)=1$，于是如果 $\Sigma b_k^2<\infty$，那么 $\Sigma b_k Y_k$ 的部分和的分布收敛. 在 3.7 节讨论正态随机过程时利用了这个事实.

(c) **在纯生过程中的应用.** 设 X_n 是具有密度 $\lambda_n\mathrm{e}^{-\lambda_n t}$ 的正变量，于是 $E(X_n)=\sqrt{\operatorname{Var}(X_n)}=\lambda_n^{-1}$. 在 $m=\Sigma\lambda_n^{-1}<\infty$ 的情形，定理适用于中心化变量 $X_n-\lambda_n^{-1}$. 这个结果导致了曾在第 1 卷的 17.3 节和 17.4 节中叙述的发散纯生过程的概率解释. “质点” 以逐次跳跃的方式移动，逗留时间 $X_1,X_2,\cdots$ 是独立的按指数分布的变量. 此处 $S_n=X_1+\cdots+X_n$ 表示第 n 次跳跃的时刻. 如果 $\lim E(S_n)=m<\infty$，那么 S_n 的分布趋于正常极限 G. 于是，$G(t)$ 是在时刻 t 前将发生无穷多次跳跃的概率.

(d) 对于在噪声、占线问题等中的应用，见习题 22. ■

8.6 选择定理

证明数列收敛性的标准方法是，首先证明至少有一个聚点存在，其次证明其唯一性. 类似的手续适用于分布，如下属于黑利（Helly）的重要定理提供了聚点的类似物. 本节的所有定理都是与维数无关的（特殊情况曾在第 1 卷 11.6 节中使用过）.

定理 1 (i) $\mathbb{R}^r$ 中的每个概率分布序列 $\{F_k\}$ 具有一个（正常或非正常的）收敛于一极限 F 的子序列 $F_{n_1},F_{n_2},\cdots$.

(ii) 所有这样的极限是正常的，当且仅当 $\{F_n\}$ 是随机有界的（见 8.2 节定义 2）.

(iii) $F_n \to F$，当且仅当每个收敛子序列的极限等于 F .

证明基于如下引理.

引理 设 $a_1, a_2, \cdots$ 是任意一个点列. 每个数值函数序列 $\{u_n\}$ 包含一个在所有的点 a_j 上都收敛（可能趋于 $\pm\infty$）的子序列 $u_{n_1}, u_{n_2}, \cdots$.

证 我们利用康托尔的“对角线方法”. 可以找到这样一个序列 $v_1, v_2, \cdots$，使得值 $u_{v_k}(a_1)$ 的序列收敛. 为了避免复杂的指标，我们令 $u_k^{(1)} = u_{v_k}$，因此 $\{u_k^{(1)}\}$ 是 $\{u_n\}$ 的子序列且在特殊点 a_1 上收敛. 我们从这个子序列中取出另一个在点 a_2 上收敛的子序列 $u_1^{(2)}, u_2^{(2)}, \cdots$. 利用归纳法继续进行下去，我们对于每个 n，得到了一个在点 a_n 上收敛且包含在前一序列中的序列 $u_1^{(n)}, u_2^{(n)}, \cdots$. 现在考虑对角线序列 $u_1^{(1)}, u_2^{(2)}, u_3^{(3)}, \cdots$. 除其前 $n-1$ 项外，这个序列包含在第 n 个序列 $u_1^{(n)}, u_2^{(n)}, \cdots$ 中，从而它在 a_n 上收敛. 这对每个 n 都是正确的，因而对角线序列 $\{u_n^{(n)}\}$ 在所有的点 $a_1, a_2, \cdots$ 上收敛，引理得证. ■

定理 1 的证明 (i) 选 $\{a_j\}$ 为一个处处稠密的序列，并选择一个在每个点 a_j 上都收敛的子序列 $\{F_{n_k}\}$. 以 $G(a_j)$ 表示其极限. 对于不属于集合 $\{a_j\}$ 的任一点 x，我们把 $G(x)$ 定义为所有使 $a_j > x$ 的 $G(a_j)$ 之最大下界. 这样定义的函数 G 由 0 增加到 1，但它未必是右连续的：我们只能断言，$G(x)$ 位于极限 $G(x+)$ 和 $G(x-)$ 之间. 但是，在不连续点上重新定义 G，可以得到一个在所有连续点上与 G 一致的右连续函数. 令 x 是这样的点，存在两点 $a_i < x < a_j$，使得

$$G(a_j) - G(a_i) < \varepsilon, \quad G(a_i) \leqslant F(x) \leqslant G(a_j). \tag{8.6.1}$$

因为 F_n 是单调的，所以我们有 $F_{n_k}(a_i) \leqslant F_{n_k}(x) \leqslant F_{n_k}(a_j)$. 令 $k \to \infty$，由 (8.6.1) 看出，没有序列 $\{F_{n_k}(x)\}$ 的极限点与 $F(x)$ 之差大于 ε，因此在所有连续点上 $F_{n_k}(x) \to F(x)$.

(ii) 我们已知道，为使收敛的分布序列是正常收敛的，当且仅当它是随机有界的. 因此在已知 (i) 的情况下，其余的断言几乎是重复的. ■

选择定理是极其重要的. 由下述数论中的著名定理可以看出它的无比威力，而且此定理还提醒大家注意，我们的概率术语绝不能使得发展起来的理论的更为广泛的范围模糊不清.

例 (a) **数论中的等分布定理.**[①] 设 α 是一个无理数，α_n 是 $n\alpha$ 的小数部分. 以 $N_x(x)$ 表示 $\alpha_1, \alpha_2, \cdots, \alpha_n$ 中 $\leqslant x$ 的项数. 于是对于所有的 $0 < x < 1$ 有 $n^{-1}N_n(x) \to x$.

---

① 此定理通常归功于外尔（H. Weyl），虽然由波尔（Bohl）和谢尔品斯基（Sierpiński）独立地发现. 见 G.H. Hardy and E.M. Wright, *Theory of numbers*, Oxford, 1945, pp. 378-381，在非概率背景下考虑此定理时将增加证明的困难.

证 我们考虑在具有单位长度的圆周上的分布及函数；换句话说，坐标的加法被模 1 所约化.（在 2.8 节中曾说明过这个概念. 分布函数这个方便工具在这圆周上变成无意义的了，但在测度的意义上的分布仍有意义.）令 F_n 是集中于 n 个点 $\alpha, 2\alpha, \cdots, n\alpha$ 上且对每个点赋以概率 $1/n$ 的原子型分布. 根据选择定理，存在一个序列 $n_1, n_2, \cdots$，使得 $F_{n_k} \to F$，其中 F 是**正常**概率分布（圆周是有界的）. 取 F_n 与任意连续函数 u 的卷积，我们得到

$$\frac{1}{n_k}[u(x-\alpha)+u(x-2\alpha)+\cdots+u(x-n_k\alpha)] \to v(x). \tag{8.6.2}$$

现在很明显，把 x 换为 $x-\alpha$ 并不影响左边的渐近性质，因此对于所有的 x 有 $v(x)=v(x-\alpha)$. 这又蕴涵，对于 $k=1,2,\cdots$ 有 $v(x)=v(x-k\alpha)$. 根据 5.4 节中引理 2 的系，点 $\alpha, 2\alpha, \cdots$ 是处处稠密的，因而 $v=$ 常数. 于是我们证明了，对于每个连续的 u, 卷积 $F \bigstar u$ 是一个常数. 由此推出，F 应对相等长度的区间赋以相同的数值，因此 $F\{I\}$ 等于区间 I 的长度. 其他极限的不可能表明，整个序列 $\{F_n\}$ 收敛于这个分布，这就证明了定理. 我们称 F 为圆周上的**均匀分布**.

(b) **矩的收敛性.** 令 F_n 和 F 是具有有限的各阶矩的概率分布，分别以 $\mu_k^{(n)}$ 和 μ_k 表示. 我们由 7.3 节知道，不同的分布函数可以有相同的矩序列，因此从 $\mu_k^{(n)}$ 的性质来推断 $F_n \to F$ 未必总是可能的. 但是，*如果 F 是具有矩 $\mu_1, \mu_2, \cdots$ 的唯一分布，并且对于 $k=1,2,\cdots$ 有 $\mu_k^{(n)} \to \mu_k$，那么 $F_n \to F$.* 事实上，8.1 节例 (e) 的结果说明 $\{F_n\}$ 的每个收敛子序列收敛于 F.

(c) **可分性.** 为了简洁起见，如果一个分布集中于有穷多个有理点上且对每个点赋以有理的质量，则称这个分布是有理分布. 任一分布 F 是有理分布序列 $\{F_n\}$ 的极限，并且我们可以选择期望值为 0 的 F_n，因为这可以用加上一个原子及质量的任意小量的调整来达到. 但是只有可数多个有理分布，它们可以排列成简单的序列 $G_1, G_2, \cdots$. 因此，*存在一个期望为 0 方差有限的分布序列 $\{G_n\}$，使得每个分布 F 是某个子序列 $\{G_{n_k}\}$ 的极限.* ■

定理 1 是以概率中最常用的形式叙述的，但做了不必要的限制. 证明依赖于下列事实：满足 $F_n(-\infty)=0$, $F_n(\infty)=1$ 的单调函数序列 $\{F_n\}$ 包含一个收敛子序列. 当把条件 $F_n(\infty)=1$ 换成数列 $\{F_n(x)\}$ 对于每个固定的 x 是有界的这个较弱的要求时，上述结论仍成立. 于是极限 F 是有穷的，但可能是无界的，其导出测度在区间 $\overline{-\infty, x}$ 上是有穷的，但在 $\overline{-\infty, \infty}$ 上可能是无穷的. 类似的放松条件对 $-\infty$ 也是可能的，我们导出定理 1 的下列推广，其中符号 $\mu_n \to \mu$ 表示这关系式在任一有穷区间上成立.

定理 2 *设 $\{\mu_n\}$ 是一个测度序列，使得数列 $\mu_n\{-x, x\}$ 对于每个 x 是有界的，则存在一个测度 μ 和数列 $n_1, n_2, \cdots$ 使得 $\mu_{n_k} \to \mu$.*

选择定理的变形对许多函数类都成立. 特别有用的是下列定理，通常称为阿斯科里（Ascoli）定理或阿尔泽拉（Arzelà）定理.

定理 3 设 $\{u_n\}$ 是等度连续①函数序列，且 $|u_n| \leqslant 1$，则存在一个收敛于连续极限 u 的子序列 $\{u_{n_k}\}$，且收敛在每个有限区间上是一致的.

证 再选择一个所有点 a_j 的稠密序列和在每个 a_j 上收敛的子序列 $\{u_{n_k}\}$，以 $u(a_j)$ 表示极限. 于是

$$|u_{n_r}(x) - u_{n_s}(x)| \leqslant |u_{n_r}(x) - u_{n_r}(a_j)| + |u_{n_s}(x) - u_{n_s}(a_j)| + |u_{n_r}(a_j) - u_{n_s}(a_j)|. \tag{8.6.3}$$

根据假设，最后一项趋于 0. 由假设的等度连续性，对于每个 x，存在这样的点 a_j，使得对于所有的 n，

$$|u_n(x) - u_n(a_j)| < \varepsilon, \tag{8.6.4}$$

并且对任一有穷区间 I，可选择有穷多个 a_j，记为 $a_{j_1}, \cdots, a_{j_m}$，使得对每一 $x \in I$，都有 a_{j_k}（$1 \leqslant k \leqslant m$），使得 (8.6.4) 对此 a_{j_k} 成立. 由此推出，对于所有充分大的 r 和 s，(8.6.3) 的右边 $< 3\varepsilon$ 在 I 上一致成立. 因此，$u(x) = \lim u_{n_r}(x)$ 存在. 由于 (8.6.4)，我们有 $|u(x) - u(a_j)| \leqslant \varepsilon$，这蕴涵 u 的连续性. ■

*8.7 马尔可夫链的遍历定理

设 K 是集中于有穷或无穷区间 Ω 上的随机核. [根据 6.11 节中的定义 1，这表示 K 是两个变量（即点 x 和集合 Γ）的函数. 对于固定的 Γ，它是 x 的贝尔函数；对于固定的 $x \in \Omega$，它是集中于 Ω 上的概率分布.] 在高维中，区间 Ω 可以换为更一般的区域，理论不需作任何改变.

在 6.11 节中曾证明，存在具有转移概率 K 的马尔可夫链 $(X_0, X_1, \cdots)$. 初始变量 X_0 的分布 γ_0 可以任意选取，于是 $X_1, X_2, \cdots$ 的分布可由下式递推地给出：

$$\gamma_n(\Gamma) = \int_\Omega \gamma_{n-1}(\mathrm{d}x) K(x, \Gamma). \tag{8.7.1}$$

特别地，如果 γ_0 集中于点 x_0 上，那么 $\gamma_n(\Gamma) = K^{(n)}(x_0, \Gamma)$ 与从 x_0 到 Γ 的转移概率一致.

---

① 即对每个 $\varepsilon > 0$，有相应的 $\delta > 0$，使得当 $|x' - x''| < \delta$ 时，对所有的 n 有 $|u_n(x') - u_n(x'')| < \varepsilon$.

* 之所以讨论此材料，是由于它的重要性，而且可作为说明选择定理的应用的例子. 以后没有明显地用到本节的内容.

定义 1 如果对于每个开区间 $I \subset \Omega$ 有 $\alpha\{I\} > 0$，那么称测度 α 在 Ω 中是严格正的. 如果对于 Ω 中的每个 x 和每个开区间 I 有 $K(x, I) > 0$，那么称核 K 是严格正的.

定义 2 如果存在一个严格正的概率分布 α，使得 $\gamma_n \to \alpha$，且这种收敛与初始分布 γ_0 无关，那么核是遍历的.

对于 α 的每个连续区间，这等价于

$$K^{(n)}(x, I) \to \alpha(I) > 0. \tag{8.7.2}$$

这个定义同离散情形（第 1 卷第 15 章），它的意义已在 6.11 节的例子中得到讨论和阐明.

最一般的随机核可以有种种病态形式，我们拟把理论局限于以连续方式依赖于 x 的核，表达这个理论的最简单的方法是考虑由 K 导出的连续函数类上的变换. 给定一个在基本区间 Ω 上有界且连续的函数 u，我们定义 $u_0 = u$，由归纳法，

$$u_n(x) = \int_{\Omega} K(x, \mathrm{d}y) u_{n-1}(y), \tag{8.7.3}$$

这个函数变换是测度变换 (8.7.1) 的对偶变换. 注意，在本节中，在这两种情况下，指标用来表示 K 导出的变换的结果.

我们想要强加于 K 上的正则性质，粗略地说，是使 u_1 不应比 u_0 坏. 下列定义恰好表达了我们的需要，但好像只是形式上的. 例子将说明它在典型的情况下显然是满足的.

定义 3 如果当 u_0 在 Ω 上一致连续的时候，变换 u_k 的族是等度连续①的，那么核 K 是正则的.

例 (a) **卷积.** 如果 F 是概率分布，那么卷积

$$u_n(x) = \int_{-\infty}^{+\infty} u_{n-1}(x - y) F\{\mathrm{d}y\}$$

表示变换 (8.7.3) 的一个特殊情形.（在这种情形下，利用自明的记号，有 $K(x, I) = F\{I - x\}$.）这个变换是正则的，因为当 u_0 一致连续时，存在这样的 δ，使得 $|x' - x''| < \delta$ 蕴涵 $|u_0(x') - u_0(x'')| < \varepsilon$. 根据归纳法，这保证对于所有的 n 有 $|u_n(x') - u_n(x'')| < \varepsilon$.

(b) 令 Ω 是单位区间，令 K 是由密度 k 确定的，k 在闭的单位正方形中是连续的，那么 K 是正规的. 实际上

$$|u_n(x') - u_n(x'')| \leqslant \int_0^1 |k(x', y) - k(x'', y)| \cdot |u_{n-1}(y)| \mathrm{d}y. \tag{8.7.4}$$

---

① 见 8.6 节定理 3 的脚注. 我们的“正则性”与希尔伯特（Hilbert）空间理论中所用的“完全连续性”类似.

由归纳法可知，如果 $|u_0| < M$，那么对所有的 n 也有 $|u_n| < M$. 由于 k 的一致连续性，存在这样的 δ，使得

$$\text{当 } |x' - x''| < \delta \text{ 时,} \quad |k(x', y) - k(x'', y)| < \varepsilon/M.$$

于是对任意的 n 有 $|u_n(x') - u_n(x'')| < \varepsilon$. ■

下列定理中的严格正这一条件是不必要的. 它的主要作用是排除我们在第 1 卷第 15 章中讨论过的可分解周期链这个麻烦.

定理 1 *有界闭区间 Ω 上的每个严格正的正则核 K 是遍历的.*

这个定理在 Ω 是无界的时候就不成立了，因为 (8.7.2) 中的极限可能恒等于 0. 通用的准则可以用平稳测度来叙述. 我们知道，称测度 α 关于 K 为平稳的，如果 $\alpha_1 = \alpha_2 = \cdots = \alpha$，即如果它的变换 (8.7.1) 是恒等的.

定理 2 *严格正的正则核 K 是遍历的，当且仅当它具有严格正的平稳概率分布 α.*

定理 1 的证明 令 v_0 是连续函数，v_1 是它的变换 (8.7.3). 证明依赖于一个显然的事实: 对于严格正的核 K，除 v_0 为常数的情形外，变换 v_1 的极大值严格地小于 v_0 的极大值.

现在考虑连续函数 u_0 的变换 u_n 的序列. 因为 Ω 是闭的，所以 u_0 在 Ω 上是一致连续的，因此序列 $\{u_n\}$ 是等度连续的. 从而根据 8.6 节定理 3，存在一个子序列 $\{u_{n_k}\}$ 一致地收敛于连续函数 v_0. 于是 u_{n_k+1} 收敛于 v_0 的变换 v_1. 现在 u_n 的极大值 m_n 的数列是单调的，因此 m_n 收敛于极限 m. 由一致收敛性，v_0 和 v_1 两者有极大值 m，因而对于所有的 x 有 $v_0(x) = m$. 这个极限是与子序列 $\{u_{n_k}\}$ 无关的，因此一致地有 $u_n \to m$.

令 γ_0 是 Ω 上的任一概率分布，并用 E_n 表示关于它的在 (8.7.1) 中定义的变换 γ_n 的期望. 比较 (8.7.1) 和 (8.7.3)，可得

$$E_n(u_0) = E_0(u_n) \to E_0(m) = m.$$

$E_n(u_0)$ 对任意连续的 u_0 的收敛蕴涵存在一个概率测度 α 使得 $\gamma_n \to \alpha$.（见 8.1 节定理 2. 收敛是正常的，因为分布 γ_n 集中于有穷区间上.）由 (8.7.1) 推出，α 关于 K 是平稳的. α 的严格正性是 K 之严格正性的直接推论. ■

定理 2 的证明 用 E 表示关于给定平稳分布 α 的期望. 对于任意的 $u_0 \in C[-\infty, \infty]$ 及其变换 u_k，我们由平稳性有 $E(u_0) = E(u_1) = \cdots$. 此外，$E(|u_k|)$ 随 k 而减少，因此 $\lim E(|u_k|) = m$ 存在.

和在上述证明中一样，我们选择一个使 $u_{n_k} \to v_0$ 的子序列. 于是 $u_{n_k+1} \to v_1$，其中 v_1 是 v_0 的变换. 根据有界收敛性，这就得出 $E(u_{n_k}) \to E(u_0)$ 和 $E(|u_{n_k}|) \to E(|v_0|)$，于是

$$E(v_1) = E(v_0) = E(u_0), \; E(|v_1|) = E(|v_0|) = m.$$

考虑到 K 的严格正性，最后一个等式蕴涵连续函数 v_0 不能变号. 因此，当 $\mathrm{E}(u_0)=0$ 时恒有 $v_0(x)=0$. 由此，对于任意的初值 u_0，对于所有的 x，我们有 $v_0(x)=\mathrm{E}(u_0)$. 这就证明了 $u_n(x)\to\mathrm{E}(u_0)$，此等价于在所有连续区间上，$K^{(n)}(x,\Gamma)\to\alpha(\Gamma)$. ■

我们现在把这个理论应用于周长为 1 的圆周上的卷积，即应用于具有形式

$$u_{n+1}(x)=\int_0^1 u_n(x-y)F\{\mathrm{d}y\} \tag{8.7.5}$$

的变换，其中 F 是圆周上的概率分布，加法被模 1 所约化 [见 2.8 节及 8.6 节例 (a)]. 这个变换可以写成 $\Omega=\overline{0,1}$ 及 $K^{(n)}(x,\Gamma)=F^{n\star}\{x-\Gamma\}$ 的 (8.7.3) 的形式. 如果 F 是严格正的，那么定理 1 可以直接应用，但是我们要证明下列与中心极限定理类似的更一般的定理.

定理 3[①] *设 F 是圆周上的概率分布，假设它不集中于一个正多边形的顶点上，那么 $F^{n\star}$ 趋于具有常数密度的分布.*

证 只需证明，对于任一连续函数 u_0，变换 u_n 趋于常数 m（依赖于 u_0）就够了. 实际上，正如定理 1 的证明的第 2 部分所证明的那样，这蕴涵 $F^{n\star}$ 收敛于圆周上的概率分布 α. 因为 $\alpha\bigstar u_0$ 对于每个连续函数 u_0 是常数，所以推出 α 和均匀分布一致.

为了证明 $u_n\to m$，我们可以利用定理 1 的证明的第一部分，不过我们需要重新证明下列命题：除了 v_0 为常数的情形外，连续函数 v_0 的变换 v_1 的极大值严格小于 v_0 的极大值. 因此，为了证明定理，只要建立下列命题就够了：*如果 v_0 是这样的连续函数，使得 $v_0\leqslant m$ 且对于一个长度为 $\lambda>0$ 的区间 I 的所有点 x 有 $v_0(x)<m$，那么存在这样的 r，使得对所有的 x 有 $v_r(x)<m$.*

因为旋转不影响极大值，所以不失一般性，可以假设 0 是 F 的增点. 如果 b 是另一增点，那么 $0,b,2b,\cdots,rb$ 是 $F^{r\star}$ 的增点，并且可以选择这样的 b 和 r，使得每个长度为 λ 的区间至少包含这些点中的一点（见 5.4 节的引理 1 和推论）. 根据定义，

$$v_r(x)=\int_0^1 v_0(x-y)F^{r\star}\{\mathrm{d}y\}. \tag{8.7.6}$$

对于每一点 x，可以找到 $F^{r\star}$ 的一个增点 y，使得 $x-y$ 包含在 I 中，于是 $v_0(x-y)<m$. 因此 $v_r(x)<m$. 因为 x 是任意的，所以断言得证. ■

注 这个证明稍加修改后可以用来证明：*如果 F 集中于具有一个顶点在 0 处的正多边形的顶点上，那么 $F^{n\star}$ 趋于具有相等质量原子的原子型分布.* 如果 0

---

① 对于开直线上的类似定理，见习题 23 和习题 24. 对于向可变分布的推广，见 P. Lévy, *Bull. Soc. Math. France*, vol. 67 (1939) pp. 1-41; A. Dvoretzky and J. Wolfowitz, *Duke Math. J.*, vol. 18 (1951) pp. 501-507.

不在原子中，那么 $F^{n\star}$ 未必收敛.

(c) 设 F 集中于两个无理点 a 和 $a+\dfrac{1}{2}$ 上，那么 $F^{n\star}$ 集中于两点 na 和 $na+\dfrac{1}{2}$ 上，且不可能收敛. ■

8.8 正则变化

（J. 卡拉马塔于 1930 年引入的）正则变化的概念已被证明在许多方面富有成效，并且在概率论中的应用越来越广泛. 其原因将在下列引理中得到部分的说明，此引理尽管很简单但却是很基本的. 本节的例子包含了一些有趣的概率结果，习题 29 和习题 30 包含一些关于稳定分布的基本结果，这些基本结果可以由引理 1 以初等的方法推出来.（亦见习题 31.）

我们常常需要讨论在 $\overline{0,x}$ 或 $\overline{x,\infty}$ 上积分 $y^pF\{\mathrm{d}y\}$ 得出的单调函数 U，这里 F 是一分布函数 [例如，见 (8.4.5)(8.4.15)(8.4.16)]. 利用普通的参数变换可以由这样的函数 U 导出一族形如 $a_tU(tx)$ 的函数，我们需要研究当 $t\to\infty$ 时它们的渐近性质. 如果存在一极限 $\psi(x)$，那么在条件 $\psi(1)>0$ 下只需考虑具有形式 $a_t=\psi(1)/U(t)$ 的正规化因子就够了. 因此，下列引理的范围比乍看起来要广. 它表明可能的极限所成类是非常小的.

引理 1　设 U 是 $\overline{0,\infty}$ 上的正单调函数，使得在稠密点集 A 上

$$\frac{U(tx)}{U(t)}\to\psi(x)\leqslant\infty,\quad t\to\infty,\tag{8.8.1}$$

那么

$$\psi(x)=x^\rho,\tag{8.8.2}$$

其中 $-\infty\leqslant\rho\leqslant\infty$.

为了避免例外引入符号 x^∞，当 $x>1$ 时视其为 ∞，当 $x<1$ 时视其为 0. 类似地，$x^{-\infty}$ 为 ∞ 或 0 视 $x<1$ 或 $x>1$ 而定（见习题 25).

证　恒等式

$$\frac{U(tx_1x_2)}{U(t)}=\frac{U(tx_1x_2)}{U(tx_2)}\cdot\frac{U(tx_2)}{U(t)}\tag{8.8.3}$$

表明，如果在 (8.8.1) 中对 $x=x_1$ 和 $x=x_2$ 存在有穷正极限，则对 $x=x_1x_2$ 亦然，且

$$\psi(x_1x_2)=\psi(x_1)\psi(x_2).\tag{8.8.4}$$

假设对某点 x_1 有 $\psi(x_1)=\infty$，那么由归纳法对于所有 n 有 $\psi(x_1^n)=\infty$ 和 $\psi(x_1^{-n})=0$. 由于 ψ 是单调的，所以或者 $\psi(x)=x^\infty$，或者 $\psi(x)=x^{-\infty}$. 剩下的

是只需对取有限值的 ψ 证明引理（见习题 25）. 由假设的单调性，我们可利用右连续性把 ψ 的定义域扩大为全直线. 在这种情形下，(8.8.4) 在所有的点 x_1, x_2 上成立. 于是，(8.8.4) 与我们反复用来描述指数分布特征的方程只在记号上有差别. 事实上，令 $x = \mathrm{e}^{\xi}$ 和 $\psi(\mathrm{e}^{\xi}) = u(\xi)$，关系式 (8.8.4) 就变成 $u(\xi_1 + \xi_2) = u(\xi_1)u(\xi_2)$. 由第 1 卷 17.6 节知道，所有在有限区间上有界的解具有形式 $u(\xi) = \mathrm{e}^{\rho\xi}$. 但是这和 $\psi(x) = x^{\rho}$ 是一样的. ■

称满足具有**有限** ρ 的引理 1 的条件的函数 U 是在无穷远处**正则变化**的，这个定义将被扩展到非单调函数上. 如果我们令

$$U(x) = x^{\rho} L(x), \tag{8.8.5}$$

那么，$U(tx)/U(t)$ 逼近 x^{ρ}，当且仅当对于每个 $x > 0$，

$$\frac{L(tx)}{L(t)} \to 1, \quad t \to \infty. \tag{8.8.6}$$

具有这个性质的函数称为是**缓慢变化**的，于是变换 (8.8.5) 把正则变化变成缓慢变化. 利用这个事实来给出正则变化的正式定义将是方便的.

定义 *定义在 $\overline{0, \infty}$ 上的正（未必单调）的函数 L 在无穷远点是缓慢变化的，当且仅当 (8.8.6) 成立.*

函数 U 以指数 ρ（$-\infty < \rho < \infty$）正则变化，当且仅当它具有 (8.8.5) 的形式，其中 L 是缓慢变化的.

这个定义可推广到原点上的正则变化：为使 U 在 0 点正则变化，当且仅当 $U(x^{-1})$ 在 ∞ 处正则变化. 因此，对于这个概念不需要新的理论.

正则变化的性质只依赖于在无穷远处的性态，因此不必要求 $L(x)$ 对所有的 $x > 0$ 都是正的，甚至不必要求 $L(x)$ 对于所有 $x > 0$ 都有定义.

例 (a) $|\ln x|$ 的所有次幂在 0 点和在 ∞ 处都是缓慢变化的. 类似地，趋于正极限的函数是缓慢变化的.

函数 $(1 + x^2)^p$ 在 ∞ 点以指数 $2p$ 正则变化.

e^x 在无穷远处不是正则变化的，但它满足具有 $\rho = \infty$ 的引理 1 的条件. 最后，$2 + \sin x$ 不满足 (8.8.1). ■

为了易于引用，我们把引理 1 改写成下列形式.

定理 *为使单调函数 U 在无穷远处正则变化，当且仅当 (8.8.1) 在稠密集合上成立，且极限 ψ 在某个区间上是有穷的且为正的.*[①]

---

① 正则变化的概念可推广如下：代替 (8.1) 中极限存在这个条件，我们只要求每个趋于无穷的序列 $\{t_n\}$ 包含一个子序列，使得 $U(t_{n_k}x)/U(t_{n_k})$ 趋于有穷正极限. 那么，U 是控制变化的（见 8.10 节习题末尾）.

当假定在所有点上都收敛时，这个定理可以搬到非单调函数上去.

下列引理可用来加深我们对正则变化的理解. 它是缓慢变化函数一般形式 (8.9.9) 的直接推论.

引理 2 如果 L 在无穷远处是缓慢变化的，那么对于任一固定的 $\varepsilon > 0$ 和所有充分大的 x,

$$x^{-\varepsilon} < L(x) < x^{\varepsilon}. \tag{8.8.7}$$

在 (8.8.6) 中所取的极限在有穷区间 $0 < a < x < b$ 中是一致的.

我们以一个常用的准则来结束这个研究.

引理 3 假设

$$\frac{\lambda_{n+1}}{\lambda_n} \to 1, \quad a_n \to \infty.$$

如果 U 是单调函数，使得在一个稠密集合上，

$$\lim \lambda_n U(a_n x) = \chi(x) \leqslant \infty \tag{8.8.8}$$

存在，并且 χ 在某个区间上是有限且为正的，则 U 是正则变化的，并且 $\chi(x) = cx^{\rho}$，其中 $-\infty < \rho < \infty$.

证 我们可以假设 $\chi(1) = 1$，且 (8.8.8) 对 $x = 1$ 成立（因为这可由尺度的平凡变化而得到）. 对于给定的 t，把 n 定义为使 $a_{n+1} > t$ 的最小整数. 于是 $a_n \leqslant t < a_{n+1}$，并且对于非减的 U，

$$\frac{U(a_n x)}{U(a_{n+1})} \leqslant \frac{U(tx)}{U(t)} \leqslant \frac{U(a_{n+1} x)}{U(a_n)}; \tag{8.8.9}$$

对于非增的 U，相反的不等式成立. 因为 $\lambda_n U(a_n) \to 1$，所以两端的项在使 (8.8.8) 成立的每一点上都趋于 $\chi(x)$. 因此，断言已包含在上一定理之中. ■

为了举例说明典型的应用，我们首先推导一个应属于 R.A. 费希尔和格涅坚科（B.V. Gnedenko）的极限定理，然后推导一个新结果.

(b) **极大值的分布**. 设变量 X_k 是相互独立的且有共同分布 F. 设

$$X_n^* = \max[X_1, \cdots, X_n].$$

我们问，是否存在一个尺度因子 a_n 使得变量 X_n^*/a_n 有极限分布 G? 我们排除两种情形，因为它们是平凡的. 如果 F 有一个最大增点 ξ，那么 X_n^* 的分布显然趋于集中在 ξ 上的分布. 另外，总可以选择这样迅速增加的尺度因子 a_n，使得 X_n^*/a_n 依概率趋于 0，其余的情况为下述命题所包含. ■

设对所有的 x 有 $F(x) < 1$. 为使对于适当的尺度因子 a_n，X_n^*/a_n 的分布 G_n 趋于不集中在 0 上的分布 G，当且仅当 $1 - F$ 以指数 $\rho < 0$ 正则变化. 在这种情形下，对于 $x > 0$，

$$G(x) = \mathrm{e}^{-cx^{\rho}}; \tag{8.8.10}$$

对于 $x<0$，$G(x)=0$.（显然 $c>0$.）

证 如果极限分布 G 存在，那么在所有连续点上有

$$F^n(a_nx)\to G(x). \tag{8.8.11}$$

取对数并注意当 $z\to 0$ 时 $\ln(1-z)\sim -z$，我们有

$$n[1-F(a_nx)]\to -\ln G(x). \tag{8.8.12}$$

因为在某一区间上 $0<G(x)<1$，所以上一引理保证了 $1-F$ 的正则变化性. 反之，如果 $1-F$ 是正则变化的，那么可以确定这样的 a_n，使得 $n[1-F(a_n)]\to 1$. 在这种情形下，(8.8.12) 中的左边趋于 x^ρ（见习题 26）. ■

(c) **卷积**. 由定义 (8.8.6) 显然看出，两个缓慢变化函数之和还是缓慢变化的. 我们现在来证明以下命题. ■

命题 如果 F_1 和 F_2 是两个这样的分布函数，使得当 $x\to\infty$ 时

$$1-F_i(x)=x^{-\rho}L_i(x), \tag{8.8.13}$$

其中 L_i 是缓慢变化的，那么卷积 $G=F_1\bigstar F_2$ 有这样的正则变化的尾部，使得

$$1-G(x)\sim x^{-\rho}(L_1(x)+L_2(x)). \tag{8.8.14}$$

证 令 X_1 和 X_2 是具有分布 F_1 和 F_2 的独立随机变量. 设 $t'=(1+\delta)t>t$. 事件 $X_1+X_2>t$ 在一个变量 $>t'$ 而另一个变量 $>-\delta t$ 时发生. 当 $t\to\infty$ 时，后一事件之概率趋于 1. 因此，对于任一 $\varepsilon>0$ 和充分大的 t，

$$1-G(t)\geqslant[(1-F_1(t'))+(1-F_2(t'))](1-\varepsilon). \tag{8.8.15}$$

另外，如果我们设 $t''=(1-\delta)t$，其中 $0<\delta<\dfrac{1}{2}$，那么只有当两个变量之一大于 t'' 或者两个变量都大于 δt 时，事件 $X_1+X_2>t$ 才可能发生. 由 (8.8.13) 看来，很明显，后一事件的概率与事件 $X_i>t''$ 的概率相比是渐近可忽略的，这蕴涵对于充分大的 t，

$$1-G(t)\leqslant[(1-F_1(t''))+(1-F_2(t''))](1+\varepsilon). \tag{8.8.16}$$

因为 δ 和 ε 是任意小的，所以把两个不等式 (8.8.15) 和 (8.8.16) 合起来就可得到断言 (8.8.14). ■

对 r 用归纳法，我们得到有趣的推论.

推论 如果 $1-F(x)\sim x^{-\rho}L(x)$，那么 $1-F^{r\bigstar}(x)\sim rx^{-\rho}L(x)$.

这个定理[①]在能应用的时候通过提供关于尾部的信息来补充中心极限定理.（对于在稳定分布中的应用，见习题 29 和习题 30. 涉及复合泊松分布的一个有关定理见习题 31.）

① 波尔特（S.C. Port）曾讨论过一些特殊情形.

*8.9　正则变化函数的渐近性质

本节的目的是研究尾部与具有正则变化尾部的分布之截尾矩之间的关系. 主要的结果是，如果 $1-F(x)$ 与 $F(-x)$ 是正则变化的，那么所有的截尾矩也是正则变化的. 这个结果包含在定理 2 中，定理 2 包含的内容比讨论稳定分布时需要的内容要多. 可以直接证明它，但也可以把它看作定理 1 的系，定理 1 包含了卡拉马塔① 给出的正则变化的明显特征. 因此，似乎最好要特别地给出理论的完全解释，因为论证可以大大简化.②

我们引入形式上的缩写式

$$Z_p(x)=\int_0^x y^pZ(y)\mathrm{d}y,\quad Z_p^*(x)=\int_x^\infty y^pZ(y)\mathrm{d}y. \tag{8.9.1}$$

现在来证明，当 Z 为正则变化时，这些函数是渐近地与 Z 相关的，正如在简单情形 $Z(x)=x^a$ 中一样.

Z_p 在无穷远点的渐近性质不受 Z 在原点旁的性质的影响. 因此，不失一般性，我们可以假设 Z 在 0 的某个邻域内恒等于 0，因此确定 Z_p 的积分对所有的 p 都有意义.

引理　令 $Z>0$ 是缓慢变化的. 对于 $p<-1$，(8.9.1) 中的积分在 ∞ 处收敛；对于 $p>-1$，它在 ∞ 处发散.

如果 $p\geqslant -1$，那么 Z_p 以指数 $p+1$ 正则变化. 如果 $p<-1$，那么 Z_p^* 以指数 $p+1$ 正则变化，并且如果 Z_{-1}^* 存在，那么这对于 $p+1=0$ 仍然是正确的.

证　对于给定的 $x>0$ 和 $\varepsilon>0$，选取这样的 η，使得对于 $y\geqslant\eta$，

$$(1-\varepsilon)Z(y)\leqslant Z(xy)\leqslant(1+\varepsilon)Z(y). \tag{8.9.2}$$

假设 (8.9.1) 中的积分收敛. 由

$$Z_p^*(tx)=x^{p+1}\int_t^\infty y^pZ(xy)\mathrm{d}y \tag{8.9.3}$$

推出，对于 $t>\eta$，

$$(1-\varepsilon)x^{p+1}Z_p^*(t)\leqslant Z_p^*(tx)\leqslant(1+\varepsilon)x^{p+1}Z_p^*(t).$$

---

* 本节只用于稳定分布理论中，但是在参考文献中，定理 2 的利用可以简化许多冗长的计算.

① J. Karamata, *Sur un mode de croissance regulière*, Mathematica (Cluj), vol. 4 (1930) pp. 38-53. 尽管经常参考这篇论文，但是看来没有更新的解释存在. 关于最近的推广以及在陶伯定理中的应用，见 W. Feller, *One-sided analogues of Karamata's regular variation*, in the Karamata memorial volume (1968) of L'Enseignement Mathématique.

② 尽管这里给出的定理 1 的证明是新的，但我们利用了卡拉马塔的想

因为 ε 是任意的，所以我们知道，当 $t\to\infty$ 时

$$\frac{Z_p^*(tx)}{Z_p^*(t)}\to x^{p+1}. \tag{8.9.4}$$

这就证明了 Z_p^* 是正则变化的. 此外，因为 Z_p^* 是减函数，所以 $p+1\leqslant 0$. 因此，只有当 $p\leqslant -1$ 时，(8.9.1) 中的积分才可能收敛.

其次，假设这些积分发散. 于是对于 $t>\eta$，

$$Z_p(tx)=Z_p(\eta x)+x^{p+1}\int_\eta^t y^p Z(xy)\mathrm{d}y.$$

因此

$$(1-\varepsilon)x^{p+1}(Z_p(t)-Z_p(\eta))\leqslant Z_p(tx)-Z_p(\eta x)\leqslant(1+\varepsilon)x^{p+1}(Z_p(t)-Z_p(\eta)).$$

除以 $Z_p(t)$ 并令 $t\to\infty$，如同上述，我们可得 $Z_p(tx)/Z_p(t)$ 趋于 x^{p+1}. 因此，在发散的情况下，Z_p 是正则变化的，发散只有在 $p\geqslant -1$ 时才可能发生. ■

下一定理证明了：Z 之正则变化性保证 Z_p 和 Z_p^* 的正则变化性；除了 Z_p 或 Z_p^* 是缓慢变化的情形外，其逆也是正确的. 此外，我们得到了关于判别这些函数正则变化性的一个有用的准则. 定理的 (a) 部分和 (b) 部分分别讨论函数 Z_p^* 和 Z_p. 它们在各方面都是平行的，但是只有 (a) 部分广泛地应用于概率论中.

定理 1 (a) 如果 Z 以指数 γ 正则变化，Z_p^* 存在，那么

$$\frac{t^{p+1}Z(t)}{Z_p^*(t)}\to\lambda, \tag{8.9.5}$$

其中 $\lambda=-(p+\gamma+1)\geqslant 0$.

反之，如果 (8.9.5) 对于 $\lambda>0$ 成立，那么 Z 和 Z_p^* 分别以指数 $\gamma=-\lambda-p-1$ 和 $-\lambda$ 正则变化. 如果 (8.9.5) 对于 $\lambda=0$ 成立，那么 Z_p^* 是缓慢变化的（但是对于 Z 得不到任何结论）.

(b) 如果 Z 以指数 γ 正则变化，且 $p\geqslant -\gamma-1$，那么

$$\frac{t^{p+1}Z(t)}{Z_p(t)}\to\lambda, \tag{8.9.6}$$

其中 $\lambda=p+\gamma+1$.

反之，如果 (8.9.6) 对于 $\lambda>0$ 成立，那么 Z 和 Z_p 分别以指数 $\lambda-p-1$ 和 λ 正则变化. 如果 (8.9.6) 对于 $\lambda=0$ 成立，那么 Z_p 是缓慢变化的.

证 两部分的证明是相同的，我们只对 (a) 部分进行. 设

$$\frac{y^pZ(y)}{Z_p^*(y)}=\frac{\eta(y)}{y}. \tag{8.9.7}$$

左边的分子是分母的负导数，因此对于 $x > 1$ 有

$$\ln \frac{Z_p^*(t)}{Z_p^*(tx)} = \int_t^{tx} \eta(y) \frac{\mathrm{d}y}{y} = \eta(t) \int_1^x \frac{\eta(ts)}{\eta(t)} \frac{\mathrm{d}s}{s}. \tag{8.9.8}$$

现在假设 Z 是以指数 γ 正则变化的. 根据上一引理，Z_p^* 以指数 $-\lambda = \gamma + p + 1$ 正则变化，因此 (8.9.7) 的两边以指数 -1 正则变化. 于是 η 是缓慢变化函数. 因此，当 $t \to \infty$ 时，(8.9.8) 中的最后一个被积函数趋于 s^{-1}. 遗憾的是，我们不知道 η 是有界的，因此我们只能由法图定理 [见 (4.2.9)] 来断言积分的下极限 $\geqslant \ln x$. 但由于 Z_p^* 的正则变化性，我们知道左边趋于 $\lambda \ln x$，因此

$$\limsup \eta(t) \leqslant \lambda.$$

但是这蕴涵 η 的有界性，因而我们可以选择这样一个序列 $t_n \to \infty$，使得 $\eta(t_n) \to c < \infty$. 由缓慢变化性，这蕴涵对于所有的 s 有 $\eta(t_n s) \to c$，收敛是有界的. 于是 (8.9.8) 的右边趋近于 $c \ln x$，因此 $c = \lambda$. 由此推出，极限 c 是与序列 $\{t_n\}$ 无关的，从而 $\eta(t) \to \lambda$. 这就证明了 (8.9.5) 是正确的.

其逆是比较容易证明的. 设 $\eta(t) \to \lambda \geqslant 0$，于是 (8.9.8) 的两边都趋近于 $\lambda \ln x$，因此如所断言，比 $Z_p^*(t)/Z_p^*(tx)$ 趋近于 x^λ. 如果 $\lambda > 0$，那么这和 (8.9.5) 合在一起就证明了 Z 以指数 $-\lambda - p - 1$ 正则变化. ■

虽然我们以后没有用到它，但是我们还是要叙述下列有趣的推论.

推论 为使函数 Z 是缓慢变化的，当且仅当它具有形式

$$Z(x) = a(x) \exp\left(\int_1^x \frac{\varepsilon(y)}{y} \mathrm{d}y\right), \tag{8.9.9}$$

其中当 $x \to \infty$ 时，$\varepsilon(x) \to 0$, $a(x) \to c < \infty$.

证 容易验证，右边是一个缓慢变化函数. 反之，假设 Z 是缓慢变化的. 利用 (8.9.6)（$p = \gamma = 0$），我们得到

$$\frac{Z(t)}{Z_0(t)} = \frac{1 + \varepsilon(t)}{t}$$

其中 $\varepsilon(t) \to 0$. 在左边，分子是分母的导数，经过积分，我们得到

$$Z_0(x) = Z_0(1) \cdot x \exp\left(\int_1^x \frac{\varepsilon(t)}{t} \mathrm{d}t\right),$$

这等价于 (8.9.9)，因为根据 (8.9.6) 有 $Z(x) \sim Z_0(x) x^{-1}$. ■

我们着手把定理 1 应用于概率分布 F 的截尾矩函数. 我们可以单独地考虑每个尾部，也可以把它们结合起来，考虑 $F(x) - F(-x)$ 而不考虑 F. 因此，只需研究集中于 $\overline{0, \infty}$ 上的分布 F 就够了. 对于这样的分布，我们把截尾矩函数 U_ζ 和 U_η 定义为，

$$U_\zeta(x)=\int_0^x y^\zeta F\{\mathrm{d}y\},\quad V_\eta(x)=\int_x^\infty y^\eta F\{\mathrm{d}y\}. \tag{8.9.10}$$

不用说，第 2 个积分收敛，而第 1 个积分当 $x\to\infty$ 时趋于 ∞. 这要求 $\zeta>0,-\infty<\eta<\zeta$. 特别地，$V_0=1-F$ 是分布 F 的尾部.

我们证明定理 1 的 (a) 部分的一个推广；(b) 部分可用同样的方式推广.

定理 2[①] 假设 $U_\zeta(\infty)=\infty$.

(i) 如果 U_ζ 和 V_η 中有一个是正则变化的，那么存在极限

$$\lim_{x\to\infty}\frac{t^{\zeta-\eta}V_\eta(t)}{U_\zeta(t)}=c,\quad 0\leqslant c\leqslant\infty. \tag{8.9.11}$$

我们把这个极限唯一地写成如下形式：

$$c=\frac{\zeta-\alpha}{\alpha-\eta},\quad \eta\leqslant\alpha\leqslant\zeta, \tag{8.9.12}$$

其中如果 $c=\infty$，那么 $\alpha=\eta$.

(ii) 反之，如果 (8.9.11) 对于 $0<c<\infty$ 是正确的，那么一定有 $\alpha\geqslant 0$，并且存在一个缓慢变化函数 L，使得

$$U_\zeta(x)\sim(\alpha-\eta)x^{\zeta-\alpha}L(x),\quad V_\eta(x)\sim(\zeta-\alpha)x^{\eta-\alpha}L(x). \tag{8.9.13}$$

其中符号 $\sim$ 表示两边之比趋于 1.

(iii) 只要以显然的方式解释符号 $\sim$，这个陈述在 $c=0$ 或 $c=\infty$ 时仍是正确的.

例如，如果 (8.9.11) 对于 $c=0$ 成立，那么 $\alpha=\zeta$，U_ζ 是缓慢变化的，但是关于 V_η 我们只知道 $V_\eta(x)=o(x^{\eta-\zeta}L(x))$. 在这种情形下，$V_\eta$ 未必是正则变化的（见习题 31）. 但是，缓慢变化的情形是函数 U_ζ 或 V_η 这一的正则变化性不蕴涵另一函数正则变化性的唯一的情形.

证 (i) 我们把 V_η 写成形式

$$V_\eta(x)=\int_x^\infty y^{\eta-\zeta}U_\zeta(\mathrm{d}y). \tag{8.9.14}$$

在 x 和 $t>x$ 之间进行分部积分，我们得到

$$V_\eta(x)-V_\eta(t)=-x^{\eta-\zeta}U_\zeta(x)+t^{\eta-\zeta}U_\zeta(t)+(\zeta-\eta)\int_x^t y^{\eta-\zeta-1}U_\zeta(y)\mathrm{d}y.$$

右端最后两项是正的，因此积分当 $t\to\infty$ 时应收敛. 由 U_ζ 之单调性，这蕴涵 $t^{\eta-\zeta}U_\zeta(t)\to 0$，因此

$$V_\eta(x)=-x^{\eta-\zeta}U_\zeta(x)+(\zeta-\eta)\int_x^\infty y^{\eta-\zeta-1}U_\zeta(y)\mathrm{d}y, \tag{8.9.15}$$

---

① 关于推广，见习题 34 和习题 35.

也就是

$$\frac{x^{\zeta-\eta}V_\eta(x)}{U_\zeta(x)}=-1+\frac{\zeta-\eta}{x^{\eta-\zeta}U_\zeta(x)}\int_x^\infty y^{\eta-\zeta-1}U_\zeta(y)\mathrm{d}y. \tag{8.9.16}$$

现在假设 U_ζ 是正则变化的. 因为 $U_\zeta(\infty)=\infty$，所以指数必然 $\leqslant\zeta$，我们以 $\zeta-\alpha$ 来表示它. [因为 (8.9.16) 中的积分收敛，所以必然有 $a\geqslant\eta$.] 具有 $Z=U_\zeta$ 和 $p=\eta-\zeta-1$ 的关系式 (8.9.5) 断言，(8.9.16) 之右端当 $\lambda\neq 0$ 时趋于

$$-1+(\zeta-\eta)/(\alpha-\eta)=(\zeta-\alpha)/(\alpha-\eta)$$

当 $\lambda=0$ 时趋于 ∞. 因此，我们证明，如果 U_ζ 以指数 $\zeta-\alpha$ 正则变化，那么 (8.9.11) 对于 (8.9.12) 给出的且 $\geqslant 0$ 的 c 成立.

其次，假设 V_η 是正则变化的. 它的指数 $\leqslant\eta$，我们以 $\eta-\alpha$ 来表示它. 我们利用相同的论证，除了把 (8.9.15) 换成类似的关系式

$$U_\zeta(x)=-x^{\zeta-\eta}V_\eta(x)+(\zeta-\eta)\int_0^x y^{\zeta-\eta-1}V_\eta(y)\mathrm{d}y \tag{8.9.17}$$

以外. 于是应用具有 $Z=V_\eta$ 和 $p=\zeta-\eta-1$ 的 (8.9.6) 可得 (8.9.11) 对于由 (8.9.12)（其中 $\alpha\geqslant 0$）给出的 c 成立.

(ii) 为了证明其逆，假设 (8.9.11) 成立，并把 c 写成 (8.9.12) 的形式. 首先假定 $0<c<\infty$. 我们由 (8.9.16) 看出，

$$\frac{x^{\eta-\zeta}U_\zeta(x)}{\displaystyle\int_x^\infty y^{\eta-\zeta-1}U_\zeta(y)\mathrm{d}y}\to\frac{\zeta-\eta}{c+1}=\alpha-\eta. \tag{8.9.18}$$

由定理 1(a) 直接推出，U_ζ 以指数 $\zeta-\alpha>0$ 正则变化，于是 (8.9.11) 蕴涵 V_η 以指数 $\eta-\alpha$ 正则变化. 由此推出 U_ζ 和 V_η 可以写成 (8.9.13) 的形式，其中 $\alpha\geqslant 0$.

如果 $c=0$，那么用同样的论证可以证明 U_ζ 是缓慢变化的，但是由 (8.9.11) 得不出 V_η 是正则变化的结论.

最后，如果 (8.9.11) 对于 $c=\infty$ 成立，那么我们由 (8.9.18) 断言

$$\frac{x^{\zeta-\eta}V_\eta(x)}{\displaystyle\int_0^x y^{\zeta-\eta-1}V_\eta(y)\mathrm{d}y}\to\zeta-\eta, \tag{8.9.19}$$

根据定理 1(b)，这蕴涵 V_η 是缓慢变化的. ■

8.10 习 题

1. 收敛的另一定义. 设 F_n 和 F 是概率分布. 证明：$F_n\to F$（正常地），当且仅当对于给定的 $\varepsilon>0,h>0$ 和 t，存在一个 $N(\varepsilon,h,t)$，使得对于 $n>N(\varepsilon,h,t)$,

$$F(t-h)-\varepsilon<F_n(t)<F(t+h)+\varepsilon. \tag{8.10.1}$$

2. 非正常收敛. 如果 F 是亏损分布，那么 (8.10.1) 蕴涵非正常地 $F_n \to F$. 其逆不成立. 证明：正常收敛可通过要求 (8.10.1) 对于 $n \geqslant N(\varepsilon, h)$ 成立来定义.

3. 设 $\{F_n\}$ 正常收敛于不集中在一点上的极限. 序列 $\{F_n(a_n x + b_n)\}$ 收敛于集中在原点上的分布，当且仅当 $a_n \to \infty, b_n = o(a_n)$.

4. 设 $X_1, X_2, \cdots$ 是具有共同分布 F 的独立随机变量，$S_n = X_1 + \cdots + X_n$. 设变量 $a_n^{-1} S_n - b_n$ 有一个不集中于一点上的正常极限分布 U. 如果 $a_n > 0$，则

$$a_n \to \infty, \quad a_n / a_{n-1} \to 1.$$

[提示：利用 8.3 节定理 2 来证明 a_{2n}/a_n 趋近于有穷极限. 只要考虑对称分布就够了.]（极限分布是稳定的，见 6.1 节.）

5. 设 $\{u_n\}$ 是一个有界单调函数的序列，它处处收敛于一有界**连续的**极限（极限当然是单调的）. 证明：收敛是一致的. [**提示**：把坐标轴分成一些子区间，使得 u 在每个子区间上的变化小于 ε.]

6. 设 F_n 集中于 n^{-1} 上，$u(x) = \sin(x^2)$，则 $F_n \bigstar u \to u$ 处处成立，但非一致成立.

7. (a) 如果 (X_n, Y_n) 的联合分布收敛于 (X, Y) 的联合分布，那么 $X_n + Y_n$ 的分布趋于 $X + Y$ 的分布.

(b) 证明 8.3 节定理 2 是一个特殊情形.

(c) 如果只知道 X_n 和 Y_n 的边缘分布收敛，那么上述结论一般不成立.

8. 设 $F_n \to F$，且 F 是亏损的. 如果 $u \in C_0(-\infty, \infty)$，则在每个有穷区间上一致地有 $F_n \bigstar u \to F \bigstar u$.（这推广了 8.3 节定理 1.）

9. 如果非正常地有 $F_n \to F$，那么 $F_n \bigstar F_n \to F \bigstar F$ 不一定成立.

例. 令 F_n 在点 $-n, 0$ 和 n 上具有重量为 $\dfrac{1}{3}$ 的原子.

10. 在平面内，每个在无穷远处等于 0 的连续函数可以用有穷线性组合 $\Sigma c_k \varphi_k(x) \psi_k(y)$ 来一致逼近，其中 φ_k 及 ψ_k 是无穷可微的.

[提示：利用 8.3 节例 (a)，选取 $G_k(x, y) = \mathfrak{N}_k(x)\mathfrak{N}_k(y)$，其中 $\mathfrak{N}$ 是正态分布.]

度量 函数 ρ 称为概率分布的**距离函数**，如果 $\rho(F, G)$ 对于每对概率分布 F, G 是有定义的，且有下列 3 个性质：$\rho(F, G) \geqslant 0$，且 $\rho(F, G) = 0$ 当且仅当 $F = G$；其次，$\rho(F, G) = \rho(G, F)$；最后，ρ 满足三角形不等式

$$\rho(F_1, F_2) \leqslant \rho(F_1, G) + \rho(F_2, G).$$

11. 莱列维度量. 对于两个正常分布 F 和 G，把 $\rho(F, G)$ 定义为使得对于所有的 x，

$$F(x - h) - h \leqslant G(x) \leqslant F(x + h) + h \tag{8.10.2}$$

在所有的 $h > 0$ 时的下确界. 验证 ρ 是距离函数. 证明：为使 $F_n \to F$ 为正常的，当且仅当 $\rho(F_n, F) \to 0$.

12. 以"离差"表示的距离. 设 $\rho(F, G) = \sup \|\mathfrak{F}u - \mathfrak{G}u\|$，其中 $u \in C_0, \|u\| = 1$. 证明 ρ 是距离函数.① 如果 F 和 G 是原子型分布，且对点 a_k 各自赋以重量 p_k 和 q_k，那么

$$\rho(F, G) = \sum |p_k - q_k|. \tag{8.10.3}$$

---

① 这个定义可扩展到任意有穷测度之差上，并且可以定义测度的"范数拓扑". 习题 13 说明所产生的收敛概念对于概率论是不自然的.

如果 F 和 G 有密度 f 和 g，那么

$$\rho(F,G)=\int_{-\infty}^{\infty}|f(x)-g(x)|\mathrm{d}x. \tag{8.10.4}$$

[提示：只要对连续的 f 和 g 来证明 (8.10.4) 就够了. 一般的情形由逼近推出.]

13. **续**. 证明 $\rho(F_n,G)\to 0$ 蕴涵正常收敛 $F_n\to G$. 为了说明其逆是不正确的，考虑正态分布函数 $\mathfrak{N}(nx)$ 和集中于 n^{-1} 上的分布 F_n.

14. **续**. 如果 $U=F_1\bigstar\cdots\bigstar F_n, V=G_1\bigstar\cdots\bigstar G_n$，证明

$$\rho(U,V)\leqslant\sum_{k=1}^{n}\rho(F_k,G_k). \tag{8.10.5}$$

这推广了基本不等式 (8.3.9). [提示：利用 (8.3.9) 和一个使得 $\|\mathfrak{U}u-\mathfrak{B}u\|$ 接近于 $\rho(U,V)$ 的测试函数 u.]

15. **用泊松分布逼近**[①]. 设 F 对点 1 赋以质量 p，对点 0 赋以质量 $q=1-p$. 如果 G 是期望为 p 的泊松分布，证明：$\rho(F,G)\leqslant\frac{9}{4}p^2$，其中 ρ 是 (8.10.3) 所定义的距离. 证明：如果 F 是 n 个具有概率 $p_1,\cdots,p_n$ 的伯努利试验中成功次数的分布，并且 G 是具有期望 $p_1+\cdots+p_n$ 的泊松分布，那么 $\rho(F,G)\leqslant\frac{9}{4}(p_1^2+\cdots+p_n^2)$.

16. 7.7 节中的大数定律说明，如果 X_k 是独立同分布的，而且 $E(X_k)=0$，那么 $(X_1+\cdots+X_n)/n\xrightarrow{\mathrm{p}}0$. 试用 8.4 节定理 1 所用的方法来证明这个结论.

17. 如果 $\alpha_k=\mathrm{E}(|X_k^{2+\delta}|)$ 对于某个 $\delta\geqslant 0$ 存在，并且 $\alpha_1+\cdots+\alpha_n=\overline{v}(S_n^{2+\delta})$ [李亚普诺夫（Liapunov）条件]，那么它们就必然满足林德伯格条件 (8.4.15).

18. 设 F_k 是对称的，并且对于 $x>1$ 有 $1-F_k(x)=\frac{1}{2}x^{-2-1/k}$. 证明它们不满足林德伯格条件 (8.4.15).

19. 设以概率 $\frac{1}{2}(1-k^{-2})$ 有 $X_k=\pm 1$，以概率 $\frac{1}{2}k^{-2}$ 有 $X_k=\pm k$，利用简单的截尾法来证明：$S_n/\sqrt{n}$ 的渐近性质和以概率 $\frac{1}{2}$ 有 $X_k=\pm 1$ 的情形一样. 因此，$S_n/\sqrt{n}$ 的分布趋于 $\mathfrak{N}$ 而 $\mathrm{Var}(S_n/\sqrt{n})\to 2$.

20. 编出上题的变形问题，使得 $E(X_k^2)=\infty$，且 $S_n/\sqrt{n}$ 之分布还是趋于 $\mathfrak{N}$.

21. **可交换变量的中心极限定理.**[②] 对于固定的 θ，令 F_θ 是期望为 0 方差为 $\sigma^2(\theta)$ 的分布. 按照概率分布 G 来选择 θ 的值，我们考虑具有共同分布 F_θ 的相互独立变量 X_n，如果 a^2 是 σ^2 关于 G 的期望，证明 $S_n/(a\sqrt{n})$ 的分布趋于分布

$$\int_{-\infty}^{+\infty}\mathfrak{N}(ax/\sigma(\theta))G\{\mathrm{d}\theta\}.$$

只有当 G 集中于一点上时，它才是正态分布.

---

① 这是受 L. Le Cam, *An approximation theorem for the Poisson binomial distribution*, Pacific J. Math., vol. 10 (1960) pp. 1181-1197 中的不等式的启发而提出的.

② J.R. Blum, H. Chernoff, M. Rosenblatt, and H. Teicher, *Central limit theorems for interchangeable processes*, Canadian J. Math., vol. 10 (1958) pp. 222-229.

22. 真空管中的起伏噪声等. 考虑具有离散化了的时间参数的 6.3 节例 (h) 中的随机过程. 假设在时刻 kh 有一电子到达的概率为 αh，证明：在离散模型中的电流强度由**无穷卷积**给出. 取极限 $h \to 0$ 导出坎贝尔（Campbell）定理 (6.3.4).

对占线的 6.3 节例 (i) 作同样处理. 把这个模型推广到下列情形：在时刻 kh 的后效是以概率 $p_1, p_2, \cdots$ 取值 $1, 2, \cdots$ 的随机变量.

23. 序列 $\{F^{n\star}\}$ 绝不是随机有界的. [**提示：**只需考虑对称分布就够了. 而且我们可以假设 F 具有无穷尾部，否则根据中心极限定理，有 $F^{n\star} \to 0$. 利用 (5.5.10).]

注 在 15.3 节例 (a) 中将证明 $F^{n\star} \to 0$.

24. 续. 然而可能有：对每个 x，

$$\limsup_{n\to\infty} F^{n\star}(x) = 1, \quad \liminf_{n\to\infty} F^{n\star}(x) = 0.$$

事实上，可选择两个极迅速增长的整数 a_k 和 n_k 的序列，使得

$$(-1)^k \frac{1}{2ka_k} S_{n_k} \xrightarrow{\mathrm{p}} 1.$$

[提示：考虑分布 $P\{X = (-1)^k a_k\} = p_k$. 选取适当的常数，下面的事件有非常大的概率：在诸项 $X_1, \cdots, X_{n_k}$ 中，有 $2k$ 个项等于 $(-1)^k a_k$，且没有一项的绝对值大于 a_k. 于是对偶数 k 有 $S_{n_k} > a_k - n_k a_{k-1}$. 证明

$$n_k = (2k)!, \quad p_k \sim \frac{1}{(2k-1)!}, \quad a_k \sim (n_k)^k$$

就行了.]

25. 在 8.8 节引理 1 之证明中，只需假设集合 A 在某个开区间中是稠密的就够了.

26. 极大值的分布. 设 $X_1, \cdots, X_n$ 是具有共同分布 F 的独立变量，$X_n^* = \max(X_1, \cdots, X_n)$. 令 G_n 是 $a_n^{-1} X_n^*$ 的分布.

(a) 如果 $F(x) = 1 - \mathrm{e}^{-x}$，$a_n = n$，那么 G_n 趋于集中在点 0 上的分布. 直接证明：a_n 的任何选取也导不出更有差别的结果.

(b) 如果 F 是具有密度 $\dfrac{1}{\pi(1+x^2)}$ 的柯西分布，$a_n = n/\pi$，那么对于 $x > 0$ 有 $G_n(x) \to \mathrm{e}^{-x^{-1}}$.

27. 如果 X 和 Y 有这样的共同分布 F，使得对于一个缓慢变化的 L 有 $1 - F(x) \sim x^{-\rho} L(x)$，那么当 $t \to \infty$ 时 $\mathrm{P}\{X > t | X + Y > t\} \to \dfrac{1}{2}$. 粗略地说，和的大数值好像是由于两个变量之一的贡献.[1]

28. 在 $\overline{0, \infty}$ 上令 $v > 0, a > 0$，并假设

$$\lim_{t\to\infty} [a(t)v(tx) + b(t)x] = z(x)$$

存在且连续地依赖于 x. 对于固定的 $x_0 > 0$，证明 $\dfrac{v(x_0 x)}{x_0 x} - \dfrac{v(x)}{x}$ 是正则变化的. 证明：如果 v 本身不是正则变化的 [在这种情形下，$z(x) = cx^\alpha + c_1 x$]，那么或者 $z(x) = cx^\alpha$，或者 $z(x) = cx + c_1 x \ln x$.

---

① 像这样的现象好像是 B. 芒德布罗首先注意到的.

29. 设 G 是对称稳定分布，即 $G^{r\star}(c_r x) = G(x)$（见 6.1 节）. 用 8.8 节最后一个推论来证明：如果 $r[1-G(c_r x)]t$ 不趋于 0，那么 $1-G(x) \sim x^{-\alpha}L(x)$（其中 $\alpha < 2$）. 而且当 $r[1-G(c_r x)]t \to 0$ 时，G 是正态分布.

[提示：根据对称化不等式 (5.5.13)，序列 $r[1-G(c_r x)]$ 是有界的，其余的是容易的.]

30. 把上题推广到非对称稳定分布的情形.

31. 设 $\{X_n\}$ 是相互独立正随机变量序列，且具有集中于 $\overline{0,\infty}$ 上的共同分布 F. 设 N 是一个泊松变量. 随机和 $S_N = X_1 + \cdots + X_N$ 有复合泊松分布

$$U = \mathrm{e}^{-c}\sum \frac{c^n}{n!}F^{n\star}.$$

设 L 在无穷远处是缓慢变化的. 证明：如果 $1-F(x) \sim x^{-\rho}L(x)$，则 $1-U(x) \sim cx^{-\rho}L(x)$.

[提示: 显然 $\mathrm{P}\{S_N > x\}$ 大于诸分量中恰有一个 $X_j > x$ 的概率，即

$$1-U(x) \geqslant c[1-F(t)]\mathrm{e}^{-c[1-F(t)]}.$$

另外，对于充分大的 x，事件 $S_N > x$ 不可能发生，除非诸分量中有一个 $X_j > (1-\varepsilon)x$，或至少有两个大于 $x^{2/3}$，或最后 $N > x^{\frac{1}{8}}$. 第 2 个事件的概率是 $o(1-F(x))$，而 $N > \ln x$ 的概率比 x 的任意幂趋于 0 的速度都快.]

32. 设 F 是一个原子型分布，在点 2^n 上具有与 $n^{-1}2^{-2n}$ 成正比的质量. 证明：(8.9.10) 中所定义的 U_2 是缓慢变化的，并且 $U_2(\infty) = \infty$，但是 $1-F$ 不是正则变化的.

[提示：对于最后一个陈述，只要考虑跳跃度就够了.]

注 其余的问题涉及正则变化概念的推广.[1] 下列定义提供了方便的起点.

定义 *单调函数 u 在无穷远处是控制变化的，如果比 $u(2x)/u(x)$ 保持 0 和 ∞ 以外的有界值.*

33. 证明：为使非减函数 u 是控制变化的，当且仅当存在常数 A, p 及 t_0，使得

$$\frac{u(tx)}{u(t)} < Ax^p, \quad t > t_0, \quad x > 1. \tag{8.10.6}$$

对于非增的 u，只要把 $x > 1$ 换为 $x < 1$，同样的准则是适用的.

34. 8.9 节定理 2 的推广. 如同 (8.9.10) 那样定义 U_ζ 和 V_η（这要求 $-\infty < \eta < \zeta$）. 令 $R(t) = t^{\zeta-\eta}V_\eta(t)/U_\zeta(t)$. 证明：为使 U_ζ 是控制变化的，当且仅当 $\limsup R(t) < \infty$. 类似地，为使 V_η 是控制变化的，当且仅当 $\liminf R(t) > 0$.

35. 续. 更确切地说：如果对于 $t > t_0$ 有 $R(t) \leqslant M$，那么

$$\frac{U_\zeta(tx)}{U_\zeta(t)} \leqslant (M+1)x^p, \quad x > 1, \quad t > t_0, \tag{8.10.7}$$

---

[1] 进一步的结果和细节见 W. Feller, *One-sided analogues of Karamata's regular variation*, in the Karamata Memorial Volume of l'Enseignement Mathématique, vol. 15 (1969) pp. 107-121. 又见 W. Feller, *On regular variation and local limit theorems*, Proc. Fifth Berkeley Symposium Math. Statistics and Probability, vol.2, part 1, pp. 373-388 (1965–1966).

其中 $p=(\zeta-\eta)M/(M+1)$. 反之，具有 $p<\zeta-\eta$ 的 (8.10.6) 蕴涵

$$R(t) \leqslant \frac{M(\zeta-\eta)+p}{\zeta-\eta-p}. \tag{8.10.8}$$

如果把 R 换成它的倒数 R^{-1}，同时把比 $U_\zeta(tx)/U_\zeta(t)$ 换成 $V_\eta(t)/V_\eta(tx)$，那么上面的陈述仍是正确的.

36. 证明下列准则：如果存在一个数 $s>1$ 使得 $\liminf U_\zeta(st)/U_\zeta(t)>1$，那么 V_η 是控制变化的. 类似地，如果 $\liminf V_\eta(t/s)/V_\eta(t)>1$，那么 U_ζ 是控制变化的.

第 9 章　无穷可分分布与半群

本章的目的是要说明关于无穷可分分布、独立增量过程、稳定分布及其吸引域的一些基本定理，可以由用来证明中心极限定理的论证的一种自然推广来推导. 我们将用傅里叶分析的方法重新讨论并扩充这一理论，因此我们现在仅局限于叙述一些基本事实. 本章的主要兴趣是方法论性质的，即要把现在的课题和马尔可夫过程的一般理论联系起来；当可以应用的时候，傅里叶分析的方法可导致更深刻的结果. 为了使一些重要的事实容易理解，一些定理将被证明两次. 因此，一般的结构定理是首先对方差存在的分布半群证明的. 这样，9.1~9.4 节对基本事实的陈述是自给自足的.

本章的半群算子是卷积. 其他的半群将在下一章中用新的方法独立地考察.

9.1　概　　论

本章的极限定理是中心极限定理的一种自然推广，无穷可分分布与正态分布有密切的联系. 为了看出这一点，在稍微不同的背景上重复 8.4 节中定理 1 的证明是值得的.

这一次我们考虑任意一个三角形阵列 $\{X_{k,n}\}$，其中对于每个 n，n 个变量[①] $X_{1,n},\cdots,X_{n,n}$ 是独立的，且具有共同的分布 F_n. 对于行和，我们记 $S_n=X_{1,n}+\cdots+X_{n,n}$. 在第 8 章中，我们讨论了 $X_{k,n}=X_ka_n^{-1}$ 且 $F_n(x)=F(a_nx)$ 这种特殊情况. 在那里，行和记为 S_n^*.

在本章中，我们利用 8.3 节中的算子记号. 因此，$\mathfrak{F}_n$ 是与 F_n 对应的算子，$\mathfrak{F}_n^n$ 是与 S_n 的分布对应的算子. 最后，$\|u\|$ 表示连续函数 $|u|$ 的上确界.

例　(a) **中心极限定理.** 假设存在这样的数 $\varepsilon_n\to 0$，使得

$$|X_{1,n}|<\varepsilon_n,\quad E(X_{1,n})=0,\quad nE(X_{1,n}^2)\to 1. \tag{9.1.1}$$

对于一个具有 3 阶有界导数的函数 u，我们有恒等式

$$n[\mathfrak{F}_nu(x)-u(x)]=\int_{-\varepsilon_n}^{\varepsilon_n}\frac{u(x-y)-u(x)+yu'(x)}{y^2}\cdot ny^2F_n\{\mathrm{d}y\}. \tag{9.1.2}$$

---

① 三角形阵列是在 6.3 节中定义的. 应当记住，我们实际上讨论的是分布函数 $F_{k,n}$；随机变量 $X_{k,n}$ 只是用来简化记号的. 因此，不同行的变量不必有任何联系（并且不必定义在同一概率空间上）.

根据假设，有限测度 $ny^2F_n\{dy\}$ 收敛于一个集中在原点上的概率分布. 积分号下的分式是 y 的一个连续函数，它与 $\frac{1}{2}u''(x)$ 之差小于 $\varepsilon_n||u''||$. 因此，关于 x 一致地有

$$n[\mathfrak{F}_n u - u] \to \frac{1}{2}u''. \tag{9.1.3}$$

现在假设 $\{\mathfrak{G}_n\}$ 是另外一个算子序列，使得 $n[\mathfrak{G}_n u - u]$ 一致地收敛于 $\frac{1}{2}u''$. 那么一致地有

$$n[\mathfrak{F}_n u - \mathfrak{G}_n u] \to 0. \tag{9.1.4}$$

根据基本不等式 (8.3.10)（以后将经常使用这个不等式）

$$||\mathfrak{F}_n^n u - \mathfrak{G}_n^n u|| \leqslant n||\mathfrak{F}_n u - \mathfrak{G}_n u||, \tag{9.1.5}$$

右边由于 (9.1.4) 而趋于 0. 正如我们在 8.4 节的定理 1 的证明中所看到的，我们可以把 $\mathfrak{G}_n$ 取作与方差为 $1/n$ 的对称正态分布相对应的算子. 于是 $\mathfrak{G}_n^n = \mathfrak{G}_1$，因此 $\mathfrak{F}_n^n \to \mathfrak{G}_1$. 这样我们证明了 S_n 的分布趋于正态分布 $\mathfrak{N}$. ■

仔细观察这个证明的结构就可以看出，(9.1.3) 右边的形式不起作用. 假设我们有这样一个阵列，使得一致地有

$$n[\mathfrak{F}_n u - u] \to \mathfrak{U}u, \tag{9.1.6}$$

其中 $\mathfrak{U}$ 是一个任意固定的算子，我们的论证容许我们把两个满足 (9.1.6) 的阵列加以比较，并且可以得知它们的行和的渐近性质是相同的. 如果对一个这样的阵列，S_n 的分布趋于一个极限 G，那么这对于我们所有的阵列都是正确的. 我们将证明这总是正确的.

(b) **泊松分布.** 设 $X_{1,n}$ 以概率 p_n 等于 1，以概率 $1-p_n$ 等于 0. 如果 $np_n \to \alpha$，那么

$$n[\mathfrak{F}_n u(x) - u(x)] = np_n[u(x-1) - u(x)] \to \alpha[u(x-1) - u(x)]. \tag{9.1.7}$$

这一次我们取 $\mathfrak{G}_n$ 为与期望为 α/n 的泊松分布对应的算子. 简单的计算表明，$n[\mathfrak{G}_n u - u]$ 也趋于 (9.1.7) 的右边. 因此，与前面一样，我们得到 $\mathfrak{F}_n^n u \to \mathfrak{G}_1$. 于是 S_n 的分布趋于期望为 α 的泊松分布. [(9.1.7) 的右边给出了 (9.1.6) 中算子 $\mathfrak{U}$ 的一种可能形式. 关于简单三角形阵列的另一个例子，见习题 2.] ■

在这两个例子中，由于预先知道极限分布，所以我们是很幸运的. 一般说来，用这样的三角形阵列来确定极限，这样我们将推导新的分布函数. 在第 1 卷第 6 章中曾用这种方法把泊松分布定义为二项分布的极限.

由 6.3 节知道，和 S_n 的极限分布称为**无穷可分的**. 我们将证明，当形如 (9.1.6) 的关系式成立时，这样的极限分布存在，而且还将证明这个条件也是必要的. 研究

这个问题的另外一种方法依赖于对测度 $ny^2F_n\{\mathrm{d}y\}$ 的研究. 在上述两个例子中，极限测度是存在的. 在例 (a) 中，它集中于原点上；在例 (b) 中，它集中于点 1 上. 一般说来，关系式 (9.1.6) 与这样的测度 Ω 的存在性有密切的联系，这个测度使得 $ny^2F_n\{\mathrm{d}y\}\to\Omega\{\mathrm{d}y\}$，我们将用算子 $\mathfrak{U}$ 或测度 Ω（Ω 可能是无界的）来刻划无穷可分分布的特征.

研究这个问题的第三种方法从解下列卷积方程开始：

$$Q_s\bigstar Q_t=Q_{s+t},\tag{9.1.8}$$

其中 Q_t 是一个依赖于参数 $t>0$ 的概率分布.

(c) 正态分布和泊松分布满足 (9.1.8)，其中 t 与方差成正比. Γ 分布 (2.2.2) 满足卷积性质 (2.2.3)，它是 (9.1.8) 的特殊情形. 对 Cauchy 分布 (2.4.5) 和单侧稳定分布 (2.4.7) 导出的类似的卷积性质也是 (9.1.8) 的特殊情形.

对于具有 $F_n=Q_{1/n}$ 的三角形阵列，当 t 跑遍 $\dfrac{1}{2},\dfrac{1}{3},\cdots$ 时，(9.1.6) 成立. 我们希望，当 t 以任意的方式从右边趋于 0 时，(9.1.6) 都成立.

(9.1.8) 是**平稳独立增量**过程的基本方程（6.4 节），且与半群理论有密切的联系. 在这里 $\mathfrak{U}$ 作为“生成元”出现. 原来这个理论提供了讨论极限定理和无穷可分分布的最简易的方法，因此我们就从它开始.

9.2 卷积半群

对 $t>0$，设 Q_t 是 $\mathbb{R}^1$ 中的一个满足 (9.1.8) 的概率分布，$\mathfrak{Q}(t)$ 是对应的算子，即

$$\mathfrak{Q}(t)u(x)=\int_{-\infty}^{+\infty}u(x-y)Q_t\{\mathrm{d}y\}.\tag{9.2.1}$$

那么 (9.1.8) 等价于

$$\mathfrak{Q}(s+t)=\mathfrak{Q}(s)\mathfrak{Q}(t).\tag{9.2.2}$$

称满足 (9.2.2) 的算子族为**半群**. [它不是群，因为一般说来 $\mathfrak{Q}(t)$ 没有逆算子.] 半群的算子可以是各种各样的算子. 为方便起见，我们用一个词来表示 $\mathfrak{Q}(t)$ 是与一概率分布对应的这一要求.

定义 1 *卷积半群 $\{\mathfrak{Q}(t)\}$（其中 $t>0$）是与概率分布对应的且满足 (9.2.2) 的算子族.*

我们取 $C_0[-\infty,+\infty]$ 作为定义域. 算子 $\mathfrak{Q}(t)$ 是转移算子，即 $0\leqslant u\leqslant 1$ 蕴涵 $0\leqslant\mathfrak{Q}(t)u\leqslant 1$，且我们有 $\mathfrak{Q}(t)1=1$.

我们需要讨论不是对所有连续函数都有定义的算子 [如 (9.1.3) 中的 $\mathrm{d}^2/\mathrm{d}x^2$]. 幸好目前可以避免关于这类算子的精确定义域的冗长讨论，因为我们需要考虑的

只是这样的函数 u 所构成的类，使得 $u \in C[-\infty,\infty]$ 且 u 的各阶导数都存在且属于 $C[-\infty,\infty]$. 称这样的函数为**无穷可微的**[①]，用 C^∞ 来表示这样的函数构成的类. 目前我们只考虑这样的算子 $\mathfrak{U}$: $\mathfrak{U}$ 定义在 C^∞ 上，且使得 $\mathfrak{U}u \in C^\infty$，因此所出现的算子都可以看作从 C^∞ 到 C^∞ 的算子. 对于与概率分布对应的算子，我们在 8.3 节中已经证明，为使 $\mathfrak{F}_n \to \mathfrak{F}$，当且仅当对于 $u \in C^\infty$ 有 $\mathfrak{F}_n u \to \mathfrak{F}u$. 我们现在把这个收敛定义推广到任意算子上.

定义 2 设 $\mathfrak{U}_n$ 和 $\mathfrak{U}$ 是从 C^∞ 到 C^∞ 的算子. 如果对于每个 $u \in C^\infty$，

$$||\mathfrak{U}_n u - \mathfrak{U}u|| \to 0, \tag{9.2.3}$$

那么我们就称 $\mathfrak{U}_n$ 收敛于 $\mathfrak{U}$，用符号表示就是 $\mathfrak{U}_n \to \mathfrak{U}$.

于是 (9.2.3) 说明**一致地**有 $\mathfrak{U}_n u \to \mathfrak{U}u$. 反之，如果对于每个 $u \in C^\infty$，序列 $\{\mathfrak{U}_n u\}$ 一致地收敛于一个极限 $v \in C^\infty$，那么可以用 $\mathfrak{U}u = v$ 定义一个算子 $\mathfrak{U}$，显然 $\mathfrak{U}_n \to \mathfrak{U}$.

定义 3 称卷积半群 $\{\mathfrak{Q}(t)\}$ 是连续的，如果

$$\mathfrak{Q}(h) \to \mathbf{1}, \quad h \to 0+, \tag{9.2.4}$$

其中 $\mathbf{1}$ 是恒等算子. 在这种情形下，我们令 $\mathfrak{Q}(0) = \mathbf{1}$.

因为 $||\mathfrak{Q}(t)u|| \leqslant ||u||$，所以由定义 (9.2.2)，对于 $h > 0$ 有

$$||\mathfrak{Q}(t+h)u - \mathfrak{Q}(t)u|| \leqslant ||\mathfrak{Q}(h)u - u||. \tag{9.2.5}$$

对于充分小的 h，左边小于一个与 t 无关的 ε. 在这种意义上，连续卷积半群是**一致连续的**.

定义 4 称从 C^∞ 到 C^∞ 的算子 $\mathfrak{U}$ 产生一个卷积半群 $\{\mathfrak{Q}(t)\}$，如果当 $h \to 0+$ 时，

$$h^{-1}[\mathfrak{Q}(h) - \mathbf{1}] \to \mathfrak{U}. \tag{9.2.6}$$

等价地，我们称 $\mathfrak{U}$ 是一个生成元.[②]

更明确地说，就是：当极限存在时，算子 $\mathfrak{U}$ 可由下式定义：

$$t^{-1}\int_{-\infty}^{+\infty} [u(x-y) - u(x)]Q_t\{\mathrm{d}y\} \to \mathfrak{U}u(x). \tag{9.2.7}$$

显然，有生成元的半群自然地是连续的. 我们将证明所有的连续卷积半群都有生成元，但这绝不是显然的.

---

① 类 C^∞ 只是为了避免新术语而引入的. 可以把它换为由所有具有（例如）4 阶有界导数的函数所构成的类或由所有具有任意期望与方差的正态分布函数的线性组合构成的类.

② 因为我们把 $\mathfrak{U}$ 的定义域局限于 C^∞，所以我们的术语与 E. 希尔和菲利普斯（R.S. Phillips）合著的书（1957）中叙述的标准用法稍有不同.

在形式上，(9.2.6) 把 $\mathfrak{U}$ 定义为 $\mathfrak{Q}(t)$ 在 $t=0$ 处的导数. 它的存在性蕴涵在 $t>0$ 处的可微性，因为当 $h\to 0+$ 时，

$$\frac{\mathfrak{Q}(t+h)-\mathfrak{Q}(t)}{h}=\frac{\mathfrak{Q}(h)-1}{h}\mathfrak{Q}(t)\to \mathfrak{U}\mathfrak{Q}(t), \tag{9.2.8}$$

对于 $h\to 0-$ 是类似的.

以后将会用到下列例子.

例 (a) **复合泊松半群.** 设

$$Q_t=\mathrm{e}^{-\alpha t}\sum_{k=0}^{\infty}\frac{(\alpha t)^k}{k!}F^{k\star} \tag{9.2.9}$$

是一个复合泊松分布. 这里

$$\mathfrak{Q}(h)u-u=(\mathrm{e}^{-\alpha h}-1)u+\alpha h\mathrm{e}^{-\alpha h}[\mathfrak{F}u+(\alpha h/2!)\mathfrak{F}^2u+\cdots]. \tag{9.2.10}$$

用 $1/h$ 乘上式我们就可看出 (9.2.6) 对 $\mathfrak{U}=\alpha(\mathfrak{F}-\mathbf{1})$ 成立. 因此，复合泊松半群 (9.2.9) 是由 $\alpha(\mathfrak{F}-\mathbf{1})$ 产生的，我们将用缩写式 $\mathfrak{Q}(t)=\mathrm{e}^{\alpha(\mathfrak{F}-\mathbf{1})t}$ 表示它的元素.

(b) **平移.** 用 T_a 表示集中在 a 上的分布，用 $\mathfrak{T}(a)$ 表示对应的算子. 对于固定的 $\beta>0$，半群性质 $T_{\beta s}\bigstar T_{\beta t}=T_{\beta(s+t)}$ 成立，$\mathfrak{T}(\beta t)u(x)=u(x-\beta t)$. $\mathfrak{T}(\beta t)u$ 的图形是通过平移 u 的图形得到的，因此我们称这里的半群为**平移半群**. 生成元为$-\beta\dfrac{\mathrm{d}}{\mathrm{d}x}$. 注意，这个生成元是 $\alpha(\mathfrak{F}-\mathbf{1})$（其中 $\alpha=\beta/h$，当 $h\to 0$ 时的极限）F 集中在 h 上. $\alpha(\mathfrak{F}-\mathbf{1})$ 是一个差分算子，取极限曾在 7.5 节中研究过. 用 $\mathfrak{T}(t)=\exp\left(-\beta t\dfrac{\mathrm{d}}{\mathrm{d}t}\right)$ 表示这个半群是很有启发性的.

(c) **生成元的加法.** 设 $\mathfrak{U}_1$ 和 $\mathfrak{U}_2$ 产生卷积半群 $\{\mathfrak{Q}_1(t)\}$ 和 $\{\mathfrak{Q}_2(t)\}$，那么 $\mathfrak{U}_1+\mathfrak{U}_2$ 产生由算子 $\mathfrak{Q}(t)=\mathfrak{Q}_1(t)\mathfrak{Q}_2(t)$ 构成的卷积半群. [若 $\mathfrak{Q}_1(t)$ 和 $\mathfrak{Q}_2(t)$ 分别与分布 F_1 和 F_2 对应，则 $\mathfrak{Q}(t)$ 与 F_1 和 F_2 的卷积对应；见 8.3 节定理 2.] 通过简单的重排，

$$\frac{\mathfrak{Q}_1(h)\mathfrak{Q}_2(h)-\mathbf{1}}{h}=\frac{\mathfrak{Q}_1(h)-\mathbf{1}}{h}+\mathfrak{Q}_1(h)\frac{\mathfrak{Q}_2(h)-\mathbf{1}}{h}, \tag{9.2.11}$$

断言是显然的.

(d) **平移了的半群.** 作为一个特殊情形，我们得到下列法则：如果 $\mathfrak{U}$ 产生一个由与分布 Q_t 对应的算子 $\mathfrak{Q}(t)$ 构成的半群，那么 $\mathfrak{U}-\beta\mathrm{d}/\mathrm{d}x$ 产生这样一个半群 $\{\mathfrak{Q}^{\#}(t)\}$，使得 $Q_t^{\#}(x)=Q_t(x-\beta t)$.

(e) **正态半群.** 设 Q_t 表示期望为 0 方差为 ct 的正态分布. 正如已经说过的那样，这些 Q_t 确定一个半群，我们来找它的按照 (9.2.7) 定义的生成元. 根据泰勒

公式，

$$u(x-y)-u(x)=-yu'(x)+\frac{1}{2}y^2u''(x)-\frac{1}{6}y^3u'''(x-\theta y). \tag{9.2.12}$$

Q_t 的 3 阶绝对矩与 $t^{\frac{3}{2}}$ 成正比，因此可以看出，对于具有 3 阶有界导数的函数，(9.2.7) 中的极限存在且等于 $\frac{1}{2}cu''(x)$. 我们用 $\mathfrak{U}=\frac{1}{2}c\mathrm{d}^2/\mathrm{d}x^2$ 表示这个算子. ■

（进一步的例子见习题 3 ~ 习题 5. ）

关于福克–普朗克方程的注 考虑由 $v(t,x)=\mathfrak{Q}(t)f(x)$ 定义的函数族. 关系式 (9.2.8) 说明，对于光滑的 f，

$$\frac{\partial v}{\partial t}=\mathfrak{U}v. \tag{9.2.13}$$

这是过程的福克–普朗克（Fokker-Planck）方程，v 是它的满足初始条件 $v(0,x)=f(x)$ 的唯一解. 方程 (9.2.13) 描述了这个过程，不必要的复杂化是由于想把 (9.2.13) 换成一个关于转移概率 Q_t 本身的方程这一个传统的试图引起的. 例如，考虑由 $\mathfrak{U}=\alpha(\mathfrak{F}-\mathbf{1})-\beta\frac{\mathrm{d}}{\mathrm{d}x}$ 产生的平移了的复合泊松半群. 当初始函数 $f(x)=v(0,x)$ 有连续的导数时，福克–普朗克方程 (9.2.13) 成立. 对于转移概率，它的形式上的类似方程是

$$\frac{\partial Q_t}{\partial t}=-\beta\frac{\partial Q_t}{\partial x}-\alpha Q_t+\alpha F\bigstar Q_t. \tag{9.2.14}$$

只有在 Q 有密度的时候，这个方程才有意义，因此它不适用于离散过程. 通常利用 (9.2.14) 而不利用 (9.2.13)，显然这只能产生麻烦.

9.3 预备引理

在本节中，我们收集了整个理论所依赖的一些简单引理. 尽管下列不等式非常简单，但它们却是很基本的.

引理 1 如果 $\mathfrak{U}$ 和 $\mathfrak{U}^{\#}$ 分别产生卷积半群 $\{\mathfrak{Q}(t)\}$ 和 $\{\mathfrak{Q}^{\#}(t)\}$，那么对于所有的 $t>0$，

$$||\mathfrak{Q}(t)u-\mathfrak{Q}^{\#}(t)u||\leqslant t||\mathfrak{U}u-\mathfrak{U}^{\#}u||. \tag{9.3.1}$$

证 由半群性和基本不等式 (9.1.5)，我们得到，对于 $r=1,2,\cdots$，

$$\begin{aligned}||\mathfrak{Q}(t)u-\mathfrak{Q}^{\#}(t)u||&\leqslant r\left\|\mathfrak{Q}\left(\frac{t}{r}\right)u-\mathfrak{Q}^{\#}\left(\frac{t}{r}\right)u\right\|\\&=t\left\|\frac{\mathfrak{Q}(t/r)-\mathbf{1}}{t/r}u-\frac{\mathfrak{Q}^{\#}(t/r)-\mathbf{1}}{t/r}u\right\|.\end{aligned} \tag{9.3.2}$$

当 $r\to\infty$ 时，右边趋于 (9.3.1) 的右边，因此这个不等式是正确的. ■

推论 不同的卷积半群不可能有相同的生成元.

引理 2 （收敛）对于每个 n，设 $\mathfrak{U}_n$ 产生一个卷积半群 $\{\mathfrak{Q}_n(t)\}$.

如果 $\mathfrak{U}_n \to \mathfrak{U}$，那么 $\mathfrak{U}$ 产生一个卷积半群 $\{\mathfrak{Q}(t)\}$，并且对于每个 $t>0$ 有 $\mathfrak{Q}_n(t) \to \mathfrak{Q}(t)$.

证 对于每个 $t>0$，序列 $\{\mathfrak{Q}_n(t)u\}$ 一致收敛，因为根据 (9.3.1)，

$$\|\mathfrak{Q}_n(t)u - \mathfrak{Q}_m(t)u\| \leqslant t\|\mathfrak{U}_n u - \mathfrak{U}_m u\|. \tag{9.3.3}$$

因此，按照 8.3 节的准则 1，存在一个与一概率分布对应的算子 $\mathfrak{Q}(t)$ 使得 $\mathfrak{Q}_n(t) \to \mathfrak{Q}(t)$. 于是

$$\mathfrak{Q}_n(s+t) = \mathfrak{Q}_n(s)\mathfrak{Q}_n(t) \to \mathfrak{Q}(s)\mathfrak{Q}(t) \tag{9.3.4}$$

（根据 8.3 节的定理 2），因此 $\{\mathfrak{Q}(t)\}$ 是一个卷积半群. 为了证明它是由 $\mathfrak{U}$ 产生的，注意到

$$\left\|\frac{\mathfrak{Q}(t)-\mathbf{1}}{t}u - \mathfrak{U}u\right\| \leqslant \left\|\frac{\mathfrak{Q}_n(t)-\mathbf{1}}{t}u - \mathfrak{U}u\right\| + \frac{\|\mathfrak{Q}(t)u - \mathfrak{Q}_n(t)u\|}{t}.$$

当 $t \to 0$ 时，右边第 1 项趋于 $\|\mathfrak{U}_n u - \mathfrak{U}u\|$. 在 (9.3.3) 中，令 $m \to \infty$，我们看出第 2 项 $< \|\mathfrak{U}u - \mathfrak{U}_n u\|$. 因此，对于固定的 n，左边的上极限 $< 2\|\mathfrak{U}u - \mathfrak{U}_n u\|$，选择 n 充分大，可以使 $2\|\mathfrak{U}u - \mathfrak{U}_n u\|$ 任意小. ∎

根据下列引理，似乎至少应有：每个连续卷积半群都有一个生成元.

引理 3 设 $\{\mathfrak{Q}(t)\}$ 是一个连续卷积半群. 如果对某一序列 $t_1, t_2, \cdots, \to 0$，

$$\frac{\mathfrak{Q}(t_k)-\mathbf{1}}{t_k} \to \mathfrak{U}, \tag{9.3.5}$$

那么 $\mathfrak{U}$ 产生半群 $\{\mathfrak{Q}(t)\}$.

证 称左边为 $\mathfrak{U}_k$. 正如在 9.2 节例 (a) 中所证明的那样，这个 $\mathfrak{U}_k$ 产生一个复合泊松半群. 根据上一引理，存在一个卷积半群 $\{\mathfrak{Q}^{\#}(t)\}$，它是由 $\mathfrak{U}$ 产生的. 为了证明 $\mathfrak{Q}^{\#}(t) = \mathfrak{Q}(t)$，我们按 (9.3.2) 中的方式进行，以便得到

$$\|\mathfrak{Q}(rt_k)u - \mathfrak{Q}^{\#}(rt_k)u\| \leqslant rt_k\left\|\mathfrak{U}_k u - \frac{\mathfrak{Q}^{\#}(t_k)-\mathbf{1}}{t_k}u\right\|. \tag{9.3.6}$$

令 $k \to \infty, r \to \infty$，使得 $rt_k \to t$. 右边趋于 0，左边由于 (9.2.5) 而趋于 $\|\mathfrak{Q}(t)u - \mathfrak{Q}^{\#}(t)u\|$. ∎

上述的几个引理马上就要被用到. 下一个引理之所以被记录下来，是由于它只是引理 2 的一种变形，证明几乎是相同的. 我们只利用 $v_n = n$ 和 $t = 1$ 这一特殊情形，这种情形将把三角形阵列与卷积半群联系起来.

引理 4 对于每个 n，设 $\mathfrak{F}_n$ 是与概率分布 F_n 对应的算子. 如果

$$n(\mathfrak{F}_n - \mathbf{1}) \to \mathfrak{U}, \tag{9.3.7}$$

那么 $\mathfrak{U}$ 产生一个卷积半群 $\{\mathfrak{Q}(t)\}$. 如果 $n \to \infty, \dfrac{v_n}{n} \to t$, 那么

$$\mathfrak{F}_n^{v_n} \to \mathfrak{Q}(t). \tag{9.3.8}$$

特别地, $\mathfrak{F}_n^n \to \mathfrak{Q}(1)$. 如果 n 局限于一个序列 $n_1, n_2, \cdots$, 那么引理仍然成立.

证 (9.3.7) 的左边产生一个复合泊松半群 [9.2 节例 (a)], 因此根据引理 2, $\mathfrak{U}$ 是一个生成元. 根据基本不等式 (9.1.5),

$$||\mathfrak{F}_n^{v_n} u - \mathfrak{Q}(v_n/n)u|| \leqslant v_n/n||n[\mathfrak{F}_n u - u] - n[\mathfrak{Q}(1/n)u - u]||. \tag{9.3.9}$$

对于 $u \in C^\infty$, 范数符号内的每一项都一致地趋于 $\mathfrak{U}u$. ■

9.4 有限方差的情形

具有有限方差的分布的半群特别重要, 它们的理论是如此简单, 以致于值得特别论述. 许多读者对较复杂的一般半群不感兴趣, 对于其他的读者, 本节提供了有趣的介绍性的例子.

我们考虑一个卷积半群 $\{\mathfrak{Q}(t)\}$, 用 Q_t 表示有关的概率分布. 假设 Q_t 具有有限方差 $\sigma^2(t)$. 由半群性知 $\sigma^2(s+t) = \sigma^2(s) + \sigma^2(t)$, 这个方程① 的唯一正解具有 $\sigma^2(t) = ct$ 的形式.

假设这样规定 Q_t 的中心, 使得 Q_t 的期望为 0. 那么 2 阶矩导出一个由下式定义的**概率分布** Ω_t:

$$\Omega_t\{\mathrm{d}y\} = \frac{1}{ct} y^2 Q_t\{\mathrm{d}y\}. \tag{9.4.1}$$

根据选择定理, 存在一个趋于 0 的序列 $\{t_n\}$, 使得当 t 跑遍这个序列时, Ω_t 趋于一个可能为亏损的分布 Ω.

因为 Q_t 的中心是这样规定的, 使得其期望为 0, 所以我们有恒等式

$$\frac{\mathfrak{Q}(t) - \mathbf{1}}{t} u(x) = c \int_{-\infty}^{+\infty} \frac{u(x-y) - u(x) + yu'(x)}{y^2} \Omega_t\{\mathrm{d}y\}, \tag{9.4.2}$$

被积函数 (对于固定的 x) 是在原点取值 $\dfrac{1}{2}u''(x)$ 的 y 的连续函数. 被积函数及其导数在无穷远处等于 0. 这蕴涵, 当 t 跑遍 $\{t_n\}$ 时, $\Omega_t \to \Omega$, (9.4.2) 中的积分一

① 方程 $\varphi(s+t) = \varphi(s) + \varphi(t)$ 称为哈梅尔 (Hamel) 方程. 令 $u(t) = \mathrm{e}^{\varphi(t)}$, 我们得到 $u(s+t) = u(s)u(t)$, 这种形式的方程我们已遇到几次了, 且曾在第 1 卷 17.6 节中讨论过. Q_t 的期望也是哈梅尔方程的解, 因此它或者具有 mt 的形式, 或者非常奇特. 见 9.5 节.

致地趋于关于极限分布 Ω 的类似积分. 根据 9.3 节引理 3，这意味着我们的半群有一个生成元 $\mathfrak{U}$，它由下式给出：

$$\mathfrak{U}u(x) = c\int_{-\infty}^{+\infty} \frac{u(x-y)-u(x)+yu'(x)}{y^2}\Omega\{\mathrm{d}y\}. \tag{9.4.3}$$

$\mathfrak{U}$ 的这个表达式是唯一的，因为对于形如

$$u(x) = 1+\frac{x^2}{1+x^2}f(-x) \tag{9.4.4}$$

的函数，我们有

$$\mathfrak{U}u(0) = c\int_{-\infty}^{+\infty} \frac{f(x)}{1+y^2}\Omega\{\mathrm{d}y\}. \tag{9.4.5}$$

因此，当知道 $\mathfrak{U}u$ 对于所有的 $u\in C^\infty$ 的值时，就可唯一地确定测度$(1+y^2)^{-1}\Omega\{\mathrm{d}y\}$，从而确定 Ω 本身.

由这个唯一性知，极限分布 Ω 与序列 $\{t_n\}$ 无关，因此当 t 以任意的方式趋于 0 时，$\Omega_t\{\mathrm{d}y\}\to\Omega\{\mathrm{d}y\}$.

我们将证明，Ω 是一个正常概率分布，每个形如 (9.4.3) 的算子是一个生成元. 证明依赖于包含在下列例子中的两种特殊情形.

例　(a) **正态半群.** 当 Ω 是集中在原点上的概率分布时，(9.4.3) 化成 $\mathfrak{U}u(x) = \dfrac{1}{2}cu''(x)$. 我们在 9.2 节例 (e) 中曾看到，这个 $\mathfrak{U}$ 产生一个由期望为 0 方差为 ct 的正态分布构成的半群. 容易直接验证，分布 Ω_t 趋于集中在原点上的概率分布.

(b) **复合泊松半群.** 设 F 是集中在区间 $|x|>\eta$ 上的概率分布，它的期望为 m_1，方差为 m_2. 9.2 节例 (a) 的复合泊松半群的分布 Q_t 的期望为 $\alpha m_1 t$，方差为 $\alpha m_2 t$. 此半群是由 $\alpha(\mathfrak{F}-1)$ 产生的. 根据 9.2 节例 (d)，若重新定 Q_t 的中心，使其期望为 0，则这样得到的分布构成一个半群，这个半群是由

$$\alpha[\mathfrak{F}-\mathbf{1}-m_1\mathrm{d}/\mathrm{d}x]$$

产生的，即是由

$$\mathfrak{U}u(x) = \int_{|y|>\eta}[u(x-y)-u(x)-yu'(x)]F\{\mathrm{d}y\} \tag{9.4.6}$$

产生的. 利用记号的变换 $\Omega\{\mathrm{d}y\} = y^2F\{\mathrm{d}y\}/m_2$ 和 $\alpha m_2 = c$，上式化为 (9.4.3). 反之，如果 Ω 是集中在 $|x|>0$ 上的一个概率分布，那么 (9.4.3) 可以改写为 (9.4.6) 的形式，因此这样的 $\mathfrak{U}$ 产生一个复合泊松半群，它的分布 Q_t 的期望为 0，方差为 $m_2t = ct$.

我们现在可以给出以下基本定理.

定理 设 Q_t 的期望为 0，方差为 ct. 那么卷积半群 $\{\mathfrak{Q}(t)\}$ 有形如 (9.4.3) 的生成元 $\mathfrak{U}$，其中 Ω 是一个正常概率分布. 表达式 (9.4.3) 是唯一的. 反之，每个这种形式的算子产生一个由期望为 0 方差为 ct 的分布构成的卷积半群.

证 我们已经证明了形如 (9.4.3) 的生成元的存在性，但只证明了 Ω 的总质量 $\omega \leqslant 1$. 剩下的还需证明，如果 Ω 的质量为 ω，那么形如 (9.4.3) 的算子 $\mathfrak{U}$ 产生一个这样的半群，使得 Q_t 的期望为 0，方差 $\leqslant c\omega t$.

设 $\mathfrak{U}_\eta$ 是由 (9.4.3) 通过从积分区域中删去区间 $0 < |y| \leqslant \eta$ 后所得到的算子. 用 m 和 ω_η 分别表示 Ω 赋予原点和 $|y| > \eta$ 的质量. 由上例推出，$\mathfrak{U}_\eta$ 是两个算子之和，其中第 1 个算子产生一个方差为 cmt 的正态半群，第 2 个算子产生一个方差为 $c\omega_\eta t$ 的复合泊松半群. 根据 9.2 节例 (c) 的加法法则，算子 $\mathfrak{U}_\eta$ 本身产生一个方差为 $c(m+\omega_\eta)t$ 的半群. 作为 $\eta \to 0$ 时 $\mathfrak{U}_\eta$ 的极限，算子 $\mathfrak{U}$ 本身是一个半群的生成元. 对应分布的方差位于对应于 $\mathfrak{U}_\eta$ 的方差 $c(m+\omega_\eta)t$ 与它们的极限 $c\omega t$ 之间. 这就证明了 $\mathfrak{U}$ 确实产生一个方差为 $c\omega t$ 的半群. ■

9.5 主要定理

在本节中，$\{\mathfrak{Q}(t)\}$ 表示一个任意的连续卷积半群，对应的分布函数仍用 Q_t 表示. 从 (9.4.1) 类推，我们用

$$\Omega_t\{\mathrm{d}y\} = t^{-1}y^2 Q_t\{\mathrm{d}y\} \tag{9.5.1}$$

定义一个新测度 Ω_t. 新的特点是，在 Q_t 不存在二阶矩的情况下，测度 Ω_t 在全直线上未必是有限的. 但是，对于每个有限区间 I，$\Omega_t\{I\}$ 是有限的. 此外，因为 $Q_t\{\mathrm{d}y\} = ty^{-2}\Omega_t\{\mathrm{d}y\}$，所以 y^{-2} 在不包含原点的一个邻域的任一区域上是关于 Ω_t 可积的. 我们将看到，当 $t \to 0$ 时，测度 Ω_t 将收敛于一个具有类似性质的测度 Ω，这个 Ω 将确定一个半群的生成元. 因此，为方便起见，引入以下定义.

定义 称实直线上的一个测度 Ω 为标准的，如果对于有限区间 I 有 $\Omega\{I\} < \infty$，并且对于每个 x，积分

$$\psi^+(x) = \int_x^\infty y^{-2}\Omega\{\mathrm{d}y\}, \qquad \psi^-(-x) = \int_{-\infty}^{-x} y^{-2}\Omega\{\mathrm{d}y\} \tag{9.5.2}$$

收敛.

（为了确定起见，我们把积分区间取为闭的.）

我们着手证明，除了我们必须讨论标准测度而不是概率分布，和在期望不存在的情形下我们应当利用人为的定中心外，上节的理论可以照搬过来. 我们把截尾函数 τ_s 定义为这样的连续单调函数，使得

$$\tau_s(x)=\begin{cases}x, & \text{当}|x|\leqslant s\text{ 时},\\ \pm s, & \text{当}|x|\geqslant s\text{ 时},\end{cases} \tag{9.5.3}$$

其中 $s>0$ 是任意固定的.

与 (9.4.2) 类似，我们现在有等式

$$\frac{\mathfrak{Q}(t)-\mathbf{1}}{t}u(x)=\int_{-\infty}^{+\infty}\frac{u(x-y)-u(x)-\tau_s(y)u'(x)}{y^2}\Omega_t\{\mathrm{d}y\}+b_tu'(x), \tag{9.5.4}$$

其中

$$b_t=\int_{-\infty}^{+\infty}\tau_s(y)y^{-2}\Omega_t\{\mathrm{d}y\}=t^{-1}\int_{-\infty}^{+\infty}\tau_s(y)Q_t\{\mathrm{d}y\}. \tag{9.5.5}$$

(9.5.4) 中的被积函数（对于固定的 x）也是一个在原点取值 $\dfrac{1}{2}u''(x)$ 的有界连续函数. 注意，截尾函数的特殊选择 (9.5.3) 是不重要的: 我们可以把 τ 选择为任一有界连续函数，只要它在原点附近是 2 次连续可微的，并且 $\tau(0)=\tau''(0)=0,\tau'(0)=1$.

我们现在有一个与上节类似的体系，我们来推导类似的定理. 把 Ω_t 换为任一标准测度，(9.5.4) 中的积分仍有意义，我们用

$$\mathfrak{U}^{(\tau)}u(x)=\int_{-\infty}^{+\infty}\frac{u(x-y)-u(x)-\tau_s(y)u'(x)}{y^2}\Omega\{\mathrm{d}y\} \tag{9.5.6}$$

定义一个算子 $\mathfrak{U}^{(\tau)}$. 上标 τ 表示对截尾函数 τ 的依赖性. τ_s 的一个变换（或定义 (9.5.3) 中点 s 的一个变换）相当于把项 $b\mathrm{d}/\mathrm{d}x$ 加到 $\mathfrak{U}^{(\tau)}$ 上，因此算子

$$\mathfrak{U}=\mathfrak{U}^{(\tau)}+b\mathrm{d}/\mathrm{d}x \tag{9.5.7}$$

所成的族与 τ_s 的选择无关.

定理 1 *每个连续卷积半群 $\{\mathfrak{Q}(t)\}$ 都有一个生成元 $\mathfrak{U}$, $\mathfrak{U}$ 具有由 (5.6) 和 (5.7) 确定的形式，其中 Ω 是一个标准测度.*

反之，每个这种形式的算子 $\mathfrak{U}$ 产生一个连续的卷积半群 $\{\mathfrak{Q}(t)\}$. 测度 Ω 是唯一的，且当 $t\to 0$ 时，对于有限区间[①] I,

$$\Omega_t\{I\}\to\Omega\{I\}; \tag{9.5.8}$$

对于 $x>0$,

$$t^{-1}[1-\mathfrak{Q}_t(x)]\to\psi^+(x),\quad t^{-1}\mathfrak{Q}_t(-x)\to\psi^-(-x). \tag{9.5.9}$$

证 我们沿用 9.1 节的记号. 对于每个 n，考虑 n 个具有共同分布 $Q_{1/n}$ 的相互独立的变量之和 $S_n=X_{1,n}+\cdots+X_{n,n}$. 于是 S_n 的分布为 Q_1，因此 S_n 是

① 在这里以及今后，我们只对连续的区间和连续点要求收敛.

随机有界的（8.2 节的定义 2）. 我们现在提前使用 9.7 节的引理 1. 据此引理，这蕴涵对于每个有限区间 I，诸测度 $\Omega_{1/n}\{I\}$ 是有界的，并且对于每个 $\varepsilon > 0$，有一个相应的数 $a > 0$，使得对于所有的 n，

$$n[1 - Q_{1/n}(a) + Q_{1/n}(-a)] < \varepsilon. \tag{9.5.10}$$

（这个引理是十分简单的，之所以推迟它的证明，是为了不中断论证.）

根据选择定理，存在一个测度 Ω 和一列整数 n_k，使得当 t^{-1} 跑遍 $\{n_k\}$ 时，对于有限的区间，$\Omega_t\{I\} \to \Omega\{I\}$. 于是积分 $\int_I \frac{u(x-y)-u(x)-\tau_s(y)u'(x)}{y^2}\Omega_t\{\mathrm{d}y\}$ 收敛于定义 $\mathfrak{A}^{(r)}$ 的积分 $\int_I \frac{u(x-y)-u(x)-\tau_s(y)u'(x)}{y^2}\Omega\{\mathrm{d}y\}$. 记住 $y^2\Omega_t\{\mathrm{d}y\} = Q_t\{\mathrm{d}y\}$，由 (9.5.10) 可以看出，如果把 a 选得充分大，那么积分 $\int_{|y|>a} \frac{u(x-y)-u(x)-\tau_s(y)u'(x)}{y^2}\Omega_t\{\mathrm{d}y\}$ 和 $\int_{|y|>a} \frac{u(x-y)-u(x)-\tau_s(y)u'(x)}{y^2}\Omega\{\mathrm{d}y\}$ 可以一致地小. 我们断言，Ω 是一个标准测度，当 t^{-1} 跑遍 $\{n_k\}$ 时，(9.5.4) 中的积分一致地收敛于 (9.5.6) 中的积分. 此外，在目前的条件下，(9.5.5) 中的量 b_t 是有界的，因此不失一般性，可设序列 $\{n_k\}$ 是这样选择的，以致当 t^{-1} 跑遍 $\{n_k\}$ 时，b_t 收敛于一个数 b. 于是当 t^{-1} 跑遍 $\{n_k\}$ 时，

$$t^{-1}[\mathfrak{Q}(t) - \mathbf{1}]u(x) \to \mathfrak{A}u(x), \tag{9.5.11}$$

这里的收敛是一致的. 根据 9.3 节的引理 3，这意味着半群 $\{\mathfrak{Q}(t)\}$ 是由 $\mathfrak{A}$ 产生的，因此当 t 以任意的方式趋于 0 时 (9.5.11) 都成立.

因此，我们证明了生成元 $\mathfrak{A}$ 存在，且可以借助于标准测度 Ω 以 (9.5.6) 和 (9.5.7) 的形式表示. 正如在上节中那样，这个表达式中 Ω 的唯一性可由下列事实推出：对于形如 (9.4.4) 的函数，值 $\mathfrak{A}u(0)$ 由 (9.4.5) 给出（其中 c 现在被吸收到 Ω 中了）.

Ω 的唯一性蕴涵，当 t 以任意的方式逼近于 0 时 (9.5.8) 都成立. 此外，(9.5.10) 保证，对于充分大的 x，(9.5.9) 中的量一致地小. 这些量由 (9.5.2) 和把 Ω 换成 Ω_t 的类似关系式所确定. 这就证明了 (9.5.9) 是 (9.5.8) 的推论.

还需要证明的是：测度 Ω 可以任意选择. 证明和有限方差的情形一样. 与在 9.4 节例 (b) 中一样，可以看出，如果 Ω 集中在 $|y| > \eta > 0$ 上，那么 (9.5.6) 和 (9.5.7) 的算子 $\mathfrak{A}$ 产生一个带有修改了的中心常数（但不具有有限方差）的复合泊松半群. 于是 $\mathfrak{A}$ 同样可以表示为生成元的极限，因而是生成元. ■

例　柯西半群. 具有密度 $\pi^{-1}t(t^2+x^2)^{-1}$ 的分布 Q_t 构成一个半群. 容易验证，(9.5.9) 中的极限由 $\psi^+(x) = \psi^-(-x) = \pi x^{-1}$ 给出，$\pi\Omega$ 与勒贝格测度或普通的长度重合. ■

下述定理概括了无穷可分分布的各种重要特征. 部分 (v) 的证明放在 9.7 节. (另一种直接证明见习题 11.) 这一部分可以向具有可变分布的三角形阵列作进一步的推广. (见 9.9 节. 整个理论将在第 17 章中讨论.) 关于这个理论的历史, 见 6.3 节.

定理 2 下列的概率分布类是恒等的:

(i) 无穷可分分布;

(ii) 与连续卷积半群有关的分布 (即平稳独立增量过程中增量的分布);

(iii) 复合泊松分布序列的极限;

(iv) 无穷可分分布序列的极限;

(v) 三角形阵列 $\{X_{k,n}\}$ 中行和的极限分布, 其中阵列的第 n 行的变量是同分布的.

证 设 $\{\mathfrak{Q}(t)\}$ 是一个连续卷积半群. 在 9.2 节例 (a) 中已证明, 对于固定的 $h>0$, 算子 $\mathfrak{U}_h=[\mathfrak{Q}(h)-1]/h$ 产生一个由算子 $\mathfrak{Q}_h(t)$ 组成的复合泊松半群. 当 $h\to 0$ 时, 生成元 $\mathfrak{U}_h$ 收敛于生成元 $\mathfrak{U}$, 因此根据 9.3 节的引理 2, $\mathfrak{Q}_h(t)\to\mathfrak{Q}(t)$. 于是, $\mathfrak{Q}_t$ 是复合泊松分布的极限, 从而类 (ii) 包含在类 (iii) 中. 类 (iii) 显然包含在类 (iv) 中.

对于每个 n, 设 $G^{(n)}$ 是一个无穷可分分布. 根据定义, $G^{(n)}$ 是 n 个独立同分布的随机变量之和的分布, 由此可见序列 $\{G^{(n)}\}$ 产生一个 (v) 中所述的三角形阵列. 于是类 (iv) 包含在类 (v) 中. 在 9.7 节中将证明类 (v) 包含在类 (ii) 中, 因此类 (ii)~(v) 是恒等的. 最后, 所有无穷可分分布组成的类是类 (iv) 的一个子类, 且包含类 (ii). ■

按照这一定理, 每个无穷可分分布 F 作为一个适当的卷积半群的分布出现. 借助于 t 轴上尺度的适当改变, 参数 t 的值可以任意地固定. 但是, *只存在一个半群 $\{\mathfrak{Q}(t)\}$, 使得无穷可分分布 F 属于它*. 这相当于说, 作为 F 的 n 重卷积的表达式 $F=F_n^{n\star}$ 是唯一的. 这个断言似乎是正确的, 但是需要证明. 事实上, 在它的傅里叶理论形式中, 唯一性是显然的, 而在目前的情况下, 证明它将会使我们偏离主题. 而且也没有什么启发性. 因此, 我们就不在这里证明这个结论了.

在随机过程中的应用 设 $X(t)$ 是一个平稳独立增量过程 (6.4 节) 的变量, 我们把 Q_t 看作增量 $X(t+s)-X(s)$ 的分布. 考虑具有单位长度的时间区间 $\overline{s,s+1}$, 并用点

$$s=s_0<s_1<\cdots<s_n=s+1$$

把它分成 n 个长度为 n^{-1} 的子区间. 那么 $P\{X(s_k)-X(s_{k-1})>x\}=1-Q_{1,n}(x)$, 因此 $n[1-Q_{1,n}(x)]$ 等于具有增量 $>x$ 的区间 $\overline{s_{k-1},s_k}$ 的平均个数. 当 $n\to\infty$ 时, 这个平均个数趋于 $\psi^+(x)$. 为了使讨论简单起见, 假设对所有的 t, 极限 $X(t+)$ 和 $X(t-)$ 都存在, 并且 $X(t)$ 位于这两个极限之间. 设 $\overline{s_{k-1},s_k}$ 是我们的划分中包含

点 t 的区间. 对于充分大的 n,增量 $X(s_k)-X(s_{k-1})$ 将接近于跳跃 $X(t+)-X(t-)$. 在直观上很明显，**极限 $\psi^+(x)$ 表示在单位时间内使 $X(t+)-X(t-)>x$ 的时刻 t 的平均个数**. 这个结论可以严格证明，但我们将不进行仔细的讨论. 由这个结果推出，只有对所有的 $x>0$ 都有 $\psi^+(x)=0$ 和 $\psi^-(-x)=0$，间断的平均次数才为 0. 在这种情形下，Ω 集中在原点上，即增量 $X(t+s)-X(s)$ 服从正态分布. 对于这样的过程，轨道是以概率 1 连续的（莱维–维纳定理）. 因此，**轨道是以概率 1 连续的，当且仅当过程是正态的.**

作为第 2 个例子，考虑**复合泊松过程** (9.2.8). 单位时间内的平均跳跃次数是 α，跳跃度 $>x>0$ 的概率是 $1-F(x)$. 因此，$\alpha[1-F(x)]$ 是跳跃度 $>x$ 的跳跃的平均数，这与我们的直观论证完全一致.

不连续半群

自然要问，是否存在不连续的半群. 这个问题没有什么实际意义，但是答案却有一定的价值：**每个卷积半群 $\{\mathfrak{Q}(t)\}$ 仅与某一连续半群 $\{\mathfrak{Q}^{\#}(t)\}$ 在中心常数上有所不同. 特别地，如果分布 Q_t 是对称的，那么此半群一定是连续的.** 在一般情形下，存在这样一个函数 φ，使得由 $Q_t(x+\varphi(t))$ 定义的分布 $Q_t^{\#}$ **与一个连续半群对应.** 函数 φ 显然应满足

$$\varphi(t+s)=\varphi(t)+\varphi(s). \tag{9.5.12}$$

这是著名的哈梅尔方程，它的唯一连续解具有 ct 的形式（见 9.4 节的脚注①）. 事实上，满足 (9.5.12) 的唯一的贝尔函数是线性的. 其他的解确实非常奇特；例如，一个非线性解在每个区间上可以取任意大和任意小的值，不可能用分析的方法通过极限过程来表示它. 简单地说，应该问在怎样的意义上它才“存在”.

回过头来，考虑任一卷积半群 $\{\mathfrak{Q}(t)\}$ 和与分布 $Q_{1/n}$ 有关的三角形阵列 $\{X_{k,n}\}$. 行和 S_n 有共同的分布 Q_1，因此我们可以利用上面最后一个引理来选出一个序列 $n_1,n_2\cdots$，使得当 n 跑遍这个序列时，$n[\mathfrak{Q}(1/n)-1]\to\mathfrak{U}^{\#}$，其中 $\mathfrak{U}^{\#}$ 是一个连续半群 $\{\mathfrak{Q}^{\#}(t)\}$ 的生成元. 我们可以选择形如 2^v 的 n_k. 不等式 (9.3.2) 说明，对于任意大的 k，在所有的 t 是 $1/n_k$ 的倍数时，即对于所有形如 $t=a2^{-v}$ 的 t（其中 a 和 v 是整数），$\mathfrak{Q}(t)=\mathfrak{Q}^{\#}(t)$. 因此，**总存在一个连续半群 $\{\mathfrak{Q}^{\#}(t)\}$**，使得对于一个稠密集合 Σ 中的所有的 t 有 $\mathfrak{Q}(t)=\mathfrak{Q}^{\#}(t)$.

我们现在可以证明最初的命题了. 选取这样的 $\varepsilon_n>0$，使得 $t+\varepsilon_n$ 在 Σ 中，那么，

$$\mathfrak{Q}^{\#}(t+\varepsilon_n)=\mathfrak{Q}(t+\varepsilon_n)=\mathfrak{Q}(t)\mathfrak{Q}(\varepsilon_n). \tag{9.5.13}$$

当 $\varepsilon_n\to 0$ 时，左边趋于 $\mathfrak{Q}^{\#}(t)$. 因此只需证明，如果 $\mathfrak{Q}(\varepsilon_n)\to\mathfrak{F}$，那么分布 F 集中在一个点上. 在 Σ 中选择这样的点 h_n，使得 $0<\varepsilon_n<h_n$ 且 $h_n\to 0$. 那么 $\mathfrak{Q}^{\#}(h_n)=\mathfrak{Q}(h_n-\varepsilon_n)\mathfrak{Q}(\varepsilon_n)$. 左边趋于恒等算子，因此 F 确实只可能有一个增点.

9.6 例：稳定半群

称半群 $\{\mathfrak{Q}(t)\}$ 是**稳定的**，如果它的分布具有形式

$$Q_t(x) = G(\lambda_t(x-\beta_t)), \tag{9.6.1}$$

其中 $\lambda_t > 0$ 和 β_t 是两个连续地依赖于 t 的常数，G 是一个固定的分布. 显然，G 是 6.1 节中定义的稳定分布. 稳定半群理论在此处主要是作为上节结果的具体说明并记录下它们的生成元的形式而给出的. 在 9.8 节中，将用间接的方法独立地导出本节的结果.

由于假设 λ_t 和 β_t 的连续性，知此半群（如果存在的话）是连续的. 当 $t \to 0$ 时，分布 Q_t 趋于集中在原点上的分布，因此 $\lambda_t \to \infty, \beta_t \to 0$. (9.5.9) 中第一个关系式呈如下形式：

$$t^{-1}[1-G(\lambda_t(x-\beta_t))] \to \psi^+(x), \quad x > 0. \tag{9.6.2}$$

因为 $\beta_t \to 0$，G 是单调的，所以上述关系式在去掉 β_t 时也成立，于是 (9.6.2) 可以改写成

$$\frac{1-G(\lambda_t x)}{1-G(\lambda_t)} \to \psi^+(x). \tag{9.6.3}$$

（这里假设 1 是 ψ^+ 的连续点，这可以通过改变尺度来达到.）这里 (9.6.3) 是定义正则变化的关系式 (8.8.1) 的特殊情形. 我们断言，或者 ψ^+ 恒等于 0，或者尾部 $1-G$ 在无穷远处是正则变化的，且

$$\psi^+(x) = c^+x^{-\alpha}, \quad x > 0, \quad c^+ > 0. \tag{9.6.4}$$

因此，在正半轴上，测度 Ω 有密度 $\alpha c^+ x^{-\alpha-1}$. 因为 Ω 对原点的有限邻域赋予有限质量，所以 $0 < \alpha < 2$，并且当 $x \to \infty$ 时 $\psi^+(x) \to 0$. 同理，或者 ψ^- 恒等于 0，或者对于 $x < 0$ 有 $\psi^-(x) = c^-|x|^{-\alpha}$. 对于两个尾部，指数 α 是相同的，因为尾部的和 $1-G(x)+G(-x)$ 也是正则变化的.

函数 ψ^+ 和 ψ^- 确定了测度 Ω（在原点上可能有不同的原子）. 我们将会看到，这样的原子不可能存在，除非 ψ^+ 和 ψ^- 都恒等于 0 且 Ω 集中在原点上.

生成元 $\mathfrak{U}$ 由 (9.5.7) 给出. 在目前的情形下，把它改写成下列形式是方便的：

$$\mathfrak{U} = c^+\mathfrak{U}_\alpha^+ + c^-\mathfrak{U}_\alpha^- + b\mathrm{d}/\mathrm{d}x, \tag{9.6.5}$$

其中算子 $\mathfrak{U}^+$ 和 $\mathfrak{U}^-$ 表示两个半轴的贡献，其定义如下.

如果 $0 < \alpha < 1$，那么

$$\mathfrak{U}_\alpha^+ u(x) = \int_0^\infty [u(x-y)-u(x)]y^{-\alpha-1}\mathrm{d}y. \tag{9.6.6}$$

如果 $1 < \alpha < 2$，那么

$$\mathfrak{U}_\alpha^+ u(x) = \int_0^\infty [u(x-y)-u(x)-yu'(x)]y^{-\alpha-1}\mathrm{d}y. \tag{9.6.7}$$

如果 $\alpha=1$，那么

$$\mathfrak{U}_1^+u(x)=\int_0^{\infty}[u(x-y)-u(x)-\tau_s(y)u'(x)]y^{-2}\mathrm{d}y. \tag{9.6.8}$$

$\mathfrak{U}_\alpha^-$ 用在 $\overline{-\infty,0}$ 上的类似积分来定义,只是要把上述的 $y^{-\alpha-1}$ 换为 $|y|^{-\alpha-1}$. (9.6.6) 和 (9.6.7) 中的中心常数与标准形式 (9.5.6) 中的中心常数不同，但是其差被并入 (9.6.5) 的项 $b\mathrm{d}/\mathrm{d}x$ 中了. Ω 在原点上的一个原子将使得生成元 $\mathfrak{U}$ 增加一项 $\gamma\mathrm{d}^2/\mathrm{d}x^2$. 在 9.4 节例 (a) 中已证明，这个项本身产生一个正态分布半群.

定理 (a) 当 $b=0, 0<\alpha<1$ 或 $1<\alpha<2$ 时，算子 (9.6.5) 产生一个如下形式的严格稳定半群:

$$Q_t(x)=G(xt^{-1/\alpha}); \tag{9.6.9}$$

当 $\alpha=1, b=0$ 时，它产生一个下列形式的稳定半群:

$$Q_t(x)=G(xt^{-1}-(c^+-c^-)\ln t). \tag{9.6.10}$$

(b) 稳定半群或者是由 (9.6.5) 产生的半群，或者是一个正态分布半群.

[在 9.2 节例 (b) 中我们已看到，$b\mathrm{d}/\mathrm{d}x$ 产生一个平移半群，而且为了得到由 (9.6.5)（其中 $b\neq 0$）产生的半群，只要在 (9.6.9) 和 (9.6.10) 中把 x 换成 $x+bt$ 就行了.]

证 (a) 尺度的一个改变将把半群的分布 Q_t 变成由 $Q_t^{\#}(x)=Q_t(x/\rho)$ 定义的分布. 这些分布构成一个新的半群 $\{\mathfrak{Q}^{\#}(t)\}$. 如果我们设 $v(x)=u(\rho x)$，那么由卷积定义可知 $\mathfrak{Q}^{\#}(t)u(x)=\mathfrak{Q}(t)v(x/\rho)$. 对于生成元来说，这意味着，为了求出 $\mathfrak{U}^{\#}u(x)$，我们只需计算 $\mathfrak{U}v(x)$ 并把 x 换 x/ρ. 在 (9.6.7) 和 (9.6.8) 中利用代换 $y=z/\rho$ 可知，对于相应的生成元，$\mathfrak{U}_\alpha^{\#}=\rho^\alpha\mathfrak{U}_\alpha$. 因为 $\rho^\alpha\mathfrak{U}_\alpha$ 显然是半群 $\{\mathfrak{Q}(\rho^\alpha t)\}$ 的生成元，因此由生成元的唯一性，我们知道 $Q_t(x/\rho)=Q_{t\rho^\alpha}(x)$. 令 $G=Q_1, \rho=t^{-1/\alpha}$，我们就可得到 (9.6.9).

类似的论证在 $\alpha=1$ 的情形下也适用，所不同的是，当在 (9.6.8) 中使用代换 $y=z/\rho$ 时，中心函数产生一个形如 $(c^+-c^-)(\rho\ln\rho)u'(x)$ 的附加项，这就导出 (9.6.10).

(b) 对于集中在原点上的测度 Ω，有一个相应的正态半群. 我们已看到，任意其他的稳定半群的生成元具有 $\mathfrak{U}_\alpha+\gamma\mathrm{d}^2/\mathrm{d}x^2$ 的形式. 正如 9.2 节例 (c) 所说明的那样，相应的半群的分布是我们的稳定分布 Q_t 与方差为 $2\gamma t$ 的正态分布的卷积，显然这样的半群不可能是稳定的. ■

此定理断言，在稳定半群的定义中出现的函数 λ_t 具有 $\lambda_t=t^{-1/\alpha}$ 的形式. 考虑 (6.2) 以及它在负半轴上的类似表达式，我们得到以下的推论.

推论 如果 $0<\alpha<2$, $c^+\geqslant 0$, $c^-\geqslant 0$（但 $c^++c^->0$），那么恰好存在一个稳定分布函数 G，使得当 $x\to\infty$ 时，

$$x^\alpha[1-G(x)]\to c^+, \quad x^\alpha G(-x)\to c^-. \tag{9.6.11}$$

正态分布是唯一剩下的稳定分布 [并且满足带有 $\alpha = 2$ 和 $c^+ = c^- = 0$ 的 (9.6.11)].

括号内的断言将在 9.8 节中证明.

9.7　具有同分布的三角形阵列

对于每个 n，设 $X_{1,n}, \cdots, X_{n,n}$ 是具有共同分布 F_n 的相互独立的随机变量. 我们感兴趣的是和 $S_n = X_{1,n} + \cdots + X_{n,n}$ 的可能的极限分布，但是先研究极限分布存在的必要条件，即先研究序列 $\{S_n\}$ 是**随机有界的**这个要求将是有益的. 我们从 8.2 节中知道，称 $\{S_n\}$ 是随机有界的，如果对于每个 $\varepsilon > 0$，都存在一个 a，使得对于所有的 n 有 $P\{|S_n| > a\} < \varepsilon$. 粗略地说，即没有质量流到无穷远处去. 显然，这是正常分布存在的必要条件.

我们将多次地利用截尾. 最方便的是再一次利用 (9.5.3) 中引入的截尾函数 τ_s，以便避免不连续性：τ_s 是一个这样的连续单调函数，使得当 $|x| \leqslant s$ 时，$\tau_s(x) = x$；当 $|x| \geqslant s$ 时，$\tau_s(x) = \pm s$. 对于这个截尾函数，我们令

$$X'_{k,n} = \tau_s(X_{k,n}), \quad X_{k,n} = X'_{k,n} + X''_{k,n}. \tag{9.7.1}$$

新变量依赖于参数 s，虽然我们的记号没有强调这一点. 三角形阵列 $\{X'_{k,n}\}$ 与三角形阵列 $\{X''_{k,n}\}$ 的行和将用 S'_n 和 S''_n 表示. 于是 $S_n = S'_n + S''_n$. 变量 $X'_{k,n}$ 是有界的，对于它们的期望，我们记

$$\beta_n = E(X'_{k,n}) \tag{9.7.2}$$

(当然 β_n 与 k 无关). 最后我们引入与 9.5 节的测度 Ω_t 类似的测度，即由下式定义的测度 $\varPhi_n$：

$$\varPhi_n\{\mathrm{d}x\} = nx^2 F_n\{\mathrm{d}x\}. \tag{9.7.3}$$

对于有限区间 I，$\varPhi_n\{I\}$ 是有限的，但是整个直线可能有无穷的质量。

似乎应该有：$\{S_n\}$ 不可能是随机有界的，除非各个分量在下述意义上变得很小：对于每个 $\varepsilon > 0$，

$$P\{|X_{k,n}| > \varepsilon\} \to 0, \qquad n \to \infty. \tag{9.7.4}$$

(左边与 k 无关) 具有这种性质的阵列称为**零阵列**. 我们将看到，只有零阵列可以有随机有界的行和，但是现在我们引入 (9.7.4) 作为初始的假设.

下列引理的"必要性"部分曾被用于 9.5 节定理 1 的证明中. 在那里，条件 (9.7.4) 是满足的，因为半群是连续的.

引理　(**紧性**) 零阵列 $\{X_{k,n}\}$ 的行和 S_n 是随机有界的，当且仅当

(i) 对每个有限区间 I，$\varPhi_n\{I\}$ 是有界的；

(ii) 对于较大的 x，尾部之和

$$T_n(x) = n[1 - F_n(x) + F_n(-x)] \tag{9.7.5}$$

一致地小.

换句话说，要求对于每个 $\varepsilon > 0$，存在相应的一个 t，使得对于 $x > t$ 有 $T_n(x) < \varepsilon$.（注意，T_n 是一个减函数.）

证 在对称分布 F_n 的特殊情形，条件 (ii) 的必要性从不等式

$$P\{|S_n| > a\} \geqslant \frac{1}{2}(1 - \exp(-T_n(a))) \tag{9.7.6}$$

可显然看出 [见 (5.5.10)]. 对于任意的 F_n，我们利用熟知的对称化. 与 S_n 一样，对称化了的变量 ${}^0S_n$ 也是随机有界的，因此条件 (ii) 适用于对称化了的分布的尾部 ${}^0T_n$. 但是，对于零阵列，很明显，对于每个 $\delta > 0$，最后有 ${}^0T_n(a) \geqslant \frac{1}{2}T_n(a+\delta)$. 因此，在任何情形下，条件 (ii) 都是必要的.

假设条件 (ii) 是满足的，可以把截尾点 s 选择得这样大，以致对于所有的 n 有 $T_n(s) < 1$. 于是 $X''_{1,n}, \cdots, X''_{n,n}$ 中不为零的项的个数是一个期望与方差都小于 1 的二项随机变量. 因此，可以挑选数 N 和 c，使得以任意接近于 1 的概率，在诸变量 $X''_{k,n}$ 中不为 0 的项数小于 N，并且它们都 $\leqslant c$. 这就是说，和 S''_n 是随机有界的. 在这些情况下，为使 $\{S_n\}$ 是随机有界的，当且仅当 $\{S'_n\}$ 是随机有界的.

还需证明条件 (i) 是 $\{S'_n\}$ 为随机有界的充要条件.

设 $\sigma_n^2 = \mathrm{Var}(S_n)$. 如果 $\sigma_n \to \infty$，那么把 9.1 节例 (a) 的中心极限定理应用于变量 $(X'_{k,n} - \beta_n)/\sigma_n$ 可得，对于较大的 n，S'_n 的分布是具有方差 $\sigma_n^2 \to \infty$ 的渐近正态分布. 因此，对于任一有限区间 I，$P\{S'_n \in I\} \to 0$. 同样的论证也适用于子序列，并且说明了 $\{S'_n\}$ 不可能是随机有界的，除非 $\mathrm{Var}(S'_n)$ 是有界的. 但是，在这种情形下，切比雪夫不等式说明 $\{S'_n - n\beta_n\}$ 是随机有界的. 为使 S_n 是随机有界的，当且仅当 $\{n\beta_n\}$ 是有界的. 因为 $\{X_{k,n}\}$ 是一个零阵列，所以 $\beta_n \to 0$，因此 $n\beta_n$ 的有界性蕴涵 $\mathrm{Var}(S'_n) \sim E(S'^2_n)$.

于是我们证明了 $E(S'^2_n)$ 的有界性是 $\{S'_n\}$ 的随机有界性的必要条件. 根据切比雪夫不等式，这个条件也是充分的. 但是

$$E(S'^2_n) = \varPhi_n\{\overline{-s, s}\} + s^2 T_n(s), \tag{9.7.7}$$

因此在目前这些条件下，条件 (i) 等价于 $\mathrm{E}(S'^2_n)$ 是有界的这一条件. ■

$\{X_{k,n}\}$ 是一个零阵列这个假设只用于对称化方面，对具有对称分布 F_n 的阵列可以略去. 但是，$\varPhi_n\{I\}$ 的有界性蕴涵 $E(X'^2_{k,n}) = o(n^{-1})$. 我们容易从引理推出，具有随机有界的行和与对称分布的阵列一定是零阵列. 由对称化推出，在一般

情形下，存在这样的数 μ_n（例如 $X_{k,n}$ 的中位数），使得 $\{X_{k,n}-\mu_n\}$ 是一个零阵列. 换句话说，适当地规定中心将产生一个零阵列. 在这个意义上，只有零阵列才是重要的.

例 设 $X_{k,n}$ 服从期望为 β_n 方差为 n^{-1} 的正态分布，那么 $S_n-n\beta_n$ 服从标准正态分布. 但因为 β_n 是任意的，所以 $\{S_n\}$ 未必是随机有界的. 这说明了定中心的重要性. ■

为了理论上的目的，可以这样规定阵列的中心，使得对于所有的 n 有 $\beta_n=0$，但是所导出的准则在具体情况下很难利用. 利用任意的定中心方法，准则涉及非线性项，这时准则不实用. 我们将把这种情形包含在 17.7 节中. 这里我们采用折中的方法：我们只要求

$$\beta_n^2=o(E({X'}_{k,n}^2)),\quad n\to\infty. \tag{9.7.8}$$

这个条件似乎对在实际上发生的一切情形都是满足的. 总之，它是如此地弱，以致于通过适当的定中心就可以满足它，而更严格的要求 $\beta_n=0$ 可能需要复杂的计算.

定理 *设 $\{X_{k,n}\}$ 是一个使得 (9.7.8) 成立的零阵列.*

存在中心常数 b_n 使得 S_n-b_n 的分布趋于一个正常极限，当且仅当存在一个标准测度 Ω，使得对于每个有限区间，

$$\Phi_n\{I\}\to\Omega\{I\}, \tag{9.7.9}$$

且对于 $x>0$，

$$n[1-F_n(x)]\to\psi^+(x),\quad nF_n(-x)\to\psi^-(-x). \tag{9.7.10}$$

在这种情形下，$S_n-n\beta_n$ 的分布趋于与一个卷积半群有关的分布 Q_1，这个卷积半群是由下式定义的算子 $\mathfrak{U}$ 产生的：

$$\mathfrak{U}u(x)=\int_{-\infty}^{+\infty}\frac{u(x-y)-u(x)+\tau_s(y)u'(x)}{y^2}\Omega\{\mathrm{d}y\}. \tag{9.7.11}$$

证 我们首先注意到，对于任意的 b_n，引理的条件 (i) 和 (ii) 是 $\{S_n-b_n\}$ 为随机有界的必要条件，其证明与引理的证明是一样的，只是关系式 $E({S'}_n^2)\sim\mathrm{Var}({S'}_n)$ 现在是 (9.7.8) 的一个推论，而以前我们必须从 ${S'}_n$ 的有界性来推导它.

其次假设引理的条件满足. 根据选择定理，存在一个序列 $\{n_k\}$，使得当 n 跑遍 $\{n_k\}$ 时，(9.7.9) 对有限区间成立. 对于一个有限区间 $0<a<x\leqslant b$，我们有

$$n[F_n(b)-F_n(a)]=\int_a^b y^{-2}\Phi_n\{\mathrm{d}y\}, \tag{9.7.12}$$

(9.7.9) 保证这个量也趋于一个极限. 条件 (ii) 使我们确信，只要 b 充分大，$n[1-F_n(b)]$ 将小于任意的 $\varepsilon>0$. 由此推出，对于 $0<a<b<\infty$，(9.7.12) 中的积分收敛于关于 Ω 的类似积分. 因此 Ω 是一个标准测度，当 n 跑遍 $\{n_k\}$ 时，(9.7.10) 是正确的.

我们知道，(9.7.11) 的算子 $\mathfrak{U}$ 定义了一个卷积算子半群 $\{\mathfrak{Q}(t)\}$. 令 $\mathfrak{G}_n$ 是由 $X_{k,n}-\beta_n$ 的分布 G_n 即 $G_n(x)=F_n(x+\beta_n)$ 导出的算子. 在第 1 节中已证明 $S_{n_k}-n_k\beta_{n_k}$ 的分布趋于与 $\mathfrak{Q}(1)$ 有关的分布 Q_1，因此只需证明当 n 跑遍 $\{n_k\}$ 时，

$$n[\mathfrak{Q}_n-\mathbf{1}]\to\mathfrak{U} \tag{9.7.13}$$

就行了. 现在

$$n[\mathfrak{G}_n-\mathbf{1}]u(x)=n\int_{-\infty}^{+\infty}[u(x+\beta_n-y)-u(x-y)]F_n\{\mathrm{d}y\}. \tag{9.7.14}$$

我们利用含二阶项的泰勒公式来表示 $u(x+\beta_n-y)$. 因为 $\beta_n\to 0$，所以由 (9.7.8) 和 $\Phi_n\{I\}$ 的有界性推出 $n\beta_n^2\to 0$. 又因为 u'' 是有界的，所以

$$n[\mathfrak{G}_n-\mathbf{1}]u(x)=\int_{-\infty}^{+\infty}[u(x-y)-u(x)+\tau_s(y)u'(x)]nF_n\{\mathrm{d}y\}+\varepsilon_n(x), \tag{9.7.15}$$

其中 ε_n 是一个一致地趋于 0 的量. 这个积分可以改写成 (9.7.11) 的形式，除了积分是关于 Ω_n 而不是关于 Ω 的以外. 正如反复指出的那样，极限关系式 (9.7.9)(9.7.10) 蕴涵 (9.7.15) 中的积分收敛于 (9.7.11) 中的积分，因此当 n 跑遍 $\{n_k\}$ 时 (9.7.13) 成立. 最后，包含 Q_1 的半群的唯一性说明，我们的极限关系式对于任意的逼近方式 $n\to\infty$ 都成立，这就完成了证明. ■

9.8 吸 引 域

在本节中，$X_1,X_2,\cdots$ 是具有共同分布 F 的独立变量. 根据 6.1 节的定义 2，如果存在这样的常数 $a_n>0$ 和 b_n，使得 $a_n^{-1}(X_1+\cdots+X_n)-b_n$ 的分布趋于 G，其中 G 是一个不集中于一点上的正常分布，则称分布 ***F* 属于 *G* 的吸引域**. 尽管有 6.1 节和 9.6 节中的初步结果，我们还是从头开始叙述这个理论.（在 17.5 节中，我们将独立地更详细地叙述这个理论.）

在本节中，我们利用记号

$$U(x)=\int_{-x}^{x}y^2F\{\mathrm{d}y\},\qquad x>0. \tag{9.8.1}$$

由 8.8 节中的正则变化的理论知道，称定义在 $\overline{0,\infty}$ 上的正函数 L 在无穷远处是**缓慢变化的**. 如果对于 $x>0$，

$$\frac{L(sx)}{L(s)} \to 1, \qquad s \to \infty. \tag{9.8.2}$$

定理 1 分布 F 属于某个分布 G 的吸引域，当且仅当存在一个缓慢变化的 L，使得

$$U(x) \sim x^{2-\alpha} L(x), \qquad x \to \infty, \tag{9.8.3}$$

其中 $0 < \alpha \leqslant 2$，而且当 $\alpha < 2$ 时，

$$\frac{1-F(x)}{1-F(x)+F(-x)} \to p, \quad \frac{F(-x)}{1-F(x)+F(-x)} \to q. \tag{9.8.4}$$

当 $\alpha = 2$ 时，只要 F 不集中在一点上①，条件 (9.8.3) 是充分的.

我们将会看到，带有 $\alpha = 2$ 的 (9.8.3) 蕴涵向正态分布的收敛. 这包含具有有限方差的分布，但是也包含许多具有无界的缓慢变化的 U 的分布 [见 8.4 节例 (a)].

利用具有 $\xi = 2$ 和 $\eta = 0$ 的 8.9 节的定理 2，可以看出，关系式 (9.8.13) 完全等价于②

$$\frac{x^2[1-F(x)+F(-x)]}{U(x)} \to \frac{2-\alpha}{\alpha}, \tag{9.8.5}$$

这意味着 (9.8.3) 和 (9.8.5) 相互蕴涵.

当 $0 < \alpha < 2$ 时，我们可以把 (9.8.5) 改写成形式

$$1 - F(x) + F(-x) \sim \frac{2-\alpha}{\alpha} x^{-\alpha} L(x). \tag{9.8.6}$$

反之，(9.8.6) 蕴涵 (9.8.3) 和 (9.8.5). 这导致我们重新叙述这个定理，由于它描述了各个尾部的性质，所以它更直观.（关于此定理的另外的叙述方法，见习题 17.）

定理 1a （**定理 1 的另一种形式**） (i) 分布 F 属于正态分布的吸引域，当且仅当 U 是缓慢变化的.

(ii) 它属于某个其他的吸引域，当且仅当 (9.8.6) 和 (9.8.4) 对于某个 $0 < \alpha < 2$ 成立.

---

① 对于方差有限的分布，除 F 集中于原点的情形外，U 是缓慢变化的. 在所有其他的情况下，如果把 $F(x)$ 换成 $F(x+b)$，那么 (9.8.3) 和 (9.8.4) 保持不变.

② 条件 (9.8.4) 对于每个尾部分别要求类似的关系式

$$\frac{x^2[1-F(x)]}{U(x)} \to p\frac{2-\alpha}{\alpha}, \qquad \frac{x^2 F(-x)}{U(x)} \to q\frac{2-\alpha}{\alpha}. \tag{$*$}$$

当 $\alpha = 2$ 时，这些关系式可由 (9.8.5) 推出. (9.8.5) 说明，当 $\alpha = 2$ 时为什么不需要其他的条件. 定理 1 可更简要地（但更不自然地）叙述如下：F 属于某一吸引域，当且仅当对于 $0 < \alpha \leqslant 2, p \geqslant 0, q \geqslant 0, p+q = 1$，$(*)$ 是正确的.

证 我们把 9.7 节的定理应用于服从分布 $F_n(x)=F(a_nx)$ 的变量 $X_{k,n}=X_k/a_n$ 的阵列. 阵列 $\{X_{k,n}\}$ 的行和为

$$S_n=(X_1+\cdots+X_n)/a_n.$$

显然 $a_n\to\infty$，因此 $\{X_{k,n}\}$ 是一个零阵列. 为了证明条件 (9.7.8) 是满足的，我们设

$$v(x)=\int_{-x}^{x}yF\{\mathrm{d}y\}, \tag{9.8.7}$$

并注意到，如果

$$v^2(x)=o(U(x)), \tag{9.8.8}$$

那么 (9.7.8) 一定成立. 于是如果当 $x\to\infty$ 时 $U(x)\to\infty$，那么显然 $v(x)=o(xU(x)),U(x)=o(x^{-2})$，因此 (9.8.8) 成立. U 是有界函数的情形是不重要的，因为我们知道中心极限定理可用于方差有限的变量. 但是，即使对于有界函数 U，只要这样规定 F 的中心，使得它的期望为 0，则 (9.8.8) 是成立的.

上一定理的条件 (i) 要求[①]，对于 $x>0$，

$$na_n^{-2}U(a_nx)\to \Omega\{-x,x\},\quad n\to\infty, \tag{9.8.9}$$

而 (ii) 化成

$$n[1-F(a_nx)]\to\psi^+(x),\quad nF(-a_nx)\to\psi^-(-x) \tag{9.8.10}$$

[关于记号，见 (9.5.2)]. 容易看出[②]，$a_{n+1}/a_n\to 1$. 因此，根据 8.8 节的引理 3，由 (9.8.9) 推出 U 是正则变化的，右极限与 x 的某次幂成正比. 按照莱维的记法，我们用 $2-\alpha$ 表示这个幂. 因此

$$\Omega\{-x,x\}=Cx^{2-\alpha},\quad x>0. \tag{9.8.11}$$

右边是 x 的一个不减函数，在原点附近是有界的，所以我们有 $0<\alpha\leqslant 2$. 由此推出 U 确实具有 (9.8.3) 所断言的形式.

此外，8.8 节的引理 3 使我们确信，(9.8.10) 中的极限或者恒等于 0，或者与 x 的某次幂成正比. (9.8.5) 指出唯一可能的幂是 $x^{-\alpha}$. 事实上，当 $\alpha=2$ 时，两个极限都恒等于 0，而对于 $\alpha<2$，极限一定具有 $Ax^{-\alpha}$ 和 $Bx^{-\alpha}$ 的形式，其中 $A\geqslant 0,B\geqslant 0$，但 $A+B>0$. 由此推出，定理的条件是必要的.

---

① 照例我们只对连续点要求收敛性.

② 对于对称分布，这可由下列事实推出：$(X_1+\cdots+X_n)/a_n$ 和 $(X_1+\cdots+X_n)/a_{n+1}$ 有相同的极限分布. 对于任意的 F，断言可由对称化推出.

假设 (9.8.3) 是正确的，那么可以构成这样一个序列 $\{a_n\}$，使得

$$na_n^{-2}U(a_n) \to 1. \tag{9.8.12}$$

例如，我们可以取 a_n 为所有使得 $nt^{-2}U(t) \leqslant 1$ 的 t 的下界. 于是 (9.8.3) 保证，对于 $x>0$，

$$na_n^{-2}U(a_nx) \to x^{2-\alpha}. \tag{9.8.13}$$

因此，条件 (9.7.9) 对于形如 $I=\overline{\{-x,x\}}$ 的区间是满足的. 在 $\alpha=2$ 的情形下，极限测度 Ω 集中在原点上，因此对于所有有限区间，(9.7.9) 是满足的. 在这种情形下，由 (9.8.5) 推出，条件 (9.7.10) 对于恒等于 0 的 ψ^+ 和 ψ^- 也是满足的. 当 $\alpha<2$ 时，关系式 (9.8.3) ~ (9.8.5) 蕴涵，当 $x\to\infty$ 时

$$1-F(x)\sim p\frac{2-\alpha}{\alpha}x^{-\alpha}L(x),\quad F(-x)\sim q\frac{2-\alpha}{\alpha}x^{-\alpha}L(x), \tag{9.8.14}$$

只要 $p>0, q>0$.（在相反的情形下，符号 ~ 应换为“小 o”，没有什么本质上的变化）由此推出，条件 (9.7.10) 成立，这又蕴涵 (9.7.9) 适用于任意一个到原点有一个正距离的区间. ■

值得注意的是，9.7 节的所有结果都蕴涵在本定理及其证明中. 这个证明还可导致其他有价值的结果. 首先我们有以下明显的推论.

推论　如果 $\alpha=2$，那么极限分布是正态的，否则它是满足 (9.6.11) 的稳定分布. 在任何情形下，它都是确定的（除尺度参数可任意变化外）.

我们也已看出，(9.8.12) 导致一个可能的正规化因子 a_n 的序列. 容易看出，另一个序列 $\{a'_n\}$ 是一个正规化因子序列，当且仅当比 a'_n/a_n 趋于一个正极限.

在定理 1 的条件下，我们建立了 $S_n-n\beta_n$ 的极限分布的存在性，其中 [v 由 (9.8.7) 所确定]

$$\beta_n=E(X_{k,n})=a_n^{-1}v(sa_n)+s[1-F(sa_n)-F(-sa_n)]. \tag{9.8.15}$$

我们现在着手证明一个有趣的事实：除了 $\alpha=1$ 的情形外，中心常数 β_n 实际上是不必要的.

当 $\alpha<1$ 时，我们分别把带有 $\zeta=1$ 和 $\eta=0$ 的 8.9 节的定理 2 应用于两个半轴上，可以得到，当 $x\to\infty$ 时，

$$v(x)\sim\frac{\alpha}{1-\alpha}x[1-F(x)-F(-x)]. \tag{9.8.16}$$

由此式和 (9.8.10) 推出，$n\beta_n$ 趋于一个有穷极限，因而不起什么重要作用.

当 $\alpha>1$ 时，带有 $\zeta=2$ 和 $\eta=1$ 的 8.9 节的定理 2 说明 F 的期望存在，我们自然要这样定 F 的中心，使其期望等于 0. 于是在积分 (9.8.7) 中可以把积分区

域换成 $|y|>x$，我们已经知道 (9.8.16) 仍然成立. 因此 S_n 的分布趋于一个极限，这个极限的期望也是 0. 类似地，当 $\alpha<1$ 时，极限分布的中心是这样规定的，以致于它是严格稳定的. 于是我们证明了以下定理.

定理 2 假设 F 满足定理 1 的条件. 如果 $\alpha<1$，那么 $F^{n\bigstar}(a_nx)\to G(x)$，其中 G 是一个满足 (9.6.11) 的严格稳定分布. 如果 $\alpha>1$，只要这样规定 F 的中心，使其期望为 0，那么也有同样的结论成立.

（关于 $\alpha=1$ 时的中心常数，见 17.5 节. 关于 F 的矩，见习题 16.）

9.9 可变分布、三级数定理

我们很简单地叙述一下一般的三角形阵列 $\{X_{k,n}\}$，其中第 n 行的变量① $X_{1,n},\cdots,X_{n,n}$ 是相互独立的，但是有任意的分布 $F_{k,n}$. 为了保持我们的极限定理的特点，我们只考虑零阵列：要求对于任意的 $\eta>0,\varepsilon>0$ 和充分大的 n，

$$P\{|X_{k,n}|>\eta\}<\varepsilon,\quad k=1,\cdots,n. \tag{9.9.1}$$

只要把像 $n\mathrm{Var}(X'_{k,n})$ 这样的表达式换成相应的和，9.7 节的理论就可搬过来. 特别地，只有无穷可分分布可以作为零阵列的行和的极限出现. 验证留给读者作为通常的练习题.

我们来讨论一些有趣的特殊情形. 记号与 9.7 节中的一样，但是下面所用的截尾类型是无关紧要的，也许最简单的是把截尾变量在 $|X_{k,n}|<s$ 时定义为 $X'_{k,n}=X_{k,n}$，否则定义为 $X'_{k,n}=0$，此处截尾水平 s 是任意的.

第 1 个定理是紧性引理的一个变形，并且与它等价.

定理 1 （**大数定律**）设 S_n 表示一个零阵列的行和. 存在这样的常数 b_n 使得② $S_n-b_n\xrightarrow{\mathrm{p}}0$，当且仅当对于每个 $\eta>0$ 和每一个截尾水平 s，

$$\sum_{k=1}^{n}P\{|X_{k,n}|>\eta\}\to 0,\quad \sum_{k=1}^{n}\mathrm{Var}(X'_{k,n})\to 0. \tag{9.9.2}$$

在这种情形下，我们可以取 $b_n=\sum\limits_k E(X'_{k,n})$.

作为一个应用，我们来证明如下的在 8.5 节中已讨论过的定理.

定理 2 （**无穷卷积**） 设 $Y_1,Y_2,\cdots$ 是具有分布 $G_1,G_2,\cdots$ 的独立随机变量，和 $T_n=Y_1+\cdots+Y_n$ 的分布 $G_1\bigstar G_2\bigstar\cdots\bigstar G_n$ 趋于一个正常极限分布 G，当且仅当对于每个 $s>0$，

$$\sum P\{|Y_k|>s\}<\infty,\quad \sum \mathrm{Var}(Y'_k)<\infty, \tag{9.9.3}$$

① 关于第 n 行的变量个数，见 7.13 节的习题 10.

② 我们由 8.2 节知道，如果对于每个 $\varepsilon>0$, $P\{|Z_n|>\varepsilon\}\to 0$，那么 Z_n 依概率收敛于 0.

且

$$\sum_{k=1}^{n} E(Y'_k) \to m. \tag{9.9.4}$$

证 对于给定的一列递增整数 $\nu_1, \nu_2, \cdots$ 和 $k = 1, \cdots, n$，令 $X_{k,n} = Y_{\nu_n+k}$. 分布 $G_1 \bigstar \cdots \bigstar G_n$ 收敛，当且仅当所有这种类型的三角形阵列服从带有中心常数 $b_n = 0$ 的大数定律. 由定理 1，条件 (9.9.3) 和 (9.9.4) 显然是这个结论的充要条件. ■

定理 2 可以改述如下.

定理 3 （**柯尔莫哥洛夫“三级数定理”**）*如果* (9.9.3) *和* (9.9.4) *成立，那么级数* $\sum Y_k$ *以概率* 1 *收敛，否则级数* $\sum Y_k$ *以概率* 0 *收敛*.

证 假设 (9.9.3) 和 (9.9.4) 成立. 根据 7.8 节的定理 2，(9.9.3) 中的第 2 个条件保证 $\sum[Y'_k - \mathrm{E}(Y'_k)]$ 以概率 1 收敛，于是 (9.9.4) 蕴涵 $\sum Y'_k$ 也以概率 1 收敛. 根据博雷尔–坎泰利引理（见第 1 卷 8.3 节），(9.9.3) 中第一个条件保证以概率 1 只有有限多个 Y_k 与 Y'_k 不同，因此 $\sum Y_k$ 以概率 1 收敛.

为了证明我们的条件的必要性，注意到（见 4.6 节）收敛的概率，或者是 0，或者是 1. 在后一种情形下，部分和的分布必定收敛，因此 (9.9.3) 和 (9.9.4) 成立. ■

具有非平稳增量的过程

本章的半群理论是讨论平稳独立增量过程的一个工具. 没有平稳性这个条件，增量 $X(t) - X(\tau)$ 将服从一个依赖于两个参数 t 和 τ 的分布，我们必须讨论满足卷积方程

$$\mathfrak{Q}(\tau, s)\mathfrak{Q}(s, t) = \mathfrak{Q}(\tau, s), \quad \tau < s < t, \tag{9.9.5}$$

的算子 $\mathfrak{Q}(\tau, t)$（其中 $0 < \tau < t$）组成的依赖于两个参数的族. 与这些算子对应的分布是无穷可分的吗？我们可以把 $\overline{\tau, t}$ 分成 n 个区间 $\overline{t_{k-1}, t_k}$，考虑变量 $X(t_k) - X(t_{k-1})$，但是为了应用三角形阵列的理论，我们需要条件 (9.9.1)，这个条件相当于依赖于两个时间参数的分布的一致收敛性. 但是 $\mathfrak{Q}(\tau, t)$ 未必连续地依赖于 t. 事实上，独立随机变量序列 $X_1, X_2, \cdots$ 的部分和表示一个独立增量过程，其中所有的变化都发生在整数时刻，因此过程基本上是不连续的. 但是在某种意义上，这是唯一的本质上不连续的类型. 形容词“本质上”是很重要的，因为在 9.5 节中已证明过，即使对于普通的半群，人为的定中心也可能产生损害；虽然这种损害是无关紧要的，但在系统阐述时也需要小心. 因此，为了简单起见，我们只讨论对称分布并证明以下引理.

引理 *如果与* $\mathfrak{Q}(\tau, t)$ *对应的分布是对称的，那么对于每个* t，*单侧极限* $\mathfrak{Q}(\tau, t-)$ *都存在*.

证 令 $\tau < t_1 < t_2 < \cdots$，并且 $t_n \to t$. 与 $\mathfrak{Q}(\tau, t_n)$ 对应的分布序列是随机有界的，因此存在一个收敛的子序列. 去掉双重的下标，我们可以假设 $\mathfrak{Q}(\tau, t_n) \to \mathfrak{U}$，其中 $\mathfrak{U}$ 与一个正常分布 U 对应. 由此容易推出，

$$\mathfrak{Q}(t_n, t_{n+1}) \to 1$$

这蕴涵对于任一使得 $t_n < s_n < t_{n+1}$ 的时刻序列，$\mathfrak{Q}(t_n, s_n) \to 1$. 由 (9.9.5)，这意味着 $\mathfrak{Q}(\tau, s_n) \to \mathfrak{U}$，因此这个极限 $\mathfrak{U}$ 与序列 $\{t_n\}$ 无关，引理得证. ■

仿效莱维的说法，如果两个极限 $\mathfrak{Q}(\tau, t+)$ 和 $\mathfrak{Q}(\tau, t-)$ 不同，我们称 $\mathfrak{Q}$ 在 t 点有一个**固定的不连续点**. 由定理 2 容易推出，*固定不连续点的集合是可数的*. 利用对称化在一般情形下也可推出，除了至多可数个时刻外，不连续点只是由于定中心引起的（而且可以通过适当的定中心去掉）. 所有的固定不连续点对 $\mathfrak{Q}(\tau, t)$ 的贡献是一个无穷卷积，*可以把过程分解成一个离散部分和一个连续部分*. 对于由连续过程产生的三角形阵列，利用定理 2 不难看出，一致性条件 (9.9.1) 显然是满足的，我们得到如下的结论：*与连续过程有关的分布是无穷可分的*. 莱维曾证明，这类过程的样本函数在下述意义上具有良好的性质，即在每个时刻 t，左极限和右极限以概率 1 存在.

9.10 习　题

1. 证明在 9.1 节例 (a) 中，当 $n \to \infty$ 时，$\Sigma X_{k,n}^2 \xrightarrow{\mathrm{P}} 1$.（提示：利用方差.）

2. 在普通的对称随机游动中，设 T 是首次通过 $+1$ 的时刻. 换句话说，T 是一个这样的随机变量，使得

$$P\{T = 2r - 1\} = \frac{1}{2r}\begin{pmatrix} 2r \\ r \end{pmatrix} 2^{-2r}.$$

考虑一个三角形阵列，其中的 $X_{k,n}$ 和 T/n^2 有相同的分布. 利用 9.1 节的初等方法，由直接计算证明

$$n[\mathfrak{F}_n u(x) - u(x)] \to \frac{1}{\sqrt{2\pi}} \int_0^\infty \frac{u(x-y) - u(x)}{\sqrt{y^3}} \mathrm{d}y. \qquad (*)$$

证明：行和的分布趋于 (2.4.7) 中定义的满足 (2.4.9) 卷积性质的稳定分布. 借助于一个随机游动来解释这个结果. 在这个随机游动中，步长是 $\pm 1/n$，连续两步之间的时间是 $1/n^2$.

[提示：定义 $\mathfrak{F}_n u(x)$ 的级数可以用积分来逼近.]

3. 对于参数值 $\alpha = 1$ 考虑 (2.2.2) 中的 Γ 分布. 证明：(2.2.3) 卷积性质蕴涵它们形成一个具有生成元

$$\mathfrak{U}u(x) = \int_0^\infty \frac{u(x-y) - u(x)}{y} \mathrm{e}^{-y} \mathrm{d}y$$

的半群. 讨论没有定中心项的情形.

4. (2.4.7) 的单侧稳定分布具有式 (2.4.9) 卷积性质，从而构成一个半群. 证明：生成元由习题 2 中 $(*)$ 的右边给出.

5. 设半群的分布 Q_t 集中于整数上并用 $q_k(t)$ 表示 k 的质量. 证明：

$$\mathfrak{U}u(x) = -q'(0)u(x) + \sum_{k \neq 0} q'(0)u(x-k),$$

并与标准形式 (9.5.9) 比较. 根据这个见解来解释在第 1 卷 12.2 节中得到的无穷可分分布的母函数.

6. 试把 9.2 节的概念推广到具有亏损分布的半群. 证明: 如果 $\mathfrak{U}$ 产生 $\{\mathfrak{Q}(t)\}$, 那么 $\mathfrak{U}-c\mathbf{1}$ 产生 $\{\mathrm{e}^{-ct}\mathfrak{Q}(t)\}$.

7. 复合泊松分布的记号 $\mathrm{e}^{t(\mathfrak{F}-1)}$ 导致我们一般地记 $\mathfrak{Q}(t)=\mathrm{e}^{t\mathfrak{U}}$. 对于正态半群, 这导出形式上的算子方程

$$\exp\left(\frac{1}{2}t\frac{\mathrm{d}^2}{\mathrm{d}x^2}\right)u(x)=\sum\frac{1}{n!}\left(\frac{t}{2}\right)^n u^{(2n)}(x).$$

证明: 当 u 的泰勒级数对所有的 x 收敛且上式右边的级数对 $t>0$ 收敛时, 上式成立. (提示: 由 u 和一个正态分布的卷积的泰勒级数开始. 利用正态分布的矩.)

8. 为使一个半群的分布具有有限期望, 当且仅当 $\dfrac{1}{1+|x|}$ 关于出现在生成元中的测度 Ω 是可积的.

9. 直接证明: 如果 $n[\mathfrak{F}_n-\mathbf{1}]\to\mathfrak{U}$, 则算子 $\mathfrak{U}$ 一定具有生成元的形式. [利用 9.4 节中考虑形如 (9.4.4) 的函数的方法, 但不利用半群理论. 目的是在还没有证明生成元的存在性的情况下, 推导生成元的一般形式.]

10. 设 F_k 对两点 $\pm\mu^k$ 都赋予概率 $\dfrac{1}{2}$, 则

$$\sum_{k=-\infty}^{+\infty}2^{-k}(\mathfrak{F}_k-\mathbf{1})$$

产生这样的一个半群, 使得 $Q_{2t}(x)=Q_t(x\mu)$, 但 Q_t 不是稳定的 (莱维).

11. **三角形阵列的行和的极限分布是无穷可分的直接证明.** 设 $\{X_{k,n}\}$ 是具有共同分布的变量的三角形阵列. S_n 的随机有界性蕴涵部分和 $X_{1,n}+\cdots+X_{m,n}$ 的随机有界性, 其中 m 表示 $\leqslant n/r$ 的最大整数. 利用选择定理来证明: 这蕴涵 S_n 的极限分布 G 是一个分布的 r 重卷积 G^r.

12. 对于任意的 F 和光滑的 u,

$$\|(\mathfrak{F}-\mathbf{1})u\|\leqslant 100(\|u\|+\|u''\|)\int_{-\infty}^{+\infty}\frac{x^2}{1+x^2}F\{\mathrm{d}x\}+\|u'\|.$$

13. 对于具有分布 F_n 的三角形阵列 $\{X_{k,n}\}$, 存在一个具有复合泊松分布

$$\mathfrak{F}_n^{\#}=\mathrm{e}\mathfrak{F}_n^{-1}$$

的阵列 $\{X_{k,n}^{\#}\}$ 与之对应. 证明: 当 $\{S_n\}$ 是随机有界时, $n[\mathfrak{F}_n-\mathfrak{F}_n^{\#}]\to 0$. 这表明行和 S_n 与 $S_n^{\#}$ 是渐近等价的. 因为 $S_n^{\#}$ 的分布与 $\mathrm{e}^{[n\mathfrak{F}_n-1]}$ 有关, 所以这就得到了推导 9.7 节主要定理的第二种方法. 这种方法也可应用于具有可变分布的阵列. (提示: 利用习题 12.)

14. 利用 9.5 节的记号, 令 $M_n=\max[X_{1,n},\cdots,X_{n,n}]$. 如果 S_n 有一个极限分布, 证明: $\psi^+(x)=-\lim\ln P\{M_n<x\}$.

15. 如果 S_n 有极限分布, 则由平方 $X_{k,n}^2$ 构成的三角形阵列的行和也有极限分布.

16. **吸引域.** 设 F 属于指数为 α 的稳定分布的吸引域. 利用 8.9 节的定理 2 证明: F 具有所有阶数小于 α 的绝对矩. 如果 $\alpha<2$, 那么阶数大于 α 的矩不存在. 在 $\alpha=2$ 时最后这个结论不真.

17. 续. 在 8.8 节中，理论是以截尾二阶矩函数为基础的，但之所以这样做是因为传统的理由. 8.9 节的定理 2 允许我们把 (9.8.1) 中的 y^2 换成具有另一指数 ρ 的 $|y|^\rho$，并且对每个 ρ，把 (9.8.3) 和 (9.8.5) 换成等价的关系式.

18. 设 $X_1, X_2, \cdots$ 是具有共同分布 F 的独立变量. 如果 $1-F(x)+F(-x)$ 是缓慢变化的，利用紧性引理推导，除了当 G 集中于一点上时以外，序列 S_{nk}/a_k+b_k 不可能有极限分布 G.（这可用 F **不属于部分吸引域**一语来表示. 见 17.9 节.）提示：利用对称化.

第 10 章　马尔可夫过程与半群

本章从马尔可夫过程的最普通类型（确切地说，是从其转移概率的基本方程的最普通类型）的初步研究开始. 然后我们讨论波赫纳（Bochner）的过程的从属的概念，紧接着我们利用半群来讨论马尔可夫过程. 半群理论的指数公式是联结这些课题的桥梁. 生成元的存在性将只在第 13 章中用预解式理论来证明. 在理论上，现在的论述可以包含上一章的过程和半群作为特殊情形，但是方法和用途是不同的. 这一章的理论是自给自足的，且与第 9 章是独立的. 这些结果将在第 13 章中进一步阐述，但是在本书的其他课题中没有用到马尔可夫过程的理论.

本章主要是概述性质的，既不致力于一般性，也不致力于完整性.① 特别地，我们不讨论样本函数的性质，并且在本章中认为过程一定存在. 我们的兴趣完全集中在转移概率和定义算子的解析性质上.

在 10.8 节和 10.9 节中我们将较一般地论述变换的导出半群的理论. 在前面的各节中，基本空间是直线上的区间或整个直线，尽管部分理论可适用于一般的空间. 为了避免引入专门的记号，我们约定，当不写出积分限的时候，积分是在一个作为基本空间的固定集合 Ω 上进行的.

10.1　伪 泊 松 型

本章，我们的讨论局限于具有如下定义的**平稳转移概率** Q_t 的马尔可夫过程：

$$Q_t(x,\Gamma) = P\{X(t+\tau) \in \Gamma | X(\tau) = x\}, \tag{10.1.1}$$

其中 Q_t 与 τ 无关（见 6.11 节）.

复合泊松过程的简单推广可导出这样一类重要的过程，使得所有其他过程都可用此类过程来逼近. 半群理论依赖于这种情况的分析对应物（10.10 节）.

设 $N(t)$ 表示普通泊松过程的变量. 在 6.4 节中，复合泊松过程是通过考虑随机和 $S_{N(t)}$ 而引入的，其中 $S_0, S_1, \cdots$ 是独立同分布随机变量序列的部分和. 伪泊松过程是以同样的方式定义的，只是现在 $S_0, S_1, \cdots$ 是具有以随机核 K 给出

---

① 邓肯（Dynkin, 1965）和洛埃韦（Loève, 1963）更详细地论述了马尔可夫过程的半群理论. Yosida (1966) 包含半群的解析理论及其在扩散和遍历理论中的应用的简要介绍.

的转移概率的马尔可夫链的变量（见 6.11 节）. 变量 $X(t) = S_{N(t)}$ 定义了一个新的随机过程，它在形式上可叙述如下.

在泊松过程的诸跳跃之间，典型的样本轨道保持不变. 从 x 向 Γ 的转移可以通过 $0,1,2,\cdots$ 步来实现，因此

$$Q_t(x,\Gamma) = \mathrm{e}^{-\alpha t}\sum_{n=0}^{\infty}\frac{(\alpha t)^n}{n!}K^{(n)}(x,\Gamma), \quad t>0. \tag{10.1.2}$$

这就推广了复合泊松分布 (6.4.2)，并且当 Ω 是全直线、S_n 是 n 个具有共同分布 F 的独立随机变量之和的时候，上式就化为泊松分布.

与 (6.4.1) 类似的合成法则

$$Q_{t+\tau}(x,\Gamma) = \int Q_t(x,\mathrm{d}y)Q_\tau(y,\Gamma), \qquad t,\tau>0 \tag{10.1.3}$$

很容易用分析方法加以验证.[①] 它称为**查普曼–柯尔莫哥洛夫**方程，说明从时刻 0 的 x 向时刻 $t+\tau$ 的 Γ 转移是通过时刻 τ 的 y 点发生的，而且后来的变化与过去独立.[②] [见第 1 卷 17.9 节，又见 (6.11.3).]

例 (a) **碰撞情况下的质点.** 设质点以匀速在均匀物质中运动，有时发生碰撞. 每次碰撞产生一个由随机核 K 所控制的能量变化. 如果碰撞次数服从一个泊松过程，那么能量 $X(t)$ 的转移概率具有 (10.1.2) 的形式. 在我们已经熟悉的关于空间的齐次性和缺乏记忆性的假设下，情况确是这样的.

通常假设在每次碰撞后所损失的能量与原来的能量之比是与初始能量无关的，这就是说，$K(x,\mathrm{d}y) = V\{\mathrm{d}y/x\}$，其中 V 是一个集中在 $\overline{0,1}$ 上的概率分布. 为了以后的应用，我们考虑 $V(x) = x^\lambda$ 这一特殊情形. 于是 K 的密度为

$$k(x,y) = \lambda x^{-\lambda}y^{\lambda-1}, \quad 0<y<x. \tag{10.1.4}$$

当 $\lambda=1$ 时，这意味着损失的能量与原来的能量之比是**均匀分布的**.[③] 叠核 $k^{(n)}$ 已在 (6.11.5) 中计算出来了. 代入 (10.1.2) 可以看出 Q_t 在原点上具有质量为 $\mathrm{e}^{-\alpha t}$ 的原子（说明无碰撞发生的事件），对于 $0<y<x$，密度

$$q_t(x,y) = \mathrm{e}^{-\alpha t}\sqrt{\lambda\alpha t}\frac{y^{\lambda-1}}{x^\lambda\sqrt{\ln(x/y)}}\times I_1(2\sqrt{\alpha t\lambda\ln(x/y)}), \tag{10.1.5}$$

其中 I_1 是 (2.7.1) 中定义的贝赛尔函数. [见 10.2 节例 (a) 和例 (b).]

---

① 用含 n 项的部分和逼近 Q_t 和 Q_τ，说明 (10.1.3) 的右边不大于左边，但是不小于 $Q_{t+\tau}$ 的第 n 个部分和.

② 有时称 (10.1.3) 是自然规律或者复合概率的规律，但是对非马尔可夫过程它是不正确的. 见第 1 卷 15.13 节.

③ 这个假设曾被利用于 W. Heitler and L. Janossy, *Absorption of meson producing nucleons,* Proc. Physical Soc., Series A, vol. 62 (1949) pp. 374-385, 其中导出了福克–普朗克方程 (10.1.8), 但未解出.

(b) **高速质点电离时损失的能量.**[①] 考虑可以有无穷大能量的质点的极端情形，就可得到上例的有启发性的变形. 这时逐次碰撞时损失的能量是相互独立的随机变量，具有一个集中在 $\overline{0,\infty}$ 上的共同分布 V. 如果 $X(t)$ 是在时间区间 $\overline{0,t}$ 内的总能量损失，那么 $X(t)$ 是一个复合泊松过程的变量. 它的转移概率由 (10.1.2) 给出，只是需要把其中的 $K^{(n)}$ 换为卷积 $V^{n\star}$.

(c) **方向的变化.** 代替质点的能量，我们可以考虑它的运动方向并推导出与例 (a) 类似的模型. 主要的差别是 $\mathbb{R}^3$ 中的方向由两个变量所确定，因此密度核 k 现在依赖于 4 个实变量.

(d) 2.7 节例 (b) 的**随机化了的随机游动**，表示一个局限于整数上的伪泊松过程. 对于固定的整数 x，核 K 对于点 $x=\pm1$ 分别赋予质量 1/2. ■

由 (10.1.2) 容易推出，

$$\frac{\partial Q_t(x,\Gamma)}{\partial t}=-\alpha Q_t(x,\Gamma)+\alpha\int Q_t(x,\mathrm{d}z)K(z,\Gamma). \tag{10.1.6}$$

这是**柯尔莫哥洛夫向前方程**，我们将在 10.3 节中在较一般的背景下予以讨论. 在下一节中将证明 (10.1.2) 是此方程的满足明显的概率要求的唯一解. 当 K 有密度 k 时，方程 (10.1.6) 就化为一种更常见的形式. 在点 x 上，分布 Q_t 具有质量为 $\mathrm{e}^{-\alpha t}$ 的原子，$\mathrm{e}^{-\alpha t}$ 是不发生变化的概率；除了这个原子以外，Q_t 有一个满足下列方程的密度 q_t：

$$\frac{\partial q_t(x,\xi)}{\partial t}=-\alpha q_t(x,\xi)+\alpha\int q_t(x,z)K(z,\xi)\mathrm{d}z. \tag{10.1.6a}$$

如果 μ_0 是在时刻 0 的概率分布，那么在时刻 t 的分布为

$$\mu_t\{\Gamma\}=\int\mu_0\{\mathrm{d}x\}Q_t(x,\Gamma), \tag{10.1.7}$$

且 (10.1.6) 蕴涵

$$\frac{\partial\mu_t\{\Gamma\}}{\partial t}=-\alpha\mu_t\{\Gamma\}+\alpha\int\mu_t\{\mathrm{d}z\}K(z,\Gamma). \tag{10.1.8}$$

(10.1.6) 的这一形式被物理学家称为福克–普朗克方程（或连续方程）. 我们将在 10.3 节中分析它的本质. 当 K 和初始分布 μ_0 有密度时，μ_t 也有密度 m_t，且这时福克–普朗克方程化为

$$\frac{\partial m_t(\xi)}{\partial t}=-\alpha m_t(\xi)+\alpha\int m_t(z)K(z,\xi)\mathrm{d}z. \tag{10.1.8a}$$

---

① 这是下述论文的题目：L. Landau, J. Physics, USSR, vol. 8 (1944) pp. 201-205. 兰道（Landau）使用了不同的术语，但他的假设和我们的相同，他导出了向前方程 (10.1.6).

10.2 一种变形：线性增量

上述过程的一种简单变形经常出现在物理学、排队论和其他应用中. 关于跳跃的假设与从前相同，但是 $X(t)$ *在诸跳跃之间是以速度 c 线性地变化*. 这就是说，$X(t)-ct$ 是上述伪泊松过程的变量；如果 Q_t 表示此新过程的转移概率，则 $Q_t(x,\Gamma+ct)$ 一定满足 (10.1.6). 所得的 Q_t 的方程具有不常见的形式，但是如果存在可微的密度，则它们满足常见的方程. 对于 m_t，我们把 (10.1.8a) 中的 ξ 换为 $\xi+ct$. 利用变量替换 $y=\xi+ct$，我们得到福克–普朗克方程①：

$$\frac{\partial m_t(y)}{\partial t}=-c\frac{\partial m_t(y)}{\partial y}-\alpha m_t(y)+\alpha\int m_t(z)k(z,y)\mathrm{d}z. \tag{10.2.1}$$

(10.1.6a) 的类似方程可以通过把项 $-c\partial q_t/\partial y$ 加到右边而得到.

与半群理论联系起来，我们将考虑具有更灵活的形式的福克–普朗克方程，此方程是与上面的不自然的可微性条件无关的 [见 10.10 节例 (b)].

例 (a) **碰撞情形下的质点.** 在物理学的文献中 10.1 节例 (a) 通常以一种修正的形式出现，其中假定在诸碰撞之间，能量由于吸收或摩擦而以固定的速度消耗. 只要能量的损耗与 m_t 成正比（这里 m_t 表示时刻 t 的能量的概率密度），则 (10.2.1) 的模型适合于上述情况.

在其他情形下，物理学家们假设，在各次碰撞之间，能量是以与瞬时能量成正比的速度消耗的. 在这种情形下，能量的对数以固定的速度减少，一个形如 (10.2.1) 的方程支配着能量的对数的概率密度.

(b) **恒星的辐射.**② 在这个模型中，变量 t 表示距离，$X(t)$ 表示通过空间的光线的强度. 假设（在赤道平面内）每个体积单元以固定速度辐射，因此 $X(t)$ 是线性增加的. 但是空间也包含可以吸收光线的黑云，我们把黑云当作点的泊松总体来对待. 每束光线在遇到黑云时经受随机性的损失. 在这种情形下，我们可导出 (10.2.1). 似乎可能的是（这是可以证明的），$X(t)$ 的密度 m_t 趋近于一稳定状态密度 m，这个 m 与 t 无关，且满足把左边换为 0 的 (10.2.1).

---

① 福克–普朗克方程 (10.1.8) 的许多特殊情形已被独立地发现，推广 (10.2.1) 被过分地予以注意. 福克–普朗克方程的一般形式是柯尔莫哥洛夫在他的下列著名论文中得到的：*Über die analytischen Methoden in der Wahrsche inlichkeitsrechnung*, Math. Ann., vol. 104 (1931) pp. 415-458. 柯尔莫哥洛夫在此文中提及了把任意的扩散项

$$\gamma\frac{\partial^2 m_t}{\partial y^2}-c\frac{\partial m_t}{\partial y}$$

加到右边的可能性，(10.2.1) 只是这种可能性的一种特殊情形. 即使最初的存在定理也包含非平稳情形下的一般方程. [Feller, Math. Ann., vol. 113 (1936).]

② 这些物理假设取自于 V.A. Ambarzumian, *On the brightness fluctuations in the Milky Way*, Doklady Akad. Nauk SSSR，vol. 44 (1944) pp. 223-226，在此文中用间接的方法导出了 (10.2.1) 的一种变形.

阿姆巴朱米扬（Ambarzumian）特别假设，在各次通过黑云时的光强度损失由转移核 (10.1.4) 控制. 在这种情形下，可得到 (10.1.5) 的显式解，但是它不是重要的. 更重要（且容易验证）的是下述事实：(10.2.1) 有与时间无关（或稳定状态）的解，即 Γ 密度

$$m(y) = \left(\frac{\alpha}{c}\right)^{\lambda+1} \frac{1}{\Gamma(\lambda+1)} y^{\lambda} \mathrm{e}^{-(\alpha/c)y}, \quad y > 0. \tag{10.2.2}$$

这个结果说明即使不求出显式解，也可以从 (10.2.1) 中得到有关的信息. 例如，容易用直接积分验证，稳定状态解的期望为 $c[\alpha(1-\mu)]^{-1}$，其中 μ 是吸收分布 V 的期望.

(c) 6.5 节的破产问题表示 k 是卷积核这一特殊情形. 这些过程的变量是通过把 $-ct$ 加到复合泊松过程的变量上去而得到的. 可以对任意的伪泊松过程给出类似的破产问题，它们导出 (10.2.1). ■

10.3 跳跃过程

在伪泊松过程中，等待下一次跳跃的时间服从固定的指数分布，它的期望为 $1/\alpha$. 如果设这个分布依赖于轨道函数 $X(t)$ 现在的值，就可得到一个自然的推广. [在 10.1 节例 (a) 中，这相当于假设相碰的概率依赖于质点的能量.] 这种过程的马尔可夫性要求这个分布是指数分布，但是它的期望可以依赖于 $X(t)$ 现在的值. 因此，我们从下列基本公设开始.

基本公设　*给定 $X(t)=x$，等待下一次跳跃的时刻服从指数分布，其期望为 $1/\alpha(x)$，并且与过去的历史独立. 下一次跳跃到达 Γ 中的点的概率等于 $K(x,\Gamma)$.*

用分析的术语来说，这些公设导出过程的转移概率 $Q_t(x,\Gamma)$ 的积分方程（假定这样的过程确实存在）. 考虑一固定点 x 和一个不包含 x 的固定集合 Γ. 事件 $\{X(t)\in\Gamma\}$ 不可能发生，除非从 x 出发的第一次跳跃发生于某个时刻 $s<t$. 给定这个条件，$\{X(t)\in\Gamma\}$ 的条件概率可由 $K(x,\mathrm{d}y)Q_{t-s}(y,\Gamma)$ 在所有可能的 y 组成的集合 Ω 上的积分得出. 现在第一次跳跃的时刻是具有指数密度 $\alpha(x)\mathrm{e}^{-\alpha(x)s}$ 的随机变量. 对这个密度积分，我们得到 $\{X(t)\in\Gamma\}$ 的概率：

$$Q_t(x,\Gamma) = \alpha(x)\int_0^t \mathrm{e}^{-\alpha(x)s}\mathrm{d}s \int_\Omega K(x,\mathrm{d}y)Q_{t-s}(y,\Gamma). \tag{10.3.1a}$$

对于包含 x 的集合 Γ，我们必须加上在 t 前不发生跳跃的概率，于是得到

$$Q_t(x,\Gamma) = \mathrm{e}^{-\alpha(x)t} + \alpha(x)\int_0^t \mathrm{e}^{-\alpha(x)s}\mathrm{d}s \int_\Omega K(x,\mathrm{d}y)Q_{t-s}(y,\Gamma). \tag{10.3.1b}$$

这两个方程分别对于 $x\notin\Gamma$ 和 $x\in\Gamma$ 成立，它们是基本公设的分析等价物. 可以用积分变量的替换 $\tau=t-s$ 来简化它们. 对 t 微分就可把这两个方程化成同一形式，这一对方程可由下列积微分方程来代替：

$$\frac{\partial Q_t(x,\Gamma)}{\partial t} = -\alpha(x)Q_t(x,\Gamma) + \alpha(x)\int_\Omega K(x,\mathrm{d}y)Q_t(y,\Gamma). \tag{10.3.2}$$

这是**柯尔莫哥洛夫的向后方程**，它是分析描述的出发点，因为它避免了区分这两种情形这件麻烦事.

向后方程 (10.3.2) 有简单的直观解释，这种解释可以用来以更实用的术语重新叙述基本公设. 利用差商的术语，(10.3.2) 等价于

$$Q_{t+h}(x,\Gamma) = [1-\alpha(x)h]Q_t(x,\Gamma) + \alpha(x)h\int_\Omega K(x,\mathrm{d}y)Q_t(y,\Gamma) + o(h). \tag{10.3.3}$$

为了得到这个关系式的直观解释，把在时间区间 $\overline{0,t+h}$ 内的变化看作在初始短区间 $\overline{0,h}$ 内和后面的长度为 t 的区间 $\overline{h,t+h}$ 内变化的结果. 那么很明显，(10.3.3) 说明，如果 $X(0)=x$，那么在 $\overline{0,h}$ 内发生一次跳跃的概率是 $\alpha(x)h+o(h)$；发生一次以上的跳跃的概率是 $o(h)$；最后，如果在 $\overline{0,h}$ 内确实发生一次跳跃，那么可能的转移的条件概率是 $K(x,\mathrm{d}y)$. 这 3 个假设导出 (10.3.3)，从而导出 (10.3.2). 实质上，它们重复了基本公设.①

从概率的观点来看，向后方程有点不自然. 因为在其中终止状态 Γ 起着参数的作用，且 (10.3.2) 描述了 $Q_t(x,\Gamma)$ 对初始位置 x 的依赖性. 容易看出，通过把区间 $\overline{0,t+h}$ 分裂成一个长初始区间 $\overline{0,t}$ 和一个短终止区间 $\overline{t,t+h}$ 来推导一个关于 Q_{t+h} 的方程是较自然的. 这样，代替 (10.3.3)，我们在形式上得到

$$Q_{t+h}(x,\Gamma) = \int_\Gamma Q_t(x,\mathrm{d}z)[1-\alpha(z)h] + \int_\Omega Q_t(x,\mathrm{d}z)\alpha(z)hK(z,\Gamma) + o(h). \tag{10.3.4}$$

从而

$$\frac{\partial Q_t(x,\Gamma)}{\partial t} = -\int_\Gamma Q_t(x,\mathrm{d}z)\alpha(z) + \int_\Omega Q_t(x,\mathrm{d}z)\alpha(z)K(z,\Gamma). \tag{10.3.5}$$

这是**柯尔莫哥洛夫向前方程**（在特殊情形下被物理学家称为连续方程或**福克–普朗克方程**）. 当 α 与 z 无关时，它化为 (10.1.6).

这种推导的形式上的特点之所以被强调，是因为我们的基本公设实际上并不蕴涵向前方程. 这是因为 (10.3.3) 中的项 $o(h)$ 依赖于 z，又因为 z 是 (10.3.4) 中的积分变量，所以项 $o(h)$ 应出现在积分号下面. 但是这样就会出现如下的问题：(10.3.5) 中的积分是否收敛以及取极限 $h\to 0$ 是否合理. [在向后方程中不出现这样的问题，因为初始值 x 是固定的，并且由 Q_t 的有界性知道 (10.3.2) 中的积分是存在的.]

把关于 (10.3.3) 中误差项的一个适当条件加到我们的基本公设中去，可以证明向前方程，但是这样的推导会失去它的直观上的吸引力. 此外，提出包含实际中

① Q_t 关于 t 的可微性和发生一次以上的跳跃的概率是 $o(h)$ 这个事实，现在被叙述为一个新的公设，它们被原来的更复杂的阐述所蕴涵.

出现的所有典型情况的条件似乎是不可能的. 如果 α 是无界函数，那么 (10.3.5) 中积分的存在性就值得怀疑，这个方程就不能预先得到证明. 另外，向后方程是基本假设的必然推论，因此最好用它作为起点来研究向前方程可由向后方程来推导的程度.

利用具有简单概率意义的逐步逼近法容易求出向后方程的一个解. 用 $Q_t^{(n)}(x,\Gamma)$ 表示一个至多有 n 次跳跃的从 $X(0)=x$ 向 $X(t)\in\Gamma$ 转移的概率. 无跳跃的转移只有在 $x\in\Gamma$ 时才可能，因为在 x 上的逗留时间服从指数分布，所以我们有

$$Q_t^{(0)}(x,\Gamma)=\mathrm{e}^{-\alpha(x)t}K^{(0)}(x,\Gamma) \tag{10.3.6}$$

(其中按照 x 是不是包含在 Γ 中，$K^{(0)}(x,\Gamma)$ 等于 1 或 0). 其次假设第一次跳跃发生在时刻 $s<t$，并且从 x 跳到 y. 对所有可能的 s 和 y 求和，[和 (10.3.1) 中一样] 我们得到递推公式

$$Q_t^{(n+1)}(x,\Gamma)=Q_t^{(0)}(x,\Gamma)+\int_0^t \mathrm{e}^{-\alpha(x)s}\alpha(x)\mathrm{d}s\int K(x,\mathrm{d}y)Q_{t-s}^{(n)}(y,\Gamma) \tag{10.3.7}$$

对 $n=0,1,\cdots$ 成立. 显然 $Q_t^{(0)}\leqslant Q_t^{(1)}$，从而根据归纳法有 $Q_t^{(1)}\leqslant Q_t^{(2)}\leqslant\cdots$.

由此推出，对于每对 x,Γ，极限

$$Q_t^{(\infty)}(x,\Gamma)=\lim_{n\to\infty}Q_t^{(n)}(x,\Gamma) \tag{10.3.8}$$

存在，但可能是无穷的. 我们来证明，实际上有

$$Q_t^{(\infty)}(x,\Omega)\leqslant 1. \tag{10.3.9}$$

[这蕴涵，对于 Ω 中的所有集合，$Q_t^{(\infty)}(x,\Gamma)\leqslant 1$.] 只要证明对于所有的 n，

$$Q_t^{(n)}(x,\Omega)\leqslant 1 \tag{10.3.10}$$

就行了. 当 $n=0$ 时，这显然成立. 利用归纳法：假设对于某一固定的 n，(10.3.10) 成立，则由 (10.3.7)（注意 K 是随机的）可得

$$Q_t^{(n+1)}(x,\Omega)\leqslant \mathrm{e}^{-\alpha(x)t}+\int_0^t \mathrm{e}^{-\alpha(x)s}\alpha(x)\mathrm{d}s=1, \tag{10.3.11}$$

从而 (10.3.10) 对于所有的 n 都成立.

根据单调收敛性从 (10.3.7) 可以推出，$Q_t^{(\infty)}$ 满足原来的积分形式的向后方程 (10.3.1) [从而也满足积微分形式的向后方程 (10.3.2)]. 对于 (10.3.1) 的任一其他正解 Q_t，显然有 $Q_t\geqslant Q_t^{(0)}$；把 (10.3.1) 和 (10.3.7) 比较，我们可知对于所有的

n 有 $Q_t \geqslant Q_t^{(n)}$，从而 $Q_t \geqslant Q_t^{(\infty)}$. 因此，$Q_t^{(\infty)}$ 称为向后方程的**最小解**；(10.3.9) 说明 $Q_t^{(\infty)}$ 是随机的或次随机的.

由 (10.3.8) 推出，$Q_t^{(\infty)}(x,\Gamma)$ 是经过有限多步从 x 转移到 Γ 的概率. 因此对于次随机解，亏量 $1-Q_t^{(\infty)}(x,\Omega)$ 表示以 x 为起点、在时间 t 内发生无穷多次跳跃的概率. 从第 1 卷 17.4 节和 8.5 节例 (c) 中我们知道这种现象发生在某些纯增殖过程中，从而次随机解存在. 但与其说它们是一个规则，倒不如说它们是一个例外. 特别地，如果系数 $\alpha(x)$ 是有界的，那么最小解是严格随机的，即

$$Q_t^{(\infty)}(x,\Omega)=1,\quad t>0. \tag{10.3.12}$$

实际上，如果对于所有的 x 有 $\alpha(x)<a<\infty$，那么可用归纳法证明，对于所有的 n 和 $t>0$，

$$Q_t^{(n)}(x,\Omega)\geqslant 1-(1-\mathrm{e}^{-\alpha t})^n. \tag{10.3.13}$$

当 $n=0$ 时，这显然成立. 假设对于某个 n，(10.3.12) 成立，注意右边是一个减函数，把它表示为 $f(t)$. 考虑满足 $\Gamma=\Omega$ 的 (10.3.7). 由 (10.3.13) 知道，内层的积分 $\geqslant f(t)$，$f(t)$ 不依赖于积分变量. 对 $\alpha(x)\mathrm{e}^{-\alpha(x)s}$ 积分可得，当把 n 换为 $n+1$ 时，(10.3.13) 也成立.

最后我们注意，在严格随机的情形 (10.3.12) 下，解 $Q_t^{(\infty)}$ 是唯一的. 事实上，由 $Q_t^{(\infty)}$ 的最小性，任一其他的解应满足

$$\begin{aligned}1 &\geqslant Q_t(x,\Omega)=Q_t(x,\Gamma)+Q_t(x,\Omega-\Gamma)\\ &\geqslant Q_t^{(\infty)}(x,\Gamma)+Q_t^{(\infty)}(x,\Omega-\Gamma)=Q_t^{(\infty)}(x,\Omega)=1,\end{aligned} \tag{10.3.14}$$

这是不可能的，除非上式中的两个不等号均为等号. 因此，我们证明了以下定理.

定理 向后方程有一个由 (10.3.8) 所确定的最小解 $Q_t^{(\infty)}$，此解对应于只经过有限步从 x 转移到 Γ 的过程. 它是随机的或次随机的.

在次随机的情形下，亏量 $1-Q_t^{(\infty)}(x,\Omega)$ 是在时间 t 内发生无穷多次跳跃的概率，在这种情形下最小过程终止.

在严格随机的情形 (10.3.12) 下，最小解是向后方程的唯一概率解. 当系数 $\alpha(x)$ 有界时，出现这种情形.

在 20 世纪 30 年代这个理论的早期阶段，亏损解的发现是令人震惊的，但是它推进了导致马尔可夫过程统一理论的研究. 在无穷多次跳跃后可以从 x 转移到 Γ 的过程，与具有边界条件的扩散过程类似，因此它们并不像一开始时看上去那样反常. 无穷多次跳跃的可能性也说明了直接推导向前方程的难度.① 向后方

① 试与第 1 卷 17.9 节中的类似讨论比较.

程可以从下列假设推导：给定现在的状态 x，下一次的跳跃发生在服从于期望为 $1/\alpha(x)$ 的指数分布的等待时间之后. 向前方程依赖于在时刻 t 之前的状态，从而依赖于整个空间 Ω. 特别地，不容易直接表达下列要求：在时刻 t 之前存在最后一次跳跃.

但是，在附录中将证明，最小解 $Q_t^{(\infty)}$ 自然满足向前方程，并且也是向前方程的最小解. 特别由此推出，如果 α 是有界的，那么 $Q_t^{(\infty)}$ 是向前方程的唯一解. 当 $Q_t^{(\infty)}$ 是次随机解时，存在包含经过无穷多次跳跃的转移且满足向后方程的各种过程. 这样的过程的转移概率 Q_t 可以但不一定满足向前方程. 这个惊人的事实说明，在向前方程不能由 (10.3.4) 导出的情形下，向前方程可能被满足.

最后我们再注意到（与 10.2 节的过程和包含对 x 的导数的扩散过程相反），纯跳跃过程不依赖于基本空间的性质：我们的公式适用于任一个在其上定义着一个随机核 K 的集合 Ω.

例　可数样本空间. 如果随机变量 $X(t)$ 是正的且取整数值，那么基本样本空间由整数 $1, 2, \cdots$ 组成. 现在只要知道从一个整数向另一个整数的转移概率 $P_{ik}(t)$ 就行了；所有其他的概率可由对 k 求和得到. 整数上的马尔可夫过程理论曾在第 1 卷 17.9 节中讨论过，但在那里还考虑了非平稳转移概率. 为了把理论局限于平稳情形，应假设系数 c_i 和概率 P_{ik} 是与 t 无关的. 这样那里的假设与现在的假设相同，并且容易看出，在第 1 卷 17.9 节中导出的两个柯尔莫哥洛夫方程是 (10.3.2) 和 (10.3.5) 的特殊情形 [把 $\alpha(i)$ 换成 c_i，$K(i,j)$ 换成 P_{ij}]. 第 1 卷 17.4 节中的发散增殖过程是在有限时间区间内有无穷多次跳跃的过程的例子. 我们将在 14.7 节中再回过头来讨论这个过程，那时将说明存在这样一个从 i 到 j 的转移，它经历了无穷多次跳跃. ■

附录[①]　**向前方程的最小解.** 向后方程的最小解 $Q_t^{(\infty)}$ 的构造经修改后可适合于向前方程. 我们简短地指出怎样修改以及怎样验证两个解事实上是相同的. 细节留给读者.

令

$$K_t^{\#}(x,\Gamma)=\int_\Gamma \mathrm{e}^{-\alpha(y)t}K(x,\mathrm{d}y). \tag{10.3.15}$$

为了构造向前方程的解，我们用 (10.3.6) 来定义 $Q_t^{(0)}$，并设

$$Q_t^{(n+1)}(x,\Gamma)=Q_t^{(0)}(x,\Gamma)+\iint_0^t Q_{t-s}^{(n)}(x,\mathrm{d}y)\alpha(y)K_s^{\#}(y,\Gamma). \tag{10.3.16}$$

① 在 14.7 节中这个理论是用拉普拉斯变换的方法讨论的.（为简单起见，只讨论了可数空间，但是论证无须作本质上的改变就可适用于一般的空间.）书中的直接方法不大优美，但有一个优点，即它也适用于具有依赖于时间参数 t 的转移概率的非平稳过程. 这种一般形式的理论叙述见 Feller, Trans. Amer. Math. Soc., vol. 48 (1940) pp. 488-515 [*erratum*, vol. 58, p. 474].

这就用最后一次跳跃 [正如 (10.3.7) 涉及第一次跳跃一样] 确定了至多经过 $n+1$ 步的转移的概率. 重复上一定理的证明可以看出 $Q_t^{(\infty)} = \lim Q_t^{(n)}$ 是向前方程的最小解.

虽然我们利用的字母相同，但是两个递推公式 (10.3.7) 和 (10.3.16) 是无关的，并且结果得到的核是相同的这个事实绝不是明显的. 为了说明这一点，我们设 $P_t^{(n)} = Q_t^{(n)} - Q_t^{(n-1)}$，这对应于恰好经过 n 步的转移. 于是 (10.3.16) 化为

$$P_t^{(n+1)}(x, \Gamma) = \iint_0^t P_{t-s}^{(n)}(x, \mathrm{d}y)\alpha(y)K_s^{\#}(y, \Gamma). \tag{10.3.17}$$

我们用标准的记号 $P_t^{(n+1)} = P_t^{(n)}\mathfrak{U}$ 来表示上式. 对于递推公式 (10.3.7)，我们类似地记 $P_t^{(n+1)} = \mathfrak{B}P_t^{(n)}$. 开始的 $P_t^{(0)}$ 在两种情形下是一样的 [由 (10.3.6) 所确定]. 我们现在来证明，两个递推公式导致相同的结果. 更确切地说，由 $P_t^{(n+1)} = P_t^{(n)}\mathfrak{U}$ 定义的 $P_t^{(n)}$ 也满足 $P_t^{(n+1)} = \mathfrak{B}P_t^{(n)}$. 我们用归纳法证明，假设这个断言对于所有的 $n \leqslant r$ 都成立，于是

$$P_t^{(r+1)} = P_t^{(r)}\mathfrak{U} = (\mathfrak{B}P_t^{(r-1)})\mathfrak{U} = \mathfrak{B}(P_t^{(r-1)}\mathfrak{U}) = \mathfrak{B}P_t^{(r)},$$

因此归纳法假设对 $n = r+1$ 也成立.

因此，我们证明了最小解为向后方程和向前方程所共有.

10.4 $\mathbb{R}^1$ 中的扩散过程

在考虑了所有的变化都以跳跃的方式发生的过程以后，我们转向另一个极端，即样本函数是(以概率 1)连续的. 它们的理论与上节所述的理论是平行的,但基本方程需要更复杂的分析工具. 因此，我们将满足于向后方程的推导以及有关最小解和其他问题的简要概括. 扩散过程的原型是布朗运动（或维纳过程）. 这是一个具有独立正态分布增量的过程. 它的转移概率密度为 $q_t(x, y)$，此密度是期望为 x 方差为 at 的正态密度. 其中 $a > 0$ 是常数. 这些密度满足标准扩散方程

$$\frac{\partial q_t(x, y)}{\partial t} = \frac{1}{2}a\frac{\partial^2 q_t(x, y)}{\partial x^2}. \tag{10.4.1}$$

现在来证明，其他的转移概率由有关的偏微分方程所决定. 这个推导的目的只是为了让读者了解一下过程的类型和有关的问题，从而起一个初步介绍的作用. 因此，我们将不致力于一般性或完整性.

由正态分布的性质显然可见，在布朗运动中，在长度为 t 的短时间区间内的增量具有下列性质：(i) 对于固定的 $\delta > 0$，位移大于 δ 的概率是 $o(t)$；(ii) 位移的期望是 0；(iii) 它的方差是 at. 我们保留第 1 个条件，但改变其他条件使之适用于非均匀介质. 也就是说，我们令 a 依赖于 x 并容许有非零的平均位移. 在这种情形下，位移的期望与方差不与 t 严格成正比，我们只能假设在给定 $X(\tau) = x$ 时，位移 $X(t+\tau) - X(\tau)$ 的期望为 $b(x)t + o(t)$，方差为 $a(x) + o(t)$. 矩不一定存在，但是由第 1 个条件知道，考虑截尾矩是很自然的. 这样考虑可导出下列的公设.

转移概率 Q_t 的公设[①]　对于每个 $\delta > 0$，当 $t \to 0$ 时，

$$t^{-1}\int_{|y-x|\geqslant\delta} Q_t(x,\mathrm{d}y) \to 0, \tag{10.4.2}$$

$$t^{-1}\int_{|y-x|<\delta} (y-x)Q_t(x,\mathrm{d}y) \to b(x) \tag{10.4.3}$$

$$t^{-1}\int_{|y-x|<\delta} (y-x)^2 Q_t(x,\mathrm{d}y) \to a(x). \tag{10.4.4}$$

注意，如果 (10.4.2) 对于所有的 $\delta > 0$ 都成立，那么 (10.4.3) 和 (10.4.4) 中的量的渐近性质与 δ 无关，因此在最后两个关系式中可以把 δ 换成 1.

第一个条件保证大位移是不可能的，它是在 1936 年引入的，当时人们希望它是样本函数连续的充要条件.[②] 为纪念林德伯格，这个条件以他的名字命名，因为它与中心极限定理中的林德伯格条件类似. 可以证明，在关于转移概率的适当的正则性条件下，(10.4.3) 和 (10.4.4) 中的极限的存在性确实是 (10.4.2) 的推论. 我们将不讨论这些细节，因为现在我们对发展系统的理论不感兴趣.[③] 我们的一般目的是说明最简单情况下扩散方程的性质和经验意义. 为此目的，我们来说明怎样由 (10.4.2)~(10.4.4) 形式地推导一些微分方程，但是我们将不讨论在什么条件下这些方程有解.[④] 因此，系数 a 和 b 可以取为有界连续函数，并且 $a(x) > 0$.

我们取直线上的有限或无限区间 I 为基本空间，并保持下述约定：当积分限不出现时，积分是在区间 I 上进行的. 为了简化写法并为半群理论的应用做准备，对于固定的 t，我们引入变换

$$u(t,x) = \int Q_t(x,\mathrm{d}y)u_0(y), \tag{10.4.5}$$

它把有界连续的"初始函数"u_0 变成值为 $u(t,x)$ 的函数[⑤].

显然，当知道了 (10.4.5) 左边对所有的初值 u_0 的值时，就唯一地确定了 Q_t. 现在我们来证明，在适当的正则性条件下，u 必然满足**向后方程**

$$\frac{\partial u}{\partial t} = \frac{1}{2}a\frac{\partial^2 u}{\partial x^2} + b\frac{\partial u}{\partial x}, \tag{10.4.6}$$

---

① 爱因斯坦首先由概率假设推导出了 (10.4.1). 柯尔莫哥洛夫在他的 1931 年的著名论文中给出了向后方程 (10.4.6) 和向前方程 (10.5.2) 的第 1 个系统的推导（见 10.2 节）. 本书中的改进了的公设应归功于费勒 (1936)，他给出了第 1 个存在性证明并研究了两个方程之间的关系.

② 这个推测被 D. Ray 所验证.

③ 现代半群理论使作者能推导出满足林德伯格型条件的马尔可夫过程的最一般的向后方程（生成元）. 古典的微分算子可换成现代的形式，其中"自然尺度"接替了系数 b 的角色，"速率测度"接替了 a 的角色. 这些过程是邓肯（E.B. Dynkin）及其学派的富有成果的研究的对象，也是伊藤清（K. Ito）和莫克钦（H.P. McKean）的富有成果的研究的对象. 在参考文献中引用的这些作者的书中，叙述了整个理论.

④ 关于用拉普拉斯变换的方法处理扩散方程，见 14.5 节.

⑤ 用随机过程的术语来说，$u(t,x)$ 是 $u_0(X(t))$ 在假设 $X(0) = x$ 下的条件期望.

此方程推广了标准扩散方程 (10.4.1). 我们来找这样的函数 u，它满足 (10.4.6) 且当 $t \to 0$ 时 $u(t,x) \to u_0(x)$. 当解是唯一的时候，这个解必然有 (10.4.5) 的形式，Q_t 称为方程的格林（Green）函数. 解不唯一的情形将在下一节中讨论.

为推导向后方程 (10.4.6)，我们从下列恒等式开始:

$$u(s+t,x) = \int Q_s(x,\mathrm{d}y)u(t,y), \quad s,t>0. \tag{10.4.7}$$

它是查普曼–柯尔莫哥洛夫方程 (10.1.3) 的直接推论. 由它得到，对 $h>0$，

$$\frac{u(t+h,x)-u(t,x)}{h} = \frac{1}{h}\int Q_h(x,\mathrm{d}y)[u(t,y)-u(t,x)]. \tag{10.4.8}$$

我们现在假设转移概率 Q_t 是充分正则的，以保证 (10.4.5) 中的变换 u 关于 x 的一、二阶导数是有界连续的，至少在 u_0 是无穷可微时是如此. 那么根据泰勒公式，对于给定的 $\varepsilon>0$ 和固定的 x，存在 $\delta>0$，使得对所有的 $|y-x|\leqslant\delta$，

$$\left|u(t,y)-u(t,x)-(y-x)\frac{\partial u(t,x)}{\partial x}-\frac{1}{2}(y-x)^2\frac{\partial^2 u(t,x)}{\partial x^2}\right| < \varepsilon|y-x|^2. \tag{10.4.9}$$

对于这个 δ，考虑 $\frac{1}{h}\int_{|y-x|>\delta} Q_h(x,\mathrm{d}y)[u(t,y)-u(t,x)]$ 以及 $\frac{1}{h}\int_{|y-x|\leqslant\delta} Q_h(x,\mathrm{d}y)$ $[u(t,y)-u(t,x)]$. 由 (10.4.2) 和 u 的有界性，知前者趋于 0. 由条件 (10.4.3)、(10.4.4) 和 (10.4.9) 可以看出，对于充分小的 h，后者与 (10.4.6) 的右边之差小于 $\varepsilon\cdot a(x)$. 因为 ε 是任意的，所以这就是说当 $h\to 0$ 时，(10.4.8) 的右边趋于 (10.4.6) 的右边. 因此，至少右边导数 $\partial u/\partial t$ 存在且由 (10.4.6) 给出. 这个理论的主要结果可以粗略地总结如下. *如果马尔可夫过程的转移概率满足连续性条件 (10.4.2)，那么这个过程被系数 b 和 a 所确定*. 这似乎是理论上的，但是在实际情况下，系数 b 和 a 是事先根据它们的经验定义和过程的性质给出的.

为了说明 b 和 a 的意义，考虑在短时间区间上的增量 $X(t+\tau)-X(\tau)$，假设 $X(\tau)=x$. 如果 (10.4.3) 和 (10.4.4) 中的矩是完全的，那么这个增量的条件期望是 $b(x)t+o(t)$，它的条件方差是 $a(x)t-b^2(x)t^2+o(t)=a(x)t+o(t)$. 因此，$b(x)$ 是位移的局部平均速率的一种量度（由对称性，它可以是 0），$a(x)$ 是方差的一种量度. 由于没有更好的术语，所以我们称 b 为**无穷小速度**（或推移），称 a 为**无穷小方差**.

下述例子说明在具体情况下确定这些系数的方法.

例 (a) **布朗运动**. 如果假设 x 轴是均匀且对称的，那么 $a(x)$ 一定与 x 无关，$b(x)$ 一定等于 0. 因此，我们有古典扩散方程 (10.4.1).

(b) **奥恩斯坦–乌伦别克（Ornstein-Uhlenbeck）过程**是通过让作布朗运动的质点受弹力作用而得到的. 在分析上这就是说向原点的推移速度与距离成正比，即 $b(x)=\rho x$. 因这对无穷小方差没有影响，所以 $a(x)$ 仍是常数，比如说是 1. 向后方程的形式为

$$\frac{\partial u(t,x)}{\partial t}=\frac{1}{2}\frac{\partial^2 u(t,x)}{\partial x^2}-\rho x\frac{\partial u(t,x)}{\partial x}. \tag{10.4.10}$$

幸运的是这个方程容易求解. 实际上，变量替换

$$v(t,x)=u(t,x\mathrm{e}^{\rho t})$$

把它化成

$$\mathrm{e}^{2\rho t}\frac{\partial v}{\partial t}=\frac{1}{2}\frac{\partial^2 v}{\partial x^2}, \tag{10.4.11}$$

进一步的变量替换

$$\tau=\frac{1-\mathrm{e}^{-2\rho t}}{2\rho} \tag{10.4.12}$$

把 (10.4.11) 变成标准扩散方程 (10.4.1)，由此推出，*奥恩斯坦–乌伦别克过程的转移密度 $q_t(x,y)$ 与这样一个正态密度一致，它以 $x\mathrm{e}^{-\rho t}$ 为中心且具有 (10.4.12) 给出的方差 τ.*

在 3.8 节例 (e) 中已说明奥恩斯坦–乌伦别克过程被 (10.4.10) 所确定，初始正态分布是唯一的具有平稳转移概率的正态马尔可夫过程. [包括布朗运动，它是 $\rho=0$ 的特殊情形.]

(c) **遗传学中的扩散**. 考虑一个具有不同代和固定大小 N 的总体.（玉米田是一个典型例子.）有 $2N$ 个基因，每个基因属于两种基因型之一. 我们用 X_n 表示 A 型基因的比例. 如果无视选择优势和突变，那么可以把第 $(n+1)$ 代的基因取作第 n 代基因的大小为 $2N$ 的随机样本. 那么过程 X_n 是马尔可夫过程，$0\leqslant X_n\leqslant 1$. 在给定 $X_n=x$ 时，$2NX_{n+1}$ 的分布是均值为 $2Nx$ 方差为 $2Nx(1-x)$ 的二项分布. 每一代的变化的期望都是 0，方差与 $x(1-x)$ 成正比.

现在假设我们考察很多的代并引入一种时间尺度，使其发展过程似乎是连续的. 在这种近似下，我们讨论的是这样一种马尔可夫过程，它的转移概率满足我们的基本条件，并且 $b(x)=0$，$a(x)$ 与 $x(1-x)$ 成正比. 比例因子依赖于时间尺度的单位，且可以正规化为 1. 于是 (10.4.6) 化为如下的形式：

$$\frac{\partial u(t,x)}{\partial t}=x(1-x)\frac{\partial^2 u(t,x)}{\partial x^2} \tag{10.4.13}$$

这次过程局限于有限区间 $\overline{0,1}$. 选择和突变引起了一个推移，导致了有一个附加一阶项的方程 (10.4.3). 结果所得的模型在数学上等价于费希尔（R.A. Fisher）和赖特（S. Wright）所研究的模型，虽然他们的论证是不同的. 由于总体的大小为固定的这一假设，模型的遗传含义有点模糊，总体大小的影响一般不被注意. 正确的叙述[①]依赖于一个有两个空间变量（基因频率和总体大小）的方程.

(d) **总体的增长.** 我们想要描述一个大总体的增长，其中的个体是随机独立的，并且繁殖的速度不依赖于总体的大小. 对于很大的总体，这个过程可以近似地看成连续的，即由一个扩散方程所决定. 个体的独立性蕴涵无穷小速度与方差一定与总体的大小成比例. 因此，这个过程由具有 $a = \alpha x$ 和 $b = \beta x$ 的向后方程 (10.4.6) 所决定. 常数 α 和 β 依赖于时间单位的选择和总体的大小，选取适当的度量单位，可以使 $\alpha = 1, \beta = 1, -1$ 或 0（依赖于净增长速度）.

在第 1 卷 (17.5.7) 中用离散模型描述同样的总体增长. 给定 $X(\tau) = n$，假设事件 $X(t+\tau) = n+1, n-1$ 和 n 的概率分别与 $\lambda nt, \mu nt$ 和 $1-(\lambda+\mu)nt$ 相差一项 $o(t^2)$，因此无穷小速度与方差是 $(\lambda-\mu)n$ 与 $(\lambda+\mu)n$. 只要取极限就可得到扩散过程，可以证明它的转移概率是离散模型中转移概率的极限.

用扩散过程类似地逼近离散过程常常是有用的；从普通的随机游动过渡到第 1 卷 14.6 节中所述的扩散过程提供了一个典型的例子. [在 10.5 节例 (a) 中继续讨论.] ■

10.5　向前方程、边界条件

在本节中为了简单起见,我们假设转移概率 Q_t 有一个由一随机密度核 $q_t(x,y)$ 给定的概率密度 q_t.

变换 (10.4.5) 和向后方程 (10.4.6) 描述了依赖于起点 x 的转移概率. 从概率的观点来看，取起点 x 为一固定点并把 $q_t(x,y)$ 看作终点 y 的函数似乎更自然. 从这个观点来看，变换 (10.4.5) 应换成

$$v(s,y) = \int v_0(x) q_s(x,y) \mathrm{d}x, \tag{10.5.1}$$

此处 v_0 是任意的概率密度. 由 q_s 的随机性推出，对任意固定的 $s>0$，变换 v 仍是概率密度. 换句话说，虽然变换 (10.4.5) 作用于连续函数上，但新的变换把概率密度变成新的密度.

在 10.4 节中我们能用概率方法证明变换 (10.4.5) 满足向后方程 (10.4.6). 虽然从概率的观点来看,新的变换更为自然,但是用类似于推导向后方程的直接方法

① W. Feller, Proc. Second Berkeley Symposium on Math. Statist. and Probability, 1951, pp. 227-246.

来推导向前方程是不可能的. 然而，由伴随偏微分方程的一般理论似乎应有：（在充分的正则性条件下）v 应满足方程[①]

$$\frac{\partial v(s,y)}{\partial s}=\frac{1}{2}\frac{\partial^2}{\partial y^2}[a(y)v(s,y)]-\frac{\partial}{\partial y}[b(y)v(s,y)]. \tag{10.5.2}$$

在概率论中这个方程称为**向前方程或福克–普朗克方程**.

在进行推导之前，我们先举例说明这样一种信息，从 (10.5.2) 推导它要比从向后方程推导它容易.

例 (a) **总体的增长.** 10.4 节例 (d) 导出了向前方程

$$\frac{\partial v(s,y)}{\partial s}=\alpha\frac{\partial^2 yv(s,y)}{\partial y^2}-\beta\frac{\partial yv(s,y)}{\partial y}. \tag{10.5.3}$$

可以证明，对于给定的初始密度 v_0，这个方程存在唯一解. 虽然难以获得显式解，但是从这个方程可以直接得到许多有关的信息. 例如，为了计算平均总体大小 $M(s)$，用 y 乘 (10.5.3) 并关于 y 从 0 到 ∞ 进行积分. 在左边我们得到导数 $M'(s)$. 利用分部积分法，并假设 v 在无穷远处趋于 0 的速度比 $1/y^2$ 趋于 0 的速度快，可以看出右边等于 $\beta M(s)$. 于是

$$M'(s)=\beta M(s),$$

---

① 这里是对 (10.5.2) 的推导的一个非正式的概述. 由转移概率的查普曼–柯尔莫哥洛夫方程 (10.1.3) 推出

$$\int v(s,y)u(t,y)\mathrm{d}y$$

只依赖于 $s+t$. 因此，

$$\int \frac{\partial v(s,y)}{\partial s}u(t,y)\mathrm{d}y=\int v(s,y)\frac{\partial u(t,y)}{\partial t}\mathrm{d}y. \tag{*}$$

我们现在按照向后方程 (10.4.6) 来表示 $\partial u/\partial t$，并对所得的积分应用显然的分部积分公式. 如果 $R(s,y)$ 表示 (10.5.2) 的左边，那么我们断言 (*) 等于

$$\int R(s,y)u(t,y)\mathrm{d}y$$

加上一个只依赖于 u,v 及其在边界上（或在无穷远处）的导数的量. 在适当的条件下，这些边界项可以忽略不计，在这种情况下，令 $t\to 0$，取极限就可得到恒等式

$$\int\left[\frac{\partial v(s,y)}{\partial s}-R(s,y)\right]u_0(y)\mathrm{d}y=0.$$

如果此式对任意的 u_0 都成立，那么括号中的表达式应等于 0，即 (10.5.2) 一定成立.

这个论证在大多数的实际情况下是行得通的，因此向前方程 (10.5.2) 一般是成立的. 但是在所谓的回返过程中，被我们忽略的边界项确实起一定的作用. 因此，这种过程的转移概率满足向后方程 (10.4.6)，但不满足 (10.5.2). 在这种情形下，正确的向前方程是一个具有不同形式的方程.

此外还值得注意的是，(10.5.2) 是无意义的，除非 a 和 b 是可微的，而对向后方程却没有这样的限制. 当 a 和 b 不可微时，也可以写出正确的向前方程，但是它包含 10.4 节的第 3 个脚注中提到的广义微分算子.

从而 $M(s)$ 与 $e^{\beta s}$ 成比例. 类似的形式计算表明方差与 $2\alpha\beta^{-1}e^{\beta s}(e^{\beta s-1})$ 成比例. [与离散情形下的类似结果——第 1 卷第 17 章的公式 (17.5.10) 和 (17.10.9)——进行比较.] 显然，这种计算的合理性需要加以说明，但是这个结果至少有一定的启发性，而且不明确地算出 q_t 就无法从向后方程得到这个结果. ■

向前方程和向后方程之间的关系类似 10.3 节跳跃过程的情形下所述的关系. 我们不加证明给出简要的概括.

在开区间 $\overline{x_1, x_2}$ 上考虑向后方程 (10.4.6)，这区间可以是有限的或无限的. 我们假设 $a > 0$，并且为使 (10.5.2) 有意义，假设系数 a 和 b 是充分正则的. 在这些条件下，存在*唯一的一个最小解* Q_t，使得 (10.4.5) 是向后方程 (10.4.6) 的解. 不好办的是，对于固定的 t 和 x，核 $Q_t(x, \Gamma)$ 可能表示**亏损分布**. 在任何情形下，Q_t 有密度，(10.5.1) 的函数 v 满足向前方程. 事实上，在 10.3 节所述的显然的意义下，这个解又是最小的. 在这个意义上，向前方程是向后方程的推论. 但是，这些方程只有当最小解为非亏损解时才唯一地确定过程. 在所有其他的情形下，过程的性质被附加的边界条件所确定.

从第 1 卷第 14 章中讨论的 $\overline{0, \infty}$ 上的简单随机游动类推，边界条件的性质很容易理解. 许多约定在首次到达原点时是有效的. 在**破产问题**中过程停止；在这种情形下，称原点为**吸收壁**. 另外，当原点作为反射壁时，质点立刻回到位置 1，过程永远继续下去. 问题是为使边界条件出现，当且仅当到达边界点. 由轨道函数的连续性，“在时刻 t 前已到达过边界点 x_2”这个事件在扩散过程中是完全确定的. 它与跳跃过程中“t 前发生无穷多次跳跃”这个事件密切相关.

在某些扩散过程中，以概率 1 达不到任一边界点. 布朗运动 [10.4 节例 (a)] 就是这样的过程. 于是最小解表示一正常概率分布，且不存在其他的解. 在所有其他的情况下，直到到达边界之前，最小解决定过程. 它对应于吸收壁，即它描述了到达边界点时终止的过程. 这是最重要的一类过程，不仅是因为所有其他的过程都是它的推广，而且更因为所有的**首次通过**的概率都可以利用人为的吸收壁来计算. 这个方法一般是可行的，但我们将用最简单的例子来说明.（它实际上已暗中被利用于随机游动和别的地方，例如在第 1 卷 17.10 节的习题 18 中.）

在下例中我们把注意力局限于简单的方程 (10.5.4). 更一般的扩散方程将在 14.5 节中用拉普拉斯变换的方法来处理.

(b) **一个吸收壁. 首次通过时间.** 考虑 $\overline{0, \infty}$ 上的一个在原点上有一吸收壁的布朗运动. 更确切地说，在时刻 0 从点 $x > 0$ 出发的布朗运动在首次到达原点的时刻停止. 由对称性，向后方程和向前方程都呈古典扩散方程的形式

$$\frac{\partial u}{\partial t} = \frac{1}{2}\frac{\partial^2 u}{\partial x^2}. \tag{10.5.4}$$

与在随机游动的情形一样，适当的**边界条件**是对所有的 t 有 $q_t(0, y) = 0$.（这个断

言既可由第 1 卷 14.6 节中的取极限的办法证明，也可由解的最小性来证明.）

对于给定的 u_0，我们来求 (10.5.4) 的这样一个解，它对 $t \geqslant 0, x \geqslant 0$ 有定义，且使得 $u(0,x) = u_0(x), u(t,0) = 0$. 它的构造依赖于应归功于开尔文（Lord Kelvin）的**映像法**.① 我们借助于 $u_0(-x) = -u_0(x)$ 把 u_0 延拓到左半直线，并在 $\overline{-\infty, \infty}$ 上对这个初始条件解 (10.5.4). 由对称性，这个解满足条件 $u(t,0) = 0$，再把 x 局限于 $\overline{0, \infty}$ 上，我们就得到所要求的解. 它由 $u_0(y)q_t(x,y)$ 在 $\overline{0, \infty}$ 上的积分给出，其中

$$q_t(x,y) = \frac{1}{\sqrt{2\pi t}}\left[\exp\left(-\frac{(y-x)^2}{2t}\right) - \exp\left(-\frac{(y+x)^2}{2t}\right)\right]. \tag{10.5.5}$$

因此，q_t *表示我们这个过程的转移密度*（$t > 0, x > 0, y > 0$）. 容易看出，对于固定的 y，q_t 是 (10.5.4) 的一个满足边界条件 $q_t(0,y) = 0$ 的解. [关于更系统的推导见 14.5 节例 (a).]

对 y 积分，我们得到在时刻 t 的总概率质量

$$\int_0^\infty q_t(x,y)\mathrm{d}y = 2\mathfrak{N}(x/\sqrt{t}) - 1, \tag{10.5.6}$$

其中 $\mathfrak{N}$ 表示标准正态分布. 换句话说，(10.5.6) *是从* $x > 0$ *出发的轨道在时刻* t *前不到达原点的概率*. 在这种意义上，(10.5.6) *表示一自由布朗运动中的首次通过时间的分布*. 注意，(10.5.6) 可以看作微分方程 (10.5.4) 的解，此解定义在 $x > 0$ 上，满足初始条件 $u(0,x) = 1$ 和边界条件 $u(t,0) = 0$.

[在 (10.5.6) 中我们看出了指数为 $\alpha = \frac{1}{2}$ 的稳定分布，在 6.2 节中通过随机游动取极限得到过同样的结果.]

(c) **两个吸收壁**. 现在考虑受到两个在 0 和 $a > 0$ 点的吸收壁阻碍的布朗运动. 这就是说，对于固定的 $0 < y < a$，转移密度 q_t 应满足微分方程 (10.5.4) 和边界条件 $q_t(0,y) = q_t(a,y) = 0$.

容易验证此解为②

$$q_t(x,y) = \frac{1}{\sqrt{2\pi t}}\sum_{k=-\infty}^{+\infty}\left\{\exp\left(-\frac{(y-x+2ka)^2}{2t}\right) - \exp\left(-\frac{(y+x+2ka)^2}{2t}\right)\right\}, \tag{10.5.7}$$

① 关于适用于差分方程的同一方法，见第 1 卷 14.9 节中的习题 15 ～ 习题 18.

② 此构造依赖于利用重复反射的逐次逼近，在 (10.5.5) 中我们有满足 0 点的边界条件但不满足 a 点的边界条件的解. 在 a 点的反射导出一个满足 a 点的边界条件但不满足 0 的边界条件的由 4 项组成的解. 在 0 和 a 点交替反射并取极限可得 (10.5.7). 随机游动的类似解已在第 1 卷 (14.9.1) 中给出，(10.5.7) 可以通过它利用第 1 卷 14.6 节所述取极限的方法推导出来.

其中 $0 < x, y < a$. 实际上，此级数显然收敛，项的明显的相互抵消说明对于所有的 $t > 0$ 和 $0 < y < a$ 有 $q_t(0, y) = q_t(a, y) = 0$. [(10.5.7) 的拉普拉斯变换将在 (14.5.17) 中给出.]

在 $0 < y < a$ 上积分 (10.5.7)，我们得到具有下列形式的在时刻 t 的总概率质量：

$$\lambda_a(t, x) = \sum_{k=-\infty}^{\infty} \left\{ \mathfrak{N}\Big(\frac{2ka + a - x}{\sqrt{t}}\Big) - \mathfrak{N}\Big(\frac{2ka - x}{\sqrt{t}}\Big) - \mathfrak{N}\Big(\frac{2ka + a + x}{\sqrt{t}}\Big) + \mathfrak{N}\Big(\frac{2ka + x}{\sqrt{t}}\Big) \right\}. \tag{12.5.8}$$

这是从 x 出发的质点在时刻 t 前未被吸收的概率.

函数 λ_a 是扩散方程 (10.5.4) 的解，当 $t \to 0$ 时它趋于 1 且满足边界条件 $\lambda_a(t, 0) = \lambda_a(t, a) = 0$. 也可以借助于傅里叶级数的方法得到这个解的下列形式①：

$$\lambda_a(t, x) = \frac{4}{\pi} \sum_{n=0}^{\infty} \frac{1}{2n+1} \cdot \exp\Big(-\frac{(2n+1)^2\pi^2}{2a^2} t\Big) \cdot \sin\frac{(2n+1)\pi x}{a}. \tag{10.5.9}$$

于是我们得到了同一函数 λ_a 的 2 个完全不同的表达式②. 这是很幸运的，因为 (10.5.8) 中的级数只有当 t 较小的时候才收敛，而 (10.5.9) 却对较大的 t 适用.

为了给出 λ_a 的另一种解释，考虑一个从原点出发的布朗运动中的一质点的位置 $X(t)$. 我们说，在时间区间 $\overline{0, t}$ 内，质点逗留在 $-a/2, a/2$ 内，相当于说，在 $\pm\frac{1}{2}a$ 上有吸收壁且从 0 出发的过程在时刻 t 前不发生吸收. 因此，$\lambda_a\Big(t, \frac{1}{2}a\Big)$ 等于在从原点出发的自由布朗运动中，“$|X(s)| < \frac{1}{2}a$ 对所有的 $0 < s < t$ 都成立”这个事件的概率.

(d) **在极限定理和柯尔莫哥洛夫–斯米尔诺夫检验中的应用**. 设 $Y_1, Y_2, \cdots$ 是独立同分布的随机变量，并设 $E(Y_j) = 0, E(Y_j^2) = 1$. 设 $S_n = Y_1 + \cdots + Y_n, T_n = \max[|S_1|, \cdots, |S_n|]$. 由中心极限定理，似乎应有：$T_n$ 的渐近性质几乎与 Y_j 是正态变量的情形一样. 在后一情形中，正规化了的和式 $S_k/\sqrt{n}$ 与在时刻 k/n（$k = 0, 1, \cdots, n$）的布朗运动的变量差不多大小相同. 已经知道，此布朗运动停留在区间 $\Big(-\frac{1}{2}a, \frac{1}{2}a\Big)$ 中的概率等于 $\lambda_a\Big(1, \frac{1}{2}a\Big)$. 因此，我们的似乎有道理的论证导出了下列猜想：当 $n \to \infty$ 时，

$$P\{T_n < z\} \to L(z), \tag{10.5.10}$$

---

① 随机游动的类似公式已在第 1 卷 14.5 节导出，但在那里，边界条件是 $\lambda_a(t, 0) = 1$ 和 $\lambda_a(t, a) = 0$.

② (10.5.8) 和 (10.5.9) 之间的恒等可作为泊松求和公式的标准例子 [见 (19.5.10)]. 它有重要的历史意义，因为它最初是在 θ 函数变换的雅可比理论中被发现的. 见 Satz 277 in E. Landau, *Verteilung der Primzahlen*, 1909.

其中 $L(z)=\lambda_{2z}(1,z)$ 从 (10.5.8) 和 (10.5.9) 得出，

$$\begin{aligned} L(z)&=2\sum_{k=-\infty}^{\infty}\{\mathfrak{N}((4k+1)z)-\mathfrak{N}((4k-1)z)\}\\ &=\frac{4}{\pi}\sum_{n=0}^{\infty}\frac{(-1)^n}{2n+1}\exp\Big(-\frac{(2n+1)^2\pi^2}{8z^2}\Big). \end{aligned} \tag{10.5.11}$$

这个猜想于 1946 年为爱尔特希（P. Erdös）和卡茨（M. Kac）证明，其基本概念后来被称作**不变性原理**. 粗略地讲，它说明随机变量的某些函数的渐近分布对这些变量分布的变化是不敏感的，可以通过考虑适当的近似随机过程来求得渐近分布. 这个方法为 M. Donsker、P. Billingsley、Yu.V. Prohorov 等人予以完善，成了证明极限定理的一个强有力的工具.

由于类似的理由，分布 (10.5.11) 在关于 1.12 节中所讨论的那种类型的非参数检验的大量文献中，也起了显著的作用.①

(e) **反射壁.** 与普通随机游动类似，我们用边界条件 $\dfrac{\partial q_t(0,y)}{\partial y}=0$ 来定义在原点上的反射壁，因为原点的反射壁的作用与随机游动的情形类似. 容易验证，区间 $\overline{0,\infty}$ 上的解由把减号换成加号的 (10.5.5) 给出. 除了设 $u_0(-x)=u_0(x)$ 以外，利用映像法的形式推导是相同的. 对于 $\overline{0,a}$，在 0 和 a 两点有反射壁的解可以类似地在 (10.5.7) 中把减号换成加号得到.（用傅里叶展开式或泊松求和公式得到的另一表达式将在 19.9 节的习题 11 中给出.）

应当指出，在反射壁的情形下，q_t 是正常概率密度. ■

10.6 高维扩散

容易把上述理论推广到二维的情形. 为了避免麻烦的下标，我们用 $(X(t),Y(t))$ 表示坐标变量，用 $q_t(x,y;\xi,\eta)$ 表示转移密度. 这里 x,y 是起点，q_t 是以 (ξ,η) 为自变量的密度. 假设与 10.4 节中的一样，只是现在无穷小速度 $b(x)$ 是一向量，方差 $a(x)$ 是协方差矩阵. 代替 (10.4.6)，我们得到**向后扩散方程**

$$\frac{\partial u}{\partial t}=a_{11}\frac{\partial^2 u}{\partial x^2}+2a_{12}\frac{\partial^2 u}{\partial x\partial y}+a_{22}\frac{\partial^2 u}{\partial y^2}+b_1\frac{\partial u}{\partial x}+b_2\frac{\partial u}{\partial y}, \tag{10.6.1}$$

其中系数依赖于 x 和 y. 在二维布朗运动的情形，我们要求有旋转对称性，经过正规化，我们应有

$$\frac{\partial u}{\partial t}=\frac{1}{2}\left[\frac{\partial^2 u}{\partial x^2}+\frac{\partial^2 u}{\partial y^2}\right]. \tag{10.6.2}$$

---

① 这个课题是比较新的，但是作为起点的恒等式 (10.5.11) 看来已经废而不用了. [A. Renyi, *On the distribution function* $L(z)$. Selected Translations in Math. Statist. and Probability, vol. 4 (1963) pp. 219-224. Renyi 的新证明依赖于涉及 θ 函数的古典论证，因而冲淡了 (10.5.11) 的简单的概率意义.]

相应的转移密度是正态的，其方差为 t，中心在 (x, y) 上. 此密度的明显的因子分解，说明 $X(t)$ 和 $Y(t)$ 是随机独立的.

这个过程中最有趣的变量是到原点的距离 $R(t)$（$R^2 = X^2 + Y^2$）. 直观上很明显，$R(t)$ 是一个一维扩散过程的变量，比较一下求这个过程的扩散方程的各种方法是很有趣的. 在极坐标下，(10.6.2) 的正态转移密度呈形式

$$\frac{\rho}{2\pi t}\exp\Big(-\frac{\rho^2 + r^2 - 2\rho r\cos(\theta - \alpha)}{2t}\Big) \tag{10.6.3}$$

（其中 $x = r\cos\alpha$，等等）. 如果给定时刻 0 的位置 r, α，则 $R(t)$ 的边缘密度可通过 (10.6.3) 对 θ 积分得出. 参数 α 消失，我们得到**过程 $R(t)$ 的转移密度**为①

$$w_t(r, \rho) = \frac{1}{t}\exp\Big(-\frac{r^2 + \rho^2}{2t}\Big)I_0\Big(\frac{r\rho}{t}\Big), \tag{10.6.4}$$

其中 I_0 是 (2.7.1) 中定义的贝塞尔函数. 这里 r 表示时刻 0 时的初始位置. 由这个推导易见，对于固定的 ρ，转移概率 w_t 满足极坐标下的 (10.6.2)，即

$$\frac{\partial w_t}{\partial t} = \frac{1}{2}\Big(\frac{\partial^2 w_t}{\partial r^2} + \frac{1}{r}\frac{\partial w_t}{\partial r}\Big). \tag{10.6.5}$$

这就是**过程 $R(t)$ 的向后方程**. 只要要求有旋转对称性就可由 (10.6.2) 得到它.

方程 (10.6.5) 说明过程 $R(t)$ 的无穷小速度是 $1/(2r)$. 如果我们考虑从 x 轴上的点 r 出发的平面布朗运动，那么存在一个远离原点的推移是不难理解的. 由对称性，在时刻 $h > 0$，它的横坐标 $> r$ 或 $< r$ 的概率相同. 在第 1 种情形下一定有 $R(h) > r$，但在第 2 种情形下这个关系式也可能成立. 因此，关系式 $R(h) > r$ 的概率 $> \frac{1}{2}$，平均说来 R 一定是增加的.

转移概率的同样推导适用于三维的情形，但有一个本质的简化：(10.6.3) 中雅可比行列式 ρ 现在应换成 $\rho^2\sin\theta$，且可以利用初等积分法. 代替 (10.6.4)，我们得到**三维中的过程 $R(t)$ 的转移密度**

$$w_t(r, \rho) = \frac{1}{\sqrt{2\pi t}}\frac{\rho}{r}\left[\exp\Big(-\frac{(\rho - r)^2}{2t}\Big) - \exp\Big(-\frac{(\rho + r)^2}{2t}\Big)\right]. \tag{10.6.6}$$

（r 仍表示在时刻 0 的初始位置.）

10.7 从属过程

如果引入一个所谓的**随机化了的操作时间**，那么可以从具有平稳转移概率 $Q_t(x, \Gamma)$ 的马尔可夫过程 $\{X(t)\}$ 导出各种新的过程. 假定对每个 $t > 0$，存

① 这个积分是大家所熟知的. 为了验证，把 $e^{\cos\theta}$ 展成 $\cos\theta$ 的幂级数.

在一个随机变量 $T(t)$，它的分布为 U_t. 那么可以由下式定义一个新的随机核 P_t：

$$P_t(x,\Gamma)=\int_{0-}^{\infty}Q_s(x,\Gamma)U_t\{\mathrm{d}s\}. \tag{10.7.1}$$

这表示 $X(T(t))$ 在给定 $X(0)=0$ 下的分布.

例 (a) 如果 $T(t)$ 服从期望为 αt 的泊松分布，则

$$P_t(x,\Gamma)=\sum_{n=0}^{\infty}\mathrm{e}^{-\alpha t}\frac{(\alpha t)^n}{n!}Q_n(x,\Gamma). \tag{10.7.2}$$

这些 P_t 是一个伪泊松过程的转移概率. 在 10.9 节中将证明，利用泊松分布的随机化导致一个所谓的指数公式，此公式是马尔可夫半群理论的基础. 我们将会看到，对其他一些分布也可得出类似的结果，每个这种分布都导致一个与指数公式类似的公式.

变量 $X(T(t))$ 构成一个新的随机过程，它不一定是马尔可夫过程. 为使此过程是马尔可夫过程，显然，P_t 必须满足查普曼–柯尔莫哥洛夫方程

$$P_{s+t}(x,\Gamma)=\int_{-\infty}^{+\infty}P_s(x,\mathrm{d}y)P_t(y,\Gamma). \tag{10.7.3}$$

这就是说，$X(T(t+s))$ 的分布是利用 $P_t(y,\Gamma)$ 对 $X(T(s))$ 的分布进行积分得到的，因此根据条件概率的定义，

$$P_t(y,\Gamma)=P\{X(T(t+s))\in\Gamma|X(T(s))=y\}. \tag{10.7.4}$$

高阶转移概率的类似计算表明，(10.7.3) 足以保证导出过程 $\{X(T(t))\}$ 的马尔可夫性.

我们现在想要求出导出 (10.7.3) 的解 P_t 的分布 U_t. 直接处理这个问题将会遇到许多困难，但是这些困难可以通过首先考虑如下的简单的特殊情形而避免：变量 $T(t)$ 的所有值都是一固定数 $h>0$ 的倍数. 关于 $T(t)$ 的分布，我们记

$$P\{T(t)=nh\}=a_n(t). \tag{10.7.5}$$

如果给定 $X(0)=x$，那么 $X(T(t))$ 的分布为

$$P_t(x,\Gamma)=\sum_{k=0}^{\infty}a_k(t)Q_{kh}(x,\Gamma). \tag{10.7.6}$$

因为核 $\{Q_t\}$ 满足查普曼–柯尔莫哥洛夫方程，所以我们有

$$\int_{-\infty}^{+\infty}P_s(x,\mathrm{d}y)P_t(y,\Gamma)=\sum_{j,k}a_j(s)a_k(t)\cdot Q_{(j+k)h}(x,\Gamma). \tag{10.7.7}$$

可以看出，核 P_t 满足查普曼–柯尔莫哥洛夫方程 (10.7.3) 的充要条件是对所有的 $s>0$ 和 $t>0$，

$$a_0(s)a_n(t)+a_1(s)a_{n-1}(t)+\cdots+a_n(s)a_0(t)=a_n(s+t). \tag{10.7.8}$$

如果 $\{T(t)\}$ 是一个**平稳独立增量过程**，那么上述关系式成立，(10.7.8) 的最一般的解已在第 1 卷 12.2 节中求出.

这个结果导致如下的猜想：一般说来，只要 $T(t)$ 是一平稳独立增量过程的变量，即只要分布 U_t 满足[①]

$$U_{t+s}(x)=\int_{0-}^{x}U_s(x-y)U_t\{\mathrm{d}y\}, \tag{10.7.9}$$

则 (10.7.3) 成立. 我们用取极限的办法来验证这个猜想.[②] 我们把 U_t 表示为刚才所述的那种类型的算术分布序列的极限：$U_t^{(v)}$ 集中于数 h_v 的倍数上，它对点 nh_v 赋予的质量满足形如 (10.7.8) 的关系式. 于是对每个 v 我们得到一个相应于 (10.7.6) 的核 $P_t^{(v)}$，它满足查普曼–柯尔莫哥洛夫方程 (10.7.3)，因此，为证 (10.7.1) 的核 P_t 也满足查普曼–柯尔莫哥洛夫方程 (10.7.3)，只需证明 $P_t^{(v)}\to P_t$，或者等价地，对每个在无穷远处等于 0 的连续函数 f，都有

$$\int_{-\infty}^{+\infty}P_t^{(v)}(x,\mathrm{d}y)f(y)\to\int_{-\infty}^{+\infty}P_t(x,\mathrm{d}y)f(y). \tag{10.7.10}$$

如果我们设

$$F(t,x)=\int_{-\infty}^{+\infty}Q_t(x,\mathrm{d}y)f(y), \tag{10.7.11}$$

那么 (10.7.10) 可以写成形式

$$\int_0^{\infty}F(s,x)U_t^{(v)}\{\mathrm{d}s\}\to\int_0^{\infty}F(s,x)U_t\{\mathrm{d}s\}. \tag{10.7.12}$$

如果 F 是连续的，那么这个关系式一定成立，这只对 Q_t 附加了一个极端微弱的正则性条件. 因此，我们证明了下列基本结果.

设 $\{X(t)\}$ 是一个具有连续的转移概率 Q_t 的马尔可夫过程，$\{T(t)\}$ 是一个具有非负独立增量的过程. 那么 $\{X(T(t))\}$ 是一个具有由 (10.7.7) 给出的转移概率 P_t 的马尔可夫过程. 称这个过程为通过操作时间 $T(t)$ 而**从属于 $\{X(t)\}$ 的过程**[③]. 过程 $\{T(t)\}$ 称为**有向过程**.

---

① (10.7.9) 的最一般的解将在 13.7 节中用拉普拉斯变换的方法给出. 也可以用无穷可分分布的一般理论来求它.

② 直接验证需要有一定的分析技巧. 我们的方法再次说明朴素的方法有时是很有力的.

③ 从属半群的概念是 S. Bochner 在 1949 年引入的. 关于一种较高级的系统方法，见 E. Nelson, *A functional calculus using singular Laplace integrals*, Trans. Amer. Math. Soc., 88 (1958), pp. 400-413.

当 $X(t)$ 也是独立增量过程时，就会出现一种非常有趣的特殊情形. 在这种情形下，转移概率只依赖于差 $\Gamma - x$，并且可以换成等价的分布函数. 于是 (10.7.7) 呈更简单的形式

$$P_t(x) = \int_0^\infty Q_s(x)U_t\{\mathrm{d}s\}. \tag{10.7.13}$$

我们所有例子都是这种类型的.

例　(b) **柯西过程是一个从属于布朗运动的过程.** 设 $\{X(t)\}$ 是转移密度为 $q_t(x) = (2\pi t)^{-\frac{1}{2}}\mathrm{e}^{-\frac{1}{2}x^2/t}$ 的布朗运动（维纳过程），我们取 $\{T(t)\}$ 为具有指数 $\frac{1}{2}$ 和转移密度

$$u_t(x) = \frac{t}{\sqrt{2\pi}\sqrt{x^3}}\mathrm{e}^{-\frac{1}{2}t^2/x}$$

的稳定过程. 那么分布 (10.7.13) 的密度为

$$P_t(x) = \frac{t}{2\pi}\int_{-\infty}^{+\infty} s^{-2}\mathrm{e}^{-(x^2+t^2)/(2s)}\mathrm{d}s = \frac{t}{\pi(t^2+x^2)}, \tag{10.7.14}$$

因此我们的从属化导出了柯西过程.

这个结果可以用两个独立的布朗运动 $X(t)$ 和 $Y(t)$ 解释如下.

在 6.2 节例 (e) 中，曾证明了可以把 U_t 解释为过程 $Y(s)$ 首次取得值 $t > 0$ 的时刻的等待时间的分布. 因此，*考虑过程 X 在 $Y(s)$ 首次取得值 t 的时刻 $T(t)$ 上的值就可以得到柯西过程 $Z(t)$*. [关于柯西过程与布朗运动的首中时间的另一种联系，见 6.2 节例 (f).]

(c) **稳定过程.** 容易把上例推广到指数分别为 α 和 β 的任意的严格稳定过程 $\{X(t)\}$ 和 $\{T(t)\}$. 这里 $\alpha \leqslant 2$，但是因为 $T(t)$ 应当是正的，所以我们必然有 $\beta < 1$. 转移概率 Q_t 和 U_t 具有形式 $Q_t(x) = Q(xt^{-1/\alpha})$ 和 $U_t(x) = U(xt^{-1/\beta})$，其中 Q 和 U 是固定的稳定分布. 我们来证明*从属过程 $X(T(t))$ 是指数为 $\alpha\beta$ 的稳定过程*. 这个断言等价于关系式 $P_{\lambda t}(x) = P_t(x^{-1/\alpha\beta})$. 由 Q_s 和 U_t 的给定形式来看，这个关系式显然可通过代换 $s = y\lambda^{1/\beta}$ 从 (10.7.13) 推出.

[我们的结果本质上等价于 6.2 节例 (h) 所导出的乘积公式. 当 $X(t) > 0$ 时，这个公式可以用拉普拉斯变换的术语来重新叙述，如 13.7 节例 (e) 中那样. 关于傅里叶形式见 16.12 节中的习题 9.]

(d) **由伽马过程定向的复合泊松过程.** 设 Q_t 是概率分布 F 产生的复合泊松分布，并设 U_t 有 Γ 密度 $\mathrm{e}^{-x}x^{t-1}/\Gamma(x)$. 于是 (10.7.13) 呈如下的形式：

$$P_t = \sum_{n=0}^\infty a_n(t)F^{n\star}, \tag{10.7.15}$$

其中

$$a_n(t) = \int_0^\infty \mathrm{e}^{-s}\frac{s^n}{n!}\cdot \mathrm{e}^{-s}\frac{s^{t-1}}{\Gamma(t)}\mathrm{d}x = \frac{\Gamma(n+t)}{n!\Gamma(t)}\cdot 2^{-n-t}. \tag{10.7.16}$$

容易验证概率 $a_n(t)$ 具有无穷可分的母函数 $\sum a_n(t)\zeta^n = (2-\zeta)^{-t}$.

(e) **由泊松过程定向的伽马过程.** 我们现在考虑与例 (d) 中相同的分布，但它们的作用却正好相反. 那么操作时间是整值的，0 点的质量为 e^{-t}. 由此推出结果所得的分布在原点有质量为 e^{-t} 的原子. 连续部分的密度为

$$\sum_{n=1}^{\infty}\mathrm{e}^{-x}\frac{x^{n-1}}{(n-1)!}\cdot \mathrm{e}^{-t}\frac{t^n}{n!} = \mathrm{e}^{-t-x}\sqrt{\frac{t}{x}}I_1(2\sqrt{xt}), \tag{10.7.17}$$

其中 I_1 是 (2.7.1) 中的贝塞尔函数. 由此推出此分布是无穷可分的，但直接验证是不容易的. ■

10.8 马尔可夫过程与半群

第 8 章揭示了把概率分布作为连续函数的算子来处理的好处. 用算子方法讨论随机核好处更大，半群理论导致了用其他方法无法得到的马尔可夫过程的统一理论. 给定 $\mathbb{R}^1$ 上的一个随机核 K 和一个有界连续函数 u，关系式

$$U(x) = \int_{-\infty}^{+\infty} K(x,\mathrm{d}y)u(y). \tag{10.8.1}$$

定义了一个新函数. 不失一般性，可设变换 U 也是连续的. 我们可以利用在连续函数空间中的导出变换 $u \to U$ 来研究核 K 的性质. 有两个主要的理由促使我们考虑更一般的体系. 首先，形如 (10.8.1) 的变换在任意的空间中是有意义的，讨论一个不包含最简单和最重要的特殊情形（即具有可数状态空间的过程，这时 (10.8.1) 化成矩阵变换）的理论是极不经济的. 其次，即使在局限于直线上的连续函数空间的理论中，各种类型的边界条件也迫使我们引进特殊种类的连续函数. 另一方面，不用多大力气就可以得到更广泛的理论. 如果读者愿意的话，可以不顾一般性，而把所有的定理归于下列典型情况之一（或几种情形）. (i) 基本空间 Σ 是实直线，$\mathscr{L}$ 是在无穷远处等于 0 的有界连续函数所成的类. (ii) 空间 Σ 是 $\mathbb{R}^1$ 或 $\mathbb{R}^2$ 中的有限闭区间 I，$\mathscr{L}$ 是 I 上的连续函数所成的类. (iii) Σ 由整数组成，$\mathscr{L}$ 由有界序列组成. 在这种情形下，最好把序列看成列向量，变换看作矩阵.

和在第 8 章中一样，把有界实函数 u 的**范数**定义为 $\|u\| = \sup|u(x)|$. 为使函数序列 $\{u_n\}$ 一致收敛于 u，当且仅当 $\|u_n - u\| \to 0$.

今后 $\mathscr{L}$ 将表示某集合 Σ 上的具有下列性质的实函数类：(i) 如果 u_1 和 u_2 属于 $\mathscr{L}$，那么每个线性组合 $c_1u_1+c_2u_2 \in \mathscr{L}$. (ii) 如果 $u_n \in \mathscr{L}$ 且 $\|u_n-u\| \to 0$，那么 $u \in \mathscr{L}$. (iii) 如果 $u \in \mathscr{L}$，那么 u^+ 和 u^- 也属于 $\mathscr{L}$（其中 $u=u^+-u^-$，u^+ 是 u 的正部，u^- 是 u 的负部）. 换句话说，$\mathscr{L}$ 在线性组合一致极限和绝对值运算下是封闭的. 前两个性质使 $\mathscr{L}$ 成为一个巴拿赫空间，后一个性质使 $\mathscr{L}$ 成为格.

下列定义是标准的：一个线性变换 T 是 $\mathscr{L}$ 上的一个**自同态**，如果每个 $u \in \mathscr{L}$ 有一个像 $Tu \in \mathscr{L}$，使得 $\|Tu\| \leqslant m\|u\|$，其中 m 是与 u 无关的常数. 具有这个性质的最小常数称为 T 的范数 $\|T\|$. 称变换 T 是**正的**，如果 $u \geqslant 0$ 蕴涵 $Tu \geqslant 0$. 在这种情形下，$-Tu^- \leqslant Tu \leqslant Tu^+$. **收缩算子**是一个满足 $\|T\| \leqslant 1$ 的正算子. 如果常值函数 1 属于 $\mathscr{L}$，T 是满足 $T1=1$ 的正算子，那么称 T 为**推移算子**.（它显然是一个收缩算子.）

给定 $\mathscr{L}$ 上 2 个自同态 S 和 T，它们的**乘积** ST 是把 u 映成 $S(Tu)$ 的自同态. 显然，$\|ST\| \leqslant \|S\| \cdot \|T\|$. 一般说来，$ST \neq TS$，这与 8.3 节中的彼此可交换的特殊的卷积算子不同.

我们只对形如 (10.8.1) 的变换感兴趣，其中 K 是随机核或至少是次随机核. 这种形式的算子是收缩算子或推移算子，它们还具有以下性质.

单调收敛性 如果 $u_n \geqslant 0$ 且 $u_n \uparrow u$（u_n 和 u 都在 $\mathscr{L}$ 中），那么 $Tu_n \to Tu$（点态收敛）.

在几乎所有的情况下，具有这种性质的收缩算子都具有 (10.8.1) 的形式. 下面的两个例子将说明这一点.

例 (a) 令 Σ 表示实直线，$\mathscr{L}=C$ 表示 Σ 上所有有界连续函数所成的类. 令 $C_0 \subset \mathscr{L}$ 是在 $\pm\infty$ 上等于 0 的有界连续函数所成的子类. 如果 T 是 $\mathscr{L}$ 上的收缩算子，那么对于 $u \in C_0$，Tu 在固定点 x 上的值 $Tu(x)$ 是 $\mathscr{L}$ 上的正线性泛函. 由里斯表现定理，存在一个可能为亏损的概率分布 F，使 $Tu(x)$ 是 u 关于 F 的期望. 因为 F 依赖于 x，所以我们把 $F(\Gamma)$ 记为 $K(x,\Gamma)$. 于是对 $u \in C_0$，

$$Tu(x)=\int_{-\infty}^{+\infty} K(x,\mathrm{d}y)u(y). \tag{10.8.2}$$

当 T 具有单调收敛性时，这个关系式显然可推广到所有的有界连续函数上.

对于固定的 x，作为 Γ 的函数，核 K 是一个测度. 如果 Γ 是一个开区间，$\{u_n\}$ 是这样一列递增的连续函数，使得当 $x \in \Gamma$ 时 $u_n(x)>1$，当 $x \notin \Gamma$ 时 $u_n(x) \to 0$，那么由积分的基本性质，$K(x,\Gamma)=\lim Tu_n(x)$. 因为 Tu_n 是连续的，所以对固定的 Γ，核 K 是 x 的贝尔函数，因此 K 具有随机核或次随机核所要求的一切性质. 当把直线换为区间或 $\mathbb{R}^n$ 时也有类似的情况.

(b) 令 Σ 是整数集，$\mathscr{L}$ 是有界数列 $u=\{x_n\}$ 组成的集合且 $||u||=\sup|x_n|$. 如果 p_{ij} 表示一个随机或次随机矩阵，那么我们定义这样一个变换 T，使得 Tu 的第 i 个分量为

$$(Tu)_i=\sum p_{ik}u_k. \tag{10.8.3}$$

显然 T 是一个满足单调收敛性的收缩算子；如果上面的矩阵是严格随机的，那么 T 是一个推移算子. ■

这些例子是典型的，实际上很难找到不是由随机核导出的收缩算子. 不管怎样，我们有理由对收缩算子的一般理论进行讨论，而且确信它在概率中的重要问题上的应用是显然的.（事实上我们决不超出这些例子的范围.）

马尔可夫过程的转移概率构成一个单参数的核族，它满足查普曼–柯尔莫哥洛夫方程

$$Q_{s+t}(x,\Gamma)=\int Q_s(x,\mathrm{d}y)Q_t(y,\Gamma) \tag{10.8.4}$$

（$s>0,t>0$），积分区域是基本空间. 每一个核导出一个由下式定义的推移算子 $\mathfrak{Q}(t)$:

$$\mathfrak{Q}(t)u(x)=\int Q_t(x,\mathrm{d}y)u(y). \tag{10.8.5}$$

那么 (10.8.4) 显然等价于

$$\mathfrak{Q}(s+t)=\mathfrak{Q}(s)\mathfrak{Q}(t),\quad s>0,\quad t>0. \tag{10.8.6}$$

具有这种性质的同态族是**半群**. 显然，$\mathfrak{Q}(s)\mathfrak{Q}(t)=\mathfrak{Q}(t)\mathfrak{Q}(s)$，*即半群的元素是彼此可交换的*.

称 $\mathscr{L}$ 上的自同态 T_n 的序列收敛于[①] *自同态 T，当且仅当对每个 $u\in\mathscr{L}$ 有 $||T_nu-Tu||\to 0$. 在这种情形下，我们记 $T_n\to T$.*

今后我们集中力量研究收缩算子半群，并对它们附加一个正则性条件. 仍用 $\mathbf{1}$ 表示恒等算子，$\mathbf{1}u=u$.

定义 *收缩算子 $\mathfrak{Q}(t)$ 组成的半群称为连续的*[②]*，如果 $\mathfrak{Q}(0)=\mathbf{1}$ 且当 $h\to 0+$ 时 $\mathfrak{Q}(h)\to\mathbf{1}$.*

如果 $0\leqslant t'<t''$，那么我们有

$$||\mathfrak{Q}(t'')u-\mathfrak{Q}(t')u||\leqslant||\mathfrak{Q}(t''-t')u-u||. \tag{10.8.7}$$

① 这种形式的收敛已在 8.3 节中引入过，称为强收敛. 它不蕴涵 $||T_n-T||\to 0$（这种类型的收敛称为一致收敛）. 可以按下列方式定义较弱的收敛：对于每个 x 有 $T_nu(x)\to Tu(x)$，但不一定是一致收敛. 见 8.10 节的习题 6.

② 我们利用这个词作为标准术语“在原点强连续”的缩写.

对于连续半群，存在这样的 $\delta > 0$，使得当 $t'' - t' < \delta$ 时，上式右边小于 ε. 因此，不但当 $t \to t_0$ 时 $\mathfrak{Q}(t) \to \mathfrak{Q}(t_0)$，而且 (10.8.7) 说明，对于每个固定的 u，[1]$\mathfrak{Q}(t)u$ 是 t 的一致连续函数.

当然变换 (10.8.1) 和 (10.4.5) 相同，都可作为推导扩散过程的向后方程的起点. 一族马尔可夫转移概率也可导出这样一个测度变换半群，使得测度 μ 变换成测度 $T(t)\mu$，后者对集合 Γ 赋予质量

$$T(t)\mu(\Gamma) = \int \mu\{\mathrm{d}x\} Q_t(x, \Gamma). \tag{10.8.8}$$

当 Q_t 有密度核 q_t 时，这个变换和 (10.5.1) 一样，也被用于向前方程中. 因为概率论主要关心的是测度而不是函数，所以就会有这样一个问题：为什么我们不从半群 $\{T(t)\}$ 而从 $\mathfrak{Q}(t)$ 出发？答案是有趣的，它有助于阐明向后方程与向前方程之间的复杂关系.

理由是（正如上例所表明的那样），对于普通的体系，函数空间 $\mathscr{L}$ 中的连续的收缩算子半群来自于转移概率：研究我们的半群 $\mathfrak{Q}(t)$ 实际上和研究马尔可夫转移概率是一样的. 这对测度半群是不正确的. 在分析上存在这样的十分合理的收缩半群，它不是由马尔可夫过程导出的. 例如，考虑直线上的任一形如 (10.8.8) 的马尔可夫半群，只假设绝对连续的 μ 被变成绝对连续的 $T(t)\mu$ [例如，令 $T(t)$ 是与方差为 t 的正态分布的卷积]. 如果 $\mu = \mu_c + \mu_s$，其中 μ_c 是 μ 的绝对连续部分，μ_s 是 μ 的奇异部分，那么我们按如下方式定义一个新的半群 $\{S(t)\}$：

$$S(t)\mu = T(t)\mu_c + \mu_s. \tag{10.8.9}$$

这个半群是连续的，$S(0) = 1$，但是不难看出，它与任何一个转移概率系统都无关，而且它在概率上是无意义的.

10.9 半群理论的"指数公式"

10.1 节的伪泊松过程是最简单的马尔可夫过程，现在我们来证明，所有的马尔可夫过程实际上都是伪泊松过程的极限形式.[2] 这个定理的抽象形式在半群理论中起着十分重要的作用，我们现在来证明它实际上是大数定律的推论.

如果 T 是由随机核 K 导出的算子，则由伪泊松分布 (10.1.2) 诱导的算子 $\mathfrak{Q}(t)$ 呈形式

$$\mathfrak{Q}(t) = \mathrm{e}^{-\alpha t} \sum_{n=0}^{\infty} \frac{(\alpha t)^n}{n!} T^n, \tag{10.9.1}$$

---

① 存在这样的半群，使得 $\mathfrak{Q}(h)$ 趋于算子 $T \neq \mathbf{1}$，但它们是病态的. 例如，把自同态 T 定义为

$$Tu(x) = \frac{1}{2}u(0)[1 + \cos x] + \frac{1}{2}u(\pi)[1 - \cos x],$$

并对所有的 $t \geqslant 0$，设 $\mathfrak{Q}(t) = T$.

② 在第 9 章中曾讨论过 $\mathfrak{Q}(t)$ 是卷积算子这一特殊情形.

这个级数定义为部分和的极限. 根据查普曼–柯尔莫哥洛夫方程 (10.1.3)，这些算子构成一个半群. 但最好是重新开始并对任意的收缩算子 T 证明这个断言.

定理 1 如果 T 是 $\mathscr{L}$ 上的收缩算子，那么形如 (10.9.1) 的算子构成一个连续的收缩半群. 如果 T 是推移算子，那么 $\mathfrak{Q}(t)$ 也是推移算子.

证 显然 $\mathfrak{Q}(t)$ 是正的，且 $\|\mathfrak{Q}(t)\| \leqslant \mathrm{e}^{-\alpha t+\alpha t\|T\|} \leqslant 1$. 由 $\mathfrak{Q}(s)$ 和 $\mathfrak{Q}(t)$ 的级数的形式乘积容易验证半群性（见 10.1 节的第 2 个脚注）. 由 (10.9.1)，关系式 $\mathfrak{Q}(h) \to \mathbf{1}$ 是显然的. ■

我们把 (10.9.1) 缩写为

$$\mathfrak{Q}(t) = \mathrm{e}^{\alpha t(T-\mathbf{1})}. \tag{10.9.2}$$

具有这种形式的收缩算子半群称为伪泊松半群①，并且 $\{\mathfrak{Q}(t)\}$ 是由 $\alpha(T-\mathbf{1})$ 产生的.

现在来考虑任意一个由收缩算子 $\mathfrak{Q}(t)$ 组成的连续半群. 在许多方面它和实值连续函数有类似的性质，第 7 章所叙述的、利用大数定律的逼近理论可以不经重大改变地搬过来. 特别是我们将说明，7.1 节例 (b) 的方法可以导出一般半群理论的一个重要公式.

对于固定的 $h>0$，我们定义算子

$$\mathfrak{Q}_h(t) = \mathrm{e}^{-t/h}\sum_{n=0}^{\infty}\frac{(t/h)^n}{n!}\mathfrak{Q}(nh), \tag{10.9.3}$$

可以把它们看作通过把 $\mathfrak{Q}(t)$ 中的参数 t 随机化得到的算子. 与 (10.9.1) 相比较可以看出，$\mathfrak{Q}_h(t)$ 构成一个由 $[\mathfrak{Q}(h)-\mathbf{1}]/h$ 产生的伪泊松半群. 现在我们来证明

$$\mathfrak{Q}_h(t) \to \mathfrak{Q}(t), \quad t \to 0. \tag{10.9.4}$$

因为这个结果非常重要，所以我们把它叙述为以下定理.

定理 2 每个由收缩算子 $\mathfrak{Q}(t)$ 构成的连续半群都是由自同态 $h^{-1}[\mathfrak{Q}(h)-\mathbf{1}]$ 产生的伪泊松半群 $\{\mathfrak{Q}_h(t)\}$ 的极限 (10.9.4).

证 出发点是恒等式

$$\mathfrak{Q}_h(t)u - \mathfrak{Q}(t)u = \mathrm{e}^{-th}\sum_{n=0}^{\infty}\frac{(th^{-1})^n}{n!}[\mathfrak{Q}(nh)u - \mathfrak{Q}(t)u]. \tag{10.9.5}$$

选取这样的 δ，使得对于 $0<s<\delta$ 有 $\|\mathfrak{Q}(s)u-u\|<\varepsilon$. 于是由 (10.8.7) 我们有

$$\|\mathfrak{Q}(nh)u - \mathfrak{Q}(t)u\| \leqslant \varepsilon, \quad |nh-t| < \eta t. \tag{10.9.6}$$

---

① 存在形如 e^{tS} 的收缩算子半群，其中 S 不是形如 $\alpha(T-\mathbf{1})$ 的自同态. 如果 $\alpha(x)$ 是有界的，那么与 10.3 节跳跃过程的解相联系的半群就是这样的半群.

(10.9.5) 中出现的泊松分布的期望与方差均为 t/h. 利用切比雪夫不等式估计满足 $|nh-t| \geqslant \delta$ 的诸项的和，我们得到

$$||\mathfrak{Q}_h(t)u - \mathfrak{Q}(t)u|| < \varepsilon + 2||u||th\delta^{-2}.$$

由此推出 (10.9.4) 在有限的 t 区间中一致地成立. ■

用其他的无穷可分分布代替泊松分布可以得到本节的等价变形. 由第 1 卷 12.2 节我们知道，集中于整数 $n \geqslant 0$ 上的无穷可分分布 $\{u_n(t)\}$ 的母函数具有形式

$$\sum_{n=0}^{\infty} u_n(t)\zeta^n = \exp(t\alpha[p(\zeta)-1]), \tag{10.9.7}$$

其中

$$p(\zeta) = p_0 + p_1\zeta + \cdots, \quad p_i \geqslant 0, \quad \sum p_j = 1. \tag{10.9.8}$$

假设分布 $\{u_n(t)\}$ 的期望为 bt，有限方差为 ct. 在 (10.9.3) 中把泊松分布换成 $\{u_n(t/b)\}$，我们得到算子

$$\mathfrak{Q}_h(t) = \sum u_n\left(\frac{t}{bh}\right)\mathfrak{Q}(nh) = \sum u_n\left(\frac{t}{bh}\right)\mathfrak{Q}^n(h). \tag{10.9.9}$$

和上述证明中一样，应用大数定律可以证明当 $h \to 0$ 时 $\mathfrak{Q}_h(t) \to \mathfrak{Q}(t)$. 这样，我们得到了另外一个"指数公式"，其中 $\{u_n(t)\}$ 起着泊松分布的作用.①

为了看清这个论证的概率内容和可能的推广，用 $X(t)$ 表示半群为 $\{\mathfrak{Q}(t)\}$ 的马尔可夫过程的变量，用 $T(t)$ 表示具有服从 $\{u_n(t)\}$ 的独立增量过程的变量. 算子 (10.9.9) 相应于变量 $X\left(hT\left(\frac{t}{bh}\right)\right)$ 的转移概率. 换句话说，我们引进了一个特殊的从属过程；由 T 过程的大数定律似乎应有：当 $h \to 0$ 时，新过程的分布趋于原来的马尔可夫过程的分布. 这种逼近方法绝不是只对整值变量 $T(t)$ 有效. 实际上，我们可以把 $\{T(t)\}$ 取为任一使得 $\mathrm{E}(T(t)) = bt$ 且方差存在的具有正独立增量的过程.

因此，给定的马尔可夫过程 $\{X(t)\}$ 作为变量为 $X\left(hT\left(\frac{t}{bh}\right)\right)$ 的从属马尔可夫过程的极限出现.

重要的是逼近半群的构造可能比原来的半群的构造简单得多. 事实上，(10.9.9) 的算子 $\mathfrak{Q}_h(t)$ 构成的半群是简单的伪泊松型半群. 为了看清这一点，令

$$\mathfrak{Q}^{\#} = p(\mathfrak{Q}(h)) = \sum_{n=0}^{\infty} p_n\mathfrak{Q}^n(h) = \sum_{n=0}^{\infty} p_n\mathfrak{Q}(nh). \tag{10.9.10}$$

这是推移算子的混合，从而它本身是一个推移算子. 于是比较 (10.9.7) 和 (10.9.9) 可得，在形式上

$$\mathfrak{Q}_h(t) = \exp\frac{\alpha}{bh}(\mathfrak{Q}^{\#} - 1), \tag{10.9.11}$$

① 这是由钟开莱指出的（见 7.5 节）.

它确实具有 (10.9.2) 的形式. 不难用初等方法来证实 (10.9.11)，但是我们将会看出，它实际上是从属半群的生成元公式的特殊情形（见 13.9 节例 (b)）.

10.10 生成元、向后方程

考虑由算子 $\mathfrak{U} = a(T-1)$ 产生的伪泊松型的收缩半群 $\{\mathfrak{Q}(t)\}$. 这个算子是自同态，所以 $\mathfrak{U}u = v$ 对所有的 $u \in \mathscr{L}$ 有定义，并且

$$\frac{\mathfrak{Q}(h)-1}{h}u \to v, \quad h \to 0+. \tag{10.10.1}$$

如果这对所有的半群都成立，那就太好了，但这一般是不成立的. 例如，对与布朗运动相联系的半群，扩散方程 (10.4.1) 蕴涵对于二次连续可微的 u，(10.10.1) 的左边趋于 $\frac{1}{2}u''$，但是当 u 不可微时，极限不存在. 然而扩散方程仍唯一地确定了这个过程，因为半群由它对二次连续可微函数的作用所决定. 因此，我们不应该希望 (10.10.1) 对所有的函数 u 成立，但是为了一切实际的目的，只要它对于充分多的函数成立就行了. 考虑这一点，我们引入以下定义.

定义 如果对于 $\mathscr{L}$ 中的某些元素 u, v，关系式 (10.10.1) 成立（在一致收敛的意义下），那么我们设 $v = \mathfrak{U}u$. 这样定义的算子称为半群 $\{\mathfrak{Q}(t)\}$ 的生成元[①].

用 $\mathfrak{Q}(t)$ 乘 (10.10.1)，我们看出它蕴涵

$$\frac{\mathfrak{Q}(t+h)-\mathfrak{Q}(t)}{h}u \to \mathfrak{Q}(t)v. \tag{10.10.2}$$

因此，如果 $\mathfrak{U}u$ 存在，那么所有函数 $\mathfrak{Q}(t)u$ 都在 $\mathfrak{U}$ 的定义域内，并且

$$\frac{\mathfrak{Q}(t+h)-\mathfrak{Q}(t)}{h}u \to \mathfrak{Q}(t)\mathfrak{U}u = \mathfrak{U}\mathfrak{Q}(t)u. \tag{10.10.3}$$

从本质上讲，这个关系式和马尔可夫过程的向后方程是一样的. 事实上，沿用 10.4 节的记号，我们应令

$$u(t,x) = \mathfrak{Q}(t)u_0(x),$$

其中 u_0 是初始函数. 那么 (10.10.3) 变为

$$\frac{\partial u(t,x)}{\partial t} = \mathfrak{U}u(t,x). \tag{10.10.4}$$

① 第 9 章对卷积半群的讨论，局限于考虑无穷可微的函数，因而所有的生成元都定义在同一区域上. 对于一般的半群，没有这样方便的方法可用.

这是熟知的向后方程，但应当正确地解释它. 10.4 节中扩散过程的转移概率非常光滑，对于所有的初始连续函数 u_0，向后方程都是满足的. 一般来说却未必如此.

例　(a) **平移.** 令 $\mathscr{L}$ 由直线上的在无穷远处等于 0 的连续函数组成，设 $\mathfrak{Q}(t)u(x) = u(x+t)$. 显然，为使 (10.10.1) 成立，当且仅当 u 的导数 u' 连续且在无穷远处等于 0. 在这种情形下，$\mathfrak{U}u = u'$.

在形式上向后方程 (10.10.4) 可化为

$$\frac{\partial u}{\partial t} = \frac{\partial u}{\partial x}. \tag{10.10.5}$$

当 $t=0$ 时，化为给定的初始函数 u_0 的形式解为 $u(t,x) = u_0(t+x)$. 但这只有当 u_0 是可微的时候才成立.

(b) 与在 10.2 节中一样，考虑变量为 $X(t)$ 的伪泊松过程和另一个由 $X^{\#}(t) = X(t) - ct$ 所定义的过程. 相应的半群有一个明显的关系，即 $\mathfrak{Q}^{\#}(t)u$ 在 x 点的值等于 $\mathfrak{Q}(t)u$ 在 $x+ct$ 上的值. 对于生成元来说，这意味着

$$\mathfrak{U}^{\#} = \mathfrak{U} - c\frac{\mathrm{d}}{\mathrm{d}x}, \tag{10.10.6}$$

因此 $\mathfrak{U}^{\#}$ 的定义域局限于可微函数. 当初始函数 u_0 有连续的导数时，向后方程是满足的，但对任意的函数不一定是满足的. 特别地，转移概率本身不一定满足向后方程. 这说明了旧式理论的困难 [曾在 (9.2.14) 中讨论过] 以及为什么我们要引入不自然的正则性条件来推导向前方程. ■

生成元这个概念的用途应归功于下列事实：*对于每个由收缩算子构成的连续半群，生成元唯一地决定半群.* 这个定理的简单证明将在 13.9 节中给出.

这个定理使我们能够在没有不必要的限制下讨论向后方程并大大简化它们的推导. 因此，当我们事实上不知道生成元确实存在的情况下，就无法导出 10.4 节第 3 个脚注所提到的扩散算子的最一般形式.

第 11 章 更新理论

更新过程是在 6.6 节中引入的并在 6.7 节中举例说明过. 我们现在从所谓的更新方程的一般理论开始, 更新方程经常出现在许多领域中. 11.8 节的极限定理为一般更新定理的适用性提供了一个极好的例子. 11.6 节和 11.7 节包含某些渐近估计的改进和推广形式，这些估计原来是用高深的分析方法很费力地推导出来的. 这说明利用一般的理论来解一些特殊的难题是很经济的. 关于用拉普拉斯变换的方法处理更新问题，见 14.1~14.3 节.

许多文献讨论怎样在更新定理中去掉变量为正这一条件，为解决这个难题，已花费了不少的精力. 鉴于这个令人难忘的历史，11.9 节将包括更新定理的一个新的大大简化了的证明.

11.1 更新定理

令 F 是一个集中于[①] $\overline{0,\infty}$ 上的分布，即我们设 $F(0)=0$. 我们不要求期望存在，但由假设的正性，我们可以记

$$\mu=\int_0^\infty yF\{\mathrm{d}y\}=\int_0^\infty[1-F(y)]\mathrm{d}y, \tag{11.1.1}$$

其中 $\mu\leqslant\infty$. 当 $\mu=\infty$ 时，我们约定把符号 μ^{-1} 看作 0.

本节我们研究函数

$$U=\sum_{n=0}^{\infty}F^{n\star} \tag{11.1.2}$$

在 $x\to\infty$ 时的渐近性质. 不久就可看到这个问题和下列更新方程的解 Z 的渐近性质有密切的关系：

$$Z(x)=z(x)+\int_0^x Z(x-y)F\{\mathrm{d}y\},\quad x>0. \tag{11.1.3}$$

为确定起见，我们认为积分区间是闭的，但现在我们认为 z 和 Z 在负半轴上为 0，于是积分限可以换成 $-\infty$ 和 ∞，更新方程可以写成卷积方程的形式

$$Z=z+F\star Z. \tag{11.1.4}$$

① 如果我们容许在原点上有一个质量为 $p<1$ 的原子，那么不会发生本质上的变化.（见习题 1.）

(类似的说明适用于以后所有的卷积.)

在 6.6 节和 6.7 节中曾相当详细地讨论了 U 的概率意义和更新方程的概率应用. 因此，现在我们将从纯分析的角度进行讨论. 但是应记住，在更新过程中 $U(x)$ 等于 $\overline{0,x}$ 中更新时刻的平均个数，原点也当作一个更新时刻. 因此可以把 U 看成集中于 $\overline{0,\infty}$ 上的测度，区间 $I=\overline{a,b}$ 的质量是 $U\{I\}=U(b)-U(a)$. 原点是一个单位质量的原子，此质量是由级数 (11.1.2) 中第 0 项赋予的.

下列引理只是重新叙述一下 6.6 节的定理 1，但为使本节自给自足，我们给出了一个新的证明.

引理 对于所有的 x 有 $U(x)<\infty$. 如果 z 是有界的，那么由

$$Z(x)=\int_0^x z(x-y)U\{\mathrm{d}y\},\quad x>0 \tag{11.1.5}$$

定义的函数 Z 是更新方程 (11.1.3) 的在有限区间上有界的唯一解.

[利用当 $x<0$ 时 $z(x)=Z(x)=0$ 这一约定，我们可以把 (11.1.5) 写成 $Z=U\bigstar z$ 的形式.]

证 设 $U_n=F^{0\bigstar}+\cdots+F^{n\bigstar}$，选择这样的正数 τ 和 η，使得 $1-F(\tau)>\eta$. 于是

$$\int_0^x[1-F(x-y)]U_n\{\mathrm{d}y\}=1-F^{(n+1)\bigstar}(x),\quad x>0, \tag{11.1.6}$$

因此 $\eta[U_n(x)-U_n(x-\tau)]<1$. 令 $n\to\infty$，我们可得，对于长度 $<\tau$ 的每个区间 I，$U\{I\}\leqslant\eta^{-1}$. 因为长度为 a 的任一区间至多是 $1+a/\tau$ 个长度为 τ 的区间的并，所以

$$U(x)-U(x-a)\leqslant C_a, \tag{11.1.7}$$

其中 $C_a=(a+\tau)/(\tau\eta)$. 因此，对于所有具有给定长度的区间 I，$U\{I\}$ 是一致有界的.

$Z_n=U_n\bigstar z$ 满足 $Z_{n+1}=z+F\bigstar Z_n$. 令 $n\to\infty$，我们看出 (11.1.5) 中的积分是有意义的，并且 Z 是 (11.1.3) 的解.

为了证明它的唯一性，注意两个解之差满足 $V=F\bigstar V$，因此，对 $r=1,2,\cdots$，也有

$$V(x)=\int_0^x V(x-y)F^{r\bigstar}\{\mathrm{d}y\},\quad x>0. \tag{11.1.8}$$

但是当 $r\to\infty$ 时 $F^{r\bigstar}(x)\to\infty$，且因为假设 V 在 $\overline{0,x}$ 中是有界的，所以对所有的 $x>0$ 有 $V(x)=0$. ■

集中于数 λ 的倍数上的分布所起的特殊作用妨碍了对更新定理的系统阐述. 按照 5.2 节的定义 3，这样的分布称为算术分布，使 F 集中于 $\lambda,2\lambda,\cdots$ 上的最

大的 λ 称为 F 的步长. 在这种情形下，测度 U 是纯原子的，我们用 u_n 表示 $n\lambda$ 的质量. 第 1 卷 13.1 节中的更新定理说明 $u_n \to \lambda/\mu$. 下列定理[①]把这个结果推广到了集中于 $\overline{0,\infty}$ 上的任意分布. 为了完整起见，重新叙述了算术分布 F 的情形.（注意，如果 $\mu=\infty$，就约定 $\mu^{-1}=0$.）

更新定理 （**第一形式**）*如果 F 不是算术分布，那么对于每个 $h>0$，*

$$U(t)-U(t-h)\to h/\mu,\quad t\to\infty. \tag{11.1.9}$$

如果 F 是算术分布，那么当 h 是步长 λ 的倍数时，上式也成立.

在证明这个定理之前，我们利用更新方程的解 (11.1.5) 的渐近性质来重新叙述它. 因为可以把给定的函数 z 分解为它的正部和负部，所以我们可以假设 $z\geqslant 0$. 为了确定起见，我们首先假设 F 不是算术分布，且期望 $\mu<\infty$.

如果对于 $0\leqslant a\leqslant x<b<\infty$ 有 $z(x)=1$，对于 x 的其他值，$z(x)=0$，则我们从 (11.1.5) 得到

$$Z(t)=U(t-a)-U(t-b)\to (b-a)/\mu,\quad t\to\infty. \tag{11.1.10}$$

这个结果可立即推广到有限阶梯函数：令 $I_1,\cdots,I_r$ 是正半轴上的长度为 $L_1,\cdots,L_r$ 的不相交的区间，如果 z 在 I_k 取值 a_k，在 I_k 的并集之外等于 0，那么显然

$$Z(t)\to\mu^{-1}\sum_{k=1}^{r}a_kL_k=\mu^{-1}\int_0^\infty z(x)\mathrm{d}x. \tag{11.1.11}$$

由于古典的黎曼积分是通过有限的逼近阶梯函数来定义的，因此似乎应有：当 z 是黎曼可积函数时，极限关系式 (11.1.11) 成立. 为了弄清这个问题，我们回忆一下 z 在有限区间 $0\leqslant x\leqslant a$ 上的黎曼积分的定义. 只要考虑把这个区间分成有相同的长度 $h=a/n$ 的子区间的分划就行了. 令 $\underline{m}_k$ 和 $\overline{m}_k$ 分别是满足下式的最大数和最小数：

$$\underline{m}_k\leqslant z(x)\leqslant\overline{m}_k,\quad (k-1)h\leqslant x<kh. \tag{11.1.12}$$

应当记住 $\underline{m}_k$ 和 $\overline{m}_k$ 对 h 的明显的依赖性. 对于给定的步长 h，**下黎曼和与上黎曼和**定义为

$$\underline{\sigma}=h\sum\underline{m}_k,\quad \overline{\sigma}=h\sum\overline{m}_k. \tag{11.1.13}$$

---

① P. 爱尔特希（Erdös）、W. 费勒和波拉德（H. Pollard）在 1949 年证明了离散的情形. 他们的证明立刻被布莱克韦尔（P. Blackwell）推广了. 现在的证明是新的. 关于向不集中于 $\overline{0,\infty}$ 上的分布的推广见 11.9 节. 向另一个方向的意义深远的推广包含于 Y.S. Chow and H.E. Robbins, *A renewal theorem for random variables which are dependent or non-identically distributed.* Ann. Math. Statist., vol. 34 (1963), pp. 390-401.

当 $h \to 0$ 时 $\underline{\sigma}$ 和 $\overline{\sigma}$ 都趋于有限的极限. 如果 $\overline{\sigma} - \underline{\sigma} \to 0$，那么这两个极限是相同的，就用这个共同的极限来定义 z 的黎曼积分. 每个除了跳跃点以外都连续的有界函数在这个意义上都是可积的.

当积分在 $\overline{0,\infty}$ 上进行时，古典的定义引进了可以避免的复杂化. 为了使可积函数类尽可能广泛，照例把 $\overline{0,\infty}$ 上的积分定义为在 $\overline{0,a}$ 上的积分的极限. 为使非负连续函数 z 在这种意义下是可积的，当且仅当它的图形与 x 轴之间的面积是有限的，遗憾的是这并没有排除 $z(x)$ 的实际振动以及当 $x \to \infty$ 时 $z(x)$ 为 ∞ 的可能性. [见例 (a).] 如果给定的函数 z 剧烈地振动，那么解 Z 将趋于有限极限这个假设是不合理的. 换句话说，复杂的标准定义使很多函数成为可积的. 为了我们的目的，最好用原先的定义推广到无穷区间这样自然的方式进行讨论. 因没有既定的术语，我们称之为直接积分，以表示它与通过有限区间取极限的间接办法有所不同.

定义 函数 $z \geqslant 0$ 称为直接黎曼可积的，如果在 (11.1.12)~(11.1.13) 中定义的上、下黎曼和是有限的，且当 $h \to 0$ 时趋于同一极限.

这个定义对有限区间与无限区间不加区别. 容易看出，如果 z 在每个有限区间 $\overline{0,a}$ 上是可积的，并且对某个 h 有 $\overline{\sigma} < \infty$，那么 z 在 $\overline{0,\infty}$ 上是直接可积的. (于是对所有的 h 自然有 $\overline{\sigma} < \infty$.) 正是这个性质排除了剧烈振动的可能性.

我们可以用逼近阶梯函数来重新叙述这个定义，对于固定的 $h > 0$，当 $(k-1)h \leqslant x \leqslant kh$ 时，设 $z_k(x) = 1$，否则设 $z_k(x) = 0$. 那么

$$\underline{z} = \Sigma \underline{m}_k z_k, \quad \overline{z} = \sum \overline{m}_k z_k \tag{11.1.14}$$

是两个有限阶梯函数，且 $\underline{z} \leqslant z \leqslant \overline{z}$. z 的积分是当 $h \to 0$ 时这些阶梯函数的积分的共同极限. 用 Z_k 表示对应于 z_k 的更新方程的解. 那么对应于 $\underline{z}$ 和 $\overline{z}$ 的解为

$$\underline{Z} = \sum Z_k \underline{m}_k, \quad \overline{Z} = \sum Z_k \overline{m}_k. \tag{11.1.15}$$

由更新定理，对每个固定的 k 有 $Z_k(x) \to h/\mu$. 此外，(11.1.7) 保证对于所有的 k 和 x 有 $Z_k(x) \leqslant C_h$. 因此，(11.1.15) 中级数的余部一致地趋于 0，从而我们有

$$\underline{Z}(x) \to \underline{\sigma}/\mu, \quad \overline{Z}(x) \to \overline{\sigma}/\mu, \quad x \to \infty. \tag{11.1.16}$$

但是 $\underline{Z} \leqslant Z \leqslant \overline{Z}$，从而 $Z(x)$ 的所有极限值都位于 $\underline{\sigma}/\mu$ 和 $\overline{\sigma}/\mu$ 之间. 如果 z 是直接黎曼可积的，那么

$$Z(x) \to \mu^{-1} \int_0^\infty z(y)\mathrm{d}y, \quad x \to \infty. \tag{11.1.17}$$

迄今我们假设 F 是非算术分布的，且 $\mu < \infty$. 当 $\mu = \infty$ 时，只要把 μ^- 看作 0，这个论证可以照搬过来.

如果 F 是步长为 λ 的算术分布，那么 (11.1.5) 的解 Z 具有形式

$$Z(x) = \sum z(x - k\lambda)u_k, \tag{11.1.18}$$

其中 $u_k \to \lambda/\mu$. 我们容易看出，对于固定的 x,

$$Z(x + n\lambda) \to \lambda\mu^{-1} \sum_{j=1}^{\infty} z(x + j\lambda), \quad n \to \infty, \tag{11.1.19}$$

只要上述级数收敛；如果 z 是直接可积的，那么上述级数必然收敛.

我们已从更新定理推导出了 (11.1.17) 和 (11.1.19)，但这些关系式包含更新定理作为它们的当 z 是区间 $\overline{0,h}$ 的示性函数时的特殊情形. 因此，我们证明了以下定理.

更新定理 （另一形式）[①] *如果 z 是直接黎曼可积的，那么更新方程的解 Z 当 F 是非算术分布时满足 (11.1.17)，当 F 是步长为 λ 的算术分布时满足 (11.1.19).*

人们也许会问：是否至少对于在无穷远处趋于 0 的连续函数 z，可以去掉直接可积性这一条件呢？下面的例子说明不能这样做. 10.3 节例 (b) 将类似地说明更新定理对无界函数 z 可以不成立，即使 z 在有限区间外等于 0 也不行. 因此在更新理论中不能应用非正常的黎曼积分，直接可积性是更新理论的自然基础.

例 (a) *连续函数 z 在 $\overline{0,\infty}$ 上可能是无界的，但是在 $\overline{0,\infty}$ 上是黎曼可积的.* 为了说明这一点，对 $n = 1, 2, \cdots$，令 $z(n) = a_n$，并在诸如 $|x - n| < h_n < \frac{1}{2}$ 的区间的并集外令 z 恒等于 0；在 n 和 $n \pm h_n$ 之间设 z 是线性函数. 那么 z 的图形由面积为 $a_n h_n$ 的三角形序列组成，从而 z 为黎曼可积的充要条件是 $\sum a_n h_n < \infty$，这并不排除 $a_n \to \infty$ 的可能性.

(b) 为了研究直接可积性在更新定理中的作用，只要考虑算术分布 F 就够了. 因此，我们可以假设测度 U 集中在整数上，点 n 的质量 u_n 趋于极限 $\mu^{-1} > 0$. 因此，对任一正整数 n，我们有

$$Z(n) = u_n z(0) + u_{n-1} z(1) + \cdots + u_0 z(n).$$

---

① 我们希望这种形式与上述讨论能结束文献中流行的可悲的混乱. 最广泛利用的参考文献是下面这篇报告：W.L. Smith, *Renewal theory and its ramifications*, J. Roy. Stat. Soc. (Series B), vol. 20 (1958), pp. 243-302. 它出现后，Smith 的"主要更新定理"实际上代替了过去的一切形式（它们并不总是正确的）. 这个主要定理在 z 是单调的这个不必要的假设下证明了 (11.1.17). 史密斯（Smith）1954 年的证明是以维纳的高深的陶伯（Tauberian）定理为基础的，1958 年的报告给人以这样的印象，即这个曲折的程序比直接化为更新定理的第一形式更为简单，并且在这个报告中无意地丢掉了 z 为有界这个条件. [关于它的必要性见 11.3 节例 (b).]

现在就取 z 为上例中的满足 $a_n = 1$ 的函数，那么 $Z(n) \sim n\mu^{-1}$，因此 Z 不是有界的. 如果 a_n 充分缓慢地趋于 0，那么这显然也是正确的，因此我们得到这样一个连续可积函数 z 的例子，使得 $z(x) \to 0$，但 $Z(x)$ 却不是有界的. ■

11.2　更新定理的证明

对于算术分布 F，更新定理已在第 1 卷 13.11 节中证明过了，因此我们假设 F 是非算术分布. 为给出证明，我们需要两个引理.（第 1 个引理将以更强的形式出现在 11.9 节的推论中.）

引理 1　设 ζ 是这样一个有界的一致连续函数，使得对于 $-\infty < x < \infty$ 有 $\zeta(x) \leqslant \zeta(0)$. 如果

$$\zeta(x) = \int_0^\infty \zeta(x-y)F\{\mathrm{d}y\}, \tag{11.2.1}$$

那么 $\zeta(x) = \zeta(0)$.

证　如果取与 F 的卷积，则由 (11.2.1) 利用归纳法可得

$$\zeta(x) = \int_0^\infty \zeta(x-y)F^{r\bigstar}\{\mathrm{d}y\}, \quad r = 1, 2, \cdots. \tag{11.2.2}$$

被积函数 $\leqslant \zeta(0)$，因此当对于 $F^{r\bigstar}$ 的每个增点 y 都有 $\zeta(-y) = \zeta(0)$ 时，(11.2.2) 在 $x = 0$ 点才可能成立. 根据 5.4 节的引理 2，上述的增点所成的集合 Σ 在无穷远处是稠密的. 鉴于 ζ 的一致连续性，这蕴涵当 $y \to \infty$ 时 $\zeta(-y) \to \zeta(0)$. 当 $r \to \infty$ 时 $F^{r\bigstar}$ 的质量趋于集中在 ∞ 上. 因此，对于较大的 r，(11.2.2) 中的积分本质上只依赖 y 的较大的值. 对于这样的值，$\zeta(x-y)$ 接近于 $\zeta(0)$. 因此，令 $r \to \infty$，我们从 (11.2.2) 推出 $\zeta(x) = \zeta(0)$，这就是我们要证明的. ■

引理 2　设 z 是在 $\overline{0, h}$ 外等于 0 的连续函数. 相应的更新方程的解 Z 是一致连续的，并且对于每个 a，

$$Z(x+a) - Z(x) \to 0, \quad x \to \infty. \tag{11.2.3}$$

证　在一个长度为 $h + 2\delta$ 的区间外，差 $z(x+\delta) - z(x)$ 等于 0，因此由 (11.1.5) 和 (11.1.7)，

$$|Z(x+\delta) - Z(x)| \leqslant C_{h+2\delta} \max|z(x+\delta) - z(x)|. \tag{11.2.4}$$

这说明，如果 z 是一致连续的，那么 Z 也是一致连续的.

现在假设 Z 有连续的导数 z'，那么 z' 存在且满足更新方程

$$Z'(x) = z'(x) + \int_0^x Z'(x-y)F\{\mathrm{d}y\}. \tag{11.2.5}$$

因此，Z' 是有界且一致连续的. 令

$$\limsup Z'(x) = \eta, \tag{11.2.6}$$

并选择这样的序列，使 $Z'(t_n) \to \eta$. 由

$$\zeta_n(x) = Z'(t_n + x) \tag{11.2.7}$$

定义的函数族 ζ_n 是等度连续的，并且

$$\zeta_n(x) = z'(t_n + x) + \int_0^{x+t} \zeta_n(x-y) F\{\mathrm{d}y\}. \tag{11.2.8}$$

从而存在一个这样的子序列，使得 ζ_{n_r} 收敛于一个极限 ζ. 由 (11.2.8) 推知这个极限满足引理 1 的条件，因此对于所有的 x 有 $\zeta'(x) = \zeta'(0) = \eta$.

于是 $Z'(t_{n_r} + x) \to \eta$ 或

$$Z(t_{n_r} + a) - Z(t_{n_r}) \to \eta a. \tag{11.2.9}$$

因为这对每个 a 都成立且 Z 是有界的，所以 $\eta = 0$. 同样的论证可用下限来证明 $Z'(x) = 0$.

因此，我们对连续可微的 z 证明了这个引理. 但是任意一个连续的 z 可以用在 $\overline{0,h}$ 外等于 0 的连续可微函数 z_1 来逼近. 令 Z_1 是相应的更新方程的解. 于是

$$|z - z_1| < \varepsilon \quad 蕴涵 \quad |Z - Z_1| < C_h \varepsilon,$$

从而对于所有充分大的 x 有 $|Z(x+a) - Z(x)| < (2C_h + 1)\varepsilon$. 因此，对任意的连续函数 z，(11.2.3) 都成立. ■

现在来完成定理的证明就很容易了. 如果 I 是区间 $a \leqslant x \leqslant \beta$，那么我们用 $I + t$ 表示区间 $a + t \leqslant x \leqslant \beta + t$. 由 (11.1.9) 我们知道，对每个有限区间 I，$U\{I + t\}$ 是有界的. 因此，根据 8.6 节的选择定理 2，存在这样的序列 $t_k \to \infty$ 和一个测度 V，使得

$$U\{t_k + \mathrm{d}y\} \to V\{\mathrm{d}y\}. \tag{11.2.10}$$

测度 V 在有限区间上是有限的，但不集中在 $\overleftarrow{0,\infty}$ 上.

现在令 z 是一个在有限区间 $\overline{0,a}$ 外等于 0 的连续函数，那么对于更新方程的相应的解 Z，我们有

$$Z(t_k + x) = \int_0^a z(-s) U\{t_k + x + \mathrm{d}s\} \to \int_0^a z(-s) V\{x + \mathrm{d}s\}. \tag{11.2.11}$$

由上述引理推出，测度族 $V\{x+\mathrm{d}s\}$ 与 x 无关，从而 $V\{I\}$ 与 I 的长度成正比. 因此 (11.2.10) 可以写成形式

$$U(t_k)-U(t_k-h)\to\gamma h. \tag{11.2.12}$$

除了因子 η^{-1} 换成了未知参数 γ 且把 t 局限于序列 $\{t_k\}$ 以外，这和更新定理的结论 (11.1.9) 相同. 但是，我们对更新定理的另一形式的推导仍然成立，因此当 z 直接可积时，

$$Z(t_k)\to\gamma\int_0^\infty z(y)\mathrm{d}y. \tag{11.2.13}$$

函数 $z=1-F$ 是单调的，它的积分等于 μ. 相应的解 Z 是常数 1. 如果 $\mu<\infty$，那么函数 z 是直接可积的，(11.2.13) 说明 $\gamma\mu=1$. 当 $\mu=\infty$ 时，我们把 z 截尾，从 (11.2.13) 可以推出 γ^{-1} 大于 z 在任意区间 $\overline{0,a}$ 上的积分，于是 $\mu=\infty$ 蕴涵 $\gamma=0$. 因此 (11.2.12) 中的极限与序列 $\{t_k\}$ 无关，(11.2.2) 化成了更新定理的结论 (11.1.9). ■

*11.3 改　　进

在本节中我们将说明分布 F 的正则性是怎样导致更新定理的更深刻的形式的. 这些结果本身并不是令人兴奋的，但是它们在许多应用中是有益的.

定理 1　*如果 F 是期望为 μ 方差为 σ^2 的非算术分布，那么*

$$0\leqslant U(t)-\frac{t}{\mu}\to\frac{\sigma^2+\mu^2}{2\mu^2}. \tag{11.3.1}$$

更新定理本身只说明 $U(t)\sim t/\mu$，估计 (11.3.1) 更深刻. 即使在方差不存在时， 只要把右边换成 ∞ 它仍成立. [第 1 卷 (13.12.2) 给出了关于算术分布的类似定理.]

证　设

$$Z(t)=U(t)-t/\mu. \tag{11.3.2}$$

容易验证这是对应于

$$z(t)=\frac{1}{\mu}\int_t^\infty[1-F(y)]\mathrm{d}y \tag{11.3.3}$$

的更新方程的解. 利用分部积分法，我们得到

$$\int_0^\infty z(t)\mathrm{d}t=\frac{1}{2\mu}\int_0^\infty y^2F\{\mathrm{d}y\}=\frac{\sigma^2+\mu^2}{2\mu}. \tag{11.3.4}$$

---

* 本节在初读时可以略去.

因为 z 是单调的，从而是直接可积的，所以更新定理的另一形式断言，(11.3.1) 是正确的. ■

接下来我们转向更新函数 U 的光滑性. 如果 F 有密度 f，那么 U 的更新方程取形式

$$U(x)=1+\int_0^x U(x-y)f(y)\mathrm{d}y. \tag{11.3.5}$$

如果 f 是连续的，那么形式微分表明 U 有满足如下方程的导数 u：

$$u(x)=f(x)+\int_0^x u(x-y)f(y)\mathrm{d}y. \tag{11.3.6}$$

这是标准形式的更新方程，我们知道当 f 有界（未必连续）时它有唯一的解. 容易验证，由

$$U(t)=1+\int_0^t u(y)\mathrm{d}y, \quad t>0, \tag{11.3.7}$$

定义的函数 U 满足 (11.3.5). 从而 (11.3.6) 的解 u 确实是 U 的密度. 因此，作为更新定理的另一形式的推论我们得到以下定理.

定理 2 *如果 F 有直接可积的密度 f，那么 U 有这样的密度 u，使得 $u(t)\to\mu^{-1}$.*

不直接可积的密度在实际中几乎不发生，但是即使对于它们也可得到某些结论. 事实上，考虑 $F\bigstar F$ 的密度

$$f_2(t)=\int_0^t f(t-y)f(y)\mathrm{d}y. \tag{11.3.8}$$

一般来说，f_2 的性质要比 f 的性质好得多. 例如，如果 $f<M$，那么我们由对称性得

$$f_2(t)<2M\Big[1-F\Big(\frac{1}{2}t\Big)\Big]. \tag{11.3.9}$$

如果 $\mu<\infty$，那么右边是单调可积函数，这蕴涵 f_2 是直接可积的. 于是 $u-f$ 是更新方程在 $z=f_2$ 时的解，因此我们有以下定理.

定理 2a *如果 F 有有界的密度 f 和有限的期望 μ，那么*

$$u(t)-f(t)\to\mu^{-1}. \tag{11.3.10}$$

这个结果是难以理解的，因为它说明，如果 f 剧烈地振动，那么 u 将以补偿它们的形式进行振动.（有关的结果见习题 7 和习题 8.）

f 为有界这个条件是必不可少的. 我们用一个例子来说明这一点，这个例子也能帮助我们理解更新定理中的直接可积性条件.

例 (a) 设 G 是由下式定义的集中于 $\overline{0,1}$ 上的概率分布：

$$G(x)=\frac{1}{\ln(\mathrm{e}/x)}, \quad 0<x\leqslant 1. \tag{11.3.11}$$

它有一个在开区间 $\overline{0,1}$ 上连续的密度，但是因为当 $x \to 0$ 时 $x^{-1}G(x) \to \infty$，所以这个密度在原点附近是无界的. 如果每个分量小于 x/n，则 n 个具有分布 G 的独立随机变量之和必然小于 x，因此

$$G^{n\star}(x) \geqslant (G(x/n))^n. \tag{11.3.12}$$

由此推出，对于每个 n，$G^{n\star}$ 的密度在原点附近是无界的.

现在设 $F(x) = G(x-1)$，那么 $F^{n\star}(x) = G^{n\star}(x-n)$，从而 $F^{n\star}$ 的密度当 $x < n$ 时等于 0，当 $x > n$ 时是连续的，但在 n 附近是无界的. 因此，更新函数 $U = \Sigma F^{n\star}$ 的密度 u 在每个整数 $n > 0$ 的附近是无界的.

(b) 上例中的密度 u 满足 (11.3.6)，(11.3.6) 与 $z = f$ 时的标准更新方程 (11.1.3) 一致. 这是一个可积函数，当 $x > 2$ 时它等于 0，除了在点 1 以外它是连续的. 解 $Z = u$ 在每个整数附近无界这个事实说明，*如果 z 不是正常黎曼可积的（有界的），那么更新定理可能不成立*，即使 z 集中在有限区间上也不行. ■

11.4　常返更新过程

现在用更新定理来推导在 6.6 节中引入的更新过程的各种极限定理. 我们来讨论具有共同分布 F 的相互独立的随机变量 $T_1, T_2, \cdots$（**到达的时间间隔**）的序列. 在本节中，我们假设 F 是一个正常分布，$F(0) = 0$. 除了 T_k 外，我们可以定义一个具有正常分布 F_0 的非负整值变量 S_0. 我们设

$$S_n = S_0 + T_1 + \cdots + T_n. \tag{11.4.1}$$

变量 S_n 称为**更新时刻**. 如果 $S_0 = 0$，那么更新过程 $\{S_n\}$ 称为**纯**更新过程，否则称为**延迟了的**更新过程.

我们沿用 (11.1.2) 中引入的记号 $U = \Sigma F^{n\star}$. 在 $\overline{0,t}$ 中的**更新时刻的期望个数为**

$$V(t) = \sum_{n=0}^{\infty} P\{S_n \leqslant t\} = F_0 \star U. \tag{11.4.2}$$

因此，对 $h > 0$，我们有[①]

$$V(t+h) - V(t) = \int_0^{t+h} [U(t+h-y) - U(t-y)] F_0\{\mathrm{d}y\}. \tag{11.4.3}$$

如果 F 是非算术分布，那么当 $t \to \infty$ 时被积函数趋于 $\mu^{-1}h$，于是基本定理也可以推广到延迟了的过程：*如果 F 是非算术分布，那么在 $\overline{t, t+h}$ 内的更新时刻的期望个数趋于 $\mu^{-1}h$*. 这个结论包含两个等分布定理：第一，更新速度趋于一

① 由 11.1 节我们知道，积分区间是闭的，因此积分限可以换为 $-\infty$ 和 ∞.

个常数；第二，这个常数速度和初始分布无关. 在这个意义下，我们有一个类似于第 1 卷第 15 章中马尔可夫链的遍历定理的定理.

如果 $\mu<\infty$，那么当 $t\to\infty$ 时 $V(t)\sim\mu^{-1}t$. 自然要问，是否可以这样选择 F_0，使得 $V(t)=\mu^{-1}t$，此式表示更新速度是常数. 因为 V 满足更新方程

$$V=F_0+F\bigstar V, \tag{11.4.4}$$

所以为使 $V(t)=\mu^{-1}t$，当且仅当

$$F_0(t)=\frac{t}{\mu}-\frac{1}{\mu}\int_0^t(t-y)F\{\mathrm{d}y\}. \tag{11.4.5}$$

利用分部积分法可以证明这和下式相同：

$$F_0(t)=\frac{1}{\mu}\int_0^t[1-F(y)]\mathrm{d}y. \tag{11.4.6}$$

这个 F_0 是一概率分布，从而答案是肯定的：*对于初始分布* (11.4.6)，*更新速度是固定的*，$V(t)=\mu^{-1}t$.

分布 (11.4.6) 也作为剩余等待时间的极限分布或到达概率出现，对给定的 $t>0$，有相应的一个依赖于机会的下标 N_t，使得

$$S_{N_t}\leqslant t<S_{N_{t+1}}. \tag{11.4.7}$$

利用 6.7 节中引入的术语，变量 $S_{N_{t+1}}-t$ 称为在时刻 t 的**剩余等待时间**. 我们用 $H(t,\xi)$ 表示它 $\leqslant\xi$ 的概率. 换句话说，$H(t,\xi)$ 是时刻 t 后的第一个更新时刻位于 $\overline{t,t+\xi}$ 内的概率，即超过水平 t 的量 $\leqslant\xi$ 的概率. 如果某个更新时刻 S_n 等于 $x\leqslant t$，且随后的到达时间间隔位于 $t-x$ 和 $t-x+\xi$ 之间，那么上述事件发生. 在纯更新过程的情形下，对 x 和 n 求和，我们得到

$$H(t,\xi)=\int_0^t U\{\mathrm{d}x\}[F(t-x+\xi)-F(t-x)], \tag{11.4.8}$$

这个积分包含 ξ 作为一个自由参数，但它具有标准的形式 $U\bigstar z$，其中 $z(t)=F(t+\xi)-F(t)$，这个函数是直接可积的.[①] 假设 F 是非算术分布. 因为

$$\begin{aligned}\int_0^\infty z(t)\mathrm{d}t&=\int_0^\infty([1-F(t)]-[1-F(t+\xi)])\mathrm{d}t\\&=\int_0^\xi(1-F(s))\mathrm{d}s,\end{aligned} \tag{11.4.9}$$

① 对 $n\xi<x<(n+1)\xi$，我们有 $z(x)\leqslant F((n+2)\xi)-F(n\xi)$，具有这些项的级数显然是收敛的.

所以我们有极限定理

$$\lim_{t\to\infty} H(t,\xi) = \mu^{-1}\int_0^{\xi}[1-F(s)]\mathrm{d}s. \tag{11.4.10}$$

（容易验证这对延迟了的过程也成立，不管初始分布 F_0 怎样.）这个极限定理在几个方面是值得注意的. 正如下述讨论所说明的那样，它与 6.7 节中的检验悖论及 1.4 节中的等待时间悖论有密切的关系.

当 $\mu<\infty$ 时极限分布 (11.4.10) 与 (11.4.6) 一致，于是，*如果 $\mu<\infty$，那么剩余等待时间有正常的极限分布，这个分布与获得均匀更新速度的分布一致*. 在这个模型中，我们再次看到了趋于“定常状态”的趋势.

只有当 F 存在有限的方差时，(11.4.10) 的极限分布才有有限的期望. 粗略地说，这表明*进入概率的性质要比 F 的性质差*. 事实上，当 $\mu=\infty$ 时，对所有的 ξ，我们有

$$H(t,\xi)\to 0, \tag{11.4.11}$$

即一个任意大的量 ξ 超过水平 t 的概率趋于 1.（对于正则变化的尾部的情形，更确切的信息将在 14.3 节中导出.）

例 (a) **更新过程的叠加.** 给定 n 个更新过程，可以把它们的所有更新时刻组成一个序列来构成一个新过程. 一般说来，这个新过程不是更新过程，但容易计算出时刻 0 后第一次更新的等待时间 W. 我们现在来证明，在相当一般的条件下，*W 的分布是渐近指数分布*，从而组合过程接近于泊松过程. 这个结论说明了为什么许多过程（例如打往电话交换台的信号）是泊松型的.

考虑由到达时刻的间隔的分布 $F_1,\cdots,F_n$ 导出的 n 个相互独立的更新过程，这些分布的期望为 $\mu_1,\cdots,\mu_n$. 设

$$\frac{1}{\mu_1}+\cdots+\frac{1}{\mu_n}=\frac{1}{\alpha}. \tag{11.4.12}$$

粗略地说，我们要求每个更新过程的更新时刻是极少的，使得积累效应是由许多小的原因引起的. 为了表达这一点，我们假设对于固定的 k 和 y，概率 $F_k(y)$ 很小，μ_k 很大——这是一个在极限定理的形式中很有意义的假设.

考虑“定常状态”的情况，即过程已进行了很长时间. 那么对于第 k 个过程中最近的更新时刻的等待时间 W_k，我们近似地有

$$P\{W_k\leqslant t\}\approx\frac{1}{\mu_k}\int_0^t(1-F_k(y))\mathrm{d}y\approx\frac{t}{\mu_k}. \tag{11.4.13}$$

[后一近似可由 $F_k(y)$ 很小这一事实得到.] 积累过程中的等待时间 W 是等待时间 W_k 中的最小者，从而

$$P\{W>t\}\approx\left(1-\frac{t}{\mu_1}\right)\cdots\left(1-\frac{t}{\mu_n}\right)\approx \mathrm{e}^{-t\alpha}. \tag{11.4.14}$$

很容易使这个估计更精确，在上述条件下指数分布作为 $n \to \infty$ 时的极限分布出现.

(b) **随机游动中的到达概率.** 对于独立随机变量序列 $X_1, X_2, \cdots$，令

$$Y_n = X_1 + \cdots + X_n.$$

对于正的 X_k，随机游动 $\{Y_n\}$ 化为更新过程，但是我们考虑任意的 X_k. 假设随机游动是常返的，因此对于每个 $t > 0$，必然有一个 n 使得 $Y_n > t$. 如果 N 是使这成立的最小指标，那么 Y_N 称为首次进入 $\overline{t, \infty}$ 的点. 变量 $Y_N - t$ 是在首次进入时超过水平 t 的量，它相应于更新过程的剩余等待时间. 再设 $P\{Y_N \leqslant t+\xi\} = H(t, \xi)$，我们来证明剩余等待时间极限定理也适用于这个分布.

把 S_1 定义为首次进入 $\overline{0, \infty}$ 中的点，根据归纳法，把 S_{n+1} 定义为首次进入 $\overline{S_n, \infty}$ 中的点. 序列 $S_1, S_2, \cdots$ 和 6.8 节中引入的阶梯高度一致且形成一个更新过程：差 $S_{n+1} - S_n$ 显然是相互独立的，且与 S_0 有相同的分布. 因此，$Y_N - t$ 实际上是更新过程 $\{S_n\}$ 的剩余等待时间，从而 (11.4.10) 成立. ■

利用推导 (11.4.10) 的方法可以证明，*已度过的等待时间* $t - S_{N_t}$ 有同样的极限分布. 对于包含 t 的到达时刻的间隔的长度 $L_t = S_{N_{t+1}} - S_{N_t}$，我们得到

$$P\{L_t < \xi\} = \int_{t-\xi}^{t} U\{\mathrm{d}x\}[F(\xi) - F(t-x)], \tag{11.4.15}$$

从而

$$\lim_{t\to\infty} P\{L_t \leqslant \xi\} = \mu^{-1} \int_0^{\xi} [F(\xi) - F(y)]\mathrm{d}y = \mu^{-1} \int_0^{\xi} xF\{\mathrm{d}x\}. \tag{11.4.16}$$

这个公式的古怪的含义在 6.7 节中讨论检验悖论时以及在 1.4 节中讨论等待时间的悖论时已讨论过.

容易看出，3 个变量族 $t - S_{N_t}, S_{N_{t+1}} - t, L_t$ 都形成具有平稳转移概率的马尔可夫过程. 因此，我们的 3 个极限定理可以作为马尔可夫过程遍历定理的例子.（又见 14.3 节.）

11.5 更新时刻的个数 N_t

为了简单起见，我们考虑纯更新过程，这样第 r 个更新时刻是 r 个有共同分布 f 的独立变量之和. 把原点当作更新时刻. 我们用 N_t 表示在 $\overline{0, t}$ 内的更新时刻的个数. 为使事件 $\{N_t > r\}$ 发生，当且仅当第 r 个更新时刻属于 $\overline{0, t}$，从而

$$P\{N_t > r\} = F^{r\star}(t). \tag{11.5.1}$$

显然 $N_t \geqslant 1$. 由此推出，

$$E(N_t) = \sum_{r=0}^{\infty} P\{N_t > r\} = U(t). \tag{11.5.2}$$

（关于高阶矩见习题 13.）

变量 N_t 也出现在序贯抽样中. 假设抽样 $\{T_n\}$ 连续进行到观察值之和首次大于 t 为止. 于是 N_t 表示总的试验次数. 利用改进的更新定理提供的估计 (11.3.1)，可以避免许多冗长的计算.

如果 F 的期望 μ 和方差 σ^2 都存在，那么 $F^{r\star}$ 是渐近正态分布这个事实确定了 N_t 的分布的渐近性质. 必要的计算可在第 1 卷 13.6 节中找到，并且不依赖于 F 的算术特性. 因此，我们有以下一般的定理.

N_t 的中心极限定理　*如果 F 的期望是 μ，方差是 σ^2，那么对于较大的 t，更新时刻的个数 N_t 是渐近正态分布的，其期望为 $t\mu^{-1}$，方差为 $t\sigma^2\mu^{-3}$.*

例　(a) **I 型计数器.** 要进入计数器的质点构成一个泊松过程. 在计数器空闲时到达计数器的质点被记录下来，它使计数器关闭一段时间，这个时间有**固定的**长度 ξ. 在关闭期间内到达计数器的质点一点也不起作用. 为了简单起见，我们让这个过程从一个新质点到达空闲的计数器的时刻开始. 于是我们有 2 个更新过程. 主要的过程（要进入计数器的质点流）是一个泊松过程，即它的到达时刻的间隔服从期望为 c^{-1} 方差为 c^{-2} 的指数分布 $1-\mathrm{e}^{-ct}$，逐次的记录形成另外一个更新过程，其中到达时刻的间隔是 ξ 与一个指数随机变量之和. 因此，两次记录之间的等待时间的期望为 $\xi + c^{-1}$，方差为 c^{-2}. 于是*在时间区间 $\overline{0,t}$ 内的记录次数是渐近正态的，其期望为 $tc(1+c\xi)^{-1}$，方差为 $tc(1+c\xi)^{-3}$.*

这些量之间的差异说明记录不服从泊松分布. 在早期人们不明白记录过程与主要过程有本质的差别，因此一些物理学家得出了错误的结论：宇宙线显示器不符合具有“完全随机性”的泊松模型. ■

为使 N_t 的极限分布存在，当且仅当 F 属于某一吸引域. 这些吸引域的特征曾在 9.8 节和 17.5 节中描述过. 由此知道，*N_t 有正常的极限分布，当且仅当*

$$1-F(x) \sim x^{-\alpha}L(x), \quad x \to \infty, \tag{11.5.3}$$

其中 L 是缓慢变化的，$0<\alpha<2$. 很容易得到 N_t 的极限分布，这个分布说明了振动的自相矛盾的性质. 对于 $\alpha<1$ 和 $\alpha>1$，性质是完全不同的.

考虑 $0<\alpha<1$ 的情形. 如果这样选择 a_r，使得

$$r[1-F(a_r)] \to \frac{2-\alpha}{\alpha}, \tag{11.5.4}$$

那么 $F^{r\star}(a_r x) \to G_\alpha(x)$，其中 G_α 是满足下列条件的单侧稳定分布：当 $x\to\infty$ 时，$x^\alpha[1-G_\alpha(x)] \to (2-\alpha)/\alpha$.（见 9.6 节、17.5 节及 13.6 节.）令 r 和 t 这样地增加，使得 $t \sim a_r x$.

由于 L 是缓慢变化的，所以我们从 (11.5.3) 和 (11.5.4) 得到

$$r \sim \frac{2-\alpha}{\alpha} \frac{x^{-\alpha}}{1-F(t)}, \tag{11.5.5}$$

从而由 (11.5.1) 得到

$$P\left\{[1-F(t)]N_t \geqslant \frac{2-\alpha}{\alpha} x^{-\alpha}\right\} \to G_\alpha(x). \tag{11.5.6}$$

这是一个与中心极限定理类似的定理. $\alpha = \frac{1}{2}$ 的特殊情形已包含在第 1 卷 13.6 节中. (11.5.6) 中的正规化因子 $1-F(t)$ 表达了这个出人意料的特点. 很粗略地说，$1-F(t)$ 具有数量级 $t^{-\alpha}$，从而 N_t 的可能的数量级是 t^α，更新时刻的密度必定急剧减少（这和到达概率的渐近性质一致）.

当 $1<\alpha<2$ 时，分布 F 的期望 $\mu<\infty$，同样类型的计算说明

$$P\left\{N_t \geqslant \frac{t-\lambda(t)x}{\mu}\right\} \to G_\alpha(x), \tag{11.5.7}$$

其中 $\lambda(t)$ 满足

$$t[1-F(\lambda(t))] \to \frac{2-\alpha}{\alpha}\mu. \tag{11.5.8}$$

在这种情形下，更新时刻的平均个数是线性增加的，但是正规化因子 $\lambda(t)$ 表明在期望的附近的起伏是极为激烈的.

11.6 可终止（瞬时）过程

具有亏损分布 F 的更新过程的一般理论几乎没有什么价值. 但是相应的更新方程常常在各种各样的伪装下出现，这种伪装具有能掩盖一般背景的特点. 清楚地理解这个基本事实可以在各种应用中避免麻烦的论证. 特别，利用定理 2 的渐近估计可获得原先由著名的维纳–霍普夫（Wiener-Hopf）方法的特殊修正推导出的结果.

为避免记号的混乱，我们把基本分布 F 换成 L. 因此，在本节中 L 表示满足 $L(0)=0$ 和 $L(\infty)=L_\infty<1$ 的亏损分布. 它作为（亏损的）到达时刻间隔 T_k 的分布，亏量 $1-L_\infty$ 表示终止概率. 把时间轴的原点当作第 0 个更新时刻，$S_n = T_1+\cdots+T_n$ 是第 n 个更新时刻，它是一个分布为 $L^{n\star}$ 的亏损变量，分布的总质量 $L^{n\star}(\infty)=L_\infty^n$. 亏量 $1-L_\infty^n$ 是在第 n 个更新时刻前终止的概率. 我们又设

$$U = \sum_{n=0}^{\infty} L^{n\star}. \tag{11.6.1}$$

和常返过程中一样，$U(t)$ 等于在 $\overline{0,t}$ 内更新时刻的**期望个数**，但是现在所有的更新时刻的期望个数是有限的，即

$$U(\infty) = \frac{1}{1 - L_\infty}. \tag{11.6.2}$$

第 n 个更新时刻 S_n 是最后一个更新时刻，且 $\leqslant x$ 的概率等于 $(1 - L_\infty)L^{n\star}(x)$. 因此，我们有以下定理.

定理 1　从原点开始的瞬时更新过程以概率 1 终止. 终止时刻 M（即序列 $0, S_1, S_2, \cdots$ 达到的最大值）有正常分布

$$P\{M \leqslant x\} = (1 - L_\infty)U(x). \tag{11.6.3}$$

第 n 个更新时刻是最后一个更新时刻的概率等于 $(1 - L_\infty)L_\infty^n$，因此更新时刻的个数服从几何分布.

可以用下列（亏损的）更新方程来表达上述这些结果：

$$Z(t) = z(t) + \int_0^t Z(t-y)L\{\mathrm{d}y\}, \tag{11.6.4}$$

但是对于亏损的 L，这个理论是不足道的. 又假设对于 $x \leqslant 0$ 有 $z(x) = 0$，则唯一解为

$$Z(t) = \int_0^t z(t-y)U\{\mathrm{d}y\}. \tag{11.6.5}$$

若在 $t \to \infty$ 时 $z(t) \to z(\infty)$，则显然有

$$Z(t) \to \frac{z(\infty)}{1 - L_\infty}. \tag{11.6.6}$$

例　(a) 如果过程在 S_0 上终止，或者如果 T_1 取某一正值 $y \leqslant t$ 且剩余的过程的寿命 $\leqslant t - y$，那么事件 $\{M \leqslant t\}$ 发生. 因此，$Z(t) = P\{M \leqslant t\}$ 满足更新方程

$$Z(t) = 1 - L_\infty + \int_0^t Z(t-y)L\{\mathrm{d}y\}, \tag{11.6.7}$$

这等价于 (11.6.3).

(b) **矩的计算.** 上述方程把正常分布 Z 表示为 2 个亏损分布（即一个卷积与一个在原点有一个原子的分布）之和. 为了计算 Z 的期望，令

$$E_L = \int_0^\infty xL\{\mathrm{d}x\}. \tag{11.6.8}$$

对于其他的分布是类似的，不管分布是不是亏损的. 因为 L 是亏损的，所以 (11.6.7) 中的卷积的期望为 $L_\infty \cdot E_Z + E_L$. 因此，$E_Z = E_L/(1-L_\infty)$. 对于更一般的方程 (11.6.4)，我们可以同样的方式得到

$$E_Z = \frac{E_Z + E_L}{1 - L_\infty}. \tag{11.6.9}$$

可以用同样的方法计算高阶矩. ■

渐近估计

在应用中 $z(t)$ 通常趋于一极限 $z(\infty)$. 在这种情形下，$Z(t)$ 趋于由 (11.6.6) 给出的 $Z(\infty)$. 得到差 $Z(\infty) - Z(t)$ 的渐近估计常常是很重要的. 这可以用一个在随机游动理论中具有广泛适用性的方法来得到 [见 12.4 节例 (b) 中的相伴随机游动]. 它依赖于下述（通常是无害的）假设：存在一个数 k，使得

$$\int_0^\infty \mathrm{e}^{\kappa y} L\{\mathrm{d}y\} = 1. \tag{11.6.10}$$

这个根 κ 显然是唯一的，由于分布 L 是亏损的，所以 $\kappa > 0$. 我们现在用

$$L^\#\{\mathrm{d}y\} = \mathrm{e}^{\kappa y} L\{\mathrm{d}y\} \tag{11.6.11}$$

定义一个正常概率分布 $L^\#$. 对于每个函数 f，定义一个新函数 $f^\#$：

$$f^\#\{\mathrm{d}y\} = \mathrm{e}^{\kappa y} L\{\mathrm{d}y\}$$

与它对应. 由 (11.6.4) 可知，更新方程

$$Z^\#(t) = z^\#(t) + \int_0^t Z^\#(t-y) L^\#\{\mathrm{d}y\} \tag{11.6.12}$$

成立. 于是，如果 $Z^\#(t) \to a \neq 0$，那么 $Z(t) \sim a\mathrm{e}^{-\kappa t}$. 因此，如果 $z^\#$ 是直接可积的 [在这种情形下 $z(\infty) = 0$]，那么更新定理蕴涵

$$\mathrm{e}^{-\kappa t} Z(t) \to \frac{1}{\mu^\#} \int_0^\infty \mathrm{e}^{\kappa x} z(x) \mathrm{d}x, \tag{11.6.13}$$

其中

$$\mu^\# = \int_0^\infty \mathrm{e}^{\kappa y} y L\{\mathrm{d}y\}. \tag{11.6.14}$$

在 (11.6.13) 中我们得到了 $Z(t)$ 对较大的 t 的一个良好的估计.

稍微修改一下，这个程序也可适用于 $z(\infty) \neq 0$ 的情形. 令

$$z_1(t) = z(\infty) - z(t) + z(\infty) \frac{L_\infty - L(t)}{1 - L_\infty}.$$

容易验证，差 $Z(\infty)-Z(t)$ 满足把 z 换成 z_1 的标准更新方程 (11.6.4). 简单的分部积分说明，$z_1^{\#}(x)=z_1(x)\mathrm{e}^{\kappa x}$ 的积分由 (11.6.15) 的右边给出. 因此，把 (11.6.13) 应用于 z_1，我们得到以下定理.

定理 2　如果 (11.6.10) 成立，那么更新方程的解满足

$$\mu^{\#}\mathrm{e}^{\kappa t}[Z(\infty)-Z(t)]\to\frac{z(\infty)}{\kappa}+\int_0^{\infty}\mathrm{e}^{\kappa x}[z(\infty)-z(x)]\mathrm{d}x,\tag{11.6.15}$$

只要 $\mu\neq\infty$ 且 z_1 是直接可积的.

对于特殊情形 (11.6.7)，我们得到

$$P\{M>t\}\sim\frac{1-L_\infty}{\kappa\mu}\mathrm{e}^{-\kappa t}.\tag{11.6.16}$$

在下一节中将说明这个估计的惊人威力. 特别地，例 (b) 说明我们的简单方法有时可迅速导出过去常常需要高深且费力的方法才能得到的结果.

$L_\infty>1$ 的情形. 如果 $L_\infty>1$，那么存在一个这样的常数 $\kappa<0$ 使得 (11.6.10) 成立，上述变换把积分方程 (11.6.4) 化成 (11.6.12). 因此，利用更新定理可导出 $Z(t)\mathrm{e}^{\kappa t}$ 的渐近性质的精确估计. [离散的情形包含于第 1 卷 13.10 节的定理 1 中. 关于在人口统计学中的应用，见第 1 卷 12.10 节例 (e).]

11.7　各种各样的应用

正如我们已经指出的那样，上节的理论可以应用于在概念上与更新过程无直接关系的问题，在本节中我们给出 2 个独立的例子.

例　(a) **克拉美的破产估计.** 在 6.5 节中曾指出，复合泊松过程中的破产问题和储存设备、病人治疗时间表有关的问题都依赖于一个集中在 $\overline{0,\infty}$ 上的概率分布 R，这个分布满足积微分方程

$$R'(z)=\frac{\alpha}{c}R(z)-\frac{\alpha}{c}\int_0^z R(z-x)F\{\mathrm{d}x\},\tag{11.7.1}$$

其中 F 是一个正常分布.[①] 在 $\overline{0,t}$ 上积分 (11.7.1) 并进行明显的分部积分，我们得到

$$R(t)-R(0)=\frac{\alpha}{c}\int_0^t R(t-x)[1-F(x)]\mathrm{d}x.\tag{11.7.2}$$

① 这是 (6.5.4) 的特殊情形，此时 F 集中于 $\overline{0,\infty}$ 上. 在 14.2 节例 (b) 中将应用拉普拉斯变换来讨论它. 一般情形将在 12.5 节中研究.

此处 $R(0)$ 是一个未知常数，否则的话 (11.7.2) 是一个带有亏损分布 L 的更新方程，L 的密度为 $\alpha/c[1-F(x)]$. 如果以 μ 表示 F 的期望，那么 L 的质量等于 $L_\alpha=\alpha\mu/c$. [只有当 $L_\infty<1$ 时，这个过程才有意义，否则对于所有的 t 有 $R(t)=0$.] 注意 (11.7.2) 是 (11.6.4) 的特殊情形，并且 $R(\infty)=1$. 回忆 (11.6.6)，我们可得

$$R(0)=1-\alpha\mu/c, \tag{11.7.3}$$

利用这个值，积分方程 (11.7.2) 化成，该过程的到达时刻间隔分布为 L 的可终止过程的寿命 M 的分布的形式 (11.6.7). 由 (11.6.16) 推出，*如果存在一个常数* κ，*使得*

$$\frac{\alpha}{c}\int_0^\infty \mathrm{e}^{\kappa x}[1-F(x)]\mathrm{d}x=1 \tag{11.7.4}$$

和

$$\mu^{\#}=\frac{\alpha}{c}\int_0^\infty \mathrm{e}^{\kappa x}x[1-F(x)]\mathrm{d}x<\infty, \tag{11.7.5}$$

那么当 $t\to\infty$ *时*

$$1-R(t)\sim\frac{1}{\kappa\mu^{\#}}\Big(1-\frac{\alpha\mu}{c}\Big)\mathrm{e}^{-\kappa t}. \tag{11.7.6}$$

这是原先用高深的复变数方法导出的著名的克拉美估计. R 的矩可用 11.6 节例 (b) 中所述的方法计算.

(b) **泊松过程中的间隔.** 在 6.7 节中，我们对于更新过程中第一个长度大于等于 ξ 的间隔的等待时间的分布 V 导出了更新方程. 当更新过程是泊松过程时，到达时刻的间隔服从一个指数分布，更新方程 (6.7.1) 具有标准形式 $V=z+V\bigstar L$，并且

$$\begin{aligned}&L(x)=1-\mathrm{e}^{-cx},\quad z(x)=0,\qquad\ \ \text{当 } x<\xi \text{ 时},\\&L(x)=1-\mathrm{e}^{-c\xi},\quad z(x)=\mathrm{e}^{-c\xi},\quad \text{当 } x\geqslant\xi \text{ 时}.\end{aligned} \tag{11.7.7}$$

因为 $z(\infty)=1-L_\infty$，所以正如这个问题所要求的那样，解 V 是一个正常分布.

等待时间 W 的矩容易用 11.6 节例 (b) 所述的方法来计算. 我们得到

$$E(W)=\frac{\mathrm{e}^{c\xi}-1}{c},\quad \mathrm{Var}(W)=\frac{\mathrm{e}^{2c\xi}-1-2c\xi\mathrm{e}^{c\xi}}{c^2}. \tag{11.7.8}$$

如果我们把 W 看作行人为穿过车流所需的等待时间，那么这些公式揭示了一个不断增加的车流速度的作用. 在穿过时间中汽车的平均数目是 $c\xi$. 取 $c\xi=1,2$，我们分别得到 $E(W)\approx1.72\xi$ 和 $E(W)\approx3.2\xi$. 方差大约从 ξ^2 增加到 $6\xi^2$. [关于显式解及其与覆盖定理的关系，见 14.2 节例 (a).] 可应用渐近估计 (11.6.4). 如果 $c\xi>1$，那么方程 (11.6.10) 化成

$$c\mathrm{e}^{(\kappa-c)\xi}=\kappa,\quad 0<\kappa<c. \tag{11.7.9}$$

通过计算，我们从 (11.6.14) 得到

$$1 - V(t) \sim \frac{1-\kappa/c}{1-\kappa\xi} \mathrm{e}^{-\kappa t} \tag{11.7.10}$$

■

11.8　随机过程中极限的存在性

最能说明更新定理的威力的大概是这样一个事实，即更新定理能使我们很容易在很大一类随机过程中推导出“定常状态”的存在性. 关于过程本身，我们只需要假设所讨论的概率是完全确定的，否则定理是纯分析的.①

考虑一个具有可数多个状态 $E_0, E_1, \cdots$ 的随机过程，用 $P_k(t)$ 表示 E_k 在时刻 $t > 0$ 时的概率. 下列定理依赖于“循环事件”的存在性，即依赖于使过程重新开始的时刻的存在性. 更确切地说，我们假设以概率 1 存在一个时刻 S_1，使得过程在 S_1 以后的部分是从 0 开始的整个过程的概率复制品. 这蕴涵具有同样性质的时刻 $S_2, S_3, \cdots$ 的存在性. 序列 $\{S_n\}$ 形成一个常返更新过程，我们假设平均循环时间 $\mu = \mathrm{E}(S_1)$ 是有限的. 我们用 $P_k(t)$ 表示在给定 $S_1 = s$ 下状态 E_k 在时刻 $t + s$ 时的条件概率. 假设这些概率与 s 无关. 在这些条件下，我们来证明一个重要的定理.

定理

$$\lim_{t\to\infty} P_k(t) = p_k \tag{11.8.1}$$

存在，其中 $p_k \geqslant 0$ 且 $\sum p_k = 1$.

证　令 $q_k(t)$ 是“$S_1 > t$ 且在时刻 t 系统处于状态 E_k”这个事件的概率，于是

$$\sum_{k=0}^{\infty} q_k(t) = 1 - F(t), \tag{11.8.2}$$

其中 F 是循环时间 $S_{n+1} - S_n$ 的分布. 根据假设

$$P_k(t) = q_k(t) + \int_0^t P_k(t-y) F\{\mathrm{d}y\}. \tag{11.8.3}$$

函数 q_k 是直接可积的，因为它由单调可积函数 $1 - F$ 所控制. 因此，根据第二更新定理，

$$\lim_{t\to\infty} P_k(t) = \frac{1}{\mu} \int_0^{\infty} q_k(t) \mathrm{d}t. \tag{11.8.4}$$

① 关于更复杂的结果，见 V.E. Beneš, *A "renewal" limit theorem for general stochastic processes*, Ann. Math. Statist., vol. 33 (1962), pp. 98-113, 或他的书 (1963).

(11.8.2) 的积分表明，这些极限相加等于 1，从而定理得证. ■

值得注意的是，在证明极限 (11.8.1) 的**存在性**时，我们并没有用到计算极限 (11.8.1) 的方法.

注 如果 F_0 是正常分布，那么 (11.8.1) 蕴涵

$$\int_0^t P_k(t-y)F_0\{\mathrm{d}y\} \to P_k, \quad 当\ t\to\infty\ 时. \tag{11.8.5}$$

因此，本定理也包含延迟了的更新过程 $\{S_n\}$ 的情形，其中 S_0 有正常分布 F_0.

例 (a) **排队论.** 考虑由一个或几个“服务员”组成的设施（电话交换台、邮电局或一台计算机的部件），并令状态 E_k 表示在这个设施中有 k 个“顾客”. 在大多数模型中，当到来的顾客看到系统处于状态 E_0 时，过程重新开始. 在这种情形下，为使我们的极限定理成立，当且仅当这样的时刻以概率 1 发生，并且其期望是有限的.

(b) **两级更新过程.** 设有两个可能的状态 E_1, E_2. 最初系统处于 E_1，在 E_1 上逐次逗留的时间是具有共同分布 F_1 的随机变量 X_j. 它们与在 E_2 上的逗留时间 Y_j 相互交替，这些 Y_j 具有相同的分布 F_2. 照例假设所有的变量是独立的，我们就得到了一个到达时刻的间隔分布为 $F = F_1\bigstar F_2$ 的嵌入更新过程. 假设 $E(X_j)=\mu_1<\infty$ 且 $E(Y_j)=\mu_2<\infty$. 显然 $q_1(t)=1-F_1(t)$，因此当 $t\to\infty$ 时，E_k 的概率趋于极限

$$P_1(t)=\frac{\mu_1}{\mu_1+\mu_2}, \quad P_2(t)=\frac{\mu_2}{\mu_1+\mu_2}. \tag{11.8.6}$$

这个论证可推广到多级系统.

(c) 第 1 卷第 17 章中的微分方程对应于一些随机过程，其中向任一状态的逐次返回形成一个所要求的类型的更新过程. 因此，我们的极限定理保证了极限概率的存在性. 利用把导数换成 0 的微分方程很容易得到它们的显式形式. [例如见第 1 卷 (17.7.3). 我们将在 14.9 节中更系统地讨论这个问题. 同样的论证也适用于 14.10 节的习题 14 所述的半马尔可夫过程.] ■

*11.9 全直线上的更新理论

在本节中我们将把更新理论推广到不集中于一条射线上的分布上. 为避免不足道的情形，我们假设 $F\{\overline{-\infty,0}\}>0$ 且 $F\{\overline{0,\infty}\}>0$，并且 F 是非算术分布. 类似于 11.1 节，对算术分布所需要做的修改是显然的.

---

* 后面用不到本节的内容.

由 6.10 节我们知道，分布 F 是**瞬时的**，当且仅当对于所有有限区间，

$$U\{I\} = \sum_{n=0}^{\infty} F^{n\star}\{I\} \tag{11.9.1}$$

是有限的. 否则对于每个区间，$U\{I\} = \infty$，此时称 F 是常返的. 对于瞬时分布有这样一个问题：11.1 节的诸更新定理可以搬过来吗？这个问题引起了许多数学家的兴趣，这与其说是由于它本身的重要性，倒不如说是由于它的意想不到的困难. 因此，更新定理被布莱克韦尔（Blackwell）、钟开莱、钟开莱和波拉德、钟开莱和华尔夫维茨、Karlin、Smith 逐步推广到了各种特殊的瞬时分布，但一般的定理是费勒和奥雷（Orey）在 1961 年利用概率工具和傅里叶分析工具证明的. 下述证明是相当简单且比较初等的. 事实上，当 F 的期望有限时，11.2 节给出的证明可以毫不改变地搬过来.（关于平面内的更新理论，见习题 20.）

下文中将用到这样一个事实：期望 $\mu \neq 0$ 的分布是瞬时的（见 6.10 节的定理 4）. 照例，$I+t$ 仍表示把 I 平移 t 后所得的区间.

一般的更新定理 (a) *如果 F 的期望 $\mu > 0$，那么对于每个长度为 $h > 0$ 的区间 I，*

$$U\{I+t\} \to \frac{h}{\mu}, \quad t \to +\infty, \tag{11.9.2}$$

$$U\{I+t\} \to 0, \quad t \to -\infty. \tag{11.9.3}$$

(b) *如果 F 是瞬时的且期望不存在，那么对于每个有限区间 I，当 $t \to \pm\infty$ 时，$U\{I+t\} \to 0$.*

今后我们认为，F 是瞬时的，z 是在有限区间 $-h < x < h$ 外等于 0 的连续函数，且 $z \geqslant 0$.

在证明定理之前，我们回忆一下曾在 6.10 节中证明过的几个事实.

由

$$Z(x) = \int_{-\infty}^{+\infty} z(x-y)U\{\mathrm{d}y\} \tag{11.9.4}$$

定义的卷积 $Z = U\star z$ 是完全确定的，因为实际的积分区域是有限的. 根据 6.10 节的定理 2，这个 Z 是一个连续函数，且满足更新方程

$$Z = z + F\star Z, \tag{11.9.5}$$

而且 Z 在使得 $z(\xi) > 0$ 的点 ξ 上取得极大值.

设 $U_n = F^{0\star} + \cdots + F^{n\star}$. (11.9.5) 的每个非负解 Z 满足 $Z \geqslant z = U_0\star z$，从而由归纳法有 $Z \geqslant U_n\star z$. 由此推出，在对于任一其他的非负解 Z_1 都有 $Z_1 \geqslant Z$ 的意义上，解 (11.9.4) 是最小的. 因为 $Z_1 = Z+$常数也是解，所以

$$\liminf Z(x) = 0, \quad x \to \pm\infty. \tag{11.9.6}$$

引理 1 对于每个常数 a,

$$Z(x+a)-Z(x)\to 0,\quad x\to\pm\infty. \tag{11.9.7}$$

证 证明和 11.2 节引理 2 的证明相同，在那里我们利用了这样一个事实，即卷积方程

$$\zeta = F\bigstar\zeta \tag{11.9.8}$$

在 $x=0$ 点达到最大值的有界一致连续解是一个常数. 这对不集中在 $\overline{0,\infty}$ 上的分布也是正确的，证明实际上更简单，因为现在由 $F, F^{2\bigstar},\cdots$ 的增点构成的集合 Σ 是处处稠密的. ■

虽然我们以后不明显地利用它，但我们仍给出下列有趣的推论.

推论[①] (11.9.8) 的每个有界连续解是一个常数.

证 如果 ξ 是一致连续的，那么可以不加改变地应用引理 1 的证明. 如果 G 是一个任意的概率分布，那么 $\xi_1 = G\bigstar\xi$ 也是 (11.9.8) 的解. 我们可以选择这样的 G，使得 ξ_1 有有界的导数，因而是一致连续的. 特别地，ξ 与任意正态分布的卷积是一个常数. 令 G 的方差趋于 0，我们看到 ξ 本身是一个常数. ■

期望存在时更新定理的证明 当 $0<\mu<\infty$ 时，只要把 11.2 节的证明作一个不足道的改变就行了. 在最后的关系式 (11.2.13) 中，我们利用了试验函数 $z=1-F$. 对此函数，解 Z 化成常数 1. 现在我们改用

$$z = F^{0\bigstar} - F. \tag{11.9.9}$$

对于它 $U_n\bigstar z = F^{0\bigstar} - F^{(n+1)\bigstar}$，因为 $\mu>0$，所以显然有 $Z=F^{0\bigstar}$.

应该注意到，当 $\mu=+\infty$（这意味着 $xF\{\mathrm{d}x\}$ 在 $\overline{0,\infty}$ 上的积分发散，但在 $\overline{-\infty,0}$ 上的积分收敛）时，仍可应用这个证明. ■

当期望不存在时，证明上述定理需要更精细的分析. 下列引理说明只要对一个尾部证明这个断言就够了.

引理 2 假设期望不存在，并且

$$U\{I-t\}\to 0,\quad t\to+\infty, \tag{11.9.10}$$

那么也有

$$U\{I+t\}\to 0,\quad t\to+\infty. \tag{11.9.11}$$

---

① 这个推论对任意群上的分布都成立. 见 G. Choquet and J. Deny, C.R. Acad. Sci. Paris, vol. 250 (1960), pp. 799-801.

证 我们利用 11.4 节例 (b) 中关于由 F 支配的随机游动的到达概率的结果. 用 $H(t,\xi)$ 表示首次进入 $\overline{t,\infty}$ 发生在 t 到 $t+\xi$ 之间的概率. 区间 $I+t$ 关于 $t+x$ 所占的位置与 $I-x$ 关于 t 所占的位置相同, 从而

$$U\{I+t\} = \int_0^\infty H(t,\mathrm{d}\xi)U\{I-\xi\}. \tag{11.9.12}$$

考虑随机游动的第一步, 我们看到

$$1 - H(0,\xi) \geqslant 1 - F(\xi). \tag{11.9.13}$$

我们已经知道, 如果 $\mu < \infty$ 或 $\mu = -\infty$, 即如果右边在 $\overline{0,\infty}$ 上是可积的, 那么这个断言是正确的. 否则 H 的期望是无限的, 从而对于每个 ξ, 当 $t \to \infty$ 时 $H(t,\xi) \to 0$. 因此, 对于较大的 t, 实际上只有较大的 ξ 起作用, 并且对于这些 ξ 的值, $U\{I-\xi\}$ 很小. 于是 (11.9.11) 是 (11.9.10) 和 (11.9.12) 的直接推论. ■

引理 3 *假设 $Z(x) \leqslant m$, 并选择这样的 $p > 0$, 使得 $p' = 1 - pm > 0$. 对于给定的 $\varepsilon > 0$, 存在这样的 s_ε, 使得对于 $s > s_\varepsilon$, 或者*

$$Z(s) < \varepsilon, \tag{11.9.14}$$

或者对所有的 x,

$$Z(s+x) \geqslant pZ(s)Z(x). \tag{11.9.15}$$

证 由 Z 的一致收敛性和引理 1, 我们可以选择这样的 s_ε, 使得当 $s > s_\varepsilon$ 且 $|x| < h$ 时,

$$Z(s+x) - Z(x) > -\varepsilon p'. \tag{11.9.16}$$

令

$$\begin{aligned} V_s(x) &= Z(s+x) - pZ(s)Z(x), \\ v_s(x) &= z(s+x) - pZ(s)z(x). \end{aligned} \tag{11.9.17}$$

V_s 满足更新方程 $V_s = v_s + F\bigstar V_s$, 并且由引理 1 之前的说明可知, 如果 V_s 取负值, 那么它在使 $v(\xi) < 0$ 的点 ξ 上取得最小值, 从而 $|\xi| < h$. 于是由 (11.9.16), 我们有, 如果 $s > s_\varepsilon$, 那么

$$V_s(\xi) > -\varepsilon p' + Z(s)[1 - pZ(\xi)] \geqslant p'[Z(s) - \varepsilon]. \tag{11.9.18}$$

因此, 或者 (11.9.14) 成立, 或者 V_s 不取负值, 在这种情形下 (11.9.15) 成立. ■

引理 4 设

$$\limsup Z(x) = \eta, \quad x \to \pm\infty, \tag{11.9.19}$$

那么也有

$$\limsup[Z(x)+Z(-x)]=\eta, \quad x\to\infty. \tag{11.9.20}$$

证 选择这样的 a，使得 $Z(a)<\delta$；由 (11.9.6)，这是可能的. 根据上一引理，对于充分大的 s，或者

$$pZ(s)Z(a-s)\leqslant Z(a)<\delta, \tag{11.9.21}$$

或者 $Z(s)<\varepsilon$. 因为 ε 是任意的，所以不等式 (11.9.21) 对于所有充分大的 s 恒成立. 根据引理 1，这蕴涵①

$$Z(s)Z(-s)\to 0. \tag{11.9.22}$$

因此，对于很大的 x，或者 $Z(x)$ 很小，或者 $Z(-x)$ 很小. 因为 $Z\geqslant 0$，所以显然 (11.9.19) 蕴涵 (11.9.20). ■

定理的证明 假设 $\eta>0$，否则就没有什么可证明了. 考虑 Z 和 z 与 $\overline{0,t}$ 中的均匀分布的卷积，即

$$W_t(x)=\frac{1}{t}\int_{x-t}^{x}Z(y)\mathrm{d}y, \qquad w_t(x)=\frac{1}{t}\int_{x-t}^{x}z(y)\mathrm{d}y. \tag{11.9.23}$$

我们的下一个目标是证明，当 $t\to\infty$ 时关系式

$$W_t(t)=\frac{1}{t}\int_0^t Z(y)\mathrm{d}y\to\eta \quad 或 \quad W_t(0)=\frac{1}{t}\int_{-t}^{0}Z(y)\mathrm{d}y\to\eta \tag{11.9.24}$$

之一一定成立.

由 (11.9.7)，$Z(x)$ 和 $W_t(x)$ 的上界（对于固定的 t）是相同的，从而 W_t 的最大值 $\geqslant\eta$. 另外，W_t 满足把 z 换成 w_t 的更新方程 (11.9.5). 如前所述，这蕴涵 W_t 在使得 w_t 为正的点上（即在 $-h$ 和 $t+h$ 之间）达到最大值. 对于 $\frac{t}{2}\leqslant x<t$，

$$W_t(x)=\frac{1}{t}\int_{t-x}^{x}Z(y)\mathrm{d}y+\frac{1}{t}\int_0^{t-x}[Z(y)+Z(-y)]\mathrm{d}y. \tag{11.9.25}$$

两个积分区间的长度的和是 x. 因此由 (11.9.20) 可知，对于充分大的 t 有 $W_t(x)<\eta(x/t)+\varepsilon$. 于是，如果 $W_t(x)\geqslant\eta$，那么点 x 一定接近于 t，$W_t(t)$ 一定接近于 η. 如果 W_t 在点 $x\leqslant\frac{t}{2}$ 上达到最大值，那么类似的论证表明 x 一定接近于 0，$W_t(0)$ 一定接近于 η.

---

① 容易看出，(11.9.22) 等价于 $U\{I+t\}U\{I-t\}\to 0$. 如果 $\rho\{I\}$ 表示由 F 支配的随机游动 $\{S_n\}$ 进入 I 的概率，那么 (11.9.22) 也等价于 $\rho\{I+t\}\rho\{I-t\}\to 0$. 如果这不成立，那么在进入 $I+t$ 一次后到达原点旁的概率不趋于 0，F 不可能是瞬时的.

我们现在已经证明了，对于较大的 t，或者 $W_t(t)$ 接近于 η，或者 $W_t(0)$ 接近于 η. 但由 (11.9.23) 可以看出，由 (11.9.20)，应有

$$\limsup[W_t(t)+W_t(0)] = \limsup t^{-1}\int_0^t [Z(y)+Z(-y)]\mathrm{d}y \leqslant \eta. \tag{11.9.26}$$

因此，由这两个函数的连续性推知，或者 $W_t(t)\to\eta, W_t(0)\to 0$，或者这些关系式对交换了的极限成立.

由对称性，我们可以假设 $W_t(t)\to\eta$，即

$$\begin{aligned} W_t(t) &= t^{-1}\int_0^t Z(y)\mathrm{d}y \\ &= t^{-1}\int_0^{t/2}\left[Z\left(\frac{1}{2}t+y\right)+Z\left(\frac{1}{2}t-y\right)\right]\mathrm{d}y \to \eta. \end{aligned} \tag{11.9.27}$$

由此推出，对于任意大的 t，存在这样的值 x 使得 $Z(x)$ 和 $Z(t-x)$ 两者都接近于 η. 根据引理 3，这蕴涵对于较大的 t，$Z(t)$ 取 0 以外的有界值，从而由 (11.9.22) 得 $Z(-t)\to 0$. 因此，当 $t\to\infty$ 时，$U\{I-t\}\to 0$，由引理 2，这就完成了证明.■

11.10　习　　题

（也见 6.13 节的习题 12 ~ 习题 20.）

1. 去掉 $F(0)=0$ 这一假设，相当于把 F 换成分布 $F^{\#}=pH_0+qF$，其中 H_0 集中于原点上，$p+q=1$. 那么 U 由 $U^{\#}=U/q$ 代替. 证明这在概率上是定义的明显的推论，并在形式上 (a) 通过计算卷积，(b) 由更新方程来验证这个断言.

2. 如果 F 是 $\overline{0,1}$ 上的均匀分布，证明

$$U(t)=\sum_{k=0}^{n}(-1)^k \mathrm{e}^{t-k}\frac{(t-k)^k}{k!},\qquad n\leqslant t\leqslant n+1.$$

在排队论中经常遇到这个公式，但它没有揭示 U 的本质. 渐近公式 $0\leqslant U(t)-2t\to\dfrac{2}{3}$ 更有趣. 它是 (11.3.1) 的直接推论.

3. 假设 $z\geqslant 0$，且 $|z'|$ 在 $\overline{0,\infty}$ 上是可积的，证明 z 是直接可积的.

注　在下面三个习题中，假设 Z 和 Z_1 是相应于 z 和 z_1 的标准更新方程 (11.1.3) 的解.

4. 如果 $z\to\infty$ 且当 $x\to\infty$ 时 $z_1\sim z$，证明 $Z_1\sim Z$.

5. 如果 z_1 是 z 的积分，且 $z_1(0)=0$，那么 Z_1 是 Z 的积分. 证明：如果 $z=x^{n-1}$，那么，只要 $\mu<\infty$ 就有 $Z\sim x^n/(n\mu)$.

6. **推广.** 如果 $z_1=G\bigstar z$（其中 G 是一个在有限区间上有限的测度），那么也有 $Z_1=G\bigstar Z$. 对于 $G(x)=x^a$（$a\geqslant 0$），证明：

$$\text{如果 } z(x)\sim x^{a-1}\quad \text{那么 } Z(x)\sim x^a/(a\mu).$$

7. **与 11.3 节定理 2 有关的结果.** 用 f_r 表示 $F^{r\star}$ 的密度，令 $v = u - f - \cdots - f_r$. 证明：如果 f_r 是有界的，那么 $v(x) \to 1/\mu$. 特别地，如果 $f \to 0$，那么 $u \to 1/\mu$.

8. 如果 $F^{2\star}$ 有直接可积的密度，那么 $V = U - 1 - F$ 的密度 v 趋于 $1/\mu$.

9. 利用 (11.4.4) 证明：$Z(t) = V(t) - V(t-h)$ 满足带有 $z(t) = F_0(t) - F_0(t-h)$ 的标准更新方程. 直接由更新方程证明：$V(t) - V(t-h) \to h/\mu$.

10. **剩余的等待时间和已度过的等待时间的联合分布.** 利用记号 (11.4.7) 证明：当 $t \to \infty$ 时，

$$P\{t - S_{N_t} > x, S_{N_{t+1}} - t > y\} \to \mu \frac{1}{\mu} \int_{x+y}^{\infty} [1 - F(s)] \mathrm{d}s.$$

（提示：对左边推导一个更新方程.）

11. **稳态性质.** 考虑具有 (11.4.6) 给出的初始分布 F_0 的延迟了的更新过程. 在 t 和 $t+\xi$ 之间出现更新时刻 S_n 的概率 $H(t,\xi)$ 满足更新方程

$$H(t,\xi) = F_0(t+\xi) - F_0(t) + F_0 \bigstar H(t,\xi).$$

不利用计算而证明：$H(t,\xi) = F_0(t)$.

12. **最大的观察寿命.** 在标准常返更新过程中，令 $V(t,\xi)$ 是直到时刻 t 观察到的到达时刻的最大间隔的长度 $> \xi$ 的概率. 证明：

$$V(t,\xi) = 1 - F(\xi) + \int_0^{\xi} V(t-y,\xi) F\{\mathrm{d}y\}.$$

讨论这个解的特性.

13. 对于 11.5 节中定义的更新时刻的个数 N_t，证明：

$$E(N_t^2) = \sum_{k=0}^{\infty} (2k+1) F^{k\star}(t) = 2U \bigstar U(t) - U(t).$$

由上式和更新方程利用分部积分法证明：

$$E(N_t^2) = \frac{2}{\mu} \int_0^t U(x) \mathrm{d}x + \frac{\sigma^2}{\mu^3} t + 0(t),$$

从而根据中心极限定理的估计有 $\mathrm{Var}(N_t) \sim (\sigma^2/\mu^3)t$.（**注.** 这个方法也适用于算术分布，并且比第 1 卷 13.12 节的习题 23 中所述的同一结果的推导更可取.）

14. 如果 F 是一个正常分布，a 是一个常数，那么可以把积微分方程 $Z' = aZ - aZ \bigstar F$ 化成 $Z(t) = Z(0) + a\int_0^t Z(t-x)[1-F(x)]\mathrm{d}x$.

15. **广义的 II 型计数器.** 要进入计数器的质点构成一个泊松过程. 第 j 个到达的质点使计数器关闭一段时间 T_j，并消除它前面的**质点的后效**（如果有的话）. T_j 是彼此独立的，且与那个泊松过程独立，T_j 还有共同的分布 G. 如果 Y 是一个关闭时间间隔的长度，且 $Z(t) = P\{Y > t\}$，证明：Y 是一个正常变量，且

$$Z(t) = [1 - G(t)] \mathrm{e}^{-\alpha t} + \int_0^t Z(t-x) \cdot [1 - G(x)] x \mathrm{e}^{-\alpha x} \mathrm{d}x.$$

证明：为使这个更新过程是可终止的，当且仅当 G 的期望 $\mu < \alpha^{-1}$. 讨论 11.6 节的渐近估计的适用性.

16. **交通安全岛的作用.** [11.7 节例 (b).] 双向的交通流在两条独立的单行车道上运动，相当于两个具有相等密度的泊松过程. 为了实现穿过行车道所需要的平均时间是 2ξ，把公式 (11.7.10) 做这一改变后就可应用. 但是交通安全岛有这样的作用，即总的穿过车道的时间是两个有由 (11.7.10) 给出的期望与方差的独立变量之和. 讨论实际的作用.

17. 质点到达计数器的时刻构成一个分布为 F 的常返更新过程. 在每次记录后计数器关闭一段时间，这段时间有固定的长度 ξ，且在这期间到达的所有质点都不起作用. 证明：从关闭期的末尾到下一次质点到达的时间的分布为

$$\int_0^{\xi}[F(\xi+t-y)-F(\xi-y)]U\{\mathrm{d}y\}.$$

如果 F 是指数分布，那么这个分布也是指数分布.

18. **非线性更新.** 一个粒子的寿命服从一指数分布，在它的寿命终止时，它产生 k 个以同样方式进行的独立复制品的概率为 p_k（$k=0,1,2,\cdots$）. 整个过程在 t 前停止的概率 $F(t)$ 满足方程

$$F(t)=p_0(1-\mathrm{e}^{-\alpha t})+\sum_{k=1}^{\infty}p_k\int_0^t\alpha\mathrm{e}^{-\alpha(t-x)}F^k(x)\mathrm{d}x.$$

（处理这样的方程没有一般的方法.）

19. 设 F 是 $\mathbb{R}^1$ 上的任一分布，其期望 $\mu>0$，有限二阶矩为 m_2. 证明

$$\sum_{n=0}^{\infty}F^{n\star}(x)-\frac{x_+}{\mu}\to\frac{m_2}{2\mu^2},$$

其中 x_+ 照例表示 x 的正部. **提示**：如果 $Z(t)$ 表示左边，那么 Z 满足更新方程，其中

$$\frac{1}{\mu}\int_{-\infty}^{t}F(x)\mathrm{d}x,\quad t<0,\quad z(x)=\frac{1}{\mu}\int_t^{\infty}(1-F(x))\mathrm{d}x,\quad t>0.$$

20. **$\mathbb{R}^2$ 中的更新定理.** 设对偶 (X,Y) 的分布集中于第一象限内. 设 I 是区间 $0\leqslant x,y\leqslant 1$. 对于任一向量 $\boldsymbol{a}$，用 $I+\boldsymbol{a}$ 表示把 I 平移 $\boldsymbol{a}$ 后所得的区间. 11.9 节引理 1 可推广如下. 对于任何固定向量 $\boldsymbol{a}$ 和 $\boldsymbol{b}$，当 $t\to\infty$ 时，

$$U\{I+\boldsymbol{a}+t\boldsymbol{b}\}-U\{I+t\boldsymbol{b}\}\to 0.$$

(a) 如果认为这当然成立，证明：边缘分布的更新定理蕴涵 $U\{I+t\boldsymbol{b}\}\to 0$.

(b) 证明：引理的证明可以照搬过来.[①]

---

① 最近，P.J. Bickel 和 J.A. Yahav [*Renewal theory in the plane*, Ann. Math. Statist., vol. 36 (1965), pp. 946-955] 给出了平面上的更新定理的一个更恰当的阐述. 他们考虑在半径为 r 和 $r+a$ 的圆之间的区域中逗留的平均次数并令 $r\to\infty$.

第 12 章 $\mathbb{R}^1$ 中的随机游动

本章讨论随机游动的问题，强调组合方法和阶梯变量的系统应用. 某些结果将在第 18 章中用傅里叶方法重新推导并加以扩充.（随机游动的其他方面已包括在 6.10 节中了.）我们的注意力基本上局限于两个中心课题. 第 1 个课题是证明在第 1 卷第 3 章中对掷硬币的起伏推导出的奇妙的结果，对更一般的情况也成立，而且实质上可用同样的方法来推导. 第 2 个课题与首次通过和破产问题有关. 现在流行的是把这些课题和著名的维纳–霍普夫（Wiener-Hopf）理论联系起来进行讨论，但是这种联系并不十分密切. 我们将在 12.3 节和 18.4 节中讨论它们的联系.

斯帕里–安德森（E. Sparre-Andersen）1949 年关于组合方法在起伏理论中的威力的发现，为整个随机游动理论提供了新的方法. 从那时起，发展是极其迅速的，随机游动和排队问题之间密切联系[①]的意外发现也促进了随机游动理论的发展.

这方面的文献浩如烟海，令人眼花缭乱. 本章所介绍的理论相当初等和简单，初学者无法想象在理解这些问题的自然背景之前它们会有多么困难. 例如，12.5 节的初等渐近估计包括许多以前用高深的方法花费了很大气力才得到的实际结果.

12.6~12.8 节几乎和本章前面内容无关. 毫无疑问，我们的论述是片面的，忽视了随机游动的一些有趣的方面，比如它与位势论及群论的联系.[②]

12.1 基本的概念与记号

在本章中，$X_1, X_2, \cdots$ 是独立随机变量，具有不集中于半轴上的共同分布 F. [对于满足 $F(0)=0$ 或 $F(0)=1$ 的分布，这个课题已被更新理论所包含.] **导出随机游动**是随机变量序列

$$S_0 = 0, \qquad S_n = X_1 + \cdots + X_n. \tag{12.1.1}$$

---

① 第一个这样的联系似乎是 D.V. 林德莱在 1952 年指出的. 他推导出了一个积分方程，此方程现在看来是 Wiener-Hopf 型的.

② 关于其他方面见斯皮策尔的书（1964），虽然它是局限于讨论算术分布. 关于可适用于高维情形的组合方法，见 C. Hobby and R. Pyke, *Combinatorial results in multidimensional fluctuation theory*, Ann. Math. Statist., vol. 34 (1963) pp. 402-404.

有时我们考虑给定序列 $\{X_j\}$ 的截段 $(X_{j+1},\cdots,X_k)$，它的部分和 $0, S_{j+1}-S_j,\cdots,S_k-S_j$ 称为这个**随机游动的截段**. 按通常的方式把下标作为时间参数处理. 于是，时刻 n 把整个随机游动分成一个**前截段**和一个**剩余截段**. 由于 $S_0=0$，所以随机游动从原点开始. 所有的各项都加上一个常数 a，我们就得到一个从 a 开始的随机游动. 因此，$S_n, S_{n+1},\cdots$ 是由 F 导出的从 S_n 开始的随机游动.

概论 考虑随机游动的图形，我们将会注意到 S_n 达到纪录值的诸点，即 S_n 大于所有以前达到的值 $S_0,\cdots,S_{n-1}$ 的点. 按照 6.8 节引入的术语，这些点是**阶梯点**.（见 6.8 节的图 6-1.）阶梯点在理论上的重要性可由下列事实看出：它们之间的截段是彼此的概率复制品，因此通过研究第一个阶梯点可以得出一些关于随机游动的重要结论.

在第 1 卷中，我们曾反复地研究了这样的随机游动，使得 X_k 分别以概率 p 和 q 取值 $+1$ 和 -1. 在这样的随机游动中，每个记录值比前一个记录值大 1，依次的阶梯点只不过是首次通过 $1,2,\cdots$ 的点. 用现在的术语，我们可以说，阶梯高度是预先知道的，只需要研究相邻的阶梯点之间的等待时间. 这些等待时间是独立随机变量，其分布和首次通过 $+1$ 的等待时间的分布相同. 第 1 卷 (11.3.6) 求出了这个分布的母函数，它由下式给出：

$$(1-\sqrt{1-4pqs^2})/(2qs), \tag{12.1.2}$$

其中$\sqrt{\ }$表示正根 [亦见第 1 卷 14.4 节；关于显式公式见第 1 卷 11.3 节例 (d) 和第 1 卷 14.5 节]. 当 $p<q$ 时，首次通过时间是亏损随机变量，因为取正值的概率等于 p/q.

在达到新纪录值前，同一纪录值可以重复几次. 这种达到相对最大值的点称为弱阶梯点. [在简单的二项随机游动中，第一个弱阶梯点或者是 $(1,1)$，或者是形如 $(2r,0)$ 的点.]

在这些开场白之后，我们正式引入阶梯变量，这部分地重复了 6.8 节中的内容. 定义依赖于一个不等式，从而存在 4 种相应于四个可能性 $<,\leqslant,>,\geqslant$ 的阶梯变量. 我们可以用显然的术语（即**上升阶梯变量**和**下降阶梯变量**，**严格阶梯变量**和**弱阶梯变量**）来描述双重的分类. 上升变量和下降变量与加和减、或者最大值与最小值之间的熟知的对称性有关. 但是严格变量和弱变量之间的差别给叙述和记号带来了困难. 最简单的办法显然是只考虑连续的分布 F，因为这时严格变量与弱变量以概率 1 相同. 建议初学者这样做，对严格变量和弱变量不加区分，但是对于一般的理论以及像掷硬币游戏这样的例子，这种区别是不可避免的.

为了引入必要的记号和约定，我们考虑严格上升阶梯变量. 我们将证明，弱阶梯变量的理论可作为严格阶梯变量理论的简单推论而得到. 下降阶梯变量不需要新的理论. 因此，我们将取严格上升变量作为典型变量. 在没有发生混淆的危险时，我们将省去限制词“上升”和“严格”.

严格上升阶梯变量 对 $n = 1, 2, \cdots$（不包括原点）考虑点列 (n, S_n). 第一个严格上升阶梯点 $(\mathscr{T}_1, \mathscr{H}_1)$ 是这个序列中第一个使 $S_n > 0$ 的项. 换句话说，$\mathscr{T}_1$ 是首次进入（严格）正半轴的时刻，定义为

$$\{\mathscr{T}_1 = n\} = \{S_1 \leqslant 0, \cdots, S_{n-1} \leqslant 0, S_n > 0\}, \tag{12.1.3}$$

且 $\mathscr{H}_1 = S_{\mathscr{T}_1}$. 变量 $\mathscr{T}_1$ 称为第一个**阶梯时刻**，$\mathscr{H}_1$ 称为第一个**阶梯高度**. 如果事件 (12.1.3) 不发生，那么这两个变量就无法定义，从而它们都可能是亏损变量.[①]

关于 $(\mathscr{T}_1, \mathscr{H}_1)$ 的联合分布，我们记

$$P\{\mathscr{T}_1 = n, \mathscr{H}_1 \leqslant x\} = H_n(x). \tag{12.1.4}$$

边缘分布为

$$P\{\mathscr{T}_1 = n\} = H_n(\infty), \quad n = 1, 2, \cdots, \tag{12.1.5}$$

$$P\{\mathscr{H}_1 \leqslant x\} = \sum_{n=1}^{\infty} H_n(x) = H(x). \tag{12.1.6}$$

这两个变量有相同的亏量，即 $1 - H(\infty) \geqslant 0$.

紧接在第一个阶梯时刻后的随机游动的截段是整个随机游动的概率复制品. 它的第一个阶梯点是整个随机游动的**第二个**阶梯点，具有下列性质：

$$S_n > S_0, \cdots, S_n > S_{n-1}, \tag{12.1.7}$$

称为整个随机游动的第二个阶梯点. 它具有 $(\mathscr{T}_1 + \mathscr{T}_2, \mathscr{H}_1 + \mathscr{H}_2)$ 的形式，其中对偶 $(\mathscr{T}_1, \mathscr{H}_1)$ 和 $(\mathscr{T}_2, \mathscr{H}_2)$ 是独立同分布的（亦见 6.8 节）. 照此继续下去我们可以定义这个随机游动的第 3, 4, $\cdots$ 个阶梯点. 因此，点 (n, S_n) 是一个上升阶梯点，如果它满足 (12.1.7). 第 r 个阶梯点（如果它存在）具有 $(\mathscr{T}_1 + \cdots + \mathscr{T}_r, \mathscr{H}_1 + \cdots + \mathscr{H}_r)$ 的形式，其中对偶 $(\mathscr{T}_k, \mathscr{H}_k)$ 是相互独立的，具有共同分布 (12.1.4).（见 6.8 节中的图 6-1.）

为了节省记号，我们对于和 $\mathscr{T}_1 + \cdots + \mathscr{T}_r$ 与 $\mathscr{H}_1 + \cdots + \mathscr{H}_r$ 不引入新的字母. 它们形成“到达时刻的间隔”为 $\mathscr{T}_k$ 和 $\mathscr{H}_k$ 的（可能是可终止的）**更新过程**. 当然，在随机游动中只有 $\mathscr{T}_k$ 才具有时间变量的性质. 阶梯点本身形成一个二维更新过程.

我们用

$$\psi = \sum_{n=0}^{\infty} H^{n\star} \tag{12.1.8}$$

① 习题 3 ~ 习题 6 提供了不了解一般理论就可以理解的说明性练习.

表示**阶梯高度过程的更新测度**.（此处 $H^{0\star}=\psi_0$.）它的非正常分布函数为 $\psi(x)=\psi\{\overline{-\infty,x}\}$. 当 $x<0$ 时 $\psi(x)$ 等于 0；当 $x>0$ 时，$\psi(x)$ 等于 1 加上带形 $\overline{0,x}$ 中阶梯点的期望个数（时间不限）. 我们从 6.6 节和 11.1 节中知道，对于所有的 x 有 $\psi(x)<\infty$，并且在亏损的阶梯变量的情形下，

$$\psi(\infty)=\sum_{n=0}^{\infty}H^{n}(\infty)=\frac{1}{1-H(\infty)}. \tag{12.1.9}$$

最后，我们对在原点上具有单位质量的原子型分布引入记号 ψ_0. 因此，对任一区间 I，

$$\psi_0(I)=\begin{cases}1, & \text{如果 } x\in I,\\ 0, & \text{其他.}\end{cases} \tag{12.1.10}$$

弱上升阶梯变量 为使点 (n,S_n) 是弱（上升）阶梯点，当且仅当对于 $k=0,1,\cdots,n$ 有 $S_n\geqslant S_k$. 严格阶梯变量和弱阶梯变量的理论大体上是平行的，我们将有意地使用相同的字母,用横线表示弱变量:于是 $\overline{\mathscr{T}}_1$ 是使得 $S_1<0,\cdots,S_{n-1}<0$ 但 $S_n\geqslant 0$ 的最小指标 n. 如前所述，当分布 F 连续的时候，严格变量和弱变量之间的乏味的区别就是不必要的了. 即使在一般情形下，也容易用分布 H 来表示弱阶梯高度的分布 $\overline{H}$，这样我们可以把注意力集中于 (12.1.6) 所定义的唯一分布上.

第一个弱阶梯点和第一个严格阶梯点等同，除了随机游动在返回原点前只取负值的情形外. 在这种情形下，$\overline{\mathscr{H}}_1=0$，我们令 $\zeta=P\{\overline{\mathscr{H}}_1=0\}$. 因此

$$\zeta=\sum_{n=1}^{\infty}P\{S_1<0,\cdots,S_{n-1}<0,S_n=0\}. \tag{12.1.11}$$

（如果 $X_1>0$，那么这个事件就不可能发生，从而 $0\leqslant\zeta<1$.）第一个严格阶梯点以概率 $1-\zeta$ 与第一个弱阶梯点重合，因此

$$\overline{H}=\zeta\psi_0+(1-\zeta)H. \tag{12.1.12}$$

用文字说明就是：第 1 个弱阶梯高度的分布是分布 H 和集中于原点上的原子型分布的混合分布.

例 在简单的二项随机游动中，为使第 1 个弱阶梯高度等于 1，当且仅当它的第 1 步到达 +1. 如果第 1 步到达 −1，那么返回 0 的（条件）概率当 $p\geqslant q$ 时等于 1，当 $p<q$ 时等于 p/q. 在第 1 种情形下 $\zeta=q$，在第 2 种情形下 $\zeta=p$. 可能的阶梯高度是 1 和 0，当 $p\leqslant q$ 时，它们的概率是 p 和 q；当 $p<q$ 时，两者的概率都等于 p. 在后一情形下，阶梯高度是亏损变量. ■

在首次进入 $\overline{0,\infty}$ 前随机游动恰有 k 次返回原点的概率等于 $\zeta^k(1-\zeta)$. 这种返回的平均次数是 $1/(1-\zeta)$，这也是在下一个严格阶梯点出现之前每个弱阶梯高度出现的平均次数. 因此

$$\overline{\psi}=\frac{1}{1-\zeta}\psi. \tag{12.1.13}$$

（见习题 7）这些关系式的简单性使我们可以避免明显地利用分布 $\overline{H}$.

下降阶梯变量 严格下降阶梯变量和弱下降阶梯变量可以利用对称性，即把 $>$ 变成 $<$ 来定义. 在需要特殊记号的个别情况下，我们用上标负号来表示下降情形. 于是，第 1 个严格下降阶梯点是 $(\mathscr{T}_1^-,\mathscr{H}_1^-)$，等等.

立即可以看出，概率 $P\{\mathscr{H}_1^-=0\}$ 和 $P\{\overline{\mathscr{H}}_1=0\}$ 是恒等的，因为

$$P\{S_1>0,\cdots,S_{n-1}>0,S_n=0\}=P\{S_1<0,\cdots,S_{n-1}<0,S_n=0\}. \tag{12.1.14}$$

由此推出下降阶梯变量的类似于 (12.1.12) 和 (12.1.13) 的公式依赖于同一个量 ζ.

12.2 对偶性、随机游动的类型

在第 1 卷第 3 章中利用简单的组合论证推导出了掷硬币的起伏的惊人性质，这种论证依赖于把变量 $(X_1,\cdots,X_n)$ 排成相反次序. 同样的方法可导致更一般的重要结果.

对于固定的 n，我们引入 n 个新的变量 $X_1^*=X_n,\cdots,X_n^*=X_1$. 它们的部分和为 $S_k^*=S_n-S_{n-k}$，其中 $k=0,1,\cdots,n$. $(S_0,\cdots,S_n)$ 与 $(S_0^*,\cdots,S_n^*)$ 的联合分布是相同的，对应关系 $X_k\to X_k^*$ 把任一用 $(S_0,\cdots,S_n)$ 定义的事件 A 映成具有相同概率的事件 A^*. 这种映射是很容易想象出来的，因为 $(0,S_1,\cdots,S_n)$ 的图形可以通过把 $(0,S_1^*,\cdots,S_n^*)$ 的图形旋转 180° 得到，反之亦然.

例 (a) 如果 $S_1<0,\cdots,S_{n-1}<0$ 但 $S_n=0$，那么

$$S_1^*>0,\cdots,S_{n-1}^*>0,\quad S_n^*=0.$$

这就证明了上节所用的关系式 (12.1.14) 的正确性. ■

我们现在把逆转程序应用于定义(严格上升)阶梯点的事件 $S_n>S_0,\cdots,S_n>S_{n-1}$. 对偶关系式是 $S_n^*>S_{n-k}^*,k=1,2,\cdots n$. 但是，$S_n^*>S_{n-k}^*$ 与 $S_k>0$ 是相同的事件，从而对于任一有限区间 $I\subset\overline{0,\infty}$，我们有

$$\begin{aligned}&P\{S_n>S_j,j=0,\cdots,n-1,S_n\in I\}\\&=P\{S_j>0,j=1,\cdots,n,S_n\in I\}.\end{aligned} \tag{12.2.1}$$

左边是“存在横坐标为 n 纵坐标在 I 中的阶梯点”的概率. 右边是“在时刻 n 时进入 I 而在时刻 n 之前没有到达闭半直线 $\overline{-\infty,0}$”这个事件的概率.

其次，我们考虑把 (12.2.1) 对所有的 n 求和得到的结果. 根据更新测度 ψ 的定义 (12.1.8)，我们在左边得到的是 $\psi\{I\}$，在右边我们得到的是"首次进入 $\overline{-\infty,0}$ 之前在区间 I 中逗留的期望次数". 它是有限的，因为 $\psi\{I\}<\infty$. 因此，我们证明了基本的对偶性引理.

对偶性引理 更新测度 ψ 有两种解释. 对每个有限区间 $I\subset\overline{0,\infty}$，值 $\psi\{I\}$ 等于

(a) I 中阶梯点的期望个数；

(b) 在 $S_k>0$（$k=1,2,\cdots,n$）的情况下进入 $S_n\in I$ 的期望次数.

这个简单的引理使我们可以用初等方法来证明一些定理. 如果不利用这个引理，要证明这些定理就需要用高深的分析方法. 从它的分析描述中很难看出这个引理有什么特别的地方，但是它有一些最意想不到的、与直觉不符的直接推论.

(b) **简单的随机游动**. 在 12.1 节的例子的随机游动中，存在一个纵坐标为 k 的阶梯点的充要条件，是事件 $\{S_n=k\}$ 对某个 n 发生. 我们看到，根据 $p\geqslant q$ 或 $p\leqslant q$，这个事件的概率等于 1 或 $(p/q)^k$. 根据对偶性引理，这就是说，在对称随机游动中，对所有的 $k\geqslant 1$，首次返回原点之前在 k 上逗留的期望次数都等于 1. 这个结果的奇异特性用掷硬币的术语来说似乎更清楚. 结果是：平均说来，不管 k 多么大，在首次到达 0 之前，彼得（Peter）的累积赢利只经过每个值 k 一次. 这个结论通常会引起怀疑，但是可以用直接计算来验证它（习题 2).（为首次返回 0 所需要的等待时间的期望为无穷，这一已知结果可以通过对 k 求和得到.）■

在对称的二项随机游动（掷硬币）中，达到 +1 的概率是 1（达到 −1 的概率也是 1)，但是每个这样的事件的平均等待时间是无穷的. 下一定理说明这并不是掷硬币游戏所特有的，因为类似的结论对所有的取正值和负值的概率都为 1 的随机游动都正确.

定理 1 只存在两种类型的随机游动.

(i) 振动型. 上升更新过程和下降更新过程都是常返的，S_n 以概率 1 在 $-\infty$ 和 ∞ 之间振动，并且

$$E(\mathscr{T}_1)=\infty,\quad E(\mathscr{T}_1^-)=\infty. \tag{12.2.2}$$

(ii)（比如说）趋向$-\infty$. 上升更新过程可终止更新过程，下降更新过程是正常更新过程. S_n 以概率 1 趋向 $-\infty$ 并达到一个有限的最大值 $M\geqslant 0$. 关系式 (12.2.5) 和 (12.2.7) 都成立.

[(ii) 型的随机游动显然是瞬时的，但是 (i) 型随机游动既包括常返随机游动，也包括瞬时随机游动. 见 6.10 节的末尾.]

证 当把严格不等式换成弱不等式时，恒等式 (12.2.1) 也成立. 对于 $I=$

$\overline{0,\infty}$，它化成

$$P\{S_n \geqslant S_k, k=0,1,\cdots,n\} = P\{S_k \geqslant 0, k=0,1,\cdots,n\} = 1 - P\{\mathscr{T}_1^- \leqslant n\}. \tag{12.2.3}$$

左边是 (n, S_n) 为弱上升阶梯点的概率. 这些概率相加等于 $\bar{\psi}(\infty) \leqslant \infty$，因此由 (12.1.13) 我们有

$$\frac{1}{1-\xi}\psi(\infty) = \sum_{n=0}^{\infty}[1 - P\{\mathscr{T}_1^- \leqslant n\}]. \tag{12.2.4}$$

当下降阶梯过程是亏损过程时，这个级数的各项取 0 以外的有界值，这个级数是发散的. 在这种情形下，$\psi(\infty) = \infty$，此式表明上升过程是常返的. 于是我们得到下述这个直观上明显的事实的一个分析证明：上升阶梯过程和下降阶梯过程不可能都是终止的.

如果 $\mathscr{T}_1^-$ 是正常的，那么 (12.2.4) 化成

$$E(\mathscr{T}_1^-) = \frac{1}{1-\zeta}\psi(\infty) = \frac{1}{(1-\zeta)(1-H(\infty))}. \tag{12.2.5}$$

当 $H(\infty) = 1$ 时，此式为 ∞. 由此推出，为使 $\mathrm{E}(\mathscr{T}_1^-) < \infty$，当且仅当 $H(\infty) < 1$，即当且仅当上升变量 $\mathscr{T}_1$ 是亏损变量. 因此，或者这些变量之一是亏损的，或者 (12.2.2) 成立.

如果 $E(\mathscr{T}_1^-) < \infty$，那么上升阶梯过程是可终止的. 以概率 1 存在一个最后的阶梯点，因此

$$M = \max\{S_0, S_1, \cdots\} \tag{12.2.6}$$

是有限的. 假定第 n 个阶梯点发生，那么它是最后一个阶梯点的概率等于 $1 - H(\infty)$，因此 [见 (11.6.3)]，

$$P\{M \leqslant x\} = [1 - H(\infty)]\sum_{n=0}^{\infty} H^{n\star}(x) = [1 - H(\infty)]\psi(x). \tag{12.2.7}$$ ■

在下一定理中我们约定，如果定义积分只在 $+\infty$ 处发散，等价地说，如果 $P\{X < t\}$ 在 $\overline{-\infty,0}$ 上是可积的，则记 $E(X) = +\infty$.

定理 2 (i) 如果 $E(X_1) = 0$，那么 $\mathscr{H}_1$ 和 $\mathscr{T}_1$ 是正常变量①，并且 $E(\mathscr{T}_1) = \infty$.

(ii) 如果 $E(X_1)$ 是一有限正值，那么 $\mathscr{H}_1$ 和 $\mathscr{T}_1$ 是正常变量，它们的期望有限而且

$$E(\mathscr{H}_1) = E(\mathscr{T}_1)E(X_1). \tag{12.2.8}$$

这个随机游动趋向 $+\infty$.

① 6.10 节的定理 4 包含下列更强的结果：当 $E(X_1) = 0$ 时，随机游动是常返的.

(iii) 如果 $E(X_1) = +\infty$，那么 $E(\mathscr{H}_1) = \infty$，并且这个随机游动趋向 $+\infty$.

(iv) 否则，或者随机游动趋向 $-\infty$（在这种情形下，$\mathscr{T}_1$ 和 $\mathscr{H}_1$ 是亏损的），或者 $E(\mathscr{H}_1) = \infty$.

等式 (12.2.8) 是由 A. 瓦尔德在更一般的背景下发现的，我们将在 18.2 节中讨论这个更一般的背景．下述证明是以 7.8 节中的强大数定律为基础的．纯分析的证明将在适当的时候给出.（见 12.7 节的定理 3 和习题 9 ~ 习题 11 及 18.4 节.）

证 如果 n 是第 k 个阶梯时刻，那么我们有恒等式

$$\frac{S_n}{n} = \frac{(\mathscr{H}_1 + \cdots + \mathscr{H}_k)/k}{(\mathscr{T}_1 + \cdots + \mathscr{T}_k)/k}. \tag{12.2.9}$$

我们现在注意到，当 $E(X_1) = +\infty$ 时，强大数定律也成立，这可以通过明显的截尾方法看出.

(i) 设 $E(X_1) = 0$. 当 $k \to \infty$ 时，(12.2.9) 的左边趋于 0. 由此推出分母趋于无穷. 这蕴涵 $\mathscr{T}_1$ 是正常变量，且 $E(\mathscr{T}_1) = \infty$.

(ii) 如果 $0 < E(X_1) < \infty$，那么强大数定律蕴涵随机游动趋向 ∞. 由 (12.2.5)，这就是说 $\mathscr{T}_1$ 是正常变量，并且 $E(\mathscr{T}_1) < \infty$. 因此，(12.2.9) 中的分子和分母都趋于有限极限，于是 (12.2.8) 可由大数定律之逆（7.8 节中的定理 4）推出.

(iii) 如果 $E(X_1) = +\infty$，那么用同样的论证可以证明 $E(\mathscr{H}_1) = \infty$.

(iv) 在其余的情形中，我们来证明，如果 $\mathscr{H}_1$ 是正常变量且 $E(\mathscr{H}_1) < \infty$，那么随机游动趋向 $-\infty$. 考虑随机游动的第 1 步，显然，对于 $x > 0$，

$$P\{\mathscr{H}_1 > x\} \geqslant P\{X_1 > x\}. \tag{12.2.10}$$

如果 $\mathscr{H}_1$ 是非正常变量，那么随机游动趋向 $-\infty$. 如果它是正常变量，那么左边在 $\overline{0,\infty}$ 上的积分等于 $E(\mathscr{H}_1)$. 如果 $E(\mathscr{H}_1) < \infty$，那么 $E(X_1)$ 是有限的或 $-\infty$. 我们已经考虑过 $E(X_1) \geqslant 0$ 的情形了，如果 $E(X_1) < 0$（或等于 $-\infty$），那么随机游动趋向 $-\infty$. ■

由 (12.2.10) 和关于 $x < 0$ 的类似的不等式可推出，如果 $\mathscr{H}_1$ 和 $\mathscr{H}_1^-$ 都是正常变量，且有有限的期望，那么 $P\{|X_1| > x\}$ 是可积的，从而 $E(X_1)$ 存在（5.6 节的引理 2）. 当 $E(X_1) \neq 0$ 时，两个阶梯变量之一是亏损的，因此我们有以下的推论.

推论 如果 $\mathscr{H}_1$ 和 $\mathscr{H}_1^-$ 都是正常变量且有有限期望，那么 $E(X_1) = 0$.

其逆是不真的. 但是，如果 $E(X_1) = 0$ 且 $E(X_1^2) < \infty$，那么 $\mathscr{H}_1$ 和 $\mathscr{H}_1^-$ 都有有限期望.（见习题 10. 更精确的结果包含在 18.5 节的定理 1 中，其中 S_N 和 S_N^- 是具有分布 $\mathscr{H}_1$ 和 $\mathscr{H}_1^-$ 的首次进入变量.）

12.3 阶梯高度的分布、维纳–霍普夫因子分解

阶梯高度的分布 H 和 $\overline{H}$ 的计算乍看来是一个很难解决的问题，人们最初就是这样认为的. 但是对偶性引理可导致一个简单的解法. 其思想是，应把首次进入 $\overline{-\infty,0}$ 和在首次进入之前的随机游动的截段合起来考虑. 因此，我们来研究修改了的随机游动 $\{S_n\}$，这个随机游动在首次进入 $\overline{-\infty,0}$ 的时刻终止. 我们用 ψ_n 表示这个受限制的随机游动在时刻 n 时的位置的亏损概率分布，即对于任一区间 I 和 $n=1,2,\cdots$，我们令

$$\psi_n\{I\}=P\{S_1>0,\cdots,S_n>0,S_n\in I\}. \tag{12.3.1}$$

（注意，这蕴涵 $\psi_n\{\overline{-\infty,0}\}=0$.）与以前一样，$\psi_0$ 是集中于原点上的概率分布. (12.2.1) 中已证明 $\psi_n\{I\}$ 等于"(n,S_n) 是使得 $S_n\in I$ 的阶梯点"的概率. 因此，对 n 求和，我们得到

$$\psi\{I\}=\sum_{n=0}^{\infty}\psi_n\{I\}, \tag{12.3.2}$$

其中 ψ 是在 (12.1.8) 中引入的更新函数. 换句话说，对于开正半轴中的区间 I，$\psi\{I\}$ 是纵坐标在 I 中的（严格上升）阶梯点的平均个数. 对于负半轴中的 I，我们定义 $\psi\{I\}=0$. 由此推出，(12.3.2) 中的级数对于每个**有限**区间 I 都收敛（可是对于 $I=\overline{0,\infty}$ 未必收敛）. 正是这个出人意料的结果使下述理论变得非常简单.

研究首次进入 $\overline{-\infty,0}$ 就是研究弱下降阶梯过程，沿用 12.1 节的记号，首次进入的点是 $\overline{\mathscr{H}}_1^-$，它的分布是 $\overline{H}^-$. 但是为了便于印刷，我们把 $\overline{H}^-$ 换成 ρ，并用 $\rho_n\{I\}$ 表示首次进入 $\overline{-\infty,0}$ 发生在时刻 n 且进入点在区间 I 内的概率. 对 $n=1,2,\cdots$，

$$\rho_n\{I\}=P\{S_1>0,\cdots,S_{n-1}>0,S_n\leqslant 0,S_n\in I\}. \tag{12.3.3}$$

（这蕴涵 $\rho_n\{\overline{0,\infty}\}=0$. ρ_0 这一项没有定义.）这一次级数

$$\rho\{I\}=\sum_{n=1}^{\infty}\rho_n\{I\} \tag{12.3.4}$$

显然收敛且表示首次进入点的可能是亏损的分布.（换句话说，$\rho\{I\}=\overline{H}^-\{I\}$.）

很容易推导出 ψ_n 和 ρ_n 的递推关系式. 实际上，给定 S_n 的位置 y，$S_{n+1}\in I$ 的（条件）概率等于 $F\{I-y\}$，其中 $I-y$ 是把 I 平移 $-y$ 后得到的区间. 因此，

$$\rho_{n+1}\{I\}=\int_{0-}^{\infty}\psi_n\{\mathrm{d}y\}F\{I-y\},\ \text{如果}\ I\subset\overline{-\infty,0}, \tag{12.3.5a}$$

$$\psi_{n+1}\{I\} = \int_{0-}^{\infty} \psi_n\{\mathrm{d}y\} F\{I-y\}, \text{ 如果 } I \subset \overline{0,\infty}. \tag{12.3.5b}$$

（仅当 $n=0$ 时原点才起作用.）对于有界区间 I，对偶性引理保证了 $\sum \psi_n\{I\}$ 的收敛性，并且 $\sum \rho_n\{I\}$ 恒收敛于一个不超过 1 的数. 于是我们得到了 ρ 和 ψ 的级数表达式. 显然，这些和式满足

$$\rho\{I\} = \int_{0-}^{\infty} \psi\{\mathrm{d}y\} F\{I-y\}, \text{ 如果 } I \subset \overrightarrow{-\infty,0}, \tag{12.3.6a}$$

$$\psi\{I\} = \int_{0-}^{\infty} \psi\{\mathrm{d}y\} F\{I-y\}, \text{ 如果 } I \subset \overline{0,\infty}, \tag{12.3.6b}$$

但必须说明，(12.3.6b) 只对有限区间 I 成立. 我们将看出，(12.3.6) 比 ρ 和 ψ 的理论上的级数表达式更有用. 有时把区间函数 ρ 和 ψ 换成等价的点函数

$$\rho(x) = \rho\{\overrightarrow{-\infty,x}\}, \quad \psi(x) = \psi\{\overrightarrow{-\infty,x}\}$$

较方便. 显然 (12.3.6a) 等价于

$$\rho(x) = \int_{0-}^{\infty} \psi\{\mathrm{d}y\} F(x-y), \quad x \leqslant 0. \tag{12.3.7a}$$

由 (12.3.6b) 我们得到，对于 $x>0$，

$$\psi(x) = 1 + \psi\{\overrightarrow{0,x}\} = 1 + \int_{0-}^{\infty} \psi\{\mathrm{d}y\}[F(x-y) - F(-y)].$$

因此，考虑到 (12.3.7a)，可知 (12.3.6b) 等价于

$$\psi(x) = 1 - \rho(0) + \int_{0-}^{\infty} \psi\{\mathrm{d}y\} F(x-y), \quad x \geqslant 0. \tag{12.3.7b}$$

为了简化记号，我们引入卷积

$$\psi \bigstar F = \sum_{n=0}^{\infty} \psi_n \bigstar F. \tag{12.3.8}$$

因为 ψ 集中于 $\overline{0,\infty}$ 上，所以值 $\psi \bigstar F\{I\}$ 等于 (12.3.6) 中两个积分之和，从而是有限的. 当 ψ 在原点上有单位原子时，我们可以把 (12.3.6) 中的两个关系式合成一个卷积方程

$$\rho + \psi = \psi_0 + \psi \bigstar F. \tag{12.3.9}$$

由于 ρ 和 $\psi - \psi_0$ 分别集中于 $\overrightarrow{-\infty,0}$ 和 $\overline{0,\infty}$ 上，所以关系式 (12.3.9) 完全等价于 (12.3.6) 中的两个关系式.

我们把 (12.3.9) 作为一个确定未知测度 ρ 和 ψ 的积分方程. 从 (12.3.9) 可以推导出很多在理论上很重要的结论. 我们在例子的标题下列出这样的结论中最值得注意的定理，以表示以后用不到这些定理，以及我们进行的讨论离开了主题.

例 (a) **维纳–霍普夫型因子分解**. 由 ψ 的定义 (12.1.7) 可推出它满足更新方程

$$\psi = \psi_0 + \psi \bigstar H. \tag{12.3.10}$$

利用这个关系式，我们来证明，(12.3.9) 可以改写成等价形式

$$F = H + \rho - H \bigstar \rho. \tag{12.3.11}$$

事实上，取 (12.3.9) 和 H 的卷积，我们得到

$$H \bigstar \rho + \psi - \psi_0 = H - F + \psi \bigstar F.$$

从 (12.3.9) 中减去上式得 (12.3.11). 反之，取 (12.3.11) 和 ψ 的卷积，得到

$$\psi \bigstar F = \psi - \psi_0 + \psi \bigstar \rho - (\psi - \psi_0) \bigstar \rho = \psi - \psi_0 + \rho,$$

这和 (12.3.9) 相同.

恒等式 (12.3.11) 用两个分别集中于 $\overline{0,\infty}$ 和 $\overline{-\infty,0}$ 上的（可能是亏损的）分布 H 和 ρ 来表示一个任意的概率分布 F，因而它是值得注意的. 第 1 个区间是开的，第 2 个区间是闭的，但是可以用首次进入 $\overline{-\infty,0}$ 的概率 H^- 表示首次进入 $\overline{-\infty,0}$ 的概率 ρ，以消除这种不对称性. 这些概率之间的关系式可以用类似于 $x<0$ 时 (12.1.12) 的关系式给出，即

$$\rho = \zeta\psi_0 + (1-\zeta)H^-,$$

其中 ζ 由 (12.1.11) 确定 [(12.1.11) 对 $x>0$ 也成立，见 12.2 节例 (a)]. 代入 (12.3.11)，经过明显的重排后，我们得到

$$\psi_0 - F = (1-\zeta)[\psi_0 - H] \bigstar [\psi_0 - H^-]. \tag{12.3.12}$$

当然，对于连续分布 F，关系式 (12.3.11) 和 (12.3.12) 是一样的.

已经用不同的办法独立地发现了这个公式的各种不同形式，而且它们引起了很大的轰动. 关于一个不同的形式见习题 19，关于它的傅里叶分析的等价形式见 18.3 节. 与维纳–霍普夫技巧的联系将在本节末尾讨论. 瓦尔德恒等式是 (12.3.11) 的简单推论.（见习题 11 及 18.2 节.）

(b) 通常很难求出 H 和 H^- 的显式表达式. 在 6.8 节例 (b) 中找到了一个有趣的分布，对它的计算特别简单. 如果 F 是两个分别集中于 $\overline{0,\infty}$ 和 $\overline{-\infty,0}$ 上的指数分布的卷积，那么它的密度具有形式

$$f(x)=\begin{cases}\dfrac{ab}{a+b}\mathrm{e}^{ax}, & x<0,\\[2ex] \dfrac{ab}{a+b}\mathrm{e}^{-bx}, & x>0.\end{cases}$$

我们假设 $b\leqslant a$，从而 $E(X)\geqslant 0$. 于是 H 和 H^- 的密度分别为 $b\mathrm{e}^{-bx}$ 和 $b\mathrm{e}^{ax}$，这里 $H\bigstar H^-=(b/a)F$，(12.3.11) 显然成立. ■

（其他显式表达式的例子见习题 9.）

我们现在来讨论作为未知测度 ρ 和 ψ 的积分方程的 (12.3.9). 我们将证明解是唯一的. 为了简便起见，我们约定：如果 ρ 是一个集中于 $\overline{-\infty,0}$ 上的可能是亏损的概率分布，$\psi-\psi_0$ 是这样的一个集中于 $\overline{0,\infty}$ 上的测度，使得对每个有界区间 I，测度 $\psi\{I+t\}$ 是有界的，那么就称对偶 (ρ,ψ) **在概率上是可能的**.（因为 $\psi=\sum H^{n\bigstar}$，最后一个条件可由更新定理推出.）

定理 1 *卷积方程 (12.3.9) [或者等价地，(12.3.6) 中的一对关系式] 有且只有一个在概率上可能的解 (ρ,ψ).*

这蕴涵 ρ 是首次进入 $\overline{-\infty,0}$ 的点的分布，并且 $\psi=\sum H^{n\bigstar}$，其中 H 是首次进入 $\overline{0,\infty}$ 的点的分布.

证 设 $\rho^{\#}$ 和 $\psi^{\#}$ 是两个满足 (12.3.6) 的非负测度，并且 $\psi^{\#}\geqslant\psi_0$. 利用归纳法，我们由 (12.3.6b) 得出，对于每个 n 有 $\psi^{\#}\geqslant\psi_0+\cdots+\psi_n$，从而在对于其他在原点上有单位原子的解 $\psi^{\#}$ 且 $\psi^{\#}\{I\}\geqslant\psi\{I\}$ 对所有的区间 I 成立的意义下，我们的解 ψ 是**最小的**. 换句话说，$\delta=\psi^{\#}-\psi$ 是一个测度. 现在由 (12.3.6a) 可以看出，对 $\gamma=\rho^{\#}-\rho$ 也有同样的结论成立. 由于 (ρ,ψ) 和 $(\rho^{\#},\psi^{\#})$ 两者都满足 (12.3.9)，所以我们有

$$\delta+\gamma=\delta\bigstar F. \tag{12.3.13}$$

设 I 是一个固定的有限区间，令 $z(t)=\delta\{I+t\}$. 有两种可能的情形. 如果 ρ 是正常分布，那么 $\rho^{\#}\geqslant\rho$ 这个事实蕴涵 $\rho^{\#}=\rho$，从而 $\gamma=0$. 于是 z 是卷积方程 $z=F\bigstar z$ 的有界解. 因此，根据归纳法，对于所有的 n 有

$$z(t)=\int_{-\infty}^{+\infty}z(t-y)F^{n\bigstar}\{\mathrm{d}y\}. \tag{12.3.14}$$

于是 $z\geqslant 0$，且对于每个使得 $I+t$ 包含在负半轴内的 t 有 $z(t)=0$. 对于这样的 t，由 (12.3.14) 显然有，对于是某个 $F^{n\bigstar}$ 的增点的每个 y 有 $z(t-y)=0$. 根据 5.4a 节的引理 2，这样的 y 组成的集合是处处稠密的，因此 z 恒等于 0.

对于亏损的 ρ，我们只知道 $\gamma > 0$，于是 (12.3.13) 只蕴涵 $z \leqslant F \bigstar z$. 在这种情形下，(12.3.14) 把等号换成 $\leqslant$ 也成立. 但是，此时随机游动趋向 ∞，从而 $F^{n\bigstar}$ 的质量趋于集中在 ∞ 近旁. 而且对于所有充分大的 y 有 $z(t-y)=0$，从而 z 一定恒等于 0. 因此，$\psi^{\#}=\psi$，如所断言. ■

维纳–霍普夫积分方程

为了说明积分方程 (12.3.9) 和标准维纳–霍普夫方程之间的联系，最好从一个这样的概率问题出发，使得在这个问题中出现标准维纳–霍普夫方程.

(c) **最大值的分布**. 为了简单起见，我们假设分布 F 有密度 f 而且它的期望为负值. 随机游动 $\{S_n\}$ 趋向 $-\infty$，有限值随机变量

$$M = \max[0, S_1, S_2, \cdots] \tag{12.3.15}$$

以概率 1 为确定的. 我们打算计算它的概率分布 $M(x) = P\{M \leqslant x\}$. 根据定义，此分布集中于 $\overline{0,\infty}$ 上. 为使事件 $\{M \leqslant x\}$ 发生，当且仅当

$$X_1 = y \leqslant x \text{ 且 } \max[0, X_2, X_2+X_3, \cdots] \leqslant x-y.$$

对所有可能的 y 求和，我们得到

$$M(x) = \int_{-\infty}^{x} M(x-y) f(y) \mathrm{d}y, \quad x>0, \tag{12.3.16}$$

这与

$$M(x) = \int_{0}^{\infty} M(s) f(x-s) \mathrm{d}s, \quad x>0 \tag{12.3.17}$$

相同. 另外，我们由 (12.2.7) 知道 $M(x) = [1-H(\infty)]\psi(x)$. 我们已看到 ψ 满足积分方程 (12.3.7b)，其中在目前的条件下 $\rho(0)=1$. 于是通过简单的分部积分可以说明 (12.3.7b) 和 (12.3.17) 实际上是相同的. ■

(12.3.17) 是维纳–霍普夫积分方程的标准形式，我们的例子说明它在概率论中出现的方式. 但是，维纳–霍普夫方法的一般文献是令人误解的，因为限制于正函数和测度而改变（和简化）了这个问题的性质.

N. 维纳和 E. 霍普夫用来处理 (12.3.17) 的巧妙方法[1] 受到了广泛的注意，已被应用于各种概率问题，例如，克拉美（H. Cramér）用它推导出破产概率的渐近估计. 这个方法要用到很难的分析工具，从而由现在的方法不费力地得出这些估计几乎是令人不安的. 其更深刻的理由可以这样理解. 方程 (12.3.17) 最多代表

---

① 可追溯到 1931 年. 在第一部专著 E. Hopf, *Mathematical problems of radiative equilibrium,* Cambridge tracts, No. 31, 1934 之后出现了大量的文献.

(12.3.7) 中的两个方程之一，当 $\rho(0) < 1$ 时就不用说了. 单独讨论 (12.3.17) 比讨论 (12.3.7) 中的两个关系式要困难得多. 例如，唯一性定理对 (12.3.17) 就不成立，即使只讨论概率分布也是如此. 事实上，维纳–霍普夫方法的基本思想是引进一个辅助函数，此函数在一般理论中没有特殊的意义. 这实际上把单个的方程 (12.3.17) 换成一对与 (12.3.7) 等价的方程，但唯一性失去了. 我们按相反的方向进行讨论，从与下列两个不可分离的问题有关的循环系统 (12.3.5) 开始：首次进入 $\overline{-\infty, 0}$ 和在这个首次进入之前随机游动局限于 $x > 0$. 这样我们就从已知的解导出了积分方程 (12.3.9)，并且容易证明概率解的唯一性. 收敛性的证明、解的性质、以及最大值的分布 M 与更新测度 ψ 之间的联系都依赖于对偶性引理.

第 1 个发现可以用对偶性原理来解维纳–霍普夫方程 (12.3.17) 的是 F. 斯皮策尔[①]. 把维纳–霍普夫理论和概率问题联系起来的普通方法，是从与下面的 (12.9.3) 有关的公式的傅里叶形式开始的，我们将在第 18 章中讨论它们的傅里叶形式. 现在有很多的文献把维纳–霍普夫方法与概率问题联系起来，扩大了组合方法的范围. 这类文献大多数利用傅里叶方法.[②]

12.4 例

首次进入分布的显式公式一般说来很难得到. 幸好有一个值得注意的例外，我们将在例 (a) 中讨论它. 乍看起来这个例子中的分布 F 似乎不太自然，但是这种类型的分布经常出现在泊松过程、排队论、破产问题等例子中. 如果考虑到我们的一般结果的极其简单性，我们很难相信人们在各个特殊的情形上花费了（经常是重复的）多少精力，运用了多少分析技巧.

例 (c)（以相当平凡的形式）给出了具有有理母函数的算术分布 F 的情形下的全部计算. 之所以给出计算，是因为同一方法可用于有理拉普拉斯变换或者有理傅里叶变换. 在习题 3 ~ 习题 6 中可找到另外一个例子. 例 (b) 讨论具有独立意义的一般关系.

我们沿用上节的记号. 于是 H 和 ρ 分别是首次进入 $\overline{0, \infty}$ 和 $\overline{-\infty, 0}$ 的点的分布.（换句话说，H 和 ρ 分别是第一个严格上升阶梯高度和第一个弱下降阶梯高度的分布.）最后，$\psi = \sum H^{n\star}$ 是对应于 H 的更新函数. 我们的主要工具是方程 (12.3.7a)，它说明对于 $x < 0$，首次进入 $\overline{-\infty, 0}$ 的分布为

---

① *The Wiener-Hopf equation whose kernel is a probability density*, Duke Math. J., vol. 24 (1957) pp. 327-343.

② 由于参考文献比较混乱，再加上许多论文所用的方法受历史发展的偶然性的影响，所以对参考文献作一个有意义的简介是不可能的. 向概率论范围以外的推广曾举例说明于 G. Baxter, *An operator identity*, Pacific J. Math., vol, 4 (1958) pp. 649-663.

$$\rho(x) = \int_{0-}^{\infty} \psi\{dy\} F(x-y). \tag{12.4.1}$$

例 (a) **具有一个指数型尾部的分布出人意料地经常出现.** 例如，在 6.8 节例 (b) 的随机游动和相应的排队过程 6.9 节例 (e) 中，两个尾部都是指数型的. 作为介绍，我们假设 F 的左尾部是指数型的，即对于 $x<0$ 有 $F(x)=q\mathrm{e}^{\beta x}$. 不管 ψ 是怎样的，(12.4.1) 表明，对于 $x<0$ 有 $\rho(x)=C\mathrm{e}^{\beta x}$，其中 C 是常数. 由于得到了这个结果，我们交换两个半轴的作用（这部分地是为了便于应用我们的公式，部分地是由于它在排队论中最重要的应用）. 其次假设

$$F(x) = 1 - p\mathrm{e}^{-\alpha x}, \quad x \geqslant 0, \tag{12.4.2}$$

而对 $x<0$ 不加任何条件. 为了避免不必要的复杂化，我们假设 F 有**有限的期望** μ，并且假设 F 是连续的. 由本节开始时的说明可知，阶梯高度分布 H 的密度与 $\mathrm{e}^{-\alpha x}$ 成正比. 我们现在来区分两种情形.

(i) 如果 $\mu>0$，那么 H 是正常分布，从而对 $x>0$，

$$H(x) = 1 - \mathrm{e}^{-\alpha x}, \quad \psi(x) = 1 + \alpha x. \tag{12.4.3}$$

[后者显然可从 $\psi = \sum H^{n\star}$ 或更新方程 (12.3.10) 推出.] 由 (12.4.1) 我们得到

$$\rho(x) = F(x) + \alpha \int_{-\infty}^{x} F(s)\mathrm{d}s, \quad x<0, \tag{12.4.4}$$

于是我们得到了所有要求的概率的显式表达式. 简单的计算表明

$$\rho(0) = 1 - \alpha\mu. \tag{12.4.5}$$

这是 (12.2.8) 的特殊情形，因为根据 (12.2.5) 有 $(1-\rho(0))^{-1} = E(\mathscr{T}_1)$.

(ii) 如果 $\mu<0$，那么关系式 (12.4.3) 和 (12.4.4) 仍表示积分方程 (12.3.9) 的一个解，但是由于 (12.4.5)，在 $\mu<0$ 时它在概率上是不可能的. 对于正确的解，我们知道 H 有密度 $h(x)=(\alpha-\kappa)\mathrm{e}^{-\alpha x}$，其中 $0<\kappa<\alpha$，因为 H 是亏损分布. 简单的计算表明，对 $x>0$ 有 $\psi'(x)=(\alpha-\kappa)\mathrm{e}^{-\kappa x}$. 未知常数 κ 可由 $\rho(0)=1$ 这个条件得到. 通过常规计算可以证明 κ 一定是方程 (4.6) 的唯一正根. 给定这个超越方程的根，我们又得到了 H、ρ 和 ψ 的显式公式.

读者容易验证，当随机游动的变量 $X_1, X_2, \cdots$ 是整值随机变量且分布 F 有一个**几何型尾部**，即 F 对整数 $\kappa>0$ 赋予重量 $q\beta^{\kappa}$ 时，也可得到同样的结果.

(b) **相伴随机游动.** 假设 F 的期望 $\mu\neq0$，并且存在 $\kappa\neq0$，使得

$$\int_{-\infty}^{+\infty} \mathrm{e}^{\kappa y} F\{dy\} = 1. \tag{12.4.6}$$

给定直线上的任意一个测度 γ. 我们称由

$$^a\gamma\{\mathrm{d}y\} = \mathrm{e}^{\kappa y}\gamma\{\mathrm{d}y\} \tag{12.4.7}$$

定义的新测度 $^a\gamma$ 是 γ 的相伴测度. F 的相伴测度 ^aF 也是正常概率分布，我们称由 ^aF 和 F 产生的随机游动是**彼此相伴的**.① 容易看出，^aF 与其本身的 n 重卷积是与 $F^{n\star}$ 相伴的，从而记号 $^aF^{n\star}$ 的意义是明确的. 此外，递推公式 (12.3.5) 表明，变换 $^a\rho_n$ 和 $^a\psi_n$ 在新随机游动中的概率意义与 ρ_n 和 ψ_n 在旧随机游动中的概率意义相同. 由此一般地推出，对于与 ^aF 相伴的随机游动，变换 $^a\rho, {}^aH, {}^a\psi$ 等具有明显的意义. [这也可以从积分方程 (12.3.9) 直接看出.]

积分

$$\phi(t) = \int_{-\infty}^{+\infty} \mathrm{e}^{yt} F\{\mathrm{d}y\}$$

对于 0 和 κ 之间的所有 t 都存在，在这个区间内 ϕ 是无限可微的. 因二阶导数是正的，故 ϕ 是凸函数. 如果 $\phi'(\kappa)$ 存在，那么 $\phi(0) = \phi(\kappa)$ 这个事实蕴涵 $\phi'(0)$ 和 $\phi'(\kappa)$ 具有相反的符号. 因此，由 F 和 ^aF 导出的随机游动趋向相反方向.（即使在 ^aF 没有有限期望的例外情形下，这仍是正确的.）

于是我们得到了一个可以广泛应用的方法，它把关于满足 $\mu < 0$ 的随机游动的事实变成期望为正值的随机游动的结果，反之亦然.

如果 $\mu < 0$，那么阶梯高度分布 H 是亏损的，但 ^aH 是正常分布. 这就是说

$$\int_0^{\infty} \mathrm{e}^{\kappa y} H\{\mathrm{d}y\} = 1. \tag{12.4.8}$$

相伴随机游动的方法的威力多半来自于这个说明. 实际上，我们从 11.6 节知道，如果我们已知方程 (12.4.8) 的根，那么可以得到上升阶梯过程的极好的渐近估计. 如果这些估计需要用到 H，那么这些估计就没有什么用处，但是我们现在看到 (12.4.8) 和 (12.4.6) 的根是相同的.

(c) **有界的算术分布.** 设 a 和 b 是正整数，F 是步长为 1 且在 $k = -b, \cdots, a$ 上有跳跃 f_k 的算术分布. 测度 ψ 和 ρ 也集中于整数上，我们分别用 ψ_k 和 ρ_k 表示它们在 k 上的跳跃. 首次进入 $\overline{-\infty, 0}$ 发生在一个整数 $\geqslant -b$ 上，从而对于 $k < -b$ 有 $\rho_k = 0$. 我们引进母函数

① 这个概念曾被 A. 辛钦、瓦尔德（A. Wald）和其他人使用过，但从未被充分使用过. 变换 (12.4.7) 已用于 11.6 节的更新理论和（由于使用了母函数而以伪装了的形式）第 1 卷 13.10 节的定理 1 (iii)，并将用于拉普拉斯变换 (13.1.8) 中，方程 (12.4.6) 也在维纳–霍普夫理论中起作用.

$$\Phi(s)=\sum_{k=-b}^{a} f_k s^k,\quad \Psi(s)=\sum_{k=0}^{\infty}\psi_k s^k,\quad R(s)=\sum_{k=-b}^{0}\rho_k s^k. \tag{12.4.9}$$

它们与第 1 卷第 11 章中的母函数的不同之处，在于 Φ 和 R 也包含 s 的负数次幂，但是很明显，基本的性质和法则仍然不变. 特别地，$\mu=\Phi'(1)$ 是 F 的期望. 分布的卷积对应于母函数的乘积，因此基本积分方程 (12.3.9) 等价于 $\Psi+R=1+\Psi\Phi$ 或

$$\Psi(s)=\frac{s^b(R(s)-1)}{s^b(\Phi(s)-1)}. \tag{12.4.10}$$

分子和分母分别是 b 次和 $a+b$ 次多项式. 当 $|s|<1$ 时，左边的幂级数是正则的，因此分母的所有位于单位圆内的根应与分子的根相抵消. 我们着手证明这个要求唯一地确定了 R 和 Ψ.

为具体起见，设 $\mu=0$.（关于 $\mu\neq 0$ 的情形见习题 12 和习题 13.）于是 $s=1$ 是方程 $\Phi(s)=1$ 的二重根. 对于 $|s|=1$，我们有 $|\Phi(s)|\leqslant\Phi(1)=1$，其中不等号只有在对于使 $f_k>0$ 的每个 k 都有 $s^k=1$ 时才成立. 由于假设分布 F 的步长为 1，所以这只有当 $s=1$ 时才成立. 从而没有 $\Phi(s)=1$ 的其他根位于单位圆周上. 为了看出有多少根位于单位圆内部，我们考虑一个由

$$P(s)=s^b[\Phi(s)-q],\quad q>1$$

定义的 $a+b$ 次多项式. 对于 $|s|=1$，我们有 $|P(s)|\geqslant q-1>0$ 且

$$|P(s)+qs^b|=|\Phi(s)|\leqslant 1<q|s^b|.$$

根据鲁歇（Rouché）定理[①]，这蕴涵多项式 $P(s)$ 和 qs^b 在单位圆内有相同数目的零点. 由此推出 P 恰有 b 个根满足 $|s|<1$，有 a 个根满足 $|s|>1$. 由于 $P(0)=0, P(1)=1-q<0$，而对于大的 s 有 $P(s)>0$，从而 P 有两个实根 $s'<1<s''$ 当 $q\to 1$ 时 P 的诸根趋于 $\Phi(s)=1$ 的诸根，因此我们最后断言，(12.4.10) 中的分母以 1 为二重根，有 $b-1$ 个根 $s_1,\cdots,s_{b-1}$ 满足 $|s_j|<1$，有 $a-1$ 个根 $\sigma_1,\cdots,\sigma_{a-1}$ 满足 $|\sigma_j|>1$. 于是分母具有形式

$$s^b(\Phi(s)-1)=C(s-1)^2(s-s_1)\cdots(s-s_{b-1})(s-\sigma_1)\cdots(s-\sigma_{a-1}). \tag{12.4.11}$$

根 $s_1,\cdots,s_{b-1}$ 必定与分子的根相抵消，因为系数 Ψ_n 是有界的，所以有一个根 $s=1$ 也与分子的根相抵消. 这就确定了 Ψ（除了一个乘积常数外）. 但是，根据定义 $\Psi(0)=1$，从而我们得到了所要求的显式表达式

$$\Psi(s)=\frac{1}{(1-s)(1-s/\sigma_1)\cdots(1-s/\sigma_{a-1})}. \tag{12.4.12}$$

① 例如，见 E. Hille, *Analytic function theory*, vol. I, section 9.2. (Ginn and Co., 1959.)

把它展成部分分式可得 ψ_n 的显式表达式，这个公式的一大优点是知道了主根后可得出合理的渐近估计（见第 1 卷 11.4 节）.

关于首次进入概率 ρ_k 的母函数 R，我们由 (12.4.10) 和 (12.4.12) 得到

$$R(s) = 1 + C\cdot(-1)^{a-1}\sigma_1\cdots\sigma_{a-1}(1-1/s)(1-s_1/s)\cdots(1-s_{b-1}/s). \tag{12.4.13}$$

[系数 C 由 (12.4.11) 定义，它只依赖于给定的分布 $\{f_k\}$.] 部分分式展开式又可导出渐近估计.（在习题 12 ~ 习题 15 中继续讨论.）

12.5 应　用

在 6.9 节中曾指出，排队论的一个基本问题是在具有使得 $\mu = E(X_k) < 0$ 的变量 X_k 的随机游动中求出

$$M = \max[0, S_1, \cdots] \tag{12.5.1}$$

的分布 M. 6.9 节例 (a) ~ 例 (c) 说明同样的问题也出现在其他的领域中，例如在复合泊松过程的破产问题中. 在这种情形中以及在排队论中，基本分布具有形式

$$F = A\bigstar B, \tag{12.5.2}$$

其中 A 集中于 $\overline{0,\infty}$ 上，B 集中于 $\overline{-\infty,0}$ 上. 我们假设 A 和 B 有有限的期望 a 和 $-b$，从而 F 的期望为 $\mu = a - b$. 我们还假设 F 是连续的，以避免严格阶梯变量和弱阶梯变量之间的乏味的区别.

和在上两节中一样，我们分别用 H 和 ρ 表示上升和下降阶梯高度的分布.（为了一致我们应把 ρ 写成 H^-.）换句话说，H 和 ρ 是首次进入 $\overline{0,\infty}$ 和 $\overline{-\infty,0}$（也是首次进入相应的闭区间）的点的分布. 在 12.3 节例 (c) 和 (12.2.7) 中曾指出，如果 $\mu < 0$，那么

$$M(x) = \frac{\psi(x)}{\psi(\infty)} = [1 - H(\infty)]\sum_0^\infty H^{n\bigstar}(x). \tag{12.5.3}$$

如果 F 的尾部之一是指数型的，即

$$F(x) = 1 - p\mathrm{e}^{-\alpha x}, \quad x > 0, \tag{12.5.4}$$

或者对于 $x < 0$ 有 $F(x) = q\mathrm{e}^{\alpha x}$，那么 12.4 节例 (a) 包含了上述分布的一个显式公式[①].

① 关于具有有限多个原子的算术分布的情形，12.4 节例 (c) 得到了另外一个显式公式. 这个显式公式并不实用，但是如果已知分母的主根，那么利用其部分分式展开式可导出良好的渐近估计. 当 F 的特征函数是有理函数时，同样的方法也适用于傅里叶变换. 这个说明包含了文献中讨论的许多特殊情形.

幸好，如果 F 具有形式 (12.5.2)，并且

$$A(x)=1-\mathrm{e}^{-\alpha x},\quad x>0, \tag{12.5.5}$$

那么条件 (12.5.4) 成立. 于是

$$p=\int_{-\infty}^{0}\mathrm{e}^{\alpha y}B\{\mathrm{d}y\}. \tag{12.5.6}$$

因此，当打往电话交换台的呼叫服从泊松分布或服务时间服从指数分布时，我们的简单结果可用于排队论. 此外，现在的条件包括了复合泊松过程中的破产问题. 现在有大量的应用方面的文献. 在关于分布 B 的各种假设下讨论特殊的问题，有时，比如在破产（输光）问题中，这种假设以伪装了的形式出现. 实际上，只要利用 (12.5.4) 而不利用条件 (12.5.5) 和 (12.5.2) 的组合就可以达到较大的一般性和简单性. 我们在这里得到一个在一般理论中可以节省思考的重要例子. 在一般理论中，我们的思路不会被特殊情形的偶然性搞乱.

例　(a) **辛钦–波拉杰克（Khintchine-Pollaczek）公式.** 假设 F 具有 (12.5.2) 的形式，其中 A 由 (12.5.5) 给出，并且 $\mu=\dfrac{1}{a}-b>0$. 这个随机游动趋向 ∞，我们必须把 (12.5.1) 中的最大值换为最小值. 这就是说，要把 (12.5.3) 中的 H 换为由 (12.4.4) 给出的分布 ρ，用简单的分部积分可以证明，对 $x<0$，

$$\rho(x)=\alpha\int_{-\infty}^{x}B(y)\mathrm{d}y. \tag{12.5.7}$$

从而 $\rho(0)=\alpha b$，因此对于 $x<0$，

$$P\{\min(S_0,S_1,\cdots)\leqslant x\}=(1-\alpha b)\sum_{0}^{\infty}\rho^{n\star}(x). \tag{12.5.8}$$

这就是著名的辛钦–波拉杰克公式，此公式已在各种特殊情形下被多次重新发现，所用的方法都是拉普拉斯变换 [这种方法不适用于形如 (12.5.4) 的较一般的分布]. 我们将在 18.7 节的习题 10 和习题 11 中再次讨论它.

(b) **对偶情形.** 仍考虑上例中的分布，但这里要求 $\mu<0$. 正如 12.4 节例 (a) 第 2 部分指出的那样，在这种情形下

$$P\{\max(S_0,S_1,\cdots)\leqslant x\}=\frac{\kappa}{\alpha}\psi(x)=1-\left(1-\frac{\kappa}{\alpha}\right)\mathrm{e}^{-\kappa x}, \tag{12.5.9}$$

其中 κ 是“特征方程”(12.4.6) 的唯一正根. [由于当 $\mu\geqslant 0$ 时对于 $x=0$ 有 $\psi(x)=1+\alpha x$，所以这个结果可以利用相伴随机游动的方法得到.] 在排队论中 (12.5.9) 蕴涵，在一个服务时间服从指数分布的服务员那里，等待时间的分布趋于一个指数极限分布.

(c) **渐近估计**. 利用 12.4 节例 (b) 所述的相伴随机游动的方法容易得到关于下列分布的尾部的有用估计:

$$M(x) = P\{\max(S_0, S_1, \cdots) \leqslant x\}. \tag{12.5.10}$$

下述简单方法可以代替应用方面的文献中对特殊问题所用的许多复杂计算. 它是 11.6 节中一般理论中一个特殊情形，但是为了方便起见，下面的叙述是自成一体的.

分布 M 由 (12.5.3) 给出. 其中 ψ 表示一个对应于亏损分布 H 的更新测度. 对于与 H 相伴的正常分布 ${}^aH$，有一个由 ${}^a\psi\{\mathrm{d}x\} = \mathrm{e}^{\kappa x}\psi\{\mathrm{d}x\}$ 给出的相应的测度 ${}^a\psi$，其中 κ 由 (12.4.6) 或 (12.4.8) 给出. 因此 (12.5.3) 可以改写成形式

$$M\{\mathrm{d}x\} = [1 - H(\infty)]\mathrm{e}^{-\kappa x} \cdot {}^a\psi\{\mathrm{d}x\}. \tag{12.5.11}$$

根据 11.1 节的基本更新定理，更新测度 ${}^a\psi$ 是渐近均匀分布的，密度为 β^{-1}，其中

$$\beta = \int_0^\infty x\mathrm{e}^{\kappa x}H\{\mathrm{d}x\}. \tag{12.5.12}$$

因此，在 (12.5.11) 的两边取 t 到 ∞ 的积分，我们看出，当 $t \to \infty$ 时，

$$1 - M(t) \sim \frac{1 - H(\infty)}{\beta\kappa}\mathrm{e}^{-\kappa t}, \tag{12.5.13}$$

只要 $\beta < \infty$. [否则 $1 - M(t) = o(\mathrm{e}^{-\kappa t})$.]

常数 β 依赖于通常不是明显已知的分布 H，但是常数 k 只依赖于给定的分布 F. 因此，在最坏的情形下，(12.5.13) 是包含一个未知因子的估计，即使这个结果用其他方法也不容易得到. 下例说明重要的应用.

(d) **克拉美的破产概率估计**. 我们现在把上述结果应用于例 (a). 这里随机游动趋向 $+\infty$，从而应交换正半轴和负半轴的作用. 这就是说，$\kappa < 0$，分布 H 被换成首次进入 $\overline{-\infty, 0}$ 的分布 (12.5.7). 于是 (12.5.12) 呈下面的形式:

$$\beta = \alpha\int_{-\infty}^0 \mathrm{e}^{-|\kappa|y}|y|B(y)\mathrm{d}y. \tag{12.5.14}$$

我们看出 $\rho(0) = \alpha b$，因此 (12.5.13) 等价于下述断言：当 $x \to \infty$ 时，

$$P\{\min(S_0, S_1, \cdots) \leqslant x\} \sim \frac{1 - \alpha b}{|\kappa|\beta}\mathrm{e}^{|\kappa|x}. \tag{12.5.15}$$

这个公式有许多应用. 在排队论中左边表示第 n 个顾客的等待时间的极限分布 (见 6.9 节的定理). 在 6.9 节例 (d) 中曾指出，6.5 节的基本破产问题可以化成这

个排队问题. 在 11.7 节例 (a) 中用不同记号讨论了这个问题.[①] 因此，可以在特殊情况下重复地推导出 (12.5.15) 是不奇怪的，但是在它的自然的一般背景下这个问题就变得更简单了. 从一般理论的观点来看，(12.5.15) 等价于克拉美的关于风险理论中破产概率的著名估计.[②] ■

12.6 一个组合引理

阶梯时刻的分布的推导依赖于一个简单的组合引理，如果我们把这个引理分离出来，那么这个论证的概率部分就会更加清楚.

设 $x_1, \cdots, x_n$ 是 n 个数，考虑它们的部分和

$$s_0 = 0, \cdots, s_n = x_1 + \cdots + x_n.$$

如果 $s_v > s_0, \cdots, s_v > s_{v-1}$，即如果 s_v 大于所有前面的部分和，我们说 $v > 0$ 是一个**阶梯指标**. 如果所有的 x_v 都是正的，那么有 n 个阶梯指标，而如果所有的 x_v 都是负的，那么就没有阶梯指标.

考虑 n 个循环重排 $(x_1, \cdots, x_n), (x_2, \cdots, x_n, x_1), \cdots, (x_n, x_1, \cdots, x_{n-1})$，从 0 到 $n-1$ 给它们编号，在第 v 个排列中的部分和 $s_k^{(v)}$ 为

$$s_k^{(v)} = \begin{cases} s_{v+k} - s_v, & k = 1, \cdots, n-v, \\ s_n - s_v + s_{k-n+v}, & k = n-v+1, \cdots, n. \end{cases} \tag{12.6.1}$$

引理 1 假设 $s_n > 0$. 用 r 表示这样的循环重排的个数，使在其中 n 是一个阶梯指标. 那么 $r \geqslant 1$，在每个这样的循环重排中恰有 r 个阶梯指标.

例 对于 $(-1\ -1\ -1\ 0\ 1\ 1\ 0)$，我们有 $r = 1$，给定的次序是使得最后一个部分和为极大的唯一次序. 对于 $(-1\ 4\ 7\ 1)$，我们有 $r = 3$，第 0，2，3 个排列都有 3 个阶梯指标. ■

证 选取这样的 v，使得 s_v 是最大值，并且如果有几个这样的指标，取 v 为最小的一个. 换句话说，

$$s_v > s_1, \quad \cdots, \quad s_v > s_{v-1}, \quad s_v \geqslant s_{v+1}, \quad \cdots, \quad s_v \geqslant s_n. \tag{12.6.2}$$

于是由 (12.6.1) 可知，在第 v 个排列中，最后一个部分和是严格最大值，从而 n 是阶梯指标. 因此 $r \geqslant 1$. 不失一般性，我们现在假设 n 是原来排列中的阶梯指标，

① 对于这个集中于 $\overline{-\infty, 0}$ 上的亏损分布 ρ，在 11.7 节中有一个相应的亏损分布 L，它具有集中于 $\overline{0, \infty}$ 上的密度 $(\alpha/c)(1 - F(x))$.

② 关于利用复平面上的维纳–霍普夫方法的新推导见 6.5 节中引用的克拉美的论文. (12.5.15) 是克拉美论文中的 (57).

即对于所有的 j 有 $s_n > s_j$. 于是 (12.6.1) 中第 1 行的诸量小于 s_n，(12.6.1) 中的第 2 行说明，为使 n 在第 v 个排列中也是阶梯指标，当且仅当 $s_v > s_1, \cdots, s_v > s_{v-1}$，即当且仅当 v 在原来的排列中是阶梯指标. 因此，若 n 是排列中的阶梯指标，则排列的个数等于阶梯指标的个数，引理得证. ■

弱阶梯指标也可以类似地定义，只是要把严格不等号 $>$ 换成 $\geqslant$. 对它们应用上述论证可得以下引理.

引理 2　如果 $s_n \geqslant 0$，那么引理 1 也适用于弱阶梯指标.

12.7　阶梯时刻的分布

在前几节中我们把注意力集中在阶梯高度上，现在我们转向讨论阶梯时刻. 令

$$\tau_n = P\{S_1 \leqslant 0, \cdots, S_{n-1} \leqslant 0, S_n > 0\}. \tag{12.7.1}$$

这是首次进入 $\overline{0,\infty}$ 发生在第 n 步的概率，从而 $\{\tau_n\}$ 是第一个阶梯时刻 $\mathscr{T}_1$ 的（可能是亏损的）分布. 我们引入它的母函数

$$\tau(s) = \sum_{n=1}^{\infty} \tau_n s^n, \quad 0 \leqslant s \leqslant 1. \tag{12.7.2}$$

下列不平常的定理表明，分布 $\{\tau_n\}$ 可由概率 $P\{S_n > 0\}$ 完全确定，反之亦然. 它是由 E. 斯帕里–安德森发现的，他的巧妙而极复杂的证明已渐渐被一些作者简化. 我们把这个定理作为我们的组合引理的一个简单推论来推导它. [一个较强的形式包含在 (12.9.3) 中，并将在第 18 章中用傅里叶方法加以讨论.]

定理 1

$$\ln \frac{1}{1-\tau(s)} = \sum_{n=1}^{\infty} \frac{s^n}{n} P\{S_n > 0\}. \tag{12.7.3}$$

注　如果在 (12.7.1) 和 (12.7.3) 中把符号 $>$ 和 $\leqslant$ 分别换成 $\geqslant$ 和 $<$，则定理及其证明仍然成立. 在这种情形下，$\{\tau_n\}$ 表示第一个弱阶梯时刻的分布.

证　对于每个样本点考虑 n 个循环排列 $(X_v, \cdots, X_n, X_1, \cdots, X_{v-1})$，并用 $S_0^{(v)}, \cdots, S_n^{(v)}$ 表示相应的部分和. 固定一个整数 r，定义 n 个随机变量 $Y^{(v)}$ 如下：如果 n 是 $(S_1^{(v)}, \cdots, S_n^{(v)})$ 的第 r 个阶梯指标，那么 $Y^{(v)} = 1$，否则 $Y^{(v)} = 0$. 对于 $v = 1$，对应的是没经重排的序列 $(S_0, \cdots, S_n)$，从而

$$P\{Y^{(1)} = 1\} = \tau_n^{(r)}, \tag{12.7.4}$$

其中 $\{\tau_n^{(r)}\}$ 是第 r 个阶梯时刻的分布. 这个时刻是 r 个与 $\mathscr{T}_1$ 同分布的独立随机变量之和，从而 $\tau_n^{(r)}$ 是 r 次幂 $\tau^{(r)}(s)$ 中 s^n 的系数.

根据对称性,变量 $Y^{(v)}$ 有相同的分布;因为它们只取值 0 和 1,所以由 (12.7.4) 我们得到

$$\tau_n^{(r)} = E(Y^{(1)}) = \frac{1}{n}E(Y^{(1)} + \cdots + Y^{(n)}). \tag{12.7.5}$$

根据上节的引理,和 $Y^{(1)} + \cdots + Y^{(n)}$ 只可能取值 0 和 r,从而

$$\frac{1}{r}\tau_n^{(r)} = \frac{1}{n}P\{Y^{(0)} + \cdots + Y^{(n)} = r\}. \tag{12.7.6}$$

对于固定的 n 和 $r = 0, 1, \cdots$,右边的事件是互斥的,它们的并集是事件 $\{S_n > 0\}$. 因此,对 r 求和,我们得到

$$\sum_{r=1}^{\infty} \frac{1}{r}\tau_n^{(r)} = \frac{1}{n}P\{S_n > 0\}, \tag{12.7.7}$$

两边都乘以 s^n 并对 n 求和,我们得到

$$\sum_{r=1}^{\infty} \frac{1}{r}\tau(s) = \sum_{n=1}^{\infty} \frac{s^n}{n}P\{S_n > 0\}, \tag{12.7.8}$$

这和断言 (12.7.3) 相同. ■

推论 *如果 F 是连续且对称的,那么*

$$\tau(s) = 1 - \sqrt{1-s}. \tag{12.7.9}$$

证 在 (12.7.3) 中出现的所有概率是相等的,从而右边等于 $\ln(1/\sqrt{1-s})$. ■

只假设

$$P\{S_n > 0\} \to \frac{1}{2} \tag{12.7.10}$$

而推广上述结果是有趣的. 当 S_n/a_n 的分布趋于正态分布 $\mathfrak{N}$ 时,情况就是这样. 我们的假设只比 (12.7.10) 强一点,即设级数

$$\sum_{n=1}^{\infty} \frac{1}{n}\left[P\{S_n > 0\} - \frac{1}{2}\right] = c \tag{12.7.11}$$

收敛(不一定绝对收敛). 在 18.5 节中将证明,当 F 的期望为 0 方差有限时 (12.7.11) 成立.

下列定理之所以给出,不仅因为它本身的重要性,而且因为它可作为改进的陶伯定理的应用的一个例子.

定理 1a *如果 (12.7.11) 成立,那么*

$$P\{\mathscr{T}_1 > n\} \sim \frac{1}{\sqrt{\pi}}\mathrm{e}^{-c}\frac{1}{\sqrt{n}}. \tag{12.7.12}$$

因此,当 F 的期望为 0 方差有限时,分布 $\{\tau_n\}$ 很类似于在二项随机游动中遇到的分布.

证 由 (12.7.3) 我们看到，当 $s \to 1$ 时，

$$\ln \frac{\sqrt{1-s}}{1-\tau(s)} = \sum_{n=1}^{\infty} \frac{s^n}{n}\left[P\{S_n > 0\} - \frac{1}{2}\right] \to c. \tag{12.7.13}$$

由此推出

$$\frac{1-\tau(s)}{1-s} \sim \mathrm{e}^{-c}\frac{1}{\sqrt{1-s}}. \tag{12.7.14}$$

左边是 (12.7.12) 中的概率的母函数. 它们单调减少，从而根据 13.5 节中的陶伯定理 5 的最后一部分，(12.7.12) 是正确的. ∎

定理 2 随机游动趋向 $-\infty$，当且仅当

$$\sum_{n=1}^{\infty} \frac{1}{n} P\{S_n > 0\} < \infty. \tag{12.7.15}$$

当把 $\{S_n > 0\}$ 换成 $\{S_n \geqslant 0\}$ 时，这个准则仍然成立[①].

证 为使随机游动趋向 $-\infty$，当且仅当上升阶梯过程是终止的，即当且仅当 $\mathscr{T}_1$ 的分布是亏损的. 这和 $\tau(1) < 1$ 相同. 在这种情形下，当 $s \to 1$ 时，(12.7.3) 的两边是有界的. 可以看出条件 (12.7.15) 是充分必要的. 把同样的论证应用于弱阶梯时刻，就可证明定理最后的断言. ∎

我们知道，如果 F 的期望 $\mu < 0$，那么随机游动就趋向 $-\infty$，但是，"$\mu < 0$ 蕴涵 (12.7.15)" 在分析上是不明显的. 这个事实的验证提供了极好的具有方法论意义的技巧性练习.（见习题 16.）

这个定理有意想不到的含义.

例 (a) 设 F 是严格稳定分布，且 $F(0) = \delta < \frac{1}{2}$. 直观上人们认为随机游动趋向 ∞，但是事实上这个随机游动是振荡型的. 实际上，级数 (12.7.15) 可化为 $(1-\delta)\sum n^{-1}$，因而是发散的. 于是 $\mathscr{T}_1$ 是正常变量. 但是同一论证也适用于负半轴，这说明下降阶梯变量 $\mathscr{T}_1$ 也是正常变量.

(b) 设 F 表示对称柯西分布，考虑变量 $X'_n = X_n + 1$ 产生的随机游动. 和 $S'_n = S_n + n$ 的中位数位于 n 上，直观上人们认为随机游动应很快地趋向 ∞. 实际上概率 $\mathrm{P}\{S'_n > 0\}$ 也是和 n 无关的，和上例一样，我们断言此随机游动是振荡型的. ∎

定理 3 阶梯时刻 $\mathscr{T}_1$ 有有限期望（且为正常变量），当且仅当这个随机游动趋向 ∞. 在这种情形下

$$\ln E(\mathscr{T}_1) = \ln \sum k\tau_k = \sum_{n=1}^{\infty} \frac{1}{n} P\{S_n \leqslant 0\}. \tag{12.7.16}$$

---

① 我们将看到，在任何情况下都有 $\sum n^{-1} P\{S_n = 0\} < \infty$ [见 12.9 节 (c)].

(在所有其他情形这个级数发散.)

证 从 $\ln(1-s)^{-1}$ 中减去 (12.7.3) 的两边，我们得到：对于 $0<s<1$,

$$\ln\frac{1-\tau(s)}{1-s}=\sum_{n=1}^{\infty}\frac{s^n}{n}[1-P\{S_n>0\}]. \tag{12.7.17}$$

为使当 $s\to 1$ 时左边收敛，当且仅当 $\mathscr{T}_1$ 是正常变量且有有限期望. 右边趋于 (12.7.16) 的右边，根据定理 2，为使这个级数收敛，当且仅当这个随机游动趋向 ∞. ■

最后我们指出，在定理 1 中出现的母函数有另一种概率解释，这种解释将直接导出令人惊异的反正弦定律.

定理 4 概率

$$p_n=P\{S_1>0,S_2>0,\cdots,S_n>0\} \tag{12.7.18}$$

的母函数由

$$p(s)=\frac{1}{1-\tau(s)} \tag{12.7.19}$$

给出，即由

$$\ln p(s)=\sum_{n=1}^{\infty}\frac{s^n}{n}P\{S_n>0\} \tag{12.7.20}$$

给出.

由对称性，概率

$$q_n=P\{S_1\leqslant 0,\cdots,S_n\leqslant 0\} \tag{12.7.21}$$

的母函数 q 由

$$\ln q(s)=\sum_{n=1}^{\infty}\frac{s^n}{n}P\{S_n\leqslant 0\} \tag{12.7.22}$$

给出.(见习题 21.)

证 我们利用 12.2 节的对偶性引理. 由循环事件理论可知，(12.7.19) 是 n 为阶梯时刻的概率 p_n 的母函数，即

$$p_n=P\{S_n>S_0,\cdots,S_n>S_{n-1}\}. \tag{12.7.23}$$

颠倒变量 X_j 的次序，我们就得到对偶的解释 (12.7.18). [实际上这已包含在 $I=\overline{0,\infty}$ 时的 (12.2.1) 中了.] ■

12.8 反正弦定律

掷硬币中的机会起伏的意想不到的特点之一可用两个反正弦定律来表达（第 1 卷的 3.4 节和 3.8 节）. 其中第 1 个说明序列 $S_1, \cdots, S_n$ 中正项的数目接近于 0 或 n 的可能性要比接近于 $n/2$ 的可能性大，而人们天真地认为正项的数目应接近于 $n/2$. 第 2 个说明对最大项的位置也有同样的结论成立. **现在我们来证明这些定律对于任意对称分布和许多其他分布也成立.** 这个发现证明了第 1 卷第 3 章的讨论的中肯性和适用性.

在下面我们必须处理这样的麻烦事，即最大值可以被多次达到，部分和可以等于 0. 如果 F 是连续的，那么我们可以不考虑这些可能性，因为此时任何两个部分和相等的概率为 0.（建议读者只考虑这种情形.）对于一般理论，我们约定考虑**第 1 最大值的指标**，即这样的指标 k，使得

$$S_k > S_0, \quad \cdots, \quad S_k > S_{k-1}, \quad S_k \geqslant S_{k+1}, \quad \cdots, \quad S_k \geqslant S_n. \tag{12.8.1}$$

这里 n 是固定的，k 可取值 $0, 1, \cdots n$. 事件 (12.8.1) 一定对某个 $k \leqslant n$ 发生，因此我们可以把（正常的）随机变量 K_n 定义为第 1 个最大值的指标，即使得 (12.8.1) 发生的指标. 这里 $S_0 = 0$.

事件 (12.8.1) 要求两个事件 $\{S_k > S_0, \cdots, S_k > S_{k-1}\}$ 和 $\{S_{k+1} - S_k \leqslant 0, \cdots, S_n - S_k \leqslant 0\}$ 同时实现. 第 1 个只涉及 $X_1, \cdots, X_k$，第 2 个只涉及 $X_{k+1}, \cdots, X_n$，从而两个事件是独立的. 但是这些事件是上一定理中出现的事件，因此我们证明了以下引理.

引理 1 对于所有的 k, n,

$$P\{K_n = k\} = p_k q_{n-k}. \tag{12.8.2}$$

现在假设对于所有的 n 有 $P\{S_n > 0\} = P\{S_n \leqslant 0\} = \dfrac{1}{2}$. 于是 (12.7.15) 和 (12.7.17) 中的右边化为 $\dfrac{1}{2}\ln(1-s)^{-1}$，从而

$$p(s) = q(s) = 1/\sqrt{1-s}.$$

于是

$$p_k q_{n-k} = \binom{-\frac{1}{2}}{k}\binom{-\frac{1}{2}}{n-k}(-1)^n, \tag{12.8.3}$$

这可改写成更合适的形式

$$p_k q_{n-k} = \binom{2k}{k}\binom{2n-2k}{n-k}\frac{1}{2^{2n}}. \tag{12.8.4}$$

这个表达式曾在第 1 卷的 (3.4.1) 中被用来定义离散的反正弦分布. 在第 1 卷的 3.4 节和 3.8 节中已看出，这个分布决定了与掷硬币有关的各种随机变量；它的极限形式是在第 1 卷 (3.4.4) 中导出的. 特别地，利用第 1 卷 3.8 节 (f) 的反正弦定律，我们可以叙述

定理 1 如果 F 是对称且连续的,那么 K_n（$S_0, S_1, \cdots, S_n$ 中第一个最大值的指标）的概率分布和掷硬币游戏中的分布一样. 它由 (12.8.3) 或 (12.8.4) 给出. 对固定的 $0<\alpha<1$，当 $n\to\infty$ 时，

$$P\{K_n < n\alpha\} \to 2\cdot\frac{1}{\pi}\arcsin\sqrt{\alpha}. \tag{12.8.5}$$

极限分布的密度 $1/[\pi\sqrt{\alpha(1-\alpha)}]$ 在两端点 0 和 1 上是无界的，并且在中点 $\frac{1}{2}$ 上取得最小值. 这说明约化最大值 K_n/n 接近于 0 或 1 的可能性要比接近于 $\frac{1}{2}$ 的可能性大. 关于更充分的讨论见第 1 卷的 3.4 节和 3.8 节. 关于这个定理的另一种形式见习题 22.

正如上节定理 1 那样，这个定理也可以推广.

定理 1a[①] 如果级数

$$\sum_{n=1}^{\infty}\frac{1}{n}\left[P\{S_n>0\}-\frac{1}{2}\right]=c \tag{12.8.6}$$

收敛，那么当 $n\to\infty, n-k\to\infty$ 时，

$$P\{K_n=k\}\sim\binom{2k}{k}\binom{2n-2k}{n-k}\frac{1}{2^{2n}}. \tag{12.8.7}$$

从而反正弦定律 (12.8.5) 成立.

在 18.5 节中将证明，当 F 的期望为 0 方差有限时，级数 (12.8.6) 收敛. 因此，反正弦定律对这样的分布都成立.

证 由 (12.7.20) 和阿贝尔关于幂级数的基本定理，我们可得，当 $s\to 1$ 时，

$$\ln(p(s)\sqrt{1-s})=\sum_{n=1}^{\infty}\frac{s^n}{n}\left[P\{S_n>0\}-\frac{1}{2}\right]\to c, \tag{12.8.8}$$

因此

$$p(s)\sim \mathrm{e}^c\cdot(1-s)^{-\frac{1}{2}}. \tag{12.8.9}$$

根据定义 (12.7.18)，p_n 单调减少，从而 13.5 节的陶伯定理 5 的最后一部分蕴涵，(12.8.9) 中两个幂级数的系数有相同的渐近性质. 于是

$$p_n\sim \mathrm{e}^c\binom{-\frac{1}{2}}{n}(-1)^n,\quad n\to\infty. \tag{12.8.10}$$

---

① 斯帕里–安德森用麻烦的计算证明了这个定理. 陶伯定理可以消除所有的麻烦，这一说明应归功于斯皮策尔. 关于推广见 12.9 节 (d).

对于 q_n 我们可得到同样的关系式（把 c 换成 $-c$），从而断言 (12.8.7) 可由 (12.8.2) 推出. 反正弦定律的推导只依赖于渐近关系式 (12.8.7) 而不依赖于恒等式 (12.8.4). ■

定理 1 及其证明可照搬到任意的严格稳定分布上去. 如果 $P\{S_n > 0\} = \delta$ 与 n 无关，那么我们可以从 (12.7.20) 和 (12.7.22) 推出

$$p(s) = (1-s)^{-\delta}, \quad q(s) = (1-s)^{\delta-1}, \tag{12.8.11}$$

从而

$$P\{K_n = k\} = p_k q_{n-k} = (-1)^n \binom{-\delta}{k}\binom{\delta-1}{n-k}. \tag{12.8.12}$$

把 (12.8.5) 右边的反正弦分布换成具有密度

$$\frac{\sin \pi\delta}{\pi} \cdot \frac{1}{x^{1-\delta}(1-x)^{\delta}}, \quad 0 < x < 1 \tag{12.8.13}$$

的分布，极限定理 (12.8.5) 也成立. 定理 1a 可以搬到属于一个稳定分布的吸引域的分布上去.

在第 1 卷第 3 章中我们必须分别证明两个反正弦定律，但是下列定理说明，它们是等价的.（关于连续分布的）定理 2 是 E. 斯帕里–安德森引进讨论起伏理论的新方法进行研究的出发点. 原来的证明是非常复杂的. 现在有几种证明，但下列证明似乎是最简单的.

定理 2　$S_1, \cdots, S_n$ 中严格为正的项的数目 Π_n 和 K_n 有相同的分布 (12.8.2), K_n 是 $S_0 = 0, S_1, \cdots, S_n$ 中第 1 个最大值的指标.

（见习题 23.）

这个定理将化成一个纯粹的组合引理. 设 $x_1, \cdots, x_n$ 是 n 上任意的（不一定不相等的）实数，令

$$s_0 = 0, \quad s_k = x_1 + \cdots + x_k. \tag{12.8.14}$$

$s_0, s_1, \cdots, s_n$ 中的最大值可被重复地达到，因此我们应该区别第一个和最后一个最大项的指标.

现在考虑 $n!$ 个排列 $x_{i_1}, \cdots, x_{i_n}$（其中一些排列可能有相同的外形）. 我们把每个排列与它的 $n+1$ 个部分和 $0, x_{i_1}, \cdots, x_{i_1} + \cdots + x_{i_n}$ 联系起来.

例　(a) 令 $x_1 = x_2 = 1, x_3 = x_4 = -1$. 只有 6 个重新排列 $\{x_{i_1}, \cdots, x_{i_4}\}$ 是可区分的，但是每一个都表示下标的 4 个排列. 在排列 $(1\ 1\ -1\ -1)$ 中 3 个部分和是严格为正的，（唯一的）最大值发生在第 3 个位置上. 在排列 $(-1\ -1\ 1\ 1)$ 中没有一个和是正的，但是最后一个部分和为 0. 第 1 个最大值的指标为 0，最后一个最大值的指标为 4. ■

我们将证明定理 2 是下列引理的一个简单推论.

引理 2　设 r 是一个整数 $0 \leqslant r \leqslant n$. 恰有 r 个严格为正的部分和的排列的数目 A_r 等于这样的排列的数目 B_r，使得在其部分和中的第 1 个最大值发生在位置 r 上.

(见习题 24.)

证[①] 我们利用归纳法进行证明，断言对于 $n=1$ 是正确的，因为 $x_1>0$ 蕴涵 $A_1=B_1=1$ 和 $A_0=B_0=0$，而 $x\leqslant 0$ 蕴涵 $A_1=B_1=0$ 和 $A_0=B_0=1$. 假设当把 n 换成 $n-1\geqslant 1$ 时引理是正确的. 用 $A_r^{(k)}$ 和 $B_r^{(k)}$ 来表示把 n 元组 $(x_1,\cdots,x_n)$ 换成通过去掉 x_k 而得到的 $(n-1)$ 元组时对应于 A_r 和 B_r 的数. 于是，归纳法假设表明对于 $1\leqslant k\leqslant n$ 和 $r=0,\cdots,n-1$ 有 $A_r^{(k)}=B_r^{(k)}$. 这时 $r=n$ 也正确，因为显然有 $A_n^{(k)}=B_n^{(k)}=0$.

(a) 假设 $x_1+\cdots+x_k\leqslant 0$. $(x_1,\cdots,x_n)$ 的 $n!$ 个排列是通过在最后一个位置上选择 x_k 并交换其余 $n-1$ 个元素而得到的. 第 n 个部分和 $\leqslant 0$. 显然，正部分和的个数以及第一个最大项的指标只依赖于前 $n-1$ 个元素. 于是

$$A_r=\sum_{k=1}^{n}A_r^{(k)},\quad B_r=\sum_{k=1}^{n}B_r^{(k)},\tag{12.8.15}$$

从而根据归纳法假设有 $A_r=B_r$.

(b) 假设 $x_1+\cdots+x_n>0$. 于是第 n 个部分和是正的，前面的论证说明现在有

$$A_r=\sum_{k=1}^{n}A_{r-1}^{(k)}.\tag{12.8.16}$$

为了得到 B_r 的类似的递推公式，考虑从 x_k **开始**的重新排列 $(x_k,x_{j_1},\cdots,x_{j_{n-1}})$. 因为第 n 个部分和是正的，所以部分和的最大项的下标为正. 显然，为使第一个最大值发生在位置 r（$1\leqslant r\leqslant n$）上，当且仅当 $(x_{j_1},\cdots x_{j_{n-1}})$ 的部分和的第一个最大值发生在位置 $r-1$. 因此，

$$B_r=\sum_{k=1}^{n}B_{r-1}^{(k)}.\tag{12.8.17}$$

比较 (12.8.16) 和 (12.8.17) 又可看到 $A_r=B_r$，这就完成了证明. ■

我们很快可以看到，利用这个论证可得到进一步的结果，但是我们先回到定理 1 的证明.

定理 1 的证明 我们按照 12.7 节中定理 1 的证明那样进行. 考虑 $n!$ 个排列 $(x_{i_1},\cdots x_{i_n})$，并且这样给它们编号，使得自然次序 $(x_1,\cdots x_n)$ 为第一个. 对于

① 下述证明应归于英国伯明翰的约塞夫（A.W. Joseph）先生. 如果人们还记得斯帕里–安德森在 1949 年发现定理 2 是一个令人难以置信的轰动一时的事件的话，那么这个证明的极端简明性差不多是令人震惊的，原来的证明是非常复杂的. 本书作者把它化成纯粹的组合引理 2 并给出它的初等证明.（见本书第 1 版.）约塞夫的证明不仅比较简单，而且它是第一个建立了两类排列之间的一一对应的构造性证明. 我们在引理 3 中关于这方面的讨论利用了英国伦敦的比兹利（M.T.L. Bizley）先生的想法. 感谢约塞夫和比兹利允许作者利用他们未发表的结果（是在打字原稿已交给印刷商时告知作者的）.

固定的整数 $0 \leqslant r \leqslant n$，如果第 v 个排列恰有 r 个正部分和，那么定义 $Y^{(v)}=1$，否则定义 $Y^{(v)}=0$. 由对称性，这 $n!$ 个随机变量有相同的分布，从而

$$P\{\Pi_n=r\}=P\{Y^{(1)}=1\}=E(Y^{(1)})=\frac{1}{n!}\sum E(Y^{(v)}). \tag{12.8.18}$$

类似地

$$P\{K_n=r\}=\frac{1}{n!}\sum E(Z^{(v)}). \tag{12.8.19}$$

其中，如果在第 v 个排列中第一个最大部分和的指标为 r，那么 $Z^{(v)}=1$，否则 $Z^{(v)}=0$. 根据上一引理，$\sum Y^{(v)}$ 与 $\sum Z^{(v)}$ 是恒等的，因此 (12.8.18) 和 (12.8.19) 中的概率是相同的. ■

关于斯帕里–安德森变换的注 由引理 2 推出，存在一种变换，它把每个 n 元实数组 $(x_1,\cdots,x_n)$ 以这样的方式映到一个重新排列 $(x_{i_1},\cdots,x_{i_n})$ 上去：(i) 如果在 (12.8.14) 的部分和 s_k 中恰有 r（$0 \leqslant r \leqslant n$）个是严格正的，那么使得 $(x_{i_1},\cdots,x_{i_n})$ 的部分和首次达到最大值的指标是 r；(ii) 这个变换是可逆的（或者一对一的）. 这样的变换称为斯帕里–安德森变换，虽然他讨论的是独立随机变量，而且不知道可以把定理 2 化成一个纯粹组合引理 2. 细读引理 2 的证明可以看出它实际上包含着一个斯帕里–安德森变换的一种构造方法. 这个程序是递归的，第 1 步由下述规则给出：如果 $s_n \leqslant 0$，那么不改变 n 元数组 $(x_1,\cdots,x_n)$，但是如果 $s_n>0$，那么把它换成循环重排 $(x_n,x_1,\cdots,x_{n-1})$. 第 2 步是把同样的规则应用于 $(n-1)$ 元数组 $(x_1,\cdots,x_{n-1})$. 所需要的重新排列 $(x_{i_1},\cdots,x_{i_n})$ 可在第 $n-1$ 步后得到.

(b) 设 $(x_1,\cdots,x_6)=(-1\ 2\ -1\ 1\ 1\ -2)$. 第 1 步不发生变化，第 2 步导出 $(1\ -1\ 2\ -1\ 1\ -2)$. 因为 $S_4=1$，第 3 步得到 $(1\ 1\ -1\ 2\ -1\ -2)$，第 4 步不发生变化，因为 $S_3=0$. 由于 $S_2=1$，所以最后一步导出重新排列 $(1\ 1\ 2\ -1\ -1\ 2)$. 部分和的唯一最大值发生在第 3 个位置上，在原来的排列中恰有 3 个部分和是正的.

(c) 假设对于所有的 j 有 $x_j \leqslant 0$. x_j 的初始排列和最后排列是相同的. 没有一个部分和是正的，$s_0=0$ 是最大值（如果 $x_1=0$，那么这个最大值被重复）. ■

最好把上述递推构造换成对最后结果的直接描述. 我们在下列引理中给出这种描述. 由于它本身的重要性，我们给出一个不依赖于上一引理的新证明.（亦见习题 24.）

引理 3 设 $(x_1,\cdots,x_n)$ 是这样的 n 元实数组，使得部分和 $s_{v_1},\cdots,s_{v_r}$ 是正的，并且其他所有的部分和是负的或 0；这里 $v_1>v_2>\cdots>v_r>0$. 先写下 $x_{v_1},\cdots,x_{v_r}$，然后把其余的 x_j 按自然顺序写在后面.（如果所有的部分和 $\leqslant 0$，那

么 $r=0$ 且次序保持不变.）在新的排列中，部分和的最大值中的第一个发生在第 r 个位置上，并且这样定义的变换是一对一的.

证 用 $(\xi_1,\cdots,\xi_n)$ 表示新排列，用 $\sigma_0,\cdots,\sigma_n$ 表示它的部分和. 对于每个下标 $j\leqslant n$，存在唯一的一个下标 k 使得 $\xi_j=x_k$. 特别地，$\xi_1,\cdots,\xi_r$ 和按上述次序的 $x_{v_1},\cdots,x_{v_r}$ 一致.

首先考虑使得 $s_k\leqslant 0$ 的 j. 从其构造显然可见 $j\geqslant k$，且元素 $\xi_{j-k+1},\cdots,\xi_j$ 是 $x_1,\cdots,x_k$ 的一个排列，于是 $\sigma_j=\sigma_{j-k}+s_k\leqslant\sigma_{j-k}$，因此 σ_j 不可能是第一个最大的部分和.

如果 $r=0$，那么在 $j=0$ 时达到 σ_j 中的第 1 个最大值. 当 $r>0$ 时，第一个最大值发生在位置 $0,1,\cdots,r$ 之一上，我们来证明只有 r 是可能的. 实际上，如果 $j\leqslant r$，那么由其构造可以推出，v_j 个元素 $\xi_j,\cdots,\xi_{j-1+v_j}$ 和 $(x_1,\cdots,x_{v_j})$ 的某个重排一致. 于是 $\sigma_{j-1+v_j}=\sigma_{j-1}+s_{v_j}>\sigma_{j-1}$，从而在位置 $j-1$ 上不可能达到最大值.

为了完成引理的证明，只需证明变换是一对一的就行了. 事实上，$\xi_1,\cdots,\xi_n$ 之逆可以利用下列递归法则来构造. 如果所有的 $\sigma_j\leqslant 0$，那么不改变这个排列. 否则，令 k 是使 $\sigma_k>0$ 的最大下标. 把 $(\xi_1,\cdots,\xi_n)$ 换成 $(\xi_2,\cdots,\xi_k,\xi_1,\xi_{k+1},\cdots,\xi_n)$，并把同一程序应用于 $(k-1)$ 元数组 $(\xi_2,\cdots,\xi_k)$. ■

关于可交换变量的注 应当注意到这个证明不依赖于变量 X_j 的独立性，而只依赖于 $n!$ 个排列 $(X_{i_1},\cdots,X_{i_n})$ 中所有的排列的联合分布是相等的这个事实. 换句话说，*定理 2 对于可交换变量的每个 n 元组仍然成立*（12.7.4 节），虽然 K_n 和 Π_n 的共同分布自然要依赖于 X_j 的联合分布. 作为一个有趣的例子，设 $X_1,X_2,\cdots$ 是有共同分布 F 的独立变量，并令 $Y_k=X_k-S_n/n$（其中 $k=1,2,\cdots,n$）. 变量 $Y_1,\cdots,Y_n$ 是可交换的，它们的部分和是

$$\Sigma_k=S_k-kS_n/n,\quad k=1,\cdots,n-1. \tag{12.8.20}$$

参阅 $(S_0,S_1,\cdots,S_n)$ 的图形，我们可以把 Σ_k 看作顶点 S_k 到联结原点和端点 (n,S_n) 的弦的垂直距离.

我们现在假设 F 是连续的（为了避免区别第一个和最后一个最大值）. 在诸项 $0,\Sigma_1,\cdots,\Sigma_{n-1}$ 中以概率 1 存在唯一的一个最大值. 对于循环重排 $(Y_2,\cdots,Y_n,Y_1)$ 有相应的部分和 $0,\Sigma_2-\Sigma_1,\cdots,\Sigma_{n-1}-\Sigma_1,-\Sigma_1$，并且很明显，最大值的位置按循环的次序向前移动一个位置.（如果原来的最大值在第 0 个位置上，那么对于 $k=1,\cdots,n-1$ 有 $\Sigma_k<0$，并且新的最大值在位置 $n-1$ 上.）因此，在这 n 个循环排列中，在每个位置上恰取 1 次最大值，它的位置均匀地分布在 $0,1,\cdots,n-1$ 上. 因此，我们有下列应归功于斯帕里–安德森的且与第 1 卷 3.9 节中定理 3 有关的定理.

定理 3 *在具有连续分布 F 的任一随机游动中，对任一 n，$S_1,\cdots,S_{n-1}$ 中位于从 $(0,0)$ 到 (n,S_n) 的弦之上的顶点的个数均匀地分布在 $0,1,\cdots,n-1$ 上.*

（这对于有最大距离的顶点的指标也成立.）

12.9 杂 录

(a) 联合分布

只要把导出 12.7 节定理 1 的论证做记号上的改变，就可用来推导阶梯变量的联合分布. 改变 12.1 节的记号，设 I 是 $\overline{0,\infty}$ 中的区间，用 $H_n^{(r)}\{I\}$ 表示 n 是第 r 个阶梯时刻且 $S_n \in I$ 的概率. 令

$$H\{I,S\} = \sum_{n=1}^{\infty} s^n H_n\{I\}, \quad 0 \leqslant s \leqslant 1. \tag{12.9.1}$$

对固定的 s 利用归纳法可得

$$H^{r\star}\{I,s\} = \sum_{n=1}^{\infty} s^n H_n^{(r)}\{I\}. \tag{12.9.2}$$

利用导出 (12.7.3) 的论证不难得到下述应归于巴克斯特（G. Baxter）的结果. 当 $I = \overline{0,\infty}$ 时，它化为 (12.7.3).

定理 对于 $I \subset \overline{0,\infty}$ 和 $0 \leqslant s \leqslant 1$,

$$\sum_{r=1}^{\infty} \frac{1}{r} H^{r\star}\{I,s\} = \sum_{n=1}^{\infty} \frac{s^n}{n} P\{S_n \in I\}. \tag{12.9.3}$$

更简单和更容易处理的形式将在 18.3 节中导出.

(b) 母函数的死亡率解释

下列解释可帮助直观理解和简化形式上的计算. 对于满足 $0 < s < 1$ 的固定的 s，考虑一个亏损随机游动，它在每一步以 $1-s$ 的概率中止，否则就服从分布 sF. 于是 $s^n F^{n\star}\{I\}$ 是在时刻 n 位于 I 中的概率. 亏量 $1-s^n$ 表示在 n 前终止的概率. 除了所有的分布都变成亏损分布外，所有的考虑可以毫不改变地搬过来. 特别地，在具有死亡率的随机游动中，(12.9.1) 是第一个阶梯高度的分布，(12.9.2) 与 9.2 节和 9.3 节中的 $H^{r\star}$ 类似. 于是母函数 $\tau(s)$ 等于发生阶梯指标的概率.

(c) 循环事件

$$\{S_1 \leqslant 0, \cdots, S_{n-1} \leqslant 0, S_n = 0\} \tag{12.9.4}$$

表示在预先没有进入过右半轴的情况下返回原点. 我们曾在 12.1 节弱阶梯变量的定义中考虑过它. 用 ω_n 表示事件 (12.9.4) 在时刻 n 首次发生的概率，即

$$\omega_n = P\{S_1 < 0, \cdots, S_{n-1} < 0, S_n = 0\}. \tag{12.9.5}$$

如果 $\omega(s)=\sum\omega_r s^r$，那么 ω^r 是第 r 次发生的母函数，从而 $1/[1-\omega(s)]$ 是概率 (12.9.4) 的母函数. (12.7.3) 的证明的简化形式可导致基本恒等式

$$\ln\frac{1}{1-\omega(s)}=\sum_{n=1}^{\infty}\frac{s^n}{n}P\{S_n=0\}. \tag{12.9.6}$$

把此式和 (12.7.3)、(12.7.16)、(12.7.22) 等进行比较，我们可以看出，从弱阶梯变量过渡到严格阶梯变量以及从严格阶梯变量过渡到弱阶梯变量是多么地容易. 公式 (12.9.6) 也证实了 12.1 节中的下列陈述：如果 (12.9.4) 中的所有不等号都改变方向，那么 (12.9.4) 的概率仍然不变.

(d) 向任意区间的推广

利用明显的记号改变，就可把 12.3 节的理论推广到把 $\overline{0,\infty}$ 换成任意区间 A 并把 $\overline{-\infty,0}$ 换成余集 A' 的情形. 特别，维纳–霍普夫积分方程保持不变. 请读者详细地研究其细节；它们将在 18.1 节中被充分地讨论.（也见习题 15.）

12.10 习 题

1. 在二项随机游动 [12.2 节例 (b)] 中，设 e_k 是这样的指标 $n\geqslant 0$ 的平均个数：使得 $S_n=k, S_1\geqslant 0,\cdots,S_{n-1}\geqslant 0$（在第 1 次取负值之前到达 k）. 用 f 表示到达 -1 的概率，即如果 $q\geqslant p$，那么 $f=1$，否则 $f=q/p$. 取点 (1, 1) 为新原点，证明：$e_0=1+pfe_0$ 且对于 $k\geqslant 1$ 有 $e_k=p(e_{k-1}+fe_k)$. 证明：对于 $k\geqslant 0$，当 $p\geqslant q$ 时 $e_k=p^{-1}$，当 $p\leqslant q$ 时 $e_k=(p/q)^k q^{-1}$.

2. **续.** 对于 $k\geqslant 1$，令 a_k 是这样的指标 $n\geqslant 1$ 的平均个数：使得 $S_n=k, S_1>0,\cdots,S_{n-1}>0$（在首次返回原点之前到达 k）. 证明 $a_k=pe_{k-1}$，从而当 $p\geqslant q$ 时 $a_k=1$，当 $p\leqslant q$ 时 $a_k=(p/q)^k$. 这就给出了 12.2 节例 (b) 中的似乎自相矛盾的结果的一个直接的证明.

注 下列习题 3 ~ 习题 6 可以作为本章的问题的导引，在学习本章前就可以解答它们. 它们也给基本积分方程的显式解提供了例子. 此外，它们说明了母函数的威力和优美. [试着直接解方程 (1)!]

3. 随机游动的变量 X_k 有这样一个共同的算术分布，它对整数 $1,2,\cdots$ 赋予概率 $f_1,f_2,\cdots$，对 -1 赋予概率 q（其中 $q+f_1+f_2+\cdots=1$）. 用 λ_r（$r=1,2\cdots$）表示序列 $S_1,S_2,\cdots$ 的第 1 个正项的值为 r 的概率.（换句话说，$\{\lambda_r\}$ 是第 1 个阶梯高度的分布.）证明：

(a) λ_r 满足递推关系式

$$\lambda_r=f_r+q(\lambda_{r+1}+\lambda_1\lambda_r). \tag{1}$$

(b) 母函数满足

$$\lambda(s)=1-\frac{f(s)+qs^{-1}-1}{\lambda_1 q+qs^{-1}-1},\quad 0<s<1 \tag{2}$$

(c) 如果 $E(X_k)=\mu=f'(1)-q>0$，那么方程

$$f(s)+q/s=1 \tag{3}$$

存在唯一的一个根 $0<\sigma<1$.

利用 λ 在 $\overline{0,1}$ 上应是单调的且 <1 这个事实来证明

$$\lambda(s)=s\frac{\sigma}{q}\frac{f(s)-f(\sigma)}{s-\sigma}. \tag{4}$$

这等价于

$$\lambda_r=\frac{[f_r\sigma+f_{r+1}\sigma^2+\cdots]}{q}. \tag{5}$$

(d) 如果 $E(X_k)<0$，那么在 (2) 中令 $\lambda_1=(1-q)/q$ 就可得到一个合适的解. 于是 (4) 和 (5) 对于 $\sigma=1$ 成立.

4. 对弱阶梯高度改述上题. 换句话说，我们不考虑 λ_r，而考虑 $S_1,S_2,\cdots$ 的第一个非负项的值为 r（$r=0,1,\cdots$）的概率. 证明：(1) 和 (4) 可以换成

$$\gamma_r=f_r+\frac{q}{1-\gamma_0}\gamma_{r+1}, \tag{1a}$$

$$\gamma(s)=1-\frac{q}{\sigma}+s\frac{f(s)-f(\sigma)}{s-\sigma}. \tag{4a}$$

5. 在习题 3 的随机游动中（但不利用习题 3）令 x 是对于某个 n 有 $S_n<0$ 的概率. 证明：x 满足方程 (3)，从而 $x=\sigma$.

6. **续.** 证明：对于某个 $n>0$ 有 $S_n\leqslant 0$ 的概率是 $q+f(\sigma)=1-q(\sigma^{-1}-1)$. 验证：$\lambda'(1)=\mu\sigma[q(1-\sigma)]^{-1}$，这是关系式 (12.2.8)（瓦尔德方程）的特殊情形.

7. 试由 (12.1.12) 利用直接计算来推导 (12.1.13).

8. **到达概率.** 对于 $t\geqslant 0$ 和 $\xi>0$，用 $G(t,\xi)$ 表示超过 t 的第一个和 $S_n\leqslant t+\xi$ 的概率. 证明：G 满足积分方程

$$G(t,\xi)=F(t+\xi)-F(t)+\int_{-\infty}^{t+}G(t-y,\xi)F\{\mathrm{d}y\}.$$

在解不唯一的情形下，G 是最小解. 阶梯高度的分布 H 唯一地由 $H(\xi)=G(0,\xi)$ 所确定.

9. 令 H 是集中于 $\overline{0,\infty}$ 上的连续概率分布，H^- 是集中于 $\overline{-\infty,0}$ 上的可能为亏损的连续分布. 假设

$$H+H^--H\bigstar H^-=F \tag{6}$$

是概率分布. 由 12.3 节的唯一性定理可推出，H 和 H^- 是在 F 产生的随机游动中首次进入点 $\mathscr{H}$ 和 $\mathscr{H}^-$ 的分布. 用这种方法可以得到 F 的形如 (6) 的显式表达式. 当 $0<q\leqslant 1$，并且 H 和 H^- 的密度由下述 (a) 或 (b) 定义时，情况就是如此.

(a) 对 $x>0$ 密度为 $b\mathrm{e}^{-bx}$，对 $-1<x<0$ 密度为 q;

(b) 对 $0<x<b$ 密度为 b^{-1}，对 $-1<x<0$ 密度为 q.

在 (a) 的情形下分布密度为

$$f(x)=\begin{cases}(b-q)\mathrm{e}^{-bx}+q\mathrm{e}^{-b(x+1)}, & x>0,\\ q\mathrm{e}^{-b(x+1)}, & -1<x<0.\end{cases}$$

在 (b) 的情形下，如果 $b>1$，那么 F 的密度为

$$f(x)=\begin{cases} qb^{-1}(1+x), & -1<x<0, \\ qb^{-1}, & 0<x<b-1, \\ qb^{-1}(b-x), & b-1<x<b. \end{cases}$$

在任一情形下，F 的期望为 0 当且仅当 $q=1$.

10. 由 (12.3.11) 证明：如果 H 和 H^- 是正常分布，并且方差有限，则 $E(X_1)=0$ 且 $E(X_1^2)=-2E(\mathscr{H}_1)E(\mathscr{H}_1^-)$.

11. **瓦尔德关系式 (12.2.8) 的分析证明.** 利用 (12.3.11) 分别对 $x>0$ 和 $x<0$ 证明：

$$1-F(x)=[1-\rho(0)][1-H(x)]+\int_{-\infty}^{0+}\rho\{\mathrm{d}y\}[H(x-y)-H(x)],$$

$$F(x)=\int_{-\infty}^{x}\rho\{\mathrm{d}y\}[1-H(x-y)].$$

证明：为使 F 的期望 $\mu>0$，当且仅当 H 有有限期望 ν 且 $\rho(0)<1$. 通过在 $\overline{-\infty,\infty}$ 上的积分证明：$\mu=[1-\rho(0)]\nu$，这等价于 (12.2.8).

12. **与 12.4 节例 (c) 有关的问题.** 如果 $\mu>0$，那么分母有一个正根 $s_0<1$，恰有 $b-1$ 个复根在 $|s|<s_0$ 中，$a-1$ 个复根在 $|s|>1$ 中. 把 s 变成 $1/s$ 就可描述 $\mu<0$ 的情况.

13. 12.4 节例 (c) 中上升阶梯高度的分布的母函数为

$$\chi(s)=1-(1-s)(1-s/\sigma_1)\cdots(1-s/\sigma_{a-1}).$$

对于下降阶梯高度，把 s/σ_k 变成 s_k/s 即可.

14. **与 12.4 节例 (c) 有关的问题.** 假设 X_i 取值 $-2,-1,0,1,2$ 的概率都是 1/5. 证明：上升阶梯高度的分布为

$$\lambda_1=\frac{1+\sqrt{5}}{3+\sqrt{5}},\quad \lambda_2=\frac{2}{3+\sqrt{5}}.$$

对于弱高度，$\bar{\lambda}_0=\frac{1}{10}(7-\sqrt{5})$, $\bar{\lambda}_1=\frac{1}{10}(1+\sqrt{5})$, $\bar{\lambda}_2=\frac{1}{5}$.

15. 在 12.4 节例 (c) 中用 $\psi_k^{(n)}$ 表示前 n 步走不出区间 $\overline{-B,A}$ 而第 n 步到达 k 的概率.（于是对 $k>A$ 和 $k<-B$ 有 $\psi_k^{(n)}=0$. 照例，当 $k=0$ 时 $\psi_k^{(0)}=1$，否则 $\psi_k^{(0)}=0$.）令 $\psi_k=\sum\psi_k^{(n)}$ 是离开 $\overline{-B,A}$ 之前在 k 上逗留的平均次数. 证明

$$\psi_k=\sum_{\nu=-B}^{A}\psi_\nu f_{k-\nu}+\psi_k^{(0)},\quad -B\leqslant k\leqslant A,$$

并且对于 $k>A$ 和 $k<-B$，

$$\rho_k=\sum_{\nu=-B}^{A}\psi_\nu f_{k-\nu}$$

是首次跑出区间 $\overline{-B,A}$ 的点到达 k 的概率. [这个问题在序贯分析中是很重要的. 它说明了 12.9 节 (d) 中所述的情况.]

16. 12.7 节的定理 2 蕴涵，如果 $\mu < 0$，那么 $\sum n^{-1}P\{S_n > 0\} < \infty$. 试补足下列的直接证明. 只需证明（切比雪夫）

$$\sum \int_{|y|>n} F\{\mathrm{d}y\} < \infty, \quad \sum \frac{1}{n^2}\int_{-n}^{n} y^2 F\{\mathrm{d}y\} < \infty.$$

第 1 个关系式是显然的. 为了证明第 2 个关系式，把积分记为在 n 个区间 $k-1 < |y| \leqslant k$（$k = 1, \cdots, n$）上的积分之和. 颠倒求和的次序，证明：整个级数 $\leqslant 2E(|X|)$.

17. 对于掷硬币游戏，证明：

$$\sum \frac{s^n}{2} P\{S_n = 0\} = \ln \frac{2}{1+\sqrt{1-s^2}}.$$

提示：注意到左边可以写成 $[(1-x^2)^{-\frac{1}{2}} - 1]x^{-1}$ 在 $\overline{0, s}$ 上的积分，证明是很容易的.

18. 假设随机游动是瞬时的，即对于每个有界区间 I，

$$U\{I\} = \sum_{0}^{\infty} F^{n\bigstar}\{I\} < \infty.$$

用 12.3 节的记号，设 $\varPhi = \sum\limits_{0}^{\infty} \rho^{n\bigstar}$. 证明更新方程

$$U = \varPhi + U \bigstar H$$

的正确性. 如果 ψ^- 是 ψ 在负半轴上的类似测度，那么和在 (12.1.13) 中一样，$\psi^- = (1-\xi)\varPhi$.

19. 证明

$$U = \frac{1}{1-\zeta} \psi \bigstar \psi^-,$$

并证明这等价于维纳–霍普夫分解式 (12.3.12).

20. 试直接由习题 18 中的更新方程推导瓦尔德恒等式

$$E(\mathscr{H}_1) = E(\mathscr{T}_1)E(X_1).$$

21. 与 12.7 节的定理 4 有关的问题. 概率 $p_n^* = P\{S_1 \geqslant 0, \cdots, S_n \geqslant 0\}$ 和 $q_n^* = P\{S_1 < 0, \cdots, S_n < 0\}$ 的母函数为

$$\ln p^*(s) = \sum_{n=1}^{\infty} \frac{s^n}{n} P\{S_n \geqslant 0\},$$

$$\ln q_n^* = \sum_{n=1}^{\infty} \frac{s^n}{n} P\{S_n < 0\}.$$

22. 关于最后一个最大值. 我们不考虑 12.8 节中的变量 K_n，而考虑部分和 $S_0, \cdots, S_n$ 的最后一个最大值的指标 K_n^*. 利用上题的记号，证明

$$P\{K_n^* = k\} = p_k^* q_{n-k}^*.$$

23. 12.8 节定理 2 的另一形式. $S_0, \cdots, S_n$ 中非负项的数目 Π_n^* 的分布和上题中的变量 K_n^* 的分布相同. 应用定理 2 于 $(-X_n, -X_{n-1}, \cdots, -X_1)$ 来证明这个结论.

24. 如果把 $S_0, \cdots, S_n$ 中第 1 个最大值换成最后一个最大值，并把正部分和的个数换成 $S_1, \cdots, S_n$（除去 $S_0 = 0$）中非负项的个数，那么 12.8 节的组合引理 2 仍然成立. 除了不等号的明显改变外，证明是相同的. 引理 3 可以同样的方式搬过来.

第 13 章 拉普拉斯变换、陶伯定理、预解式

拉普拉斯变换是一种强有力的工具，同时它们的理论的本身也有其内在价值，并为其他理论（例如半群理论）开避道路. 完全单调函数定理和陶伯基本定理一直被认为是硬分析的明珠.（虽然现在的证明是简单初等的，但是这方面的先驱工作却需要独创性和才能.）预解式（13.9 节和 13.10 节）是半群理论的基础.

因为本章必须适应各种各样的需要，所以为了在本章题目所容许的范围内尽量使各部分保持独立，并且尽可能省略其细节，我做了很大的努力. 第 14 章可以作为课外读物并且可以提供例子. 本书的其余部分完全和本章无关.

尽管经常出现正则变化函数，但是我们只用到了 8.8 节中十分初等的定理 1.

13.1 定义、连续性定理

定义 1 *如果 F 是集中于 $\overline{0,\infty}$ 上的正常概率分布或亏损概率分布，那么 F 的拉普拉斯变换 φ 是由*

$$\varphi(\lambda)=\int_0^\infty \mathrm{e}^{-\lambda x}F\{\mathrm{d}x\},\quad \lambda\geqslant 0 \tag{13.1.1}$$

定义的函数.

从今以后，我们认为积分区间是闭的（并且可以换成 $\overline{-\infty,\infty}$）. 每当我们谈到分布 F 的拉普拉斯变换时，我们自然认为 F 是集中于 $\overline{0,\infty}$ 上的. 与通常一样，我们延伸语言，谈及"随机变量 X 的拉普拉斯变换"，其含义是它的分布的变换. 于是利用普通的期望的记号，我们有

$$\varphi(\lambda)=E(\mathrm{e}^{-\lambda \mathrm{X}}). \tag{13.1.2}$$

例 (a) 设 X 以概率 $p_0,p_1,\cdots$ 取值 $0,1,\cdots$. 于是 $\varphi(\lambda)=\sum p_n\mathrm{e}^{-n\lambda}$，而母函数是 $P(s)=\sum p_ns^n$. 因此，$\varphi(\lambda)=P(\mathrm{e}^{-\lambda})$，拉普拉斯变换与母函数的不同之处仅在于变量替换 $s=\mathrm{e}^{-\lambda}$. 这说明为什么拉普拉斯变换的性质与母函数的性质那么相似.

(b) 密度为 $f_\alpha(x)=(x^{\alpha-1}/\Gamma(\alpha))\mathrm{e}^{-x}$ 的 Γ 分布的变换是

$$\varphi_\alpha(\lambda)=\frac{1}{\Gamma(\alpha)}\int_0^\infty \mathrm{e}^{-(\lambda+1)x}x^{\alpha-1}\mathrm{d}x=\frac{1}{(\lambda+1)^\alpha},\quad \alpha>0. \tag{13.1.3}$$

下一定理说明，分布可由它的变换来确定. 若没有这一点，拉普拉斯变换的用途将是很有限的.

定理 1 （唯一性）*不同的概率分布有不同的拉普拉斯变换.*

第一种证明 (7.6.4) 中我们有这样一个明显的反演公式，使得在已知 F 的变换时我们可以用此公式来计算 F. 我们将在 13.4 节中重新推导这个公式.

第二种证明 设 $y = \mathrm{e}^{-x}$. 当 x 从 0 变到 ∞ 时，变量 y 从 1 变到 0. 我们现在通过在连续点上令 $G(y) = 1 - F(x)$ 来定义一个集中于 $\overline{0,1}$ 上的概率分布 G. 于是

$$\varphi(\lambda) = \int_0^\infty \mathrm{e}^{-\lambda x} F\{\mathrm{d}x\} = \int_0^1 y^\lambda G\{\mathrm{d}y\}, \tag{13.1.4}$$

此式由下列事实来看是显然的：黎曼和 $\sum \mathrm{e}^{-\lambda x_k}[F(x_{k+1}) - F(x_k)]$ 与 $y_k = \mathrm{e}^{-x_k}$ 时的黎曼和 $\sum y_k^\lambda [G(y_k) - G(y_{k+1})]$ 一致. 由 7.3 节我们知道分布 G 由它的矩唯一确定，这些矩由 $\varphi(k)$ 给出. 于是 $\varphi(1), \varphi(2), \cdots$ 确定了 G，从而确定了 F. 这个结果比本定理的断言更强. ① ■

下列基本结果是定理 1 的简单推论.

定理 2 （连续性定理）*对 $n = 1, 2, \cdots$，设 F_n 是变换为 φ_n 的概率分布.*

如果 $F_n \to F$，其中 F 是变换为 φ 的可能为亏损的分布，那么对于 $\lambda > 0$ 有 $\varphi_n(\lambda) \to \varphi(\lambda)$.

反之，如果对每个 $\lambda > 0$，序列 $\{\varphi_n(\lambda)\}$ 收敛于一个极限 $\varphi(\lambda)$，那么 φ 是一个可能为亏损的分布 F 的变换，并且 $F_n \to F$.

极限 F 不是亏损的，当且仅当 $\lambda \to 0$ 时 $\varphi(\lambda) \to 1$.

证 第 1 部分已包含在 8.1 节的基本收敛定理中了. 对于第 2 部分，我们利用 8.6 节的选择定理 1. 设 $\{F_{n_k}\}$ 是一个收敛于可能为亏损的分布 F 的子序列. 根据定理的第 1 部分，这些变换收敛于 F 的拉普拉斯变换. 由此推出，F 是拉普拉斯变换为 φ 的唯一分布，从而所有收敛的子序列收敛于同一极限 F. 这蕴涵 F_n 收敛于 F. 由 (13.1.1)，定理的最后断言是显然的. ■

为了叙述清楚，我们尽可能使字母 F 只表示概率分布，但是代替 (13.1.1)，我们考虑形如

$$\omega(\lambda) = \int_0^\infty \mathrm{e}^{-\lambda x} U\{\mathrm{d}x\} \tag{13.1.5}$$

---

① 更一般地说，一个完全单调函数由它在使 $\sum a_n^{-1}$ 发散的点列 $\{a_n\}$ 上的值唯一确定. 然而，如果 $\sum a_n^{-1}$ 收敛，那么存在两个不同的完全单调函数，它们在所有的点 a_n 上都重合. 关于这个著名定理的初等证明，见 W. Feller, *On Müntz' theorem and completely monotone functions*, Amer. Math. Monthly, vol. 75 (1968), pp. 342-350.

的更一般的积分，其中 U 是对有限区间 I 赋予有限质量 $U\{I\}$，但可以对正半轴赋予无限质量的测度. 照例，我们可以利用由 $U(x)=U\{\overline{0,x}\}$ 定义的非正常分布函数来方便地描述这个测度. 在 U 是某一函数 $u\geqslant 0$ 的积分这一重要特殊情形下，积分 (13.1.5) 化为

$$\omega(\lambda)=\int_0^\infty \mathrm{e}^{-\lambda x}u(x)\mathrm{d}x. \tag{13.1.6}$$

(c) 如果 $u(x)=x^a$，其中 $a>-1$，那么对于所有的 $\lambda>0$ 有 $\omega(\lambda)=\Gamma(a+1)/\lambda^{a+1}$.

(d) 如果 $u(x)=\mathrm{e}^{ax}$，那么对于 $\lambda>a>0$ 有 $\omega(\lambda)=1/(\lambda-a)$，但是积分 (13.1.6) 对 $\lambda\leqslant a$ 发散.

(e) 如果 $u(x)=\mathrm{e}^{x^2}$，那么积分 (13.1.6) 处处发散.

(f) 由 (13.1.1) 通过微分得到

$$-\varphi'(\lambda)=\int_0^\infty \mathrm{e}^{-\lambda x}xF\{\mathrm{d}x\}, \tag{13.1.7}$$

这是一个形如 (13.1.5) 的积分，其中 $U\{\mathrm{d}x\}=xF\{\mathrm{d}x\}$. 这个例子说明形如 (13.1.5) 的积分在与正常概率分布有关的问题中是怎样自然地出现的. ■

我们主要对从概率分布通过简单的运算导出的测度 U 感兴趣，(13.1.5) 的积分一般说来对所有的 $\lambda>0$ 都收敛. 但是排除只对某些 λ 收敛的测度，我们也得不到什么东西. 由于 $\omega(a)<\infty$ 蕴涵对于所有的 $\lambda>a$ 有 $\omega(\lambda)<\infty$，从而使 (13.1.5) 中的积分收敛的 λ 的值充满区间 $\overline{a,\infty}$.

定义 2 设 U 是一个集中于 $\overline{0,\infty}$ 上的测度. 如果 (13.1.5) 中的积分对 $\lambda>a$ 收敛，那么对 $\lambda>a$ 定义的函数 ω 称为 U 的拉普拉斯变换.

如果 U 有密度 u，那么 U 的拉普拉斯变换 (13.1.6) 也称为 u 的普通拉普拉斯变换.

上一约定只是为了方便才引入的. 如果要进行系统的讨论，我们应考虑形如

$$\int_0^\infty \mathrm{e}^{-\lambda x}v(x)U\{\mathrm{d}x\} \tag{13.1.8}$$

的更一般的积分，并称它们为“v 关于测度 U 的拉普拉斯变换”. 于是 (13.1.6) 是“u 关于拉普拉斯测度（或普通长度）的变换”. 这有一个理论上的优点，即可以考虑可改变符号的函数 u 和 v. 为了本书的目的，最简单且最准确的方法是只把拉普拉斯变换和测度联系起来，我们将这样做. ①

① 术语还未统一，在文献中术语“F 的拉普拉斯变换”既可指 (13.1.1)，也可指 (13.1.6). 我们把 (13.1.6) 称为“分布函数 F 的普通拉普拉斯变换”，但是，主要讨论这种变换的书通常省略了限制词“普通”. 为了在这些情形下不发生混淆，我们称变换 (13.1.1) 为拉普拉斯–斯蒂尔切斯（Laplace-Stieltjes）变换.

如果 U 是一个使 (13.1.5) 中的积分对 $\lambda = a$ 收敛的测度，那么对所有的 $\lambda > 0$,

$$\omega(\lambda + a) = \int_0^\infty \mathrm{e}^{-\lambda x} \cdot \mathrm{e}^{-ax} U\{\mathrm{d}x\} = \int_0^\infty \mathrm{e}^{-\lambda x} U^\#\{\mathrm{d}x\} \tag{13.1.9}$$

是有界测度 $U^\#\{\mathrm{d}x\} = \mathrm{e}^{-ax}U\{\mathrm{d}x\}$ 的拉普拉斯变换，$\omega(\lambda + a)/\omega(a)$ 是一个概率分布的拉普拉斯变换. 每个关于概率分布的变换的定理可以用这种方法推广到一类更广泛的测度上去. 由于新变换 $\omega(\lambda + a)$ 的图形是由 ω 的图形经过平移得到的，所以我们把这个极有用的方法称为平移原理. 例如，因为 U 唯一地由 $U^\#$ 确定，且 $U^\#$ 唯一地由 $\lambda > 0$ 的 $\omega(\lambda + a)$ 确定，所以我们可以把定理 1 推广如下.

定理 1a 一个测度 U 由它在某区间 $a < \lambda < \infty$ 上的拉普拉斯变换 (13.1.5) 的值唯一确定.

推论 一个连续函数 u 由它在某区间 $a < \lambda < \infty$ 上的普通拉普拉斯变换 (13.1.6) 的值唯一确定.

证 变换唯一地确定了 u 的积分 U，两个不同的连续[①] 函数不可能有相同的积分. ■

[一个用 ω 表示 u 的显式公式已在 (7.6.6) 中给出.]

连续性定理可类似地推广到具有拉普拉斯交换的任意测度 U_n 的序列上去. U_n 有拉普拉斯交换这个事实蕴涵对于有限区间 I 有 $U_n\{I\} < \infty$. 我们由 8.1 节和 8.6 节知道，为使这样的测度序列收敛于一个测度 U，当且仅当对于 U 的每个有限连续区间有 $U_n\{I\} \to U\{I\} < \infty$.

定理 2a （广义连续性定理）对于 $n = 1, 2, \cdots$，设 U_n 是具有拉普拉斯变换 ω_n 的测度. 如果对于 $\lambda > a$ 有 $\omega_n(\lambda) \to \omega(\lambda)$，那么 ω 是一个测度 U 的拉普拉斯变换，并且 $U_n \to U$.

反之，如果 $U_n \to U$ 且序列 $\{\omega_n(a)\}$ 是有界的，那么对于 $\lambda > a$ 有 $\omega_n(\lambda) \to \omega(\lambda)$.

证 (a) 假设 $U_n \to U$，$\omega_n(a) < A$. 如果 $t > 0$ 是 U 的连续点，那么

$$\int_0^t \mathrm{e}^{-(\lambda+a)x} U_n\{\mathrm{d}x\} \to \int_0^t \mathrm{e}^{-(\lambda+a)x} U\{\mathrm{d}x\}, \tag{13.1.10}$$

左边与 $\omega_n(\lambda + a)$ 之差至多为

$$\int_t^\infty \mathrm{e}^{-(\lambda+a)x} U_n\{\mathrm{d}x\} < A\mathrm{e}^{-\lambda t}, \tag{13.1.11}$$

选取充分大的 t 可使上式 $< \varepsilon$. 这就是说，$\omega_n(\lambda + a)$ 的上、下极限之差小于任意的 ε，因此对于每个 $\lambda > 0$，序列 $\{\omega_n(\lambda + a)\}$ 收敛于一个有限的极限.

① 同一论证说明，一般说来，除一零测集外，u 是确定的.

(b) 假设对于 $\lambda > a$ 有 $\omega_n(\lambda) \to \omega(\lambda)$. 对于固定的 $\lambda_0 > a$，函数 $\omega_n(\lambda+\lambda_0)/\omega_n(\lambda_0)$ 是概率分布 $U_n^{\#}\{dx\} = (1/\omega_n(\lambda_0))e^{-\lambda_0 x}U_n\{dx\}$ 的拉普拉斯变换. 因此，根据连续性定理，$U_n^{\#}$ 收敛于一个可能为亏损的分布 $U^{\#}$，这蕴涵 U_n 收敛于一个这样的测度 U，使得 $U\{dx\} = \omega(\lambda_0)e^{\lambda_0 x}U^{\#}\{dx\}$. ■

下列例子说明了 $\{\omega_n(a)\}$ 有界这个条件的必要性.

例 (g) 设 U_n 对点 n 赋予质量 e^{n^2}，对于 n 的余集赋予质量 0. 因为 $U_n\{\overline{0,n}\} = 0$，所以我们有 $U_n \to 0$，但是对于所有的 $\lambda > 0$ 有 $\omega_n(\lambda) = e^{n(n-\lambda)} \to \infty$. ■

我们有时谈到具有两个尾部的分布 F 的**双侧变换**，即

$$\varphi(\lambda) = \int_{-\infty}^{+\infty} e^{-\lambda x} F\{dx\}, \tag{13.1.12}$$

但是这个函数对任一 $\lambda \neq 0$ 都不一定存在. 如果它存在，那么常称 $\varphi(-\lambda)$ 为**矩母函数**，但实际上它是序列 $\{\mu_n/n!\}$ 的母函数，其中 μ_n 是 n 阶矩.

13.2 基本性质

本节我们列举拉普拉斯变换的最常用的性质，与母函数的类似性是明显的.

(i) **卷积.** 设 F 和 G 是概率分布，U 是它们的卷积，即

$$U(x) = \int_0^x G(x-y)F\{dy\}. \tag{13.2.1}$$

相应的拉普拉斯变换服从**乘积法则**

$$\omega = \varphi\gamma. \tag{13.2.2}$$

这等价于下面的断言：对于独立随机变量，$E(e^{-\lambda(X+Y)}) = E(e^{-\lambda X})E(e^{-\lambda Y})$，这是期望的乘积法则的一个特殊情形.①

如果 F 和 G 有密度 f 和 g，那么 U 的密度为

$$u(x) = \int_0^x g(x-y)f(y)dy, \tag{13.2.3}$$

乘积法则 (13.2.2) 可应用于 f、g 和 u 的“普通”拉普拉斯变换 (13.1.6).

我们现在来说明，乘积法则可以推广如下. 设 F 和 G 是具有对 $\lambda > 0$ 收敛的拉普拉斯变换 φ 和 γ 的任意测度. 那么卷积 U 的拉普拉斯变换 ω 由 (13.2.2)

① 其逆是错误的：两个相依变量的和的分布可能由卷积公式给出. [见 2.4 节 (e) 和 3.9 节的习题 1.]

给出. 特别地, 这蕴涵乘积法则可应用于任意两个函数 f 和 g 及其卷积 (13.2.3) 的"普通"变换.

为了证明这个断言，我们引入一个有限测度 F_n，它是用如下方式截断 F 得到的：对于 $x \leqslant n$，我们令 $F_n(x) = F(x)$，但是对 $x > n$ 我们令 $F_n(x) = F(n)$. 可以通过截断 G 来类似地定义 G_n. 对于 $x < n$，卷积 $U_n = F_n * G_n$ 与 U 相同，从而不仅有 $F_n \to F$ 和 $G_n \to G$，而且有 $U_n \to U$. 对于相应的拉普拉斯变换，我们有 $\omega_n = \varphi_n\gamma_n$，令 $n \to \infty$ 就得到断言 $\omega = \varphi\gamma$.

例 (a) **Γ 分布.** 13.1 节例 (b) 中的卷积法则 $f_\alpha * f_\beta = f_{\alpha+\beta}$ 反映在明显的关系式 $\varphi_\alpha\varphi_\beta = \varphi_{\alpha+\beta}$ 中.

(b) **幂.** 对于 $u_\alpha(x) = x^{\alpha-1}/\Gamma(\alpha)$，有一个相应的普通拉普拉斯变换 $\omega_\alpha(\lambda) = \lambda^{-\alpha}$. 由此推出 u_α 和 u_β 的卷积 (13.2.3) 由 $u_{\alpha+\beta}$ 给出. 因为 $\varphi_\alpha(\lambda) = \omega_\alpha(\lambda+1)$，所以上例可由此结果利用平移原理推出.

(c) *如果 $a > 0$，那么 $\mathrm{e}^{-a\lambda}\omega(\lambda)$ 是分布函数为 $U(x-a)$ 的测度的拉普拉斯变换*. 这从定义来看是显然的，但也可以看作卷积定理的特殊情形，因为 $\mathrm{e}^{-a\lambda}$ 是集中于点 a 上的分布的变换. ■

(ii) **导数与矩.** 如果 F 是一个概率分布，φ 是它的拉普拉斯变换 (13.1.1)，那么 φ 具有各阶导数，它们由下式给出：

$$(-1)^n\varphi^{(n)}(\lambda) = \int_0^\infty \mathrm{e}^{-\lambda x}x^n F\{\mathrm{d}x\} \tag{13.2.4}$$

(与平常一样，$\lambda > 0$). 我们可以在积分号下取微分，因为新的被积函数是有界连续函数.

由此特别地推出，*F 有有限的 n 阶矩，当且仅当存在有限的极限 $\varphi^{(n)}(0)$*. 因此，对于一个随机变量 X，利用发散情形下的明显的约定，我们可以记

$$E(X) = -\varphi'(0), \quad E(X^2) = \varphi''(0). \tag{13.2.5}$$

微分法则 (13.2.4) 对任意的测度 F 仍然成立.

(iii) **分部积分.** 在 (13.1.1) 中利用分部积分法可得

$$\int_0^\infty \mathrm{e}^{-\lambda x}F(x)\mathrm{d}x = \frac{\varphi(\lambda)}{\lambda}, \quad \lambda > 0. \tag{13.2.6}$$

对于概率分布，有时最好利用尾部来改写 (13.2.6)：

$$\int_0^\infty \mathrm{e}^{-\lambda x}[1-F(x)]\mathrm{d}x = \frac{1-\varphi(\lambda)}{\lambda}. \tag{13.2.7}$$

它对应于第 1 卷 11.1 节母函数公式 (11.1.6).

(iv) **尺度的改变.** 由 (13.1.2) 可得，对于每个固定的 $a>0$ 有 $E(\mathrm{e}^{-a\lambda X})=\varphi(a\lambda)$，从而 $\varphi(a\lambda)$ 是分布 $F\{\mathrm{d}x/a\}$[分布函数为 $F(x/a)$] 的变换. 这个关系式被经常利用.

(d) **大数定律.** 设 $X_1,X_2,\cdots$ 是有相同的拉普拉斯变换 φ 的独立随机变量. 假设 $E(X_j)=\mu$. 和 $X_1+\cdots+X_n$ 的拉普拉斯变换为 φ^n. 因此，平均值 $[X_1+\cdots+X_n]/n$ 的变换为 $\varphi^n(\lambda/n)$. 在原点附近 $\varphi(\lambda)=1-\mu\lambda+o(\lambda)$ [见 (13.2.5)]，从而当 $n\to\infty$ 时有

$$\lim\varphi^n\left(\frac{\lambda}{n}\right)=\lim\left(1-\frac{\mu\lambda}{n}\right)^n=\mathrm{e}^{-\mu\lambda}. \tag{13.2.8}$$

但是 $\mathrm{e}^{-\mu\lambda}$ 是集中于 μ 上的分布的拉普拉斯变换，因此 $[X_1+\cdots+X_n]/n$ 的分布趋于这个极限. 这是辛钦弱大数定律，它不要求方差存在. 确实，其证明只能直接应用于正变量，但是它说明了拉普拉斯变换方法的优美. ■

13.3 例

例 (a) **均匀分布.** 设 F 表示集中于 $\overline{0,1}$ 上的均匀分布. 它的拉普拉斯变换为 $\varphi(\lambda)=(1-\mathrm{e}^{-\lambda})/\lambda$. 利用二项展开式可知，$n$ 重卷积 $F^{n\star}$ 的变换为

$$\varphi^n(\lambda)=\sum_{k=0}^{n}(-1)^k\binom{n}{k}\mathrm{e}^{-\lambda k}\lambda^{-n}. \tag{13.3.1}$$

因为 λ^{-n} 是对应于 $U(x)=x^n/n!$ 的变换，所以 13.2 节例 (c) 说明 $\mathrm{e}^{-\lambda k}\lambda^{-n}$ 对应于 $(x-k)_+^n/n!$，其中 x_+ 表示这样一个函数，当 $x\leqslant 0$ 时它等于 0，当 $x\geqslant 0$ 时它等于 x. 因此，

$$F^{n\star}(x)=\frac{1}{n!}\sum_{k=0}^{n}(-1)^k\binom{n}{k}(x-k)_+^n. \tag{13.3.2}$$

我们在 (1.9.5) 中利用直接计算导出过这个公式，在第 1 卷第 11 章的习题 20 中也用取极限的方法导出过这个公式.

(b) **指数为 $\frac{1}{2}$ 的稳定分布.** 分布函数

$$G(x)=2[1-\mathfrak{N}(1/\sqrt{x})],\quad x>0 \tag{13.3.3}$$

（其中 $\mathfrak{N}$ 是标准正态分布）有拉普拉斯变换

$$\gamma(\lambda)=\mathrm{e}^{-\sqrt{2\lambda}}. \tag{13.3.4}$$

这可用初等的计算来验证，但这些计算是相当冗长的，我们最好用第 1 卷 3.7 节中的极限定理 3 来推导 (13.3.4). 在这个定理中，我们首次遇到了分布 G. 考虑简单的对称随机游动（掷硬币），用 T 表示首次返回原点的时刻. 所引用的极限定理指出，G 是正规和 $(T_1+\cdots+T_n)/n^2$ 的极限分布，其中 $T_1,T_2,\cdots$ 是与 T 同分布的独立随机变量. 根据第 1 卷 (11.3.14)，T 的母函数为 $f(s)=1-\sqrt{1-s^2}$，因此

$$\gamma(\lambda)=\lim[1-\sqrt{1-\mathrm{e}^{-2\lambda/n^2}}]^n=\lim\left[1-\frac{\sqrt{2\lambda}}{n}\right]^n=\mathrm{e}^{-\sqrt{2\lambda}}. \tag{13.3.5}$$

我们曾经多次说过 G 是一个**稳定分布**，但是直接通过计算验证是麻烦的. 现在显然有 $\gamma^n(\lambda)=\gamma(n^2\lambda)$，这和 $G^{n\star}(x)=G(n^{-2}x)$ 相同，这样我们毫不费力地证明了稳定性.

(c) **幂级数与混合.** 设 F 是一个拉普拉斯变换为 $\varphi(\lambda)$ 的概率分布. 我们一再遇到形如

$$G=\sum_{k=0}^{\infty}p_kF^{k\star} \tag{13.3.6}$$

的分布，其中 $\{p_k\}$ 是一个概率分布. 如果 $P(s)=\sum p_ks^k$ 表示 $\{p_k\}$ 的母函数，那么 G 的拉普拉斯变换显然为

$$\gamma(\lambda)=\sum_{k=0}^{\infty}p_k\varphi^k(\lambda)=P(\varphi(\lambda)). \tag{13.3.7}$$

这个原理可以推广到具有正系数的任意幂级数上去. 我们转向特殊的应用.

(d) **贝塞尔函数密度.** 在 2.7 节例 (c) 中我们曾看到，对于 $r=1,2\cdots$，密度

$$v_r(x)=\mathrm{e}^{-x}\frac{r}{x}I_r(x) \tag{13.3.8}$$

对应于一个形如 (13.3.6) 的分布，其中 F 是一个满足 $\varphi(\lambda)=1/(\lambda+1)$ 的指数分布，$\{p_k\}$ 是普通对称随机游动中首次通过点 $r>0$ 的时刻的分布. 这个分布的母函数是

$$P(s)=\left(\frac{1-\sqrt{1-s^2}}{s}\right)^r \tag{13.3.9}$$

[见第 1 卷 (11.3.6)]. 代入 $s=(1+\lambda)^{-1}$，我们得到：概率密度 (13.3.8) 的普通拉普拉斯变换为

$$[\lambda+1-\sqrt{(\lambda+1)^2-1}]^r. \tag{13.3.10}$$

我们只对 $r=1,2,\cdots$ 证明了 v_r 是一个概率密度，且 (13.3.10) 是它的拉普拉斯变换. 但是，这个结论对所有的 $r>0$ 都是正确的[①]. 它具有概率意义，因为它蕴涵卷积公式 $v_r * v_s = v_{r+s}$，从而蕴涵 v_r 的无穷可分性（见 13.7 节）.

(e) **另一个贝塞尔密度.** 在 (13.3.6) 中取 F 为满足 $\varphi(\lambda)=1/(\lambda+1)$ 的指数分布，取 $\{p_k\}$ 为满足 $P(s)=\mathrm{e}^{-t+ts}$ 的泊松分布. 容易明确地计算 G，但是这个任务幸好已在 2.7 节例 (a) 中完成了. 我们在那里曾看出，(2.7.2) 中定义的密度

$$w_\rho(x)=\mathrm{e}^{-t-x}\sqrt{(x/t)^\rho}I_\rho(2\sqrt{tx}) \tag{13.3.11}$$

是我们的分布 G 与 Γ 密度 $f_{1,\rho+1}$ 的卷积. 由此推出，w_ρ 的普通拉普拉斯变换是我们的 γ 与 $f_{1,\rho+1}$ 的变换 $(\lambda+1)^{\rho+1}$ 的乘积. 因此，**概率密度** (13.3.11) 的拉普拉斯变换为

$$\frac{1}{(\lambda+1)^{\rho+1}}\mathrm{e}^{-t+t/(\lambda+1)}. \tag{13.3.12}$$

对于 $t=1$，利用平移法则 (13.1.9) 可以看出，$\sqrt{x^\rho}I_\rho(2\sqrt{x})$ 的普通拉普拉斯变换为 $\lambda^{-\rho-1}\mathrm{e}^{1/\lambda}$.

(f) **指数密度的混合.** 设密度 f 具有形式

$$f(x)=\sum_{k=1}^{n}p_k a_k \mathrm{e}^{-a_k x},\quad p_k>0,\quad \sum_{k=1}^{n}p_k=1, \tag{13.3.13}$$

为确定起见，假设 $0<a_1<\cdots<a_n$. 对应的拉普拉斯变换为

$$\varphi(\lambda)=\sum_{k=1}^{n}p_k\frac{a_k}{\lambda+a_k}=\frac{Q(\lambda)}{P(\lambda)}, \tag{13.3.14}$$

其中 P 是一个根为 $-a_1,\cdots,-a_n$ 的 n 次多项式，Q 是一个 $n-1$ 次多项式. 反之，对于任意一个 $n-1$ 次多项式 Q，比 $Q(\lambda)/P(\lambda)$ 有形如 (13.3.14) 的部分分式展开式，其中

$$a_r p_r=\frac{Q(-a_r)}{P'(-a_r)}. \tag{13.3.15}$$

[见第 1 卷 (11.4.5)]. 为使 (13.3.14) 对应于一个混合 (13.3.13)，当且仅当 $p_r>0$ 且 $Q(0)/P(0)=1$. 由 P 的图形显然可见，$P'(-a_r)$ 和 $P'(-a_{r+1})$ 一定具有相反的符号. 因此，$Q(-a_r)$ 和 $Q(-a_{r+1})$ 也一定有相反符号. 换句话说，Q 必定在

① 这个结果应归功于韦伯（H. Weber）. 他给出的极其困难的分析证明现在已被 J. Soc. Industr. Appl. Math., vol. 14 (1966), pp. 864-875 中的初等证明所代替.

$-a_r$ 和 $-a_{r+1}$ 之间有一个根 $-b_r$. 但是，因为 Q 不可能有 $n-1$ 个以上的根 $-b_r$，所以这些根一定满足

$$0 < a_1 < b_1 < a_2 < b_2 < \cdots < b_{n-1} < a_n. \tag{13.3.16}$$

这就保证了所有的 p_r 是同号的，我们得到了下列结论：设 P 和 Q 分别是 n 次和 $n-1$ 次多项式，并且 $Q(0)/P(0)=1$. 为使 $Q(\lambda)/P(\lambda)$ 是指数密度的某一混合 (13.3.13) 的拉普拉斯变换，当且仅当 P 的根 $-a_r$ 和 Q 的根 $-b_r$ 是互不相同的，并且（以适当的编号）满足 (13.3.16). ■

13.4　完全单调函数、反演公式

正如我们在 7.2 节中所看到的那样，为使 $\overline{0,1}$ 上的函数 f 是一个正序列 $\{f_n\}$ 的母函数，当且仅当 f 是绝对单调的，即只要 f 为无穷可微的且其各阶导数均为正的. 对拉普拉斯变换也有类似的定理，所不同的只是现在的导数的符号是交错的.

定义 1　$\overline{0,\infty}$ 上的一个函数 φ 是完全单调的，如果它的各阶导数 $\varphi^{(n)}$ 均存在，并且

$$(-1)^n\varphi^{(n)}(\lambda) \geqslant 0, \quad \lambda > 0. \tag{13.4.1}$$

当 $\lambda\to 0$ 时 $\varphi^{(n)}(\lambda)$ 趋近于有限或无限的极限，我们把它表示为 $\varphi^{(n)}(0)$. 典型的例子是 $1/\lambda$ 和 $1/(1+\lambda)$.

下述优美的定理（为 S. 伯恩斯坦在 1928 年得到的）是许多研究的出发点，其证明已经逐步地被简化了. 我们能够给出一个极其简单的证明，因为作为大数定律的推论而得到的 7.2 节的定理 2 中关于母函数的特征的叙述已为它打下了基础.

定理 1　为使 $\overline{0,\infty}$ 上的函数 φ 是一个概率分布 F 的拉普拉斯变换，当且仅当它是完全单调的，并且 $\varphi(0)=1$.

我们将证明这个定理的一种变形，这种变形以更一般的形式出现，但是它实际上可借助于 (13.1.9) 中所述的平移原理由原来的形式（定理 1）导出.

定理 1a　$\overline{0,\infty}$ 上的函数 φ 是完全单调的，当且仅当它具有如下形式：

$$\varphi(\lambda) = \int_0^\infty \mathrm{e}^{-\lambda x} F\{\mathrm{d}x\}, \quad \lambda > 0, \tag{13.4.2}$$

其中 F 不一定是 $\overline{0,\infty}$ 上的有限测度.

（按照最初的约定，积分区间是闭的；F 在原点的可能的原子使得 $\varphi(\infty)>0$.）

证 条件的必要性可像在 (13.2.4) 中那样用形式微分推出. 假设 φ 是完全单调的，对于固定的 $a>0$ 和 $0<s<1$，把 $\varphi(a-as)$ 看成 s 的函数. 它的各阶导数显然是正的，根据 7.2 节的定理 2，泰勒展开式

$$\varphi(a-as)=\sum_{n=0}^{\infty}\frac{(-a)^n\varphi^{(n)}(a)}{n!}s^n \tag{13.4.3}$$

对 $0\leqslant s<1$ 成立. 于是

$$\varphi_a(\lambda)=\varphi(a-a\mathrm{e}^{-\lambda/a})=\sum_{n=0}^{\infty}\frac{(-a)^n\varphi^{(n)}(a)}{n!}\mathrm{e}^{-n\lambda/a} \tag{13.4.4}$$

是一个对点 n/a 赋予质量 $(-a)^n\varphi^{(n)}(a)/n!$（其中 $n=1,2,\cdots$）的算术测度的拉普拉斯变换. 于是当 $a\to\infty$ 时 $\varphi_a(\lambda)\to\varphi(\lambda)$. 因此，根据广义连续性定理，存在这样的一个测度 F，使得 $F_a\to F$，并且 φ 是它的拉普拉斯变换. ■

我们不但证明了定理 1a，而且关系式 $F_a\to F$ 可以改述成以下重要的定理.

定理 2 （反演公式）*如果（13.4.2）对于 $\lambda>0$ 成立，那么在所有的连续点上*[①]，

$$F(x)=\lim_{a\to\infty}\sum_{n\leqslant ax}\frac{(-a)^n}{n!}\varphi^{(n)}(a). \tag{13.4.5}$$

这个公式具有重大的理论意义，并且利用它可以得出许多结论. 下述有界性准则可以作为一个对半群理论特别有用的例子（见习题 13).

推论 *为使 φ 具有形式*

$$\varphi(\lambda)=\int_0^{\infty}\mathrm{e}^{-\lambda x}f(x)\mathrm{d}x, \tag{13.4.6}$$

其中 $0\leqslant f\leqslant C$，当且仅当对于所有的 $a>0$，

$$0\leqslant\frac{(-a)^n\varphi^{(n)}(a)}{n!}\leqslant\frac{C}{a}. \tag{13.4.7}$$

证 在 (13.4.6) 的两边取微分，我们得到 (13.4.7) [见 (13.2.4)]. 反之，(13.4.7) 蕴涵 φ 是完全单调的，从而是一个测度 F 的变换. 把 (13.4.7) 代入 (13.4.5)，我们可得，对于任一对 $x_1<x_2$，

$$F(x_2)-F(x_1)\leqslant C(x_2-x_1).$$

---

① 反演公式 (13.4.5) 在 (7.6.4) 中作为大数定律的直接推论曾被导出过. 在 (7.6.6) 中对形如 (13.4.6) 的积分（其中 f 为连续的，但不一定是正的）我们有类似的反演公式.

这就是说，F 有有界差商，因此 F 是一个函数 $f \leqslant C$ 的积分（见 5.3 节）. ■

定理 1 导出了一个检验一给定的函数是不是一个概率分布的拉普拉斯变换的简单方法. 标准的技巧可用下列准则的证明来说明.

准则 1　如果 φ 和 ψ 是完全单调的，那么它们的乘积 $\varphi\psi$ 也是完全单调的.

证　我们用归纳法来证明，$\varphi\psi$ 的导数的符号是交错的. 假设对于每对完全单调函数 φ, ψ 有 $\varphi\psi$ 的前 n 个导数的符号是交错的. 由于 $-\varphi'$ 和 $-\psi'$ 是完全单调的，所以归纳法假设可应用于乘积 $-\varphi'\psi$ 和 $-\varphi\psi'$，从 $-(\varphi\psi)' = -\varphi'\psi - \varphi\psi'$ 我们可得，$\varphi\psi$ 的前 $n+1$ 个导数的符号是交错的. 因为这个假设对 $n=1$ 显然是正确的，从而这个准则得证. ■

利用同样的证明可以得到下列有用的准则.

准则 2　如果 φ 是完全单调的，ψ 是一个有完全单调导数的正函数，那么 $\varphi(\psi)$ 是完全单调的.（特别地，$\mathrm{e}^{-\psi}$ 是完全单调的.）

典型的应用将在 13.6 节和下例中给出，此例经常以不必要的复杂形式出现在文献中.

例　(a) **一个出现在分支过程中的方程.** 设 φ 是一个期望为 $0 < \mu \leqslant \infty$ 的概率分布 F 的拉普拉斯变换，并设 $c > 0$. 我们来证明方程

$$\beta(\lambda) = \varphi(\lambda + c - c\beta(\lambda)) \tag{13.4.8}$$

有唯一根 $\beta(\lambda) \leqslant 1$，并且 β 是一个分布 B 的拉普拉斯变换. B 是正常分布，当且仅当 $\mu c \leqslant 1$，否则 B 是亏损分布.

（关于应用和参考文献见 14.4 节.）

证　对于固定的 $\lambda > 0$ 和 $0 \leqslant s \leqslant 1$，考虑方程

$$\varphi(\lambda + c - cs) - s = 0. \tag{13.4.9}$$

左边是一个凸函数，它在 $s = 1$ 上取负值，在 $s = 0$ 上取正值. 由此推出存在唯一的一个根.

为了证明根 $\beta(\lambda)$ 是一个拉普拉斯变换，令 $\beta_0 = 0$，并递推地令 $\beta_{n+1} = \varphi(\lambda + c - c\beta_n)$. 于是 $\beta_0 \leqslant \beta_1 \leqslant 1$，因为 φ 是递减的，所以这蕴涵 $\beta_1 \leqslant \beta_2 \leqslant 1$，根据归纳法知 $\beta_n \leqslant \beta_{n+1} \leqslant 1$. 有界单调序列 $\{\beta_n\}$ 的极限满足 (13.4.8)，从而有 $\beta = \lim \beta_n$. $\beta_1(\lambda) = \varphi(\lambda + c)$ 是完全单调的，利用准则 2 可以递推地说明 $\beta_2, \beta_3, \cdots$ 是完全单调的. 根据连续性定理，极限 β 也是完全单调的，从而 β 是一个测度 B 的拉普拉斯变换. 因为对于所有的 λ 有 $\beta(\lambda) \leqslant 1$，所以 B 的总质量 $\beta(0) \leqslant 1$. 剩下的工作是确定在什么条件下 $\beta(0) = 1$.

根据构造，$s = \beta(0)$ 是方程

$$\varphi(c - cs) - s = 0 \tag{13.4.10}$$

的最小根. 看作 s 的函数，左边是凸的；当 $s=0$ 时它是正的，当 $s=1$ 时它等于 0. 因此，为使方程存在另外一个根 $s<1$，当且仅当在 $s=1$ 上导数是正的，也就是 $-c\varphi'(0)>1$. 在其他情况下，$\beta(0)=1$，β 是一个正常概率分布 B 的拉普拉斯变换. 因此，为使 B 是正常分布，当且仅当 $-c\varphi'(0)=c\mu\leqslant 1$. ■

13.5 陶伯定理

设 U 是一个集中于 $\overline{0,\infty}$ 上的测度，而且它的拉普拉斯变换

$$\omega(\lambda)=\int_0^\infty \mathrm{e}^{-\lambda x}U\{\mathrm{d}x\} \tag{13.5.1}$$

对任意的 $\lambda>0$ 都存在. 利用由 $U(x)=U\{\overline{0,x}\},x\geqslant 0$ 定义的非正常分布函数来描述 U 将是很方便的. 我们将看到，在相当一般的条件下，ω 在原点附近的性质唯一地确定了 $U(x)$ 在 $x\to\infty$ 时的渐近性质，反之亦然. 在历史上任何用 ω 描述 U 的渐近关系式都被称为陶伯定理，而用 U 描述 ω 的性质的关系式通常被称为阿贝尔定理. 我们将不区分这两类定理，因为我们的关系式将是对称的.

为了避免不雅观的包含倒数的公式，我们引入两个以

$$t\tau=1 \tag{13.5.2}$$

相联系的正变量 t 和 τ. 于是当 $t\to\infty$ 时 $\tau\to 0$.

为了理解陶伯定理的背景，要注意，对于固定的 t，在 (13.5.1) 中引入变量替换 $x=ty$ 可知，$\omega(\tau\lambda)$ 是对应于非正常分布函数 $U(ty)$ 的拉普拉斯变换. 因为 ω 是递减的，所以可以找到这样一个序列 $\tau_1,\tau_2,\cdots\to 0$，使得当 τ 跑过这序列时有

$$\frac{\omega(\tau\lambda)}{\omega(\tau)}\to\gamma(\lambda), \tag{13.5.3}$$

并且 $\gamma(\lambda)$ 至少对于 $\lambda>1$ 是有限的. 根据广义连续性定理，极限 γ 是一个测度 G 的拉普拉斯变换，并且当 t 跑过倒数 $t_k=1/\tau_k$ 时，在 G 的所有连续点上有

$$\frac{U(tx)}{\omega(\tau)}\to G(x). \tag{13.5.4}$$

对 $x=1$ 可以看出 $U(t)$ 在 $t\to\infty$ 时的渐近性质和 $\omega(t^{-1})$ 的性质有密切关系.

在原则上我们可以把这个事实叙述成一个包罗万象的陶伯定理，但是这样的一个定理在实际中没有什么用处. 为了得到适当的简化，我们只考虑使 (13.5.3) 对任一种逼近 $\tau\to 0$ 都成立的情形，即 ω 在 0 点正则变化的情形. 8.8 节的基本

引理 1[①]指出，极限 γ 必然具有 $\gamma(\lambda)=\lambda^{-\rho}$ 的形式，其中 $\rho\geqslant 0$. 对应的测度为 $G(x)=x^\rho/\Gamma(\rho+1)$，(13.5.4) 蕴涵 U 是正则变化的，且 ω 和 U 的指数的绝对值相同. 我们把这个重要结果和它的逆叙述成以下定理.

定理 1 设 U 是一个测度，且使得其拉普拉斯变换对 $\lambda>0$ 都存在. 那么关系式

$$\frac{\omega(\tau\lambda)}{\omega(\tau)}\to\frac{1}{\lambda^\rho},\quad \tau\to 0 \tag{13.5.5}$$

和

$$\frac{U(tx)}{U(t)}\to x^\rho,\quad t\to\infty \tag{13.5.6}$$

是等价的，且都蕴涵

$$\omega(\tau)\sim U(t)\Gamma(\rho+1). \tag{13.5.7}$$

证 (a) 假设 (13.5.5) 成立. 左边是对应于 $U(tx)/\omega(\tau)$ 的拉普拉斯变换，根据广义连续性定理，这蕴涵

$$\frac{U(tx)}{\omega(\tau)}\to\frac{x^\rho}{\Gamma(\rho+1)}. \tag{13.5.8}$$

对 $x=1$，我们得到 (13.5.7)，把这个关系式代入 (13.5.8)，我们得到 (13.5.6).

(b) 假设 (13.5.6) 成立. 取拉普拉斯变换我们得到

$$\frac{\omega(\tau\lambda)}{U(t)}\to\frac{\Gamma(\rho+1)}{\lambda^\rho}, \tag{13.5.9}$$

只要广义连续性定理可以应用，即只要左边对某个 λ 是有界的. 正如在 (a) 中那样可得 (13.5.9) 蕴涵 (13.5.7) 和 (13.5.5). 因此，为了证明此定理，只需验证 $\omega(\tau)/U(t)$ 是有界的就行了.

用点 $t,2t,4t,\cdots$ 划分积分区域，显然

$$\omega(\tau)\leqslant U(t)+\sum_{n=1}^{\infty}\mathrm{e}^{-2^{n-1}}U(2^n t). \tag{13.5.10}$$

由 (13.5.7) 可知，存在这样的 t_0，使得当 $t>t_0$ 时，$U(2t)<2^{\rho+1}U(t)$. 重复利用这个不等式可得

$$\frac{\omega(\tau)}{U(t)}\leqslant 1+\sum_{n=1}^{\infty}2^{n(\rho+1)}\mathrm{e}^{-2^{n-1}}, \tag{13.5.11}$$

① 这个引理只被用来说明关系式 (13.5.5) 和 (13.5.6) 的不自然的形式的合理性. 本节没有用到正则变化理论 [除了 (13.5.18) 蕴涵 (13.5.16) 这个次要结果以外].

因此左边在 $t\to\infty$ 时确实是有界的. ■

例 (a) 为使当 $x\to\infty$ 时 $U(x)\sim\ln^2 x$，当且仅当 $\lambda\to 0$ 时 $\omega(\lambda)\sim\ln^2\lambda$. 类似地，为使 $U(x)\sim\sqrt{x}$，当且仅当 $\omega(\lambda)\sim\dfrac{1}{2}\sqrt{\pi/\lambda}$.

(b) 设 F 是一个拉普拉斯变换为 φ 的概率分布. 测度 $U\{\mathrm{d}x\}=xF\{\mathrm{d}x\}$ 的拉普拉斯变换为 $-\varphi'$. 因此，如果当 $\lambda\to\infty$ 时有 $-\varphi'(\lambda)\sim\mu\lambda^{-\rho}$，那么

$$U(x)=\int_0^x yF\{\mathrm{d}y\}\sim\frac{\mu}{\Gamma(\rho+1)}x^\rho,\quad x\to\infty.$$

反之亦然. 这就推广了微分法则 (13.2.4)，此法则已包含在 $\rho=0$ 时的 (13.5.7) 中了. ■

有时知道当 $\rho\to\infty$ 时本定理在怎样的范围内仍然成立是很有用的. 我们以下列的推论的形式来叙述这个结果.

推论 如果对于某个 $a>1$，当 $t\to\infty$ 时，

$$\text{或者 }\frac{\omega(\tau a)}{\omega(\tau)}\to 0,\quad\text{或者 }\frac{U(ta)}{U(t)}\to\infty,\tag{13.5.12}$$

那么

$$\frac{U(t)}{\omega(\tau)}\to 0.\tag{13.5.13}$$

证 (13.5.12) 中的第 1 个关系式蕴涵：对于 $\lambda>a$ 有 $\omega(\tau\lambda)/\omega(\tau)\to 0$. 根据广义连续性定理，对于所有的 $x>0$ 有 $U(tx)/\omega(\tau)\to 0$. 由 (13.5.12) 中的第 2 个关系式可得 (13.5.13)，因为

$$\omega(\tau)\geqslant\int_0^{at}\mathrm{e}^{-x/t}U\{\mathrm{d}x\}\geqslant\mathrm{e}^{-a}U(ta).$$ ■

在应用中用缓慢变化来叙述定理 1 将更方便. 我们知道，一个定义于 $\overline{0,\infty}$ 上的正函数 L 在 ∞ 处是**缓慢变化**的，如果对于每个固定的 x，

$$\frac{L(tx)}{L(t)}\to 1,\quad t\to\infty.\tag{13.5.14}$$

L 在 0 点是缓慢变化的，如果当 $t\to 0$ 时上面的关系式成立，即如果 $L(1/x)$ 在 ∞ 处是缓慢变化的. 显然，为使 U 满足 (13.5.6)，当且仅当 $U(x)/x^\rho$ 在 ∞ 处是缓慢变化的，类似地，为使 (13.5.5) 成立，当且仅当 $\lambda^\rho\omega(\lambda)$ 在 0 点是缓慢变化的. 因此，定理 1 可以重新叙述如下.

定理 2 如果 L 在无穷远处是缓慢变化的，并且 $0\leqslant\rho<\infty$，那么关系式

$$\omega(\tau)\sim\tau^{-\rho}L\left(\frac{1}{\tau}\right),\quad\tau\to 0\tag{13.5.15}$$

和

$$U(t) \sim \frac{1}{\Gamma(\rho+1)} t^{\rho} L(t), \quad t \to \infty \tag{13.5.16}$$

是等价的.

定理 2 有辉煌的历史. 结论 (13.5.16) → (13.5.15)（从测度到变换）称为阿贝尔定理，其逆 (13.5.15)→(13.5.16)（从变换到测度）称为陶伯定理. 在普通的系统中，这两个定理是完全独立的，陶伯定理部分很难证明. 哈代（G.H. Hardy）和李特尔伍德（J.E. Littlewood）在其著名论文中用复杂的计算论述了 $\omega(\lambda) \sim \lambda^{-\rho}$ 的情形. 卡拉马塔（J. Kavamata）在 1930 年由于对这种特殊情形给出了一个简化证明而引起了一场轰动.（这个证明仍可在复变函数和拉普拉斯变换的教科书中找到.）不久以后他引入正则变化函数类并证明了定理 2，但是他的证明对教科书来说是太复杂了. 施密特（R. Schmidt）大约于 1925 年在处理同一问题时引入了缓慢变化的概念. 我们的证明简化和统一了这个理论，并导出一个不出名但很有用的推论.

我们的证明的一个大优点是，当交换无穷远处和零点的作用时，即当 $\tau \to \infty$ 而 $t \to 0$ 时，它仍然适用. 这样我们得到了一个把 ω 在无穷远处的性质和 U 在原点的性质联系起来的对偶定理. [除了推导 (13.6.2) 外，本书用不到这个定理.]

定理 3 当原点和无穷远处的作用交换时，即当 $\tau \to \infty$, $t \to 0$ 时，上述两个定理及其推论仍然成立.

定理 2 是本节的主要结果，但是为了完整起见，我们推导两个有用的补充定理. 首先，当 U 有密度 $U' = u$ 时，我们希望得到关于 u 的估计. 我们不能一般性地讨论这个问题. 因为具有良好性质的分布 U 可以有性质极坏的密度 u. 但在大多数应用中，密度 u 是**最终单调的**，即在某一区间 $\overline{x_0, \infty}$ 上是单调的. 对于这样的密度，我们有以下定理.

定理 4[①] 设 $0 < \rho < \infty$. 如果 U 有最终单调的导数 u，那么当 $\lambda \to 0, x \to \infty$ 时，

$$\omega(\lambda) \sim \frac{1}{\lambda^{\rho}} L\left(\frac{1}{\lambda}\right) \qquad \text{等价于} \qquad u(x) \sim \frac{1}{\Gamma(\rho)} x^{\rho-1} L(x). \tag{13.5.17}$$

（另有一个表面上较强的形式，见习题 16.）

证 这个断言是定理 2 和下述引理的直接推论.

引理 假设 U 有最终单调的密度 u. 如果 (13.5.16) 对 $\rho > 0$ 成立，那么

$$u(x) \sim \rho U(x)/x, \quad x \to \infty. \tag{13.5.18}$$

① 这包括了朗道（E. Landau）的著名的陶伯定理. 我们的证明可以作为怎样利用选择定理排除分析上的困难的新例子.

[反之,即使 u 不是单调的,(13.5.18) 也蕴涵 (13.5.16). 这已包含在带有 $Z=u$ 和 $p=0$ 的 (8.9.6) 中了.]

证 对于 $0<a<b$,

$$\frac{U(tb)-U(ta)}{U(t)}=\int_a^b\frac{u(ty)t}{U(t)}\mathrm{d}y. \tag{13.5.19}$$

当 $t\to\infty$ 时，左边趋于 $b^\rho-a^\rho$. 对于充分大的 t，被积函数是单调的，于是 (13.5.16) 蕴涵当 $t\to\infty$ 时被积函数是有界的. 因此，根据 8.6 节的选择定理，存在这样的序列 $t_1,t_2,\cdots\to\infty$，使得当 t 跑遍这个序列时，在所有的连续点上有

$$\frac{u(ty)t}{U(t)}\to\psi(y). \tag{13.5.20}$$

由此推出，ψ 在 $\overline{a,b}$ 上的积分等于 $b^\rho-a^\rho$，从而 $\psi(y)=\rho y^{\rho-1}$. 因为这个极限是与序列 $\{t_k\}$ 无关的，所以关系式 (13.5.20) 对任意的逼近 $t\to\infty$ 都成立，并且对于 $y=1$，它化成 (13.5.18). ■

(c) 对一个特征函数为 φ 的概率分布 F，我们有 [见 (13.2.7)]

$$\int_0^\infty \mathrm{e}^{-\lambda x}[1-F(x)]\mathrm{d}x=[1-\varphi(\lambda)]/\lambda. \tag{13.5.21}$$

因为 $1-F$ 是单调的，所以关系式

$$1-\varphi(\lambda)\sim\lambda^{1-\rho}L(1/\lambda)\qquad 和 \qquad 1-F(x)\sim\frac{1}{\Gamma(\rho)}x^{\rho-1}L(x) \tag{13.5.22}$$

（$\rho>0$）是等价的. 下节将说明这个例子的用处. ■

本定理的用处将在下节中举例说明. 最后我们来说明怎样利用定理 2 导出一个关于幂级数的陶伯定理. [它曾被用于 (12.8.10) 中并将被用于 17.5 节中.]

定理 5 令 $q_n\geqslant 0$，假设

$$Q(s)=\sum_{n=0}^\infty q_n s^n \tag{13.5.23}$$

对于 $0\leqslant s<1$ 收敛. 如果 L 在无穷远处是缓慢变化的，且 $0\leqslant\rho<\infty$，那么关系式

$$Q(s)\sim\frac{1}{(1-s)^\rho}L\left(\frac{1}{1-s}\right),\quad s\to 1- \tag{13.5.24}$$

和

$$q_0+q_1+\cdots+q_{n-1}\sim\frac{1}{\Gamma(\rho+1)}n^\rho L(n),\quad n\to\infty \tag{13.5.25}$$

是等价的.

更进一步，如果序列 $\{q_n\}$ 是单调的，且 $0<\rho<\infty$，那么 (13.5.24) 等价于

$$q_n \sim \frac{1}{\Gamma(\rho)} n^{\rho-1} L(n), \quad n \to \infty. \tag{13.5.26}$$

证　设 U 是一个密度为

$$u(x) = q_n \tag{13.5.27}$$

（其中 $n \leqslant x < n+1$）的测度. (13.5.25) 的左边等于 $U(n)$. U 的拉普拉斯变换 ω 为

$$\omega(\lambda) = \frac{1-\mathrm{e}^{-\lambda}}{\lambda} \sum_{n=0}^{\infty} q_n \mathrm{e}^{-n\lambda} = \frac{1-\mathrm{e}^{-\lambda}}{\lambda} Q(\mathrm{e}^{-\lambda}). \tag{13.5.28}$$

于是可见关系式 (13.5.24) 和 (13.5.25) 分别等价于 (13.5.15) 和 (13.5.16). 因此，根据定理 2，它们是相互等价的. 类似地，(13.5.26) 是定理 4 的直接推论. ■

(d) 设 $q_n = n^{\rho-1} \ln^a n$，其中 $\rho > 0$，a 是任意的. 序列 $\{q_n\}$ 是最终单调的，因此 (13.5.24) 对 $L(t) = \Gamma(\rho) \ln^a t$ 成立. ■

*13.6　稳定分布

为了说明陶伯定理的用处，我们现在来推导集中于 $\overline{0,\infty}$ 上的最一般的稳定分布，并给出它的吸引范围的全部特征. 与不集中于 $\overline{0,\infty}$ 上的分布所需要的方法相比，证明是非常简单明了的.

定理 1　对于固定的 $0<\alpha<1$，函数 $\gamma_\alpha(\lambda) = \mathrm{e}^{-\lambda^\alpha}$ 是一个具有下列性质的分布 G_α 的拉普拉斯变换：

G_α 是稳定的，更确切地说，如果 $X_1, \cdots, X_n$ 是有共同分布 G_α 的独立变量，那么 $(X_1+\cdots+X_n)/n^{1/\alpha}$ 的分布也为 G_α.

$$x^\alpha[1-G_\alpha(x)] \to \frac{1}{\Gamma(1-\alpha)}, \quad x \to \infty, \tag{13.6.1}$$

$$\mathrm{e}^{x^{-\alpha}} G_\alpha(x) \to 0, \qquad x \to 0. \tag{13.6.2}$$

证　根据 13.4 节的准则 2，函数 γ_α 是完全单调的，因为 $\mathrm{e}^{-\lambda}$ 是完全单调的，λ^α 有完全单调的导数. 由于 $\gamma_\alpha(0)=1$，所以拉普拉斯变换为 γ_α 的测度 G_α 的总质量为 1. 因为 $\gamma_\alpha^n(\lambda) = \gamma_\alpha(n^{1/\alpha}\lambda)$，所以所断言的稳定性是显然的.

(13.6.1) 是 (13.5.22) 的特殊情形，(13.6.2) 是上节定理 3 和定理 1 的系的直接推论. ■

* 除了 (13.6.2) 外，本节的结果已在第 9 章并将在第 17 章独立地导出，稳定分布已在 6.1 节中引进.

定理 2 假设 F 是集中于 $\overline{0,\infty}$ 上的概率分布，使得（在连续点上）

$$F^{n\star}(a_n x) \to G(x), \tag{13.6.3}$$

其中 G 是不集中于一点上的正常分布，那么

(a) 存在在无穷远处缓慢变化的函数 L ① 和满足 $0<\alpha<1$ 的常数 α，使得

$$1-F(x) \sim \frac{x^{-\alpha}L(x)}{\Gamma(1-\alpha)}, \quad x\to\infty. \tag{13.6.4}$$

(b) 反之，如果 F 具有 (13.6.4) 的形式，那么可以选取这样的 a_n，使得

$$\frac{nL(a_n)}{a_n^\alpha} \to 1, \tag{13.6.5}$$

并且在这种情形下，(13.6.3) 对 $G=G_\alpha$ 成立.

这蕴涵 (13.6.3) 中的可能的极限 G 与某个 G_α 只是尺度因子有所不同. 由此特别推出，不存在其他的集中于 $\overline{0,\infty}$ 上的稳定分布.（见 8.2 节中的引理 1.）

证 如果 φ 和 γ 是 F 和 G 的拉普拉斯变换，那么 (13.6.3) 等价于

$$-n\ln\varphi(\lambda/a_n) \to -\ln\gamma(\lambda). \tag{13.6.6}$$

根据 8.8 节的引理 3，这蕴涵 $-\ln\varphi$ 在原点处是正则变化的，即

$$-\ln\varphi(\lambda) \sim \lambda^\alpha L(1/\lambda), \quad \lambda\to 0, \tag{13.6.7}$$

其中 L 在无穷远处缓慢变化，且 $\alpha\geqslant 0$. 于是由 (13.6.6) 可得 $-\ln\gamma(\lambda)=C\lambda^\alpha$. 因为 G 不集中于一点上，所以我们有 $0<\alpha<1$.

(13.6.7) 蕴涵

$$\frac{1-\varphi(\lambda)}{\lambda} \sim \lambda^{\alpha-1}L\left(\frac{1}{\lambda}\right), \quad \lambda\to 0. \tag{13.6.8}$$

由 (13.5.22) 知，关系式 (13.6.4) 和 (13.6.8) 是等价的. 因此由 (13.6.1) 可推出 (13.6.4).

对于逆部分，我们从 (13.6.4) 出发，刚才已证明 (13.6.4) 蕴涵 (13.6.8). 对于固定的 n，把 a_n 定义为使 $n[1-F(x)]\leqslant 1/\Gamma(1-\alpha)$ 的 x 的下界. 于是 (13.6.5) 成立. 利用这点和 L 的缓慢变化性，我们从 (13.6.4) 可知，

$$1-\varphi(\lambda/a_n) \sim \lambda^\alpha a_n^{-\alpha}L(a_n/\lambda) \sim \lambda^\alpha/n. \tag{13.6.9}$$

由此推出 (13.6.6) 的左边趋于 λ^α，这就完成了证明. ■

（关于最大项的影响，见习题 26.）

① 即 L 满足 (13.5.14). (13.6.4) 中的正规化因子 $\Gamma(1-\alpha)$ 是为了方便而引入的，它只影响到记号.

*13.7 无穷可分分布

根据 6.3 节中的定义，一个拉普拉斯变换为 ω 的概率分布 U 是无穷可分的，当且仅当对于 $n=1,2,\cdots$，正 n 次根 $\omega_n=\omega^{1/n}$ 是一个概率分布的拉普拉斯变换.

定理 1 函数 ω 是一个无穷可分分布的拉普拉斯变换，当且仅当 $\omega=\mathrm{e}^{-\psi}$，其中 ψ 有完全单调的导数，且 $\psi(0)=0$.

证 利用 13.4 节的准则 2，可见在 $\psi(0)=0$ 且 ψ' 是完全单调时，$\omega_n=\mathrm{e}^{-\psi/n}$ 是一个概率分布的拉普拉斯变换，因此条件是充分的.

为了证明条件的必要性，假设对于每个 n，$\omega_n=\mathrm{e}^{-\psi/n}$ 是一个概率分布的拉普拉斯变换，令

$$\psi_n(\lambda)=n[1-\omega_n(\lambda)], \tag{13.7.1}$$

那么 $\psi_n\to\psi$，而且导数 $\psi_n'=-n\omega_n'$ 是完全单调的. 根据中值定理 $\psi_n(\lambda)=\lambda\psi_n'(\theta\lambda)\geqslant\lambda\psi_n'(\lambda)$，因为 $\psi_n\to\psi$，所以这蕴涵序列 $\{\psi_n'(\lambda)\}$ 对于每个固定的 $\lambda>0$ 都是有界的. 因此，可以选出一个收敛的子序列，根据广义连续性定理，其极限自然是完全单调的. 因此，ψ 是一个完全单调函数的积分，这就完成了证明. ■

下面是这个定理的另外一种形式.

定理 2 函数 ω 是一个无穷可分分布的拉普拉斯变换，当且仅当它具有 $\omega=\mathrm{e}^{-\psi}$ 的形式，其中

$$\psi(\lambda)=\int_0^\infty\frac{1-\mathrm{e}^{-\lambda x}}{x}P\{\mathrm{d}x\}, \tag{13.7.2}$$

并且 P 是一个使得

$$\int_1^\infty x^{-1}P\{\mathrm{d}x\}<\infty \tag{13.7.3}$$

的测度.

证 由完全单调函数的表示定理，定理 1 的条件可以重新叙述为：我们必须有 $\psi(0)=0$，且

$$\psi'(\lambda)=\int_0^\infty\mathrm{e}^{-\lambda x}P\{\mathrm{d}x\}, \tag{13.7.4}$$

其中 P 是一个测度. 在 a 点截断积分，把等号变为 $\geqslant$，这就蕴涵，对于每个 $a>0$（因为被积函数是有界的），

$$\psi(\lambda)\geqslant\int_0^a\frac{1-\mathrm{e}^{-\lambda x}}{x}P\{\mathrm{d}x\}. \tag{13.7.5}$$

* 此节初读时可略去.

由此推出 (13.7.2) 是有意义的，条件 (13.7.3) 是满足的. 于是利用形式微分可以证明 (13.7.2) 是 (13.7.4) 的积分，它在 0 点等于 0. ■

[见习题 17 ~ 习题 23 和 13.9 节例 (a).]

例 (a) 复合泊松分布

$$U = \mathrm{e}^{-c} \sum_{0}^{\infty} \frac{c^n}{n!} F^{n\star} \tag{13.7.6}$$

的拉普拉斯变换为 $\mathrm{e}^{-c+c\varphi}$，(13.7.2) 对于 $P\{\mathrm{d}x\} = cxF\{\mathrm{d}x\}$ 是正确的.

(b) **Γ 密度** $x^{a-1}\mathrm{e}^{-x}/\Gamma(a)$ 的拉普拉斯变换为 $\omega(\lambda) = 1/(\lambda+1)^a$. 这里

$$\psi(\lambda) = a \int_0^{\infty} \frac{1-\mathrm{e}^{-\lambda x}}{x} \mathrm{e}^{-x} \mathrm{d}x, \tag{13.7.7}$$

因为 $\psi'(\lambda) = a(\lambda+1)^{-1} = -\omega'(\lambda)/\omega(\lambda)$.

(c) **稳定分布.** 对 13.6 节的变换 $\omega(\lambda) = \mathrm{e}^{-\lambda^\alpha}$，我们有 $\psi(\lambda) = \lambda^\alpha$，且

$$\lambda^\alpha = \frac{\alpha}{\Gamma(1-\alpha)} \int_0^{\infty} \frac{1-\mathrm{e}^{-\lambda x}}{x^{\alpha+1}} \mathrm{d}x, \tag{13.7.8}$$

正如利用微分法看到的那样.

(d) **贝塞尔函数.** 考虑 13.3 节例 (d) 中具有拉普拉斯变换 (13.3.10) 的密度 v_r. 由 (13.3.10) 的形式显然可见，v_r 是 $v_{r/n}$ 与它本身的 n 重卷积，从而是无穷可分的. 形式上的微分说明，在这种情形下，$\psi'(\lambda) = r/\sqrt{(\lambda+1)^2-1}$，并且容易证明（见习题 6）$\psi'$ 具有 (13.7.4) 的形式，其中

$$P\{\mathrm{d}x\} = r\mathrm{e}^{-x} I_0(x) \mathrm{d}x.$$

(e) **从属性.** 由 13.4 节的准则容易看出，如果 ψ_1 和 ψ_2 是具有完全单调导数的正函数，那么复合函数 $\psi(\lambda) = \psi_1(\psi_2(\lambda))$ 也是具有完全单调导数的正函数. 对应的无穷可分分布特别重要. 为了求出它，用 $Q_t^{(i)}$ 表示拉普拉斯变换为 $\mathrm{e}^{-t\psi_i(\lambda)}$（其中 $i = 1, 2$）的概率分布，并令

$$U_t(x) = \int_0^{\infty} Q_s^{(2)}(x) Q_t^{(1)}\{\mathrm{d}s\}. \tag{13.7.9}$$

（于是分布 U_t 是通过把 $Q_s^{(2)}$ 中的参数 s 随机化而得到的.）U_t 的拉普拉斯变换为

$$\omega_t(\lambda) = \int_0^{\infty} \mathrm{e}^{-s\psi_2(\lambda)} Q_t^{(1)}\{\mathrm{d}s\} = \mathrm{e}^{-t\psi(\lambda)}. \tag{13.7.10}$$

读过 10.7 节的读者可看出 (13.7.9) 中过程的从属关系：U_t 通过指导过程 $Q_t^{(1)}$ 从属于 $Q_t^{(2)}$. 由此我们可以看到，我们多么容易地求出了新过程的拉普拉斯变换，虽然我们只对分布 $Q_t^{(i)}$ 是集中于正半轴上这一特殊情形进行了讨论.

有一种特殊的情形值得注意：如果 $\psi_1(\lambda)=\lambda^\alpha,\psi_2(\lambda)=\lambda^\beta$，那么 $\psi(\lambda)=\lambda^{\alpha\beta}$. 因此，一个由稳定的 β 过程指导的稳定 α 过程可导出一个稳定的 $\alpha\beta$ 过程. 读者应当验证，这个结论在本质上重复了习题 10 的断言. 更一般的命题见 6.2 节例 (h).

(f) **指数分布的每一种混合都是无穷可分的**[①]. 这种混合的最一般的分布具有如下形式的密度：

$$f(x)=\int_0^\infty s\mathrm{e}^{-sx}U\{\mathrm{d}s\}, \tag{13.7.11}$$

其中 U 是一个概率分布. 在 13.3 节例 (f) 中已经证明：当 U 集中于有限个点 $0<a_1<\cdots<a_n$ 上时，拉普拉斯变换具有形式

$$\varphi(\lambda)=C\cdot\frac{\lambda+b_1}{\lambda+a_1}\cdots\frac{\lambda+b_{n-1}}{\lambda+a_{n-1}}\cdot\frac{1}{\lambda+a_n}, \tag{13.7.12}$$

其中 $a_k<b_k<a_{k+1}$. 由于

$$-\frac{\mathrm{d}}{\mathrm{d}\lambda}\ln\frac{\lambda+b_k}{\lambda+a_k}=\frac{1}{\lambda+a_k}-\frac{1}{\lambda+b_k}=\frac{b_k-a_k}{(\lambda+a_k)(\lambda+b_k)} \tag{13.7.13}$$

是两个完全单调函数的乘积，所以它本身也是完全单调的. 由此推出 (13.7.12) 中每个因子都是无穷可分的，因此 φ 也是无穷可分的. 对于一般的混合，本断言可通过简单的取极限推出（见习题 20 ~ 习题 23）. ■

*13.8 高维情形

向高维的推广是显然的：如果把 x 解释为列向量 $(x_1\cdots,x_n)^{\mathrm{T}}$，把 λ 解释为行向量 $(\lambda_1\cdots,\lambda_n)$，甚至连定义 (13.1.1) 也不需要改变. 于是

$$\lambda x=\lambda_1x_1+\cdots+\lambda_nx_n$$

是 λ 和 x 的内积. 在概率论中多维变换的用处是有限的.

例 (a) **预解方程.** 设 f 是一个具有普通拉普拉斯变换 $\varphi(\lambda)$ 的一维连续函数. 考虑两个变量 s,t 的函数 $f(s+t)$. 它的二维变换为

$$\omega(\lambda,\nu)=\int_0^\infty\int_0^\infty \mathrm{e}^{-\lambda s-\nu t}f(s+t)\mathrm{d}s\mathrm{d}t. \tag{13.8.1}$$

① 这个出人意料的结果应归功于 F.W. Steutel, Ann. Math. Statist., vol. 40 (1969), pp. 1130-1131 和 vol. 38 (1967), pp. 1303-1305.

* 此节初读时可略去.

经过变量替换 $s+t=x$ 和 $-s+t=y$ 后，这个积分化为

$$\frac{1}{2}\int_0^\infty \mathrm{e}^{-\frac{1}{2}(\lambda+\nu)x}f(x)\mathrm{d}x\int_{-x}^{x}\mathrm{e}^{\frac{1}{2}(\lambda-\nu)y}\mathrm{d}y=\frac{1}{\lambda-\nu}\int_0^\infty(\mathrm{e}^{-\nu x}-\mathrm{e}^{-\lambda x})f(x)\mathrm{d}x.$$

于是

$$\omega(\lambda,\nu)=-\frac{\varphi(\lambda)-\varphi(\nu)}{\lambda-\nu}. \tag{13.8.2}$$

我们将在更一般的背景下再次遇到这个关系式，那时它将作为半群基本预解方程出现 [见 (13.10.5) 和 13.10 节最后的说明].

(b) **米塔–列夫勒（Mittag-Leffler）函数.** 本例说明可把高维变换作为计算简单变换的工具. 我们将证明下列命题.

命题 *如果 F 是稳定的，且它的拉普拉斯变换为 $\mathrm{e}^{-\lambda^\alpha}$，那么分布*

$$G_t(x)=1-F(t/x^{1/\alpha}),\quad x>0 \tag{13.8.3}$$

（t 是固定的）的拉普拉斯变换为米塔–列夫勒函数

$$\sum_{k=0}^{\infty}\frac{(-\lambda)^k}{\Gamma(1+k\alpha)}t^{k\alpha}. \tag{13.8.4}$$

这个结果相当重要，因为在许多极限定理中 G 和 F 一道出现 [例如，见 (11.5.6)]. 直接计算似乎很困难，但是按照下述方式进行将是很容易的. 首先固定 x，取 t 为变量. $G_t(x)$ 的普通拉普拉斯变换 $\gamma_x(\nu)$（其中 ν 是变量）显然是 $(1-\mathrm{e}^{\nu^\alpha x})/\nu$. 除了正规化因子 ν 外，这是一个以 x 为变量的分布函数，它的拉普拉斯变换显然是

$$\frac{\nu^{\alpha-1}}{\lambda+\nu^\alpha}. \tag{13.8.5}$$

这是 (13.8.3) 的二元变换. 在理论上这可通过先取关于 x 的变换，后取关于 t 的变换而算出，从而 (13.8.5) 是我们要求的变换关于 t 的变换. 但是把 (13.8.5) 展开成几何级数，我们可看出实际上 (13.8.5) 是 (13.8.4) 的变换，从而这个命题得证.

米塔–列夫勒函数 (13.8.4) 是指数函数的推广，当 $\alpha=1$ 时它就化为指数函数. ■

13.9 半群的拉普拉斯变换

拉普拉斯积分的概念可以推广到抽象值函数和积分，① 但是我们只考虑与马尔可夫过程有关的变换半群的拉普拉斯变换.② 我们仍用 10.8 节中的约定和记号.

① S. Bochner 在 *Completely monotone functions in partially ordered spaces*（见 Duke Math. J., vol. 9 (1942), pp. 519-526）一文中发展了一个包括形如 (13.9.6) 的变换的富有成果的理论. 关于向任意算子族的推广，见 E. Hille 和 R.S. Phillips 合著的书（1957）.

② 14.7 节中的最小解的构造可以作为本方法的典型例子.

设 Σ 是一个空间（例如直线、区间或全体整数），$\mathscr{L}$ 是由 Σ 上的有界函数组成的一个巴拿赫空间，其范数为 $||u|| = \sup|u(x)|$. 我们假设，如果有 $u \in \mathscr{L}$，那么也有 $|u| \in \mathscr{L}$. 设 $\{\mathfrak{Q}(t), t > 0\}$ 是 $\mathscr{L}$ 上的一个连续收缩半群. 换句话说，我们假设对于 $u \in \mathscr{L}$ 存在一个函数 $\mathfrak{Q}(t)u \in \mathscr{L}$，而且 $\mathfrak{Q}(t)$ 具有下列性质：$0 \leqslant u \leqslant 1$ 蕴涵 $0 \leqslant \mathfrak{Q}(t)u \leqslant 1; \mathfrak{Q}(t+s) = \mathfrak{Q}(t)\mathfrak{Q}(s); \mathfrak{Q}(h) \to \mathfrak{Q}(0) = \mathbf{1}$，$\mathbf{1}$ 是恒等算子.①

我们从定义积分开始. 给定 $\overline{0,\infty}$ 上的任一概率分布 F，我们想要定义一个从 $\mathscr{L}$ 到 $\mathscr{L}$ 的收缩算子 E，将它表示为

$$E = \int_0^\infty \mathfrak{Q}(s)F\{\mathrm{d}s\}, \tag{13.9.1}$$

使得

$$\mathfrak{Q}(t)E = E\mathfrak{Q}(t) = \int_0^\infty \mathfrak{Q}(t+s)F\{\mathrm{d}s\}. \tag{13.9.2}$$

（要记住 E 对分布 F 的依赖性.）

对于与转移概率为 $Q_t(x, \Gamma)$ 的马尔可夫过程有关的半群，这个算子 E 可由下列随机核或次随机核导出：

$$\int_0^\infty Q_s(x, \Gamma)F\{\mathrm{d}s\}. \tag{13.9.3}$$

如果 F 是原子型分布，那么可以给算子 E 下一个很自然的（几乎是微不足道的）定义，简单的取极限手续就可导出我们想要得到的下列定义.

设 $p_j \geqslant 0$ 且 $p_1 + \cdots + p_r = 1$. 线性组合

$$E = p_1\mathfrak{Q}(t_1) + \cdots + p_r\mathfrak{Q}(t_r) \tag{13.9.4}$$

仍是一个收缩算子，可以看作 $\mathfrak{Q}(t)$ 关于对 t_j 赋予质量 p_j 的概率分布的期望. 这对有限离散分布的特殊情形定义了 (13.9.1)，并且 (13.9.2) 是正确的. 一般的期望 (13.9.1) 可像黎曼积分那样通过取极限来定义：把 $\overline{0,\infty}$ 分成区间 $I_1, \cdots, I_n$，选取 $t_j \in I_j$，所构成的黎曼和 $\sum \mathfrak{Q}(t_k)F\{I_k\}$ 是一个收缩算子. 由一致连续性 (10.8.7) 看出，熟悉的收敛性证明仍然有效. 这把 (10.9.1) 定义为波赫纳积分的一个特殊情形.

如果半群由推移算子组成，即对于所有的 t 有 $\mathfrak{Q}(t)1 = 1$，那么 $E1 = 1$. 对于 E，我们将利用记号 (13.9.1)，对于函数 Ew 我们将利用通常的符号

$$Ew = \int_0^\infty \mathfrak{Q}(s)w \cdot F\{\mathrm{d}s\} \tag{13.9.5}$$

① 回忆 10.8 节，自同态的强收敛 $T_n \to T$，就是对于所有的 $u \in \mathscr{L}$ 有 $||T_n u - Tu|| \to 0$. 我们的"连续"是"在 $t \geqslant 0$ 上强连续"的缩写语.

(虽然从逻辑上讲把 w 写在积分外更一致). $Ew(x)$ 在给定点 x 上的值是数值函数 $\mathfrak{Q}(s)w(x)$ 关于 F 的普通期望.

在 $F\{\mathrm{d}s\} = \mathrm{e}^{-\lambda s}\mathrm{d}s$ 的特殊情形，算子 E 称为**半群的拉普拉斯积分或预解算子**. 它将被表示为

$$\mathfrak{R}(\lambda) = \int_0^\infty \mathrm{e}^{-\lambda s}\mathfrak{Q}(s)\mathrm{d}s, \quad \lambda > 0. \tag{13.9.6}$$

由 (13.9.2) 看出，预解算子 $\mathfrak{R}(\lambda)$ 和半群中的算子 $\mathfrak{Q}(t)$ 是交换的. 为使 $\lambda\mathfrak{R}(\lambda)1 = 1$，当且仅当对于所有的 t 有 $\mathfrak{Q}(t)1 = 1$，因此为使收缩算子 $\lambda\mathfrak{R}(\lambda)$ 是推移算子，当且仅当所有的 $\mathfrak{Q}(s)$ 都是推移算子.

引理 如果我们知道了 $\mathfrak{R}(\lambda)w$ 对于所有的 $\lambda > 0$ 和 $w \in \mathscr{L}$ 的值，那么我们就唯一地确定了半群.

证 在给定点 x 上的值

$$\mathfrak{R}(\lambda)w(x) = \int_0^\infty \mathrm{e}^{-\lambda t}\mathfrak{Q}(t)w(x)\mathrm{d}t$$

是由 $\mathfrak{Q}(t)w(t)$ 所定义的 t 的数值函数的普通拉普拉斯变换. 因为这个函数是连续的，所以它被它的拉普拉斯变换唯一确定（见 13.1 节的推论）. 因此，对于所有的 t 和所有的 $w \in \mathscr{L}$，$\mathfrak{Q}(t)w$ 是唯一确定的. ■

拉普拉斯变换 (13.9.6) 可导致关于半群**无穷小生成元** $\mathfrak{A}$ 的特征的一个简单描述. 根据 10.10 节中这个算子的定义，我们有

$$\frac{\mathfrak{Q}(h) - \mathbf{1}}{h}u \to \mathfrak{A}u, \quad h \to 0+, \tag{13.9.7}$$

只要 $\mathfrak{A}u$ 存在（即只要两边之差的范数趋于 0）.

定理 1 对于固定的 $\lambda > 0$，为使

$$u = \mathfrak{R}(\lambda)w, \tag{13.9.8}$$

当且仅当 u 在 $\mathfrak{A}$ 的定义域中且

$$\lambda u - \mathfrak{A}u = w. \tag{13.9.9}$$

证 (i) 用 (13.9.8) 定义 u. 利用期望的性质 (13.9.2)，我们可得

$$\frac{\mathfrak{Q}(h) - \mathbf{1}}{h}u = \frac{1}{h}\int_0^\infty \mathrm{e}^{-\lambda s}\mathfrak{Q}(s+h)w\mathrm{d}s - \frac{1}{h}\int_0^\infty \mathrm{e}^{-\lambda s}\mathfrak{Q}(s)w\mathrm{d}s. \tag{13.9.10}$$

在第 1 个积分中引入变量替换 $s + h = t$ 使上式化成

$$\begin{aligned}\frac{\mathfrak{Q}(h) - \mathbf{1}}{h}u &= \frac{\mathrm{e}^{\lambda h} - 1}{h}\int_0^\infty \mathrm{e}^{-\lambda t}\mathfrak{Q}(t)w\mathrm{d}t - \frac{1}{h}\int_0^h \mathrm{e}^{\lambda(h-t)}\mathfrak{Q}(t)w\mathrm{d}t \\ &= \frac{\mathrm{e}^{\lambda h} - 1}{h}(u - \lambda^{-1}w) - \frac{1}{h}\int_0^h \mathrm{e}^{\lambda(h-t)}(\mathfrak{Q}(t)w - w)\mathrm{d}t.\end{aligned} \tag{13.9.11}$$

因为当 $t \to 0$ 时，$||\mathfrak{Q}(t)w - w|| \to 0$，所以右边第 2 项依范数趋于 0，从而整个右边趋于 $\lambda(u - \lambda^{-1}w)$. 因此 (13.9.9) 是正确的.

(ii) 反之，假设 $\mathfrak{A}u$ 存在，即 (13.9.7) 成立. 因为 $\lambda\mathfrak{R}(\lambda)$ 是一个与半群可交换的收缩算子，所以 (13.9.7) 蕴涵

$$\frac{\mathfrak{Q}(h) - \mathbf{1}}{h}\mathfrak{R}(\lambda)u \to \mathfrak{R}(\lambda)\mathfrak{A}u. \tag{13.9.12}$$

但是我们刚才看到左边趋于 $\lambda\mathfrak{R}(\lambda)u - u$，结果所得的恒等式把 u 表示为 (13.9.9) 中函数 w 的拉普拉斯变换. ■

推论 1 对于给定的 $w \in \mathscr{L}$，(13.9.9) 存在唯一的一个解 u.

推论 2 两个不同的半群不可能有相同的生成元 $\mathfrak{A}$.

证 当知道生成元 $\mathfrak{A}$ 时，我们可以对所有的 $w \in \mathscr{L}$ 求出拉普拉斯变换 $\mathfrak{R}(\lambda)w$. 根据上一引理，这就唯一地确定了这个半群的所有算子. ■

人们可能很想推导类似于 13.5 节中诸定理的陶伯定理，但是我们将满足于下面相当基本的定理.

定理 2 当 $\lambda \to \infty$ 时，

$$\lambda\mathfrak{R}(\lambda) \to \mathbf{1}. \tag{13.9.13}$$

证 对于任意的 $w \in \mathscr{L}$，我们有

$$||\lambda\mathfrak{R}(\lambda)w - w|| \leqslant \int_0^\infty ||\mathfrak{Q}(t)w - w|| \cdot \lambda \mathrm{e}^{-\lambda t}\mathrm{d}t. \tag{13.9.14}$$

当 $\lambda \to \infty$ 时，密度为 $\lambda \mathrm{e}^{-\lambda t}$ 的概率分布趋于集中在原点上的分布. 被积函数是有界的，且当 $t \to 0$ 时趋于 0，从而积分趋于 0，(13.9.13) 成立. ■

推论 3 生成元 $\mathfrak{A}$ 的定义域在 $\mathscr{L}$ 中稠密.

证 由 (13.9.13) 推出，每个 $w \in \mathscr{L}$ 都是一个由形如 $\lambda\mathfrak{R}(\lambda)w$ 的元素组成的序列的强极限. 根据定理 1，这些元素都在 $\mathfrak{A}$ 的定义域中. ■

例 (a) **无穷可分半群.** 设 U 是具有 (13.7.2) 所述的拉普拉斯变换 $\omega = \mathrm{e}^{-\psi}$ 的无穷可分分布.

拉普拉斯变换为

$$\int_0^\infty \mathrm{e}^{-\lambda x} U_t\{\mathrm{d}x\} = \mathrm{e}^{-t\psi(\lambda)} = \exp\left(-t\int_0^\infty \frac{1 - \mathrm{e}^{-\lambda x}}{x} P\{\mathrm{d}x\}\right) \tag{13.9.15}$$

的分布 U_t 也是无穷可分的，有关的卷积算子 $\mathfrak{A}(t)$ 构成一个半群. 为了求出它的

生成元[①]，选取一个有界连续可微函数 v. 那么，显然有

$$\frac{\mathfrak{A}(t)-\mathbf{1}}{t}v(x)=\int_0^\infty \frac{v(x-y)-v(x)}{y}\cdot\frac{1}{t}yU_t\{\mathrm{d}y\}. \tag{13.9.16}$$

对 (13.9.15) 取微分可证明测度 $t^{-1}yU_t\{\mathrm{d}y\}$ 的变换为 $\psi'(\lambda)\mathrm{e}^{-t\psi(\lambda)}$. 当 $t\to 0$ 时，$\psi'(\lambda)\mathrm{e}^{-t\psi(\lambda)}$ 趋于 $\psi'(\lambda)$. 但是 ψ' 是测度 P 的变换，从而我们的测度趋于 P. 因为上式积分号下的分式（对于固定的 x）是 y 的有界连续函数，所以我们得到

$$\mathfrak{A}v(x)=\int_0^\infty \frac{v(x-y)-v(x)}{y}P\{\mathrm{d}y\}, \tag{13.9.17}$$

这样我们的无穷可分分布的典型表示给出了测度 P 的一种解释.

(b) **从属半群.** 设 $\{\mathfrak{Q}(t)\}$ 表示一个任意的马尔可夫半群，设 U_t 是上例中的无穷可分分布. 正如 10.7 节所说明的那样，可以通过把参数 t 随机化而得到一个新的马尔可夫半群. 用现在的记号有

$$\mathfrak{Q}^*(t)=\int_0^\infty \mathfrak{Q}(s)U_t\{\mathrm{d}s\}. \tag{13.9.18}$$

为了简单起见，令

$$V(s,x)=\frac{\mathfrak{Q}(s)-\mathbf{1}}{s}v(x), \tag{13.9.19}$$

我们有

$$\frac{\mathfrak{Q}^*(t)-\mathbf{1}}{t}v(x)=\int_0^\infty V(s,x)\cdot\frac{1}{t}sU_t\{\mathrm{d}s\}. \tag{13.9.20}$$

对于 $\mathfrak{A}$ 的定义域中的一个函数 v 和一个固定的 x，函数 V 是处处连续的（包括原点），因为当 $s\to 0$ 时 $V(s,x)\to\mathfrak{A}v(x)$. 我们在上例中已看到，当 $t\to 0$ 时，$t^{-1}sU_t\{\mathrm{d}s\}\to P\{\mathrm{d}s\}$. 于是 (13.9.20) 的左边趋于一个极限，从而 $\mathfrak{A}^*v$ 存在并且为

$$\mathfrak{A}^*v(x)=\int_0^\infty V(s,x)P\{\mathrm{d}s\}. \tag{13.9.21}$$

结论是，*$\mathfrak{A}$ 的定义域和 $\mathfrak{A}^*$ 的定义域是一致的*，并且在 (13.9.21) 对于 $\mathfrak{A}$ 的定义域中的 v 成立的意义上有

$$\mathfrak{A}^*=\int_0^\infty \frac{\mathfrak{Q}(s)-\mathbf{1}}{s}P\{\mathrm{d}s\}. \tag{13.9.22}$$ ■

① 这个推导是为了举例说明而给出的. 这个生成元早在第 9 章中已经知道了，可以通过复合泊松分布取极限而得到.

13.10 希尔–吉田定理

著名的极其有用的希尔–吉田定理刻划了任意变换半群的生成元的特征，但是我们将只对收缩算子半群讨论此定理. 定理断言，上节中得到的生成元的性质不仅是必要条件，而且也是充分条件.

定理 1 （希尔–吉田）一个定义域为 $\mathscr{L}' \subset \mathscr{L}$ 的算子 $\mathfrak{A}$ 是一个由 $\mathscr{L}$ 上的收缩算子 $\mathfrak{Q}(t)$（其中 $\mathfrak{Q}(0)=\mathbf{1}$）构成的连续半群的生成元，当且仅当它具有下列性质：

(i) 对于每一个 $w \in \mathscr{L}$，方程

$$\lambda u - \mathfrak{A}u = w, \quad \lambda > 0 \tag{13.10.1}$$

恰有一个解 u；

(ii) 如果 $0 \leqslant w \leqslant 1$，那么 $0 \leqslant \lambda u \leqslant 1$；

(iii) $\mathfrak{A}$ 的定义域 $\mathscr{L}'$ 在 $\mathscr{L}$ 中是稠密的.

我们已经知道，每个生成元都具有这些性质，从而条件是必要的. 此外，如果把解 u 表示为 $u = \mathfrak{R}(\lambda)w$，那么我们就可知道 $\mathfrak{R}(\lambda)$ 与拉普拉斯变换 (13.9.6) 一致，因此可以把定理的条件改述如下.

(i′) 算子 $\mathfrak{R}(\lambda)$ 满足恒等式

$$\lambda\mathfrak{R}(\lambda) - \mathfrak{A}\mathfrak{R}(\lambda) = \mathbf{1}. \tag{13.10.2}$$

$\mathfrak{R}(\lambda)$ 的定义域是 $\mathscr{L}$，值域与 $\mathfrak{A}$ 的定义域 $\mathscr{L}'$ 一致.

(ii′) 算子 $\lambda\mathfrak{R}(\lambda)$ 是一个收缩算子.

(iii′) $\mathfrak{R}(\lambda)$ 的值域在 $\mathscr{L}$ 中是稠密的.

我们从 12.9 节定理 2 知道，$\mathfrak{R}(\lambda)$ 一定满足另一个条件

$$\lambda\mathfrak{R}(\lambda) \to \mathbf{1}, \quad \lambda \to \infty. \tag{13.10.3}$$

这蕴涵每个 u 是它自己的变换的极限，从而 $\mathfrak{R}(\lambda)$ 的值域 $\mathscr{L}'$ 是稠密的. 由此推出可用 (13.10.3) 代替 (iii′)，于是定理的 3 个条件完全等价于条件组 (i′)、(ii′)、(13.10.3).

现在假设已给出一个具有这些性质的算子族 $\mathfrak{R}(\lambda)$，我们着手把所要求的半群构造为一族伪泊松半群的极限. 构造依赖于以下引理.

引理 1 如果 w 属于 $\mathfrak{A}$ 的定义域 $\mathscr{L}'$，那么

$$\mathfrak{A}\mathfrak{R}(\lambda)w = \mathfrak{R}(\lambda)\mathfrak{A}w. \tag{13.10.4}$$

算子 $\mathfrak{R}(\lambda)$ 和 $\mathfrak{R}(\nu)$ 是可交换的且满足预解方程

$$\mathfrak{R}(\lambda) - \mathfrak{R}(\nu) = (\nu - \lambda)\mathfrak{R}(\lambda)\mathfrak{R}(\nu). \tag{13.10.5}$$

证 设 $v = \mathfrak{A}u$. 因为 u 和 w 都属于 $\mathfrak{A}$ 的定义域 $\mathscr{L}'$，所以由 (13.10.1) 推出 v 也属于 $\mathfrak{A}$ 的定义域 $\mathscr{L}'$，并且

$$\lambda v - \mathfrak{A}v = \mathfrak{A}w.$$

于是 $v = \mathfrak{R}(\lambda)\mathfrak{A}w$，此式与 (13.10.4) 相同.

其次，把 z 定义为 $\nu z - \mathfrak{A}z = w$ 的唯一解. 从 (13.10.1) 中减去 z，经过简单的重新排列后我们得到

$$\lambda(u-z) - \mathfrak{A}(u-z) = (\nu - \lambda)z,$$

此式和 (13.10.5) 相同. 这个恒等式的对称性蕴涵算子是可交换的. ■

为了构造我们的半群，回忆一下 10.9 节的定理 1，对于任一收缩算子 T 和 $a > 0$，存在一个相应的收缩算子半群

$$\mathrm{e}^{at(T-1)} = \mathrm{e}^{-at}\sum_{n=0}^{\infty}\frac{(at)^n}{n!}T^n. \tag{13.10.6}$$

这个半群的生成元是 $a(T-\mathbf{1})$，它是一个自同态.

我们把这个结果应用于 $T = \lambda\mathfrak{R}(\lambda)$. 为了简单起见，令

$$\mathfrak{A}_\lambda = \lambda[\lambda\mathfrak{R}(\lambda) - \mathbf{1}] = \lambda\mathfrak{A}\mathfrak{R}(\lambda), \quad \mathfrak{Q}_\lambda(t) = \mathrm{e}^{t\mathfrak{A}_\lambda}. \tag{13.10.7}$$

这些对 $\lambda > 0$ 定义的算子是彼此可交换的. 对于固定的 λ，算子 $\mathfrak{A}_\lambda$ 产生一个由收缩算子 $\mathfrak{Q}_\lambda(t)$ 构成的拟泊松半群.

由 (13.10.4) 推出，对于给定的算子 $\mathfrak{A}$ 的定义域 $\mathscr{L}'$ 中的所有的 u 有 $\mathfrak{A}_\lambda u \to \mathfrak{A}u$. 我们可以忽略 $\mathfrak{A}_\lambda$ 的特殊定义，而把希尔–吉田定理的其余断言看作一个有用的更一般的极限定理的特殊情形. 其中 λ 可以限制于整数序列.

逼近引理 2 设 $\{\mathfrak{Q}_\lambda(t)\}$ 是一族彼此可交换的由自同态 $\mathfrak{A}_\lambda$ 产生的伪泊松半群.

如果对于一般稠密集合 $\mathscr{L}'$ 中的所有的 u 有 $\mathfrak{A}_\lambda u \to \mathfrak{A}u$，那么

$$\mathfrak{Q}_\lambda(t) \to \mathfrak{Q}(t), \quad t \to \infty, \tag{13.10.8}$$

其中 $\{\mathfrak{Q}(t)\}$ 是一个收缩算子半群，对于所有的 $u \in \mathscr{L}'$，它的生成元与 $\mathfrak{A}$ 一致.

此外，对于$u \in \mathscr{L}'$,

$$\|\mathfrak{Q}(t)u - \mathfrak{Q}_\lambda(t)u\| \leqslant t\|\mathfrak{A}u - \mathfrak{A}_\lambda u\|. \tag{13.10.9}$$

证 对于两个可交换的收缩算子，我们有

$$S^n - T^n = (S^{n-1} + \cdots + T^{n-1})(S - T),$$

从而

$$\|S^n u - T^n u\| \leqslant n\|Su - Tu\| \tag{13.10.10}$$

把这个不等式应用于算子 $\mathfrak{Q}_\lambda(t/n)$，经过明显的重新排列后得到

$$\|\mathfrak{Q}_\lambda(t)u - \mathfrak{Q}_\nu(t)u\| \leqslant t\left\|\frac{\mathfrak{Q}_\lambda(t/n) - \mathbf{1}}{t/n}u - \frac{\mathfrak{Q}_\nu(t/n) - \mathbf{1}}{t/n}u\right\|. \tag{13.10.11}$$

令 $n \to \infty$，我们得到

$$\|\mathfrak{Q}_\lambda(t)u - \mathfrak{Q}_\nu(t)u\| \leqslant t\|\mathfrak{A}_\lambda u - \mathfrak{A}_\nu u\|. \tag{13.10.12}$$

这说明对于 $u \in \mathscr{L}'$，当 $\lambda \to \infty$ 时序列 $\{\mathfrak{Q}_\lambda(t)u\}$ 是一致收敛的. 因为 $\mathscr{L}'$ 在 $\mathscr{L}$ 中是稠密的，所以这个一致收敛可以扩展到所有的 u. 如果我们用 $\mathfrak{Q}(t)u$ 表示这个极限，那么我们就得到一个使 (13.10.8) 成立的收缩算子 $\mathfrak{Q}(t)$. 半群性是显然的. 同样，在 (13.10.12) 中令 $\nu \to \infty$，我们得到 (13.10.9). 像 (13.10.11) 那样改写左边可得

$$\left\|\frac{\mathfrak{Q}(t) - \mathbf{1}}{t}u - \frac{\mathfrak{Q}_\lambda(t) - \mathbf{1}}{t}u\right\| \leqslant \|\mathfrak{A}u - \mathfrak{A}_\lambda u\|. \tag{13.10.13}$$

取 λ 充分大，使右边 $< \varepsilon$. 对于充分小的 t，左边第 2 个差商与 $\mathfrak{A}_\lambda u$ 之差的范数小于 ε，从而它与 $\mathfrak{A}u$ 之差的范数小于 3.2. 因此，对于 $u \in \mathscr{L}'$,

$$\frac{\mathfrak{Q}(t) - \mathbf{1}}{t}u \to \mathfrak{A}u, \tag{13.10.14}$$

这就完成了证明. ■

例 扩散. 设 $\mathscr{L}$ 是直线上所有在 $\pm\infty$ 处趋于零的连续函数所构成的函数族. 为了利用通常的记号，我们把 λ 换为 h^{-2}，并令 $h \to 0$. 把差分算子 ∇_h 定义为

$$\nabla_h u(x) = \frac{1}{h^2}\left[\frac{u(x+h) + u(x-h)}{2} - u(x)\right]. \tag{13.10.15}$$

此式具有 $h^{-2}(T - \mathbf{1})$ 的形式，其中 T 是一个推移算子，从而 ∇_h 产生一个由推移算子组成的半群 $\mathrm{e}^{t\nabla_h}$（它是一个马尔可夫半群）. 算子 ∇_h 彼此可交换，对于一、

二、三阶导数都有界的函数，一致地有 $\nabla_h u \to \frac{1}{2}u''$. 引理 2 蕴涵存在这样一个由算子 $\mathfrak{A}$ 产生的极限半群 $\{\mathfrak{Q}(t)\}$，使得至少在 u 充分光滑的时候，$\mathfrak{A}u = \frac{1}{2}u''$.

在这个特殊情形下，我们知道 $\{\mathfrak{Q}(t)\}$ 是方差为 t 的正态分布的卷积半群，我们并没有得到新的结果. 但这个例子还是揭示了（有时）可以多么容易地证明具有给定生成元的半群的存在性. 例如，这个论证可应用于更一般的微分算子，也可应用于边界条件.（见习题 24 和习题 25.） ■

关于预解式和完全单调性的注 希尔–吉田定理强调生成元 $\mathfrak{A}$ 的性质，但是可以这样重新叙述这个定理，以便得到族 $\{\mathfrak{R}(\lambda)\}$ 的特征描述.

定理 2 （希尔–吉田定理的另一种形式）*自同态族 $\{\mathfrak{R}(\lambda), \lambda > 0\}$ 是一个收缩算子半群 $\{\mathfrak{Q}(t)\}$ 的预解式，当且仅当 (a) 满足预解方程*

$$\mathfrak{R}(\lambda) - \mathfrak{R}(\nu) = (\nu - \lambda)\mathfrak{R}(\lambda)\mathfrak{R}(\nu), \tag{13.10.16}$$

(b) $\lambda\mathfrak{R}(\lambda)$ 是一个收缩算子，(c) 当 $\lambda \to \infty$ 时 $\lambda\mathfrak{R}(\lambda) \to \mathbf{1}$.

证 (13.10.16) 与 (13.10.5) 相同，而条件 (b) 和 (c) 与 (ii′) 和 (13.10.3) 相同. 因而这 3 个条件都是必要的.

假设条件成立，我们定义一个算子 $\mathfrak{A}$ 如下. 选取某个 $\nu > 0$，把 $\mathscr{L}'$ 定义为 $\mathfrak{R}(\nu)$ 的值域，也就是说，为使 $u \in \mathscr{L}'$，当且仅当存在 $w \in \mathscr{L}$ 使得 $u = \mathfrak{R}(\nu)w$. 对于这样的 u，我们令 $\mathfrak{A}u = \nu u - w$. 这就确定了一个定义域为 $\mathscr{L}'$ 且满足恒等式

$$\nu\mathfrak{R}(\nu) - \mathfrak{A}\mathfrak{R}(\nu) = \mathbf{1} \tag{13.10.17}$$

的算子 $\mathfrak{A}$. 我们来证明这个恒等式可以推广到所有的 λ，即

$$\lambda\mathfrak{R}(\lambda) - \mathfrak{A}\mathfrak{R}(\lambda) = \mathbf{1}. \tag{13.10.18}$$

左边可以改写成下面的形式

$$(\lambda - \nu)\mathfrak{R}(\lambda) - (\nu - \mathfrak{A})\mathfrak{R}(\lambda). \tag{13.10.19}$$

利用 (13.10.16) 和 $(\nu - \mathfrak{A})\mathfrak{R}(\nu) = \mathbf{1}$ 这个事实，我们得到

$$(\nu - \mathfrak{A})\mathfrak{R}(\lambda) = \mathbf{1} + (\nu - \lambda)\mathfrak{R}(\lambda). \tag{13.10.20}$$

利用 (13.10.19) 可推出恒等式 (13.10.18). 这说明，希尔–吉田定理的所有条件都满足，这就完成了证明. ■

本定理说明整个半群理论依赖于预解方程 (13.10.16)，因此用函数的普通拉普拉斯来说明它的意义将是很有趣的. 由 (13.10.16) 显然可见，在 $\nu \to \lambda$ 时 $\mathfrak{R}(\nu) \to \mathfrak{R}(\lambda)$ 的意义上，$\mathfrak{R}(\lambda)$ 连续依赖于 λ. 但是我们可以再深入一步，用

$$\mathfrak{R}'(\lambda) = \lim_{\nu \to \lambda} \frac{\mathfrak{R}(\nu) - \mathfrak{R}(\lambda)}{\nu - \lambda} = -\mathfrak{R}^2(\lambda) \tag{13.10.21}$$

定义一个导数 $\mathfrak{R}'(\lambda)$. 同样的手续说明右边的导数为 $-2\mathfrak{R}(\lambda)\mathfrak{R}'(\lambda)$. 利用归纳法可知 $\mathfrak{R}(\lambda)$ 有各阶导数 $\mathfrak{R}^{(n)}(\lambda)$，并且

$$(-1)^n\mathfrak{R}^{(n)}(\lambda) = n!\mathfrak{R}^{n+1}(\lambda). \tag{13.10.22}$$

现在设 u 是 $\mathscr{L}$ 中的任一函数，使得 $0 \leqslant u \leqslant 1$. 选取一个任意的点 x 并令 $\omega(\lambda) = \mathfrak{R}(\lambda)u(x)$. (13.10.22) 的右边是一个范数 $\leqslant n!/\lambda^{n+1}$ 的正算子，从而 ω 是完全单调的，且 $|\omega^{(n)}(\lambda)| \leqslant n!/\lambda^{n+1}$. 于是由 13.4 节中的系推出 ω 是一个普通的拉普拉斯变换，它的值位于 0 和 1 之间. 如果我们用 $\mathfrak{Q}(t)u(x)$ 表示这个函数，那么就把 $\mathfrak{Q}(t)$ 定义成了一个收缩算子. 把预解方程 (13.10.16) 和 (13.8.2) 进行比较，可以看出它蕴涵半群性

$$\mathfrak{Q}(t+s)u(x) = \mathfrak{Q}(t)\mathfrak{Q}(s)u(x). \tag{13.10.23}$$

因此我们看出，只利用普通函数的经典拉普拉斯变换就可从 (13.10.16) 导出半群理论的主要特征. 特别地，预解方程只不过是 13.8 节例 (a) 的一种抽象形式而已.

为了进一步强调现在的抽象理论只解释了关于普通拉普拉斯变换的定理的意义，我们来证明一个反演公式.

定理 3　对于固定的 $t>0$，当 $\lambda \to \infty$ 时

$$\frac{(-1)^{n-1}}{(n-1)!}\mathfrak{R}^{(n-1)}(n/t)(n/t)^n \to \mathfrak{Q}(t). \tag{13.10.24}$$

证　由 $\mathfrak{R}(\lambda)$ 的定义 (13.9.6)（此式把 $\mathfrak{R}(\lambda)$ 定义为 $\mathfrak{Q}(t)$ 的拉普拉斯变换）可推出

$$(-1)^n\mathfrak{R}^{(n)}(\lambda) = \int_0^\infty \mathrm{e}^{-\lambda s}s^n\mathfrak{Q}(s)\mathrm{d}s. \tag{13.10.25}$$

(13.10.24) 的左边是 $\mathfrak{Q}(s)$ 关于密度 $n[\mathrm{e}^{-ns/t}(ns/t)^{n-1}/t(n-1)!]$ 的积分，此密度的期望为 t，方差为 t^2/n. 当 $n\to\infty$ 时，这个测度趋于集中在 t 上的分布. 由 $\mathfrak{Q}(s)$ 的连续性，这蕴涵 (13.10.24)，正如函数的情形那样 [公式 (13.10.24) 和式 (7.1.6) 相同]. ■

13.11　习　　题

1. 设 F_q 是一个对点 nq（$n=0,1,\cdots$）赋予质量 qp^n 的几何分布. 证明：当 $q\to 0$ 时，F_q 趋于指数分布 $1-\mathrm{e}^{-x}$，且它的拉普拉斯变换趋于 $1/(\lambda+1)$.

2. 证明：$\cos x$ 和 $\sin x$ 的普通拉普拉斯变换为 $\lambda/(\lambda^2+1)$ 和 $1/(\lambda^2+1)$，并证明：$(1+a^{-2})\mathrm{e}^{-x}(1-\cos ax)$ 是一个拉普拉斯变换为 $(1+a^2)(\lambda+1)^{-1}[(\lambda+1)^2+a^2]^{-1}$ 的概率密度. 提示：利用 $\mathrm{e}^{\mathrm{i}x} = \cos x + \mathrm{i}\sin x$ 或连续两次使用分部积分公式.

3. 设 ω 是一个测度 U 的变换，那么，ω 在 $\overline{0,1}$ 和 $\overline{1,\infty}$ 上可积，当且仅当 $1/x$ 分别在 $\overline{1,\infty}$ 和 $\overline{0,1}$ 上关于 U 可积.

4. **帕塞瓦尔（Parseval）关系式.** 如果 X 和 Y 是独立随机变量，分布分别为 F 和 G，变换分别为 φ 和 γ，那么 XY 的变换是

$$\int_0^\infty \varphi(\lambda y)G\{\mathrm{d}y\} = \int_0^\infty \gamma(\lambda y)F\{\mathrm{d}y\}.$$

5. 设 F 是一个变换为 φ 的分布. 如果 $a>0$，那么 $\varphi(\lambda+a)/\varphi(a)$ 是分布 $\mathrm{e}^{-ax}F\{\mathrm{d}x\}/\varphi(a)$ 的变换. 对于固的 $t>0$，用 13.3 节例 (b) 证明[①]：

$$\exp\{-t\sqrt{2\lambda+a^2}+at\}$$

① 这个公式出现在应用中，已多次被导出过（所利用的都是冗长的计算）.

是一个密度为

$$\frac{t}{\sqrt{2\pi x^3}}\exp\left[-\frac{1}{2}\left(\frac{t}{\sqrt{x}}-a\sqrt{x}\right)^2\right]$$

的无穷可分分布的变换.

6. 用定义 (2.7.1) 证明：对于 $\lambda>1$，$I_0(x)$ 的普通拉普拉斯变换是 $\omega_0(\lambda)=1/\sqrt{\lambda^2-1}$.
$\left[\text{回忆恒等式}\binom{2n}{n}=\binom{-1/2}{n}(-4)^n.\right]$

7. **续.** 证明 $I_0'=I_1$，从而 I_1 的普通拉普拉斯变换为 $\omega_1(\lambda)=\omega_0(\lambda)R(\lambda)$，其中 $R(\lambda)=\lambda-\sqrt{\lambda^2-1}$.

8. **续.** 证明：对于 $n=1,2,\cdots$ 有 $2I_n'=I_{n-1}+I_{n+1}$，从而根据归纳法，I_n 的普通拉普拉斯变换为 $\omega_n(\lambda)=\omega_0(\lambda)R^n(\lambda)$.

9. 由 13.3 节例 (e) 通过积分证明：$\mathrm{e}^{1/\lambda}-1$ 是 $I_1(2\sqrt{x})/\sqrt{x}$ 的普通拉普拉斯变换.

10. 设 X 和 Y 分别是拉普拉斯变换为 φ 和 $\mathrm{e}^{-\lambda^\alpha}$ 的独立随机变量，则 $XY^{1/\alpha}$ 的拉普拉斯变换为 $\varphi(\lambda^\alpha)$.

11. 一个概率分布的密度 f 是完全单调的,当且仅当它是指数密度的混合 [即它具有 (13.7.11) 的形式]. 提示：利用习题 3.

12. 在 $\varphi(\lambda)=1/(\lambda+1)$ 和 $\varphi(\lambda)=\mathrm{e}^{-\lambda}$ 的特殊情形下直接利用计算来验证反演公式 (13.4.5).

13. 证明：当把 f 和 $\varphi^{(n)}$ 换为它们的绝对值时，13.4 节中的系仍然成立.

14. 假设 $\mathrm{e}^{-x}I_n(x)$ 在无穷远处是单调的，利用习题 8 证明

$$\mathrm{e}^{-x}I_n(x)\sim\frac{1}{\sqrt{2\pi x}},\quad x\to\infty.$$

15. 假设当 $\lambda\to 0$ 时 $1-\varphi(\lambda)\sim\lambda^{1-\rho}L(\lambda)$，其中 $\rho>0$. 利用 13.5 节例 (c) 来证明：当 $x\to\infty$ 时，$1-F^{n\star}(x)\sim nx^{\rho-1}L(1/x)/\Gamma(\rho)$. [试把这个结论和 8.8 节例 (c) 加以比较.]

16. 在 13.5 节定理 4 中只需 $u(x)\sim v(x)$，其中 v 是最终单调的.

17. 每个无穷可分分布都是复合泊松分布的极限.

18. 如果在无穷可分分布的典型表达式 (13.7.2) 中，当 $x\to\infty$ 时，$P(x)\sim x^cL(x)$，其中 $0<c<1$，证明：$1-F(x)\sim(c/1-c)x^{c-1}L(x)$. [在 17.4 节例 (d) 中继续讨论.]

19. 设 P 是一个无穷可分整值随机变量的母函数，φ 是一个概率分布的拉普拉斯变换. 证明：$P(\varphi)$ 是无穷可分的.

20. 无穷可分的拉普拉斯变换 φ_n 收敛于一个概率分布的拉普拉斯变换 φ，当且仅当典型表达式 (13.7.2) 中的相应测度 P_n 收敛于 P. 因此，无穷可分分布序列的极限本身也是无穷可分的.

21. 设 F_n 是相应于混合分布 U_n 的诸指数分布的混合 (13.7.11). 序列 $\{F_n\}$ 收敛于一个概率分布 F，当且仅当 U_n 收敛于一个概率分布 U. 在这种情形下，F 是相应于 U 的混合.

22. 密度为完全单调的概率分布是无穷可分的. 提示：利用习题 11、习题 21 和 13.7 节例 (f).

23. 几何分布的任一混合都是无穷可分的. 提示：仿照 13.7 节例 (f).

24. **具有一个吸收壁的扩散.** 在 13.10 节的例中把 x 限制于 $x>0$，并且当 $x-h\leqslant 0$ 时在 ∇_h 的定义中令 $u(x-h)=0$. 证明：如果 $\mathscr{L}$ 是所有满足 $u(\infty)=0, u(0)=0$ 的连续函数所构成的空间，那么收敛性证明仍有效，但如果把最后一个条件去掉就不行了. 结果所得到的半群曾在 10.5 节例 (b) 中给出过.

25. **反射壁.** 在 13.10 节的例中把 x 限制于 $x>0$，并且当 $x-h<0$ 时在 ∇_h 的定义中令 $u(x-h)=u(x+h)$. 那么对于每一个一、二、三阶导数都有界且满足 $u'(0)=0$ 的 u，$\nabla_h u$ 都收敛. 这个边界条件限制了 $\mathfrak{A}$ 的定义域 $\mathscr{L}'$. 结果所得到的半群曾在 10.5 节例 (e) 中给出过.

26. **最大项在向稳定分布的收敛中的影响.** 设 $X_1, X_2, \cdots$ 是独立变量，具有满足 (13.6.4) 的共同分布 F，即具有属于稳定分布 G_α 的吸引域的共同分布 F. 令 $S_n=X_1+\cdots+X_n, M_n=\max[X_1,\cdots,X_n]$. 证明：比 S_n/M_n 的拉普拉斯变换 $\omega_n(\lambda)$ 收敛于①

$$\omega(\lambda)=\frac{\mathrm{e}^{-\lambda}}{1+\alpha\displaystyle\int_0^1(1-\mathrm{e}^{-\lambda t})t^{-\alpha-1}\mathrm{d}t}. \qquad (*)$$

从而 $E(S_n/M_n)\to 1/(1-\alpha)$.

提示：在区域 $X_j\leqslant X_1$ 上计算积分，我们得到

$$\omega_n(\lambda)=n\mathrm{e}^{-\lambda}\int_0^\infty F\{\mathrm{d}x\}\left(\int_0^\infty \mathrm{e}^{-\lambda y/x}F\{\mathrm{d}y\}\right)^{n-1}.$$

代入 $y=tx$，然后代入 $x=a_n s$，其中 a_n 满足 (13.6.5). 易见内层的积分为

$$1-\frac{1-F(a_n s)}{n[1-F(a_n)]}-\frac{1}{n}\int_0^1(1-\mathrm{e}^{-\lambda t})\frac{F\{a_n\mathrm{d}t\}}{1-F(a_n)}+o\left(\frac{1}{n}\right)=1-\frac{s^{-\alpha}\psi(\lambda)}{n}-o\left(\frac{1}{n}\right),$$

其中 $\psi(\lambda)$ 是 $(*)$ 中的分母. 因此

$$\omega_n(\lambda)\to\mathrm{e}^{-\lambda}\int_0^\infty \mathrm{e}^{-s^{-\alpha}\psi(\lambda)}\cdot\frac{\alpha\mathrm{d}s}{s^{\alpha+1}}=\omega(\lambda).$$

---

① 达林（D.A. Darling）利用特征函数推导了这个结果和关于指数为 $\alpha>0$ 的稳定分布的类似结果. 见 Trans. Amer. Math. Soc., vol.73 (1952), pp. 95-107.

第 14 章　拉普拉斯变换的应用

本章可以作为第 13 章的课外读物. 它包括几个相互独立的课题，这些课题包括一些实际问题（14.1 节、14.2 节、14.4 节和 14.5 节）以及 14.7 节的一般存在性定理. 14.3 节的极限定理说明了讨论正则变化时所述的方法的威力. 14.9 节描述在讨论马尔可夫过程的渐近性质和首次通过时间时需要用到的技巧.

14.1　更新方程：理论

关于概率背景，读者可参考 6.6 节和 6.7 节. 虽然第 11 章致力于更新理论，但我们这里要给出的是一个简单的独立的方法，把这里的方法、结果与第 11 章的方法、结果进行比较将是很有趣的. 给出拉普拉斯变换的基本理论后，现在的方法更简单更直接，但是基本更新定理的精确结果现在还无法用拉普拉斯变换得到. 另外，利用拉普拉斯变换更容易导出 14.3 节的极限定理和 14.2 节讨论的那种类型的显式解.

现在研究的对象是积分方程

$$V(t) = G(t) + \int_0^t V(t-x)F\{\mathrm{d}x\}, \tag{14.1.1}$$

其中 F 和 G 是给定的单调右连续函数, 当 $t<0$ 时它们等于 0. 我们把它们看成测度的非正常分布函数，假设 F 不集中在原点上，且它们的拉普拉斯变换

$$\varphi(\lambda) = \int_0^\infty \mathrm{e}^{-\lambda t}F\{\mathrm{d}t\},\quad \gamma(\lambda) = \int_0^\infty \mathrm{e}^{-\lambda t}G\{\mathrm{d}t\} \tag{14.1.2}$$

对任意的 $\lambda>0$ 是存在的. 和在上一章中一样，取所有的积分区间为闭的. 我们将证明恰好存在一个解 V，它是一个非正常分布函数，它的拉普拉斯变换 ψ 对所有的 $\lambda>0$ 都存在. 如果 G 有密度 g，那么 V 的密度 v 满足通过取 (14.1.1) 的微分得到的积分方程

$$v(t) = g(t) + \int_0^t v(t-x)F\{\mathrm{d}x\}. \tag{14.1.3}$$

回忆卷积法则，我们得到，对于分布 V 的拉普拉斯变换 ψ（或它的密度的普通拉普拉斯变换）有 $\psi=\gamma+\psi\varphi$，从而在形式上有

$$\psi(\lambda) = \frac{\gamma(\lambda)}{1-\varphi(\lambda)}. \tag{14.1.4}$$

为了证明这个形式上的解是一个测度（或密度）的拉普拉斯变换，我们分 3 种情形（其中只有前两种情形在概率上是重要的）进行讨论.

情形 (a) F 是一个不集中于原点上的概率分布. 那么 $\varphi(0) = 1$，且对于 $\lambda > 0$ 有 $\varphi(\lambda) < 1$. 因此，

$$\omega = \frac{1}{1-\varphi} = \sum_{n=0}^{\infty} \varphi^n \tag{14.1.5}$$

对 $\lambda > 0$ 收敛. 显然，ω 是完全单调的，从而是一个测度 U 的拉普拉斯变换（13.4 节的定理 1）. 于是 $\psi = \omega\gamma$ 是卷积 $V = U\bigstar G$ 的拉普拉斯变换，即

$$V(t) = \int_0^t G(t-x)U\{\mathrm{d}x\} \tag{14.1.6}$$

的拉普拉斯变换. 最后，如果 G 有密度 g，那么 V 具有密度 $v = U\bigstar g$. 于是我们证明了上述积分方程的解的**存在性和唯一性**.

13.4 节的陶伯定理 2 描述了 V 在无穷远处的渐近性质. 考虑 $G(\infty) < \infty$ 且 F 有有限期望 μ 这样一个典型情形. 在原点附近 $\psi(\lambda) \sim \mu^{-1}G(\infty)\lambda^{-1}$，此式蕴涵

$$V(t) \sim \mu^{-1}G(\infty)\cdot t, \quad t \to \infty. \tag{14.1.7}$$

利用 11.1 节的更新定理可得到更精确的结果，

$$V(t+h) - V(t) \to \mu^{-1}G(\infty)h,$$

但这无法由陶伯定理导出. [当 F 的期望不存在时，陶伯定理可导出更好的结果（见 14.3 节）.]

情形 (b) F 是一个亏损分布，$F(\infty) < 1$. 为简单起见，也假设 $G(\infty) < \infty$. 上面的论证仍然有效，只不过是现在 $\varphi(0) = F(\infty) < 1$，从而 $\omega(0) < \infty$：测度 V **是有界的**.

情形 (c) 最后一种情形是 $F(\infty) > 1$. 对于 λ 的较小的值，(14.1.4) 中的分母是负的；对于这样的值，$\omega(\lambda)$ 不可能是一个拉普拉斯变换. 幸好这个事实并不引起麻烦. 为了避免微不足道的情形，假设 F 在原点上没有原子，从而当 $\lambda \to \infty$ 时 $\varphi(\lambda) \to 0$. 在这种情形下，方程 $\varphi(\kappa) = 1$ 存在唯一的一个根 $\kappa > 0$. 情形 (a) 下的论证对 $\lambda > \kappa$ 仍然适用. 换句话说，存在唯一的一个解 V，但是它的拉普拉斯变换 ω 仅对 $\nu > \kappa$ 收敛. 对于这样的值，ω 仍由 (14.1.4) 给出. [1]

[1] 解 V 具有形式 $V\{\mathrm{d}x\} = \mathrm{e}^{\kappa x}V^{\#}\{\mathrm{d}x\}$，其中 $V^{\#}$ 是把标准更新方程 (14.1.1) 中的 F 换为正常分布函数 $F^{\#}\{\mathrm{d}x\} = \mathrm{e}^{-\kappa x}F\{\mathrm{d}x\}$，$G$ 换为 $G^{\#}\{\mathrm{d}x\} = \mathrm{e}^{-\kappa x}G\{\mathrm{d}x\}$ 后得到的方程的解 [其拉普拉斯变换为 $\psi^{\#}(\lambda) = \psi(\lambda+\kappa)$].

14.2 更新型方程：例

例 (a) **泊松过程中间隔的等待时间.** 设 V 是在一个参数为 c 的泊松过程中（即在具有指数到达时刻间隔的更新过程中）到第一个长度为 ξ 的间隔结束时的等待时间的分布. 在 11.7 节例 (b) 中曾用分析方法讨论过这个问题. 在 6.7 节中曾给出过它的经验解释（试图穿过交通流的行人或汽车的延迟，II 型盖格计数器的关闭时间等）. 我们着手重新建立更新方程.

从时刻 0 开始的等待时间必然大于 ξ. 如果在时刻 ξ 前不出现到达（概率为 $\mathrm{e}^{-c\xi}$），或者如果第一次到达出现在时刻 $x<\xi$，并且剩余等待时间 $\leqslant t-x$，那么上述的等待时间在 $t>\xi$ 前终止. 由于缺乏记忆性，所以对于 $t\geqslant\xi$，等待时间 $\leqslant t$ 的概率 $V(t)$ 为

$$V(t)=\mathrm{e}^{-c\xi}+\int_0^{\xi}V(t-x)\cdot\mathrm{e}^{-c\xi}c\,\mathrm{d}x, \tag{14.2.1}$$

对于 $t<\xi$ 有 $V(t)=0$. 尽管它的外表比较陌生，但是 (14.2.1) 仍是一个标准型 (14.1.1) 的更新方程，其中 F 的密度 $f(x)=c\mathrm{e}^{-cx}$ 集中于 $0<x<\xi$ 上，而 G 集中于点 ξ 上. 于是

$$\varphi(\lambda)=\frac{c}{c+\lambda}(1-\mathrm{e}^{-(c+\lambda)\xi}),\quad \gamma(\lambda)=\mathrm{e}^{-(c+\lambda)\xi}, \tag{14.2.2}$$

因此 V 的拉普拉斯变换为

$$\psi(\lambda)=\frac{(c+\lambda)\mathrm{e}^{-(c+\lambda)\xi}}{\lambda+c\mathrm{e}^{-(c+\lambda)\xi}}. \tag{14.2.3}$$

期望与方差的表达式 (11.7.8) 可由上式通过简单的微分①得到，对高阶矩也是如此.

从 (14.2.3) 导出解的一个**显式公式**是很有启发性的. 由于明显的理由，我们转过来讨论分布的**尾部** $1-V(t)$. 它的普通拉普拉斯变换是 $[1-\psi(\lambda)]/\lambda$ [见 (13.2.7)]，此变换有一个几何级数展开式

$$\frac{1-\psi(\lambda)}{\lambda}=\xi\sum_{n=1}^{\infty}c^{n-1}\xi^{n-1}\left\{\frac{1-\mathrm{e}^{-(c+\lambda)\xi}}{(c+\lambda)\xi}\right\}^n. \tag{14.2.4}$$

括号内的表达式与均匀分布的拉普拉斯变换 $(1-\mathrm{e}^{-\lambda})/\lambda$ 的不同之处，仅在于一个尺度因子 ξ 以及把 λ 换成了 $\lambda+c$. 正如我们一再说明的那样，这个变化是由于用 e^{-ct} 乘以密度而引起的. 于是

$$1-V(t)=\mathrm{e}^{-ct}\sum_{n=1}^{\infty}c^{n-1}\xi^{n-1}f^{n*}(t/\xi), \tag{14.2.5}$$

① 省略分母显然是为了避免冗长的分式微分.

其中 f^{n*} 是均匀分布与其本身的 n 重卷积. 利用 (1.9.6)，我们最后得到

$$1-V(t)=\mathrm{e}^{-ct}\sum_{n=1}^{\infty}\frac{(ct)^{n-1}}{(n-1)!}\sum_{k=0}^{\infty}(-1)^k\binom{n}{k}\left(1-k\frac{\xi}{t}\right)_+^{n-1}. \tag{14.2.6}$$

与覆盖定理的关系是有趣的. 在 (1.9.9) 中曾证明，内层的和表示（对于固定的 t,ξ）在 $\overline{0,t}$ 中随机选取 $n-1$ 个点，把此区间分为 n 个长度 $\leqslant\xi$ 的部分的概率. 于是，为使等待时间超过 t，当且仅当 $\overline{0,t}$ 的每个子区间至少包含一个到达，从而 (14.2.6) 说明，如果在泊松过程中恰有 $n-1$ 个到达发生在 $\overline{0,t}$ 中，那么它们的条件分布是均匀的. 如果从这个事实开始，那么我们可以把 (14.2.6) 作为覆盖定理的推论. 换句话说，(14.2.6) 表示利用随机化得到的覆盖定理的一个新证明.

(b) **复合泊松过程中的破产问题.** 作为第 2 个说明性例子，我们来讨论积微分方程

$$R'(t)=(\alpha/c)R(t)-(\alpha/c)\int_0^t R(t-x)F\{\mathrm{d}x\}, \tag{14.2.7}$$

其中 F 为一个期望为 $\mu<\infty$ 的概率分布. 这个方程是在 6.5 节中导出的，在那里讨论了它与集体风险理论、存储问题等的关系. 在例 11.7 节例 (a) 中用不同方法推导了它的解和渐近性质.

问题是寻求一个满足 (14.2.7) 的**概率分布** R. 这个方程与更新方程有关，可以用相同的方法进行讨论. 取普通拉普拉斯变换并注意到

$$\rho(\lambda)=\int_0^{\infty}\mathrm{e}^{-\lambda x}R(x)\mathrm{d}x=\lambda^{-1}\int_0^{\infty}\mathrm{e}^{-\lambda x}R'(x)\mathrm{d}x+\lambda^{-1}R(0). \tag{14.2.8}$$

我们可得

$$\rho(\lambda)=\frac{R(0)}{1-\dfrac{\alpha}{c}\dfrac{1-\varphi(\lambda)}{\lambda}}\cdot\frac{1}{\lambda}, \tag{14.2.9}$$

其中 φ 是 F 的拉普拉斯变换. 注意到 $[1-\varphi(\lambda)]/\lambda$ 是 $1-F(x)$ 的普通拉普拉斯变换，我们就可看出右边第一个分式具有 (14.1.4) 的形式，从而是一个测度 R 的拉普拉斯–斯蒂尔切斯变换. 因子 $1/\lambda$ 表示一个积分，从而 $\rho(\lambda)$ 是非正常分布函数 $R(x)$ 的**普通**拉普拉斯变换 [正如 (14.2.8) 所指出的那样]. 因为当 $x\to\infty$ 时 $R(x)\to 1$，所以由 13.5 节定理 4 推出，当 $\lambda\to 0$ 时 $\rho(\lambda)\to 1$. 因此，从 (14.2.9) 可得，对于未知常数 $R(0)$，

$$R(0)=1-(\alpha/c)\mu, \tag{14.2.10}$$

于是我们的问题当 $\alpha\mu < c$ 时有唯一的一个解，当 $\alpha\mu \geqslant c$ 时没有解. 这个结果可由概率背景预料到.

公式 (14.2.9) 也出现在排队论中，名为辛钦–波拉杰克公式 [见 12.5 节例 (a)]. 许多论文推导出了特殊情形下的显式表达式. 在**纯泊松过程**中，F 集中于点 1 上，$\varphi(\lambda) = \mathrm{e}^{-\lambda}$. ρ 的表达式几乎和 (14.2.3) 相同，同样的方法容易导出**显式解**

$$R(x) = \left(1 - \frac{\alpha}{c}\right)\sum_{k=0}^{\infty}\left(\frac{-a}{c}\right)^k \frac{(x-k)_+^k}{k!}\exp\left(\frac{\alpha}{c}(x-k)_+\right). \tag{14.2.11}$$

显然，这个公式没有实用价值，但是由于存在必须用奇特的方式消掉的正指数，这个公式是很有趣的. 早在 1934 年就出现在集体风险①理论中，但是后来反复地被重新发现.

14.3 包含反正弦分布的极限定理

通常把集中在 $\overline{0,1}$ 上且密度为

$$q_\alpha(x) = \frac{\sin \pi\alpha}{\pi} x^{-\alpha}(1-x)^{\alpha-1}, \quad 0 < \alpha < 1 \tag{14.3.1}$$

的分布称为**广义反正弦分布**，虽然它们是特殊的 β 分布. $\alpha = \dfrac{1}{2}$ 的特殊情形对应于分布函数 $2\pi^{-1}\arcsin\sqrt{x}$，这个函数在随机游动的起伏理论中起了重要的作用. 研究与 q_α 有关的极限分布的论文越来越多，它们的复杂计算使得 q_α 的出现看上去非常神秘. 深刻的理由在于 q_α 与具有正则变化尾部的分布函数有密切关系，即与具有形式

$$1 - F(x) = x^{-\alpha}L(x), \quad 0 < \alpha < 1 \tag{14.3.2}$$

的分布有密切关系，其中当 $t \to \infty$ 时 $L(tx)/L(x) \to 1$. 对于这样的函数，可以把更新定理加以补充，也就是说，更新函数 $U = \sum F^{n\star}$ 满足

$$U(t) \sim \frac{1}{\Gamma(1-\alpha)\Gamma(1+\alpha)}\frac{t^\alpha}{L(t)}, \quad t \to \infty. \tag{14.3.3}$$

换句话说，如果 F 是正则变化的，那么 U 也是如此. 已经知道（但不是显然的）(14.3.3) 中的常数等于 $(\sin \pi\alpha)/\pi\alpha$，从而 (14.3.3) 可以改写成如下形式：

$$[1 - F(x)]U(x) \to \frac{\sin \pi\alpha}{\pi\alpha}, \quad x \to \infty. \tag{14.3.4}$$

---

① R. Pyke, *The supremum and infimum of the Poisson process*, Ann. Math. Statist., vol. 30 (1959), pp. 568-576 给出了在时刻 t 前破产的显式解.

引理　如果 F 具有 (14.3.2) 的形式，那么 (14.3.4) 成立.

证　根据 13.5 节的陶伯定理 4,

$$1-\varphi(\lambda) \sim \Gamma(1-\alpha)\lambda^{\alpha}L(1/\lambda), \quad \lambda \to 0.$$

U 的拉普拉斯变换是 $\sum \varphi^n = 1/(1-\varphi)$，由 13.5 节的定理 2，(14.3.3) 成立. ■

现在考虑具有共同分布 F 的正值独立变量 X_k 的序列以及它们的部分和 $S_n = X_1 + \cdots + X_n$. 对于固定的 $t > 0$，用 N_t 表示使得

$$S_{N_t} \leqslant t < S_{N_t+1} \tag{14.3.5}$$

的随机指标. 我们对两个子区间

$$Y_t = t - S_{N_t} \quad 和 \quad Z_t = S_{N_t+1} - t$$

感兴趣. 它们在 6.7 节中曾作为时刻 t 时 **“已度过的等待时间”** 和 **“剩余的等待时间”** 引入过. 我们已经从许多方面说明了这些变量的重要性. 在 11.4 节中证明了，为使当 $t \to \infty$ 时变量 Y_t 和 Z_t 具有共同的正常极限分布，当且仅当 F 有有限期望. 但是在其他情形下，对于每个固定的 $x > 0$ 有 $P\{Y_t \leqslant x\} \to 0$，对 Z_t 也有类似的结论. 下列有趣的定理作为我们的结果的副产品出现，但是，原来的证明是相当复杂的. [①]

定理　如果 (14.3.2) 成立，那么正规化了的变量 Y_t/t 有的极限密度 q_α 由 (14.3.1) 给出，并且 Z_t/t 的极限密度为 [②]

$$p_\alpha(x) = \frac{\sin \pi\alpha}{\pi} \cdot \frac{1}{x^{\alpha}(1+x)}, \quad x > 0. \tag{14.3.6}$$

证　为使不等式 $tx_1 < Y_t < tx_2$ 成立，当且仅当 $S_n = ty$ 且对于使得 $1-x_2 < y < 1-x_1$ 的某个组合 n, y 有

$$X_{n+1} > t(1-y).$$

对所有的 n 以及所有可能的 y 求和，我们得到

$$P\{tx_1 < Y_t < tx_2\} = \int_{1-x_2}^{1-x_1} [1 - F(t(1-y))] U\{t\mathrm{d}y\}, \tag{14.3.7}$$

---

① E.B. Dynkin, *Some limit theorems for sums of independent random variables with infinite mathematical expectations.* 见 Selected Trans. in Math. Statist. and Probability, vol. 1 (1961) IMS-AMS, pp. 171-189.

② 因为 $S_{N_t+1} = Z_t + t$，所以 Z_t/S_{N_t+1} 的分布可由 (14.3.6) 利用变换替换 $x = y/(1-y)$ 而得到. 由此可见 Z_t/S_{N_t+1} 也有极限密度 q_α.

从而利用 (14.3.4) 得

$$P\{tx_1 < Y_t \leqslant tx_2\} \sim \frac{\sin \pi\alpha}{\pi\alpha} \int_{1-x_2}^{1-x_1} \frac{1-F(t(1-y))}{1-F(t)} \cdot \frac{U\{t\mathrm{d}y\}}{U(t)}, \tag{14.3.8}$$

于是 $U(ty)/U(t) \to y^{\alpha}$，从而测度 $U\{t\mathrm{d}y\}/U(t)$ 趋于密度为 $\alpha y^{\alpha-1}$ 的测度，而第一个因子趋近于 $(1-y)^{-\alpha}$. 由单调性，这种逼近是一致的，因此

$$P\{tx_1 < Y_t < tx_2\} \to \frac{\sin \pi\alpha}{\pi} \int_{1-x_2}^{1-x_1} y^{\alpha-1}(1-y)^{-\alpha}\mathrm{d}y, \tag{14.3.9}$$

这就证明了第一个断言，对于 $P\{Z_t > ts\}$，我们在极限 0 和 $1/(1+s)$ 之间得到同一积分，通过微分就可得到 (14.3.6). ■

一个值得注意的事实是，密度 q_α 在端点 0 和 1 附近变为无穷. 因此，Y_t/t 的最可能的值位于 0 和 1 附近.

把我们的论证作简单修改就可得到这个引理和定理之逆. 那时就可看出 (14.3.2) 是 Y_t/t 的极限分布存在的必要条件. 另外，(14.3.2) 刻画了稳定分布的吸引域的特征，这就说明了为什么 q_α 在与这样的分布有关的问题中经常出现.

14.4 忙期与有关的分支过程

在 13.4 节例 (a) 中曾证明，如果 φ 是一个期望为 μ 的概率分布 F 的拉普拉斯变换，那么方程

$$\beta(\lambda) = \varphi(\lambda + c - c\beta(\lambda)), \quad \lambda > 0 \tag{14.4.1}$$

有唯一的解 β，而且 β 是一个分布 B 的拉普拉斯变换. 此分布当 $c\mu \leqslant 1$ 时是正常分布，否则是亏损分布. 这个简单的优美的理论越来越经常地被利用，因此，说明 (14.4.1) 的概率背景及其应用是值得的.

如果我们习惯于直接利用拉普拉斯变换来表示概率关系式，那么 (14.4.1) 和类似方程的推导是很简单的. 一个典型的情况如下. 考虑随机和 $S_N = X_1 + \cdots + X_N$，其中 X_j 是拉普拉斯变换为 $\gamma(\lambda)$ 的独立变量，N 是一个母函数为 $P(s)$ 的独立变量. S_N 的拉普拉斯变换显然是 $P(\gamma(\lambda))$ [见 13.3 节例 (c)]. 对于一个泊松变量 N，这个拉普拉斯变换具有 $\mathrm{e}^{-\alpha[1-\gamma(\lambda)]}$ 的形式. 正如我们一再看到的那样. 在应用中常取参数 α 为一个服从分布 U 的随机变量. 如果采用分布函数的术语，那么我们可以说 $\mathrm{e}^{-\alpha[1-\gamma(\lambda)]}$ 是在给定参数值 α 下 S_N 的条件拉普拉斯变换. 绝对的拉普拉斯变换可通过对 U 的积分得到. 由被积函数的特殊形式可知，结果显然是 $\omega(1-\gamma(\lambda))$，其中 ω 表示 U 的拉普拉斯变换.

例 (a) **忙期.**[①] 顾客（或呼叫）按照一个参数为 c 的泊松过程到达一个服务员（或中转线）那里. 假设逐次的服务时间是具有共同分布 F 的独立变量. 假设有一个顾客在时刻 0 到达，并且服务员是空闲的. 他的服务时间立即开始. 在他的服务时间期间到达的顾客排成一队，只要还有人在排队，服务时间就不间断地继续下去. 所谓**忙期**指的是从 0 到服务员又得空闲的第一个时刻的时间间隔. 它的持续时间是一个随机变量，我们分别用 B 和 β 表示它的分布和拉普拉斯变换.

利用分支过程的术语，使忙期开始的顾客是"祖先"，在他的服务时间内到达的顾客是他的直系后裔，等等. 假定祖先在时刻 x 离去，他的直系后裔的个数 N 是一个期望为 cx 的泊松变量. 用 X_j 表示第 j *个直系后裔及其所有后裔的总的服务时间*. 虽然这些服务时间不一定是连续的，但是它们的总的持续时间和忙期显然有相同的分布. 因此，所有（直系和非直系）后裔所需要的总的服务时间是 $S_N = X_1 + \cdots + X_N$，其中 X_j 的拉普拉斯变换为 β 且所有的变量是独立的. 对于忙期，我们要加上祖先本身的服务时间 x. 因此，给定了祖先的服务时间的长度，忙期 $x + S_N$ 的（条件）拉普拉斯变换就是 $\mathrm{e}^{-x[\lambda+c-c\beta(\lambda)]}$. 参数 x 的分布为 F，关于 x 积分就得出 (14.4.1).

如果 B 是亏损的，那么亏量 $1 - B(\infty)$ 表示有一个永不结束的忙期（拥挤）的概率. 条件 $c\mu \leqslant 1$ 表示单位时间内到达的顾客的平均总服务时间一定不大于 1. 容易从 (14.4.1) 计算出 B 的期望与方差.

在指数服务时间的特殊情形下，$F(t) = 1 - \mathrm{e}^{-\alpha t}, \varphi(\lambda) = \alpha/(\lambda + \alpha)$. 在这种情形下，(14.4.1) 化成一个二次方程，它的一个根在无穷远处是无界的. 因此，解 β 和另一根一致，即

$$\beta(\lambda) = \sqrt{\frac{\alpha}{c}}\left[\frac{\lambda+\alpha+c}{2\sqrt{\alpha c}} - \sqrt{\left(\frac{\lambda+\alpha+c}{2\sqrt{\alpha c}}\right)^2 - 1}\,\right]. \tag{14.4.2}$$

这个拉普拉斯变换曾出现在 13.3 节例 (c) 中. 考虑到改变了的尺度参数和平移原理，我们可看出对应的密度为

$$\sqrt{\alpha/c}\,\mathrm{e}^{-(\alpha+c)x}x^{-1}I_1(2\sqrt{\alpha c}\,x). \tag{14.4.3}$$

① 忙期由 (14.4.1) 决定是肯达尔（D.G. Kendall）在 *Some problems in the theory of queues*, J. Roy. Statist. Soc.(B), vol, 13 (1951), pp. 151-185 一文中指出的. 把它化为分支过程的优美的推导是由古德（I.J. Good）给出的. 方程 (14.4.1) 等价于

$$B(t) = \sum \int_0^t \mathrm{e}^{-cx}\frac{(cx)^n}{n!}B^{n\star}(t-x)F\{\mathrm{d}x\},$$

它常称为塔什克（Takacs）积分方程. 这个理论的内在的简单性并不总是不言自明的.

在 14.6 节例 (b) 中将用另一方法导出同一结果，它曾被应用于 6.9 节例 (e) 中.

(b) **交通中的延迟.** ① 假设通过公路给定点的汽车符合一个参数为 c 的泊松过程. 设交通停止一段长度为 δ 的时间（由于红灯或其他原因）. 当交通重新开始时，K 辆汽车将排队等待，其中 K 是一参数为 $c\delta$ 的泊松变量. 由于队列中第 r 辆汽车不能先于它前面的 $r-1$ 辆开动，所以队列中每辆汽车对跟在它后面的所有汽车都引起一个延迟. 自然假设这些延迟是具有共同分布 F 的独立随机变量. 在一个队列的持续时间内，新到达的汽车被迫加入这个队列，因此增加总的延迟. 这种情况和上例一样，只是这里有 K 个“祖先”. 由每辆汽车、它的直系和非直系后裔所引起的总的延迟的拉普拉斯变换满足 (14.4.1)，总的“忙期”（从交通重新开始到不再有汽车等待的第一个时刻止的时间间隔）的拉普拉斯变换为

$$\mathrm{e}^{-c\delta}\sum\frac{(c\delta)^k}{k!}\beta^k(\lambda)=\mathrm{e}^{-c\delta[1-\beta(\lambda)]}.$$

容易计算出平均延迟，我们可以利用这个结果来讨论逐次的交通信号灯的影响等问题（见习题 6 和习题 7）. ■

14.5 扩散过程

在一维布朗运动中转移概率是正态的，首次通过时间的分布是指数为 1/2 的稳定分布 [见 6.2 节例 (e)]. 由于有这些显式公式，所以我们不应希望通过拉普拉斯变换来得到新的信息. 重新从扩散方程开始的原因是这种方法是有益的，并且可应用于最一般的扩散方程中（除了在系数为任意时不能指望得到显式解以外）. 为了简化书写，我们承认转移概率 Q_t 具有密度 q_t 这件事（虽然在没有特殊假设时也可利用即将叙述的方法得到这个结果）.

我们从布朗运动这一特殊情形开始. 对于一个给定的有界连续函数 f，令

$$u(t,x)=\int_{-\infty}^{+\infty}q_t(x,y)f(y)\mathrm{d}y. \tag{14.5.1}$$

我们的出发点是 10.4 节例 (a) 中导出的事实，即（至少对于充分光滑的 f）u 满足扩散方程

$$\frac{\partial u(t,x)}{\partial t}=\frac{1}{2}\frac{\partial^2 u(t,x)}{\partial x^2} \tag{14.5.2}$$

和初始条件：当 $t\to 0$ 时 $u(t,x)\to f(x)$. 利用普通拉普拉斯变换

① 本例是在李特尔（J.D.C. Little）在关于被延迟了的汽车的数量的讨论的启发下给出的. [Operations. Res., vol. 9(1961), pp. 39-52.]

$$\omega_\lambda(x) = \int_0^\infty \mathrm{e}^{-\lambda t} u(t,x)\mathrm{d}t, \tag{14.5.3}$$

由 (14.5.2) 可得①

$$\lambda\omega_\lambda - \frac{1}{2}\omega_\lambda'' = f, \tag{14.5.4}$$

由 (14.5.1) 可得

$$\omega_\lambda(x) = \int_{-\infty}^{+\infty} K_\lambda(x,s)f(s)\mathrm{d}s, \tag{14.5.5}$$

其中 $K_\lambda(x,y)$ 是 $q_t(x,y)$ 的普通拉普拉斯变换. 在微分方程理论中, K_λ 称为 (14.5.4) 的格林（Green）函数. 我们来证明

$$K_\lambda(x,y) = \frac{1}{\sqrt{2\lambda}}\mathrm{e}^{-\sqrt{2\lambda}|x-y|}. \tag{14.5.6}$$

这个公式的正确性可以通过验证 (14.5.5) 表示微分方程 (14.5.4) 所要求的解来证明，但是这并不能说明这个公式是怎样得到的.

我们提议用概率论证来推导 (14.5.6)，这种论证可应用于更一般的方程并导出基本首次通过时间的显式表达式（见习题 9）. 我们假设已知轨道变量 $X(t)$ 连续地依赖于 t. 设 $X(0)=x$，用 $F(t,x,y)$ 表示在时刻 t 以前到达点 y 的概率. 我们称 F 是从 x 到 y 的**首次通过时刻**的分布，并用 $\varphi_\lambda(x,y)$ 表示它的拉普拉斯变换.

对于 $x<y<z$，为使事件 $X(t)=z$ 发生，当且仅当首次通过 y 发生在某个时刻 $\tau<t$，然后在时间 $t-\tau$ 内从 y 转移到 z. 于是 $q_t(x,z)$ 是 $F(t,x,y)$ 和 $q_t(y,z)$ 的卷积，从而

$$K_\lambda(x,z) = \varphi_\lambda(x,y)K_\lambda(y,z), \quad x<y<z. \tag{14.5.7}$$

固定点 y 并取 f 为一个集中于 $\overline{y,\infty}$ 上的函数. 用 $f(z)$ 乘 (14.5.7)，并关于 z 取积分. 由 (14.5.5) 看出，结果是

$$\omega_\lambda(x) = \varphi_\lambda(x,y)\omega_\lambda(y), \quad x>y. \tag{14.5.8}$$

而 (14.5.4) 要求对于固定的 y，$\varphi_\lambda(x,y)$ 满足微分方程

$$\lambda_{\varphi_\lambda} - \frac{1}{2}\frac{\partial^2\varphi_\lambda}{\partial x^2} = 0, \quad x<y. \tag{14.5.9}$$

---

① 读过有关半群的那几节的读者将会注意到，我们讨论的是微分算子 $\mathfrak{A} = \frac{1}{2}\mathrm{d}^2/\mathrm{d}x^2$ 产生的马尔可夫半群. 微分方程 (14.5.4) 是在希尔–吉田定理中出现的基本方程 (13.10.1) 的特殊情形.

在 $-\infty$ 上有界的解一定具有 $C_\lambda \mathrm{e}^{-\sqrt{2\lambda}x}$ 的形式. 因为 (14.5.8) 说明，当 $x \to y$ 时 $\varphi_\lambda(x,y) \to 1$，所以当 $x < y$ 时我们有 $\varphi_\lambda(x,y) = \mathrm{e}^{\sqrt{2\lambda}(x-y)}$. 当 $x > y$ 时可以利用类似的论证，显然，由对称性，从 x 到 y 的首次通过时间的拉普拉斯变换为

$$\varphi_\lambda(x,y) = \mathrm{e}^{-\sqrt{2\lambda}|x-y|}. \tag{14.5.10}$$

因此，在 (14.5.7) 中令 $z = y$，我们可看出

$$K_\lambda(x,y) = \mathrm{e}^{-\sqrt{2\lambda}|x-y|} K_\lambda(y,y).$$

因为 K 必须对称地依赖于 x 和 y，所以 $K(y,y)$ 是一个只依赖于 λ 的常数 C_λ. 于是除了一个乘积常数 C_λ 外，我们已经确定了 K_λ，容易由下列事实推出 $\sqrt{2\lambda}C_\lambda = 1$：对于 $f = 1$ 有相应的解 $\omega_\lambda(x) = 1/\lambda$. 这就说明了 (14.5.6) 的正确性.

下例说明怎样计算在到达另一点 $y_2 < x$ 之前到达点 $y_1 > x$ 的概率. 同时它们说明怎样处理**边界条件**.

例 (a) **一个吸收壁**. 当一个满足 $X(0) = x > 0$ 的普通布朗运动到达原点时令它停止，我们就得到了 $\overline{0,\infty}$ 上的在原点上有一个吸收壁的布朗运动. 我们用 $q_t^{\text{abs}}(x,y)$ 表示它的转移密度，并类似地采用其他记号.

在无约束的布朗运动中，一个从 $x > 0$ 到 $y > 0$（中间通过 0）的转移的概率密度是从 x 到 0 的首次通过密度和 $q_t(0,y)$ 的卷积. 对应的拉普拉斯变换是 $\varphi_\lambda(x,0)K_\lambda(0,y)$，从而我们一定有

$$K_\lambda^{\text{abs}}(x,y) = K_\lambda(x,y) - \varphi_\lambda(x,0)K_\lambda(0,y), \tag{14.5.11}$$

其中 $x > 0, y > 0$. 这等价于

$$K_\lambda^{\text{abs}}(x,y) = [\mathrm{e}^{-\sqrt{2\lambda}|x-y|} - \mathrm{e}^{-\sqrt{2\lambda}(x+y)}]/\sqrt{2\lambda} \tag{14.5.12}$$

或者

$$q_t^{\text{abs}}(x,y) = q_t(x,y) - q_t(x,-y), \tag{14.5.13}$$

这和用**反射原理**得到的解 (10.5.5) 一致.

导出 (14.5.7) 的论证也适用于吸收壁过程，我们从 (14.5.12) 可得，对于 $0 < x < y$，

$$\varphi_\lambda^{\text{abs}}(x,y) = \frac{\mathrm{e}^{\sqrt{2\lambda}x} - \mathrm{e}^{-\sqrt{2\lambda}x}}{\mathrm{e}^{\sqrt{2\lambda}y} - \mathrm{e}^{-\sqrt{2\lambda}y}}. \tag{14.5.14}$$

这[①]是在满足 $X(0) = x$ 的无约束布朗运动中在时刻 t 之前且在通过原点之前到达点 $y > x$ 的概率的拉普拉斯变换. 令 $\lambda \to 0$，可得在通过原点之前到达 y 的概

① 对于固定的 y，$\varphi_\lambda^{\text{abs}}$ 表示微分方程 (14.5.9) 的解，此解当 $x = 0$ 时化成 0，当 $x = y$ 时化成 1. 在这种形式下，结果适用于任意三点组 $a < x < b$ 和 $a > x > b$ 及更一般的微分方程.

率等于 x/y，这与在对称伯努利随机游动的情形一样（见第 1 卷 14.2 节中的破产问题）.（在习题 8 中继续讨论.）

(b) **两个吸收壁.** 现在考虑一个从 $\overline{0,1}$ 中的点 x 出发而在到达 0 或 1 时终止的布朗运动. 通过在上述吸收壁过程中引入一个位于 1 点的附加的吸收壁来推导本例的过程最容易，因而导出 (14.5.11) 的论证仍然有效. 因此，新过程的转移密度 $q_t^{\#}(x,y)$ 的拉普拉斯变换为

$$K_\lambda^{\#}(x,y) = K_\lambda^{\text{abs}}(x,y) - \varphi_\lambda^{\text{abs}}(x,1)K_\lambda^{\text{abs}}(1,y), \tag{14.5.15}$$

其中 x 和 y 局限于 $\overline{0,1}$. [注意，边界条件 $K_\lambda^{\#}(0,y) = K_\lambda^{\#}(1,y)$ 是满足的.] 简单的算术运算表明，

$$K_\lambda^{\#}(x,y) = \frac{\mathrm{e}^{-\sqrt{2\lambda}|x-y|} + \mathrm{e}^{-\sqrt{2\lambda}(2-|x-y|)} - \mathrm{e}^{-\sqrt{2\lambda}(x+y)} - \mathrm{e}^{-\sqrt{2\lambda}(2-x-y)}}{\sqrt{2\lambda}(1-\mathrm{e}^{-2\sqrt{2\lambda}})} \tag{14.5.16}$$

把 $1/[1-\mathrm{e}^{-2\sqrt{2\lambda}}]$ 展成几何级数，我们得到另一种表达式

$$K_\lambda^{\#}(x,y) = \frac{1}{\sqrt{2\lambda}} \sum_{n=-\infty}^{+\infty} [\mathrm{e}^{-\sqrt{2\lambda}|x-y+2n|} - \mathrm{e}^{-\sqrt{2\lambda}|x+y+2n|}], \tag{14.5.17}$$

这等价于由反射原理得到的解 (10.5.7). ■

同样的论证适用于有限或无限区间上的更**一般的扩散方程**:

$$\frac{\partial u(t,x)}{\partial t} = \frac{1}{2}a(x)\frac{\partial^2 u(t,x)}{\partial x^2} + b(x)\frac{\partial u(t,x)}{\partial x}, \quad a>0. \tag{14.5.18}$$

代替 (14.5.4)，我们得到

$$\lambda\omega_\lambda - \frac{1}{2}a\omega_\lambda'' - b\omega_\lambda' = f, \tag{14.5.19}$$

解也具有 (14.5.5) 的形式，其中 K_λ 是一个形如 (14.5.7) 的格林函数 [在 (14.5.7) 中 $\varphi_\lambda(x,y)$ 是从 x 到 $y>x$ 的**首次通过密度**的变换]. 对固定的 y，此函数一定满足对应于 (14.5.9) 的微分方程，即

$$\lambda\varphi_\lambda - \frac{1}{2}a\varphi_\lambda'' - b\varphi_\lambda' = 0. \tag{14.5.20}$$

它在左端点一定是有界的，且 $\varphi_\lambda(y,y)=1$. 除了 (14.5.20) 有一有界解的情形外，这些条件唯一地确定了 φ_λ，在 (14.5.20) 有一有界解的情形（和上例一样）必须加上适当的边界条件（见习题 9 和习题 10）.

14.6 生灭过程与随机游动

在本节中，我们将研究第 1 卷 17.5 节中的生灭过程和本卷 2.7 节中的随机化了的随机游动之间的关系. 主要的目的是要举例说明涉及拉普拉斯变换的技巧以及边界条件的正确利用.

考虑一个从原点出发的简单随机游动，其中每一步等于 $+1$ 和 -1 的概率分别是 p 和 q. 假设相邻的各步之间的时间是服从期望为 $1/c$ 的指数分布的独立随机变量. 在时刻 t 位于位置 n 的概率 $P_n(t)$ 曾在 (2.7.7) 中求出过，但是我们从新的角度出发重新开始. 为了导出 $P_n(t)$ 的方程，我们作如下讨论. 只有当在时刻 t 之前发生跳跃时，才可能在时刻 t 位于 $n \neq 0$. 假设首次跳跃在时刻 $t-x$ 发生且到达 1，在时刻 t 位于位置 n 的（条件）概率是 $P_{n-1}(x)$. 因此，对于 $n = \pm 1, \pm 2, \cdots$，

$$P_n(t) = \int_0^t c\mathrm{e}^{-c(t-x)}[pP_{n-1}(x) + qP_{n+1}(x)]\mathrm{d}x. \tag{14.6.1a}$$

对于 $n=0$，必须加一项 e^{-ct}, 以表示直到时刻 t 没有发生跳跃的可能性. 于是

$$P_0(t) = \mathrm{e}^{-ct} + \int_0^t c\mathrm{e}^{-c(t-x)}[pP_{-1}(x) + qP_1(x)]\mathrm{d}x. \tag{14.6.1b}$$

因此，P_n 必须满足无穷的**卷积方程组** (14.6.1). 利用简单的微分可导出无穷**微分方程组**①

$$P_n'(t) = -cP_n(t) + cpP_{n-1}(t) + cqP_{n+1}(t) \tag{14.6.2}$$

和初始条件 $P_0(0)=1$，对于 $n \neq 0$ 有 $P_n(0)=0$.

方程组 (14.6.1) 和 (14.6.2) 是等价的，但是后者有一个形式上的优点，即 $n=0$ 的特殊作用只有在初始条件中才能看出来. 对于拉普拉斯变换的应用来说，我们从何处下手是无关紧要的.

我们转向讨论拉普拉斯变换，令

$$\pi_n(\lambda) = \int_0^\infty \mathrm{e}^{-\lambda t} P_n(t)\mathrm{d}t. \tag{14.6.3}$$

因为卷积对应于拉普拉斯变换的乘积，e^{-cx} 的变换为 $1/(c+\lambda)$，所以方程组 (14.6.1) 等价于

$$\pi_n(\lambda) = \frac{c}{c+\lambda}[p\pi_{n-1}(\lambda) + q\pi_{n+1}(\lambda)], \quad n \neq 0, \tag{14.6.4a}$$

① 它们是第 1 卷一般生灭过程的方程 (17.5.2) 的特殊情形，可以用类似的方法推导出来.

$$\pi_0(\lambda)=\frac{1}{c+\lambda}+\frac{c}{c+\lambda}[p\pi_{-1}(\lambda)+q\pi_1(\lambda)], \tag{14.6.4b}$$

[同样的结果可由 (14.6.2) 得到，因为

$$\int_0^\infty \mathrm{e}^{-\lambda t}P_n'(t)\mathrm{d}t=-P_n(0)+\lambda\pi_n(\lambda),$$

此式可用分部积分公式推出.]

线性方程组 (14.6.4) 与在第 1 卷第 14 章中遇到的随机游动方程有相同的形式，我们用同一方法来解它. 二次方程

$$cqs^2-(c+\lambda)s+cp=0 \tag{14.6.5}$$

的根为

$$s_\lambda=\frac{c+\lambda-\sqrt{(c+\lambda)^2-4c^2pq}}{2cq}\quad 和\quad \sigma_\lambda=(p/q)s_\lambda^{-1}. \tag{14.6.6}$$

容易验证，对于任意常数 A_λ，B_λ，线性组合 $\pi_n(\lambda)=A_\lambda s_\lambda^n+B_\lambda\sigma_\lambda^n$ 满足 (14.6.4a)（$n=1,2,\cdots$），系数可以这样选取，以便得到 $\pi_0(\lambda)$ 和 $\pi_1(\lambda)$ 的精确值. 给定 π_0 和 π_1，可以从 (14.6.4a) 递推地算出 $\pi_2,\pi_3,\cdots$，从而对于 $n\geqslant 0$，每个解具有 $\pi_n(\lambda)=A_\lambda s_\lambda^n+B_\lambda\sigma_\lambda^n$ 的形式. 当 $\lambda\to\infty$ 时，$s_\lambda\to 0$，但 $\sigma_\lambda\to\infty$. 因为我们的 $\pi_n(\lambda)$ 在无穷远处是有界的，所以我们必须有 $B_\lambda=0$，从而

$$\pi_n(\lambda)=\pi_0(\lambda)s_\lambda^n,\quad n=0,1,2,\cdots. \tag{14.6.7a}$$

对于 $n\leqslant 0$，我们可类似地得到

$$\pi_n(\lambda)=\pi_0(\lambda)\sigma_\lambda^n=(p/q)^n\pi_0(\lambda)s_\lambda^{-n},\quad n=0,-1,-2,\cdots. \tag{14.6.7b}$$

代入 (14.6.4b)，我们最后得到

$$\pi_0(\lambda)=\frac{1}{\sqrt{(c+\lambda)^2-4c^2pq}}, \tag{14.6.8}$$

因此，所有的 $\pi_n(\lambda)$ 是唯一确定的.

即使不知道解的显式公式，也可以从这些拉普拉斯变换得到许多信息. 例如，因为拉普拉斯变换的乘积对应于卷积，所以由 (14.6.7) 的形式似乎应有：对于 $n\geqslant 0$，概率 P_n 具有 $P_n=F^{n\star}\bigstar P_0$ 的形式，其中 F 是一个变换为 s_λ 的（可能为亏损的）概率分布. 这个猜想可以用概率论方法验证如下. 如果在时刻 t 随机游动位于点 n，那么首次通过 n 一定发生在某个时刻 $\tau\leqslant t$. 在这种情形下，在

时刻 t 又位于点 n 的（条件）概率等于 $P_0(t-\tau)$. 于是 P_n 是 P_0 和首次通过 n 的时刻的分布 F_n 的卷积. 这个首次通过时间又是 n 个同分布独立随机变量的和，即依次通过 $1,2,\cdots,n$ 之间的等待时间之和. 这就说明了 (14.6.7) 形式，并同时证明了 s_λ^n（对于 $n>0$）是首次通过 n 的分布 F_n 的变换. 除非 $p=q=\dfrac{1}{2}$，这个分布是亏损的，因为只有在 $p=q=\dfrac{1}{2}$ 时 $s_0=1$.

在现在的情形下，幸好可以把变换 s_λ 逆转. 在 13.3 节例 (d) 中曾证明，$(\lambda-\sqrt{\lambda^2-1})^r$（对 $\lambda>1$）是 $(r/x)I_r(x)$ 的普通拉普拉斯变换. 把 λ 换成 $\lambda/2c\sqrt{pq}$ 只改变了一个尺度因子，把 λ 换成 $\lambda+c$ 表示用 e^{-ct} 乘以密度. 由此推出 s_λ^n（其中 $n>0$）是密度为

$$f_n(t)=\sqrt{(p/q)^n}\ nt^{-1}I_n(2c\sqrt{pq}t)\mathrm{e}^{-ct} \tag{14.6.9}$$

的分布 F_n 的普通拉普拉斯变换. (14.6.9) 是首次通过 $n>0$ 的时间的密度. 在 (2.7.13) 中曾用直接方法证实过这个事实 [从而现在的论证可以看作 $x^{-1}I_n(x)$ 的拉普拉斯变换的一个新推导].

可以类似地得到概率 $P_n(t)$ 的一个显式表达式. 在 13.11 节的习题 8 中我们求出了 I_n 的拉普拉斯变换，刚才叙述的参数调整直接导致显式公式

$$P_n(t)=\sqrt{(p/q)^n}\mathrm{e}^{-ct}I_n(2c\sqrt{pq}t),\quad n=0,\pm1,\pm2,\cdots. \tag{14.6.10}$$

此外，这个结果可由 (2.7.7) 中的直接方法导出.

正如我们在第 1 卷 17.7 节中看到的那样，除了被局限于 $n\geqslant 0$ 以及对于边界状态 $n=0$ 有一个相应的不同方程外，各种中继线和服务问题都导致同一微分方程组 (14.6.2). 下面两个例子将说明在这样的情形下怎样运用现在的方法.

例 (a) **一个服务员的排队.** 我们考虑一个服务员，如果服务员忙着，那么新来的顾客就要排队. 系统的状态由排队的顾客（包括正在得到服务的顾客）的人数 $n\geqslant 0$ 给出. 到达时刻间隔和服务时间是相互独立的，且分别具有指数密度 $\lambda\mathrm{e}^{-\lambda t}$ 和 $\mu\mathrm{e}^{-\mu t}$. 这是第 1 卷 17.7 节中多个服务员的例 (b) 的一个特殊情形，但是我们将重新推导微分方程，以便说明它和我们现在的随机游动模型的密切关系.

假设现在有 $n-1$ 个顾客在排队. 状态的下一个变化是 $+1$（如果它是由于新顾客的到来引起的）和 -1（如果它是由于现在的服务时间终止而引起的）. 这种变化的等待时间 T 是这两个事件的等待时间的较小者，从而 $P\{T>t\}=\mathrm{e}^{-ct}$，其中我们设 $c=\lambda+\mu$. 当变化发生时，它以概率 $p=\lambda/c$ 等于 $+1$，以概率 $q=\mu/c$ 等于 -1. 换句话说，只要仍有人在排队，我们的过程就符合随机游动模型，从而微分方程 (14.6.2) 对 $n\geqslant 1$ 成立. 但是当服务员空闲时，变化只能由新顾客的到

来引起，因此对于 $n=0$，微分方程呈形式

$$P_0'(t)=-cpP_0(t)+cqP_1(t). \tag{14.6.11}$$

假设服务员原来是空闲的，即 $P_0(0)=1$，我们现在来解这些微分方程. 对于 $n\geqslant 1$，拉普拉斯变换 $\pi_n(\lambda)$ 又满足方程 (14.6.4a), 但是对于 $n=0$，我们由 (14.6.11) 得到

$$(cp+\lambda)\pi_0(\lambda)=1+cq\pi_1(\lambda). \tag{14.6.12}$$

和在一般的随机游动中一样，对于 $n\geqslant 1$, 我们得到 $\pi_n(\lambda)=\pi_0(\lambda)s_\lambda^n$，但是由 (14.6.12) 看出，

$$\pi_0(\lambda)=\frac{1}{cp+\lambda-cqs_\lambda}=\frac{1-s_\lambda}{\lambda}. \tag{14.6.13}$$

于是

$$\pi_n(\lambda)+\pi_{n+1}(\lambda)+\cdots=\frac{1-s_\lambda}{\lambda}(s_\lambda^n+s_\lambda^{n+1}+\cdots)=s_\lambda^n/\lambda.$$

我们知道，s_λ^n 是密度为 (14.6.9) 的分布 F_n 的拉普拉斯变换，因子 $1/\lambda$ 相应于积分. 因此，对于 $n>0$

$$P_n(t)+P_{n+1}(t)+\cdots=F_n(t), \tag{14.6.14}$$

其中 F_n 是密度为 (14.6.9) 的分布. 对于 $n=0$，左边当然是 1.

(b) **忙期中的起伏.** 我们考察同一个服务员，但是只在忙期中考察他. 换句话说，假设第一个顾客在时刻 0 到达空闲的服务员那里，我们让过程在服务员变成空闲时终止. 从分析上讲，这蕴涵现在 n 局限于 $n\geqslant 1$，初始条件是 $P_1(0)=1$. 对于 $n\geqslant 2$，微分方程 (14.6.2) 没有什么变化，但是由于没有零状态，第一个方程的项 $cpP_0(t)$ 消失了. 于是当 $n\geqslant 2$ 时拉普拉斯变换 $\pi_n(\lambda)$ 满足 (14.6.4a)，对于 $n=1$ 满足

$$(\lambda+c)\pi_1(\lambda)=1+cq\pi_2(\lambda). \tag{14.6.15}$$

同前，对于 $n\geqslant 2$，我们得到 $\pi_n(\lambda)=\pi_1(\lambda)s_\lambda^{n-1}$，但是 $\pi_1(\lambda)$ 将由 (14.6.15) 确定. 简单的计算表明 $\pi_1(\lambda)=s_\lambda/(cp)$，从而 $\pi_n(\lambda)=s_\lambda^n(cp)$. 于是利用上例我们可得到最后的结果：$P_n(t)=f_n(t)/(cp)$, 其中 f_n 由 (14.6.9) 给出.

为了保证忙期有有限的持续时间，我们假设 $p<q$. 用 T 表示**忙期的持续时间**. 那么 $P\{T>t\}=P(t)=\sum P_n(t)$. 于是 $P'(t)=-cqP_1(t)$，这可通过把诸微分方程相加得到，也可用如下的概率方法得到. 如果忽略具有可忽略的概率的事件，那么为使忙期在 t 和 $t+h$ 之间终止，当且仅当在时刻 t 只有一个顾客在排队，且他的服务在从 t 开始的长度为 h 的下一个时间区间内终止. 这两个条件的

概率分别为 $P_1(t)$ 和 $cqh+o(h)$，从而 T 的密度满足条件 $-P'(t)=cqP_1(t)$. 因此，忙期的持续时间的密度为

$$-P'(t)=\sqrt{q/p}t^{-1}I_1(2c\sqrt{pq}t)\mathrm{e}^{-ct}. \tag{14.6.16}$$

这个结果曾在 14.4 节例 (a) 中用不同的方法导出过，并且曾被利用于 6.9 节例 (e) 排队过程中（见习题 13）. ■

14.7 柯尔莫哥洛夫微分方程[①]

我们回到局限于整数 $1,2,\cdots$ 的马尔可夫过程. 我们曾在第 1 卷 17.9 节和本卷 10.3 节中推导过柯尔莫哥洛夫微分方程. 本节包含一个利用拉普拉斯变换所作的独立论述. 为使讨论自给自足，我们给出（以卷积方程的形式给出的）基本方程的一个新推导.

基本假设是，如果在某个时刻 τ 有 $X(\tau)=i$，那么在区间 $\tau\leqslant t<\tau+T$ 内，$X(t)$ 的值将保持不变（此区间的长度具有指数密度 $c_ie^{-c_ix}$）；它然后跳跃到 j_{is} 的概率是 p_{ij}. 给定 $X(0)=i$, 那么 $X(t)=k\neq i$ 的概率 $P_{ik}(t)$ 现在可以通过对所有可能的时刻以及首次跳跃的结果求和计算出来：

$$P_{ik}(t)=\sum_{j=1}^{\infty}\int_0^t c_i\mathrm{e}^{-c_ix}p_{ij}P_{jk}(t-x)\mathrm{d}x,\quad k\neq i. \tag{14.7.1a}$$

对于 $k=i$，我们必须加上一项以说明不发生跳跃的可能性：

$$P_{ii}(t)=\mathrm{e}^{-c_it}+\sum_{j=1}^{\infty}\int_0^t c_i\mathrm{e}^{-c_ix}p_{ij}P_{ji}(t-x)\mathrm{d}x. \tag{14.7.1b}$$

这些方程可用克罗内克符号 δ_{ik} 统一起来，当 $k=i$ 时 $\delta_{ik}=1$，当 $k\neq i$ 时 $\delta_{ik}=0$.

向后方程 (14.7.1) 是我们的出发点[②]，给定任意的 $c_i>0$ 和一个随机矩阵

① 本节叙述的理论不经本质的改变就可应用于 10.3 节的一般跳跃过程. 不用拉普拉斯变换而用概率本身来重新叙述其证明将是一个很好的练习. 这样证明就不那么优美了，但是此时这个理论可以推广到系数 c_j 和 p_{jk} 都依赖于 t 的非平稳情形. W. Feller, Trans. Amer. Math. Soc., vol. 48 (1940), pp. 488-515 [erratum vol. 58, p. 474] 对一般的跳跃过程讨论了这种形式的理论.

关于以样本轨道为基础的概率处理，见钟开莱（1967）. 关于向半马尔可夫过程的推广见习题 14.

② 引入变量替换 $y=t-x$ 可使我们容易进行微分. 可以看出，卷积方程 (14.7.1) 等价于微分方程组

$$P'_{ik}(t)=-c_iP_{ik}(t)+c_i\sum_j p_{ij}P_{jk}(t)$$

和初始条件 $P_{ii}(0)=1$, $P_{ik}(0)=0(k\neq i)$. 这个方程组和第 1 卷 (17.9.14) 一致，所不同的只是那里的系数 c_i 和 p_{ij} 依赖于时间，从而 P_{ik} 是 2 个时刻 τ 和 t 的函数，而不是持续时间 $t-\tau$ 的函数.

$\boldsymbol{p}=(p_{ik})$, 我们来求满足 (14.7.1) 的随机矩阵 $\boldsymbol{P}(t)=(P_{ik}(t))$.

另外,如果我们假设任一有限时间区间只包含有限个跳跃,那么我们可以通过在 t 之前的最后一个跳跃的时刻来修改这个论证. 从 j 向 k 的跳跃的概率的密度为 $\sum P_{ij}(x)c_j p_{jk}$，而在 x 和 t 之间没有跳跃的概率等于 $\mathrm{e}^{-c_j(t-x)}$. 代替 (14.7.1), 我们得到**向前方程**

$$P_{ik}(t)=\delta_{ik}\mathrm{e}^{-c_i t}+\int_0^t\sum_{j=1}^{\infty}P_{ij}(x)c_j p_{jk}\mathrm{e}^{-c_k(t-x)}\mathrm{d}x. \tag{14.7.2}$$

然而正如我们将要看到的那样，存在一个具有**无穷多次跳跃**的过程满足向后方程，从而构成过程的基础的基本假设并不蕴涵向前方程. 这种现象曾在 10.3 节和第 1 卷 17.9 节中讨论过.

利用拉普拉斯变换

$$\varPi_{ik}(\lambda)=\int_0^{\infty}\mathrm{e}^{-\lambda t}P_{ik}(t)\mathrm{d}t, \tag{14.7.3}$$

向后方程 (14.7.1) 呈形式

$$\varPi_{ik}(\lambda)=\frac{\delta_{ik}}{\lambda+c_i}+\frac{c_i}{\lambda+c_i}\sum_{j=1}^{\infty}p_{ij}\varPi_{jk}(\lambda). \tag{14.7.4}$$

我们现在转向更方便的矩阵记号.（矩阵计算法则同样适用于具有非负元素的无穷矩阵.）我们引入矩阵 $\boldsymbol{\varPi}(\lambda)=(\varPi_{ik}(\lambda))$，类似地引入矩阵 $\boldsymbol{P}(t)=(P_{ik}(t)), \boldsymbol{p}=(p_{ik})$ 及具有元素 c_i 的对角矩阵 $\boldsymbol{c}$，我们用 $\mathbf{1}$ 表示所有元素都等于 1 的列向量. 于是矩阵 $\boldsymbol{A}$ 的行和为 $\boldsymbol{A}\mathbf{1}$. 最后，$\boldsymbol{I}$ 是单位矩阵.

于是由 (14.7.4) 显然可见，**向后方程** (14.7.1) 可以转化为

$$(\lambda+\boldsymbol{c})\boldsymbol{\varPi}(\lambda)=\boldsymbol{I}+\boldsymbol{c}\boldsymbol{p}\boldsymbol{\varPi}(\lambda), \tag{14.7.5}$$

向前方程可以转化为

$$\boldsymbol{\varPi}(\lambda)(\lambda+\boldsymbol{c})=\boldsymbol{I}+\boldsymbol{\varPi}(\lambda)\boldsymbol{c}\boldsymbol{p}. \tag{14.7.6}$$

为了构造**最小解**，我们递推地设

$$(\lambda+\boldsymbol{c})\boldsymbol{\varPi}^{(0)}(\lambda)=\boldsymbol{I},\quad(\lambda+\boldsymbol{c})\boldsymbol{\varPi}^{(n+1)}(\lambda)=\boldsymbol{I}+\boldsymbol{c}\boldsymbol{p}\boldsymbol{\varPi}^{(n)}(\lambda). \tag{14.7.7}$$

对于 $\lambda\boldsymbol{\varPi}^{(n)}(\lambda)$ 的行之和，我们引入记号

$$\lambda\boldsymbol{\varPi}^{(n)}(\lambda)\mathbf{1}=\mathbf{1}-\xi^{(n)}(\lambda), \tag{14.7.8}$$

代入 (14.7.7) 并注意到 $\boldsymbol{p1}=\mathbf{1}$，就可看出

$$(\lambda+\boldsymbol{c})\xi^{(n+1)}(\lambda)=\boldsymbol{cp}\xi^{(n)}(\lambda). \tag{14.7.9}$$

因为 $\xi^{(0)}\geqslant 0$, 所以对于所有的 n 有 $\xi^{(n)}(\lambda)\geqslant 0$，从而矩阵 $\lambda\boldsymbol{\Pi}^{(n)}(\lambda)$ 是次随机的. 它们的元素是 n 的不减函数，因此存在一个有限极限

$$\boldsymbol{\Pi}^{(\infty)}(\lambda)=\lim_{n\to\infty}\boldsymbol{\Pi}^{(n)}(\lambda), \tag{14.7.10}$$

并且 $\lambda\boldsymbol{\Pi}^{(\infty)}(\lambda)$ 是次随机的或随机的.

显然 $\boldsymbol{\Pi}^{(\infty)}(\lambda)$ 满足向后方程 (14.7.5)，对于任一其他非负解 $\boldsymbol{\Pi}(\lambda)$ 显然有 $\boldsymbol{\Pi}(\lambda)\geqslant\boldsymbol{\Pi}^{(0)}(\lambda)$. 根据归纳法，对于所有的 n 有 $\boldsymbol{\Pi}(\lambda)\geqslant\boldsymbol{\Pi}^{(n)}(\lambda)$. 于是

$$\boldsymbol{\Pi}(\lambda)\geqslant\boldsymbol{\Pi}^{(\infty)}(\lambda). \tag{14.7.11}$$

$\boldsymbol{\Pi}^{(\infty)}(\lambda)$ 也满足向前方程 (14.7.6) 这件事并不显然. 为了说明这一点，我们用归纳法来证明

$$\boldsymbol{\Pi}^{(n)}(\lambda)(\lambda+\boldsymbol{c})=\boldsymbol{I}+\boldsymbol{\Pi}^{(n-1)}(\lambda)\boldsymbol{cp}. \tag{14.7.12}$$

这对 $n=1$ 是正解的. 假设 (14.7.12) 成立，代入 (14.7.7) 可得

$$(\lambda+\boldsymbol{c})\boldsymbol{\Pi}^{(n+1)}(\lambda)(\lambda+\boldsymbol{c})=\lambda\boldsymbol{I}+\boldsymbol{c}+[\boldsymbol{I}+\boldsymbol{cp}\boldsymbol{\Pi}^{(n-1)}(\lambda)]\boldsymbol{cp}. \tag{14.7.13}$$

中括号内的表达式等于 $(\lambda+\boldsymbol{c})\boldsymbol{\Pi}^{(n)}(\lambda)$. 用 $(\lambda+\boldsymbol{c})^{-1}$ 左乘 (14.7.13) 可得把 n 换成 $n+1$ 的 (14.7.12). 因此这个关系式对所有的 n 成立，从而 $\boldsymbol{\Pi}^{(\infty)}(\lambda)$ 满足向前方程.

重复导出 (14.7.11) 的论证，我们同样可以看出向前方程 (14.7.6) 的任一非负解满足 $\boldsymbol{\Pi}(\lambda)\geqslant\boldsymbol{\Pi}^{(\infty)}(\lambda)$. 由于这个原因，$\boldsymbol{\Pi}^{(\infty)}(\lambda)$ 被称为**最小解**.

定理 1 *存在一个行和 $\leqslant\lambda^{-1}$ 的矩阵 $\boldsymbol{\Pi}^{(\infty)}(\lambda)\geqslant 0$，它满足 (14.7.5) 和 (14.7.6)，且对于 (14.7.5) 或 (14.7.6) 的每一个非负解，不等式 (14.7.11) 都成立.*

定理 2 *最小解是这样一族次随机或随机矩阵 $\boldsymbol{P}(t)$ 的拉普拉斯变换，$\boldsymbol{P}(t)$ 满足查普曼–柯尔莫哥洛夫方程*

$$\boldsymbol{P}(s+t)=\boldsymbol{P}(s)\boldsymbol{P}(t) \tag{14.7.14}$$

以及向后方程 (14.7.1) 和向前方程 (14.7.2). 所有的矩阵 $\boldsymbol{P}(t)$ 和 $\lambda\boldsymbol{\Pi}^{(\infty)}(\lambda)$（$t>0,\lambda>0$）或者都是严格随机的或者都不是严格随机的.

证 我们去掉上标 ∞，把 $\boldsymbol{\Pi}^{(\infty)}(\lambda)$ 记为 $\boldsymbol{\Pi}(\lambda)$. 由定义 (14.7.7) 显然可见 $\Pi_{ik}^{(n)}(\lambda)$ 是正函数 $P_{ik}^{(n)}$ 的变换，这个 $P_{ik}^{(n)}$ 是有限多个指数分布的卷积. 由

(14.7.8) 知，$\boldsymbol{P}^{(n)}(t)$ 的行和构成一个以 $\mathbf{1}$ 为界的单调序列，由此推出 $\boldsymbol{\Pi}(\lambda)$ 是一个次随机或随机矩阵 $P(t)$ 的变换. 由 (14.7.5) 和 (14.7.6) 显然可见 $\boldsymbol{P}(t)$ 满足原来的向前方程和向后方程. 这些结果蕴涵 $\boldsymbol{P}(t)$ 连续地依赖于 t. 由此推出，如果对于某个 t，第 i 行的和小于 1，那么对于所有的 λ，$\boldsymbol{\Pi}(\lambda)$ 的第 i 行的和小于 λ^{-1}，反之亦然.

为了用拉普拉斯变换重新叙述 (14.7.14)，我们用 $\mathrm{e}^{-\lambda t-\nu s}$ 乘以 (14.7.14)，并对 s 和 t 积分. 右边导出矩阵乘积 $\boldsymbol{\Pi}(\lambda)\boldsymbol{\Pi}(\nu)$，左边容易通过代换 $x=t+s, y=-t+s$ 来计算. 结果是

$$-\frac{\boldsymbol{\Pi}(\nu)-\boldsymbol{\Pi}(\lambda)}{\nu-\lambda}=\boldsymbol{\Pi}(\lambda)\boldsymbol{\Pi}(\nu); \tag{14.7.15}$$

反之，(14.7.15) 蕴涵 (14.7.14). [这个论证曾用于 13.8 节例 (a) 中.]

为了证明 (14.7.15)，考虑矩阵方程

$$(\lambda+\boldsymbol{c})\boldsymbol{Q}=\boldsymbol{A}+\boldsymbol{c}\boldsymbol{p}\boldsymbol{Q}. \tag{14.7.16}$$

如果 $\boldsymbol{A}$ 和 $\boldsymbol{Q}$ 是非负的，那么显然 $\boldsymbol{Q}\geqslant(\lambda+\boldsymbol{c})^{-1}\boldsymbol{A}=\boldsymbol{\Pi}^{(0)}(\lambda)\boldsymbol{A}$. 根据归纳法，对于所有的 n 有 $\boldsymbol{Q}\geqslant\boldsymbol{\Pi}^{(n)}(\lambda)\boldsymbol{A}$. 因此，$Q\geqslant\boldsymbol{\Pi}(\lambda)\boldsymbol{A}$. 于是 $\boldsymbol{\Pi}(\nu)$ 满足具有 $\boldsymbol{A}=\boldsymbol{I}+(\lambda-\nu)\boldsymbol{\Pi}(\nu)$ 的 (14.7.16)，从而对于 $\lambda>\nu$，

$$\boldsymbol{\Pi}(\nu)\geqslant\boldsymbol{\Pi}(\lambda)+(\lambda-\nu)\boldsymbol{\Pi}(\lambda)\boldsymbol{\Pi}(\nu). \tag{14.7.17}$$

另外，右边的项满足把 λ 换成 ν 的向前方程 (14.7.6). 由此推出它 $\geqslant\boldsymbol{\Pi}(\nu)$. 因此，(14.7.17) 中的等号成立. 这就完成了证明. ① ■

为了看一看矩阵 $\lambda\boldsymbol{\Pi}^{(\infty)}(\lambda)$ 是不是严格随机的②，我们回到关系式 (14.7.8) 和 (14.7.9). 因为诸元素 $\xi_i^{(n)}(\lambda)$ 是 n 的不增函数，所以存在一个极限 $\xi(\lambda)=\lim\xi^{(n)}(\lambda)$，使得

$$\lambda\boldsymbol{\Pi}^{(\infty)}(\lambda)\mathbf{1}=\mathbf{1}-\xi(\lambda) \tag{14.7.18}$$

且

$$(\lambda+\boldsymbol{c})\xi(\lambda)=\boldsymbol{c}\boldsymbol{p}\,\xi(\lambda),\quad 0\leqslant\xi(\lambda)\leqslant\mathbf{1}. \tag{14.7.19}$$

另外，我们有

$$(\lambda+\boldsymbol{c})\xi^{(0)}(\lambda)=\boldsymbol{c}\mathbf{1}=\boldsymbol{c}\boldsymbol{p}\mathbf{1}. \tag{14.7.20}$$

---

① (14.7.15) 是有界列向量组成的巴拿赫空间上的收缩算子族 $\lambda\boldsymbol{\Pi}(\lambda)$ 的预解方程. 我们在 13.10 节中已看到，为使它成立，当且仅当这些变换的值域是与 λ 无关的，最小特征保证了这一点（利用边界理论，值域的特征是在“实际出口边界”上向量等于 0）.

② **警告**：用列向量 1 乘以向前方程似乎可以导致恒等式 $\lambda\boldsymbol{\Pi}(\lambda)\mathbf{1}=\mathbf{1}$，但是所涉及的级数可能发散. 如果 c_i 是有界的，那么这个程序是合理的（推论 1）.

因此，对于满足 (14.7.19) 的任一向量 $\xi(\lambda)$ 有 $\xi^{(0)}(\lambda) \geqslant \xi(\lambda)$. 由归纳法可从 (14.7.9) 推出，对于所有的 $\boldsymbol{n}$ 有 $\xi^{(n)}(\lambda) \geqslant \xi(\lambda)$，从而 (14.7.18) 中的向量 $\xi(\lambda)$ 是满足 (14.7.19) 的**最大**向量. 于是我们有以下定理.

定理 3 最小解的行亏量可以由满足 (14.7.19) 的完全确定的最大向量 $\xi(\lambda)$ 来表示.

因此，为使 $\lambda\boldsymbol{\Pi}^{(\infty)}(\lambda)$ 是严格随机的，当且仅当 (14.7.19) 蕴涵 $\xi(\lambda)=0$.

推论 1 如果对所有的 i 有 $c_i \leqslant M < \infty$，那么最小解是严格随机的（因此，向前方程和向后方程都不具有其他的解）.

证 因为 $\boldsymbol{c}/(\lambda+\boldsymbol{c})$ 是 $\boldsymbol{c}$ 的增函数，所以根据归纳法可从 (14.7.19) 推出，对于所有的 n，

$$\xi(\lambda) \leqslant \left(\frac{M}{\lambda+M}\right)^n \cdot \mathbf{1}, \tag{14.7.21}$$

因此 $\xi(\lambda)=0$. ■

如果 $\boldsymbol{A}(\lambda)$ 是由形如 $\xi_i(\lambda)\eta_k(\lambda)$ 的元素组成的矩阵 [其中 $\eta_k(\lambda)$ 是任意的]，那么 $\boldsymbol{\Pi}(\lambda)+\boldsymbol{A}(\lambda)$ 也是向后方程 (14.7.5) 的解. 总可以选择这样的 $\boldsymbol{A}(\lambda)$，以便得到是满足查普曼–柯尔莫哥洛夫方程的容许矩阵 $\boldsymbol{P}(t)$. 我们将在 14.8 节中举例说明这个程序. 对应的过程的特征可由在有限时间区间内包含无穷多个跳跃的转移来刻画. 非常奇怪的是，即使用最后一次跳跃对它们所做的解释是错误的，向前方程也可以被满足.

这些是主要的结果. 我们用一个准则来结束本节，这个准则在应用中是有用的，而且它非常有趣，因为它的证明引进了位势理论的概念，(14.7.25) 的核 Γ 是一个典型的**位势**.

我们假设 $c_i>0$，并把 (14.7.19) 改写成形式

$$\xi(\lambda)+\lambda\boldsymbol{c}^{-1}\xi(\lambda)=\boldsymbol{p}\xi(\lambda). \tag{14.7.22}$$

用 $\boldsymbol{p}^k$ 乘以上式并对 $k=0,1,\cdots,n-1$ 求和，我们得

$$\xi(\lambda)+\lambda\sum_{k=0}^{n-1}\boldsymbol{p}^k\boldsymbol{c}^{-1}\xi(\lambda)=\boldsymbol{p}^n\xi(\lambda). \tag{14.7.23}$$

这蕴涵 $\boldsymbol{p}^n\xi(\lambda)$ 单调地依赖于 n，从而 $\boldsymbol{p}^n\xi(\lambda)\to x$，其中 x 是满足[①]

$$\boldsymbol{p}x=x, \quad \xi(\lambda)\leqslant x\leqslant 1 \tag{14.7.24}$$

的最小列向量.

① 不难看出，x 是与 λ 无关的，且 $\lambda\boldsymbol{\Pi}^{(\infty)}(\lambda)=x-\xi(\lambda)$.

现在用

$$\boldsymbol{\Gamma} = \sum_{k=1}^{\infty} \boldsymbol{p}^k \boldsymbol{c}^{-1} \tag{14.7.25}$$

来定义一个矩阵（它可能具有无穷多个元素）. 在 (14.7.23) 中令 $n \to \infty$，我们得到

$$\xi(\lambda) + \lambda \boldsymbol{\Gamma} \xi(\lambda) = x. \tag{14.7.26}$$

特别地，这蕴涵，对于每个使得 $\boldsymbol{\Gamma}_{kk} = \infty$ 的 k，$\xi_k(\lambda) = 0$. 如果 k 是矩阵为 $\boldsymbol{p}$ 的马尔可夫链的常返状态，那么情况是这样的，因此我们有以下的推论.

推论 2　当矩阵为 $\boldsymbol{p}$ 的离散马尔可夫链只有常返状态时，最小解是严格随机的（从而是唯一的）.

14.8　例：纯生过程

在本节中我们不研究一般理论，而是详细地考虑只可能有形如 $i \to i+1$ 的转移的过程，因为它们为由非唯一性产生的过程的类型提供了很好的例子. 为了避免微不足道的东西，我们假设对于所有的 i 有 $c_i > 0$. 由定义 $p_{i,i+1} = 1$，而对于所有其他的组合 $p_{ik} = 0$. 于是向后方程和向前方程化为

$$(\lambda + c_i)\Pi_{ik}(\lambda) - c_i \Pi_{i+1,k}(\lambda) = \delta_{ik} \tag{14.8.1}$$

和

$$(\lambda + c_k)\Pi_{ik}(\lambda) - c_{k-1} \Pi_{i,k-1}(\lambda) = \delta_{ik}, \tag{14.8.2}$$

其中当 $i = k$ 时 δ_{ik} 等于 1，否则等于 0. 为了简单起见，我们令

$$\rho_i = \frac{c_i}{c_i + \lambda}, \quad r_i = \frac{1}{c_i + \lambda}. \tag{14.8.3}$$

ρ_i 是在 i 上的逗留时间的分布（它是指数型的）的拉普拉斯变换，r_i 是这个逗留时间超过 t 的概率的普通拉普拉斯变换. 要记住 r_j 和 ρ_j 对 λ 的依赖性.

例　(a) **最小解.** 容易验证

$$\Pi_{ik}(\lambda) = \begin{cases} \rho_i \rho_{i+1} \cdots \rho_{k-1} r_k, & k \geqslant i, \\ 0, & k < i, \end{cases} \tag{14.8.4}$$

是 (14.8.1) 和 (14.8.2) 的最小解. 它反映了这样的事实，即从 i 向 $k < i$ 转移是不可能的，以及到达 $k > i$ 的时刻是在 $i, i+1, \cdots, k-1$ 上的 k 个独立的逗留时间之和.

设 $P_{ik}(t)$ 表示由 (14.8.4) 定义的过程的转移概率. 我们来证明下述重要结果, 这个结果曾在第 1 卷 17.4 节中用其他方法导出过.

引理 如果

$$\sum 1/c_n = \infty, \tag{14.8.5}$$

那么对于所有的 i 和 $t > 0$,

$$\sum_{k=i}^{\infty} P_{ik}(t) = 1. \tag{14.8.6}$$

否则 (14.8.6) 对所有的 i 都不成立.

证 注意 $\lambda_{r_k} = 1 - \rho_k$, 从而

$$\lambda[\Pi_{ii}(\lambda) + \cdots + \Pi_{i,i+n}(\lambda)] = 1 - \rho_i \cdots \rho_{i+n}. \tag{14.8.7}$$

于是为使 (14.8.6) 成立, 当且仅当对于所有的 $\lambda > 0$,

$$\rho_i \rho_{i+1} \cdots \rho_n \to 0, \quad n \to \infty. \tag{14.8.8}$$

如果 $c_n \to \infty$, 那么 $\rho_n \sim \mathrm{e}^{-\lambda/c_n}$, 从而在这种情形下 (14.8.5) 是 (14.8.8) 的充要条件. 另外, 如果 c_n 不趋于无穷, 那么存在一个数 $q < 1$, 使得对于无穷多个 n 有 $\rho_n < q$, 因此 (14.8.8) 和 (14.8.5) 成立. ∎

在 (14.8.5) 中的级数是发散的情形下, 没有什么意外的事: c_n 唯一地确定这样一个纯生过程, 使得此过程满足作为我们的出发点的基本公设. 因此, 今后我们假设 $\sum c_n^{-1} < \infty$.

亏量 $1 - \sum_k P_{ik}(t)$ 是系统在时刻 t 前通过所有状态或到达 "边界 ∞" 的概率. 到达时刻是在 $i, i+1, \cdots$ 上逗留的时间之和. 这个级数以概率 1 收敛, 因为平均逗留时间 $1/c_n$ 之和收敛.

在一个从 i 开始的过程中, 过程的寿命 (直到到达 ∞ 的时刻) 的拉普拉斯变换为

$$\xi_i = \lim_{n \to \infty} \rho_i \rho_{i+1} \cdots \rho_{i+n}, \tag{14.8.9}$$

且 ξ_i 满足方程 (14.7.19), 即

$$(\lambda + c_i)\xi_i = c_i \xi_{i+1}. \tag{14.8.10}$$

对于行和, 我们从 (14.8.7) 得到

$$\lambda \sum_{k=i}^{\infty} \Pi_{ik}(\lambda) = 1 - \xi_i. \tag{14.8.11}$$

(b) **回返过程**. 从过程 (14.8.4) 开始, 可按如下方法定义新的过程. 选择数 q_i, 使得 $q_i \geqslant 0, \sum q_i = 1$. 我们假定当到达 ∞ 时, 系统的状态以概率[①] q_i 立即转

① 令 $\sum q_i < 1$ 可得到回返过程的变形; 在到达 ∞ 上时, 过程以概率 $1 - \sum q_i$ 终止.

移到 i. 于是原来的过程重新开始，直到第 2 次到达 ∞ 时为止. 在两次到达 ∞ 之间经过的时间是一个拉普拉斯变换为

$$\tau(\lambda)=\sum q_i\xi_i \tag{14.8.12}$$

的随机变量. 过程的马尔可夫特征要求，在第 2 次到达 ∞ 时过程以同样的方式重新开始. 我们现在用转移概率的拉普拉斯变换 $\Pi_{ik}^{\mathrm{ret}}(\lambda)$ 来描述新过程的转移概率 $P_{ik}^{\mathrm{ret}}(t)$. 一个从时刻 0 的 i 到时刻 t 的 k 而中间不经过 ∞ 的转移的概率的变换为 (14.8.4). 因此，在恰好经过 ∞ 一次后到达 k 的概率的拉普拉斯变换为 $\xi_i\sum_j q_j\Pi_{jk}(\lambda)$，第 2 次到达 ∞ 的时刻的变换为 $\xi_i\tau(\lambda)$. 如果考虑更多次的回返，那么由上述方法可以看出，我们一定有

$$\Pi_{ik}^{\mathrm{ret}}(\lambda)=\Pi_{ik}(\lambda)+\xi_i\frac{1}{1-\tau(\lambda)}\sum_j q_j\Pi_{jk}(\lambda), \tag{14.8.13}$$

其中 $[1-\tau(\lambda)]^{-1}=\sum\tau^n(\lambda)$ 表示通过 ∞ 的次数. 利用 (14.8.11) 经过简单计算可说明 (14.8.13) 中的行和等于 $1/\lambda$，从而 $\Pi_{ik}^{\mathrm{ret}}(\lambda)$ 是转移概率 $P^{\mathrm{ret}}(t)$ 的严格随机矩阵的变换.

容易验证，*新过程满足向后方程* (14.8.1)，*但不满足向前方程* (14.8.2). 这是应该的，因为不一定存在最后一次跳跃而违反了导致向前方程的公设.

(c) **双侧纯生过程.** 为了得到一个既满足向前方程又满足向后方程的过程，我们通过令系统的状态跑遍 $0,\pm1,\pm2,\cdots$ 来修改上面的纯生过程. 除此之外约定仍然不变：诸常数 $c_i>0$ 对所有的整数都有定义，并且只能从 i 转移到 $i+1$. 我们又假设 $\sum 1/c_n<\infty$（现在是从 $-\infty$ 到 $+\infty$ 求和）.

最小解也没有改变，它仍由 (14.8.4) 给出. 极限

$$\eta_k=\lim_{i\to-\infty}\Pi_{ik}(\lambda)=r_k\rho_{k-1}\rho_{k-2}\rho_{k-3}\cdots \tag{14.8.14}$$

存在，并且可以看作"从时刻 0 的 $-\infty$ 到时刻 t 的 k 的转移的概率 $P_{-\infty,k}(t)$"的变换. 从这一起点出发，过程将跑遍从 $-\infty$ 到 ∞ 的所有状态，并且在拉普拉斯变换为 $\xi_{-\infty}=\lim\limits_{n\to-\infty}\xi_n$ 的时刻上"到达 ∞". 我们现在按如下方法定义一个新过程. 它开始时是一个相应于最小解 (14.8.4) 的过程，但是在到达 ∞ 时它从 $-\infty$ 重新开始，过程就这样永远地继续下去. 根据例 (b) 中用过的构造法，对于转移概率我们有

$$\Pi_{ik}^{\#}(\lambda)=\Pi_{ik}(\lambda)+\frac{\xi_i\eta_k}{1-\xi_{-\infty}}. \tag{14.8.15}$$

容易验证，$\Pi_{ik}^{\#}$ *满足向前方程* (14.8.2) *和向后方程* (14.8.1). 这个过程满足导出向后方程的假设，但不满足导出向前方程的假设.

14.9 遍历极限与首次通过时间的计算

正如我们所期望的那样，整数上的马尔可夫过程的转移概率 $P_{ij}(t)$ 当 $t \to \infty$ 时的性质类似于离散马尔可夫链中高阶转移概率的性质，但不会出现像周期链那样的麻烦事. 作为第 1 卷第 15 章的遍历定理的简单推论，定理 1 证实了这个事实. 于是我们所关心的主要事情是计算 14.7 节的一般过程的极限，并说明怎样求首次通过时间. 所用的方法具有广泛的适用范围.

定理 1 假设对于随机矩阵 $\boldsymbol{P}(t)$ 所构成的族有

$$\boldsymbol{P}(s+t) = \boldsymbol{P}(s)\boldsymbol{P}(t), \tag{14.9.1}$$

且当 $t \to 0$ 时 $\boldsymbol{P}(t) \to \boldsymbol{I}$. 如果所有的 P_{ik} 都不恒等于 0①，那么当 $t \to \infty$ 时

$$P_{ik}(t) \to u_k, \tag{14.9.2}$$

其中或者对有的 k 有 $u_k = 0$，或者

$$u_k > 0, \quad \sum_k u_k = 1, \tag{14.9.3}$$

并且

$$\sum_j u_j P_{jk}(t) = u_k. \tag{14.9.4}$$

当对于某个 $t > 0$ 存在一个满足 (14.9.4) 的概率向量 $(u_1, u_2, \cdots)$ 时，第 2 种情况发生. 在这种情形下，(14.9.4) 对所有的 $t > 0$ 成立，概率向量 $\boldsymbol{u}$ 是唯一的.

（正如在第 1 卷 17.6 节中所说明的那样，重要的特点是这些极限不依赖于 i，这说明初始条件的影响是渐近可忽略的.）

证 对于固定的 $\delta > 0$，考虑一个矩阵为 $\boldsymbol{P}(\delta)$ 高阶转移概率为 $\boldsymbol{P}^n(\delta) = \boldsymbol{P}(n\delta)$ 的离散马尔可夫链. 如果所有的元素 $P_{ik}(n\delta)$ 是最终为正的，那么这个链是不可约的且是非周期的. 根据第 1 卷 15.7 节的遍历定理，这个断言对局限于数例 $\delta, 2\delta, 3\delta, \cdots$ 的 t 是正确的. 因为 2 个有理数有无穷多个公倍数，所以当 $n \to \infty$ 时 $P_{ik}(n\delta)$ 的极限对所有的有理数 δ 都是相同的. 为了完成证明，只需证明 $P_{ik}(t)$ 是 t 的一致连续函数，并且对于较大的 t 是正的就行了. 根据 (14.9.1)，

$$P_{ii}(s)P_{ik}(t) \leqslant P_{ik}(s+t) \leqslant P_{ik}(t) + [1 - P_{ii}(s)] \tag{14.9.5}$$

[第 1 个不等式是显然的，第 2 个不等式可由下列事实推出：满足 $j \neq i$ 的诸项 $P_{ij}(s)$ 加起来的总和为 $1 - P_{ii}(s)$]. 对于充分小的 s，我们有 $1 - \varepsilon \leqslant P_{ii}(s) \leqslant 1$,

① 引入这个条件只是为了避免这样的不足道的情形，使得局限于适当的状态集合就能防止这些情形. 不难看出，这个条件蕴涵 $P_{ik}(t)$ 对所有的 t 的严格正性.

从而 (14.9.5) 说明了 P_{ik} 的一致连续性. 由 (14.9.5) 也推出，如果 $P_{ik}^{(t)}(t)>0$，那么在某个具有固定长度的 s 区间内 $P_{ik}(t+s)>0$，从而 P_{ik} 或者恒等于 0 或者最终为正的. ■

我们现在把这个结果应用于 14.7 节的最小解，假设它是严格随机的，从而是唯一的. 利用矩阵记号，(14.9.4) 可写作 $\boldsymbol{uP}(t)=\boldsymbol{u}$，对于相应的普通拉普拉斯变换，这蕴涵

$$\boldsymbol{u}\lambda\boldsymbol{\Pi}(\lambda)=\boldsymbol{u}. \tag{14.9.6}$$

如果对于某个特殊值 $\lambda>0$，向量 $\boldsymbol{u}$ 满足 (14.9.6)，那么预解方程 (14.7.15) 保证 (14.9.6) 对于所有的 $\lambda>0$ 都成立，从而保证 (14.9.4) 对于所有的 $t>0$ 都成立. 把 (14.9.6) 应用于向前方程 (14.7.6)，我们得到

$$\boldsymbol{ucp}=\boldsymbol{uc}; \tag{14.9.7}$$

分量 u_kc_k 是有限的，但可能是无界的. 另外，如果 $\boldsymbol{u}$ 是一个满足 (14.9.7) 的概率向量，那么根据归纳法可由 (14.7.12) 推出，对于所有的 n 有 $\boldsymbol{u}\lambda\boldsymbol{\Pi}^{(n)}(\lambda)\leqslant\boldsymbol{u}$，从而 $\boldsymbol{u}\lambda\boldsymbol{\Pi}(\lambda)\leqslant\boldsymbol{u}$. 但是由于矩阵 $\lambda\boldsymbol{\Pi}(\lambda)$ 是严格随机的，所以两边的分量之和一定相等，从而 (14.9.6) 成立. 于是我们有以下定理.

定理 2 *如果最小解是严格随机的（从而是唯一的），那么，关系式 (14.9.2) 对于 $u_k>0$ 成立，当且仅当存在一概率向量 $\boldsymbol{u}$ 使得 (14.9.7) 成立.*

特别地，这蕴涵 (14.9.7) 的解 $\boldsymbol{u}$ 是唯一的.

概率解释 为了使概念确定起见，我们考虑最简单的情形，即转移概率为 p_{ij} 的离散链是遍历的情形. 换句话说，我们假设存在一个严格正概率向量 $\boldsymbol{\alpha}=(\alpha_1,\alpha_2,\cdots)$ 使得 $\boldsymbol{\alpha p}=\boldsymbol{\alpha}$，且当 $n\to\infty$ 时 $p_{ik}^{(n)}\to\alpha_k$. 于是显然可知，如果 $\sigma=\sum\alpha_kc_k^{-1}<\infty$，那么分量为 $u_k=\alpha_kc_k^{-1}/\sigma$ 的概率向量满足 (14.9.7)，而当 $\sigma=\infty$ 时解不存在.

于是直观上很明显，我们的过程中的转移与矩阵为 $\boldsymbol{P}$ 的离散马尔可夫链中的转移是一样的，但是它们的时间是不同的. 为了确定起见，考虑一个特殊状态并把它标以指标 0. 在 0 处的逐次逗留时间与离开的时间相互交替，在离开的时间内系统处于诸状态 $j>0$. 逗留于状态 j 的次数由 $\boldsymbol{P}$ 控制，它们的持续时间依赖于 c_j. 在离散马尔可夫链中 j 与 0 的频率之比是 α_j/α_0，从而 α_j/α_0 是在一个离开时间区间内逗留于 j 的**期望次数**. 由于每次逗留的期望持续时间是 $1/c_j$，所以我们断言，从长远来看，状态 j 与 0 的概率之比为 $\alpha_jc_j^{-1}:\alpha_0c_0^{-1}$ 或 $u_j:u_0$.

即使在 $P_{ij}(t)\to 0$ 的情形下也可以使这个论证成为严格的. 按照第 1 卷 15.11 节提到的德曼（C. Derman）定理，如果 $\boldsymbol{p}$ 导出一个不可约的常返链，那么存在一个向量 $\boldsymbol{\alpha}$ 使得 $\boldsymbol{\alpha p}=\alpha$，并且 α 是唯一的（除了一个乘法常数外）. 这里 $\alpha_k>0$，但是级数 $\sum\alpha_k$ 可能发散.

即使在这种情形下，比$\alpha_j:\alpha_0$ 也可用上述的相对频率来解释，并且上述论证一般来讲也成立. 如果$\sum\alpha_k c_k^{-1}<\infty$，那么 (14.9.2)~(14.9.4) 对于与 $\alpha_k c_k^{-1}$ 成比例的 u_k 成立，否则当 $t\to\infty$ 时 $P(t)\to 0$. 有趣的是，极限 u_k 可以是正的，即使离散链只有零状态.

极限 $P_{ik}(\infty)$ 的存在性也可用与循环时间有密切关系的更新论证来得到. 为了说明怎样计算循环时间和首次通过时间的分布，我们给状态编上号码 0, 1, 2, $\cdots$，并把 0 作为主状态. 我们考虑一个新过程，此过程在首次到达 0 的随机时刻以前与原来过程重合，但以后永远固定在 0 状态上. 换句话说，新过程是通过在旧过程中取 0 为**吸收状态**得到的. 用 ${}^0P_{ik}(t)$ 表示修改了的过程的转移概率. 于是 ${}^0P_{00}(t)=1$. 用原来的过程来说，${}^0P_{i0}(t)$ 是从 $i\neq 0$ 出发在时刻 t 之前首次通过 0 的概率，${}^0P_{ik}(t)$ 给出一个从 $i\neq 0$ 向 $k\neq 0$ 而中间不通过 0 的转移的概率. 从概率上看很明显，矩阵 ${}^0\boldsymbol{P}(t)$ 应该与 $\boldsymbol{P}(t)$ 满足相同的向后方程和向前方程，所不同的是要把 c_0 换成 0. 我们照相反的方向进行：我们通过把 c_0 变成 0 来修改向后方程和向前方程，并证明这个吸收状态过程的唯一解具有预期的性质.

如果 $\boldsymbol{\xi}$ 是由 $\Pi(\lambda)$ 的第 0 列组成的向量，那么向后方程说明向量

$$(\lambda+\boldsymbol{c}-\boldsymbol{cp})\boldsymbol{\xi}=\boldsymbol{\eta} \tag{14.9.8}$$

的分量为 $1,0,0,\cdots$. 于是 ${}^0\boldsymbol{\Pi}(\lambda)$ 的向后方程可通过把 c_0 换成 0 而得到，从而如果 ξ 表示 ${}^0\boldsymbol{\Pi}(\lambda)$ 的第 0 列，那么向量 (14.9.8) 的分量 $\eta_1=\eta_2=\cdots=0$，但是 $\eta_0=\rho\neq 0$. 由此推出分量为 $\xi_k=\Pi_{k0}(\lambda)-\rho^0\Pi_{k0}(\lambda)$ 的向量满足带有 $\boldsymbol{\eta}=\boldsymbol{0}$ 的 (14.9.8)，因为 $\lambda\boldsymbol{\Pi}(\lambda)$ 是严格随机的，这蕴涵对所有的 k 有 $\xi_k=0$（12.7 节定理 3）. 因为 ${}^0\Pi_{00}(\lambda)=1/\lambda$，所以对 $k\geqslant 0$ 我们有

$$\Pi_{k0}(\lambda)=\lambda^0\Pi_{k0}(\lambda)\Pi_{00}(\lambda). \tag{14.9.9}$$

借助于 (14.9.8) 中的第一个方程，我们还可看出

$$\Pi_{00}(\lambda)=\frac{1}{\lambda+c_0}+\frac{c_0}{\lambda+c_0}\sum_j p_{0j}\lambda^0\Pi_{j0}(\lambda)\Pi_{00}(\lambda). \tag{14.9.10}$$

(14.9.9) 和 (14.9.10) 是有明显概率解释的**更新方程**. 事实上，设过程从 $k>0$ 开始. 于是 ${}^0\Pi_{k0}$ 是在时刻 t 之前首次到达 0 的概率 ${}_0P_{k0}(t)$ 的普通拉普拉斯变换，从而 $\lambda^0\Pi_{k0}(\lambda)$ 是首次到达 0 的时刻的分布 F_k 的拉普拉斯变换. 于是 (14.9.9) 说明 $P_{k0}(t)$ 是 F_k 与 P_{00} 的卷积；为使事件 $X(t)=0$ 发生，当且仅当首次到达 0 发生在某个时刻 $x<t$，并且在 $t-x$ 个单位时间后系统又处在 0.

类似地，$\Sigma p_{0j}\lambda^0\Pi_{j0}$ 表示一个离开时间的分布 F_0，即连续两次在 0 上逗留的时间间隔. 因此，(14.9.10) 的右边 $\Pi_{00}(\lambda)$ 的因子为（如果系统最初处于 0）首次

返回 0 所需要的等待时间.（这也就是一个完全周期的分布，一个完全周期 = 逗留时间加上离开时间.）更新方程 (14.9.10) 把 $P_{00}(t)$ 表示为在 0 上逗留的时间超过 t 的概率与在时刻 $x < t$ 首次返回后 $X(t) = 0$ 的概率之和. 如果 0 是常返的，那么根据更新定理，(14.9.10) 蕴涵

$$P_{00}(\infty) = \frac{1}{1 + c_0\mu}, \tag{14.9.11}$$

其中 μ 是离开时间的平均持续时间，$c_0^{-1} + \mu$ 是一个完全周期的平均持续时间.

14.10 习 题

1. 在更新方程 (14.1.3) 中，令 $F'(t) = g(t) = \mathrm{e}^{-t}t^{p-1}/\Gamma(p)$，于是

$$\psi(\lambda) = \frac{1}{(\lambda+1)^p - 1}. \tag{14.10.1}$$

利用部分分式方法证明：对于整数[①] p，

$$v(t) = \frac{1}{p}\sum_{k=0}^{p-1} a_k \mathrm{e}^{-(1-a_k)t}, \tag{14.10.2}$$

其中 $a_k = \mathrm{e}^{-\mathrm{i}^2\pi k/p}, \mathrm{i}^2 = -1$.

2. 即将到达一个服务员那里的顾客流构成一个参数为 α 的泊松过程，每个顾客所需要的服务时间的分布 G 的拉普拉斯变换为 γ. 设 $H(t)$ 是一个顾客所需要的服务时间不超过 t 且在这个期间内没有新顾客到达的概率. 证明：H 是一个拉普拉斯–斯蒂尔切斯变换为 $\gamma(\lambda+\alpha)$ 的亏损分布.

3. 失去的顾客. 假设上例中的服务员在时刻 0 是空闲的. 用 $U(t)$ 表示直到时刻 t 所有到达的顾客都看到服务员为空闲的概率. 推导 U 的更新方程，并证明 U 的普通拉普拉斯变换 ω 满足线性方程

$$\omega(\lambda) = \frac{1}{\lambda+\alpha} + \alpha\frac{1-\gamma(\lambda+\alpha)}{(\lambda+\alpha)^2} + \frac{\alpha}{\lambda+\alpha}\gamma(\lambda+\alpha)\omega(\lambda).$$

为等待在一忙期中到达的第一个顾客所需的平均时间是

$$\alpha^{-1} + \alpha^{-1}[1-\gamma(\alpha)]^{-1}.$$

提示：利用上题.

4. 续. 利用 6.13 节的习题 17 所述的方法，把 U 看作延迟了的可终止更新过程总寿命的分布来解上题.

---

① 当 $p = n$ 和 $p = n/2$ 时，分母的根是相同的，但是解是完全不同的. 这说明当 ψ 是无理函数时，流行的“按照分母的根进行的展开”需要谨慎.

5. 如果 F 的期望为 μ，方差为 σ^2，并且 $c\mu < 1$，那么忙期方程 (14.4.1) 的解的方差为 $(\sigma^2 + c\mu^3)/(1-c\mu)$.

6. 在 14.4 节例 (b) 中被延迟的汽车总数的母函数是 $\mathrm{e}^{c\delta[\psi(s)-1]}$，其中

$$\psi(s) = s\varphi(c - c\psi(s)). \tag{14.10.3}$$

7. 证明：如果 φ 是一正常分布的拉普拉斯变换，那么 (14.10.3) 的解 ψ 是一个可能为亏损的分布的母函数. 为使后者是正常分布，当且仅当 F 的期望 $\mu \leqslant 1/c$.

8. 在 14.5 节例 (a) 的**吸收壁**过程中，用 $F(t,x)$ 表示（从 x 开始）吸收将在时间 t 内发生的概率.（于是 F 表示过程总寿命的分布.）证明：$1-F$ 的普通拉普拉斯变换为 $K^{\mathrm{abs}}(x,y)$ 在 $0<y<\infty$ 上的积分. 证明：F 的拉普拉斯–斯蒂尔切斯变换为 $\mathrm{e}^{-\sqrt{2\lambda}x}$，这和它必须满足微分方程 (14.5.9) 这个事实相符合.

9. 从 (14.5.7) 出发来证明：在任一区间上的一般扩散方程 (14.5.19) 的格林函数一定具有形式

$$K_\lambda(x,y) = \begin{cases} \dfrac{\xi_\lambda(x)\eta_\lambda(y)}{W(y)}, & x \leqslant y, \\[2mm] \dfrac{\eta_\lambda(x)\xi_\lambda(y)}{W(y)}, & x \geqslant y, \end{cases} \tag{14.10.4}$$

其中 ξ_λ 和 η_λ 分别是齐次方程

$$\lambda_\varphi - \frac{1}{2}a\varphi'' - b\varphi' = 0 \tag{*}$$

的在左边界上有界和在右边界上有界的解. 如果 (*) 没有有界解，那么除一任意乘法常数外 ξ_λ 和 η_λ 是确定的，且乘法常数可以被吸引到 W 中.（否则必须加上适当的边界条件.）

证明：为使由 (14.10.4) 和 (14.5.5) 确定的 ω_λ 满足微分方程 (14.5.19)，当且仅当 W 是朗斯基（Wronsky）行列式

$$W(y) = [\xi'_\lambda(y)\eta_\lambda(y) - \xi_\lambda(y)\eta'_\lambda(y)]\alpha/2. \tag{14.10.5}$$

解 ξ_λ 和 η_λ 一定是单调的，从而 $W(y) \neq 0$.

10. 续. 对于 $x<y$，从 x 出发首次通过 y 的时刻的拉普拉斯变换为 $\xi_\lambda(x)/\xi_\lambda(y)$. 对于 $x>y$，变换为 $\eta_\lambda(x)/\eta_\lambda(y)$.

11. 证明：14.5 节中对扩散过程所述的方法同样适用于一般的**生灭过程**. [①]

12. 修改 14.6 节例 (a)，使之适用于 $a>1$ 个服务员的情形.（明确地计算出那 a 个常数是很麻烦的，所以不建议读者这样做.）

13. 在 14.6 节例 (b) 中由微分方程直接证明：忙期的期望为 $\dfrac{1}{c(q-p)}$，方差为 $\dfrac{1}{c^2(q-p)^3}$.

---

① 关于细节和边界条件见 W. Feller, *The birth and death process as diffusion process*, Journal Mathématiques Pures Appliquées, vol. 38 (1959), pp. 301-345.

14. 半马尔可夫过程. $1, 2, \cdots$ 上的半马尔可夫过程与马尔可夫过程的不同之处，在于逗留时间可以依赖于终点状态：假定在时刻 τ 进入状态 i，由于跳到 k 而使逗留时间在 $\tau + t$ 前结束的概率是 $F_{ik}(t)$. 那么 $\sum_k F_{ik}(t)$ 是逗留时间的分布，$p_{ik} = F_{ik}(\infty)$ 是跳到 k 的概率. 用 $P_{ik}(t)$ 表示已知在时刻 τ 进入状态 i 时在时刻 $t + \tau$ 处于 k 的概率. 推导一个类似于柯尔莫哥洛夫向后方程的方程. 利用不言自明的记号，变换了的形式为

$$\boldsymbol{\Pi}(\lambda) = \boldsymbol{\gamma}(\lambda) + \boldsymbol{\Phi}(\lambda)\boldsymbol{\Pi}(\lambda),$$

其中 $\gamma(\lambda)$ 是元素为 $[1 - \sum_k \varphi_{ik}(\lambda)]/\lambda$ 的对角矩阵. 对于 $F_{ik}(t) = P_{ik}(1 - e^{-c_i t})$，这化成向后方程 (14.7.5). 14.7 节最小解的构造仍然有效. [①]

① 关于细节见 W. Feller, *On semi-Markov processes*, Proc. National Acad. of Sciences, vol. 51 (1964), pp. 653-659. 半马尔可夫过程是莱维和史密斯（W. L. Smith）引进的，毕克（R. Pyke ）做了进一步的研究.

第 15 章 特征函数

本章讨论特征函数的基本理论，它与第 6、7、9～14 章完全独立. 严密的傅里叶分析推迟到第 19 章再讨论.

15.1 定义、基本性质

非负整值随机变量 X 的母函数是定义在 $0 \leqslant s \leqslant 1$ 上的函数 $E(s^X)$（即 s^X 的期望）. 正如在第 13 章中所说明的那样，只要利用变量替换 $s = \mathrm{e}^{-\lambda}$，我们在研究任意非负随机变量时，也可以使用上述有用的工具. 这些变换的用处多半来自于乘法性质 $s^{x+y} = s^x s^y$ 和 $\mathrm{e}^{-\lambda(x+y)} = \mathrm{e}^{-\lambda x}\mathrm{e}^{-\lambda y}$. 具有纯虚自变量的指数函数，即对于实数 x，由

$$\mathrm{e}^{\mathrm{i}\zeta x} = \cos\zeta x + \mathrm{i}\sin\zeta x \tag{15.1.1}$$

（其中 ζ 是一实常数，$\mathrm{i}^2 = -1$）定义的函数也具有这个性质. 因为这个函数是有界的，所以在任何情况下它的期望都存在. 用 $E(\mathrm{e}^{\mathrm{i}\zeta X})$ 代替母函数可以提供一个强有力的普遍适用的工具，但它是以引进复值函数和复值变量为代价而获得的. 只是应注意到那些独立随机变量仍然局限于实直线（或者以后局限于 $\mathbb{R}^r$）.

所谓复值函数 $w = u + \mathrm{i}v$，指的是对实数 x 定义的实函数对 u 和 v. 期望 $E(w)$ 是 $E(u) + \mathrm{i}E(v)$ 的缩写. 我们照例把共轭函数记作 $\overline{w} = u - \mathrm{i}v$，把绝对值记作 $|w|$（即 $|w|^2 = w\overline{w} = u^2 + v^2$）. 期望的基本性质仍然成立，只是**中值定理**需要说明：如果 $|w| \leqslant a$ 那么 $|E(w)| \leqslant a$. 事实上，根据施瓦茨不等式，

$$|E(w)|^2 = (E(u))^2 + (E(v))^2 \leqslant E(u^2) + E(v^2) = E(|w|^2) \leqslant a^2. \tag{15.1.2}$$

当且仅当对偶 (U_1, V_1) 与对偶 (U_2, V_2) 是相互独立时，称两个复值随机变量 $W_j = U_j + \mathrm{i}V_j$ 是相互独立的. 把复数分解为实部和虚部，就可看出乘法性质 $E(W_1W_2) = E(W_1)E(W_2)$ 仍然成立.（这个公式说明了复数符号的优点.）有了这些预备知识，我们就可以按下列方式定义一个与母函数类似的概念.

定义 设 X 是一个概率分布为 F 的随机变量. F（或 X）的特征函数是对实数 ζ 由

$$\varphi(\zeta) = \int_{-\infty}^{+\infty} \mathrm{e}^{\mathrm{i}\zeta x} F\{\mathrm{d}x\} = u(\zeta) + \mathrm{i}v(\zeta) \tag{15.1.3}$$

定义的函数 φ，其中

$$u(\zeta)=\int_{-\infty}^{+\infty}\cos\zeta x\cdot F\{\mathrm{d}x\},\quad v(\zeta)=\int_{-\infty}^{+\infty}\sin\zeta x\cdot F\{\mathrm{d}x\}.\tag{15.1.4}$$

对于具有密度 f 的分布 F，自然有

$$\varphi(\zeta)=\int_{-\infty}^{+\infty}\mathrm{e}^{\mathrm{i}\zeta x}f(x)\mathrm{d}x.\tag{15.1.5}$$

术语解释 在普遍采用的傅里叶分析术语中，φ 是 F 的傅里叶–斯蒂尔切斯（Fourier-Stieltjes）变换. 这样的变换是对所有有界测度定义的，术语“特征函数”强调测度具有单位质量.（其他的测度不具有特征函数.）另外，形如 (15.1.5) 的积分出现在许多方面，我们认为 (15.1.5) 确定了 f 的**普通傅里叶变换**.（当 f 存在时）F 的特征函数是密度 f 的普通傅里叶变换，但是术语傅里叶变换也适用于其他函数. ■

为了便于引用起见，我们列举特征函数的一些基本性质.

引理 1 设 $\varphi=u+\mathrm{i}v$ 是一个分布为 F 的随机变量 X 的特征函数，则

(a) φ 是连续的.

(b) $\varphi(0)=1$，并且对于所有的 ζ，$|\varphi(\zeta)|\leqslant 1$.

(c) $aX+b$ 的特征函数为

$$E(\mathrm{e}^{\mathrm{i}\zeta(aX+b)})=\mathrm{e}^{\mathrm{i}b\zeta}\varphi(a\zeta).\tag{15.1.6}$$

特别地，$\overline{\varphi}=u-\mathrm{i}v$ 是 $-X$ 的特征函数.

(d) u 是偶函数，v 是奇函数. 特征函数是实值的当且仅当 F 是对称的.

(e) 对于所有的 ζ，

$$0\leqslant 1-u(2\zeta)\leqslant 4(1-u(\zeta)).\tag{15.1.7}$$

（关于变形见习题 1 ~ 习题 3.）

证 (a) 注意到 $|\mathrm{e}^{\mathrm{i}\zeta x}|=1$，从而

$$|\mathrm{e}^{\mathrm{i}\zeta(x+h)}-\mathrm{e}^{\mathrm{i}\zeta x}|=|\mathrm{e}^{\mathrm{i}\zeta h}-1|.\tag{15.1.8}$$

右边与 x 无关，且对于充分接近于 0 的 h，它是任意小的. 于是 φ 实际上是一致连续的. 由中值定理可知，性质 (b) 是显然的. (c) 不需要加以说明. 为了证明 (d)，我们提前使用下面的事实：不同的分布有不同的特征函数. 于是为使 φ 是实的，当且仅当 $\varphi=\overline{\varphi}$，即 X 和 $-X$ 有相同的特征函数. 但是，这样 X 和 $-X$ 有相同的分布，从而 F 是对称的. 最后，为了证明 (e)，考虑初等的三角关系式

$$1-\cos 2\zeta x=2(1-\cos^2\zeta x)\leqslant 4(1-\cos\zeta x).\tag{15.1.9}$$

它是成立的，因为 $0 \leqslant 1+\cos\zeta x \leqslant 2$. 取期望我们就得到 (15.1.7). ■

现在考虑两个分布为 F_1, F_2 特征函数为 φ_1, φ_2 的随机变量 X_1, X_2. 如果 X_1 和 X_2 是独立的，那么指数函数的乘法性质保证了

$$E(\mathrm{e}^{\mathrm{i}\zeta(X_1+X_2)}) = E(\mathrm{e}^{\mathrm{i}\zeta X_1})E(\mathrm{e}^{\mathrm{i}\zeta X_2}). \tag{15.1.10}$$

这个简单的结果经常被用到，因此我们把它写作以下引理.

引理 2 卷积 $F_1 \bigstar F_2$ 的特征函数为 $\varphi_1\varphi_2$.

换句话说，两个独立随机变量之和 X_1+X_2 对应于它们的特征函数的乘积 $\varphi_1\varphi_2$. [①]

如果 X_2 的分布和 X_1 的分布相同，那么和 $X_1 - X_2$ 表示一个对称变量（见 5.5 节）. 因此我们有以下推论.

推论 $|\varphi|^2$ 是对称分布 ${}^0F$ 的特征函数.

下列引理刻划了**算术分布**的特征.

引理 3 如果$\lambda \neq 0$，那么下列 3 个陈述是等价的.

(a) $\varphi(\lambda) = 1$.

(b) φ 有周期 λ，即对于所有的 ζ 和 n 有 $\varphi(\zeta + n\lambda) = \varphi(\zeta)$.

(c) F 的所有的增点都在 $0, \pm h, \pm 2h, \cdots$ 上，其中 $h = 2\pi/\lambda$.

证 如果 (c) 是正确的，并且 F 对 nh 赋予权重 p_n，那么

$$\varphi_n(\zeta) = \sum p_n \mathrm{e}^{inh\zeta}.$$

这个函数有周期 $2\pi/\lambda$，从而 (c) 蕴涵 (b)，而 (b) 又比 (a) 强.

反之，如果 (a) 成立，那么非负函数 $1-\cos\lambda x$ 的期望等于 0，只有当在 F 的每个增点 x 上都有 $1-\cos\lambda x = 0$ 时上述结论才可能成立. 于是 F 集中于 $2\pi/\lambda$ 的倍数上，从而 (c) 成立. ■

这个引理包含了集中于原点上的分布 F 这一极端情形. 于是对于所有的 ζ，$\varphi(\zeta) = 1$，从而每个数都是 φ 的周期. 一般说来，如果 λ 是 φ 的周期，那么所有的倍数 $\pm\lambda, \pm 2\lambda, \cdots$ 也是 φ 的周期，但是对于非常数周期函数 φ，存在一个最小正周期，这称为**真周期**. 类似地，对于算术分布 F，存在一个使性质 (c) 成立的最大的正的 h，这称为 F 的**步长**. 由引理 3 推知，步长 h 和周期 λ 通过 $\lambda h = 2\pi$ 相联系. 于是，除非或者对于所有的 $\zeta \neq 0$ 有 $\varphi(\zeta) \neq 1$，或者 $\varphi(\zeta) \equiv 1$，否则就存在一个最小的 $\lambda > 0$ 使得 $\varphi(\lambda) = 1$，但对 $0 < \zeta < \lambda$ 有 $\varphi(\zeta) \neq 1$.

所有这些结果可以用更一般的形式叙述. 代替 $\varphi(\lambda) = 1$，只假设 $|\varphi(\lambda)| = 1$，于是存在一个实数 b 使得 $\varphi(\lambda) = \mathrm{e}^{ib\lambda}$，我们可以把上述结果应用于特征函数为

---

① 其逆不成立，因为在 2.4 节例 (e) 和 3.9 节的习题 1 中已证明，在某些特殊情形下，2 个相关变量之和可以有分布 $F_1 \bigstar F_2$，从而有特征函数 $\varphi_1\varphi_2$.

$\varphi(\zeta)\mathrm{e}^{-\mathrm{i}b\zeta}$ 的变量 $X-b$，此特征函数在 $\zeta=\lambda$ 时等于 1. 这个特征函数的每个周期自然是 $|\varphi|$ 的周期，于是我们证明了以下引理.

引理 4　*只有下列 3 种可能性:*

(a) *对于所有的* $\zeta\neq 0$ *有* $|\varphi(\zeta)|<1$.

(b) $|\varphi(\lambda)|=1$，*且对于* $0<\zeta<\lambda$ *有* $|\varphi(\zeta)|<1$. *在这种情形下*，$|\varphi|$ *有周期* λ，*并且存在一个实数* b *使得* $F(x+b)$ *是步长为* $h=2\pi/\lambda$ *的算术分布*.

(c) *对于所有的* ζ *有* $|\varphi(\zeta)|=1$. *在这种情形下*，$\varphi(\zeta)=\mathrm{e}^{\mathrm{i}b\zeta}$，$F$ *集中于点* b *上*.

例　设 F 集中于 0 和 1 上，并对每点赋予概率 $\dfrac{1}{2}$. 于是 F 是步长为 1 的算术分布，它的特征函数 $\varphi(\zeta)=(1+\mathrm{e}^{\mathrm{i}\zeta})/2$ 的周期是 2π. 分布 $F\left(x+\dfrac{1}{2}\right)$ 集中于 $\pm\dfrac{1}{2}$ 上，它的步长为 $\dfrac{1}{2}$，它的特征函数 $\cos\zeta/2$ 的周期为 4π. ■

15.2　特殊的分布、混合

为了便于引用起见，我们给出 10 个常用密度的特征函数表，并叙述推导它们的方法.

关于表 15-1 的注　(1) **正态密度**. 如果我们不怕复杂的积分，那么根据代换 $y=x-\mathrm{i}\zeta$，这个结果是显然的，为了在实数域上证明此分式，利用微分和分部积分证明 $\varphi'(\zeta)=-\zeta\varphi(\zeta)$. 因为 $\varphi(0)=1$，所以 $\ln\varphi(\zeta)=-\dfrac{1}{2}\zeta^2$，这与断言相同.

(2) 和 (3) **均匀密度**. (2) 和 (3) 中的计算是显然的，2 个分布的不同之处只是位置参数，特征函数之间的关系式说明了法则 (15.1.6).

(4) **三角形密度**. 利用分部积分直接计算是很容易的，另外，注意到我们的三角形密度是在 $-\dfrac{1}{2}a<x<\dfrac{1}{2}a$ 上的均匀密度与其本身的卷积，并考虑到 (3)，可知它的特征函数是 $\left(\dfrac{2}{a\zeta}\cdot\sin\dfrac{a\zeta}{2}\right)^2$.

(5) 这是通过把反演公式 (15.3.5) 应用于三角形密度 (4) 而得到的，又见习题 4. 这个公式具有重大的意义，因为许多傅里叶分析证明依赖于利用一个在有限区间外等于 0 的特征函数.

(6) **Γ 密度**. 利用代换 $y=x(1-\mathrm{i}\zeta)$. 如果有人仍喜欢在实数域中讨论，那么可把 $\mathrm{e}^{\mathrm{i}x}$ 展为幂级数. 关于特征函数，我们用这种方法得到

$$\frac{1}{\Gamma(t)}\sum_{n=0}^{\infty}\frac{(\mathrm{i}\zeta)^n}{n!}\int_0^{\infty}\mathrm{e}^{-x}x^{n+t-1}\mathrm{d}x=\sum_{n=0}^{\infty}\frac{\Gamma(n+t)}{n!\Gamma(t)}(\mathrm{i}\zeta)^n=\sum_{n=0}^{\infty}\binom{-t}{n}(-\mathrm{i}\zeta)^n,$$

这是实际上 $(1-\mathrm{i}\zeta)^{-t}$ 的二项级数，对于特殊情形 $t=1$（指数分布），计算可以通过重复利用分部积分公式来进行. 利用递推方法可知，当 t 为整数时，这都是正确的.

(7) **双侧指数分布**可通过指数分布的对称化获得，从而特征函数可由 $t=1$ 的 (6) 推出. 重复利用分部积分公式，直接验证是不难的.

(8) **柯西分布**. 这个公式也可以利用反演公式 (15.3.5) 由上一公式推出. 这个公式的直接验证是留数计算中的一个标准练习.

(9) **贝塞尔密度**. 这是在 13.3 节例 (d) 中导出的拉普拉斯变换的傅里叶形式，可以用同样的方法证明.

(10) **双曲余弦分布**. 相应的分布函数是 $F(x)=1-2\pi^{-1}\arctan \mathrm{e}^{-x}$. 表 15-1 第 10 号的公式不很重要，但是因为它给出了一个“自反对偶”：密度和它的特征函数的不同之处仅在于尺度参数，而有一定价值.（正态分布是这种现象的最好例子.）为了计算特征函数，把密度展成几何级数

$$\frac{1}{2\pi}\sum(-1)^k \mathrm{e}^{-(2k+1)|x|}.$$

把下表第 7 号的密度用于每一项，就得到特征函数的典型部分分式展开式. ■

表 15-1

序号	名称	密度	区间	特征函数
1	正态分布	$\frac{1}{\sqrt{2\pi}}\mathrm{e}^{-\frac{1}{2}x^2}$	$-\infty<x<\infty$	$\mathrm{e}^{-\frac{1}{2}\zeta^2}$
2	均匀分布	$\frac{1}{a}$	$0<x<a$	$\frac{\mathrm{e}^{\mathrm{i}a\zeta}-1}{\mathrm{i}a\zeta}$
3	均匀分布	$\frac{1}{2a}$	$\|x\|<a$	$\frac{\sin a\zeta}{a\zeta}$
4	三角形分布	$\frac{1}{a}\left(1-\frac{\|x\|}{a}\right)$	$\|x\|<a$	$2\frac{1-\cos a\zeta}{a^2\zeta^2}$
5	—	$\frac{1}{\pi}\frac{1-\cos ax}{ax^2}$	$-\infty<x<\infty$	$\begin{cases}1-\frac{\|\zeta\|}{a}, & \|\zeta\|\leqslant a\\ 0, & \|\zeta\|>a\end{cases}$
6	Γ 分布	$\frac{1}{\Gamma(t)}x^{t-1}\mathrm{e}^{-x}$	$x>0, t>0$	$\frac{1}{(1-\mathrm{i}\zeta)^t}$
7	双侧指数分布	$\frac{1}{2}\mathrm{e}^{-\|x\|}$	$-\infty<x<\infty$	$\frac{1}{1+\zeta^2}$
8	柯西分布	$\frac{1}{\pi}\frac{t}{t^2+x^2}$	$-\infty<x<\infty, t>0$	$\mathrm{e}^{-t\|\zeta\|}$
9	贝塞尔分布	$\mathrm{e}^{-x}\frac{t}{x}I_t(x)$	$x>0, t>0$	$[1-\mathrm{i}\zeta-\sqrt{(1-\mathrm{i}\zeta)^2-1}]^t$
10	双曲余弦分布①	$\frac{1}{\pi\cosh x}$	$-\infty<x<\infty$	$\frac{1}{\cosh(\pi\zeta/2)}$

① $\cosh x=\frac{1}{2}(\mathrm{e}^x+\mathrm{e}^{-x})$.

（关于进一步的例子，见习题 5 ~ 习题 8.）

回到一般理论，我们给出一个从已知特征函数构造新特征函数的方法. 原理是极简单的，但是例 (b) 说明它可以用来避免冗长的计算.

引理 设 $F_0, F_1, \cdots$ 是特征函数为 $\varphi_0, \varphi_1, \cdots$ 的概率分布. 如果 $p_k \geqslant 0$ 且 $\sum p_k = 1$，那么混合

$$U = \sum p_k F_k \tag{15.2.1}$$

是一个特征函数为

$$\omega = \sum p_k \varphi_k \tag{15.2.2}$$

的概率分布.

例 (a) **随机和.** 设 $X_1, X_2, \cdots$ 是具有共同分布 F 和特征函数 φ 的独立随机变量. 设 N 是一个母函数为 $P(s) = \sum p_k s^k$ 的整值随机变量，并且与 X_j 独立. 那么随机和 $X_1 + \cdots + X_N$ 有分布 (15.2.1)（其中 $F_k = F^{k\star}$），相应的特征函数是

$$\omega(\zeta) = P(\varphi(\zeta)). \tag{15.2.3}$$

最值得注意的情形是**复合泊松分布**的情形. 此处 $p_k = \mathrm{e}^{-t} t^k / k!$，并且

$$\omega(\zeta) = \mathrm{e}^{-t + t\varphi(\zeta)}. \tag{15.2.4}$$

普通的泊松分布表示 F 集中于点 1 上（即 $\varphi(\zeta) = \mathrm{e}^{\mathrm{i}\zeta}$ 时）的特殊情形.

(b) **凸多边形.** 我们从表 15-1 第 5 号知道

$$\varphi(\zeta) = \begin{cases} 1 - |\zeta|, & |\zeta| \leqslant 1, \\ 0, & |\zeta| \geqslant 1 \end{cases} \tag{15.2.5}$$

是一个特征函数. 如果 $a_1, \cdots, a_n$ 是任意正数，那么混合

$$\omega(\zeta) = p_1 \varphi\left(\frac{\zeta}{a_1}\right) + \cdots + p_n \varphi\left(\frac{\zeta}{a_n}\right) \tag{15.2.6}$$

是一个偶特征函数，它在 $\overline{0, \infty}$ 上的图形是一个凸多边形（见图 15-1）. 事实上，不失一般性，设 $a_1 < a_2 < \cdots < a_n$. 在区间 $0 < \zeta < a_1$ 上，ω 的图形是一条斜率为 $-\left(\dfrac{p_1}{a_1} + \cdots + \dfrac{p_n}{a_n}\right)$ 的直线段. 在 a_1 和 a_2 之间项 p_1/a_1 消失了，等等，一直到在 a_{n-1} 和 a_n 之间图形与一条斜率为 $-p_n/a_n$ 的直线段重合为止. 因此，在 $\overline{0, \infty}$ 上图形是由 n 条具有递减斜率的线段和 ζ 轴上的线段 $\overline{a_n, \infty}$ 组成的多边形. 容易看出，每个具有这种性质的多边形可以用 (15.2.6) 表示（n 条边与 ω 轴相交

于点 $p_n, p_n+p_{n-1}, \cdots, p_n+\cdots+p_1=1$）. 我们断言，*每个满足 $\omega(0)=1$ 且在 $\overline{0,\infty}$ 上的图形是凸多边形的偶函数 $\omega \geqslant 0$ 是一个特征函数.*

简单的取极限将导出著名的波利亚准则 [15.3 节例 (b)] 并且揭示了它的自然来源. 即使现在这个特殊的准则也可导致意想不到的值得注意的结果.

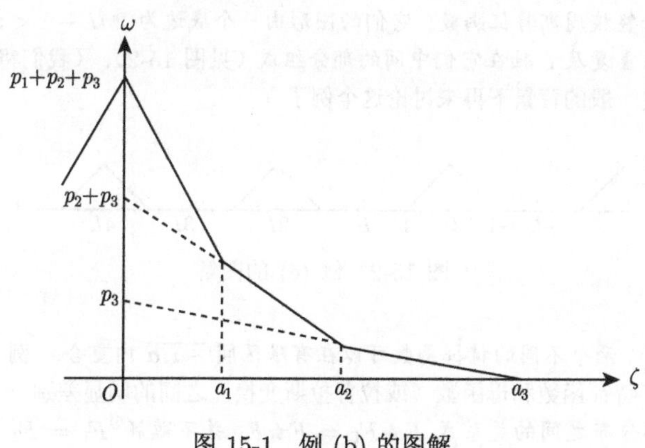

图 15-1 例 (b) 的图解

一些意外的现象

我们稍微离开主题，引入一些具有意外的有趣性质的特殊类型特征函数. 我们从一个关于算术分布的预备性陈述开始.

假设分布 G 集中于某个固定数 $\pi/L>0$ 的倍数 $n\pi/L$ 上，点 $n\pi/L$ 的概率为 p_n：此处 $n=0,\pm1,\cdots$. 特征函数 γ 为

$$\gamma(\zeta)=\sum_{n=-\infty}^{+\infty} p_n \mathrm{e}^{\mathrm{i}n\pi\zeta/L}, \tag{15.2.7}$$

并且具有周期 $2L$. 通常不容易求出 γ 的明显表达式，反而容易用特征函数 γ 来表示概率 p_r. 实际上，可以用 $\mathrm{e}^{-\mathrm{i}r\pi\zeta/L}$ 乘以 (15.2.7). 概率 p_n 作为周期函数 $\mathrm{e}^{\mathrm{i}(n-r)\pi\zeta/L}$ 的系数出现，除 $n=r$ 外，此函数在 $\overline{-L,L}$ 上的积分等于 0. 由此推出

$$p_r=\frac{1}{2L}\int_{-L}^{L}\gamma(\zeta)\mathrm{e}^{\mathrm{i}r\pi\zeta/L}\mathrm{d}\zeta, \quad r=0,\pm1,\cdots. \tag{15.2.8}$$

我们现在提前使用 19.4 节中定理 1 的下列准则：设 γ 是一个周期为 $L>0$ 的连续函数，并且被正规化 $\gamma(0)=1$. 那么，*γ 是一个特征函数，当且仅当 (15.2.8) 中所有的数 $p_r \geqslant 0$.* 在这种情形下，$\{p_r\}$ 自然是一个概率分布，且 (15.2.7) 成立.

(c) 选取一个任意的 $L \geqslant 1$，设 γ 是一个周期为 $2L$ 的函数，当 $|\zeta| \leqslant L$ 时此函数与 (15.2.5) 的特征函数 φ 重合. 那么，γ 是一个集中于 π/L 的倍数上的算术分布的**特征函数**. 事实上，由对称性，(15.2.8) 化为

$$p_r = \frac{1}{L}\int_0^L \gamma(\zeta)\cos r\pi\zeta/L\mathrm{d}\zeta = \frac{1}{L}\int_0^L (1-\zeta)\cos r\pi\zeta/L\mathrm{d}\zeta. \tag{15.2.9}$$

通过简单的分部积分，可证明

$$p_0 = 1/(2L), \quad p_r = L^{-2}_{(r\pi)}(1-\cos r\pi/L) \geqslant 0, \quad r \neq 0. \tag{15.2.10}$$

于是我们得到了一整族周期特征函数，它们的图形由一个底边为 $2nL-1<x<2nL+1$ 的直角三角形的周期性重复及 ζ 轴在它们中间的部分组成（见图 15-2）.（我们将在 19.5 节中在泊松求和公式这个更一般的背景下再来讨论这个例子.）

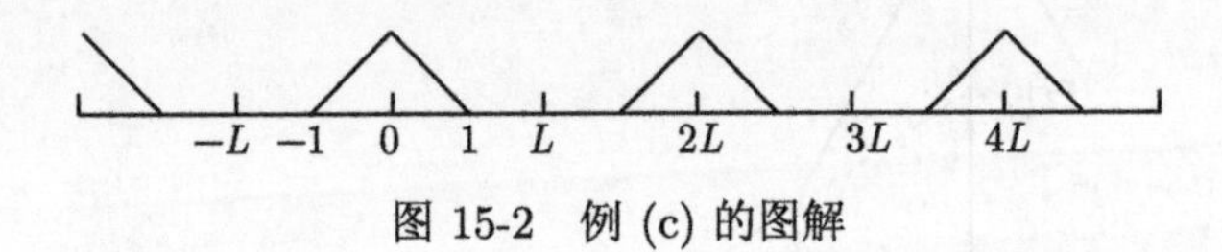

图 15-2 例 (c) 的图解

奇特性质 (i) *两个不同的特征函数可以在有限区间 $\overline{-a,a}$ 内重合*. 例 (b) 或例 (c) 的这个明显推论说明了特征函数和母函数（或拉普拉斯变换）之间的明显差别.

(ii) *3 个概率分布之间的关系式 $F\bigstar F_1 = F\bigstar F_2$ 并不蕴涵*[①] $F_1 = F_2$. 实际上，对于由 (15.2.5) 定义的 φ，以及任意 2 个在区间 $\overline{-1,1}$ 内重合的特征函数，我们有 $\varphi\varphi_1 = \varphi\varphi_2$. 特别地，对于例 (c) 的每个周期特征函数，我们有 $\varphi^2 = \varphi\gamma$.

(iii) 更出乎意料的是*存在两个实的特征函数 φ_i 使得处处有* $|\varphi_2| = \varphi_1 \geqslant 0$. 事实上，考虑具有 $L=1$ 的例 (c) 中的特征函数 γ. 它的图形由图 15-3 的实折线表示. 我们看到，相应的分布对原点赋予质量 1/2. 消去这个原子并使其他原子的质量加倍，就得到特征函数为 $2\gamma-1$ 的分布. 它的图形由在 ±1 间振动的斜率为 ±2 的折线给出. 由此推出，$2\gamma\left(\frac{1}{2}\zeta\right)-1$ 是一个特征函数，其图形可通过在 γ 的图形中每隔一个三角形把一个三角形沿着 ζ 轴反射而得到（图 15-3）. 因此，$\gamma(\zeta)$ 和 $2\gamma\left(\frac{1}{2}\zeta\right)-1$ 是 2 个实的特征函数，它们只是符号有所不同.（关于图 15-2 的类似构造，见习题 9.）

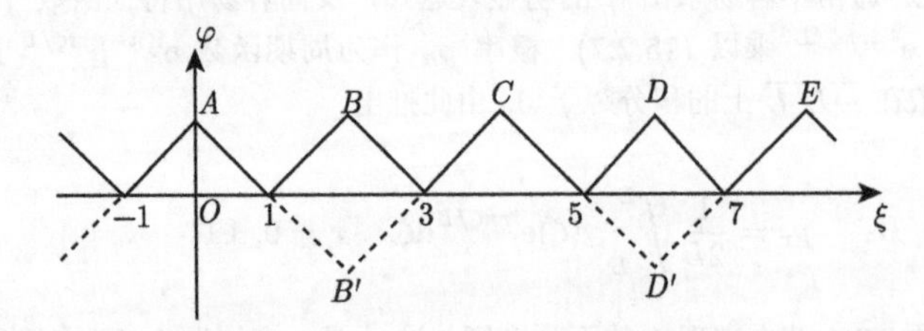

图 15-3 奇特性质 (iii) 的图解

① 统计学家和天文学家有时提问，给定的分布是否有正态分量. 这个问题是有意义的，因为正态分布 $\mathfrak{N}_a$ 的特征函数没有零点，因此 $\mathfrak{N}_a\bigstar F_1 = \mathfrak{N}_a\bigstar F_2$ 蕴涵 $\varphi_1 = \varphi_2$，从而根据唯一性定理，蕴涵 $F_1 = F_2$.

15.3 唯一性、反演公式

设 F 和 G 是两个特征函数为 φ 和 γ 的分布，于是

$$\mathrm{e}^{-\mathrm{i}\zeta t}\varphi(\zeta)=\int_{-\infty}^{+\infty}\mathrm{e}^{\mathrm{i}\zeta(x-t)}F\{\mathrm{d}x\}. \tag{15.3.1}$$

关于 $G\{\mathrm{d}\zeta\}$ 积分，我们得到

$$\int_{-\infty}^{+\infty}\mathrm{e}^{-\mathrm{i}\zeta t}\varphi(\zeta)G\{\mathrm{d}\zeta\}=\int_{-\infty}^{+\infty}\gamma(x-t)F\{\mathrm{d}x\}. \tag{15.3.2}$$

这个恒等式通称为**帕塞瓦尔关系式**（但是，它可以写成许多等价的形式，我们将在第 19 章中再来讨论）.

我们将只利用 $G=\mathfrak{N}_{1/a}$ 是密度为 $a\mathfrak{n}(ax)$ 的正态分布这一特殊情形. 它的特征函数为 $\gamma(\zeta)=\sqrt{2\pi}\mathfrak{n}(\zeta/a)$，从而 (15.3.2) 呈形式

$$\int_{-\infty}^{+\infty}\mathrm{e}^{-\mathrm{i}\zeta t}\varphi(\zeta)a\mathfrak{n}(a\zeta)\mathrm{d}\zeta=\sqrt{2\pi}\int_{-\infty}^{+\infty}\mathfrak{n}\left(\frac{x-t}{a}\right)F\{\mathrm{d}x\}, \tag{15.3.3}$$

此式和

$$\frac{1}{\sqrt{2\pi}}\int_{-\infty}^{+\infty}\mathrm{e}^{-\mathrm{i}\zeta t}\varphi(\zeta)\mathrm{e}^{-\frac{1}{2}a^2\zeta^2}\mathrm{d}\zeta=\int_{-\infty}^{+\infty}\frac{1}{a}\mathfrak{n}\left(\frac{t-x}{a}\right)F\{\mathrm{d}x\} \tag{15.3.4}$$

相同.

从这个恒等式可以得出许多结论. 首先，右边是 F 与一个期望为 0 方差为 a^2 的正态分布的卷积 $\mathfrak{N}_a\bigstar F$ 的密度. 于是在原则上当 φ 已知时，我们就可对所有的 a 计算出分布 $\mathfrak{N}_a\bigstar F$. 但是，$\mathfrak{N}_a$ 的方差为 a^2，从而当 $a\to 0$ 时 $\mathfrak{N}_a\bigstar F\to F$. 由此推出，$\varphi$ 唯一地确定了分布 F. 因此，我们有以下重要定理.

定理 1 不同的概率分布具有不同的特征函数.

假设已给出一个特征函数为 φ_n 的概率分布 F_n 的序列，使得对于所有的 ζ 有 $\varphi_n(\zeta)\to\varphi(\zeta)$. 根据 8.6 节的选择定理，存在一个序列 $\{n_k\}$ 和一个可能为亏损的分布 F，使得 $F_{n_k}\to F$. 我们把 (15.3.4) 应用于对偶 (φ_{n_k},F_{n_k})，并令 $k\to\infty$. 取极限我们又得到恒等式 (15.3.4) [左边是根据控制收敛定理，右边是由于被积函数 $\mathfrak{n}((t-x)a)$ 在无穷远处等于 0]. 但是我们已经看到，对于给定的 φ，恒等式 (15.3.4) 唯一地确定了 F，从而极限 F 对于所有的收敛子序列 $\{F_{n_k}\}$ 来说都是相同的. 于是我们有以下引理.

引理 设 F_n 是一个特征函数为 φ_n 的概率分布. 如果对于所有的 ζ 有 $\varphi_n(\zeta)\to\varphi(\zeta)$，那么存在一个可能为亏损的分布 F 使得 $F_n\to F$.

例　(a) 设 U 是一个具有实的非负特征函数 ω 的概率分布. 设 $F_n = U^{n\star}$, 因此 $\varphi_n(\zeta) = \omega^n(\zeta)$. 于是除了使得 $\omega(\zeta) = 1$ 的诸点外，$\varphi_n(\zeta) \to 0$. 根据 15.1 节的引理 4，这个集合由形如 $\pm n\lambda$ 的所有的点组成，其中 $\lambda \geqslant 0$ 是一个固定的数. 由此推出 (15.3.4) 的左边恒等于 0，从而 $U^{n\star} \to 0$. 根据对称化，我们断言，对于不集中于 0 上的任一概率分布 G 有 $G^{n\star} \to 0$. ■

下列定理在本质上说明了，极限 F 是亏损的，当且仅当极限 φ 在原点处是不连续的.

定理 2　（连续性定理）*一个由概率分布组成的序列 $\{F_n\}$ 正常收敛于一个概率分布 F，当且仅当它们的特征函数序列处处收敛于极限 φ，并且 φ 在原点的某个邻域内是连续的.*

在这种情形下，φ 是 F 的特征函数.（因此，φ 是处处连续的，并且收敛 $\varphi_n \to \varphi$ 在每个有限区间内是一致的.）

证　(a) 假设 $F_n \to F$，其中 F 是一个正常概率分布. 根据 8.1 节中的推论，特征函数 φ_n 收敛于 F 的特征函数 φ，这个收敛在有限区间内是一致的.

(b) 假设对于所有的 ζ 有 $\varphi_n(\zeta) \to \varphi(\zeta)$. 根据上一引理，极限 $F = \lim F_n$ 存在，恒等式 (15.3.3) 可以应用. 左边是有界函数 $\mathrm{e}^{-\mathrm{i}\zeta t}\varphi(\zeta)$ 关于一个期望为 0 方差为 a^{-2} 的正态分布的期望. 当 $a \to \infty$ 时，这个分布集中于原点附近，因此当 φ 在原点的某一邻域上连续时，左边趋于 $\varphi(0)$. 但是，因为，$\varphi_n(0) = 1$，所以我们有 $\varphi(0) = 1$，另外，对于所有的 x 有 $\sqrt{2\pi}\mathfrak{n}(x) \leqslant 1$，从而右边 $\leqslant F\overline{\{-\infty, \infty\}}$. 于是 $F\overline{\{-\infty, \infty\}} \geqslant 1$，因此 F 是正常分布. ■

推论　*设 φ 是一个连续函数，$\{\varphi_n\}$ 是一列特征函数. 如果处处有 $\varphi_n \to \varphi$，那么 φ 也是一个特征函数.*

(b) **波利亚准则.** *设 ω 是这样一个实的偶函数，使得 $\omega(0) = 1$，并且其图形在 $\overline{0, \infty}$ 上是凸的，那么，ω 是一个特征函数.* 实际上，我们在 15.2 节例 (b) 中曾看到，当图形是凸多边形时这个断言是正确的. 因为凸曲线的内接多边形是凸的，所以一般断言是上述推论的直接推论. 这个准则（以及它的一个很复杂的证明）在早期具有意想不到的价值. G. 波利亚在 1920 年曾利用它来证明，对 $0 < \alpha \leqslant 1$，$\mathrm{e}^{-|\zeta|^\alpha}$ 是一个稳定分布的特征函数.（据说柯西已知道这个事实，但是没给出证明.）实际上即使对 $1 < \alpha \leqslant 2$，$\mathrm{e}^{-|\zeta|^\alpha}$ 也是特征函数，但是这个准则不再适用了. ■

我们把证明定理 1 时所用的方法的充分利用推迟到第 19 章，但是，我们在这里利用它来推导一个重要定理，此定理曾用于表 15-1 的第 5 号分布和第 8 号分布. 为了简略起见，当且仅当 $|\varphi|$ 在 $\overline{-\infty, \infty}$ 上可积时，我们记 $\varphi \in L$.

定理 3　（傅里叶反演）*设 φ 是分布 F 的特征函数，并设 $\varphi \in L$. 那么 F*

有一个有界连续密度 f，

$$f(x)=\frac{1}{2\pi}\int_{-\infty}^{+\infty}\mathrm{e}^{-\mathrm{i}\zeta x}\varphi(\zeta)\mathrm{d}\zeta. \tag{15.3.5}$$

证 用 $f_a(t)$ 表示 (15.3.4) 的右边. 那么，f_a 是 F 和期望为 0 方差为 a^2 的正态分布 $\mathfrak{N}_a$ 的卷积 $F_a=\mathfrak{N}_a\bigstar F$ 的密度，正如以前所提到过的那样，这蕴涵当 $a\to 0$ 时 $F_a\to F$. 从左边的表达式显然可见 $f_a(t)\to f(t)$（有界收敛），其中 f 是 (15.3.5) 中所定义的有界连续函数. 于是对每个有界区间 I，

$$F_a\{I\}=\int_I f_a(t)\mathrm{d}t\to\int_I f(t)\mathrm{d}t. \tag{15.3.6}$$

但是，如果 I 是 F 的连续区间，那么最左边的项趋于 $F\{I\}$，因此 f 确实是 F 的密度. ■

推论 *如果 $\varphi\geqslant 0$，那么 $\varphi\in L$ 当且仅当相应的分布 F 有一个有界密度.*

证 根据上一定理，φ 的可积性保证 F 有一个有界连续密度. 反之，如果 F 有一个密度 $f<M$，那么，在 (15.3.4) 中令 $t=0$ 可得

$$\frac{1}{2\pi}\int_{-\infty}^{+\infty}\varphi(\zeta)\mathrm{e}^{-\frac{1}{2}a^2\zeta^2}\mathrm{d}\zeta=\frac{1}{\sqrt{2\pi}a}\int_{-\infty}^{+\infty}\mathrm{e}^{-x^2/(2a^2)}f(x)\mathrm{d}x<M. \tag{15.3.7}$$

左边的被积函数 $\geqslant 0$，如果 φ 是不可积的，那么当 $a\to 0$ 时此积分趋于 ∞. ■

(c) **普朗谢雷尔（Plancherel）恒等式.** 设分布 F 有一个密度 f 和一个特征函数 φ. 那么，$|\varphi|^2\in L$ 当且仅当 $f^2\in L$，在这种情形下，

$$\int_{-\infty}^{+\infty}f^2(y)\mathrm{d}y=\frac{1}{2\pi}\int_{-\infty}^{+\infty}|\varphi(\zeta)|^2\mathrm{d}\zeta. \tag{15.3.8}$$

实际上，$|\varphi|^2$ 是对称化了的分布 ${}^0F$ 的特征函数. 如果 $|\varphi|^2\in L$，那么由此推出 ${}^0F$ 的密度

$${}^0f(x)=\int_{-\infty}^{+\infty}f(y+x)f(y)\mathrm{d}y \tag{15.3.9}$$

是有界连续的. (15.3.8) 的左边等于 ${}^0f(0)$，把反演公式 (15.3.5) 应用于 ${}^0f$，可证明这对右边也是正确的. 反之，如果 $f^2\in L$，那么把施瓦茨不等式应用于 (15.3.9)，可证明 ${}^0f$ 是有界的，从而根据上一推论有 $|\varphi|^2\in L$. 我们将在 19.7 节中再次讨论关系式 (15.3.8).

(d) **密度的连续性定理.** 设 φ_n 和 φ 是可积的特征函数，使得

$$\int_{-\infty}^{+\infty}|\varphi_n(\zeta)-\varphi(\zeta)|\mathrm{d}\zeta\to 0. \tag{15.3.10}$$

根据上一推论，相应的分布 F_n 和 F 分别具有有界连续密度 f_n 和 f，从反演公式 (15.3.5) 可看出

$$|f_n(x) - f(x)| \leqslant (2\pi)^{-1} \int_{-\infty}^{+\infty} |\varphi_n(\zeta) - \varphi(\zeta)| d\zeta.$$

因此，一致地有 $f_n \to f$.（又见习题 12.）

(e) **分布函数的反演公式.** 设 F 是一个特征函数为 φ 的分布，又设 $h > 0$ 是任意固定的，我们来证明，当下列被积函数可积时 [例如它是 $O(1/\zeta^2)$，即当 $\zeta \to \infty$ 时 $|\varphi(\zeta)| = O(1/\zeta)$]，

$$\frac{F(x+h) - F(x)}{h} = \frac{1}{2\pi} \int_{-\infty}^{+\infty} \varphi(\zeta) \frac{1 - e^{-i\zeta h}}{i\zeta h} e^{-i\zeta x} d\zeta. \tag{15.3.11}$$

实际上，左边是 F 和集中于 $\overline{-h, 0}$ 上的均匀分布的卷积的密度；根据乘积法则，积分号下 $e^{-i\zeta x}$ 的因子是这个卷积的特征函数. 因此，(15.3.11) 只不过是一般反演公式 (15.3.5) 的一个特殊情形. ■

关于所谓的反演公式的注　只有当 $|\varphi(\zeta)/\zeta|$ 在无穷远邻域可积时才能应用 (15.3.11)，但是这一公式的一个明显变形却是在一般情况下都可应用的，例如，设 F_a 表示 F 与方差为 a^2 的对称正态分布的卷积，于是根据 (15.3.11)，

$$\frac{F_a(x+h) - F_a(x)}{h} = \frac{1}{2\pi} \int_{-\infty}^{+\infty} \varphi(\zeta) e^{-\frac{1}{2}a^2\zeta^2} \frac{1 - e^{-i\zeta h}}{i\zeta h} e^{-i\zeta x} d\zeta. \tag{15.3.12}$$

断言“如果 x 和 $x+h$ 是 F 的连续点，那么当 $a \to 0$ 时右边趋于 $[F(x+h) - F(x)]/h$”是一个典型的“反演定理”. 可以给出无数个等价公式，传统的形式是在 (15.3.12) 中把正态分布换为 $\overline{-t, t}$ 上的均匀分布并令 $t \to \infty$. 由于习惯势力的影响，这样的反演公式仍然是一个受欢迎的课题，虽然它们已失去重要性：用狄利克雷（Dirichlet）积分来推导反演公式有损于理论的逻辑结构.

我们从特征函数为可积的分布转向**格点分布**. 设 F 对点 $b + kh$ 赋予质量 p_k，其中 $p_k \geqslant 0$ 且 $\sum p_k = 1$. 于是特征函数 φ 为

$$\varphi(\zeta) = \sum_{k=-\infty}^{+\infty} p_k e^{i(b+kh)\zeta}. \tag{15.3.13}$$

我们假设 $h > 0$.

定理 4　*如果 φ 是一个形如 (15.3.13) 的特征函数，那么*

$$p_r = \frac{h}{2\pi} \int_{-\pi/h}^{\pi/h} \varphi(\zeta) e^{-i(b+rh)\zeta} d\zeta. \tag{15.3.14}$$

证　被积函数是一个级数. 在这个级数中，p_k 的因子等于 $e^{i(k-r)h\zeta}$. 根据 $k \neq r$ 或 $k = r$，它的积分等于 0 或 $\dfrac{2\pi}{h}$，因此 (15.3.14) 成立. ■

15.4 正 则 性

本节的主要结果可以粗略地概述如下：分布 F 的尾部越小，它的特征函数 φ 就越光滑；反之，F 越光滑，φ 在无穷远处的性质就越好（引理 2 和引理 4）. 许多与特征函数有关的估计依赖于用泰勒（Taylor）展开式的有限多项逼近 $\mathrm{e}^{\mathrm{i}t}$ 所产生的误差的估计. 下列引理说明这个误差被去掉的第 1 项所控制.

引理 1[①] 对 $n=1,2,\cdots$ 和 $t>0$，

$$\left|\mathrm{e}^{\mathrm{i}t}-1-\frac{\mathrm{i}t}{1!}-\cdots-\frac{(\mathrm{i}t)^{n-1}}{(n-1)!}\right|\leqslant\frac{t^n}{n!}. \tag{15.4.1}$$

证 用 $\rho_n(t)$ 表示绝对值符号内的表达式，于是

$$\rho_1(t)=\mathrm{i}\int_0^t \mathrm{e}^{\mathrm{i}x}\mathrm{d}x, \tag{15.4.2}$$

从而 $|\rho_1(t)|\leqslant t$. 此外，对 $n>1$，

$$\rho_n(t)=\mathrm{i}\int_0^t \rho_{n-1}(x)\mathrm{d}x, \tag{15.4.3}$$

于是 (15.4.1) 可由归纳法得到. ■

以后 F 是一个任意的分布函数，φ 是它的特征函数. 关于 F 的矩和绝对矩（当它们存在时），我们记

$$m_n=\int_{-\infty}^{+\infty}x^nF\{\mathrm{d}x\},\quad M_n=\int_{-\infty}^{+\infty}|x|^nF\{\mathrm{d}x\}. \tag{15.4.4}$$

引理 2 如果 $M_n<\infty$，那么 φ 的 n 阶导数存在，并且由下列连续函数给出：

$$\varphi^{(n)}(\zeta)=\mathrm{i}^n\int_{-\infty}^{+\infty}\mathrm{e}^{\mathrm{i}\zeta x}x^nF\{\mathrm{d}x\}. \tag{15.4.5}$$

证 φ 的差商为

$$\frac{\varphi(\zeta+h)-\varphi(\zeta)}{h}=\int_{-\infty}^{+\infty}\mathrm{e}^{\mathrm{i}\zeta x}\frac{\mathrm{e}^{\mathrm{i}hx}-1}{h}F\{\mathrm{d}x\}. \tag{15.4.6}$$

根据上一引理，被积函数由 $|x|$ 所控制，因此对于 $n=1$，断言 (15.4.5) 可由控制收敛定理推出. 一般情形可用归纳法推出. ■

---

① 同样的方法可证，当 $\sin t$ 或 $\cos t$ 的泰勒展开式在有限多项后停止时，误差与去掉的第 1 项同号，且绝对值小于这一项的绝对值. 例如，$1-\cos t\leqslant t^2/2$.

推论 如果 $m_2 < \infty$，那么

$$\varphi'(0) = \mathrm{i}m_1, \quad \varphi''(0) = -m_2. \tag{15.4.7}$$

后一关系的逆[①]也成立：如果 $\varphi''(0)$ 存在，那么 $m_2 < \infty$.

证 用 u 表示 φ 的实部，我们有

$$\frac{1-u(h)}{h^2} = \int_{-\infty}^{+\infty} \frac{1-\cos hx}{h^2x^2} \cdot x^2 F\{\mathrm{d}x\}. \tag{15.4.8}$$

$u''(0)$ 的存在性蕴涵 u' 在原点附近存在，并且是连续的. 特别地，因为 u 是偶函数 $u'(0) = 0$. 根据中值定理，存在一个 θ，使得 $0 < \theta < 1$，且

$$\left|\frac{u(h)-1}{h^2}\right| = \left|\frac{u'(\theta h)}{h}\right| \leqslant \left|\frac{u'(\theta h)}{\theta h}\right|. \tag{15.4.9}$$

当 $h \to 0$ 时，右边趋于 $u''(0)$. 但是，(15.4.8) 中积分号下的分式趋于 $\frac{1}{2}$，因此当 $m_2 = \infty$ 时积分趋近于 ∞. 关于推广见习题 15. ■

例 (a) 一个满足 $\psi''(0) = 0$ 的非常值函数 ψ 不可能是特征函数，因为相应的分布的二阶矩等于 0. 例如，当 $\alpha > 2$ 时，$\mathrm{e}^{-|\zeta|^\alpha}$ 就不是特征函数.

(b) **弱大数定律.** 设 $X_1, X_2, \cdots$ 是具有共同特征函数 φ 的独立随机变量且 $E(X_j) = 0$. 设 $S_n = X_1 + \cdots + X_n$. 平均值 S_n/n 的特征函数为 $\varphi^n(\zeta/n)$. 于是在原点附近 $\varphi(h) = 1 + o(h)$，从而当 $n \to \infty$ 时 $\varphi(\zeta/n) = 1 + o(1/n)$. 因此，取对数，我们看出 $\varphi^n(\zeta/n) \to 1$. 于是根据 15.3 节的连续性定理 2，这蕴涵 S_n/n 的分布趋于一个集中于原点上的分布. 这就是弱大数定律. 这个证明的简单性与直接性对特征函数来说是典型的，其变形将导致中心极限定理.[②] ■

引理 3 （**黎曼–勒贝格**）如果 g 是可积的，并且

$$\gamma(\zeta) = \int_{-\infty}^{+\infty} \mathrm{e}^{\mathrm{i}\zeta x} g(x)\mathrm{d}x, \tag{15.4.10}$$

那么当 $\zeta \to \pm\infty$ 时 $\gamma(\zeta) \to 0$.

证 容易对有限阶梯函数 g 验证这个断言. 对任意的可积函数 g 和 $\varepsilon > 0$，根据 4.2 节的平均逼近定理，存在一个有限阶梯函数 g_1，使得

$$\int_{-\infty}^{+\infty} |g(x) - g_1(x)|\mathrm{d}x < \varepsilon. \tag{15.4.11}$$

---

① 这个论证不适用于一阶导数. 寻求 $\varphi'(0)$ 存在的条件这个长期引人注意的问题将在 17.2 节中解决.

② 在 7.7 节中曾证明，即使在变量 X_j 的期望不存在时，弱大数定律也成立. 这里的证明指出 $\varphi'(0)$ 的存在性是一个充分条件. 实际上它也是必要条件（见 17.2 节）.

g_1 的变换 (15.4.10) γ_1 在无穷远处等于零，由上述两个关系式，对所有的 ζ 我们有 $|\gamma(\zeta)-\gamma_1(\zeta)|<\varepsilon$. 因此，对于所有充分大的 $|\zeta|$ 有 $|\gamma(\zeta)|<2\varepsilon$，因为 ε 是任意的，所以当 $\zeta\to\pm\infty$ 时 $\gamma_1(\zeta)\to 0$. ■

作为一个简单的推论，我们得到以下引理.

引理 4 *如果 F 有密度 f，那么当 $\zeta\to\pm\infty$ 时 $\varphi(\zeta)\to 0$. 如果 f 有可积导数 $f',\cdots,f^{(n)}$，那么当 $|\zeta|\to\infty$ 时 $|\varphi(\zeta)|=o(|\zeta|^{-n})$.*

证 第 1 个断言已包含在引理 3 中了，如果 f' 是可积的，那么利用分部积分可得

$$\varphi(\zeta)=\frac{1}{\zeta}\int_{-\infty}^{+\infty}\mathrm{e}^{\mathrm{i}\zeta x}f'(x)\mathrm{d}x, \tag{15.4.12}$$

从而 $|\varphi(\zeta)|=o(|\zeta|^{-1})$，等等. ■

附录 特征函数的泰勒展开式

不等式 (15.4.1) 可以改写成形式

$$\left|\mathrm{e}^{\mathrm{i}\zeta x}\left(\mathrm{e}^{\mathrm{i}tx}-1-\frac{\mathrm{i}tx}{1!}-\cdots-\frac{(\mathrm{i}tx)^{n-1}}{(n-1)!}\right)\right|\leqslant\frac{|tx|^n}{n!}. \tag{15.4.13}$$

我们由此式利用 (15.4.5) 可得

$$\left|\varphi(\zeta+t)-\varphi(\zeta)-\frac{t}{1!}\varphi'(\zeta)-\cdots-\frac{t^{n-1}}{(n-1)!}\varphi^{(n-1)}(\zeta)\right|\leqslant M_n\frac{|t|^n}{n!}. \tag{15.4.14}$$

如果 $M_n<\infty$，那么不等式对任意的 ζ 和 t 成立，它给出了 φ 与其泰勒展开式 的前有限项之差的上界. 在 F 集中于点 1 上这一特殊情形下，不等式 (15.4.14) 化为 (15.4.1).

现在假设所有的矩都存在，并且

$$\limsup_{n\to\infty}\frac{1}{n}M_n^{1/n}=\lambda<\infty, \tag{15.4.15}$$

那么 $n!$ 的斯特林公式显然表明，对于 $|t|<1/(3\lambda)$，当 $n\to\infty$ 时 (15.4.14) 的右边趋于 0，从而 φ 的泰勒级数在某一个包含 ζ 的区间内收敛. 由此推出，φ 在实轴上任一点的邻域内是解析的，从而可由它在原点附近的幂级数完全确定. 但是 $\varphi^{(n)}(0)=(\mathrm{i})^n m_n$，于是 φ 由 F 的矩 m_n 完全确定. 因此，*如果 (15.4.15) 成立，那么 φ 由 F 的矩唯一确定*，φ 在实轴上任一点的一个邻域内是解析的. 这个唯一性准则比 (7.3.14) 所叙述的卡莱曼（Carleman）充分条件 $\sum M_n^{1/n}=\infty$ 弱，但是这两个准则相差不大.（关于一个不由矩确定的分布的例子，见 7.3 节.）

15.5 关于相等分量的中心极限定理

与中心极限定理有关的工作对概率论中现在通常使用的工具的发展和完善起了很大的作用，因此比较一下不同的证明将很有启发意义. 直到最近（莱维首先

利用的）特征函数方法要比林德伯格的直接方法（更不用说其他方法了）简单得多，后一方法的现代形式（已在 8.4 节中给出）也不怎么太复杂了，此外它还有其他优点. 另外，特征函数方法可导出一些现在用直接方法还无法得到的深刻结果. 本节的局部极限定理以及将在下一章中叙述的误差估计和渐近展开就是这样的例子. 我们把具有共同分布的变量这一特殊情形分离出来，部分地是由于它的重要性，部分地是为了在最简单的情况下说明这种方法的本质.

在本节中 $X_1, X_2, \cdots$ 是具有共同分布 F 和特征函数 φ 的相互独立的变量. 我们假设

$$E(X_j) = 0, \quad E(X_j^2) = 1, \tag{15.5.1}$$

并设 $S_n = X_1 + \cdots + X_n$.

定理 1[①] $S_n/\sqrt{n}$ 的分布趋于正态分布 $\mathfrak{N}$.

由 15.3 节中的连续性定理 2，这个断言等价于下列陈述：对所有的 ζ，当 $n \to \infty$ 时

$$\varphi^n(\zeta/\sqrt{n}) \to \mathrm{e}^{-\frac{1}{2}\zeta^2}. \tag{15.5.2}$$

证 根据上节的引理 2，φ 有连续的二阶导数，从而由泰勒公式，

$$\varphi(x) = \varphi(0) + x\varphi'(0) + \frac{1}{2}x^2\varphi''(0) + o(x^2), \quad x \to 0. \tag{15.5.3}$$

取 ζ 为任意的数，并令 $x = \zeta/\sqrt{n}$，可得

$$\varphi\left(\frac{\zeta}{\sqrt{n}}\right) = 1 - \frac{1}{2n}\zeta^2 + o\left(\frac{1}{n}\right), \quad n \to \infty. \tag{15.5.4}$$

取 n 次方，我们就得到 (15.5.2). ■

人们自然希望，当 F 具有密度 f 时，$S_n/\sqrt{n}$ 的密度趋于正态密度 $\mathfrak{n}$. 这并不总是正确的，但是幸好例外情形是相当“病态”的. 下列定理包含了通常应用中出现的情况.

定理 2 如果 $|\varphi|$ 可积，那么 $S_n/\sqrt{n}$ 的密度 f_n 一致地趋于正态密度 $\mathfrak{n}$.

证 傅里叶反演公式 (15.3.5) 对 f_n 和 $\mathfrak{n}$ 都成立，因此

$$|f_n(x) - \mathfrak{n}(x)| \leqslant \frac{1}{2\pi}\int_{-\infty}^{+\infty} \left|\varphi^n\left(\frac{\zeta}{\sqrt{n}}\right) - \mathrm{e}^{-\frac{1}{2}\zeta^2}\right| \mathrm{d}\zeta, \tag{15.5.5}$$

右边是与 x 无关的. 我们证明，当 $n \to \infty$ 时，右边趋于 0. 由 (15.5.3)，可以选择这样的 $\delta > 0$，使得当 $|\zeta| < \delta$ 时，

$$|\varphi(\zeta)| \leqslant \mathrm{e}^{-\frac{1}{4}\zeta^2}. \tag{15.5.6}$$

① 方差的存在性不是 S_n 具有渐近正态性的必要条件. 关于充要条件，见 18.5 节中的推论 1.

我们现在把积分分成 3 部分，并证明对于充分大的 n，每部分都 $<\varepsilon$. (1) 正如我们在以上证明中所看到的那样，在一个固定的区间 $-a\leqslant\zeta\leqslant a$ 内，被积函数一致地趋于 0. 从而在 $\overline{-a,a}$ 上的积分趋于 0. (2) 对于 $a<|\zeta|<\delta\sqrt{n}$，被积函数 $<2\mathrm{e}^{-\frac{1}{4}\zeta^2}$，从而当 a 充分大时这个区间上的积分 $<\varepsilon$. (3) 由 15.1 节的引理 4 我们知道，当 $\zeta\neq 0$ 时，$|\varphi(\zeta)|<1$. 由上节的引理 3 知道，当 $|\zeta|\to\infty$ 时，$\varphi(\zeta)\to 0$. 由此推出 $|\varphi(\zeta)|$ 在 $|\zeta|\geqslant\delta$ 上的最大值等于一个数 $\eta<1$. 于是 $\int_{|\zeta|>\delta\sqrt{n}}\left|\varphi^n\left(\frac{\zeta}{\sqrt{n}}\right)-\mathrm{e}^{-\frac{1}{2}\zeta^2}\right|\mathrm{d}\zeta$ 小于

$$\eta^{n-1}\int_{-\infty}^{+\infty}\left|\varphi\left(\frac{\zeta}{\sqrt{n}}\right)\right|\mathrm{d}\zeta+\int_{|\zeta|>\delta\sqrt{n}}\mathrm{e}^{-\frac{1}{2}\zeta^2}\mathrm{d}\zeta. \tag{15.5.7}$$

第一个积分等于 $\sqrt{n}|\varphi|$ 的积分，因此量 (15.5.7) 趋于 0. ■

实际上利用这个证明可得到①稍强的结果：如果对某个整数 r 有 $|\varphi|^r\in L$，那么一致地有 $f_n\to\mathfrak{n}$. 另外，15.3 节定理 3 的推论说明，如果 $|\varphi|^r$ 都是不可积的，那么每个 f_n 都是无界的，由于其奇特性，我们举例来说明确实可能出现这种病态.

例 (a) 对 $x>0$ 和 $p\geqslant 1$，令

$$u_p(x)=\frac{1}{x\ln^{2p}x}. \tag{15.5.8}$$

设 g 是集中于 $\overline{0,1}$ 上的密度，使得在某个区间 $\overline{0,h}$ 上 $g(x)>u_p(x)$. 存在一个区间 $\overline{0,\delta}$，使得在这个区间内，u_p 单调减少，且

$$g^{2*}(x)\geqslant\int_0^x u_p(x-y)u_p(y)\mathrm{d}y>xu_p^2(x)=u_{2p}(x). \tag{15.5.9}$$

利用归纳法可推出，对于 $n=2^k$，存在一个区间 $\overline{0,h_n}$，使得 $g^{n*}\geqslant u_{np}$，从而当 $x\to 0+$ 时，$g^{n*}(x)\to\infty$. 因此，所有的卷积 g^{n*} 都是无界的.

(b) 上例的一个变形以更极端的形式显示出同样的病态. 设 v 是通过把 g 对称化所得到的密度，令

$$f(x)=\frac{1}{2}[v(x+1)+v(x-1)], \tag{15.5.10}$$

那么 f 是集中于 $\overline{-2,2}$ 上的一个偶概率密度. 我们可以假设它有单位方差. 上例的分析表明，除了在原点外，v 是连续的，在原点外 v 是无界的. 同样的结论对所有的卷积 v^{n*} 也是正确的. 于是 $f^{2n*}(x)$ 是值 $v^{2n*}(x+k)(k=0,\pm1,\cdots,\pm n)$ 的线性组合，因此它在点 $k(k=0,\pm1,\cdots,\pm n)$ 处是无界的. 密度为 f 的变量 X_j 的正规和 $S_{2n}/\sqrt{2n}$ 的密度为 $f_{2n}(x)=\sqrt{2n}f^{2n*}(x\sqrt{2n})$. 除了在形如 $k/\sqrt{2n}(k=0,\pm1,\cdots,\pm n)$ 的 $2n+1$ 个点以外它是连续的，在这些点处它是无

---

① 唯一的改变是，在 (15.5.7) 中把因子 η^{n-1} 换成 η^{n-r}，φ 换成 φ^r.

界的，因为对于每个有理点 t，有相应的无穷多对 k，n 使得 $k/\sqrt{2n}=t$，所以 $S_n/\sqrt{n}$ 的分布趋于 $\mathfrak{N}$，但是密度 f_n 在任一有理点上不收敛，序列 $\{f_n\}$ 在每个区间上是无界的.

(c) 见习题 20. ■

最后我们转向**格点分布**，即假设变量 X_j 局限于取形如 $b, b\pm h, b\pm 2h, \cdots$ 的值. 我们设 h 是分布 F 的步长，即 h 是具有上述性质的最大正数. 15.1 节的引理 4 说明 $|\varphi|$ 有周期 $2\pi/h$，从而 $|\varphi|$ 是不可积的，然而对于 $S_n/\sqrt{n}$ 的分布的原子质量有一个完全类似于定理 2 的结论. 所有这些原子都在形如 $x=(nb+kh)/\sqrt{n}$ 的点之中，其中 $k=0,\pm1,\pm2,\cdots$. 对于这样的 x，我们令

$$p_n(x)=P\left\{\frac{S_n}{\sqrt{n}}=x\right\},\tag{15.5.11}$$

而设 $p_n(x)$ 对于所有其他的 x 都没有定义. 因此，在 (15.5.12) 中的 x 局限于包含 $S_n/\sqrt{n}$ 的所有原子的最小格.

定理 3 如果 F 是一个步长为 h 的格点分布，那么当 $n\to\infty$ 时，关于 x 一致地有

$$\frac{\sqrt{n}}{h}p_n(x)-\mathfrak{n}(x)\to 0.\tag{15.5.12}$$

证 由 (15.3.14) 可得

$$\frac{\sqrt{n}}{h}p_n(x)=\frac{1}{2\pi}\int_{-\sqrt{n}\pi/h}^{\sqrt{n}\pi/h}\varphi^n\left(\frac{\zeta}{\sqrt{n}}\right)\mathrm{e}^{-\mathrm{i}x\zeta}\mathrm{d}\zeta.\tag{15.5.13}$$

再利用正态密度 $\mathfrak{n}$ 的傅里叶反演公式 (15.3.5)，我们看到 (15.5.12) 的左边由下式所控制：

$$\int_{-\sqrt{n}\pi/h}^{\sqrt{n}\pi/h}\left|\varphi^n\left(\frac{\zeta}{\sqrt{n}}\right)-\mathrm{e}^{-\frac{1}{2}\zeta^2}\right|\mathrm{d}\zeta+\int_{|\zeta|>\sqrt{n}\pi/h}\mathrm{e}^{-\frac{1}{2}\zeta^2}\mathrm{d}\zeta.\tag{15.5.14}$$

在定理 2 的证明中已指出，第 1 个积分趋于 0. 第 2 个积分显然趋于 0，这就完成了证明. ■

15.6 林德伯格条件

我们现在考虑使得

$$E(X_k)=0,\quad E(X_k^2)=\sigma_k^2\tag{15.6.1}$$

的独立变量 X_k 的序列. 我们用 F_k 表示 X_k 的分布，用 φ_k 表示它的特征函数，照例令 $S_n = X_1 + \cdots + X_n$ 且 $s_n^2 = \mathrm{Var}(S_n)$，于是

$$s_n^2 = \sigma_1^2 + \cdots + \sigma_n^2. \tag{15.6.2}$$

如果对于每个固定的 $t > 0$，

$$\frac{1}{s_n^2}\sum_{k=1}^{n}\int_{|x|>ts_n} x^2 F_k\{\mathrm{d}x\} \to 0, \quad n \to \infty, \tag{15.6.3}$$

我们称 $\{X_k\}$ 满足**林德伯格条件**. 粗略地说，这个条件要求方差 σ_k^2 主要是由于长度比 s_n 小的区间中的质量产生的. 显然，σ_k^2/s_n^2 小于 t^2 加上 (15.6.3) 的左边. 由于 t 是任意的，(15.6.3) 蕴涵对于任意的 $\varepsilon > 0$ 和充分大的 n，

$$\frac{\sigma_k}{s_n} \leqslant \varepsilon, \quad k = 1, \cdots, n. \tag{15.6.4}$$

这当然蕴涵 $s_n \to \infty$.

σ_n/s_n 可以看作分量 X_n 对加权和 S_n/s_n 的贡献的一种量度，从而 (15.6.4) 可以叙述为：*S_n/s_n 渐近地是许多单个可忽略分量之和*. 林德伯格条件曾在 (8.4.15) 中引入过，下列定理和 8.4 节的定理 3 一致. 每个证明都有它的优点. 现在这个证明使得我们能够证明林德伯格条件在某种意义上是必要的；它还可导致第 16 章中的渐近展开和密度的收敛定理（习题 28）.

定理 1 *如果林德伯格条件 (15.6.3) 成立，那么正规和 S_n/s_n 的分布趋于标准正态分布 $\mathfrak{N}$.*

证 设 $\zeta > 0$ 是任意固定的. 我们来证明

$$\varphi_1(\zeta/s_n) \cdots \varphi_n(\zeta/s_n) \to \mathrm{e}^{-\frac{1}{2}\zeta^2}. \tag{15.6.5}$$

因为 $\varphi_k'(0) = 0$ 且对于所有的 x 有 $|\varphi_k''(x)| \leqslant \sigma_k^2$，所以由两项的泰勒展开式和 (15.6.4) 推出，对于充分大的 n，

$$|\varphi_k(\zeta/s_n) - 1| \leqslant \frac{1}{2}\zeta^2\sigma_k^2/s_n^2 \leqslant \varepsilon\zeta^2. \tag{15.6.6}$$

我们来证明，如果这是正确的，那么 (15.6.5) 等价于

$$\sum_{k=1}^{n}[\varphi_k(\zeta/s_n) - 1] + \frac{1}{2}\zeta^2 \to 0. \tag{15.6.7}$$

事实上，我们曾在 (15.2.4) 中看到，$\mathrm{e}^{\varphi_k - 1}$ 是一个复合泊松分布的特征函数，从而 $|\mathrm{e}^{\varphi_k - 1}| \leqslant 1$. 对于任意使得 $|a_k| \leqslant 1, |b_k| \leqslant 1$ 的复数 a_k, b_k 有

$$|a_1 \cdots a_n - b_1 \cdots b_n| \leqslant \sum_{k=1}^{n}|a_k - b_k|. \tag{15.6.8}$$

此式可由下述恒等式用归纳法推出:

$$x_1x_2 - y_1y_2 = (x_1 - y_1)x_2 + (x_2 - y_2)y_1.$$

对于任一 $\delta > 0$，如果 $|z|$ 充分小，那么我们有 $|\mathrm{e}^z - 1 - z| < \delta|z|$，从而由 (15.6.6) 我们得到，对于较大的 n，

$$\begin{aligned}|\mathrm{e}^{\Sigma[\varphi_k(\zeta/s_n)-1]} - \varphi_1(\zeta/s_n)\cdots\varphi_n(\zeta/s_n)| &\leqslant \sum_{k=1}^{n}|\mathrm{e}^{\varphi_k(\zeta/s_n)-1} - \varphi_k(\zeta/s_n)| \\ &\leqslant \delta\sum_{k=1}^{n}|\varphi_k(\zeta/s_n) - 1| \leqslant \delta(\zeta^2/s_n^2)\sum_{k=1}^{n}\delta_k^2 = \delta\zeta^2.\end{aligned} \tag{15.6.9}$$

因为 δ 是任意的，所以左边趋于 0，从而 (15.6.5) 成立当且仅当 (15.6.7) 成立.

(15.6.7) 可以改写成如下形式：

$$\sum_{k=1}^{n}\int_{-\infty}^{+\infty}\left[\mathrm{e}^{\mathrm{i}x\zeta/s_n} - 1 - \frac{\mathrm{i}x\zeta}{s_n} + \frac{x^2\zeta^2}{2s_n^2}\right]F_k\{\mathrm{d}x\} \to 0. \tag{15.6.10}$$

由基本不等式 (15.4.1) 推出，当 $|x| \leqslant ts_n$ 时，被积函数被 $|x\zeta/s_n|^3 \leqslant t\zeta^3x^2/s_n^2$ 控制；当 $|x| > ts_n$ 时，被积函数被 $x^2\zeta^2/s_n^2$ 控制. 因此，(15.6.10) 的左边的绝对值

$$\leqslant t\zeta^3 + \zeta^2 s_n^{-2}\sum_{k=1}^{n}\int_{|x|>ts_n}x^2F_k\{\mathrm{d}x\}. \tag{15.6.11}$$

由林德伯格条件 (15.6.3)，第 2 项趋于 0. 因为 t 可以取得任意小，所以 (15.6.10) 成立. ■

在 8.4 节和 8.10 节的习题 17 ~ 习题 20 中曾给出过说明性例子，在下面的习题 26 和习题 27 中也将给出说明性例子.

下列定理包含定理 1 的一个部分逆.

定理 2 假设 $s_n \to \infty, \sigma_n/s_n \to 0$. 那么林德伯格条件 (15.6.3) 是 S_n/s_n 的分布收敛于 $\mathfrak{N}$ 的必要条件.

警告 我们即将看到，即使林德伯格条件不成立，S_n/s_n 的分布也可能收敛于方差小于 1 的正态分布.

证 我们从证明 (6.4) 成立开始. 根据假设，存在这样的 ν，使得对于 $n > \nu$ 有 $\sigma_n/s_n < \varepsilon$. 于是对于 $\nu < k \leqslant n$ 我们有 $\sigma_k/s_n \leqslant \sigma_k/s_k < \varepsilon$. 因为 $s_n \to \infty$，满足 $k \leqslant \nu$ 的 ν 个比 σ_k/s_n 趋于 0.

其次假设 S_n/s_n 的分布趋于 $\mathfrak{N}$，即假设 (15.6.5) 成立. 我们在上一证明中已看到，当 (15.6.4) 成立时，这个关系式蕴涵 (15.6.10). 因为 $\cos z - 1 + \dfrac{1}{2}z^2 \geqslant 0$，

所以被积函数的实部是非负的，因此左边的实部

$$\geqslant \sum_{k=1}^{n} \int_{|x|>ts_n} \left(\frac{x^2\zeta^2}{2s_n^2} - 2 \right) F_k\{\mathrm{d}x\} \geqslant \left(\frac{1}{2}\zeta^2 - 2t^{-2} \right) \frac{1}{s_n^2} \sum_{k=1}^{n} \int_{|x|>ts_n} x^2 F_k\{\mathrm{d}x\} \tag{15.6.12}$$

于是对任意的 ζ 和 t，右边趋于 0，从而 (15.6.3) 成立. ■

条件 $\sigma_n/s_n \to 0$ 不是严格必要的，这可由所有分布 F_k 都是正态分布这一特殊情形看出：些时 σ_k 可以取任意值，而 S_n/s_n 的分布与 $\mathfrak{N}$ 一致（又见习题 27）. 但是条件 $\sigma_n/s_n \to 0$ 是保证各项 X_k 的影响为渐近可忽略的一个很自然的方法. 如无这个条件，问题的性质就有根本的变化. 即使 $\sigma_n/s_n \to 0, s_n \to \infty$，林德伯格条件也不是"存在正规化常数 a_n 使 S_n/a_n 的分布趋于 $\mathfrak{N}$"的必要条件. 下例将阐明这种情况.

例 设 $\{X_n\}$ 是一个满足定理 1 的条件 [包括 (15.6.1)] 的变量序列. 设 X_n' 是相互独立的且和 X_k 独立，并使得

$$\sum_{n=1}^{\infty} P\{X_n' \neq 0\} < \infty. \tag{15.6.13}$$

令 $\overline{X}_n = X_n + X_n'$，用 S_n' 和 $\overline{S}_n$ 表示 $\{X'_n\}$ 和 $\{\overline{X}_n\}$ 的部分和. 根据波雷尔–康泰利第 1 引理，以概率 1 只有有限多个 X_n' 不为 0，从而以概率 1 有 $S_n' = o(s_n)$. 由此容易推出，$\overline{S}_n/s_n$ 和 S_n/s_n 的分布有相同的渐近性质. 于是，*即使 s_n^2 不是 $\overline{S}_n$ 的方差，$\overline{S}_n/s_n$ 的分布也趋于 $\mathfrak{N}$*. 事实上，$\overline{X}_n$ 不一定有有限期望. 如果 $E(\overline{X}_n) = 0, E(\overline{S}_n^2) = \overline{s}_n^2 < \infty$，那么只有当 $s_n/\overline{s}_n$ 趋于一个极限 p 时，$\overline{S}_n/\overline{s}_n$ 的分布才收敛. 在这种情形下，极限分布是正态的，其方差 $p \leqslant 1$. ■

这个例子说明，即使分量 X_n 的期望不存在，部分和 S_n 也可以是渐近正态分布的，并且方差并不总是对应的正规化常数. 由于以下两个原因我们不在这里研究这个课题. 第一，整个理论将包含在第 17 章中. 第二，更重要的是，上述定理的推广是极好的练习题，习题 29 ~ 习题 32 是特意编选的，目的是推导中心极限定理的充要条件.

15.7 高维特征函数

高维特征函数的理论如此地类似于 $\mathbb{R}^1$ 中的特征函数理论，以致于系统的叙述看来是不必要的. 为了叙述基本思想和记号，只需考虑二维的情形就够了. 于是 $\boldsymbol{X}$ 表示具有给定的联合概率分布 F 的两个实值随机变量 X_1 和 X_2 组成的变量对. 我们把 $\boldsymbol{X}$ 看成一个具有分量 X_1 和 X_2 的行向量；类似地，在 $F(\boldsymbol{x})$ 中把变量 $\boldsymbol{x}$ 看成分量为 x_1 和 x_2 的行向量. 另外，相应的特征函数的变量 $\boldsymbol{\zeta}$ 表示列

向量 $\boldsymbol{\zeta} = (\zeta_1, \zeta_2)^{\mathrm{T}}$. 这个约定有一个优点，即 $\boldsymbol{x\zeta}$ 表示内积 $\boldsymbol{x\zeta} = \zeta_1 x_1 + \zeta_2 x_2$. $\boldsymbol{X}$（或 F）的特征函数 φ 可定义为

$$\varphi(\boldsymbol{\zeta}) = E(\mathrm{e}^{\mathrm{i}\boldsymbol{X\zeta}}). \tag{15.7.1}$$

这个定义在形式上和一维中的定义一样，但是指数有新的解释，且积分是对二元分布进行的.

二元特征函数的主要性质是显然的. 例如选择 $\zeta_2 = 0$ 就把内积 $\boldsymbol{x\zeta}$ 化成了 $x_1\zeta_1$，从而 $\varphi(\zeta_1, 0)$ 表示 X_1 的（边缘）分布的特征函数. 对于参数 ζ_1, ζ_2 的任一固定的选择，线性组合 $\zeta_1 X_1 + \zeta_2 X_2$ 是一个（一维）随机变量，它的特征函数为

$$E(\mathrm{e}^{\mathrm{i}\lambda(\zeta_1 X_1 + \zeta_2 X_2)}) = \varphi(\lambda\zeta_1, \lambda\zeta_2), \tag{15.7.2}$$

此处 ζ_1 和 ζ_2 是固定的，λ 是一个独立变量. 特别地，和 $X_1 + X_2$ 的特征函数为 $\varphi(\lambda, \lambda)$. 按照这种方式可用二元特征函数得出所有线性组合 $\zeta_1 X_1 + \zeta_2 X_2$ 的一元特征函数. 反之，如果我们知道所有这样的组合的分布，那么可以计算出所有的表达式 $\varphi(\lambda\zeta_1, \lambda\zeta_2)$，从而可以计算出二元特征函数①. 下列例子说明了这个方法的有用性和灵活性，使用的是 3.5 节中引进的记号.

例 (a) **多元正态特征函数.** 设 $\boldsymbol{X} = (X_1, X_2)$（看作一个行向量）有非退化正态分布. 为了简单起见，我们假设 $E(\boldsymbol{X}) = 0$，并用 $\boldsymbol{C}$ 表示**协方差矩阵** $E(\boldsymbol{X}^{\mathrm{T}}\boldsymbol{X})$. 它的元素是 $c_{kk} = \mathrm{Var}(X_k)$ 和 $c_{12} = c_{21} = \mathrm{Cov}(X_1, X_2)$. 对于固定的 ζ_1 和 ζ_2，线性组合 $\boldsymbol{\zeta X} = \zeta_1 X_1 + \zeta_2 X_2$ 的期望为 0，方差为

$$\sigma^2 = \boldsymbol{\zeta}^{\mathrm{T}}\boldsymbol{C\zeta} = c_{11}\zeta_1^2 + 2c_{12}\zeta_1\zeta_2 + c_{22}\zeta_2^2. \tag{15.7.3}$$

把 λ 看作一个独立变量，那么变量 $\boldsymbol{X\zeta} = \zeta_1 X_1 + \zeta_2 X_2$ 的特征函数为 $\mathrm{e}^{-\frac{1}{2}\sigma^2\lambda^2}$. 于是 $\boldsymbol{X} = (X_1, X_2)$ 的二元特征函数为

$$\varphi(\boldsymbol{\zeta}) = \mathrm{e}^{-\frac{1}{2}\boldsymbol{\zeta}^{\mathrm{T}}\boldsymbol{C\zeta}}. \tag{15.7.4}$$

这个公式在 r 维空间中也成立，只是这时 $\boldsymbol{\zeta}^{\mathrm{T}}\boldsymbol{C\zeta}$ 是 r 个变量 $\zeta_1, \cdots, \zeta_r$ 的二次型. 因此，(15.7.4) 表示期望为 0 协方差矩阵为 $\boldsymbol{C}$ 的 r 维正态分布的特征函数.

有时需要把两对变量 (X_1, X_2) 和 (ζ_1, ζ_2) 变成极坐标，即由下式引进新的变量：

$$\begin{aligned} X_1 = R\cos\Theta, \quad X_2 = R\sin\Theta, \\ \zeta_1 = \rho\cos\alpha, \quad \zeta_2 = \rho\sin\alpha. \end{aligned} \tag{15.7.5}$$

① 这就顺便地证明了，$\mathbb{R}^2$ 中的概率分布由所有半平面的概率唯一确定. 克拉美 H. Cramér 和沃尔特（H. Wold）注意到的这个事实似乎无法用初等方法得到. 关于矩的应用见习题 21.

（关于这样的变换见 3.1 节.）这时

$$\varphi(\zeta)=E(\mathrm{e}^{\mathrm{i}\rho R\cos(\Theta-\alpha)}),\tag{15.7.6}$$

但是必须记住这不是变量对 (R,Θ) 的特征函数；(R,Θ) 的特征函数为 $E(\mathrm{e}^{\mathrm{i}(\zeta_1 R+\zeta_2\Theta)})$.

(b) **旋转对称.** 当对偶 (X_1,X_2) 表示一个“具有随机方向的向量”时（见 1.10 节），(R,Θ) 的联合分布可分解为 R 的分布 G 和 $\overline{-\pi,\pi}$ 上的均匀分布的乘积. 于是 (15.7.6) 中的期望与 α 无关，并且呈下列形式：

$$\varphi(\zeta_1,\zeta_2)=(2\pi)^{-1}\int_0^{\infty}G\{\mathrm{d}r\}\int_{-\pi}^{\pi}\mathrm{e}^{\mathrm{i}\rho r\cos\theta}\mathrm{d}\theta.\tag{15.7.7}$$

变量替换 $\cos\theta=x$ 把内层积分化为习题 6 所讨论的积分，于是

$$\varphi(\zeta_1,\zeta_2)=\int_0^{\infty}J_0(\rho r)G\{\mathrm{d}r\}\qquad(\rho=\sqrt{\zeta_1^2+\zeta_2^2}),\tag{15.7.8}$$

其中

$$J_0(x)=I_0(\mathrm{i}x)=\sum_{k=0}^{\infty}\frac{(-1)^k}{k!k!}\left(\frac{x}{2}\right)^{2k}.\tag{15.7.9}$$

（贝塞尔函数 I_0 是在 2.7 节中引入的.）

具有随机方向的单位向量使分布 G 集中在点 1 上. 于是 $J_0^n(\sqrt{\zeta_1^2+\zeta_2^2})$ 是 n 个独立的具有随机方向的单位向量的合向量的特征函数. 这个结果是瑞利在研究随机飞行时导出的.

(c) 我们考虑一种特殊情况，即 (X_1,X_2) 有二元密度

$$f(x_1,x_2)=(2\pi)^{-1}a^2\mathrm{e}^{-ar},\quad r=\sqrt{x_1^2+x_2^2},\tag{15.7.10}$$

其中 a 是一个正常数. 于是 (15.7.8) 呈如下形式[①]：

$$\varphi(\zeta_1,\zeta_2)=a^2\int_0^{\infty}\mathrm{e}^{-ar}J_0(\rho r)r\mathrm{d}r=(1+\rho^2/a^2)^{-\frac{3}{2}}.\tag{15.7.11}$$

---

① 用表达式 (15.7.9) 代入 J_0，我们得到

$$\varphi(\zeta_1,\zeta_2)=\sum\frac{(2k+1)!}{k!k!}(-1)^k\left(\frac{\rho}{2a}\right)^{2k}=\sum\binom{-\frac{3}{2}}{k}\left(\frac{\rho^2}{a^2}\right)^k,$$

这是 $(1+\rho^2/a^2)^{-\frac{3}{2}}$ 的二项级数.

(d) $\mathbb{R}^3$ **中的旋转对称.** 例 (b) 可以照搬到三维中去，只是现在我们有 2 个极角：地理经度 ω 和极距 θ. (15.7.7) 中的内层积分呈下列形式：

$$\begin{aligned}&\frac{1}{4\pi}\int_{-\pi}^{\pi}\mathrm{d}\omega\int_0^{\pi}\mathrm{e}^{\mathrm{i}r\rho\cos\theta}\sin\theta\mathrm{d}\theta\\&=\frac{1}{2}\int_0^{\pi/2}(\mathrm{e}^{\mathrm{i}r\rho\cos\theta}+\mathrm{e}^{-\mathrm{i}r\rho\cos\theta})\sin\theta\mathrm{d}\theta,\end{aligned}\tag{15.7.12}$$

其中 $\rho^2=\zeta_1^2+\zeta_2^2+\zeta_3^2$. 代换 $\cos\theta=x$ 把此式化为 $(r\rho)^{-1}\sin r\rho$，从而有一个类似于 (15.7.8) 的公式

$$\varphi(\zeta_1,\zeta_2,\zeta_3)=\int_0^{\infty}\frac{\sin r\rho}{r\rho}G\{\mathrm{d}r\},\tag{15.7.13}$$

特别地，对于单位随机向量，这个积分化为 $\rho^{-1}\sin\rho$，令 $\zeta_2=\zeta_3$，我们可以看到单位随机向量的 X_1 分量的特征函数为 $\zeta_1^{-1}\sin\zeta_1$. 于是我们得到了 1.10 节所建立的下列事实的一个新证明：这个分量在 $\overline{-1,1}$ 上是均匀分布的. ■

可以留给读者去验证，关于一维特征函数的主要定理无须本质上的改变就可照搬过来. $\mathbb{R}^2$ 中的傅里叶反演定理说明，如果 φ 在整个平面内是（绝对）可积的，那么 $\boldsymbol{X}$ 有有界连续密度

$$f(x_1,x_2)=\frac{1}{(2\pi)^2}\iint_{-\infty}^{+\infty}\mathrm{e}^{-\mathrm{i}(x_1\zeta_1+x_2\zeta_2)}\varphi(\zeta_1,\zeta_2)\mathrm{d}\zeta_1\mathrm{d}\zeta_2.\tag{15.7.14}$$

(e) **二元柯西分布.** 把反演公式 (15.7.14) 应用于例 (c) 的密度 f，并用 $f(0,0)=(2\pi)^{-1}a^2$ 除以所得的结果，就可看出

$$\gamma(\zeta_1,\zeta_2)=\mathrm{e}^{-a\sqrt{\zeta_1^2+\zeta_2^2}}\tag{15.7.15}$$

表示下式定义的二元密度 g 的特征函数：

$$g(x_1,x_2)=\frac{a}{2\pi(a^2+x_1^2+x_2^2)^{\frac{3}{2}}}.\tag{15.7.16}$$

由此推出，这个密度具有普通柯西密度的主要性质. 特别地，它是**严格稳定的**：如果 $\boldsymbol{X}^{(1)},\cdots,\boldsymbol{X}^{(n)}$ 是密度为 (15.7.16) 的相互独立向量值变量，那么它们的平均值 $(\boldsymbol{X}^{(1)}+\cdots+\boldsymbol{X}^{(n)})/n$ 有相同的密度. ■

*15.8 正态分布的两种特征

我们从一个由莱维猜测到的在 1936 年被 H. 克拉美证明了的著名定理开始. 遗憾的是它的证明依赖于解析函数论，因此和我们关于特征函数的讨论不大协调.

定理 1 设 X_1 和 X_2 是独立随机变量，它们的和的分布是正态的. 那么 X_1 和 X_2 都是正态的.

换句话说，正态分布是不能分解的（除了以平凡的方式分解外）. 上面的定理的证明是以下列具有某种独立意义的引理为基础的.

引理 设 F 是这样一个概率分布，使得对于某个 $\eta > 0$，

$$f(\eta) = \int_{-\infty}^{+\infty} \mathrm{e}^{\eta^2 x^2} F\{\mathrm{d}x\} < \infty, \tag{15.8.1}$$

那么特征函数 φ 是一个（对所有复数 ζ 都有定义的）整函数. 如果对于所有的复数 ζ 有 $\varphi(\zeta) \neq 0$，那么 F 是正态的.

引理的证明 对于所有的复数 ζ 和实数 x, η，我们有 $|x\zeta| \leqslant \eta^2 x^2 + \eta^{-2}|\zeta|^2$，从而定义 φ 的积分对所有的复数 ζ 都收敛，并且

$$|\varphi(\zeta)| \leqslant \mathrm{e}^{\eta^{-2}|\zeta|^2} \cdot f(\eta). \tag{15.8.2}$$

这就是说，φ 是一个阶数 $\leqslant 2$ 的整函数，如果这样的一个函数没有零点，那么 $\ln \varphi(\zeta)$ 是二次多项式①，因此 $\varphi(\zeta) = \mathrm{e}^{-\frac{1}{2}a\zeta^2 + \mathrm{i}b\zeta}$，其中 a, b 是（可能为复数的）数. 但是，φ 是特征函数，从而 $-\mathrm{i}\varphi'(0)$ 等于期望，$-\varphi''(0)$ 是分布的二阶矩. 由此推出 b 是实数，$a \geqslant 0$，因此 F 确实是正态的. ■

定理 1 的证明 不失一般性，我们可以假设变量 X_1 和 X_2 已这样规定了中心，以致原点是每个变量的中位数. 于是

$$P\{|X_1 + X_2| > t\} \geqslant \frac{1}{2} P\{|X_1| > t\}. \tag{15.8.3}$$

利用通常的分部积分 [见 5.6 节] 可证明

$$f(\eta) = 1 + 2\eta^2 \int_0^{\infty} x \cdot \mathrm{e}^{\eta^2 x^2} [1 - F(x) + F(-x)] \mathrm{d}x, \tag{15.8.4}$$

---

* 本节讨论的课题较特殊，只在习题 27 中用到.

① 例如见 E. Hille, *Analytic function theory*, Boston, 1962, vol. II, p. 199 [阿达马（Hadamard）因式分解定理].

因此相应于 X_k 的函数 f_k 满足不等式 $f_k(\eta) \leqslant 2f(\eta) < \infty$. 由于 $\varphi_1(\zeta)\varphi_2(\zeta) = \mathrm{e}^{-\frac{1}{2}a\zeta^2+\mathrm{i}b\zeta}$，所以 φ_1 和 φ_2 都不可能有零点，因此 X_1 和 X_2 都是正态的. ■

我们转向在 3.4 节中引进并讨论过的正态分布的下列特征的一种证明.

定理 2 设 X_1 和 X_2 是独立变量，并且

$$Y_1 = a_{11}X_1 + a_{12}X_2, \quad Y_2 = a_{21}X_1 + a_{22}X_2. \tag{15.8.5}$$

如果 Y_1 和 Y_2 也是相互独立的，那么，或者所有 4 个变量都是正态的，或者变换 (15.8.5) [在 $Y_1 = aX_1$ 和 $Y_2 = bX_2$ 或 $Y_1 = aX_2$ 和 $Y_2 = bX_1$ 的意义上] 是平凡的.

证 对于具有连续密度的变量 X_j 的特殊情形，这个定理在 3.4 节中已证明过了. 证明依赖于 (3.4.4) 泛函方程的一般解，我们现在来证明，随机变量 X_j 的特征函数 φ_j 满足一个同样类型的方程. 我们首先说明只要考虑实的特征函数就够了. 这个论证说明了定理 1 的用处.

(a) **化成对称分布.** 引入一对相互独立且与 X_j 独立的变量 X_1^- 和 X_2^-，它们分别与 $-X_1$ 和 $-X_2$ 有相同的分布. 线性变换 (15.8.5) 把对称变量 $X_j^0 = X_j + X_j^-$ 变成一对独立的对称变量 $({}^0Y_1, {}^0Y_2)$. 如果定理对这样的变量成立，那么 ${}^0X_j$ 是正态的. 根据定理 1，这蕴涵 X_j 也是正态的.

(b) **泛函方程.** 由于假设 Y_1 和 Y_2 独立，所以 (Y_1, Y_2) 的二元特征函数一定能分解为

$$E(\mathrm{e}^{\mathrm{i}(\zeta_1 Y_1 + \zeta_2 Y_2)}) = E(\mathrm{e}^{\mathrm{i}\zeta_1 Y_1})E(\mathrm{e}^{\mathrm{i}\zeta_2 Y_2}). \tag{15.8.6}$$

把 (15.8.5) 代入，我们看出，这个关系式蕴涵下列关于 X_1 和 X_2 的特征函数的恒等式：

$$\begin{aligned}&\varphi_1(a_{11}\zeta_1 + a_{21}\zeta_2)\varphi_2(a_{12}\zeta_1 + a_{22}\zeta_2)\\ &\quad = \varphi_1(a_{11}\zeta_1)\varphi_2(a_{12}\zeta_1)\varphi_1(\varphi_{21}\zeta_2)\varphi_2(a_{22}\zeta_2).\end{aligned} \tag{14.8.7}$$

除 a_{12} 和 a_{21} 的作用变换了以外，这个恒等式和 (3.4.4) 是一致的. 根据假设，φ_j 是连续实函数，正如在 3.4 节中所看到的那样，可以假设所有的 a_{jk} 都不为 0. 因此，根据 3.4 节的引理，$\varphi_j(\zeta) = \mathrm{e}^{-a_j\zeta^2}$，从而 X_j 是正态的. ■

15.9 习 题

1. 利用不等式 (15.1.7) 证明（不用计算）：对每个特征函数 φ，

$$|\varphi(\zeta)|^2 \leqslant 1 - \frac{1 - |\varphi(2\zeta)|}{4} \leqslant \mathrm{e}^{-\frac{1}{4}(1-|\varphi(2\zeta)|)}. \tag{15.9.1}$$

2. 如果 $\varphi = u + \mathrm{i}v$ 是一个特征函数，证明：

$$u^2(\zeta) \leqslant \frac{1}{2}(1 + u(2\zeta)). \tag{15.9.2}$$

这又蕴涵

$$|\varphi(\zeta)|^2 \leqslant \frac{1}{2}(1 + |\varphi(2\zeta)|). \tag{15.9.3}$$

提示：利用施瓦茨不等式证明 (15.9.2)，证明 (15.9.3) 时考虑形如 $\mathrm{e}^{\mathrm{i}\alpha\zeta}\varphi(\zeta)$ 的特征函数.

3. 证明（记号同上）：

$$|\varphi(\zeta_2) - \varphi(\zeta_1)|^2 \leqslant 2[1 - u(\zeta_2 - \zeta_1)]. \tag{15.9.4}$$

当 $\zeta_2 = -\zeta_1$ 时，此式包含 (15.1.7).

4. 利用初等公式证明（无须明确地求出积分）：密度 $(1/\pi)[(1-\cos x)/x^2]$ 的特征函数 φ 与 $2|\zeta| - |\zeta+1| - |\zeta-1|$ 只相差一个常数因子. 证明：对于 $|\zeta| \leqslant 1$ 有 $\varphi(\zeta) = 1 - |\zeta|$.

5. 利用密度 $\frac{1}{2}a\mathrm{e}^{-a|x|}$ 的特征函数通过关于 a 的简单微分来推导一个新的特征函数. 利用这个结果来证明：给定的分布与其本身的卷积有密度 $\frac{1}{4}a\mathrm{e}^{-a|x|}(1 + a|x|)$.

6. 设 f 是由下列定义的集中于 $\overline{-1,1}$ 上的密度：

$$f(x) = \frac{1}{\pi\sqrt{1-x^2}}. \tag{15.9.5}$$

证明：它的特征函数为

$$\varphi(\zeta) = \sum_{k=0}^{\infty} \frac{(-1)^k}{k!k!}\left(\frac{1}{2}\zeta\right)^{2k} = J_0(\zeta). \tag{15.9.6}$$

注意 $J_0(\zeta) = I_0(\mathrm{i}\zeta)$，其中 I_0 是式 (2.7.1) 中定义的贝塞尔函数. 提示：把 $\mathrm{e}^{\mathrm{i}\zeta x}$ 展成幂级数. ζ^n 的系数是用积分给出的，利用分部积分对 n 用归纳法可以验证 (15.9.6).

7. 具有集中于 $\overline{0,1}$ 上的密度 $1/[\pi\sqrt{x(1-x)}]$ 的反正弦分布的特征函数为 $\mathrm{e}^{\mathrm{i}\zeta/2}J_0(\zeta/2)$. 提示：化为上题.

8. 利用表 15-1 的第 10 号来证明：$2\pi^2 x \cdot (\sinh x)^{-1}$ 是一个特征函数为 $2/[1+\cosh(\pi\zeta)]$ 的密度. 提示：利用 2.9 节的习题 6.

9. 设 γ_L 表示 15.2 节例 (c) 所述的周期为 $2L$ 的特征函数. 证明：$2\gamma_{2L} - \gamma_L$ 也是一个算术分布的特征函数. 它的图形可通过在图 2 中每隔一个三角形关于 ζ 轴反射一个三角形而获得.

10. 设 X 和 Y 是独立的，其分布函数分别为 F 和 G，特征函数分别为 φ 和 γ.[①] 证明：乘积 XY 的特征函数为

$$\int_{-\infty}^{+\infty} \gamma(\zeta x)F\{\mathrm{d}x\} = \int_{-\infty}^{+\infty} \varphi(\zeta x)G\{\mathrm{d}x\}. \tag{15.9.7}$$

① 把 (15.9.7) 与 5.9 节例 (b) 的脚注中的定理结合起来，可得下列的辛钦准则：函数 ω 是一个单峰分布的特征函数，当且仅当 $\omega(\zeta) = \int_0^1 \varphi(\zeta x)\mathrm{d}x$，其中 φ 是一个特征函数.

11. 如果 $\{\varphi_n\}$ 是这样的一个特征函数序列，使得对于 $-\delta<\zeta<\delta$ 有 $\varphi_n(\zeta)\to 1$，那么对于所有的 ζ 有 $\varphi_n(\zeta)\to 1$.

12. 设 g 是一个特征函数 γ 为严格正的偶密度，那么

$$g_a(x)=\frac{g(x)[1-\cos ax]}{1-\gamma(a)} \tag{15.9.8}$$

是一个特征函数为

$$\gamma_a(\zeta)=\frac{2\gamma(\zeta)-\gamma(\zeta+a)-\gamma(\zeta-a)}{2[1-\gamma(a)]} \tag{15.9.9}$$

的概率密度. 当 $a\to\infty$ 有 $\gamma_a\to\gamma$，但是 $g_a\to g$ 不成立. 这就说明了在密度的连续性定理中，条件 (15.3.10) 是必不可少的.

13. 如果 γ 是一个实的特征函数，且 $\gamma\geqslant 0$，那么存在特征函数 γ_n 为严格正的偶密度 g_n，使得 $\gamma_n\to\gamma$. 提示：考虑混合 $(1-\varepsilon)G+\varepsilon F$ 和卷积.

14. 如果 γ 是一个满足 $\gamma\geqslant 0$ 和 $\gamma(a)\neq 1$ 的特征函数，那么 (15.9.9) 确定了一个特征函数. 提示：利用上两题.

15. **(15.4.7) 之逆的推广**. 考虑分布 $(1/m_{2k})x^{2k}F\{\mathrm{d}x\}$（当它们存在时），用归纳法证明：分布 F 具有有限矩 m_{2r} 当且仅当特征函数在原点的 $2r$ 阶导数存在.

16. 设 f 是一个具有正的可积特征函数的概率密度. 那么 f 有唯一的一个最大值，此最大值在原点达到. 如果二阶导数 f'' 存在，那么

$$f(0)>f(x)>f(0)-\frac{x^2}{2}f''(0), \tag{15.9.10}$$

类似的展开式对泰勒展开式前 $2r$ 项也成立. [注意 f 是偶函数，从而 $f^{(2k+1)}(0)=0$.]

17. 设 φ 是一个具有二阶连续导数 φ'' 的实特征函数. 那么 [除非对于所有的 ζ 有 $\varphi(\zeta)=1$],

$$\psi(\zeta)=\frac{1-\varphi(\zeta)}{\zeta^2}\frac{2}{|\varphi''(0)|} \tag{15.9.11}$$

是一个偶密度 f_2 的特征函数，对于 $x>0$ 这个 f_2 定义为

$$\frac{2}{|\varphi''(0)|}\int_x^\infty[1-F(t)]\mathrm{d}t. \tag{15.9.12}$$

试向高维推广.

18. 设 f 是一个具有特征函数 φ 的偶密度. 对于 $x>0$，令

$$g(x)=\int_x^\infty\frac{f(s)\mathrm{d}s}{s},\quad g(-x)=g(x). \tag{15.9.13}$$

那么 g 也是偶密度，并且它的特征函数为

$$\gamma(\zeta)=\frac{1}{\zeta}\int_0^\zeta\varphi(s)\mathrm{d}s. \tag{15.9.14}$$

19. 设 γ 是这样的一个特征函数，使得当 $\zeta\to\infty$ 时 $|\gamma(\zeta)|=1$. 相应的分布 F（关于勒贝格测度）是纯奇异的.

20. 假设 $c_k > 0, \sum c_k = 1$，但是 $\sum c_k 2^k = \infty$. 设 u 是集中于 $\overline{-1,1}$ 上的连续偶密度，ω 是它的特征函数，那么

$$f(x) = \sum c_k 2^k u(2^k x) \tag{15.9.15}$$

也定义了一个密度，除了在原点之外，这个密度是连续的，它的特征函数为

$$\varphi(\zeta) = \sum c_k \omega(2^{-k}\zeta). \tag{15.9.16}$$

证明 $|\varphi|^n$ 对于任一 n 都是不可积的. **提示**：对于 $x \neq 0$，(15.9.15) 中的级数是有限的. 利用显然的不等式 $(\sum c_k p_k)^n \geqslant \sum c_k^n p_k^n$，此式对 $p_k \geqslant 0$ 成立.

21. **$\mathbb{R}^2$ 中矩的问题.** 设 X_1 和 X_2 是两个具有联合分布 F 的随机变量. 令 $A_k = E(|X_1|^k) + E(|X_2|^k)$，证明：如果 $\limsup k^{-1}A_k^{1/k} < \infty$，那么 F 被它的矩所唯一确定. **提示**：正如 15.7 节第 1 个脚注所指出的那样，只要证明所有线性组合 $a_1X_1 + a_2X_2$ 的分布被唯一确定就行了. 利用准则 (15.4.15).

22. **退化的二元分布.** 如果 φ 是一个一元的特征函数，a_1, a_2 是任意常数，证明：作为 ζ_1, ζ_2 的函数，$\varphi(a_1\zeta_1 + a_2\zeta_2)$ 表示一个满足 $a_2X_1 \equiv a_1X_2$ 的对偶 (X_1, X_2) 的二元特征函数. 试述其逆. 考虑 $a_2 = 0$ 的特殊情形.

23. 设 X, Y, U 是具有特征函数 φ, ν, ω 的相互独立随机变量. 证明：乘积 $\varphi(\zeta_1)\nu(\zeta_2)\omega(\zeta_1+\zeta_2)$ 表示对偶 $(U+X, U+Y)$ 的二元特征函数. **提示**：利用三元特征函数.

中心极限定理的例子与补充

24. 利用特征函数的方法证明 8.4 节中关于随机和的中心极限定理 4.

25. 设 X_k 有密度 $\mathrm{e}^{-x}x^{a_k-1}/\Gamma(a_k)$，其中 $a_k \to \infty$. s_n 的方差是 $s_n^2 = (a_1 + \cdots + a_n)$. 证明：如果

$$s_n^{-2}\sum_{k=1}^{n} a_k^2 \to 0,$$

那么 $\{X_k\}$ 满足林德伯格条件.

26. 设 $P\{X_k = \pm 1\} = (k-1)/2k, P\{X_k = \pm\sqrt{k}\} = 1/2k$. 不存在这样的正规化常数 a_n，使 S_n/a_n 的分布趋于 $\mathfrak{N}$. **提示**：利用

$$1 - \frac{\zeta^2}{a_2^n} \leqslant \varphi_k\left(\frac{\zeta}{a_n}\right) \leqslant 1 - \frac{k-1}{2k}\frac{\zeta^2}{a_n^2}$$

讨论指数分布.

27. 如果 S_n/s_n 的分布趋于 $\mathfrak{N}$，但是 $\sigma_n/s_n \to p > 0$，那么 X_n/s_n 的分布趋于一个方差为 p^2 的正态分布. 提示：根据 15.8 节的克拉美–莱维定理，如果 $\mathfrak{N} = U \star V$，那么 U 和 V 都是正态的. 利用 X_n/s_n 和 S_{n-1}/s_n 的分布的收敛子序列.

28. **密度的中心极限定理.** 证明：如果把充分一致性条件加在特征函数上，那么 15.5 节的定理 2 可推广到具有可变密度 f_k 的序列上. 例如，只要三阶绝对矩是有界的，并且 f_k 有这样的导数，使得对于所有的 k 有 $|f_k'| < M$ 就行了.

29. 三角形阵列的中心极限定理. 对于每个 n 设 $X_{1,n},\cdots,X_{n,n}$ 是 n 个具有分布 $F_{k,n}$ 的独立变量. 设 $T_n = X_{1,n}+\cdots+X_{n,n}$. 假设 $E(X_{k,n})=0, E(T_n^2)=1$，且对每个 $t>0$，

$$\sum_{k=1}^{n}\int_{|x|>t} x^2 F_{k,n}\{\mathrm{d}x\} \to 0. \tag{15.9.17}$$

证明：T_n 的分布趋于 $\mathfrak{N}$. **提示：**采用 15.6 节定理 1 的证明.

注 林德伯格定理表示 $X_{k,n}=X_k/s_n$ 和 $T_n=S_n/s_n$ 的特殊情形. 于是 (15.9.17) 化为林德伯格条件 (15.6.3). 关于三角形阵列见 6.3 节.

30. 截尾. 设 $\{X_k\}$ 是具有对称分布的独立变量序列. 对于每个 n 和 $k\leqslant n$，设 $X_{k,n}$ 是把 X_k 在 $\pm a_n$ 上截尾得到的变量. 假设 $\sum_{k=1}^{n} P\{|X_k|>a_n\}\to 0$ 且 (15.9.17) 成立. 证明：S_n/a_n 的分布趋于 $\mathfrak{N}$.

31. 广义中心极限定理. 假设分布 F_k 是对称的，并且对于每个 $t>0$，

$$\sum_{k=1}^{n}\int_{|x|>ta_n} F_k\{\mathrm{d}x\}\to 0,\quad a_n^{-2}\sum_{k=1}^{n}\int_{|x|<ta_n} x^2F_k\{\mathrm{d}x\}\to 1. \tag{15.9.18}$$

利用下列两种方法证明 S_n/a_n 的分布趋于 $\mathfrak{N}$. (a) 利用上两题，(b) 仿照 15.6 节定理 1 的证明来直接证明.[①]

32. 续. 对称性条件可以换成较弱的条件

$$\sum_{k=1}^{n}\left|\int_{|x|<a_n} xF_k\{\mathrm{d}x\}\right|\to 0. \tag{15.9.19}$$

33. 满足条件 (15.9.18) 的正规化常数 a_n 存在，当且仅当存在一个 $t_n\to\infty$ 的数列使得

$$\sum_{k=1}^{n}\int_{|x|<t_n} F_k\{\mathrm{d}x\}\to 0,\quad \frac{1}{t_n^2}\sum_{k=1}^{n}\int_{|x|<t_n} x^2F_k\{\mathrm{d}x\}\to\infty.$$

在这种情形下，我们可以取

$$a_n^2=\sum_{k=1}^{n}\int_{|x|<t_n} x^2F_k\{\mathrm{d}x\}.$$

（这个准则通常是不难应用的.）

① 定理 2 可类似地推广，但是证明方法不同.

*第 16 章　与中心极限定理有关的展开式

本章的论题是高度专门的问题，可以分成两类. 一类问题是获得中心极限定理的误差估计，并通过给出的渐近展开式来改进这个结果. 一类具有完全不同性质的问题是对独立变量的较大的值补充中心极限定理，对这样的值古典的阐述没有意义.

为了容易理解重要的定理和解释基本概念，我们把同分布变量的情形分离出来. 关于大偏差的 16.7 节是与前 5 节无关的. 在这些节中所叙述的理论主要依赖于两个方法：绝对收敛的傅里叶积分的直接估计与磨光法. 不惜重复，也不惜损失一些优美的叙述，我们通过首先讨论密度展开式把两个主要的概念分开.

本章的关键是 16.5 节的贝利–埃森定理. 贝利（A.C. Berry）在这个定理的证明中首次利用了 16.3 节所述的磨光法. 无数种磨光程序被普遍使用. 事实上，本章这个主题的长期和辉煌的历史有一个不幸的影响，即历史发展的偶然性仍然影响到个别课题的讨论. 结果所得的工具的多样性和方法的丰富性使这个领域以凌乱而出名. 下面我们系统地应用贝利方法和现代不等式，这使得整个理论达到了惊人的统一和简化.①

16.1　记　　号

除了 16.6 节（它讨论不相等分量）外，我们用 F 表示具有特征函数 φ 的一维概率分布. 当 k 阶矩存在时，它将被表示为

$$\mu_k = \int_{-\infty}^{+\infty} x^k F\{\mathrm{d}x\}. \tag{16.1.1}$$

我们假设 $\mu_1 = 0$，又照例令 $\mu_2 = \sigma^2$. 我们记正规化了的 n 重卷积为 F_n. 于是

$$F_n(x) = F^{n\star}(x\sigma\sqrt{n}). \tag{16.1.2}$$

当 F_n 的密度存在时，我们用 f_n 表示它.

---

* 本章讨论专门的论题，初读时可以略去.

① Cramér (1962) 是渐近展开式的最好入门书. 它包括 16.2 节和 16.4 节中关于同分布变量的展开定理及 16.7 节定理的稍强版本. 展开式定理的第一个严格论述应归功于克拉美，但是他的方法不再被人使用了. Gnedenko and Kolmogorov (1954) 讨论了 16.1～16.5 节的材料.

除了讨论大偏差的 16.7 节外，我们将讨论形如

$$u(x)=\frac{1}{2\pi}\int_{-\infty}^{+\infty}\mathrm{e}^{-\mathrm{i}\zeta x}v(\zeta)\mathrm{d}\zeta \tag{16.1.3}$$

的函数和明显的估计

$$|u(x)|\leqslant\frac{1}{2\pi}\int_{-\infty}^{+\infty}|v(\zeta)|\mathrm{d}\zeta. \tag{16.1.4}$$

u 和 v 都是可积的. 如果 u 是一个概率密度，那么 v 是它的特征函数. 为了简单起见，我们引入如下约定.

约定 (16.1.3) 中的函数 v 称为 u 的傅里叶变换，(16.1.4) 的右边称为 u 的傅里叶范数.

和通常一样，正态密度被表示为

$$\mathfrak{n}(x)=\frac{1}{\sqrt{2\pi}}\mathrm{e}^{-\frac{1}{2}x^2}. \tag{16.1.5}$$

它的傅里叶变换是特征函数 $\mathrm{e}^{-\frac{1}{2}\zeta^2}$. 因此，通过累次微分，我们得到恒等式

$$\frac{\mathrm{d}^k}{\mathrm{d}x^k}\mathfrak{n}(x)=\frac{1}{2\pi}\int_{-\infty}^{+\infty}\mathrm{e}^{-\mathrm{i}\zeta x}(-\mathrm{i}\zeta)^k\mathrm{e}^{-\frac{1}{2}\zeta^2}\mathrm{d}\zeta \tag{16.1.6}$$

对 $k=1,2,\cdots$ 成立. 显然，左边具有形式

$$\frac{\mathrm{d}^k}{\mathrm{d}x^k}\mathfrak{n}(x)=(-1)^kH_k(x)\mathfrak{n}(x), \tag{16.1.7}$$

其中 H_k 是 k 次多项式. H_k 称为埃尔米特（Hermite）多项式[①]. 特别地，

$$H_1(x)=x,\quad H_2(x)=x^2-1,\quad H_3(x)=x^3-3x. \tag{16.1.8}$$

于是 H_k 的特性是 $H_k(x)\mathfrak{n}(x)$ 有傅里叶变换 $(\mathrm{i}\zeta^2)^k\mathrm{e}^{-\frac{1}{2}\zeta^2}$.

16.2 密度的展开式

当某些高阶矩 μ_k 存在时，15.5 节的关于密度的中心极限定理 2 可以大大地加强. 一个重要的假设是[②] 对于某一 $\nu\geqslant 1$,

$$\int_{-\infty}^{+\infty}|\varphi(\zeta)|^\nu\mathrm{d}\zeta<\infty. \tag{16.2.1}$$

---

① 有时称为切比雪夫–埃尔米特多项式. 术语不是唯一的. 许多正规化的因子被利用，经常以 e^{-x^2} 代替我们的 $\mathrm{e}^{-\frac{1}{2}x^2}$.

② 关于这个条件见 15.5 节例 (a) 和例 (b) 以及 15.9 节的习题 20.

15.5 节中给出的证明可以粗略地概述如下. 差 $u_n = f_n - \mathfrak{n}$ 有傅里叶变换

$$v_n(\zeta) = \varphi^n\left(\frac{\zeta}{\sigma\sqrt{n}}\right) - \mathrm{e}^{-\frac{1}{2}\zeta^2}. \tag{16.2.2}$$

$|v_n|$ 的积分由于两种原因趋向于 0. 给定一个任意小的但固定的 $\delta > 0$，由于 (16.2.1)，$|v_n|$ 在区间 $|\zeta| > \delta\sigma\sqrt{n}$ 上的积分趋于 0. 在 $|\zeta| < \delta\sigma\sqrt{n}$ 内，根据 φ 在原点附近的性质，被积函数 v_n 很小. 后一结论只依赖于 $\mu_1 = 0$ 和 $\mu_2 = \sigma^2$ 这个事实. 当高阶矩存在时，我们可以利用 φ 的泰勒展开式中更多的项，于是得到关于收敛 $f_n \to \mathfrak{n}$ 的速度的更精确的知识. 很遗憾，当涉及 3 个以上的项时，这个问题在记号上就很复杂了，因此我们分离出最简单和最重要的特殊情形.

定理 1 假设 μ_3 存在，对某一 $\nu \geqslant 1$，$|\varphi|^\nu$ 可积，那么对 $n \geqslant \nu$，f_n 存在，且当 $n \to \infty$ 时，关于 x 一致地有

$$f_n(x) - \mathfrak{n}(x) - \frac{\mu_3}{6\sigma^3\sqrt{n}}(x^3 - 3x)\mathfrak{n}(x) = o\left(\frac{1}{\sqrt{n}}\right). \tag{16.2.3}$$

证 根据 15.3 节的傅里叶反演定理，对 $n \geqslant \nu$，(16.2.3) 的左边存在且有傅里叶范数

$$N_n = \frac{1}{2\pi}\int_{-\infty}^{+\infty}\left|\varphi^n\left(\frac{\zeta}{\sigma\sqrt{n}}\right) - \mathrm{e}^{-\frac{1}{2}\zeta^2} - \frac{\mu_3}{6\sigma^3\sqrt{n}}(\mathrm{i}\zeta)^3\mathrm{e}^{-\frac{1}{2}\zeta^2}\right|\mathrm{d}\zeta. \tag{16.2.4}$$

取 $\delta > 0$ 为任意固定的数. 由于 φ^n 是一个密度的特征函数，所以对于 $|\zeta| \neq 0$ 我们有 $|\varphi(\zeta)| < 1$. 且当 $|\zeta| \to \infty$ 时有 $\varphi(\zeta) \to 0$（15.1 节的引理 4 和 15.4 节的引理 3）. 因此，存在一个数 $q_\delta < 1$，使得当 $|\zeta| \geqslant \delta$ 时 $|\varphi(\zeta)| < q_\delta$. 于是区间 $|\zeta| > \delta\sigma\sqrt{n}$ 对 (16.2.4) 中的积分的贡献是

$$< q_\delta^{n-\nu}\int_{-\infty}^{+\infty}\left|\varphi\left(\frac{\zeta}{\sigma\sqrt{n}}\right)\right|^\nu\mathrm{d}\zeta + \int_{|\zeta|>\delta\sigma\sqrt{n}}\mathrm{e}^{-\frac{1}{2}\zeta^2}\left(1 + \left|\frac{\mu_3\zeta^3}{\sigma^3}\right|\right)\mathrm{d}\zeta. \tag{16.2.5}$$

这比 $1/n$ 的任何次幂趋于零的速度都快.

利用简化式①

$$\psi(\zeta) = \ln\varphi(\zeta) + \frac{1}{2}\sigma^2\zeta^2, \tag{16.2.6}$$

我们有

$$N_n = \frac{1}{2\pi}\int_{|\zeta|<\delta\sigma\sqrt{n}}\mathrm{e}^{-\frac{1}{2}\zeta^2}\left|\exp\left(n\psi\left(\frac{\zeta}{\sigma\sqrt{n}}\right)\right) - 1 - \frac{\mu_3}{6\sigma^3\sqrt{n}}(\mathrm{i}\zeta)^3\right|\mathrm{d}\zeta + o\left(\frac{1}{n}\right). \tag{16.2.7}$$

---

① 以后所用的复数的对数是以当 $|z| < 1$ 时成立的泰勒级数 $\ln(1+z) = \Sigma(-z)^n/n$ 确定的. 没有 z 的其他的值出现.

被积函数可以利用下列一般格式进行估计:

$$|e^{\alpha}-1-\beta|=|(e^{\alpha}-e^{\beta})+(e^{\beta}-1-\beta)|\leqslant\left(|\alpha-\beta|+\frac{1}{2}\beta^2\right)e^{\gamma},\tag{16.2.8}$$

其中 $\gamma\geqslant\max\{|\alpha|,|\beta|\}$.(把 e^{α} 和 e^{β} 换成它们的幂级数，就显然可以看出，这个不等式对任意的实数或复数 α 和 β 都成立.)

函数 ψ 是 3 次可微的，并且 $\psi(0)=\psi'(0)=\psi''(0)=0$，而 $\psi'''(0)=i^3\mu_3$. 因为 ψ''' 是连续的，所以可以找到原点的一个邻域 $|\zeta|<\delta$，使得在这个邻域内 ψ''' 的变化小于 ε. 由 3 项的泰勒展开式，我们可得

$$\left|\psi(\zeta)-\frac{1}{6}\mu_3(i\zeta)^3\right|<\varepsilon\sigma^3|\zeta|^3,\ \text{对于}\ |\zeta|<\delta.\tag{16.2.9}$$

此处我们选取 δ 为如此之小，以致也有

$$|\psi(\zeta)|<\frac{1}{4}\sigma^2\zeta^2,\ \left|\frac{1}{6}\mu_3(i\zeta)^3\right|\leqslant\frac{1}{4}\sigma^2\zeta^2,\ \text{对于}\ |\zeta|<\delta.\tag{16.2.10}$$

根据 δ 的这种选择，利用 (16.2.8) 可见 (16.2.7) 中的被积函数小于

$$e^{-\frac{1}{4}\zeta^2}\left(\frac{\varepsilon}{\sqrt{n}}|\zeta|^3+\frac{\mu_3^3}{72n}\zeta^6\right),\tag{16.2.11}$$

因为 ε 是任意的，所以我们有 $N_n=o(1/\sqrt{n})$，因此 (16.2.3) 成立. ■

同样的论证可导出高阶展开式，但是它们的项不能用简单的显式公式表示. 因此，我们推迟研究所涉及的多项式显式构造.

定理 2　假设矩 $\mu_3,\cdots,\mu_r$ 存在，并且对于某一 $\nu\geqslant1$ 有 $|\varphi|^{\nu}$ 可积. 那么对于 $n\geqslant\nu$ 有 f_n 存在，且当 $n\to\infty$ 时关于 x 一致地有

$$f_n(x)-\mathfrak{n}(x)-\mathfrak{n}(x)\sum_{k=3}^{r}n^{-\frac{1}{2}k+1}P_k(x)=o(n^{-\frac{1}{2}r+1}).\tag{16.2.12}$$

此处 P_k 是一个只依赖于 $\mu_1,\cdots,\mu_k$ 而不依赖于 n 和 r（或相反，依赖于 F）的实多项式.

前 2 项为

$$P_3=\frac{\mu_3}{6\sigma^3}H_3,\quad P_4=\frac{\mu_3^2}{72\sigma^6}H_3+\frac{\mu_4-3\sigma^4}{24\sigma^4}H_4,\tag{16.2.13}$$

其中 H_k 表示 (16.1.7) 中所定义的埃尔米特多项式. 展开式 (16.2.12) 称为（或者过去常称为）f_n 的埃奇沃思（Edgeworth）展开式.

证　我们沿用记号 (16.2.6). 如果 p 是一个具有实系数 $p_1,p_2,\cdots$ 的多项式，那么

$$f_n-\mathfrak{n}-\mathfrak{n}\sum p_kH_k\tag{16.2.14}$$

具有傅里叶范数

$$N_n = \frac{1}{2\pi}\int_{-\infty}^{+\infty} \mathrm{e}^{-\frac{1}{2}\zeta^2}\left|\exp\left(n\psi\left(\frac{\zeta}{\sigma\sqrt{n}}\right)\right) - 1 - p(\mathrm{i}\zeta)\right|\mathrm{d}\zeta. \tag{16.2.15}$$

我们将通过求出适当的多项式 p 来证明定理 2.（为了使记号简单，我们不强调它们对 n 的依赖性.）

我们从估计被积函数开始. 程序和上一定理的证明一样，所不同的只是现在我们利用 ψ 的直至 r 次项（包括 r 次项）的泰勒逼近. 这个逼近将被表示为 $\zeta^2\psi_r(\zeta)$. 于是 ψ_r 是一个满足 $\psi_r(0)=0$ 的 $r-2$ 次多项式，它由性质

$$\psi(\zeta) - \zeta^2\psi_r(\zeta) = o(|\zeta|^r), \quad \zeta \to 0$$

唯一确定.

我们现在令

$$p(\zeta) = \sum_{k=1}^{r-2}\frac{1}{k!}\left[\zeta^2\psi_r\left(\frac{\zeta}{\sigma\sqrt{n}}\right)\right]^k. \tag{16.2.16}$$

于是 $p(\mathrm{i}\zeta)$ 是一个依赖于 n 的实系数的多项式. 另外，对于固定的 ζ，p 是 $1/\sqrt{n}$ 的多项式，其系数可以显式表示为 $\mu_1, \mu_2, \cdots, \mu_r$ 的多项式. 和上一定理中的证明一样，显然对于固定的 $\delta > 0$，$|\zeta| > \delta\sigma\sqrt{n}$ 对 (16.2.15) 中的积分的贡献比 $1/n$ 的任一次幂趋于零的速度都快，因此我们只需对 $|\zeta| < \delta\sigma\sqrt{n}$ 考察被积函数. 为了估计它，我们利用在 $|\alpha| < \gamma$ 和 $|\beta| < \gamma$ 时成立的不等式 [而不是利用 (16.2.8)]

$$\begin{aligned}\left|\mathrm{e}^{\alpha} - 1 - \sum_1^{r-2}\beta^k/k!\right| &\leqslant |\mathrm{e}^{\alpha} - \mathrm{e}^{\beta}| + \left|\mathrm{e}^{\beta} - 1 - \sum_1^{r-2}\beta^k/k!\right| \\ &\leqslant \mathrm{e}^{\gamma}\left(|\alpha-\beta| + \frac{1}{(\gamma-1)!}|\beta|^{\gamma-1}\right).\end{aligned} \tag{16.2.17}$$

按 (16.2.9) 类推，我们现在确定一个 δ，使得当 $|\zeta| < \delta$ 时，

$$|\psi(\zeta) - \zeta^2\psi_r(\zeta)| \leqslant \varepsilon\sigma^r|\zeta|^r. \tag{16.2.18}$$

因为 ψ_r 中的 ζ 的系数是 $\mathrm{i}^3\mu_3/6$，所以我们可以假设，对于 $|\zeta| < \delta$ 也有

$$|\psi_r(\zeta)| < a|\zeta| < \frac{1}{4}\sigma^2, \tag{16.2.19}$$

只要 $a > 1 + |\mu_3|$. 最后我们要求对于 $|\zeta| < \delta$，

$$|\psi(\zeta)| < \frac{1}{4}\sigma^2\zeta^2. \tag{16.2.20}$$

于是对于 $|\zeta| < \delta\sigma\sqrt{n}$，(16.2.15) 中的被积函数小于

$$\mathrm{e}^{-\frac{1}{4}\zeta^2}\left(\frac{\varepsilon|\zeta|^r}{n^{\frac{1}{2}r-1}} + \frac{a^{r-1}}{(r-1)!}\frac{|\zeta|^{3(r-1)}}{(\sigma\sqrt{n})^{r-1}}\right). \tag{16.2.21}$$

因为 ε 为任意的，所以我们有 $N_n = o(n^{-\frac{1}{2}r+1})$.

于是我们求出了这样的依赖于 n 的实系数 p_k，使得 (16.2.14) 的左边关于 x 一致地为 $o(n^{-\frac{1}{2}r+1})$. 对于固定的 ζ，左边是 $1/\sqrt{n}$ 的多项式. 按照 $1/\sqrt{n}$ 的升幂次序重排这个多项式，我们得到定理中所假设的那种形式的表达式，所不同的是现在的求和超过 r. 但是可以去掉包含幂 $1/n^k$（其中 $k > \dfrac{1}{2}r - 1$）的诸项. 于是我们得到所需要的展开式 (16.2.12). ■

因此，多项式 P_k 的明确定义如下所述. 一个 $r-2$ 次多项式 ψ_r 由在原点附近成立的泰勒公式

$$\ln\varphi(\zeta) = \zeta^2\Big[-\frac{1}{2}\sigma^2 + \psi_r(\zeta)\Big] + o(|\zeta|^r) \tag{16.2.22}$$

唯一确定. 按照 $1/\sqrt{n}$ 的幂重排 (16.2.6). 用 $q_k(\mathrm{i}\zeta)$ 表示 $n^{-\frac{1}{2}k+1}$ 的系数. 于是 P_k 是这样的一个多项式，使得 $\mathfrak{n}(x)P_k(x)$ 有逆傅里叶变换 $\mathrm{e}^{-\frac{1}{2}\zeta^2}q_k(\mathrm{i}\zeta)$.

16.3 磨 光

密度 f_n 的每个展开式都可以通过积分导出分布 F_n 的一个类似展开式, 但是当可积性条件 (16.2.1) 不成立时，这个简单程序是不能用的. 为了对付这种情况，我们应该间接地进行（遵循 A.C. 贝利）. 为了估计偏差 $F_n - \mathfrak{N}$ 或一个类似的函数 $\varDelta$，我们将利用上节的傅里叶方法估计 $\varDelta$ 的一个近似式 ${}^T\varDelta$，然后用直接方法来估计差误 ${}^T\varDelta - \varDelta$. 在本节我们将叙述这个程序的基本工具.

设 V_T 是具有密度

$$v_T(x) = \frac{1}{\pi}\frac{1-\cos Tx}{Tx^2} \tag{16.3.1}$$

和特征函数 ω_T 的概率分布. 对于 $|\zeta| \leqslant T$，我们有

$$\omega_T(\zeta) = 1 - \frac{|\zeta|}{T}, \tag{16.3.2}$$

但是这个显式表达式并不重要. 重要的是，对于 $|\zeta| \geqslant T$ 有 $\omega_T(\zeta)$ 等于 0，因为这种情况排除了所有的收敛性问题.

我们对 $F_n - \mathfrak{N}$ 的界（更一般地. 对形如 $\varDelta_n = F_n - G_n$ 的函数的界）感兴趣. 这样的函数可以利用它们与 V_T 的卷积来逼近，我们一般地设 ${}^T\varDelta = V_T \bigstar \varDelta$. 换句话说，给定任一函数 $\varDelta$，我们定义

$${}^T\varDelta(t) = \int_{-\infty}^{+\infty} \varDelta(t-x)v_T(x)\mathrm{d}x. \tag{16.3.3}$$

如果 $\varDelta$ 是有界且连续的，那么当 $T \to \infty$ 时 ${}^T\varDelta \to \varDelta$. 我们的主要问题是利用 $|{}^T\varDelta|$ 的最大值来估计 $|\varDelta|$ 的最大值.

引理 1 设 F 是一个概率分布，G 是一个这样的函数，使得 $G(-\infty) = 0, G(\infty) = 1$，且 $|G'(x)| \leqslant m < \infty$.

令

$$\Delta(x) = F(x) - G(x), \tag{16.3.4}$$

$$\eta = \sup_x |\Delta(x)|, \quad \eta_T = \sup_x |{}^T\Delta(x)|, \tag{16.3.5}$$

那么

$$\eta_T \geqslant \frac{\eta}{2} - \frac{12m}{\pi T}. \tag{16.3.6}$$

证 函数 Δ 在无穷远处等于 0，单侧极限 $\Delta(x+)$ 和 $\Delta(x-)$ 处处存在，从而在某点 x_0 上或者 $|\Delta(x_0+)| = \eta$ 或者 $|\Delta(x_0-)| = \eta$. 我们可以假设 $\Delta(x_0) = \eta$. 由于 F 不减，且 G 以速度 $\leqslant m$ 增加，所以对于 $s > 0$，

$$\Delta(x_0 + s) \geqslant \eta - ms. \tag{16.3.7}$$

令

$$h = \frac{\eta}{2m}, \quad t = x_0 + h, \quad x = h - s, \tag{16.3.8}$$

那么对 $|x| < h$，我们有

$$\Delta(t - x) \geqslant \frac{\eta}{2} + mx. \tag{16.3.9}$$

我们现在利用 (16.3.9) 和 $|x| > h$ 时的界 $\Delta(t-x) \geqslant -\eta$ 来估计 (16.3.3) 中的卷积积分. 由对称性，线性项的贡献等于 0，由于密度 v_T 对 $|x| > h$ 赋以质量 $\leqslant 4/(\pi Th)$，所以我们得到

$$\begin{aligned}\eta_T \geqslant {}^T\Delta(x_0) &\geqslant \frac{\eta}{2}\left[1 - \frac{4}{\pi Th}\right] - \eta \cdot \frac{4}{\pi Th} \\ &= \frac{\eta}{2} - \frac{6\eta}{\pi Th} = \frac{\eta}{2} - \frac{12m}{\pi T}.\end{aligned} \tag{16.3.10}$$ ■

在我们的应用中，G 的导数 g 或者和正态密度 $\mathfrak{n}$ 重合，或者和上节所述的有限展开式之一重合. 在每种情况下，g 都有一个具有 2 次连续可微的傅里叶变换 γ，且使 $\gamma(0) = 1, \gamma'(0) = 0$. 于是，显然卷积 ${}^Tg = V_T \bigstar g$ 具有傅里叶变换 $\gamma\omega_T$. 类似地，根据 15.3 节的傅里叶反演定理，乘积 $\varphi\omega_T$ 是 $V_T \bigstar F$ 的密度 ${}^Tf$ 的傅里叶变换. 换句话说，

$${}^Tf(x) - {}^Tg(x) = \frac{1}{2\pi}\int_{-T}^{T} \mathrm{e}^{-\mathrm{i}\zeta x}[\varphi(\zeta) - \gamma(\zeta)]\omega_T(\zeta)\mathrm{d}\zeta. \tag{16.3.11}$$

关于 x 积分，我们得到

$${}^T\Delta(x) = \frac{1}{2\pi}\int_{-T}^{T} \mathrm{e}^{-\mathrm{i}\zeta x}\frac{\varphi(\zeta) - \gamma(\zeta)}{-\mathrm{i}\zeta}\omega_T(\zeta)\mathrm{d}\zeta. \tag{16.3.12}$$

没有积分常数出现是由于当 $|x| \to \infty$ 时两边都趋于 0，左边是由于 $F(x)-G(x) \to 0$，右边是根据 15.4 节的黎曼–勒贝格引理 4. 注意到 $\varphi(0)=\gamma(0)=1, \varphi'(0)=\gamma'(0)=0$，从而被积函数是在原点上等于 0 的连续函数，因此不出现收敛性的问题.

我们从 (16.3.12) 得到 η_T 的一个上界，把它与 (16.3.6) 结合起来可得到 η 的一个上界，即

$$|F(x)-G(x)| \leqslant \frac{1}{\pi}\int_{-T}^{T}\left|\frac{\varphi(\zeta)-\gamma(\zeta)}{\zeta}\right|\mathrm{d}\zeta+\frac{24m}{\pi T}. \tag{16.3.13}$$

因为这个不等式是下两节中所有的估计的基础，所以我们扼要重述它成立的条件.

引理 2　设 F 是一个具有期望 0 与特征函数 φ 的概率分布. 假设 $F-G$ 在 $\pm\infty$ 上等于 0，G 具有一个使 $|g| \leqslant m$ 的导数 g. 最后假设 g 具有一个连续可微的傅里叶变换 γ，使得 $\gamma(0)=1, \gamma'(0)=0$. 那么 (16.3.13) 对于所有的 x_0 和 $T>0$ 成立.

我们将给出这个不等式的两个独立的应用. 在下节中，我们将推导 16.2 节中的展开式定理的积分形式. 在 16.5 节中，我们推导偏差 $F_n-\mathfrak{N}$ 的著名的贝利–埃森（Berry-Esseen）定理.

16.4　分布的展开式

从密度的展开式 (16.2.3) 通过简单的积分可得

$$F_n(x)-\mathfrak{N}(x)-\frac{\mu_3}{6\sigma^3\sqrt{n}}(1-x^2)\mathfrak{n}(x)=o\left(\frac{1}{\sqrt{n}}\right). \tag{16.4.1}$$

为使这个展开式成立，不需要 F 有密度. 事实上，我们现在将证明 (16.4.1) 对除了格点分布（即 F 集中于形如 $b \pm nh$ 的点集上时）以外的一切分布都成立. 对于格点分布，反演公式 (15.5.12) 表明，F_n 的最大跳跃的数量级为 $1/\sqrt{n}$，从而 (16.4.1) 对任一格点分布不成立. 但是，即使对于格点分布来说，下述定理只需做很小的修正就仍成立. 为了方便起见，我们分两种情况讨论.

定理 1　如果 F 不是格点分布，并且三阶矩 μ_3 存在，那么 (16.4.1) 对所有的 x 一致成立.

证　设

$$G(x)=\mathfrak{N}(x)-\frac{\mu_3}{6\sigma^3\sqrt{n}}(x^2-1)\mathfrak{n}(x), \tag{16.4.2}$$

于是 G 满足具有

$$\gamma(\zeta)=\mathrm{e}^{-\frac{1}{2}\zeta^2}\left[1+\frac{\mu_3}{6\sigma^3\sqrt{n}}(\mathrm{i}\zeta)^3\right] \tag{16.4.3}$$

的上一引理的条件.

我们利用具有 $T = a\sqrt{n}$ 的不等式 (16.3.13)，其中常数 a 选取为如此之大，以致于对于所有的 x 有 $24|G'(x)| < \varepsilon a$. 于是

$$|F_n(x) - G(x)| \leqslant \int_{-a\sqrt{n}}^{a\sqrt{n}} \left| \frac{\varphi^n\left(\frac{\zeta}{\sigma\sqrt{n}}\right) - \gamma(\zeta)}{\zeta} \right| \mathrm{d}\zeta + \frac{\varepsilon}{\sqrt{n}}. \tag{16.4.4}$$

因为积分域是有限的，所以即使 $|\varphi|$ 在整个直线上不可积，我们也可以利用 16.2 节的论证，把积分区间分成两部分. 第一，因为 F 不是格点分布，所以由 15.1 节的引理 4，$|\varphi(\zeta)|$ 在 $\delta \leqslant |\zeta| \leqslant a\sigma$ 上的最大值严格地小于 1. 与 16.2 节一样，由此可推出 $|\zeta| > \delta\sigma\sqrt{n}$ 的贡献比 $1/n$ 的任何次幂趋于 0 的速度都快. 第二，根据对 $|\zeta| \leqslant \delta\sigma\sqrt{n}$ 的估计 (16.2.11)，(16.4.4) 中的被积函数

$$< \mathrm{e}^{-\frac{1}{4}\zeta^2}\left(\frac{\varepsilon}{\sqrt{n}}|\zeta| + \frac{\mu_3^2}{72n}|\zeta|^5\right),$$

从而对于较大的 n，(16.4.4) 的右边 $< 1000\varepsilon/\sqrt{n}$. 因为 ε 是任意的，所以这就完成了证明. ■

这个论证对格点分布就失效了，因为它们的特征函数是周期的（从而 $|\zeta| > \delta\sigma\sqrt{n}$ 的贡献不趋于 0）. 尽管如此，这个定理还是可以通过一个考虑到其格点性质的自然重述来补救. 分布函数 F 是一个阶梯函数, 但是我们将用具有折线图形的连续分布函数 $F^{\#}$ 来逼近它.

定义 设 F 集中于形如 $b \pm nh$ 的格点上，但不集中于更小的格点上（即 h 是 F 的步长）.

F 的折线逼近 $F^{\#}$ 是一个具有折线图形的分布函数，此图形的顶点的横坐标为中点 $b \pm \left(n + \frac{1}{2}\right)h$，且这些顶点位于 F 的图形上.

因此，

$$F^{\#}(x) = F(x), \qquad \text{如果 } x = b \pm \left(n + \frac{1}{2}\right)h; \tag{16.4.5}$$

$$F^{\#}(x) = \frac{1}{2}[F(x) + F(x-)], \quad \text{如果 } x = b \pm nh. \tag{16.4.6}$$

于是 F_n 是一个步长为

$$h_n = \frac{h}{\sigma\sqrt{n}} \tag{16.4.7}$$

的格点分布，从而对于较大的 n，折线逼近于 $F_n^{\#}$，很接近于 F_n.

定理 2[①] 对于格点分布，如果把 F_n 换成它的折线逼近 $F_n^\#$，那么展开式 (16.4.1) 成立.

特别地，(16.4.1) 在 F_n（步长为 h_n）的格的所有中点上成立，而当把 $F_n(x)$ 换成

$$\frac{1}{2}[F_n(x)+F_n(x-)]$$

时，(16.4.1) 在所有格点上成立.

证 容易看出，逼近 $F^\#$ 和 F 与 $-\frac{1}{2}h<x<\frac{1}{2}h$ 上的均匀分布的卷积重合. 因此，$F_n^\#$ 是 F_n 与 $-\frac{1}{2}h_n<x<\frac{1}{2}h_n$ 上的均匀分布的卷积，我们用 $G^\#$ 表示这个分布与 G 的卷积，即

$$G^\#(x)=h_n^{-1}\int_{-h_n/2}^{h_n/2}G(x-y)\mathrm{d}y. \tag{16.4.8}$$

如果 M 表示 $|G''|$ 的最大值，那么由 G 在点 x 附近的两项泰勒展开式可以推出

$$|G^\#(x)-G(x)|<\frac{1}{3}Mh_n^3=o(1/n). \tag{16.4.9}$$

因此，为了证明这个定理，只要证明

$$|F_n^\#(x)-G^\#(x)|=o(1/\sqrt{n}) \tag{16.4.10}$$

就够了. 因为取卷积相当于把变换相乘，所以我们从 (16.4.4) 可得

$$|F_n^\#(x)-G^\#(x)|\leqslant\int_{-a\sqrt{n}}^{a\sqrt{n}}\left|\frac{\varphi^n(\zeta/\sigma n)-\gamma(\zeta)}{\zeta}\right|\cdot|\omega_n(\zeta)|\mathrm{d}\zeta+\frac{\varepsilon}{\sqrt{n}}, \tag{16.4.11}$$

其中 $\omega_n(\zeta)=\left(\sin\frac{1}{2}h_n\zeta\right)\bigg/\left(\frac{1}{2}h_n\zeta\right)$ 是均匀分布的特征函数. (16.4.4) 所用的估计仍可应用，只是现在需要重新证明

$$\int_{\delta\sigma\sqrt{n}}^{a\sqrt{n}}|\varphi^n(\zeta/\sigma n)\omega_n(\zeta)|\zeta^{-1}\mathrm{d}\zeta=\frac{2}{h}\int_{\delta}^{a/\sigma}\left|\varphi^n(y)\sin\frac{hy}{2}\right|y^{-2}\mathrm{d}y=o\left(\frac{1}{n}\right). \tag{16.4.12}$$

① 不把 F_n 换为 $F_n^\#$，我们可以把 $F_n^\#-F_n$ 展开成傅里叶级数，并把它相加便得 (16.4.1) 的右边. 用这种方法，我们从形式上得到了埃森用复杂的形式计算证明的定理. 例如，见格涅坚科和柯尔莫哥洛夫的著作.

根据 15.1 节的引理 4，特征函数 φ 的周期为 $2\pi/h$，这对 $\left|\sin\frac{1}{2}hy\right|$ 显然也正确. 因此，只要证明

$$\int_0^{\pi/h}|\varphi^n(y)|y\mathrm{d}y = o\left(\frac{1}{\sqrt{n}}\right) \tag{16.4.13}$$

就行了. 但是，这显然是正确的，因为在原点的一个邻域内 $|\varphi(y)| < \mathrm{e}^{-\frac{1}{4}\sigma y^2}$，而在这个邻域处 $|\varphi(y)|$ 大于某一固定的正数，从而 (16.4.13) 中被积函数比 $\frac{1}{n}$ 的任一次幂趋于 0 的速度都快. 因此，积分实际上是 $o(1/n)$. ■

我们转向高阶展开式. (16.4.1) 的证明与 (16.2.3) 的证明的不同之处在于磨光，磨光说明在积分 (16.4.4) 中取积分限为有限的原因. 同样的磨光可以应用于高阶展开式 (16.2.12)，但是很明显，为了得到一个数量级为 $n^{-\frac{1}{2}r+1}$ 的误差项，我们将必须取 $T \sim an^{\frac{1}{2}r-1}$. 这就产生了一个困难. (16.4.1) 的证明依赖于下列事实：$|\varphi(\zeta/(\sigma\sqrt{n}))|$ 在 $\delta\sigma\sqrt{n} < |\zeta| < T$ 上的最大值小于 1. 对于非格点分布，当 $T = a\sqrt{n}$ 时，这总是正确的，但是当 T 与 n 的某个高次幂增加的速度一样时就不一定是正确的. 因此，对于高阶展开式，我们不得不引入假设

$$\limsup_{|\zeta|\to\infty}|\varphi(\zeta)| < 1. \tag{16.4.14}$$

对于非格点分布，这个假设蕴涵 $|\varphi(\zeta)|$ 在 $|\zeta| > \delta$ 上的最大值 q_δ 小于 1. 利用这个附加的假设，对 (16.4.14) 详细给出的证法可以毫无改变地应用于展开式 (16.2.2) 且导出以下定理.

定理 3 如果 (16.4.14) 成立，并且矩 $\mu_3, \cdots, \mu_r$ 存在，那么当 $n \to \infty$ 时关于 x 一致地有

$$F_n(x) - \mathfrak{N}(x) - \mathfrak{n}(x)\sum_{k=3}^{r} n^{-\frac{1}{2}k+1}R_k(x) = o(n^{-\frac{1}{2}r+1}). \tag{16.4.15}$$

此处 R_k 是一个只依赖于 $\mu_1, \cdots, \mu_r$，而不依赖于 n 和 r（或相反，依赖于 F）的多项式.

展开式 (16.4.15) 只不过是 (16.2.12) 的积分形式，多项式 R_k 和 (16.2.12) 中的多项式以

$$\mathfrak{n}(x)P_k(x) = \frac{\mathrm{d}}{\mathrm{d}x}\mathfrak{n}(x)R_k(x) \tag{16.4.16}$$

相联系. 因此，不需要重述它们的构造. 每个非奇异的 F 都满足条件 (16.4.14).

(16.4.15) 称为 F 的**埃奇沃思展开式**. 如果 F 具有所有各阶的矩，那么人们可能要设 $r \to \infty$，但是对任一 n 结果所得的无穷级数不一定收敛.（克拉美曾证明，它对所有的 n 收敛，当且仅当 $\mathrm{e}^{\frac{1}{4}x^2}$ 关于 F 是可积的.）形式上的埃奇沃思级数不应和埃尔米特多项展开式

$$F_n(x) - \mathfrak{N}(x) = \sum_{k=1}^{r} c_k H_k(x)\mathrm{e}^{-\frac{1}{4}x^2} \tag{16.4.17}$$

相混淆. 当 F 具有有限期望时，上述展开式是收敛的，但是它没有更深刻的概率意义. 例如，即使可以把每个 F_n 展开成形如 (16.4.17) 的级数，系数也不表示收敛 $F_n \to \mathfrak{N}$ 的速度.

16.5 贝利–埃森定理①

下列重要定理是 A.C. 贝利（1941）和 C.G. 埃森（Esseen，1942）发现的（他们的证明极不相同）.

定理 1 *设 X_k 是具有共同分布 F 的独立变量，使得*

$$E(X_k)=0,\quad E(X_k^2)=\sigma^2>0,\quad E(|X_k|^3)=\rho<\infty, \tag{16.5.1}$$

并设 F_n 表示正规和

$$(X_1+X_2+\cdots+X_n)/\sigma\sqrt{n}$$

的分布. 那么对于所有的 x 和 n，

$$|F_n(x)-\mathfrak{N}(x)|\leqslant\frac{3\rho}{\sigma^3\sqrt{n}}. \tag{16.5.2}$$

这个不等式的显著特点是，它只依赖于前三阶矩. 展开式 (16.4.1) 提供了一个更好的渐近估计，但是收敛速度依赖于基本分布的更精确的性质. 右边的因子 3 可以换成更好的上界 C，但在我们这里并不企图得到最优结果.②

证 证明将以带有 $F=F_n$ 和 $G=\mathfrak{N}$ 的不等式 (16.3.13) 为基础. 我们选取

$$T=\frac{4}{3}\cdot\frac{\sigma^3}{\rho}\sqrt{n}\leqslant\frac{4}{3}\sqrt{n}, \tag{16.5.3}$$

后一不等式是矩不等式 $\sigma^3<\rho$ 的一个推论. [见 5.8 节 (c).] 因为正态密度 $\mathfrak{n}$ 的最大值 $m<\frac{2}{5}$，所以我们得到

$$\pi|F_n(x)-\mathfrak{N}(x)|\leqslant\int_{-T}^{T}\left|\varphi^n(\zeta/\sigma\sqrt{n})-\mathrm{e}^{-\frac{1}{2}\zeta^2}\right|\frac{\mathrm{d}\zeta}{|\zeta|}+\frac{9.6}{T}. \tag{16.5.4}$$

为了估计被积函数，注意到 $\alpha^n-\beta^n$ 的熟悉展开式可导出不等式

$$|\alpha^n-\beta^n|\leqslant n|\alpha-\beta|\cdot\gamma^{n-1},\quad \text{如果}\quad |\alpha|\leqslant\gamma,\quad |\beta|\leqslant\gamma. \tag{16.5.5}$$

① 本节利用了磨光不等式 (3.13)（其中 G 表示正态分布），但是在其他方面是与上节无关的.

② 贝利给出了一个界 $C\leqslant 1.88$，但是已发现他的计算有错误. 埃森给出了 $C\leqslant 7.59$. 据说经过未发表的计算得到了 $C\leqslant 2.9$（Esseen，1956）和 $C\leqslant 2.05$（D.L. Wallace，1958）. 我们的精简了的方法得到了一个非常好的界，它避免了通常凌乱的数值计算. 不改进 (16.3.13) 中的误差项 $24m/\pi$，就不能希望有本质上的改进.

我们对于 $\alpha=\varphi(\zeta/\sigma\sqrt{n})$ 和 $\beta=\mathrm{e}^{-\frac{1}{2}\zeta^2/n}$ 利用上述不等式. 根据 (15.4.1) 关于 $\mathrm{e}^{\mathrm{i}t}$ 的不等式，我们有

$$\left|\varphi(t)-1+\frac{1}{2}\sigma^2t^2\right|=\left|\int_{-\infty}^{+\infty}\left(\mathrm{e}^{\mathrm{i}tx}-1-\mathrm{i}ts+\frac{1}{2}t^2x^2\right)F\{\mathrm{d}x\}\right|\leqslant\frac{1}{6}\rho|t|^3, \quad (16.5.6)$$

从而

$$|\varphi(t)|<1-\frac{1}{2}\sigma^2t^2+\frac{1}{6}\rho|t|^3, \quad \text{如果} \quad \frac{1}{2}\sigma^2t^2\leqslant 1. \quad (16.5.7)$$

我们断言，对于 $|\zeta|\leqslant T$,

$$\begin{aligned}|\varphi(\zeta/\sigma\sqrt{n})|&\leqslant 1-\frac{1}{2n}\zeta^2+\frac{\rho}{6\sigma^3n^{\frac{3}{2}}}|\zeta|^3\\&\leqslant 1-\frac{5}{18n}\zeta^2\leqslant\mathrm{e}^{-\frac{5}{18}\zeta^2/n}.\end{aligned} \quad (16.5.8)$$

因为 $\sigma^3<\rho$，所以定理的断言对于 $\sqrt{n}\leqslant 3$ 显然是正确的，从而我们可以假设 $n\geqslant 10$. 于是

$$|\varphi(\zeta/\sigma\sqrt{n})|^{n-1}\leqslant\mathrm{e}^{-\frac{1}{4}\zeta^2}, \quad (16.5.9)$$

右边可以作为 (16.5.5) 中的界 γ^{n-1}. 注意到对于 $x>0$ 有 $\mathrm{e}^{-x}-1+x\leqslant\frac{1}{2}x^2$，我们可以从 (16.5.6) 得到

$$\begin{aligned}n\left|\varphi\left(\frac{\zeta}{\sigma\sqrt{n}}\right)-\mathrm{e}^{-\frac{1}{2}\zeta^2/n}\right|&\leqslant n\left|\varphi\left(\frac{\zeta}{\sigma\sqrt{n}}\right)-1+\frac{\zeta^2}{2n}\right|\\&+n\left|1-\frac{\zeta^2}{2n}-\mathrm{e}^{-\frac{1}{2}\zeta^2/n}\right|\leqslant\frac{\zeta}{6\sigma^3\sqrt{n}}|\zeta|^3+\frac{1}{8n}\zeta^4.\end{aligned} \quad (16.5.10)$$

因为 $\sqrt{n}>3$，所以由 (16.5.5) 和 (16.5.9) 可以推出 (16.5.4) 中的被积函数

$$\leqslant\frac{1}{T}\left(\frac{2}{9}\zeta^2+\frac{1}{18}|\zeta|^3\right)\mathrm{e}^{-\frac{1}{4}\zeta^2}. \quad (16.5.11)$$

这个函数在 $-\infty<\zeta<\infty$ 上是可积的，简单的分部积分表明，

$$\pi T|F_n(x)-\mathfrak{N}(x)|\leqslant\frac{8}{9}\sqrt{\pi}+\frac{8}{9}+10. \quad (16.5.12)$$

因为 $\sqrt{\pi}<\frac{9}{5}$，所以右边 $<\frac{113}{9}<4\pi$，因此 (16.5.2) 成立. ■

本定理及其证明可推广到具有可变分布的序列 $\{X_k\}$ 如下.

定理 2[①] 设 X_k 是独立变量，使得

① 应归功于埃森（他的证明方法与我们完全不同）.

$$P(X_k) = 0, \quad P(X_k^2) = \sigma_k^2, \quad P(|X_k^3|) = \rho_k. \tag{16.5.13}$$

令

$$s_n^2 = \sigma_1^2 + \cdots + \sigma_n^2, \quad r_n = \rho_1 + \cdots + \rho_n, \tag{16.5.14}$$

用 F_n 表示正规和 $(X_1 + \cdots + X_n)/s_n$ 的分布，那么对于所有的 x 和 n，

$$|F_n(x) - \mathfrak{N}(x)| \leqslant 6\frac{r_n}{s_n^3}. \tag{16.5.15}$$

证 如果 ω_k 表示 $X_{(k)}$ 的特征函数，那么开始的不等式 (16.5.4) 现在应换成

$$\pi|F_n(x) - \mathfrak{N}(x)| \leqslant \int_{-T}^{T} \left|\omega_1\left(\frac{\zeta}{s_n}\right)\cdots\omega_n\left(\frac{\zeta}{s_n}\right) - \mathrm{e}^{-\frac{1}{2}\zeta^2}\right|\frac{\mathrm{d}\zeta}{|\zeta|} + \frac{9.6}{T}. \tag{16.5.16}$$

这次我们选取

$$T = \frac{8}{9}\cdot\frac{s_n^3}{r_n}. \tag{16.5.17}$$

代替 (16.5.5)，我们现在用当 $|\alpha_k| \leqslant \gamma_k$ 和 $|\beta_k| \leqslant \gamma_k$ 时成立的不等式

$$|\alpha_1\cdots\alpha_n - \beta_1\cdots\beta_n| \leqslant \sum_{k=1}^{n}\gamma_1\cdots\gamma_{k-1}\alpha_k - \beta_k\gamma_{k+1}\cdots\gamma_n. \tag{16.5.18}$$

这个不等式将被应用于

$$\alpha_k = \omega_k(\zeta/s_n), \quad \beta_k = \mathrm{e}^{-\frac{1}{2}(\sigma_k^2/s_n^2)\zeta^2}, \quad |\zeta| < T. \tag{16.5.19}$$

按 (16.5.8) 类推, 我们有，若 $\sigma_k T < s_n\sqrt{2}$，则

$$|\omega_k(\zeta/s_n)| \leqslant 1 - \frac{1}{2}\frac{\sigma_k^2}{s_n^2}\zeta^2 + \frac{\rho_k}{6s_n^3}|\zeta|^3 \leqslant \exp\left(-\frac{\sigma_k^2}{2s_n^2} + \frac{\rho_k}{6}\frac{T}{s_n^3}\right)\zeta^2. \tag{16.5.20}$$

为了得到一个对一切 k 都适用的界 γ_k，我们把系数 $\dfrac{1}{6}$ 换为 $\dfrac{3}{8}$，并令

$$\gamma_k = \exp\left(-\frac{\sigma_k^2}{2s_n^2} + \frac{3}{8}\frac{\rho_k T}{s_n^3}\right)\zeta^2. \tag{16.5.21}$$

显然，$|\beta_k| \leqslant \gamma_k$. 由 (16.5.20) 知，对于使得 $\sigma_k T \leqslant \dfrac{3}{4}s_n$ 的 k 也有 $|\alpha_k| \leqslant \gamma_k$. 但是，由矩不等式 $\rho_k \geqslant \sigma_k^3$ 可以推出，如果 $\sigma_k T > \dfrac{4}{3}s_n$，那么 $\gamma_k > 1$. 从而对于所有的 k 有 $|\alpha_k| \leqslant \gamma_k$.

当 (16.5.15) 的右边 $\geqslant 1$ 时即 $r_n/s_n^3 \geqslant \frac{1}{6}$ 时，本定理显然成立. 因此，我们今后假设 $r_n/s_n^3 < \frac{1}{6}$ 或 $T > \frac{16}{3}$. r_k 的最小值在某一使 $\sigma_k/s_n < 4/3T < \frac{1}{4}$ 的 k 上达到，从而对于所有的 k 有 $\gamma_k \geqslant \mathrm{e}^{-\zeta^2/32}$. 于是最后有，

$$|\gamma_1 \cdots \gamma_{k-1}\beta_{k+1}\cdots\gamma_n| \leqslant \exp\zeta^2\left(-\frac{1}{2}+\frac{3r_nT}{8s_n^2}+\frac{1}{32}\right) < \mathrm{e}^{-\zeta^2/8}. \tag{16.5.22}$$

按 (16.5.8) 类推，我们可得

$$\sum_{k=1}^{n}|\alpha_k - \beta_k| \leqslant \frac{r_n}{6s_n^3}|\zeta|^3 + \frac{\zeta^4}{8s_n^4}\sum_{k=1}^{n}\sigma_k^4. \tag{16.5.23}$$

为了估计最后这个和，我们回忆 $\sigma_k^4 \leqslant \rho_k^{\frac{4}{3}} \leqslant r_n^{\frac{1}{3}} \cdot \rho_k$，从而

$$\frac{1}{s_n^4}\sum_{k=1}^{n}\sigma_k^4 \leqslant \left(\frac{r_n}{s_n^3}\right)^{\frac{4}{3}} \leqslant \frac{1}{6^{\frac{1}{3}}}\frac{r_n}{s_n^3} \leqslant \frac{5}{9}\frac{r_n}{s_n^3}. \tag{16.5.24}$$

这些不等式表明，(16.5.16) 中的被积函数

$$< \frac{8}{9T}\left(\frac{1}{6}\zeta^2 + \frac{5}{72}|\zeta|^3\right)\mathrm{e}^{-\zeta^2/8}, \tag{16.5.25}$$

从而最后有

$$\pi T|F_n(x) - \mathfrak{N}(x)| \leqslant \frac{32}{27}\sqrt{2\pi} + \frac{5}{81}\cdot 64 + 9.6. \tag{16.5.26}$$

右边 $< 16\pi/3$，因此 (16.5.26) 蕴涵 (16.5.15). ■

如今人们非常关注贝利–埃森定理向无三阶矩的变量推广，于是上界被换为分数矩或某一有关的量. 卡兹（M.L. Katz，1963）在这个方向上迈出了第一步. 通常的计算是凌乱的，一直没人努力去寻找适用于各种变形的统一方法. 我们的证明就是为此而给出的，并且为使它包括更广的范围，可以重新予以叙述. 实际上，三阶矩在证明中的出现只是由于利用了不等式

$$\left|\mathrm{e}^{\mathrm{i}tx} - 1 - \mathrm{i}tx + \frac{1}{2}t^2x^2\right| \leqslant \frac{1}{6}|tx|^3.$$

实际上只须在某一有限区间 $|x| < a$ 上利用这个估计，在其他情况下用界 t^2x^2 就足够了. 这样就可得到下列奥西波夫（L.V. Osipov）和彼得罗夫（V.V. Petrov）用其他方法得出的具有未定常数的定理.

定理 3 假设定理 2 的条件成立（除了三阶矩不一定存在外），那么对于任意的 $\tau_k > 0$，

$$|F_n(x) - \mathfrak{N}(x)| \leqslant 6\left(s_n^{-3}\int_{|x|\leqslant\tau_k}|x|^3F\{\mathrm{d}x\} + s_n^{-2}\int_{|x|>\tau_k}\tau^2F\{\mathrm{d}x\}\right). \tag{16.5.27}$$

利用简单的截尾法，我们可以把这个结果推广到没有矩的变量上.①

16.6　在可变分量情形下的展开式

16.2 节和 16.4 节的理论容易推广到具有可变分布 U_k 的独立变量序列 $\{X_k\}$ 上. 事实上，我们的记号和论证就是为此而准备的，因而不总是最简单的.

设 $E(X_k)=0$ 且 $E(X_k^2)=\sigma_k^2$. 我们照例令 $s_n^2=\sigma_1^2+\cdots+\sigma_n^2$. 为了保持连续性，我们仍设 F_n 表示正规和 $(X_1+\cdots+X_n)/s_n$ 的分布.

为了让概念确定起见，我们考虑一项展开式 (16.4.1). 左边现在有显然的类似表达式

$$D_n(x)=F_n(x)-\mathfrak{N}(x)-\frac{\mu_3^{(n)}}{6s_n^2}\mathfrak{n}(x), \tag{16.6.1}$$

其中

$$\mu_3^{(n)}=\sum_{k=1}^{n}E(X_k^2). \tag{16.6.2}$$

在相等分量的情形下已证明了 $D_n(x)=o(1/\sqrt{n})$. 于是 D_n 是各个误差项之和，在现在的情形下，这些误差项不一定有可比较的数量阶. 事实上，如果 X_k 有四阶矩，那么可以证明，在较弱的附加条件下，

$$|D_n(x)|=O(n^2s_n^{-6})+O(ns_n^{-4}). \tag{16.6.3}$$

此处这两项中哪一项占优势，取决于序列 ns_n^{-2} 的性质，这序列可以在 0 和 ∞ 之间变动. 从理论上讲，可以求出误差的泛界，②但是在实际中产生的各种特殊情况下这样的泛界非常凌乱且极难求出. 因此，较慎重的是只考虑具有一些典型性质的序列 $\{X_k\}$，但是要使证明如此灵活，以致在各种情况下都能应用.

作为典型的模型，我们考虑这样的序列，使得比值 s_n^2/n 界于两个正数之间③. 我们将证明，在较弱的附加条件下展开式 (16.4.1) 仍然成立，它的证明无须改

---

① 关于细节见 W. Feller, *On the Berry–Esseen theorem*, Zs. Wahrscheinlichkeitstheorie verw. Gebiete, vol. 10 (1968), pp.261-268. 出乎意料的是，即使在古典的情形下，统一的一般方法实际上也简化了论证，而且不难导致更好的数值估计.

② 例如在克拉美基本理论中，界具有下列形式：

$$D_n(x)=O\left(n^{\frac{1}{2}}s_n^{-6}\Big(\sum_{k=1}^{n}E(X_k^4)\Big)^{\frac{3}{2}}\right).$$

这可能比 (16.6.3) 更坏.

③ 于是，(16.6.3) 给出 $|D_n(x)|=O(1/n)$，这比 (16.4.1) 中所得到的界更精确. 之所以能得到这个改进，是因为有四阶矩存在这个假设.

变. 在其他情况下，误差项可取不同的形式. 例如，如果 $s_n^2 = o(n)$，那么只能有 $|D_n(x)| = o(n/s_n^2)$. 但是，证明可适用于这种情况.

(16.4.1) 的证明依赖于取 $D_n(x)$ 的傅里叶变换. 如果 ω_k 表示 X_k 的特征函数，那么这个变换可以写成如下形式：

$$\mathrm{e}^{nv_n(\zeta/s_n)} - \mathrm{e}^{-\frac{1}{2}\zeta^2} - \frac{nv_n'''(o)}{6s_n^3}\zeta^3\mathrm{e}^{-\frac{1}{2}\zeta^2}, \tag{16.6.4}$$

其中

$$v_n(\zeta) = n^{-1}\sum_{k=1}^{n} \ln \omega_k(\zeta). \tag{16.6.5}$$

于是，这恰好与 (16.4.1) 的证明中所用的形式相同，所不同是在那里 $v_n(\zeta) = \ln\varphi(\zeta)$ 与 n 无关，现在我们来看此式对 n 的依赖性怎样影响证明. 这里只用到 v 的两个性质.

(a) 我们利用三阶导数 φ''' 的连续性来找一个区间 $|\zeta| < \delta$，使得在此区间内 v_n''' 的变化小于 ε. 为了保证这个 δ 的选择与 n 无关，在原点附近加一个关于导数 ω_k''' 的一致性条件. 为了避免无趣味的技巧性讨论，假设矩 $E(X_k^4)$ 存在且有界. 于是，ω_k''' 具有一致有界导数，这对 v_k''' 也成立.

(b) (16.4.1) 的证明依赖于如下事实：对于所有的 $\zeta > \delta$ 一致地有 $|\varphi^n(\zeta)| = o(1/\sqrt{n})$. 于是类似的事实是：

在 $\zeta > \delta > 0$ 上一致地有，

$$|\omega_1(\zeta)\cdots\omega_n(\zeta)| = o(1/\sqrt{n}). \tag{16.6.6}$$

这个条件排除了这样的可能性，即所有的 X_k 具有相同步长的格点分布.（在这种情形下，(16.6.6) 中的乘积是 ζ 的周期函数.）另外，条件是如此之低，在大多数情形下都被满足. 例如，如果 X_k 有密度，那么所有的因子 $|\omega_k|$ 取 1 以外的有界值，而且，除非 $|\omega_n(\zeta)| \to 1$（即 X_n 趋于集中于一点上），(16.6.6) 的左边比 $1/n$ 的任何次幂趋于 0 的速度都快. 因此，一般情形下，以下这个较强的条件是满足的，并且对于 $a > 0$ 情形是容易验证的：

$$|\omega_1(\zeta)\cdots\omega_n(\zeta)| = o(n^{-a}) \text{ 在 } \zeta > \delta \text{ 上一致成立.} \tag{16.6.7}$$

在上述两个假设下，(16.4.1) 的证明可以毫无改变地照搬过来，于是我们有

定理 1 *假设对于所有的 n 和某些正常数有*

$$cn < s_n^2 < Cn, \quad E(X_n^2) < M, \tag{16.6.8}$$

且 (16.6.6) 成立，则对于所有的 x 一致地有

$$|D_n(x)| = o(1/\sqrt{n}).$$

如前所述，这个证明可适用于其他情形. 例如，假设

$$s_n^2/n \to 0, \quad 但 \quad s_n^3/n \to \infty. \tag{16.6.9}$$

令 $T = as_n^3/n$, 则 (16.4.1) 的证明可照搬过来. 因为 $T = o(s_n)$, 所以条件 (16.6.6) 就成为不必要的，这样我们得到下列的变形.

定理 1a 如果 (16.6.9) 成立，并且 $E(X_k^4)$ 是一致有界的，那么关于 x 一致地有 $|D_n(x)| = o(n/s_n^3)$.

16.2 节和 16.3 节的其他定理可以用同样的方式推广. 例如，16.4 节定理 3 的证明不经本质上的改变就可导出下面的一般展开定理.[①]

定理 2 假设 (16.6.7) 对 $a = r+1$ 成立，且

$$0 < c < E(|X|^{\nu}) < C < \infty, \quad \nu = 1, \cdots, r+1, \tag{16.6.10}$$

则渐近展开式 (16.4.15) 关于 x 一致成立.

多项式 R_j 依赖于 (16.6.10) 中出现的矩，但是对于固定的 x，序列 $\{R_j(x)\}$ 是有界的.

16.7 大 偏 差[②]

我们从具有共同分布 F 且使得 $E(X_k) = 0, E(X_k^2) = \sigma^2$ 的特殊情形开始考虑一般问题. 与以前一样，F_n 表示正规和 $(X_1 + \cdots + X_n)/\sigma\sqrt{n}$ 的分布. 于是 F_n 趋于正态分布 $\mathfrak{N}$. 这个结果对 x 的适当的值是有价值的，但是对于较大的 x, $F_n(x)$ 和 $\mathfrak{N}(x)$ 都接近于 1，中心极限定理就没有意义了. 类似地，大多数展开式和逼近就成为多余的了. 我们需要一个以 $1-\mathfrak{N}$ 逼近 $1-F_n$ 的相对误差估计，我们将多次利用在 x 和 n 两者都趋于无穷情况下的关系式

$$\frac{1-F_n(x)}{1-\mathfrak{N}(x)} \to 1. \tag{16.7.1}$$

这个关系式一般说来不成立，因为对于对称的二项分布，分子对于所有的 $x > \sqrt{n}$ 等于 0. 但是我们将证明，如果 x 随着 n 变化，使得 $xn^{-\frac{1}{6}} \to 0$，那么 (16.7.1) 成立，只要积分

$$f(\zeta) = \int_{-\infty}^{+\infty} e^{\zeta x} F\{dx\} \tag{16.7.2}$$

① 在稍为弱一点的一致性条件下，这个定理已包含在克拉美的先驱著作中. 但是克拉美的方法已经过时.

② 本节内容与本章前面各节无关.

对某个区间 $|\zeta|<\zeta_0$ 上的所有 ζ 都存在. [这相当于说，特征函数 $\varphi(\zeta)=f(\mathrm{i}\zeta)$ 在原点的一个邻域内是解析的，但是最好处理实函数 f.]

定理 1 如果积分 (16.7.2) 在原点附近的某个区间内收敛，且 x 随着 n 这样变化，使得 $x\to\infty$ 且 $x=o(n^{\frac{1}{6}})$，那么 (16.7.1) 成立.

把 x 换成 $-x$，我们得到关于左尾部的对偶定理. 此定理相当一般，足以包含"具有实际价值的一切情况"，但是证明方法可导致更强的结果.

为了证明，我们不讨论 f 而讨论它的对数. 在原点的一个邻域内，

$$\psi(\zeta)=\ln f(\zeta)=\sum\frac{\psi_k}{k!}\zeta^k \tag{16.7.3}$$

确定了一个解析函数. 系数 ψ_k 只依赖于分布 F 的矩 $\mu_1,\cdots,\mu_k$，称为 F 的 k 阶半不变量. 一般说来，$\psi_1=\mu_1,\psi_2=\sigma^2,\cdots$. 在现在的情形下，$\mu_1=0$，因此 $\psi_1=0,\psi_2=\sigma^2,\psi_3=\mu_3,\cdots$.

证明是以相伴分布的技巧为基础的.① 我们把分布 F 和这样的一个新概率分布 V 联系起来，使得

$$V\{\mathrm{d}x\}=\mathrm{e}^{-\varphi(s)}\mathrm{e}^{sx}F\{\mathrm{d}x\}, \tag{16.7.4}$$

其中参数 s 是在 ψ 的收敛区间中选取的. 函数

$$v(\zeta)=\frac{f(\zeta+s)}{f(s)} \tag{16.7.5}$$

对 V 所起的作用和 f 对原来的分布 F 所起的作用相同. 特别通过微分 (16.7.5) 可推出 V 的期望为 $\psi'(s)$，方差为 $\psi''(s)$.

证明的思路现在可以粗略地说明如下：容易从 (16.7.4) 或 (16.7.5) 看出，分布 $F^{n\star}$ 和 $V^{n\star}$ 又有关系式 (16.7.4)，所不同的是现在应把正规化常数 $\mathrm{e}^{-\psi(s)}$ 换成 $\mathrm{e}^{-n\psi(s)}$. 把这个关系式反演，我们得到

$$1-F_n(x)=1-F^{n\star}(x\sigma\sqrt{n})=\mathrm{e}^{n\psi(s)}\int_{x\sigma\sqrt{n}}^{\infty}\mathrm{e}^{-sy}V^{n\star}\{\mathrm{d}y\}. \tag{16.7.6}$$

由中心极限定理，在这里似乎自然可以把 $V^{n\star}$ 换成相应的期望为 $n\psi'(s)$ 方差为 $n\psi''(s)$ 的正态分布. 如果下积分限接近于 $V^{n\star}$ 的期望，即 x 接近于 $\psi'(s)\sqrt{n}/\sigma$，那么这个逼近中产生的相对误差很小. 这样我们可以对 x 的某些较大的值推导 $1-F_n(x)$ 的较好的近似，并且 (16.7.1) 就在其中.

证 在原点的一个邻域内，ψ 是具有形如

$$\psi(s)=1+\frac{1}{2}\sigma^2s^2+\frac{1}{6}\mu_3s^3+\cdots \tag{16.7.7}$$

① 它曾应用于 11.6 节更新理论和 12.4 节随机游动.

的幂级数的解析函数，ψ 是一个满足 $\psi'(0)=0$ 的凸函数，从而对 $s>0$ 是递增的. 因此，只要把 s 和 $x/\sqrt{n}$ 局限于原点的一个适当邻域，关系式

$$\sqrt{n}\psi'(s)=\sigma x,\quad s>0,\quad x>0 \tag{16.7.8}$$

就在变量 s 和 x 之间建立了一一对应. 每个变量都可看作另一个变量的解析函数. 显然，

$$s\sim\frac{x}{\sigma\sqrt{n}},\ \text{如果}\ \frac{x}{\sqrt{n}}\to 0. \tag{16.7.9}$$

我们分两步进行.

(a) 我们首先计算把 (16.7.6) 中的 $V^{n\star}$ 换成具有相同的期望 $n\psi'(s)$ 与相同的方差 $n\psi''(s)$ 的正态分布所得的量 A_s. 利用标准的代换 $y=n\psi'(s)+t\sqrt{n\psi''(s)}$ 可得

$$A_s=\mathrm{e}^{n[\psi(s)-s\psi'(s)]}\frac{1}{\sqrt{2\pi}}\int_0^{\infty}\mathrm{e}^{-ts\sqrt{n\psi''(s)}-\frac{1}{2}t^2}\,\mathrm{d}t. \tag{16.7.10}$$

在指数中平方，我们得到

$$A_s=\exp\left(n\left[\psi(s)-s\psi'(s)+\frac{1}{2}s^2\psi''(s)\right]\right)\cdot[1-\mathfrak{N}(s\sqrt{n\psi''(s)})]. \tag{16.7.11}$$

指数及其前二阶导数在原点上等于 0，从而它的幂级数从三次项开始. 于是

$$A_s=[1-\mathfrak{N}(s\sqrt{n\psi''(s)})]\cdot[1+O(ns^3)],\quad s\to 0. \tag{16.7.12}$$

如果 $ns^3\to 0$，或者换一个说法，如果 $x=o(n^{\frac{1}{6}})$，那么我们可以把 (16.7.12) 改写成形式

$$A_s=[1-\mathfrak{N}(\bar{x})][1+O(x^3/\sqrt{n})]. \tag{16.7.13}$$

为了简单起见，我们令

$$\bar{x}=s\sqrt{n\psi''(s)}. \tag{16.7.14}$$

剩下只要证明在 (16.7.13) 中我们可以把 $\bar{x}$ 换为 x 就行了. $(\bar{x}-x)/n$ 的幂级数与 n 无关，简单的计算说明它从三次项开始. 因此，

$$|\bar{x}-x|=O(\sqrt{n}s^3)=O(x^3/n). \tag{16.7.15}$$

我们由第 1 卷 (7.1.8) 可知，当 $t\to\infty$ 时，

$$\frac{\mathfrak{n}(t)}{1-\mathfrak{N}(t)}\sim t. \tag{16.7.16}$$

在 x 和 $\bar{x}$ 之间积分，我们得到，当 $x \to \infty$ 时，

$$\left|\ln \frac{1-\mathfrak{N}(\bar{x})}{1-\mathfrak{N}(x)}\right| = O(x \cdot |\bar{x}-x|) = O(x^4/n), \tag{16.7.17}$$

从而

$$\frac{1-\mathfrak{N}(\bar{x})}{1-\mathfrak{N}(x)} = 1 + O(x^4/n). \tag{16.7.18}$$

代入 (16.7.13)，我们最后得到，如果 $x \to \infty$ 使得 $x = o(n^{\frac{1}{6}})$，那么

$$A_s = [1-\mathfrak{N}(x)][1+O(x^3/\sqrt{n})]. \tag{16.7.19}$$

(b) 如果 $\mathfrak{N}_s$ 表示期望为 $n\psi'(s)$ 方差为 $n\psi''(s)$ 的正态分布，那么 A_s 表示当把 $V^{n\star}$ 换成 $\mathfrak{N}_s$ 时 (16.7.6) 的右边. 我们现在来估计由这种代换所产生的误差. 根据贝利–埃森定理 (16.5 节)，对于所有的 y，

$$|V^{n\star}(y) - \mathfrak{N}_s(y)| < 3M_s\sigma^{-3}/\sqrt{n}, \tag{16.7.20}$$

其中 M_s 表示分布 V 的三阶绝对矩. 因此，经过简单的分部积分后可以看出，

$$\begin{aligned}|1-F_n(x)-A_s| &< \frac{3M_s}{\sigma^3\sqrt{n}}\mathrm{e}^{n\psi(s)}\left[\mathrm{e}^{-s\psi'(s)} + s\int_{s\psi'(s)}^{\infty}\mathrm{e}^{-sy}\mathrm{d}y\right] \\ &= \frac{6M_s}{\sigma^3\sqrt{n}}\mathrm{e}^{n[\psi(s)-s\psi'(s)]}.\end{aligned} \tag{16.7.21}$$

但是，根据 (16.7.11)，

$$A_s = \mathrm{e}^{n[\psi(s)-s\psi'(s)]} \cdot \mathrm{e}^{\frac{1}{2}\bar{x}^2}[1-\mathfrak{N}(\bar{x})] \sim \frac{1}{x}\mathrm{e}^{n[\psi(s)-s\psi'(s)]}, \tag{16.7.22}$$

从而 (16.7.21) 的右边是 $A_s \cdot O(x/\sqrt{n})$. 于是

$$1-F_n(x) = A_s[1+O(x/\sqrt{n})]. \tag{16.7.23}$$

与 (16.7.19) 结合起来，这不仅证明了本定理，而且还证明了更强的推论.

推论 如果 $x \to \infty$ 使得 $x = o(n^{\frac{1}{6}})$，那么

$$\frac{1-F_n(x)}{1-\mathfrak{N}(x)} = 1 + O\left(\frac{x^3}{\sqrt{n}}\right). \tag{16.7.24}$$

我们间接地推导出了一个更进一步的结果. 当 x 随着 n 这样变化，使得 $x \to \infty$ 但是 $x = o(\sqrt{n})$ 时就可应用此结果. 实际上，根据 (16.7.23)，我们此时有 $1-F_n(x) \sim A_s$，其中

A_s 由 (16.7.11) 给出. 此处 $\mathfrak{N}$ 的自变量是 $\bar{x}$，但是 (16.7.18) 表明 $\bar{x}$ 可以换为 x，因此，我们得到一般的逼近公式

$$1-F_n(x)=\exp\left(n\left[\psi(s)-s\psi'(s)+\frac{1}{2}\psi'^2(s)\right]\right)$$
$$\cdot[1-\mathfrak{R}(x)]\cdot[1+O(x/\sqrt{n})]. \tag{16.7.25}$$

指数是一个 s 从三阶项开始的幂级数. 和在 (16.7.8) 中一样，我们现在用 $\psi'(s)=\sigma z$ 定义一个变量 z 的解析函数 s. 对于这个函数，我们定义一个幂级数λ，使得

$$z^2\lambda(z)=\lambda_1z^3+\lambda_2z^4+\cdots=\psi(x)-s\psi'(s)+\frac{1}{2}\psi'^2(s). \tag{16.7.26}$$

利用这个级数，我们有

定理 2[①] *如果在定理 1 中把条件 $x=o(n^{\frac{1}{6}})$ 换成 $x=o(\sqrt{n})$，那么*

$$\frac{1-F_n(x)}{1-\mathfrak{N}(x)}=\exp\left(x^2\lambda\left(\frac{x}{\sqrt{n}}\right)\right)\left[1+O\left(\frac{x}{\sqrt{n}}\right)\right]. \tag{16.7.27}$$

特别地，如果 $x=o(n^{\frac{1}{2}})$，那么在幂级数中只有第一项起作用，我们得到

$$\frac{1-F_n(x)}{1-\mathfrak{N}(x)}\sim\exp\left(\frac{\lambda_1x^3}{\sqrt{n}}\right),\quad \lambda_1=\frac{\mu_3}{6\sigma^3}. \tag{16.7.28}$$

当 $x=o(n^{\frac{3}{10}})$ 时，我们得到

$$\frac{1-F_n(x)}{1-\mathfrak{N}(x)}\sim\exp\left(\lambda_1\frac{x^3}{\sqrt{n}}+\lambda_2\frac{x^4}{n}\right),\quad \lambda_2=\frac{\sigma^2\psi_4-3\psi_3^2}{24\sigma^6}, \tag{16.7.29}$$

等等. 应注意到，右边可以趋于 0 或 ∞，从而这些公式并不蕴涵 $1-F_n(x)$ 和 $1-\mathfrak{R}(x)$ 的渐近等价性. 只有当 $x=o(n^{\frac{1}{6}})$ 时（或者在三阶矩等于 0 的情形下，当 $x=o(n^{\frac{1}{4}})$ 时）才存在这一等价关系. 在任何情形下，我们有下列有趣的推论.

推论 *如果 $x=o(\sqrt{n})$，那么对任一 $\varepsilon>0$，最终有*

$$\exp(-(1+\varepsilon)x^2/2)<1-F_n(x)<\exp(-(1-\varepsilon)x^2/2). \tag{16.7.30}$$

上述理论可以推广到包含具有可变分布和特征函数 ω_k 的随机变量 X_k 的部分和的情形. 这个程序可以用定理 1 的如下推广来说明，在定理 1 中一致性条件太强. 其中 F_n 仍表示正规化和 $(X_1+\cdots+X_n)/s_n$ 的分布.

---

① 把变换 (16.7.4) 应用到与中心极限定理有关的问题，似乎应归功于 F. 埃斯切尔（Esscher, 1932）. 本定理应归功于克拉美 （1938），并被费勒（1943）推广到可变分量上去. 关于这方面的较新结果，见 V.V. Petrov, Uspekhi Matem. Nauk, vol.9（1954, 俄文版）和 W. Richter, *Local limit theorems for large deviations*, Theory of Probability and Its Applications （译本）, vol.2 (1957), pp.206-220. 后一作者讨论的是密度而不是分布. 关于导出形如 $1-F_n(x)=\exp[v(x)+o(v(x))]$ 的逼近的另外一种方法，见 W. Feller, Zs. Wahrscheinlichkeitstheorie verw. Gebiete vol.14(1969), pp.1-20.

定理 3 假设存在一个区间 $\overline{-a,a}$，使得所有特征函数 ω_k 在其中是解析的，并假设

$$E(|X_n|^3) \leqslant M\sigma_n^2, \tag{16.7.31}$$

其中 M 与 n 无关. 如果 s_n 和 x 按这样的方式趋于 ∞，使得 $x = o(s_n^{\frac{1}{3}})$，那么有

$$\frac{1 - F_n(x)}{1 - \mathfrak{N}(x)} \to 1, \tag{16.7.32}$$

误差为 $O(x^3/s_n)$.

证明是相同的，只是现在要把 ψ 换为对 $-a < s < a$ 由

$$\psi_n(s) = \frac{1}{n}\sum_{k=1}^{n} \ln \omega_k(-\mathrm{i}s) \tag{16.7.33}$$

定义的实值解析函数. 在形式计算中，现在用 xs_n 代替 $x\sigma\sqrt{n}$. 基本方程 (16.7.8) 呈 $\psi_n'(s) = xs_n/n$ 的形式.

第 17 章　无穷可分分布

本章讨论概率论的古典极限定理的核心内容——无数多个知识的小溪汇成的知识宝库及其发展. 这个主题的最经济的论述是从 17.7 节所述的三角形阵列开始，但是我们还是从简单的特殊情形开始，以便容易理解各种重要的课题.

无穷可分性、稳定性等概念及其直观意义曾在第 6 章中讨论过. 本章的主要结果曾以不同的形式、用不同的方法在第 9 章中导出过，但是本章的讨论更详细些. 它是自给自足的，并且可以作为第 15 章（特征函数）的续篇来进行学习，它与前面各章无关.

17.1　无穷可分分布

我们沿用习惯做法，利用对分布及其特征函数可交换的描述性术语. 按照这种理解，6.3 节中给出的无穷可分性定义可以重新叙述如下.

定义　*特征函数 ω 是无穷可分的，当且仅当对于每个 n，存在一个特征函数 ω_n，使得*

$$\omega_n^n = \omega. \tag{17.1.1}$$

我们将很快看到无穷可分性可以用其他性质来刻划，这说明为什么这个概念在概率论中能起重要的作用.

关于特征函数的根与对数的注　人们可能很想把 (17.1.1) 中的 ω_n 称为 ω 的 n 次根，但是为使这个说法有意义，我们需要证明这个根在本质上是唯一的. 为了在复域上讨论根与对数的不确定性，从复数 $a \neq 0$ 的极坐标表达式 $a = r\mathrm{e}^{\mathrm{i}\theta}$ 开始是很方便的. 正数 r 是唯一确定的，但是只有当把任意两个差为 2π 的整数倍的数看作一样时，辐角 θ 才是确定的. 原则上讲，这种不确定将被 $\ln a = \ln r + \mathrm{i}\theta$ 和 $a^{1/n} = r^{1/n}\mathrm{e}^{\mathrm{i}\theta/n}$ 所继承（此处 $r^{1/n}$ 表示正根，$\ln r$ 表示普通的实对数）. 虽然如此，但是在使 $\omega(\zeta) \neq 0$ 的任一区间 $|\zeta| < \zeta_0$ 内，特征函数 ω 有唯一的极坐标表达式 $\omega(\zeta) = r(\zeta)\cdot \mathrm{e}^{\mathrm{i}\theta(\zeta)}$，使得 θ 是连续的且 $\theta(0) = 0$. 在这样的区间上，我们可以明确地记 $\ln\omega(\zeta) = \ln r(\zeta) + \mathrm{i}\theta(\zeta)$ 和 $\omega^{1/n}(\zeta) = r^{1/n}(\zeta)\mathrm{e}^{\mathrm{i}\theta(\zeta)/n}$. 这些规定是使 $\ln\omega$ 和 $\omega^{1/n}$ 为连续函数且在 $\zeta = 0$ 时为实数的唯一规定. 在这个意义上，$\ln\omega$ 和 *$\omega^{1/n}$ 在不包含 ω 的零点的任一区间 $|\zeta| < \zeta_0$ 内是唯一确定的.* 我们将只在这个意义上利用符号 $\ln\omega$ 和 $\omega^{1/n}$，但是必须记住，一旦 $\omega(\zeta_0) = 0$，这个定义就无法使

用了①.

设 F 是任意一个概率分布，φ 是它的特征函数. 由 (15.2.4) 我们知道，F 产生一族具有特征函数 $\mathrm{e}^{c(\varphi-1)}$ 的复合泊松分布

$$\mathrm{e}^{-c}\sum_{k=0}^{\infty}\frac{c^k}{k!}F^{k\star}. \tag{17.1.2}$$

此处 $c>0$ 是任意的. 显然，$\omega=\mathrm{e}^{c(\varphi-1)}$ 是无穷可分的(根 $\omega^{1/n}$ 与 ω 的形式相同，所不同的只是要把 c 换为 c/n). 正态分布和柯西分布表明，无穷可分分布不一定是复合泊松类型的，但是我们现在将证明，每个无穷可分分布都是一个复合泊松分布序列的极限. 整个理论的基础是以下定理.

定理 1 设 $\{\varphi_n\}$ 是一个特征函数序列. 为使存在一个连续的极限

$$\omega(\zeta)=\lim\varphi_n^n(\zeta), \tag{17.1.3}$$

当且仅当

$$n[\varphi_n(\zeta)-1]\to\psi(\zeta), \tag{17.1.4}$$

其中 ψ 是连续的. 在这种情形下，

$$\omega=\mathrm{e}^{-\psi}. \tag{17.1.5}$$

证 我们回忆一下 15.3 节中的连续性定理. 如果一列特征函数收敛于一个连续函数，那么后者是特征函数，并且收敛性在每个有限区间上自然是一致的.

(a) 我们从定理的较容易的部分开始. 假设 (17.1.4) 成立，其中 ψ 是连续的. 这蕴涵对于 ζ 有 $\varphi_n(\zeta)\to 1$，并且收敛在有限区间内自然是一致的. 这就是说，在任一区间 $|\zeta|<\zeta_1$ 内，对于充分大的 n 我们有 $|1-\varphi_n(\zeta)|<1$. 其次，对这样的 n，由 $\ln(1-z)$ 的泰勒展开式可知，

$$\begin{aligned}n\ln\varphi_n(\zeta)&=n\ln(1-[1-\varphi_n(\zeta)])\\&=-n[1-\varphi_n(\zeta)]-\frac{n}{2}[1-\varphi_n(\zeta)]^2-\cdots.\end{aligned} \tag{17.1.6}$$

由 (17.1.4) 知，右边第一项趋于 $-\psi(\zeta)$，因为 $\varphi_n(\zeta)\to 1$，所以这蕴涵所有其他的项都趋于 0. 因此，$n\ln\varphi_n\to-\psi$ 或者 $\varphi_n^n\to\mathrm{e}^{-\psi}$，正如所断言的那样.

(b) 如果已知 (17.1.3) 中的极限 ω 没有零点，那么其逆同样也是很简单的. 实际上，考虑任一有限区间 $|\zeta|\leqslant\zeta_1$. 在这个区间内，(17.1.3) 中的收敛是一致的，ω 没有零点蕴涵对于所有充分大的 n 和 $|\zeta|\leqslant\zeta$ 有 $\varphi_n(\zeta)\neq 0$. 因此，我们可以

① 在 15.2 节的末尾（以及在 15.9 节的习题 9 中），我们求出了一对实特征函数，使得 $\varphi_1^2=\varphi_2^2$. 这说明在有零点的情形下，实的偶特征函数可以具有 2 个实根，且这 2 个实根也是特征函数.

取对数，并断言 $n\ln\varphi_n \to \ln\omega$，从而 $\ln\varphi_n \to 0$. 这蕴涵对于每个固定的 ζ 有 $\varphi_n(\zeta) \to 1$，且收敛在每个有限区间内自然是一致的. 因此，和在 (a) 中一样，我们断言展开式 (17.1.6) 成立，因为

$$1-\varphi_n(\zeta) \to 0,$$

所以这蕴涵

$$n\ln\varphi_n(\zeta) = -n[1-\varphi_n(\zeta)](1+o(1)), \tag{17.1.7}$$

其中 $o(1)$ 表示一个当 $n \to \infty$ 时趋于 0 的量. 由假设，左边趋于 $\ln\omega(\zeta)$，从而显然有 $n[1-\varphi_n] \to -\ln\omega$，正如所断言的那样.

为使这个论证成立，我们必须证明对于任一 ζ，$\omega(\zeta)$ 都不等于 0. 为此，我们可以分别把 ω 和 φ_n 换为特征函数 $|\omega|^2$ 和 $|\varphi_n|^2$，从而只要考虑 (17.1.3) 的如下的特殊情形就够了. 在这种情形中，所有的 φ_n 都是实数，且 $\varphi_n \geqslant 0$. 然后，设 $|\zeta| < \zeta_1$ 是使 $\omega(\zeta) > 0$ 的区间. 在这个区间内，$-n\ln\varphi_n(\zeta)$ 是正的且是有界的. 另外，对于 $|\zeta| \leqslant \zeta_1$，展开式 (17.1.6) 成立，因为所有项的符号都相同，所以对于 $|\zeta| \leqslant \zeta_1$，$n[1-\varphi_n(\zeta)]$ 是有界的. 但是根据特征函数的基本不等式 (15.1.7) 有

$$n[1-\varphi_n(2\zeta)] \leqslant 4n[1-\varphi_n(\zeta)],$$

从而 $n[1-\varphi_n(\zeta)]$ 对所有的 $|\zeta| \leqslant 2\zeta_1$ 是有界的. 由此推出这个区间不可能含有 ω 的零点. 但是这样的话，最初的论证适用于这个区间，并导出一个结论，对于所有的 $|\zeta| \leqslant 4\zeta_1$ 有 $\omega(\zeta) > 0$. 按上述方法继续进行，可以证明对于所有的 ζ 有 $\omega(\zeta) > 0$，这就完成了证明. ■

定理 1 有许多推论. 用 $t > 0$ 乘 (17.1.4)，可以看出这个关系式等价于

$$\mathrm{e}^{tn[\varphi_n(\zeta)-1]} \to \mathrm{e}^{t\psi(\zeta)} = \omega^t(\zeta). \tag{17.1.8}$$

左边表示一个复合泊松型分布的特征函数，因此对于每个 $t > 0$，$\mathrm{e}^{t\psi(\zeta)}$ 是一个特征函数. 我们断言，$\omega = \mathrm{e}^{\psi}$ 一定是无穷可分的. 换句话说，作为特征函数序列 $\{\varphi_n^n\}$ 的极限出现的每个特征函数 ω 都是无穷可分的. 这可以看作无穷可分性定义的一种扩展，其中把恒等式 (17.1.1) 换为更一般的极限关系式 (17.1.3). 在 17.7 节中将看到，这个结果可以进一步推广到更一般的三角形阵列上去，但我们先把初步的结果写成以下定理.

定理 2 特征函数 ω 是无穷可分的，当且仅当存在一个特征函数序列 $\{\varphi_n\}$ 使得 $\varphi_n^n \to \omega$.

在这种情形下，对于每个 $t > 0$，ω^t 是一个特征函数，并且对于所有的 ζ 有 $\omega(\zeta) \neq 0$.

推论 无穷可分特征函数序列 $\{\omega_n\}$ 的连续极限仍是无穷可分的.

证 由假设，$\varphi_n = \omega_n^{1/n}$ 仍是特征函数，从而关系式 $\omega_n \to \omega$ 可以改写成 $\varphi_n^n \to \omega$ 的形式. ■

每个复合泊松分布是无穷可分的. 定理 1 告诉我们，每个无穷可分分布可以表示为一列复合泊松分布的极限 [见代入 $t=1$ 的 (17.1.8)]. 这样我们得到了无穷可分性的一个新的特征.

定理 3 *无穷可分分布类和复合泊松分布的极限分布类重合.*

在独立增量过程中的应用 正如 6.3 节中所说明的那样，这样的过程可以用具有如下性质的随机变量族 $\{X(t)\}$ 来描述：对于任一分划 $t_0 < t_1 < \cdots < t_n$，诸增量 $X(t_k) - X(t_{k-1})$ 表示 n 个相互独立的变量. 增量是平稳的，如果 $X(s+t) - X(s)$ 的分布只依赖于区间的长度 t 而不依赖于它在时间轴上的位置. 在这种情形下，$X(s+t) - X(t)$ 是 n 个与 $X(s+t/n) - X(s)$ 有相同分布的独立变量之和，从而 *$X(s+t) - X(s)$ 的分布是无穷可分的*. 反之，任一族具有形如 $e^{t\psi}$ 的特征函数的无穷可分分布可以规定一个平稳独立增量过程. 17.7 节中关于三角形阵列的结果可以把这个结果推广到具有非平稳独立增量的过程. 于是增量 $X(t+s) - X(s)$ 是诸增量 $X(t_{k+1}) - X(t_k)$ 之和，这些增量是相互独立的随机变量. 只要在当 $h \to 0$ 时增量 $X(t+h) - X(t)$ 依概率趋于零的意义上过程是连续的，就可应用 17.7 节的定理. 对于这样的过程，*增量 $X(t+s) - X(t)$ 的分布是无穷可分的*. （这种类型的不连续过程是存在的，但是不连续点并不足道，并且在某种意义上是可除去的. 见 9.5 节和 9.9 节的讨论.）

复合泊松过程有特别简单的概率解释（见 6.3 节和 9.5 节），每个无穷可分分布可作为复合泊松分布的极限出现这个事实，可以帮助我们理解更一般的独立增量过程的性质.

17.2 标准型、主要的极限定理

我们已经看到，为了求出无穷可分特征函数 $\omega = e^{\psi}$ 的最一般形式，只需确定复合泊松型特征函数 $\exp c_n(\zeta_n - 1)$ 的序列的可能的极限的一般形式就够了. 为便于各种应用，最好通过允许任意地定中心来更一般地叙述这个问题，从而我们要寻求形如 $\omega_n = e^{\psi_n}$ 的特征函数的序列的可能的极限，其中为了简单起见，我们令

$$\psi_n(\zeta) = c_n[\varphi_n(\zeta) - 1 - i\beta_n\zeta]. \tag{17.2.1}$$

ω_n 是无穷可分的，因此它们的连续极限也是无穷可分的.

我们的问题是寻找这样的条件，使得在这些条件下存在一个连续的极限

$$\psi(\zeta) = \lim \psi_n(\zeta). \tag{17.2.2}$$

不言而喻，φ_n 是一概率分布 F_n 的特征函数，c_n 是正常数，中心常数 β_n 是实数.

对于期望存在的分布，自然要这样定中心，使得期望为 0，如有可能，我们将照此选择 β_n. 但是我们需要一个具有类似性质的普遍可用的中心常数. 结果是，

这种最简单的中心常数可通过下述要求得到：对于 $\zeta=1$，φ_n 的值是实数. 如果 u_n 和 v_n 表示 φ_n 的实部和虚部，那么我们的条件要求

$$\beta_n = v_n(1) = \int_{-\infty}^{+\infty} \sin x F_n\{\mathrm{d}x\}. \tag{17.2.3}$$

这说明我们的定中心方法总是可行的. 对于这种定中心方法，

$$\psi_n(\zeta) = c_n \int_{-\infty}^{+\infty} [\mathrm{e}^{\mathrm{i}\zeta x} - 1 - \mathrm{i}\zeta \sin x] F_n\{\mathrm{d}x\}. \tag{17.2.4}$$

被积函数在原点附近与 $-\frac{1}{2}\zeta^2 x^2$ 有相同的性质，这和我们所熟悉的定中心定在期望为 0 的情形一样. 中心常数 (17.2.3) 的用处多半是由于如下的引理.

引理 1　设 $\{c_n\}$ 和 $\{\varphi_n\}$ 是给定的. 如果存在中心常数 β_n，使 ψ_n 趋于一个连续的极限 ψ，那么 (17.2.3) 可达到同样的目的.

证　用带有任意 β_n 的 (17.2.1) 来定义 ψ_n，假设 $\psi_n \to \psi$. 如果 b 表示 $\psi(1)$ 的虚部，那么对于 $\zeta=1$，我们断言

$$c_n(v_n(1) - \beta_n) \to b. \tag{17.2.5}$$

用 $\mathrm{i}\zeta$ 乘以上式并从 $\psi_n \to \psi$ 中减去刚才所得到的关系式，我们看到

$$c_n[\varphi_n(\zeta) - 1 - \mathrm{i}v_n(1)\zeta] \to \psi(\zeta) - ib\zeta, \tag{17.2.6}$$

这就证明了断言. ■

我们首先在一个特殊情形下讨论收敛性问题. 在这种情形下，解特别简单. 假设函数 ψ_n 和 ψ 都是二次可微的（这就是说，相应的分布的方差存在，见 15.4 节）. 假设不仅有 $\psi_n \to \psi$，而且还有 $\psi_n'' \to \psi''$. 由 (17.2.1) 看来，这就是说

$$c_n \int_{-\infty}^{+\infty} \mathrm{e}^{\mathrm{i}\zeta x} x^2 F_n\{\mathrm{d}x\} \to -\psi''(\zeta). \tag{17.2.7}$$

根据假设，$c_n x^2 F_n\{\mathrm{d}x\}$ 确定一个有限测度，我们用 μ_n 表示它的总质量. 对于 $\zeta=0$，我们从 (17.2.7) 可看出 $\mu_n \to -\psi''(0)$. 用 μ_n 除 (17.2.7)，在左边我们得到一个正常概率分布的特征函数，当 $n\to\infty$ 时它趋于 $\psi''(\zeta)/\psi''(0)$. 由此推出 $\psi''(\zeta)/\psi''(0)$ 是一个概率分布的特征函数，从而

$$-\psi''(\zeta) = \int_{-\infty}^{+\infty} \mathrm{e}^{\mathrm{i}\zeta x} M\{\mathrm{d}x\}, \tag{17.2.8}$$

其中 M 是一个有限测度. 由此我们可以通过累积分得到 ψ. 注意到 $\psi(0)=0$，以及对于我们的定中心条件，$\psi(1)$ 必须是实数，我们就可得到

$$\psi(\zeta) = \int_{-\infty}^{+\infty} \frac{\mathrm{e}^{\mathrm{i}\zeta x} - 1 - \mathrm{i}\zeta \sin x}{x^2} M\{\mathrm{d}x\}. \tag{17.2.9}$$

这个积分是有意义的，因为被积函数是在原点处取值 $-\frac{1}{2}\zeta^2$ 的有界连续函数.

在我们的可微性条件下，极限 ψ 必然具有 (17.2.9) 的形式. 其次我们证明，对于一个任意选择的有限测度 M，积分 (17.2.9) 定义了一个无穷可分特征函数 e^{ψ}. 但是，我们可以再深入一步. 为使积分有意义，不必要求测度 M 是有限的. 只要 M 对有限区间赋予有限质量，并且 $M\overline{\{-x,x\}}$ 增加的充分缓慢，使得对于所有的 $x>0$，积分

$$M^+(x)=\int_x^{\infty}y^{-2}M\{\mathrm{d}y\},\quad M^-(-x)=\int_{-\infty}^{-x}y^{-2}M\{\mathrm{d}y\} \tag{17.2.10}$$

收敛就行了.（为了确定起见，我们取积分区间为闭的.）由满足 $0<p<1$ 的密度 $|x|^p\mathrm{d}x$ 确定的测度是典型的例子. 我们证明，如果测度 M 具有这些性质，那么 (17.2.9) 定义了一个无穷可分特征函数，并且所有这样的特征函数都可以用这种方法得到. 对我们的测度引入一个专门术语是很方便的.

定义 1 一个测度 M 称为标准的，如果它对有限区间赋予有限质量，并且积分 (17.2.10) 对于某一（因而所有的）$x>0$ 收敛.

引理 2 如果 M 是一个标准测度，且 ψ 由 (17.2.9) 确定，那么 e^{ψ} 是一个无穷可分特征函数.

证 我们考虑两种重要的特殊情形.

(a) 假设 M 集中于原点上，且对原点赋予质量 $m>0$. 于是 $\psi(\zeta)=-m\zeta^2/2$，从而 e^{ψ} 是方差为 m^{-1} 的正态特征函数.

(b) 假设 M 集中于 $|x|>\eta$ 上，其中 $\eta>0$. 在这种情形下，(17.2.9) 可以改写成更简单的形式. 实际上，$x^{-2}M\{\mathrm{d}x\}$ 现在确定一个总质量为 $\mu=M^+(\eta)+M^-(-\eta)$ 的有限测度. 因此，$x^{-2}M\{\mathrm{d}x\}/\mu=F\{\mathrm{d}x\}$ 确定一个特征函数为 φ 的概率测度，显然 $\psi(\zeta)=\mu[\varphi(\zeta)-1-\mathrm{i}b\zeta]$，其中 b 是实常数. 于是在这种情形下 e^{ψ} 是复合泊松型特征函数，从而是无穷可分的.

(c) 在一般情形下，设 $m\geqslant 0$ 是 M 赋予原点的质量，令

$$\psi_\eta(\zeta)=\int_{|x|>\eta}\frac{\mathrm{e}^{\mathrm{i}\zeta x}-1-\mathrm{i}\zeta\sin x}{x^2}M\{\mathrm{d}x\}, \tag{17.2.11}$$

于是

$$\psi(\zeta)=-\frac{m}{2}\zeta^2+\lim_{\eta\to 0}\psi_\eta(\zeta). \tag{17.2.12}$$

我们已经知道，$\mathrm{e}^{\psi_\eta(\zeta)}$ 是一个无穷可分分布 U_η 的特征函数. 如果 $m>0$，那么把 $-m\zeta^2/2$ 加到 $\psi_\eta(\zeta)$ 上去相当于取 U_η 与一个正态分布的卷积. 于是 (17.2.12) 把 e^{ψ} 表示为一个无穷可分特征函数序列的极限，因此 e^{ψ} 是无穷可分的，正如所断言的那样. ■

其次我们证明，在不同的标准测度产生不同的积分的意义上，表达式 (17.2.9) 是唯一的.

引理 3　ψ 的表达式 (17.2.9) 是唯一的.

证　在测度 M 有限的特殊情形下，显然二阶导数 ψ'' 存在，且 $-\psi''(\zeta)$ 和 $e^{i\zeta x}$ 关于 M 的期望重合. 特征函数的唯一性定理保证 M 由 ψ''（从而由 ψ）唯一地确定.

这个论证可适用于无界的标准测度，但是必须把二阶导数换为一个具有类似性质且适用于任意连续函数的运算. 这样的运算可以用各种各样的方法选择（见习题 1 ~ 习题 3）. 我们选择一个这样的运算，它把 ψ 变换成下式确定的函数 $\psi^\star$：

$$\psi^\star(\zeta) = \psi(\zeta) - \frac{1}{2h}\int_{-h}^{h} \psi(\zeta+s)\mathrm{d}s, \tag{17.2.13}$$

其中 $h>0$ 是任意固定的. 对于 (17.2.9) 所确定的函数 ψ，我们得到

$$\psi^\star(\zeta) = \int_{-\infty}^{\infty} e^{i\zeta x} K(x) M\{\mathrm{d}x\}, \tag{17.2.14}$$

为了简单起见，我们令

$$K(x) = x^{-2}\left(1 - \frac{\sin xh}{xh}\right). \tag{17.2.15}$$

这是一个在原点取值 $h^2/6$ 的严格正的连续函数，并且当 $x \to \pm\infty$ 时我们有 $K(x) \sim x^{-2}$. 因此，由 $M^\star\{dx\} = K(x)M\{\mathrm{d}x\}$ 所确定的测度是有限的，(17.2.14) 说明 $\psi^\star$ 是它的傅里叶变换. 根据特征函数的唯一性定理，$\psi^\star$ 唯一地确定测度 $M^\star$. 但是这样 $M\{\mathrm{d}x\} = K^{-1}(x)M^\star\{\mathrm{d}x\}$ 是唯一确定的，因此当 ψ 已知时，我们可以计算出相应的标准测度（见习题 3）. ■

我们的下一个目标是证明，引理 2 描述了所有无穷可分特征函数的全体，为此我们必须首先解决本节开始时所述的收敛性问题. 我们现在把它写成下面稍微更一般的形式：设 $\{M_n\}$ 是一列标准测度，并且

$$\psi_n(\zeta) = \int_{-\infty}^{+\infty} \frac{e^{i\zeta x} - 1 - i\zeta \sin x}{x^2} M_n\{\mathrm{d}x\} + i b_n \zeta, \tag{17.2.16}$$

其中 b_n 是实数. 我们要找使 $\psi_n \to \psi$（其中 ψ 是连续函数）的充要条件. 注意 (17.2.1) 或 (17.2.4) 所确定的函数 ψ_n 是 (17.2.16) 的特殊情形，其中

$$M_n\{\mathrm{d}x\} = c_n x^2 F_n\{\mathrm{d}x\}. \tag{17.2.17}$$

假设 $\psi_n \to \psi$，且 ψ 是连续的. 于是 (17.2.13) 所定义的变换满足 $\psi_n^\star \to \psi^\star$，即

$$\int_{-\infty}^{+\infty} e^{i\zeta x} K(x) M_n\{\mathrm{d}x\} \to \psi^\star(\zeta), \tag{17.2.18}$$

其中 K 是由 (17.2.15) 所定义的严格正的连续函数. 左边是一个总质量为

$$\mu_n = \int_{-\infty}^{+\infty} K(x) M_n\{\mathrm{d}x\} \tag{17.2.19}$$

的有限测度的傅里叶变换. 显然 $\mu_n \to \psi^\star(0)$. 容易看出，$\mu_n \to 0$ 蕴涵对于所有的 ζ 有 $\psi(\zeta)=0$，从而我们可以假定 $\psi^\star(0)=\mu>0$. 于是由

$$M_n^\star\{\mathrm{d}x\} = \frac{1}{\mu_n} K(x) M_n\{\mathrm{d}x\} \tag{17.2.20}$$

所定义的测度 $M_n^\star$ 是概率测度，(17.2.18) 说明它们的特征函数趋于连续函数 $\psi^\star(\zeta)/\psi_\star(0)$. 由此推出

$$M_n^\star \to M^\star, \tag{17.2.21}$$

其中 $M^\star$ 是特征函数为 $\psi^\star(\zeta)/\psi^\star(0)$ 的概率测度. 但是，ψ_n 可以写成如下形式:

$$\psi_n(\zeta) = \mu_n \int_{-\infty}^{+\infty} \frac{\mathrm{e}^{\mathrm{i}\zeta x} - 1 - \mathrm{i}\zeta \sin x}{x^2} K^{-1}(x) M_n^\star\{\mathrm{d}x\} + \mathrm{i}b_n\zeta. \tag{17.2.22}$$

被积函数是 x 的一个有界连续函数，从而 (17.2.21) 蕴涵积分收敛. 由此推出 $b_n \to b$，且我们的极限 ψ 具有形式

$$\psi(\zeta) = \mu \int_{-\infty}^{+\infty} \frac{\mathrm{e}^{\mathrm{i}\zeta x} - 1 - \mathrm{i}\zeta \sin x}{x^2} K^{-1}(x) M^\star\{\mathrm{d}x\} + \mathrm{i}b\zeta. \tag{17.2.23}$$

因为 $M^\star$ 是一个概率测度，所以显然由

$$M\{\mathrm{d}x\} = \mu K^{-1}(x) M^\star\{\mathrm{d}x\} \tag{17.2.24}$$

定义的测度 M 是标准的，并且

$$\psi(\zeta) = \int_{-\infty}^{+\infty} \frac{\mathrm{e}^{\mathrm{i}\zeta x} - 1 - \mathrm{i}\zeta \sin x}{x^2} M\{\mathrm{d}x\} + \mathrm{i}b\zeta. \tag{17.2.25}$$

这说明除了不相干的定中心项 $\mathrm{i}b\zeta$ 外，我们所有的极限都具有引理 2 所述的形式. 正如已经所述的那样，(17.2.1) 所定义的函数 ψ_n 是 (17.2.16) 的特殊情形，从而我们解决了本节开始时所述的收敛性问题. 我们把这个结果叙述为以下定理.

定理 1 无穷可分特征函数类和形如 e^{ψ} 的函数类重合，其中 ψ 是借助一个标准测度 M 和一个实数 b 由 (17.2.25) 确定的.

换句话说，除了任意的中心常数外，在标准测度和无穷可分分布之间有一一对应.

在上节中我们强调过：条件 $M_n^\star \to M^\star$ 和 $b_n \to b$ 是关系式 $\psi_n \to \psi$ 成立的必要条件. 实际上我们也已证明了这些条件的充分性，因为 ψ_n 可以写成 (17.2.22) 的形式，因此 ψ_n 显然趋于由 (17.2.23) 所确定的极限. 于是我们得到了一个有用的极限定理，但是最好用标准测度 M_n 和 M 来表示条件 $M_n^\star \to M^\star$. (17.2.22) 确定了 M_n 和 $M_n^\star$ 之间的关系. 在任一有限区间上 K 是取 0 与 ∞ 以外的有界值，因此对于每个有限的 I，关系式 $M_n^\star\{I\} \to M^\star\{I\}$ 和 $M_n\{I\} \to M\{I\}$ 是等价的. 当 $x \to \infty$ 时，K 的性质和 x^{-2} 的性质几乎相同，从而 $M_n^\star\{\overline{x,\infty}\} \sim M^+(x)$，其中 M_n^+ 表示在标准测度的定义式 (17.2.10) 中出现的积分. 于是正常收敛 $M_n^\star \to M^\star$ 完全等价于条件：对于 M 的所有连续区间，

$$M_n\{I\} \to M\{I\}, \tag{17.2.26}$$

且对于所有的连续点 $x > 0$，

$$M_n^+(x) \to M^+(x), \quad M_n^-(-x) \to M^-(-x). \tag{17.2.27}$$

在形如 $M_n\{\mathrm{d}x\} = c_n x^2 F_n\{\mathrm{d}x\}$（其中 F_n 是概率分布）的标准测度的特殊情形下，这些关系式呈形式

$$c_n \int_I x^2 F_n\{\mathrm{d}x\} \to M\{I\} \tag{17.2.28}$$

和

$$c_n[1 - F_n(x)] \to M^+(x), \quad c_n F_n(-x) \to M^-(-x). \tag{17.2.29}$$

如果 $I = \overline{a,b}$ 是不包含原点的有限连续区间，那么 (17.2.28) 显然蕴涵 $c_n F_n\{I\} \to M^+(a) - M^+(b)$，从而可以把 (17.2.29) 看作 (17.2.28) 向半无穷区间的推广. 一个等价的条件是：没有质量流到无穷远处，这就是说，对于每个 $\varepsilon > 0$，有相应的一个 τ，使得至少对于所有充分大的 n，

$$c_n[1 - F_n(\tau) + F_n(-\tau)] < \varepsilon. \tag{17.2.30}$$

在有条件 (17.2.28) 的情形下，条件 (17.2.29) 和 (17.2.30) 等价. [注意，(17.2.30) 的左边是 τ 的减函数.] 标准测度 $M_n\{\mathrm{d}x\} = c_n x^2 F_n\{\mathrm{d}x\}$ 的序列如此经常地出现，以至于为了便于引用，最好引入一个方便的术语.

定义 2 称标准测度列 $\{M_n\}$ 正常地收敛于标准测度 M，如果它们满足条件 (17.2.26) 和 (17.2.27). 当且仅当在这种情形下，我们记 $M_n \to M$.

利用这个术语，我们可以把我们关于收敛 $\psi_n \to \psi$ 的结论重新叙述如下.

定理 2 设 M_n 是一个标准测度，ψ_n 由 (17.2.16) 所确定. ψ_n 趋于一个连续函数 ψ，当且仅当存在一个标准测度 M 使得 $M_n \to M$ 且 $b_n \to b$. 在这种情形下，ψ 由 (17.2.25) 给出.

以后我们只把这个定理应用于特殊情形

$$\psi_n(\zeta) = c_n[\varphi_n(\zeta) - 1 - \mathrm{i}b_n\zeta], \tag{17.2.31}$$

其中 φ_n 是一个概率分布 F_n 的特征函数. 于是我们的条件呈如下形式:

$$c_n x^2 F_n\{\mathrm{d}x\} \to M\{\mathrm{d}x\}, \quad c_n(\beta_n - b_n) \to b \tag{17.2.32}$$

其中我们再次令

$$\beta_n = \int_{-\infty}^{+\infty} \sin x \cdot F_n\{\mathrm{d}x\}. \tag{17.2.33}$$

由 17.1 节定理 1，我们的条件不仅适用于复合泊松分布序列，而且还适用于形如 $\{\varphi_n^n\}$ 的更一般的序列.

关于其他标准表达式的注 测度 M 不是文献中遇到的那种测度. 列维（P. Lévy）在其开创性著作中利用了在原点外由 $\Lambda\{\mathrm{d}x\} = x^{-2}M\{\mathrm{d}x\}$ 定义的测度 Λ，并且此测度是 $nF_n\{\mathrm{d}x\}$ 的极限. 它在区间 $|x| > \delta > 0$ 上是有限的，但是在原点附近是无界的. 它不考虑 M 在原点上的原子（如果有的话）. 利用这个测度，(17.2.9) 呈形式

$$\psi(\zeta) = -\frac{1}{2}\sigma^2\zeta^2 + \mathrm{i}b\zeta + \lim_{\delta\to 0}\int_{|x|>\delta}[\mathrm{e}^{\mathrm{i}\zeta x} - 1 - \mathrm{i}\zeta\sin x]\Lambda\{\mathrm{d}x\}. \tag{17.2.34}$$

这是列维的最初的标准表达式（除了中心函数不同以外）. 它的主要缺点是，为了充分陈述测度 Λ 的所要求的性质，需要费很多口舌.

辛钦引入了由 $K\{\mathrm{d}x\} = (1+x^2)^{-1}M\{\mathrm{d}x\}$ 定义的有界测度. 这个有界测度可以任意选择，辛钦的标准表达式为

$$\psi(\zeta) = \mathrm{i}b\zeta + \int_{-\infty}^{+\infty}\left[\mathrm{e}^{\mathrm{i}\zeta x} - 1 - \frac{\mathrm{i}\zeta x}{1+x^2}\right]\frac{1+x^2}{x^2}K\{\mathrm{d}x\}. \tag{17.2.35}$$

最容易描述这个表达式，因为它避免了无界测度. 这个优点被下述事实所抵消：测度 K 的人为性不必要地使许多论证更加复杂. 稳定分布和 17.3 节例 (f) 说明了这种困难.

特征函数的导数

设 F 是一概率分布，其特征函数为 φ. 在 15.4 节中曾证明，如果 F 有期望 μ，那么 φ 有导数 φ'，并且 $\varphi'(0) = \mathrm{i}\mu$. 其逆不真. φ 的可微性与具有共同分布 F 的独立随机变量序列 $\{X_n\}$ 的大数定律有密切关系，因此许多人研究加在 F 上的、能保证 φ' 存在的条件. 皮特曼（E.J.G. Pitman）1956 年根据济格蒙德（A.Zygmund，1947）给出的部分答案解决了这个问题（济格蒙德还对 φ 附加了光滑度条件）. 由于直接解决这个问题遇到非常大的困难，所以知它的解答可作为上一定理的简单推论得到将是有趣的.

定理 3 下列 3 个条件是等价的.

(i) $\varphi'(0) = \mathrm{i}\mu$.

(ii) 当 $t \to \infty$ 时,

$$t[1 - F(t) + F(-t)] \to 0, \quad \int_{-t}^{t} xF\{\mathrm{d}x\} \to \mu. \tag{17.2.36}$$

(iii) 平均值 $(X_1 + \cdots + X_n)/n$ 依概率趋于 μ.

证 因为 φ 的实部是偶函数，所以导数 $\varphi'(0)$ 一定是纯虚数. 为了得到我们的极限定理与关系式 $\varphi'(0) = \mathrm{i}\mu$ 之间的关系，最好把后者写成形式

$$t[\varphi(\zeta/t) - 1] \to \mathrm{i}\mu\zeta, \quad t \to \infty. \tag{17.2.37}$$

如果 t 取遍序列 $\{c_n\}$,那么上式成为 (17.2.31) 的一个特殊情形,其中 $\varphi_n(\zeta) = \varphi(\zeta/c_n), F_n(x) = F(c_n x)$. 于是定理 2 断言，为使 (17.2.37) 成立，当且仅当

$$tx^2 F\{t\mathrm{d}x\} \to 0, \quad t\int_{-\infty}^{+\infty} \sin x F\{t\mathrm{d}x\} \to \mu. \tag{17.2.38}$$

(a) 假设 (17.2.36) 成立，利用分部积分可得，对于任意的 $a > 0$,

$$t\int_{-a}^{a} x^2 F\{t\mathrm{d}x\} \leqslant 4\int_{0}^{a} tx[1 - F(tx) + F(-tx)]\mathrm{d}x. \tag{17.2.39}$$

当 $t \to \infty$ 时被积函数趋于 0，从而当 $t \to \infty$ 时积分趋于 0. 因为 $|t\sin x/t - x| < Cx^2$，所以由此容易推出 (17.2.38) 成立，这就得到了 (17.2.37). 反之，(17.2.38) 显然蕴涵 (17.2.37). 因此，条件 (i) 和 (ii) 是等价的.

(b) 根据 17.1 节定理 1 我们有，为使 $\varphi^n(\zeta/n) \to \mathrm{e}^{\mathrm{i}\mu\zeta}$，当且仅当

$$n[\varphi(\zeta/n) - 1] \to \mathrm{i}\mu\zeta. \tag{17.2.40}$$

换句话说，为使大数定律成立，当且仅当 t 取遍正整数序列时 (17.2.37) 成立. 因为特征函数的收敛在有限区间上自然是一致的，所以很明显 (17.2.40) 蕴涵 (17.2.37)，因此条件 (i) 和 (iii) 是等价的.

也可以利用 7.7 节定理 1 中的不同方法来证明 (17.2.36) 是大数定律 (iii) 的充要条件. ■

17.3 例与特殊性质

我们先列举一些特殊分布，然后转向矩的存在性和正性等性质. 把它们作为例子编入，部分地是为了使说明清晰，部分地是为了强调各个项目之间是没有联系的. 本节的所有内容以后都用不到. 进一步的例子可在习题 6、习题 7 和习题 19 中找到.

例 (a) **正态分布**. 如果 M 集中于原点上，并且对原点赋予质量 σ^2，那么 (17.2.25) 导出 $\psi(\zeta) = -\dfrac{1}{2}\sigma^2\zeta^2$，并且 e^{ψ} 是正态的，它的期望为 0，方差为 σ^2.

(b) **泊松分布.** 期望为 α 的标准泊松分布的特征函数为 $\omega = \mathrm{e}^{\psi}$，其中 $\psi(\zeta) = \alpha(\mathrm{e}^{\mathrm{i}\zeta} - 1)$. 我们改变位置参数，以便得到集中在形如 $-b + nh$ 的点上的一个分布. 这就把指数变成 $\rho(\zeta) = \alpha(\mathrm{e}^{\mathrm{i}\zeta h} - 1) - \mathrm{i}b\zeta$，此式是 (17.2.25) 的特殊情形，其中 M 集中于点 h 上. 因此，测度 M 集中于一点上这一性质是具有任意尺度参数的正态分布和泊松分布的特征. 有限多个这样的分布的卷积对应于具有有限多个原子的标准测度. 最一般的测度 M 可以作为这样的测度序列的极限而获得，因此，*所有无穷可分分布是有限多个正态分布和泊松分布的卷积的极限.*

(c) **随机化了的随机游动.** 在 (2.7.7) 中我们曾遇到过一族对 $r = 0, \pm1, \pm2, \cdots$ 赋予概率

$$a_r(t) = \sqrt{\left(\frac{p}{q}\right)^r}\,\mathrm{e}^{-t} I_r(2\sqrt{pq}t) \tag{17.3.1}$$

的算术分布. 此处参数 p, q, t 是正的，$p + q = 1$，I_r 是 2.7 节中定义的贝塞尔函数 (2.7.1). $\{a_r\}$ 满足查普曼–柯尔莫哥洛夫方程这一事实表明它是无穷可分的. 它的特征函数 $\omega = \mathrm{e}^{\psi}$ 很容易算出，因为它与施勒米希（Schlömilch）展开式 (2.7.8) 的不同之处只是变量代换 $u = \sqrt{p/q}\mathrm{e}^{-\mathrm{i}\zeta}$. 结果

$$\psi(\zeta) = -t + t(p\mathrm{e}^{\mathrm{i}\zeta} + q\mathrm{e}^{-\mathrm{i}\zeta}) \tag{17.3.2}$$

表明，$\{a_r(t)\}$ 是两个期望为 pt 和 qt 的独立泊松变量之差的分布. 标准测度集中于点 ±1 上.

(d) **Γ 分布.** 密度为

$$g_t(x) = \mathrm{e}^{-x} x^{t-1}/\Gamma(t), \quad x > 0$$

的分布的特征函数为 $\gamma_t(\zeta) = (1 - \mathrm{i}\zeta)^{-t}$，此函数显然是无穷可分的. 为了把它写成标准型，应注意

$$(\ln \gamma_t(\zeta))' = \mathrm{i}t(1 - \mathrm{i}\zeta)^{-1} = \mathrm{i}t\int_0^{\infty} \mathrm{e}^{\mathrm{i}\zeta x - x}\mathrm{d}x. \tag{17.3.3}$$

利用积分可得

$$\ln \gamma_t(\zeta) = t\int_0^{\infty} \frac{\mathrm{e}^{\mathrm{i}\zeta x} - 1}{x}\mathrm{e}^{-x}\mathrm{d}x. \tag{17.3.4}$$

因此，标准测度 M 由密度 $tx\mathrm{e}^{-x}$（$x > 0$）确定. 此处不需要定中心项，因为没有它积分也收敛.

(e) **双曲余弦密度.** 我们在 15.2 节已看到，密度 $f(x) = 1/\pi\cosh x$ 的特征函数为 $\omega(\zeta) = 1/\cosh(\pi\zeta/2)$. 为了证明它是无穷可分的，我们注意到 $(\ln\omega)'' = -(\pi^2/4)\omega^2$. ω^2 是在 2.9 节习题 6 中算出的密度 $f^{2\star}$ 的特征函数. 于是

$$\frac{\mathrm{d}^2}{\mathrm{d}\zeta^2}\ln\omega(\zeta) = -\int_{-\infty}^{+\infty} \mathrm{e}^{\mathrm{i}\zeta x}\frac{x}{\mathrm{e}^x - \mathrm{e}^{-x}}\mathrm{d}x. \tag{17.3.5}$$

因为 $(\ln\omega)'$ 在原点处等于 0，所以我们得到

$$\ln\omega(\zeta)=\int_{-\infty}^{+\infty}\frac{\mathrm{e}^{\mathrm{i}\zeta x}-1-\mathrm{i}\zeta x}{x^2}\frac{x}{\mathrm{e}^x-\mathrm{e}^{-x}}\mathrm{d}x. \tag{17.3.6}$$

因此，标准测度有密度 $x/(\mathrm{e}^x-\mathrm{e}^{-x})$. 由对称性，项 $\mathrm{i}\zeta x$ 的贡献等于 0；因为没有它积分也收敛，所以可以从分子中把这一项去掉.

(f) **莱维的例子**. 函数

$$\psi(\zeta)=2\sum_{k=-\infty}^{+\infty}2^{-k}[\cos 2^k\zeta-1] \tag{17.3.7}$$

具有 (17.2.9) 的形式，其中 M 是对称的，并对于点 $\pm 2^k$ 赋予质量 2^k（$k=0,\pm1,\pm2,\cdots$).（这个级数收敛，因为当 $k\to-\infty$ 时 $1-\cos 2^{-k}\zeta\sim 2^{2k-1}\zeta^2$.）特征函数 $\omega=\mathrm{e}^{\psi}$ 具有如下奇特的性质：$\omega^2(\zeta)=\omega(2\zeta)$，从而 $\omega^{2^k}(\zeta)=\omega(2^k\zeta)$. 由（在 6.1 节中引进的意义上的）稳定性，对于所有的 n，我们应有 $\omega^n(\zeta)=\omega(a_n\zeta)$，但是这个要求只有当 $n=2,4,8\cdots$ 时才被满足. 利用 17.9 节的术语，这个 ω 属于它自己的部分吸引域，但是它没有吸引域.（见习题 10.）

(g) **单侧稳定密度**. 我们来计算与满足

$$M\{\overline{0,x}\}=Cx^{2-\alpha},\quad 0<\alpha<2,\quad C>0 \tag{17.3.8}$$

的集中在 $\overline{0,\infty}$ 上的标准测度相对应的特征函数. 本例很重要，因为我们可由它推导稳定特征函数的一般形式.

(i) 如果 $0<\alpha<1$，那么我们考虑特征函数 $\omega_\alpha=\mathrm{e}^{\psi_\alpha}$，其中

$$\psi_\alpha(\zeta)=C(2-\alpha)\int_0^{\infty}\frac{\mathrm{e}^{\mathrm{i}\zeta x}-1}{x^{\alpha+1}}\mathrm{d}x \tag{17.3.9}$$

此式与标准型 (17.2.9) 的不同之处在于省略了定中心项，此项可省去，因为没有它积分也收敛. 为了计算这个积分，我们假设 $\zeta>0$，并把它看作

$$\begin{aligned}\int_0^{\infty}\frac{\mathrm{e}^{-(\lambda-\mathrm{i}\zeta)x}-1}{x^{\alpha+1}}\mathrm{d}x&=\frac{1}{\alpha}(\lambda-\mathrm{i}\zeta)\int_0^{\infty}\mathrm{e}^{-(\lambda-\mathrm{i}\zeta)x}x^{-\alpha}\mathrm{d}x\\&=-\frac{1}{\alpha}\Gamma(1-\alpha)(\lambda-\mathrm{i}\zeta)^{\alpha}\end{aligned} \tag{17.3.10}$$

当 $\lambda\to0+$ 时的极限（关于 Γ 密度的特征函数见 15.2 节）. 现在

$$(\lambda-\mathrm{i}\zeta)^{\alpha}=(\lambda^2+\zeta^2)^{\alpha/2}\mathrm{e}^{\mathrm{i}\theta\alpha},$$

其中 θ 是 $\lambda-\mathrm{i}\zeta$ 的辐角，即 $\tan\theta=-\zeta/\lambda$. 显然，当 $\lambda\to0+$ 时 $\theta\to-\pi/2$，从而 $(\lambda-\mathrm{i}\zeta)^{\alpha}\to\zeta^{\alpha}\mathrm{e}^{-\mathrm{i}\pi\alpha/2}$. 我们把最后这个结果写成

$$\psi_\alpha(\zeta)=\zeta^{\alpha}\cdot C\cdot\frac{\Gamma(3-\alpha)}{(\alpha-1)\alpha}\mathrm{e}^{-\mathrm{i}\pi\alpha/2},\quad \zeta>0. \tag{17.3.11}$$

对于 $\zeta<0$，$\psi_\alpha(\zeta)$ 是 $\psi_\alpha(-\zeta)$ 的共轭.

(ii) 当 $1<\alpha<2$ 时，我们令

$$\psi_\alpha(\zeta)=C\int_0^\infty \frac{\mathrm{e}^{\mathrm{i}\zeta x}-1-\mathrm{i}\zeta x}{x^{\alpha+1}}\mathrm{d}x. \tag{17.3.12}$$

此式与标准型 (17.2.9) 的不同之处在于这里把中心定在期望为 0. 通过分部积分可化简分母中的指数, 并能够使我们利用上述结果. 通常的计算表明，ψ_α 仍由 (17.3.11) 给出.（实部仍是负的，因为现在 $\cos\pi\alpha/2<0$.）

(iii) 当 $\alpha=1$ 时，我们利用标准形式

$$\psi_1(\zeta)=C\int_0^\infty \frac{\mathrm{e}^{\mathrm{i}\zeta x}-1-\mathrm{i}\zeta\sin x}{x^2}\mathrm{d}x. \tag{17.3.13}$$

从 15.2 节中我们知道 $(1-\cos x)/(\pi x^2)$ 是一个概率密度，从而 $\psi_1(\zeta)$ 的实部等于 $-\dfrac{1}{2}\pi\zeta$. 关于虚部我们得到

$$\int_0^\infty \frac{\sin\zeta x-\zeta\sin x}{x^2}\mathrm{d}x=\lim_{\varepsilon\to 0}\left[\int_\varepsilon^\infty \frac{\sin\zeta x}{x^2}\mathrm{d}x-\zeta\int_\varepsilon^\infty\frac{\sin x}{x^2}\mathrm{d}x\right]. \tag{17.3.14}$$

当 $\zeta>0$ 时代换 $\zeta x=y$ 把第 1 个积分化成第 2 个积分的形式，整个式子化为

$$-\zeta\lim_{\varepsilon\to 0}\int_\varepsilon^{\varepsilon\zeta}\frac{\sin x}{x^2}\mathrm{d}x=-\zeta\lim_{\varepsilon\to 0}\int_1^\zeta \frac{\sin\varepsilon y}{\varepsilon y}\frac{\mathrm{d}y}{y}=-\zeta\ln\zeta, \tag{17.3.15}$$

于是最后有

$$\psi_1(\zeta)=C\left(-\frac{1}{2}\pi\zeta-\mathrm{i}\zeta\ln\zeta\right),\quad \zeta>0. \tag{17.3.16}$$

当然，$\psi_1(-\zeta)$ 是 $\psi_1(\zeta)$ 的共轭.

当 $\alpha\neq 1$ 时特征函数 $\omega=\mathrm{e}^{\psi_\alpha}$ 具有如下性质：$\omega^n(\zeta)=\omega(n^{1/\alpha}\zeta)$. 这就是说，按照 6.1 节的定义，$\omega$ 是**严格稳定的**：特征函数为 ω 的独立变量 $X_1,\cdots,X_n$ 之和与 $n^{1/\alpha}X_1$ 有相同的分布. 当 $\alpha=1$ 时我们有 $\omega^n(\zeta)=\omega(n\zeta)\mathrm{e}^{-\mathrm{i}\zeta\ln n}$，从而这个和的分布与 $n^{1/\alpha}X_1$ 的分布的不同之处仅在于它的中心常数. 因此，ψ_1 是**广义稳定的**.

[关于稳定分布的各种各样的性质和例子，见 6.1 ~ 6.2 节. 其他的性质将在 17.5 节中导出. 在 17.4 节中我们将看到，当 $\alpha<1$ 时分布集中于正半轴上. 这对 $\alpha\geqslant 1$ 是不正确的.]

(h) **一般的稳定分布.** 对于上例的每个 ψ_α，有一个类似的特征函数与之对应，它是由具有相同密度的标准测度导出的，但它集中于负半轴上. 为得到这些特征函数，只要把我们的公式中的 i 变成 −i 就行了. 如果取两个极端情形的线性组合，即利用这样一个标准测度 M，使得对 $x>0$，

$$M\{\overline{0,x}\} = Cpx^{2-\alpha}, \quad M\{\overline{-x,0}\} = Cqx^{2-\alpha}, \tag{17.3.17}$$

那么我们可以推导更一般的稳定特征函数. 此处 $p \geqslant 0, q \geqslant 0, p+q=1$. 由此显然可见，相应的特征函数 $\omega = \mathrm{e}^{\psi}$ 当 $0<\alpha<1$ 或 $1<\alpha\leqslant 2$ 时由

$$\psi(\zeta) = |\zeta|^{\alpha} C \frac{\Gamma(3-\alpha)}{\alpha(\alpha-1)} \left[\cos\frac{\pi\alpha}{2} \mp \mathrm{i}(p-q)\sin\frac{\pi\alpha}{2}\right] \tag{17.3.18}$$

确定，当 $\alpha = 1$ 时由

$$\psi(\zeta) = -|\zeta| \cdot C \left[\frac{1}{2}\pi \pm \mathrm{i}(p-q)\ln|\zeta|\right] \tag{17.3.19}$$

确定. 此处当 $\zeta>0$ 时用上面的符号，当 $\zeta<0$ 时用下面的符号. 注意，对 $\alpha=2$ 我们得到 $\psi(\zeta) = -\frac{1}{2}(p+q)\zeta^2$，即**正态分布**. 它对应于集中在原点上的测度 M.

在 17.5 节中将指出（忽略任意的中心常数），这些公式给出了*最一般的稳定特征函数*. 特别，任何对称的稳定分布都具有形式 $\mathrm{e}^{-a|\zeta|^{\alpha}}$ 的特征函数，其中 $a>0$. ■

17.4 特殊性质

在本节中 $\omega = e^{\psi}$ 表示一个无穷可分特征函数，其中 ψ 是以标准型

$$\psi(\zeta) = \int_{-\infty}^{+\infty} \frac{\mathrm{e}^{\mathrm{i}\zeta x} - 1 - \mathrm{i}\zeta\sin x}{x^2} M\{\mathrm{d}x\} + \mathrm{i}b\zeta \tag{17.4.1}$$

给出的，这里 M 是一个标准测度，b 是一个实常数. 由标准测度的定义，积分

$$M^{+}(x) = \int_{x}^{\infty} y^{-2} M\{\mathrm{d}y\} \tag{17.4.2}$$

对所有的 $x>0$ 都收敛，类似的陈述对 $x<0$ 也成立.

具有特征函数 ω 的概率分布将以 U 表示.

(a) **矩的存在性.** 在 15.4 节中曾证明，U 的二阶矩是有限的，当且仅当 ω 是二次可微的，即当且仅当 ψ'' 存在. 同样的论证可以证明，为使情况是这样的，当且仅当测度 M 是有限的. 换句话说，*U 的二阶矩存在的充要条件是测度 M 是有限的.*

利用类似的推理（见 15.9 节的习题 15）可以证明，更一般地，对任一整数 $k\geqslant 1$，U 的 $2k$ 阶矩存在的充要条件是 M 有 $2k-2$ 阶矩.

(b) **分解.** 每个把 M 表示为两个测度之和的表达式 $M = M_1 + M_2$ 都以一个明显的方式，导出一个把 ω 分解成两个无穷可分特征函数的因子分解 $\omega = \mathrm{e}^{\psi_1}\mathrm{e}^{\psi_2}$. 如果 M 集中于一点上，那么 M_1 和 M_2 也都集中于一点上. 换句话说，如果 ω

是正态特征函数或泊松特征函数,[①]那么这两个因子 e^{ψ_1} 和 e^{ψ_2} 也都是正态特征函数或泊松特征函数. 但是任一其他的无穷可分的 ω 可以分解成两个本质上不同的分量. 特别地,任一非正态稳定特征函数可以分解成非稳定无穷可分特征函数.

一个特别有用的分解式 $\omega = e^{\psi_1}e^{\psi_2}$ 可以通过把 M 表示为两个分别集中于区间 $|x| \leqslant \eta$ 和 $|x| > \eta$ 上的测度之和而得到. 对于后者我们利用由 $N\{dx\} = x^{-2}M\{dx\}$ 定义的测度 N 表示 M. 于是我们记

$$\psi(\zeta) = \psi_1(\zeta) + \psi_2(\zeta) + i\beta\zeta, \tag{17.4.3}$$

其中

$$\psi_1(\zeta) = \int_{|x|\leqslant\eta} \frac{e^{i\zeta x} - 1 - i\zeta x}{x^2} M\{dx\}, \tag{17.4.4}$$

$$\psi_2(\zeta) = \int_{|x|>\eta} (e^{i\zeta x} - 1) N\{dx\}, \tag{17.4.5}$$

差 $b - \beta$ 说明 (17.4.4) 和 (17.4.5) 中被改变的中心项.

注意,e^{ψ_2} 是这样一个概率分布 F 产生的复合泊松分布的特征函数,这个分布 F 满足 $F\{dx\} = cN\{dx\}$,或者

$$1 - F(x) = cM^+(x), \qquad x > 0. \tag{17.4.6}$$

函数 e^{ψ_1} 是无穷次可微的. 于是我们看到,*每个无穷可分分布 U 是一个具有所有各阶矩的分布 U_1 与一个复合泊松分布 U_2 的卷积*,这个 U_2 是由一个具有与 M^+ 和 M^- 成比例的尾部的概率分布 F 产生的. 由此特别推出,为使 U 具有 k 阶矩,当且仅当 F 的 k 阶矩存在.

(c) **正变量**. 我们来证明,*U 集中于 $\overline{0,\infty}$ 上,当且仅当*[②]

$$\psi(\zeta) = \int_0^\infty \frac{e^{i\zeta x} - 1}{x} P\{dx\} + ib\zeta, \tag{17.4.7}$$

其中 $b \geqslant 0$. P 是这样一个测度,使得 $(1+x)^{-1}$ 关于 P 是可积的. [利用 (17.4.1) 原来的记号,我们有 $P\{dx\} = x^{-1}M\{dx\}$.]

假设 U 集中于 $[0,\infty)$ 上,并考虑 (17.4.3) ~ (17.4.5) 所述的分解. 原点是复合泊松分布 U_2 的增点. 分布 U_1 的期望为 0,因而它有一个增点 $s \leqslant 0$. 由此推出 $s + \beta$ 是 U 的一个增点,从而 $\beta \geqslant 0$. 同样的论证表明 U_1 不可能有正态分量,因此当 $\eta \to 0$ 时,U_1 的贡献一定趋于 0. 最后,如果 t 是产生 U_2 的概率分布 F

---

① 根据 15.8 节的定理 1,正态特征函数不能分解为非正态特征函数. 对泊松分布也有类似的结论 [莱科夫(Raikov)定理].

② 这个结果由莱维给出,它也是 13.7 节 (7.2) 拉普拉斯变换形式的直接推论. 有趣的是,不用概率论证,这个断言的形式上的验证很麻烦(见 G. Baxter and J.M. Shapiro, Sankhya, vol.22).

的一个增点，那么 nt 是 U_2 本身的一个增点. 由此推出 F 集中于正半轴上，从而 N 集中于正半轴上，因此 (17.4.5) 中的积分的积分域实际上是 $x>\eta$. 被积函数在原点上等于 0，从而在取极限 $\eta\to 0$ 时，测度 N 不一定有界. 但是，对于 $x>\eta$，我们可以把测度 N 换成 $P\{\mathrm{d}x\}=xN\{\mathrm{d}x\}$（此式和 $x^{-1}M\{\mathrm{d}x\}$ 相同）. 新的被积函数 $(\mathrm{e}^{\mathrm{i}\zeta x}-1)x^{-1}$ 的值是 0 以外的有界值，从而 P 对原点的邻域也一定赋予有限值. 这样我们就得到了表达式 (17.4.7).

反之，如果 ψ 是由 (17.4.7) 确定的，那么我们的论证说明，e^{ψ} 是集中于 $\overline{0,\infty}$ 上的复合泊松分布的特征函数列的极限. 因此，对于极限分布 U 也有同样的结论成立.

(d) **渐近性质.** 关于矩的存在性的结果似乎表明，分布函数 U 当 $x\to\pm\infty$ 时的渐近性质只依赖于标准分布 M 在 $\pm\infty$ 附近的性质，或者同样地，只依赖于函数 M^+ 和 M^- 的渐近性质. 我们不打算在尽可能一般的情况下证明这个推测，而只考虑一个典型情况：

假设 M^+ 在 ∞ 点处是正则变化的，即

$$M^+(x)=x^{-\zeta}L(x), \tag{17.4.8}$$

其中 $\zeta>0$，L 是缓慢变化的. 那么

$$1-U(x)\sim M^+(x),\quad x\to\infty. \tag{17.4.9}$$

证 设 S 是一个以 U 为分布函数的随机变量. 把标准测度 M 看作三个集中于区间 $\overline{1,\infty}, \overline{-1,1}, \overline{-\infty,-1}$ 上的测度之和 $M_1+M_2+M_3$. 正如 (b) 中所证明的那样，这导出一个把 S 作为三个独立随机变量之和的表达式 $S=X_1+X_2+X_3+\beta$: X_1 服从复合泊松分布 U_1，此分布是由集中于 $\overline{1,\infty}$ 上的概率分布 F 产生并由 (17.4.6) 确定的；相应于 X_2 的标准测度集中于 $\overline{-1,1}$ 上；最后 X_3 的定义方法与 X_1 的相同，所不同的只是这里 $\overline{-\infty,-1}$ 起 $\overline{1,\infty}$ 的作用. 不难证明，

$$P\{X_1>x\}\sim M^+(x),\quad x\to\infty. \tag{17.4.10}$$

（见 8.9 节的定理 2）. 因此，为了证明断言 (17.4.9)，只需证明

$$P\{S>x\}\sim P\{X_1>x\},\quad x\to\infty \tag{17.4.11}$$

就够了. 在这种情形下，中心常数 β 不起作用，我们可以假设 $\beta=0$. 于是对于每个 $\varepsilon>0$，

$$P\{S>x\}\geqslant P\{X_1>(1+\varepsilon)x\}\cdot P\{X_2+X_3>-\varepsilon x\}. \tag{17.4.12}$$

另外，因为 $X_3 \leqslant 0$，所以

$$P\{S > x\} \leqslant P\{X_1 > (1-\varepsilon)x\} + P\{X_2 > \varepsilon x\}. \tag{17.4.13}$$

当 $x \to \infty$ 时，(17.4.12) 中最后一个概率趋于 1，而 (17.4.13) 中最后一个概率比任何次幂 x^{-a} 减少的速度都快，因为 X_2 具有所有各阶矩. 因此 (17.4.12) 和 (17.4.13) 蕴涵 (17.4.11) 的正确性.

(e) **从属性.** 如果 e^{ψ} 是无穷可分的，那么对于每个 $s > 0$，$\mathrm{e}^{s\psi}$ 也是无穷可分的. 通过把参数 s 随机化，我们得到一个下列形式的新的特征函数：

$$\varphi(\zeta) = \int_0^{\infty} \mathrm{e}^{s\psi(\zeta)} G\{\mathrm{d}s\}, \tag{17.4.14}$$

其中 G 是集中于 $\overline{0,\infty}$ 上的任意一个概率分布. 特征函数不一定是无穷可分的，但是容易验证，如果 $G = G_1 \bigstar G_2$ 是两个概率分布的卷积，那么（以明显的记号）有 $\varphi = \varphi_1 \cdot \varphi_2$. 由此推出，*如果 G 是无穷可分的，那么 (17.4.14) 确定一个无穷可分特征函数.*

这个结果有简单的概率解释. 设 $\{X(t)\}$ 表示一个独立增量过程的变量，$X(t)$ 的特征函数为 $\mathrm{e}^{t\psi}$. 如果 T 是一个分布为 G 的正变量，那么 φ 可以看作复合随机变量 $X(T)$ 的特征函数. 假设 G 是特征函数为 e^{ν} 的无穷可分分布. 我们可以考察另外一个独立增量过程 $\{T(t)\}$，使得 $T(t)$ 的特征函数为 $\mathrm{e}^{t\nu}$. 对于每个 $t > 0$，我们得到一个新变量 $X(T(t))$，这些变量也是一个独立增量过程的变量.[①] 于是 $T(t)$ 可作为操作时间. 利用 10.7 节的术语，新过程 $\{X(T(t))\}$ 是通过**从属性**得到的，**指导过程**为 $\{T(t)\}$. 于是我们得到了从属过程恒导致无穷可分分布这个事实的一个纯分析证明.

17.5 稳定分布及其吸引域

设 $\{X_n\}$ 是具有共同分布 F 的相互独立随机变量序列，令 $S_n = X_1 + \cdots + X_n$. 设 U 是一个不集中于一点上的分布. 按照 6.1 节中引进的术语，当且仅当存在常数 $a_n > 0$ 和 b_n 使得 $a_n^{-1}S_n - nb_n$ 趋于 U 时，我们称 F 属于 U 的吸引域. 排除集中于一点上的极限分布，是为了排除如下不足道的情况：$b_n \to b$ 而 a_n 如此迅速地增加，以致于 $a_n^{-1}S_n$ 依概率收敛于 0.

我们想用分布 F 和 U 的特征函数 φ 和 ω 来重新叙述吸引域的定义. 按照 15.1 节的引理 4，为使分布 U 集中于一点上，当且仅当对于所有的 ζ 有 $|\omega(\zeta)| = 1$.

① 如果 G 的拉普拉斯变换为 $\mathrm{e}^{-\rho(\lambda)}$，那么 $T(t)$ 对应于拉普拉斯变换 $\mathrm{e}^{-t\rho(\lambda)}$，容易验证 $X(T(t))$ 的特征函数为 $\mathrm{e}^{-t\rho(-\psi)}$.

因此，为使 φ 属于特征函数 ω 的吸引域，只需 $|\omega|$ 不恒等于 1，并且存在常数 $a_n>0$ 和 b_n，使得

$$(\varphi(\zeta/a_n)\mathrm{e}^{-\mathrm{i}b_n\zeta})^n \to \omega(\zeta). \tag{17.5.1}$$

在 6.1 节中曾证明，极限 ω 一定是稳定的, 但是我们现在再把整个理论看成 17.2 节基本极限定理的简单推论来讨论. 为了与那里的记号保持一致，我们令

$$\varphi_n(\zeta)=\varphi(\zeta/a_n)\mathrm{e}^{-\mathrm{i}b_n\zeta},\quad F_n(x)=F(a_n(x+b_n)). \tag{17.5.2}$$

根据 17.1 节的定理 1，为使关系式 (17.5.1) 成立，当且仅当对于所有的 ζ，

$$n[\varphi_n(\zeta)-1]\to\psi(\zeta), \tag{17.5.3}$$

其中 $\omega=\mathrm{e}^{\psi}$.

首先考虑 F 为**对称分布**的这一特殊情形. 此时 $b_n=0$. 我们从 17.2 节定理 1 知道，(17.5.3) 蕴涵，存在使得 $nx^2F_n\{\mathrm{d}x\}\to M\{\mathrm{d}x\}$ 的标准测度 M. 为了表示这个结论, 我们引入截尾矩函数

$$\mu(x)=\int_{-x}^{x}y^2F\{\mathrm{d}y\},\quad x>0. \tag{17.5.4}$$

于是在所有的连续点上，

$$\frac{n}{a_n^2}\mu(a_nx)\to M\{\overline{-x,x}\}, \tag{17.5.5}$$

且

$$n[1-F(a_nx)]\to M^+(x), \tag{17.5.6}$$

其中

$$M^+(x)=\int_x^{\infty}y^{-2}M\{\mathrm{d}y\}. \tag{17.5.7}$$

关系式 $\varphi(\zeta/a_n)\to 1$ 蕴涵 $a_n\to\infty$，因此 $\boldsymbol{S}_n/a_n$ 和 $\boldsymbol{S}_n/a_{n+1}$ 有相同的极限分布 U. 由此推出比 a_{n+1}/a_n 趋于 1，从而 8.8 节的引理 3 可应用于 (17.5.5). 我们得到，μ 是**正则变化的**，且标准测度 M 具有形式

$$M\{\overline{-x,x}\}=Cx^{2-\alpha},\quad x>0, \tag{17.5.8}$$

其中 $\alpha\leqslant 2$.（为了与莱维所引入的用法一致，用 $2-\alpha$ 表示指数.）如果 $\alpha=2$，那么测度 M 集中于原点上. (17.5.7) 中的积分的收敛性要求 $\alpha>0$; 对于 $0<\alpha<2$，我们求得

$$M^+(x)=\frac{C}{2}\frac{2-\alpha}{\alpha}x^{-\alpha},\quad x>0. \tag{17.5.9}$$

类似的论证也适用于非对称分布 F，但是代替 (17.5.6)，我们得到如下不太吸引人的关系式：

$$\begin{aligned} n[1-F(a_n(x+b_n))] &\to M^+(x), \\ nF(a_n(-x+b_n)) &\to M^-(-x), \end{aligned} \tag{17.5.10}$$

类似的修改适用于 (17.5.5). 然而，$\varphi_n(\zeta)\to 1$ 和 $a_n\to\infty$ 这个事实蕴涵 $b_n\to 0$，因此 (17.5.10) 实际上完全等价于 (17.5.6) 和关于左尾部的类似关系式.

于是我们看到，当 F 属于一个吸引域时 (17.5.6) 成立. 由 8.8 节的引理 3 看来，这就是说，或者 M^+ 恒等于 0，或者尾部 $1-F$ **正则变化**，且 $M^+(x)=Ax^{-\alpha}$. 于是 (17.5.7) 说明，测度 M 在正半轴上有密度 $A\alpha x^{1-\alpha}$. 同样的论证适用于左尾部以及尾部之和，因此指数 α 一定为两个尾部所共有.

如果 2 个尾部都恒等于 0，那么 M 集中于原点上. 在所有其他的情形下，M 不可能在原点上有原子. 因为对应于对称化了的分布 ${}^0U$ 的标准测度 ${}^0M$ 是 M 与它关于原点的镜像的和，我们已看到，${}^0M$ 或者没有原子，或者集中于原点上. 因此，当 $\alpha<2$ 时，标准测度 M 被它在两个半轴上的密度唯一确定，这些密度与 $|x|^{1-\alpha}$ 成比例. 因此，对于包含原点的区间 $\overline{-y,x}$，我们有

$$M\{\overline{-y,x}\}=C(qy^{2-\alpha}+px^{2-\alpha}), \tag{17.5.11}$$

其中 $0<\alpha\leqslant 2, C>0, p+q=1$. 对于 $\alpha=2$，此测度集中于原点上. 根据 (17.5.7)，这等价于

$$\begin{aligned} M^+(x) &= Cp\frac{2-\alpha}{\alpha}x^{-\alpha}, \\ M^-(-x) &= Cq\frac{2-\alpha}{\alpha}x^{-\alpha}. \end{aligned} \tag{17.5.12}$$

相应于这些测度的特征函数由 (17.3.18) 和 (17.3.19) 给出. 它们表明，在 $U^{n\star}$ 与 U 不同之处仅在于位置参数的意义上我们的测度是**稳定**的. 这就是说，每个稳定分布属于它自己的吸引域，因此，我们解决了求所有具有吸引域的分布的问题. 我们把这个结果写成以下定理.

定理 1 一个分布具有吸引域，当且仅当它是稳定的.

(i) 稳定分布类与具有由 (17.5.11) 给出的标准测度的无穷可分分布类重合.

(ii) 相应的特征函数呈 $\omega(\zeta)=\mathrm{e}^{\psi(\zeta)+\mathrm{i}b\zeta}$ 的形式，其中 ψ 由 (17.3.18)~(17.3.19) 确定，$0<\alpha\leqslant 2$.

(iii) 当 $x\to\infty$ 时，相应分布 U 的尾部满足

$$x^\alpha[1-U(x)]\to Cp\frac{2-\alpha}{\alpha},$$

$$x^{\alpha}U(-x) \to Cq\frac{2-\alpha}{\alpha}. \tag{17.5.13}$$

如果我们注意到 U 属于其自身的吸引域，正规化常数为 $a_n = n^{1/\alpha}$，那么 (iii) 是 (17.5.6) 的直接推论. [换句话说，(17.5.13) 是 17.4 节 (d) 中所得的结果的特殊情形.]

应注意，除中心常数外，本定理中的 3 个断言每一个都唯一地确定了 U.

在回过头来研究使分布 F 属于一个稳定分布的吸引域的条件之前，我们回忆一下一个关于正则变化的基本结果. 按照 8.8 节中的定义，函数 L 在无穷远处是缓慢变化的，如果对于每个固定的 $x > 0$，

$$\frac{L(tx)}{L(t)} \to 1, \quad t \to \infty. \tag{17.5.14}$$

在这种情形下，我们对于任意的 $\delta > 0$ 和充分大的 x 有

$$x^{-\delta} < L(x) < x^{\delta}. \tag{17.5.15}$$

函数 μ 是正则变化的，如果它具有 $\mu(x) = x^{\rho}L(x)$ 的形式. 我们特别地考虑 (17.5.4) 所确定的截尾矩函数 μ. 把 8.9 节的定理 2（在其中令 $\zeta = 2, \eta = 0$）应用于 $\overline{0,\infty}$ 上由 $F(x) - F(-x)$ 定义的分布函数，我们就得到下列重要结果.

如果 μ 是正则变化的，且指数为 $2-\alpha$（其中 $0 < \alpha \leqslant 2$），那么

$$\frac{x^2[1-F(x)+F(-x)]}{\mu(x)} \to \frac{2-\alpha}{\alpha}. \tag{17.5.16}$$

反之，如果 (17.5.16) 对 $\alpha < 2$ 成立，那么 μ 与尾部之和

$$1 - F(x) + F(-x)$$

都是正则变化的，且指数分别为 $2-\alpha$ 和 $-\alpha$. 如果 (17.5.16) 对 $\alpha = 2$ 成立，那么 μ 是缓慢变化的.

在推导 (17.5.8) 时我们看到，一个对称的 F 属于一个吸引域的必要条件是截尾矩函数 μ 为正则变化的：

$$\mu(x) \sim x^{2-\alpha}L(x), \quad x \to \infty, \tag{17.5.17}$$

其中 L 是缓慢变化的. 我们现在将看到这对非称分布也是正确的. 当 $\alpha = 2$ 时，这个条件也是充分的，但是当 $\alpha < 2$ 时标准测度 (17.5.11) 赋予正负半轴的质量之比为 $p : q$，可以证明 F 的两个尾部一定有同样的比值.

我们现在能够证明以下基本定理.

定理 2 (a) 一个分布 F 属于某一吸引域的必要条件是截尾矩函数 μ 为正则变化的，且具有指数 $2-\alpha$ ($0<\alpha\leqslant 2$). [也就是说，(17.5.17) 成立.]

(b) 如果 $\alpha=2$，且 F 不集中于一点上，那么这个条件也是充分的.

(c) 如果 (17.5.17) 对于 $0<\alpha<2$ 成立，那么 F 属于某一吸引域，当且仅当两个尾部是这样被平衡的，以至于当 $x\to\infty$ 时，

$$\frac{1-F(x)}{1-F(x)+F(-x)}\to p,\quad \frac{F(-x)}{1-F(x)+F(-x)}\to q. \tag{17.5.18}$$

注意，关于 F 的中心常数我们并没有作什么假设. 因此，定理蕴涵 (17.5.17) 或者对任意的中心常数都成立，或者对所有的中心常数都不成立. 除了当 F 集中于一点 t 时，(17.5.17) 的左边对于中心常数 t 恒等于 0，对于所有其他的中心常数是正则变化的以外，上述结论的正确性容易验证.

之所以这样叙述这个定理，是为了包含向正态分布收敛. 当 $\alpha<2$ 时，似乎用 F 的尾部之和比用 ∞ 表示主要条件更为自然. 下列两个推论以等价的形式重新叙述本定理.

推论 1 一个不集中于一点上的分布 F 属于正态分布的吸引域，当且仅当 μ 是缓慢变化的.

为使情况是这样的，当且仅当 (17.5.16) 对 $\alpha=2$ 成立.

不用说，当 F 有有限方差时，μ 是缓慢变化的.

推论 2 一个分布 F 属于一个指数为 $\alpha<2$ 的稳定分布的吸引域，当且仅当它的尾部满足平衡条件 (17.5.18)，且尾部之和是以指数 α 正则变化的.

后一条件完全等价于 (17.5.16).

证 (a) **必要性.** 假设极限分布 U 的标准测度由 (17.5.11) 给出. 在推导这个关系式的过程中我们看出，属于 U 的吸引域的分布满足 (17.5.6) 和关于左尾部的类似公式，从而

$$n[1-F(a_nx)+F(-a_nx)]\to M^+(x)+M^-(-x). \tag{17.5.19}$$

首先假设 $\alpha<2$，因此右边不恒等于 0. 正如已经所述的那样，此时 8.8 节的引理 3 保证尾部之和 $1-F(x)+F(-x)$ 是以指数 $-\alpha$ 正则变化的. 但是，此时 (17.5.16) 成立，从而 μ 是以指数 $2-\alpha$ 正则变化的. 于是平衡条件 (17.5.18) 是 (17.5.6) 的直接推论.

还剩下 $\alpha=2$ 的情形. 此时 (17.5.19) 的左边趋于零，于是对于某个 $k\leqslant n, |X_k|>a_n$ 的概率趋于 0. 因此，为使 S_n/a_n 不依概率趋于 0，必要条件是 $X_ka_n^{-1}$ 的截尾二阶矩的和是 0 以外的有界值. 但是

$$\frac{\mu(a_n)}{a_n^2(1-F(a_n)+F(-a_n))}\to\infty, \tag{17.5.20}$$

从而 (17.5.16) 对 $\alpha=2$ 成立. 这蕴涵 μ 是缓慢变化的，因此我们的条件是必要的.

(b) **充分性**. 我们不但要证明我们的条件是充分的，而且还要确定保证向一给定稳定分布收敛的正规化常数 a_n 和 b_n. 这将在定理 3 中完成. ■

定理 3 的叙述要用到下列事实：在满足 $\alpha>1$ 的任一吸引域内的分布的期望存在. 在证明中，我们将需要关于截尾一阶矩的另外的知识. 在更一般的背景下阐述这些结果是很自然的，虽然我们只需要 $\beta=1$ 的特殊情形.

引理 *一个属于指数为 α 的吸引域的分布 F 的所有 $\beta<\alpha$ 阶绝对矩 m_β 都存在. 如果 $\alpha<2$，那么所有 $\beta>\alpha$ 阶矩都不存在.*

更确切地说，如果 $\beta<\alpha$，那么当 $t\to\infty$ 时

$$\frac{t^{2-\beta}}{\mu(t)}\int_{|x|>t}|x|^\beta F\{\mathrm{d}x\}\to\frac{2-\alpha}{\alpha-\beta},\tag{17.5.21}$$

而对于 $\alpha<2$ 且 $\beta>\alpha$，

$$\int_{|x|<t}|x|^\beta F\{\mathrm{d}x\}\sim\frac{\alpha}{\beta-\alpha}t^\beta[1-F(t)+F(-t)].\tag{17.5.22}$$

（注意，在每种情形下，积分都是一个指数为 $\beta-\alpha$ 的正则变化函数.）

证 关系式 (17.5.21) 和 (17.5.22) 表示一般形式 (17.5.15)，并且是 8.9 节中定理 2 应用于 $\overline{0,\infty}$ 上由 $F(x)+F(-x)$ 所确定的分布所得到的直接推论. 对于 (17.5.21)，令 $\zeta=2,\eta=\beta,\eta=0$. ■

在定理 2 的证明中蕴涵正规化常数 a_n 一定满足条件

$$\frac{n\mu(a_n)}{a_n^2}\to C.\tag{17.5.23}$$

如果 μ 是正则变化的 [满足 (17.5.17)]，那么这样的 a_n 就存在：我们可以把 a_n 定义为使得 $nx^{-2}\mu(x)\leqslant C$ 的所有 x 的下界. 于是由正则变化性，我们对于 $x>0$ 有

$$\frac{n\mu(a_nx)}{a_n^2}\to Cx^{2-\alpha}.\tag{17.5.24}$$

这就是说，测度 $nx^2F\{a_n\mathrm{d}x\}$ 赋予任一对称区间 $\overline{-x,x}$ 的质量趋于 $M\{\overline{-x,x}\}$. 由 (17.5.16) 看来，关系式 (17.5.24) 自然保证关于 F 的尾部之和的类似关系式 (17.5.19) 成立. 当 $\alpha=2$ 时，右边恒等于 0；当 $\alpha<2$ 时，平衡条件 (17.5.18) 保证各个尾部也满足所需要的条件：

$$\begin{aligned}n[1-F(a_nx)]&\to Cp\frac{2-\alpha}{\alpha}x^{-\alpha},\\nF(-a_nx)&\to Cq\frac{2-\alpha}{\alpha}x^{-\alpha},\end{aligned}\tag{17.5.25}$$

因为右边是与 $M^+(x)$ 和 $M^-(-x)$ 相等的. [顺便提一下，当 $\alpha<2$ 时，关系式 (17.5.25) 蕴涵 (17.5.24).]

于是我们证明了测度 $nx^2F\{a_n\mathrm{d}x\}$ 正常地趋于标准测度 M. 按照 17.2 节定理 2，这蕴涵

$$\begin{aligned}&\int_{-\infty}^{+\infty}\frac{\mathrm{e}^{\mathrm{i}\zeta x}-1-\mathrm{i}\zeta\sin x}{x^2}nx^2F\{a_n\mathrm{d}x\}\to\\&\int_{-\infty}^{+\infty}\frac{\mathrm{e}^{\mathrm{i}\zeta x}-1-\mathrm{i}\zeta\sin x}{x^2}M\{\mathrm{d}x\}.\end{aligned}\tag{17.5.26}$$

由此现在容易导出以下定理.

定理 3 设 U 是一个稳定分布，当 $\alpha\neq1$ 时，它由特征函数 (17.3.18) 确定（包括中心常数），当 $\alpha=1$ 它由特征函数 (17.3.19) 确定（包括中心常数）.

设分布 F 满足定理 2 的条件，又设 $\{a_n\}$ 满足 (17.5.23).

(i) 如果 $0<\alpha<1$，那么 $\varphi^n(\zeta/a_n)\to\omega(\zeta)=\mathrm{e}^{\psi(\zeta)}$.

(ii) 如果 $1<\alpha\leqslant2$，那么上述结论同样成立，只要将 F 的中心定在期望为 0.

(iii) 如果 $\alpha=1$，那么

$$(\varphi(\zeta/a_n)\mathrm{e}^{-\mathrm{i}b_n\zeta})^n\to\omega(\zeta)=\mathrm{e}^{\psi(\zeta)},\tag{17.5.27}$$

其中

$$b_n=\int_{-\infty}^{+\infty}\sin\frac{x}{a_n}F\{\mathrm{d}x\}.\tag{17.5.28}$$

因此，我们有一个令人满意的结果：当 $\alpha<1$ 时不需要定中心手续，而对于 $\alpha>1$，只要把中心定在期望为 0 即可.

证 设 $\alpha<1$. (17.3.18) 中定义 $\psi(\zeta)$ 的积分与 (17.5.26) 的右边不同之处在于项 $\mathrm{i}\zeta\sin x$ 消失了. 我们证明这些项在 (17.5.26) 中也可以省去，因此

$$\int_{-\infty}^{+\infty}\frac{\mathrm{e}^{\mathrm{i}\zeta x}-1}{x^2}\cdot nx^2F\{a_n\mathrm{d}x\}\to\int_{-\infty}^{+\infty}\frac{\mathrm{e}^{\mathrm{i}\zeta x}-1}{x^2}\cdot M\{\mathrm{d}x\}.\tag{17.5.29}$$

在原点的一个邻域之外被积函数是连续的，因为 $nx^2F\{a_n\mathrm{d}x\}\to M\{\mathrm{d}x\}$，所以如果把区间 $|x|<\delta$ 从积分域中去掉，那么关系式 (17.5.29) 成立. 因此只要证明，当 δ 充分小时，$|x|<\delta$ 对左边积分的贡献可以任意小就行了. 现在这个贡献由

$$|\zeta|n\int_{|x|<\delta}|x|F\{a_n\mathrm{d}x\}=\frac{|\zeta|n}{a_n}\int_{|y|<a_n\delta}|y|F\{\mathrm{d}y\}\tag{17.5.30}$$

所控制，具有 $\beta=1$ 的 (17.5.22) 表明右边

$$\sim(2-\alpha/(1-\alpha))\cdot C\delta^{1-\alpha},$$

此式随 δ 趋于 0 而趋于 0.

因此，(17.5.29) 成立. 它可以改写成 $n[\varphi(\zeta/a_n)-1]\to\psi(\zeta)$ 的形式. 根据 17.1 节定理 1，此式等价于断言

$$\varphi^n(\zeta/a_n)\to\ln\psi(\zeta).$$

(ii) 设 $\alpha>1$. (i) 中所用的论证可以照搬过来，所不同的是 (17.5.26) 修改了形式，现在呈形式

$$\int_{-\infty}^{+\infty}\frac{\mathrm{e}^{\mathrm{i}\zeta x}-1-\mathrm{i}\zeta x}{x^2}nx^2F\{a_n\mathrm{d}x\}\to\int_{-\infty}^{+\infty}\frac{\mathrm{e}^{\mathrm{i}\zeta x}-1-\mathrm{i}\zeta x}{x^2}M\{\mathrm{d}x\}. \tag{17.5.31}$$

为了证明它是正确的，我们必须证明，当 t 充分大时，$|x|>t$ 对左边积分的贡献可以任意小. 这可由 (17.5.21) 直接推出.

(iii) 设 $\alpha=1$. (17.5.26) 无须改变，但是为了证明这个关系式等价于断言 (17.5.27)，必须证明对于固定的 ζ，

$$\varphi^n(\zeta/a_n)\sim\mathrm{e}^{n[\varphi(\zeta/a_n)-1]}, \tag{17.5.32}$$

或者等价地说，

$$n|\varphi(\zeta/a_n)-1|^2\to 0. \tag{17.5.33}$$

对于 $\beta<1$，F 的绝对矩 μ_β 是有限的. 我们由显然的不等式 $|\mathrm{e}^{\mathrm{i}t}-1|<2|t|^\beta$ 推出 $|\varphi(\zeta/a_n)-1|<2m_\beta|\zeta|^\beta a_n^{-\beta}$，从而 (17.5.33) 的左边是 $O(na_n^{-2\beta})$. 但是，定义关系式 (17.5.23) 表明，对于每个 $\varepsilon>0, n=O(a_n^{1+\varepsilon})$，所以 (17.5.33) 成立. ■

结束语 不应该把正态分布的吸引域和 B.V. 格涅坚科引入的一个指数为 a^α 的稳定分布 U 的正态吸引域混淆. 称一个分布 F 属于这个域，如果它以正规化常数 $a_n=n^{1/\alpha}$ 属于 U 的吸引域. 确定这个吸引域的界限原先是一个很难的问题，但是在目前的情况下，其解答由加在正规化常数上的条件 (17.5.23) 给出. 分布 F 属于 U 的“正态”吸引域，当且仅当 $x\to\infty$ 时 $x^\alpha[1-F(x)]\to Cp$ 且 $x^\alpha F(-x)\to Cq$. 此处 $C>0$ 是常数. （顺便提一下，利用这个术语，正态分布有一个非正态吸引域. ）

*17.6 稳定密度

以闭合形式表示稳定密度似乎是不可能的，但是费勒（1952）和贝格斯特罗姆（H. Bergström，1953）独立地给出了它的级数展开式. 它们蕴涵后来用更复

* 本节讨论一个特殊的课题，初读时可以略去.

杂的方法得到的结果，它们提供了傅里叶反演公式的应用的很好的例子（虽然利用了复积分）. 我们不考虑指数 $\alpha=1$ 的情形.

对于 $\zeta>0$ 我们可以把稳定特征函数写成 $e^{-a\zeta^\alpha}$ 的形式，其中 a 是一个复常数. 它的绝对值只影响到尺度参数，因此我们可以设 a 的模为 1 并记 $a=e^{i\pi\gamma/2}$，其中 γ 是一个实数. 于是我们令

$$\psi(\zeta)=-|\zeta|^\alpha\cdot e^{\pm i\pi\gamma/2}, \tag{17.6.1}$$

其中当 $\zeta>0$ 时“±”取上面的符号，当 $\zeta<0$ 时取下面的符号. [见标准型 (17.3.18).] 实部与虚部之比服从 (17.3.18) 中显然的不等式；利用现在的记号，e^ψ 是稳定的，当且仅当

$$|\gamma|\leqslant\begin{cases}\alpha, & \text{如果 } 0<\alpha<1,\\ 2-\alpha, & \text{如果 } 1<\alpha<2.\end{cases} \tag{17.6.2}$$

因为 e^ψ 是绝对可积的，所以相应的分布有密度. 我们用 $p(x;\alpha,\gamma)$ 表示它，并着手用傅里叶反演公式 (15.3.5) 来计算它. 由于已经知道 p 是实的，$\psi(-\zeta)$ 是 $\psi(\zeta)$ 的共轭函数，我们得到

$$p(x;\alpha,\gamma)=\pi^{-1}\mathrm{Re}\int_0^\infty e^{-ix\zeta-\zeta^\alpha e^{i\pi\gamma/2}}d\zeta. \tag{17.6.3}$$

因为

$$p(-x;\alpha,\gamma)=p(x;\alpha,-\gamma), \tag{17.6.4}$$

只要对 $x>0$ 计算这个函数就行了.

(a) $\boldsymbol{\alpha<1}$ **的情形.** 把被积函数看作复变量 ζ 的函数. 当 $x>0$ 且 $\mathrm{Im}\,\zeta\to-\infty$ 时，被积函数由于指数中线性项占优势而趋于 0. 这样我们能够把积分路线移到负半虚轴，这相当于利用代换 $\zeta=(t/x)e^{-i\frac{1}{2}\pi}$ 和像所有系数都是实数那样进行. 新的被积函数呈 e^{-t-ct^α} 的形式. 利用 e^{-ct^α} 的指数展开式和我们所熟悉的 Γ 积分可以推出

$$p(x;\alpha,\gamma)=\mathrm{Re}\frac{-i}{\pi x}\sum_{k=0}^\infty\frac{\Gamma(k\alpha+1)}{k!}\cdot\left(-x^{-\alpha}\exp\left[i\frac{\pi}{2}(\gamma-\alpha)\right]\right)^k. \tag{17.6.5}$$

(b) $\boldsymbol{1<\alpha<2}$ **的情形.** 利用形式代换

$$\zeta=t^{\alpha-1}\exp\left(-\frac{1}{2}i\pi\gamma/\alpha\right)$$

的合理性可以像在 $\alpha<1$ 的情形那样说明，新的被积函数呈 $e^{-t-ct^{\alpha^{-1}}}t^{\alpha^{-1}-1}$ 的形式. 把 $e^{-ct\alpha^{-1}}$ 展开成指数级数，我们得到

$$p(x;\alpha,\gamma)=\frac{1}{\alpha\pi}\mathrm{Re}\exp\left(-i\frac{\pi\gamma}{2\alpha}\right)\sum_{n=0}^\infty\frac{\Gamma((n+1)/\alpha)}{n!}\cdot\left(-ix\exp\left[-i\frac{\pi\gamma}{2\alpha}\right]\right)^n. \tag{17.6.6}$$

把求和指标 n 变为 $k-1$ 并利用熟知的递推公式 $\Gamma(s+1)=s\Gamma(s)$，可得

$$p(x;\alpha,\gamma)=\frac{1}{\pi x}\mathrm{Re}\,\mathrm{i}\sum_{k=1}^{\infty}\frac{\Gamma(1+k/\alpha)}{k!}\left(-x\exp\left[-\mathrm{i}\frac{\pi}{2\alpha}(\gamma-\alpha)\right]\right)^{k}. \tag{17.6.7}$$

因此，我们证明了以下引理.

引理 1 对于 $x>0$ 且 $0<\alpha<1$，

$$p(x;\alpha,\gamma)=\frac{1}{\pi x}\sum_{k=1}^{\infty}\frac{\Gamma(k\alpha+1)}{k!}(-x^{-\alpha})^{k}\sin\frac{k\pi}{2}(\gamma-\alpha). \tag{17.6.8}$$

对于 $x>0$ 且 $1<\alpha<2$，

$$p(x;\alpha,\gamma)=\frac{1}{\pi x}\sum_{k=1}^{\infty}\frac{\Gamma(1+k/\alpha)}{k!}(-x)^{k}\sin\frac{k\pi}{2\alpha}(\gamma-\alpha). \tag{17.6.9}$$

当 $x<0$ 时，它们的值由 (17.6.4) 给出.

注意，(17.6.8) 给出了 $x\to\infty$ 时的渐近估计. 这些公式的一个奇特的副产品是以下引理.

引理 2 如果 $\frac{1}{2}<\alpha<1$ 且 $x>0$，那么

$$\frac{1}{x^{\alpha+1}}p\left(\frac{1}{x^{\alpha}};\frac{1}{\alpha},\gamma\right)=p(x;\alpha,\gamma^{*}), \tag{17.6.10}$$

其中 $\gamma^{*}=\alpha(\gamma+1)-1$.

利用简单的验算可以证明 γ^{*} 落在 (17.6.2) 所述的范围内，恒等式 (17.6.10) 是佐洛塔廖夫（V.M. Zolotarev）用复杂的证明首次得到的.

17.7 三角形阵列

三角形阵列的概念在 6.3 节中是这样给出的. 对于每个 n，有有限多个（比如说 r_n 个）分布为 $F_{k,n}$ 特征函数为 $\varphi_{k,n}$ 的独立随机变量 $X_{k,n}$（$k=1,2,\cdots,r_n$）. 我们组成行和 $\boldsymbol{S}_n=X_{1,n}+\cdots+X_{r_n,n}$，分别用 U_n 和 ω_n 表示它的分布和特征函数. 根据 6.3 节中说明的理由，我们主要对各个分量的影响是渐近可忽略的阵列感兴趣. 为了保证这一点，我们加上 (6.3.2) 这个条件：变量 $X_{k,n}$ 对 $k=1,2,\cdots,r_n$ 依概率一致地趋于 0. 利用特征函数，这就是说，给定 $\varepsilon>0$ 和 $\zeta_0>0$，对于所有充分大的 n 有

$$|1-\varphi_{k,n}(\zeta)|<\varepsilon,\quad |\zeta|<\zeta_0,\quad k=1,\cdots,r_n. \tag{17.7.1}$$

这样的阵列称为**零阵列**.

实际上 17.1 节和 17.2 节讨论的是分布 $F_{k,n}$ 不依赖于 k 的三角形阵列，这样的阵列自然是零阵列. 条件 (17.7.1) 使得我们能利用开头两节所述的理论. 特别，现在将证明，主要的结果可以搬到任意的零阵列上：*如果行和 S_n 的分布趋于一个极限，那么这个极限是无穷可分的.*[①] 我们将证明一个向指定的无穷可分分布收敛的精确准则.

为了读者的方便，我们回忆一下标准测度的定义. 一个测度 M 是**标准**的，如果它对有限区间赋予有限质量 $M\{I\}$，并使积分

$$M^+(x)=\int_x^\infty y^{-2}M\{\mathrm{d}y\},\quad M^-(-x)=\int_{-\infty}^{-x}y^{-2}M\{\mathrm{d}y\} \tag{17.7.2}$$

对每个 $x>0$ 都存在.（17.1 节的定义 1.）

为了简化记号，我们引入由

$$M_n\{\mathrm{d}x\}=\sum_{k=1}^{r_n}x^2F_{k,n}\{\mathrm{d}x\} \tag{17.7.3}$$

定义的测度 M_n. 这测度类似于上节中测度 $nx^2F_n\{\mathrm{d}x\}$. 按 (17.7.2) 类推，对 $x>0$，我们令

$$\begin{aligned}M_n^+(x)&=\sum_{k=1}^{r_n}[1-F_{k,n}(x)],\\ M_n^-(-x)&=\sum_{k=1}^{r_n}F_{k,n}(-x).\end{aligned} \tag{17.7.4}$$

我们将广泛使用截尾变量，但是把标准的截尾程序稍作修改，以避免由于利用不连续函数而产生的复杂化. 修改过的程序把随机变量 X 换为截尾变量 $\tau(X)$，其中 τ 是这样的*连续单调函数*，使得

$$\tau(x)=\begin{cases}x, & |x|\leqslant a,\\ \pm a, & |x|>a.\end{cases} \tag{17.7.5}$$

[显然 $\tau(-x)=-\tau(x)$.] 关于截尾变量的期望，我们记

$$\begin{aligned}&\beta_{k,n}=E(\tau(X_{k,n})),\\ &b_n=\sum_{k=1}^{r_n}\beta_{k,n},\quad B_n=\sum_{k=1}^{r_n}\beta_{k,n}^2.\end{aligned} \tag{17.7.6}$$

① 关于这个结果对非平稳的独立增量过程的意义，见 17.1 节的结束语.

从理论上讲，可以用这样的方式定 $X_{k,n}$ 的中心使所有的 $\beta_{k,n}$ 都等于 0. 这可以简化论证，但是所得到的准则在许多具体情况下不能直接应用. 然而，通常可以这样定 $X_{k,n}$ 的中心使 $\beta_{k,n}$ 充分地小，以致 $B_n \to 0$. 在这种情形下，下一定理的条件化为上几节中常用的条件 $M_n \to M$. 在一般情形下，对于到原点有一个正距离的区间 I，我们有 $M_n\{I\} \to M\{I\}$，但是原点的邻域受到 B_n 的影响.（截尾点的选取没有影响.）

定理 设 $\{X_{k,n}\}$ 是零阵列. 如果可以找到这样的常数 b_n，使得 $S_n - b_n$ 的分布趋于极限分布 U，那么 (17.7.6) 中的 b_n 也是如此.① 极限分布 U 是无穷可分的.②

为使向一个标准测度为 M 的极限 U 的收敛发生，当且仅当在所有的连续点 $x>0$ 上，

$$M_n^+(x) \to M^+(x), \qquad M_n^-(-x) \to M^-(-x), \tag{17.7.7}$$

并且对于某个 $s>0$，

$$M_n\{\overline{-s,s}\} - B_n \to M\{\overline{-s,s}\}. \tag{17.7.8}$$

在这种情形下，$S_n - b_n$ 的分布趋于由

$$\psi(\zeta) = \int_{-\infty}^{+\infty} \frac{\mathrm{e}^{\mathrm{i}\zeta x} - 1 - \mathrm{i}\zeta\tau(x)}{x^2} M\{\mathrm{d}x\} \tag{17.7.9}$$

确定的特征函数 $\omega = \mathrm{e}^{\psi}$ 的分布.

[条件 (17.7.8) 在所有连续点上自然成立.]

证 我们分步进行.

(a) 首先假设所有的变量 $X_{k,n}$ 是对称的，因此 S_n 的分布一定无须预先经过定中心就收敛. 特征函数 $\varphi_{k,n}$ 是实的，由 (17.7.1) 知，只要 n 充分大，泰勒展开式

$$-\ln\varphi_{k,n}(\zeta) = [1-\varphi_{k,n}(\zeta)] + \frac{1}{2}[1-\varphi_{k,n}(\zeta)]^2 + \cdots \tag{17.7.10}$$

对任意的 ξ 成立. 问题是，是不是有

$$\sum_{k=1}^{r_n} \ln\varphi_{k,n}(\zeta) \to \psi(\zeta). \tag{17.7.11}$$

(17.7.10) 中展开式的所有的项都是正的，从而 (17.7.11) 要求线性项之和是有界的. 由 (17.7.1) 知，这蕴涵高阶项的贡献是渐近可忽略的. 由此我们知道，为使 (17.7.11) 成立，当且仅当

① 对于标准截尾，即如果把 τ 换成在 $|x|>a$ 外等于 0 的截尾函数，定理仍然成立. 为了避免记号的复杂化，必须假设 M 在 $\pm a$ 上没有原子. [证明的 (b) 部分变得更复杂，因为不可能找到这样的 θ 使得 $E(\tau(X+\theta))=0$.]

② 集中在一点上的分布是无穷可分的，相应的标准测度恒等于 0.

$$\sum_{k=1}^{r_n}[\varphi_{k,n}(\zeta)-1]\to\psi(\zeta). \tag{17.7.12}$$

左边可以写成 $r_n[\varphi_n-1]$ 的形式，其中 φ_n 是分布 $F_{k,n}$ 的算术平均的特征函数. 于是我们讨论的是 17.2 节定理 2 的一个特殊情形，因此可以断言，为使形如 (17.7.12) 的关系式成立，当且仅当存在一个标准测度 M 使得 $M_n\to M$. 当 $B_n=0$ 时，条件 (17.7.7) 和 (17.7.8) 等价于 $M_n\to M$；因为对于一个到原点有正距离的区间 I，(17.7.7) 蕴涵关系式 $M_n\{I\}\to M\{I\}$. 这就对于对称分布证明了定理.

(b) 其次假设对于所有的 k 和 n 有 $\beta_{k,n}=0$. 我们将证明，除非

$$\sum_{k=1}^{r_n}|\varphi_{k,n}(\zeta)-1|<C(\zeta), \tag{17.7.13}$$

即左边之和是有界的，(17.7.11) 不可能发生. 在这种情形下，(17.7.11) 和 (17.7.12) 仍是等价的，(a) 中所用的最后论证也把本断言化为 17.2 节定理 2. 固然，这个定理涉及一个利用 $\sin x$ 而不是利用 $\tau(x)$ 的中心常数 b_n'，但这被极限分布的相应变化所抵偿，因为

$$b_n-b_n'=\int_{-\infty}^{+\infty}\frac{\tau(x)-\sin x}{x^2}M_n\{\mathrm{d}x\}\to\int_{-\infty}^{+\infty}\frac{\tau(x)-\sin x}{x^2}M\{\mathrm{d}x\}. \tag{17.7.14}$$

为了用 (17.7.11) 推导 (17.7.13)，我们从因为 $\beta_{k,n}=0$ 而成立的恒等式

$$\varphi_{k,n}(\zeta)-1=\int_{-\infty}^{+\infty}[\mathrm{e}^{\mathrm{i}\zeta x}-1-\mathrm{i}\zeta\tau(x)]F_{k,n}\{\mathrm{d}x\} \tag{17.7.15}$$

开始. 对于 $|x|<a$，被积函数等于 $\mathrm{e}^{\mathrm{i}\zeta x}-1-\mathrm{i}\zeta x$，并且由 $\frac{1}{2}\zeta^2x^2$ 所控制. 因为 $|\tau(x)|\leqslant a$，所以

$$\sum_{k=1}^{r_n}|\varphi_{k,n}(\zeta)-1|\leqslant\frac{1}{2}\zeta^2M_n\{\overline{-a,a}\}+(2+a|\zeta|)(M_n^+(a)+M_n^-(-a)). \tag{17.7.16}$$

为了证明 $M_n^+(a)$ 一定是有界的，我们考虑通过把 $\{X_{k,n}\}$ 对称化而得到的阵列 $\{{}^0X_{k,n}\}$. 关于零阵列的条件 (17.7.1) 蕴涵对于充分大的 n，事件

$${}^0X_{k,n}>X_{k,n}-\varepsilon$$

的概率对所有的 $k\leqslant r_n$ 都大于 $\frac{1}{2}$. 于是 $\frac{1}{2}M_n^+(a)<{}^0M_n^+(a)$. 我们知道，如果收敛发生，那么后一个量是有界的. 我们得到，在收敛的情形下，$M_n^+(a)+M_n^-(-a)$ 是有界的，从而

$$\sum_{k=1}^{r_n}|\varphi_{k,n}(\zeta)-1|^2=M_n\{\overline{-a,a}\}\cdot\varepsilon_n(\zeta), \tag{17.7.17}$$

其中 ε_n 表示一个趋于 0 的量. 另外，(17.7.15) 中被积函数的实部不改变符号. 对 $|x| < a$ 和充分小的 ζ，它的绝对值 $> \frac{1}{4}\zeta^2 x^2$，从而

$$-\mathrm{Re}\sum_{k=1}^{r_n}(\varphi_{k,n}(\zeta)-1) \geqslant \frac{1}{4}\zeta^2 M_n\{\overline{-a,a}\}. \tag{17.7.18}$$

最后这两个不等式表明 (17.7.11) 的左边不可能是有界的，除非 $M_n\{\overline{-a,a}\}$ 是有界的，在这种情形下 (17.7.16) 蕴涵 (17.7.13).

(c) 我们最后转向任意的零阵列 $\{X_{k,n}\}$. 因为 $E(\tau(X_{k,n}-\theta))$ 是 θ 的连续单调函数，这里 θ 从 a 变到 $-a$，所以存在唯一的一个值 $\theta_{k,n}$ 使得变量 $Y_{k,n}=X_{k,n}-\theta_{k,n}$ 满足条件 $E(\tau(Y_{k,n}))=0$. 显然，$\{Y_{k,n}\}$ 是零阵列，从而定理可应用于它.

于是我们求出了可能的极限分布的一般形式，但是收敛条件是利用 $Y_{k,n}$ 的人为地定中心了的分布的测度 $N_n\{\mathrm{d}x\}=\sum x^2 F_{k,n}\{\theta_{k,n}+\mathrm{d}x\}$ 来表示的. 换句话说，当在 (17.7.7) 和 (17.7.8) 中把 M_n 换成 N_n，把 B_n 换成 0 时，我们证明了定理.

为了消除中心常数 $\theta_{k,n}$，回忆一下，它们一致趋于 0，从而最终有

$$M_n^+(x+\varepsilon) \leqslant N_n^+(x) \leqslant M_n^+(x-\varepsilon).$$

由此推出条件 (17.7.7) 可相互交换地适用于这两个阵列.

在讨论条件 (17.7.8) 以前，我们证明阵列 $\{Y_{k,n}\}$ 和 $\{X_{k,n}-\beta_{k,n}\}$ 有相同的极限分布，即

$$b_n - \sum_{k=1}^{r_n}\theta_{k,n} \to 0. \tag{17.7.19}$$

设 $Z_{k,n}=\tau(Y_{k,n})-\tau(X_{k,n})+\theta_{k,n}$. 由 τ 的定义显然可见 $Z_{k,n}$ 等于 0，除非 $X_{k,n}>|a-\theta_{k,n}|$，并且即使在那里也有 $|Z_{k,n}| \leqslant |\theta_{k,n}| \to 0$. 因此条件 (17.7.7) 保证

$$\sum_{k=1}^{r_n}|E(Z_{k,n})| = \sum_{k=1}^{r_n}|\beta_{k,n}-\theta_{k,n}| \to 0, \tag{17.7.20}$$

此式比 (17.7.19) 强.

最后讨论条件 (17.7.8). 我们利用符号 $\approx$ 表示当 $n\to\infty$ 时两边之差趋于 0. 当 (17.7.7) 和 (17.7.20) 成立时，易见

$$\begin{aligned} M_n\{\overline{-a,a}\} - B_n &\approx \sum_{k=1}^{r_n}\int_{|x|<a}(x-\theta_{k,n})^2 F_{k,n}\{\mathrm{d}x\} \\ &\approx \sum_{k=1}^{r_n}\int_{|y|<a} y^2 F_{k,n}\{\mathrm{d}y+\theta_{k,n}\} \approx N_n\{\overline{-a,a}\}, \end{aligned} \tag{17.7.21}$$

因此 (17.7.8) 等价于关于阵列 $\{Y_{k,n}\}$ 的相应条件. ■

例 **定中心的作用.** 对于 $k=1,\cdots,n$，设 $X_{k,n}$ 服从期望为 $n^{-\frac{1}{4}}$ 方差为 n^{-1} 的正态分布. 如果把它们的中心定在期望为 0，那么极限分布存在，并且是正态的. 但是，对于中心常数 $\beta_{k,n}=n^{-\frac{1}{4}}$，我们有 $B_n\sim 2\sqrt{n}\to\infty$. 由此推出 $M_n\{\overline{-a,a}\}\to\infty$. 本例说明，如果容许任意的中心常数，那么定理的非线性形式是不可避免的. 还证明了，在这种情形下，只考虑 $\ln\varphi_{k,n}$ 的展开式 (17.7.10) 中的线性项是不够的. ■

关于进一步的结果见习题 17 和习题 18.

*17.8 类 L

作为上一定理的威力的例证，我们给出一个由莱维发现的定理的一个简单证明. 我们再一次讨论相互独立随机变量的部分和 $S_n=X_1+\cdots+X_n$，但与 17.5 节相反，容许 X_n 的分布 F_n 依赖于 n. 我们令 $S_n^*=(S_n-b_n)/a_n$，并希望在假设

$$a_n\to\infty,\quad \frac{a_{n+1}}{a_n}\to 1 \tag{17.8.1}$$

下刻划 $\{S_n^*\}$ 的可能的极限分布的特征. 第 1 个条件排除了将在 17.10 节中讨论的收敛级数 $\sum X_k$. 由第 2 个条件所避免的情形最好用下例说明.

例 设 X_n 服从期望为 $n!$ 的指数分布. 令 $a_n=n!, b_n=0$. 显然，S_n^* 的分布趋于期望为 1 的指数分布，但是收敛完全是由于项 X_n 占优势. ■

遵循辛钦的说法，通常说一个分布属于类 L，*如果它是一个满足条件* (17.8.1) *的序列* $\{S_n^*\}$ *的极限分布.*

在这种阐述中，我们不能清楚地看出类 L 中的所有分布都是无穷可分的，但是我们将把这个结果作为下列引理的推论来证明.

引理 *特征函数* ω *属于类* L，*当且仅当对于每个* $0<s<1$，*比* $\omega(\zeta)/\omega(s\zeta)$ *是一个特征函数.*

证 (a) **必要性.** 用 ω_n 表示 $\boldsymbol{S}_n^*$ 的特征函数，设 $n>m$. 变量 $\boldsymbol{S}_n^*$ 是 $(a_m/a_n)\boldsymbol{S}_m^*$ 与一个只依赖于 $X_{m+1},\cdots,X_n$ 的变量之和. 因此

$$\omega_n(\zeta)=\omega_m(\zeta a_m/a_n)\cdot\varphi_{m,n}(\zeta), \tag{17.8.2}$$

其中 $\varphi_{m,n}$ 是一个特征函数. 现在令 n 和 m 以这样的方式趋于 ∞，使得 $a_m/a_n\to s<1$. [由 (17.8.1)，这是可能的.] 左边趋于 $\omega(\zeta)$，右边的第一个因子趋于 $\omega(s\zeta)$，因为特征函数的收敛在有限区间内是一致的.（15.3 节的定理 2.）我们首先断言，

* 本节讨论较专门的课题.

ω 没有零点. 事实上，因为 $\varphi_{m,n}$ 是有界的，所以 $\omega(\zeta_0)=0$ 蕴涵 $\omega(s\zeta_0)=0$，从而蕴涵对于所有的 $k>0$ 有 $\omega(s^k\zeta_0)=0$，而实际上 $\omega(s^k\zeta_0)\to 1$. 于是，比 $\omega(\zeta)/\omega(s\zeta)$ 作为特征函数 $\varphi_{m,n}$ 的连续极限出现，因此是特征函数.

(b) **充分性.** 上述论证说明 ω 没有零点，从而我们有恒等式

$$\omega(n\zeta)=\omega(\zeta)\cdot\frac{\omega(2\zeta)}{\omega(\zeta)}\cdots\frac{\omega(n\zeta)}{\omega((n-1)\zeta)}. \tag{17.8.3}$$

在引理的条件下，因子 $\omega(k\zeta)/\omega((k-1)\zeta)$ 是一个随机变量 X_k 的特征函数，从而 $\omega(\zeta)$ 是 $(X_1+\cdots+X_n)$ 的特征函数. ■

我们不但证明了引理，而且发现 ω 是一个三角形阵列中第 n 个行和的特征函数. 显然，ω 满足关于零阵列的条件 (17.7.1)，从而 ω 是无穷可分的. 为了求出确定 ω 的标准测度 M，我们要注意到比 $\omega(\zeta)/\omega(s\zeta)$ 是无穷可分的，正如从因子分解 (17.8.3) 所看到的那样. 确定 $\omega(\zeta)/\omega(s\zeta)$ 的标准测度 N 与 M 由恒等式

$$N\{\mathrm{d}x\}=M\{\mathrm{d}x\}-s^2M\{s^{-1}\mathrm{d}x\} \tag{17.8.4}$$

相联系. 利用函数 M^+ 和 M^-，这个关系式可写成

$$\begin{aligned}N^+(x)&=M^+(x)-M^+(x/s),\\ N^-(-x)&=M^-(-x)-M^-(-x/s).\end{aligned} \tag{17.8.5}$$

我们已经证明了，如果标准测度 M 确定类 L 的一个特征函数 ω，那么对每个 $0<s<1$，在 (17.8.5) 中所确定的函数 N^+ 和 N^- 一定是单调的. 反之，如果这是正确的，那么 (17.8.4) 定义了一个确定 $\omega(\zeta)/\omega(s\zeta)$ 的标准测度. 于是我们证明了以下定理.

定理　特征函数 ω 属于类 L，当且仅当它是无穷可分的，并且它确定的标准测度 M 使 (17.8.5) 中的两个函数对每个固定的 $0<s<1$ 是单调的.

注　容易验证，为使那两个函数是单调的，当且仅当 $M^+(\mathrm{e}^x)$ 和 $M^-(-\mathrm{e}^x)$ 是凸函数.

*17.9　部分吸引、“普遍的定律”

正如我们已经看到的那样，分布 F 不一定属于任一吸引域，这样就产生了一个问题：在它的逐次卷积序列 $\{F^{n\star}\}$ 的渐近性质中是不是存在一个一般的模型？一个令人沮丧的答案是，实际上每一个可以想象到的性质都可能出现，看不出有什么一般的正则性. 我们之所以讨论几种可能性，主要是由于它们的奇特性质.

* 本节讨论较专门的课题.

当且仅当存在正规化常数 a_r, b_r 和一列整数 $n_r \to \infty$ 使得

$$[\varphi(\zeta/a_r)\mathrm{e}^{-\mathrm{i}b_r\zeta}]^{n_r} \to \gamma(\zeta) \tag{17.9.1}$$

时，我们称特征函数 φ 属于 γ 的部分吸引域. 这里我们认为 $|\gamma|$ 不恒等于 1，即相应的分布不集中于一点. 于是 (17.9.1) 通过考虑子序列的极限而推广了吸引域的概念.

由 17.1 节定理 2，极限 γ 一定是无穷可分的. 下列例子将说明两种极端都是可能的：存在不属于任一部分吸引域的分布，也存在属于每一个无穷可分的部分吸引域的分布.

例 (a) 17.3 节例 (f) 给出了这样一个特征函数 φ，它是非稳定的，但属于它本身的部分吸引域.

(b) **具有缓慢变化尾部的对称分布不属于任一部分吸引域.** 假设 $L(x) = 1 - F(x) + F(-x)$ 在无穷远处是缓慢变化的. 根据 8.9 节的定理 2，在这种情形下，

$$U(x) = \int_{-x}^{x} y^2 F\{\mathrm{d}y\} = o(x^2 L(x)), \quad x \to \infty. \tag{17.9.2}$$

按照 17.7 节的定理，F 属于某一部分吸引域的必要条件是当 n 跑遍一个适当的序列时，$n[1 - F(a_n x) + F(-a_n x)]$ 和 $na_n^{-2}U(a_n x)$ 在所有连续点上收敛. 第一个条件要求 $nL(a_n) \sim 1$，第 2 个条件要求 $nL(a_n) \to \infty$.

(c) **一个无穷可分的 γ 不一定属于它本身的部分吸引域.** 实际上，由 17.1 节定理 1 推出，如果 φ 属于 γ 的吸引域，那么无穷可分特征函数 $\mathrm{e}^{\varphi-1}$ 也是如此. 上例说明 $\mathrm{e}^{\zeta-1}$ 不属于任一部分吸引范围.

(d) 作为叙述以下例子中奇特情况的准备，我们来证明下列命题：考虑任意一列具有有界指数的无穷可分特征函数 $\omega_r = \mathrm{e}^{\psi_r}$. 令

$$\lambda(\zeta) = \sum_{k=1}^{\infty} \psi_k(a_k\zeta)/n_k. \tag{17.9.3}$$

可以用这样的方式选取常数 $a_k > 0$ 和整数 n_k，使得当 $r \to \infty$ 时对于所有的 ζ，

$$n_r\lambda(\zeta/a_r) - \psi_r(\zeta) \to 0. \tag{17.9.4}$$

证 取 $\{n_k\}$ 为一列如此迅速单调递增的整数，以致 $n_k/n_{k-1} > 2^k \max|\psi_k|$. 于是 (17.9.4) 的左边由下式所控制：

$$n_r \sum_{k=1}^{r-1} |\psi_k(\zeta a_k/a_r)| + \sum_{k=r+1}^{\infty} 2^{-k}. \tag{17.9.5}$$

我们递推地选取系数 a_r 如下. 令 $a_1=1$. 若已知 $a_1,\cdots,a_{r-1}$，选取 a_r 如此之大，以致对所有的 $|\zeta|<r$，量 (17.9.5) $<1/r$. 这是可能的，因为第一个和连续地依赖于 ζ，而对于 $\zeta=0$ 它等于 0.

(e) **每个无穷可分特征函数 $\omega=\mathrm{e}^{\psi}$ 都有一个部分吸引域.** 实际上，我们知道 ω 是一列复合泊松型特征函数 $\omega_k=\mathrm{e}^{\psi}k$ 的极限. 用 (17.9.3) 定义 λ，并令 $\varphi=\mathrm{e}^{\lambda}$. 那么 φ 是一个特征函数，(17.9.4) 说明

$$\lim\varphi^{n_r}(\zeta/a_r)=\lim\mathrm{e}^{\psi_r(\zeta)}=\omega(\zeta).\tag{17.9.6}$$

(f) **变形.** 设 e^{α} 和 e^{β} 是两个无穷可分特征函数，这样选取 (17.9.3) 中的项，使得 $\psi_{2k}\to\alpha,\psi_{2k+1}\to\beta$. 由 (17.9.4) 推出，如果序列 $\nu_r\lambda(\zeta/a_{k_r})$ 收敛，那么极限一定是 α 和 β 的线性组合. 换句话说，e^{λ} 属于所有形如 $\mathrm{e}^{p\alpha+q\beta}$ 的特征函数的部分吸引域, 而不属于其他的部分吸引域. 本例容易推广. 利用凸集的术语可以证明，一个分布 F 可以属于 n 个指定的无穷可分分布的凸包中的所有分布的部分吸引域.

(g) **给定一列无穷可分特征函数 $\mathrm{e}^{\alpha_1},\mathrm{e}^{\alpha_2},\cdots$，那么存在一个 $\varphi=\mathrm{e}^{\lambda}$，它属于每个特征函数 e^{α_i} 的部分吸引域.** 把整数分成无穷多个子序列.（例如，设第 n 个子序列包含所有可被 2^{n-1} 整除但不可被 2^n 整除的整数.）于是我们可以在例 (d) 中选取这样的 ψ_r，使得当 r 跑遍第 n 个子序列时 $\psi_r\to\alpha_n$. 利用这种选择，(17.9.4) 表明 $\varphi=\mathrm{e}^{\lambda}$ 具有所要求的性质.

(h) **多勃林的"普遍定律".** *φ 可能属于每个无穷可分的 ω 的部分吸引域.* 实际上，显然，如果 φ 属于 $\omega_1,\omega_2,\cdots$ 的部分吸引域，且 $\omega_n\to\omega$，那么 φ 属于 ω 的部分吸引域. 因为只存在可数多个无穷可分的特征函数，使它们的标准测度集中于有限多个有理点上且只有有理质量. 因此，我们可以把这些函数排列成一个简单的序列 $\mathrm{e}^{\alpha_1},\mathrm{e}^{\alpha_2},\cdots$. 于是每个无穷可分的 ω 是 $\{\mathrm{e}^{\alpha_k}\}$ 的子序列的极限. 上例的特征函数 φ 属于每个 α_k 的部分吸引域，从而也属于 ω 的部分吸引域.

[**注** 最后一个结果是 W. 多勃林根据辛钦 1937 年的早期著作，在 1940 年的一个巧妙的研究中获得的. 那时解决这个问题所遇到的方法上的困难是难以克服的，B.V. 格涅坚科、辛钦和莱维在特殊情形下发现了例 (b) 的现象. 注意一下在正则变化的基本现象未被真正理解时特例中所遇到的复杂化将是有趣的.]

*17.10 无穷卷积

设 $X_1,X_2,\cdots$ 是特征函数为 $\varphi_1,\varphi_2,\cdots$ 的独立随机变量. 和在 (17.7.5) 中一

* 本节讨论一个专门的课题.

样，我们用 τ 表示一个单调连续截尾函数，此函数当 $|x| < a$ 时由 $\tau(x) = x$ 定义，当 $|x| \geqslant a$ 时由 $\tau(x) = \pm a$ 定义. 无穷卷积的基本定理表明，部分和 $X_1 + \cdots + X_n$ 的分布收敛于一个概率分布 U，当且仅当

$$\sum_{k=1}^{\infty} \operatorname{var}(\tau(X_k)) < \infty, \quad \sum_{k=1}^{\infty} P\{|X_k| > a\} < \infty, \tag{17.10.1}$$

且

$$\sum_{k=1}^{n} E(\tau(X_k)) \to b, \tag{17.10.2}$$

其中 b 是一个数.

8.5 节讨论了有限方差的特殊情形以及例子和应用. 此定理以相当一般的形式出现在 9.9 节中，其中的结果也可以通过证明级数 $\sum X_n$ 的收敛性（三级数定理）来推广. 我们曾经证明过此定理是三角形阵列的基本定理的一个简单推论，从而无须重复论证，[①]因此，我们将满足于说明特征函数的应用的例子.

例 (a) **均匀分布的因子分解.** 设 $X_k = \pm 2^{-k}$ 的概率都是 $\frac{1}{2}$. 在 1.11 节例 (c) 中曾非正式地证明了，可以把 $\sum X_k$ 看作“在 1 和 -1 之间随机选出的一个数”. 这相当于下述断言：均匀分布的特征函数 $(\sin\zeta)/\zeta$ 是特征函数 $\cos(\zeta/2^k)$ 的无穷乘积. 为了给出一个分析证明，我们从恒等式

$$\frac{\sin\zeta}{\zeta} = \cos\frac{\zeta}{2} \cdot \cos\frac{\zeta}{4} \cdots \cos\frac{\zeta}{2^n} \cdot \frac{\sin(\zeta/2^n)}{\zeta/2^n} \tag{17.10.3}$$

开始，此式可以按照归纳法利用公式 $\sin 2\alpha = 2\sin\alpha\cos\alpha$ 证明. 当 $n \to \infty$ 时，最后一个因子在任一有限区间内一致地趋于 1.

注意，偶数项的乘积仍对应于独立随机变量之和. 我们从 1.11 节例 (d) 知道，这个和具有康托型的**奇异分布**.[②]

（见习题 5、习题 7 和习题 19.）

(b) 设 Y_k 具有密度 $\frac{1}{2}\mathrm{e}^{-|x|}$ 和特征函数 $1/(1+\zeta^2)$. 于是 $\sum Y_k/k$ 收敛. 对于特征函数，我们得到 $\pi\zeta/\sinh\pi\zeta$ 的标准乘积表达式，其中 sinh 表示双曲正弦. 利用 15.9 节中的习题 8，我们可求出 $\sum Y_k/k$ 的密度为 $1/(2+\mathrm{e}^x+\mathrm{e}^{-x}) = 1/4(\cosh(x/2))^2$.

---

① 直接验证条件 (17.10.1) 和 (17.10.2) 保证乘积 $\varphi_1 \cdots \varphi_n$ 在每个有限区间上一致收敛将是一个很好的练习. 条件的必要性不是明显的，但是若注意到第 n 行为 $X_n, X_{n+1}, \cdots, X_{n+r_n}$ 的三角形阵列一定满足 17.7 节定理的条件（在其中令 $M = 0$），就容易推出必要性.

② G. Choquet 给出了适用于更一般无穷卷积的有趣几何证明. 在 A. Tortrat, J. Math. Pures. Appl., vol. 39 (1960), pp.231-273 中给出这个证明.

17.11 高维的情形

本章所述的理论无须本质上的改变就可搬到高维中去，我们将不给出所有的细节. 在无穷可分分布的标准形式中，最好把正态分量分离出来，只考虑在原点上没有原子的标准测度. 于是只要把 ζx 看作 15.7 节中所述那种形式的内积，诸公式就不需要改变. 为了确定起见，我们详细写出二维的公式.

一个在原点上没有原子的测度是标准的，如果它对有限区间赋以有限质量，$1/(1+x_1^2+x_2^2)$ 关于它是可积的，并且它在原点上没有原子. 在一维中选取一个适当的中心函数，例如 $\tau(x)=\sin x$ 或 (17.7.5) 中所确定的函数. 令

$$\psi(\zeta_1,\zeta_2)=\int\frac{\mathrm{e}^{\mathrm{i}(\zeta_1x_1+\zeta_2x_2)}-1-\mathrm{i}\zeta_1\tau(x_1)-\mathrm{i}\zeta_2\tau(x_2)}{x_1^2+x_2^2}M\{\mathrm{d}x\},\tag{17.11.1}$$

积分区域是整个平面，那么 $\omega=\mathrm{e}^{\psi}$ 是一个无穷可分的二元特征函数. 最一般的无穷可分特征函数可通过乘以一个正态特征函数而得到.

在极坐标中的重新叙述使情况更为直观. 令

$$\zeta_1=\rho\cos\varphi,\quad \zeta_2=\rho\sin\varphi,\quad x=r\cos\theta,\quad y=r\sin\theta.\tag{17.11.2}$$

在极坐标中的标准测度可以定义如下. 对于每个满足 $-\pi<\theta\leqslant\pi$ 的 θ，选取一个集中于 $\overline{0,\infty}$ 上的一维标准测度 $\varLambda_\theta$. 更进一步在 $-\pi<\theta\leqslant\pi$（圆周）上选取一个有限测度 W. 那么 M 可以通过把参数 θ 随机化来定义，并且（把中心常数稍作改变）可以把 (17.11.1) 改写成形式

$$\psi(\zeta_1,\zeta_2)=\int_{-\pi}^{\pi}W\{\mathrm{d}\theta\}\int_{0+}^{\infty}\frac{\mathrm{e}^{\mathrm{i}\rho r\cos(\varphi-\theta)}-1-\mathrm{i}\rho\tau(r)\cos(\varphi-\theta)}{r^2}\varLambda_\theta\{\mathrm{d}r\}.\tag{17.11.3}$$

（这种形式使我们能够通过把原点上的原子加到 $\varLambda_\theta$ 中去，而把正态分量吸收进来.）

例 稳定分布. 类似于一维，令 $\varLambda_\theta\{\mathrm{d}r\}=r^{-\alpha+1}$. 我们可以加上一个任意的因子 C_θ，但这只改变测度 W. 正如我们在 17.3 节例 (g) 中所看到的那样，利用这个测度，(17.11.3) 呈形式

$$\psi(\zeta_1,\zeta_2)=-C\rho^\alpha\int_{-\pi}^{\pi}|\cos(\varphi-\theta)|^\alpha\left(1\mp\tan\frac{\pi}{2\alpha}\right)W\{\mathrm{d}\theta\},\tag{17.11.4}$$

其中“$\mp$”当 $\varphi-\theta>0$ 时取上面的符号，当 $\varphi-\theta<0$ 时为取下面的符号. 这说明 e^{ψ} 是一个严格稳定的特征函数. 和 17.5 节中一样，我们可以看出不存在其他

的严格稳定特征函数. 但是，正如一维情形那样，指数 $\alpha = 1$ 导致的特征函数只是广义平稳的，并且在指数中有一个对数项.

当 $\alpha = 1$ 而 W 是均匀分布时，我们得到 $\mathbb{R}^2$ 中对称柯西分布的特征函数 $\mathrm{e}^{-\alpha\rho}$ [见 15.7 节例 (e) 和习题 21 ~ 习题 23].

17.12 习　题

1. 在 17.2 节中曾证明，如果 ψ 是一个无穷可分特征函数的对数，那么

$$\psi(\zeta) - \frac{1}{2h}\int_{-h}^{h}\psi(\zeta - s)\mathrm{d}x = \chi(\zeta) \tag{17.12.1}$$

是一个特征函数的实倍数. 证明其逆：假设 ψ 是这样一个连续函数，使得对于每个 $h > 0$，$\chi(\zeta)/\chi(0)$ 是一个特征函数. 那么 ψ 与一个无穷可分特征函数的对数只相差一个线性函数. 此外，ψ 是这样的一个对数，如果它满足进一步的条件 $\psi(0) = 0$ 和 $\psi(-\zeta) = \overline{\psi(\zeta)}$. [提示：证明齐次方程（其中 $\chi = 0$）的解是线性的.]

2. 证明：如果在 (17.12.1) 或 (17.2.13) 中把均匀分布换成集中于点上的分布：

$$\psi(\zeta) - \frac{1}{2}[\psi(\zeta + h) + \psi(\zeta - h)] = \chi(\zeta), \tag{17.12.2}$$

那么习题 1 和 17.2 节的论证仍然成立. 然而，由于对应于 χ 的密度不是严格正的，所以可能要稍微复杂一点.

3. **推广.** 设 R 是任意一个具有有限方差的偶概率分布. 如果 e^{ψ} 是一个无穷可分特征函数，并且

$$\chi = \psi - R\bigstar\psi, \tag{17.12.3}$$

那么 $\chi(\zeta)/\chi(0)$ 是一个特征函数. 若利用 (17.12.3) 来代替 (17.2.13)，则 17.2 节的论证仍然成立.

特别地，如果 R 有密度 $\frac{1}{2}\mathrm{e}^{-|x|}$，那么我们直接导出 ψ 的辛钦正态形式.（见 17.2 节最后的注.）但是，对 ψ 是无界这个事实需要小心.

4. 如果 ω 是一个无穷可分特征函数，那么存在常数 a 和 b，使得对于所有的 ζ 有 $|\ln\omega(\zeta)| < a + b\zeta^2$.

5. **真空管中的散粒噪声.** 我们在 6.3 节例 (h) 中考虑过一个三角形阵列，其中 $X_{k,n}$ 具有特征函数

$$\varphi_{k,n}(\zeta) = 1 + \alpha h[\mathrm{e}^{\mathrm{i}\zeta I(kh)} - 1],$$

此处 $h = n^{-1/2}$. 证明：$S_n = X_{1,n} + \cdots + X_{n,n}$ 的特征函数趋于 e^{ψ}，其中

$$\psi(\zeta) = \alpha\int_0^{\infty}[\mathrm{e}^{\mathrm{i}\zeta I(x)} - 1]\mathrm{d}x.$$

e^{ψ} 是一个随机变量 $X(t)$ 的特征函数，通过微分我们可得到**康贝尔定理** (6.3.4).

6. 设 $U=\sum X_n/n$，其中 X_k 是独立的，且具有共同密度 $\frac{1}{2}\mathrm{e}^{-|x|}$. 证明[①]：$U$ 是无穷可分的，具有标准测度 $M\{\mathrm{d}x\}=|x|\frac{\mathrm{e}^{-|x|}}{1-\mathrm{e}^{-|x|}}$. [除了需要求一个几何级数之和外，不需要进行计算.]

7. 设 $P(s)=\sum p_k s^k$，其中 $p_k\geqslant 0$ 且 $\sum p_k=1$. 假设 $P(0)>0$，$\ln\frac{P(s)}{P(0)}$ 是一个系数全为正的幂级数. 如果 φ 是任意一个分布 F 的特征函数，证明：$P(\varphi)$ 是无穷可分特征函数. 利用 $F^{n\star}$ 表示它的标准测度 M.

有趣的特殊情形：如果 $0\leqslant a<b<1$，那么 $\frac{1-b}{1-a}\cdot\frac{1-a\varphi}{1-b\varphi}$ 是无穷可分特征函数.（见习题 19.）

8. **续.** 利用 P 是一个无穷可分整值随机变量的母函数这个事实，借助于随机化和从属过程来解释 $P(\varphi)$.

9. 设 X 是稳定的，具有特征函数 $\mathrm{e}^{-|\zeta|^\alpha}$（$0\leqslant\alpha<2$），设 Y 与 X 独立. 如果 Y 是正的，具有集中于 $\overline{0,\infty}$ 上的分布 G，证明：$XY^{1/\alpha}$ 的特征函数为

$$\int_0^\infty \mathrm{e}^{-|\zeta|^\alpha y}G\{\mathrm{d}y\}.$$

证明：*如果 X 和 Y 是具有指数 α 和 β 的独立严格稳定分布，并且 $Y>0$，那么 $XY^{1/\alpha}$ 是严格稳定的，具有指数 $\alpha\beta$.*

10. 设 ω 是这样一个特征函数，使得 $\omega^2(\zeta)=\omega(a\zeta)$ 且 $\omega^3(\zeta)=\omega(b\zeta)$. 那么 ω 是稳定的. [17.3 节例 (f) 表明，第一个关系式是不够的. 指数 2 和 3 可以换成任意两个互素的整数.]

11. 证明：8.8 节的简单引理 3 不仅适用于单调函数，而且适用于特征函数的对数. 证明：如果对于所有的 n 有 $\omega_n(\zeta)=\omega(a_n\zeta)$，那么对于 $\zeta>0$ 有 $\ln\omega(\zeta)=A\zeta^\alpha$，其中 A 是一个复常数.

12. **续.** 利用 8.10 节习题 28 的结果直接证明：如果 ω 是一个稳定特征函数，那么对于 $\zeta>0$，或者 $\ln\omega(\zeta)=A\zeta^\alpha+\mathrm{i}b\zeta$，或者 $\ln\omega(\zeta)=A\zeta+\mathrm{i}b\zeta\ln\zeta$，其中 b 是一个实数.

13. 设 F 集中于 $\overline{0,\infty}$ 上，且 $1-F(x)=x^{-\alpha}L(x)$，其中 $0<\alpha<1$，L 在无穷远处是缓慢变化的. 证明：当 $\zeta\to 0^+$ 时 $1-\varphi(\zeta)\sim A\zeta^\alpha L(1/\zeta)$.

14. **续.** 由 17.5 节的结果证明其逆，以及 $A=\Gamma(1-\alpha)\mathrm{e}^{-\mathrm{i}\pi\alpha/2}$.

15. **续.** 对 k 利用归纳法证明：当 $x\to\infty$ 时 $1-F(x)\sim ax^{-\alpha}L(x)$（其中 L 是缓慢变化的，且 $k<\alpha<k+1$），当且仅当 $\zeta\to 0+$ 时，

$$\varphi(\zeta)-1-\frac{\mu_1(\mathrm{i}\zeta)}{1!}-\cdots-\frac{\mu_k(\mathrm{i}\zeta)^k}{k!}\sim A\zeta^\alpha L\left(\frac{1}{\zeta}\right),\tag{*}$$

那么自然有 $A=-a\Gamma(k-\alpha)\mathrm{e}^{-\mathrm{i}\frac{1}{2}\pi\alpha}$.

16. 把三角形阵列的弱定律明确表述成为 17.7 节一般定理的一个特殊情形.

---

① 特征函数 ω 被一个无穷乘积所确定，此无穷乘积正巧是众所周知的 $2\pi|\zeta|/\mathrm{e}^{\pi|\zeta|}-\mathrm{e}^{-\pi|\zeta|}$ 的典型乘积.

17. 设 $\{X_{k,n}\}$ 是一个零阵列，它的行和的极限分布是由标准测度 M 确定的. 证明：对于 $x>0$，

$$P\{\max[X_{1,n},\cdots,X_{r_n,n}]\leqslant x\}\to \mathrm{e}^{-M^+(x)}.$$

叙述其逆.

18. 设 $\{X_{k,n}\}$ 是一个对称变量的零阵列，它的行和的极限分布是由在原点上具有质量 σ^2 的标准测度 M 确定的. 证明：$S_n^\# = \sum X_{k,n}^2 - \sigma^2$ 的分布收敛于这样一个分布，此分布由在原点上没有原子的测度 $M^\#$ 确定，且使得对于 $x>0$ 有 $M_\#^+(x) = 2M^+(\sqrt{x})$.

19. 设 $0<r_j<1$ 且 $\sum r_j<\infty$. 对于任意的实数 a_j，无穷乘积

$$\frac{1-r_1}{1-r_1\mathrm{e}^{\mathrm{i}a_1\zeta}}\cdot\frac{1-r_2}{1-r_2\mathrm{e}^{\mathrm{i}a_2\zeta}}\cdots$$

收敛，并且表示一个无穷可分特征函数.（**提示**：根据习题 7，每个因子是无穷可分的.）

20. 利用 17.9 节例 (d) 的方法构造这样一个分布 F，使得在所有的点上 $\limsup F^{n\star}(x)=1$ 且 $\liminf F^{n\star}(x)=0$.

21. 在 (17.11.4) 中，设 W 表示均匀分布，那么

$$\psi(\zeta_1,\zeta_2) = -c(\zeta_1^2+\zeta_2^2)^{\frac{1}{2}\alpha},$$

并且 e^ψ 是一个对称的稳定分布.

22. 在 (17.11.4) 中，设 W 赋予 4 个点 $0,\pi,\frac{1}{2}\pi,-\frac{1}{2}\pi$ 的质量都是 $\frac{1}{4}$，那么 (17.11.4) 表示 2 个一维**独立**稳定变量的二元特征函数.

23. 在 (17.11.4) 中，设 W 集中于两点 σ 和 $\sigma+\pi$ 上，那么 (17.11.4) 表示一对满足

$$X_1\sin\sigma - X_2\cos\sigma = 0$$

的变量的**退化**特征函数. 更一般地说，任一离散的 W 都导致退化分布的卷积. 利用极限过程解释 (17.11.4).

第 18 章　傅里叶方法在随机游动中的应用

在很大程度上，本章讨论已在第 12 章中讨论过的课题，因此我们把应用保持在最小限度内. 为了使本章自给自足并把预备知识控制在最小限度之内（除了第 15 章的傅里叶分析外），我们做了很大的努力. 这个理论和上两章完全独立. 18.6 节与前面各节无关.

18.1　基本恒等式

本章中 $X_1, X_2, \cdots$ 是具有共同分布 F 和特征函数 φ 的独立随机变量. 我们照例令 $S_0 = 0$, $S_n = X_1 + \cdots + X_n$，序列 $\{S_n\}$ 构成一个由 F 产生的随机游动.

设 A 是直线上的任一集合，A' 是它的余集（在大多数应用中，A' 将是一个有限或无限的区间）. 如果 I 是 A' 的子集（区间），并且

$$S_1 \in A,\ \cdots,\ S_{n-1} \in A,\ S_n \in I\quad (I \subset A'), \tag{18.1.1}$$

那么我们说随机游动在时刻 n（首次）进入 A'，进入点位于 I 内. 因为随机游动在所有时刻上可能不进入 A'，所以进入时刻 N 是一个可能为亏损的随机变量，这对首次进入点 S_N 也正确. 对于对偶 (N, S_N) 的联合分布，我们记

$$P\{N = n,\ S_N \in I\} = H_n\{I\},\ n = 1, 2, \cdots. \tag{18.1.2}$$

于是 $H_n\{I\}$ 是事件 (18.1.1) 的概率，分布 (18.1.2) 通过下列约定对直线上所有集合 I 都有定义：如果 $I \subset A$，那么 $H_n\{I\} = 0$. 概率 (18.1.2) 称为**命中概率**. 对它们的研究与对首次进入 A' 以前的随机游动（即局限于 A 上的随机游动）的研究有密切关系. 对于 $I \subset A$ 和 $n = 1, 2, \cdots$，令

$$G_n\{I\} = P\{S_1 \in A, \cdots, S_{n-1} \in A, S_n \in I\}, \tag{18.1.3}$$

用文字来说就是，这是在时刻 n 随机游动逗留于集合 $I \subset A$ 且直至时刻 n 不进入 A' 的概率. 如果当 $I \subset A'$ 时令 $G_n\{I\} = 0$，我们可以把这个定义推广到直线上的所有集合.

$$G_n\{A\} = 1 - P\{N \leqslant n\}. \tag{18.1.4}$$

变量 N 不是亏损的，当且仅当 $n \to \infty$ 时这个量趋于 0.

考虑随机游动在时刻 $n=1,2,\cdots$ 的位置 S_n，显然，对于 $I\subset A'$，

$$H_{n+1}\{I\}=\int_A G_n\{\mathrm{d}y\}F\{I-y\}, \tag{18.1.5a}$$

而对 $I\subset A$，

$$G_{n+1}\{I\}=\int_A G_n\{\mathrm{d}y\}F\{I-y\}. \tag{18.1.5b}$$

我们现在约定，令 G_0 表示集中于原点上的概率分布. 那么关系式 (18.1.5) 对 $n=0,1,2,\cdots$ 成立，并且递推地确定所有的概率 H_n 和 G_n. 两个关系式可以结合成一个. 给定直线上的任一集合，我们把它分成分量 IA' 和 IA，并把 (18.1.5) 应用于这些分量. 我们知道，H_n 和 G_n 分别集中于 A' 和 A 上，所以对 $n=0,1,\cdots$ 和任意的 I，我们有

$$H_{n+1}\{I\}+G_{n+1}\{I\}=\int_A G_n\{\mathrm{d}y\}F\{I-y\}. \tag{18.1.6}$$

12.3 节曾讨论了 $A=\overline{0,\infty}$ 的特殊情形，关系式 (12.3.5) 和现在的 (18.1.5) 相同. 我们可以按照原来的方法推导一个类似于 (12.3.9) 的维纳–霍普夫型积分方程，此方程仍只有一个概率上可能的解（虽然唯一性不是绝对的）. 但是这次最好依赖傅里叶分析这个强有力的方法.

我们要讨论对偶 (N,S_N) 的分布. 因为 N 是取整值的，所以我们可以利用 N 的母函数和 S_N 的特征函数. 因此，我们令

$$\begin{aligned}\chi(s,\zeta)&=\sum_{n=1}^{\infty}s^n\int_{A'}\mathrm{e}^{\mathrm{i}\zeta x}H_n\{\mathrm{d}x\},\\ \gamma(s,\zeta)&=\sum_{n=0}^{\infty}s^n\int_{A}\mathrm{e}^{\mathrm{i}\zeta x}G_n\{\mathrm{d}x\}.\end{aligned} \tag{18.1.7}$$

（两个级数的零次项分别等于 0 和 1.）这些级数至少对 $|s|<1$ 收敛，但是通常在更大的区间内收敛.

为了清晰起见，我们给出了实际积分域，但是可以给出像 $-\infty$ 和 $+\infty$ 一样的积分限. 特别地，(18.1.6) 中的积分是普通的卷积. 因此，作傅里叶–斯蒂尔切斯（Fourier-Stieltjes）变换，关系式 (18.1.6) 就呈形式

$$\chi_{n+1}(\zeta)+\gamma_{n+1}(\zeta)=\gamma_n(\zeta)\varphi(\zeta). \tag{18.1.8}$$

用 s^{n+1} 乘以上式，并对 $n=0,1,\cdots$ 求和，我们得到，对于使 (18.1.7) 中级数收敛的所有 s 有

$$\chi(s,\zeta)+\gamma(s,\zeta)-1=s\gamma(\zeta)\varphi(\zeta).$$

因此，我们建立了**基本恒等式**，

$$1-\chi=\gamma[1-s\varphi]. \tag{18.1.9}$$

（另外一种证法见习题 6.）

从原则上讲，χ 和 γ 都可以由 (18.1.5) 递推地计算出来，恒等式 (18.1.9) 乍一看来是多余的. 实际上直接计算几乎是行不通的，但是可以从 (18.1.9) 直接得到许多有价值的信息.

例　设 F 表示密度为 $\frac{1}{2}\mathrm{e}^{-|x|}$ 特征函数为 $\varphi(\zeta)=1/(1+\zeta^2)$ 的双侧指数分布，并设 $A=\overline{-a,a}$. 对 $x>a$，我们由 (18.1.5a) 得到

$$H_{n+1}\{\overline{x,\infty}\}=H_{n+1}\{\overline{-\infty,-x}\}=\frac{1}{2}\int_{-a}^{a}G_n\{\mathrm{d}y\}\mathrm{e}^{-(x-y)}=c_n\mathrm{e}^{-x}, \tag{18.1.10}$$

其中 c_n 与 x 无关. 由此推出首次进入 $|x|>a$ 的点 S_N 与这次进入的时刻独立，并且有一个与 $\mathrm{e}^{-|x|}$（对 $|x|>a$）成比例的密度. 这个结果在直观上是与第 1 章所述的指数分布的无记忆性一致. 独立性就是说联合特征函数 χ 一定可以进行因子分解，我们从 S_N 的密度的形式可以看出，

$$\chi(s,\zeta)=\frac{1}{2}P(s)\left[\frac{\mathrm{e}^{\mathrm{i}a\zeta}}{1-\mathrm{i}\zeta}+\frac{\mathrm{e}^{-\mathrm{i}a\zeta}}{1+\mathrm{i}\zeta}\right], \tag{18.1.11}$$

其中 P 是首次进入 $|x|>a$ 的时刻 N 的母函数. [比例因子可由 $\chi(1,0)=1$ 这个事实确定.]

$P(s)$ 的直接计算是很麻烦的，但是容易从 (18.1.9) 导出一个显式表达式. 事实上，利用我们的特征函数的形式，当 $\zeta=\pm\mathrm{i}\sqrt{1-s}$ 时 (18.1.9) 的右边等于 0，从而对于这个值，$\chi(s,\zeta)$ 必须化为 1. 因此

$$P(s)=2\left[\frac{\mathrm{e}^{-a\sqrt{1-s}}}{1+\sqrt{1-s}}+\frac{\mathrm{e}^{a\sqrt{1-s}}}{1-\sqrt{1-s}}\right]^{-1}. \tag{18.1.12}$$

由此推出首次进入 $|x|>a$ 的时刻 N 的期望为 $1+a+\frac{1}{2}a^2$.

（关于进一步的例子，见习题 1 ~ 习题 5.）■

*18.2　有限区间、瓦尔德逼近

定理　*设 $A=\overline{-a,a}$ 是一个包含原点的有限区间，并设 (N,S_N) 是余集 A' 的到达点.*

---

* 之所以编入本节是由于它在统计学中的重要性，初学者可略去.

变量 N 和 S_N 是正常的. 母函数

$$\sum_{n=0}^{\infty} s^n P\{N>n\} = \sum_{n=0}^{\infty} s^n G_n\{A\} \tag{18.2.1}$$

对某一 $s>1$ 收敛[①]，从而 N 的各阶矩都存在. 到达点 S_N 的期望有限，当且仅当随机游动的分布 F 的期望 μ 存在，在这种情形下，

$$E(S_N) = \mu \cdot E(N). \tag{18.2.2}$$

瓦尔德（A. Wald）首先讨论了恒等式 (18.2.2). 在 $A=\overline{0,\infty}$ 的特殊情形下，它化为 (12.2.8).

证 正如已经指出的那样，$G_n\{A\}$ 和 $P\{N>n\}$ 是随机游动持续 n 步以上的概率的不同表达式，从而 (18.2.1) 的两边是恒等的.

选取这样的整数 r，使得 $P\{|S_r|<a+b\}=\eta<1$. 事件 $\{N>n+r\}$ 不可能发生，除非

$$N>n, \quad |X_{n+1}+\cdots+X_{n+r}|<a+b.$$

(这两个事件是独立的，因为 $\{N>n\}$ 只依赖于变量 $X_1,\cdots,X_n$.) 由 $X_{n+1}+\cdots+X_{n+r}$ 与 S_r 有相同的分布，我们知道

$$P\{N>n+r\} \leqslant P\{N>n\}\eta.$$

从而利用归纳法得

$$P\{N>kr\} \leqslant \eta^k. \tag{18.2.3}$$

此式说明序列 $P\{N>n\}$ 至少像有公比 $\eta^{1/r}$ 的几何级数那样快地减少. 由此推出 N 是一个正常变量，(18.2.1) 中的级数至少对于 $|s|<\eta^{-1/r}$ 收敛. 这就证明了第 1 个断言.

还可推出 (18.1.9) 对 $|s|<\eta^{-1/n}$ 是有意义的. 对于 $s=1$，我们得到

$$1-\chi(1,\zeta) = \gamma(1,\zeta)[1-\varphi(\zeta)]. \tag{18.2.4}$$

但是，$\chi(1,\zeta)$ 是 S_N 的特征函数，$\chi(1,0)=1$ 这个事实说明 S_N 是正常的.

事件 $|S_N|>t+a+b$ 不可能发生，除非对于某个 n 有 $N>n-1$ 和 $|X_n|>t$. 正如已经说过的那样，这 2 个事件是独立的，因为 X_n 是同分布的，所以我们得到

$$P\{|S_N|>t+a+b\} \leqslant \sum_{n=1}^{\infty} P\{N>n-1\}\cdot P\{|X_1|>t\}$$

① 这就是统计学家熟知的斯坦（C. Stein）引理. 另外一种证明见习题 8.

$$= E(N) \cdot P\{|X_1| > t\}.$$

为使期望 $\mu = E(X_1)$ 存在，当且仅当右边在 $\overline{0,\infty}$ 上是可积的. 在这种情形下，这对左边也是正确的，于是 $E(S_N)$ 存在. 另外，

$$P\{|S_N| > t\} \geqslant P\{|X_1| > t + a + b\},$$

因为右边事件的发生蕴涵 $S_N = X_1$. 因此，$E(S_N)$ 的存在性蕴涵 $\mu = E(X_1)$ 的存在性. 当这些期望存在时，我们可以微分 (18.2.4) 以得到

$$\mathrm{i}E(S_N) = \frac{\partial\chi(0,1)}{\partial\zeta} = \varphi'(0)\gamma(1,0) = \mathrm{i}\mu E(N). \tag{18.2.5}$$ ■

我们现在来推导瓦尔德恒等式，它是基本恒等式 (18.1.9) 的变形. 为了避免使用虚自变量，我们令

$$f(\lambda) = \int_{-\infty}^{+\infty} \mathrm{e}^{-\lambda x} F\{\mathrm{d}x\}. \tag{18.2.6}$$

假设这个积分在包含原点的某个区间 $-\lambda_0 < \lambda < \lambda_1$ 内收敛. 于是特征函数为 $\varphi(\mathrm{i}\lambda) = f(\lambda)$，这个函数在给定的区间中的每个 λ 的一个复邻域上是解析的. 瓦尔德恒等式在形式上可通过在 (18.1.9) 中令 $\zeta = \mathrm{i}\lambda$ 和 $s = 1/\varphi(\mathrm{i}\lambda)$ 得到. 对于这些特殊值，右边等于 0，从而 $\chi(s,\zeta) = 1$. 由 χ 的定义，这个关系式可以用概率论的术语重新叙述如下.

瓦尔德引理[①] 如果积分 (18.2.6) 对于 $-\lambda_0 < \lambda < \lambda_1$ 收敛，那么在这个区间上，

$$E(f^{-N}(\lambda)\mathrm{e}^{-\lambda S_N}) = 1. \tag{18.2.7}$$

证 我们重复导出 (18.1.9) 的论证. 因为测度 G_n 集中于有限区间上，所以它们的傅里叶变换 χ_n 对复平面上的所有 ζ 都收敛. 根据假设 $\varphi(\mathrm{i}\lambda) = f(\lambda)$ 存在，从而可见 (18.1.6) 的傅里叶形式 (18.1.8) 对 $\zeta = \mathrm{i}\lambda$ 成立. 乘以 $f^{-n-1}(\lambda)$，这个关系式呈形式

$$f^{-n-1}(\lambda)\chi_{n+1}(\mathrm{i}\lambda) = f(\lambda)^{-n}\gamma_n(\mathrm{i}\lambda) - f^{-n-1}(\lambda)\gamma_{n+1}(\mathrm{i}\lambda). \tag{18.2.8}$$

如果 $f^{-n}(\lambda)\gamma_n(\mathrm{i}\lambda) \to 0$，那么因明显地消去一些项而使右边相加得 1. 在这种情形下，把 (18.2.8) 对 n 求和就可导出断言 (18.2.7)，从而只要证明

$$f^{-n}(\lambda)G_n\{A\} \to 0 \tag{18.2.9}$$

---

① 瓦尔德在序贯分析中利用了 (18.2.7). 这是在 1945 年之前，也是在一般随机游动被系统研究之前. 因此很自然，它的条件比较强，他的方法比较难，但是很遗憾它们影响了统计学文献. 本书的论证用了米勒（H.D. Miller, 1961）的想法.

就行了. 如果 $f(\eta)<\infty$，那么

$$G_n\{A\}\leqslant P\{-a<S_N<b\}\leqslant \mathrm{e}^{(a+b)|\eta|}\cdot\int_{-a}^{b}\mathrm{e}^{-\eta x}F^{n\star}\{\mathrm{d}x\}$$
$$\leqslant \mathrm{e}^{(a+b)|\eta|}\cdot f^n(\eta).$$

因此，如果 $f(\lambda)>f(\eta)$，那么 (18.2.9) 成立. 因为我们可以自由地选取 η，所以我们就对除使 f 取最小值以外的一切 λ 证明了 (18.2.7). 但是因为 f 是凸函数，所以 f 至多有一个最小值. 在这个点上，(18.2.7) 可由连续性推出. ■

例　关于 N 的估计. 瓦尔德在研究序贯分析中的问题时得到了他的引理，在序贯分析中需要求出首次离开 A 的时刻 N 的分布的逼近以及这个离开发生于这个区间的右端或左端的概率的估计. 瓦尔德的方法是第 1 卷 14.8 节中对具有有限多个跳跃的算术分布所述的办法的推广.（在那里还说明怎样获得严格不等式.）令

$$p_k=P\{N=k,S_N\geqslant b\},\quad q_k=P\{N=k,S_N\leqslant -a\},\tag{18.2.10}$$

用 $P(s)$ 和 $Q(s)$ 表示相应的母函数.（于是 $P+Q$ 是 N 的母函数.）现在假设与 F 的期望和方差相比 a 和 b 比较大. 于是到达点 S_N 可能比较接近于 b 或 $-a$. 如果这两个数是 S_N 的仅有可能的值，那么恒等式 (18.2.7) 呈形式

$$P(1/f(\lambda))\mathrm{e}^{-\lambda b}+Q(1/f(\lambda))\mathrm{e}^{\lambda a}=1.\tag{18.2.11}$$

我们自然希望在上述假设下 (18.2.11) 至少近似地被满足. 函数 f 是凸的，通常可以找到这样的区间 $s_0<s_1<s_1$，使得在其中方程

$$sf(\lambda)=1\tag{18.2.12}$$

有 2 个连续地依赖于 s 的根 $\lambda_1(s)$ 和 $\lambda_2(s)$. 代入 (18.2.11)，我们得到母函数 P 和 Q 的两个线性方程，因此我们得到（至少近似地）N 的分布和离开右端或左端的概率. ■

18.3 维纳–霍普夫因子分解

在本节中我们用纯分析方法推导基本恒等式 (18.1.9) 的各种各样的推论. 可以证明它们包含第 12 章用组合方法推导的许多结果，而且现在的形式更灵活、更深刻. 这可能产生这样一个错觉，即傅里叶方法比较优越，但实际上是这两种方法的相互影响推动了理论的近代发展. 每种方法都可导出用另一种方法似乎不可能得到的结果.（关于说明性例子见 18.5 节，正部分和数的反正弦定律以及整个理论向可交换变量的推广说明了组合方法的优点.）

今后用 N 和 S_N 表示首次进入开的半直线 $\overline{0,\infty}$ 的时刻和点. 它们的联合分布

$$P\{N=n, S_N\in I\}=H_n\{I\}$$

为

$$H_n\{I\}=P\{S_1\leqslant 0,\cdots,S_{n-1}\leqslant 0, S_n\in I\},\qquad I\subset\overline{0,\infty}. \tag{18.3.1}$$

这里我们认为，$H_0=0$，H_n 集中于 $\overline{0,\infty}$ 上. 代替二元特征函数，跟以前一样，我们引入母函数和特征函数的组合

$$\chi(s,\zeta)=E(s^N\mathrm{e}^{\mathrm{i}\zeta S_N}), \tag{18.3.2}$$

即

$$\chi(s,\zeta)=\sum_{n=1}^{\infty}s^n\int_0^{\infty}\mathrm{e}^{\mathrm{i}\zeta x}H_n\{\mathrm{d}x\}. \tag{18.3.3}$$

（积分是在开半轴上进行的，但是如果把下限换为 $-\infty$，那么什么也不变.）为了简明起见，我们称 χ 为测度 H_n 的序列的**“变换”**.

我们用 N^- 和 S_N- 表示首次进入开负半轴的时刻和点，于是 $\{H_n^-\}$ 和 χ^- 表示相应的分布和变换.

当基本分布 F 不连续时，我们必须区别首次进入开半轴和首次进入闭半轴. 因此，需要考虑**经过负值返回原点**这个事件. 它的概率分布 $\{f_n\}$ 为

$$f_n=P\{S_1<0,\cdots,S_{n-1}<0,S_n=0\},\quad n\geqslant 1. \tag{18.3.4}$$

我们令 $f(s)=\sum\limits_{n=1}^{\infty}f_ns^n$. 立即可见，如果把所有的不等号反向，那么 (18.3.4) 的右边仍然不变. 显然，$\sum f_n\leqslant P\{X_1<0\}<1$.

利用这些记号，我们现在可阐述以下基本定理.

维纳–霍普夫因子分解定理 对于 $|s|\leqslant 1$，有恒等式

$$1-s\varphi(\zeta)=[1-f(s)]\cdot[1-\chi(s,\zeta)]\cdot[1-\chi^{-1}(s,\zeta)]. \tag{18.3.5}$$

证明将导出 f 和 χ 的显式表达式，我们以引理的形式来叙述这 2 个表达式.①

引理 1 对于 $0\leqslant s<1$，

$$\ln\frac{1}{1-\chi(s,\zeta)}=\sum_{n=1}^{\infty}\frac{s^n}{n}\int_{0+}^{\infty}\mathrm{e}^{\mathrm{i}\zeta x}F^{n\star}\{\mathrm{d}x\}. \tag{18.3.6}$$

---

① 对 $\zeta=0$，引理 1 化为 12.7 节的定理 1. (12.9.3) 的推广形式等价于引理 1，但是比较笨拙. 引理 2 重新叙述了 (12.9.6). 它应归功于 G. Baxter. 另外，F. Spitzer, Trans. Amer. Math. Soc., Vol. 94 (1960), pp. 150-169 给出了一个大大简化了（但仍比较困难）的证明.

χ^{-} 的类似公式可由对称性推出.

引理 2 对于 $0 \leqslant s \leqslant 1$,

$$\ln \frac{1}{1-f(s)} = \sum_{n=1}^{\infty} \frac{s^n}{n} P\{S_n = 0\}. \tag{18.3.7}$$

因为右边没有不等式，所以如果把所有的不等号都反向，(18.3.4) 仍然成立. 在 12.2 节例 (a) 中作为对偶原理的一个推论导出过这个结果.

因子分解 (18.3.5) 的显著特点是，它利用 2 个集中于两个半轴上的（可能为亏损的）分布来表示任意一个特征函数 φ. 引理 1 表明这种分解是**唯一的**.

对连续分布来说证明是简单明了的，但是对于一般情形，我们需要用到关于进入闭区间 $\overline{0,\infty}$ 的概率的类似于引理 1 的结果. 我们将用 $R_n\{I\}$ 表示这些概率，即对于 $\overline{0,\infty}$ 上的任一区间 I,

$$R_n\{I\} = P\{S_1 < 0, \cdots, S_{n-1} < 0, S_n \in I\}. \tag{18.3.8}$$

当然 $R_0 = 0, R_n\{\overline{-\infty,0}\} = 0$.

引理 3 对于 $0 \leqslant s < 1$，$\{R_n\}$ 的变换 ρ 为

$$\ln \frac{1}{1-\rho(s,\zeta)} = \sum_{n=1}^{\infty} \frac{s^n}{n} \int_{0-}^{\infty} \mathrm{e}^{\mathrm{i}\zeta x} F^{n\star}\{\mathrm{d}x\}. \tag{18.3.9}$$

证 我们从把基本恒等式 (18.1.9) 应用于 $A = \overline{0,\infty}$ 开始. 按照我们记号，进入概率是 R_n 而不是 H_n，从而 (18.1.9) 可写作

$$1 - \rho(s,\zeta) = \gamma(s,\zeta)[1 - s\rho(\zeta)]. \tag{18.3.10}$$

此处 γ 是在 $\overline{-\infty,0}$ 上由

$$G_n\{I\} = P\{S_1 < 0, \cdots, S_{n-1} < 0, S_n < 0, S_n \in I\} \tag{18.3.11}$$

定义的概率 G_n 的序列的变换，即

$$\gamma(s,\zeta) - 1 = \sum_{n=1}^{\infty} s^n \int_{-\infty}^{0-} \mathrm{e}^{\mathrm{i}\zeta x} G_n\{\mathrm{d}x\}. \tag{18.3.12}$$

对于固定的 $|s| < 1$，函数 $1 - s\varphi(\zeta)$ 和 $1 - \chi(s,\zeta)$ 不可能有零点，从而（见 17.1 节）它们的对数可以唯一地定义为 ζ 的在原点上等于 0 的连续函数. 因此，我们可以把 (18.3.10) 改写成

$$\ln \frac{1}{1-s\varphi(\zeta)} = \ln \frac{1}{1-\rho(s,\zeta)} + \ln \gamma(s,\zeta), \tag{18.3.13}$$

或者

$$\sum_{n=1}^{\infty}\frac{s^n}{n}\int_{-\infty}^{+\infty}\mathrm{e}^{\mathrm{i}\zeta x}F^{n\star}\{\mathrm{d}x\}=\sum_{n=1}^{\infty}\frac{s^n}{n}\rho^n(s,\zeta)+\sum_{n=1}^{\infty}\frac{(-1)^n}{n}[\gamma(s,\zeta)-1]^n. \quad (18.3.14)$$

对于一个固定值 $0<s<1$ 考虑这个关系式. 于是 $\rho^n(s,\zeta)$ 是一个集中于 $\overline{0,\infty}$ 上的亏损概率分布的特征函数，从而右边第一个级数是一个集中于 $\overline{0,\infty}$ 上的有限测度的傅里叶–斯蒂尔切斯变换. 类似地，(18.3.12) 表明 $\rho(s,\zeta)-1$ 是一个集中于 $\overline{-\infty,0}$ 上的有限测度的傅里叶–斯蒂尔切斯变换. 因此，$[\rho(s,\zeta)-1]^n$ 也是一个集中于 $\overline{-\infty,0}$ 上的有限测度的傅里叶–斯蒂尔切斯变换，从而最后一个级数是 $\overline{-\infty,0}$ 上 2 个测度之差的变换. 由此推出，当局限于 $\overline{0,\infty}$ 上的集合时，(18.3.14) 中的前 2 个级数表示同一个有限测度，即 $\sum(s^n/n)F^{n\star}$. 断言 (18.3.9) 利用相应的变换重新叙述了这个事实. ■

引理 2 的证明 这个引理包含在引理 3 中，因此 (18.3.7) 的两边是两个测度在原点上的原子的质量，这两个测度的变换出现在 (18.3.9) 中. 这对右边显然是正确的. 至于左边，根据定义 (18.3.8)，R_n 在原点上的原子的质量为 f_n. 于是 $f(s)$ 是变换为 $\rho(s,\zeta)$ 的测度 $\sum s^nR_n$ 赋予原点的质量. 因此，变换为 $\sum\rho^n(s,\zeta)/n$ 的测度对原点赋予质量 $\sum f^n(s)/n=\ln(1-f(s))^{-1}$.

引理 1 的证明 我们用 2 种方法证明.

(i) 引理 1 是引理 3 对于开半轴的类似结果，完全可用同样的证明. 如果把这两个引理看作已知的，那么我们从 (18.3.9) 中减去 (18.3.6) 可以得到

$$\rho(s,\zeta)=f(s)+[1-f(s)]\chi(s,\zeta). \quad (18.3.15)$$

[这个恒等式说明，“首次进入 $\overline{0,\infty}$” 可以是“一次经过负值而返回原点”，并且当这样的返回不发生时，首次进入 $\overline{0,\infty}$ 的点的（条件）分布化为首次进入 $\overline{0,\infty}$ 的分布 $\{H_n\}$.]

(ii) 另外，我们可以从 H_n 和 R_n 的定义 (18.3.1) 和 (18.3.8) 直接证明 (18.3.15). [为此，只需在 (18.3.8) 中考虑使 $S_k=0$ 的最后一个指标 $k\leqslant n$，并把 $(k,0)$ 取作新原点.] 把 (18.3.15) 代入 (18.3.9)，我们作为引理 2 和引理 3 的推论而得到引理 1. ■

因子分解定理的证明 把引理 1 和引理 2 的恒等式与引理 1 关于 $\overline{-\infty,0}$ 的类似恒等式相加，我们得到以对数形式表示的 (18.3.5). 由连续性可推出 (18.3.5) 对 $s=1$ 也成立.

推论

$$\gamma(s,\zeta)=\frac{1}{1-\chi^-(s,\zeta)}. \quad (18.3.16)$$

证 由 (18.3.13) 和引理 3 知，

$$\gamma(s,\zeta)=\exp\left(\sum_{n=1}^{\infty}\frac{s^n}{n}\int_{-\infty}^{0}\mathrm{e}^{\mathrm{i}\zeta x}F^{n\star}\{\mathrm{d}x\}\right). \tag{18.3.17}$$

根据引理 1，(18.3.16) 和 (18.3.17) 的右边是恒等的. ■

例 (a) **二项随机游动.** 设

$$P\{X_1=1\}=p,\quad P\{X_1=-1\}=q.$$

首次进入两个半轴必然发生在 ±1 上，从而

$$\chi(s,\zeta)=P(s)\mathrm{e}^{\mathrm{i}\zeta},\quad \chi^-(s,\zeta)=Q(s)\mathrm{e}^{-\mathrm{i}\zeta}, \tag{18.3.18}$$

其中 P 和 Q 是首次进入时刻的母函数. 因此，因子分解公式 (18.3.5) 的两边是 3 个指数 $\mathrm{e}^{\mathrm{i}k\zeta}$（$k=0,\ \pm1$）的线性组合. 比较系数，我们得到 3 个方程：

$$\begin{aligned}&[1-f(s)][1+P(s)Q(s)]=1,\\&[1-f(s)]P(s)=sp,\\&[1-f(s)]Q(s)=sq.\end{aligned} \tag{18.3.19}$$

这导出 $1-f(s)$ 的一个二次方程，条件 $f(0)=0$ 蕴涵 f 为

$$f(s)=\frac{1}{2}(1-\sqrt{1-4pqs^2}). \tag{18.3.20}$$

于是母函数 P 和 Q 可从 (18.3.19) 推出. 如果 $p>q$，那么我们有 $f(1)=q$，从而 $Q(1)<1$. 这样因子分解定理直接导出首次通过时间和循环时间的分布，这些分布在第 1 卷第 11 章和第 1 卷第 14 章中曾用其他方法求出过.

(b) **有限算术分布.** 如果 F 集中于 $-a$ 和 b 之间的整数上，那么同样的方法在原则上可以应用. 变换 χ,χ^- 和 f 现在可用 $a+b+1$ 个方程确定，但显式解却难以获得 [见 12.4 节例 (c)].

(c) 设 F 是集中于两个半轴上的指数分布的卷积，即令

$$\rho(\zeta)=\frac{a}{a+\mathrm{i}\zeta}\cdot\frac{b}{b-\mathrm{i}\zeta},\quad a>0,\quad b>0. \tag{18.3.21}$$

由于 F 连续，所以我们有 $f(s)\equiv0$. 因子分解公式 (18.3.5) 的左边在 $\zeta=-ib$ 上有极点，但是 $\chi^-(s,\zeta)$ 在具有负虚部的任一点 ζ 旁是正则的.（之所以如此，是因为 χ^- 是一个集中于 $\overline{-\infty,0}$ 上的测度的变换.）由此推出，χ 一定具有 $\chi(s,\zeta)=$

$(b-\mathrm{i}\zeta)^{-1}U(s,\zeta)$ 的形式，其中 U 对所有的 ζ 是正则的. 因此，我们推测 U 与 ζ 无关，即 χ 和 χ^- 具有形式

$$\chi(s,\zeta)=\frac{P(s)}{b-\mathrm{i}\zeta},\quad \chi^-(s,\zeta)=\frac{Q(s)}{a+\mathrm{i}\zeta}. \tag{18.3.22}$$

为使上式成立，我们必须有

$$1-s\frac{ab}{(a+\mathrm{i}\zeta)(b-\mathrm{i}\zeta)}=\left(1-\frac{P(s)}{b-\mathrm{i}\zeta}\right)\left(1-\frac{Q(s)}{a+\mathrm{i}\zeta}\right). \tag{18.3.23}$$

通分并比较两边系数，我们可得 $P(s)=Q(s)$，且 $P(s)$ 满足一个二次方程. 条件 $P(0)=0$ 排除两根之一，我们最后求出

$$P(s)=Q(s)=\frac{1}{2}[a+b-\sqrt{(a+b)^2-4abs}]. \tag{18.3.24}$$

假设 $a>b$，那么 $P(1)=b$，从而 $P(s)/b$ 和 $Q(s)/a$ 是一个正常概率分布和一个亏损概率分布的母函数. 因此，(18.3.22) 中所确定的函数 χ 是这样一个对偶 (N,S_N) 的变换，使得 S_N 与 N 独立，并且有特征函数 $b/(b-\mathrm{i}\zeta)$. 类似的结果对 χ^- 成立，由因子分解的唯一性，$P(s)/b$ 和 $Q(s)/a$ 确实是首次进入时刻 N 和 N^- 的母函数. [在 12.4 节例 (a) 中也求出，S_N 和 S_{N^-} 服从指数分布. 回忆 6.9 节例 (e)，形如 (18.3.21) 的分布在排队论中起着重要的作用.] ■

关于进一步的例子，见习题 9 ~ 习题 11.

18.4　含义及应用

我们从概率观点来分析上节并说明它和第 12 章所导出的某些结果的关系.

(i) **对偶性原理.** 我们首先证明推论 (18.3.16) 等价于以下引理.

引理 1　对于 $\overline{0,\infty}$ 中任一区间 I,

$$\begin{aligned}&P\{S_1<S_n,\cdots,S_{n-1}<S_n,S_n\in I\}\\&=P\{S_1>0,\cdots,S_{n-1}>0,S_n\in I\}.\end{aligned} \tag{18.4.1}$$

在 (12.2.1) 中，我们通过以相反次序考虑变量 $X_1,\cdots,X_n$ 导出过这个事实. 以这种方法来考虑，本引理是不言而喻的，我们已经看到许多重要的关系式是它的直接推论. 在利用傅里叶分析讨论时它不起作用，但值得注意的是，它作为一个纯分析理论的副产品出现①. [为了重新看看引理 1 关于起伏的奇特的推论，读者可参考 12.2 节例 (b).]

① 我们的傅里叶分析论证是相当初等的，但是在历史上原来的维纳–霍普夫理论是一个出发点. 因此，大多数文献利用高深的复变量方法，这在概率论中是不合适的，因为连原来的维纳–霍普夫方法也可以通过局限于正核而大大简化. 见 12.3 节中的讨论.

证 推论 (18.3.16) 涉及负半轴，因此为直接比较，应把 (18.4.1) 中的所有不等号都反向. 于是 (18.4.1) 的右边的概率与 (18.3.11) 中引入的概率 $G_n\{I\}$ 重合，$\gamma(s,\zeta)$ 为相应的变换. 因此，为证明引理，只需证明 $[1-\chi(s,\zeta)]^{-1}$ 是出现在 (18.4.1) 的左边的概率序列的变换.

$\chi(s,\zeta)$ 被定义为首次进入 $\overline{0,\infty}$ 的点 (N,S_N) 的分布的变换，从而 χ^r 是第 r 阶梯点 (N_r,S_{N_r}) 的变换. 由此推出

$$\frac{1}{1-\chi}-1=\chi+\chi^2+\cdots \tag{18.4.2}$$

是 n 为阶梯时刻且 $S_n\in I$ 的概率的序列的变换. 但是，这些概率是出现在 (18.4.1) 的左边的概率，这就完成了证明. ■

(ii) 首次进入 $\overline{0,\infty}$ 的时刻 N 的母函数 τ 为 $\tau(s)=\chi(s,0)$，于是根据 (18.3.6)，

$$\ln\frac{1}{1-\tau(s)}=\sum_{n=1}^{\infty}\frac{s^n}{n}P\{S_n>0\}. \tag{18.4.3}$$

在 12.7 节中曾用组合方法导出过这个公式，在那里讨论了它的各种各样的推论. 例如，在 (18.4.3) 中令 $s\to 1$ 可以看出，为使变量 N 是正常的，当且仅当级数 $\sum n^{-1}P\{S_n>0\}$ 发散；在收敛的情形下，随机游动趋向 $-\infty$. 把 $\ln(1-s)=-\sum s^n/n$ 加到 (18.4.3) 上去，并令 $s\to 1$，我们得到

$$\ln E(N)=\ln\tau'(1)=\sum_{n=1}^{\infty}\frac{1}{n}P\{S_n\leqslant 0\}, \tag{18.4.4}$$

只要 N 是正常的. 但我们刚才看到，为使最后这个级数收敛，当且仅当随机游动趋向 ∞，从而我们有以下引理.

引理 2 *为使 N 是正常的且 $E(N)<\infty$，当且仅当随机游动趋向 ∞.*

这个结果曾在 12.2 节中用不同的方法导出过. 关于 N 的分布的其他性质，请读者参考 12.7 节.

(iii) **关于首次进入点 S_N 的期望.** 利用第 12 章的方法得不到多少关于 S_N 的分布的结论，但我们现在可以在 (18.3.6) 中令 $s=1$ 而获得 S_N 的特征函数. 然而最好是从因子分解公式直接推导一些有关的知识.

引理 3 *如果 S_N 和 $S_{\bar N}$ 都是正常的，且有有限期望，那么 F 的期望为 0，方差 σ^2 由下式给出：*

$$\frac{1}{2}\sigma^2=-[1-f(1)]\cdot E(S_N)\cdot E(S_{\bar N}). \tag{18.4.5}$$

下节定理 1 说明其逆也是正确的. 出乎意料的结论是，F 的二阶矩的存在性是保证 S_N 的期望为有限的必要条件.

证 对于 $s=1$，我们从 (18.3.5) 得到

$$\frac{\varphi(\zeta)-1}{\zeta^2}=[1-f(1)]\frac{\chi(1,\zeta)-1}{\zeta}\cdot\frac{\chi^-(1,\zeta)-1}{\zeta}. \tag{18.4.6}$$

当 $\zeta\to 0$ 时，右边的分式趋于特征函数 χ 和 χ^- 的导数，即趋于 $\mathrm{i}E(S_N)$ 和 $\mathrm{i}E(S_{\bar{N}})$. 因此，左边有有限极限 σ^2，这说明 $\varphi'(0)=0,\varphi''(0)=\frac{1}{2}\sigma^2$. 由此推出 σ^2 是 F 的方差（见 15.4 节中的推论）. ■

我们转向讨论趋向 ∞ 的情形. 由 18.3 节引理 1、引理 2 和 (18.4.5) 可推出，在这种情形下，当 $s\to 1,\zeta\to 0$ 时，

$$[1-f(s)]^{-1}[1-\bar{\chi}(s,\zeta)]^{-1}\to\exp\left(\sum_{n=1}^{\infty}\frac{1}{n}P\{S_n\leqslant 0\}\right)=E(N)<\infty. \tag{18.4.7}$$

于是根据因子分解定理，

$$\frac{\chi(1,\zeta)-1}{\zeta}=\frac{\varphi(\zeta)-1}{\zeta}\cdot\frac{1}{[1-f(1)][1-\chi^-(1,\zeta)]}. \tag{18.4.8}$$

令 $\zeta\to 0$，我们就得到重要的结果，

$$E(S_N)=E(X_1)\cdot E(N), \tag{18.4.9}$$

只要 $E(S_N)$ 和 $E(X_1)$ 存在（后者是正的，因为假设随机游动趋向 ∞）.

我们还可以进一步讨论. 我们的论证表明，为使 (18.4.8) 的左边趋于有限极限，当且仅当 $\varphi'(0)=\mathrm{i}\mu$ 存在. 在 17.2 节中曾证明，为使情况是这样的，当且仅当我们的随机游动服从广义弱大数定律，即当且仅当

$$\frac{1}{n}S_N\xrightarrow{p}\mu \tag{18.4.10}$$

（$\xrightarrow{p}$ 表示依概率收敛.）我们还证明了，对于正变量，这蕴涵 μ 与它们的期望相等. 于是为使 (18.4.8) 的左边趋于一个极限，当且仅当 $E(N)<\infty$；为使 (18.4.8) 的右边趋于一个极限，当且仅当 $\varphi'(0)$ 存在. 因此我们有以下引理.

引理 4 当随机游动趋向 ∞ 时，为使 $E(N)<\infty$，当且仅当存在一个数 $\mu>0$ 使得 (18.4.10) 成立.

在 12.8 节中我们只能证明 $E(X_1)$ 存在是充分条件，即使对于这个较弱的结果，我们也需用到强大数定律及其逆.

18.5 两个较深刻的定理

为了举例说明更精确的方法的应用，我们推导 2 个具有独立意义的定理. 第 1 个改进了上节的引理 3；第 2 个在排队论中有应用. 证明依赖于高深的陶伯定理，第 2 个利用了拉普拉斯变换.

定理 1 如果 F 的期望为 0，方差为 σ^2，那么级数

$$\sum_{n=1}^{\infty}\frac{1}{n}\left[P\{S_n>0\}-\frac{1}{2}\right]=c \tag{18.5.1}$$

至少条件收敛，并且

$$E(S_N)=\frac{\sigma}{\sqrt{2}}\mathrm{e}^{-c}. \tag{18.5.2}$$

这个定理应归功于斯皮策尔（F. Spitzer）. 这个级数的收敛性曾在 12.7 节和 12.8 节的定理 1a 中起过作用.

证 把 (18.3.6) 关于 ζ 微分并令 $\zeta=0$，我们得到

$$-\mathrm{i}\cdot\frac{\mathrm{d}\chi(s,0)}{\mathrm{d}\zeta}=\sum_{n=1}^{\infty}\frac{s^n}{n}\int_0^{\infty}xF^{n\star}\{\mathrm{d}x\}\cdot\exp\left[-\sum_{n=1}^{\infty}\frac{s^n}{n}P\{S_n>0\}\right]. \tag{18.5.3}$$

两个级数对 $|s|<1$ 都绝对收敛，因为 s^n 的系数是有界的. 实际上，根据中心极限定理，$S_n/\sigma\sqrt{n}$ 的阶数 $\leqslant 2$ 的矩趋于正态分布的相应矩，这就是说，当 $n\to\infty$ 时，

$$\int_0^{\infty}xF^{n\star}\{\mathrm{d}x\}\sim\sigma\sqrt{\frac{n}{2\pi}}. \tag{18.5.4}$$

因此根据 13.5 节的定理 5 的容易部分，当 $s\to 1$ 时，

$$\sum_{n=1}^{\infty}\frac{s^n}{n}F^{n\star}\{\mathrm{d}x\}\sim\frac{\sigma}{\sqrt{2\pi}}\sum_{n=1}^{\infty}\frac{s^n}{\sqrt{n}}\sim\frac{\sigma}{\sqrt{2}}(1-s)^{-\frac{1}{2}}. \tag{18.5.5}$$

(18.5.3) 的左边趋于 $E(S_N)$，它可以是有限的或无限的，但不能为 0. 因此，把 (18.5.3) 和 (18.5.5) 结合起来，我们就得到

$$E(S_N)=\frac{\sigma}{\sqrt{2\pi}}\lim_{s\to 1}\exp\left[\sum_{n=1}^{\infty}\frac{s^n}{n}\left(\frac{1}{2}-P\{S_n>0\}\right)\right]. \tag{18.5.6}$$

指数趋于有限数或 $+\infty$. 同样的论证适用于 N^-，即适用于把 $S_n>0$ 换为 $S_n<0$ 的指数. 但是，两个指数之和等于 $\sum(s^n/n)P\{S_n=0\}$，且当 $s\to 1$ 时是有界的. 由此推出，(18.5.6) 中的指数是有界的，从而趋于一个有限的极限 $-c$. 因为它的系数是 $o(n^{-1})$，所以这蕴涵① 对于 $s=1$ 级数收敛于 $-c$. 这就完成了证明. ■

其次，我们考虑趋向 $-\infty$ 的随机游动，令

$$M_n=\max\{0,S_1,\cdots,S_n\}. \tag{18.5.7}$$

① 根据基本（原来）的陶伯定理. 例如，见 E.C. Titchmarsh, *Theory of Functions*, 2nd ed., Oxford, 1939, p. 10.

回忆 6.9 节，M_n 在应用到排队论中时表示第 n 个顾客的等待时间. 下述极限定理的证明也许比定理本身更有趣.

定理 2 如果随机游动趋向 $-\infty$，那么 M_n 的分布 U_n 趋于一个具有下列特征函数 ω 的极限分布 U:

$$\omega(\zeta) = \exp\left[\sum_{n=1}^{\infty}\frac{1}{n}\int_0^{\infty}(\mathrm{e}^{\mathrm{i}\zeta x}-1)F^{n\star}\{\mathrm{d}x\}\right] \tag{18.5.8}$$

注意，由 (18.4.3)，$\sum n^{-1}P\{S_n>0\}<\infty$，从而 (18.5.8) 中的级数对具有正虚部的所有 ζ 都绝对收敛.

证 设 ω_n 表示 U_n 的特征函数. 我们首先证明，对于 $|s|<1$，

$$\sum_{n=0}^{\infty}s^n\omega_n(\zeta) = \frac{1}{1-s}\exp\left[\sum_{n=1}^{\infty}\frac{s^n}{n}\int_0^{\infty}(\mathrm{e}^{\mathrm{i}\zeta x}-1)F^{n\star}\{\mathrm{d}x\}\right]. \tag{18.5.9}$$

为使事件 $\{M_\nu\in I\}$ 发生，当且仅当下列两个条件成立. 第一，对某一 $0\leqslant n\leqslant\nu$，点 (n,S_n) 是满足 $S_n\in I$ 的阶梯点；第二，对于所有的 $n<k<\nu$，$S_k-S_n\leqslant 0$. 第 1 个条件只涉及 $X_1,\cdots,X_n$，第 2 个条件只涉及 $X_{n+1},\cdots,X_\nu$. 因此这两个事件是独立的，从而

$$P\{M_\nu\in I\} = a_0b_\nu+\cdots+a_\nu b_0, \tag{18.5.10}$$

其中

$$a_n = P\{S_1<S_n,\cdots,S_{n-1}<S_n, S_n\in I\}, \quad b_n = P\{N>n\}. \tag{18.5.11}$$

概率 a_n 出现在 (18.4.1) 的左边，我们看到它们的变换为 $[1-\chi(s,\zeta)]^{-1}$. $\{b_n\}$ 的母函数为 $[1-\tau(s)]/(1-s)$，其中 τ 由 (18.4.3) 确定. 由卷积的性质 (18.5.10)，这些函数的乘积表示概率 $P\{M_n\in I\}$ 的变换，(18.5.9) 只是记录了这个事实.

我们已经注意到，(18.5.8) 和 (18.5.9) 中的指数对于具有正虚部的所有 ζ 是正则的. 因此，对 $\lambda>0$，我们可以设 $\zeta=\mathrm{i}\lambda$，这导出拉普拉斯变换

$$\omega_n(\mathrm{i}\lambda) = \int_0^{\infty}\mathrm{e}^{-\lambda x}U_n\{\mathrm{d}x\} = \lambda\int_0^{\infty}\mathrm{e}^{-\lambda x}U_n(x)\mathrm{d}x. \tag{18.5.12}$$

由最大值 M_n 的序列的单调性可以推出，对于固定的 x，序列 $\{U_n(x)\}$ 递减，从而对于固定的 λ，拉普拉斯变换 $\omega_n(\mathrm{i}\lambda)$ 形成一递减序列. 由 (18.5.9) 我们有，当 $s\to 1$ 时，

$$\sum_{n=0}^{\infty}s^n\omega_n(\mathrm{i}\lambda) \sim \frac{1}{1-s}\omega(\mathrm{i}\lambda). \tag{18.5.13}$$

根据 13.5 节的陶伯定理的最后部分，这蕴涵 $\omega_n(\mathrm{i}\lambda)\to\omega(\mathrm{i}\lambda)$. 这蕴涵断言的收敛 $U_n\to U$. ■

18.6 常返性准则

本节的内容与上述理论无关. 它把钟开莱（K.L. Chung）和富克斯（W.H.J. Fuchs，1950）发展起来的方法用来决定随机游动是常返的还是瞬时的. 尽管有第 6 章和第 7 章所述的准则和方法，傅里叶分析方法仍有其方法论的意义及历史的意义，且目前是可应用于高维的唯一方法. 以下 F 表示一个特征函数为 $\psi(\zeta)=u(\zeta)+\mathrm{i}v(\zeta)$ 的一维分布.

对于 $0<s<1$，我们引入有限测度

$$U_s=\sum_{n=0}^{\infty}s^nF^{n\star}. \tag{18.6.1}$$

按照 6.10 节所述的理论，为使分布 F 是瞬时的，当且仅当对于包含原点的某一开区间 I，当 $s\to 1$ 时，$U_s\{I\}$ 是有界的. 在这种情形下，对每个开区间 I，$U_s\{I\}$ 是有界的. 不是瞬时的分布称为常返分布.

准则　分布 F 是瞬时的，当且仅当对某一 $a>0$，当 $s\to 1$ 时，

$$\int_0^a\frac{1-su}{(1-su)^2+s^2v^2}\mathrm{d}\zeta \tag{18.6.2}$$

是下有界的.

（我们即将看到，在相反的情形下，积分趋于 ∞.）

证　(i) 假设积分 (18.6.2) 对某一固定的 $a>0$ 是有界的. 把帕塞瓦尔关系式 (15.3.2) 应用于 $F^{n\star}$ 和一个三角形密度（表 15-1 中第 4 号分布）可得

$$2\int_{-\infty}^{+\infty}\frac{1-\cos ax}{a^2x^2}F^{n\star}\{\mathrm{d}x\}=\frac{1}{a}\int_{-a}^{a}\left(1-\frac{|\zeta|}{a}\right)\varphi^n(\zeta)\mathrm{d}\zeta. \tag{18.6.3}$$

乘以 s^n 并对 n 求和，我们得到

$$\begin{aligned}2\int_{-\infty}^{+\infty}\frac{1-\cos ax}{a^2x^2}U_s\{\mathrm{d}x\}&=\frac{1}{a}\int_{-a}^{a}\left(1-\frac{|\zeta|}{a}\right)\frac{\mathrm{d}\zeta}{1-s\varphi(\zeta)}\\&=\frac{2}{a}\int_{0}^{a}\left(1-\frac{\zeta}{a}\right)\frac{1-su}{(1-su)^2+s^2v^2}\mathrm{d}\zeta.\end{aligned} \tag{18.6.4}$$

（由于 φ 的实部是偶函数，虚部是奇函数）. 设 I 表示区间 $|x|<2/a$. 对于 $x\in I$，左边的被积函数 $>\dfrac{1}{3}$，从而 $U_s\{I\}$ 是有界的. 因此，定理的条件是充分的.

(ii) 为了证明条件的必要性，我们把帕塞瓦尔关系式应用于表 15-1 中第 5 号分布，当 $|\zeta|<a$ 时此分布的特征函数为 $1-|\zeta|/a$. 这把 (18.6.4) 换为

$$\int_{-a}^{a}\left(1-\frac{|x|}{a}\right)U_s\{\mathrm{d}x\}=\frac{2}{\pi}\int_0^{\infty}\frac{1-\cos a\zeta}{a\zeta^2}\cdot\frac{1-su}{(1-su)^2+s^2v^2}\mathrm{d}\zeta. \tag{18.6.5}$$

对于一个瞬时的 F，左边是有界的，因此积分 (18.6.2) 是有界的. ■

作为一个应用，我们证明一个曾在 6.10 节的定理 4 中用不同方法证明过的引理. 对于进一步的例子，见习题 13 ~ 习题 16.

引理 1[①] 期望为 0 的概率分布是常返的.

证 特征函数的导数在原点处等于 0，从而我们可以选取这样小的 a，使得当 $0 \leqslant \zeta < a$ 时，

$$0 \leqslant 1-u(\zeta) \leqslant \varepsilon\zeta.$$

于是 $1-su(\zeta) \leqslant 1-s+\varepsilon\zeta$，利用不等式 $2|xy| \leqslant x^2+y^2$，可见 (18.6.2) 中的积分

$$\geqslant \frac{1}{3}\int_0^a \frac{(1-s)\mathrm{d}\zeta}{(1-s)^2+\varepsilon^2\zeta^2} = \frac{1}{3\varepsilon}\arctan\frac{a\varepsilon}{1-s} \to \frac{\pi}{6\varepsilon}.$$

右边可以任意大，因此积分 (18.6.2) 趋于 ∞. ■

准则中的取极限是比较难以处理的，因此知道下列推论中的比较简单的充分条件是有用的.

推论 如果对于每个 $a>0$，

$$\int_0^a \frac{1-u}{(1-u)^2+v^2}\mathrm{d}\zeta = \infty, \tag{18.6.6}$$

那么概率分布 F 是常返的. 如果对于某一 $a>0$，

$$\int_0^a \frac{\mathrm{d}\zeta}{1-u} < \infty, \tag{18.6.7}$$

那么概率分布 F 是瞬时的.

证 当 (18.6.2) 的分子中的 $1-su$ 换成 $1-u$，分母中的 sv 换成 v 时，(18.6.2) 中的被积函数变小了. 于是 (18.6.6) 可根据单调收敛性推出. 类似地，当 (18.6.2) 中的项 s^2v^2 去掉时，(18.6.2) 中的被积函数变大了，于是 (18.6.7) 可根据单调收敛性推出. ■

这些准则可以毫无改变地应用于高维中，所不同的只是 u 和 v 变成几个变量 ζ_j 的函数了，积分区域变为以原点为中心的球面了. 这样我们就证明了下列准则.

引理 2 一个期望为 0 方差有限的非退化的二维概率分布是常返的.

证 特征函数是二次连续可微的，由包含两项的泰勒展开式，可见在原点的一个邻域内，(18.6.6) 的被积函数 $>\delta/(\zeta_1^2+\zeta_2^2)$. 因此，相应于 (18.6.6) 的积分发散. ■

引理 3 每个非退化的三维分布是瞬时的.

---

① 钟开莱和富克斯首先证明了 $E(X_j)=0$ 蕴涵常返性这个事实. 有趣的是，在 1950 年，证明这个结果却是一个非常难的问题，许多为解决它而做的努力都以失败而告终. 由于意外地发现了 $P\{S_n > n/\ln n\} \to 1$ 的“公平”随机游动，所以人们把注意力集中在这个问题上了. 见第 1 卷 10.3 节和第 1 卷 10.8 节中的习题 15. 有关的现象见本卷 18.7 节中的习题 13 的脚注.

证　考虑 $\cos(x_1\zeta_1 + x_2\zeta_2 + x_3\zeta_3)$ 在原点的某 x 邻域内的泰勒展开式，我们看到对于任一特征函数，存在原点的一个邻域，使得在此邻域内

$$1 - u(\zeta_1, \zeta_2, \zeta_3) \geqslant \delta(\zeta_1^2 + \zeta_2^2 + \zeta_3^2).$$

因此，类似于 (18.6.7) 的三维积分被 $(\zeta_1^2 + \zeta_2^2 + \zeta_3^2)^{-1}$ 在原点的一个邻域上的积分所控制，在三维中这个积分收敛. ■

18.7 习　题

1. 在非对称区间 $\overline{-a, b}$ 的情形下研究 18.1 节的例子.（对相应于两个边界的两个母函数推导两个线性方程. 显式解是很麻烦的.）

习题 2 ∼ 习题 5 涉及对称二项随机游动，即 $\varphi(\zeta) = \cos\zeta$. 我们沿用 18.1 节的记号.

2. 设 A 由两点 0, 1 组成. 利用初等方法证明：$\chi(s,\zeta) = \dfrac{1}{1 - \frac{1}{4}s^2} \cdot \left(\dfrac{s}{2}\mathrm{e}^{-\mathrm{i}\zeta} + \dfrac{s^2}{4}\mathrm{e}^{2\mathrm{i}\zeta}\right)$，$\gamma(s,\zeta) = \dfrac{1}{1 - \frac{1}{4}s^2}\left(1 + \dfrac{s}{2}\mathrm{e}^{\mathrm{i}\zeta}\right)$. 验证 (18.1.9).

3. 如果在上题中把 A 和 A' 的作用交换，我们就得到 $\chi(s,\zeta) = \dfrac{s}{2}\mathrm{e}^{\mathrm{i}\zeta} + \dfrac{1}{2}(1 - \sqrt{1 - s^2})$，$\gamma(s,\zeta) = \left[1 - \dfrac{1 - \sqrt{1 - s^2}}{s}\mathrm{e}^{-\mathrm{i}\zeta}\right]^{-1}$. 用概率论语言进行解释.

4. 如果 A' 只包含原点，那么 χ 只依赖于 s，γ 一定是两个分别关于 $\mathrm{e}^{\mathrm{i}\zeta}$ 和 $\mathrm{e}^{-\mathrm{i}\zeta}$ 的幂级数之和. 利用这个信息从 (18.1.9) 直接推导 χ 和 γ.

5. 如果 A' 只包含原点，那么我们有 $\chi = s\varphi$, $\gamma = 1$.

6. **恒等式 (18.1.9) 的另一种证明.** 沿用 18.1 节的记号，(a) 利用直接的概率论证，(b) 利用归纳法，证明

$$F^{n\star}\{I\} = \sum_{k=1}^{n}\int_{A'} H_k\{\mathrm{d}y\}F^{(n-1)\star}\{I - y\} + G_n\{I\}. \tag{$*$}$$

证明：$(*)$ 等价于 (18.1.9).

7. 在（不一定对称的）二项随机游动的情形下，18.2 节的瓦尔德逼近导出一个严格解. 证明：(18.2.12) 化成 $\tau = \mathrm{e}^{-\lambda}$ 的一个二次方程，我们导出的解将与在第 1 卷 (14.4.11) 中知道的解重合. 特别地，$Q(s)$ 和 U_2 重合，所不同的是，后者涉及基本区间 $\overline{0, a}$ 而不是 $\overline{-a, b}$，而且还涉及一个起点 z.

8. 和在 18.2 节中一样，设 $G_n\{I\}$ 是 $S_n \in I \subset A$ 且以前没离开过 $A = \overline{-a, b}$ 的概率. 证明：如果两个分布 F 和 $F^{\#}$ 在区间 $|x| < a + b$ 内重合，那么它们导出相同的概率 G_n. 利用这点和一个适当的截尾给出级数 (18.2.1) 对某一 $s > 1$ 收敛这个事实的另外一种证明.

9. 12.4 节例 (c) 曾讨论过这样的随机游动，在其中分布 F 集中于有限多个整数上. 证明：那里导出的公式蕴涵 $1-\varphi$ 的维纳–霍普夫分解.

10. **辛钦–波拉杰克公式.** 设 F 是一个集中于 $\overline{0,\infty}$ 上的期望为 $1/a$ 的指数分布与一个集中于 $\overline{-\infty,0}$ 上的分布 B 的卷积，用 β 表示 B 的特征函数，用 $-b<0$ 表示它的期望. 我们假设 F 的期望 $a^{-1}-b$ 是正的，那么

$$1-\varphi(\zeta)=1-\frac{a}{a-\mathrm{i}\zeta}\beta(\zeta)=\left(1-\frac{a}{a-\mathrm{i}\zeta}\right)\left(1-a\frac{1-\beta(\zeta)}{\mathrm{i}\zeta}\right).$$

注 这个公式在排队论中起着重要的作用. 关于另一种处理方法，见 12.5 节例 (a)(b) 和 14.2 节例 (b).

11. **续.** 如果 $ab>1$，证明：在 0 和 a 之间存在唯一的一个正数 κ，使得

$$a\beta(-\mathrm{i}\kappa)=a-\kappa.$$

证明：$\chi^-(1,\zeta)=\dfrac{a-\kappa-a\beta(\zeta)}{\mathrm{i}\zeta-\kappa}$. 提示：把习题 10 应用于特征函数为 ${}^a\varphi(\zeta)=\varphi(\zeta-\mathrm{i}\kappa)$ 的相伴随机游动. 注意 $\chi^-(1,\zeta)={}^a\chi^-(1,\zeta-\mathrm{i}\kappa)$. [见 12.4 节例 (b).]

12. 设 $U_n=\max[0,S_1,\cdots,S_n]$，$V_n=S_n-U_n$. 把 (18.5.9) 所用的论证稍做修改，证明：对偶 (U_n,V_n) 的二元特征函数是下式中 s^n 的系数：[①]

$$\frac{1}{1-s}\exp\sum_{n=1}^{\infty}\frac{s^n}{n}\left[\int_0^{\infty}(\mathrm{e}^{\mathrm{i}\zeta_1x}-1)F^{n\star}\{\mathrm{d}x\}+\int_{-\infty}^{0}(\mathrm{e}^{\mathrm{i}\zeta_2x}-1)F^{n\star}\{\mathrm{d}x\}\right].$$

13. 假设在原点的一个邻域内 $|1-\varphi(\zeta)|<A\cdot|\zeta|$，那么 F 是常返的，除非它的期望 $\mu\neq 0$.[②] 提示：(18.6.6) 中的积分大于 $\displaystyle\int_0^{\alpha}\mathrm{d}\zeta\int_{-1/\zeta}^{1/\zeta}x^2F\{\mathrm{d}x\}$. 引入代换 $\zeta=1/t$ 并交换积分次序可以看出，除非 μ 存在，否则积分发散.

14. 利用准则 (18.6.7) 证明：如果对某一 $\rho>0$，当 $t\to\infty$ 时 $t^{-1-p}\displaystyle\int_{-t}^{t}x^2F\{\mathrm{d}x\}\to\infty$，那么分布 F 是瞬时的.[③]

15. 特征函数为 $\varphi(\zeta)=\mathrm{e}^{-1}\sum 1/n!\cos(n!\zeta)$ 的分布是瞬时的. **提示**：利用 (18.6.7) 和变量替换 $\zeta=(1/n!)t$.

16. 特征指数为 $\alpha=1$ 的非对称稳定分布是瞬时的，但柯西分布是常返的.

---

① F. Spitzer, Trans. Amer. Math. Soc., vol. 82 (1956), pp. 323-339 一文首先用分析方法导出了这个结果.

② 这个问题具有理论意义，当 φ 在原点有导数时，就可应用这个结果. 我们曾在 17.2 节中看到，即使 F 的期望不存在，这也是可能的，在 F 的期望不存在时弱大数定律仍能应用. 因此我们得到随机游动的一些例子，在其中对于充分大的 n，$S_n>(1-\varepsilon)n\mu$（$\mu>0$）有很大的概率，但不趋向 ∞：随机游动是常返的.

③ 这说明，在较弱的正则性条件下，如果 $\rho<1$ 阶绝对矩发散，那么 F 是瞬时的. L.A. Shepp, Bull. Amer. Math. Soc., vol. 70 (1964), pp. 540-542 说明了这个问题在没有任何正则性条件的情况下的复杂性.

第 19 章　调 和 分 析

本章补充了第 15 章所述的特征函数理论，并给出了在随机过程和随机积分中的应用. 19.5 节中的关于泊松求和公式的讨论实际上与其余各节是独立的. 整个理论与第 16 章到第 18 章独立.

19.1　帕塞瓦尔关系式

设 U 是一个特征函数为

$$\omega(\zeta)=\int_{-\infty}^{+\infty}\mathrm{e}^{\mathrm{i}\zeta x}U\{\mathrm{d}x\} \tag{19.1.1}$$

的概率分布. 把这个关系式关于某一其他概率分布 F 进行积分，我们得到

$$\int_{-\infty}^{+\infty}\omega(\zeta)F\{\mathrm{d}\zeta\}=\int_{-\infty}^{+\infty}\varphi(x)U\{\mathrm{d}x\}, \tag{19.1.2}$$

其中 φ 是 F 的特征函数. 这是帕塞瓦尔关系式的一种形式，15.3 节中的基本结果就是由此关系式推导的. 十分意外的是，把帕塞瓦尔公式改写成等价形式并考虑其特殊情形可以得到许多新的信息. 一个具有独立意义的简单例子可以说明这个方法，这个方法将被多次运用.

例　公式

$$\int_{-\infty}^{+\infty}\mathrm{e}^{-\mathrm{i}a\zeta}\omega(\zeta)F\{\mathrm{d}\zeta\}=\int_{-\infty}^{+\infty}\varphi(x)U\{a+\mathrm{d}x\} \tag{19.1.3}$$

只是在记号上与 (19.1.2) 有所不同. 我们应用下述特殊情形：F 是 $\overline{-t,t}$ 上的均匀分布，$\varphi(x)=\sin tx/tx$. 这个函数的绝对值不大于 1，且当 $t\to\infty$ 时它在所有 $x\neq 0$ 的点上趋于 0. 因此，根据有界收敛定理，我们有

$$U(a)-U(a-)=\lim_{t\to\infty}\frac{1}{2t}\int_{-t}^{t}\mathrm{e}^{-\mathrm{i}a\zeta}\omega(\zeta)\mathrm{d}\zeta. \tag{19.1.4}$$

这个公式可以确定 a 是不是连续点并求出在 a 上的原子的质量（如果有的话）. 最有趣的结果是通过把 (19.1.4) 应用于特征函数为 $|\omega|^2$ 的对称化了的分布 ${}^0U$ 而

得到的. 如果 $p_1, p_2, \cdots$ 是 U 的原子的质量，那么 ${}^0U$ 在原点上有质量为 $\sum p_k^2$ 的原子（5.12 节中的习题 11），从而

$$\frac{1}{2t}\int_{-t}^{t}|\omega(\zeta)|^2\mathrm{d}\zeta \to \sum p_k^2. \tag{19.1.5}$$

特别地，这个公式表明，连续分布的特征函数平均说来是很小的.

帕塞瓦尔公式 (19.1.2) 的一个可应用于许多方面的变形如下所述. 如果 A 和 B 是特征函数分别为 α 和 β 的任意概率分布，那么

$$\iint_{-\infty}^{+\infty}\omega(s-t)A\{\mathrm{d}s\}B\{\mathrm{d}t\} = \int_{-\infty}^{+\infty}\alpha(x)\overline{\beta(x)}U\{\mathrm{d}x\}, \tag{19.1.6}$$

其中 $\overline{\beta}$ 是 β 的共轭. 欲直接验证，只需把

$$\omega(s-t) = \int_{-\infty}^{+\infty}\mathrm{e}^{\mathrm{i}(s-t)x}U\{\mathrm{d}x\} \tag{19.1.7}$$

关于 A 和 B 积分就行了. 这个论证使人产生一个错觉，即 (19.1.6) 比 (19.1.2) 更一般，而关系式 (19.1.6) 实际上是相应于 $F = A\bigstar{}^-B$ 的帕塞瓦尔关系式 (19.1.2) 的特殊情形，其中 ${}^-B$ 是特征函数为 $\overline{\beta}$ 的分布 [即在所有的连续点上 ${}^-B(x) = 1 - B(-x)$]. 实际上 F 的特征函数为 $\varphi = \alpha\overline{\beta}$，从而 (19.1.2) 的右边和 (19.1.6) 的右边相等. 利用两个分布分别为 A 和 B 的独立随机变量 X 和 Y 最容易看出，(19.1.2) 和 (19.1.6) 的左边只是记号上有所不同. (19.1.6) 的左边表示期望 $E(\omega(X-Y))$ 的直接定义，而 (19.1.2) 的左边则用 $X-Y$ 的分布 F 表示这个期望.

（我们将在 19.7 节中回过头来讨论帕塞瓦尔公式.）

19.2　正定函数

一个应归功于波赫纳（S. Bochner，1932）的重要定理使我们能够用其内在的性质来描述特征函数类. 下列简单的准则指明了方法.

引理 1　设 ω 是在 $\overline{-\infty,\infty}$ 上可积[1]的有界连续（复值）函数. 把 u 定义为

$$u(x) = \frac{1}{2\pi}\int_{-\infty}^{+\infty}\mathrm{e}^{-\mathrm{i}\zeta x}\omega(\zeta)\mathrm{d}\zeta. \tag{19.2.1}$$

为使 ω 是特征函数，当且仅当 $\omega(0) = 1$，且对于所有的 x 有 $u(x) \geqslant 0$. 在这种情形下，u 是相应于 ω 的概率密度.

[1] 跟别处一样，这意味着绝对可积性.

证 傅里叶反演公式 (15.3.5) 说明条件是必要的. 现在选取具有可积特征函数 $\varphi \geqslant 0$ 的任意偶密度 f. 用 $\varphi(tx)\mathrm{e}^{\mathrm{i}ax}$ 乘以 (19.2.1) 并关于 x 进行积分. 因为反演公式 (15.3.5) 适用于对偶 f, φ，所以结果是

$$\int_{-\infty}^{+\infty} u(x)\varphi(tx)\mathrm{e}^{\mathrm{i}ax}\mathrm{d}x = \int_{-\infty}^{+\infty} \omega(\zeta) f\Big(\frac{\zeta - a}{t}\Big)\frac{\mathrm{d}\zeta}{t}. \tag{19.2.2}$$

右边是 ω 关于一个概率分布的期望，从而它以 $|\omega|$ 的最大值为界. 对于特殊值 $a = 0$，左边的被积函数是非负的，且当 $t \to 0$ 时趋于 $u(x)$. 因此，积分的有界性蕴涵 u 是可积的. 因此，在 (19.2.2) 中，令 $t \to 0$，我们得到

$$\int_{-\infty}^{+\infty} u(x)\mathrm{e}^{\mathrm{i}ax}\mathrm{d}x = \omega(a). \tag{19.2.3}$$

（左边是根据有界收敛性，右边是由于所涉及的概率分布趋于集中在点 a 上的分布.）对于 $a = 0$，我们看出，u 是一个概率密度，ω 确实是它的特征函数. ■

引理的可积性条件看上去很强. 事实上，根据连续性定理，为使一个连续函数 ω 是特征函数，当且仅当对于每个固定的 $\varepsilon > 0$，$\omega(\zeta)\mathrm{e}^{-\varepsilon\zeta^2}$ 是一个特征函数. 由此推出，为使一个满足 $\omega(0) = 1$ 的有界连续函数是特征函数，当且仅当对于所有的 x 和 $\varepsilon > 0$，

$$\int_{-\infty}^{+\infty} \mathrm{e}^{-\mathrm{i}\zeta x}\omega(\zeta)\mathrm{e}^{-\varepsilon\zeta^2}\mathrm{d}\zeta \geqslant 0. \tag{19.2.4}$$

这个准则是十分一般的，但是不容易应用于各种特殊情形. 此外，收敛因子 $\mathrm{e}^{-\varepsilon\zeta^2}$ 的任意选择也是一个缺点. 因此，我们以如下的形式来重新叙述这个准则，在其中条件被加强了.

引理 2 *为使一个有界连续函数 ω 是特征函数，当且仅当 $\omega(0) = 1$，且对于每个概率分布 A 和所有的 x，*

$$\int_{-\infty}^{+\infty} \mathrm{e}^{-\mathrm{i}\zeta x}\omega(\zeta)\,{}^0A\{\mathrm{d}\zeta\} \geqslant 0, \tag{19.2.5}$$

其中 ${}^0A = A\bigstar{}^-A$ 是利用对称化得到的分布.

证 (a) **必要性.** 如果 α 是 A 的特征函数，那么 ${}^0A$ 的特征函数为 $|\alpha|^2$，(19.2.5) 的必要性蕴涵在帕塞瓦尔关系式 (19.1.3) 中.

(b) **充分性.** 在 (19.2.4) 中曾证明，如果把 A 限制于具有任意方差的正态分布上，那么条件是充分的. ■

我们看到 (19.2.5) 可以改写成 (19.1.6) 的形式（其中 $B = A$）. 特别地，如果 A 集中于具有相应质量为 $p_1, p_2, \cdots, p_n$ 的有限多个点 $t_1, t_2, \cdots, t_n$ 上，那么

(19.2.5) 呈形式

$$\sum_{j,k}\omega(t_j-t_k)\mathrm{e}^{-\mathrm{i}x(t_j-t_k)}p_jp_k\geqslant 0. \tag{19.2.6}$$

如果这个不等式对 t_j 和 p_j 的所有选择都成立，那么对于具有有限多个原子的所有离散分布 F，(19.2.5) 都成立. 因为每个分布都是这样的离散分布的序列的极限，所以条件 (19.2.6) 是充分必要的. 令 $z_j=p_j\mathrm{e}^{-\mathrm{i}xt_j}$，它呈形式

$$\sum_{j,k}\omega(t_j-t_k)z_j\overline{z}_k\geqslant 0. \tag{19.2.7}$$

为了我们的准则的最后阐述，我们引入一个常用术语.

定义 当且仅当对于有限多个实数 $t_1,\cdots,t_n$ 和复数 $z_1,\cdots,z_n$ 的每一种选择 (19.2.7) 都成立时，称实变量 t 的复值函数 ω 为正定的.

定理 （波赫纳）为使一个连续函数 ω 是一个概率分布的特征函数，当且仅当它是正定的，且 $\omega(0)=1$.

证 我们已经证明了条件是必要的，也证明了当 ω 有界时条件是充分的. 利用下述引理就可完成证明，这个引理证明所有的正定函数都是有界的. ■

引理 3 对于任一正定的 ω，

$$\omega(0)\geqslant 0,\quad |\omega(t)|\leqslant\omega(0), \tag{19.2.8}$$

$$\omega(-t)=\overline{\omega(t)}. \tag{19.2.9}$$

证 我们利用 $n=2$ 时的 (19.2.7)，并令 $t_2=0, z_2=1$. 去掉不必要的下标，我们得到

$$\omega(0)[1+|z|^2]+\omega(t)z+\omega(-t)\overline{z}\geqslant 0. \tag{19.2.10}$$

对于 $z=0$ 可以得到 $\omega(0)\geqslant 0$. 对于正的 z，我们得到 (19.2.9). 由此推出，如果 $\omega(0)=0$，那么 $\omega\equiv 0$. 最后，如果 $\omega(0)\neq 0$ 且 $z=-\overline{\omega(t)}/\omega(0)$，那么 (19.2.10) 化成 $|\omega(t)|^2\leqslant\omega^2(0)$. ■

19.3 平稳过程

上一定理在具有平稳协方差的随机过程中有重要的推论. 所谓具有平稳协方差的随机过程，指的是定义在 $-\infty<t<\infty$ 上的这样一族随机变量 $\{X_t\}$，具有这样的协方差，使得

$$\mathrm{Cov}(X_{s+t},X_s)=\rho(t) \tag{19.3.1}$$

与 s 无关. 至今我们考虑的都是实随机变量，但是如果我们允许复值随机变量，那么记号就变得更简单更系统了. 当然，复随机变量只是写成形式 $X=U+\mathrm{i}V$ 的

一对实变量，对于 U 和 V 的联合分布无须做什么假设. 变量 $\overline{X}=U-\mathrm{i}V$ 称为 X 的共轭变量，乘积 $X\overline{X}$ 相当于在实函数论中的 X^2. 这就使得方差与协方差的定义稍有点不对称.

定义 对于满足

$$E(X)=E(Y)=0$$

的复随机变量，我们定义

$$\mathrm{Cov}(X,Y)=E(X\overline{Y}). \tag{19.3.2}$$

于是 $\mathrm{Var}(X)=E(|X^2|)\geqslant 0$，但 $\mathrm{Cov}(Y,X)$ 是 $\mathrm{Cov}(X,Y)$ 的共轭.

定理 设 $\{X_t\}$ 是这样一族随机变量，使得

$$\rho(t)=E(X_{t+s}\overline{X}_s) \tag{19.3.3}$$

是与 s 无关的连续函数[①]. 那么 ρ 是正定的，即

$$\rho(t)=\int_{-\infty}^{+\infty}\mathrm{e}^{\mathrm{i}\lambda t}R\{\mathrm{d}\lambda\}, \tag{19.3.4}$$

其中 R 是实直线上的一个总质量为 $\rho(0)$ 的测度.

如果变量 X_t 是实变量，那么测度 R 是对称的，并且

$$\rho(t)=\int_{-\infty}^{+\infty}\cos\lambda tR\{\mathrm{d}\lambda\}. \tag{19.3.5}$$

证 选取任意的实数点 $t_1,\cdots,t_n$ 和复常数 $z_1,\cdots,z_n$，于是

$$\begin{aligned}\sum\rho(t_j-t_k)z_j\overline{z}_k&=\sum E(X_{t_j}\overline{X}_{t_k})z_j\overline{z}_k\\&=E\Big(\sum X_{t_j}z_j\overline{X}_{t_k}\overline{z}_k\Big)\\&=E\Big(|\sum X_{t_j}z_j|^2\Big)\geqslant 0.\end{aligned} \tag{19.3.6}$$

从而根据上节的准则，(19.3.4) 成立. 当 ρ 是实函数时，关系式 (19.3.4) 对通过把 x 变成 $-x$ 得到的镜像测度也成立. 由唯一性知，R 是对称的. ■

测度 R 称为过程的**谱测度**[②]，由它的增点构成的集合称为 $\{X_t\}$ 的谱. 在大多数应用中，变量被这样定中心，使得 $E(X_t)=0$. 在这种情形下，$\rho(t)=$

① 连续性是重要的：对于相互独立的变量 X_t，除 $t=0$ 外，我们有 $\rho(t)=0$，且这个协方差函数不具有 (19.3.4) 的形式. 见习题 4.

② 在通信工程中也称为“功率谱”.

$\mathrm{Cov}(X_{t+s}, X_s)$. 因此，$\rho$ 通常称为过程的**协方差函数**. 实际上 X_t 的中心常数并不影响我们即将讨论的过程的性质.

例 (a) 设 $Z_1, \cdots, Z_n$ 是期望为 0 方差为 $\sigma_1^2, \cdots, \sigma_n^2$ 的互不相关的随机变量. 令

$$X_t = Z_1 \mathrm{e}^{\mathrm{i}\lambda_1 t} + \cdots + Z_n \mathrm{e}^{\mathrm{i}\lambda_n t}, \tag{19.3.7}$$

其中 $\lambda_1, \cdots, \lambda_n$ 是实数，那么

$$\rho(t) = \sigma_1^2 \mathrm{e}^{\mathrm{i}\lambda_1 t} + \cdots + \sigma_n^2 \mathrm{e}^{\mathrm{i}\lambda_n t}, \tag{19.3.8}$$

从而 R 集中于 n 个点 $\lambda_1, \cdots, \lambda_n$ 上. 我们即将看到，最一般的平稳过程可以看作本例的极限情形.

如果过程 (19.3.7) 是实的，那么可以把它写成

$$X_t = U_1 \cos \lambda_1 t + \cdots + U_n \cos \lambda_n t + V_1 \sin \lambda_1 t + \cdots + V_n \sin \lambda_n t, \tag{19.3.9}$$

其中 U_j 和 V_j 是不相关的实随机变量，且

$$E(U_j^2) = E(V_j^2) = \sigma_j^2.$$

一个典型的例子出现在 (3.7.23) 中. 相应的协方差是 $\rho(t) = \sigma_1^2 \cos \lambda_1 t + \cdots + \sigma_r^2 \cos \lambda_r t$.

(b) **马尔可夫过程**. 如果变量 X_t 是正态的，过程是马尔可夫过程，那么 $\rho(t) = \mathrm{e}^{-a|t|}$ [见 (3.8.14)]. 谱测度与柯西密度成比例.

(c) 设 $X_t = Z\mathrm{e}^{\mathrm{i}t\boldsymbol{Y}}$，其中 Y 和 Z 是独立的实随机变量，$E(Z) = 0$，那么

$$\rho(t) = E(Z\overline{Z})E(\mathrm{e}^{\mathrm{i}t\boldsymbol{Y}}).$$

此式表明谱测度 R 为 Y 的概率分布乘以因子 $E(Z\overline{Z})$. ■

在理论上，过程是用它的协方差函数 ρ 描述的还是用它的相应谱测度 R 描述的是无关紧要的，但是在实际中利用谱测度 R 来描述通常是比较简单比较可取的. 在应用于通信工程时，谱测度在仪器测试和测量中有技术上的优点，但是我们不详细研究这个问题. 从我们的观点来看，具有重要意义的是，利用 R 比利用 ρ 更容易描述变量 X_t 的线性运算（通常称为“滤波器”）.

(d) **线性运算**. 作为一个最简单的例子，考虑一族由

$$Y_t = \sum c_k X_{t-\tau_k} \tag{19.3.10}$$

定义的随机变量 Y_t，其中 c_k 和 τ_k 是常数（τ_k 是实数），和是有限的. Y_t 的协方差函数是二重和，

$$\rho_Y(t) = \sum c_j \overline{c}_k \rho(t - \tau_j + \tau_k). \tag{19.3.11}$$

代入 (19.3.4)，我们求得

$$\rho_Y(t)=\int_{-\infty}^{+\infty}|\sum c_j \mathrm{e}^{-\mathrm{i}\tau_j\lambda}|^2\mathrm{e}^{\mathrm{i}t\lambda}R\{\mathrm{d}\lambda\}.$$

这说明谱测度 R_Y 由

$$R_Y\{\mathrm{d}\lambda\}=|\sum c_j \mathrm{e}^{-\mathrm{i}\tau_j\lambda}|^2 R\{\mathrm{d}\lambda\} \tag{19.3.12}$$

确定. 和 (19.3.11) 相反，这个关系式有一个直观的解释：“频率” λ 受到“频率响应因子” $f(\lambda)$ 的影响，$f(\lambda)$ 依赖于给定的变换 (19.3.10).

这个例子的应用范围比乍一看来要广泛得多，因为积分和导数都是形如 (19.3.10) 的极限，因此类似的陈述也适用于它们. 例如，如果 X_t 是一个标准电路的输入，那么输出 Y_t 可用包含 X_t 的积分来表示，谱测度 R_Y 也可用 R 和频率响应来表示. 后者依赖于电网的特征，我们的结果可以应用于两个方面，即用于描述输出过程，也可用来构造这样的电网，使其产生一个具有某些指定性质的输出. ■

我们转向定理的逆，并证明，*给定直线上的任一测度 R，存在一个谱测度为 R 的平稳过程 $\{X_t\}$*. 因为映射 $X_t\to aX_t$ 把 R 变成 a^2R，所以不失一般性可设 R 是一个概率测度. 我们取具有概率测度 R 的 λ 轴作为样本空间，并用 X_t 表示由 $X_t(\lambda)=\mathrm{e}^{\mathrm{i}t\lambda}$ 定义的随机变量. 那么

$$\rho(t)=E(X_{t+s}\overline{X}_s)=\int_{-\infty}^{+\infty}\mathrm{e}^{\mathrm{i}t\lambda}R\{\mathrm{d}\lambda\}, \tag{19.3.13}$$

从而我们的过程的谱测度为 R. 因此，我们构造了一个*具有指定的谱测度的平稳过程的显式模型*. 出乎意外但令人满意的是，这样的模型对于以实直线作为样本空间的情况是可能的. 我们将在 19.8 节回过头来讨论它.

容易改变这个模型，以便得到期望为 0 的变量. 设 Y 是一个与所有的 X_t 独立的随机变量. 并且取值 ±1 的概率都是 $\frac{1}{2}$. 令 $X_t'=YX_t$，那么 $E(X_t')=0$ 且 $E(X_{t+s}'\overline{X}_s')=E(Y^2)E(X_{t+s}\overline{X}_s)$. 因此，$\{X_t'\}$ *是一个期望为 0 的平稳过程，(19.3.13) 表示它的真实协方差函数*.

19.4 傅里叶级数

一个对点 n 赋予概率 φ_n 的算术分布具有周期为 2π 的特征函数

$$\varphi(\zeta)=\sum_{-\infty}^{+\infty}\varphi_n\mathrm{e}^{\mathrm{i}n\zeta}. \tag{19.4.1}$$

概率 φ_n 可以用反演公式

$$\varphi_k = \frac{1}{2\pi}\int_{-\pi}^{\pi} \mathrm{e}^{-ik\zeta}\varphi(\zeta)\mathrm{d}\zeta \tag{19.4.2}$$

表示，这容易由 (19.4.1) 验证 [见 (15.3.14)].

我们现在从周期为 2π 的任一函数 φ 开始，并用 (19.4.2) 定义 φ_k. 我们的问题是决定 φ 是不是一个特征函数，即 $\{\varphi_n\}$ 是不是一个概率分布. 方法依赖于对一族函数 f_r（$0<r<1$）的性质的研究，f_r 是由

$$f_r(\zeta) = \sum_{n=-\infty}^{+\infty} \varphi_n r^{|n|}\mathrm{e}^{in\zeta} \tag{19.4.3}$$

定义的. 尽管它非常简单，但利用同样的论证将得到关于傅里叶级数和集中于有限区间上的分布的特征函数的重要结果.

在下文中最好把基本区间 $\overline{-\pi,\pi}$ 看作一个圆周（即把点 π 和 $-\pi$ 视为一点）. 对于可积的 φ，数 φ_k **称为 φ 的第 k 个傅里叶系数**. 出现在 (19.4.1) 中的级数是相应的“形式上的傅里叶级数”. 它不一定收敛，但是因为序列 $\{\varphi_n\}$ 是有界的，所以级数 (19.4.3) 收敛于一个连续（甚至可微）的函数 f_r. 当 $r\to 1$ 时，即使 (19.4.1) 中的级数发散，f_r 也可能趋于一个极限 ψ. 在这种情形下，我们说级数是**“阿贝尔可和的”**，其和为 ψ.

例　(a) 对 $n=0,1,2,\cdots$ 设 $\varphi_n=1$；对于 $n<0$，设 $\varphi_n=0$. (19.4.1) 中级数的每一项的绝对值都是 1，从而级数对于任一值 ζ 都不收敛. 另外，(19.4.3) 的右边化为几何级数，此级数收敛于

$$f_r(\zeta) = \frac{1}{1-r\mathrm{e}^{\mathrm{i}\zeta}}. \tag{19.4.4}$$

当 $r\to 1$ 时，对于除 $\zeta=0$ 外的所有点，极限都存在.

(b) (19.4.3) 的一个重要特殊情形可用函数

$$p_r(t) = \frac{1}{2\pi}\sum_{n=-\infty}^{+\infty} r^{|n|}\mathrm{e}^{int} \tag{19.4.5}$$

表示，此函数是对于所有的 n 令 $\varphi_n = 1/(2\pi)$ 得到的. (19.4.4) 中计算了满足 $n\geqslant 0$ 的项的贡献. 由对称性我们得到

$$2\pi p_r(t) = \frac{1}{1-r\mathrm{e}^{it}} + \frac{1}{1-r\mathrm{e}^{-it}} - 1, \tag{19.4.6}$$

也就是

$$p_r(t) = \frac{1}{2\pi}\cdot\frac{1-r^2}{1+r^2-2r\cos t}. \tag{19.4.7}$$

在调和函数论中经常使用这个函数. 在这个理论中，$p_r(t-\zeta)$ 称为**泊松核**. 为了便于引用，我们把它的主要性质叙述在下列引理中.

引理 对于固定的 $0<r<1$，函数 p_r 是圆周上的一个概率分布 p_r 的密度. 当 $r\to 1$ 时，分布 P_r 趋于集中在原点上的概率分布.

证 显然 $p_r\geqslant 0$. 从 (19.4.5) 显然可见，p_r 在 $\overline{-\pi,\pi}$ 上的积分等于 1；因为对于 $n\neq 0$，e^{int} 的积分等于 0. 对于 $\delta<t\leqslant\pi$，(19.4.7) 的分母的值是 0 以外的有界值. 由此可推出，在不包含原点的任一开区间中，当 $r\to 1$ 时有界地有 $p_r(t)\to 0$，因此 P_r 有一个集中于原点上的极限分布. ■

定理 1 一个周期为 2π 的连续函数是一个特征函数，当且仅当它的傅里叶系数 (19.4.2) 满足 $\varphi_k\geqslant 0$ 和 $\varphi(0)=1$. 在这种情形下，φ 可用一致收敛的傅里叶级数 (19.4.1) 表示.

[换句话说，为使具有非负系数 φ_k 的形式傅里叶级数收敛于一个连续函数，当且仅当 $\sum\varphi_k<\infty$. 在这种情形下 (19.4.1) 成立.]

证 由 (19.4.2) 和 (19.4.5)，(19.4.3) 中的函数 f_r 可以写成形式

$$f_r(\zeta)=\int_{-\pi}^{\pi}\varphi(t)\cdot p_r(\zeta-t)\mathrm{d}t. \tag{19.4.8}$$

右边是 φ 与概率分布 P_r 的卷积，因此我们知道，

$$f_r(\zeta)\to\varphi(\zeta),\quad r\to 1. \tag{19.4.9}$$

此外，如果 m 是 $|\varphi|$ 的上界，那么根据 (19.4.8)，

$$f_r(0)=\sum_{n=-\infty}^{+\infty}\varphi_n r^{|n|}\leqslant m. \tag{19.4.10}$$

由于级数的各项是非负的，所以令 $r\to 1$ 可得 $\sum\varphi_n\leqslant m$. 因此，$\sum\varphi_n\mathrm{e}^{in\zeta}$ 一致收敛. 从 (19.4.3) 显然可见，$f_r(\zeta)$ 趋于这个值. 因此，(19.4.1) 成立，这就完成了证明. ■

注意，(19.4.9) 是卷积收敛性质的一个直接推论，从而与系数 φ_n 的正性无关. 因此，作为一个副产品我们有以下定理.

定理 2[①] 如果 φ 是连续的，且有周期 2π，那么 (19.4.9) 对 ζ 一致地成立.（关于向不连续函数的推广，见系 2 和习题 6～习题 8）.

---

① 这个定理可以重新叙述如下：一个连续周期函数 φ 的傅里叶级数是阿贝尔可和的，其和为 φ. 定理（及其证法）同样适用于其他可和性方法.

费耶尔（L. Féjer）在发散级数似乎是很神秘的时候，利用切萨罗（Cesaro）可和性（见习题 9）首先发现了上述现象. 因此，这个发现是一个轰动一时的事情. 由于历史的原因，许多书中仍利用切萨罗可和性，虽然阿贝尔方法更加方便且可统一证明.

推论 1 （费耶尔）连续周期函数 φ 是一个三角多项式序列的一致极限.

换句话说，任给 $\varepsilon > 0$，存在这样的数 $a_{-N}, \cdots, a_N$，使得对于所有的 ζ，

$$\left|\varphi(\zeta) - \sum_{n=-N}^{N} a_n \mathrm{e}^{\mathrm{i}n\zeta}\right| < \varepsilon. \tag{19.4.11}$$

证 对任意的 N 和 $0 < r < 1$，

$$|\varphi(\zeta) - \sum_{n=-N}^{N} \varphi_n r^{|n|} \mathrm{e}^{in\zeta}| \leqslant |\varphi(\zeta) - f_r(\zeta)| + \sum_{|n|>N} |\varphi_n| \cdot r^{|n|}. \tag{19.4.12}$$

我们可以选出如此接近于 1 的 r，以致对所有的 ζ 右边第一项 $< \varepsilon/2$. 选取了 r 后，我们可以选取这样大的 N，使 (19.4.12) 中最后一个级数之和 $< \varepsilon/2$. 于是 (19.4.11) 对 $a_n = \varphi_n r^{|n|}$ 成立. ■

下列结果只是为了完整起见而叙述的. 它实际上包含在 19.6 节引理 1 中.

推论 2 两个具有相同的傅里叶系数的可积周期函数至多在测度为 0 的集合上不同（即它们的不定积分是相同的）.

证 对于一个傅里叶系数为 φ_n 的可积周期函数 φ，令

$$\varPhi(x) = \int_{-\pi}^{x} [\varphi(t) - \varphi_0] \mathrm{d}t. \tag{19.4.13}$$

这个 $\varPhi$ 是一个连续周期函数，分部积分表明对于 $n \neq 0$，它的第 n 个傅里叶系数等于 $-\mathrm{i}\varphi_n/n$.

关系式 (19.4.9) 和 (19.4.3) 合在一起表明，一个连续函数 φ 被它的傅里叶系数 φ_n 唯一确定. 因此，满足 $n \neq 0$ 的系数 φ_n（除一加法常数外）确定了 φ. 对于任意一个可积的 φ，由此可推出它的傅里叶系数确定了积分 $\varPhi$，从而（除了在一个测度为 0 的集合之外）确定了 φ. ■

*19.5 泊松求和公式

在本节中，φ 表示这样一个特征函数，使得 $|\varphi|$ 在整个直线上是可积的. 根据傅里叶反演公式 (15.3.5)，这蕴涵存在一个**连续密度** f. 根据 15.4 节的黎曼–勒贝格引理 3，f 和 φ 在无穷远处都等于 0. 如果 φ 充分快地趋于 0，那么可以利用它通过下列方法构造周期函数：可以粗略地说成是把 ζ 轴绕在一个长度为 2λ 的

---

* 本节讨论一个重要的特殊课题. 在后面用不到它，并且除了利用 19.4 节定理 1 外，它与前面各节无关.

圆周上. 新的函数可以表示成形式

$$\psi(\zeta)=\sum_{k=-\infty}^{+\infty}\varphi(\zeta+2k\lambda). \tag{19.5.1}$$

(此处双重无穷级数之和 $\sum_{k=-\infty}^{+\infty}a_k$ 被定义为 $\lim\sum_{k=-N}^{N}a_k$，如果这个极限存在的话.) 在收敛的情形下，函数 ψ 显然是一个周期为 2λ 的周期函数. 具有最简单概率形式的泊松求和公式断言，当 ψ 连续时，$\psi(\zeta)/\psi(0)$ 是一个算术概率分布的特征函数，此分布在点 $n\pi/\lambda$ 上的原子的质量与 $f(n\pi/\lambda)$（其中 $n=0,\pm1,\pm2\cdots$）成比例. 乍一看来，这个结果只是一个奇特的结果，但是它包含了通信理论中的著名抽样定理和许多相当有趣的特殊情形.

泊松求和公式[①] *假设特征函数 φ 是绝对可积的，从而相应的概率密度 f 是连续的，那么*

$$\sum_{k=-\infty}^{+\infty}\varphi(\zeta+2k\lambda)=\frac{\pi}{\lambda}\sum_{n=-\infty}^{+\infty}f(n\pi/\lambda)\mathrm{e}^{in(\pi/\lambda)\zeta}, \tag{19.5.2}$$

只要左边的级数收敛于一个连续函数 ψ.

对于 $\zeta=0$，这蕴涵

$$\sum_{k=-\infty}^{+\infty}\varphi(2k\lambda)=(\pi/\lambda)\sum_{n=-\infty}^{+\infty}f(n\pi/\lambda) \tag{19.5.3}$$

是一个正数 A，从而 $\psi(\zeta)/A$ 是一个特征函数.

证 只需证 (19.5.2) 的右边是左边的周期函数 ψ 的形式傅里叶级数，即

$$\frac{1}{2\lambda}\int_{-\lambda}^{\lambda}\psi(\zeta)\mathrm{e}^{-in(\pi/\lambda)\zeta}\mathrm{d}\zeta=\frac{\pi}{\lambda}f(n\pi/\lambda). \tag{19.5.4}$$

事实上，这些傅里叶系数是非负的，由假设 ψ 是连续的. 因此根据上节定理 1，傅里叶级数趋于 ψ，从而 (19.5.2) 成立.

ψ 的级数 (19.5.1) 的第 k 项对 (19.5.4) 左边的贡献等于

$$\frac{1}{2\lambda}\int_{-\lambda}^{\lambda}\varphi(\zeta+2k\lambda)\mathrm{e}^{-in(\pi/\lambda)\zeta}\mathrm{d}\zeta=\frac{1}{2\lambda}\int_{(2k-1)\lambda}^{(2k+1)\lambda}\varphi(s)\mathrm{e}^{-in(\pi/\lambda)s}\mathrm{d}s, \tag{19.5.5}$$

它的绝对值小于

$$(2\lambda)^{-1}\int_{(2k-1)\lambda}^{(2k+1)\lambda}|\varphi(s)|\mathrm{d}s. \tag{19.5.6}$$

---

① 恒等式 (19.5.2) 通常是在各种各样的附加条件下证实的. 对 f 的正性的系统研究使我们的简单叙述及其大大简化了的证明成为可能. 关于定理及其证明的变形，见习题 12 和习题 13.

区间 $(2k-1)\lambda < s \leqslant (2k+1)\lambda$ 覆盖了实轴但互不相交，从而把 (19.5.6) 的数值相加得到 $|\varphi|$ 的积分，这积分是有限的. 因此，在 $-N < k < N$ 上求 (19.5.5) 的和，并令 $N \to \infty$，我们根据控制收敛性得到

$$\frac{1}{2\lambda}\int_{-\lambda}^{\lambda}\psi(\zeta)\mathrm{e}^{-\mathrm{i}n(\pi/\lambda)\zeta}\mathrm{d}\zeta = \frac{1}{2\lambda}\int_{-\infty}^{+\infty}\varphi(s)\mathrm{e}^{-\mathrm{i}n(\pi/\lambda)s}\mathrm{d}s. \tag{19.5.7}$$

根据傅里叶反演定理，右边等于 $(\pi/\lambda)f(n\pi/\lambda)$，这就完成了证明. ■

最有趣的特殊情况发生在 φ 对于 $|\zeta| \geqslant a$ 恒等于 0 的时候，其中 $a < \lambda$. (19.5.1) 中的无穷级数化为一项，ψ 就是 φ 的周期为 2λ 的周期延拓. 于是 (19.5.2) 成立. 在 (19.5.3) 中左边化为 1，这说明 ψ 是一个概率分布的特征函数. 因此，我们有以下的推论.

推论　如果一个特征函数对 $|\zeta| \geqslant a$ 恒等于 0，那么它的周期为 $2\lambda > 2a$ 的所有周期延拓也是特征函数.

这个推论实际上比通常在通信工程教科书中所述的“抽样定理”稍微深刻点[①]，抽样定理有时也称为尼奎斯特（H. Nyquist）定理或香农（C. Shannon）定理.

抽样定理　一个使得其特征函数 φ 在 $\overline{-a,a}$ 外等于 0 的概率密度 f 被值 $(\pi/\lambda)f(n\pi/\lambda)$ 唯一确定[②]，其中 $\lambda > a$ 是任一固定的数，$n = 0, \pm1, \cdots$.（这些值导出一个这样的概率分布，其特征函数是 φ 的周期为 2λ 的周期延拓.）

例　(a) 考虑密度 $f(x) = (1-\cos x)/(\pi x^2)$，它的特征函数当 $|\zeta| \leqslant 1$ 时等于 $\varphi(\zeta) = 1-|\zeta|$，当 $|\zeta| > 1$ 时等于 0. 对于 $\lambda = 1$ 和 $\zeta = 1$，注意到 $f(0) = 1/(2\pi)$，我们从 (19.5.3) 得到

$$\frac{1}{2} + \frac{4}{\pi^2}\sum_{\nu=0}^{\infty}\frac{1}{(2\nu+1)^2} = 1. \tag{19.5.8}$$

φ 的周期为 $2\lambda = 2$ 的周期延拓的图像是 15.2 节的图 15-3，周期为 $2\lambda > 2$ 的延拓的图像是图 15-2.

---

① 通常，之所以引入不必要的条件，是由于证明依赖于标准傅里叶理论，此理论忽略了与概率论有密切关系的 f 的正性.

② $f(x)$ 的明显表达式可以推导如下. 对于 $|\zeta| \leqslant \lambda$，我们有 $\varphi(\zeta) = \psi(\zeta)$，从而根据傅里叶反演公式

$$f(x) = \frac{1}{2\pi}\int_{-\lambda}^{+\lambda}\psi(\zeta)\mathrm{e}^{-\mathrm{i}x\zeta}\mathrm{d}\zeta.$$

ψ 由 (19.5.2) 的右边给出，利用简单的积分可导出最后的公式

$$f(x) = \frac{1}{2\pi}\frac{\pi}{\lambda}\sum_{n=-\infty}^{+\infty}\int_{-\lambda}^{\lambda}f\left(n\frac{\pi}{\lambda}\right)\mathrm{e}^{\mathrm{i}n(\pi/\lambda)\zeta-\mathrm{i}\zeta x}\mathrm{d}\zeta = \frac{\sin\lambda x}{\lambda}\sum_{n=-\infty}^{+\infty}f\left(n\frac{\pi}{\lambda}\right)\frac{(-1)^n}{x-n\pi/\lambda}.$$

这个展开式有时称为“基本级数”. 它有许多应用 [见 J.M. Whittaker, *Interpolatory function theory*, Cambridge Tracts No. 33, 1935 中的定理 16. 关于高维中的类似展开式，见 D.P. Petersen and D. Middleton, *Information and Control.* vol.5 (1962), pp. 279-323.]

(b) 关于 (19.5.2) 的简单例子，见习题 11. ■

在类似的情况下，公式 (19.5.2) 照例可以改写成似乎更一般的形式. 实际上，把 (19.5.2) 应用于密度 $f(x+s)$，我们得到*泊松求和公式的另一形式*

$$\sum_{k=-\infty}^{+\infty} \varphi(\zeta+2k\lambda)\mathrm{e}^{-\mathrm{i}s(\zeta+2k\lambda)} = \frac{\pi}{\lambda}\sum_{n=-\infty}^{+\infty} f\Big(n\frac{\pi}{\lambda}+s\Big)\mathrm{e}^{\mathrm{i}n(\pi/\lambda)\zeta}. \tag{19.5.9}$$

(c) 把 (19.5.9) 应用于正态密度，只利用特殊值 $\zeta=\lambda$，我们得到

$$\sum_{k=-\infty}^{+\infty} \mathrm{e}^{-\frac{1}{2}(2k+1)^2\lambda^2}\cos(2k+1)\lambda s = \frac{\pi}{\lambda}\sum_{k=-\infty}^{+\infty}(-1)^k\mathfrak{n}\Big(\frac{k\pi}{\lambda}+s\Big). \tag{19.5.10}$$

这是 θ 函数论中的一个著名公式，在 10.5 节中曾用更初等的方法证明过. 事实上，关于 x 微分表明，恒等式 (10.5.8) 和 (10.5.9) 等价于具有 $\lambda=(\pi/a)\sqrt{t}$ 和 $s=x/\sqrt{t}$ 的 (19.5.10).

(d) 对于特征函数为 $\varphi(\zeta)=\mathrm{e}^{-|\zeta|}$ 的密度 $f(x)=\pi^{-1}(1+x^2)^{-1}$，我们在 (19.5.2) 中令 $\zeta=0$ 得到，

$$\frac{\mathrm{e}^{\lambda}+\mathrm{e}^{-\lambda}}{\mathrm{e}^{\lambda}-\mathrm{e}^{-\lambda}} = \sum_{n=-\infty}^{+\infty}\frac{\lambda}{\lambda^2+n^2\pi^2}. \tag{19.5.11}$$

这是*双曲余切的部分分式的分解式*.

(e) 长度为 2π 的**圆周上的密度**可以通过把实轴绕到圆周上得到,这已在 2.8 节中叙述过. 对于直线上的一个给定的密度 f，在圆周上有一个由级数 $\sum f(2\pi n+s)$ 给出的相应密度，由 $\zeta=0$ 时的 (19.5.9)，我们得到这个密度的一个用原来的特征函数表示的新表达式. 在 $f=\mathfrak{n}$ 的特殊情况下，我们得到下列形式的单位圆周上类似于正态密度的表达式：

$$\frac{1}{\sqrt{2\pi t}}\sum_{n=-\infty}^{+\infty}\exp\Big(-\frac{1}{2t}(s+2n\pi)^2\Big) = \frac{1}{2\pi}\sum_{n=-\infty}^{+\infty}\mathrm{e}^{-\frac{1}{2}n^2t}\cos ns. \tag{19.5.12}$$

第 2 个表达式显然说明，参数为 t_1 和 t_2 的 2 个正态密度的卷积是一个参数为 t_1+t_2 的正态密度. ■

19.6 正定序列

本节讨论有限区间上的概率分布. 为了确定起见，把它的长度取为 2π. 和在 19.4 节中一样，我们把区间的两个端点视为一点，并把这个区间看成单位圆周. 因此，我们可以把 F 看成**单位圆周上的概率分布**，并把它的**傅里叶系数**定义为

$$\varphi_k = \frac{1}{2\pi}\int_{-\pi}^{\pi} \mathrm{e}^{-\mathrm{i}kt}F\{\mathrm{d}t\}, \quad k=0,\pm1,\cdots. \tag{19.6.1}$$

注意，$\overline{\varphi}_k = \varphi_{-k}$. 现在我们来证明系数 φ_k 唯一地确定分布. 考虑到平凡的尺度变化，这个断言等价于如下的断言：集中于 $\overline{-\lambda,\lambda}$ 上的分布由它的特征函数在 π/λ 的倍数上的值 $\varphi(n\pi/\lambda)$ 唯一地确定. 这个断言是上节抽样定理的对偶定理. 按照该定理，在 $\overline{-\lambda,\lambda}$ 外等于 0 的特征函数由密度的值 $f(n\pi/\lambda)$ 唯一确定.

定理 1 圆周上的分布 F 由它的傅里叶系数 φ_k 唯一确定.

证 和在 (19.4.3) 中一样，我们对 $0 \leqslant r < 1$ 令

$$f_r(\zeta) = \sum_{n=-\infty}^{+\infty} \varphi_n \cdot r^{|n|} \cdot \mathrm{e}^{\mathrm{i}n\zeta}. \tag{19.6.2}$$

导出 (19.4.8) 的简单计算说明，现在有

$$f_r(\zeta) = \int_{-\pi}^{\pi} p_r(\zeta - t)F\{\mathrm{d}t\}, \tag{19.6.3}$$

其中 p_r 表示 (19.4.7) 中所定义的泊松核. 我们知道，p_r 是一个密度，我们用 P_r 表示相应的分布. 于是 f_r 是卷积 $P_r\bigstar F$ 的密度，此卷积当 $r\to 1$ 时趋于 F，因此 F 实际上可利用 f_r 来计算. ■

引理 1 设 $\{\varphi_n\}$ 是任一有界复数序列. 为使在圆周上存在一个傅里叶系数为 φ_n 的测度 F，当且仅当对于每个 $r<1$，(19.6.2) 所确定的函数 f_r 是非负的.

证 由 (19.6.3) 和 p_r 的严格正性，必要性是显然的. 用 $\mathrm{e}^{-\mathrm{i}k\zeta}$ 乘以 (19.6.2) 并积分可得

$$\varphi_k \cdot r^{|n|} = \frac{1}{2\pi}\int_{-\pi}^{\pi} f_r(\zeta)\mathrm{e}^{-\mathrm{i}k\zeta}\mathrm{d}\zeta. \tag{19.6.4}$$

对于特殊值 $k=0$，可见 $\varphi_0>0$. 不失一般性，我们可以假设 $\varphi_0 = 1/(2\pi)$. 利用这个正规化常数，f_r 是圆周上一个概率分布 F_r 的密度，(19.6.5) 表明 $\varphi_k r^{|k|}$ 是 F_r 的第 k 个傅里叶系数. 根据选择定理，可以令 r 以这种方式趋于 1，使得 F_r 收敛于一个概率分布 F. 由 (19.6.5) 显然可见 φ_k 满足 (19.6.1)，这就完成了证明. ■

注意，这个引理比 19.4 节中的推论 2 强. 我们如同在 19.2 节中那样进行，推导一个对应于波赫纳定理的定理，这应归功于赫格洛茨（G. Herglotz）.

定义 如果对于有限多个复数 $z_1,\cdots,z_n$ 的每种选择，

$$\sum_{j,k} \varphi_{j-k} z_j \overline{z}_k \geqslant 0, \tag{19.6.5}$$

则称序列 $\{\varphi_k\}$ 为正定的.

引理 2 如果 $\{\varphi_k\}$ 是正定的，那么 $\varphi_0 \geqslant 0$，且 $|\varphi_n| \leqslant \varphi_0$.

证 应用 19.2 节引理 3 的证明（又见习题 14.）

定理 2 为使序列 $\{\varphi_n\}$ 是圆周上一个测度 F 的傅里叶系数，当且仅当它是正定的.

证 (a) 通过简单的计算可以证明，如果 φ_k 由 (19.6.1) 给出，那么 (19.6.5) 的左边等于 $(1/2\pi)|\sum \mathrm{e}^{-\mathrm{i}jt}z_j|^2$ 关于 F 的积分. 因此，条件是必要的.

(b) 为了证明充分性，对 $k \geqslant 0$ 选取 $z_k = r^k\mathrm{e}^{\mathrm{i}kt}$，对 $k < 0$ 选取 $z_k = 0$. 对于这个序列，(19.6.5) 中的和呈形式

$$\begin{aligned}\sum_{j=0}^{+\infty}\sum_{k=0}^{+\infty}\varphi_{j-k}r^{j+k}\mathrm{e}^{\mathrm{i}(j-k)t} &= \sum_{n=-\infty}^{+\infty}\varphi_n\mathrm{e}^{\mathrm{i}nt}\sum_{k=0}^{+\infty}r^{|n|+2k} \\ &= (1-r^2)^{-1}\sum_{n=-\infty}^{+\infty}\varphi_n r^{|n|}\mathrm{e}^{\mathrm{i}nt}.\end{aligned} \tag{19.6.6}$$

根据定义 (19.6.2)，最后一个和等于 $f_r(t)$. 固然，不等式 (19.6.5) 只是对有限序列 $\{z_n\}$ 而假设的，但是简单的取极限表明，它对我们的无穷序列也成立，于是我们证明了 $f_r(t) \geqslant 0$. 根据引理 1，这蕴涵 φ_n 确实是单位圆周上一个测度的傅里叶系数. ■

由这个准则我们推导一个类似于 19.3 节定理的以下定理.

定理 3 设 $\{X_n\}$ 是定义于某一概率空间上的一列随机变量，使得

$$\rho_n = E(X_{n+\nu}\overline{X}_\nu) \tag{19.6.7}$$

与 ν 无关，那么在圆周 $\overline{-\pi,\pi}$ 上存在唯一的测度 R，使得 ρ_n 是它的第 n 个傅里叶系数.

证 显然，

$$\sum \rho_{j-k}z_j\overline{z}_k = \sum E(X_jz_j\overline{X}_k\overline{z}_k) = E\Big(\big|\sum X_jz_j\big|^2\Big), \tag{19.6.8}$$

这说明序列 $\{\rho_n\}$ 是正定的. ■

其逆也成立：对于圆周上任一测度，存在一个序列 $\{X_n\}$，使得 (19.6.7) 是它的傅里叶系数. 这可由 19.3 节末尾所用的构造看出，但是我们将在 19.8 节回过头来讨论这个问题.

例 (a) 设 X_n 是独立同分布变量，满足 $E(X_n) = \mu$ 和 $\mathrm{Var}(X_n) = \sigma^2$. 那么 $\rho_0 = \sigma^2 + \mu^2$，且对于 $k \neq 0$ 有 $\rho_k = \mu^2$. 谱测度是在原点上具有重量 $2\pi\mu^2$ 的原子与密度为 σ^2 的均匀分布之和.

(b) 19.4 节中的构造说明，对固定的 $r < 1$ 和 θ，由 $p_r(t-\theta)$ 定义的密度的傅里叶系数为 $\rho_n = r^{|n|}\mathrm{e}^{-\mathrm{i}n\theta}/(2\pi)$.

(c) **马尔可夫过程.** 在 3.8 节中曾证明，实正态变量的平稳马尔可夫序列具有形如 $\rho_n = r^{|n|}$ 的协方差，其中 $0 \leqslant r \leqslant 1$. 类似的论证表明，任意复平稳马尔可夫序列的协方差具有 $r^{|n|}\mathrm{e}^{in\theta}$ 的形式. 当 $r < 1$ 时，谱测度有密度 $2\pi p_r(t+\theta)$；当 $r = 1$ 时，它集中于点 $-\theta$ 上. ■

19.7 L^2 理论

为了概率论的目的，需要把特征函数作为测度的变换而引入，但是研究调和分析的其他方法也是同样自然的. 特别，可以定义函数（而不是测度）的傅里叶变换，由傅里叶反演公式，似乎可以用这种方法获得较好的对称性. 事实上，当只讨论平方可积函数时，得到的结果最简单最优美. 我们之所以研究这个理论，是由于它本身的重要性，也是因为它被广泛地应用于随机过程的调和分析.

对于实变量 x 的一个复值函数 u，我们把范数 $\|u\| \geqslant 0$ 定义为

$$\|u\|^2 = \int_{-\infty}^{+\infty} |u(x)|^2 \mathrm{d}x. \tag{19.7.1}$$

我们把两个只在一个测度为 0 的集合上不同的函数看作是恒等的.（换句话说，我们实际上讨论等价函数类，但是我们仍沿用通常的语言，这并无害处.）利用这个约定，为使 $\|u\| = 0$，当且仅当 $u = 0$. 用 L^2 表示所有的范数为有限的函数类. L^2 中两个函数 u, v 的距离是以 $\|u - v\|$ 定义的. 按这个定义，L^2 是一个度量空间，称 L^2 中的函数 u_n 的序列依这个度量收敛于 u，当且仅当 $\|u_n - u\| \to 0$. 这种收敛①将表示为 $u = \text{l.i.m. } u_n$ 或 $u_n \xrightarrow{\text{i.m.}} u$. 它也称为“均方收敛”. 称 $\{u_n\}$ 是一个**柯西序列**，当且仅当

$$\text{当 } n, m \to \infty \text{ 时，}\quad \|u_n - u_m\| \to 0.$$

我们不加证明地指出，在每个柯西序列 $\{u_n\}$ 都有唯一的极限 $u \in L^2$ 的意义上，度量空间 L^2 是完备的.

例　(a) L^2 中的函数 u 在每个**有限**区间上是可积的，因为在所有的点上 $|u(x)| < |u(x)|^2 + 1$. 这个陈述对无限区间不成立，因为 $(1 + |x|)^{-1}$ 在 L^2 中但不可积.

(b) 每个**有界**可积函数都属于 L^2，因为 $|u| \leqslant M$ 蕴涵 $|u|^2 \leqslant M|u|$. 这个陈述对无界函数不成立，因为 $x^{-\frac{1}{2}}$ 在 $\overline{0,1}$ 上可积，但不平方可积. ■

① u_n 处处收敛于极限 v，并不蕴涵 $u_n \xrightarrow{\text{i.m.}} v$ [见 4.2 节例 (e)]. 但如果已知 $u = \text{l.i.m. } u_n$ 也存在，那么 $u = v$. 事实上，根据法图引理，

$$\int_{-\infty}^{+\infty} |u(x) - v(x)|^2 \mathrm{d}x \leqslant \lim \int_{-\infty}^{+\infty} |u(x) - u_n(x)|^2 \mathrm{d}x = 0.$$

两个函数的**内积** (u,v) 定义为

$$(u,v)=\int_{-\infty}^{+\infty}u(x)\overline{v(x)}\mathrm{d}x. \tag{19.7.2}$$

它对 L^2 中每一对函数都存在，因为根据施瓦茨不等式

$$\int_{-\infty}^{+\infty}|uv|\mathrm{d}x\leqslant||u||\cdot||v||. \tag{19.7.3}$$

特别地，$(u,u)=||u||^2$. 利用内积的这种定义，L^2 就变成了一个**希尔伯特空间**. 内积 (19.7.2) 与两个期望为 0 的随机变量的协方差的相似性是很明显的，我们以后将利用这一点.

在做了这些准备之后，转向我们的主要目标，即定义形如

$$\hat{u}(\zeta)=\frac{1}{\sqrt{2\pi}}\int_{-\infty}^{+\infty}u(x)\mathrm{e}^{\mathrm{i}\zeta x}\mathrm{d}x \tag{19.7.4}$$

的变换. 当 u 是一个概率密度时，$\hat{u}$ 与特征函数只差一个因子 $\sqrt{2\pi}$. 为了避免混淆，把 $\hat{u}$ 称为 u 的**普朗谢雷（Plancherel）变换**. 定义 (19.7.4) 只适用于可积函数 u，但我们将把它扩张到整个 L^2. 下例可以帮助我们容易理解这种手续以及广义变换的性质.

(c) L^2 中任一函数 u 在有限区间上是可积的，从而我们可以定义截尾变换

$$\hat{u}^{(n)}(\zeta)=\frac{1}{\sqrt{2\pi}}\int_{-n}^{n}u(x)\mathrm{e}^{\mathrm{i}\zeta x}\mathrm{d}x.$$

注意，$\hat{u}^{(n)}$ 是函数 $u^{(n)}$ 的普朗谢雷变换，此函数是这样定义的：当 $|x|<n$ 时，$u^{(n)}(x)=u(x)$；当 $|x|\geqslant n$ 时，$u^{(n)}(x)=0$. 当 $n\to\infty$ 时，对于任一特殊值 ζ，$\hat{u}^{(n)}(\zeta)$ 都不一定收敛，但是我们将证明 $\{\hat{u}^{(n)}\}$ 是一个柯西序列，从而存在 L^2 中的元素 $\hat{u}$，使得 $\hat{u}=\text{l.i.m. }\hat{u}^{(n)}$. 我们将定义这个 $\hat{u}$ 为 u 的普朗谢雷变换，显然 (19.7.4) 中的积分不一定收敛. 截尾的特殊方式不起作用，取平均收敛于 u 的任一其他可积函数序列 $u^{(n)}$ 都得到同一 $\hat{u}$.

(d) 如果 u 表示 $\overline{-1,1}$ 上的均匀密度，那么它的普朗谢雷变换 $\hat{u}=\sin x/(x\sqrt{2\pi})$ 是不可积的. 但是 $\hat{u}$ 属于 L^2，我们将看到它的普朗谢雷变换和原来的密度 u 重合. 这样我们就把傅里叶反演公式 (15.3.5) 推广到了特征函数为不可积的密度上了. ■

我们着手来定义一般的普朗谢雷变换. 对任一可积函数 u，变换 $\hat{u}$ 由 (19.7.4) 定义. 这样的 $\hat{u}$ 是连续的（根据控制收敛原理），且 $|\hat{u}|\leqslant\dfrac{1}{\sqrt{2\pi}}\displaystyle\int_{-\infty}^{+\infty}|u|\mathrm{d}x$. 一般说来，$\hat{u}$ 是不可积的. 为了简单起见，我们约定称函数 u 为**"好的"**，如果它是有界连续的，且 $\hat{u}$ 和 u 都是可积的. 于是 $\hat{u}$ 也是好的，u 和 $\hat{u}$ 都属于 L^2 [见例 (b)].

首先我们证明反演公式

$$u(t)=\frac{1}{\sqrt{2\pi}}\int_{-\infty}^{+\infty}\hat{u}(\zeta)\mathrm{e}^{-\mathrm{i}\zeta t}\mathrm{d}\zeta, \tag{19.7.5}$$

对好的函数成立. 我们重述证明 15.3 节中的反演公式时所用的论证. 用 $(1/\sqrt{2\pi})\mathrm{e}^{-\mathrm{i}\zeta t-\frac{1}{2}\varepsilon^2\zeta^2}$ 乘以 (19.7.4) 并积分，得到

$$\frac{1}{\sqrt{2\pi}}\int_{-\infty}^{+\infty}\hat{u}(\zeta)\mathrm{e}^{-\mathrm{i}\zeta t-\frac{1}{2}\varepsilon^2\zeta^2}\mathrm{d}\zeta=\int_{-\infty}^{+\infty}u(x)\mathfrak{n}\Big(\frac{t-x}{\varepsilon}\Big)\frac{\mathrm{d}x}{\varepsilon}, \tag{19.7.6}$$

其中 $\mathfrak{n}$ 表示标准正态密度. 当 $\varepsilon\to 0$ 时，左边的积分趋于 (19.7.5) 中的积分，而右边的卷积趋于 $u(t)$. 因此，(19.7.5) 对好的函数成立.

设 v 是另一好的函数. 用共轭函数 $\overline{v}(t)$ 乘以 (19.7.5)，在 $-\infty<t<\infty$ 上积分. 左边等于内积 (u,v)，交换积分次序后，右边化为 $(\hat{u},\hat{v})$. 因此，好的函数满足恒等式

$$(\hat{u},\hat{v})=(u,v), \tag{19.7.7}$$

此式称为 L^2 的**帕塞瓦尔（Parseval）关系式**. 对于 $v=u$，它化为

$$\|\hat{u}\|=\|u\|. \tag{19.7.8}$$

由此推出两个变换 $\hat{u}$ 和 $\hat{v}$ 的距离与 u 和 v 之间的距离相同. 我们把这点说成：在好的函数中，普朗谢雷变换是一个等距变换.

其次我们证明，关系式 (19.7.7) 和 (19.7.8) 对属于 L^2 的任意可积函数 u 和 v 也成立. 变换不一定是可积的，但 (19.7.8) 蕴涵它们属于 L^2 [比较例 (a) 和例 (d)].

首先我们注意到，具有两个可积导数的可积函数 w 一定是好的函数. 实际上，从 15.4 节的引理 4 我们知道，当 $\zeta\to\pm\infty$ 时 $|\hat{w}(\zeta)|=o(\zeta^{-2})$，因此 $\hat{w}$ 一定是可积的.

现在假设 u 是有界可积的（从而属于 L^2）. 根据 4.2 节的平均逼近定理，可以找出一列好的函数 u_n，使得

$$\int_{-\infty}^{+\infty}|u(x)-u_n(x)|\mathrm{d}x\to 0. \tag{19.7.9}$$

如果 $|u|<M$，那么 u_n 可以这样选取，使得也有 $|u_n|<M$. 于是 u_n 平均收敛于 u，因为 $\|u-u_n\|^2$ 不能大于 (19.7.9) 中的积分的 $2M$ 倍. 因此，好的函数的等距性 (19.7.8) 保证 $\{\hat{u}_n\}$ 是一个柯西序列. 另外，对于每个固定的 ζ 有 $\hat{u}_n(\zeta)\to\hat{u}(\zeta)$，因为 $|\hat{u}(\zeta)-\hat{u}_n(\zeta)|$ 不能大于 (19.7.9) 中的积分. 但是，正如本节第 1 个脚注所指出的那样，柯西序列的元素的处处收敛保证序列本身的收敛，因此我们有

$$\hat{u}=\text{l.i.m. }\hat{u}_n. \tag{19.7.10}$$

把 (19.7.7) 应用于对偶 u_n 和 v，并令 $n \to \infty$，我们看到，当 u 有界可积，而 v 是好函数时，(19.7.7) 仍成立. 再取一次这样的极限，可以证明 (19.7.7) 对任何一对有界可积函数也成立.

剩下的是证明 (19.7.7) 对无界函数 u 和 v 也成立，只要它们是可积的且属于 L^2. 为了证明这一点，我们重复前面的论证，但有一个改变，即逼近函数 u_n 现在是利用截尾定义：如果 $|u(x)| < n$，那么 $u_n(x) = u(x)$. 对于所有其他的 x 有 $u_n(x) = 0$. 于是 (19.7.10) 成立，并且 $u_n \xrightarrow{\text{i.m.}} u$，证明不需要做其他的改变就可应用.

我们现在可以进行最后一步了，即把普朗谢雷变换的定义推广到整个 L^2 上. 正如在例 (c) 中所看到的那样，L^2 中的每个函数是一个由 L^2 中可积函数 u_n 组成的柯西序列的极限. 我们刚才证明了，(19.7.4) 定义的变换 $\hat{u}_n$ 形成一个柯西序列，我们现在把 $\hat{u}$ 定义为这个柯西序列的极限. 因为两个柯西序列可以结合成一个序列，所以极限 $\hat{u}$ 与近似序列 $\{u_n\}$ 的选择无关. 而且，如果 u 是可积的，那么我们可对所有的 n 取 $u_n = u$，于是可以看出，当 u 可积时，新的定义和 (19.7.4) 一致. 可以总结如下：

普朗谢雷变换 $\hat{u}$ 对 L^2 中的每个 u 都有定义；对于可积的 u，它由 (19.7.4) 给出，一般说来是由下述法则给出的：

$$\text{如果 } u = \text{l.i.m. } u_n, \quad \text{那么 } \hat{u} = \text{l.i.m. } \hat{u}_n. \tag{19.7.11}$$

帕塞瓦尔关系式 (19.7.7) 和等距性 (19.7.8) 对一般情形也成立. 映射 $u \to \hat{u}$ 是一一的，$\hat{u}$ 的变换由 $u(-x)$ 给出.

上一断言是傅里叶反演公式 (19.7.5) 的一个变形，在 u 或 $\hat{u}$ 不可积时可以应用它，因此 (19.7.4) 和 (19.7.5) 中的积分不是在普通意义上定义的. 在原来的函数和它们的变换之间的关系中的完全对称性是希尔伯特空间中傅里叶理论的主要优点.

上述理论被广泛地应用于预报理论. 作为概率应用的一个例子，我们叙述一个通常归功于 A. 辛钦的准则，虽然它出现在 N. 维纳的经典著作中. 由于历史传统的原因，即使较新的教科书也未能注意到它实际上只是帕塞瓦尔公式的一个特殊情形，不需要复杂的证明.

维纳–辛钦准则 *为使函数 φ 是一个概率密度 f 的特征函数，当且仅当存在这样的函数 u，使得 $||u||^2 = 1$，且*

$$\varphi(\lambda) = \int_{-\infty}^{+\infty} u(x)\overline{u(x+\lambda)}\mathrm{d}x. \tag{19.7.12}$$

在这种情形下，$f = |\hat{u}|^2$.

证 对于固定的 λ，令 $v(x)=u(x+\lambda)$. 于是 $\hat{v}(\zeta)=\hat{u}(\zeta)\mathrm{e}^{-\mathrm{i}\lambda\zeta}$. 帕塞瓦尔关系式 (7.7) 化成

$$\int_{-\infty}^{+\infty}|\hat{u}(x)|^2\mathrm{e}^{\mathrm{i}\lambda x}\mathrm{d}x=\int_{-\infty}^{+\infty}u(x)\overline{u(x+\lambda)}\mathrm{d}x, \tag{19.7.13}$$

因为 $\|\hat{u}\|^2=1$，所以左边是一个概率密度的特征函数. 反之，给定一个概率密度 f，可以选出一个 u，使得 $f=|\hat{u}|^2$，于是 (19.7.12) 成立. u 的选择不是唯一的. (预报理论中的一个问题讨论选取在一条射线上等于 0 的 u 的可能性.) ■

傅里叶积分的 L^2 理论可以搬到傅里叶级数上去. 现在函数是定义在圆周上的，但是对于傅里叶（或普朗谢雷）变换，有相应的傅里叶系数序列. 除了这个形式上的差别外，两个理论是平行的，只要作简单扼要的说明就够了.

对于我们的 L^2，现在有一个由圆周上平方可积函数组成的希尔伯特空间 $L^2\overline{(-\pi,\pi)}$ 与之对应. 于是范数和内积可定义为

$$\begin{aligned}\|u\|^2&=\frac{1}{2\pi}\int_{-\pi}^{\pi}|u(x)|^2\mathrm{d}x,\\(u,v)&=\frac{1}{2\pi}\int_{-\pi}^{\pi}u(x)\overline{v(x)}\mathrm{d}x,\end{aligned} \tag{19.7.14}$$

积分区域是整个圆周（把点 $-\pi$ 和 π 视为一点）. 下列形式的有限三角多项式起着“好的函数”的作用:

$$u(x)=\sum u_n\mathrm{e}^{inx}, \tag{19.7.15}$$

它的傅里叶系数 u_n 为

$$u_n=\frac{1}{2\pi}\int_{-\pi}^{\pi}u(x)\mathrm{e}^{-inx}\mathrm{d}x. \tag{19.7.16}$$

对一个好的函数，有其系数组成的有限序列 $\{u_n\}$ 与之对应. 反之，对于每个有限复数序列，有一个好的函数与之对应. 关系式 (19.7.16) 和 (19.7.15) 定义傅里叶变换 $\hat{u}=\{u_n\}$ 及其逆变换. 形式上的乘积和积分表明，对于两个好的函数，

$$\frac{1}{2\pi}\int_{-\pi}^{\pi}u(x)\overline{v(x)}\mathrm{d}x=\sum u_k\overline{v}_k. \tag{19.7.17}$$

我们现在考虑由无穷序列 $\hat{u}=\{u_n\},\hat{v}=\{v_n\}$ 等组成的希尔伯特空间 $\mathfrak{H}$，其范数和内积定义为

$$\|\hat{u}\|^2=\sum|u_n|^2,\quad(\hat{u},\hat{v})=\sum u_n\overline{v}_n. \tag{19.7.18}$$

这个空间与 L^2 有类似的性质. 特别地，有限序列在整个空间中是稠密的. 由此推出，在 $\mathfrak{H}$ 中的序列 $\hat{u}=\{u_n\}$ 与 $L^2\overline{(-\pi,\pi)}$ 的函数 u 之间存在一一对应. 对

于每个使得 $\sum|u_n|^2<\infty$ 的序列 $\{u_n\}$，存在一个傅里叶系数为 u_n 的平方可积函数与之对应，反之亦然. 映射 $u\longleftrightarrow\{u_n\}$ 仍是一个**等距变换，帕塞瓦尔关系式** $(u,v)=(\hat{u},\hat{v})$ 成立. 傅里叶级数不一定收敛，但由部分和 $\sum\limits_{k=-n}^{n}u_k\mathrm{e}^{ikx}$ 形成的连续函数列按 L^2 度量收敛于 u. 同样的陈述对其他连续逼近也成立. 因此，当 $r\to 1$ 时，$\sum u_k r^{|k|}\mathrm{e}^{ikx}$ 趋于 u.

如上所述，我们考虑由

$$\frac{1}{2\pi}\int_{-\pi}^{\pi}u(x)\overline{v}(x)\mathrm{e}^{-inx}\mathrm{d}x=\sum_k u_{k+n}\overline{v}_k \tag{19.7.19}$$

表示的帕塞瓦尔关系式的特殊情形. 取 $v=u$，我们又看到，序列 $\{\varphi_n\}$ 是 $\overline{-\pi,\pi}$ 上一个概率密度的傅里叶系数，当且仅当它具有如下形式：

$$\varphi_n=\sum u_{k+n}\overline{u}_k,\quad 其中\quad \sum|u_k|^2=1/(2\pi). \tag{19.7.20}$$

这种形式的协方差曾出现在 (3.7.4) 中.（也见习题 17.）

19.8 随机过程与随机积分

为了记号简单起见，在本节中我们讨论随机变量序列 $\{X_n\}$，但是很明显，这里的叙述也适用连续时间参数的随机变量族，所不同的只是谱测度不局限于有限区间，且级数被积分代替.

设 $\{X_n\}$ 是定义于某一概率空间 $\mathfrak{S}$ 且有有限二阶矩的二重无限随机变量序列，假设序列是严格平稳的，即

$$E(X_{n+\nu}\overline{X}_\nu)=\rho_n$$

与 ν 无关. 根据 19.6 节定理 3，在圆周 $\overline{-\pi,\pi}$ 上存在唯一的一个测度 R，使得

$$\rho_n=\frac{1}{2\pi}\int_{-\pi}^{\pi}\mathrm{e}^{-inx}R\{\mathrm{d}x\},\quad n=0,\pm1,\cdots. \tag{19.8.1}$$

我们现在来详细叙述 19.3 节所提到的那个想法：具有谱测度 R 的圆周可以用来构造随机过程 $\{X_n\}$ 的一个具体表达式（至少对于所有只依赖于二阶矩的性质）. 叙述利用了希尔伯特空间的术语，我们将考虑两个希尔伯特空间.

(a) **空间 L_R^2.** 通过逐字重复 19.7 节中 L^2 的定义（所不同的只是在这里要把直线换成圆周 $\overline{-\pi,\pi}$，把勒贝格测度换为测度 R)，我们可以构造一个圆周上的函数空间. 圆周上（复值）函数的范数和内积可以分别定义为

$$\|u\|^2 = \frac{1}{2\pi}\int_{-\pi}^{\pi} |u(x)|^2 R\{\mathrm{d}x\}, \quad (u, v) = \frac{1}{2\pi}\int_{-\pi}^{\pi} u(x)\overline{v(x)} R\{\mathrm{d}x\}. \tag{19.8.2}$$

现在基本的约定是，如果两个函数只在一个 R 测度为 0 的集合上不同，那么这两个函数被看作恒等的. 这个约定的效果很大. 如果 R 集中于两点 0 和 1 上，那么"函数"（在我们的意义下）被它在这两点上的值完全确定. 例如，$\sin n\pi x$ 是零函数. 即使在这样极端的情形下，利用通常的连续函数的公式以及参考它们的图形也是无害的. 因此，引用"阶梯函数"总有意义，并且简化了语言.

希尔伯特空间 L_R^2 是由圆周上所有具有有限范数的函数组成的，如果 $\|u_n - u\| \to 0$，那么称序列 $\{u_n\}$ 依我们的度量收敛于 u（或者关于质量分布 R 均方收敛于 u）. 希尔伯特空间 L_R^2 是一个完备度量空间，连续函数在其中是稠密的.（关于定义，见 19.7 节.）

(b) **由 $\{X_n\}$ 张成的希尔伯特空间 $\mathfrak{H}$.** 用 $\mathfrak{H}_0$ 表示定义在任一固定的样本空间上的具有有限二阶矩的随机变量所成的族. 根据施瓦茨不等式，$E(U\overline{V})$ 对任意一对这样的变量都存在，利用基本概率测度代替 R，把 (19.8.2) 从圆周推广到样本空间 $\mathfrak{S}$ 是很自然的. 因此，我们又约定把两个只在一概率为 0 的集合上不同的随机变量视为相同的，并且 $E(U\overline{V})$ 定义内积；U 的范数是 $E(U\overline{V})$ 的正根. 利用这些约定，$\mathfrak{H}_0$ 也是一个希尔伯特空间；它是一个完备度量空间，称随机变量 U_n 的序列在其中收敛于 U，如果 $E(|U_n - U|^2) \to 0$.

在讨论序列 $\{X_n\}$ 时，我们通常只对这样的随机变量感兴趣，这些变量是 X_k 的函数，在许多方面我们只考虑线性函数. 这把讨论局限于有限线性组合 $\sum a_k X_k$ 和这种有限线性组合的序列的极限. 这种类型的随机变量构成 $\mathfrak{H}_0$ 的一个子空间 $\mathfrak{H}$，称为**由 X_k 张成的希尔伯特空间**. 其中的内积、范数和收敛完全像上面那样定义，$\mathfrak{H}$ 是一个完备度量空间.

现在期望 $E(X_n)$ 一点也不起作用，但是因为"协方差"似乎比"内积"好听，所以我们引入通常的约定 $E(X_n) = 0$. 这个约定的唯一目的是把 ρ_n 当作协方差，如果我们约定称 $E(X\overline{Y})$ 为 X 和 Y 的协方差，那么就不需要中心常数了. 我们现在到达了一个关键的地方，即直观上很简单的空间 L_R^2 可作为 $\mathfrak{H}$ 的具体模型. 实际上，根据定义，任意一对变量的协方差 $\rho_{j-k} = \mathrm{Cov}(X_j, X_k)$ 等于 L_R^2 中两个函数 $\mathrm{e}^{\mathrm{i}jx}$ 和 $\mathrm{e}^{\mathrm{i}kx}$ 的内积. 由此推出，两个有限线性组合 $U = \sum a_j X_j$ 和 $V = \sum b_k X_k$ 的协方差等于相应的线性组合 $u = \sum a_j \mathrm{e}^{\mathrm{i}jx}$ 和 $v = \sum b_k \mathrm{e}^{\mathrm{i}kx}$ 的内积. 根据这两个空间中收敛的定义，可以把这个映射推广到所有的变量上去. 因此，我们有一个重要的结果：映射 $X_k \longleftrightarrow \mathrm{e}^{\mathrm{i}kx}$ 在 $\mathfrak{H}$ 中的随机变量与 L_R^2 的函数之间导出一个一一对应，这个对应保持内积和范数（从而保持极限）不变. 利用专门的术语来说，就是这两个空间是等距的.[①] 我们现在研究 $\mathfrak{H}$ 和 $\{X_n\}$ 时，可以只明显涉及具体空间 L_R^2. 这个程序除了可以帮助直观理解外，还具有理论上的优点. 因为圆周上的函数是常见的研究对象，所以比较容易发现 L_R^2 中具有所需要的谱性质的函数序列 $\{u^{(n)}\}$. 对于 $u^{(n)}$，在原来的样本空间 $\mathfrak{S}$ 中有一个随机变量 Z_n 与之对应；如果 $u^{(n)}$ 的傅里叶系数是已知的，那么可以把 Z_n 明显地表示为变量 X_k 的有限线性组合的极限. 如果 X_k 的联合分布是正态的，那么 Z_n 的联合分布也是正态的.

实际上这个程序通常可以倒转过来. 给定一个复杂的过程 $\{X_k\}$，我们的目的是用一个简单过程的变量 Z_n 表示它. 达到这个目的的实际方法是在 L_R^2 中进行，而不是在原来的空间中进行. 用一些例子比理论的论述更能说明这一点.

例 (a) **用独立变量表示 $\{X_n\}$ 的表达式.** 和在别处一样，在本节中 $\{X_n\}$ 表示一个给定的过程，它的协方差为 ρ_n，谱测度 R 由 (19.8.1) 所定义. 在我们的映射中，X_n 对应于圆周上的函数 e^{inx}. 我们现在证明，对于某些函数 γ，对应于 $\mathrm{e}^{inx}/\gamma(x)$ 的随机变量是不相关的. 我们只考虑谱测度 R 有一个普通密度 r 的情形. 为了简单起见[②]我们假设 r 是严格正的且连续的. 选择这样一个函数 γ，使得

$$|\gamma(x)|^2 = r(x). \tag{19.8.3}$$

正如在 19.7 节所说明的那样，γ 的傅里叶级数依 L^2 范数收敛. 用 γ_k 表示 γ 的傅里叶系数，我们有 $\sum|\gamma_k|^2 < \infty$. 根据帕塞瓦尔关系式 (19.7.20)，

$$\rho_n = \sum_{k=-\infty}^{+\infty} \gamma_{k+n}\overline{\gamma}_k. \tag{19.8.4}$$

现在考虑由下式定义的函数 $u^{(n)}$ 的二重无穷序列：

$$u^{(n)}(x) = \frac{\mathrm{e}^{inx}}{\gamma(x)}. \tag{19.8.5}$$

代入 (19.8.2)，可见对于 $m \neq n$，

$$\|u^{(n)}\| = 1, \quad (u^{(n)}, u^{(m)}) = 0. \tag{19.8.6}$$

---

① 熟悉希尔伯特空间理论的读者应注意到与酉算子的标准谱定理的关系. 把 $\mathfrak{H}$ 以 $X_n \to X_{n+1}$ 的方式映射到自身的线性算子称为转移算子，L_R^2 可以作为这样一种模型，使得在其中这个转移算子的运算变成用 e^{-ix} 相乘. 反之，在希尔伯特空间 $\mathfrak{H}_0$ 中给定任一酉算子 T 和任一元素 $X_0 \in \mathfrak{H}_0$，则可以把元素 $X_n = T^n X_0$ 的序列看作平稳序列，把 T 看作由这个序列生成的子空间 $\mathfrak{H}$ 上的转移算子. 如果 X_0 可以这样选取，使得 $\mathfrak{H} = \mathfrak{H}_0$，那么我们就得到了 T 的标准谱定理（所不同的是，我们有一个以 X_0 的选择为基础的"恒等式分解"的具体表达式）. 如果 $\mathfrak{H} \subset \mathfrak{H}_0$，那么 $\mathfrak{H}_0$ 是两个不变子空间的直和，上述说明适用于这两个子空间的每一个. 利用记号的简单改变，我们就可推导出一般的谱表达式（包括谱的相重性理论.）

② 除了为避免对当 $r(x) = \gamma(x) = 0$ 时 $r(x)/\gamma(x)$ 表示什么以及级数怎样收敛作微不足道的说明外，用不到这个约束.

对相应于函数 $u^{(n)}$ 的随机变量 Z_n，这蕴涵它们是不相关的，且方差为 1. 特别地，如果 X_k 是正态的，那么 Z_k 是相互独立的.

有趣的是，变量 X_k 张成的空间包含一个不相关的平稳序列 $\{Z_n\}$. 用 X_k 表示 Z_n 的显式表达式可以从函数 $u^{(n)}$ 的傅里叶展开式获得，但是朝相反方向进行是更有益的：因为 $\{Z_n\}$ 的构造比 $\{X_k\}$ 的构造简单，所以最好利用 Z_n 来表示 X_k. 现在有

$$\sum_{n=-N}^{N} \gamma_n u^{(n+k)}(x) = \frac{\mathrm{e}^{\mathrm{i}kx}}{\gamma(x)} \sum_{n=-N}^{N} \gamma_n \mathrm{e}^{\mathrm{i}nx}. \tag{19.8.7}$$

右边的和是 γ 的傅里叶级数的一部分，它依希尔伯特空间度量趋于 γ. 由此推出量 (19.8.7) 趋于 $\mathrm{e}^{\mathrm{i}kx}$. 在我们的映射中，$u^{(n+k)}$ 对应于 Z_{n+k}，从而级数 $\sum \gamma_n Z_{n+k}$ 收敛，我们可以记

$$X_k = \sum_{n=-\infty}^{+\infty} \gamma_n Z_{n-k}. \tag{19.8.8}$$

因此，我们得到了一个把 X_k 表示为由不相关变量 Z_k 组成的平稳序列中的“移动平均”的显式表达式.

表达式 (19.8.8) 显然不是唯一的. 一个很自然的问题是：是不是可以只用变量 $Z_k, Z_{k-1}, Z_{k-2}, \cdots$（表示“过去”）表示 X_k，即是不是可以在 (19.8.3) 中选取这样的 γ，使得对 $n \geqslant 1$ 有 $\gamma_n = 0$? 这个问题是预报理论中的一个基本问题，但是已超出本卷书的范围. 关于典型的例子，见 (3.7.5) 和习题 18.

(b) **具有不相关增量的相伴过程.** 对于满足 $-\pi < t \leqslant \pi$ 的每个 t，把 y_t 定义为

$$y_t(x) = \begin{cases} 1, & x \leqslant t, \\ 0, & x > t. \end{cases} \tag{19.8.9}$$

用 Y_t 表示 $\mathfrak{H}$ 中的相应随机变量. 对于不相交的区间来说，增量 $Y_t - Y_s$ 的协方差显然为 0，而且 $\mathrm{Var}(Y_t) = R\{\overline{-\pi, t}\}$. 于是 $\{Y_t\}$ 是一个具有不相关增量且方差由 R 给出的过程. 如果 X_t 是正态的，那么过程 Y_t 的增量实际上是独立的.

对于每个平稳序列 $\{X_k\}$，都有一个由上述方式得到的具有不相关增量的相伴过程与之对应. 把 (19.8.9) 中函数 y_t 展开为傅里叶级数，就可以用标准方法得到用 X_k 表示 Y_t 的显式表达式. 再一次说明朝相反的方向上进行更有益. 下例就是这样做的.

(c) **随机积分.** （正如我们所见的那样）用 X_k 表示一个随机变量 U 的表达式依赖于相应于 U 的函数的傅里叶展开式. 相反，用变量 Y_t 表示的下述表达式似乎太简单了. 它涉及了函数的图形. 为简单起见，我们假设函数是连续的.

首先考虑一个阶梯函数 w，即一个形如

$$w = a_1 y_{t_1} + a_2(y_{t_2} - y_{t_1}) + \cdots + a_n(y_\pi - y_{t_{n-1}}) \tag{19.8.10}$$

的函数，其中 a_j 是常数，$-\pi < t_1 < t_2 < \cdots < t_{n-1} < \pi$. 相伴随机变量 W 可以在这个表达式中把每个 y_{t_j} 换成 Y_{t_j} 而得到. 任一连续函数 w 都可以利用形如 (19.8.10) 的阶梯函数 $w^{(n)}$ 一致地逼近. $w^{(n)}$ 一致收敛于 w 蕴涵依 L_R^2 的范数收敛，从而也蕴涵相应的随机变量 $W^{(n)}$ 收敛于 W. 这给我们提供了一个通过简单的极限手续求任一连续函数 w 的像 W 的方法：用形如 (19.8.10) 的阶梯函数逼近 w，并把 y_{t_j} 换为 Y_{t_j}. 记住 (19.8.10) 是一个函数，而不是一个数，正如 $w^{(n)}$ 的极限 w 是一个函数而不是一个数一样. 但是 (19.8.10) 看上去像一个黎曼和，我们的程序在形式上使人想起黎曼积分的定义. 因此，它成为标准的作法，人们通常用记号

$$W = \int_{-\pi}^{\pi} w(t)\mathrm{d}Y_t \tag{19.8.11}$$

表示上述极限过程. 随机变量 (19.8.11) 称为连续函数 w 的**随机积分**. 这个名称是任意的，这个记号只是我们已严格定义的极限手续的一个简写形式. 由定义，函数 e^{-int} 对应于随机变量 X_n，从而我们可以记

$$X_n = \int_{-\pi}^{\pi} \mathrm{e}^{-int}\mathrm{d}Y_t. \tag{19.8.12}$$

这就是用具有不相关增量的相伴过程表示任意一个平稳序列 $\{X_n\}$ 的谱表达式.

与其说随机积分的记号具有逻辑性，倒不如说它具有启发性，但是我们不讨论这种用法. 我们的目的是要证明，这个有用的概念和重要的表达式 (19.8.12) 可以通过傅里叶分析的办法建立起来. 这就说明了本节所用的首先由克拉美引进的典型映射的威力. ■

这个理论只依赖于 $\{X_n\}$ 的二阶矩，并且实际上只有在这些矩真正有意义时才能应用. 当过程是正态过程时，情况就是这样. 因为正态分布被它们的协方差完全确定. 在其他的应用中，我们可以相信过程“与一个正态过程差别不太大”，正如在最古老的回归分析中人们相信对正态变量发展起来的方法是普遍可用的一样. 遗憾的是，仅仅存在一个优美的理论绝不能说明这种相信是有理由的. 在 19.3 节例 (c) 中过程的样本函数是严格周期函数. 各条轨道的未来被一个整周期的数据完全确定，但是以 L^2 理论为基础的预报理论不考虑这个事实，它把所有的过程和同一谱测度等同. 一个对无穷序列 1，−1，1，−1，$\cdots$ 作了长时间的观察的人可以可靠地预报下一个观察值，但是 L^2 方法使他预报到 0 的奇迹般的出现. 这个例子说明 L^2 方法不是普遍可用的，但它是讨论正态过程的理想工具.

19.9 习　题

1. 奇特的特征函数. 对 $|x| \leqslant h$ 设 $\tau_k(x) = 1 - |x|/h$, 对 $|x| \geqslant h$ 设 $\tau_h(x) = 0$. 令

$$\alpha(x) = \sum_{n=-\infty}^{+\infty} a_n \tau_k(x - n). \tag{19.9.1}$$

当 a_n 是实数，$h = 1$ 时，α 的图形是一个顶点为 (n, a_n) 的折线. 当 $h < \dfrac{1}{2}$ 时，α 的图形由 x 轴上的小段和顶点为 (n, a_n) 的等腰三角形的腰所组成.

利用 19.2 节引理 1 的准则证明: 如果 a_n 是实数，且 $a_{-n} = a_n, |a_1|+|a_2|+\cdots \leqslant \dfrac{1}{2}a_0$, 那么 $\alpha(\zeta)/\alpha(0)$ 是一个特征函数.

2. 推广. 当把 τ_k 换为任意一个偶可积特征函数时，上题的陈述仍然成立. （利用 15.2 节的图 1 所表示的特征函数，您可以构造一个具有非常离奇的折线图形的特征函数.）

3. 续. 上述结果是下列结果的特殊情形: 设 τ 是一个偶可积特征函数，如果 λ_n 是实数，a_n 是满足 $\sum |a_n| < \infty$ 的复常数，那么为使

$$\alpha(\zeta) = \sum a_k \tau(\zeta - \lambda_k) \tag{19.9.2}$$

是一个特征函数，当且仅当 $\alpha(0) = 1$，且对于所有的 ζ 有 $\sum a_k \mathrm{e}^{-\mathrm{i}\lambda h\zeta} \geqslant 0$. （实际上，只要上一级数是阿贝尔可和的，且和为一个正函数就行了.）

4. 为使 (19.3.3) 中所定义的协方差函数 ρ 是处处连续的，当且仅当它在原点连续. 为使情况是这样的，当且仅当 $t \to 0$ 时 $E(X_t - X_0)^2 \to 0$.

5. 差商与导数. 设 $\{X_t\}$ 是一个平稳过程，$\rho(t) = E(X_{t+s}\overline{X}_t)$ 且谱测度为 R. 对于 $h > 0$，用 $X_t^{(h)} = (X_{t+h} - X_t)/h$ 定义一个新过程.

(a) 证明: 新过程的谱测度 $R^{(h)}$ 为 $R^{(h)}\{\mathrm{d}x\} = 2h^{-2}(1 - \cos hx)R\{\mathrm{d}x\}$. 为使当 $h \to 0$ 时协方差 $\rho^{(h)}(t)$ 趋于一个极限，当且仅当存在连续的二阶导数 $\rho''(t)$，即测度 $x^2R\{\mathrm{d}x\}$ 是有限的.

(b) 在后一情形，当 $\varepsilon \to 0$，$\delta \to 0$ 时，$E(|X_t^{(\varepsilon)} - X_t^{(\delta)}|^2) \to 0$.

注　利用 19.7 节希尔伯特空间的术语，这就是说，对于固定的 t，当 $\varepsilon_n \to 0$ 时，序列 $\{X_t^{(\varepsilon_n)}\}$ 是一个柯西序列，从而导数 $X_t' = \text{l.i.m.}\ X_t^{(h)}$ 存在.

6. 见 19.4 节定理 2. 如果除了在原点具有跳跃以外，φ 是连续的，那么在原点的一个邻域外一致的有 $f_r(\zeta) \to \varphi(\zeta)$，并且 $f_r(0) \to \dfrac{1}{2}[\varphi(0+) - \varphi(0-)]$.

7. 续. 如果 φ 是两个单调函数之差，那么在所有的点上，$f_r(\zeta) \to \dfrac{1}{2}[\varphi(\zeta+) - \varphi(\zeta-)]$.

8. 具有非负傅里叶系数 φ_n 的有界周期函数 φ 一定是连续的，且 $\sum \varphi_n < \infty$. 请注意，$\varphi_n = 1/n$ 这个例子表明，如果只假设 φ 可积，那么这个结论是错误的. 提示: 利用 19.4 节定理 1 的证明的主要思想.

9. 切萨罗（Cesaro）可和性. 把 (19.4.3) 换为

$$f_r(\zeta)=\sum \varphi_n a_n \mathrm{e}^{in\zeta},$$

其中对于 $|n|\leqslant 2N$ 令 $a_n=1-|n|(2N+1)^{-1}$，对于 $|n|>2N$ 令 $a_n=0$. 证明：如果把 $p_r(t)$ 换成

$$q_N(t)=\frac{1}{2N+1}\frac{\sin^2\left(N+\dfrac{1}{2}\right)t}{\sin^2\dfrac{1}{2}t}$$

（这也是一个概率密度），那么 19.4 节的理论也成立.

10. 续. 更一般地证明：如果 a_n 是圆周上一个对称化了的概率密度的傅里叶系数，那么 19.4 节的理论也成立.

11. 利用泊松求和公式 (19.5.2) 证明：

$$\begin{aligned}&\sum_{k=-\infty}^{+\infty}\left\{\mathfrak{n}\Big(\frac{y-x+2k\lambda}{\sqrt{t}}\Big)+\mathfrak{n}\Big(\frac{y+x+2k\lambda}{\sqrt{t}}\Big)\right\}\\ =&\frac{1}{\lambda}\sum_{n=-\infty}^{+\infty}\exp\Big(-\frac{1}{2}tn^2\frac{\pi^2}{\lambda^2}\Big)\cos\frac{n\pi}{\lambda}x\cdot\cos\frac{n\pi}{\lambda}y,\end{aligned}$$

其中 $\mathfrak{n}$ 表示标准正态密度. [这是 10.5 节例 (c) 中反射壁问题的解.]

12. 在**泊松求和公式** (19.5.2) 中，$\sum\varphi(\zeta+2k\lambda)$ 收敛于连续函数 ψ 这个条件可以换为 $\sum f(n\pi/\lambda)<\infty$. 提示：$\psi$ 在任何情形下都是可积函数. 利用 19.4 节推论 2.

13. 泊松求和公式的另一种推导. 设 φ 是任意一个概率分布 F 的特征函数. 如果 p_r 表示 (19.4.5) 和 (19.4.7) 中的泊松核，证明（无须进一步的计算）：对于 $0\leqslant r<1$，

$$\frac{1}{2\pi}\sum_{n=-\infty}^{+\infty}\varphi(\zeta+n)r^{|n|}\mathrm{e}^{in\lambda}=\int_{-\infty}^{+\infty}\mathrm{e}^{\mathrm{i}\zeta x}P_r(x+\lambda)F\{\mathrm{d}x\}. \tag{19.9.3}$$

因此,*左边是一个特征函数*. 令 $r\to 1$,证明:如果 F 具有密度 f,那么当 $\sum f(-\lambda+2k\pi)<\infty$ 时，

$$\frac{1}{2\pi}\sum_{n=-\infty}^{+\infty}\varphi(\zeta+n)\mathrm{e}^{in\lambda}=\sum_{k=-\infty}^{+\infty}\mathrm{e}^{\mathrm{i}\zeta(-\lambda+2k\pi)}f(-\lambda+2k\pi). \tag{19.9.4}$$

证明：(19.9.4) 等价于求和公式的一般形式 (19.5.9).

注意，这个结果可以重新叙述为，当 (19.9.4) 的右边连续时，左边是**阿贝尔可和的**，且和为右边.

14. 为使序列 $\{\varphi_n\}$ 是正定的，当且仅当对于每个 $0<r<1$ 有 $\{\varphi_n r^{|n|}\}$ 是正定的. 充要条件是对于所有的 λ 和 $0<r<1$ 有 $\sum\varphi_n\mathrm{e}^{in\lambda}\geqslant 0$.

15. 由习题 1 和习题 14（无须计算）推导下述 [由谢帕（L.Shepp）发现] 定理：设 $\{\varphi_n\}$ 是正定的，用 α 表示顶点为 (n,φ_n) 的分段线性函数，那么 α 是正定的.

16. 设 φ 是一个特征函数，用 α 表示顶点为 $(n, \varphi(n))$ 的分段线线性函数，那么 α 是一个特征函数.（这只是重新叙述了习题 15，并且是习题 1 当 $h = 1$ 时的特殊情形.）利用习题 1 的其他情形来描述可由 φ 得到的其他奇特的特征函数.

17. 如果 $r < 1$，那么马尔可夫序列的协方差 $\rho_n = r^{|n|}e^{in\theta}$ 满足具有下列 u_k 的 (19.7.20): $k \geqslant 0$ 时，$u_k = \sqrt{1-r^2}r^k e^{ik\theta}$；$k < 0$ 时，$u_k = 0$. 求另一表达式.

18. **续.** 设 $\{X_n\}$ 是一个协方差为 $\rho_n = r^{|n|}e^{in\theta}$ 的马尔可夫序列. 如果 $r < 1$，那么我们有 $X_n = \sqrt{1-r^2}\sum\limits_{k=0}^{\infty} r^k e^{ik\theta} Z_{n-k}$，其中 Z_k 是不相关的. 如果 $r = 1$，那么我们有 $X_n = e^{in\theta} Z_0$.

习题解答

第 1 章

1. (i) $\dfrac{\alpha}{3}\dfrac{2}{\sqrt[3]{x^2}}\mathrm{e}^{-\alpha}x^{\frac{1}{3}}$. (ii) $\dfrac{\alpha}{2}\mathrm{e}^{-\alpha(x-3)/2}$, $x>3$.

(iii) $\dfrac{\alpha}{2}\mathrm{e}^{-\alpha|x|}$，对于所有的 x. (iv) $\alpha\mathrm{e}^{-\alpha x}$, $x>0$.

(v) $\alpha\Big(1+\dfrac{1}{4}\dfrac{1}{\sqrt[3]{x^2}}\Big)\mathrm{e}^{-\alpha x-\alpha x^{\frac{1}{3}}}$.

(vi) $\alpha\mathrm{e}^{-\alpha x}+\dfrac{\alpha}{3}\dfrac{1}{\sqrt[3]{x^2}}\mathrm{e}^{-\alpha x^{\frac{1}{3}}}-\alpha\Big(1+\dfrac{1}{3}\dfrac{1}{\sqrt[3]{x^2}}\Big)\mathrm{e}^{-\alpha x-\alpha x^{\frac{1}{3}}}$.

2. (i) $\dfrac{1}{6}\dfrac{1}{\sqrt[3]{x^2}}$, $|x|<1$. (ii) $\dfrac{1}{4}$, $1<t<5$.

(iii) $\dfrac{1}{2}\Big(1-\dfrac{|x|}{2}\Big)$, $|x|<2$. (iv) $1-\dfrac{x}{2}$, $0<x<2$.

(v) $\dfrac{1}{4}-\dfrac{1}{3}x^{\frac{1}{3}}+\dfrac{1}{12}x^{-\frac{2}{3}}$, $|x|<1$. (vi) $\dfrac{1}{4}+\dfrac{1}{3}x^{\frac{1}{3}}+\dfrac{1}{12}x^{-\frac{1}{3}}$, $|x|<1$.

3. (i) $h^{-1}(1-\mathrm{e}^{-\alpha x})$, $0<x<h$， $h^{-1}(\mathrm{e}^{\alpha h}-1)\mathrm{e}^{-\alpha x}$, $x>h$.

(ii) $h^{-1}(1-\mathrm{e}^{-\alpha(x+h)})$, $-h<x<0$， $h^{-1}(1-\mathrm{e}^{-\alpha h})\mathrm{e}^{-\alpha x}$, $x>0$.

4. (i) $h/3, h\leqslant 1; 1/(3\sqrt{h})$, $h\geqslant 1$. (ii) $\sqrt{\alpha\pi}\mathrm{e}^{\frac{1}{4}\alpha}(1-\mathfrak{N}(\sqrt{\alpha/2}))$.

5. (i) $1-x^{-1}$, $x>1$. (ii) $x^2(x+1)^{-2}$.

7. $P\{Z\leqslant x\}=1-\mathrm{e}^{-\alpha x}$, $x<t$； $P\{Z\leqslant x\}=1$, $x>t$.

10. (b) 车队随汽车一起前进，组成一个样本，其中最小元素位于最后一个位置，第 2 小元素位于倒数第 2 个位置.

16. $p=\sum\limits_{k=0}^{m-1}\dbinom{n+k-1}{k}2^{-n-k}$. 对于 $m=1,n=2$，得 $p=\dfrac{1}{4}$.

18. $nt^{n-1}-(n-1)t^n$.

19. (i) $2\displaystyle\int_0^1\mathrm{d}x\int_x^1(1-z)\mathrm{d}z=\dfrac{1}{3}$.

(ii) 密度是 $2t-t^2$ $(0<t\leqslant 1)$ 和 $(2-t)^2$ $(1\leqslant t<2)$.

(iii) 密度是 $2t^2$ $(0<t<1)$ 和 $(2-t)^2$ $(1\leqslant t<2)$.

20. $2\displaystyle\int_0^1 x(1-x)\mathrm{d}x=\dfrac{1}{3}$. 6 个置换中每 2 个都相交.

21. $X_{11}:4\ln\dfrac{1}{4x}$, $x<\dfrac{1}{4}$； X_{12} 和 $X_{21}:4\ln 2$, $x<\dfrac{1}{4}$，$4\ln\dfrac{1}{2x}$，$\dfrac{1}{4}<x<\dfrac{1}{2}$；

$X_{22}:4\ln 4x, \dfrac{1}{4}<x<\dfrac{1}{2}$，$4\ln\dfrac{1}{x}$，$\dfrac{1}{2}<x<1$. 期望是 $\dfrac{1}{16}$，$\dfrac{3}{16}$，$\dfrac{9}{16}$.

27. 分布是 $\frac{2}{\pi}\arcsin\frac{1}{2}x$ 和 $\frac{1}{4}x^2$；密度是 $\frac{2}{\pi}\frac{1}{\sqrt{4-x^2}}$ 和 $\frac{1}{2}x, 0<x<2$.

28. $2\pi^{-1}\arcsin\frac{1}{2}x$.

30. (a) $\ln\frac{1}{x}$. (b) $\frac{2}{\pi}\ln\frac{1+\sqrt{1-x^2}}{x}$，其中 $0<x<1$.

31. $$\frac{4}{\pi}\int_{0<\cos\theta<x}\sin^2\theta\mathrm{d}\theta=\frac{4}{\pi}\int_0^x\sqrt{1-y^2}\mathrm{d}y$$ $$=2\pi^{-1}[\arcsin x+x\sqrt{1-x^2}]\text{，其中 } 0<x<1.$$

32. $F(t)=\frac{\pi}{2}\int_0^{\pi/2}V\Big(\frac{t}{\cos\theta}\Big)(1-\cos 2\theta)\mathrm{d}\theta$.

35. 代换 $s=F(y)$ 把积分化为均匀分布的相应积分. 注意，对于小的 x，$F(m+x)\approx\frac{1}{2}+f(m)x$.

第 2 章

4. $$g*g(x)=\frac{1}{4}\mathrm{e}^{-|x|}(1+|x|),$$ $$g^{3*}(x)=\frac{1}{16}\mathrm{e}^{-|x|}(3+3|x|+x^2),$$ $$g^{4*}(x)=\frac{1}{32}\mathrm{e}^{-|x|}\Big(5+5|x|+2x^2+\frac{1}{3}|x|^3\Big).$$

10. (a) 作为两个指数密度的卷积，$\lambda\mu(\mathrm{e}^{-\lambda t}-\mathrm{e}^{-\mu t})(\mu-\lambda)$.
(b) 利用 (a) 得出 $\lambda\mathrm{e}^{-\lambda t}$.

12. 对于随机地到达的人，密度是 $1-\frac{1}{2}t^2$ $(0<t<1)$ 和 $\frac{1}{2}(2-t)^2$（$1<t<2$）. 期望等于 $\frac{7}{12}$.

13. $$\binom{j+k+\gamma-1}{j}\binom{m+n+\mu-j-k-1}{m-j}\Big/\binom{m+n+\mu+\gamma-1}{m}.$$

第 3 章

7. (a) 对于 $x>0,y>0$，边缘密度是 e^{-x}，分布函数是 $1-\mathrm{e}^{-x}-\mathrm{e}^{-y}+\mathrm{e}^{-x-y-axy}$.
(b) $E(Y|X)=\frac{1+a+ax}{(1+ax)^2}$, $$\mathrm{Var}(Y|X)=\frac{1}{(1+ax)^2}+\frac{2a}{(1+ax)^3}-\frac{a^2}{(1+ax)^4}.$$

8. 如果 f 有期望 μ 和方差 σ^2，那么 $E(X)=E(Y)=\frac{1}{2}\mu, \mathrm{Var}(X)=\mathrm{Var}(Y)=\frac{1}{3}\sigma^2+\frac{1}{12}\mu^2, \mathrm{Cov}(X,Y)=\frac{1}{6}\sigma^2-\frac{1}{12}\mu^2$.

9. 在单位正方形内，密度是 $2x_2$. 在 n 个变量时，密度是 $(n-1)!X_2X_3^2\cdots X_{n-1}^{n-2}$.

10. $\frac{1}{3}\mathrm{e}^{-(x+y)}$ $(y>x>0)$ 和 $\frac{1}{3}\mathrm{e}^{-y+2x}$ $(y>x,x<0)$. 当 $y<x$ 时，把 x 和 y 交换.

11. (a) $4\int_{2x}^{\frac{1}{2}} f(s)f\Big(\dfrac{x}{s}\Big)\dfrac{\mathrm{d}s}{s}, 0<x<\dfrac{1}{4}$. (b) $8\int f(s)f\Big(\dfrac{x}{s}\Big)f\Big(\dfrac{y}{1-s}\Big)\dfrac{\mathrm{d}s}{s(1-s)}$,

其中 $0<x<\dfrac{1}{4}<y<1$，并且积分区域满足条件 $2x<s<\dfrac{1}{2}$ 和 $1-2y<s<1-y$.

12. 具有方差 m,n 与协方差 $\sqrt{m/n}$ 的二元正态密度. 条件密度具有期望 $\dfrac{m}{n}t$ 与方差 $m\cdot\dfrac{n-m}{n}$.

13. $X_1^2+\cdots+X_n^2$ 具有 Γ 密度 [见 (2.2.2)]. 因此，由 (3.3.1) 有

$$u_t=\frac{\Gamma\Big(\dfrac{n}{2}\Big)}{\Gamma\Big(\dfrac{m}{2}\Big)\Gamma\Big(\dfrac{n-m}{2}\Big)}\Big(\frac{x}{t}\Big)^{\frac{1}{2}m-1}\Big(1-\frac{x}{t}\Big)^{\frac{1}{2}(n-m)-1}\frac{1}{t}.$$

对于 $m=2,n=4$ 得 3.3 节例 (a).

15. (a) $4xy$, 当 $x+y<1,x>0,y>0$ 时;

$4xy-4(x+y-1)^2$, 当 $x+y>1,0<x,y<1$ 时;

$4x(2-x-y)$, 当 $y>1,x+y<2,x>0$ 时;

$4y(2-x-y)$, 当 $x>1,x+y<2,y>0$ 时.

(b) $2(1-x-y)^2$, 对于 $0<x,y<1,x+y<1$;

$2(1-x)^2$, 对于 $x>0,y<0,x+y>0$;

$2(1+y)^2$, 对于 $x>0,y<0,x+y<0$;

对于 $x<0$ 的情况，可由对称性得出.

16. $2\dfrac{1}{\pi^2}\Big(\arccos\dfrac{r}{2}-\dfrac{r}{2}\sqrt{1-\dfrac{r^2}{4}}\Big)$.

17. $\int_0^\infty f(\rho)\rho\mathrm{d}\rho\int_0^{2\pi} g(\sqrt{r^2+\rho^2-2r\rho\cos\theta})\mathrm{d}\theta$.

20. (a) $X_n=U\cos\dfrac{1}{2}\pi n+V\sin\dfrac{1}{2}\pi n$. (b) $U+V(-1)^n$.

(c) $U\cos\dfrac{1}{2}\pi n+V\sin\dfrac{1}{2}\pi n+W$.

21. (a) $\mathrm{Var}(Y_{n+1})-\mathrm{Var}(Y_n)=\mathrm{Var}(C_n)-2\mathrm{Cov}(Y_n,C_n)+1$,

(b) $\alpha^2-2\alpha\sigma\rho+1=0$,

(c) $\sigma=\dfrac{1}{2}\Big(\alpha+\dfrac{1}{\alpha}\Big)$, $Y_n=\sum\limits_{k=0}^{n-1}q^kX_{n-1-k}+q^nY_0+(bp-a)(1-q^n)/p$,

其中 $q=1-p$.

22. $\sigma^2\geqslant\dfrac{1}{4}\Big(\alpha+\dfrac{1}{\alpha}\Big)^2+N$.

第 6 章

11. 不一定. 但是一定有 $n[1-F(\varepsilon n)]\to 0$.

12. 对于 $x>0$，密度是 1 和 $\dfrac{1}{2}(1-\mathrm{e}^{-2x})$.

13. $qU(x) = 1 - q\mathrm{e}^{-pct}$. 更新时刻的个数总是几何分布的.

19. $Z = z + F\bigstar Z$，其中，当 $t \leqslant \xi$ 时 $z(t) = 1 - \mathrm{e}^{-ct}$，当 $t \geqslant \xi$ 时 $z(t) = z(\xi)$，当 $t > \xi$ 时 $F(t) = \mathrm{e}^{-c\xi} - \mathrm{e}^{-ct}$.

20. $V = A + B\bigstar V$，其中 $A\{\mathrm{d}x\} = [1 - G(x)]F\{\mathrm{d}x\}$, $B\{\mathrm{d}x\} = G(x)F\{\mathrm{d}x\}$.

23. 反正弦密度 $g(y) = \dfrac{1}{\pi}\dfrac{1}{\sqrt{y(1-y)}}$.

第 7 章

6. (a) $\dbinom{n}{k}p^k(1-p)^{n-k}$，并且 F 集中在 p 上.

(b) $\dfrac{1}{n+1}$，密度 $f(x) = 1$.

(c) $\dfrac{2(k+1)}{(n+1)(n+2)}$，密度 $2x$.

参考文献

A 教科书

Krickeberg, K. [1965], *Probability Theory.*（译自德语 1963.）Addison-Wesley, Reading, Mass. 230 pp.

Loève, M. [1963], *Probability Theory.* 3rd ed. Van Nostrand, Princeton, N.J. 685 pp. [梁文骐译：概率论（上册）. 科学出版社，1966.]

Neveu, J. [1965], *Mathematical Foundations of the Calculus of Probability.*（译自法语 1964.）Holden Day, San Francisco, Calif. 233 pp.

B 专题著作

Bochner, S. [1955], *Harmonic Analysis and the Theory of Probability.* Univ. of California Press. 176 pp.

Grenander, U. [1963], *Probabilities on Algebraic Structures.* John Wiley, New York. 218 pp.

Lukacs, E. [1960], *Characteristic Functions.* Griffin, London. 216 pp.

Lukacs, E. and R.G. Laha [1964], *Applications of Characteristic Functions.* Griffin, London. 202 pp.

C 着重理论的随机过程著作

Chung, K.L. [1967], *Markov Chains with Stationary Transition Probabilities.* 2nd ed. Springer, Berlin. 301 pp.

Dynkin, E.B. [1965], *Markov Processes.* Two vols.（译自俄文 1963）Springer, Berlin. 174 pp. 365+271 pp.

Ito, K. and H.P. McKean Jr. [1965], *Diffusion Processes and Their Sample Paths.* Springer, Berlin. 321 pp.

Kemperman, J.H.B. [1961], *The Passage Problem for a Stationary Markov Chain.* University of Chicago Press. 127 pp.

Lévy, Paul [1965], *Processus Stochastiques et Mouvement Brownien.* 2nd ed. Gauthier-Villars, Paris. 438 pp.

Spitzer, Frank [1964], *Principles of Random Walk.* Van Nostrand, Princeton. 406 pp.

Skorokhod, A.V. [1965], *Studies in the Theory of Random Processes.*（译自俄文 1961.）Addison-Wesley, Reading, Mass. 199 pp.

Yaglom, A.M. [1962], *Stationary Random Functions.* （译自俄文.） Prentice-Hall, Englewood Cliffs, N.J. 235 pp. （梁文舜译：平稳随机函数导论，《数学进展》杂志，1(1), 1956.）

D 着重实例应用的随机过程著作

Barucha-Reid, A.T. [1960], *Elements of the Theory of Markov Processes and Their Applications.* McGraw-Hill, New York. 468 pp.（杨纪珂、吴立德译：马尔可夫过程论初步及其应用. 上海科学技术出版社，1979.）

Beneš, V.E. [1963], *General Stochastic Processes in the Theory of Queues.* Addison-Wesley, Reading, Mass. 88 pp.

Grenander, U. and M. Rosenblatt [1957], *Statistical Analysis of Stationary Time Series.* John Wiley, New York. 300 pp.

Khintchine, A.Y. [1960], *Mathematical Methods in the Theory of Queueing.*（译自俄文.）Griffin, London. 120 pp.（张里千、殷涌泉译：公用事业理论的数学方法. 科学出版社，1958.）

Prabhu, N.U. [1965], *Stochastic Processes.* Macmillan, New York. 233 pp.

——[1965], *Queues and Inventories.* John Wiley, New York. 275 pp.

Riordan, J. [1962], *Stochastic Service Systems.* John Wiley, New York. 139 pp.

Wax, N.(editor) [1954], *Selected Papers on Noise and Stochastic Processes.* Dover, New York, 337 pp.

E 具有历史意义的著作

Cramér, H. [1962], *Random Variables and Probability Distributions.* 2nd ed.（首版出版于 1937.）Cambridge Tracts. 119 pp.

Doob, J.L. [1953], *Stochastic Processes.* John Wiley, New York. 654 pp.

Gnedenko, B.V. and A.N. Kolmogorov [1954], *Limit Distributions for Sums of Independent Random Variables.*（译自俄文 1949.）Addison-Wesley, Reading, Mass. 264 pp.（王寿仁译：相互独立随机变数之和的极限分布. 科学出版社，1955.）

Kolmogorov, A.N. [1950], *Foundations of the Theory of Probability.* Chelsea Press, New York, 70 pp.（德文原文发表于 1933 年.）（丁寿田译：概率论基本概念. 商务印书馆，1952.）

Lévy, P. [1925], *Calcul des Probabilités.* Gauthier-Villars, Paris. 350 pp.

Lévy, P. [1937 and 1954], *Théorie de l' Addition des Variables Aléatoires.* Gauthier-Villars, Paris. 384 pp.

F 半群与一般分析著作

Hille, E. and R.S. Phillips [1957], *Functional Analysis and Semi-groups.* (Revised edition.) Amer. Math. Soc. 808 pp.

Karlin, S. and W. Studden [1966], *Tchebycheff Systems: With Applications in Analysis and Statistics.* Interscience, New York. 586 pp.

Yosida, K. [1965], *Functional Analysis.* Springer, Berlin. 458 pp.

索 引

D

E

F

G

H

J

K

L

M

N

P

Q

R

S

T

W

X

Y

Z